中国地质调查局 CHINA GEOLOGICAL SURVEY

国家出版基金项目
NATIONAL PUBLICATION FOUNDATION

中国矿产地质志

云南卷

锑铋汞铝土矿稀土稀有分散元素及水气矿产

李建伟 程胜辉 施玉北 伍早生 朱多录 赵 波
刘洪滔 谭玉荣 曾 妍 李 蓉 侯蜀光 邓茂林
曹晓民 郭光华 彭淑惠 刘卫东 何 川 包佳凤
赵崇娟 杨艳华 张 贵 李永平 李新仁 伍尹犇
周江云 高长贵 尹 峰 朱 琳 李 增 王 静
陶 琴 牛小丽 王蓓蓓 石天慈
等编著

地质出版社
· 北 京 ·

内 容 提 要

本书是《中国矿产地质志·云南卷》的重要组成部分，是云南省第一部对锑、铋、汞、铝土矿、稀土、稀有、分散元素及水气矿产进行系统论述和总结的科学著作。本着“立足写实，有述有论，论而不泛，力求精准”的原则，志书全面搜集、整理了云南省锑、汞、铋、铝土矿、稀土、稀有、分散元素及水气矿产的各种地质勘查、调查、科研成果，全面反映了矿产查明资源储量及分布特征、资源勘查及开发现状。通过对典型矿床和重要矿床成矿地质特征、物理化学条件、矿床成因、找矿标志以及区域成矿地质条件、成矿时代、空间分布规律等的系统研究，总结了全省锑、汞、铋、铝土矿、稀土、稀有、分散元素及水气矿产成矿规律，编制了成矿规律图；在综合地质、物化探、遥感、重砂等各类信息的基础上，通过综合类比研究，分别圈定了锑、汞、铋、铝土矿、稀土、稀有、分散元素找矿远景区，并从成矿地质条件、查明资源储量、找矿潜力、找矿方向等方面对各远景区进行了综合评述，为今后的勘查规划和资源开发利用提供了科学依据。

本书资料详实，内容丰富，可供从事地质矿产勘查、调查、成矿理论研究人员及地质矿产专业的广大师生阅读参考，也可以作为科普读物供社会大众阅读。

图书在版编目（CIP）数据

中国矿产地质志·云南卷·锑铋汞铝土矿稀土稀有分散元素及水气矿产 / 李建伟等编著. —北京：地质出版社，2024.7

ISBN 978-7-116-14174-2

Ⅰ.①中… Ⅱ.①李… Ⅲ.①矿产地质–概况–中国 ②矿产地质–概况–云南 Ⅳ.①P62

中国国家版本馆 CIP 数据核字（2024）第 110203 号

ZHONGGUO KUANGCHAN DIZHIZHI · YUNNAN JUAN ·
TI BI GONG LÜTUKUANG XITU XIYOU FENSAN YUANSU JI SHUIQI KUANGCHAN

责任编辑：吕　静　谢玉淳
责任校对：关风云
出版发行：地质出版社
社址邮编：北京市海淀区学院路 31 号，100083
电　　话：（010）66554528（邮购部）；（010）66554590（编辑室）
网　　址：https://www.gph.clmpg.com
传　　真：（010）66554686
印　　刷：北京地大彩印有限公司
开　　本：889 mm×1194 mm　1/16
印　　张：42.25　　**插页**：4 张
字　　数：1410 千字
版　　次：2024 年 7 月北京第 1 版
印　　次：2024 年 7 月北京第 1 次印刷
审 图 号：云 S（2020）108 号
定　　价：450.00 元
书　　号：ISBN 978-7-116-14174-2

《中国矿产地质志·云南卷》系列丛书是集体劳动的结晶！

感谢支持云南省矿产地质志编著的各级矿政管理者、参与地勘单位、矿业企业、广大地质科技工作者和本项目工作的人们！

谨以此书献给耕耘在云南省地质矿产勘查开发、科学研究及教学岗位上的广大地质工作者和矿业界同仁。

《中国矿产地质志》编委会

（第一届）

胡瑞忠　侯增谦　施中爽　姜树叶　袁忠信　莫宣学
钱大都　倪　斌　徐水师　徐志刚　陶维屏　黄香定
黄崇轲　黄懋鸿　梅友松　盛继福　章少华　阎凤增
琚宜太　韩振新　裴荣富　潘行适

三、《中国矿产地质志》

总主编：陈毓川　王登红

四、承担单位

中国地质科学院矿产资源研究所

五、项目办公室

主　任：邢树文
副主任：李　剑　龙宝林　傅旭杰
成　员：朱明玉　黄　凡

《中国矿产地质志》

总责任编辑：白　铁
副总责任编辑：韩　博　吕　静
责任编辑组：刘云龙　肖竣文　孙彦琪　刘秉翔　贺　文　闻　竹　谢玉淳
李　佳　吴宁魁　袁亚琴　宋永存　张琦玲　潘　懋　代世锋
邢瑞玲　郝梓国　章雨旭　沈　镭　佘宏全　于春林　李进文
戚学祥　李　华

《中国矿产地质志》编委会

（第二届）

黄香定　卢欣祥　艾宪森　李宏骥　周特先　杨明桂
陆　彦　任丰寿　张永山　石礼炎　陆瑞宝　韩振新
施中爽　王增护　陈一笠

三、《中国矿产地质志》

总主编： 陈毓川　王登红

四、承担单位

中国地质科学院矿产资源研究所

五、项目办公室

主　任： 邢树文　中国地质调查局资源评价部副主任
副主任： 黄　凡　中国地质科学院矿产资源研究所
王　岩　中国地质科学院矿产资源研究所
成　员： 蔺志永　中国地质调查局资源评价部矿产地质处处长
朱明玉　中国地质科学院
王成辉　中国地质科学院矿产资源研究所
孙　艳　中国地质科学院矿产资源研究所稀有稀土贵金属研究室副主任
曹瑞欣　中国地质科学院矿产资源研究所办公室副主任

《中国矿产地质志》

总责任编辑： 白　铁
副总责任编辑： 韩　博　吕　静
责任编辑组： 刘云龙　肖竣文　孙彦琪　刘秉翔　贺　文　闻　竹　谢玉淳
李　佳　吴宁魁　袁亚琴　宋永存　张琦玲　潘　懋　代世锋
邢瑞玲　郝梓国　章雨旭　沈　镭　佘宏全　于春林　李进文
戚学祥　李　华

《中国矿产地质志》编委会

（第三届）

唐菊兴　董连慧　严铁雄　邵厥年　郭坤一　潘仲芳
王永基　连　卫　田升平　杨　刚　刘增铁　陈华山
陈　平　邵和明　陈尔臻　刘德权　任家琪　宋小文
张翼飞　王砚耕　付德明　李均权　黄懋鸿　伍广宇
张忠伟　黄香定　卢欣祥　艾宪森　李宏骥　周特先
杨明桂　陆　彦　任丰寿　张永山　石礼炎　陆瑞宝
徐衍强　胡世华　施中爽　王增护　陈一笠

三、《中国矿产地质志》

总　主　编： 陈毓川　王登红

四、承担单位

中国地质科学院矿产资源研究所

五、项目办公室

主　　　任： 王登红　中国地质科学院矿产资源研究所副所长
常务副主任： 黄　凡　中国地质科学院矿产资源研究所
副　主　任： 王　岩　中国地质科学院矿产资源研究所
耿　林　中国地质调查局资源评价部矿产地质处处长
成　　　员： 朱明玉　中国地质科学院
王成辉　中国地质科学院矿产资源研究所三稀室副主任
孙　艳　中国地质科学院矿产资源研究所三稀室副主任
张　震　中国地质科学院矿产资源研究所办公室副主任
杨雨涵　中国地质科学院矿产资源研究所
杨　萌　中国地质科学院矿产资源研究所

《中国矿产地质志》

总责任编辑： 白　铁
副总责任编辑： 韩　博　吕　静
责任编辑组： 刘云龙　肖竣文　孙彦琪　刘秉翔　贺　文　闻　竹　谢玉淳
李　佳　吴宁魁　袁亚琴　宋永存　孙　琳　张琦玲　潘　懋
代世锋　邢瑞玲　魏秀菊　沈　镭　佘宏全　于春林　李进文
戚学祥　李　华

《中国矿产地质志》编委会

（第四届）

成　　　员：（排名不分先后）

李廷栋　裴荣富　汤中立　赵文津　郑绵平　多　吉
康玉柱　莫宣学　翟明国　王成善　赵文智　王双明
侯增谦　邓　军　胡瑞忠　黄崇轲　王保良　王小烈
朱立新　李裕伟　邵厥年　庄育勋　熊盛青　卢民杰
马振东　盛继福　朱裕生　徐志刚　朱明玉　宋学信
杨岳清　张德全　邹天人　李纯杰　陈仁义　张作衡
邢树文　谢国刚　陈建平　邓颂平　肖克炎　陈郑辉
蔡克勤　王安建　陈从喜　郑大瑜　张金带　李子颖
蔡煜琦　乔德武　陶士振　刘玉强　琚宜太　程爱国
严铁雄　余中平　薛春纪　阎凤增　王永基　周尚国
梅友松　王京彬　徐水师　倪　斌　龙宝林　薛迎喜
丰成友　白万成　钱大都　李文渊　李文昌　郭坤一
潘仲芳　董连慧　潘　彤　周　琦　战明国　陆　彦
施玉北　王润福　姜树叶　姚超美　陈正国　杨　刚
李继江　文冬光　李文鹏　刘增铁　刘家军　郑有业
王时麒　屈文俊　闫升好　丁　俊　华仁民　连　卫
田升平　许建祥　李厚民　梁　婷　杨自安　焦　森
陈军元　陈华山　邵和明　陈尔臻　刘德权　任家琪
宋小文　张翼飞　李均权　黄懋鸿　伍广宇　张忠伟
黄香定　卢欣祥　艾宪森　李宏骥　周特先　杨明桂
张永山　石礼炎　陆瑞宝　胡世华　施中爽　王增护
陈一笠

四、《中国矿产地质志》

总　主　编：陈毓川　王登红

五、承担单位

中国地质科学院矿产资源研究所

《中国矿产地质志》

总责任编辑：白　铁
副总责任编辑：韩　博　吕　静
责任编辑组：刘云龙　肖竣文　孙彦琪　刘秉翔　贺　文　闻　竹　谢玉淳
李　佳　吴宁魁　袁亚琴　宋永存　孙　琳　张琦玲　潘　懋
代世锋　邢瑞玲　魏秀菊　沈　镭　佘宏全　于春林　李进文
戚学祥　李　华

《中国矿产地质志·云南卷》
（云南省矿产地质志）
（第二届）

一、领导小组

组　长： 杨　勇　云南省自然资源厅副厅长

副组长： 邓升陆　云南省地质调查局党委书记

吴　军　云南省地质矿产勘查开发局党委副书记

崔银亮　云南省有色地质局副局长、总工程师

卢映祥　云南省地质调查局局长、副总工程师

王源明　云南省煤田地质局局长

成　员： 汪云生　云南省煤田地质局副局长

任　坚　云南省自然资源厅地质勘查管理处处长

薛顺荣　云南省地质调查局规划科技处处长

李开毕　云南省地质调查院院长

侯蜀光　云南省地质调查局基础处处长

李　静　云南省地质调查院副院长、总工程师

和浪涛　云南省有色地质局地质地球物理化学勘查院院长

杨柳扬　云南省地质矿产勘查院总工程师

何先富　中化地质矿山总局云南地质勘查院院长

杨文杰　中国建筑材料工业地质勘查中心云南总队总队长

鲁　慧　云南省地质环境监测院院长

杨　艳　云南省地质技术信息中心主任

刘凤祥　云南省核工业二〇九地质大队队长

二、领导小组办公室

领导小组下设办公室在云南省自然资源厅地质勘查管理处，办公室主任由地质勘查管理处处长担任。

《中国矿产地质志·云南卷》
（云南省矿产地质志）

项 目 负 责： 李文昌　卢映祥（后期）

副　负　责： 施玉北（常务）　侯蜀光　程胜辉

项目负责单位： 中国地质调查局

中国地质科学院矿产资源研究所

项目承担单位： 云南省地质调查局

项目组织单位： 云南省自然资源厅

项目参加单位： 云南省地质调查院

云南省有色地质局地质地球物理化学勘查院

云南省地质矿产勘查院

云南省煤田地质局

中化地质矿山总局云南地质勘查院

中国建筑材料工业地质勘查中心云南总队

云南省地质环境监测院

云南省地质技术信息中心

云南省核工业二〇九地质大队

《中国矿产地质志·云南卷》

编撰委员会

(第二届)

中国矿产地质志·云南卷
锑铋汞铝土矿稀土稀有分散元素及水气矿产

研编人员： 李建伟 程胜辉 施玉北 伍早生 朱多录 赵 波
刘洪滔 谭玉荣 曾 妍 李 蓉 侯蜀光 邓茂林
曹晓民 郭光华 彭淑惠 刘卫东 何 川 包佳凤
赵崇娟 杨艳华 张 贵 李永平 李新仁 伍尹犇
周江云 高长贵 尹 峰 朱 琳 李 增 王 静
陶 琴 牛小丽 王蓓蓓 石天慈 等

主编单位： 云南省地质调查院

参编单位： 云南省地质环境监测院
云南省有色地质局地质地球物理化学勘查院
云南省地质技术信息中心
云南省核工业二〇九地质大队
自然资源部三江成矿作用及资源勘查利用重点实验室
云南省三江成矿作用及资源勘查利用重点实验室

总　　序

矿产资源是国家经济社会发展的物质基础，我国处于工业化中后期发展阶段，矿产资源需求量处于增长时期，需求量大、矿种多。掌握全国的所有矿产的家底，是国家与人民十分需要的大事。新中国成立以来的60多年的历程中，地质工作者已为国家发现了172种矿产，其中159种矿产已获得资源储量，矿床、矿点等各类矿产地已达20多万处，积累了丰富的矿产地质资料，广大的矿产地质工作者为国家所需，迫切真诚地期望早日进行覆盖全国全部矿产信息的汇总，研编《中国矿产地质志》，今日终于得到国家的支持，得以实施，并且经过江西省的试点，在该省以杨明桂先生为首的研编组的共同努力下，《中国矿产地质志》省级第一卷《中国矿产地质志·江西卷》率先正式出版，供全国使用，这是《中国矿产地质志》研编工作史上的新起点。

新中国第一部《中国矿产地质志》，将汇总广大地质矿产工作者为国为民找矿的成果，汇集全国查获的全部矿产资源及其开采利用的状况，分析资源前景，并对找矿过程中获得的丰富的找矿经验和成矿规律认识进行阶段性的总结。这将是我国迄今为止矿产资源文集大全，将为全国及各省、自治区、直辖市政府矿产资源规划、部署、决策提供重要依据，为全国人民提供祖国矿产资源的现有家底及开发前景，为矿产资源勘查、开发、科学研究及地矿教育提供丰富的资料。

一百多年前，光绪年间，顾琅、周树人（鲁迅）先生合著《中国矿产志》于1906年出版，附《中国矿产一览表》《地质时代一览表》和《中国矿产全图》。清政府甚为重视，列为国民必读。这是我国第一本《中国矿产志》，由于历史条件所限，该书共列出10个金属矿产（金、银、铜、铁、锡、铅、水银、辰砂、锑、锰矿）和20个非金属矿产，全国共列出1203个矿产地。当时著名的地理学家马良先生为之作序，序言中说："顾、周两君学矿多年，颇有心得。慨祖国地大物博之无稽，爰著《中国矿产志》一册，罗列全国之所在，注之以图，陈之以说，使我国民深悉国产之所自有，以为后日开采之计，致富之源，强国之本，不致家藏货宝为他人所攘夺。"当时编写该志书是为国民知道国家的矿产，去开采致富，达到强国的目的。弹指一挥间，一百多年过去，天翻地覆，时代变了，祖国的盛世来临，现代化、和平民主的强大祖国就在面前。新中国第一部《中国矿产地质志》亦将面目一新，它与顾琅、周树人研编的目标是一致的，都是为民、为国，为民所知，为民致富，为国所知，为国强大。我们将继承前人事业，继续往前走！

本次研编处于天时、地利、人和的大好时机，国家经济社会发展与日俱增，欣欣向荣，需要矿产资源，需要摸清全国矿产资源家底。新中国成立60多年来矿产勘查与开发得到大发展，取得了丰硕的找矿成果和海量的矿产地质勘查、开发和科研资料。国土资源部近8年来组织完成了三大全国性矿情调查工作：矿业权核实、28个矿种资源现状利用调查和25个矿种资源潜力评价。开展中国矿产地质与区域成矿规律综合研究、研编《中国矿产地质志》得到了国土资源部、财政部、中国地质调查局等领导部门、各省（自治区、直辖市）政府部门及矿产地质领域专家、学者们的大力支持。社会需要，政府重视，研编条件具备，是本项工作得以进行的必要前提与重要保证。

研编工作的策划，充分吸取历来志书编纂的精髓，广泛听取并吸纳矿产资源领域各部门专家、领导的意见，并进行重要研编内容的工作试点，确定本矿产地质专业性志书采用“以述为主，述论结合”的原则，实现叙实性与学术性结合，矿产叙述必实，规律论述有据，做到资料真实、全面、最新、可查，文字论述简练易懂、图文并茂，研编技术统一要求，研编工作统一部署，研编组织有编纂专家队伍，亦广邀各方专家共同参与、集思广益。论述部分广纳有据论点，广迎百花，力争创新亮点，并为后人创新搭建平台。通过共同努力，使研编工作有序进行。

本次研编内容由3部分组成：各省（自治区、直辖市）矿产地质志、全国矿产总志、全国区域成矿规律研究。每一部分都有书、图、数据库及普及本。各省（自治区、直辖市）矿产地质志包含本地区所有矿产资源。全国矿产总志包含各主要矿产的矿产志及全国矿产汇总。全国区域成矿规律研究包含各主要成矿区带成矿规律研究及全国区域成矿规律研究汇总。整个研编工作自2014年开始至2020年完成。研编期间，研编成果实施边完成、边出版、边使用，使研编成果及时向社会提供，逐步积累，最终完成。

本项研编工作意义重大，任务繁重，涉及矿产资源勘查、开发、科研、教育领域各个部门各方专家。我们认为，只有共同参与、同心合作、政府支持才能胜利完成此项工作。我们衷心希望并坚信，参与工作的全体同仁为实现此国家重大目标，在政府与矿产资源工作有关部门与广大同仁专家的支持下，一定会坚定信心，同舟共济，共同奋斗，在2020年提交一份世纪性的矿产志书大成果。

2014年11月5日

前　　言

本书是中国地质调查局“中国矿产地质与成矿规律综合集成和服务”（中国矿产地质志）项目委托业务“云南省矿产资源调查成果综合集成与服务产品开发”（2016～2018年）、“中国矿产地质志”项目委托业务“中国矿产地质志·云南卷”（2019～2021年）及由云南省财政支持的“云南省矿产地质与区域成矿规律综合研究”（云南矿产地质志）项目系列成果之一。

云南省矿产地质志的研编由云南省自然资源厅统一领导，由云南省地质调查局、云南省地质调查院承担，云南省矿产地质志项目办公室组织协调，全省各地勘行业、技术专家共同研究编写。本书编纂任务是：通过对全省锑、汞、铋、铝土矿、稀土、稀有、分散元素及水气矿产的梳理，对典型和重要矿床进行系统归纳总结，全面反映云南省锑、汞、铋、铝土矿、稀土、稀有、分散元素及水气矿产的资源概况和成矿规律，进一步提升矿产地质科学水平，为新时期找矿工作提供科学理论支撑。本书由云南省地质调查院主编，云南省地质环境监测院、云南省有色地质局地质地球物理化学勘查院、云南省地质技术信息中心、云南省核工业二〇九地质大队等单位共同研编。

云南素有“有色金属王国”之称，除铜、铅、锌、锡、钨等主要金属外，锑、汞、铋及铝土矿资源也比较丰富。据国土资源部发布的《全国矿产资源储量通报》（2017年）数据统计，云南省保有的锑、汞、铋、铝土矿资源储量分别位列全国第六位、第七位、第五位、第六位。

截至2017年12月底，云南省发现锑矿产地55处（其中大型1处、中型11处、小型18处、矿点25处），累计查明锑资源储量（333类及以上类别，下同）550545.11 t；发现汞矿产地44处（其中中型5处、小型5处、矿点34处），累计查明汞资源储量5412 t，另有锑汞共生矿产地1处，累计查明汞资源储量70 t；发现共（伴）生铋矿产地12处（其中中型1处、小型7处、矿点4处），累计查明铋资源储量55580.3 t；发现铝土矿矿产地68处（其中大型2处、中型6处、小型44处、矿点16处），累计查明铝土矿资源储量20553.34×10^4 t。

本书通过对47处锑、汞、铋、铝土矿矿床（典型矿床21处、重要矿床26处）的勘查发现史、矿区地质特征、矿体地质特征、成矿物理化学条件、矿床成因、找矿标志等进行系统归纳总结，建立了主要典型矿床的成矿模式；通过成矿地质条件、成矿时代、空间分布规律的研究，总结其成矿规律，编制了成矿规律图，圈定了滇东南等12处找矿远景区。

稀土、稀有、分（稀）散元素矿产也称为“三稀”矿产，广泛应用于冶金、石油化工、玻璃陶瓷、电气、农业、医药、轻纺等传统领域，更是当前及今后发展战略性新能源、新材料、节能环保、高端装备制造、航空航天、电子信息等新兴产业的核心和关键资源。云南省“三稀”矿产资源丰富，所有元素均有发现。据原国土资源部发布的《全国矿产资源储量通报》（2017 年）统计，稀土金属矿产中，保有的重稀土（磷钇矿）、轻稀土（独居石）、稀土氧化物资源储量分别位列全国第 4、5、13 位；稀有金属矿产中，保有的绿柱石、氧化铍资源储量分别位列全国第 1、6 位，保有的氧化铌钽矿、褐钇铌铁矿、氧化铌矿、氧化钽矿及伴生氧化铌矿资源储量分别位列全国第 5、1、11、10、3 位，锶（天青石）资源储量位列全国第 5 位，锆英石和氧化锆（ZrO_2）资源储量分别位列全国第 4、5 位；分散元素矿产中，保有的铟、镉、铊资源储量均位列全国第 1 位，锗、镓、碲、硒资源储量分别位列全国第 2、6、8、16 位。

云南省已发现稀土矿产地 36 处（其中超大型 3 处、大型 4 处、中型 5 处、小型 4 处、矿点 20 处）；发现稀有金属矿产地 52 处（其中超大型 3 处、大型 2 处、中型 6 处、小型 21 处、矿点 20 处）；已发现分散元素矿产地 77 处（其中超大型 5 处、大型 12 处、中型 17 处、小型 24 处、矿点 19 处）。

通过对 13 处稀土矿床（典型矿床 11 处、重要矿床 2 处）、19 处稀有金属矿床（典型矿床 6 处、重要矿床 13 处）和 22 处分散元素矿床（典型矿床 3 处、重要矿床 19 处）成矿地质特征及全省稀土、稀有、分散元素矿产成矿地质条件、成矿时代、空间分布规律的系统研究，编制了成矿规律图，并圈定 8 处稀土、11 处稀有金属矿产、10 处分散元素矿产找矿远景区。

云南省水气矿产资源丰富，尤以地热资源最为重要，地热泉水点数量和可开采水量均处全国前列。据《云南省地热调查与区划》（2015）统计，已发现天然出露（≥25℃）温泉 851 处，地热资源储量为 204.71×10^{15} kJ，折合标准煤 6985.39×10^{6} m^3，可开采热流量 1188481.35 m^3/d，可开采热量为 141.85×10^{9} kJ/d，折合标准煤为 4840.84 t/d。各种成因的热田既有可作为能源开发的高温热田，也有可作为饮用矿泉水开发利用的中低温热田，具有重大利用价值。

云南省地下水资源丰富但分布极不均匀，采用多年平均“地下水径流模数法”计算的全省地下水天然补给资源量为 752.44×10^{8} m^3/a；全省已发现和调查各类矿泉水点 930 个，总出水流量 1543758 m^3/d；二氧化碳气资源目前以气苗形式发现于楚雄盆地及腾冲地热水活跃地区。

通过对重要水气矿产地或地热田的成矿地质背景、水文地质特征、物理化学特征及开发利用等进行系统研究，总结其成矿规律，可为今后的勘查规划和资源开发利用提供科学依据。

本志书共分为 3 篇 14 章 58 节，提纲、技术路线、前言及结语部分，由李建伟、施玉北、程胜辉完成；第一篇锑汞铋铝土矿矿产部分，主要由李建伟、程胜辉、赵波、刘洪滔、施玉北、李蓉、侯蜀光、邓茂林、刘卫东、包佳凤、柏杨完成；第二篇稀土稀有分散元素矿产部分，由李建伟、朱多录、程胜辉、施玉北、谭玉荣、李蓉、侯蜀光、邓茂林、曹晓民、郭光华、李新仁、刘卫东、李永平、高长贵、尹峰、朱琳完成；第三篇水气矿产部分，由伍早生、彭淑惠、杨艳华、程胜辉、张贵、伍尹犇、周江云、陶琴、牛小丽完成。插图部分，由李建伟、曾妍、李增、王静、赵崇娟、李蓉完成；数据库及矿产地一览表由李建伟、朱多录、曾妍、何川、李蓉、王静、赵崇娟、王蓓蓓、石天慈等完成。全书由李建伟负责统纂，施玉北、程胜辉审定。

2019 年 3 月，张翼飞、赵准教授级高级工程师对本书初稿进行了审查。2019 年 11 月 21 日，云南省自然资源厅组织了省级初审，由张翼飞、赵准、崔银亮、王宇、张兴恒、薛顺荣、王学武等专家完成审查，李建伟、程胜辉、施玉北、伍早生、曾妍、李蓉、赵崇娟、王静、谭玉荣等完成了对初审稿的修改。2019 年 12 月 20 日，中国地质科学院矿产资源研究所在北京组织专家对本书进行评审，经陈毓川、黄崇轲、王瑞江、王登红、朱裕生、梅友松、张翼飞、李继江、杨岳清、唐菊兴等专家审查通过。本书依照专家修订意见修改完善后，再经张翼飞、赵准复核，李蓉校稿，施玉北、程胜辉审定完成终稿并提交中国矿产地质志项目办公室复核后提交出版社。

本志书编写过程中，《中国矿产地质志》专家委员会陈毓川院士、常务副主任王登红研究员，项目办公室黄凡博士、王岩博士给予了热情的帮助和指导；云南省自然资源厅、云南省地质调查局、云南省有色地质局、云南省地质调查院、云南省地质环境监测院、云南省核工业二〇九地质大队、云南省地质技术信息中心等单位领导、专家也给予悉心指导和大力支持，在此致以诚挚的谢意！

本志书引用了《云南省区域矿产总结》《云南省矿产资源利用现状调查成果报告》《云南省三年地质找矿行动计划成果报告》《云南省矿产资源潜力评价成果报告》等相关成果；同时还搜集和引用了云南省地质调查局、云南省地质矿产勘查开发局、云南省有色地质局、云南省煤田地质局、中化地质矿山总局云南地质勘查院、云锡集团（控股）有限责任公司、云南省核工业二〇九地质大队、原中国人民武装警察部队黄金第十支队及其他地质矿产部门（单位）、矿山等数十年来地质勘查和科研成果。在此，对上述单位及同仁表示诚挚谢意！

编　者

2020 年 5 月

目　　录

总　序

前　言

第一篇　锑汞铋铝土矿矿产

第一章　矿产资源概况 …… 3

第一节　矿产资源特点 …… 3

一、矿产资源情况 …… 3

二、勘查开发情况 …… 4

三、矿产资源特点 …… 8

第二节　矿床类型划分 …… 11

第三节　成矿带的划分 …… 14

第二章　锑矿 …… 18

第一节　浅成中-低温热液型锑矿 …… 18

一、滇东-滇东南地区锑矿 …… 18

二、兰坪-巍山-普洱地区锑矿 …… 41

三、临沧-双江地区锑矿 …… 55

四、其他地区锑矿 …… 62

第二节　岩浆热液型锑矿 …… 66

一、维西县阿南多塘锑矿床 …… 66

二、香格里拉市格咱斯各锑矿床 …… 68

三、其他矿床（点） …… 70

第三章　汞矿 …… 71

第一节　保山-施甸地区汞矿 …… 71

一、保山市隆阳区水银厂汞矿床 …… 73

二、保山市隆阳区金家山汞矿床 …… 77

三、施甸县茅草坡汞矿床 …… 81

四、其他矿床（点） …… 84

第二节　滇东南地区汞矿 …… 86

一、丘北县洗马塘汞矿床 …… 86

二、其他矿产地 …… 90

第三节　维西-巍山地区汞矿 …… 90

一、巍山县黑龙潭汞矿床 …… 91

二、兰坪县温水河汞矿床 …… 93

三、其他矿产地 …… 95

第四节　其他地区汞矿 …………………………………………………………………………… 95

第四章　铋矿 ………………………………………………………………………………………… 96
第一节　接触交代型铋矿 …………………………………………………………………………… 96
一、个旧市金光坡铋金铜矿床 ……………………………………………………………………… 96
二、腾冲市江南铋锌矿床…………………………………………………………………………… 100
三、香格里拉市红山铜多金属矿床伴生铋………………………………………………………… 103
四、其他铋矿床（点） ……………………………………………………………………………… 104
第二节　岩浆热液型铋矿…………………………………………………………………………… 105
一、个旧锡多金属矿田伴生铋矿…………………………………………………………………… 105
二、石屏县龙潭钨多金属矿床伴生铋……………………………………………………………… 106
三、西畴县嘎机铅锌铜矿床伴生铋………………………………………………………………… 107
第三节　其他类型铋矿……………………………………………………………………………… 108
一、永平县厂街铜钴矿床伴生铋…………………………………………………………………… 108
二、江城县瑶家山铜矿床伴生铋…………………………………………………………………… 109
三、会泽铅锌矿田（麒麟厂-矿山厂矿床）伴生铋 ………………………………………………… 109
四、澜沧县老厂银铅锌多金属矿床伴生铋………………………………………………………… 109

第五章　铝土矿……………………………………………………………………………………… 111
第一节　沉积型铝土矿……………………………………………………………………………… 111
一、富民县老煤山耐火粘土铝土矿矿床…………………………………………………………… 111
二、麻栗坡县铁厂铝土矿矿床……………………………………………………………………… 115
三、丘北县大铁铝土矿矿床………………………………………………………………………… 121
四、文山市天生桥铝土矿矿床……………………………………………………………………… 126
五、其他沉积型铝土矿矿床（点） ………………………………………………………………… 130
第二节　风化型（堆积型）铝土矿 ………………………………………………………………… 136
一、西畴县卖酒坪铝土矿矿床……………………………………………………………………… 136
二、其他风化型（堆积型）铝土矿矿床（点） …………………………………………………… 141

第六章　成矿规律及找矿方向……………………………………………………………………… 151
第一节　锑汞矿……………………………………………………………………………………… 151
一、成矿地质条件…………………………………………………………………………………… 151
二、成矿时代………………………………………………………………………………………… 154
三、矿产空间分布…………………………………………………………………………………… 156
四、找矿潜力及找矿方向…………………………………………………………………………… 159
第二节　铋矿………………………………………………………………………………………… 161
一、成矿地质条件…………………………………………………………………………………… 161
二、成矿时代………………………………………………………………………………………… 162
三、矿产空间分布…………………………………………………………………………………… 164
四、找矿潜力及找矿方向…………………………………………………………………………… 166
第三节　铝土矿……………………………………………………………………………………… 167
一、成矿地质条件…………………………………………………………………………………… 167
二、成矿时代………………………………………………………………………………………… 172

三、矿产空间分布……172
四、找矿潜力及找矿方向……174

第二篇 稀土稀有分散元素矿产

第七章 稀土金属矿产……179
第一节 资源概况……179
一、矿产资源情况……179
二、勘查开发情况……179
三、资源分布情况……181
第二节 矿床类型划分……182
第三节 风化型稀土矿……182
一、离子吸附型稀土矿……182
二、风化壳残积型矿床……207
第四节 砂矿型稀土矿……209
一、勐海县勐往独居石砂矿床……209
二、勐海县城郊独居石砂矿床……213
三、勐海县勐阿独居石磷钇矿砂矿床……216
四、勐海县勐康磷钇矿独居石砂矿床……220
第五节 岩浆-岩浆热液型稀土矿……222
一、金平县马鞍底铁矿床伴生钪矿……222
二、牟定县二台坡钪铁铂钯多金属矿点……226
三、腾冲市小龙河锡多金属矿床共（伴）生稀土矿……229
四、永平县卓潘稀土矿点……232
第六节 火山岩型稀土矿……234
一、武定县迤纳厂铁铜矿床伴生稀土矿……234
二、宣威市中营-禾木多-徐家村稀土矿点……239
三、其他矿化信息点……239
第七节 沉积型矿床伴生稀土矿产……241
一、沉积型磷矿床伴生稀土矿产……241
二、沉积型铝土矿矿床伴生稀土矿产……241
第八节 成矿规律及找矿方向……242
一、成矿条件……242
二、成矿时代……248
三、矿产空间分布……250
四、找矿潜力及找矿方向……253

第八章 稀有金属矿产……257
第一节 资源概况……257
一、矿产资源情况……257
二、勘查开发情况……258
三、资源分布情况……260
第二节 矿床类型划分……262
第三节 铍矿……264

一、岩浆热液脉型铍矿…… 264
二、伟晶岩型铍矿…… 274
三、蚀变花岗岩型铍矿…… 287
四、云英岩型铍矿…… 290
五、接触交代型铍矿…… 291
第四节 铌钽矿…… 291
一、岩浆-风化型铌钽矿…… 291
二、伟晶岩型铌钽矿…… 299
三、火山沉积-改造型铌钽矿…… 301
四、沉积型铌钽矿…… 302
第五节 锶矿（天青石矿）…… 303
一、兰坪县河西锶（天青石）矿床…… 303
二、兰坪县金顶铅锌矿床共伴生锶矿…… 307
三、兰坪县区五银矿床共生锶矿…… 311
第六节 锆（铪）矿…… 313
一、保山市隆阳区板桥钛铁矿砂矿床伴生锆英石矿…… 313
二、个旧市新冠砂锡矿床伴生锆矿…… 315
三、其他矿点…… 316
第七节 锂、铷、铯矿…… 317
一、腾冲市新岐稀有稀土锡多金属矿床…… 318
二、其他矿化信息点…… 323
第八节 成矿规律及找矿方向…… 326
一、成矿地质条件…… 326
二、成矿时代…… 330
三、矿产空间分布…… 333
四、找矿潜力及找矿方向…… 337

第九章 分散元素矿产…… 342
第一节 资源概况…… 342
一、矿产资源情况…… 342
二、勘查开发情况…… 343
三、资源分布情况…… 346
第二节 矿床类型划分…… 349
第三节 锗矿…… 352
一、锗煤岩型（锗砂岩型）锗矿床…… 352
二、铅锌矿床伴生的锗矿…… 372
三、铜矿床伴生锗矿…… 377
第四节 铟矿…… 379
一、马关县都龙锡锌多金属矿床伴生铟镉锗镓…… 380
二、个旧锡多金属矿田伴生铟镓…… 382
三、蒙自市白牛厂银多金属矿床伴生铟镓镉…… 383
四、澜沧县老厂银铅锌多金属矿床伴生铟镉镓铼硒碲…… 384
五、其他矿床（点）…… 385

第五节 镉、铊矿……386
一、镉矿……386
二、铊矿……388
第六节 镓矿……390
一、铝土矿床伴生镓……390
二、铅锌矿床伴生镓……391
三、其他含镓矿床……391
第七节 铼、硒、碲矿……392
一、祥云县马厂箐金多金属矿床伴生铼硒碲……392
二、墨江金厂金镍矿床伴生硒……394
三、金平县白马寨铜镍多金属矿床伴生硒碲……395
四、其他矿床（点）……396
第八节 成矿规律及找矿方向……397
一、成矿地质条件……397
二、成矿时代……399
三、矿产空间分布……400
四、找矿潜力及找矿方向……403

第三篇 水气矿产

第十章 概况……411
第一节 地理概况……411
一、自然地理……411
二、气象与水文……413
第二节 水气矿产资源概况……416
一、地下水资源概况……416
二、矿泉水资源概况……416
三、地热水资源概况……416
四、二氧化碳气资源概况……417

第十一章 地下水……418
第一节 地下水勘查与开发史……418
一、地下水勘查史……418
二、地下水开发史……419
第二节 区域地下水资源……421
一、地下水资源分布……421
二、水文地质基本条件……421
三、地下水天然补给资源和可采资源……425
四、深层承压水的可开采储存量评价……427
五、地下水质量……428
第三节 水源地……431
一、典型岩溶水水源地……431
二、主要盆地地下水资源……432

第四节　地下水资源的合理利用…… 440
一、地下水开采量与开采程度…… 440
二、地下水利用情况…… 440
三、地下水资源潜力分析与开发利用现状…… 441
四、地下水开发引起的环境问题…… 442

第十二章　天然矿泉水…… 443
第一节　矿泉水勘查与开发史…… 443
一、矿泉水勘查史…… 443
二、矿泉水开发史…… 443
第二节　矿泉水水文地质条件及区域资源量…… 443
一、矿泉水水文地质条件…… 445
二、矿泉水区域资源量…… 447
第三节　典型矿泉水水源地…… 449
一、天然饮用矿泉水…… 449
二、天然理疗矿泉水…… 476
第四节　矿泉水资源潜力分析与合理利用…… 476
一、矿泉水资源潜力分析…… 476
二、矿泉水资源的保护…… 477

第十三章　地热（水）资源…… 481
第一节　地热资源勘查与开发史…… 481
一、地热资源勘查史…… 481
二、地热资源开发史…… 481
第二节　地热地质条件…… 482
一、云南省成热地质背景…… 482
二、地温场与大地热流…… 486
三、热储类型与分布…… 489
第三节　区域地热资源…… 493
一、隆起山地型地热资源（带状热储）…… 493
二、沉积盆地型地热资源（层状热储）…… 493
三、地热资源分布及特征…… 493
四、地热资源可采资源量…… 503
五、地热流体质量…… 504
第四节　主要地热田（泉）…… 505
一、昆明盆地地热田…… 505
二、安宁盆地地热田…… 512
三、宜良盆地地热田…… 518
四、腾冲市热海热田…… 522
五、腾冲市瑞滇地热田…… 534
六、洱源县茈碧湖地热田…… 536
第五节　地热资源潜力分析与可持续利用…… 547
一、地热资源潜力分析…… 547

二、地热资源可持续利用…………………………………………………… 548

第十四章　二氧化碳气…………………………………………………… 558
第一节　资源概况与类型划分…………………………………………………… 558
第二节　主要二氧化碳矿床（气苗）…………………………………………………… 558
一、楚雄盆地中东部二氧化碳气苗…………………………………………………… 558
二、大姚县乌龙口构造二氧化碳气苗…………………………………………………… 560
三、腾冲市硫磺塘二氧化碳气苗…………………………………………………… 561
四、勘查前景…………………………………………………… 561

结语…………………………………………………… 562

主要参考文献及资料…………………………………………………… 564

附表1　云南省锑矿产地一览表…………………………………………………… 578
附表2　云南省汞矿产地一览表…………………………………………………… 586
附表3　云南省铋矿产地一览表…………………………………………………… 594
附表4　云南省铝土矿矿产地一览表…………………………………………………… 596
附表5　云南省稀土金属矿产地一览表…………………………………………………… 605
附表6　云南省稀有金属矿产地一览表…………………………………………………… 613
附表7　云南省分散元素矿产地一览表…………………………………………………… 625

第一篇

锑汞铋铝土矿矿产

第一章

第一章　矿产资源概况

锑（Sb）在常温下是一种耐酸物质，是电和热的不良导体，有较强抗腐蚀能力；因在其合金中常起到增加硬度的作用，也称为金属或合金的硬化剂。目前广泛用于生产各种阻燃剂、搪瓷、玻璃、橡胶、涂料、颜料、陶瓷、塑料、半导体元件、烟花、医药及化工等领域，是极其重要的全球战略资源。中国的锑矿资源储量和产量均居世界首位。

汞（Hg）是常温下呈液态的金属，又称水银；汞能与许多金属形成合金，称为汞齐。由于有特异的物理化学性能，因此广泛应用于化学、电气、仪表及军事工业等。此外，还可用作原子核反应堆冷却剂和防原子辐射材料，也可用于提取有色金属、金及稀有元素，此外，在医药方面也有一定的用途。

铋（Bi）的化学性质较稳定，熔点低、性脆硬且缺乏延展性，导电和导热性都较差，同时也是逆磁性最强的金属。由于其毒性微弱，且不易被人体吸收，故有“绿色金属”之称，经常取代铅广泛应用于医药、化妆品、工业颜料等方面。此外，在催化剂、阻燃剂、电子陶瓷与晶体、半导体制冷器件、冶金添加剂、易熔合金、铋基合金、超导、铋电池和核子反应堆等领域，也有广泛应用。中国是世界上铋矿资源储量最多、铋精矿产量最大的国家。

铝土矿是生产金属铝的最重要矿石来源。铝（Al）广泛应用于机械制造、建筑、交通和包装等行业，是冶金、化工、建材工业不可缺少的原材料之一，为世界上仅次于铁的第二重要金属。

第一节　矿产资源特点

云南省素有“有色金属王国”之称，锑、汞、铋及铝土矿资源都比较丰富，据国土资源部发布的《全国矿产资源储量通报》（2017 年）数据统计，云南省保有锑资源储量 278119. 47 t、汞资源储量 1372 t、铋资源储量 28570 t、铝土矿资源储量 10735. 61×10^4 t，分别位列全国第六位、第七位、第五位、第六位。

一、矿产资源情况

据《云南省 2017 年矿区及所属矿山矿产资源储量简表》统计，全省累计查明锑资源储量（333类及其以上类别，下同）543418. 36 t；上表锑矿床 23 处（大型矿床 1 处、中型矿床 9 处、小型矿床 13 处），累计查明锑资源储量 495618. 06 t；未上表锑矿床 9 处，累计查明锑资源储量 47800. 30 t。全省上表汞矿床 6 处（中型矿床 3 处、小型矿床 3 处），累计查明汞资源储量 3106 t。全省累计查明铋资源储量 45530. 32 t；上表共（伴）生铋矿床 3 处（个旧矿田 8 处伴生矿床合并为 1 处），中型矿床 1 处、小型矿床 2 处，累计查明铋资源储量 44328 t；未上表铋矿床 1 处，累计查明铋资源储量 1202. 32 t。全省累计查明铝土矿资源储量 11304. 79×10^4 t；上表铝土矿矿床 31 处（大型矿床 1 处、中型矿床 5 处、小型矿床 25 处），累计查明铝土矿资源储量 11166. 30×10^4 t；未上表铝土矿矿床 1 处，累计查明铝土矿资源储量 138. 49×10^4 t。

据截至 2017 年 12 月底搜集的最新勘查成果及地质勘查报告数据统计，云南省已发现锑矿产地 55 处（图 1-1；表 1-1），其中大型矿床 1 处、中型矿床 11 处、小型矿床 18 处、矿点 25 处，累计查明锑资源储量 550545. 11 t。已发现独立汞矿产地 44 处（表 1-2），其中中型矿床 5 处、小型矿床 5 处、矿点 34 处，累计查明汞资源储量 5412 t，另有与锑共生汞矿产 1 处（巍山县白岩村锑汞矿，查明汞资源储量 70 t）。已发现共（伴）生铋矿产地 12 处（个旧矿田 8 处伴生矿床合并为 1 处）（表 1-3），其中中型矿床1处、小型矿床7处、矿点4处，累计查明铋资源储量55580.3 t。已发现铝土矿矿产地68处（表1-4），其中大型矿床2处、中型矿床6处、小型矿床44处、矿点16处，累计查明铝土矿资源储量20553.34×10^4 t。

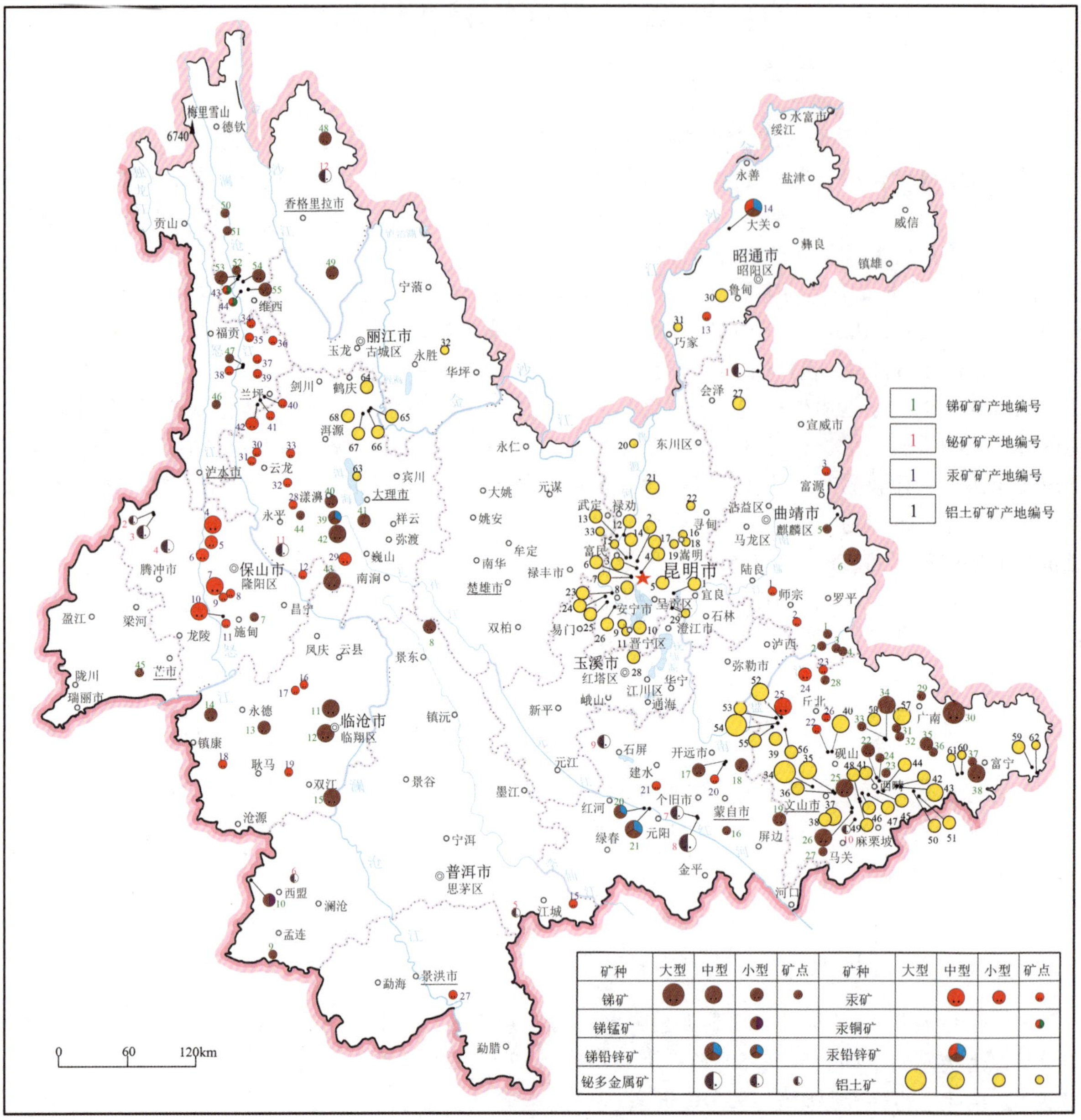

图1-1　云南省锑、汞、铋、铝土矿产分布图

图内矿产地编号同表1-1至表1-4

二、勘查开发情况

1942年，苏良赫、周泰昕对富源老厂锑矿进行过踏勘，编写了《平彝余家老厂锑矿报告》；系统的锑矿勘查工作始于20世纪50年代，主要是对广南木利、西畴小锡板、富源老厂等矿床进行了勘查。其后由于历史原因，地质勘查工作中断了较长时间，直至20世纪70年代中期，勘查工作又开始起步，相继发现了巍山笔架山、石岩村，富宁里达等中型锑矿床。近十多年来，随着成矿理论不断深化，各种先进的找矿勘查技术方法、测试方法广泛运用，木利锑矿深部及外围找矿取得突破，矿床累计查明的资源量也超过20 t，外围发现广南皂角树、西畴香山坪2个中型锑矿床；此外，在临沧-双

江、维西-香格里拉、永德-镇康等地区取得较好的找矿效果，新发现一批中、小型矿床。锑矿采矿历史悠久，据俞开基（1990）研究，在清光绪三十四年，官商合办的宝华锑矿公司开始对文山、广南、屏边、西畴及开远一带的锑矿进行开采，1939 年最盛，年产量达 600 t。云南省是全国重要的锑产区，目前主要是对木利、笔架山 2 个矿山进行开发利用，2013 年生产锑精矿 11000 t，位居全国第二位。其中，木利锑矿目前年产高纯氧化锑 7200 t，无尘氧化锑、精锑及其他锑制品 4600 t，是云南省最大的锑生产、加工基地。

表 1-1　云南省锑矿产地一览表

编号	矿产地名称	规模	编号	矿产地名称	规模
1	师宗县南崖锑矿	矿点	29	广南县达莲塘锑矿	矿点
2	师宗县蚌别锑矿	矿点	30	广南县木利锑矿	大型
3	师宗县高良锑矿	矿点	31	广南县矿山（格夺）锑矿	矿点
4	师宗县龙脑锑矿	矿点	32	广南县袁家坪锑矿	矿点
5	富源县大核桃冲锑矿	矿点	33	广南县九克锑矿	矿点
6	富源县余家老厂锑萤石矿	中型	34	广南县皂角树锑矿	中型
7	施甸县顾板寨锑矿	矿点	35	广南县田坊锑矿	小型
8	景东县南岸锑矿	小型	36	广南县白炮台锑矿	矿点
9	孟连县曼信锑矿	矿点	37	富宁县革当锑矿	矿点
10	西盟县小新寨锰多金属矿	小型	38	富宁县里达锑矿	中型
11	临翔区遮奈锑矿	中型	39	大理市恩组场铅锌矿床伴生锑矿	小型
12	临翔区大田河锑矿	中型	40	漾濞县塔盘山锑矿	小型
13	永德县崇岗锑矿	小型	41	巍山县羊虎头锑矿	小型
14	镇康县小荒田锑矿	小型	42	巍山县石岩村锑汞矿	中型
15	双江县南美河锑矿	中型	43	巍山县笔架山锑矿	中型
16	蒙自市马次邑锑矿	矿点	44	永平县黄连铺锑矿	矿点
17	开远市大庄虎跳崖锑矿	小型	45	芒市东木岭山锑矿	矿点
18	开远市余米都锑矿	小型	46	泸水市罗卡村锑矿	矿点
19	屏边县山后锑矿	小型	47	兰坪县鲁多罗锑矿	矿点
20	建水县马南铅锌矿床伴生锑矿	小型	48	香格里拉市格咱斯各锑矿厂锑矿	小型
21	建水县虾硐铅锌矿床伴生锑矿	中型	49	香格里拉市格撒铅锌锑多金属矿	小型
22	砚山县金竹冲锑矿	小型	50	维西县里底落姑锑矿	矿点
23	西畴县南问锑矿	矿点	51	维西县阿尼比锑矿	矿点
24	西畴县田冲锑矿	矿点	52	维西县哈谷底锑矿	矿点
25	西畴县小锡板锑矿	中型	53	维西县阿南多塘锑矿	小型
26	西畴县香坪山锑多金属矿	中型	54	维西县石门多锑矿	小型
27	马关县观音岩锑矿	矿点	55	维西县白马吉锑矿	小型
28	丘北县小鱼锑矿	矿点			

1941 年，冯景兰、王鸿祯、宋叔和应滇缅铁路局邀请，对保山、昌宁等地矿产进行路线踏勘，历时两个月，曾到保山水银厂踏勘了解乡民采汞情况和冶炼数量，著有《云南省保山、昌宁、顺化

和蒙化县地质矿产》报告。对汞矿系统的勘查主要集中于20世纪50年代初至70年代初，先后对保山-施甸、兰坪-巍山、丘北一带的汞矿进行勘查，发现了一批中小型矿床。汞矿采冶历史也很悠久，与开采金矿利用混汞法作金的选矿捕获材料有关（地质矿产部“三江”专著编辑委员会，1984）。但大规模的开采和冶炼始于20世纪50年代，大部分探明储量已基本采空。目前由于对汞的需求量减少，云南省内汞矿的开采和冶炼已基本处于停滞状态。

表1-2　云南省汞矿产地一览表

编号	矿产地名称	规模	编号	矿产地名称	规模
1	陆良县树达棚汞矿	矿点	23	丘北县平坦汞矿	矿点
2	师宗县阿尼格汞矿	矿点	24	丘北县石腊汞矿	小型
3	富源县蛇皮箐汞矿	矿点	25	丘北县洗马塘汞矿	中型
4	保山市隆阳区水银厂汞矿	中型	26	丘北县茶花寨汞矿	矿点
5	保山市隆阳区罗明烈（黎）马山汞矿	小型	27	景洪市曼亏大寨汞矿	矿点
6	保山市隆阳区罗明官山汞矿	小型	28	漾濞县西里汞矿	矿点
7	保山市隆阳区金家山汞矿	中型	29	巍山县黑龙潭汞矿	小型
8	施甸县王家寨-百花岩汞矿	矿点	30	云龙县麦子登汞矿	矿点
9	施甸县百花山汞矿	矿点	31	云龙县喜鹊厂汞矿	矿点
10	施甸县茅草坡汞床	中型	32	云龙县以齐母汞矿	矿点
11	施甸县何元寨汞矿	矿点	33	洱源县松登汞矿	矿点
12	昌宁县阿法汞矿	矿点	34	兰坪县瓜坝汞矿	矿点
13	巧家县大坝汞矿	矿点	35	兰坪县卓谷村汞矿	矿点
14	永善县金沙厂铅锌矿床伴生汞矿	中型	36	兰坪县西福岩汞矿	矿点
15	江城县上田心汞矿	矿点	37	兰坪县华昌山汞矿	矿点
16	永德县小村汞矿	矿点	38	兰坪县水银厂汞矿	矿点
17	永德县龙高林汞矿	矿点	39	兰坪县挂登汞矿	矿点
18	耿马县允坎汞矿	矿点	40	兰坪县黄龙山汞矿	矿点
19	耿马县户南汞矿	矿点	41	兰坪县雷打箐汞矿	矿点
20	开远市大庄桃树汞矿	矿点	42	兰坪县温水河汞矿	小型
21	建水县狗街水银厂汞矿	矿点	43	维西县高宗-小别驮汞铜矿	矿点
22	砚山县白沙坡-红舍克汞矿	矿点	44	维西县腊它洛汞铜矿	矿点

注：巍山县石岩村为锑汞共生矿床，未再单独列出。

表1-3　云南省铋矿产地一览表

编号	矿产地名称	规模	编号	矿产地名称	规模
1	会泽县矿山厂-麒麟厂铅锌矿床伴生铋矿	小型	7	个旧市金光坡铋金矿	小型
2	腾冲市滇滩铁多金属矿床伴生铋矿	矿点	8	个旧锡多金属矿田伴生铋矿	中型
3	腾冲市铜厂山铅锌铁矿床伴生铋矿	小型	9	石屏县龙潭钨金矿床伴生铋矿	小型
4	腾冲市江南铋锌矿	小型	10	西畴县嘎机铅锌铜矿床伴生铋矿	矿点
5	江城县瑶家山铜矿床伴生铋矿	矿点	11	永平县厂街铜钴多金属床矿伴生铋矿	小型
6	澜沧县老厂银铅锌多金属矿床伴生铋矿	矿点	12	香格里拉市红山铜多金属矿床伴生铋矿	小型

表 1-4　云南省铝土矿矿产地一览表

编号	矿产地名称	规模	编号	矿产地名称	规模
1	呈贡区马头山铝土矿	小型	35	文山市清水塘铝土矿	小型
2	五华区沙朗铝土矿	小型	36	文山市大石盆铝土矿	中型
3	五华区大普吉铝土矿	小型	37	文山市杨柳井铝土矿	中型
4	五华区铁峰庵铝土矿	小型	38	文山市南林河铝土矿	小型
5	官渡区大板桥铝土矿	小型	39	砚山县永和铝土矿	小型
6	西山区筇竹寺铝土矿	小型	40	砚山县红舍克铝土矿	中型
7	西山区马街子铝土矿	小型	41	西畴县烈士墓-英代铝土矿	小型
8	西山区法禄村、凤凰村铝土矿	小型	42	西畴县大地-瓦厂铝土矿	小型
9	晋宁区栗庙铝土矿	矿点	43	西畴县卖酒坪铝土矿	中型
10	晋宁区牛恋村铝土矿	小型	44	西畴县追栗冲铝土矿	小型
11	晋宁区美女山铝土矿	矿点	45	西畴县董有新发寨铝土矿	小型
12	富民县赤鹫铝土矿	小型	46	西畴县大塘子-联营厂铝土矿	小型
13	富民县龙发铝土矿	小型	47	西畴县大吉厂铝土矿	小型
14	富民县老煤山耐火粘土铝土矿	小型	48	西畴县大马路铝土矿	小型
15	富民县完家村铝土矿	矿点	49	西畴县木者铝土矿	小型
16	嵩明县黑马阱铝土矿	矿点	50	麻栗坡县太平街铝土矿	小型
17	嵩明县阿子营铝土矿	小型	51	麻栗坡县铁厂铝土矿	小型
18	嵩明县梁王山-新发村铝土矿	矿点	52	丘北县大铁铝土矿	中型
19	嵩明县谷堆山铝土矿	矿点	53	丘北县水米冲铝土矿	小型
20	禄劝县德干铝土矿	矿点	54	丘北县飞尺角铝土矿	大型
21	禄劝县甸尾铝土矿	小型	55	丘北县席子塘铝土矿	小型
22	寻甸县车湖铝土矿	矿点	56	丘北县白色姑铝土矿	小型
23	安宁市温泉铝土矿	小型	57	广南县板茂铝土矿	中型
24	安宁市草铺铝土矿	小型	58	广南县新寨铝土矿	小型
25	安宁市县街铝土矿	小型	59	富宁县郎架铝土矿	小型
26	安宁市耳目村-下哨铝土矿	小型	60	富宁县木树铝土矿	矿点
27	会泽县朱家村铝土矿	小型	61	富宁县木宗铝土矿	矿点
28	红塔区小石桥铝土矿	小型	62	富宁县谷桃铝土矿	矿点
29	澄江市李大坟-石寨河铝土矿	矿点	63	大理市挖色铝土矿	矿点
30	鲁甸县三合场铝土矿	小型	64	鹤庆县吉地坪-大黑山铝土矿	小型
31	巧家县阿卡白铝土矿	矿点	65	鹤庆县大稿（果）铝土矿	小型
32	宁蒗县油果木铝土矿	矿点	66	鹤庆县中窝铝土矿	小型
33	武定县恩泽河铝土矿	矿点	67	鹤庆县白水塘铝土矿	小型
34	文山市天生桥铝土矿	大型	68	鹤庆县（松桂）西炭街铝土矿	小型

云南省铋矿勘查工作程度较低，仅个旧锡多金属矿田、会泽铅锌矿、石屏龙潭钨金矿床、香格里拉红山铜多金属矿床、腾冲江南锌铋矿、腾冲铜厂山铅锌铁矿等矿床在开展主矿种勘查时，对共

（伴）生的铋矿进行了综合评价，并在个旧金光坡发现小型金铋共生矿床 1 处、腾冲江南锌铋矿发现小型锌铋共生矿床 1 处。云南省铋矿的开发利用主要是对个旧锡多金属矿的伴生铋进行综合回收利用，云南锡业集团（控股）有限责任公司每年铋精矿产量为 1000 t 左右；目前，腾冲市江南锌铋矿采选厂是云南省唯一一个以铋矿作为主采矿种登记注册的矿山。

云南铝土矿的发现及地质勘查研究工作总体经历了 4 个阶段：①早期调查发现阶段（1939~1943 年），南延宗、许德佑、边兆祥、王鸿祯等对昆明周边的铝土矿开展地质调查，发现了安宁温泉、呈贡马头山、官渡大板桥等一批铝土矿床，首次估算了昆明附近铝土矿储量 706.1×10^4 t（云南省地质志编撰委员会，1997）。②全省普查阶段（1958~1963 年），以云南省地质局为主体，对昆明地区铝土矿进行勘探，发现和评价了滇东南及鹤庆一带的部分铝土矿，初步评价了白云山含钾、铝霞石矿；基本查明了全省铝土矿资源类型和分布。③新一轮堆积型铝土矿全面勘查阶段（1980~2002 年）：主要以云南省地质矿产勘查开发局第二地质大队为主体，全面开展了滇东南地区以堆积型铝土矿为主的远景调查及评价。④整装勘查阶段：通过部、省、企合作，实施了广南-丘北-砚山地区铝土矿整装勘查，云南文山铝业有限公司、华西矿业有限公司等企业先后在文山、丘北等地取得重大勘查进展，文山市天生桥沉积型铝土矿查明资源储量超过 6000×10^4 t，突破大型矿床规模；丘北县大铁沉积型铝土矿也初具大型规模。此外，在沉积型铝土矿选矿生产流程实验中取得了较好效果，促进了勘查成果向开发利用的快速转化，拓宽了沉积型铝土矿找矿前景，社会及经济效益显著。目前，云南省开发利用的矿山主要为西畴县卖酒坪铝土矿和砚山县红舍克铝土矿，云南冶金集团总公司文山铝业有限公司 80×10^4 t 氧化铝厂于 2012 年 9 月建成，2013 年 7 月达产达标，2014 年生产氧化铝 84.39×10^4 t。现已开展 60×10^4 t 氧化铝产能扩建工程，建成后总规模可达年产 140×10^4 t 氧化铝。随着技术的进步，以前经济价值较低的一水硬铝石型铝土矿，将逐步得到开发利用，极大缓解云南省铝工业原材料对外依赖的局面。

三、矿产资源特点

云南省锑矿产地及查明资源储量分布较为集中。从行政区划来看，55 处锑矿产地分布于 10 个州（市）和 29 个县（区、市）行政区（表 1-5），但集中分布于文山州（17 处），次为迪庆州（8 处）、红河州（8 处）、曲靖市（6 处）、大理州（6 处）、临沧市（5 处），普洱市、德宏州、怒江州、保山市有零星分布；查明的锑资源储量分布于 7 个州（市）和 19 个县（区、市）行政区，但集中分布于文山州、大理州、临沧市、红河州等州（市）和广南县、巍山县、西畴县等县（区、市）行政区。其中文山州查明的锑资源储量占全省资源总量的 52.73%，广南县查明的锑资源储量占全省资源总量的 40.56%。从大地构造分区来看，锑矿产地和查明资源储量集中分布于泸西被动陆缘、富宁-那坡被动陆缘、昌都-兰坪-普洱（思茅）地块、临沧岩浆弧；从成矿区带来看，查明资源储量集中分布于个旧-文山-富宁成矿带、兰坪-普洱（陆块）成矿带、临沧-勐海（岩浆弧）成矿带。云南省锑矿成矿条件十分有利，锑矿的地质勘查工作程度普遍较低，除少数矿区进行过普查、详查、勘探外，多数矿点均属踏勘性质，且有很多锑化探异常未开展过查证工作，找矿潜力很大；另一个显著特点是矿石矿物组分简单，以辉锑矿为主，矿石品位较富，易选、易炼。

云南省汞矿产地分布相对较广，但查明资源储量分布集中。从行政区划来看，45 处汞矿产地分布于 11 个州（市）和 22 个县（区、市）行政区（表 1-6），集中分布于保山市（9 处）、怒江州（9 处）、大理州（7 处）、文山州（5 处）等地区，曲靖市、昭通市、普洱市、临沧市、红河州、西双版纳州、迪庆州等地区有零星矿产地分布；查明的汞资源储量分布于 5 个州（市）和 6 个县（区、市）行政区，但集中分布于保山市、昭通市、文山州、大理州等州（市）和隆阳区、永善县、施甸县、丘北县、巍山县等县（区、市）行政区。其中保山市查明的汞资源储量占全省资源总量的 58.83%，隆阳区查明的汞资源储量占全省资源总量的 40.59%。从大地构造分区来看，汞矿产地和查明资源储量集中分布于保山地块、滇东被动陆缘、泸西被动陆缘、昌都-兰坪-普洱（思茅）地块；从成矿区带来看，汞矿产地和查明资源储量集中分布于保山（陆块）成矿带、昭通-曲靖（弧间盆地）成矿带、罗平-开远（右江海槽）成矿带、兰坪-普洱（陆块）成矿带。云南省汞矿勘查程度普遍较低，除保山水银厂、金家山，巍山马鞍山及丘北洗马塘等矿床为普查-勘探，众多矿点均只开展过踏勘和简单地质调查，由于汞需求量大幅减少，近年来，汞矿勘查及开发几乎处于停滞状态。在滇东南、保山-施甸、兰坪-巍山地区，分布着许多矿点、矿化点及地球化学异常，成矿地质条件好，找矿潜力还比较大。

表 1-5　云南省各州（市）、县（区、市）锑矿产地及资源储量分布一览表

州（市）	县（区、市）	矿产地数量/处	查明资源储量/t	占全省资源储量百分比/%
曲靖市	富源县	2	20448	3.71
	师宗县	4		
	合计	6	20448	3.71
保山市	施甸县	1		
普洱市	景东县	1	8952.74	1.63
	孟连县	1		
	西盟县	1	4156.32	0.75
	合计	3	13109.06	2.38
临沧市	临翔区	2	28650.71	5.20
	镇康县	1	3907.52	0.71
	永德县	1	2339.18	0.42
	双江县	1	11041	2.01
	合计	5	45938.41	8.34
红河州	蒙自市	1		
	开远市	2	15847	2.88
	建水县	2	15488	2.81
	屏边县	1	3550.26	0.64
	合计	6	30501.26	5.54
文山州	丘北县	1		
	砚山县	1	1281	0.23
	西畴县	4	55023	9.99
	马关县	1		
	广南县	8	223309	40.56
	富宁县	2	10691.48	1.94
	合计	17	290304.48	52.73
大理州	大理市	1	5005	0.91
	漾濞县	1	3584	0.65
	永平县	1		
	巍山县	3	120072.62	21.81
	合计	6	125077.62	23.37
德宏州	芒市	1		
迪庆州	香格里拉市	2	6655.28	1.21
	维西县	6	10543	1.92
	合计	8	17198.28	3.12
怒江州	泸水市	1		
	兰坪县	1		
	合计	2		
全省合计		55	550545.11	

云南省铋矿产地和查明资源储量分布较为集中。从行政区划来看，12 处铋矿产地分布于 7 个州（市）和 9 个县（区、市）行政区（表 1-7），集中分布于红河州（3 处）和保山市（3 处），次为普洱市 2 处，曲靖市、文山州、大理州、迪庆州各有 1 处；查明的铋资源储量分布于 5 个州（市）和 6 个县（区、市）行政区，但集中分布于红河州的个旧市。其中红河州查明的铋资源储量占全省资源总量的 82.33%，个旧市查明的铋资源储量占全省资源总量的 66.69%。从大地构造分区来看，铋矿产地集中分布于班戈-腾冲岩浆弧和泸西被动陆缘，查明资源储量集中分布于泸西被动陆缘之个旧台地；从成矿区带来看，铋矿产地集中分布于独龙江-腾冲（岩浆弧）成矿带和个旧-文山-富宁（地块）成矿带，查明资源储量集中分布于个旧-文山-富宁（地块）成矿带之个旧-河口（个旧断块）矿带。由于铋矿极少有独立工业矿床，主要以伴生元素存在于钨锡、铅锌、铜矿山中。因此，云南省铋矿勘查工作程度普遍较低，仅个旧锡多金属矿、会泽铅锌矿等少数工作、研究程度高的矿床对共伴生铋作了系统评价。云南是钨、锡、铜、钼等有色金属资源大省，铋矿找矿潜力巨大，尤其是滇西、滇东南两个花岗岩钨、锡多金属成矿带以及德钦-香格里拉斑岩-接触交代型铜、钼多金属带是重要的找矿远景区。

表 1-6　云南省各州（市）、县（区、市）汞矿产地及资源储量分布一览表

州（市）	县（区、市）	矿产地数量/处	查明资源储量/t	占全省资源储量百分比/%	州（市）	县（区、市）	矿产地数量/处	查明资源储量/t	占全省资源储量百分比/%
曲靖市	陆良县	1			红河州	开远市	1		
	师宗县	1				建水县	1		
	富源县	1				合计	2		
	合计	3			文山州	砚山县	1		
保山市	隆阳区	4	2225	40.59		丘北县	4	930	16.96
	施甸县	4	1000	18.24		合计	5	930	16.96
	昌宁县	1			西双版纳州	景洪市	1		
	合计	9	3225	58.83	大理州	漾濞县	1		
昭通市	巧家县	1				巍山县	2	214	3.90
	永善县	1	1001	18.26		云龙县	3		
	合计	2	1001	18.26		洱源县	1		
普洱市	江城县	1				合计	7	214	3.90
临沧市	永德县	1			怒江州	兰坪县	9	112	2.04
	耿马县	1			迪庆州	维西县	2		
	合计	2			全省合计		45	5482	100.00

注：表中包含巍山县石岩村锑汞矿共生汞数据。

表 1-7　云南省各州（市）、县（区、市）铋矿产地及资源储量分布一览表

州（市）	县（区、市）	矿产地数量/处	查明资源储量/t	占全省资源储量百分比/%	州（市）	县（区、市）	矿产地数量/处	查明资源储量/t	占全省资源储量百分比/%
曲靖市	会泽县	1	497.3	0.89	红河州	个旧市	2	37066	66.69
保山市	腾冲市	3	1701	3.06		石屏县	1	8691	15.64
普洱市	澜沧县	1				合计	3	45757	82.33
	江城县	1			大理州	永平县	1	363	0.65
	合计	2			迪庆州	香格里拉市	1	7262	13.07
文山州	西畴县	1			全省合计		12	55580.3	100.00

云南省铝土矿矿产地和查明资源储量分布较为集中。从行政区划来看，68 处铝土矿矿产地分布于 8 个州（市）和 26 个县（区、市）行政区（表 1-8），集中分布于文山州（29 处）和昆明市（26 处），玉溪市、昭通市、楚雄州和大理州有零星矿产地分布；查明的铝土矿资源储量分布于 6 个州（市）和 21 个县（区、市）行政区，但集中分布于文山州、昆明市 2 个州（市）和广南县、西畴县、丘北县、文山市等县（区、市）行政区。其中文山州查明的铝土矿资源储量占全省资源总量的 85.06%，昆明市查明的铝土资源储量占全省资源总量的 10.13%。从大地构造分区来看，铝土矿矿产地和查明资源储量集中分布于泸西被动陆缘、富宁-那坡被动陆缘、康滇基底断隆带 3 个三级构造单元；从成矿区带来看，铝土矿矿产地和查明资源储量集中分布于罗平-开远（右江海槽）、滇中（基底隆起带）2 个 3 级成矿带。云南铝土矿矿床规模以中小型为主，矿石以一水硬铝石型矿石为主，矿石品位总体偏低、铝硅比亦较低；勘查工作程度总体较低，普查工作程度以上的矿床为 31 个，约占矿产地总数的 1/2；铝土矿中共伴生有煤、耐火粘土、铁及稀有分散元素铌、钽、镓等有益组分，可供综合利用。

表 1-8　云南省各州（市）、县（区、市）铝土矿矿产地及资源量分布一览表

州（市）	县（区、市）	矿产地数量/处	查明资源储量/t	占全省资源储量百分比/%	州（市）	县（区、市）	矿产地数量/处	查明资源储量/10^4 t	占全省资源储量百分比/%
昆明市	呈贡区	1	96.9	0.47	昭通市	鲁甸县	1	293	1.43
	五华区	3	48.46	0.24		巧家县	1		
	官渡区	1	365.5	1.78		合计	2	293	1.43
	西山区	3	258.47	1.26	楚雄州	武定县	1		
	晋宁区	3	25.9	0.13					
	安宁市	4	565.43	2.75	文山州	文山市	5	8760.39	42.62
	嵩明县	4	114.13	0.56		砚山县	2	1455.34	7.08
	寻甸县	1				西畴县	9	2059.53	10.02
	富民县	4	525.92	2.56		丘北县	5	4001.13	19.47
	禄劝县	2	67.90	0.33		广南县	2	711.83	3.46
	合计	26	2068.61	10.06		麻栗坡县	2	452.21	2.20
曲靖市	会泽县	1	14.68	0.07		富宁县	4	63.32	0.31
						合计	29	17503.75	85.16
玉溪市	红塔区	1	14.74	0.07	大理州	大理市	1		
	澄江县	1				鹤庆县	5	658.56	3.20
	合计	2	14.74	0.07		合计	6	658.56	3.20
丽江市	宁蒗县	1			全省合计		68	20553.34	

第二节　矿床类型划分

有色金属矿产成矿过程比较复杂，往往具有多期次、多种成矿作用叠加的特点。因此，矿床成因类型的划分多存在较大争议。本次对锑、汞、铋、铝土矿矿床类型的划分，主要依据全国省（自治区、直辖市）矿产地质志的矿床类型划分方案，结合勘查规范中对矿床成因、工业类型的划分方案，按照成矿地质作用的类型和成因机理对矿床类型进行划分。

云南省锑矿成因类型主要分为浅成中-低温热液型锑矿床、岩浆热液型锑矿床 2 大类，根据含矿岩石和围岩的不同，浅成中-低温热液型锑矿床进一步分为硅质岩（石英岩）型、碳酸盐岩型、火山碎屑岩型、花岗岩型 4 个Ⅳ级亚类（表 1-9）。不论从矿产地数量，还是从查明资源储量来看，都是硅质岩（石英岩）型锑矿床占主导地位，次为碳酸盐岩型锑矿床（表 1-10）。

云南省汞矿成因类型简单，主要为浅成中-低温热液型矿床。根据含矿岩石和围岩的不同，进一步分为碳酸盐岩型汞矿、基性岩型汞矿、碎屑岩型汞矿 3 个Ⅳ级亚类（表 1-11），不论从矿产地数量，还是从查明资源储量来看，碳酸盐岩型汞矿均占主导地位（表 1-12）。

云南省铋矿成因类型相对较简单，主要为岩浆作用矿床，可进一步分为接触交代型、岩浆热液型、斑岩型 3 个Ⅲ级类型；此外，还有浅成中-低温热液型 1 个类型（表 1-13）。从查明资源储量来看，岩浆热液型铋矿最为重要（表 1-14）。

云南省铝土矿成因类型简单，大多与风化、沉积作用有关，主要有化学沉积型矿床（二叠纪—三叠纪古风化壳有关的化学沉积型）、风化型（第四纪堆积型）矿床 2 个Ⅲ级类型（表 1-15），风化型（堆积型）铝土矿与沉积型密切相关，凡是存在沉积型铝土矿的地区，基本同时存在风化型（堆积型）铝土矿。

表 1-9　云南省锑矿矿床类型划分表

矿床类型		矿化组合	代表矿床	矿床规模
Ⅲ级	Ⅳ级			
浅成中-低温热液型	硅质岩（石英岩）型	Sb	广南县木利锑矿	大型
		Sb	西畴县小锡板锑矿	中型
		Sb-Pb-Zn-Cu-Ag	西畴香坪山锑多金属矿	中型
	花岗岩型	Sb	临翔区大田河锑矿	中型
		Sb	临翔区遮奈锑矿	中型
		Sb	双江县南美河锑矿	中型
	碳酸盐岩型	Sb-CaF	巍山县笔架山锑矿	中型
		Sb-Hg	巍山县石岩村锑汞矿	中型
	火山碎屑岩型	Sb-CaF	富源县老厂锑、萤石矿	中型
岩浆热液型		Sb-Pb	维西县阿南多塘锑矿	小型

表 1-10　云南省锑矿矿床类型、矿床规模及资源储量统计表

矿床类型		矿产地数量/处					查明资源储量/t	占资源总量百分比/%
Ⅲ级	Ⅳ级	合计	大型	中型	小型	矿点		
浅成中-低温热液型	硅质岩（石英岩）型	29	1	4	8	16	380617.05	71.36
	碳酸盐岩型	12		4	4	4	105424.06	19.77
	花岗岩型	3		3			39691.71	7.44
	火山碎屑岩型	3			1	2	7614.01	1.43
	小计	47					533346.83	96.88
岩浆热液型		8			5	3	17198.28	3.12
合计		55	1	11	18	25	550545.11	

注：查明资源量储量数据来源于《云南省 2017 年矿区及所属矿山矿产资源储量简表》和勘查报告。

表 1-11　云南省汞矿矿床类型划分表

矿床类型		矿化组合	代表矿床	矿床规模	备注
Ⅲ级	Ⅳ级				
浅成中-低温热液型	碳酸盐岩型	Hg	施甸县茅草坡汞矿	中型	
		Hg	隆阳区水银厂汞矿	中型	
		Hg	丘北县洗马塘汞矿	中型	
		Pb-Zn-Hg	永善县金沙厂铅锌矿	中型	伴生
	基性岩型	Hg	隆阳区金家山汞矿	中型	
	碎屑岩型	Sb-Hg	巍山县石岩村锑汞矿	中型	
		Hg	巍山县黑龙潭汞矿	中型	
		Hg	兰坪县温水河汞矿	小型	

化学沉积型铝土矿多形成于古陆边缘之地层超覆带间，属古风化壳岩溶面之上，海进系列建造下部沉积初期产物。该类型矿床主要集中分布于上扬子古陆块，华力西构造运动后期是其主要成矿时代。滇东南地区铝土矿形成于中、晚二叠世沉积间断面的古风化壳上，赋矿层位为上二叠统龙潭组（或吴家坪组）下段，超覆或假整合于上石炭统威宁组或中二叠统栖霞组和茅口组之上，厚度变化较大（0.55~64.12 m），以麻栗坡铁厂铝土矿矿床为典型；该区是目前云南省最重要的铝土矿勘查开发

区域。滇中地区铝土矿形成于石炭纪与二叠纪沉积间断面的古风化壳上，矿体赋存于中二叠统梁山组上部，为一套灰黑色页岩、砂岩、铝土矿、铝土质泥岩夹煤层沉积，上覆地层是栖霞组灰岩，下伏地层为上石炭统灰岩、砂质灰岩，含矿层位比滇东南地区稍早，以富民老煤山铝土矿矿床为典型；该区域铝土矿规模相对较小，且多位于城市周边，难以开发利用。滇西北地区铝土矿产于上三叠统中窝组含铝岩系中，矿体位于含铝岩系底部，呈似层状、扁豆状、串珠状产出。矿物以一水硬铝石为主，次为水云母、高岭石、褐铁矿和少量方解石、一水软铝石，属古风化壳异地堆积而成的沉积型矿床，以鹤庆白水塘铝土矿矿床为典型，由于暴露地质年代较短，风化淋滤富集程度不充分，矿石质量差。化学沉积型铝土矿累计查明资源储量 12533.84×10^4 t，占全省资源总量的 60.98%（表 1-16）。

表 1-12　云南省汞矿矿床类型、矿床规模及资源储量统计表

矿床类型		矿产地数量/处				查明资源储量/t	占资源总量百分比/%
Ⅲ级	Ⅳ级	合计	中型	小型	矿点		
浅成中-低温热液型	碳酸盐岩型	23	3	4	16	3127	57.04
	碎屑岩型	18		2	16	256	4.67
	基性岩型	4	2		2	2099	38.29
	合计	45	5	6	34	5482	100.00

注：查明资源量储量数据来源于《云南省 2017 年矿区及所属矿山矿产资源储量简表》和勘查报告。表中包含巍山县石岩村锑汞矿 1 处共生汞数据。

表 1-13　云南省铋矿矿床类型划分表

矿床类型（Ⅲ级）	矿化组合	代表矿床	矿床规模	备注
接触交代型	Bi-Zn-Fe	腾冲市江南铋锌矿	小型	
	Bi-Au-Cu	个旧市金光坡金铋矿	小型	
	Cu-Mo-Bi-Be	香格里拉市红山铜多金属矿	小型	伴生铋
岩浆热液型	Sn-W-Bi-Be	个旧锡多金属矿	中型	伴生铋
	W-Au-Fe-Bi	石屏县龙潭钨金多金属矿	小型	伴生铋
斑岩型	Ag-Pb-Zn-Cu-Mo-Bi	澜沧县老厂银铅锌多金属矿	矿点	伴生铋
浅成中-低温热液型	Cu-Co-Au-As-Bi	永平县厂街铜钴矿	小型	伴生铋
	Pb-Zn-Ag-Bi-Ga-Cd-Ge	会泽铅锌矿	小型	伴生铋

表 1-14　云南省铋矿矿床类型、矿床规模及资源储量统计表

矿床类型（Ⅲ级）	矿产地数量/处				查明资源储量/t	占资源总量百分比/%
	合计	中型	小型	矿点		
接触交代型	5		4	1	10597	19.07
岩浆热液型	3	1	1	1	44123	79.39
浅成中-低温热液型	3		2	1	860.3	1.54
海相火山岩型	1			1	0	0
合计	12	1	7	4	55580.3	100.00

注：查明资源量储量数据来源于《云南省 2017 年矿区及所属矿山矿产资源储量简表》和勘查报告。

风化型（堆积型）铝土矿主要为第四纪风化堆（残）积形成，以滇东南地区分布最为广泛，以西畴县卖酒坪铝土矿矿床为代表。该地区在晚三叠世以来，长期处于上升剥蚀阶段，未接受沉积，在毗邻沉积型铝土矿或含铝富铝岩石风化松散层分布的部分河谷、凹地和岩溶坡地中，常发育有第四纪松散堆积型铝土矿。风化型（堆积型）铝土矿矿体形态及矿石质量受地形地貌以及不同类型矿石的分布、岩溶发育程度、下伏基底地层时代、岩性、构造特征等因素控制。堆积型矿床由于遭受长时间的风化淋滤作用，造成有害成分流失，Al_2O_3富集，矿石质量一般较好，部分可用于生产氧化铝的原料。风化型（堆积型）铝土矿累计查明资源储量8819.50×10^4 t，占全省资源总量的39.02%。

表1-15　云南省铝土矿矿床类型划分表

矿床类型（Ⅲ级）	矿石工业类型	矿化组合	代表矿床	规模	备注
化学沉积型	一水硬铝石低铁铝土矿	Al-Ga-耐火粘土-煤	富民县老煤山铝土矿	小型	Al_2O_3：50.0%~70.0% Fe_2O_3：1.85%~13%
	一水硬铝石高硫铝土矿	Al-Ga	麻栗坡县铁厂铝土矿	中型	Al_2O_3：40.8%~58.6% S：8.91%
	一水硬铝石低硫中铁铝土矿	Al-Ga	砚山县红舍克铝土矿	中型	Al_2O_3：51.41%~64.20% S：3.23%~6.26% Fe_2O_3：11.03%~13.21%
	一水硬铝石低硫中-高铁铝土矿	Al-Ga	文山市天生桥铝土矿	大型	Al_2O_3：35.39%~67.44% S：3.12% Fe_2O_3：20.33%~31.05%
	一水硬铝石低硫高铁铝土矿	Al-Fe-Ga	丘北县大铁铝土矿	大型	Al_2O_3：44.05% Fe_2O_3：20.92%
风化型（堆积型）	一水硬铝石低硫高铁铝土矿	Al-Ga	文山市杨柳井铝土矿	中型	Al_2O_3：52.47%~55.83% S：5.61%~10.47% Fe_2O_3：20.1%~24.57
	一水硬铝石中铁铝土矿	Al-Ca	丘北飞尺角铝土矿	大型	Al_2O_3：46.01% S：3.12% Fe_2O_3：22.14%
	一水硬铝石低硫中-高铁铝土矿	Al-Ga	西畴县卖酒坪铝土矿	中型	Al_2O_3：50.0%~60.0% S：5.87%~6.55% Fe_2O_3：18.96%~21.09%

（据念红等，2011，略有修改）

表1-16　云南省铝土矿床类型、矿床规模及资源储量统计表

矿床类型	矿床数/个	比例/%	矿床规模及数量/处				查明资源储量/10^4 t	占资源总量百分比/%
			大型	中型	小型	矿点		
化学沉积型	48	70.59	1	2	21	14	12533.84	60.98
风化型（堆积型）	20	29.41	1	4	13	2	8819.50	39.02
合计	68	100.00	2	6	44	16	20553.34	100.00

第三节　成矿带的划分

云南Ⅰ、Ⅱ、Ⅲ级成矿区带的划分，原则上按照陈毓川（1999）主编的《中国主要成矿区带矿产资源远景评价》的成矿单元划分原则以及《中国成矿区带划分方案》（徐志刚等，2008）进行，成矿区带边界与全国成矿区带划分方案基本一致，划分Ⅰ级成矿域2个、Ⅱ级成矿省4个、Ⅲ级成矿带13个（图1-2；表1-17）；Ⅳ级矿带则是在Ⅲ级成矿带基础上进一步划分的成矿单元，划分时以矿化集中区为主要依据，同时考虑其所处成矿构造环境，如岛弧、火山弧、岩浆弧、地块、断块、隆起、坳陷、盆地、推覆带等，全省共划分为30个Ⅳ级矿带。

表 1-17　云南省Ⅰ-Ⅳ级成矿区带划分表

Ⅰ级单元	Ⅱ级单元	Ⅲ级单元	Ⅳ级单元
Ⅰ1 特提斯成矿域（全国编号：Ⅰ-3）	Ⅱ1 腾冲（造山带）成矿省（全国编号：Ⅱ-10 冈底斯-腾冲（造山系）成矿省）	Ⅲ1 独龙江-腾冲（岩浆弧）Sn-W-Be-Nb-Ta-Rb-Li-Fe-Pb-Zn-Au 成矿带（Mz、Kz）（全国编号：Ⅲ-42 班戈-腾冲（岩浆弧）Sn-W-Be-Li-Fe-Pb-Zn-白云母成矿带）	Ⅳ1 独龙江（燕山期岩浆弧）Au-Pb-Zn 矿带
			Ⅳ2 槟榔江（喜马拉雅期岩浆弧）Be-Nb-Ta-Li-Rb-W-Sn-Au 矿带
			Ⅳ3 棋盘石-小龙河（燕山晚期岩浆弧）Sn-W-Fe-Pb-Zn-Cu-Ag 矿带
			Ⅳ4 东河-明光（燕山期岩浆弧）Sn-Cu-Pb-Zn-Ag-Fe-Mn 矿带
	Ⅱ2 三江（造山带）成矿省（全国编号：Ⅱ-9 喀喇昆仑山-三江（造山带）成矿省）	Ⅲ2 保山（陆块）Pb-Zn-Ag-Fe-Au-Cu-Sn-Hg-Sb-As 成矿带（K_2-E、Q）（全国编号：Ⅲ-39 保山（地块）Pb-Zn-Sn-Hg 成矿带）	Ⅳ5 芒市（断块）Cu-Pb-Zn-Fe-Au-Sn-W 矿带
			Ⅳ6 保山（地块）Pb-Zn-Cu-Fe-Hg-Sb-As-Au 矿带
			Ⅳ7 耿马（被动边缘褶冲带）Pb-Zn-Ag-Sn 矿带
		Ⅲ3 昌宁-孟连（结合带/裂谷-洋盆）Pb-Zn-Ag-Cu-Mo-S-Hg（C）成矿带（全国编号：Ⅲ-38 昌宁-澜沧（造山带）Fe-Cu-Pb-Zn-Ag-Sn 成矿带（Pt_{2-3}；C_1；T_3；K_2））	Ⅳ8 昌宁-孟连（结合带/裂谷-洋盆）Pb-Zn-Ag-Cu-Mo-S-Hg 矿带
		Ⅲ4 临沧-勐海（岩浆弧）Fe-Pb-Zn-Ag-Au-Sn-Ge-REE 成矿带（全国编号：Ⅲ-38）	Ⅳ9 临沧-勐海（岩浆弧）Fe-Pb-Zn-Ag-Au-Sn-Ge-REE 矿带
		Ⅲ5 兰坪-普洱（陆块）Cu-Pb-Zn-Ag-Fe-Hg-Sb-As-Au-石膏-菱镁矿-盐类成矿带（Pz、Mz、Kz）（全国编号：Ⅲ-36 昌都-普洱（地块/造山带）Cu-Pb-Zn-Ag-Au-Fe-Hg-Sb-石膏-菱镁矿-盐类成矿带）	Ⅳ10 碧罗雪山（岩浆弧）Fe-Pb-Zn-Ag-Sn 矿带
			Ⅳ11 云县-景洪（火山弧）Cu 多金属矿带
			Ⅳ12 兰坪-普洱（地块）Cu-Pb-Zn-Ag-Fe-Hg-Sb-As-Au-盐类矿带（全国编号：Ⅲ-36-②-b 兰坪-普洱（中生代盐地）Pb-Zn-Ag-Au-Sb-Hg-Cu-盐类成矿小带）
			Ⅳ13 德钦-维西（火山弧）Cu-Pb-Zn-Ag-Fe-Mn-Au 矿带（全国编号：Ⅲ-36-②-a 德钦-乔后（陆缘弧）Cu-Fe-Mn-Pb-Zn 成矿小带）
			Ⅳ14 墨江-绿春（火山弧）Au-Cu-Mo-Pb-Zn 矿带
		Ⅲ6 金沙江（结合带/小洋盆）Cu-Fe-Pb-Zn-Au-Cr 成矿带（Pz、Mz、Kz）（全国编号：Ⅲ-36）	Ⅳ15 金沙江（结合带/小洋盆）Cu-Fe-Pb-Zn-Au 矿带
		Ⅲ7 哀牢山（结合带/小洋盆）Au-Cu-Mo-Cr 成矿带（全国编号：Ⅲ-34 墨江-绿春（小洋盆）Au-Cu-Mo-Pb-Zn 成矿带（Y1-He））	Ⅳ16 哀牢山（结合带/小洋盆）Au-Cu-Mo-Cr 矿带
		Ⅲ8 香格里拉（陆块）Cu-Pb-Zn-W-Mo-Au 成矿带（Mz、Kz）（全国编号：Ⅲ-32-②义敦-香格里拉（造山带/弧盆系）Au-Ag-Pb-Zn-Cu-Sn-Hg-Sb-W-Be 成矿带）	Ⅳ17 巨甸（地块）Cu-Pb-Zn-Au 矿带（全国编号：Ⅲ-32-③中咱-巨甸（地块）Pb-Zn-Cu-Au-Fe 成矿亚带）
			Ⅳ18 香格里拉（岛弧）Cu-Pb-Zn-W-Mo-Au 矿带（全国编号：Ⅲ-32-②义敦-香格里拉（岛弧）Pb-Zn-Ag-Au-Cu-Sn-W-Mo-Be 成矿亚带）

续表

Ⅰ级单元	Ⅱ级单元	Ⅲ级单元	Ⅳ级单元
Ⅰ2滨太平洋成矿域（全国编号：Ⅰ-4）	Ⅱ3上扬子（陆块）成矿省（全国编号：Ⅱ-15B上扬子成矿亚省）	Ⅲ9丽江-大理-金平（陆缘坳陷）Au-Cu-Ni-Pt-Pd-Mo-Mn-Fe-Pb-Zn成矿带（Pz、Mz、Kz）（全国编号：Ⅲ-75盐源-丽江-金平（陆缘坳陷和逆冲推覆带）Au-Cu-Mo-Mn-Ni-Fe-Pb-S成矿带）	Ⅳ19丽江（陆缘坳陷）Au-Cu-Pt-Pd-Mo-Mn-Fe-Pb-Zn矿带（全国编号：Ⅲ-75-①盐源-丽江（陆缘坳陷）Cu-Mo-Mn-Fe-Pb-Au-S成矿亚带）
			Ⅳ20金平（断块）Cu-Ni-Au-Mo矿带（全国编号：Ⅲ-75-②金平（断块）Cu-Ni-Au-Mo成矿亚带）
			Ⅳ21点苍山-哀牢山（逆冲推覆带）Cu-Fe-V-Ti-宝玉石矿带（全国编号：Ⅲ-75-③点苍山-哀牢山（逆冲推覆带）Cu-Fe-V-Ti宝玉石成矿亚带）
		Ⅲ10滇中（基底隆起带）Fe-Cu-Pb-Zn-Ag-Au-Pt-Pd-Ni-Ti-Sn-W-REE-P-S-重晶石-蓝石棉-盐类-煤成矿带（Pt、Pz、Mz、Kz）（全国编号：Ⅲ-76康滇隆起Fe-Cu-V-Ti-Sn-Ni-REE-Au-蓝石棉-盐类成矿带）	Ⅳ22楚雄（前陆盆地）Fe-Cu-Pb-Zn-Ag-Au-Pt-Pd-Ni-REE-蓝石棉-盐类-煤成矿带（全国编号：Ⅲ-76-②楚雄盆地Cu-钙芒硝-蓝石棉-石盐成矿亚带）
			Ⅳ23东川-易门（基底隆起带）Fe-Cu-Pb-Zn-Ti-Sn-Al-W-Mn-P-S-重晶石-盐类矿带（全国编号：Ⅲ-76-①康滇隆起Fe-Cu-V-Ti-Sn-Ni-REE-Au-蓝石棉成矿亚带）
		Ⅲ11昭通-曲靖（弧间盆地）Pb-Zn-Cu-Au-Ag-Fe-Mn-Hg-Sb-P-S-煤-煤层气成矿带（Pz、Mz、Kz）（全国编号：Ⅲ-77-①滇东-川南-黔西（坳陷带）Pb-Zn-Ag-Fe-Mn-P-Al-S-煤-煤层气成矿亚带）	Ⅳ24镇雄-巧家-会泽（断褶带）Pb-Zn-Ag-Fe-REE-Al-P-煤-煤层气矿带
			Ⅳ25曲靖-石林（褶冲带）Au-Pb-Zn-Cu-Fe-P-重晶石-煤-煤层气矿带
	Ⅱ4华南（陆块）成矿省（全国编号：Ⅱ-16华南成矿省）	Ⅲ12罗平-开远（右江海槽）Pb-Zn-Au-Sb-Mn-S-煤成矿带（Mz、Kz）（全国编号：Ⅲ-88-桂西-黔西南-滇东南北部（右江海槽）Au-Sb-Hg-Ag-Mn-水晶-石膏成矿带）	Ⅳ26弥勒-师宗-开远（前陆盆地）Cu-Al-Pb-Zn-Au-Mn-As矿带
			Ⅳ27罗平-广南-富宁（右江海槽）Au-Al-Hg-Sb-Cu-Fe-Ti-Mn矿带
		Ⅲ13个旧-文山-富宁（地块）Sn-W-Ag-Pb-Zn-Au-Sb-Mn-Al成矿带（Mz、Kz）（全国编号：Ⅲ-89滇东南南部Sn-Ag-Pb-Zn-W-Sb-Hg-Mn成矿带）	Ⅳ28个旧-河口（个旧断块）Sn-W-Bi-Al-Pb-Zn-Mn-Cu矿带
			Ⅳ29薄竹山-马关（文山-麻栗坡褶皱带）Ag-Sn-W-Pb-Zn矿带
			Ⅳ30文山-西畴（西畴拱凹）Au-Sb-Al-Cu-Pb-Zn矿带

锑、汞、铋、铝土矿在13个Ⅲ级成矿带中，均有不同程度的分布。锑矿主要分布于罗平-开远（右江海槽）Pb-Zn-Au-Sb-Mn-S-煤成矿带（Ⅲ12）、兰坪-普洱（陆块）Cu-Pb-Zn-Ag-Fe-Hg-Sb-As-Au-石膏-菱镁矿-盐类成矿带（Ⅲ5）、个旧-文山-富宁（地块）Sn-W-Ag-Pb-Zn-Au-Sb-Mn-Al成矿带（Ⅲ13）、临沧-勐海（岩浆弧）Fe-Pb-Zn-Ag-Au-Sn-Ge-REE成矿带（Ⅲ4）4个Ⅲ级成矿带中；汞矿集中分布于保山（陆块）Pb-Zn-Ag-Fe-Au-Cu-Sn-Hg-Sb-As成矿带（Ⅲ2）、昭通-曲靖（弧间盆地）Pb-Zn-Cu-Au-Ag-Fe-Mn-Hg-Sb-P-S-煤-煤层气成矿带（Ⅲ11）、罗平-开远（右江海槽）Pb-Zn-Au-Sb-Mn-S-煤成矿带（Ⅲ12）、兰坪-普洱（陆块）Cu-Pb-Zn-Ag-Fe-Hg-Sb-As-Au-石膏-菱镁矿-盐类成矿带（Ⅲ5）4个Ⅲ级成矿带中；铋矿集中分布于个旧-文山-富宁（地块）Sn-W-Ag-Pb-Zn-Au-Sb-Mn-Al成矿带（Ⅲ13）、滇中（基底隆起带）Fe-Cu-Pb-Zn-Ag-Au-Pt-Pd-Ni-Ti-Sn-W-REE-P-S-重晶石-蓝石棉-盐类-煤成矿带（Ⅲ10）、香格里拉（陆块）Cu-Pb-Zn-W-Mo-Au成矿带（Ⅲ8）、独龙江-腾冲（岩浆弧）Sn-W-Be-Nb-Ta-Rb-Li-Fe-Pb-Zn-Au成矿带（Ⅲ1）4

个Ⅲ级成矿带中；铝土矿集中分布于罗平-开远（右江海槽）Pb-Zn-Au-Sb-Mn-S-煤成矿带（Ⅲ12）、个旧-文山-富宁（地块）Sn-W-Ag-Pb-Zn-Au-Sb-Mn-Al 成矿带（Ⅲ13）、滇中（基底隆起带）Fe-Cu-Pb-Zn-Ag-Au-Pt-Pd-Ni-Ti-Sn-W-REE-P-S-重晶石-蓝石棉-盐类-煤成矿带（Ⅲ10）、丽江-大理-金平（陆缘坳陷）Au-Cu-Ni-Pt-Pd-Mo-Mn-Fe-Pb-Zn 成矿带（Ⅲ9）、昭通-曲靖（弧间盆地）Pb-Zn-Cu-Au-Ag-Fe-Mn-Hg-Sb-P-S-煤-煤层气成矿带（Ⅲ11）4 个Ⅲ级成矿带中。

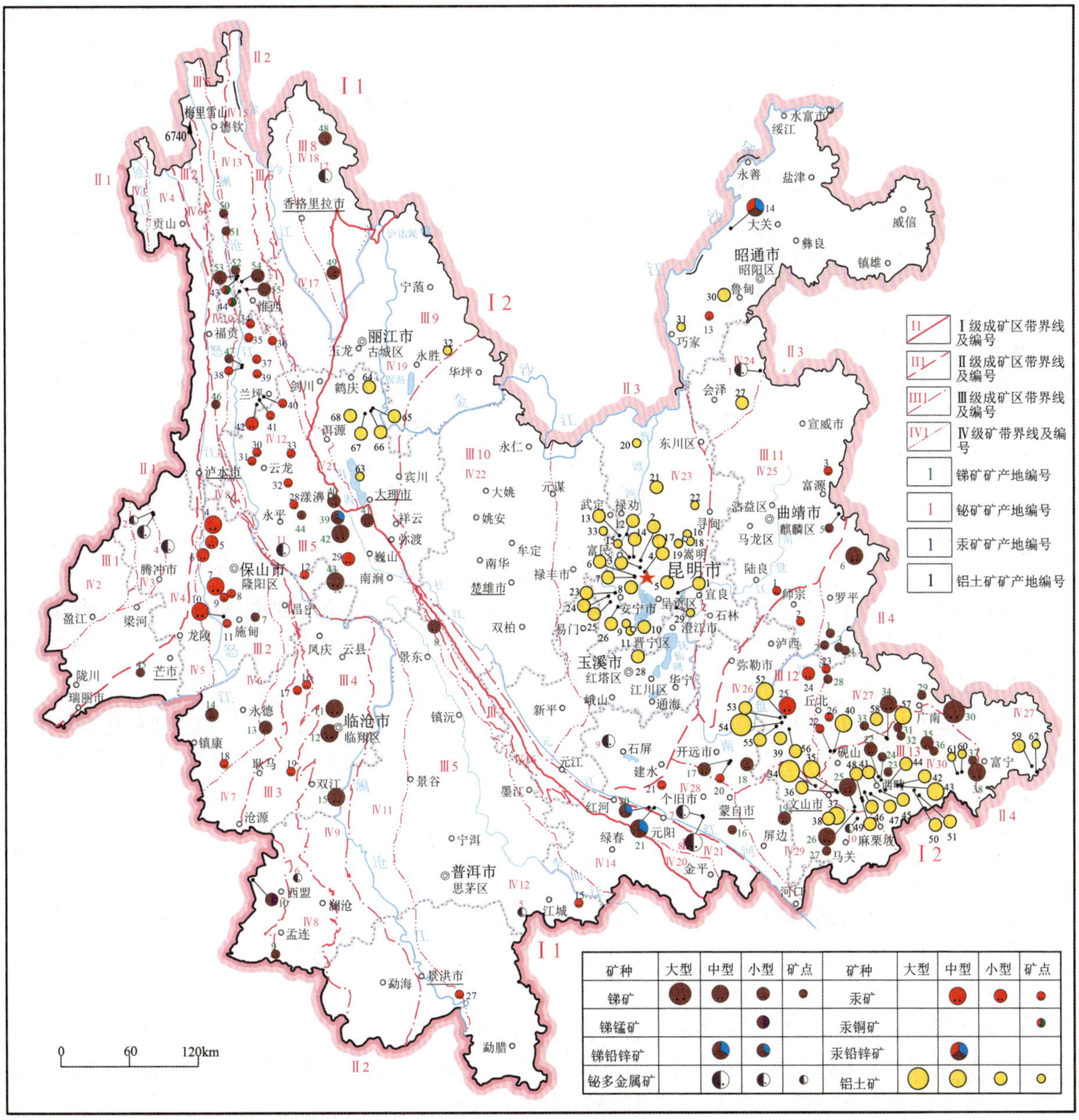

图 1-2 云南省Ⅰ-Ⅳ级成区带及锑、汞、铋、铝土矿产分布图

在Ⅳ级矿带中，罗平-广南-富宁（右江海槽）矿带、薄竹山-马关（文山-麻栗坡褶皱带）矿带、文山-西畴（西畴拱凹）、兰坪-普洱（地块）矿带、临沧-勐海（岩浆弧）矿带是 5 个最重要的锑矿Ⅳ级成矿单元；保山（地块）矿带、弥勒-师宗-开远（前陆盆地）矿带、兰坪-普洱（地块）矿带是 3 个最重要的汞矿Ⅳ级成矿单元；个旧-河口（个旧断块）矿带是最重要的铋矿Ⅳ级成矿单元；弥勒-师宗-开远（前陆盆地）矿带、罗平-广南-富宁（右江海槽）矿带、薄竹山-马关（文山-麻栗坡褶皱带）矿带、文山-西畴（西畴拱凹）、东川-易门（基底隆起带）矿带则是最重要的 5 个铝土矿Ⅳ级成矿单元。

第二章 锑 矿

第一节 浅成中-低温热液型锑矿

浅成中-低温热液型锑矿是云南省最重要的锑成矿类型，主要分布于滇东-滇东南、兰坪-巍山-普洱、临沧-双江地区，在永德、镇康、西盟等地也有零星分布。

一、滇东-滇东南地区锑矿

滇东-滇东南地区是云南省最重要的锑矿聚集区，目前共发现锑矿产地30处，其中大型矿床1处、中型矿床6处、小型矿床6处、矿点17处。根据含矿岩石的不同，进一步分为硅质岩（石英岩）型、碳酸盐岩型、火山碎屑岩型3个Ⅳ级亚类。其中，硅质岩（石英岩）型锑矿最为重要，以广南县木利大型锑矿床和西畴县小锡板中型锑矿床最具代表性；次为火山碎屑岩型锑矿，以富源县老厂中型锑、萤石矿床最具代表性；碳酸盐岩型锑矿规模较小，以矿点为主。

（一）广南县木利锑矿床❶

木利锑矿床是云南省规模最大，成矿地质条件最好的锑矿床。行政区划隶属于广南县杨柳井乡阿用村委会管辖，位于广南县城102°方向，平距32 km处；其中心点地理坐标为：东经105°21′58″，北纬23°59′12″。

1959年，文山州地质队对矿区开展地质评价工作，圈定3个矿体，提交了《广南木利锑矿评价报告》，估算 C_1+C_2 级锑矿石储量63270 t；1960年继续工作后，提交了《广南木利锑矿储量评价报告（补充部分）》，估算 C_2 级锑金属量26562 t。

1963~1967年，西南地质勘探公司三一〇队开展找矿评价工作，提交了《云南广南木利锑矿地质报告书》，估算 $B+C_1+C_2$ 级锑金属量 14.11×10^4 t，达到大型锑矿床规模。

1981年8月，西南地质勘探公司三一七队会同矿山进行补充勘查，提交了《木利锑矿0-17线储量计算说明书》，新增C级金属量 2.0×10^4 t，矿区B+C+D级总锑金属量 16.11×10^4 t，Sb品位4.64%。

1983~1986年，西南地质勘探公司三〇六队在前期勘查成果基础上，开展木利锑矿勘探和外围找矿工作，提交了《云南省广南县木利锑矿区木利矿段勘探地质报告》，累计探明B+C+D级锑金属量 16.50×10^4 t，Sb品位5.23%；保有B+C+D锑金属量 15.93×10^4 t。

1986~1994年，西南有色地质勘查局三〇六队对那丹矿段进行勘查，于1994年12月提交了《云南省广南县木利锑矿区那丹矿段普查地质报告》，估算表内D+E级锑金属量 5.08×10^4 t，Sb品位2.76%。

截至2017年底，木利锑矿床（木利、那丹）在《云南省2017年矿区及所属矿山矿产资源储量简表》中的上表资源储量为：累计查明333类以上工业矿石量 418.9×10^4 t（木利 335×10^4 t、那丹 83.8×10^4 t），锑金属量 20.40×10^4 t（木利 17.62×10^4 t、那丹 2.78×10^4 t）。

木利锑矿采矿历史悠久，据俞开基（1990）研究，在清光绪三十四年，官商合办的宝华锑矿公

❶ 主要资料来源：西南地质勘探公司三〇六队，1986，云南省广南县木利锑矿区木利矿段勘探地质报告。

司开始对文山、广南、屏边、西畴及开远一带的锑矿进行开采，民国二十八年最盛，年产量达600 t。1958年4月，文山州木利锑矿成立，开始对木利矿段进行正规开采，并于1998年3月改为云南木利锑业有限公司，为中国大型锑矿之一，是云南省最大的集采、选、冶、产品开发和贸易为一体的工贸企业，目前年产高纯氧化锑7200 t，无尘氧化锑、精锑及其他锑制品4600 t。1996年，云南文冶有色金属有限公司获得那丹矿段的采矿许可证，于2000年投产。

1. 矿区地质特征

木利锑矿区为滇东南文山-广南锑矿带的组成部分，处于富宁大断裂与那外、小普弄北西向压扭性次级断裂所夹持的复式褶皱带内，其大地构造分区属扬子陆块区（Ⅵ）、上扬子古陆块（Ⅵ-2）之富宁-那坡被动陆缘（Ⅵ-2-9）；成矿区带属华南（陆块）成矿省（Ⅱ4）、罗平-开远（右江海槽）Pb-Zn-Au-Sb-Mn-S-煤成矿带（Ⅲ12）之罗平-广南-富宁（右江海槽）Au-Al-Hg-Sb-Cu-Fe-Ti-Mn矿带（Ⅳ27）。

（1）地层

矿区出露地层主要为下泥盆统坡脚组（D_1p）、下泥盆统芭蕉箐组（D_1b），中泥盆统坡折落组（D_2p）、中泥盆统东岗岭组（D_2d），上泥盆统五指山组、榴江组（D_3l+w），见图2-1。岩性以碳酸盐岩为主，其次为页岩、砂岩和硅质岩。下泥盆统坡脚组（D_1p）是主要的赋矿地层。根据不同的岩性和生物组合特征，可分为三段：下段（D_1p^1）为深灰色生物灰岩，有时夹泥灰岩、页岩；中段（D_1p^2）为厚层硅质岩（也称硅化礁灰岩），顶部局部见泥质与碳质燧石岩，为一套具有热水沉积特征的硅质岩或硅质蚀变岩，是重要的含矿岩性，表现出明显的层控性；上段（D_1p^3）为泥质燧石岩、页岩，对含矿热液运移有一定的屏蔽作用。

（2）构造

矿区处于富宁大断裂与那外、小普弄北西向压扭性次级断裂所夹持的复式褶皱带内，主构造线呈北西向展布，发育一系列北西向背斜及其伴生的纵向断裂构造。背斜构造以木利-那丹背斜最具代表性，为锑矿的主要控矿构造。轴长3920 m，宽度150~800 m，轴线北北西—北西西向，南西翼较缓，北东翼陡立，局部向南西倒转，背斜形态连续完整，断层破坏不明显。

断裂构造较为发育，主要有北北西—北西西向、北东向组2组。其中北北西—北西西向组断裂为区内纵向断裂，为主要导矿通道；北东向组断裂为区内最发育的横向断裂，对矿体的延伸有一定的破坏作用，也起了构造圈闭作用，致使下盘矿化富集。

2. 矿体地质特征

木利锑矿的工业矿体产于木利背斜西北段的鞍部及两翼，其形态严格受背斜构造的形态控制，主要呈似层状、透镜状，其产状与地层产状基本一致。木利矿段共圈出5个工业矿体，主要矿体为Ⅰ号矿体，其查明资源储量占该矿区查明资源储量的99.52%；那丹矿段圈出2个工业矿体V_1、V_2，均属隐伏盲矿体，其中V_1为主要矿体。

木利矿段Ⅰ号矿体：连续而稳定地产于木利背斜鞍部的下泥盆统坡脚组厚层状燧石岩（D_1p^2）中，剖面上呈轴部富厚两翼向下迅速尖灭的新月形特征，矿体与含矿层产状一致（图2-2）。矿体北西端起于F_1，南东端止于F_4，沿背斜轴向延长大于1397 m，宽度68.5~241 m，垂向延深167 m，倾向延展68~309 m，形态、产状与木利背斜形态、产状协调。矿体走向290°~325°，纵向倾伏角为5°~15°，与背斜褶皱轴面相同；矿体倾角在背斜北东翼较陡，为52°~88°，南西翼相对较缓，为15°~62°，与背斜两翼不对称的形态相对应。矿体厚度一般小于燧石岩层的厚度，平均厚度为7.90 m。矿体最大厚度一般在背斜顶部附近，平均10.50 m；最薄部位为背斜北东翼，平均6.50 m；背斜南西翼矿体平均厚6.71 m。矿体平均Sb品位为5.36%，背斜转折部附近矿化较强，Sb品位6.45%，两翼相对较弱，北东翼Sb品位5.39%，南西翼Sb品位4.48%。

那丹矿段V_1矿体赋存于坡脚组中段深灰色硅质岩或硅化灰岩中。走向与背斜轴向一致，呈北西西向，矿体形态受背斜轴部虚脱空间的控制，呈鞍状，轴部厚，两翼变薄。北东翼陡，倾角60°~80°，矿体尖灭快，延深小；南西翼缓，倾角15°~50°，矿体尖灭慢，延深大。沿背斜轴向北西抬升，

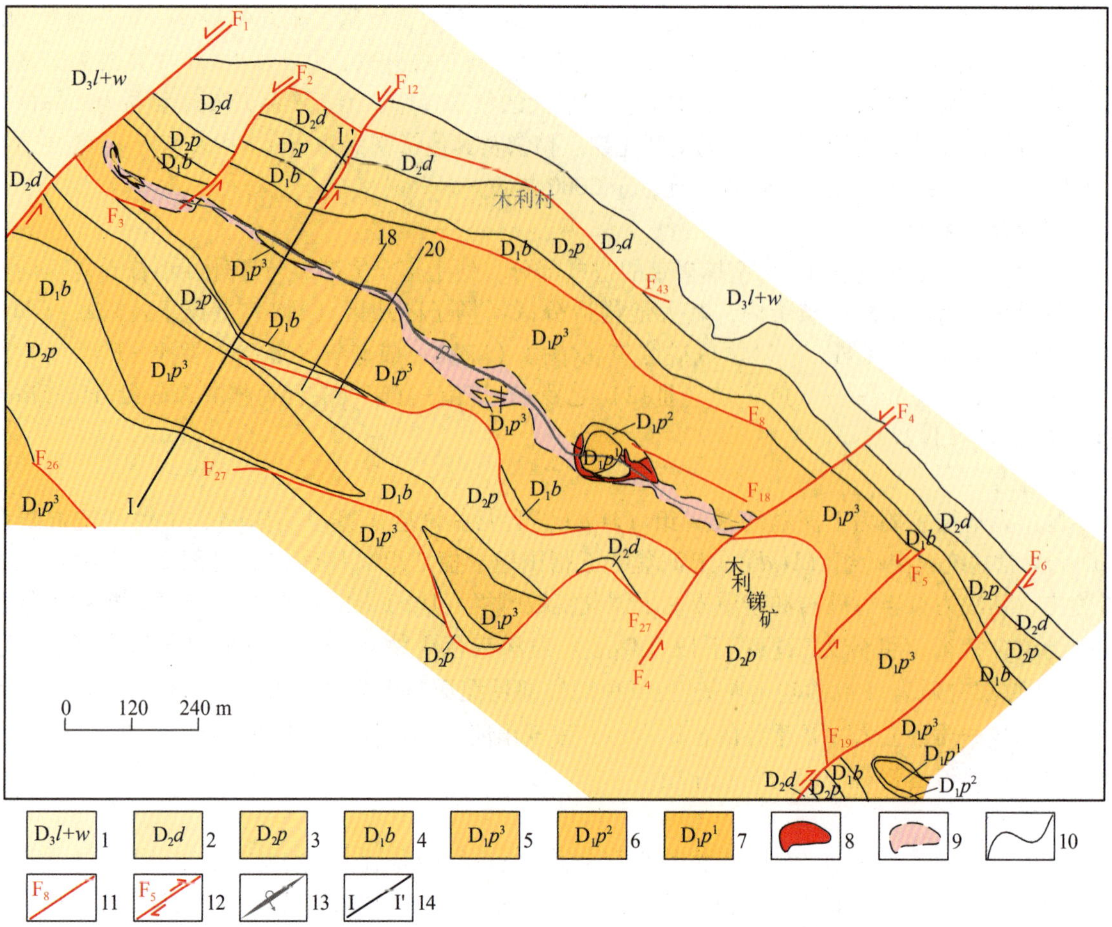

图 2-1　广南县木利锑矿区木利矿段地质简图

（据西南地质勘探公司三〇六队，1986，有修改）

1—上泥盆统五指山组+榴江组未分；2—中泥盆统东岗岭组；3—中泥盆统坡折落组；4—下泥盆统芭蕉箐组；5—下泥盆统坡脚组上段；6—下泥盆统坡脚组中段；7—下泥盆统坡脚组下段；8—锑矿体；9—Ⅰ号矿体平面投影；10—地质界线；11—断层及编号；12—平移断层及编号；13—倒转背斜轴线；14—地质剖面线

南东倾伏，倾伏角 11°~13°。矿体控制长度 1140 m，宽度 76~201 m，平均 135 m；矿体厚度 0.7~5.86 m，平均 3.77 m；Sb 品位 1.33%~5.69%，平均 3.63%。

3. 矿石特征

木利锑矿的矿石自然类型分为硫化矿、氧化矿和混合矿三种；按照含矿岩石分，以石英-辉锑矿型矿石为主。

矿物成分简单，矿石组分单一，金属矿物主要为锑的硫化物（辉锑矿）及氧化物（锑赭石、黄锑华等）、黄铁矿及褐铁矿。矿石矿物辉锑矿、锑赭石、黄锑华及微量黄铁矿；脉石矿物主要为石英，还有少量碳质、重晶石、石膏、伊利石和云母等。

1）辉锑矿：为矿区主要锑矿物，晶体呈粒状、长柱状、针状，矿物集合体主要有两种：一为束状、放射状、乱纤维状，一为密集粒状，时见扇状连生体。聚合体形态受裂隙控制。

2）锑华：为辉锑矿的氧化物，常分布于辉锑矿的边缘及裂隙中，也有呈粉末状、皮壳状者，与黄锑华、锑赭石伴生。黄锑华为锑矿主要氧化矿物。黄色，常呈不规则的脉状、纤维状分布于辉锑矿的边缘。红锑矿为辉锑矿氧化不完全的过渡性矿物，少见。呈猩红色的星点状附于辉锑矿或石英的表面，形色均似辰砂。

3）锑赭石：由辉锑矿氧化而成。常具辉锑矿晶形，或分布于辉锑矿边缘及裂隙中。

矿石结构主要有自形晶结构、他形晶结构、交代结构、花岗变晶结构、揉皱结构等；矿石构造主

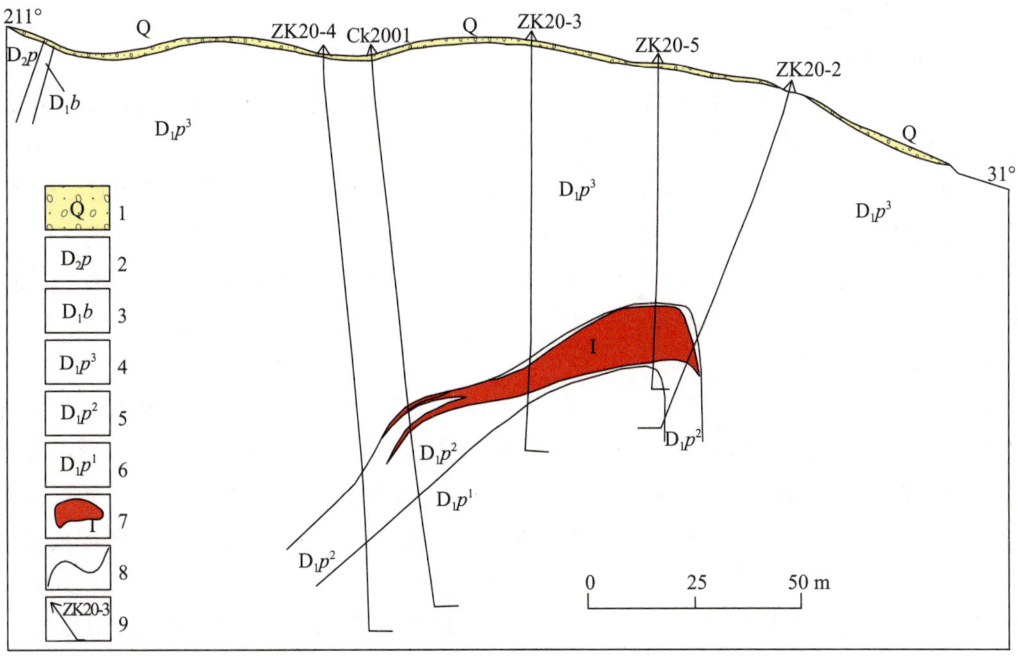

图 2-2 广南县木利锑矿床 20 号勘探线地质剖面图

（据西南地质勘探公司三〇六队，1986，有修改）

1—第四系；2—中泥盆统坡折落组；3—中泥盆统芭蕉箐组；4—下泥盆统坡脚组上段；5—下泥盆统坡脚组中段；6—下泥盆统坡脚组下段；7—矿体；8—地质界线；9—钻孔及编号

要有块状构造、角砾状构造、脉状构造、浸染状构造等，次有压揉构造、土状构造、粉末状构造、晶簇状构造、斑杂状构造、条带状构造、蜂窝状构造等。

矿石中有益组分主要为 Sb，Au、Ag、Se 等组分含量甚微，均无工业利用价值；As、Pb、Zn 为主要有害元素，含量分别为 Pb 0.003%~0.04%、Zn 0~0.002%、As 0~0.01%，均未达到影响矿石冶炼性能的含量。详见表 2-1。

表 2-1 广南县木利锑矿床矿石多元素分析结果统计表

元素	Sb	As	Pb	Zn	Bi	Cu	Ni	Se	Ag	Au
含量	8.46	0.002	0.026	0.009	0.003	0.012	0.022	0.0002	0.47	0.076

注：表中 Au、Ag 含量单位 10^{-6}，其余为%。

4. 围岩蚀变

木利锑矿床的围岩蚀变主要有硅化、重晶石化、黄铁矿化、绢云母化和方解石化。

硅化与锑矿成矿关系最为密切，硅化强度与矿化强度呈正相关关系，硅化范围一般大于矿化范围，是重要的找矿标志。硅化主要分为两期，早期硅化出现于成岩阶段，主要表现为隐晶质的玉髓经重结晶而生成微-细晶质石英，与成矿关系不明显；晚期的硅化发生于热液改造期，表现为沿背斜鞍部剥离空间的节理、裂隙充填而形成不规则脉状、团块状石英，与辉锑矿相伴产出，具有重要找矿意义。

5. 矿化阶段划分

木利锑矿床成矿作用划分为三期 3 个阶段，沉积-成岩期、热液成矿期（早、中、晚阶段）、表生期。沉积-成岩期仅出现早期硅化和少量硫化物，后期见少量辉锑矿、黄铁矿化。热液成矿期可分为早、中、晚三个矿化阶段。早期阶段为硅化、弱锑矿化；中期阶段有大量辉锑矿-石英-黄铁矿生成，是主要成矿阶段；晚期阶段有较多石英、方解石脉生成，伴有弱锑矿化。表生期则有大量氧化物出现，如锑赭石、黄锑华、褐铁矿等。

6. 成矿物理化学条件

(1) 流体包裹体特征

蔡华君等(1997)对与辉锑矿密切共生的石英、方解石包裹体进行研究,石英流体包裹体中气相成分主要为 CO_2,少量 H_2、N_2 和 CH_4;液相成分中阳离子主要为 Na^+、Ca^{2+},其次为 Mg^{2+},阴离子以 SO_4^{2-}、Cl^- 为主,其次为 F^-。测得的均一温度集中为 130~160℃,平均 149℃,爆裂温度为 221℃,即成矿温度为 149~221℃;成矿流体盐度为 8%,密度为 0.990 g/cm³。推算成矿压力为 578×10^5~621×10^5 Pa,矿化深度为 2.1~2.3 km。由此看出,木利锑矿床成矿流体具弱碱性,盐度中等偏低,成矿环境具还原性质,为低温热液型矿床。

(2) 同位素地球化学特征

据陈代演(1991)、解润(1995)、袁万春等(1997)、李波(1999)研究成果,石英流体包裹体氢氧同位素 δD(‰)值为-60~-67,$\delta^{18}O_{H_2O}$(‰)值为 3.4~6.1,辉锑矿流体包裹体氢氧同位素 δD(‰)值为-79~-128.2,$\delta^{18}O_{H_2O}$(‰)值为-6.69~-18.63,成矿溶液应以大气降水为主,并混有地层水,由于围岩蚀变主要为硅化、方解石化和重晶石化,同时伴有石膏产出,表明成矿热液具地下热卤水性质。

辉锑矿、黄铁矿和全岩的硫同位素 $\delta^{34}S$(‰)加权平均值分别为-11.42~11.83、-9.32、-2.325,极差分别为 9.06、24.17、13.2,均为负值趋势,极差较大,表明具有明显的沉积改造作用,主要是生物分馏作用影响。

矿石中辉锑矿 $^{206}Pb/^{204}Pb$ 值为 18.031~22.193、$^{207}Pb/^{204}Pb$ 值为 15.481~15.935、$^{208}Pb/^{204}Pb$ 值为 37.798~38.803,围岩 $^{206}Pb/^{204}Pb$ 值为 18.045~18.056、$^{207}Pb/^{204}Pb$ 值为 15.740~15.765、$^{208}Pb/^{204}Pb$ 值为 38.312~38.463。铅同位素组成较为稳定,变化范围较小;铅模式年龄有 117~147 Ma、378.2~417.4 Ma 两个阶段,表明部分铅来源于泥盆纪地层,部分来自燕山期热液活动。

7. 矿床成因及成矿模式

(1) 成矿时代

木利锑矿成矿作用具多期次特点,下泥盆统坡脚组(D_1p)的 Sb 背景值极高,矿区 D_1p^2 硅质岩为 160×10^{-6}~180×10^{-6}、D_1p^1 和 D_1p^3 页岩为 0~100×10^{-6}、D_1p^1 灰岩为 0~50×10^{-6},矿区外围 D_1p^2 硅质岩为 972.3×10^{-6}、D_1p^1 页岩为 52.6×10^{-6}、D_1p^3 页岩为 64.4×10^{-6}、D_1p^1 灰岩为 28.5×10^{-6}、D_1p^3 页岩为 21.3×10^{-6}。表明沉积阶段 Sb 已初始富集,初始成矿始于早泥盆世(加里东期);与辉锑矿共生的石英 Ar-Ar 法坪年龄和最小视年龄均为 165 Ma 左右(胡瑞忠等,2007),表明主成矿时代为侏罗纪—白垩纪(燕山期),这与区域金、汞矿成矿时代是基本一致的。

(2) 矿床成因及成矿模式

木利锑矿产于下泥盆统坡脚组中段(D_1p^2)硅质岩中,呈似层状产出,关于矿床成因的认识,主要有热水沉积(海底喷流沉积)改造型(王林江,1994)、地下热卤水改造型(龚洪波等,2006)、沉积-改造型(史清琴,1988;俞开基,1990;解润,1995;黄敦义等,1997;李波,1999;高学生,2008;俞国芬等,2009;孙建平,2012)3 种观点,并以沉积-改造型观点占主导地位。本书结合全国省(自治区、直辖市)矿产地质志的矿床类型划分方案,将其类型划为中-低温热液型锑矿床。

锑矿体的产出受地层、岩性、岩相古地理、构造控制,在早泥盆世区域性海底扩张过程中,深水与浅水的过渡地带形成碳酸盐岩台地和薄层硅质岩、泥灰岩、泥岩台沟,并发育同生断裂,成为热水活动通道,产生了 Sb 元素的同生聚集,是成矿的物质基础。成岩期后的多次地壳运动(主要为燕山运动),使地层发生褶皱,在背斜的鞍部形成良好的储矿空间,同时矿源层受到地下热液的强烈改造,分散的 Sb 活化转移,富集于以页岩为屏蔽层的背斜鞍部,形成与背斜产状一致的新月形矿体。其赋矿模式见图 2-3。

8. 找矿标志

构造标志:枢纽平缓、两翼倾伏的封闭良好背斜构造,轴部发育纵向同生断裂(即“背斜加一刀”）是重要的找矿标志；不同构造单元的过渡部位，基底隆起的边缘部位与多组构造复合部位，成矿最为有利。

地层、岩性、岩相标志：下泥盆统坡脚组（D_1p）是主要的赋矿地层，碳酸盐岩台地与台盆（沟）相的过渡部位，具有热水沉积特征的硅质岩，顶部局部见泥质与碳质燧石岩，厚层硅质岩为一套具有热水沉积特征的硅质岩或硅质蚀变岩，是重要的含矿岩性。

蚀变标志：硅化与锑矿成矿关系最为密切，硅化强度与矿化强度呈正相关关系，硅化范围一般大于矿化范围，是重要的找矿标志。

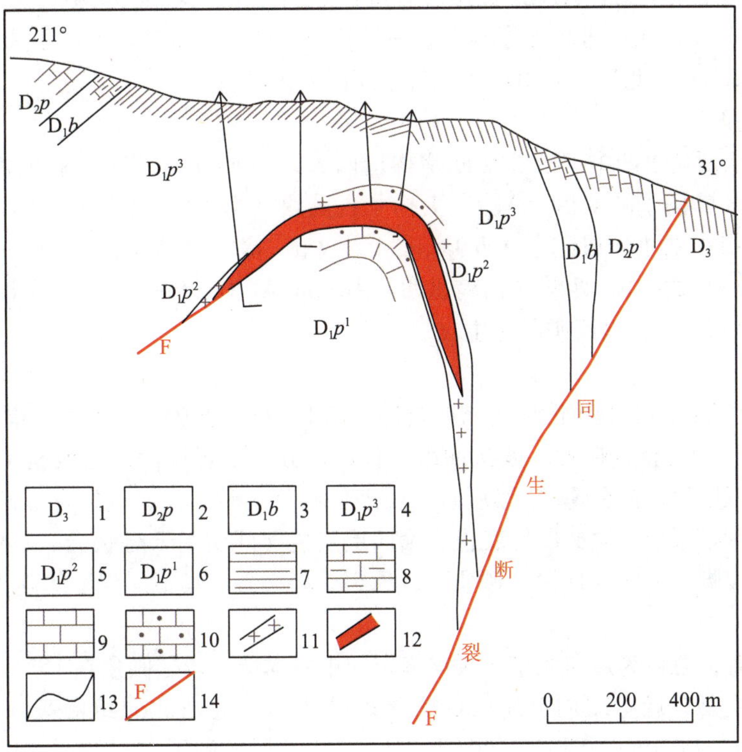

图 2-3　广南县木利锑矿床赋矿模式图

（据云南省国土资源厅，2012）

1—上泥盆统；2—中泥盆统坡折落组；3—下泥盆统芭蕉箐组；4—下泥盆统坡脚组上段；5—下泥盆统坡脚组中段；6—下泥盆统坡脚组下段；7—页岩；8—泥质灰岩；9—灰岩；10—硅质岩；11—含矿热液；12—矿体；13—地质界线；14—断层及编号

（二）西畴县小锡板锑矿床[1]

小锡板锑矿床行政区划隶属于西畴县莲花塘乡小锡板村管辖，位于西畴县城 227°方向，平距约 27 km 处；其地理坐标为：东经 104°28′45″～104°29′16″，北纬 23°16′43″～23°17′13″，面积约 0. 55 km^2。

1958～1960 年，云南省冶金勘探公司三一〇队对矿区进行矿产检查评价，根据两个露头估算，西矿段锑矿储量 6. 3×10^4 t。

1982～1984 年，云南省地质矿产局第二地质大队对矿区开展初步普查工作，于 1984 年 10 月提交了《云南省西畴县小锡板锑矿区初步普查地质报告》，估算 D 级锑金属量 2. 79×10^4 t。

1987～1988 年，云南省地质矿产局第二地质大队在普查工作基础上，进行补充勘查工作，并于 1988 年 7 月提交了《云南省西畴县小锡板锑矿区西矿段补充勘查地质报告》，估算表内 C+D 级锑金

[1] 主要资料来源：云南省地质矿产局第二地质大队，1988，云南省西畴县小锡板锑矿区西矿段补充勘查地质报告。

属量 2.47×10^4 t。1989 年 3 月，按论证后的工业指标重新圈算矿体，求获表内 C+D 级锑金属量 1.64×10^4 t；表外 D 级锑金属量 0.30×10^4 t，达到中型锑矿床规模。

2010 年，西畴县小锡板锑业有限公司委托云南震旦地质勘察设计有限公司对矿区开展资源储量核实工作，提交了《云南省西畴县小锡板锑矿区西矿段资源储量核实报告》，累计查明 333 类及其以上工业矿+低品位矿矿石量 103.43×10^4 t，锑金属量 2.61×10^4 t。

截至 2017 年底，小锡板锑矿在《云南省 2017 年矿区及所属矿山矿产资源储量简表》中的上表资源储量为：工业矿石量 99.33×10^4 t，锑金属量 2.96×10^4 t。

清代末期，法国殖民主义者对小锡板锑矿有过掠夺式开采。20 纪 50 年代至 80 年代末，陆续有个体对 1220 m 标高以上露头矿进行无序开采，估计开采出锑含量 20%以上的手选富矿石 0.8×10^4～1×10^4 t，锑金属量约 2000 t。此后，矿山步入正规有序的开采阶段。

1. 矿区地质特征

小锡板矿区位于西畴拱凹中部的弧形断褶构造西翼，北西向文麻断裂和近南北向马关断裂交汇处，其大地构造分区属扬子陆块区（Ⅵ）、上扬子古陆块（Ⅵ-2）之富宁-那坡被动陆缘（Ⅵ-2-9）；成矿区带属华南（陆块）成矿省（Ⅱ4）、个旧-文山-富宁（地块）Sn-W-Ag-Pb-Zn-Au-Sb-Mn-Al 成矿带（Ⅲ13）之文山-西畴（西畴拱凹）Au-Sb-Al-Cu-Pb-Zn 矿带（Ⅳ30）。矿区分为东、西、南 3 个矿段（图 2-4），以西矿段为主。

（1）地层

矿区地层由老到新分别出露下泥盆统坡松冲组（D_1ps）、坡脚组（D_1p）绢云板岩及芭蕉箐组（D_1b）白云质灰岩，均为整合接触。坡松冲组（D_1ps）分 3 个岩性段，上段是主要赋矿层位，可分为 5 个岩性层。第五层为灰白色薄-中厚层状泥质细粒石英杂砂岩，普遍发育锑矿化、黄铁矿化，是已知锑矿体的主要赋存层位。含矿层的底板为第四层灰色含硅质绢云母板岩，具弱硅化、绿泥石化；顶板则为下泥盆统坡脚组下段（D_1p^1）砂质、碳质绢云母板岩，具不同程度的硅化、绿泥石化蚀变。

（2）构造

矿区褶皱不发育，总体为走向北东、倾向南东的单斜构造，岩层倾角在 15°～40°间变化。

断裂较发育，主要有近南北向、北西向、北东向 3 组。近南北向组断裂从西至东有 F_{10}、F_1、F_{15}、F_{16} 等 5 条，多为高角度压扭性逆冲断层，其中 F_{10} 断层控制了矿层的西边界；北西向组断裂有 F_4、F_{21}、F_{20}、F_{19}、F_{18}、F_{17}、F_{24} 和 F_{25} 8 条，除 F_{19} 显张扭性特征外，其他皆为压扭性逆冲断层；北东向组断裂有 F_6、F_7、F_{14}、F_{19}、F_{20}、F_{21}、F_{24} 8 条。

裂隙构造发育，可分北东向、北西向两大组。倾角均较陡，达 70°～89°。主要显压扭性，局部为张性，辉锑矿主要充填于其间。其中北东向组是矿区最重要的容矿裂隙，北西向组是次要的容矿裂隙。

2. 矿体地质特征

小锡板矿床的锑矿体受地层层位控制，赋存于下泥盆统坡松冲组上段第五层的石英岩中，沿走向和倾向均为连续和比较规则的层状地质体（图 2-5）。目前共圈定 4 个锑矿体，编号为Ⅰ、Ⅱ、Ⅲ、Ⅳ。另在矿区南部发育一次要小矿体（编号Ⅴ），主要矿体描述如下。

Ⅰ矿体：主要部分夹持于北西向的 F_4 和 F_{14} 之间，矿层走向北东，控制长度 240 m。西部受北东向的 F_{10} 限制，向南东延伸，在 5 线控制宽度达 340 m。含矿层铅垂厚度 13.07～39.64 m，一般 20～25 m，平均 24.89 m。辉锑矿以脉状为主，充填于各种裂隙之中形成锑矿脉，一般长度 0.5～1.0 m，宽度 0.3～1.0 cm；其次有网脉状、囊状、团块状、角砾状、晶簇状，但规模均较小。

Ⅱ矿体：位于Ⅰ矿体以南，为隐伏矿体，走向北东，倾向南东，倾角 13°～29°，平均 21°。控制长度约 280 m，宽度 40～110 m；厚度 1.42～9.25 m，平均 3.77 m；Sb 品位 0.83%～2.99%，平均 2.28%。

Ⅲ矿体：位于Ⅰ矿体以东，为隐伏矿体，走向近南北，倾向东，倾角 24°～34°，平均 29°。控制长度约 120 m，宽度约 40 m，厚度 0.93～4.24 m，平均 3.56 m；Sb 品位 1.00%～1.77%，平均 1.51%。

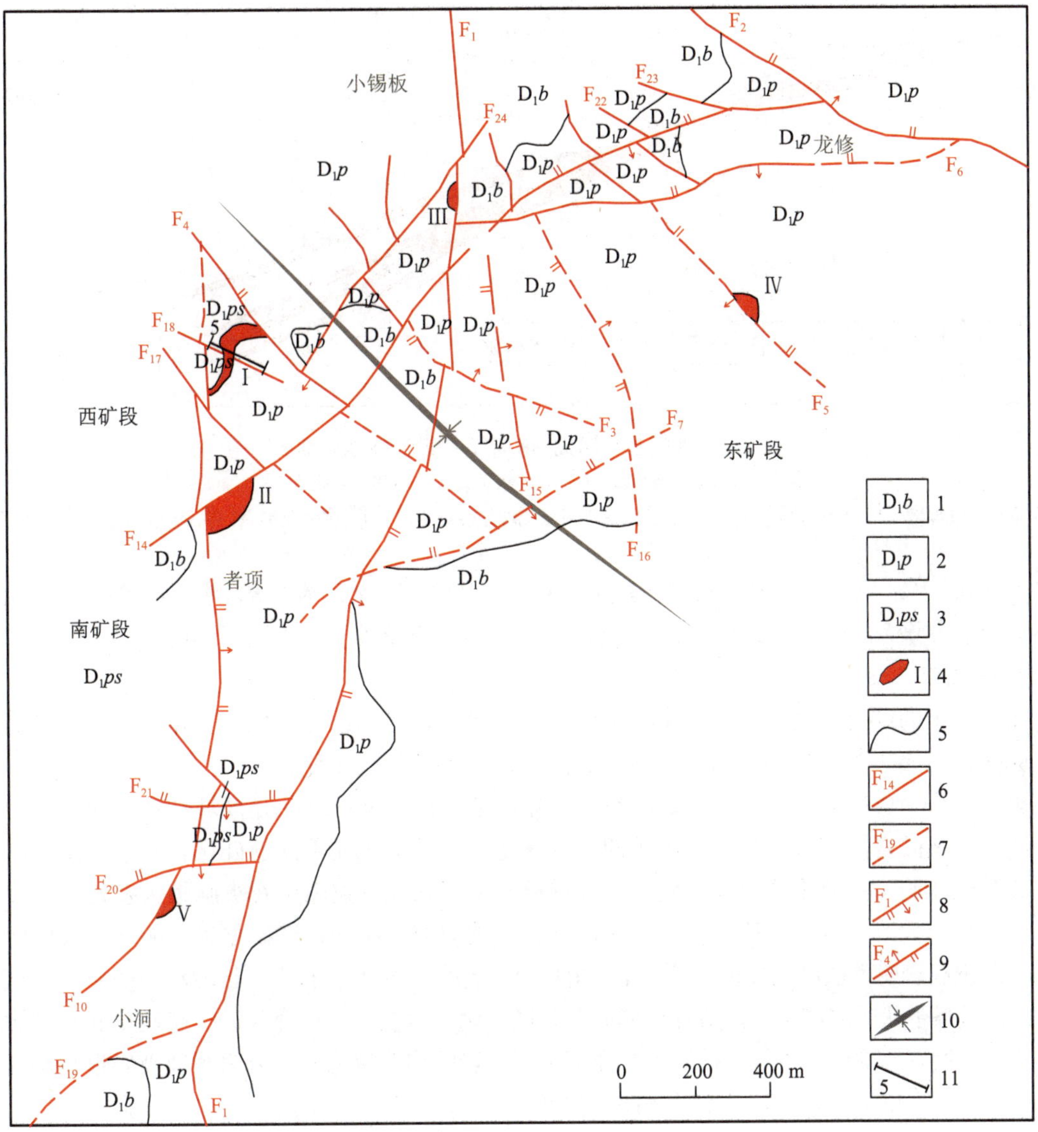

图 2-4 西畴县小锡板锑矿区地质简图

（据云南省地质矿产局第二地质大队，1988，有修改）

1—下泥盆统芭蕉箐组；2—下泥盆统坡脚组；3—下泥盆统坡松冲组；4—矿体及编号；5—地质界线；6—实测断层及编号；7—推测断层及编号；8—正断层及编号；9—逆断层及编号；10—向斜轴线；11—勘探线及编号

Ⅳ矿体：位于Ⅰ矿体以东，为隐伏矿体，走向北东，倾向南东，倾角 24°~26°，平均 25°。控制长度约 100 m，宽度 100 m，厚度 1.64~11.82 m，平均 4.40 m；Sb 品位 0.82%~2.63%，平均 1.36%。

3. 矿石特征

小锡板矿床的矿石自然类型分为氧化-混合矿石和原生硫化矿石两种类型。1220 m 标高以上多为氧化-混合矿石，主要矿石矿物为辉锑矿，其次为锑华，少量锑赭石；1220 m 标高以下，基本上全为硫化矿石。按矿物组合分为辉锑矿-黄铁矿组合矿石类型及辉锑矿-黄铁矿-黄铜矿组合矿石类型，以辉锑矿-黄铁矿组合矿石类型为主，辉锑矿-黄铁矿-黄铜矿组合矿石类型仅局部可见。

金属矿物主要为辉锑矿，其次为黄铁矿、白铁矿、黄铜矿、毒砂、孔雀石、锑华、褐铁矿等；矿石矿物以辉锑矿为主，其次为锑华；脉石矿物以石英为主，其次为绿泥石、绢云母、方解石、重晶石等。

矿石结构主要有粒状集合体、柱状、板条状、放射状、针状结构等；矿石构造主要有脉状、网脉状、角砾状、块状、晶簇状、孔蜂窝状、土状构造等。

矿石中有益组分主要为 Sb，Sb 品位 0.22%~4%。伴生有益元素 W、Au、Ag、Cu，其含量分别

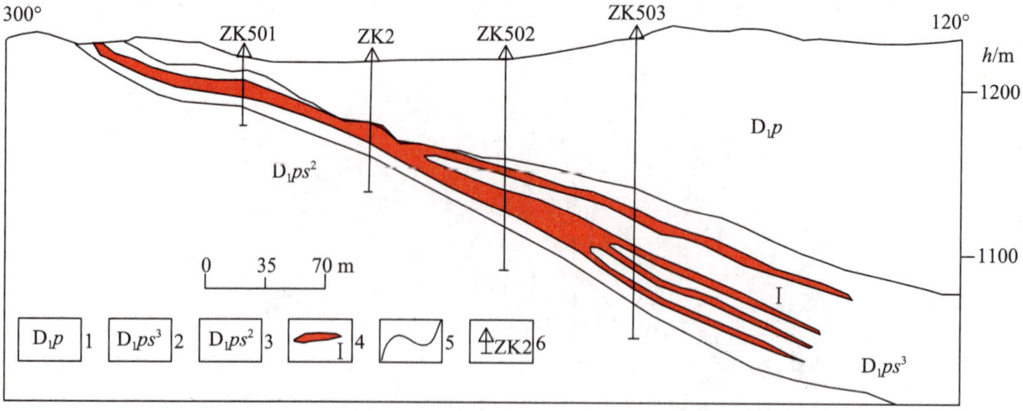

图 2-5 西畴县小锡板锑矿床 5 号勘探线地质剖面图

（据云南省地质矿产局第二地质大队，1988，有修改）

1—下泥盆统坡脚组；2—下泥盆统坡松冲组上段；3—下泥盆统坡松冲组中段；4—矿体及编号；5—地质界线；6—钻孔及编号

为：WO_3 0.0347%、Au 0.0327 g/t、Ag 1 g/t、Cu 0.0117%，达不到综合利用要求；有害元素 Pb、Zn、As，其含量分别为：Pb 0.0083%、Zn 0.117%、As 0.0199%，对选冶影响甚微。

4. 围岩蚀变

小锡板矿床的围岩蚀变主要有硅化、黄铁矿化、绿泥石化、绢云母化、重晶石化和碳酸盐化。其中硅化最强，与成矿关系最密切的是硅化、黄铁矿化、重晶石化 3 种。

硅化：可分为成矿期前硅化和成矿期热液硅化两期。成矿期前硅化是区域和动力变质作用所形成的，它使石英杂砂岩蚀变成石英岩。成矿期热液硅化蚀变叠加于成矿期前硅化岩石上，使之产生重结晶和形成溶蚀孔洞。主要表现为顶、底板绢云母板岩层间和板理裂隙中石英脉较为发育。

黄铁矿化：大致可分为沉积成岩期黄铁矿化、区域动力变质期黄铁矿化和热液锑矿成矿期黄铁矿化三期。沉积成岩期黄铁矿化的黄铁矿多呈完好的立方晶体嵌布于岩石中。区域动力变质期黄铁矿化的黄铁矿，常呈条带状顺层产出。热液锑矿成矿期黄铁矿化的黄铁矿，色泽较暗，呈浸染状、细脉状、板状等，共生矿物有辉锑矿和少量白铁矿，常充填于石英岩的构造裂隙中，或为断裂破碎带角砾岩的胶结物。矿物生成顺序略早于辉锑矿，常见辉锑矿脉穿插其中，是锑矿成形的重要蚀变标志之一。

重晶石化：为成矿期热液蚀变。重晶石多呈细脉状，少量团块状产于石英岩裂隙中，也是重要的近矿蚀变标志。

5. 矿床成因类型

通过对小锡板锑矿床的地层进行分层取样分析，坡松冲组粉砂岩、板岩、杂砂岩中 Sb 含量 $50\times10^{-6}\sim350\times10^{-6}$，比沉积岩中 Sb 丰度值（$2\times10^{-6}$）高出 2.5～175 倍。岩石中钡含量 $250\times10^{-6}\sim800\times10^{-6}$，比钡在地壳中的平均含量（$23\times10^{-6}$）高出 10.8～38.8 倍。说明坡松冲组沉积阶段 Sb、Ba 就有了初始富集。此后的多次地壳运动（以燕山运动为主），含矿热液使地层中的 Sb 活化转移，富集于以碳质页岩为屏蔽层的有利储矿空间，形成锑矿体。

结合区域锑矿床对比研究，小锡板锑矿床成因类型应与广南木利锑矿床一致，为浅成中-低温热液型锑矿床，主成矿时代则为侏罗纪—白垩纪（燕山期）。

（三）富源县老厂锑、萤石矿床❶

老厂锑、萤石矿床行政区划隶属于富源县老厂镇所辖，位于富源县城南东 124°方向，平距约 60 km 处；其地理坐标为：东经 104°29′56″～104°31′33″，北纬 25°10′59″～25°13′25″，面积约

❶ 主要资料来源：云南省地质局富源地质队，1958，云南富源余家老厂锑矿地质储量报告书；云南华联矿产勘探有限责任公司，2010a，云南省富源县余家老厂锑矿资源储量核查报告。

1.55 km^2。

1942年，苏良赫、周泰昕对矿区进行踏勘，编写了《平彝余家老厂锑矿报告》；1943年，胡伦积等编写了《云南省富源县平彝余家老厂锑矿地质报告》，估算锑矿储量252 t。

1956年4月，西南地质局五二三队对富源余家老厂黄铁矿进行过地质普查工作。

1956~1958年，云南省地质局富源地质队对矿区内硫铁矿开展地质勘探工作的同时，对矿区内的锑矿同时进行了勘查，提交了《云南富源余家老厂黄铁矿地质储量报告书（附：锑、煤、伴生元素镓、钒、钛储量说明书）》，其中《云南富源余家老厂锑矿地质储量报告书》作为附件之一。估算锑矿石量 92.84×10^4 t，金属量 2.09×10^4 t；并对共生的萤石资源进行了估算，获得矿石量 13.55×10^4 t，储量8130 t。

1984年9月，云南省地质矿产局第一地质大队对《云南富源余家老厂黄铁矿地质储量报告书》重新修编，对《云南富源余家老厂锑矿地质储量报告书》也进行了修编。

2010年，云南华联矿产勘探有限责任公司对矿区开展资源量核查工作，提交了《云南省富源县余家老厂锑矿资源储量核查报告》，矿区累计查明333类以上工业矿石量 91.1×10^4 t，锑金属量 2.05×10^4 t，Sb品位2.24%，达到中型矿床规模。上述资源量已列入《云南省2017年矿区及所属矿山矿产资源储量简表》，资源目前尚未开发利用。

1. 矿区地质特征

老厂矿区位于小江断裂以东，师宗-弥勒断裂以北区块，其大地构造分区属扬子陆块区（Ⅵ）、上扬子古陆块（Ⅵ-2）之泸西被动陆缘（Ⅵ-2-8）；成矿区带属上扬子（陆块）成矿省（Ⅱ3）、罗平-开远（右江海槽）Pb-Zn-Au-Sb-Mn-S-煤成矿带（Ⅲ12）之罗平-广南-富宁（右江海槽）Au-Al-Hg-Sb-Cu-Fe-Ti-Mn矿带（Ⅳ27）。

（1）地层

矿区出露地层主要有中二叠统茅口组（P_2m）、上二叠统龙潭组（P_3l）、下三叠统飞仙关组（T_1f）碳酸盐岩、碎屑岩及火山碎屑岩（图2-6）。其中龙潭组下段（P_3l^1）5个岩性层中均有不同程度的锑矿化，但在上部深灰色中厚-厚层状石灰岩中广泛发育硅化，辉锑矿、萤石矿化尤为集中，为矿区锑矿主要赋矿层位。上二叠统龙潭组与中二叠统茅口组假整合面由于构造活动引起的层间破碎和剥离，形成破碎角砾岩，岩性为硅化凝灰质砂砾岩，是萤石矿重要的赋存部位。

（2）岩浆岩

矿区岩浆活动较弱，晚二叠世有岩浆喷发活动，仅于上二叠统龙潭组下段下部见凝灰质砂岩或角砾状凝灰岩。

（3）构造

矿区位于老厂复背斜中南段，背斜轴位于燕子洞-大格一线，呈北东—南西向展布，在南西端的大格以南一带逐渐隐伏，背斜轴部是锑矿、萤石矿的主要赋存部位。两翼地层走向15°~34°，倾向北西或南东，倾角12°~30°。背斜在新寨、大地两地发育有与主背斜轴线平行的次级褶皱。

矿区内与背斜褶轴大致平行的北东向压扭性断裂较为发育，主要有岩脚（F_1）、硫磺厂（F_2）、老厂（F_3）3条主干断裂。与锑矿、萤石矿成矿关系最为密切的是岩脚断裂（F_1）和硫磺厂断裂（F_2），它们分别位于背斜的两翼，在背斜西南端的老鼠寨附近交汇。老厂断裂（F_3）为区内最大的断层，走向45°，倾向290°~300°，在区内延伸长度约4100 m。在发嘎垭口因断层错动，局部断层线向北西向凸出呈半圆形，上盘的地层中及断裂内角砾岩均有不同程度的硅化，硅化带宽十余米至百余米。

2. 矿体地质特征

老厂矿床的锑矿体主要产于上二叠统龙潭组下段（P_3l^1）上部深灰色中厚-厚层状硅化灰岩中，沿老厂背斜轴分布；上段（P_3l^2）上部钙质砂岩的硅化带中也有锑矿产出，但规模较小，未形成工业矿体。从北东向南西有面山矿段、小黑洞矿段、燕子洞矿段、格布厂矿段、温泉矿段，目前共圈定6个工业矿体，矿体规模详见表2-2。

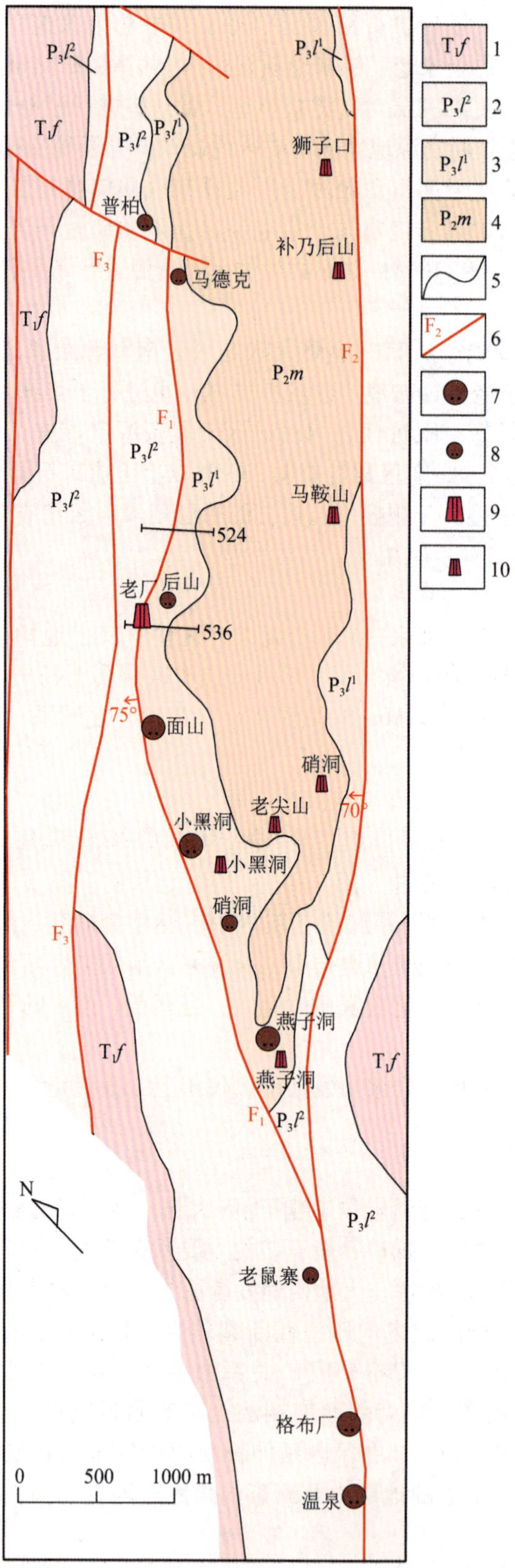

图 2-6　富源县老厂锑、萤石矿区地质简图

（据云南省地质局富源地质队，1958，有修改）

1—下三叠统飞仙关组；2—上二叠统龙潭组上段；3—上二叠统龙潭组下段；4—中二叠统茅口组；5—地质界线；6—断裂及编号；7—锑矿段；8—锑矿点；9—萤石矿段；10—萤石矿点

表 2-2　富源县余家老厂锑矿各矿段矿体规模统计表

矿段名称	含矿层位	走向长度/m	倾向宽度/m
面山矿段	1	650	100~200
小黑洞矿段	1	300	100~300
燕子洞矿段	下	450	40~146
	上	166	50
格布厂矿段	1	216	17~33
温泉矿段	1	25	89

面山矿段：面山矿段的锑矿分布面积最广，沿走向（北东—南西）长度 650 m，倾向幅宽 100~200 m，分布面积约 0.09 km^2。整个硅化带岩层厚度 18~25 m，含矿厚度 0~10 m，锑矿富集于硅化带上部。

小黑洞矿段：小黑洞矿段位于余家老厂南约 2 km，距面山矿段约 1 km，矿带走向长度 300 m，倾向幅宽为 100~300 m，分布面积约 0.01 km^2。锑矿体层位基本与面山矿段的一致，位于上部硅化灰岩的固定层位中。

燕子洞矿段：燕子洞矿段位于小黑洞矿段南约 1 km 多，锑矿体主要产于老厂背斜的北西翼，而南东翼的肖洞附近，有锑矿分布，但规模较小。

燕子洞含锑层位有 2 个，下部含矿层为上二叠统龙潭组下段（P_3l^1）下部凝灰质砂岩底部的硅质岩，层位稳定，长度 450 m，宽度 40~146 m，面积 0.034 km^2，矿层厚度 1.5~2.0 m。上部含矿层为上二叠统龙潭组下段（P_3l^1）上部的硅化灰岩，长度 166 m，宽度 50 m，面积 0.008 km^2。

格布厂矿段：位于老厂背斜的南端，矿体长度 216 m，倾向幅宽 17~33 m，面积 0.008 km^2。

温泉矿段：位于老厂背斜的南端温泉：矿体长度 25 m，倾向幅宽 89 m，面积 0.002 km^2。

根据控制锑矿体的构造不同，可分为透镜状-似层状、脉状-细脉状 2 种不同产状和形态的矿体。

（1）透镜状-似层状矿体

为矿区主要矿体，以面山矿段较为典型。一般在轴向北西西的小背斜顶部硅化灰岩中顺层展布（图 2-7），小褶曲一般幅度数十米，延长不超过百米。矿体大小不一，小者仅厚数厘米，延长 1 m 左右；主矿体走向长度 25~650 m，倾向矿体幅宽 40~300 m，倾向延深 70~100 m；一般厚度 2~3 m，最厚达 8.4 m，Sb 品位 1.58%~2.8%（面山矿段）。

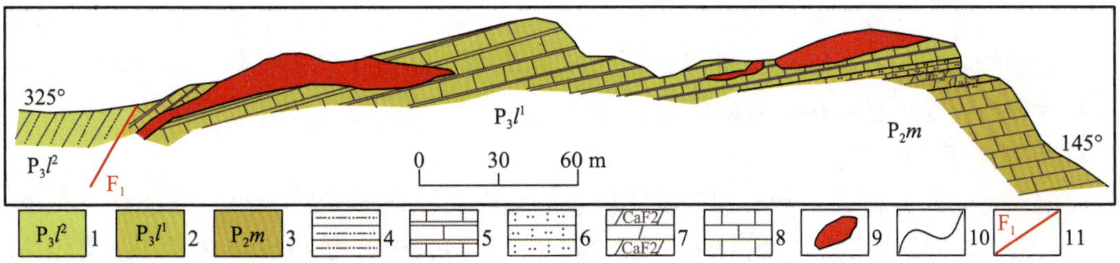

图 2-7　富源县老厂锑矿床面山矿段 I－I′剖面地质图

（据云南省地质局富源地质队，1958b，有修改）

1—上二叠统龙潭组上段；2—上二叠统龙潭组下段；3—中二叠统茅口组；4—粘土岩、泥砂质页岩；5—硅化灰岩；6—凝灰质砂岩、凝灰岩；7—含萤石矿泥灰岩；8—灰岩；9—锑矿体；10—地质界线；11—断裂及编号

（2）脉状-细脉状矿体

一般规模较小，主要见于小黑洞等矿段。矿体沿小断层、裂隙或节理充填，厚度一般 1~1.3 m，最厚达 2.05 m，Sb 品位 0.55%~2.45%（小黑洞矿段）。

萤石矿体主要分布于老厂萤石矿段，两种产出形式：一种是产于假整合面上的缓矿体（主要矿体)，呈似层状，走向北东，倾向北西，倾角15°~25°；另一种是产于构造破碎带中的陡矿体（次要矿体)，呈囊状、透镜状，总体走向北东，倾向北西，倾角75°左右。

目前共圈定萤石矿体3个，单个矿体长度228~370 m，宽度55~145 m，厚度0.92~10.12 m，平均3.42 m；CaF_2 品位37.92%~65.21%，平均49.52%。

3. 矿石特征

老厂矿床的矿石自然类型以原生硫化矿石为主，局部有少量氧化矿石；按照矿物组成可分为辉锑矿-石英型矿石、辉锑矿-萤石型矿石2类。

原生金属矿物以辉锑矿为主，其次为黄铁矿；氧化带有少量锑华、褐铁矿。矿石矿物以辉锑矿、萤石为主，其次为锑华；脉石矿物以石英、方解石为主，其次为文石。辉锑矿以柱状大晶体和针状细晶为特征，柱状大晶体断面一般为2~5 mm，晶体长度30~100 mm；晶体完整性好，自形程度高，聚合体一般呈放射状、菊花状、米花状。萤石多以自形晶粒状嵌布于岩石中或以晶洞形式存在，岩石中自形晶粒状的粒度0.2~3.5 mm，晶洞中的粒度3~6.5 mm，含量3%~8%。

矿石结构主要为自形-半自形晶柱形结构、自形粒状结构等；矿石构造主要有浸染状构造、块状构造、角砾状构造、晶簇状构造、细脉状构造、条带状构造等。

辉锑矿常与萤石共生，萤石矿可综合利用；通过对少量样品有益组分和有害成分进行分析，其含量分别为Ti 0.01%~1%、V<0.01%、Ga 0.001%、As 0.03%~0.04%。

4. 围岩蚀变

老厂矿床的围岩蚀变较强，蚀变类型主要有硅化、萤石化，其次有雄黄化、雌黄化、高岭石化、方解石化等。

硅化：是区内最强烈、最广泛的围岩蚀变。硅化强弱、范围受构造破碎带和岩性所控制，龙潭组下段中上部石灰岩几乎全部硅化，有的已成为硅化岩，岩石中的硅化与锑矿化、萤石化呈正相关关系。

萤石化：与硅化密切共生，沿构造破碎带和下盘的假整合面之上普遍有硅化、萤石化。萤石在成因和空间上与硅化有密切关系，几乎所有萤石全部赋存于硅化岩石中，没有硅化就没有萤石矿化。

5. 成矿物理化学条件

（1）流体包裹体特征

蔡华君等（1997）对老厂矿床与辉锑矿密切共生的萤石、方解石包裹体进行研究，流体包裹体中气相成分主要为 CO_2、H_2、N_2 和 CH_4；液相成分中阳离子主要为 Ca^{2+}，次为 Na^+、NH_4^+、Mg^{2+}，阴离子以 F^- 为主，次为 SO_4^{2-}、Cl^-。测得的均一温度为130~194℃，平均160℃，爆裂温度为209℃，即成矿温度为160~209℃；成矿流体盐度为7%，密度为0.982 g/cm^3。推算成矿压力为 $95\times10^5\sim105\times10^5$ Pa，矿化深度为0.4~1.0 km。由此看出，老厂锑矿床成矿流体具弱碱性，盐度中等偏低，成矿环境具还原性质，为浅成低温热液型矿床。

（2）同位素地球化学特征

据陈代演（1990）对辉锑矿和辉锑矿硫同位素研究成果，辉锑矿 $\delta^{34}S$（‰）为-1.5~-6.67，平均-3.32，极差为5.17；黄铁矿 $\delta^{34}S$（‰）为-28.68~14.84，极差为43.52。利用共生硫化物的平衡分馏体系图解法计算出成矿溶液 $\delta^{34}S$（‰）为-1.1~-3.6，与贵州大厂锑矿床相似，硫来自于地幔。此结果与蔡华君（1996）研究成果基本一致。

格布厂矿段辉锑矿铅同位素组成 $^{206}Pb/^{204}Pb$、$^{207}Pb/^{204}Pb$、$^{208}Pb/^{204}Pb$ 值分别为18.207、15.576、38.187，为正常铅，且模式年龄为290.9 Ma，相当于早二叠世，表明成矿物质来源于地层；面山矿段辉锑矿铅同位素组成 $^{206}Pb/^{204}Pb$、$^{207}Pb/^{204}Pb$、$^{208}Pb/^{204}Pb$ 值分别为21.198、15.778、41.164，为高铀异常铅，且不同方法计算的模式年龄均为负值，表明成矿物质来源于更新的地层。

6. 矿床成因

从区域成矿地质条件来看，老厂锑、萤石矿床与贵州大厂锑矿床基本一致，为浅成中-低温热液型矿床，主成矿时代也应为142.3~148 Ma（仲麒维，2012)，即侏罗纪—白垩纪（燕山期)。

在华力西中晚期，随峨眉山玄武岩浆的大面积喷发，地壳进一步下降，沉积了上二叠统龙潭组的煤系地层，其间伴有岩浆期后喷气作用发生，形成锑、萤石矿的初始富集。侏罗纪—白垩纪（燕山期），大规模构造运动使地下含矿热卤水活化，并使地层中的Sb活化、转移，含矿热液沿断裂上涌进入老厂背斜轴部，在岩层间的裂隙或沿层面产生的层间滑动带中堆积下来，富集成矿。

（四）其他矿床（点）

1. 富宁县里达锑矿床❶

里达锑矿床行政区划隶属于富宁县里达镇管辖，位于富宁县城210°方向，平距约14 km处；其地理坐标为：东经105°32′00″~105°33′30″，北纬23°30′00″~23°31′45″，面积8.27 km^2。

1977年，云南省地质局第二区域地质调查队首次检查里达锑矿，目估锑品位3%~5%，计算锑金属储量3500 t。

1984年，云南省地质矿产局第二地质大队区调分队再次对里达锑矿进行检查，估算锑储量7195 t，Sb品位1.75%。

1987~1989年，云南省地质矿产局第二地质大队对矿区进行地质普查工作，于1989年11月提交了《云南省富宁县里达锑矿区普查地质报告》，估算D级表内+表外矿石量49.37×10^4 t，锑金属量1.00×10^4 t，达到中型矿床规模。

2008~2009年，云南龙寰投资有限公司委托昆明宏昆矿业咨询有限公司进行锑矿地质详查工作，于2010年2月提交了《云南省富宁县里达锑矿详查报告》，估算保有332+333类工业矿矿石量12.66×10^4 t，锑金属量0.32×10^4 t；低品位矿矿石量4.15×10^4 t，锑金属量0.06×10^4 t。

截至2017年底，里达锑矿在《云南省2017年矿区及所属矿山矿产资源储量简表》中的上表资源储量为：累计查明333类以上锑矿石量52.73×10^4 t，金属量1.07×10^4 t，Sb品位2.29%。

民采活动始于20世纪80年代初，普查之后，民采更盛，直到1997年被封停。盛行时期民采矿硐多达54个，小选厂15个，小冶炼厂4个。截至1989年11月底，普查工作查明的大部分资源储量基本被采空，估计采出锑金属量在6000 t左右。

（1）矿区地质特征

里达矿区位于董堡-那桑圩北西向滇越巨型旋扭断裂西南侧的里达断裂西盘，南东向锅厂背斜和睦伦街向斜倾没端的里达背斜东翼。其大地构造分区属扬子陆块区（Ⅵ）、上扬子古陆块（Ⅵ-2）之富宁-那坡被动陆缘（Ⅵ-2-9）；成矿区带属华南（陆块）成矿省（Ⅱ4）、个旧-文山-富宁（地块）Sn-W-Ag-Pb-Zn-Au-Sb-Mn-Al成矿带（Ⅲ13）之文山-西畴（西畴拱凹）Au-Sb-Al-Cu-Pb-Zn矿带（Ⅳ30）。

矿区主要出露上寒武统歇场组（ϵ_3x）、唐家坝组（ϵ_3t）、博菜田组（ϵ_3b）以及石炭系、下二叠统未分（C-P_1）碳酸盐岩-碎屑岩。上寒武统博菜田组为矿区主要赋矿层位，含矿岩性主要为硅化灰岩、蚀变硅质岩。

岩浆活动较弱，仅在矿区西边出露有基性侵入岩，岩性主要为辉绿岩，呈岩床产出。

受北西向富宁大断裂和南北向里达大断裂的影响，岩石强烈破碎，次级褶曲、断裂、裂隙发育。断裂将矿区切割成大小不等的断块。西部有3个南北向不完整的向斜，东部总体为倾向北西的单斜。断裂构造主要有南北向、北东向和北西西向组3组，其中北东向的F_3断裂为区内较大的控矿断裂。裂隙主要有裂隙面走向为70°~80°、310°~340°、10°~30° 3组。次级断裂及裂隙常成为矿体的赋存空间，交叉复合部位矿体一般较富厚。

矿区区域变质作用为低温动力变质作用，岩石变质程度低，变质相仅达石英-绢云母-绿泥石的低绿片岩相。

（2）矿体地质特征

里达锑矿受构造控制明显，矿体分布在F_1、F_3、F_5、F_7四条断裂所夹持的区间内，节理裂隙和

❶ 主要资料来源：昆明宏昆矿业咨询有限公司，2009，云南省富宁县里达锑矿详查报告。

碎裂构造发育地段是锑矿的重要赋存部位。矿体形态简单，呈层状、似层状、部分为透镜状产出；矿体长度 143~255 m，倾向延深 37~105 m，矿体走向大于倾斜延深特征明显。矿体厚度稳定。

以北东向 F_2 断裂为界，矿区分为东、西两个矿段。东矿段位于 F_2 与 F_3 间，又被 F_8、F_9 和 F_6 截为三段。产于 F_8 与 F_9 间的北东段矿体，长度约 200 m，工程控制最大宽度 187 m，矿体厚度 31.5~51.8 m。矿体产状 100°~155°∠21°~36°，为矿体主体块段。位于 F_9 与 F_6 间中段矿体，长度约 120 m，宽度约 50 m。位于 F_6 与 F_7 间南西段，含矿岩层长度 100~200 m，走向近南北，含矿层产状 90°∠34°，仅表现为矿化，未圈出工业矿体。西矿段位于一向斜核部，圈出一个矿体，矿体长度 110 m，宽度 50 m，厚度 10 m，矿化较强，Sb 品位 1.61%。

矿区共圈出大小锑矿体 6 个，东矿段 5 个，编号分别为 V_1、V_2、V_3、V_4、V_5。其中 V_1 为产于 $Є_3b^1$ 层中的小矿体，未估算资源量。V_3、V_4 是矿区的主要矿体，占矿区锑矿储量的 64.66%，西矿段为一向斜核部的残留矿体。各矿体的特征分述如下。

V_3 矿体：出露于 F_8 与 F_9 断裂之间，赋存于 $Є_3b^2$ 中部的石英岩中。矿体沿走向和倾斜方向比较连续，厚度变化较大，局部分支复合。矿体走向长度 234~260 m，平均 247 m，倾斜延伸 53~103 m，平均 78 m。铅垂厚度 0.67~8.12 m，平均 3.25 m；Sb 品位 0.72%~8.94%，平均 2.27%。

V_4 矿体：分布于 F_8、F_9 断裂间，赋存于 $Є_3b^2$ 中、上部的石英岩中。矿体在 1265 m 标高至地表间走向上不连续，1265 m 标高以下连续性较好。矿体长度 213~232 m，平均 223 m，倾斜延深 11~100 m，平均 56 m。铅垂厚度 0.95~5.70 m，平均 3.06 m；Sb 品位 0.73%~4.96%，平均 2.60%。

其他锑矿体特征见表 2-3。

表 2-3　富宁县里达锑矿床其他矿体特征一览表

矿体号	矿体长度/m				倾角/(°)	铅垂厚度/m	Sb 品位/%
	走向	两极值 平均值	倾向	两极值 平均值	两极值 平均值	两极值 平均值	
V_2	160~240 203		33~99 66		12~40 25	1.00~4.34 2.49	0.86~2.93 1.37
V_5	70~110 90		17~85 51		5~36 22	0.35~8.17 3.66	1.08~3.22 1.17

（3）矿石特征

里达矿床的矿石类型以原生矿（硫化锑）为主，氧化矿（氧化锑）次之，东矿段矿体经物相分析硫化锑占有率为 92.14%，氧化锑占有率为 7.59%。西矿段为氧化矿，储量甚少，主要矿物为淡黄色纤维状的锑华和锑赭石。

金属矿物主要有辉锑矿（锑华、锑赭石）、黄铁矿（褐铁矿）、白铁矿、毒砂等，其中辉锑矿为主要矿石矿物，多呈自形、半自形柱状、粒状、针状、斑状和放射状集合体，组成大小不等的矿脉、矿囊，嵌布于岩石的裂隙中，粒度在 1 mm 以上，细粒浸染状矿石中辉锑矿嵌布粒度为 0.1~0.2 mm。脉石矿物以石英为主，其次为方解石、重晶石、白云石等。

矿石结构主要有微粒结构、斑状结构；矿石构造主要有致密块状构造和条带状构造。

根据矿石光谱分析、多元素分析结果，矿石中主要化学成分有 SiO_2、Al_2O_3、CaO、MgO，次要成分有 Fe、S、C、Sb、Zn 等，尚有少量的 As、Pb 及微量的 Au、Ag、Cu、Co、W、Mn、V、Ni、Sn、Ti 等元素。矿石中有用组分是 Sb，平均品位 Sb 1.83%，伴生有益组分含量分别为 Au 0.027 g/t、Ag 1 g/t、WO_3 0.0049%、Co 0.0007%，含量均低于综合评价利用标准。有害组分 As、Cu、Pb、Zn 含量甚微。

（4）围岩蚀变

里达矿床的围岩蚀变主要有硅化、黄铁矿化、绿泥石化、绢云母化和重晶石化等。其中硅化、黄铁矿化、重晶石化和绿泥石化为成矿期热液蚀变，是与锑矿成矿关系最为密切、可作为找矿标志的近矿围岩蚀变。

（5）矿床成因类型

结合区域锑矿床对比研究，里达锑矿床成因类型应与广南木利锑矿床基本一致，为浅成中-低温热液型锑矿床。

2. 广南县皂角树锑矿床❶

皂角树锑矿床行政区划隶属于广南县那洒镇管辖，位于广南县城223°方向，平距约38 km处；其中心点地理坐标为：东经104°48′00″，北纬23°47′45″，面积2.0 km^2。

1992年，云南地质矿产局第二地质大队在矿区进行矿点检查，圈出锑矿体长440 m，平均厚度2.29 m，Sb品位2.76%，概算E级锑金属量0.76×10^4 t。

1994~1995年，云南地质矿产局第二地质大队在矿区进行扶贫地质勘查，于1995年10月提交了《云南省广南县皂角树锑矿区勘查地质报告》，估算C+D级矿石量13.3×10^4 t，锑金属量0.50×10^4 t，Sb品位3.79%。

1996年，云南地质矿产局第二地质大队在矿区开展地质普查工作，于1996年12月提交了《云南省广南县皂角树锑矿区普查地质报告》，估算C+D+E级矿石量99.75×10^4 t，锑金属量3.46×10^4 t。

1997~1999年，云南省地调院第二地质矿产调查所在皂角树及其外围开展国土资源大调查，其中皂角树矿区转为资源补偿费勘查，提交了《云南省广南县皂角树锑矿资源补偿费勘查项目普查地质报告》，估算C+D+E级矿石量189.99×10^4 t，锑金属量8.98×10^4 t，Sb品位4.29%。

截至2015年底，皂角树锑矿在《云南省2015年矿区及所属矿山矿产资源储量简表》中的上表资源储量为：332+333类矿石量35.0×10^4 t，锑金属量1.38×10^4 t，Sb品位3.79%，达到中型锑矿床规模。资源目前尚未开发利用。

（1）矿区地质特征

皂角树矿区大地构造分区属扬子陆块区（Ⅵ）、上扬子古陆块（Ⅵ-2）之富宁-那坡被动陆缘（Ⅵ-2-9）；成矿区带属华南（陆块）成矿省（Ⅱ4）个旧-文山-富宁（地块）Sn-W-Ag-Pb-Zn-Au-Sb-Mn-Al成矿带（Ⅲ13）之文山-西畴（西畴拱凹）Au-Sb-Al-Cu-Pb-Zn矿带（Ⅳ30）。

矿区出露地层主要有下奥陶统闪片山组（O_1s）、老寨组（O_1l）和下泥盆统坡松冲组（D_1ps）、坡脚组（D_1p）、芭蕉箐组（D_1b）碳酸盐岩-碎屑岩。其中下奥陶统老寨组为主要赋矿层位，岩性为浅-深灰色厚层状硅化石英砂岩、石英岩，夹硅化角砾状砂岩及灰黑色硅化含角砾泥质砂岩。

矿区出露有超浅成相辉绿岩，侵位于席草塘背斜北翼坡脚组泥岩中，呈不规则岩脉状产出，岩体走向与地层斜交，延伸方向与矿区构造一致，规模较大的Ⅰ、Ⅱ、Ⅲ号岩体长度60~160 m，宽度20~90 m。

矿区地层组成不完整的轴线近东西向的席草塘背斜，背斜走向延伸1000 m，核部宽度20~60 m，为北陡南缓的狭长形背斜，南翼被F_1破坏。背斜核部碎裂硅化蚀变岩是锑矿赋存部位。矿区断裂构造有北西向组断裂和东西向组断裂，均系区域性断裂。

（2）矿体地质特征

皂角树矿床共圈定锑矿体3个，V_1为主矿体，V_2、V_3为次要矿体。

V_1矿体：其形态严格受背斜控制，呈鞍状或似层状产出，控制长度2100 m，宽度50~220 m，背斜北东翼矿体倾斜延伸260 m，倾向354°~26°，倾角25°~75°；背斜南西翼矿体倾斜延深170 m，倾向200°~240°，倾角13°~40°；背斜鞍部或顶部矿体近于水平，倾角小于10°，总体南缓北陡，形态变化与背斜一致。矿体厚度0.75~9.16 m，平均1.84 m；Sb品位0.87%~8.93%，平均3.78%。

V_2矿体：位于V_1矿体下部，相距10.40~39.10 m，呈似层状产出，控制走向长度1200 m，宽度40~140 m；厚度0.82~1.58 m，平均1.08 m；Sb品位1.58%~6.26%，平均3.62%。

---

❶ 主要资料来源：云南地质矿产局第二地质大队，1996，云南省广南县皂角树锑矿区普查地质报告。

V_3 矿体：位于矿区南部，矿体赋存于硅化带下部，受东西向裂隙群控制，矿体产状与硅化带一致，倾向北，倾角 45°~60°。控制走向长度 1100 m，矿体厚度 1.00~7.30 m，平均 4.00 m，Sb 品位 6.98%~10.53%，平均 9.89%。

（3）矿石特征

皂角树锑矿床的矿石自然类型以硫化矿为主，近地表偶见氧化-半氧化矿石。

金属矿物以辉锑矿为主，极少量磁黄铁矿、方铅矿、闪锌矿，偶见黄铜矿、菱锌矿；脉石矿物以石英为主，其次为粘土，极少量方解石、白云母、绢云母、电气石、锆石。

矿石结构主要有自形晶结构、半自形-他形结构、斑状结构；矿石构造主要有浸染状构造、细脉状构造、角砾状构造，氧化地段见蜂窝状淋失构造。

矿石有用元素为锑，以单矿物辉锑矿出现，氧化带矿石有少量黄锑矿、黄锑华。从 V_1 矿体矿石组合样、光谱样及选矿试验样分析结果看，矿石的伴生有益组分主要有 Au、Ag、Cu，其含量分别为：Au 1.10~0.20 g/t，平均 0.16 g/t；Ag 0.40~4.80 g/t，平均 2.02 g/t；Cu 0.10%~3.0%，平均 0.13%。Au 虽达综合利用指标，但在精矿中未富集，尚不能综合回收利用。

在组合分析样中，矿石伴生有害组分主要为 Pb 和 As。Pb 含量平均为 0.05%；As 含量最高 0.183%，最低 0.023%，平均 0.079%。在可选性试验样中，原矿 Pb 含量 0.065%，As 含量 0.017%；锑精矿中 Pb 富集含量达 1.25%，超过锑精矿中允许铅杂质含量要求。需经湿法工艺除铅后，才可获得锑品位 53.20%，杂质 Pb 含量 0.11%，As 含量 0.033%的合格锑精矿商品。

（4）围岩蚀变

皂角树锑矿床的围岩蚀变较为强烈，蚀变类型主要为硅化、黄铁矿化、方铅矿化、闪锌矿化、碳酸盐化。

（5）矿床成因类型

结合区域锑矿床对比研究，皂角树锑矿床成因类型应与广南木利锑矿床基本一致，为浅成中-低温热液型锑矿床。

3. 西畴县香坪山锑多金属矿床❶

香坪山锑多金属矿床行政区划隶属于西畴县莲花塘乡管辖，位于西畴县城 200°方向，平距约 25 km 处；其地理坐标为：东经 104°26′27″~104°30′27″，北纬 23°13′29″~23°18′30″，面积 35.57 km^2。

2015~2016 年，文山州大豪矿业开发有限公司委托福建省闽西地质大队对矿区进行勘查工作，于 2017 年 1 月提交了《云南省西畴县香坪山矿区锑铅锌铜矿详查报告》，累计查明 332+333 类工业锑矿石量 75.94×10^4 t，锑金属量 25419 t，Sb 品位 3.35%；共生 332+333 类铅资源量 46133 t、锌资源量 102851 t、铜资源量 12090 t；伴生 333 类银资源量 156.84 t、镓资源量 143.11 t、镉资源量 503.36 t、铟资源量 103.63 t。上述资源量已列入《云南省 2017 年矿区及所属矿山矿产资源储量简表》，资源目前尚未开发利用。

（1）矿区地质特征

香坪山矿区位于西畴拱凹中部的弧形构造西翼，北西向的文麻断裂和近南北向马关断裂的交汇处，其大地构造分区属扬子陆块区（Ⅵ）、上扬子古陆块（Ⅵ-2）之富宁-那坡被动陆缘（Ⅵ-2-9）；成矿区带属华南（陆块）成矿省（Ⅱ4）、个旧-文山-富宁（地块）Sn-W-Ag-Pb-Zn-Au-Sb-Mn-Al 成矿带（Ⅲ13）之文山-西畴（西畴拱凹）Au-Sb-Al-Cu-Pb-Zn 矿带（Ⅳ30）。矿区分为小洞、小法郎 2 个矿段。

矿区出露地层主要为下寒武统（ϵ_1），中寒武统田蓬组（$\epsilon_2 t$）、龙哈组（$\epsilon_2 l$）及中泥盆统古木组（$D_2 g$）碎屑岩-碳酸盐岩系。其中中寒武统田蓬组（$\epsilon_2 t$）为主要赋矿层位，根据岩性组合特征及其含矿性划分为上、下段。下段的第二亚段（$\epsilon_2 t^{1-2}$）为锑矿的主要赋矿层位，含矿岩性以硅质岩为主。上段的第二亚段（$\epsilon_2 t^{2-2}$）、第三亚段（$\epsilon_2 t^{2-3}$）、第四亚段（$\epsilon_2 t^{2-4}$）为铅锌铜矿主要赋矿层位，

---

❶ 主要资料来源：文山州大豪矿业开发有限公司，2017，云南省西畴县香坪山矿区锑铅锌铜矿详查报告。

含矿岩性以硅质岩为主，少量绢云石英千枚岩。

矿区处于香坪山背斜的东翼，总体为单斜构造，走向40°，倾向南东，倾角20°~35°，发育北东向和北西向两组次级背斜。北东向背斜控制了锑矿层走向的延伸；北西向背斜控制了锑矿层倾向的延深。

断裂构造发育，主要有北东向、北西向及近南北向三组。北东向组主要有F_2、F_5、F_8三条断裂，其中F_5断裂为区域马关断裂的北延部分，矿区内长度约6.8 km，宽度数米至几十米，破碎带由断层角砾岩和劈理带组成，总体走向北东，倾向南东，倾角40°~50°，属逆断层性质。北西向组主要有F_3、F_6、F_7三条断裂，其中F_7断裂属文山-麻栗坡断裂经矿区的主干断层，长度大于3.7 km。总体走向北西，倾向南西，倾角60°~70°；破碎带宽几米至十余米，具多期次活动特点，早期表现为逆冲挤压，后期表现为拉张，属正断层性质。F_3为其派生断裂，长度大于600 m，走向北西，倾向南西，倾角40°~50°，破碎带宽度1~5 m，硅化、方解石发育，局部具有萤石矿化和铅锌铜矿化。

区内还发育隐伏的同生断裂，走向近南北，大致沿德者、马鞍山、小锡板、大锡板一线分布，长度约6 km，宽度100~200 m，倾向东，倾角约45°。断裂主要有2次较强烈活动，分别与田蓬组下段第一、三亚段沉积同期，每次活动都伴有浊积岩的形成，其间为热水沉积含矿硅质岩的形成。同生断层控制着锑多金属矿带的分布，上升盘一侧多形成锑矿，裂陷槽则有铜、铅、锌、银及少量锑的沉积，热水喷口处有铜及黄铁矿的堆积，它们均与热水成因的硅质岩同体共生。

矿区内未出露岩浆岩，仅在部分钻孔中揭露了辉绿岩脉和闪长玢岩脉，推测有隐伏岩体存在。

区内区域变质作用强烈，中寒武统田蓬组、龙哈组经加里东期的区域变质作用，形成一套低绿片岩相变质岩、板岩、千枚岩、大理岩类岩石。动力变质作用以碎裂岩和碎裂大理岩为主。

（2）矿体地质特征

香坪山锑多金属矿区由北至南分为小洞、小法郎2个矿段，小洞矿段以锑矿和铅锌矿为主，小法郎矿段以铜铅锌矿为主。

A. 小洞矿段

分为马鞍山、龙修2个矿带。马鞍山矿带圈定了3个锑矿层（$Ⅰ_1$、$Ⅰ_2$、$Ⅰ_3$），其中$Ⅰ_2$为主矿层；龙修矿带圈定了1个铅锌矿体（$Ⅰ_4$）。

$Ⅰ_2$锑矿层：呈似层状赋存于田蓬组下段第二亚段硅质岩中，产状与围岩一致，总体走向北东，倾向南东，走向和倾向方向呈现波状起伏，倾角25°~60°。走向控制长330 m，倾向控制最大宽度200 m，平均120 m，面积约0.0382 km^2。矿层厚度12.88~1.11 m，平均4.70 m；Sb品位0.95%~6.35%，平均3.19%，垂直方向矿化分布不均匀。

$Ⅰ_1$锑矿层：呈透镜状赋存于田蓬组下段第二亚段硅质岩中，产状与围岩基本一致，走向北东，赋存于背斜核部及附近。距$Ⅰ_2$锑矿层下部2.80~15.80 m，走向控制长度330 m，倾向控制最大宽度约90 m，平均60 m。矿层厚度1.11~3.11 m，平均1.74 m；Sb品位0.55%~6.45%，平均2.92%。

$Ⅰ_3$锑矿层：呈透镜状赋存于田蓬组下段第二亚段硅质岩中，产状与围岩基本一致，走向北东，赋存于背斜核部及两翼，倾角20°~40°。位于$Ⅰ_2$矿层上部1.72~10.30 m处，走向控制长度260 m，倾向控制最大宽度120 m，平均50 m。矿层厚度1.11~3.48 m，平均1.97 m；Sb品位1.10%~5.83%，平均3.59%。

$Ⅰ_4$铅锌矿体：呈似层状赋存于田蓬组下段第二亚段硅质岩中，产状与围岩一致，并具波状起伏，倾角20°~30°。矿体走向长度约500 m，倾向控制宽度约790 m。矿体厚度1.02~1.31 m，平均1.15 m；Pb品位0.096%~4.22%，平均1.99%；Zn品位0.11%~3.35%，平均0.97%；Ag品位10~104 g/t，平均56.91 g/t。

B. 小法郎矿段

以F_5断裂为界，分为东、西两个矿带。东部（下降盘）为雷打岩矿带，在田蓬组上段第二亚段圈定了3个铅锌铜矿层（$Ⅱ_1$、$Ⅱ_2$、$Ⅱ_3$），在第三亚段圈定了3个铅锌铜矿层（$Ⅲ_1$、$Ⅲ_2$、$Ⅲ_3$），其中$Ⅱ_2$铅锌铜矿为主矿层。西部（上升盘）为大坪子矿带圈定1个铜铅锌矿体（Ⅴ），产于田蓬组上段第四亚段中。

II_2 铅锌铜矿层：呈层状赋存于田蓬组上段第二亚段，含矿岩性多为硅质岩，少数为绢云石英千枚岩。矿层产状与围岩一致，总体走向北东，倾向南北，沿走向较平直，沿勘探线方向随地层褶皱而呈现波状起伏，倾角 5°~25°，局部达 30°~45°。以铅锌矿为主（伴生铜、银），局部共生有铜矿。铅锌矿层控制长度约 1340 m，宽度 230~1200 m，平均 715 m。矿层厚度 2.76~0.65 m，平均 1.43 m；Pb 品位 0.27%~4.51%，平均 1.12%；Zn 品位 1.04%~7.39%，平均 2.40%；Ag 品位 4.1~740 g/t，平均 30.45 g/t；Cu 品位 0.07%。独立铜矿不连续，分成互不相连的 2 个矿块，单个矿块长度 320~340 m，宽度 390~540 m；厚度 2.76~1.01 m，平均 1.97 m；Cu 品位 0.37%~1.71%，平均 0.79%；Ag 品位 38.41 g/t。

（3）矿石特征

香坪山矿床的矿石自然类型以硫化矿为主，少量氧化矿。按赋矿岩石类型划分为硅质岩型、角砾岩型、千枚岩型 3 类，以硅质岩型为主。除锑矿为独立矿体外，铅锌矿、铜矿多为共伴生关系，按矿物成分可分为铅锌矿石、铅锌铜矿石、铜矿石、锑矿石 4 类。

锑矿石中金属矿物主要为辉锑矿（95%以上），少量黄铜矿和黄铁矿；脉石矿物主要为石英，其次为方解石、绢云母，偶见重晶石等。矿石结构以自形针柱状结构为主，其次为他形-半自形粒柱状结构；矿石构造以细脉状构造、网脉状构造、团块状构造、菊花状构造、晶簇状构造为主，少部分浸染状构造、星散浸染状构造及条纹状构造。矿石主要有用组分为 Sb，伴生有用组分 Au、Ag、WO_3、Sn 等达不到伴生组分要求；有害成分 Cu、Pb、Zn、As 含量甚微。

铅锌铜矿石中金属矿物主要为闪锌矿、黄铜矿、黄铁矿、方铅矿，其次为赤铁矿、磁黄铁矿、少量磁铁矿；脉石矿物以绢云母、绿泥石、方解石、石英为主，其次为绿帘石和透辉石等。矿石结构主要为自形晶粒状结构、他形晶粒状结构、交代残余结构及固溶体分离的乳滴状结构；构造以条纹状构造、条带状构造为主，其次为浸染状构造、斑点状构造，少数团块状或块状构造。矿石主要有用组分为 Pb、Zn、Cu，伴生有用组分为 Ag、Cd、Ga、In 等。有害组分 As 含量 0.0015%~0.12%，对矿石质量无影响。

（4）围岩蚀变

香坪山锑多金属矿床的围岩蚀变主要有方解石化、萤石化、绿泥石化等，其中以硅化与矿化关系最为密切。

（5）矿床成因类型

结合区域锑矿床对比研究，香坪山锑多金属矿床成因类型应与广南木利锑矿床基本一致，为浅成中-低温热液型锑多金属矿床。

4. 屏边县山后锑矿床❶

山后锑矿床行政区划隶属于屏边苗族自治县和平乡山后村管辖，位于屏边县城北东方向，平距约 91 km 处；其地理坐标为：东经 103°51′26″~103°52′21″，北纬 23°11′14″~23°13′04″，面积 12 km^2。

1989~1990 年，云南省地质矿产局第二地质大队在矿区开展地质普查工作，初步估算锑金属储量 2.02×10^4 t，认为是一个具有一定成矿远景的锑矿床。

1991~1993 年，山后锑矿列为云南省政府批准的扶贫地质勘查基金项目，云南省地质矿产局第二地质大队开展进一步地质工作，提交了《云南省屏边县山后锑矿勘查报告》，查明 C+D 级矿石资源储量 5.73×10^4 t，锑金属量 3550.26 t。

2010 年，中国有色金属工业昆明勘察设计研究院对矿区开展资源储量核查工作，提交了《云南省屏边山后锑矿核查区资源储量核查报告》，矿区累计探明 122b+332+333 类矿石资源储量 5.73×10^4 t，锑金属量 3550.26 t。上述资源量已列入《云南省 2017 年矿区及所属矿山矿产资源储量简表》中。

1950 年以前，法国人曾在此开采过锑矿；从 1963 年起，不间断地有个人、集体在此开采锑矿，

---

❶ 主要资料来源：中国有色金属工业昆明勘察设计研究院，2010，云南省屏边山后锑矿核查区资源储量核查报告。

手选富矿。据不完全统计，山后锑矿共采获商品锑矿石约 0.45×10^4 t，Sb 品位 25.51%，锑金属量 1150 t，手选回收率约 60%，共计消耗金属量约 1610 t，矿石量 2.96×10^4 t。矿区一直未设立探矿权和采矿权，未进行系统的采矿工作。

（1）矿区地质特征

山后锑矿区位于北西西向的马址白-石马脚、百福-者底冲两断层的夹持带中，其大地构造分区属扬子陆块区（Ⅵ）、上扬子古陆块（Ⅵ-2）之富宁-那坡被动陆缘（Ⅵ-2-9）；成矿区带属滨太平洋成矿域（Ⅰ2）、华南（陆块）成矿省（Ⅱ4）、个旧-文山-富宁（地块）Sn-W-Ag-Pb-Zn-Au-Sb-Mn-Al 成矿带（Ⅲ13）之薄竹山-马关（文山-麻栗坡褶皱带）Ag-Sn-W-Pb-Zn 矿带（Ⅳ29）。

矿区出露地层主要为中寒武统田蓬组（$€_2t$），为一套碎屑岩和碳酸盐岩的组合；含矿层位为第四岩性段（$€_2t^4$）与第五岩性段（$€_2t^5$）之间的层间破碎带。其原岩为$€_2t^4$ 碳质板岩与$€_2t^5$ 白云岩的过渡部分，由白云质碳质板岩、石英砂岩、石英砂质板岩、碳泥质白云岩组成，靠近$€_2t^4$ 以板岩为主，夹薄层白云岩，向上逐渐过渡为白云岩。经构造运动，石英砂岩、泥质白云岩中的刚性岩石多呈碎裂状，局部角砾状，沿板岩与石英砂岩或泥质白云岩界面产生滑动，形成容矿裂隙，板岩起局部遮挡层的作用。岩石具硅化、碳酸盐化，以硅化较强烈。

矿区主构造线方向为北西西向，以石马脚-马址白断裂（F_1）最具代表性，属东西向挤压而形成的张性正断裂，为矿区主要的导矿断裂，其旁侧形成的次一级断裂、裂隙，为含矿物质的富集提供了有利场所。

（2）矿体地质特征

山后锑矿床目前仅圈定工业矿体 1 个（V_2），主要有透镜状、角砾状、细脉状、网脉状 4 种产出形态，一般顶部为块状辉锑矿石，中下部细脉状、网脉状、粒状浸染状矿石。

V_2 矿体：赋存于 F_2 层间破碎带的小褶曲中，矿体走向长度 97 m，沿倾斜方向最大宽度 115 m；矿体厚度 1.09~8.40 m，平均 3.93 m；Sb 品位 1.93%~10.38%，平均 6.45%。矿体品位、厚度变化较大，矿化主要集中于 11 号勘探线至 13 号勘探线间，向两侧剧急变贫乃至消失；在倾向上，距地表 20~80 m 范围内矿化强，向深部急剧变薄至消失；在铅垂方向上，辉锑矿主要在过渡带中上部板岩与石英砂岩、泥质白云岩交替部位产出。

（3）矿石特征

山后锑矿床为单一的辉锑矿矿石类型，自然类型以硫化矿为主，其边缘有少量氧化矿。

矿石矿物以辉锑矿为主，少量黄铁矿、锑华等；脉石矿物主要为石英、白云石及方解石。

肉眼下，矿石结构主要有粒状、柱状，放射状、针状等结构；在显微镜下，矿石结构主要有他形晶粒结构、半自形-他形晶粒结构、自形晶粒结构等。矿石构造主要有块状构造、脉状构造、角砾状构造、网脉状构造等。

（4）矿床成因类型

结合区域锑矿床对比研究，山后锑矿床成因类型应与广南木利锑矿床基本一致，为浅成中-低温热液型锑矿床。

5. 广南县田房锑矿床❶

田房锑矿床行政区划隶属于广南县曙光乡田房村管辖，位于广南县城 171°方向，平距约 34 km 处；其地理坐标为：东经 105°07′01″~105°07′26，北纬 23°44′01″~23°45′02″，面积约 1.3 km^2。

1985 年，云南省冶金勘探公司三〇六队，在迭水、冷水沟地段开展地质调查工作，发现锑矿化。

1989~1990 年，云南地质矿产局第二地质大队对该区进行矿点检查，概算锑远景储量 15971 t。

1991~1992 年，云南地质矿产局第二地质大队对矿区开展普查工作，于 1993 年 8 月提交了《云南省广南县田坊锑矿普查地质报告》，估算 D+E 级锑金属量 5119.35 t，达到小型矿床规模。

2008~2009 年，广南县三山矿业有限公司委托云南省地质调查院对矿区进行补充勘查，提交了

❶ 主要资料来源：云南黄金矿业集团股份有限公司文山分公司，2010，云南省广南县田房锑矿核查矿区资源储量核查报告。

《云南省广南县田房锑矿补充勘查报告》，估算保有的332+333类锑矿石量13.88×10^4 t，锑金属量3381 t。

2010年，云南黄金矿业集团股份有限公司文山分公司对矿区进行资源储量核查，提交了《云南省广南县田房锑矿核查矿区资源储量核查报告》，矿区累计查明（122b+332+333）类工业矿石量20.88×10^4 t，锑金属量5565 t。上述资源量已列入《云南省2017年矿区及所属矿山矿产资源储量简表》中。

1986年以来，当地群众断续开展民采活动，1987~1988年为最盛时期，共采出高品位锑矿石（>25%）约150 t。1994~1997年，文山州物资总公司对矿山进行露天和地下开采，共开采出矿石约3.1×10^4 t，由选矿厂选出锑精矿（锑含量大于40%）出售。

（1）矿区地质特征

田房锑矿区大地构造分区属扬子陆块区（Ⅵ）、上扬子古陆块（Ⅵ-2）之富宁-那坡被动陆缘（Ⅵ-2-9）；成矿区带属华南（陆块）成矿省（Ⅱ4）、个旧-文山-富宁（地块）Sn-W-Ag-Pb-Zn-Au-Sb-Mn-Al成矿带（Ⅲ13）之文山-西畴（西畴拱凹）Au-Sb-Al-Cu-Pb-Zn矿带（Ⅳ30）。

矿区出露地层主要为下泥盆统芭蕉箐组（D_1b）、坡脚组（D_1p），下奥陶统湄潭组（O_1m）、红花园组（O_1hh）碳酸盐岩-碎屑岩系。其中下奥陶统湄潭组（O_1m）与下泥盆统芭蕉箐组（D_1b）和坡脚组（D_1p）不整合接触面为主要赋矿层位，含矿岩性为石英岩（硅化砂岩）。

矿区处于南东—北西向展布的田房破背斜南东倾伏端。背斜长度约3 km，宽度约1.5 km。受区域性的北西向断裂（木央断裂）影响，地层中发育北东、北西向断裂组和裂隙组，并成为主要的容矿空间。

（2）矿体地质特征

田房锑矿床的矿体赋存于下奥陶统湄潭组（O_1m）与下泥盆统芭蕉箐组（D_1b）和坡脚组（D_1p）不整合接触面附近的石英岩中。含矿层呈北西向的带状展布，长度约3500 m；倾向南西，倾角15°~45°，沿倾斜方向控制的宽度已达200 m。含矿层铅垂厚度37~55 m，平均26.15 m，沿倾斜方向往深部厚度有变小之趋势。锑矿化具有不均匀性和不连续性，F_1断层附近矿化较连续、稳定，由西向东有矿化增强、厚度增大的趋势。倾斜方向矿化由浅至深变差乃至尖灭；铅垂厚度方向矿化位于含矿层的中部，具有相对稳定的层位。

目前共圈定1个工业矿体（V_1），呈似层状产于田房背斜倾伏端。矿体走向145°，倾向210°~230°，倾角15°~45°。矿体控制长度约500 m，倾斜延深15~200 m，平均108 m；铅垂厚度1.0~4.6 m，平均2.18 m；Sb品位0.75%~6.21%，平均3.40%。品位和厚度沿走向相对较稳定、倾斜方向变化较大。

（3）矿石特征

田房锑矿床的矿石自然类型以硫化矿石为主，近地表有少量氧化矿石；工业类型为组分单一的硫化物型辉锑矿。

矿石矿物主要为辉锑矿、锑华、黄铁矿和褐铁矿；脉石矿物主要为硅质、方解石、绢云母、绿泥石、重晶石和粘土。辉锑矿赋存形式有束状、脉状、针状、菊花状、角砾状五种。脉状辉锑矿集合体组成矿脉，并沿石英岩裂隙或角砾空间充填，脉体长度1.0~3.0 m，厚度1~3 cm，形态较规则。菊花状辉锑矿见于层间裂隙面，由辉锑矿的放射状集合体组成。角砾状辉锑矿产于层间角砾岩空隙或张性的节理裂隙带中，辉锑矿物充填、胶结压碎形成。针状辉锑矿为矿液渗入石英岩空洞中生长的针状晶芽辉锑矿晶体。束状辉锑矿多出现于张性的层间裂隙与斜切裂隙的交汇部位，矿束大小不等，最大可达0.5 cm，一般0.2 cm。辉锑矿多呈柱状集合体分布。

锑是唯一可利用的有益组分，其他有益元素含量甚微，未能达到工业利用价值；有害元素含量低，对矿石选冶影响甚微。

（4）围岩蚀变

田房锑矿床的围岩蚀变相对较弱，主要有硅化、黄铁矿化，重晶石化、绢云母化、碳酸盐化等。

其中，硅化、黄铁矿化、重晶石化与锑矿成矿关系密切，可作为直接找矿标志。

（5）矿床成因类型

结合区域锑矿床对比研究，田房锑矿床成因类型应与广南木利锑矿床基本一致，为浅成中-低温热液型锑矿床。

6. 开远市虎跳崖锑金矿床❶

虎跳崖锑金矿床行政区划隶属于开远市大庄镇管辖，位于开远市区106°方位，平距约20 km处；其中心点地理坐标为：东经103°24′44″，北纬23°38′59″，面积3.31 km^2。

虎跳崖锑矿的开采历史较为悠久。1939年，经济部地质调查所的马希融对开远的锑矿进行调查，编写了《滇越铁路沿线地质矿产（第二期）调查报告》，对矿区地质构造、矿床特征作了详细的论述，对矿床成因作了探讨。

1966~1970年，云南省地质局第二区域地质测量大队第二分队在该区开展1∶20万个旧幅区域地质调查工作时，作了锑矿点检查。

2007~2008年，云南省地质矿产勘查开发局滇南地质大队在矿区开展锑矿普查工作，提交了《云南省开远市大庄虎跳崖锑矿普查报告》，估算332+333类锑矿石资源量37.02×10^4 t，锑金属量7614 t，Sb品位2.06%，伴生333类金资源量77.72 kg，Au品位0.21 g/t。

虎跳崖锑矿的开采历史较为悠久，清同治年间、民国时期均有过开采活动，至今仍留下有采矿遗迹。从20世纪90年代开始，矿区一直有民采活动，直至2008年底，开远市大庄矿业有限责任公司获得该区采矿许可证，矿山步入合法、规范的开发之路。

（1）矿区地质特征

虎跳崖矿区大地构造分区属扬子陆块区（Ⅵ）、上扬子古陆块（Ⅵ-2）之泸西被动陆缘（Ⅵ-2-8）；成矿区带属上扬子（陆块）成矿省（Ⅱ3）、罗平-开远（右江海槽）Pb-Zn-Au-Sb-Mn-S-煤成矿带（Ⅲ12）之弥勒-师宗-开远（前陆盆地）Cu-Al-Pb-Zn-Au-Mn-As矿带（Ⅳ26）。

矿区出露地层主要为下三叠统永宁镇组（T_1y），上二叠统龙潭组（P_3l）、峨眉山玄武岩组（Pe）。其中永宁镇组（T_1y）和峨眉山玄武岩组（Pe）为主要赋矿层位，岩性为一套碎屑岩-火山碎屑岩。

矿区处于开远“山”字形构造东翼，开远-马吊陡坡断裂北东盘，大黑山背斜北西翼，地质构造较为复杂，表现为矿区碎屑岩、玄武岩、碳酸盐岩系被多组断裂切割、破坏形成多个地层断块，除断裂构造的影响带见小拖拽褶曲构造外，矿区未出露规模性的褶皱构造。矿区断裂构造发育，可划分为北西向、北东向、近东西向、近南北向4组。其中近东西向F_5断裂为主要容矿、控矿构造，直接控制着矿区主要锑矿（化）体的形状、产状、规模、空间位置和矿石质量。

矿区范围内大面积出露晚二叠世基性喷出岩，为灰黑、灰绿色玄武岩，柱状节理发育，具枕状构造，中上部夹少量紫红色凝灰岩，风化后呈现褐红色、浅黄色。在果花矿段的玄武岩体硅化带中赋存有锑矿（化）体，锑矿体与硅化十分密切，硅化可作为果花矿段锑矿体的找矿标志。

（2）矿体地质特征

虎跳崖矿床目前共圈定工业矿体8个，产于近东西向断裂破碎带及峨眉山玄武岩组（Pe）玄武岩硅化带中，一般厚度1.32~1.63 m，平均1.48 m，Sb品位2.04%~2.05%。V_4、V_5、V_7为主要矿体。

V_4矿体：位于矿区中部6号勘探线至9号勘探线之间，赋存标高1823~1681 m。矿体走向近东西，长度323 m，呈大透镜状赋存于F_5断裂破碎带之中，矿体倾向南，倾角46°~65°。矿体厚度0.88~2.80 m，平均1.54 m；Sb品位1.55%~2.95%，平均2.02%。

V_5矿体：位于矿区西部9号勘探线至13号勘探线之间，赋存标高1809~1722 m。矿体走向北

❶ 主要资料来源：云南省地质矿产勘查开发局滇南地质大队，2008，云南省开远市大庄虎跳崖锑矿普查报告。

西—南东，长度239 m，呈透镜状赋存于F_5断裂破碎带之中，矿体倾向南西，倾角71°~79°。矿体厚度1.15~3.06 m，平均1.99 m；Sb品位1.27%~3.18%，平均2.33%。

V_7矿体：位于矿区南部16号勘探线至19号勘探线之间，赋存标高1905~1777 m。矿体走向近南北，长度315 m，呈大透镜状赋存于二叠系峨眉山玄武岩组（*Pe*）玄武岩硅化带中，矿体倾向东，倾角79°~82°。矿体真厚度1.12~1.38 m，平均1.24 m；Sb品位1.57%~3.03%，平均2.11%。

（3）矿石特征

虎跳崖矿床的矿石类型简单，为辉锑矿型，自然类型以硫化矿为主，地表有少量氧化矿。

矿石矿物成分简单，除辉锑矿外，未见其他含锑矿物，地表矿化体露头处可见少量氧化物（锑华）；脉石矿物主要为细-粗粒的石英、方解石、围岩碎屑、粘土矿物，多呈脉状或碎粒状体分布，脉体似有早、晚期之分，粗粒者似为早期脉体（脉内石英晶族生长方向指向辉锑矿矿化方向）。

矿石结构主要为半自形-自形粒状结构、半自形-自形柱状结构、他形-半自形粒状结构、他形-半自形柱状结构、碎裂状结构、细粒砂状结构、充填结构、碎屑角砾结构；矿石构造主要为浸染状构造、细脉状构造、角砾状构造、块状构造、星点状构造、团块状构造。

矿石中主要成矿元素为Sb，含量一般为1.27%~3.18%；伴生有益元素主要为Au，含量为0.12~0.30 g/t，平均0.21 g/t。有害杂质As、Pb含量不超标，含量低。

（4）矿床成因类型

虎跳崖矿床的锑矿主要赋存于峨眉山玄武岩组玄武岩硅化带及其永宁镇组含火山物质的碎屑岩中，火山岩与成矿关系密切，为锑的初始富集层；在后期构造作用下，含矿热卤水对矿源层的叠加、改造，并富集成矿。其成因类型应为浅成中-低温热液型锑矿床。

7. 开远市余米都锑矿床❶

余米都锑矿床行政区划隶属于开远市碑格乡管辖，位于开远市区99°方向，平距38 km处；其地理坐标为：东经103°32′22″~103°33′42″，北纬23°36′30″~23°37′56″，面积3.90 km^2。

1958年，云南省有色冶金地质局三〇四队在该区做过地质调查工作，发现锑矿点。

1966~1970年，云南省地质局第二区域地质测量大队第二分队开展1∶20万个旧幅区域地质调查工作时，作了矿点检查。

2006~2012年，云南省砚山县砚华冶炼厂委托云南省地质矿产勘查开发局滇南地质大队，对矿区开展地质勘探工作，并提交了《云南省开远市余米都锑矿勘探报告》，矿区累计查明331+332+333类硫化工业锑矿石量38.32×10^4 t，金属量8233 t，Sb品位2.15%。上述资源量已列入《云南省2015年矿区及所属矿山矿产资源储量简表》中，资源目前尚未开发利用。

（1）矿区地质特征

余米都矿区位于开远"山"字形构造南东翼，架吉断裂南东盘，鲁姑母背斜南东侧。其大地构造分区属其大地构造分区属扬子陆块区（Ⅵ）、上扬子古陆块（Ⅵ-2）之泸西被动陆缘（Ⅵ-2-8）；成矿区带属上扬子（陆块）成矿省（Ⅱ3）、罗平-开远（右江海槽）Pb-Zn-Au-Sb-Mn-S-煤成矿带（Ⅲ12）之弥勒-师宗-开远（前陆盆地）Cu-Al-Pb-Zn-Au-Mn-As矿带（Ⅳ26）。

矿区出露地层主要为中三叠统个旧组（T_2g），下三叠统永宁镇组（T_1y）、飞仙关组（T_1f），上二叠统龙潭组（P_3l）、玄武岩组（$P_3\beta$）。其中中三叠统个旧组（T_2g）为主要赋矿层位，岩性主要为白云岩、白云质灰岩。

余米都向斜是矿区内发育的唯一褶皱构造，出露于矿区中部，向斜轴向北东—南西向，南西端为翘起端。向斜北西翼F_1断裂破碎带中赋存有V_1、V_2两个锑矿体。

矿区断裂较为发育主要有北东向（F_1）和北西向（F_2、F_3、F_4）两组。其中北东向F_1断裂是矿区主构造，延伸长度大于4000 m，纵向切割破坏余米都向斜的北西翼，沿断层线有呈串珠状发育的岩溶漏斗、断层挤压角砾岩、断层破碎带。断层总体走向北东—南西，倾向南东，倾角30°左右，为

❶ 主要资料来源：云南省地质矿产勘查局滇南地质大队，2012，云南省开远市余米都锑矿勘探报告。

一低角度走向逆断层。该断裂是矿区内的主要容矿断裂，该断裂控制着矿区 V_1、V_2 锑矿体的形状、产状和空间分布。北西向（F_2、F_3、F_4）断裂为成矿后期断裂，对矿体有一定破坏作用。

矿区岩浆岩不发育，仅在矿区南缘出露有上二叠统峨眉山玄武岩组灰黑、灰绿色玄武岩，柱状节理发育，具枕状构造，中上部夹少量紫红色凝灰岩。

近矿围岩蚀变主要表现为硅化、黄铁矿化（后期褐铁矿化）及碳酸盐化。由于围岩成分的差异，蚀变的强度和类型有所不同，一般由矿化中心向两侧强度逐渐减弱。

（2）矿体特征

余米都锑矿床目前共圈出 2 个工业锑矿体（V_1、V_2），赋存于余米都向斜北西翼 F_1 断裂破碎带中。

V_1 矿体：呈层状、似层状沿 F_1 断裂带产出，总体走向呈北东—南西，倾向南东，倾角一般为 16°~43°。工程控制矿体走向长度 800 m，倾向延深 230 m。矿体厚度 0.61~1.94 m，平均 0.87 m；Sb 品位 0.99%~5.80%，平均 2.09%。

V_2 矿体：呈层状、似层状沿 F_1 断裂带产出，总体走向呈北东—南西，倾向南东。工程控制矿体走向长度约 540 m，倾向延深 150 m。矿体厚度 0.68~0.93 m，平均 0.82 m；Sb 品位 0.74%~9.96%，平均 2.52%。

（3）矿石特征

余米都锑矿床的矿石工业类型为硫化辉锑矿矿石。

矿石结构主要为碎裂泥质结构、微晶结构、显微鳞片状结构、半自形-自形粒状结构、半自形-自形柱状结构、他形-半自形粒状结构、他形-半自形柱状结构、细粒砂状结构、充填结构及碎屑角砾结构等。矿石构造主要为角砾状构造、条带状构造、星点状构造、团块状构造等。

矿石矿物中主要金属矿物为辉锑矿、黄铁矿、毒砂等；脉石矿物为高岭石、绢云母、绿泥石、海绿石、石英、石膏和白云石。

根据组合分析结果，有用组分为锑，其他伴生有益组分均未达到综合利用的要求，同时有害杂质含量也低，不影响矿石加工技术性能。

（4）矿床成因类型

余米都锑矿的成因类型为受断裂构造控制的浅成中-低温热液型锑矿床。

8. 其他矿床（点）

除前面列述的 10 处典型和重要矿床，滇东南地区还有 19 处产于硅质岩（石英岩）、碳酸盐岩、火山岩（火山碎屑岩）中的浅成中-低温热液型锑矿床（点），详见附表 1。

二、兰坪-巍山-普洱地区锑矿

兰坪-巍山-普洱地区也是云南省重要的锑矿聚集区，锑矿主要赋存于上三叠统碳酸盐岩-碎屑岩中，以巍山县笔架山中型锑矿床、石岩村中型锑汞矿最具代表性；此外，还有赋存于上白垩统、中侏罗统碎屑岩中的锑矿，以巍山县羊虎头锑矿、景东县南岸锑矿为代表。

（一）巍山县笔架山锑矿床❶

笔架山锑矿床行政区划隶属于巍山彝族回族自治县牛街乡爱民村，位于县城 220°方向，平距 72 km 处；其地理坐标为：东经 100°01′00″~100°02′54″，北纬 24°59′48″~25°01′54″，面积约 4 km^2。

1958 年，大理州地质局在该区开展锑矿检查工作，指出锑矿化的产出层位和具有一定规模。

1965~1972 年，云南省地质局第十二地质队多次对该区开展过矿点踏勘检查工作。

1980~1983 年，云南省地质局八〇三队对区内锑矿进行过比较系统的普查评价，概算锑金属储量 3.2×10^4 t，认为有进一步勘查前景。

---

❶ 主要资料来源：云南地质矿产局第三地质大队，1990，云南省巍山县笔架山锑矿区详细普查地质报告。

1986~1990 年，云南地质矿产局第三地质大队在该区开展详查工作，于 1990 年 12 月提交了《云南省巍山县笔架山锑矿区详细普查地质报告》，估算 C+D 锑矿石量 142.71×10^4 t，锑金属量 6.59×10^4 t，Sb 品位 4.62%；伴生萤石矿物量 14.26×10^4 t，CaF_2 含量 10.72%。该矿达到中型锑矿床规模。

2011 年，巍山县牛街乡爱民村办锑矿厂委托云南三源地质勘查有限公司进行资源储量核查工作，提交了《云南省巍山县笔架山锑矿资源储量核实报告》，累计查明 122b+333 类矿石量 164.37×10^4 t、锑金属量 7.10×10^4 t，Sb 品位 4.32%；伴生萤石矿物量 14.60×10^4 t，CaF_2 含量 10.82%。上述资源量已列入《云南省 2017 年矿区及所属矿山矿产资源储量简表》中。

笔架山锑矿从 1972 年就进行开采，以民采和巍山县办锑矿厂开采相结合，截至 1986 年底，共采出锑品位大于 30%的矿石约为 1×10^4 t，生产精锑Ⅱ级品 1400 t。1994~2002 年，民采盛行，乱挖滥采普遍，资源破坏严重。经治理整顿，巍山县牛街乡爱民村办锑矿厂于 2003 年 12 月取得采矿许可证，矿石一直供县办锑品冶炼厂使用，主要生产锑氧粉或精锑，销售至湖南等地。目前实际年生产能力为 2000 t 左右，所生产的精锑品位达 99.85%以上。

1. 矿区地质特征

笔架山矿区地处兰坪-普洱（思茅）地块中段，公郎弧形构造外缘与近南北向和北西向构造交接部位，黑惠江复式背斜南延部分的笔架山背斜中。其大地构造分区属羌塘-“三江”造山系（Ⅶ）、昌都-兰坪-普洱（思茅）地块（Ⅶ-5）之昌都-兰坪-普洱（思茅）地块（S-T）（Ⅶ-5-2）；成矿区带属“三江”（造山带）成矿省（Ⅱ2）、兰坪-普洱（陆块）Cu-Pb-Zn-Ag-Fe-Hg-Sb-As-Au-石膏-菱镁矿-盐类成矿带（Ⅲ5）之兰坪-普洱（地块）Cu-Pb-Zn-Ag-Fe-Hg-Sb-As-Au 盐类矿带（Ⅳ12）。从南至北依次划分为杨梅岭岗、瓦利、扎花山、蝙蝠洞 4 个矿段（图 2-8）。

（1）地层

矿区出露地层单一，主要为上三叠统碳酸盐岩-碎屑岩及第四系残坡积物。上三叠统三合洞组（T_3sh）碳酸盐沉积岩系，按岩性可分为 3 段，其中上段（T_3sh^3）含硅质条带灰岩，为矿区的主要含矿层位，其顶部与挖鲁八组（T_3wl）界面的层间滑动破碎带中具有锑、砷、汞、金矿化，在构造有利部位形成具有价值的矿体。挖鲁八组下段（T_3wl^1）为灰黑色厚层状页岩、泥岩与泥质粉砂岩互层，组成区内锑矿体的盖层。麦初箐组（T_3m）分为 5 个岩性段，矿区内仅出露下部一、二两个岩性段，为浅灰白色、灰黑色中厚层状细粒长石石英砂岩夹浅灰色泥质粉砂岩，灰色泥岩、页岩，局部夹灰岩透镜体及钙质结核。

（2）构造

矿区位于笔架山背斜部位，属黑惠江复式背斜南段延伸部分，是矿区的主要控矿构造。背斜长度大于 15 km，轴向为北北西—南南东，形态狭窄，呈长条状。在背斜核部西侧受 F_1 断层的切割致使背斜构造不完整，在北部蝙蝠洞矿段一带形态开阔完整。该背斜向北延长至珠街倾没，向南与公郎弧形构造归并。背斜核部为三合洞组灰岩，两翼为挖鲁八组碎屑岩，在主背斜的近核部及翼部次级褶曲发育，从南至北有小密西向斜、扎花山背斜、蝙蝠洞背向斜、蝙蝠洞背斜。在褶皱构造形成的同时，由于构造应力作用，在三合洞组灰岩与挖鲁八组泥岩、页岩之间产生差异性层间滑动，脆性岩石受力破碎，沿其接触面形成层间破碎带，呈 330°方向延伸，宽度 0.5~20 m，在后期热液活动下形成硅化、锑矿化层间蚀变带。

矿区断裂构造发育，有沿背斜轴向分布的纵断裂和层间滑动断裂，主要呈北西向，还有北东向和近东西向的断裂以及节理、裂隙等。主要断裂有 6 条，其中 F_1 为主要控矿构造，其余的 F_6、F_7、F_8、F_{10}、F_{19} 等 5 条规模相对较小，但对锑矿体破坏较大。F_1 断裂沿笔架山背斜轴向分布，控制锑矿体的展布，走向为北北西—南南东，局部近南北，长度达 10 km 以上。断层面在走向、倾向上常波状起伏，在 F_8 以南的瓦利矿段倾向南西，倾角 28°~71°，在中部 F_7—F_8 之间的扎花山矿段则总体倾向北东，而部分倾向南西、倾角较陡，为 79°~87°。断裂具逆冲性质，西盘下降，东盘上升，垂直断距为百余米，使其东翼地层上升，在地形上常形成悬崖陡壁，揉皱现象明显，断层面上具水平擦痕及挤压破碎带和构造透镜体。

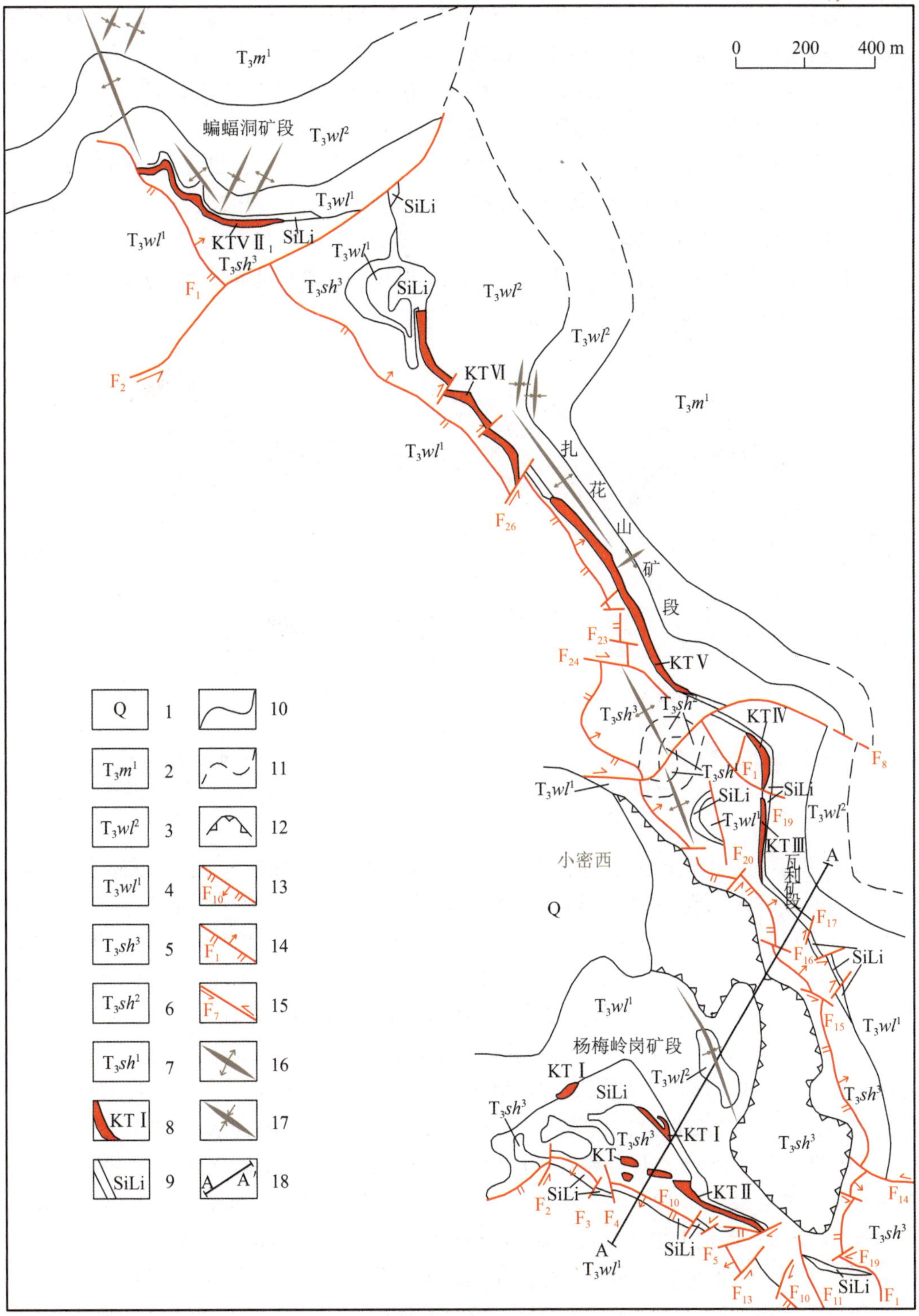

图 2-8 巍山县笔架山锑矿区地质简图

（据云南地质矿产局第三地质大队，1990，有修改）

1—第四系；2—上三叠统麦初箐组下段；3—上三叠统挖鲁八组上段；4—上三叠统挖鲁八组下段；5—上三叠统三合洞组上段；6—上三叠统三合洞组中段；7—上三叠统三合洞组下段；8—锑矿体及编号；9—硅化带；10—实测地质界线；11—推测地质界线；12—滑动堆积层界线；13—正断层及编号；14—逆断层及编号；15—平移断层及编号；16—背斜轴线；17—向斜轴线；18—剖面线位置

2. 矿体地质特征

含锑矿蚀变带主要产于笔架山背斜近轴部及翼部的上三叠统三合洞组与挖鲁八组界面的层间滑动

破碎带中，走向北北西，延伸长度约3900 m。目前从南至北共圈出14个矿体，其中杨梅岭岗矿段2个矿体，编号为KTⅠ、KTⅡ；瓦利矿段2个矿体，编号为KTⅢ、KTⅣ；扎花山矿段5个矿体，编号为KTⅤ、KTⅥ$_1$、KTⅥ$_2$、KTⅥ$_3$、KTⅥ$_4$；蝙蝠洞矿段按上、下矿体富集部位圈出5个矿体，上部矿体编号为KTⅦ$_1$、KTⅦ$_2$；下部矿体编号为KTⅧ$_1$、KTⅧ$_2$、KTⅧ$_3$。

笔架山锑矿床的矿体呈似层状、薄层状、透镜状产出（图2-9），最大长度650 m，一般长度40~475 m，沿倾斜延深50~100 m，最大为290 m。矿化连续性差，常出现无矿天窗。矿体厚度最大9.21 m，一般在0.94~4.50 m之间；Sb品位1.69%~14.85%，最高为55.88%。此外在三合洞组（T_3sh）灰岩中，常发育有古岩溶洞穴，其大小不等，形态不规则，呈漏斗状、盘状、串珠状。洞穴中常有方解石、萤石充填形成晶洞、晶簇，并具锑矿化。

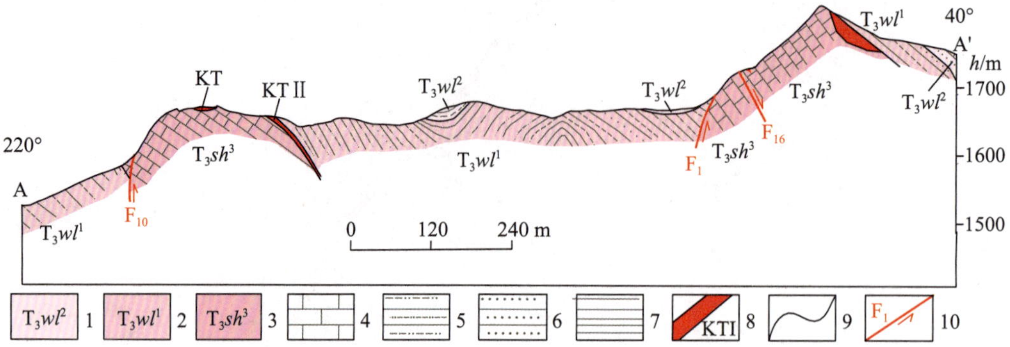

图2-9 巍山县笔架山锑矿床A-A′剖面地质图

（据云南地质矿产局第三地质大队，1990，有修改）

1—上三叠统挖鲁八组上段；2—上三叠统挖鲁八组下段；3—上三叠统三合洞组上段；4—灰岩；5—泥质粉砂岩；6—砂岩；7—页岩；8—锑矿体及编号；9—地质界线；10 正断层及编号

KTⅤ矿体：位于扎花山矿段，呈薄层状产出，走向北北西—南南东，倾向北东，倾角30°，局部倒转向西倾斜，呈反“S”形；矿体控制长度585 m，倾斜延深30~140 m。含矿岩石以硅化灰岩为主，其次为硅化角砾岩。矿体厚度最大6.58 m，一般0.72~2.10 m，平均1.52 m；Sb品位2.38%~14.85%，最高30.89%，平均8.08%，为矿区内矿化富集品位较高的矿体；矿化不均，近地表浅部矿化较强，Sb品位4.70%~15.78%，深部变贫，Sb品位1.26%~5.42%。在矿体的下部灰岩节理、裂隙中常有串珠状、脉状、巢状及不规则状锑矿体产出。锑矿物以氧化矿为主，硫化矿较少，矿物有黄锑华、锑华、辉锑矿等，呈片状、针状、长柱状、放射状产出。该矿体为氧化矿石，平均氧化率为94.5%。

KTⅥ$_1$矿体：位于扎花山矿段，呈薄层状产出，走向北北西，倾向北东（局部倾向北西），倾角25°~35°。矿体控制长度650 m，倾斜延深30~95 m。含矿岩石北段以硅化石英岩为主，南段以硅化角砾岩为主。矿体厚度最大3.39 m，一般0.72~1.70 m，平均1.39 m。Sb品位1.97%~7.12%，最高42.10%，平均4.01%；矿化不均匀，近浅部品位较高，Sb品位3.45%~8.36%，北段及向下延深品位变低，Sb品位0.75%~0.85%。锑矿物以黄锑华居多，其次为锑华、辉锑矿、锑赭石等，一般呈柱状、板状、放射状分布，偶见致密块状辉锑矿。萤石晶体粗大，为白色、浅紫色，局部富集呈巢状，CaF_2含量4.15%~18.91%。矿石为氧化矿，氧化率为92%。

KTⅦ$_1$矿体：位于蝙蝠洞矿段，呈似层状产出，走向北北西，倾向北东，倾角20°~30°。矿体控制长度473 m，倾斜延深30~100 m。矿体厚度最大8.32 m，一般1.60~5.85 m，平均3.22 m。Sb品位1.60%~5.24%，最高29.01%，平均3.38%。含矿岩石以硅化石英岩为主，锑矿物以黄锑华、锑华为主，一般呈中-粗粒片状、放射状分布。汞矿化较为普遍，常有辰砂呈星点状，局部呈致密块状出现，Hg品位0.02%~0.05%，最高0.67%；在锑、汞矿化较强处有金矿化，Au品位0.60~1.04 g/t。萤石晶体粗大，为白色、浅紫色，呈巢状、脉状产出，CaF_2含量8.06%~10.25%。矿石主要为氧化矿，氧化率为86.33%。

其他主要矿体特征见表2-4。

表2-4 巍山县笔架山锑矿床其他主要矿体特征一览表

矿体编号	矿体形态	规模		产状	厚度/m	Sb品位/%
		长/m	延深/m	倾向∠倾角	最小~最大 平均	最小~最大 平均
KTⅠ	薄层状	290	40~80	NE∠30°~40°	0.54~5.25 2.09	2.11~50.39 2.09
KTⅡ	薄层状	340	70~85	NE∠35°~40°	0.63~9.21 1.93	2.22~28.08 4.51
KTⅢ	薄层状	200	40~120	E∠50°~60°	0.53~3.99 1.62	2.05~16.40 5.68
KTⅣ	薄层状	182	50~80	E∠48°~80°	1.74~8.58 3.69	2.88~15.66 4.37
$KTⅧ_1$	薄层状	450	30~100	NE∠20°~30°	0.50~4.02 1.50	0.87~8.45 2.88

3. 矿石特征

笔架山矿床氧化作用强烈，矿石自然类型以氧化矿为主，个别地段残留有少量硫化矿和混合矿。矿石工业类型简单，硫化矿按照非金属矿物组合可分为单一锑矿石、石英-锑矿石、萤石-锑矿石、方解石-锑矿石和石英-萤石-锑矿石5类。

矿石中金属矿物主要有辉锑矿及其氧化物（锑钙石）-黄锑华、锑华、锑赭石、红锑矿、方锑矿等，含少量黄铁矿、针铁矿，偶见辰砂、雄黄、白铅矿、闪锌矿、黄铜矿、孔雀石等。脉石矿物有石英、萤石、硅质粘土、方解石及少量泥质矿物，偶见重晶石、白云石、玉髓等。辉锑矿主要有两种赋存形式，一是以他形粒状或片状赋存于长石砂岩、粉砂岩裂隙中；二是呈自形-半自形长柱状、板状赋存于灰岩节理及构造裂隙中。萤石以紫色、绿色、白色为主，透明，粒径较大，自形程度高，与锑矿化关系密切。

矿石结构主要有粒状结构、粒状变晶结构，其次有长柱状-针状结构、假象结构、土状结构、胶状结构；矿石构造主要有块状构造和浸染状构造，其次有角砾状构造和晶簇状构造。

根据锑的基本分析、矿石化学全分析及组合分析，矿石中的有用组分以锑为主，萤石次之，CaF_2含量0.26%~17.29%，平均10.82%，可综合利用。伴生有益组分有Au、Hg、Ag等，但含量较低。Au含量0.05~0.11 g/t，单样最高1.12 g/t，平均0.083 g/t，锑精矿中为0.6 g/t；Ag含量1.36~3.31 g/t，平均1.95 g/t，分布较均匀，各矿体中的含量变化不大；Hg含量0.002%~0.005%，平均0.003%，局部较高，个别单样最高达2.34%，但未形成汞矿体。主要有害组分为Pb、As，含量较低，Pb含量0.027%、As含量0.096%，对选冶影响不大。

4. 围岩蚀变

笔架山矿床的围岩蚀变主要发生在上三叠统三合洞组灰岩与挖鲁八组泥岩之间的层间破碎带及其两侧的岩石裂隙中，呈带状分布。蚀变类型主要有硅化、萤石化，其次有碳酸盐化、石膏化、高岭土化、重晶石化等。硅化和萤石化与锑矿化关系最为密切。

硅化：表现为含矿部位三合洞组上、下段间的次生石英岩，向上过渡为硅化页岩，向下为硅化灰岩，界线明显。锑矿体多赋存于次生石英岩中，其次为硅化页岩或硅化灰岩中。次生石英岩SiO_2含量为60%~90%，局部大于90%；硅化灰岩SiO_2含量为10%左右。

萤石化：呈巢状、团块状、脉状充填于次生石英岩中，与辉锑矿伴生。萤石晶体大小不等，最大可达10 cm×10 cm，呈贯通双晶及立方晶体；半透明，呈白、灰、紫色等。

5. 成矿阶段划分

笔架山锑矿的成矿过程可分为沉积成矿期、热液成矿期、表生期3期。

锑矿体主要产于上三叠统三合洞组（T_3sh）上部深灰色厚层-块状含白云质灰岩和含硅质条带灰岩中，含矿岩层沉积期成矿元素有初始富集。

佟子达（2018）将热液成矿期分为3个阶段：第Ⅰ阶段以萤石-自形辉锑矿为标志，伴随少量黄铁矿、方铅矿，萤石与辉锑矿界线平整，萤石中含有辉锑矿包体，二者同期形成。辉锑矿多呈自形-半自形放射状、柱状等，萤石多呈紫色、浅紫色细粒状。第Ⅱ阶段以发育辉锑矿-萤石-石英为标志，石英呈细粒状自形-半自形充填于辉锑矿和萤石裂隙，萤石呈白色-浅紫色细粒状，辉锑矿呈自形-半自形柱状、粒状，镜下可见少量方解石。第Ⅰ、Ⅱ阶段为成矿主阶段。第Ⅲ阶段以萤石-石英-碳酸盐为主，无锑矿化。萤石为浅灰色、浅紫色、紫色、浅蓝色等，中粗粒状自形，部分呈立方体状，方解石呈白色自形-半自形状，方解石与萤石共生。

表生期发育黄锑华、锑华、锑赭石、红锑矿、白铅矿等氧化物，沿早期形成的辉锑矿等原生矿物边缘发育，并部分代替原生矿物。

6. 成矿物理化学条件

（1）微量元素地球化学特征

据常开永（2007）研究成果，笔架山矿床中地层、矿体及近矿围岩三者微量元素组合基本一致，以Sb、Hg、As、Au为主，Cu、Pb、Zn、Sn次之。地层中Sb、Hg、As、Au背景值高于地壳丰度值几倍至几十倍，特别是上三叠统三合洞组及近矿围岩中Sb含量高于地壳丰度值近千倍，且由远离矿体的地层至近矿围岩，Sb含量逐渐增高，显示出成矿元素的运移方向，也表明上三叠统应为锑矿矿源层。矿石中含有Sr和Ba，其含量分别为516.11×10^{-6}、546.87×10^{-6}，Sr/S、Cr/Ni值分别为0.94和0.29，均小于1，具备沉积特征。由于普遍含有较高的Cu、Pb、Zn、Sn，与邻区大莲花山的二长斑岩、花岗斑岩中含量类似，推测部分成矿物质来源于深部隐伏岩体。据肖昌浩等（2016）研究成果，辉锑矿微量元素特征显示成矿流体以稀土元素含量较低，富Sr、Ba和F为特征；蛛网图和稀土配分模式与大莲花山岩体稀土配分模式相似，表明成矿流体与大莲花山成岩流体具有一定的成因联系。

（2）流体包裹体特征

常开永（2007）对萤石、方解石流体包裹体研究认为，包裹体液相成分以Ca^{2+}、Na^+、Cl^-为主，气相成分以H_2O、CO_2为主，成矿流体具有地表水流体特征，属大气降水（含层间建造水、热卤水、裂隙水）。锑矿化阶段萤石和方解石流体包裹体均一温度集中于120～176℃和234～260℃两个区间，方铅矿的爆裂温度为160～190℃、270～360℃，辉锑矿的爆裂温度为110～190℃、220～280℃，萤石爆裂温度为70～190℃，方解石的爆裂温度为160～180℃，雄黄的爆裂温度为90～120℃、190～220℃，表明笔架山锑矿为中-低温热液矿床，存在两个或两个以上成矿阶段。

（3）同位素地球化学特征

据常开永（2007）研究成果，笔架山矿床中辉锑矿的$\delta^{34}S$（‰）值为－5.58～－20.33，平均－12.16，全为负值，偏离零值较远，属轻硫型，可能与热液作用有关；石膏、辰砂的$\delta^{34}S$（‰）值分别为17.83、30.35，属重硫，来自海水硫酸盐（地层）；方铅矿的$\delta^{34}S$（‰）值为－2.78，接近零值，推测部分硫源来自岩浆岩。矿石$^{206}Pb/^{204}Pb$值为18.218～19.392、$^{207}Pb/^{204}Pb$值为15.603～15.785、$^{208}Pb/^{204}Pb$值为38.255～39.381，属正常铅与异常铅的过渡类型——混合铅，铅主要来自地层，部分来自岩浆岩。方解石、萤石流体包裹体δD（‰）值为－65.7～－119，$\delta^{18}O$（‰）值为－7.3～－27.4，显示了低的δD值和高的$\delta^{18}O$值，且均为负值，反映出大气降水的特征，即成矿流体为雨水下渗和地层建造水活化混合而成；方解石$\delta^{13}C$（‰）值为－1.99～－2.6，变化范围小，反映出海相碳酸盐特征，说明碳来自地层。

7. 矿床成因及成矿模式

（1）成矿时代

关于笔架山锑矿床的成矿物质来源及成矿作用，主要有三种观点：一种认为与基性岩有关（范朝俊，1991）；一种认为与岩浆作用无直接关系，为沉积-改造成因（史清琴，1988；俞开基，1990；常开永，2007；俞国芬等，2009；佟子达，2018）；另一种则认为与喜马拉雅期富碱斑岩活动有关（王勇，2002；董方浏，2002；肖昌浩等，2016）。结合区域成矿地质背景和全国省（自治区、直辖市）矿产地质志的矿床类型划分方案，将其类型暂定为中-低温热液型锑矿床。与周边金、汞矿属同一成矿系统，其初始成矿作用发生于晚三叠世，主成矿作用（热液成矿期）则发生于喜马拉雅期。由于扎村金矿床内蚀变水云母的 Rb-Sr 等时线年龄为 46.5 Ma（杨嘉文等，1991），大莲花山富碱二长斑岩中钾长石的$^{40}Ar-^{39}Ar$法同位素年龄为 38.81±0.17 Ma（董方浏等，2002），因此笔架山锑矿床主成矿时代应为始新世（喜马拉雅期）。

（2）矿床成因及成矿模式

晚三叠世，由于沿澜沧江超壳断裂、金沙江-哀牢山超壳断裂上涌的基性岩浆的火山作用，海盆内的浅源物质与火山作用的深源物质混合，形成上三叠统三合洞组（T_3sh）锑的初始富集。进入喜马拉雅运动期，印度板块向欧亚板块俯冲，产生了北东向的水平挤压应力，形成了北北东向的笔架山背斜、断裂，地层褶皱过程中由于地层间的运动差异，脆性岩石碎裂形成层间破碎带，地表承压水下渗并与存封在地层中的原生建造水混合沿层间破碎带流动，在增温、增压条件下，溶液溶解能力加强，破碎带中矿质被活化进入溶液，形成含矿溶液，在挖鲁八组页岩的遮挡作用下，含矿热液沿三合洞组顺层流动，在成矿有利部位，物理、化学条件适宜处，矿质再次沉淀析出，富集成矿。

笔架山锑矿床的成矿模式见图 2-10。

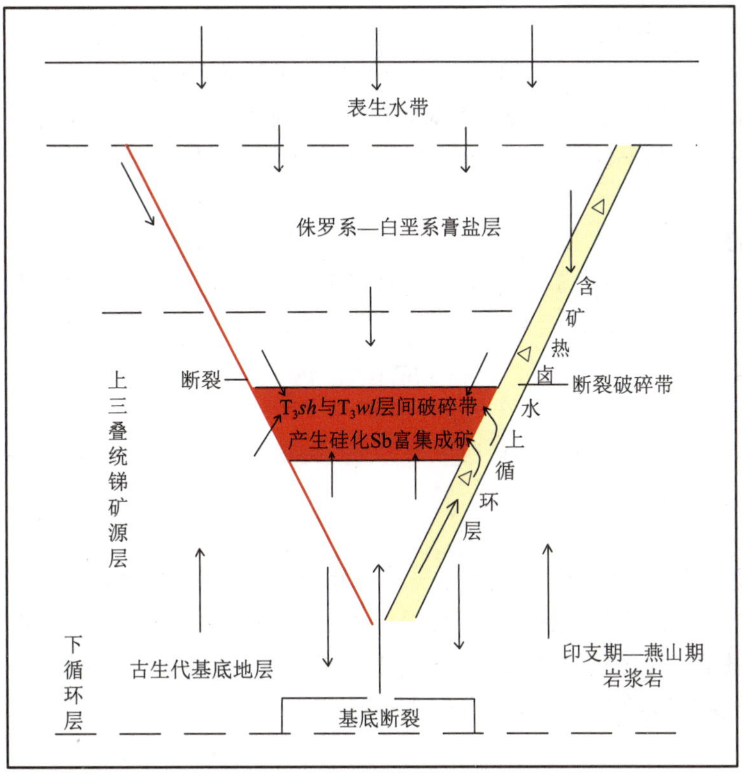

图 2-10　巍山县笔架山锑矿床成矿模式图

（据云南省国土资源厅等，2013，有修改）

8. 找矿标志

地层岩性标志：上三叠统三合洞组（T_3sh）上部深灰色厚层-块状含白云质灰岩和含硅质条带灰岩。

构造标志：矿区锑矿主要沿笔架山背斜分布，上三叠统三合洞组（T_3sh），特别是三合洞组与挖鲁八组界面的层间滑动破碎带是锑矿化的构造有利部位，常形成具有价值的矿体。

地球化学异常标志：符合上述条件的锑元素化探异常区。

找矿古遗迹标志：有古代找锑矿老硐分布区。

（二）巍山县石岩村锑汞矿床❶

石岩村锑汞矿床行政区划隶属于巍山彝族回族自治县马鞍山乡石岩村，位于县城310°方向，平距30 km处；其中心点地理坐标为：东经100°03′51″，北纬25°23′04″，面积58 km^2。

1963~1965年，云南省地质局第十二地质队对矿区开展汞矿普查工作，对罗旧村后山和大白崖两处作了系统评价，于1965年5月提交了《巍山汞矿初步普查评价报告书》，提交C_2级汞金属量69 t。

1988~1989年，云南省地质矿产局第三地质大队对石岩村锑矿及外围（干箐-龙树湾、罗旧村）进行普查，于1989年10月提交了《云南省巍山县石岩村锑矿普查地质报告》，估算D级锑矿石量62.73×10^4 t，锑金属量2.04×10^4 t，Sb品位4.73%，达到中型矿床规模。

2010年，云南正瑞鑫矿业有限公司对矿区开展资源储量核查工作，提交了《云南省巍山县石岩村锑矿核查区资源储量核查报告》，矿区累计查明122b+333类工业锑矿石量62.73×10^4 t，锑金属量2.04×10^4 t，低品位锑矿石量41.4×10^4 t，锑金属量0.4×10^4 t。

截至2017年底，石岩村锑汞矿床（石岩村锑矿、马鞍山汞矿）在《云南省2017年矿区及所属矿山矿产资源储量简表》中的上表资源储量为：333类以上锑矿石量156.58×10^4 t，金属量4.48×10^4 t，Sb品位4.73%；333类以上汞矿石量3.6×10^4 t，金属量70 t，Hg品位0.19%。

汞矿石组分简单，冶炼性能良好，巍山县办水银厂曾在此采矿，用土炉冶炼，现已停采。锑矿开采活动始于1983年，主要为民采；2002年，紫金山新建联营锑矿厂取得该区采矿许可证，对地表氧化矿进行小规模开采；2010年，云南巍山鑫源矿业开发有限公司通过转让方式获得该区采矿许可证，并对矿山进行较为系统的勘查、开发。截至2009年底，矿山累计采空消耗锑矿石量37×10^4 t，锑金属量1.1×10^4 t。

1. 矿区地质特征

石岩村锑汞矿区位于兰坪-普洱（思茅）地块中段的紫金山复式背斜内，其大地构造分区属羌塘-“三江”造山系（Ⅶ）、昌都-兰坪-普洱（思茅）地块（Ⅶ-5）之昌都-兰坪-普洱（思茅）地块（S-T）（Ⅶ-5-2）；成矿区带属“三江”（造山带）成矿省（Ⅱ2）、兰坪-普洱（陆块）Cu-Pb-Zn-Ag-Fe-Hg-Sb-As-Au-石膏-菱镁矿-盐类成矿带（Pz；Mz；K_2）（Ⅲ5）之兰坪-普洱（地块）Cu-Pb-Zn-Ag-Fe-Hg-Sb-As-Au盐类矿带（Ⅳ12）。由东至西，分为石岩村、干箐-龙树湾（大白崖）、罗旧村后山3个矿段。

（1）地层

区内出露地层主要为上三叠统歪古村组、三合洞组和麦初箐组碎屑岩-碳酸盐岩（图2-11）。其中三合洞组（T_3sh）是主要赋矿地层，按岩性可分为上、下两段。其上段（T_3sh^2）为黑色页岩，下段（T_3sh^1）为碳酸盐岩；下段含硅质条带灰岩与上段黑色页岩接触界面的层间滑动破碎带中具有锑、砷、汞、金矿化，在构造有利部位形成具有价值的矿体。

（2）岩浆岩

区内未见岩浆岩出露，仅在上三叠统歪古村组（T_3w）上部灰紫色夹灰绿色绢云板岩与灰绿色、浅灰色中-厚层状变质绢云英粉砂岩互层的变质粉砂岩中，常含1%~5%的次圆状灰绿色蚀变玄武岩细砾石（砾径0.4~1 cm）或多层变质石英砂岩中含基性熔岩岩屑（含量10%）。

（3）构造

石岩村矿区位于紫金山-蛇街复式背斜的中段，沿背斜轴部岩层中次级褶皱和断裂发育，主要构

---

❶ 主要资料来源：云南省地质局第十二地质队，1965，巍山汞矿初步普查评价报告书；云南地质矿产局第三地质大队，1989，云南省巍山县石岩村锑矿普查地质报告。

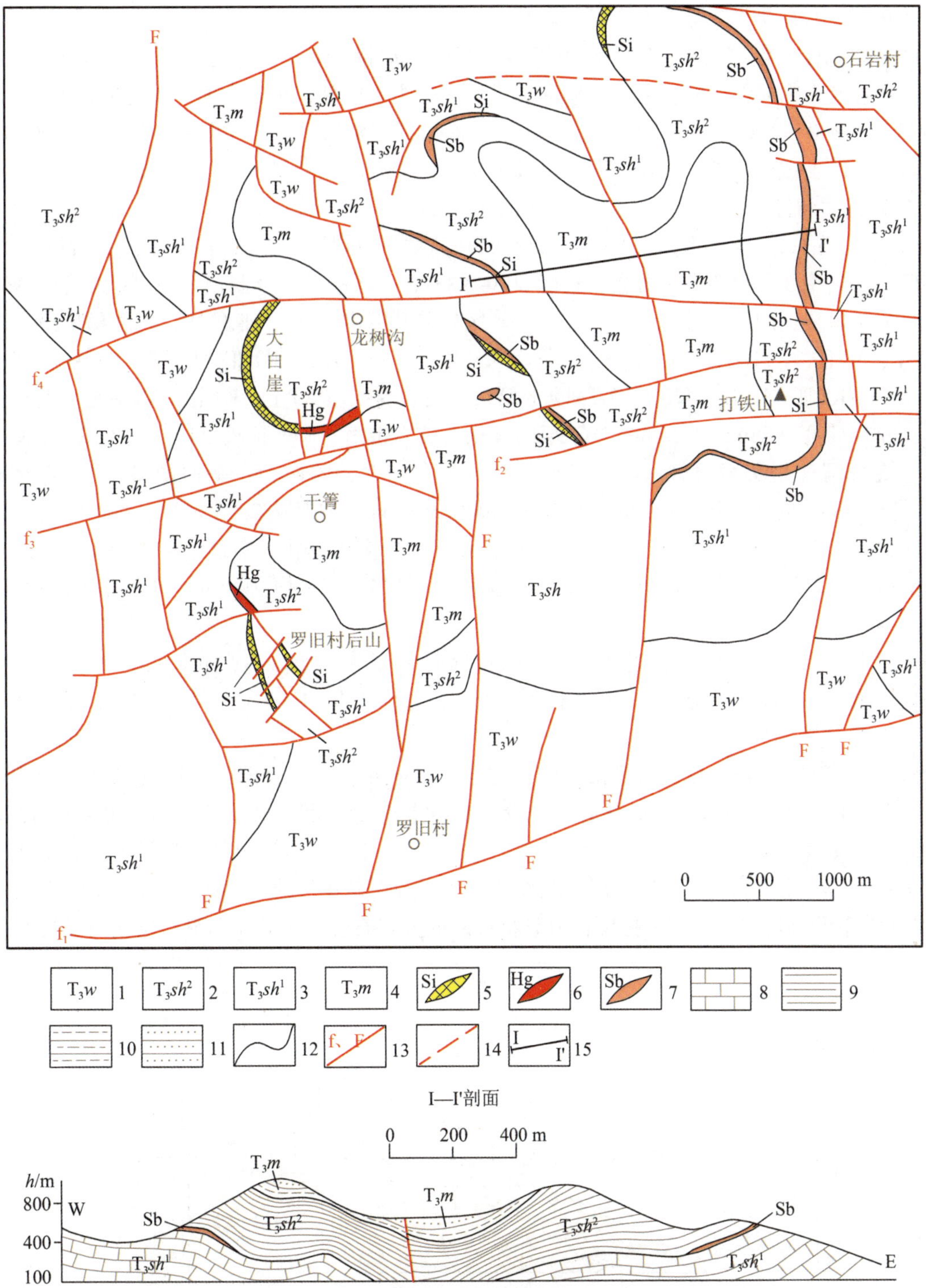

图 2-11 巍山县石岩村锑汞矿区地质简图

（据云南省地质矿产局，1993）

1—上三叠统歪古村组；2—上三叠统三合洞组上段；3—上三叠统三合洞组下段；4—上三叠统麦初箐组；5—次生石英岩；6—汞矿体；7—锑矿体；8—灰岩；9—页岩；10—泥岩；11—砂岩；12—地质界线；13—断层（f—第二组断层、F—第一组断层）；14—推测断层；15—剖面线及编号

造线为近南北向。由于区内断裂发育、背斜形态多遭到破坏，但基本轮廓大致保留，从东至西依次有石岩村背斜、五仙庙大顶子向斜、兰子阱背斜、兰子阱西向斜，龙树湾-干箐背斜、干箐向斜、罗旧村后山背斜等，轴向近南北，相互平行。其中，石岩村背斜、龙树湾-干箐背斜、罗旧村后山背斜是矿区主要控矿构造，大致呈北北西向展布，长度 2~3 km，背斜两翼倾角较缓，15°~35°不等，背斜

核部比较宽缓。锑矿化带主要分布于背斜两翼。

区内断裂比较发育，互相切割，表现了多期多次活动特征。按展布方向分为近南北向、近东西向、北西向和北东向 4 组。其中近南北向断裂是区内的主干断裂，也是主要导矿构造，多沿背、向斜轴部发育，呈 340°~360°方向展布，属高角度逆冲断层或正断层。近东西向断裂为主要破矿构造，常错移近南北向断裂或矿化带，多属高角度平移断层。

2. 矿体地质特征

石岩村矿床的锑、汞矿为同期不同阶段形成，基本没有同体产出。锑矿化带沿石岩村、干箐-龙树湾、罗旧村后山 3 个次级背斜分布，长度 800~3000 m，严格受三合洞组下段含硅质条带灰岩与上段黑色页岩接触界面的层间硅化破碎带控制。矿区目前共圈定 14 个工业矿体，石岩村矿段 5 个（KTⅠ、KTⅡ、KTⅢ、KTⅣ、KTⅤ）、干箐-龙树湾矿段 4 个（KTⅠ、KTⅡ、KTⅧ、KTⅨ）、罗旧村后山矿段 5 个（KTⅢ、KTⅣ、KTⅤ、KTⅥ、KTⅦ），石岩村矿段 KTⅠ、KTⅡ、KTⅤ是主要矿体。KTⅠ矿体：赋存标高为 2362~2415 m，产于层间硅化石英岩带内，矿体顶板直接与硅化或黄铁矿化粘土岩接触，底板与硅化灰岩接触。矿体呈似层状，走向南北，倾向西，平均倾角 17°。矿体长度约 740 m，宽度 80~290 m，平均 160 m；矿体平均厚度 3.11 m，Sb 品位 2.75%。

KTⅡ矿体：产于层间硅化石英岩带中，顶、底板围岩多为硅化石英岩。矿体呈似层状，走向南北，倾向西，平均倾角 17°。矿体长度 320 m，宽度 90~120 m，平均 91.5 m；矿体平均厚度 4.15 m，Sb 品位 2.44%。

KTⅤ矿体：产于石岩村背斜南西翼端，赋存标高 2411~2488 m。矿体呈似层状，走向近南北，倾向西，倾角 10°~22°，平均 17°。矿体长度 320 m，宽度 100~160 m，平均 130 m；矿体平均厚度 1.90 m，Sb 品位 2.77%。

汞矿主要产于大白崖、罗旧村后山一带，似层状矿体赋存于三合洞组下段（灰岩）与上段（黑色页岩）分界面附近的层间破碎硅化带中。含矿硅化带呈似层状，较稳定，厚度 0~10 m，最厚达 20 m 左右。含矿体顶部与页岩的接触面通常较平整，而底部与灰岩接触处则凹凸不平，有时呈漏斗状充填于灰岩的裂隙中（图 2-12）。浸染状辰砂往往出现在硅化带的下部或上部，有时在次生石英岩（硅化带）之下的石灰岩中，也可见到含散点状辰砂的方解石脉，汞矿化明显与次生石英岩有关。

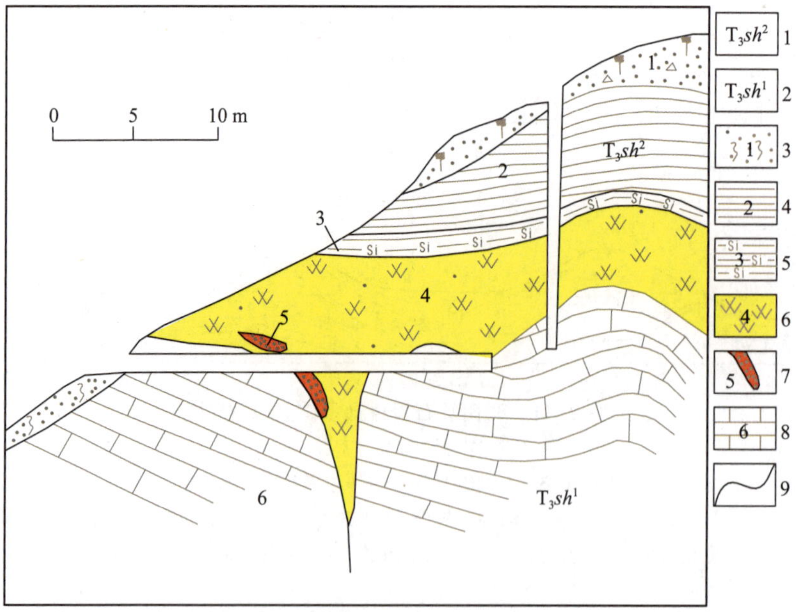

图 2-12　巍山县石岩村锑汞矿床次生石英岩中的裂隙形状示意图

（据云南省地质局第十二队，1965，有修改）

1—上三叠统三合洞组上段；2—上三叠统三合洞组下段；3—浮土；4—黑色页岩；5—硅化页岩；6—次生石英岩；7—辰砂；8—灰岩；9—地质界线

大白崖Ⅰ、Ⅱ块段的矿体产在次生石英岩下部，呈似层状，产状与顶底板围岩一致。单个矿体呈脉状、透镜状，平面上脉距1~5 m，密集时则互相连接、重叠交错。矿体最大者长度15 m，宽度10 m，厚度0.5~2.6 m；最小者长宽不足1 m，厚度0.2~0.5 m；一般长度2~3 m，宽度2~5 m，厚度0.2~1 m。单个矿体发育的密集程度与次生石英岩中的裂隙发育程度关系密切。

罗旧村后山矿段含矿体的产出部位与大白崖矿段略有不同，在次生石英岩顶部与页岩之接触带上有含矿体存在，矿化不甚集中，仅Ⅳ号块段含矿体达工业要求。含矿体呈似层状，厚度1~3 m。含矿岩石仍为次生石英岩，辰砂呈散点状，团块状分布于次生石英岩中，少数呈细脉状沿页岩层理分布。在紧靠页岩底界面以下的次生石英岩中辰砂最为富集，为稠密浸染状矿石，向下逐渐变为稀疏浸染状矿化直到矿化的消失。含矿体由不连续的单矿体组成。单矿体最大长度20 m，宽度10 m，厚度0.2~1.5 m；最小长宽不足1 m；一般长宽3~5 m，厚度0.2~1 m。含矿体内的单矿体一般都比较小，但分布较密集，尤其在小挠曲附近的次生石英岩中，更为密集。

汞矿体其他特征详见表2-5。

表2-5　巍山县石岩村锑汞矿床主要汞矿体特征一览表

矿段	含矿体编号	规模/m			产状		Hg品位/%			控制最大深度/m	备注
		长度	宽度	厚度	倾向/(°)	倾角/(°)	最高	最低	平均		
大白崖	Ⅰ	120	>57	0.5~6.9	20~35	10~15	7.42	0.04	0.41	57	倾向未控制完
	Ⅱ	55	30	1~3	20~25	8~12	0.32	0.08	0.20	60	南段及倾向未控制完
	Ⅲ	185		1~5	20~25	15~20	0.22	0.04	0.13	50	倾向未控制完
罗旧村	Ⅳ	50	40	1~3	30~35	20	6.47	0.04	1.73		已采空

（据地质矿产部“三江”专著编辑委员会，1984）

3. 矿石特征

石岩村矿床的矿石类型简单，基本为单锑矿石、单汞矿石，自然类型可分为氧化矿石、混合矿石、硫化矿石3类，其中以氧化矿石为主，约占90%，混合矿石约占7%，硫化矿石约占3%。锑矿石按照脉石矿物的不同可分为石英岩锑矿石、萤石-石英岩锑矿石2类，其中以石英岩锑矿石为主。

锑矿石中金属矿物主要有辉锑矿、黄锑矿、锑赭石等，含少量黄铁矿、辰砂、黄铜矿、闪锌矿、方铅矿等；非金属矿物有石英、萤石、硅质粘土、方解石及少量泥质矿物等。汞矿石中金属矿物有辰砂、辉锑矿、赤铁矿等；非金属矿物有石英、玉髓、玛瑙、水晶、方解石、白云石、高岭石、迪开石、胶磷矿、滑石、绢云母、绿泥石、磷灰石等；次生矿物有褐铁矿、锑赭石、黄锑华、自然硫、多水高岭土、粉末状辰砂等。

矿石结构主要有变晶结构、自形-半自形粒状结构、交代残余结构、溶蚀结构、交错结构、骸晶结构、揉皱结构、破裂结构、条带结构、格状结构、针柱状结构等。辉锑矿交代石英（早期）形成一系列交代结构；辉锑矿的揉皱、碎裂结构说明，在成矿过程中及成矿后均受到构造应力作用。矿石构造主要为浸染状、脉状、网脉状、块状、角砾状构造，其次为针柱状、板状及胶状构造。

锑矿石化学成分比较简单，有用组分主要为锑，一般含量为1.54%~6.45%，最高达24.40%，总体贫矿石居多，富矿石很少。从组合分析结果看，矿石中普遍含Ag、Fe、Bi、As、Pb、Zn，其含量分别为1.30~2.44 g/t；1.53%~2.84%、0.006%~0.0015%、0.004%~0.037%、0.04%~0.27%、0.02%~0.07%。汞矿石中未发现伴生有用元素，有害组分砷含量为0~0.07%。

4. 围岩蚀变

石岩村锑汞矿床各矿体均产于层间硅化石英岩带内，矿体顶板直接与硅化或黄铁矿化粘土岩接触，底板与硅化灰岩接触。硅化石英岩带与围岩界线清晰，锑、汞矿体充填于硅化石英岩带中。

5. 矿化阶段划分

石岩村锑汞矿成矿作用可分为3期：沉积成矿期、热液成矿期、表生期。其中，热液成矿期是主要成矿阶段，又可划分为3个阶段。

沉积成矿期：锑、汞矿体受三合洞组（T_3sh）下段含硅质条带灰岩与上段黑色页岩的层间硅化带控制，矿区三合洞组及下伏上三叠统歪古村组各类岩石的Sb元素丰度值均大于地壳同类岩石丰度值的20~92倍，含矿岩层沉积期成矿元素有初始富集。

热液成矿期：第一阶段为方解石-白云石-石英阶段；第二阶段为石英（一世代）-黄铁矿-萤石-辉锑矿-石英（二世代），锑矿主要形成于此阶段；第三阶段为石英-黄铜矿-辰砂-方解石-玉髓-准埃洛石阶段，汞矿主要形成于此阶段。

表生期：锑矿体遭受剥蚀、氧化，产有黄锑华、锑锗石、粉末状辰砂、自然硫、高岭石等矿物。

6. 成矿物理化学条件

（1）微量元素地球化学特征

石岩村矿床三合洞组及下伏上三叠统歪古村组各类岩石的Sb元素丰度值均大于地壳同类岩石丰度值的20~92倍；矿石中含有较高的Cr、Ni、Co、V、Cn等基性岩浆中富集的元素，其Sr/Ba值为2.4，Cr/Ni值为2.7，均大于1，与基性火山岩中该两对元素的比值相似，而与沉积岩中该两对元素的比值相差较大，故推测锑、汞矿成矿物质的来源除来自沉积岩外，还可能与基性岩有关。

（2）稀土元素地球化学特征

据王勇等（2002）研究成果，石岩村锑汞矿床及其外围地区矿石中流体稀土元素总量为3581.94×10^{-12}，远高于非矿石中流体稀土元素总量（352.59×10^{-12}）。矿石中流体的$\Sigma LREE/\Sigma HREE$值为9.94，稀土配分型式为轻稀土富集型。矿石中流体具有较小的负铕异常和较大的负铈异常，负铈异常是矿石中流体继承海水铈亏损的结果，说明成矿中有海水（地层水）参与，或者矿石中流体与海水（地层水）发生了混合。

（3）流体包裹体特征

据范朝俊等（1987，1988，1991）、杨国桢等（1989）、王勇等（2002）研究成果，石岩村锑汞矿床流体包裹体气相成分以H_2O、CO_2为主，成矿流体具有较高的CO_2/CH_4、CO_2/N_2值；液相成分中阳离子以Na^+、Ca^{2+}为主，阴离子以Cl^-、F^-、SO_4^{2-}为主。范朝俊（1988）对辉锑矿石中石英、萤石包裹体的均一温度和盐度研究认为，成矿温度主要集中于120~140℃、165~180℃两个区间，具有两期热液活动特点，属低温热液成矿作用；盐度集中于4.5%~12.5%之间，属中等盐度矿化；pH值为5.40，压力约为20 MPa。王勇等（2002）测得矿石中流体的均一温度为163~237℃，pH值为5.29~7.09，流体的形成压力为30~130 MPa，相应的形成温度为228~255℃，据此估算的成矿深度为1.11~4.81 km。

（4）同位素地球化学特征

据王勇等（2002）研究成果，石岩村锑汞矿床矿石中流体的δD（‰）值为-95~-92，平均-93.25，略低于非矿石中流体δD（‰）值（-92~-86，平均89.25）；矿石中流体的$\delta^{18}O$（‰）值为4.5~21.5，平均13.31，总体上高于非矿石中流体的$\delta^{18}O$（‰）值（2.33~7.12，平均4.9）。成矿热液来源于岩浆水与大气降水、地层水的混合，并以大气降水、地层水为主。矿石中流体的$\delta^{13}C$（‰）值为-26.4~-1.9，分布范围较宽，平均为-17.45，远低于非矿石流体$\delta^{13}C$（‰）值（-7.5~7.6，平均-1.04），矿石中流体可能源自地幔及地层有机质的分解，而非矿石中流体则可能源自地幔与海相碳酸盐岩。范朝俊（1988）通过成矿流体氢氧同位素研究认为，成矿流体属大气降水成因，由雨水下渗和地层建造水（封存热卤水）的活化而形成。

据范朝俊（1988）研究成果，辉锑矿和黄铁矿的$\delta^{34}S$（‰）值为-6.12~-10.16，平均-7.45，偏离零值较远，明显富轻硫，具生物硫特征，大部分来自围岩。辉锑矿铅同位素多具正常铅特征，仅混入少量地层异常铅；铅同位素模式年龄为140~160 Ma，成矿物质年龄属侏罗纪—白垩纪（燕山期）。

7. 矿床成因

（1）成矿时代

石岩村锑汞矿床与区域上的金、砷、汞矿床的成矿，主要受喜马拉雅期构造、岩浆活动控制，成矿时代应该与同处紫金山-蛇街复式背斜中的金矿床基本一致。由于扎村金矿床蚀变水云母的 Rb-Sr 等时线年龄为 46.5 Ma（杨嘉文等，1991），大莲花山富碱二长斑岩中钾长石的 $^{40}Ar-^{39}Ar$ 法同位素年龄为 38.81±0.17 Ma（董方浏，2002），故推测石岩村锑汞矿床的主成矿时代为始新世（喜马拉雅期）。

（2）矿床成因类型

矿床成因类型为浅成中-低温热液型锑汞矿床。喜马拉雅期构造和岩浆活动使成矿热液活化，不断溶解和萃取地层中成矿物质，当含矿流体运移到三合洞组（T_3sh）下段含硅质条带灰岩与上段黑色页岩的层间破碎带时，受顶部页岩隔挡，在褶皱造成的虚脱空间或转折端沉淀，形成锑、汞矿体。

（三）其他矿床（点）

1. 巍山县羊虎头锑矿床❶

羊虎头锑矿床行政区划隶属于巍山彝族回族自治县永建乡，位于县城 355°方向，平距 29 km 处；其地理坐标为：东经 100°17′00″~100°18′00″，北纬 25°29′00″~25°30′00″，面积 3.10 km²。

2004~2009 年，昆明冶地矿业勘查有限责任公司委托中国冶金地质总局昆明地质勘查院对矿区开展勘查工作，于 2010 年 7 月提交了《云南省巍山县羊虎头铜多金属矿区锑矿详查报告》，矿区累计查明 332+333 类工业锑矿石量 9.60×10^4 t，锑金属量 4271 t，Sb 品位 4.45%；伴生 333 类钨金属量 38 t，WO_3 含量 0.08%。低品位锑矿石量 1.46×10^4 t，锑金属量 102 t，Sb 品位 0.70%；伴生 333 类钨金属量 2 t，WO_3 含量 0.125%。上述资源量已列入《云南省 2017 年矿区及所属矿山矿产资源储量简表》中，目前尚未开发利用。

（1）矿区地质特征

羊虎头矿区位于兰坪-普洱（思茅）地块中段的紫金山复式背斜内，其大地构造分区属羌塘-“三江”造山系（Ⅶ）、昌都-兰坪-普洱（思茅）地块（Ⅶ-5）之昌都-兰坪-普洱（思茅）地块（S-T）（Ⅶ-5-2）；成矿区带属“三江”（造山带）成矿省（Ⅱ2）、兰坪-普洱（陆块）Cu-Pb-Zn-Ag-Fe-Hg-Sb-As-Au-石膏-菱镁矿-盐类成矿带（Pz；Mz；K_2）（Ⅲ5）之兰坪-普洱（地块）Cu-Pb-Zn-Ag-Fe-Hg-Sb-As-Au 盐类矿带（Ⅳ12）。

矿区出露地层主要为下白垩统南新组（K_1n）、虎头寺组（K_1h）和古近系云龙组（E_1y）碎屑岩。其中，下白垩统虎头寺组（K_1h）是主要赋矿层位，岩性为灰白色、黄白色中-薄层状石英砂岩、细砂岩夹泥质粉砂岩、泥岩、粉砂质泥岩，局部夹砾岩、灰岩透镜体。

矿区总体为近南北向的单斜构造，受构造影响，褶曲、层间剥离滑动破碎带极为发育，是重要的含矿构造。断裂构造较发育，以北东向和近东西向两组规模较大，主要断裂有 F_1、F_2、F_3 三条。F_1 断裂长 1.2 km，走向北东，倾向北西，倾角 60°，为压扭性平移断层；F_3 断裂长度 3.5 km，走向北东，倾向 315°，倾角 50°，为压扭性逆断层；F_2 为 F_1 的次级断裂，走向近东西，性质不明。

矿区内无岩浆岩出露。围岩蚀变主要为硅化和黄（褐）铁矿化，其次有碳酸盐化、绢云母化、绿泥石化，多位于断层破碎带附近的裂隙中。

（2）矿体地质特征

羊虎头矿床的锑矿体赋存于上白垩统虎头寺组泥、砂岩中，呈似层状、透镜状及串珠状产出。目前共圈定矿体 7 个，其中Ⅰ-1、Ⅰ-2、Ⅳ-1、Ⅳ-2 为主要矿体。

Ⅰ-1 号矿体：控制长度约 130 m，走向约 20°，倾向南东，倾角 35°~49°。矿体厚度 0.81~2.59 m，平均 1.52 m；Sb 品位 3.43%~15.33%，平均 6.52%。

Ⅰ-2 号矿体：位于Ⅰ-1 下部，控制长度约 140 m，走向约 20°，倾向南东，倾角 25°~45°。矿体厚度 0.85~5.97 m，平均 1.90 m；Sb 品位 1.09%~8.80%，平均 4.00%。

Ⅳ-1 号矿体：控制长度约 110 m，走向约 30°，倾向北西，倾角 10°~40°。矿体厚度 0.89~

❶ 主要资料来源：中国冶金地质总局昆明地质勘查院，2010，云南省巍山县羊虎头铜多金属矿区锑矿详查报告。

3.99 m，平均 1.73 m；Sb 品位 0.70%~18.88%，平均 2.92%。

Ⅳ-2 号矿体：位于Ⅳ-1 下部，控制长度约 100 m，走向约 30°，倾向北西，倾角 30°~40°。矿体厚度 0.81~3.32 m，平均 1.82 m；Sb 品位 0.53%~6.19%，平均 4.60%。

（3）矿石特征

羊虎头矿床的矿石自然类型为硫化矿。金属矿物主要为辉锑矿，少量黄铁矿、黝铜矿；脉石矿物主要为石英，其次为方解石。

矿石结构主要为砂状、他形-半自形晶粒状结构；矿石构造主要为块状构造、斑点状构造、细脉状构造、星点状构造。

矿石主要有用组分为锑，伴生钨局部达到综合评价指标，组合分析 WO_3 含量 0.030%~0.12%，平均 0.084%。

（4）矿床成因类型

羊虎头锑矿床的矿体产于断裂带附近褶曲、层间剥离滑动破碎带中，呈似层状、透镜状产出，与围岩渐变过渡。矿床成因类型应与巍山笔架山基本一致，为浅成中-低温热液型锑矿床。

2. 景东县南岸锑矿床❶

南岸锑矿床行政区划隶属于景东彝族自治县小龙街乡南岸村管辖，位于县城北东 25°方向，平距 45 km 处；其地理坐标为：东经 100°52′00″~100°53′00″，北纬 24°40′00″~24°42′00″，面积 1.2 km^2。

1975~1977 年，云南省地质局区调队开展 1∶20 万景东幅区域地质调查时，发现该矿化点信息。

2000 年，云南省滇鑫矿业公司对矿区开展简单地质调查工作，提交了《景东县龙街南岸锑矿小矿地质简测说明书》，估算 D 级锑金属量 600 t。

2007 年，景东县龙街南岸锑矿委托云南省地质科学研究所对矿区开展勘查和资源量核查工作，提交了《云南省景东县龙街乡南岸锑矿资源/储量核实报告》，矿区累计查明 333 类以上锑矿石量 18.51×10^4 t，锑金属量 8953 t，Sb 品位 4.83%。

2000 年设立采矿权以来，矿山对 V_1 矿体进行开采，截至 2007 年 12 月，矿山共采出锑矿石量 1.75×10^4 t，金属量 1065 t。2008 年采矿权期限到期，办理矿权延续后，因市场原因而停产至今。

（1）矿区地质特征

南岸锑矿区地处会皇-糯朵断裂（F_1）与南岸河-大蛇腰断裂（F_2）交汇处，总体构造线方向为北北西向。其大地构造分区属羌塘-“三江”造山系（Ⅶ）、昌都-兰坪-普洱（思茅）地块（Ⅶ-5）之昌都-兰坪-普洱（思茅）地块（S-T）（Ⅶ-5-2）；成矿区带属“三江”（造山带）成矿省（Ⅱ2）、兰坪-普洱（陆块）Cu-Pb-Zn-Ag-Fe-Hg-Sb-As-Au-石膏-菱镁矿-盐类成矿带（Ⅲ5）之兰坪-普洱（地块）Cu-Pb-Zn-Ag-Fe-Hg-Sb-As-Au 盐类矿带（Ⅳ12）。

矿区出露地层由老到新有上二叠统（P_2）、中侏罗统花开左组（J_2h）、下白垩统景星组（K_1j）、下白垩统南星组（K_1n）。其中，中侏罗统花开左组（J_2h）是矿区主要的地层，也是主要含矿层位；岩性主要为紫红色砾岩、砂岩、粉砂岩及灰白色砂岩夹泥岩。

区内构造以断裂为主，主要有北北西向的会皇-糯朵断裂（F_1）和近南北向的南岸河-大蛇腰断裂（F_2）。会皇-糯朵断裂（F_1）为区域性大断裂，长度大于 50 km；断裂走向 330°~340°，倾向北东东，自北向南倾角由 50°变陡为 70°~80°，沿断裂发育有宽 115~150 m 的构造破碎带，其中构造角砾呈定向排列，擦痕面、片理化、糜棱岩化显著而多见。该断裂北东东盘向南南东方向扭动，且向北北西方向推移，属逆冲断裂。南岸河-大蛇腰断裂（F_2）位于会皇-糯朵断裂（F_1）之西，也是一区域性断裂，沿 350°方向延伸，区域长度大于 30 km。断裂走向近南北向，高角度倾向北东东。断裂面两侧揉皱发育，显示压扭性特征。

区内岩浆活动较弱，主要表现为华力西晚期的基性-中基性火山喷发，形成上二叠统（P_2）上部地层中所夹的玄武岩、安山岩。

---

❶ 主要资料来源：云南省地质科学研究所，2007，云南省景东县龙街乡南岸锑矿资源/储量核实报告。

（2）矿体地质特征

南岸矿床的锑矿体产于中侏罗统花开左组灰色石英砂岩顶部的层间滑动破碎带中，其矿体产状（即层间滑动破碎带产状）与地层产状基本一致，目前仅圈定1个工业矿体（V_1）。

V_1矿体：呈层状、似层状产出，走向近南北向，倾向西，倾角20°～45°，工程控制长度约300 m，最大斜深118 m；矿体厚度1.31～4.22 m，平均2.48 m；锑矿化不均匀，辉锑矿脉呈细脉状、网脉状和小透镜状，Sb品位1.80%～14.10%，平均4.71%。

（3）矿石特征

羊虎头矿床的矿石自然类型以硫化矿为主。按矿石成分和结构构造可划分为致密块状锑矿和细脉浸染状-浸染状锑矿两种类型。细脉浸染状-浸染状锑矿是主要矿石类型，致密块状锑矿是次要矿石类型，但矿石品位较高，局部可达20%左右。

矿石矿物主要为辉锑矿、锑华等，少量方铅矿、闪锌矿、黄铁矿等；脉石矿物主要为石英、泥质、少量碳酸盐矿物等。

矿石结构主要为自形-半自形粒状结构；矿石构造主要为网脉状-细脉状构造、浸染状构造，少量呈块状构造。

矿石主要有益组分为Sb，伴生成分Pb、Zn、Cu，平均含量分别为0.222%、0.018%、0.031%，均达不到综合利用要求；有害组分含量均低于工业标准，为易选矿石。

（4）矿床成因类型

羊虎头锑矿床的矿体产于断裂带附近呈似层状、脉状产出，与围岩渐变过渡。该矿床属中-低温热液裂隙充填型脉状锑矿床。

3. 其他矿床（点）

除上述4处典型或重点矿床外，兰坪-巍山-普洱地区还有大理恩组场、漾濞塔盘山2处小型锑矿床及兰坪鲁多罗、永平黄连铺2处锑矿点，其地质特征详见附表1。

三、临沧-双江地区锑矿

临沧-双江地区也是云南省重要的锑矿聚集区，锑矿主要受喜马拉雅期断裂构造破碎带控制，赋矿岩石主要为临沧花岗岩及元古宇变质岩，以大田河、遮奈、南美河3个中型锑矿床最具代表性。

（一）临沧市临翔区大田河锑矿床❶

大田河锑矿床行政区划隶属于临沧市临翔区博尚镇鸭子塘村管辖，位于临沧市区260°方向，平距约15 km处；其中心点地理坐标为：东经99°59′07″，北纬23°51′23″，面积约7 km^2。

1962～1974年，云南省地质局完成了1∶20万临沧幅区域地质调查，为矿区普查提供了基础地质资料和找矿线索。

1986年10月，核工业部西南局在矿区开展过锑矿地质评价工作。

2001年11月，受大田河锑矿业主的委托，临沧煤炭有限责任公司生产技术综合部在区内开展了小矿地质简测工作，提交了《临沧县博尚镇大田河锑矿地质简测报告》。

2006年，受业主委托，由云南省地质工程勘察有限公司在矿区开展资源储量核实工作，并提交《云南省临沧市临翔区大田河锑矿资源/储量核实报告》，保有332+333+334类锑矿石量44.99×10^4 t，锑金属量0.66×10^4 t，Sb品位1.59%。

2009年，受业主委托，由云南省地质工程勘察有限公司在矿区开展资源储量核实工作，并提交《云南省临沧市临翔区大田河锑矿资源/储量核实报告》，矿区累计探获111b+122b+333类矿石量47.56×10^4 t，锑金属量1.43×10^4 t，达到中型矿床规模；保有122b+333类矿石量46.26×10^4 t，锑金属量1.38×10^4 t。上述资源量未列入《云南省2017年矿区及所属矿山矿产资源储量简表》中。

❶ 云南省核工业二〇九地质大队，2010a，云南省临翔区大田河锑矿核查矿区资源储量核查报告。

2010 年，云南省核工业二〇九地质大队对矿区开展矿产资源储量利用调查工作，并提交《云南省临翔区大田河锑矿核查矿区资源储量核查报告》，其结果与 2009 年核实报告一致。

矿山始建于 2001 年，主要采用露天开采，建有日处理矿石量 100 t 选厂 1 个，生产规模小，于 2009 年 5 月暂停生产。

1. 矿区地质特征

大田河矿区位于临沧花岗岩基北段，属云县-蚂蚁堆构造带的一部分；其大地构造分区属羌塘-三江造山系（Ⅶ）、崇山-临沧地块（Ⅶ-7）之临沧岩浆弧（Ⅶ-7-2），成矿区带属“三江”（造山带）成矿省（Ⅱ2）、临沧-勐海（岩浆弧）Fe-Pb-Zn-Ag-Au-Sn-Ge-REE 成矿带（Ⅲ4）之临沧-勐海（岩浆弧）Fe-Pb-Zn-Au-Ag-Sn-Sb-Ge-REE 矿带（Ⅳ9）。

（1）地层

大田河矿区出露地层主要为新近系中新统、第四系（图 2-13）。新近系中新统（N_1）以灰黄色长石石英砂岩、砾岩为主，夹薄层灰色泥质粉砂岩、粉砂质泥岩、碳质页岩及泥岩；第四系（Q）主要为灰色、灰褐色、褐黄色残坡积物及河流相洪积相砂砾层。

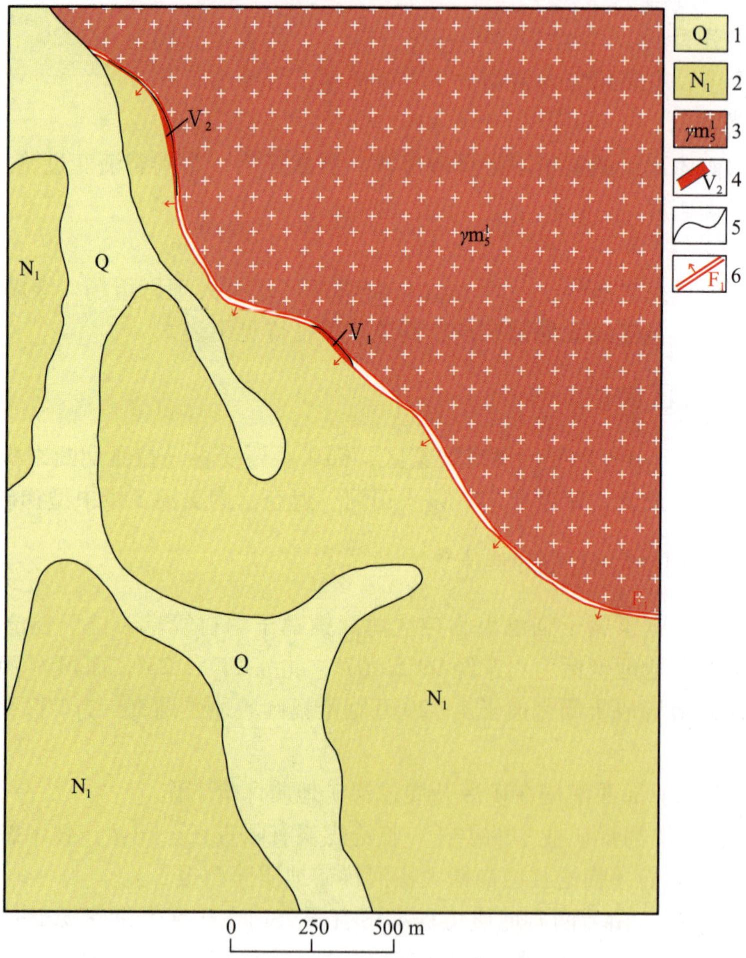

图 2-13　临沧市临翔区大田河锑矿区地质简图

（据云南省核工业二〇九地质大队，2010a）

1—第四系；2—新近系中新统；3—印支期黑云二长花岗岩、斑状二长花岗岩和黑云花岗岩；4—锑矿体及编号；5—地质界线；6—构造破碎带

（2）岩浆岩

大田河矿区岩浆活动强烈，以中粒二长花岗岩、黑云花岗岩为主，属印支期混合花岗岩，为规模较大的临沧花岗岩基的一部分。中粒二长花岗岩是矿区锑矿主要的赋矿围岩。

二长花岗岩：主要成分钾长石占25%、斜长石占25%、石英占30%~35%、黑云母占5%~8%。肉红色钾长石和白色斜长石多呈自形晶颗粒状，为中细-中粗粒结构。

黑云母花岗岩：见大量黑色黑云母，占10%~20%。

（3）构造

大田河矿区的断裂构造主要为北西向 F_1 断层，是区域性帮海-蚂蚁堆断裂的次级构造。断裂面多向南西倾斜，倾角45°~80°，断裂破碎带宽度一般1~2 m，局部可达5 m。破碎带以碎裂花岗岩为主，其次为角砾花岗岩，局部伴有断层泥，是矿区锑矿体的主要容矿构造。

2. 矿体地质特征

大田河矿床的锑矿化带赋存于北西向 F_1 断裂的下盘碎裂花岗岩中，目前共圈定2个矿体（V_1、V_2），矿体形态呈透镜状、扁豆状、脉状。

V_1 矿体：赋存于 F_1 断裂下盘碎裂花岗岩中，呈透镜状、大脉状产出，矿体倾向250°~260°，倾角30°~45°。矿体具有分支复合现象，控制长度250 m，平均厚度1.30 m，Sb品位1.25%~1.89%，平均1.25%。

V_2 矿体：赋存于 F_1 断裂的下盘碎裂花岗岩中，呈透镜状、大脉状产出，矿体倾向240°~260°，倾角30°~45°。矿体具有分支复合现象，控制长度450 m，平均厚度1.66 m，Sb品位1.22%~1.53%，平均1.26%。

3. 矿石特征

大田河矿床的矿石自然类型以硫化矿为主，有少量氧化矿石；按照矿石构造分，主要为浸染状和星点状辉锑矿石，Sb品位3%~4%，约占矿区锑矿石量的90%，其次为块状、脉状、细脉状辉锑矿矿石，Sb品位6%~8%，少数可达10%~20%，仅占矿区锑矿石量的10%。

矿石中金属矿物以辉锑矿为主，其次有黄铁矿、褐铁矿、锑华，个别地段见方铅矿、白铅矿、铅矾等。矿石矿物主要为辉锑矿，其次为锑华；脉石矿物主要为石英和长石，其次为黑云母、方解石，少量高岭土、绿泥石、褐铁矿等。

矿石结构主要有结晶结构、细脉状结构、细粒状结构等；矿石构造主要有脉状构造、块状构造、浸染状构造等。

矿石中主要有用组分为锑，Sb品位0.68%~19.54%，平均4.31%。个别地段矿石中有共生Pb，且可达工业品位，其他地段含Pb甚微；其他有益组分含量达不到综合利用程度，有害组分含量均较低，无须做特殊处理。

4. 围岩蚀变

大田河锑矿床的围岩蚀变主要有硅化、碳酸盐化、黄铁矿化等类型，属中-低温热液蚀变。

5. 矿床成因类型

大田河锑矿床的矿体产于切穿印支期花岗岩和新近系中新统的断裂破碎带中，成矿时代应晚于新近纪中新世（喜马拉雅期）；矿床成因类型为浅成中-低温热液型锑矿床。

（二）临沧市临翔区遮奈锑矿床❶

遮奈锑矿床行政区划隶属于临沧市临翔区蚂蚁堆乡遮奈村管辖，位于临沧市区342°方向，平距19 km处；其中心点地理坐标为：东经100°01′34″，北纬24°03′01″，面积约0.18 km^2。

1976~1977年，云南省地质局区调队开展1：20万景东幅区域地质和矿产调查时，在矿区南西侧发现遮奈铅矿点。

1989年，云南省地质矿产局第三地质大队对矿区开展地质调查工作，发现锑矿化，提交了《云南省临沧县蚂蚁堆地区锑矿（化）点地质踏勘简报》。

1995年，临沧富临锑氧粉冶炼厂对遮奈锑矿进行开采利用，临沧地区地质队对该矿山进行初步

---

❶ 主要资料来源：云南省核工业二〇九地质大队，2010b，云南省临翔区遮奈锑矿核查矿区资源储量核查报告。

勘查，提交了《临沧富临锑氧粉冶炼厂遮奈锑矿山地质简测报告》，估算 D 级矿石量 9.12×10^4 t，锑金属量 1.15×10^4 t。

2007 年，临沧富临锑氧粉冶炼厂对遮奈锑矿进行地质普查工作，提交了《临沧富临锑氧粉冶炼厂遮佘锑矿普查报告》，矿区保有 332+333 类矿石量 7.62×10^4 t，锑金属量 0.54×10^4 t；消耗矿石量 1.88×10^4 t。

2010 年，云南省核工业二〇九地质大队对矿山进行资源储量核实，提交了《云南省临翔区遮奈锑矿核查矿区资源储量核查报告》，截至 2009 年 12 月 31 日，矿区累计查明 122b+333 类锑矿石 33.59×10^4 t，锑金属量 1.43×10^4 t；消耗 122b+333 类锑矿石量 6.48×10^4 t，锑金属量 0.27×10^4 t；保有 122b+333 类锑矿石量 27.10×10^4 t，锑金属量 1.17×10^4 t，矿床规模为中型锑矿床。上述资源量未列入《云南省 2017 年矿区及所属矿山矿产资源储量简表》中。

矿山始建于 1995 年，由临沧富临锑氧粉冶炼厂进行地表小规模开采；2003 年后转入地下坑采，至 2006 年实际采出矿石量 3.41×10^4 t，锑金属量 1654.7 t。2006 年 5 月，矿山转由临沧临翔区富临锑氧粉冶炼厂开发，截至 2009 年 6 月底，实际采出矿石量 3.07×10^4 t，锑金属量 1037.3 t。矿山目前处于暂时停产状态。

1. 矿区地质特征

遮奈矿区位于临沧花岗岩基北段，属“三江”经向构造体系云县-蚂蚁堆构造带的一部分；其大地构造分区属羌塘-“三江”造山系（Ⅶ）、崇山-临沧地块（Ⅶ-7）之临沧岩浆弧（Ⅶ-7-2），成矿区带属“三江”（造山带）成矿省（Ⅱ2）、临沧-勐海（岩浆弧）Fe-Pb-Zn-Ag-Au-Sn-Ge-REE 成矿带（Ⅲ4）之临沧-勐海（岩浆弧）Fe-Pb-Zn-Au-Ag-Sn-Sb-Ge-REE 矿带（Ⅳ9）。

矿区大部为印支期花岗岩（图 2-14），仅矿区北部花岗岩上覆有第四系堆积物，为灰色、灰褐色、褐黄色残坡积物及河流相洪积相砂砾层，砾石成分主要以花岗岩为主，结构松散，厚几米至几十米不等。

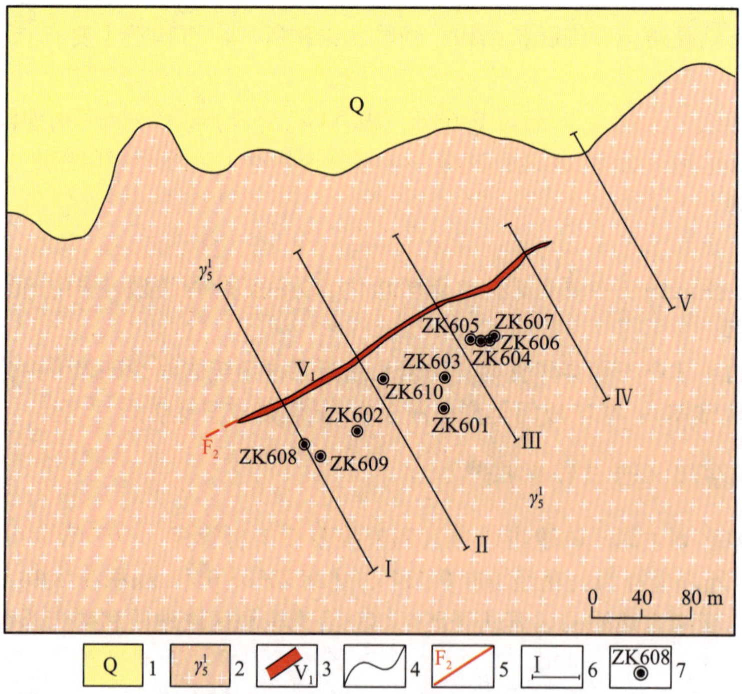

图 2-14　临沧市临翔区遮奈锑矿区地质简图

（据云南省核工业二〇九地质大队，2010b）

1—第四系；2—印支期花岗岩；3—矿（化）体及编号；4—地质界线；5—断层及编号；6—勘探线及编号；7—坑内钻孔及编号

矿区岩浆活动强烈，主要有印支期细-中粒黑云二长花岗岩、斑状二长花岗岩和黑云花岗岩，属规模较大的临沧花岗岩基的一部分。二长花岗岩多为中细-中粗粒结构，主要成分肉红色钾长石占25%、白色斜长石占25%、石英占30%~35%、黑云母占5%~8%，是锑矿主要的赋矿围岩。

矿区的断裂构造主要为北东向 F_2 断层，是帮海-蚂蚁堆断裂的次级构造，断裂本身为锑矿成矿热液的有利通道。断裂面多倾向南东，倾角50°~85°，断裂破碎带宽度一般1~2 m，局部可达5 m。破碎带以碎裂岩为主，其次为角砾岩，局部伴有断层泥，是锑矿体的主要容矿构造。

2. 矿体地质特征

遮奈矿床目前仅发现一个锑矿体 V_1，产于印支期花岗岩体内的构造破碎带中，控制长度约300 m，延深大于150 m，矿脉一般厚度1.09~2.00 m，最大8.89 m。矿脉倾角在45°~85°之间。矿体主要受北东向断裂控制，沿北东、北西、东西向三组构造裂隙追踪充填，矿体形态简单，主要呈脉状，局部有分支；在平面上总体呈45°方向舒缓波状延展，在垂向上也呈舒缓波状延深。矿体地表厚度相对较小，向深部有逐渐变厚的趋势，一般1.2~2.5 m，最厚8.89 m。

3. 矿石特征

遮奈锑矿床的矿石以原生硫化矿石为主，地表局部有少量氧化矿石；按矿石构造划分，以浸染状、星点状辉锑矿石为主，其次为块状、脉状、细脉状辉锑矿矿石。

金属矿物以辉锑矿为主，其次为黄铜矿、黄铁矿、褐铁矿、锑华。矿石矿物以辉锑矿为主，地表有少量锑华；脉石矿物主要为石英、长石，其次为黑云母、方解石，少量高岭土、绿泥石、褐铁矿、孔雀石等。

矿石结构主要有细晶结构、细脉状结构；矿石构造主要为浸染状构造、星点状构造，其次为块状构造、脉状条带构造等。

矿石主要有用组分为锑，无其他伴生有益组分，Sb品位0.68%~19.54%，平均4.31%；矿石中有害组分含量较低，无须特别处理。

4. 围岩蚀变

遮奈锑矿床的近矿围岩蚀变主要有硅化、褪色化、黄铁矿化、碳酸盐化及少量绿泥石化，属中-低温热液蚀变。

5. 矿床成因类型

遮奈锑矿床与大田河锑矿床成矿地质条件基本一致，矿体产于切穿印支期花岗岩和新近系中新统的断裂破碎带中，成矿时代应晚于新近纪中新世（喜马拉雅期）；矿床成因类型为浅成中-低温热液型锑矿床。

（三）双江县南美河锑矿床❶

南美河锑矿床行政区划隶属于双江拉祜族佤族布朗族傣族自治县忙糯乡、大文乡管辖，位于双江县城117°方向，平距约26 km处；其地理坐标为：东经100°02′21″~100°03′41″，北纬23°21′49″~23°22′33″，面积约3.1 km^2。

1995~1996年，云南省地质矿产勘查开发局第四地质大队在矿区开展矿点检查工作，发现锑矿（化）体4条。

1997~1998年，云南省地质矿产勘查开发局第四地质大队在该区开展锑矿勘查工作，于1998年4月提交《云南省双江县忙糯乡南美河锑矿扶贫勘查地质报告》，探获C+D+E级矿石量16.06×10^4 t，锑金属量0.71×10^4 t，Sb品位4.44%。

2010年3月，中玉双江矿产品开发公司委托云南三源地质勘查有限公司，对该采矿权区进行资源储量核实工作，并提交了《云南省双江县南美河锑矿资源储量核实报告》，累计查明122b+333类矿石量19.20×10^4 t，锑金属量0.7×10^4 t；保有122b+333类工业矿石量13.80×10^4 t，锑金属量0.46×

❶ 主要资料来源：云南省地质矿产勘查开发局第四地质大队，1998，云南省双江县忙糯乡南美河锑矿扶贫勘查地质报告。

10^4 t，Sb 品位 3.31%。

截至 2017 年底，南美河锑矿床在《云南省 2017 年矿区及所属矿山矿产资源储量简表》中的上表资源储量为：累计查明 333 类以上锑矿石量 32.2×10^4 t，金属量 1.10×10^4 t，Sb 品位 4.73%，达到中型规模。

2003 年 11 月 19 日，中玉双江矿产品开发公司首次获得采矿许可证，即对近地表矿体进行浅平巷坑采，开采方法为小中段削壁充填法，以人工手选高品位原矿石出售、低品位原矿则建矿仓堆放，取得一定的经济效益。2007 年以后，矿山主要进行基础设施建设和生产探矿，仅对 V_1 号主矿体进行了小规模开采。

1. 矿区地质特征

南美河锑矿区地处临沧-勐海岩浆弧中段的临沧-忙糯凸起南部，其大地构造分区属羌塘-“三江”造山系（Ⅶ）、崇山-临沧地块（Ⅶ-7）之临沧岩浆弧（Ⅶ-7-2），成矿区带属“三江”（造山带）成矿省（Ⅱ2）、临沧-勐海（岩浆弧）Fe-Pb-Zn-Ag-Au-Sn-Ge-REE 成矿带（Ⅲ4）之临沧-勐海（岩浆弧）Fe-Pb-Zn-Au-Ag-Sn-Sb-Ge-REE 矿带（Ⅳ9）。

区内出露地层主要为古元古界大勐龙岩群二段变质岩（图 2-15）。主要分为两个岩性段，第二岩性段（$Pt_1DM.^{2-2}$）上部为黑云变粒岩、石英片岩、千枚岩，下部花岗片麻岩、硅化花岗片麻岩、片麻状花岗岩、混合花岗岩；第一岩性段（$Pt_1DM.^{2-1}$）岩性为白色石英岩，普遍具硅化及后期石英脉充填。

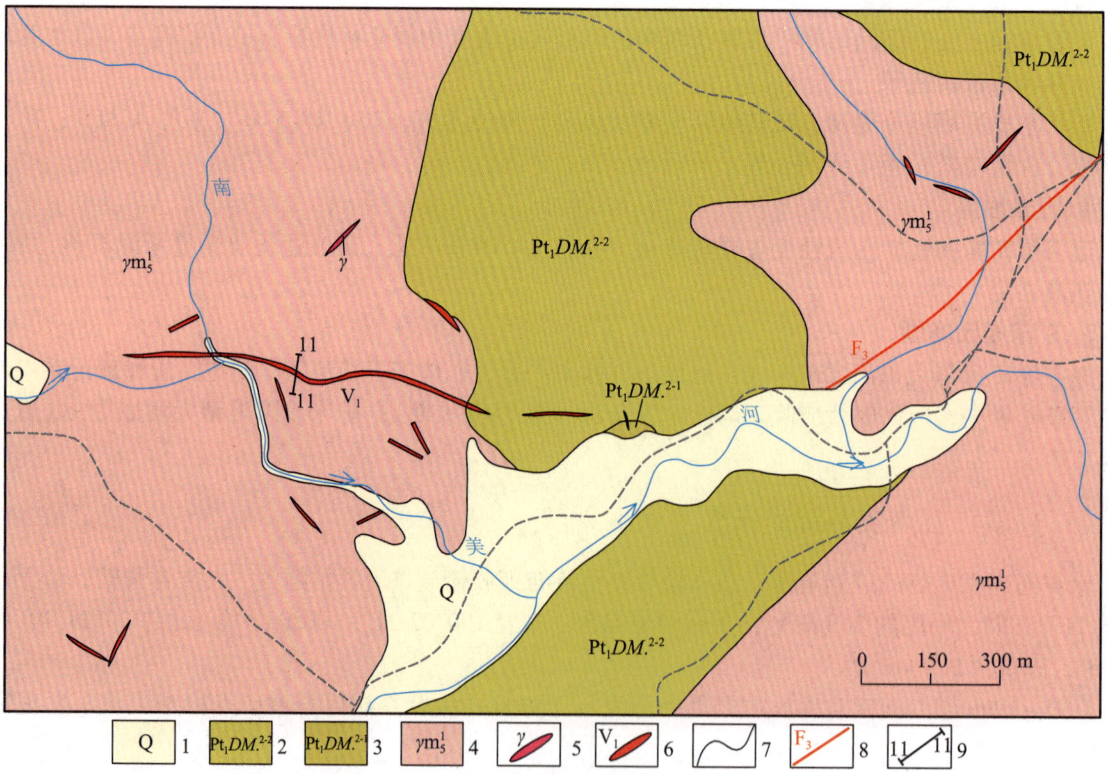

图 2-15 双江县南美河锑矿区地质简图

（据云南省地质矿产勘查开发局第四地质大队，1998，有修改）

1—第四系砂砾石层、粘土层；2—古元古界大勐龙岩群二段二层花岗片麻岩、云母片岩、石英片岩；3—古元古界大勐龙岩群二段一层变石英砂岩；4—印支期中细粒混合花岗岩、似斑状混合花岗岩；5—细粒花岗岩脉；6—矿体及编号；7—实测地质界线；8—实测断层及编号；9—勘探线剖面及编号

矿区位于昌宁-澜沧复背斜的核部东翼次级褶皱团山向斜南翼，总体为一单斜构造，地层（片麻理）倾向一般为 280°～300°、倾角 45°～62°。矿区位于澜沧江深断裂西侧、雪山-康泰大断裂东侧，

主干断裂为北北东向组和北东向组，形成时间较早，以沿南美河谷呈北东向斜穿整个矿区的嘎里断裂（F_3）为代表；控矿构造为近东西向次级断裂破碎带，形成时间相对较晚。

区内岩浆岩发育，主要为印支期混合岩化花岗岩（γm_5^1）和晚期花岗岩脉（γ），以及零星分布的石英岩脉（q）。印支期混合岩化花岗岩出露于矿区东部及西部，约占矿区总面积的60%。是区域上双营盘混合花岗岩体的南西部分，呈岩基产出。岩性以混合岩化黑云母二长花岗岩为主，具花岗结构、变花岗结构、鳞片粒状变晶结构，片麻状、块状、眼球状构造。主要矿物成分为石英、斜长石、钾长石及黑云母。岩石经后期混合岩化作用后，明显分为两群：脉体（石英）与基体（长石、石英组成），分界清晰，局部呈弱交代过渡关系。经同位素测定，年龄为400~153 Ma，属华力西期—印支期—燕山期产物。该岩浆活动为锑成矿提供了主要矿质来源。晚期花岗岩脉零星分布于矿区西部，呈脉状产出，厚度0.1~4 m不等，长几米至几十米不等，岩性为灰白色黑云母花岗岩。岩石中SiO_2 70.14%、Al_2O_3 13.5%；铝碱指数21.45，属铝过饱和岩石；K_2O/Na_2O值为1.10，TFe 5.42%，TiO_2 20.34%。岩石以碱质含量低，铁、镁组分高，富钾为特征。从岩石地球化学特征看，Sn、Pb、Zn、W、Sb含量均高出丰度值几倍至几十倍。在与围岩接触带附近的构造破碎带中，常见有Sn、W、Sb矿化产出。

由于区内断裂发育，岩浆活动强烈，使区内地层不同程度地受到变质作用，主要为区域变质作用、动力变质作用和交代变质作用。区域变质作用强烈，广泛发育，形成区域变质岩，主要为混合岩化花岗岩、混合片麻岩、千枚岩、石英岩等，变质程度自地表向深部、远离岩体至靠近岩体有逐渐加强的趋势。动力变质作用主要表现为沿断裂构造带呈带状、线状分布的构造角砾岩、糜棱岩、碎裂岩等，分布于北东向、东西向断层中，宽度不等。

2. 矿体地质特征

南美河锑矿床的矿体产于印支期混合岩化花岗岩及古元古界大勐龙岩群花岗片麻岩中，为受断裂破碎带控制的陡倾斜脉状矿体。全区共发现3个矿体、12个矿化体。沿近东西向、北西向组断裂破碎带产出。近东西向组矿化连续性较好，延伸大，规模可达中型，呈雁行式平行排列，控制矿体2个（V_1、V_2号矿体）、矿化体6个；北西向组矿体，亦呈雁行式平行排列，控制矿体1个（V_3号矿体）、矿化体6个，矿化体规模较小，走向延伸一般3~10 m即尖灭，倾向延深一般也仅数米，但局部品位较高。

V_1矿体：为矿区主要矿体，产于矿区中南部，南美河北侧，矿化带总长度大于1100 m，工程控制矿体长度930 m、最大延深135 m。矿体呈脉状产出，沿F_4断层破碎带分布，与围岩界线清楚，在走向上和倾向上偶见分支复合特征，总体走向279°，倾向一般5°~15°。局部地段，矿体在深部发生“S”形倒转，倾向变为200°左右，倾角一般65°~75°，局部近乎直立或变缓。矿体厚度0.69~2.90 m，平均1.24 m。Sb品位1.31%~9.84%，平均3.66%。

3. 矿石特征

南美河锑矿床矿石的自然类型分为氧化矿、混合矿、硫化矿3类，以硫化矿为主；按赋矿岩性可分为石英-辉锑矿型、花岗岩-辉锑矿型2类，以石英-辉锑矿型为主。工业类型主要为硫化辉锑矿矿石。

矿石矿物成分较简单，金属矿物以辉锑矿为主，氧化后为锑华，其他金属矿物有微量的锡石、白钨矿、方铅矿、铁闪锌矿、黄铁矿、磁黄铁矿、磁铁矿、黄铜矿、辉银矿等；非金属矿物主要为石英、斜长石、绢云母、白云母、黑云母、透闪石等，其次为阳起石、透辉石、石榴子石、镁角闪石、方解石、绿泥石、尖晶石、锆石等。辉锑矿呈粒状、板柱状、放射状，局部具聚片双晶，双晶纹弯曲，粒径0.2 mm×0.4 mm×2 mm~0.5 mm×1 mm×5 mm为主；锑华主要分布在地表及近地表，呈黄色-灰白色，光泽较暗，沿辉锑矿边缘分布，呈板柱状、针状、柱状、胶状、草莓状、球状（集合体产出），粒径小于1 mm。

矿石结构主要为半自形-自形晶结构、他形粒状结构，交代结构和氧化残余结构；矿石构造主要为细脉状构造、浸染状构造、放射状构造、块状构造和晶簇状构造。

4. 围岩蚀变

南美河锑矿床的围岩蚀变发育，主要有硅化、绢云母化、黄铁矿化、褪色化、云英岩化（绢白云母化）、黑云母化、钾长石化、绿泥石化、透闪石化、阳起石-透闪石化、蛇纹石化等，它们大多数都与矿化有关，为直接或间接的找矿标志。

硅化：为矿区最主要的围岩蚀变，分布于混合花岗岩、混合片麻岩内部及含矿断层破碎带中，而以含矿断层破碎带最发育。硅化分两个期次，早期温度较高，形成隐晶-微晶石英；晚期温度较低，形成背推状石英。对岩石交代，形成交代石英岩、脉石英等，与锑矿的形成密切相关，在适当的空间形成锑矿体。

绢云母化或云英岩化：主要分布于各类花岗岩内部及含矿断层破碎带中，与硅化相伴，常呈细脉状、团块状产出，主要交代长石类矿物，与锑矿化有密切的生成联系。主要矿物组合为白云母、绢云母、石英、褐铁矿，少量为辉锑矿。

黄铁矿化：为次要蚀变，主要分布于构造破碎带附近，局部地段形成浸染状黄铁矿，零星形成黄铁矿细脉。

褪色化：在锑矿化带附近岩石均发生褪色蚀变，在地表的褪色带上，可作为寻找锑矿原生露头的直接找矿标志。

透闪石化、阳起石-透闪石化、方解石化、蛇纹石化、绿泥石化：往往分布于锑矿体上及旁侧，在含锑矿化破碎带中亦有分布，与锑矿关系密切，尤其是多种蚀变的叠加，与锑矿关系更加密切。

黑云母化、钾长石化：分布于各类花岗岩内部及含矿断层破碎带中，黑云母化形成煌斑岩脉，钾长石化形成钾长石脉。煌斑岩脉在锑矿化破碎带中亦有分布，与锑矿化有一定关系。

5. 矿床成因类型

南美河锑矿床与大田河锑矿床成矿地质条件基本一致，矿体产于喜马拉雅期断裂构造破碎带中，矿床成因类型为浅成中-低温热液型锑矿床；成矿时代应为新近纪（喜马拉雅期）。

四、其他地区锑矿

浅成中-低温热液型锑矿除集中分布于滇东-滇东南、兰坪-巍山-普洱、临沧地区 3 个矿集区外，在滇西芒市、镇康、永德、双江、西盟等地均有一些中小型矿床或矿点零星出露。

（一）永德县崇岗锑矿床[❶]

崇岗锑矿床行政区划隶属于永德县崇岗乡，位于永德县城 138°方位，平距 25 km 处；其中心点地理坐标为：东经 99°25′36″，北纬 23°53′27″，面积 0.36 km^2。

1994~1996 年，云南省地质矿产局第四地质大队在该区开展地质勘查工作，于 1996 年 11 月提交了《云南省永德县崇岗锑矿勘查地质报告》，估算 D+E 级矿石量 22.7×10^4 t、锑金属量 0.94×10^4 t，Sb 品位 4.16%。

2010 年，云南省核工业地质调查院对矿区开展矿产资源利用现状调查工作，于 2010 年 8 月提交《云南省永德县崇岗锑矿核查矿区资源储量核查报告》，矿区累计查明 333 类以上矿石量 4.73×10^4 t、锑金属量 0.23×10^4 t，Sb 品位 4.94%；334 类矿石量 17.97×10^4 t、锑金属量 0.71×10^4 t，Sb 品位 3.95%。333 类以上资源量已列入《云南省 2017 年矿区及所属矿山矿产资源储量简表》中，尚未开发利用。

1. 矿区地质特征

崇岗矿区位于冈底斯-喜马拉雅造山系南段、保山-镇康复式向斜东部之南汀河断裂北西侧。出露地层主要有中侏罗统芦子箐组（J_2lz）、税房街组（J_2s），上二叠统南皮河组（P_3n），中二叠统草坝山头组（P_2c）及石炭系，岩性主要为砂岩、粉砂岩、泥岩、硅质岩等碎屑岩和灰岩、白云岩等碳

❶ 主要资料来源：云南省核工业地质调查院，2010a，云南省永德县崇岗锑矿核查矿区资源储量核查报告。

酸盐岩。其中，中二叠统草坝山头组（P_2c）是主要赋矿层位，含矿岩性为灰岩、白云岩。

区内构造发育，褶皱有岩峰山复式向斜；断裂主要有北西向、北东向、近南北向及近东西向4组。

区内岩浆岩不发育，仅见燕山晚期的辉绿岩脉及安山岩，主要分布于老熊洞山一带，出露面积约0.55 km^2。其形态为不规则状，安山岩与围岩呈喷发接触。

2. 矿体地质特征

崇岗矿床的锑矿体产于中二叠统草坝山头组（P_2c）灰岩、白云岩断裂破碎带中，呈脉状产出，目前共圈定矿体4个，其中主矿体1个（V_3），次矿体3个（V_1、V_2、V_4）。

V_3矿体：分布于矿区中部，呈脉状产于断层破碎带中，与围岩接触界线清晰。矿体控制长615 m，最大倾斜延深61 m；总体走向106°，倾向北东，倾角68°~88°（平均79.5°）。矿体厚度1.08~2.41 m，平均1.58 m；Sb品位1.91%~9.15%，平均4.23%。

3. 矿石特征

崇岗锑矿床矿石的自然类型以硫化矿为主，少量混合矿、氧化矿。

矿石矿物主要为辉锑矿，此外锑华、锑赭石、黄锑华；脉石矿物主要为方解石、白云石、石英等。辉锑矿呈自形-半自形长柱状、长条状、晶粒状，粒度多为0.1~20 mm不等，最大者50~100 mm，柱宽10~15 mm；锑华呈白色土状或粉末状，分布于地表，具有辉锑矿假象晶形。

矿石结构主要为自形晶结构、半自形晶结构、他形粒状结构和残余结构；矿石构造主要为晶簇状构造、放射状构造、浸染状构造、块状构造，少量土状构造。

矿石中有益元素主要为Sb，其余元素含量低，均达不到工业要求；有害元素含量甚微，对生产无影响，矿石质量好。

4. 矿床成因类型

崇岗锑矿床成因类型为产于碳酸盐岩中的浅成中-低温热液型锑矿床。

（二）镇康县小荒田锑矿床❶

小荒田锑矿床行政区划隶属于镇康县忙丙乡小荒田村，位于镇康县城70°方向，平距38 km处；矿床中心点地理坐标为：东经99°03′47″，北纬24°03′57″，面积约5.33 km^2。

20世纪40年代，资源委员会西南矿产勘测处边兆祥、董申保对小荒田锑矿等矿产进行过调查，并于1942年编著了《云南龙陵镇康两县地质矿产》。

1986~1987年，云南省地质矿产局第三地质大队在该区开展地质普查评价工作，圈定2个锑矿体，于1987年3月提交《云南省镇康县小荒田锑矿地质普查评价简报》，估算D级锑矿石量2.26×10^4 t，锑金属量3907.52 t，Sb品位17%。

2010年，云南省核工业地质调查院对矿区开展矿产资源利用现状调查工作，于2010年8月提交《云南省镇康县小荒田锑矿核查矿区资源储量核查报告》，矿区累计查明333类以上矿石量2.26×10^4 t、锑金属量3907.52 t，Sb品位17.3%。上述资源量已列入《云南省2017年矿区及所属矿山矿产资源储量简表》中，尚未开发利用。

1. 矿区地质特征

小荒田锑矿区位于羌塘-“三江”造山系中南段，保山镇康复向斜的南端镇康复背斜之北西翼，主要出露地层为下二叠统丁家寨组（P_1d）含砾泥质粉砂岩、粉砂质页岩、大理岩化灰岩和碳质页岩，下二叠统卧牛寺组（P_1w）玄武岩、凝灰岩，中二叠统（P_2）铁铝质粉砂质页岩、灰岩。其中，下二叠统丁家寨组下段（P_1d^1）碳质页岩是主要赋矿层位。

矿区位于镇康复背斜北西翼一侧的次级向斜构造，轴向北东的次级线性褶皱发育，多被北西向断裂及其旁侧断裂所破坏。区内断裂以北东向为主，其次为北西向和近东西向。北东向断裂以F_1、F_5

---

❶ 主要资料来源：云南省核工业地质调查院，2010b，云南省镇康县小荒田锑矿核查矿区资源储量核查报告。

为代表，多具张性-张扭性；北西向断裂以 F_2、F_4 为代表，具压扭性，为成矿期后断裂；近东西向断裂 F_6 则为矿区主要控矿断裂，断裂破碎带长度约 500 m，宽度 5~15 m，断裂之东端向南倾，西端向北倾，显示“S”形扭曲面，断层面倾角 27°~85°，东缓西陡，局部地段近于直立。断裂面平直光滑，见断层角砾岩、断层泥及擦痕面等，该断裂早期为压性，压扭性断裂。后期复活与导矿构造沟通由压性变为张性容矿构造。

区内岩浆活动较弱，仅有晚石炭世基性岩浆喷发，在下二叠统卧牛寺组（P_1w）中有玄武岩、凝灰岩分布。

2. 矿体地质特征

小荒田锑矿床的矿体产于下二叠统丁家寨组下段（P_1d^1）黑色含碳页岩中，走向延伸严格受近东西向的张性断裂破碎带控制，矿体的厚度则受断层面制约，在破碎带膨大部分矿体一般厚而富，反之在收缩部位则薄而贫甚至尖灭，显示了受岩性、构造双重控制的特征。矿体多呈单脉或复脉形式产出，细脉、团块及透镜状者次之；两端一般矿化较强，中部矿化相对较弱，呈单脉产出者较富，复脉（指细脉、网脉）者略贫。目前共圈定 2 个工业矿体（Ⅰ、Ⅱ号）。

Ⅰ号矿体：工程控制长度 163 m，厚度 0.59~1.34 m，平均 0.96 m；Sb 品位 17.17%。矿体产状与断面产状近乎一致，东端倾向 10°，倾角 83°；西端倾向 320°，倾角 75°。

Ⅱ号矿体：工程控制长度 226 m，厚度 1.33~2.0 m，平均 1.71 m，Sb 品位 17.37%；矿体产状与断面产状近乎一致，东端倾向 215°，倾角 27°；中段倾向 190°~210°，倾角 73°~80°；西端倾向 190°，倾角 80°，倾角由西向东变缓。

3. 矿石特征

小荒田锑矿床矿石的自然类型以硫化矿为主，其次为氧化矿和混合矿；根据辉锑矿的嵌布特征及含量，可将矿石划分为纯辉锑矿脉型、含石英辉锑矿脉型、含辉锑矿石英脉型矿石三类。纯辉锑矿脉型矿石品位高，Sb 品位 40%~60%；含辉锑矿石英脉型矿石由辉锑矿及少量脉石英相间组成，品位较高，Sb 品位 15%~30%；含辉锑矿石英脉型矿石中，辉锑矿呈团块状、星点状、细脉、网脉状产出，品位较低，Sb 品位 5%~10%。

矿石矿物主要为辉锑矿，脉石矿物主要为石英等。矿石结构主要为自形-半自形柱状结构、针状结构及他形粒状结构等；矿石构造主要为块状构造、团块状构造、星点状构造、细脉状构造、网脉状构造等。

矿石中 Au 含量 0.00~0.56 g/t，个别达 1.16 g/t；Ag 含量 1~2 g/t，个别达 3 g/t，与锑无明显的相关关系。虽然含金、银较高，但分散零星，目前并无工业价值。

4. 矿床成因类型

小荒田锑矿床成因类型为产于碎屑岩中的浅成中-低温热液型锑矿床。

（三）西盟县小新寨锰多金属矿床❶

小新寨锰多金属矿床行政区划属西盟佤族自治县岳宋乡，位于西盟县城北西 325°方向，平距 18 km 处；其地理坐标为：东经 99°20′53″~99°21′51″，北纬 22°43′16″~22°44′12″，面积约 1.73 km^2。

2001 年，西盟鑫海矿业发展有限公司对该地区进行了地质矿产调查时，发现锰矿化，通过进一步工作，累计查明 333 类以上锰矿石量 51.85×10^4 t，锰金属量 13.86×10^4 t。

2010 年 1 月，西盟鑫海矿业发展有限公司委托徐州长城基础工程有限公司对矿区开展资源储量核实工作，主要对新发现的锑矿体（V_3）和磁铁矿体（V_2）进行核实，矿区保有 332+333 类锑矿资源储量矿石量 8.98×10^4 t，锑金属量 4156.32 t，Sb 品位 4.63%；保有 332+333 类磁铁矿矿石量 104.85×10^4 t。

---

❶ 主要资料来源：云南省地质矿产勘查开发局第一地质大队，2010a，云南省西盟县岳宋小新寨锰多金属矿核查矿区资源储量核查报告。

2010 年，云南省地质矿产勘查开发局第一地质大队（云南者鑫科技有限公司）对矿区开展资源储量核实工作，提交了《云南省西盟县岳宋小新寨锰多金属矿核查矿区资源储量核查报告》。矿区累计查明 112b+333 类锰矿石量 51. 85×10^4 t，金属量 13. 86×10^4 t；锑矿资源储量矿石量 8. 98×10^4 t，锑金属量 4156. 32 t；磁铁矿矿石量 104. 85×10^4 t。上述资源量未列入《云南省 2017 年矿区及所属矿山矿产资源储量简表》中。

自 2001 年获得采矿许可证后，由西盟鑫海矿业发展有限公司对锰矿进行开发利用，截至 2008 年底，开采锰矿石约 22×10^4 t。目前，矿山以生产锰矿为主，对锑矿和磁铁矿均未开发。

1. 矿区地质特征

小新寨矿区出露地层主要为新元古界王雅岩组第二段（$Pt_3w.^2$），上部以灰色、褐黄色白云石英片岩、绢云石英片岩、白云片岩为主，夹数层厚度不等的褐黑色锰铁矿层及黑云铁锰榴石（片）岩。下部以灰色、灰白色二云石英片岩、二云片岩为主，夹石英岩及碳质片岩薄层。

矿区位于西盟复式背斜东翼，地质构造较为简单。总体为一缓倾斜的单斜构造，地层走向近南北，倾向南东东，倾角 26°~35°。由若干褶曲组成，小褶曲呈舒缓波状，分布范围小，有的随断层产出，并沿走向及倾向迅速消失，在褶曲发育地段断层、裂隙发育，为后期热液活动提供了良好通道。断裂构造不太发育，规模较大的只有 F_1 断裂，为东西向逆向断裂构造，出露长度大于 3000 m，倾向南，倾角 50°~65°。沿断层可见断层角砾岩，胶结物中常见黄铁矿化、褐铁矿化。

矿区内未见岩浆岩出露，其南边力梭一带有喜马拉雅期小马散花岗岩体出露。

2. 矿体地质特征

小新寨矿床目前共圈定锰多金属矿体 3 个，即 V_1 锰矿体、V_2 磁铁矿体及 V_3 锑矿体；赋存于王雅岩组第二段（$Pt_3w.^2$）石英片岩中，呈脉状、层状、似层状产出。

V_1 锰矿体分布于矿区北端中部，工程控制矿体走向长度 450 m，斜深 80 m；总体走向 356°，倾向 86°，倾角 28°。矿体厚度 4. 90~5. 15 m，平均 5. 01 m；Mn 品位 25. 11%~30. 81%，平均 26. 72%。

V_2 磁铁矿体分布于 V_1 锰矿体西侧，工程控制矿体走向长度 500 m，斜深大于 60 m；总体走向 358°，倾向 88°，倾角 30°。矿体厚度 3. 40~13. 69 m，平均 5. 83 m；TFe 含量 28. 79~30. 88%，平均 29. 95%。

V_3 锑矿体分布于矿区南端中部，产于近南北向的次级层间构造破碎带中，呈透镜状、细脉状产出。工程控制矿体走向长度 240 m，斜深 40 m；总体走向 20°，倾向 110°，倾角 68°。矿体厚度 1. 83~2. 69 m，平均 2. 21 m；Sb 品位 2. 85%~6. 99%，平均 4. 45%。

3. 矿石特征

小新寨矿床矿石的自然类型分为氧化矿、混合矿、硫化矿三类，锰矿石全为氧化矿，铁矿石以混合矿和硫化矿为主，锑矿石以硫化矿为主。

锰矿石金属矿物主要为软锰矿、铁锰矿、锰结核，少量褐铁矿、黄铁矿、黄铜矿等，非金属矿物主要为绢云母、长石、石英等；矿石具自形-半自形晶状结构，块状-团块状构造。

铁矿石金属矿物主要为磁铁矿、赤铁矿、镜铁矿及少量褐铁矿、软锰矿、黄铁矿等，非金属矿物主要为绢云母、长石、石英等；矿石具自形-半自形晶状结构，块状-团块状、柱状构造。

锑矿石金属矿物主要为辉锑矿及少量褐铁矿、黄铁矿、黄铜矿等，非金属矿物主要为绢云母、长石、石英、方解石等。辉锑矿呈放射状、针状、细脉状、浸染状。矿石具自形-半自形晶状结构，块状-团块状、柱状构造。

锰矿石主要有用成分为 Mn，铁矿石主要有用成分为 Mn、TFe，锑矿石主要有用成分为 Sb；有害元素主要为 S、P、SiO_2，P 含量 0. 003%、SiO_2 含量 18. 34%，均不超标。

4. 矿床成因类型

小新寨矿床的铁、锰矿体的产出受地层的控制，其成因类型主要为沉积-变质型；锑矿体的产出主要受近南北向的次级层间构造破碎带控制，矿床成因类型为浅成中-低温热液型（充填型）锑矿床。

（四）其他矿产地

除上述3处矿床外，在芒市、孟连、泸水、施甸等地还零星分布一些锑矿点，其特征见附表1。

第二节　岩浆热液型锑矿

目前已发现岩浆热液型锑矿产地8处。其中，小型矿床5处、矿点3处，主要分布于滇西北维西-香格里拉等地区的印支期—喜马拉雅期中酸性岩体及周边。

一、维西县阿南多塘锑矿床❶

阿南多塘锑矿床行政区划隶属于维西傈僳族自治县攀天阁乡，位于维西县城325°方向，平距约21 km处；其地理坐标为：东经99°07′15″~99°09′45″，北纬27°20′00″~27°21′45″，面积约7.48 km^2。

1980年，云南省地质矿产局区域地质调查队对区内阿南多塘、白马吉、格坡洛、阿尼比等锑矿点进行了调查，对区内锑矿化信息作了较系统的汇总。

2004~2005年，受探矿权人委托，云南省有色地质局楚雄勘查院对阿南多塘至格坡洛锑矿点开展了预查工作，发现锑矿体多条。

2009~2010年，受探矿权人委托，云南有色地质局楚雄勘查院在原工作的基础上开展了以锑为主的详查评价工作，于2011年4月提交了《云南省维西县阿南多塘锑矿详查报告》，估算332+333类锑矿石量29.95×10^4 t，锑金属量7080 t，Sb品位2.36%。上述资源量已列入《云南省2017年矿区及所属矿山矿产资源储量简表》中，目前尚未开发利用。

（一）矿区地质特征

阿南多塘矿区出露地层主要为上三叠统石钟山组（T_3s），岩性分为三段（图2-16）。第一段（T_3s^1）为紫红色砾石、岩屑砂砾岩、砂岩夹泥岩、千枚状板岩，局部见泥质灰岩及角砾状灰岩透镜体，砾石成分主要为石英、灰岩、流纹岩等，与喜马拉雅期石英斑岩（$\lambda o\pi_6^1$）接触部位见零星锑矿化。第二、三段（T_3s^{2+3}）为灰色灰岩、泥质灰岩、泥岩、砂岩等，局部夹灰岩透镜体，其层间碎破带中见锑矿化。

矿区构造以断裂为主，主要为区域性叶枝-雪龙山断裂及其次级断裂（攀天阁断裂），另外见有石英斑岩内部之小型断裂。其中，攀天阁断裂（F_8）走向近南北，倾向西，倾角56°，为一压扭性逆断层。断裂带宽度约10 m，挤压破碎，揉皱、擦痕/断层泥及构造角砾岩发育，对区内锑矿化起一定的控制作用。石英斑岩内部之小型断裂主要为北东走向，倾向北西，倾角大于70°，构造角砾岩较为发育，是本区锑矿的主要控矿构造。石英斑岩中的小断裂（F_5、F_6、F_7、F_{101}）走向多为北东，倾向北西，倾角40°~76°，构造角砾岩发育，是主要含矿构造。

区内岩浆岩发育，主要为喜马拉雅期石英斑岩（$\lambda o\pi_6^1$），其次零星出露印支期辉长辉绿岩脉。其中，与锑矿成矿关系密切的喜马拉雅期石英斑岩夹持于叶枝-雪龙山断裂与攀天阁断裂之间，呈岩株状侵入于上三叠统石钟山组第一段中，出露面积约5 km^2。岩石具斑状结构，斑晶以石英为主，其次为钾长石、斜长石；基质以长英质为主。石英斑岩中Sb含量高达171×10^{-6}，是区内锑矿化的成矿母岩和主要赋矿围岩，其与上三叠统石钟山组（T_3s）的接触带控制着矿化（体）的产出。

区内变质作用主要表现为与造山作用有关的区域变质作用、动力变质作用和与岩浆侵入活动有关的热变质作用。区域变质作用主要表现为上三叠统石钟山组中泥质岩的低绿片岩相浅变质；动力变质作用主要表现为断裂旁侧发育有构造角砾岩、糜棱岩等；热变质作用则表现为岩体周围普遍发育的热液蚀变。

---

❶ 主要资料来源：云南有色地质局楚雄勘查院，2011，云南省维西县阿南多塘锑矿详查报告。

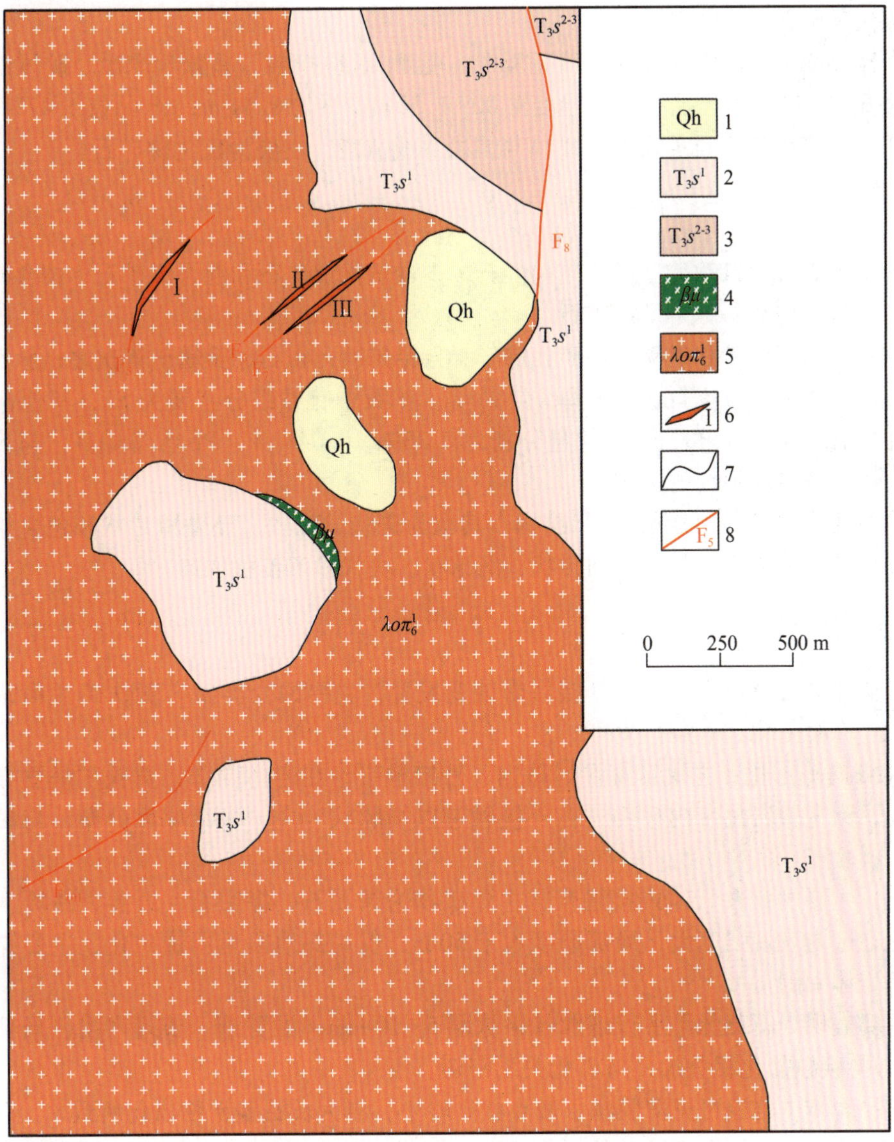

图 2-16　维西县阿南多塘锑矿床地质简图

（据云南有色地质局楚雄勘查院，2011）

1—第四系；2—上三叠统石钟山组第一段；3—上三叠统石钟山组第 2~3 段；4—辉绿岩；5—喜马拉雅期石英斑岩；6—锑矿体及编号；7—地质界线；8—断层及编号

（二）矿体地质特征

阿南多塘矿床的锑矿体主要产于石英斑岩的内接触带，外接触带也见零星锑矿化。矿（化）体呈大脉状、部分呈细脉状产出，走向北东东—东西，倾角整体较陡。在长 800 m、宽 630 m 的矿化带内圈定矿（化）体 22 个，单矿体长度 50~300 m，厚度 1~7.5 m。规模较大的主矿体有 3 个（Ⅰ、Ⅱ、Ⅲ）。

Ⅰ号锑矿体：产于矿区西北部的石英斑岩中，受 F_5 断裂控制，呈脉状产出。矿体走向 40°~47°，倾向北西，倾角 70°~76°。工程控制矿体厚度 1.02~1.50 m，平均 1.32 m；Sb 品位 1.65%~2.42%，平均 2.14%。矿体顶底板均为石英斑岩，矿体与围岩界线清楚，主要为硫化锑矿石。

Ⅱ号锑矿体：产于矿区中北部的石英斑岩中，受 F_6 断裂控制，呈脉状、似层状产出，具分支、复合和膨缩现象。矿体走向 40°~58°，倾向北西，倾角 70°~76°。工程控制矿体厚度 0.85~1.45 m，平均 1.32 m；Sb 品位 1.57%~6.47%，平均 2.53%。矿体顶底板均为石英斑岩，矿体与围岩界线清楚，主要为硫化锑矿石。

Ⅲ号锑矿体：产于矿区中北部的石英斑岩中，受 F_7 断裂控制，呈脉状产出。矿体走向北东，倾向北西，倾角68°~75°。工程控制矿体厚度1.00~1.50 m，平均1.41 m；Sb品位1.47%~3.17%，平均2.51%。矿体顶底板均为石英斑岩，矿体与围岩界线清楚，主要为硫化锑矿石。

（三）矿石特征

阿南多塘矿床矿石的自然类型以硫化锑矿石，少量氧化锑矿石和混合锑矿石；按含矿岩石类型分为石英斑型锑矿石、构造角砾岩型锑矿石。

矿石矿物主要为辉锑矿和脆硫锑铅矿，锑华、方铅矿、孔雀石、黄铁矿等次之；脉石矿物主要有石英、钾长石、白云母、方解石、绢云母、毒砂等。矿石中有益组分主要为Sb，其他伴生有益组分含量较低；伴生有害元素为Pb、As，含量分别为0.33%、0.0482%，Pb含量偏高，与Sb密切伴生，会对锑精矿产品质量造成不利的影响。

矿石结构主要为他形-半自形细粒状结构，其次为斑状、粒状、显微鳞片状和包含结构等。矿石构造以稀疏浸染状构造为主，其次为细脉状、网脉状、块状和条带状构造。

（四）蚀变特征

阿南多塘矿床的石英斑岩体内、外接触带蚀变发育，主要蚀变类型有黄铁矿（褐铁矿）化、青磐岩化、硅化、高岭土化、碳酸盐化等。

黄铁矿（褐铁矿）化：主要发育在岩体内、外接触带。在岩体内部，黄铁矿呈立方体、散点及其集合体为主，为青磐岩化带内矿物；在外接触带以细脉状为主，多沿层面分布，与矿化关系较为密切。

青磐岩化：主要发育在岩体内接触带，主要矿物为绿泥石、绿帘石、石英、高岭土及少量方解石，青磐岩化在区内表现强度大，局部厚度大于50 m，仅局部地段见弱锑矿化，主要锑矿化位于该带内侧，即偏岩体一侧。

硅化：主要表现为石英脉呈平行细脉状，脉厚5~10 mm，沿劈理、节理产出，局部呈大脉，脉厚30~40 cm，与碳酸盐化相叠加，与矿化关系密切。

高岭土化：岩体中普遍可见薄膜状、散点状高岭土，应为长石等矿物风化所致。

碳酸盐化：主要见方解石细脉，脉厚5~10 mm，局部呈大脉状，与矿化关系密切。

（五）矿床成因类型

阿南多塘锑矿床的矿体产于喜马拉雅期石英斑岩体内接触带的构造破碎带中，为岩浆热液型锑矿床，其成矿时代为喜马拉雅期。

二、香格里拉市格咱斯各锑矿床[❶]

格咱斯各锑矿床行政区划隶属于香格里拉市格咱乡翁水村管辖，位于香格里拉市区11°方向，平距约62 km处；其地理坐标为：东经99°52′46″~99°53′38″，北纬28°24′14″~28°25′00″，面积2.03 km^2。

1994~1996年，云南省地质矿产勘查开发局物探队开展1∶20万古学幅、永宁幅（云南部分）水系沉积物测量工作，在斯格一带圈定出以Pb、Sb、Au、Cu多元素组合地球化学异常。

2002~2005年，云南省地质矿产勘查开发局地质调查院矿产所在区域内，全面开展地质矿产调查工作，发现该矿。

2008年，云南华西矿产资源有限公司对矿区进行资源储量核实工作，于2008年5月底提交《云

❶ 主要资料来源：云南南方地勘工程总公司，2010，云南省香格里拉县格咱斯各锑矿厂锑矿核查矿区资源储量核实报告。

南省香格里拉县格咱斯各锑矿厂锑矿资源储量核实报告》，截至2008年3月底，矿区内保有122b+333类锑矿石资源量7.84×10^4 t，锑金属量0.31×10^4 t，Sb品位3.97%。

2010年，云南南方地勘工程总公司对矿区开展资源利用现状调查工作，于2010年8月提交《云南省香格里拉县格咱斯各锑矿厂锑矿核查矿区资源储量核实报告》，截至2009年底，矿区累计查明122b+333类锑矿石资源量10.8×10^4 t，锑金属量0.52×10^4 t，Sb品位4.85%。资源目前尚未开发利用。

（一）矿区地质特征

格咱斯各矿区位于纳通牛场向斜的南东扬起部位的次一级背斜轴部的近东西向断层破碎带中。出露地层主要为上三叠统拉纳山组（T_3l）砂板岩、大理岩等浅变质岩及安山岩、凝灰岩等火山碎屑岩。

纳通牛场向斜南东扬起部位的次级背斜，轴向为北西向，长度约5 km，核部为上三叠统拉纳山组一段（T_3l^1），两翼为上三叠统拉纳山组二段（T_3l^2）。西翼地层产状为230°~260°∠68°~70°，东翼地层产状为55°~70°∠50°~52°。在矿区中部，有一条横切背斜轴部的近东西向断层，地表可见长度约500 m，倾向345°，倾角62°~75°；断层破碎带宽度1~20 m，锑矿体即产于其中。

区内岩浆活动较强，主要有印支晚期岩浆喷发，在上三叠统拉纳山组二段（T_3l^2）砂板岩中夹有一套中酸性安山岩、凝灰岩，片理化、硅化、绢云母化、碳酸盐化、绿泥石化等蚀变较强，黄铁矿沿片理、节理呈星点状或细脉状分布。在矿区南西侧的帕纳牛场，有石英二长斑岩呈岩枝状产出，其外接触带安山岩具硅化、绢英岩化蚀变，并伴有锑矿化；岩体中黑云母Ar-Ar法等时线年龄为199.2±2.4 Ma（李文昌等，2010），表明其成岩时代为晚三叠世—早侏罗世。在紧邻矿区的南部也见一石英二长斑岩岩株呈北东向侵入于安山岩中，岩体长度约350 m，宽度约200 m。岩石蚀变较强，主要为硅化、绢云母化、黄铁矿化。岩体较完整，节理裂隙不发育，偶见有稀疏的石英脉贯入，无片理化。石英脉宽度1~5 mm，在石英脉中见黄铁矿化及少量铅矿化（方铅矿）。

（二）矿体地质特征

格咱斯各锑矿床的矿体产于近东西向横切背斜轴部的断裂破碎带中，断裂破碎带倾向335°~5°，倾角70°，与地层呈正交关系，倾角比地层倾角稍陡。锑矿化带地表可见长度约500 m，宽度1~20 m，西段由锑矿化硅化角砾状灰岩组成，东段由硅化角砾状安山岩组成。锑矿物主要以细脉状、脉状及团块状，沿硅化角砾充填，破碎带中，锑品位一般较高，较稳定。

目前仅圈定1个工业矿体（KT1），呈交错型薄板状分布，产状与矿化断裂破碎带一致。控制矿体长度270 m，倾斜延深160 m，倾向355°~10°，倾角65°~70°。矿体厚度0.65~3.46 m，平均1.61 m；Sb品位0.5%~20.8%，平均7.17%。矿体往深部有厚度增大，品位下降的趋势。

（三）矿石特征

格咱斯各锑矿床矿石的自然类型以硫化矿为主，极少量混合矿和氧化矿。

矿石中金属矿物主要有辉锑矿，偶见锑华、辰砂、黄铁矿；矿石矿物主要为辉锑矿，脉石矿物主要为石英、方解石、白云石、石英、长石、角闪石、绢云母及粘土类矿物。辉锑矿主要呈他形粒状、柱状、针状均匀或不均匀地嵌布于矿石之中，粒径一般1~5 mm，部分粒径在1 mm以下。

矿石结构主要为他形粒状结构、自形-半自形粒状结构、簇状结构、纤维状结构等；矿石构造主要为角砾状构造、网脉状构造、块状构造等。

矿石中有用元素除锑外，其他元素均达不到共（伴）生矿产综合回收要求；有害元素甚微，对选冶无影响。

（四）围岩蚀变

格咱斯各锑矿床的近矿围岩蚀变强烈，蚀变类型主要为硅化、大理岩化、黄铁矿化、绢云母化，其次为绿泥石化、高岭土化等。

硅化：表现为岩石中次生石英增多，往往伴随着岩石的碎裂作用，多以脉状、团块状、网脉状穿插于岩石中。锑矿化主要与硅化关系密切，硅化越强锑矿化越好。

大理岩化：以灰岩重结晶为大理岩；在砂岩及板岩中见有绢云母化，岩石风化后多出现褪色现象。

绢云母化：主要表现为绢云母交代岩石的基质。如绢云母交代斜长石，使原白色斜长石蚀变为浅鸭蛋绿色绢云母，还保留了长石的假象。

（五）矿床成因类型

格咱斯各锑矿床产于晚三叠世—早侏罗世（199.2±2.4 Ma）石英二长斑岩外接触带的火山碎屑岩中，其成因类型属岩浆热液脉型锑矿，成矿时代与斑岩成岩时代基本一致，也为晚三叠世—早侏罗世（印支晚期—燕山早期）。

三、其他矿床（点）

除上述5个典型及重要矿床外，岩浆热液型锑多金属矿还有维西石门多、白马吉和香格里拉格撒等6个矿床（点），其特征详见附表1。

第三章 汞 矿

第一节 保山-施甸地区汞矿

保山-施甸地区汞矿成群成带分布，是云南省最重要的汞矿集区。区内已发现中型汞矿床3处（隆阳区水银厂、施甸县茅草坡、隆阳区金家山）、小型汞矿床2处（隆阳区罗明官山、罗明烈马山）、矿点3处，累计查明汞矿资源储量占全省的1/2以上。据云南省地质矿产局（1993）研究成果，其产出及分布具有以下特征：

1）区内汞矿主要分布于怒江断裂东侧与保山复背斜西翼之间的狭长地带内，呈南北向展布，长度达85 km。多期次强烈的构造活动，为含汞热液运移提供了良好的通道和赋矿空间，几乎所有的汞矿产地都受到几个南北向的平行褶皱和断裂的联合控制。汞矿产地在区域上的这种分布格局，反映怒江断裂对区内汞矿的形成起着重要的控制作用（图3-1）。

2）具有汞矿（化）的地层从上寒武统—上三叠统均有，但汞矿床的产出层位主要为泥盆系—石炭系，具有多层成矿特点，如水银厂-茅草坡矿带，主要赋矿层位在北段水银厂汞矿区为D_{2-3}，在烈（黎）马山汞矿区为C_{1-2}，到中段金家山汞矿区为P_1，至南段茅草坡汞矿区为D_2。

3）汞矿化仅局限于距怒江断裂之东约15 km，呈带状展布，宽度10~35 km的基性岩浆岩带内。区内石炭纪及晚三叠世基性火山岩和基性岩脉发育，汞矿化与它们有一定的成因联系。从区域上看，基性岩浆活动有从北往南、从西到东减弱之趋势，与之相对应的汞矿化强度也出现了如上的变化。从矿区看，在强矿化地段，一般都有蚀变辉绿岩-玄武岩脉的出现，如水银厂汞矿体主要产在辉绿岩脉及其旁侧围岩内，金家山汞矿的赋矿围岩为上石炭统玄武岩及凝灰岩。有的汞矿体直接产于辉绿岩中，有的则产于辉绿岩与围岩接触破碎带或围岩中。

4）矿石的矿物组合及围岩蚀变均简单：围岩蚀变除碳酸盐化、硅化外，还有不同程度的褐铁矿化及赤铁矿化。矿石矿物为辰砂，共生有雌黄、雄黄、黄铁矿，脉石矿物为方解石、重晶石及石英。

5）从茅草坡、金家山矿区10件辰砂的硫同位素测定结果来看，其$\delta^{34}S$（‰）值为0.31~5.18，均值2.87，与陨石硫特点相近。水银厂矿区5件辰砂硫同位素测定结果显示，其$\delta^{34}S$（‰）值为11.99~15.09，均值14.09，具沉积硫特点。由此表明，汞矿床中的硫是多来源的。

6）施甸茅草坡、烈（黎）马山（朱砂厂）矿区铅同位素测定结果表明：$^{206}Pb/^{204}Pb$值为19.76~18.61，$^{207}Pb/^{204}Pb$值为15.69~15.74，$^{208}Pb/^{204}Pb$值为38.94~38.83，属正常铅，接近火山岩的铅同位素组成（与拉斑玄武岩相似）。这与前述矿石中微量元素含量、硫同位素组成特征等对矿质来源的解释结论相一致的。

7）据茅草坡，金家山、水银厂等矿区矿石中石英、方解石、重晶石中的包裹体研究，包裹体均为液体包裹体，反映成矿作用是在温度较低、没有沸腾的液相介质中完成的，所测定的成矿温度有220~255℃和50~85℃两个区间，为典型的中低温矿床。

8）脉状充填型矿体的存在，反映成矿作用具有典型的后生特征，断裂破碎带直接控制了脉状汞矿体的产状和规模。各个矿区内次生褐铁矿网脉的普遍发育，并且与汞矿的富集密切相关，亦反映了成矿是在成岩期以后尚未到达变质阶段时发生的。后期构造运动的频频发生及降水对围岩的淋滤溶解，对带内汞矿的形成有着极为重要的意义。

9）区内最早的汞矿成矿期为华力西期，但在以后各个地质时期中所发生地质作用对已经形成的

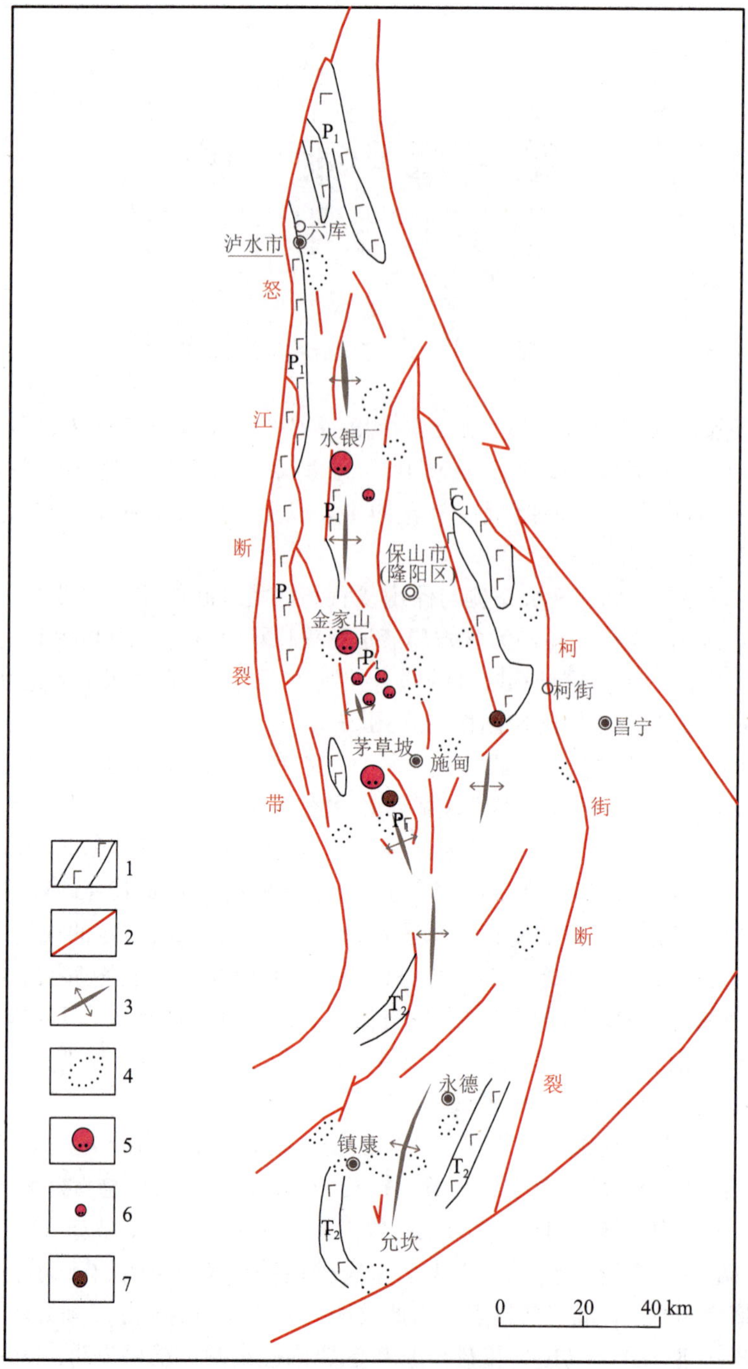

图 3-1　保山-镇康汞矿带构造-岩浆分布略图

（据云南省地质矿产局，1993，有修改）

1—基性岩（含 C_1、P_1、T_2 侵入岩及喷出岩）；2—断层；3—背斜轴；4—辰砂异常；5—汞矿床；6—汞矿点；7—锑矿点

汞矿体和含矿岩石都有明显的改造。

10）成矿作用的多期性、赋矿地层的多层性和含矿围岩的多样性，是本成矿带内汞矿最为基本的特征。区内主要汞矿床是华力西期基性岩浆活动（矿质主要来源）和后期构造运动（成矿通道和容矿空间）与地下水热液环流联合作用的结果，即基性火（次火）山-地下水热液改造型汞矿床。依据赋矿围岩性质的不同，又可分为以下 2 个亚类型：①产于基性火（次火）山岩内的地下水热液改造汞矿床，以金家山汞矿床为代表；②产于基性侵入岩体内及与岩体接触带邻近的碳酸盐岩内的地下水热液改造汞矿床，以水银厂汞矿床为代表。

一、保山市隆阳区水银厂汞矿床❶

水银厂汞矿床行政区划隶属于保山市隆阳区汶上乡，位于保山市区333°方向，平距41 km处。矿区南北长13 km，东西宽2 km，面积26 km^2；其中心点地理坐标为：东经98°57′47″，北纬25°26′31″。

1941年，冯景兰、王鸿祯、宋叔和应滇缅铁路局邀请，对保山、昌宁等地矿产进行路线踏勘，历时两个月，曾到保山水银厂踏勘了解乡民采汞情况和冶炼数量，著有《云南省保山、昌宁、顺化和蒙化县地质矿产》报告。

矿区系统的地质勘查始于20世纪50年代中期，1954年，昆明工学院（现为昆明理工大学）对矿区开展地质调查，提交了《云南保山汶上区水银厂地质调查报告》。

1957年，云南省地质局滇西地质队对矿区开展地质调查，圈定多个汞矿体，提交了《云南省保山县水银厂汞矿区地质矿床简报》。

1958年，云南省地质局怒江地质队对矿区开展勘查工作，提交了《云南省保山县水银厂1958年地质简报》，估算汞储量1065 t，认为矿区有可能成为大型汞矿床。

1959年，德宏州地质局一〇二队在矿区开展勘查工作，提交了《云南保山水银厂汞矿地质报告》，估算 C_1+C_2 级汞金属储量682 t（采400 t），达中型汞矿床规模。

1959~1960年，云南地质局第十九地质队又对老厂、木家园、大田头等主要矿段开展勘查工作，提交了《云南保山汶上水银厂1959~1960年汞矿储量报告》，估算汞金属储量1183 t。

1964~1967年，云南省地质局第二十地质队对水银厂进行详查，于1969年8月提交了《云南省保山县汶上区水银厂汞矿评价报告》，新探获汞金属储量30 t，矿区累计探获汞金属储量1213 t。

水银厂汞矿的开采冶炼已有上百年历史，老硐密布，冶炼遗迹处处可见，至20世纪60年代末，矿山探获汞金属储量基本采尽，目前已停采。据1956~1958年矿山资料统计，已炼出水银400~500 t，主要矿体均深埋于地下60~100 m间。

（一）矿区地质特征

水银厂矿区位于保山复向斜中段，西邻怒江深大断裂，其大地构造分区属冈底斯-喜马拉雅造山系（Ⅸ）、保山陆块（Ⅸ-4）之保山陆表海（Ⅸ-4-3）；成矿区带为特提斯成矿域（Ⅰ1）之三江（造山带）成矿省（Ⅱ2）、保山（陆块）Pb-Zn-Ag-Fe-Au-Cu-Sn-Hg-Sb-As成矿带（Ⅲ2）之保山（地块）Pb-Zn-Cu-Fe-Hg-Sb-As-Au矿带（Ⅳ6）。矿区分为老厂、木家园、麦浪坪、巴朗山、红星（下拉铺）等10余个矿段，其中以老厂矿段为主。

1. 地层

矿区出露地层主要为上志留统（S_3）、泥盆系（D）、石炭系（C）、二叠系（P）、中三叠统（T_2）碎屑岩-碳酸盐岩（图3-2）。其中，中泥盆统（D_2）、上泥盆统（D_3）及下石炭统（C_1）的灰岩、泥灰岩是主要赋矿层位。下二叠统（P_1）为灰绿色粗至细粒玄武岩，具斑状、杏仁状、枕状构造；与下伏下石炭统呈平行不整合接触。

2. 岩浆岩

区内基性岩浆活动较强，喷出岩有晚石炭世玄武岩出露；侵入岩也十分发育，辉绿岩沿断裂带侵入，呈岩脉、岩墙、岩床等，有细粒辉绿岩、中-细粒辉绿岩2种岩相。细粒辉绿岩为边缘相，中-细粒辉绿岩为内部相，主要分布于较大岩体的中心或内部。

3. 构造

矿区褶皱构造以水银厂复式背斜规模最大，走向近南北，北部倾没于下拉铺，南至保和街以南，长度约6 km，宽度1~1.5 km。轴部出露地层以泥盆系为主，两翼由泥盆系、石炭系组成。

---

❶ 主要资料来源：云南省地质局第十九地质队，1960，云南保山汶上水银厂1959~1960年汞矿储量报告；云南省地质局第二十地质队，1969，云南省保山县汶上区水银厂汞矿评价报告。

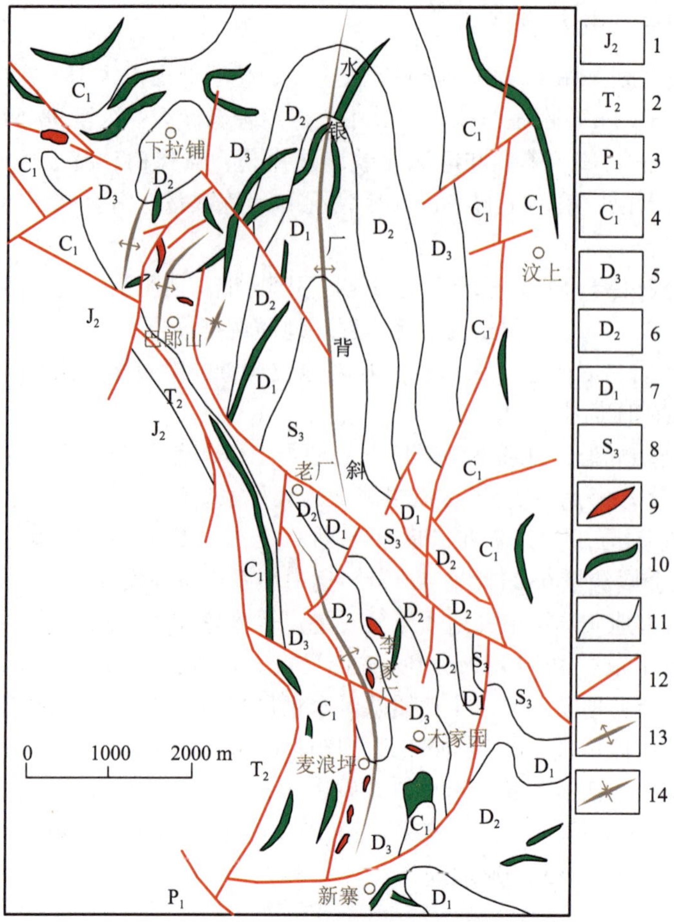

图 3-2　保山市隆阳区水银厂汞矿区地质简图

（据云南省地质局第二十地质队，1969）

1—中侏罗统；2—中三叠统；3—下二叠统；4—下石炭统；5—上泥盆统；6—中泥盆统；7—下泥盆统；8—上志留统；9—汞矿体；10—辉绿岩；11—地质界线；12—断层；13—背斜轴；14—向斜轴

断裂构造发育，主要有近南北向、北西向 2 组。近南北向组为早期形成的逆断层，由于受东西向挤压，倾角陡（>60°），有一定的延深，并形成了次级剪切断裂。北西向组为规模较大、倾角较陡逆断层，水平错距大，常错移背斜及前阶段断层，也同样伴生有次级剪切断裂，走向多数近东西，倾角较陡，以水平错断为主。北西向组断裂常错断近南北向组断裂，沿断裂带时有辉绿岩脉（体）的贯入。

（二）矿体地质特征

水银厂汞矿床的矿体主要产于水银厂背斜的轴部和两翼，以老厂矿段为中心，往南北两端大致呈等间距展布。矿体赋存于断裂破碎带中基性侵入岩的内外接触带的多种岩石（包括泥质碳酸盐岩、角砾岩、角砾状生物碎屑灰岩等）内。形态、产状复杂，有柱状、脉状、透镜状、羽状、树枝状等多种形态；倾向 50°～80°，倾角 70°～90°，少数倾向南西，倾角较缓。矿体长度 85～220 m，一般 100 m 左右；一般厚度 1～15 m，最大 50 m，最小 0.5 m；Hg 品位 0.31%～2.57%，最高 30%。矿体厚薄贫富变化很大。

（1）老厂矿段

为矿区最主要的矿段。矿体均赋存于水银厂倾没背斜西翼近轴部及浪瓦河断裂带中，分 4 个矿带。

“205”矿带：辉绿岩呈岩脉穿插于泥盆系灰岩、泥灰岩及泥质灰岩中，多分支并叠层呈树枝状；矿体常随辉绿岩脉、岩床出现，与其产状陡、缓一致（图3-3）。矿带出露标高1700~1635 m，产状50°∠65°~70°，长度85~100 m，宽度5~25 m，最宽40~50 m；Hg品位最高3.0%，平均1.52%。由南向北，品位有贫化趋势；在倾向上，向下30~60 m品位变富，60~80 m变贫，80~110 m又变富。

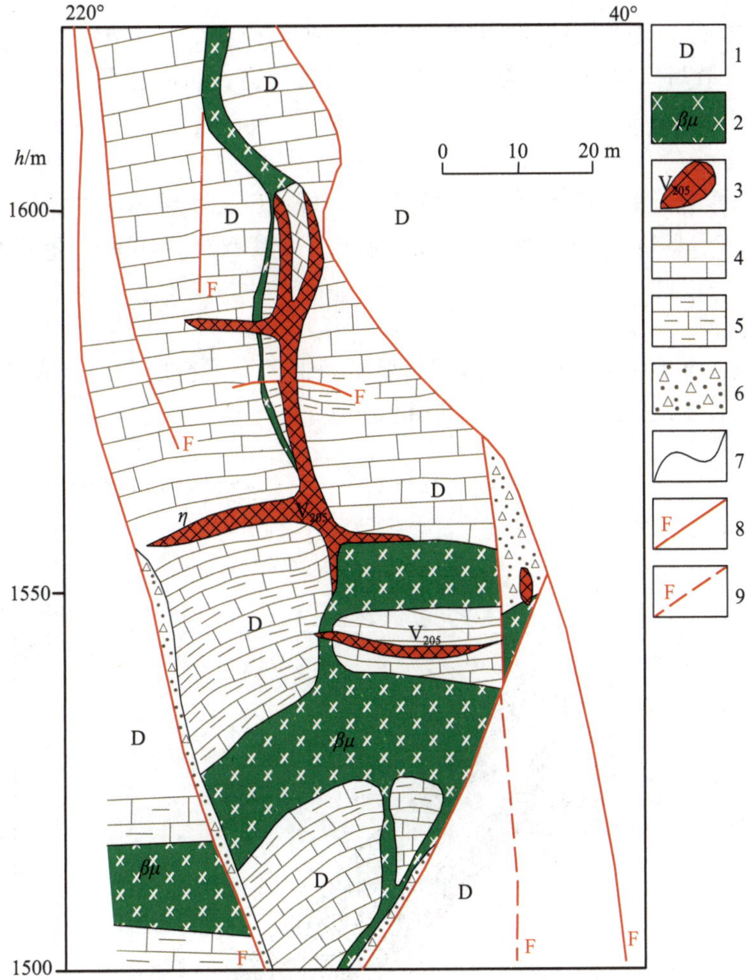

图3-3　保山市隆阳区水银厂汞矿床老厂矿段2号勘探线地质剖面图
（据云南省地质局第十九地质队，1960）
1—泥盆系；2—辉绿岩；3—矿体及编号；4—灰岩；5—泥灰岩；6—断层破碎带；7—地质界线；8—实测断层；9—推测断层

“56”矿带：为“205”矿带北延部分，产状陡，较稳定。灰岩破碎带与辉绿岩组成矿化带，有黑色断层泥、泥灰岩作盖层，矿体在矿化带中呈柱状、脉状、条带状产出。矿带出露标高1720~1650 m，产状60°∠80°~90°，长度150~220 m，宽度6~12 m；Hg品位最高3.83%，平均0.58%。中间品位富，向南北两端贫化；在倾向上，地表向下0~10 m品位变贫，10~30 m变富，30 m以后又变贫。

“208”矿带：产于灰岩、辉绿岩交界线附近的断裂带中，矿体上盘为大理岩，下盘为泥灰岩，呈羽状（缓倾斜）、脉状（陡倾斜）产出。矿带出露标高1770~1765 m，产状250°∠15°~20°，长度120 m，厚度0.5~1.8 m；Hg品位最高5.30%，平均1.64%。中间品位富，向南北两端贫化；地表品位富，往深部变贫且尖灭。

“探6”矿带：矿体较小，产于辉绿岩墙中及其与灰岩捕虏体的边缘接触破碎带，呈不规则脉状分布于矿化带中。矿带出露标高1720~1680 m，产状240°∠30°~50°，长度约100 m，宽度5~15 m；Hg品位最高32.06%，平均0.31%。品位南富北贫，往深部有变富的趋势。

（2）木家园矿段

矿体赋存于木家园小背斜轴部破碎带中，呈不规则状脉状产出，围岩为破碎灰岩及辉绿岩。矿带倾向北西，倾角60°~80°，断续长度200 m，宽度10~15 m；Hg品位最高9.93%，平均2.57%。品位南富北贫，往深部有变富的趋势。

（3）麦浪坪矿段

矿体赋存于F_{61}破碎岩带中，呈薄板状断续分布。矿带产状175°∠70°~80°，长度100 m，厚度1.0~1.5 m；Hg品位最高5.30%，平均1.81%。中间品位富，向南北两端贫化，往深部有变富的趋势。

（4）巴郎山矿段

位于水银厂背斜西翼，受逆断层及褶皱的控制，为缓倾斜羽状矿体。主要赋矿围岩为破碎灰岩，其次为辉绿岩。矿带产状45°∠65°~80°，长度100 m，厚度6.0~8.0 m；Hg品位最高0.63%，平均0.42%。

（5）红星（下拉铺）矿段

位于水银厂背斜北部倾没端北西侧。辉绿岩脉群呈北西向平行展布，近脉围岩及裂隙有矿化显示，汞矿体产于辉绿岩中及其接触带内（图3-4）。

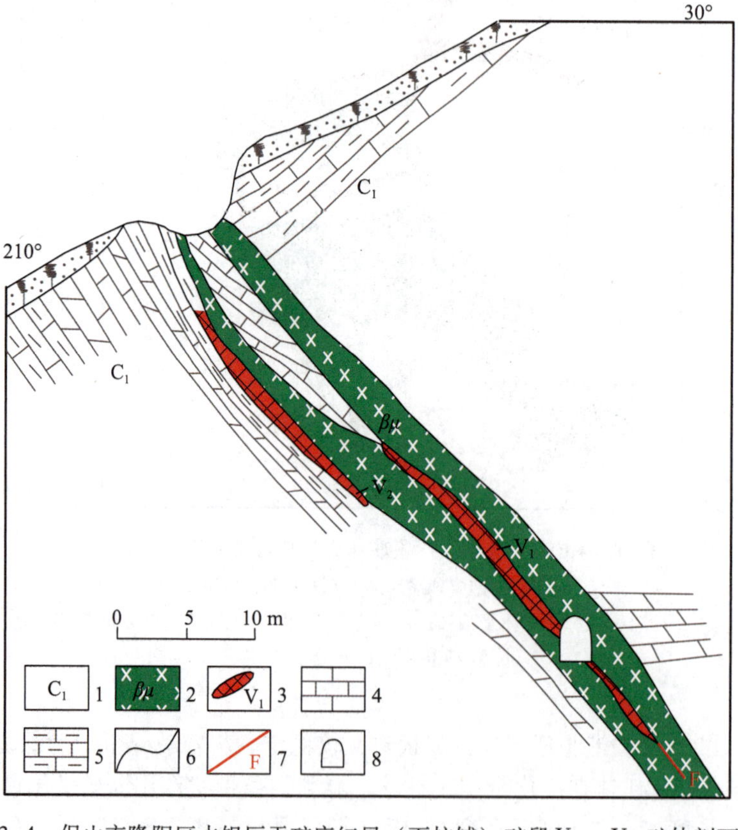

图3-4 保山市隆阳区水银厂汞矿床红星（下拉铺）矿段V_1、V_2矿体剖面图

（据云南省地质局第二十地质队，1969）

1—下石炭统；2—辉绿岩；3—矿体及编号；4—灰岩；5—泥灰岩；6—地质界线；7—断层编号；8—坑道

（三）矿石特征

水银厂汞矿床的矿石矿物主要为辰砂，伴生矿物常为黄铁矿，在木家园、麦浪坪矿段有少量雄黄、雌黄，巴郎山、老厂矿段有少量辉锑矿产出；脉石矿物主要有石英、方解石、重晶石等，成分比较简单。矿石主要有脉状、浸染状、致密块状、薄膜状、角砾状5类，以网脉状、浸染状为主。

（四）围岩蚀变

水银厂汞矿床的围岩蚀变主要有碳酸盐化、绿泥石化、高岭石化、硅化、重晶石化、黄铁矿化、碳化等。

碳酸盐化与汞矿关系最为密切，沿断裂及矿带中发育普遍，呈细脉、网脉状、不规则状。在断裂中有辉绿岩类出现，围岩中有白云石脉与方解石相伴产出时，则为汞矿的见矿标志。

黄铁矿化发育广泛而零星，几乎所有岩体及断裂带都有，少量见于灰岩中，呈细脉状、浸染状，一般与汞矿伴生。

此外，俗称“碳化”的黑色构造泥，产于断裂面上，常含黄铁矿等硫化物。构造泥厚几厘米至几米，松软、含水，系成矿前沿断裂生成，是矿体的良好盖层，也是重要的找矿标志。

（五）矿床成因

水银厂汞矿床的矿化带严格受褶皱、断裂构造控制，矿体呈脉状、凸镜状产出，顶板有碳化构造泥；围岩有灰岩、泥灰岩、辉绿岩等，但均具不同程度破碎。矿石以网脉状、浸染状构造为主；矿石矿物主要为辰砂，伴生少量雄黄、雌黄及辉锑矿；脉石矿物有碳酸盐、石英、重晶石等。成矿温度为220~255℃、50~85℃，属典型的中低温区间。综上所述，成矿类型应为受华力西期构造活动控制的中-低温热液脉型汞矿床。

此外，矿体与辉绿岩形影相随；产状陡缓一致；辉绿岩有时为直接围岩，并见有浸染状辰砂，反映矿化与辉绿岩有一定成因关系。

二、保山市隆阳区金家山汞矿床[1]

金家山汞矿床行政区划隶属于保山市隆阳区蒲缥镇，位于保山市区226°方向，平距24 km处；其中心点地理坐标为：东经98°59′37″，北纬24°58′13″。

1958~1959年，德宏州地质局一〇二队在矿区开展勘查工作，于1960年1月提交了《保山蒲缥金家山汞矿1959年地质报告》，估算C_1级汞金属储量400 t。

1960年，云南省地质局第二十地质队在区内开展详查工作，矿区累计查明C_1+C_2级汞金属量848.89 t，因大部分资源储量已被采掘，未能核实保有量。

据《云南省2017年矿区及所属矿山矿产资源储量简表》统计，矿区累计查明333类以上汞金属量886 t，Hg品位0.4815%；保有汞金属量14 t。矿床为中型规模。

矿山曾大规模开发利用，探明汞资源储量已基本采尽，现为停采矿区。

（一）矿区地质特征

金家山矿区位于怒江深大断裂带东侧保山复向斜中段偏西部，金家山背斜的南西翼。其大地构造分区属冈底斯-喜马拉雅造山系（Ⅸ）、保山陆块（Ⅸ-4）之保山陆表海（Ⅸ-4-3）；成矿区带属三江（造山带）成矿省（Ⅱ2）、保山（陆块）Pb-Zn-Ag-Fe-Au-Cu-Sn-Hg-Sb-As成矿带（Ⅲ2）之保山（地块）Pb-Zn-Cu-Fe-Hg-Sb-As-Au矿带（Ⅳ6）。

1. 地层

矿区出露地层主要为石炭系（图3-5）。其中，下石炭统（C_1）主要为中厚层灰岩；下二叠统下段（P_1^1）主要为灰黑-灰黄色页岩、粉砂岩、角砾状灰岩，有玄武岩穿插，铁化（褐铁矿、赤铁矿化）、硅化普遍，按岩性可进一步分为4层（P_1^{1-4}、P_1^{1-3}、P_1^{1-2}、P_1^{1-1}）；下二叠统上段（$P_1\beta$）主要为灰绿色玄武岩夹灰岩凸镜体，是主要赋矿层位，具有较明显的地层岩性控制特征。

---

[1] 主要资料来源：云南省德宏自治州地质局一〇二队，1960，云南省保山蒲缥金家山汞矿1959年地质报告；云南省地质局第二十队，1960a，云南省保山金家山汞矿储量报告。

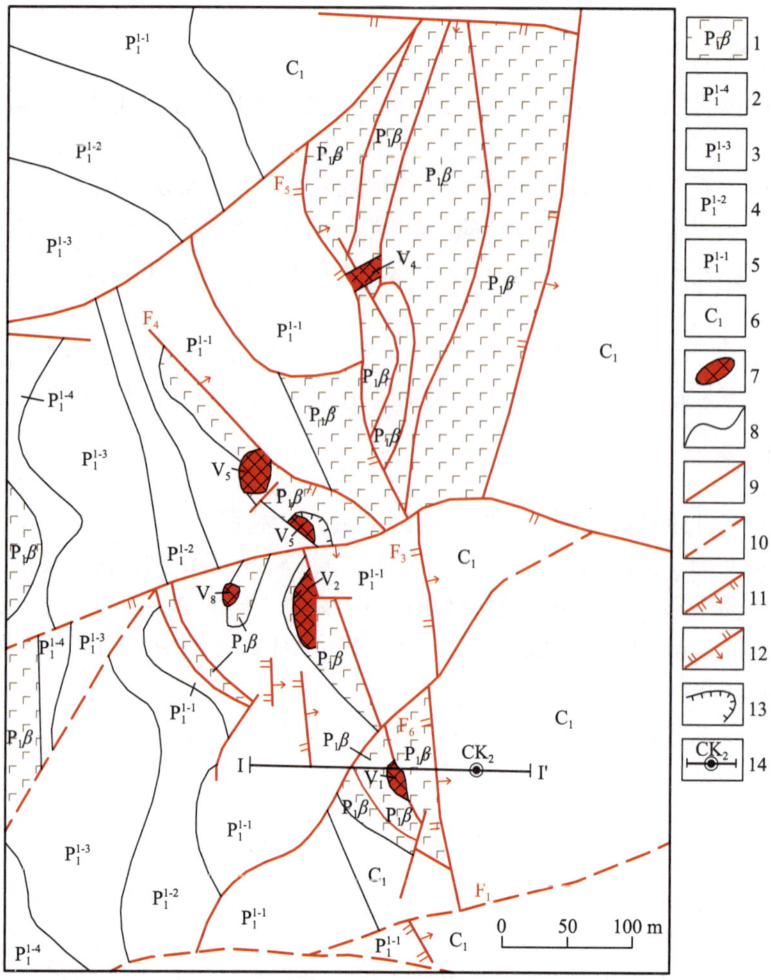

图 3-5 保山市隆阳区金家山汞矿区地质简图

（据地质矿产部“三江”专著编辑委员会，1984）

1—下二叠统玄武岩组；2—下二叠统下段四层；3—下二叠统下段三层；4—下二叠统下段二层；5—下二叠统下段一层；6—下石炭统；7—矿体；8—地质界线；9—实测断层；10—推测断层；11—实测正断层；12—实测逆断层；13—开采场；14—钻孔、剖面及编号

2. 岩浆岩

矿区岩浆活动主要为早二叠世的基性岩浆喷发，形成成层性好的玄武岩及部分辉绿、玄武岩（次玄武岩）脉、岩床。玄武岩具铁化、强硅化，且破碎；岩石具不等粒结构，有明显气孔、杏仁状构造。在玄武岩中有汞矿化或富集形成矿体，是主要的找矿对象。

3. 构造

矿区地处金家山背斜的南西翼，总体呈单斜构造，地层走向北东，倾向北西。断裂构造发育，依其生成时间及对成矿的作用，可分为南北向、北西向和东西向 3 组，倾角陡，其主要特征见表 3-1。

表 3-1 保山市隆阳区金家山汞矿区主要断裂特征简表

组别	产状			代表性断层	与成矿关系	含矿围岩
	走向	倾向	倾角/(°)			
第一组	SN	E	70~80	F_1 逆断层	切割 V_1 矿体	玄武岩
第二组	NW	NE	30~40	F_3、F_4、F_6 等逆断层	成矿前断层，下盘有含矿玄武岩	玄武岩
第三组	EW	S 或 N	76~80	多为正断层	成矿后破坏性断层	/

（据地质矿产部“三江”专著编辑委员会，1984）

（二）矿体地质特征

金家山汞矿床的矿体主要产于玄武岩中或其两侧的接触带附近（尤其在深部钻孔中，绝大多数工业矿体都赋存在玄武岩中，或在玄武岩与下石炭统沉积岩的接触带附近），少数矿体赋存在凝灰质砂页岩中或同时切割辉绿岩-玄武岩体及围岩的破碎带内（图3-6，图3-7）。矿体、玄武岩及辉绿岩脉，均受断裂控制，沿断裂破碎带充填。

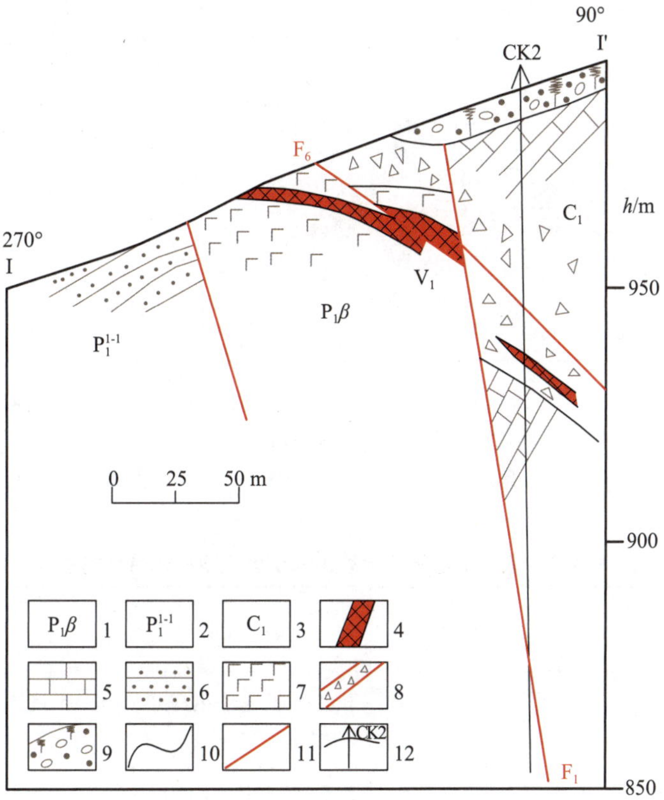

图3-6 保山市隆阳区金家山汞矿床Ⅰ—Ⅰ′剖面地质图

（据地质矿产部“三江”专著编辑委员会，1984）

1—下二叠统玄武岩组；2—下二叠统下段一层；3—下石炭统；4—矿体；5—石灰岩；6—砂岩；7—玄武岩；8—断层角砾岩；9—坡积层；10—地质界线；11—断层；12—钻孔

共圈定6个矿体，多呈透镜状，倾向北东（24°~45°），倾角5°~40°，走向长度50~100 m，最大倾斜延深40~110 m，厚度1~2 m，Hg品位1%~4.15%（表3-2）。

（三）矿石特征

金家山汞矿床主要矿石类型为产于次玄武岩中的高硅质酸性矿石，也有少数是产于石灰岩中的碱性矿石。矿石中矿物成分简单，矿石矿物主要为辰砂；脉石矿物主要有石英、方解石、白云石、黄铁矿、赤铁矿等。矿石以细脉浸染状为主，少数为致密块状、角砾状矿石。

（四）围岩蚀变

金家山汞矿床的围岩蚀变有硅化、赤（褐）铁矿化、黄铁矿化，碳酸盐化等。

硅化：在玄武岩中较普遍，呈不规则块状，与成矿有密切关系，是矿区直接的找矿标志。

赤（褐）铁矿化：赤铁矿化呈不规则块状，普遍存在于玄武岩内；褐铁矿化成网脉状穿插于玄武岩中。这是矿区直接找矿标志之一。

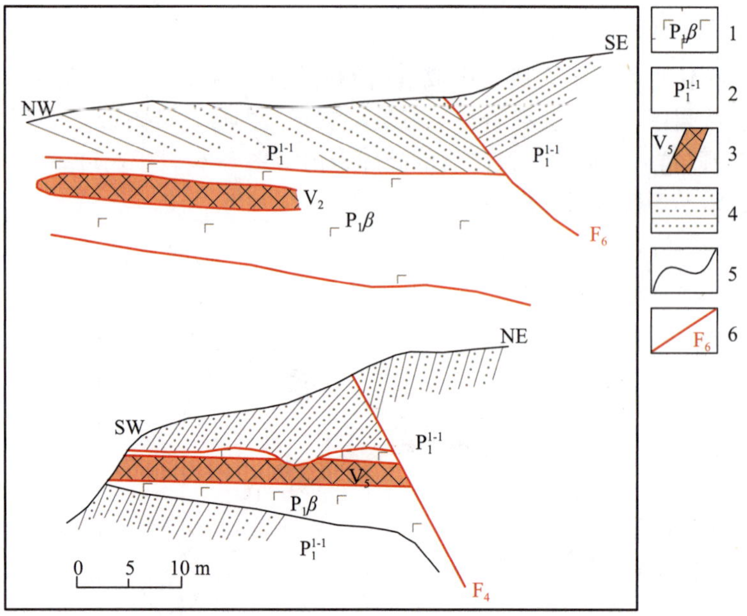

图 3-7　保山市隆阳区金家山汞矿床玄武岩中 V_2、V_5 矿体剖面图

（据地质矿产部“三江”专著编辑委员会，1984）

1—下二叠统玄武岩组；2—下二叠统下段一层；3—矿体及编号；4—砂岩；5—地质界线；6—断层及编号

表 3-2　保山市隆阳区金家山汞矿区主要矿体特征简表

矿体编号	产状			产出位置及围岩	矿体形态	厚度/m	平均品位/%
	走向	倾向	倾角				
V_1	NW	24°	26°	F_6 断裂带中的玄武岩及其破碎带	长度 90 m，倾向延深 40~60 m；凸镜状产出	1.73	±1
V_2	NW	NE	近水平	F_6 断层下盘玄武岩中	水平状凸镜体，长度 60 m，宽度 18~20 m	2	>2
V_4	NW	45°	32°~40°	玄武岩与灰岩接触带上	呈大凸镜体，长度 100 m，倾斜延深 110 m	1~2	浅部贫、深部富
V_5	NW	30°	5°~10°	玄武岩	水平凸镜状矿体，长度 100 m；倾斜延深 40~60 m	2	>1
V_6	15°~20°			玄武岩	水平凸镜状矿体，长度 50 m，宽度 15 m	1.5	>3
金家寨				矿区东南角玄武岩脉中	长 60 m，倾斜延深 30 m，囊状矿体	1	0.7~4.15

（据地质矿产部“三江”专著编辑委员会，1984）

黄铁矿化：多见于褐铁矿化处，在玄武岩中呈细脉状、粒状、团块状；褐铁矿化部分系因黄铁矿氧化产生。

碳酸盐化：方解石在灰岩中沿断裂、节理裂隙呈不规则细脉状穿插，与汞矿关系不显著。

（五）矿床成因

金家山汞矿床在成因上可能与基性岩浆活动有一定关系。加里东运动晚期—华力西期，怒江断裂复活，在其东侧产生了一系列断裂，早二叠世基性岩浆侵入及喷发，促进了含矿热水之形成（邓必方，1995），含矿热水沿玄武岩中裂隙或破碎带、玄武岩与灰岩接触带活动，辰砂等金属矿物在其中充填交代成矿；玄武岩与灰岩是矿体围岩，形成早于矿体。综上所述，矿床成因类型为主要受华力西期构造活动控制的浅成中-低温热液脉型汞矿。

三、施甸县茅草坡汞矿床❶

茅草坡汞矿床行政区划隶属于施甸县何元乡管辖，位于施甸县城280°方向，平距约11 km处；其中心点地理坐标为：东经99°04′10″，北纬24°44′35″。

1958年，云南省地质局第二十地质队发现了该矿，并于1959年转入地质勘查工作，于1961年3月提交了《云南省保山县施甸茅草坡汞矿储量报告》，估算 C_1+C_2 级汞金属储量1020 t，达中型汞矿床规模。

1973年，保山地区六一四厂根据1963~1972年矿山资料，重新圈定矿体和计算储量，获 C_1+C_2 级汞金属储量1004.15 t，扣除已采空金属储量562.53 t，保有汞金属储量441.62 t。

据《云南省2017年矿区及所属矿山矿产资源储量简表》，施甸县茅草坡汞矿累计查明333类以上汞资源量1000 t，Hg品位0.3067%；保有汞资源量138 t。

1961年，保山地区六一四厂对汞矿资源进行开发利用，主要采用中段平巷开拓，边采边探。至1983年，探明资源储量已基本采完而停产。

（一）矿区地质特征

茅草坡汞矿区位于怒江深大断裂带东侧，保山复向斜中段偏西部，其大地构造分区属冈底斯-喜马拉雅造山系（Ⅸ）、保山陆块（Ⅸ-4）之保山陆表海（Ⅸ-4-3）；成矿区带属特提斯成矿域（Ⅰ1）、三江（造山带）成矿省（Ⅱ2）、保山（陆块）Pb-Zn-Ag-Fe-Au-Cu-Sn-Hg-Sb-As成矿带（Ⅲ2）之保山（地块）Pb-Zn-Cu-Fe-Hg-Sb-As-Au矿带（Ⅳ6）。

矿区出露地层主要有下泥盆统沙坝脚组（D_1s）及王家村组（D_1w）、中泥盆统何元寨组（D_2hy）碎屑岩-碳酸盐岩（图3-8）。其中，中泥盆统何元寨组（D_2hy）是主要赋矿层位，含矿围岩为红褐、黄棕杂色细-中粒铁化白云质灰岩，具有较明显的地层岩性控制特征。

矿区岩浆活动较弱，仅在矿区东缘有石炭纪玄武岩出露。

矿区位于茅草坡背斜西翼，背斜走向5°~15°，延长1500 m，向北倾没，北部保存较完整，南部被断层破坏。背斜轴部由下泥盆统王家村组，翼部由下泥盆统沙坝脚组及中泥盆统何元寨组组成。两翼倾角30°~60°。伴生次级褶皱发育，轴部有挤压破碎带，对汞矿富集十分有利。

纵向逆断层带（F_2）沿背斜轴部的西侧分布，贯穿矿区南北，倾向东，倾角70°~90°，为矿区主干断裂。次一级断裂发育，主要有北北东向、北西向、北东向3组。北北东向组断裂倾向西，倾角70°~90°，多为逆断层，伴有同向褶皱，是区内主要的控矿构造。以 F_{1-1} 为例，矿体出现于断层下盘，其形态随断层作“S”形弯曲，断层控矿明显。北西向断裂倾向北东，倾角70°以上，多为逆断层。同方向的次级小断裂常含较富汞矿体。北东向组断裂则多为更次一级断裂，规模小。

（二）矿体地质特征

茅草坡汞矿床的矿化带长度约840 m，可分为南、北两段，南段资源储量约占全区90%。

南段汞矿体主要受 F_{1-1} 断裂及坚硬而易碎的白云质灰岩及其顶板的泥灰岩盖层控制，地表长度410 m，深部经钻探控制有向北隐伏延伸的趋势，其长度已达650 m，宽度10 m左右，最宽20 m。共圈定了7个矿体，呈透镜状，有的呈不规则巢状，透镜体长度20~30 m，有的达40~60 m，短轴3~5 m，长短轴之比为5∶1~10∶1。在各大透镜状矿体之间，常有许多小透镜状矿体分布，一般长度1~5 m，宽度几厘米至1 m。矿体品位普遍较低，且变化较大（表3-3）。富矿的产出与断层及层间挤压带有关，在矿化富集部位上，往往是岩石中小褶皱、小断裂、破碎带及节理裂隙极为发育的地段；

---

❶ 主要资料来源：云南省地质局第二十地质队，1961，云南省保山县施甸茅草坡汞矿储量报告；云南省保山地区六一四厂，1973，云南省保山地区六一四厂茅草坡汞矿区储量报告。

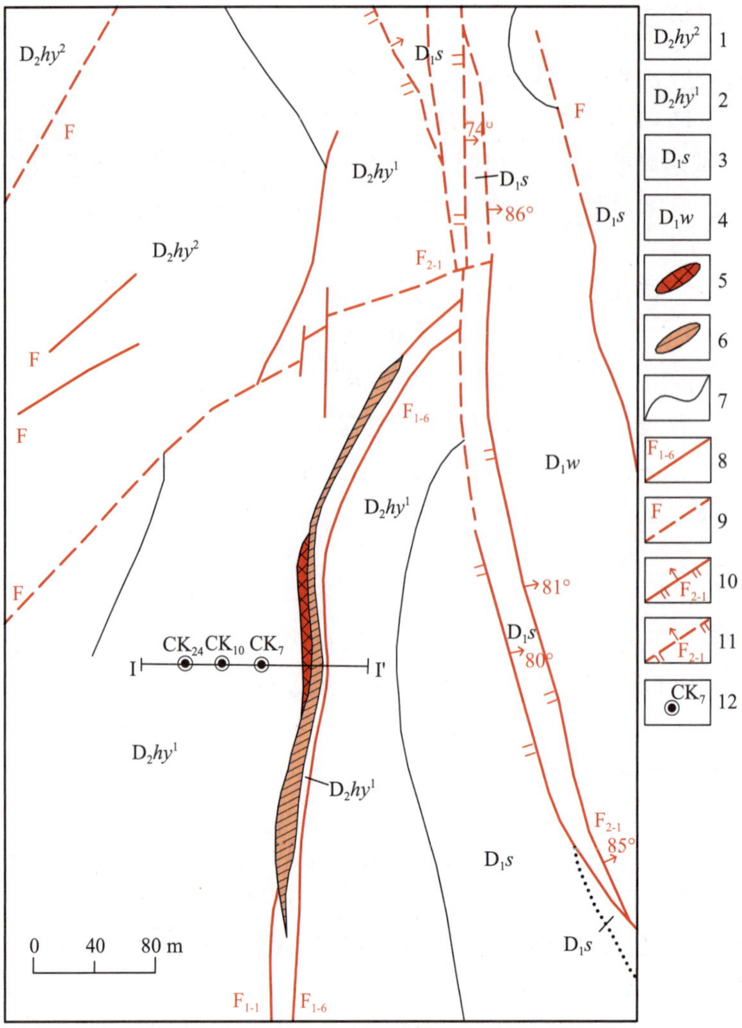

图 3-8　施甸县茅草坡汞矿区地质简图

（据保山地区六一四厂，1973）

1—中泥盆统何元寨组上段；2—中泥盆统何元寨组下段；3—下泥盆统沙坝脚组；4—下泥盆统王家村组；5—工业矿体；6—低品位矿体、矿化体；7—地层界线；8—实测断层及编号；9—推测断层；10—实测逆断层及编号；11—推测逆断层及编号；12—钻孔、剖面及编号

在逆断层（F_{1-1}）的下盘，围岩为中泥盆统何元寨组铁质白云岩时，往往有富矿的存在；在断层产状明显变化的部位，往往也有矿化增强、矿体变厚的现象（图 3-9）。

表 3-3　施甸县茅草坡汞矿区主要矿体品位及变化简表（%）

矿体编号	块段最高品位	块段最低品位	一般品位	平均品位
1	0. 34	0. 1	0. 1～0. 34	
2	5. 19	0. 02	0. 02～0. 4	
3				0. 39
4	0. 25	0. 09	0. 23～0. 25	
5	0. 55	0. 11	0. 11～0. 55	
6	0. 09	0. 04		
7			0. 11～0. 39	

（据地质矿产部“三江”专著编辑委员会，1984）

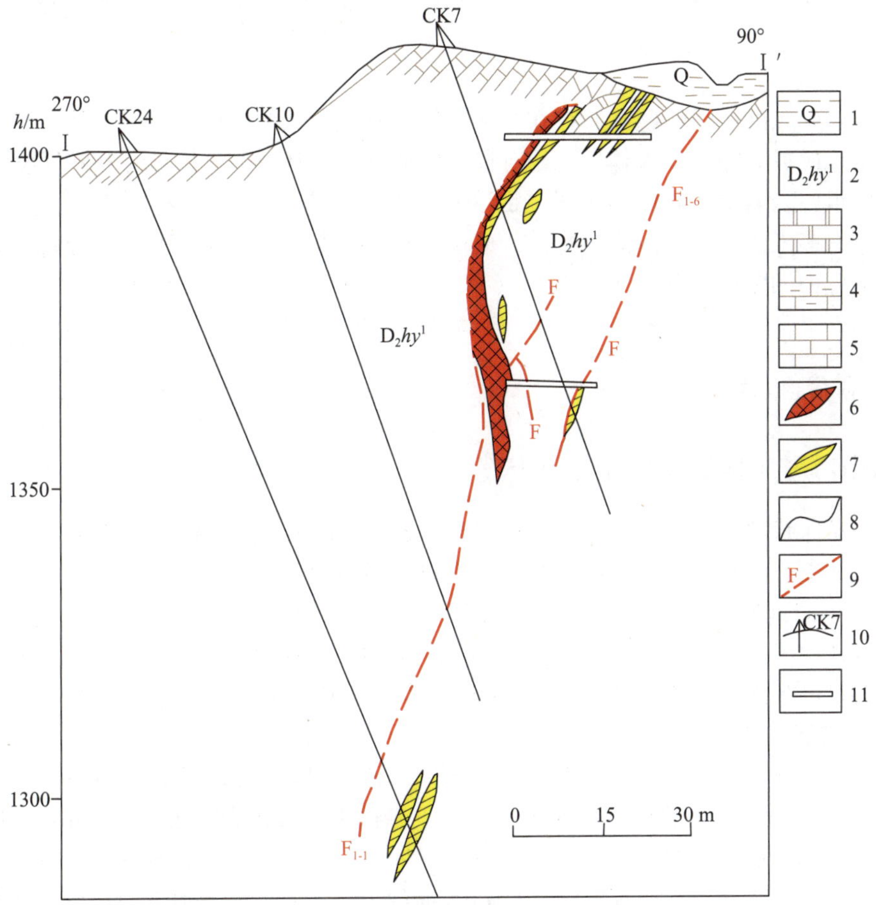

图 3-9　施甸县茅草坡汞矿床Ⅰ—Ⅰ′剖面地质图

（据保山地区六一四厂，1973）

1—第四系；2—中泥盆统何元寨组下段；3—白云岩、白云质灰岩；4—泥灰岩；5—灰岩；6—工业矿体；7—低品位矿体；8—地质界线；9—断层及编号；10—钻孔及编号；11—坑道

北段矿化带长度约 300 m，中部宽度 80~90 m。汞矿体的产出主要受茅草坡背斜轴部挤压破碎带和张裂隙、小揉皱等构造类型的控制，其产状、形态、厚度等复杂多变。矿体一般较小，呈透镜状、脉状产出，长几米到几十米，宽几厘米至 1 m，最宽约 3 m。矿体产状陡，多呈直立状，向下延深几米至十余米即尖灭。除少数矿体外，多数矿体品位低，储量少，一般品位都在 0.1%以下。

（三）矿石特征

茅草坡汞矿床的矿石，根据矿石构造的不同可分为致密块状矿石、密集细脉状矿石、稀疏细脉浸染状矿石三种类型。致密块状矿石品位最高，密集细脉状矿石品位次之，稀疏细脉浸染状矿石品位较低，脉的密集程度与岩石中节理的发育与否关系极为密切。

矿石中矿物组分简单，矿石矿物主要为辰砂，共生矿物有雌黄、雄黄、黄铁矿、赤铁矿、褐铁矿等；脉石矿物主要为方解石、石英，矿石中富含有机碳及沥青等。矿石中锑、砷、铅、锌含量均很低，属单汞型矿床。

（四）围岩蚀变

茅草坡汞矿床的围岩蚀变以碳酸盐化、铁化为主，其次为“碳化”。碳酸盐化主要为方解石化或白云石化，分布于矿体内外；铁化主要为黄铁矿化，主要分布于矿体顶、底板，赤（褐）铁矿化则多分布于矿体内；碳化多分布于矿体顶板。碳酸盐化、铁化、碳化是重要的找矿标志。

（五）矿床成因

关于茅草坡汞矿床的成因问题，还存在一些分歧，有观点认为矿区东缘有大片玄武岩的分布，推测基性岩浆岩是汞矿成矿的“矿源体”（云南省地质矿产局，1993）。本书认为茅草坡汞矿床赋存于中泥盆统何元寨组白云岩中，矿体形态虽受断裂褶皱控制，但汞矿化主要与一定层位的岩性密切相关，故其形成具有多来源、多次改造的特征，成矿是在成岩期后的漫长时间里，经过由大气降水补给的地下水在构造应力的驱动下环流于矿源层（体）中，不断萃取了分散在其中的矿质，致使在有利的构造、围岩条件下富集成矿，暂划分为中-低温热液层状汞矿床。

四、其他矿床（点）

（一）保山市隆阳区罗明官山汞矿床❶

罗明官山汞矿床行政区划隶属于保山市隆阳区杨柳乡管辖，位于保山市隆阳区城区 290°方向，平距 30 km 处；其中心点地理坐标为：东经 98°52′43″，北纬 25°12′26″。

1965 年，云南省地质局第二十地质队对矿区开展普查评价工作，并提交了《云南省保山县罗明官山汞矿田普查评价工作报告》，估算 C_2 级汞金属储量 86 t，Hg 品位 0. 2774%，达到小型汞矿床规模。上述资源储量已列入《云南省 2017 年矿区及所属矿山矿产资源储量简表》，资源尚未开发利用。

1. 矿区地质特征

罗明官山矿区大地构造分区属冈底斯-喜马拉雅造山系（Ⅸ）、保山陆块（Ⅸ-4）之保山陆表海（Ⅸ-4-3）；成矿区带属特提斯成矿域（Ⅰ1）、三江（造山带）成矿省（Ⅱ2）、保山（陆块）Pb-Zn-Ag-Fe-Au-Cu-Sn-Hg-Sb-As 成矿带（Ⅲ2）之保山（地块）Pb-Zn-Cu-Fe-Hg-Sb-As-Au 矿带（Ⅳ6）。

矿区出露地层主要为下石炭统香山组（C_1x）、铺门前组（C_1p）及中三叠统河湾街组（T_2h）碳酸盐岩。其中，下石炭统香山组（C_1x）是主要赋矿层位，含矿围岩为灰白色厚层至块状白云岩、白云质灰岩等，以角砾岩化白云岩含矿最为富集。

矿区地处溴水背斜轴部，沿背斜轴被略向东突的新房子南北向逆断层所破坏。该断层为矿区导矿构造。沿断裂西盘（上盘）次级构造裂隙发育，是热液蚀变、矿化及矿体赋存的良好场所。

围岩蚀变主要有赤（褐）铁矿化、硅化、碳酸盐化等，其中碳酸盐化与汞矿化关系密切。

2. 矿体地质特征

罗明官山矿床的汞矿化带受溴水背斜轴部新房子断裂控制，主要分布于断裂以西，断裂弯曲部位即为矿化强烈部位。汞矿化带大致呈南北向延伸，长度约 380 m，宽度 40~50 m；分为东、中、西 3 个矿化带，于含矿带内共圈定 15 个汞矿体。矿体一般呈大小不等的扁豆体、脉状体（图 3-10），横剖面上向西倾，雁行排列，各矿体间仍具矿化现象。矿体赋矿围岩为下石炭统香山组灰白色厚层至块状白云岩、白云质灰岩等，以角砾岩化白云岩含矿最为富集。矿石类型单一，辰砂是唯一的有用矿物，Hg 平均含量 0. 2774%。

此外，东矿化带内还有多个矿化体，长度 20~148 m，水平宽度 5~10 m。

3. 矿石特征

罗明官山矿床的矿石类型为浸染状矿石、细脉状矿石及细脉浸染状矿石。

矿物组合较单一，矿石矿物为暗红色、鲜红色粒状辰砂，土状辰砂。脉石矿物为方解石。

4. 矿床成因类型

罗明官山汞矿床主要受地层岩性的控制，矿体形态受断裂的制约，围岩具碳酸盐化、硅化蚀变及其低温热液矿物组合等特征，属中-低温热液层状汞矿床。

---

❶ 主要资料来源：云南省地质局第二十地质队，1965a，云南省保山县罗明官山汞矿田普查评价工作报告。

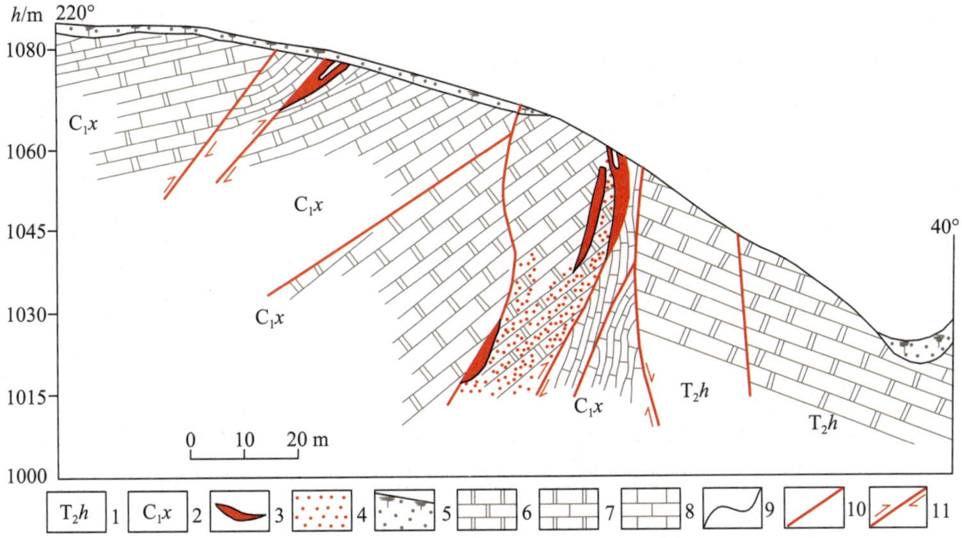

图 3-10 保山市隆阳区罗明官山汞矿床 2 号勘探线地质剖面图

（据云南省地质局第二十地质队，1965a）

1—中三叠统河湾街组；2—下石炭统香山组；3—汞矿体；4—汞矿化带；5—坡积层；6—白云岩；7—白云质灰岩；8—薄-中厚层状灰岩；9—地质界线；10—实测断层；11—逆断层

（二）保山市隆阳区罗明烈（黎）马山汞矿床[1]

罗明烈（黎）马山汞矿床行政区划隶属于保山市隆阳区杨柳乡管辖，位于保山市区 287°方向，平距 30 km 处；其中心点地理坐标为：东经 98°57′11″，北纬 25°18′28″。

1958 年，云南省德宏州地质局发现了该矿床。

1959~1963 年，云南省地质局第二十地质队对矿区进行普查评价工作，估算 C_2 级汞金属储量 40 t，达到小型汞矿床规模；1967 年又进行补充勘查工作，但未探获新的资源量，提交了《云南省保山县罗明烈马山汞矿田 1967 年地质普查评价报告》。

查明的资源储量已基本采空，为停采矿区。

1. 矿区地质特征

烈马山矿区大地构造分区属冈底斯-喜马拉雅造山系（Ⅸ）之保山陆块（Ⅸ-4）之保山陆表海（Ⅸ-4-3）；成矿区带属特提斯成矿域（Ⅰ1）之三江（造山带）成矿省（Ⅱ2）之保山（陆块）Pb-Zn-Ag-Fe-Au-Cu-Sn-Hg-Sb-As 成矿带（Ⅲ2）之保山（地块）Pb-Zn-Cu-Fe-Hg-Sb-As-Au 矿带（Ⅳ6）。矿区包括烈马山、烈马山北西坡、滥田凹、明松山、朱砂厂 5 个矿段。

矿区出露地层主要为下石炭统铺门前组（C_1p）、香山组（C_1x），下二叠统丁家寨组（P_1d）、卧牛寺组（P_1w）碳酸盐岩、火山碎屑岩。其中，下石炭统香山组（C_1x）是主要赋矿层位，含矿围岩为灰白色厚层灰岩。

矿区岩浆活动主要为晚石炭世的基性岩浆喷发，形成下二叠统卧牛寺组（P_1w）玄武岩，有明显气孔、杏仁状构造。

矿区位于近南北向烈马山背斜的北段西翼，南北延长大于 20 km，宽数千米；背斜西翼次级褶皱发育，沿小褶曲轴部往往有与褶曲轴一致的同向小断裂，其张裂隙、层间裂隙及大块度岩石破碎带发育。纵向陡倾角逆断层发育，其中一条缓倾斜（倾角 25°）逆断层见汞矿化。

围岩蚀变有褐铁矿化、硅化、碳酸盐化等。碳酸盐化与汞矿化关系密切。以褐铁矿化为主，褐铁矿化灰岩为找矿标志。

---

[1] 主要资料来源：云南省地质局第二十地质队，1967，云南省保山县罗明烈马山汞矿田 1967 年地质普查评价报告。

2. 矿体地质特征

烈马山汞矿床的汞矿化带严格受褶皱构造控制，汞矿（脉）体多赋存于层间裂隙，背斜轴部的张裂隙及破碎带内。汞矿化带呈南北向展布，长度约 9 km，宽度约 2 km。目前共圈定工业矿体 5 个，分布于烈马山、烈马山西北坡、滥田凹矿段。

（1）烈马山矿段

处于烈马山背斜上的北东向小褶皱轴部附近，赋矿围岩为下石炭统香山组中部的灰色薄层至中厚层状泥质灰岩。有 2 个矿体，产于破碎带或层间剥离裂隙中，由浸染状、细脉状及少量粉末状、致密状辰砂组成。矿体呈小凸镜状、巢状，一般长度 4～15 m，厚度 0.5～3 m。在矿体内，有长度 0.5～0.7 m、宽度 0.1～0.2 m 的富矿脉出现，Hg 品位 2.7%左右。

（2）烈马山北西坡矿段

矿体产于北东向小褶皱轴附近，赋矿围岩为下石炭统香山组上部的浅灰色厚层状细粒至中粒结晶灰岩。矿体长度 10 m，宽度 1.5～3 m，沿走向及倾向变化很大，Hg 品位 1%左右。

（3）滥田凹矿段

处于烈马山背斜东翼的次级褶皱中，产于下石炭统香山组灰岩的层间破碎带。矿体长度 25 m，厚度 0.5～1 m，倾斜延深 30 m，Hg 品位 0.66%。

3. 矿石特征

烈马山汞矿床的矿石类型有致密块状矿石、浸染状矿石及细脉状矿石。

矿物组合单一，矿石矿物除辰砂外，有少量雄黄；脉石矿物为方解石。

4. 矿床成因类型

烈马山汞矿床的成因与隆阳区罗明官山汞矿床相类似，属中-低温热液层状汞矿床。

（三）其他矿产地

除前述 5 个代表性矿床，本区还分布有施甸县王家寨-百花岩、百花山、何元寨和昌宁县阿法 4 个汞矿点，详见附表 2。

第二节　滇东南地区汞矿

滇东南地区也是云南省重要的汞矿集区之一，已发现中型汞矿床 1 个（丘北县洗马塘）、小型矿床 1 处、汞矿点 5 个，累计查明汞矿资源储量占全省的 21.11%。其产出及分布具有以下特征：汞矿化的产出，明显受中三叠统个旧组碳酸盐岩及断裂构造的控制，矿体呈细脉状、网脉状充填在碳酸盐岩的节理，裂隙中，形成沿一定层位分布的充填交代型脉状汞矿床（云南省地质矿产局，1993）。以丘北县洗马塘汞矿床最具代表性。

一、丘北县洗马塘汞矿床[❶]

洗马塘汞矿床行政区划隶属于丘北县腻脚乡管辖，位于丘北县城 275°方向，平距 29 km 处；其中心点地理坐标为：东经 103°54′24″，北纬 24°03′51″。

1957～1960 年，云南省地质局滇东南地质队在矿区开展普查-初步勘探工作，于 1958 年估算汞金属储量 550 t；随后继续勘查，于 1960 年 2 月提交了《云南丘北洗马塘汞矿区中间报告》，估算 C_1+C_2 级汞金属量 1078 t。

1960 年，云南省地质局第二队继续对矿区进行勘查，重新核实计算了 4 个矿化带的储量，提交了《云南丘北洗马塘汞矿区中间储量报告 1960 年度储量计算说明》。按两个工业指标方案分别计算 C_1+C_2 级汞金属储量 1350 t 和 1150 t。

---

❶ 主要资料来源：云南省地质局地质第二队，1960，云南邱北洗马塘汞矿区中间储量报告及 1960 年度储量计算说明。

据《云南省2017年矿区及所属矿山矿产资源储量简表》，丘北县洗马塘汞矿床累计查明资源储量汞金属量920 t，Hg品位0.1623%；矿床规模为中型汞矿床。

洗马塘汞矿远在百年前就有采矿活动；1955年，丘北县有关单位组织开展了较系统的采矿和冶炼，现资源已近枯竭，为停采矿区。

（一）矿区地质特征

洗马塘矿区大地构造分区属扬子陆块区（Ⅵ）、上扬子古陆块（Ⅵ-2）之富宁-那坡被动陆缘（Ⅵ-2-9）；成矿区带属华南（陆块）成矿省（Ⅱ4）、个旧-文山-富宁（地块）Sn-W-Ag-Pb-Zn-Au-Sb-Mn-Al成矿带（Ⅲ13）之文山-西畴（西畴拱凹）Au-Sb-Al-Cu-Pb-Zn矿带（Ⅳ30）。

1. 地层

区内出露地层主要有下三叠统永宁镇组（T_1y）、中三叠统个旧组（T_2g）碎屑岩-碳酸盐岩（图3-11）。其中，中三叠统个旧组（T_2g）为主要赋矿层位，含矿岩性为白云质灰岩。

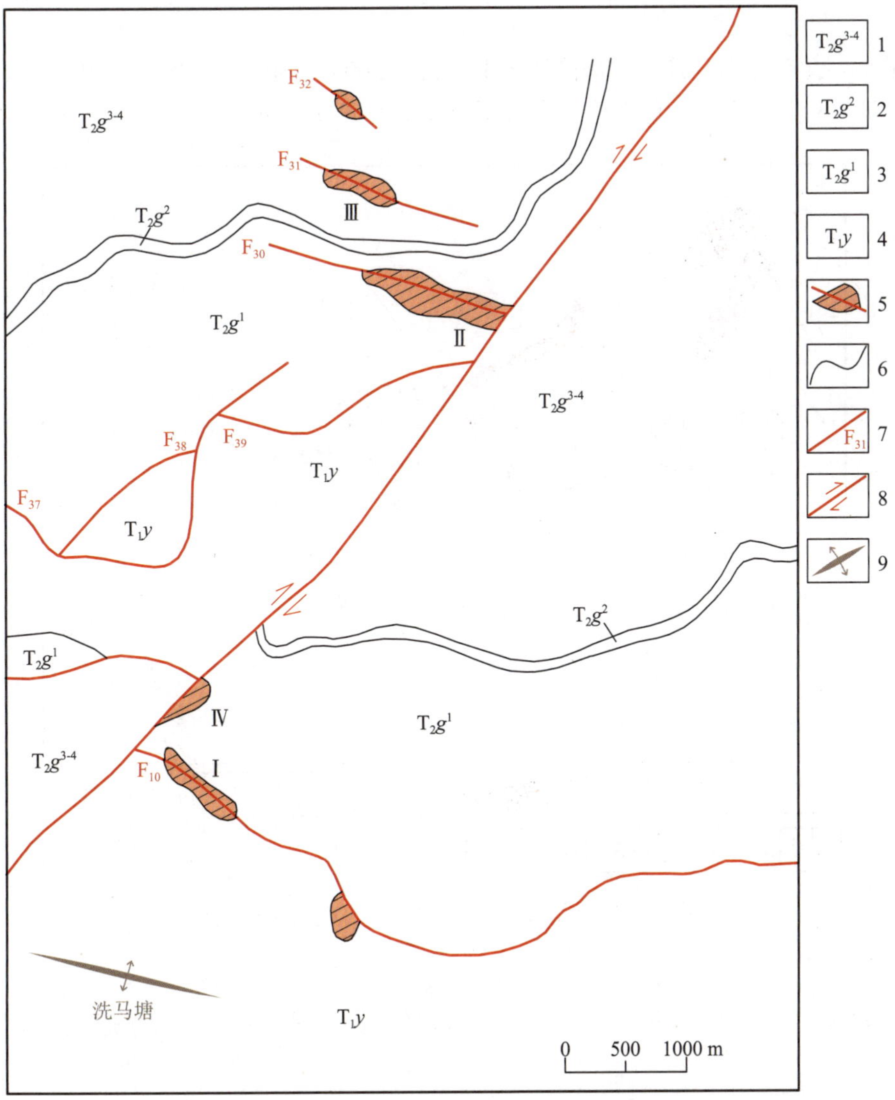

图3-11　丘北县洗马塘汞矿区地质简图

（据云南省地质矿产局，1993）

1—中三叠统个旧组三、四段；2—中三叠统个旧组二段；3—中三叠统个旧组一段；4—下三叠统永宁镇组；5—含矿带；6—地质界线；7—断层及编号；8—平移断层；9—背斜轴

2. 构造

区内褶皱主要有洗马塘背斜及若干次一级的褶曲。洗马塘背斜轴向近东西，两翼地层产状比较平缓，倾角一般10°~20°。

断裂构造发育，主要有北东向和北西向两组。北东向组断裂规模较大，以洗马塘压扭性断层最具代表性，为矿区主干断裂和导矿构造。该断层分别切割了洗马塘背斜东翼和洗马塘背斜的倾没端，断层面扭曲；东北段倾向南东，西南段倾向北西，倾角70°~85°，破碎带发育，宽度10~50 m，断层两侧（尤其是西侧）发育着众多的次一级以至更次一级的派生羽状张性和剪切性断裂、裂隙，汞矿带就沿这些断裂分布。北西向组断裂规模小，常与主断裂斜交，在二者的交汇处常有充填状汞矿体的产出。

（二）矿体地质特征

洗马塘背斜的倾没端是区内的容矿层位和控矿构造，矿体产于中三叠统个旧组（T_2g）白云质灰岩的北西向断裂破碎带中。矿床目前圈定4个含矿体，呈透镜状产出，走向300°，倾向南西，倾角60°~70°。

Ⅰ号含矿体：北西走向延伸，呈透镜状产出，长度500 m，倾向最大延深180 m，厚度10 m左右（图3-12，图3-13）。赋存其中的矿体大者长度30 m，厚度1~3 m，Hg品位0.101%~0.396%。

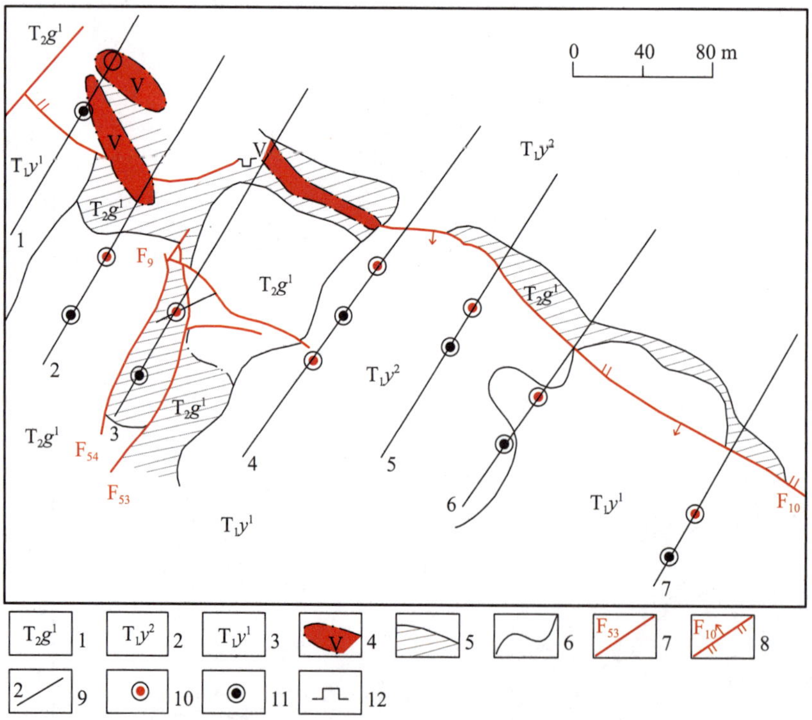

图3-12 丘北县洗马塘汞矿床Ⅰ号矿段地质简图

（据云南省地质矿产局，1993）

1—中三叠统个旧组一段；2—下三叠统永宁镇组上段；3—下三叠统永宁镇组下段；4—含矿带；5—褪色带；6—地层界线；7—实测断层及编号；8—实测逆断层及编号；9—勘探线及编号；10—见矿钻孔；11—不见矿钻孔；12—坑道

Ⅱ号含矿体：长度120 m，厚度12.35 m，Hg品位0.082%~0.112%，含矿系数0.178~0.435。

Ⅲ号含矿体：长度150 m，倾向最大延深90 m，厚度12.58~17.82 m，Hg品位0.88%~0.144%，含矿系数0.31~0.36。

Ⅳ号含矿体：长度120 m，倾向最大延深50 m，厚度6.87~9.7 m；赋存其中的矿体长度2~9 m，Hg品位0.096%~0.135%，含矿系数0.562~0.818。

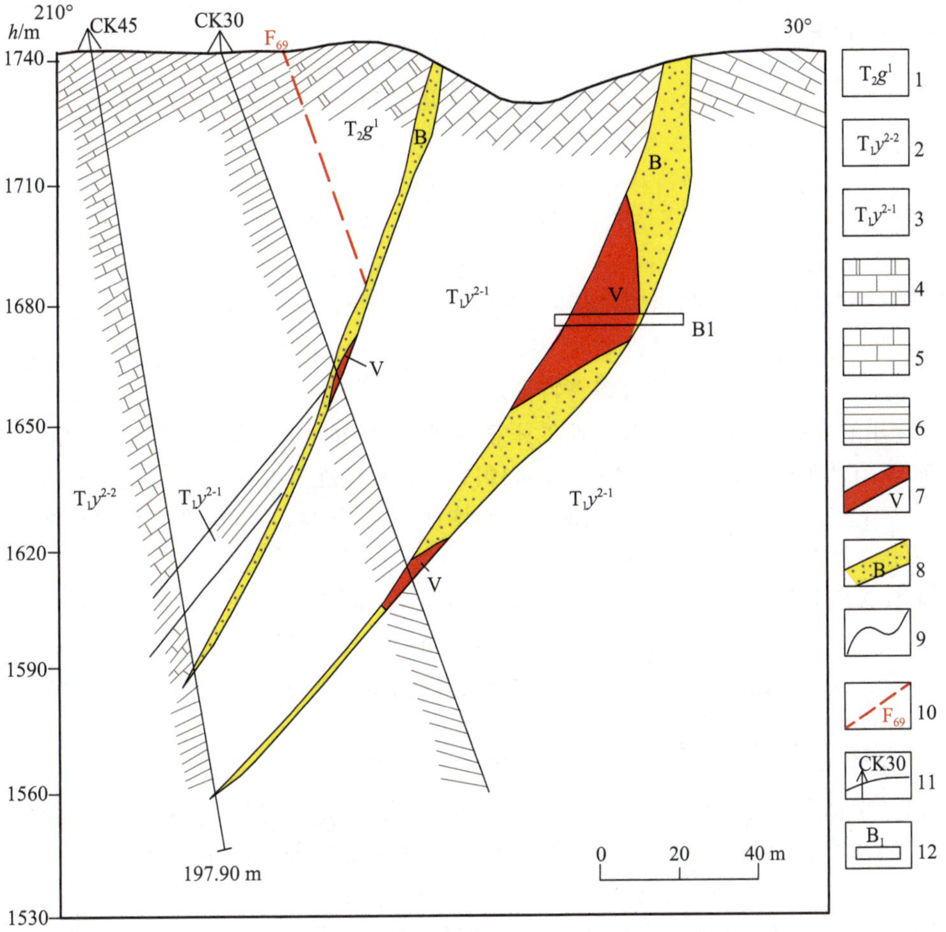

图 3-13 丘北县洗马塘汞矿床Ⅰ号矿段 2 号勘探线地质剖面图

（据云南省地质矿产局，1993）

1—中三叠统个旧组一段；2—下三叠统永宁镇组上段二层；3—下三叠统永宁镇组上段一层；4—白云质灰岩；5—灰岩；6—页岩；7—汞矿体；8—含矿带；9—地质界线；10—推测断层及编号；11—钻孔及编号；12—坑道及编号

（三）矿石特征

矿物组分比较简单，矿石矿物除辰砂外，尚有极少量黑辰砂和辉锑矿。脉石矿物主要为方解石及少量长石、石英等。矿石构造主要为星点状、细脉浸染状构造。

（四）围岩蚀变

洗马塘矿床的含矿围岩角砾岩化及蚀变显著。蚀变主要为不强烈的硅化和白云岩化，使围岩呈不同程度的褪色现象。

（五）矿床成因

洗马塘矿床汞矿体赋存于洗马塘背斜倾没端的中三叠统个旧组白云质灰岩中的北西向断裂破碎带中，东西向的洗马塘压扭性断层为汞矿液活动的通道，其两侧次一级派生羽状断裂的破碎带为汞矿液停积的良好空间，汞矿富集地段均为靠近导矿断裂一端。矿带围岩皆为碳酸盐岩，普遍角砾岩化，且有不强烈的硅化、白云石化，呈不同程度的褪色现象。矿带沿走向呈透镜体状，沿倾斜方向大多呈楔状尖灭，含汞品位变化大，含矿系数低，其中的汞矿体呈规模不大的透镜体状。

综上所述，洗马塘汞矿床为矿体形态受断裂褶皱控制，汞矿化主要为与一定层位岩性密切相关的低温热液层状汞矿床。

二、其他矿产地

除洗马塘汞矿床外，在开远、建水、砚山、丘北还分布有小型汞矿床 1 处（丘北县石腊汞矿）、矿点 5 处，详见附表 2。

第三节 维西-巍山地区汞矿

维西-巍山地区也是云南省最重要的汞矿产地之一，已探获小型汞矿床 3 处（巍山县黑龙潭、巍山县石岩村、兰坪县温水河）。累计查明汞矿资源储量占全省的 4.91%。据云南省地质矿产局（1993）研究成果，其产出及分布具有以下特征。

1）成矿作用的层控性明显。带内发现的汞矿主要分布在上三叠统到古近系始新统的几个层位中，而工业矿床的含矿层分别为上三叠统三合洞组、中侏罗统花开左组、下白垩统南新组和古近系始新统宝相寺组 4 个层位。这些地层与下伏地层之间均存在沉积间断，有的则为角度不整合接触，以产在中侏罗统花开左组及上三叠统三合洞组内的矿产地及探明储量数最多。在上述赋矿层中的各类岩石，经系统采样光谱分析测定，岩石中的汞含量分别为地壳同类岩石平均含量的 1~30 倍，反映赋矿层具有汞的高丰度值。尽管矿层内汞矿化的强弱程度和矿体的贫富厚薄在层内各段有所不同，但汞矿化均有沿层分布，断续产出的特点。显然，成矿的层控性相当明显，同时也可间接证明，三合洞组、花开左组、南新组和宝相寺组都可能是汞的矿源层。

2）构造控矿特征明显。同一赋矿层或不同赋矿层内汞矿的产出均受构造的控制。如产在上三叠统三合洞组及中侏罗统花开左组内的汞矿体往往受背斜构造、层间剥离破碎带及断裂带等多种构造成分的控制；产在上白垩统南新组内的汞矿体，则主要受断裂构造的控制；而产在古近系宝相寺组内的汞矿体，受不整合面及断裂构造的控制。构造直接控制了矿体形态，按大类可分为似层状、脉状及复合型三种。在有页岩、粘土岩作屏蔽层的下伏灰岩或砂岩中的构造有利地段，是汞矿的产出部位。

3）矿石矿物组合及围岩蚀变除了与矿液的物化性质有关外，还与赋矿围岩的岩性有关。赋存在上三叠统三合洞组灰岩内的汞矿，其矿物组合较简单，主要为辰砂、辉锑矿、方解石、石英，围岩蚀变为硅化、碳酸盐化。赋存在侏罗系、白垩系及古近系砂、页岩中的汞矿，矿物组合较复杂，除辰砂外，还有黄铁矿、黄铜矿、方铅矿等相伴生，有时尚能构成汞铜共生矿体；脉石矿物有石英、方解石、重晶石，围岩蚀变为硅化、碳酸盐化、绢云母化、褐铁矿化等。

4）通过对黑龙潭、石岩村汞矿床矿物包裹体所测定的均一温度和盐度结果，成矿温度为 100~300℃，属中-低温范畴；成矿流体的盐度为 1%~20%，以 5%~13%为主，属中等盐度。液体包体的成分为 Na-Ca-S-Cl 型，在温水河、雷打箐等汞矿区均发现重晶石与辰砂共生，反映其成矿流体属硫酸盐热卤水。

5）据黑龙潭、石岩村汞矿床与辰砂伴生的石英和萤石中的液体包裹体作氢氧同位素测定的结果，δD（‰）和 $\delta^{18}O$（‰）值均较小，δD_{SMOW}（‰）值为-86~-131，以-100~-120 为主，$\delta^{18}O_{SMOW}$（‰）值为-7.81~+2.9，与大气降水的氢氧同位素值相似，从而排除了成矿流体中的水来自变质水或岩浆水的可能。雨水的下渗和地层中的原岩建造水（封存热卤水）是含矿热水溶液的主要来源。

6）矿床中硫同位素组成变化大，据石岩村、黑龙潭、温水河 3 个不同含矿层矿石中硫同位素测定结果，$\delta^{34}S$（‰）值变化较大，为-8.87~+7.61，反映矿石中的硫是有多来源的特点。温水河 1 件汞矿石、3 件重晶石单矿物的 $\delta^{34}S$（‰）值分别为：6.82、7.61、5.61 和-1.33，马鞍山 2 件辰砂的 $\delta^{34}S$（‰）值为-10.1 和-7.24。结合地质特征分析，温水河汞矿石中的硫可能是下伏红色含盐碎屑岩建造中的硫酸盐被淋滤的结果，马鞍山矿区矿石中的硫则可能来自上覆层黑色页岩中的生物硫，故富集轻硫同位素。黑龙潭汞矿 14 个辰砂 $\delta^{34}S$（‰）值变化更大，为-8.87~+5.62，反映矿石中硫具有前述两个矿区兼有的特点。

7）区内受汞矿化的最新层位为古近系宝相寺组，但矿化又明显受后期构造运动的控制而具后生成因的特点。结合区域内新生代以来最为强烈的一次构造运动发生在晚始新世与早渐新世之间，故这一构造运动无疑对本区汞矿的最终形成和定位有着重要的意义。

综上所述，可以得出本成矿带内这类汞矿床的成矿物质是多来源的，成矿流体并非来源于岩浆，而属于环流的地下水热液，矿化发生在三合洞组（主）、花开左组、南新组和宝相寺组有泥质岩石作遮挡层的下伏透水性好并经强烈构造变动的灰岩（主）和碎屑岩（次）中，属中-低温热液矿床。

带内沉积-改造汞矿床具有多种矿体（含矿体）形态，依据含矿层的建造类型和矿体与围岩的产出关系，属产于碳酸盐岩中的似层状中-低温热液矿床。

一、巍山县黑龙潭汞矿床❶

黑龙潭汞矿床行政区划隶属于巍山彝族回族自治县五印乡，位于巍山县城257°方向，平距18 km处；其中心点地理坐标为：东经100°07′51″，北纬25°11′43″。

1963年，云南省地质局第十二队对矿区进行地质调查，发现该矿，并提交了《巍山汞矿区地质普查1963年度年终报告书》。

1965~1969年，云南省地质局第十二队对矿区开展普查工作，于1971年11月提交了《云南巍山县黑龙潭汞矿评价报告》，估算D级汞金属储量144 t，Hg品位0.60%，达小型汞矿床规模。上述资源储量已列入《云南省2017年矿区及所属矿山矿产资源储量简表》，资源尚未开发利用。

（一）矿区地质特征

黑龙潭矿区位于紫金山-蛇街复背斜的南端倾没部位，其大地构造分区属羌塘-三江造山系（Ⅶ）、昌都-兰坪-普洱（思茅）地块（Ⅶ-5）之昌都-兰坪-普洱（思茅）地块（S-T）（Ⅶ-5-2）；成矿区带属“三江”（造山带）成矿省（Ⅱ2）、兰坪-普洱（陆块）Cu-Pb-Zn-Ag-Fe-Hg-Sb-As-Au-石膏-菱镁矿-盐类成矿带（Pz；Mz；K_2）（Ⅲ5）之兰坪-普洱（地块）Cu-Pb-Zn-Ag-Fe-Hg-Sb-As-Au-盐类矿带（Ⅳ12）。

1. 地层

区内出露地层有上三叠统麦初箐组（T_3m）、下侏罗统漾江组（J_1y）、中侏罗统花开左组（J_2h）、上侏罗统坝注路组（J_3b）碎屑岩系（图3-14）。其中，中侏罗统花开左组（J_2h）是主要赋矿层位，含矿岩性为粉砂岩、页岩。

2. 构造

矿区为一小背斜构造，轴向南北，延长约1 km，东西宽500 m，北部在Ⅲ号矿体附近向北倾没，由中侏罗统花开左组下段组成。两翼地层倾角25°~40°；北部倾没端产状变陡，倾角在42°~69°间，背斜中尚可见到更次一级小褶皱，其幅度仅数米至数十米。褶皱构造与成矿关系密切，主要矿体均分布在小背斜两翼及倾没部位的砂岩中。幅度仅数米到十余米的更次级小背斜，往往是矿体富集部位。

区内断裂发育，主要有北北西向、近东西向2组。北北西向组断裂主要为逆断层，以F_1最具代表性，与背斜轴接近平行，走向350°~358°，纵贯矿区西侧，断层面弯曲，一般倾向东，倾角80°~85°。沿断层带均产生较强的硅化及汞矿化现象，两侧岩石破碎，羽状断裂发育，是矿区重要的导矿及容矿构造。近东西向断裂多为陡倾角的平移断层，对矿体和矿化带有破坏作用。

（二）矿体地质特征

黑龙潭矿床汞矿化有两种情况：一种在砂岩中，尤其在砂岩顶部有泥岩或粉砂岩作遮挡层的部位，形成沿层产出的透镜状含矿体，如Ⅱ、Ⅲ、Ⅳ号矿体；另一种产于粉砂岩或页岩的破碎带或裂隙

❶ 主要资料来源：云南省地质局第十二队，1971，云南巍山县黑龙潭汞矿评价报告。

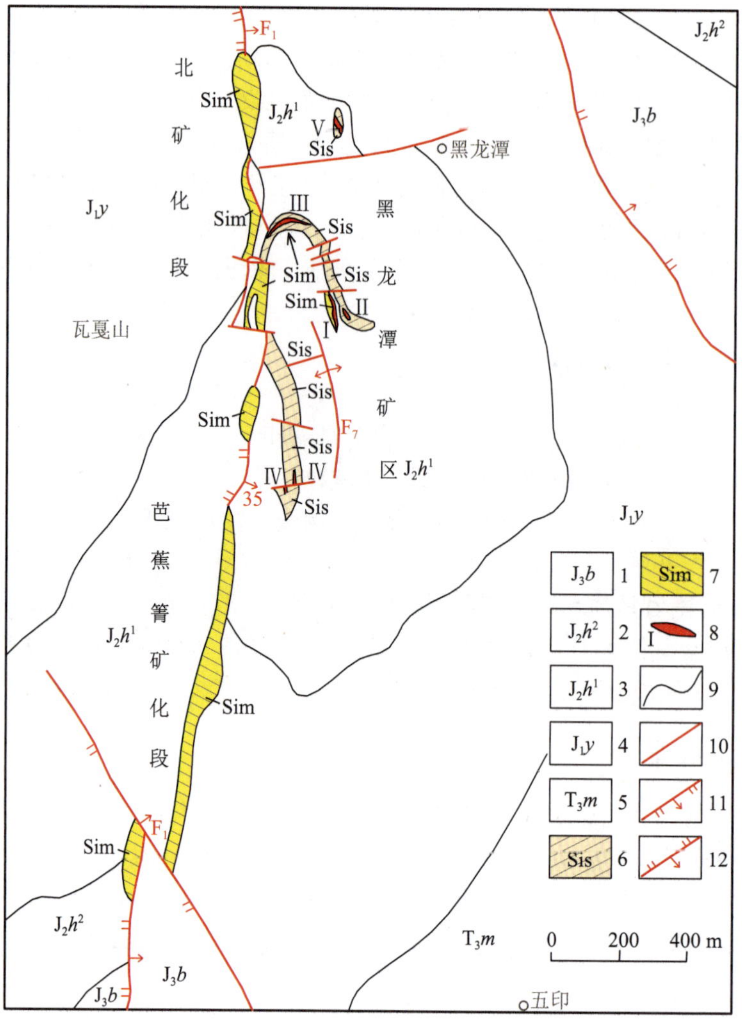

图 3-14　巍山县黑龙潭汞矿区地质简图

（据云南省地质局第十二队，1971，有修改）

1—上侏罗统坝注路组；2—中侏罗统花开左组上段；3—中侏罗统花开左组下段；4—下侏罗统漾江组；5—上三叠统麦初箐组；6—似层状蚀变砂岩矿化带；7—沿断层蚀变矿化带；8—矿体及编号；9—地质界线；10—断层；11—正断层；12—逆断层

中，呈充填交代型矿化，形成如Ⅰ号陡倾斜的脉状含矿体（图 3-15）。

目前共圈定了 4 个含矿体（Ⅰ、Ⅱ、Ⅲ、Ⅳ），其中Ⅰ、Ⅲ号含矿体规模较大。

Ⅰ号含矿体：产于页岩小断裂中，呈脉状，其产状与 F_7 断层产状一致，走向近南北，倾向东，倾角 80°~85°。辰砂呈细脉状，局部呈团块状，散点状充填于裂隙及岩石中。辰砂细脉呈雁行状排列，局部相交。单脉长度 0.5~2 m，厚度 0.5~2 cm，交会处可膨大到 65 cm。含矿体长度约 120 m，控制长度 31 m，平均厚度 3.39 m，Hg 品位 0.282%，含矿率 0.372。在断层面附近的岩石因挤压造成片理化，下盘及附近岩石强烈硅化、褐铁矿化。

Ⅲ号含矿体：为区内规模最大的一个矿化体，产于黑龙潭背斜北部倾没端小褶皱中，呈透镜状。矿化围岩为中侏罗统花开左组长石石英砂岩，含矿岩石受到强烈的硅化，破碎强烈。含矿体全长 150 m，平均厚度 6.83 m，Hg 品位 0.684%，含矿系数 0.46。

（三）矿石特征

矿石矿物以辰砂为主，黄铁矿次之，并有微量黄铜矿；辰砂呈星点状、团块状及细脉状分布。脉石矿物为石英。汞最高品位 4.83%，矿区平均品位 0.60%；矿石中有害元素砷含量 0.21%~0.41%。

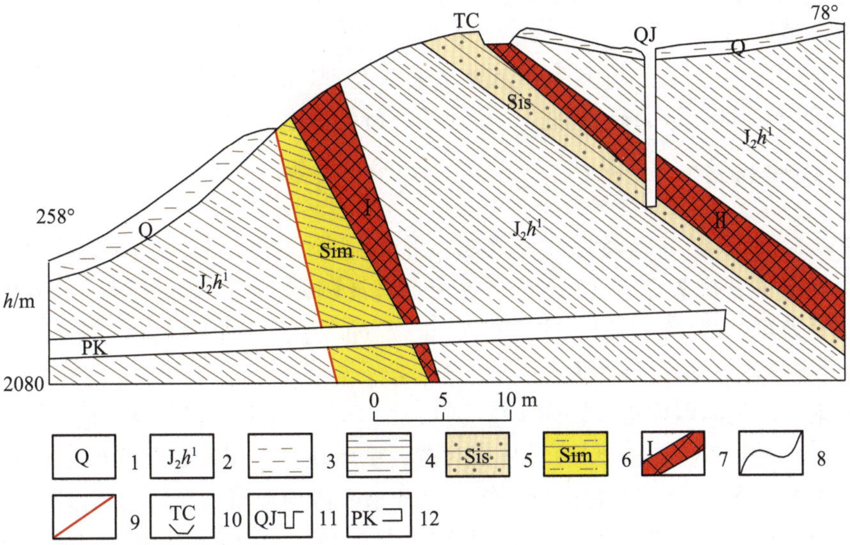

图 3-15 巍山县黑龙潭汞矿床地质剖面图

（据云南省地质局第十二队，1971，有修改）

1—第四系；2—中侏罗统花开左组下段；3—浮土；4—泥岩；5—似层状蚀变砂岩矿化带；6—断层破碎带蚀变泥岩矿化带；7—矿体及编号；8—地质界线；9—断层；10—探槽；11—浅井；12—平坑

（四）围岩蚀变

黑龙潭矿床的围岩蚀变以强硅化为主，其次有绢云母化、黄铁矿化（褐铁矿化）及褪色现象等。硅化、褐铁矿化是重要找矿标志。

（五）成矿物理化学条件

据范朝俊（1987，1991）、杨国祯等（1989）研究成果，黑龙潭矿床石英、萤石包裹体类型复杂，有气液相、气相、纯液相等，主要为气液包裹体，占 70%～85%。流体包裹体气相成分以 H_2O、CO_2 为主，成矿流体具有较高的 CO_2/CH_4、CO_2/N_2 值；液相成分中阳离子以 Na^+、Ca^{2+} 为主，阴离子以 Cl^-、F^-、SO_4^{2-} 为主。成矿热液为 Na-Ca-S-Cl 型热卤水，具有两期热液作用，且温度较近，表现为一连续的热液成矿作用过程。矿床的均一温度主要集中于 120～155℃、165～180℃之间，主矿化期为 120～155℃，平均 150℃。成矿流体的盐度为 7.5%～13.5%，平均密度值为 1.0 g/cm^3，pH 值为 5.2；矿床形成时的压力约为 18 MPa。

（六）矿床成因

黑龙潭汞矿床与区域金、锑、砷矿床为同一成矿系统，成矿主要受喜马拉雅期构造、岩浆活动控制，主成矿时代应该与同处紫金山-蛇街复式背斜中的金矿床基本一致，为始新世（喜马拉雅期）。

二、兰坪县温水河汞矿床❶

温水河汞矿床行政区划隶属于兰坪白族普米族自治县金顶镇，位于兰坪县城 230°方向，平距约 10 km 处；其中心点地理坐标为：东经 99°19′38″，北纬 26°22′08″。

1967 年，云南省地质局第一区域地质测量大队对矿区开展初步普查工作，于 1973 年 10 月提交

❶ 主要资料来源：云南省地质局第一区域地质测量大队，1973，云南兰坪县金顶公社温水河汞矿初查报告。

了《云南兰坪县金顶公社温水河汞矿初查报告》，估算汞矿金属储量 203.45 t，其中表内金属储量 112 t，已达小型矿床规模。

当地群众在矿区自发开采，开坑 500 余处，最深达 30 m。据了解，每 50 kg 矿石可炼得水银 1500~2500 g，说明选择性开采的矿石品位，比地质评价品位富，远大于 0.1%。

（一）矿区地质特征

温水河矿区出露地层有下白垩统虎头寺组（K_1h）、南新组（K_1n），古近系始新统宝相寺组（E_2b）碎屑岩系。其中，虎头寺组（K_1h）与宝相寺组（E_2b）为不整合接触，沿不整合面有汞矿分布，含矿岩性主要为黄、紫红色砂岩。如宝相寺组（E_2b）底部有粘土页岩存在且下伏地层中节理又十分发育时，矿化较富集，厚度亦较大。

矿区为一近南北向的向斜构造，轴向 10°~30°，长 10 km 以上，宽约 900 m。翼部出露地层为上白垩统虎头寺组（K_1h）、南新组（K_1n），核部为古近系始新统宝相寺组（E_2b）。两者间为不整合接触关系，组成了倾角为 5°~25°的对称向斜褶皱，已知汞矿体均分布在向斜的东南翼。

区内断裂构造发育，以北西向断裂为主，其次为北东向。北西向断裂略呈平行分布，延长 500~2000 m 不等，倾向北东，倾角 48°~73°，多为北东盘向南西逆冲的逆断层。区内发育了一组北西向破碎带，位于向斜褶皱的收敛端和褶皱枢纽转折部位上，形成黄、紫红色砂岩为角砾成分的碎裂岩带，长度约 2500 m，宽度 200~400 m，为主要导矿构造。碎裂岩由铁质胶结，普遍硅化褪色，十分坚硬，地貌上形成陡坎。破碎带附近裂隙发育，主要有近南北向（260°∠80°）和北西向（30°∠77°）两组，有重晶石、褐铁矿及少量石英细脉穿插其中，脉宽 1~5 cm，最厚 2 m，在重晶石脉中偶见辰砂。虎头寺组（K_1h）与宝相寺组（E_2b）之间强烈不整合，界面起伏不平，沿不整合面及其上下均见到不同程度的矿化，局部形成矿体，为主要的容矿构造。在不整合面以下岩层中，常见有近南北、北东、北西向三组裂隙，倾角多为 60°，沿裂隙有含辰砂重晶石脉，脉侧岩石也常见薄膜状、星散状辰砂。北东向断裂为成矿期后断裂，倾向南东，倾角 50°以上，对矿体起破坏作用。

（二）矿体地质特征

温水河矿床的汞矿体主要赋存于虎头寺组（K_1h）与宝相寺组（E_2b）的不整合面上下，形成沿不整合面展布的似层状、凸镜状矿体。已知汞矿化沿层分布长达 3250 m，矿化宽度 1~25 m。不整合面以上的宝相寺组（E_2b）有粘土页岩存在，下伏地层中节理发育时，矿体较富集，厚度也较大。反之，汞矿化较差。

按照 Hg 品位 0.04%的工业指标，共圈出 4 个含矿体，呈似层状，含矿体与不整合面之上的岩层产状一致。

Ⅰ号含矿体：分布在矿区中部，为最大矿体，含矿体长轴 285 m，平距宽 140 m，以表外矿为主。厚度 0.46~1.73 m，平均 1.56 m；Hg 品位 0.04%~0.06%，平均 0.05%。表内含矿体厚度 0.92~4 m，Hg 品位 0.1%。

Ⅱ号含矿体：分布在矿区中南部，呈似层状展布，平面上呈椭圆形，长度 185 m，平均厚度 0.3 m，Hg 品位 0.04%。

Ⅲ号含矿体：分布在矿区东部，矿体呈似层状，含矿面积 60530 m^2，Hg 品位 0.11%。其中有少量稠密浸染状矿体，Hg 品位 0.23%。含矿体地表薄，向深部有变厚趋势。矿石中除含汞外，尚含有铅、锌、银，其含量分别为 0.5%、0.06%、8.8 g/t。

Ⅳ号含矿体：分布于矿区西部，为似层状，含矿体顶板缺粘土页岩，在不整合面上下的砂岩中有星散状辰砂矿化，Hg 品位 0.05%~0.07%，含矿体厚度 1.75 m。

（三）矿石特征

温水河矿床矿石的矿物组合较简单，矿石矿物成分主要为辰砂，局部见雄黄、方铅矿、黄铜矿及孔雀石等。辰砂矿物的粒度小，呈细粒浸染状分布于长石石英砂岩中，部分为稠密浸染状矿石，也有在页岩底部的裂隙及重晶石脉中富集。在重晶石脉中可见辰砂菱面体晶形，色鲜红。

（四）围岩蚀变

含矿长石石英砂岩及粉砂质页岩普遍褪色变白，硅化强烈。重晶石、褐铁矿呈细脉状分布，沿破碎带裂隙岩石节理贯入，脉宽自数毫米至数厘米，常与汞矿化伴生。

（五）矿床成因类型

温水河汞矿床1件汞矿石、3件重晶石单矿物的 $\delta^{34}S$（‰）值分别为：6.82、7.61、5.61和-1.33，结合地质特征分析，矿石中的硫可能是下伏红色含盐碎屑岩建造中的硫酸盐被淋滤的结果。

温水河汞矿床为产于砂泥岩中的似层状沉积-改造汞矿床。矿体产于一定的层位，主要沿不整合面展布，由大小不等的透镜状矿体组成；围岩蚀变有硅化、铁化以及褪色等现象，属浅成中-低温热液型汞矿床。

三、其他矿产地

除上述2个代表性矿床外，在维西、兰坪、漾濞、云龙等地还分布着众多汞矿点，详见附表2。

第四节　其他地区汞矿

除保山-施甸、维西-巍山、滇东南3个重点汞矿聚集区外，在滇西的永德、耿马，滇南的景洪、江城，滇东北的巧家、永善及滇东的富源、陆良、师宗等地，还零星分布一些汞矿产地，详见附表2。

第四章 铋 矿

云南省已发现的铋矿产地相对较少，主要为锡、铜、锌等有色金属矿床的共（伴）生矿床，矿床类型主要为接触交代型和岩浆热液型。

第一节 接触交代型铋矿

共生铋矿以个旧市金光坡铋金铜矿床、腾冲市江南铋锌矿床为代表，伴生铋矿以香格里拉市红山铜多金属矿床伴生铋矿为代表。

一、个旧市金光坡铋金铜矿床❶

金光坡铋金铜矿床也属于个旧锡多金属矿田卡房矿床的一部分（图 4-1），但因铋达到共生矿产评价要求而单独记述。其行政区划隶属于个旧市卡房镇，位于个旧市区 175°方向，平距 15.5 km 处；其中心点地理坐标为：东经 103°09′50″，北纬 23°13′57″，面积 14.17 km^2。

1967~1969 年，云锡地质勘探队（其后为西南地质勘查局三〇八队，现为云南省有色地质局三〇八队）在区内进行原生矿的勘探工作，于 1976 年 5 月提交了《个旧矿区卡房矿田金光坡地段上部层间矿床地质勘探报告》，探获硫化矿主铜金属：表内 C_1 级 21446 t，C_2 级 6305 t，表外 C_2 级 364t；氧化矿主铜金属：表内 C_1 级 791 t，表外 C_1 级 8229 t；氧化矿主锡表内 C_1 级 211 t，C_2 级 172t；氧化矿细脉带主锡：表内 C_2 级 3368 t，表外 C_2 级 128 t。伴生锡 1020 t、伴生铋 3294 t、伴生钼 268 t、伴生 WO_3 2277 t、伴生银 35.624 t。

1987~1990 年，个旧市地质队对新山矿段Ⅰ-9 号矿群进行补勘，同时对仙人硐断裂两侧的铋、金矿体进行勘探工作，于 1990 年 8 月提交了《个旧矿区卡房矿田金光坡矿段金铋多金属矿床首采块段详查地质报告》，探获 C+D 级硫化矿铜矿石量 22.56×10^4 t，铜金属量 3036 t；铋金矿石量 28.78×10^4 t，铋金属量 1634 t；金金属量 411 kg，达到小型铋金铜矿床规模。伴生银矿石量 20.6×10^4 t，银金属量 3.036 t。上述资源量已列入《云南省 2017 年矿区及所属矿山矿产资源储量简表》。

1987 年，个旧市前进矿业公司开拓了矿山 1790 m、1820 m 中段；1990 年以后利用 1790 m、1820 m 中段正式进行矿山建设，后因选矿工艺、技术的工业化研究利用不过关等因素，矿山一直没有正式开采该类矿石。但因矿体埋深浅，有民采队伍利用坑道对Ⅰ-2 矿体进行无序开采。2009~2010 年，云锡集团资源开发有限公司对矿区进行资源储量核查，矿区累计消耗铋金属量 458 t、金金属量 115 kg、铜金属量 880 t，伴生银金属量 0.87 t；保有铋金属量 1176 t、金金属量 296 kg、铜金属量 2156 t，伴生银金属量 2.13 t。

（一）矿区地质特征

金光坡矿区地处五子山复式背斜南段与东西向构造复合交汇部位，其大地构造分区属扬子陆块区（Ⅵ）、上扬子古陆块（Ⅵ-2）之泸西被动陆缘（Ⅵ-2-9）；成矿区带属滨太平洋成矿域（Ⅰ2）、华南（陆块）成矿省（Ⅱ4）、个旧-文山-富宁（地块）Sn-W-Ag-Pb-Zn-Au-Sb-Mn-Al 成矿带（Ⅲ13）

---

❶ 主要资料来源：个旧市地质队，1990，个旧矿区卡房矿田金光坡矿段金铋多金属矿床首采块段详查地质报告；云南锡业集团资源开发有限公司，2010a，云南省个旧市金光坡金铋矿核查矿区资源储量核查报告。

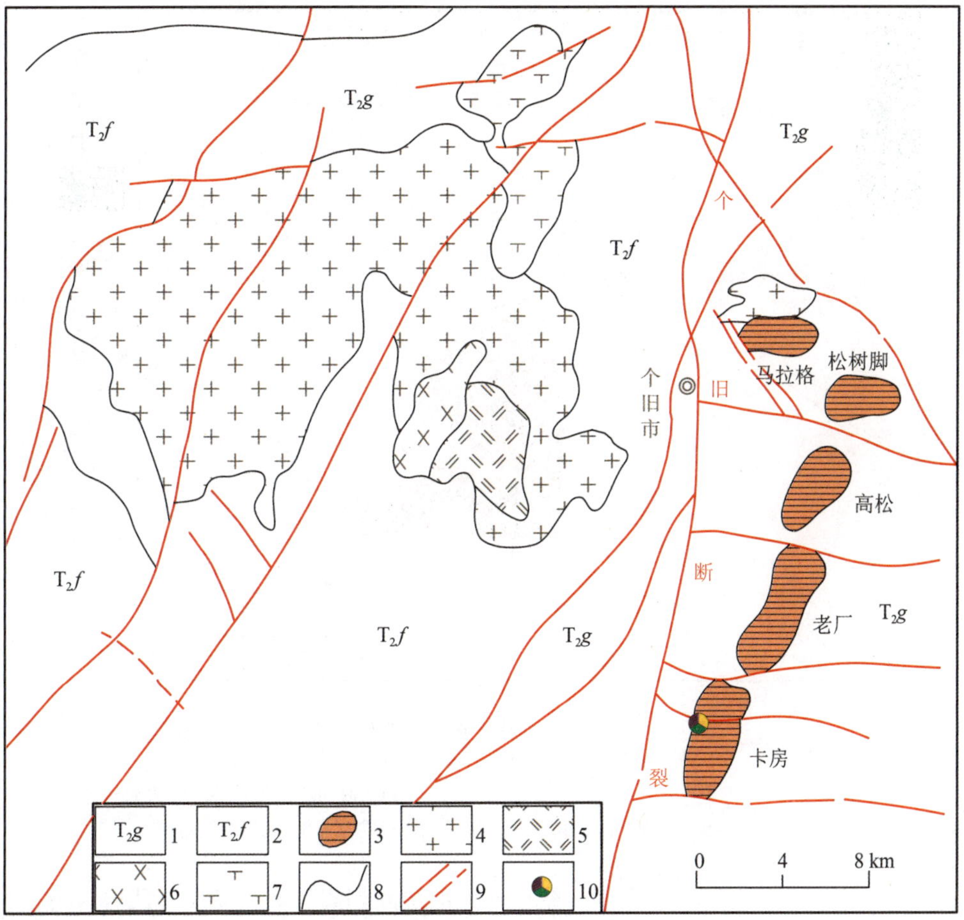

图 4-1　个旧市东部锡多金属矿田主要矿床位置示意图

（据庄永秋等，1996，有修改）

1—中三叠统个旧组；2—中三叠统法郎组；3—锡多金属矿床（原生矿）位置；4—花岗岩；5—二长岩；6—辉长岩；7—碱性岩；8—地质界线；9—主要断裂/推测断裂；10—金光坡铋金铜矿床位置

之个旧-河口（个旧断块）Sn-W-Bi-Al-Pb-Zn-Mn-Cu 矿带（Ⅳ28）。

1. 地层

区内出露地层主要为中三叠统个旧组下段卡房段及第四系（图 4-2）。个旧组下段（T_2g_1）岩性主要为灰岩、泥质灰岩及白云质灰岩与灰质白云岩、灰岩互层，间夹玄武岩或玄武质凝灰岩，可细分为六层。其中第一层（$T_2g_1^1$）是铋金铜矿的主要赋矿层位，主要为灰色、浅灰色中厚层状夹薄层状灰岩，上部沿层产出有一至多层厚 20~140 m 的墨绿色块状、杏仁状、气孔状橄榄玄武岩。

2. 岩浆岩

区内岩浆活动强烈，出露燕山晚期花岗岩和中三叠世安尼期基性火山岩。

燕山晚期花岗岩为老厂-卡房花岗岩体的南延部分，沿北北东向竹叶山-新山背斜的轴部侵入，地表出露面积 0.32 km^2。岩体接触面产状北西陡、南东缓。由石英、长石、少量黑云母组成，内蚀变带普遍有白云母化、钠化、云英岩化，呈岩株产出，其四周呈岩舌、岩枝状超覆产出，形成环状凹陷带，在接触带有矽卡岩硫化矿产出。岩体内部相为中-细粒黑云母花岗岩，边缘相为中-细粒浅色花岗岩，后期有伟晶岩脉、长英岩脉产出。花岗岩同位素年龄 66~67 Ma，为晚白垩世晚期形成。

中三叠世安尼期基性火山岩为夹于个旧组下段卡房段灰岩中的火山岩层，经后期的构造作用和岩浆侵入活动中普遍变质形成金云母、阳起石变质玄武岩。整体岩石呈层状产出，与上下大理岩整合接触。整层厚度 10~60 m，间夹 1~5 层厚薄不等、延伸较不稳定的大理岩及矽卡岩硫化矿。变质火山岩与东西向断裂的交切部位，变质火山岩底部低硫阳起石、透辉石、矽卡岩产出层位与次级背斜复合

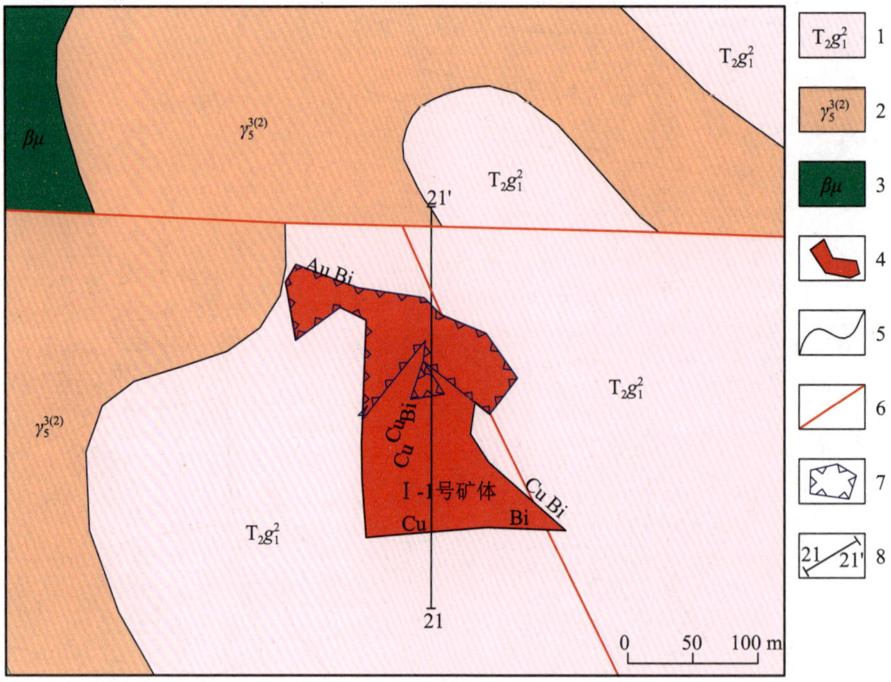

图 4-2　个旧市金光坡铋金铜矿区地质简图

（据云锡集团资源开发有限公司，2010a，有修改）

1—中三叠统个旧组卡房段石灰岩与灰质白云岩互层；2—燕山晚期斑状花岗岩；3—基性火山岩；4—矿体及编号；5—地质界线；6—断层；7—采空区；8—勘探线及编号

部位是接触交代型金铋矿的有利赋矿空间，赋矿部位的层间剥离界面为变质玄武岩与下伏大理岩的接触面，故矿体上盘为变质玄武岩，下盘为大理岩。

3. 构造

矿区褶皱构造主要为竹叶山-新山弧形背斜，为最重要的控岩、控矿构造。其轴向北东，北西翼较陡，南东翼较缓。在背斜南东翼，由于地层受到挤压而发育次级挠皱带，如烂泥弯弧形背斜、金光坡北部隐伏反“S”挠曲等。烂泥弯弧形背斜其形态与新山岩体边部附近产出的环形凹兜一致，长度约 600 m，在背斜轴部往往有厚大的接触交代型铋金矿体产出。金光坡北部隐伏反“S”挠曲位于仙人硐断裂南侧，轴向近东西，长度约 1000 m，地层在 1850 m 以上向北缓倾，1820 m 以下向南陡倾，1790 m 以下又转向北倾，形成反“S”挠曲，接触交代型铋金矿体在转折部位产出。

矿区断裂构造主要为近东西向，与铋金矿化关系密切，其中以仙人硐断裂最具代表性。其走向近东西，走向长超过 3000 m，倾向南，倾角 60°~80°，断裂上宽下窄，断裂面光滑波状起伏，具多期活动性，为张扭性断裂。北盘东移，南盘西移，水平位移约 200 m，垂直断距 31~120 m。

（二）矿体地质特征

金光坡矿床目前共圈定 1 个工业矿体（Ⅰ-2-1），其中有 1 个铋金共生矿体和 1 个铜主矿体。矿体主要赋存于仙人硐主断裂带南北两侧，变质玄武岩下盘和个旧组下段卡房段第一层矽卡岩、大理岩中，在空间位置上受变质火山岩底板层间剥离构造的控制，发育于两个挠曲复合部位，呈似层状、脉状产出，走向近东西，上部倾向北，中部倾向南，下部倾向北，倾角 25°~60°；矿体水平方向又受弧形挠曲控制，所以在走向、倾向上均呈反“S”形。矿石类型分别为金铋共生、单铋、单铜三类，硫化铜部分为块状硫化矿，其他均为矽卡岩矿石。铋金矿体平均厚度 5.01 m，Bi 品位 0.1%~4.0%，平均 0.58%，Au 品位 0.5~12.52 g/t，平均 1.58 g/t。金铋矿化较均匀，在弧形挠曲顶部往往出现金铋富集，金、铋含量呈正相关关系，相关系数为 0.784。铜矿体平均厚度 5.94 m，Cu 品位 0.04%~6.08%，平均 1.35%。矿体特征详见表 4-1。

表 4-1 个旧市金光坡铋金铜矿床 I-2-1 号矿体特征一览表

矿体号	矿石类型	矿体形态	矿体长度/m	矿体宽度/m	平均厚度/m	倾向/(°)	倾角/(°)	埋藏深度/m	
								最高	最低
I-2-1（铋、金共生）	矽卡岩	似层状	210	11~98	5.01	0~35	2~71	160	300
I-2-1（铜）	硫化矿	脉状	153	76	5.94	0~35	24~58	160	300

（据云锡集团资源开发有限公司，2010）

（三）矿石特征

金光坡矿床的矿石自然类型为低硫化物型矿石。据矿石氧化程度和矿石的结构、构造可划分为土状矽卡岩矿石和块状矽卡岩矿石两种。土状接触交代型矿石氧化程度高，颜色为一般褐黄色，结构疏松，以土状为主，矿石由矽卡岩、粘土矿物、砂状石英等组成，品位相对低。块状接触交代型矿石一般颜色深，以灰黑色为主，部分棕黑色，呈块状产出。矿物中辉钼矿、自然铋自形程度高，晶体较粗大，矿石品位高，开发经济价值大。

矿石工业类型主要为接触交代型矿石，部分硫化铜为块状硫化矿型矿石，根据矿物组成可进一步分为接触交代型金铋共生矿石、接触交代型单铋矿石、硫化矿型单铜矿石 3 类。其中，接触交代型金铋矿为主要矿石类型，Bi 品位 0.39%~0.82%，Au 品位 1.56~2.18 g/t；接触交代型单铋矿石为次要矿石类型，Bi 品位 0.36%~0.69%；硫化矿型单铜矿石产出于矿床中局部高硫地段；Cu 品位 1.27%~2.69%，伴生铋、金等有用金属。

矿石中金属矿物主要有自然金、黄铁矿、自然铋、辉钼矿、白钨矿及少量辉铋矿、黑钨矿、黄铜矿、辉铜矿，蓝铜矿；非金属矿物主要有符山石、萤石、方解石、角闪石、辉石和石榴子石等。

矿石结构主要为半自形粒状变晶结构和不等粒粒状变晶镶嵌结构；矿石构造以稀疏浸染状构造为主。

矿石中主要有用组分为 Bi、Au、Cu，Bi 品位 0.1%~4.0%，平均 0.58%；Au 品位 0.5~12.52 g/t，平均 1.58 g/t；Cu 品位 0.04%~6.08%，平均 1.35%。伴生 Ag、Mo、W，Ag 品位 5~9.21 g/t、Mo 品位 0.04%、WO_3 含量 0.01%~1.22%。

（四）围岩蚀变

金光坡矿床的近矿围岩蚀变，根据与花岗岩的接触关系分为花岗岩内蚀变带、花岗岩外蚀变带（花岗岩与碳酸盐岩接触蚀变带）两类。

花岗岩内蚀变带：主要有阳起石化、金云母化、绿泥石化、萤石化等。

花岗岩外蚀变带：主要有矽卡岩化、大理岩化及赤（褐）铁矿化等。

（五）矿床成因

1. 成矿时代

个旧市金光坡铋金铜矿床为个旧市锡多金属矿田的组成部分，其成矿是锡多金属矿床形成过程中不同成矿元素因地球化学特性不同，而在空间上产生不同矿化分带的结果。区内及邻区发育大量与成矿密切相关的岩浆岩，包括玄武岩、辉长岩、花岗岩和正长岩，花岗岩被认为是区内与成矿关系最密切的侵入岩。程彦博等（2008）采用 LA-ICP-MS 和 SHRIMP U-Pb 法对区内花岗岩的测年结果显示，不同类型的花岗岩同时或近于同时形成。龙岔河似斑状花岗岩形成于 82.0±0.3~83.2±1.4 Ma，马拉格-松树脚似斑状花岗岩形成于 82.8±1.7 Ma，老厂似斑状花岗岩形成于 83.3±1.6 Ma，白沙冲等粒花岗岩形成于 77.4±2.5 Ma，成岩时代均集中于晚白垩世。结合地质特征认为：区内与成矿有关的岩浆活动集中于 76~85 Ma 之间，与整个华南西部地区成岩成矿时代吻合。故将个旧市东部锡多金属矿田的成矿时代推定在晚白垩世（K_2），个旧市金光坡铋金铜矿床也形成于这一时期。

2. 矿床成因

关于卡房锡铜多金属矿床中锡铜矿的长期成因争议较大，目前以喷流沉积型和火山沉积+岩浆热液改造观点占主导地位。由于个旧锡多金属矿田中的 W、Bi 主要来自岩浆，是得到广泛认可的观点，且金光坡铋金矿体产于矽卡岩内，因此将其定为接触交代型铋金铜矿床。

二、腾冲市江南铋锌矿床[1]

江南铋锌矿床行政区划隶属于腾冲市曲石镇，位于腾冲市区 13°方向，平距 28 km 处；其中心点地理坐标为：东经 98°34′08″，北纬 25°16′03″，面积约 0.025 km^2。

1959~1982 年，云南省德宏地质局一〇三队、云南省冶金厅勘探公司三一七队、云南省地质局第四地质大队等地勘单位先后在区内进行过不同程度的地质勘查工作。

1999 年 6 月，由腾冲县江南锌铋矿采选厂出资，云南省地质矿产勘查开发局第四地质大队对矿区开展勘查工作，提交了《云南省腾冲县江南锌铋矿小矿地质简测报告》，估算 D+E 级锌铋矿石量 5.45×10^4 t，铋金属量 1516 t，锌金属量 7380 t，达到小型矿床规模。

2006 年，云南地质矿业有限公司对矿区开展资源储量核实工作，矿区保有 332+333 类锌铋矿石资源量 6.19×10^4 t，铋金属量 1467 t，Bi 品位 2.42%；锌金属量 7695t，Zn 品位 12.44%。

2010 年，云南省地质矿产勘查院对矿区开展资源储量核查工作，提交了《云南省腾冲县江南锌铋矿核查矿区资源储量核查报告》，矿区累计查明铋金属量 1213 t，Bi 品位 0.73%；锌金属量 8579 t，Zn 品位 5.07%；保有铋金属量 537 t，锌金属量 4273 t。

腾冲市江南铋锌矿自设立采矿证以来，一直由腾冲市江南锌铋矿采选厂开采运营，处于断续开采状态，原为露天开采，后设计开采方式为地下开采，平硐开拓，采矿方法采用分层崩落法，矿石经浮选，总回收率大于 75%，锌精矿 Zn 品位≥45%，铋精矿 Bi 品位≥25%。

（一）矿区地质特征

江南铋锌矿区处于保山-腾冲（缝合-碰撞）构造带上，其大地构造分区属冈底斯-喜马拉雅造山系（Ⅸ）、冈底斯-察隅弧盆系（Ⅸ-1）之班戈-腾冲岩浆弧（Ⅸ-1-3）；成矿区带属特提斯成矿域（Ⅰ1）、腾冲（造山带）成矿省（Ⅱ1）之有独龙江-腾冲（岩浆弧）Sn-W-Be-Nb-Ta-Rb-Li-Fe-Pb-Zn-Au 成矿带（Ⅲ1）。

1. 地层

区内出露地层主要为上石炭统空树河组（C_2k）、中三叠统河湾街组（T_2h）碎屑岩和碳酸盐岩系（图 4-3）。其中，中三叠统河湾街组（T_2h）是矿区内铋锌矿的主要赋矿层位，含矿岩性为灰色、灰白色白云岩和大理岩。

2. 岩浆岩

矿区处于保山-腾冲（缝合-碰撞）构造带上，岩浆活动频繁，以侵入岩为主，为燕山早期侵入的二长花岗岩（γ_5^2）。

二长花岗岩侵入体由内部相和边缘相两个相带组成，呈带状侵入于上石炭统空树河组中，接触界线多呈舒缓波状；与中三叠统河湾街组呈断层接触，外接触带的围岩均发生大理岩化、角岩化、矽卡岩化。岩体年龄测试值 134.2~151.6 Ma，属燕山早期侵入岩（云南省地质调查院，2009）。边缘相为细粒含斑黑云二长花岗岩，内部相为中粒黑云二长花岗岩，二者为渐变过渡，无明显分界线。中粒黑云二长花岗岩主要成分为钠更长石、微斜长石、正长石、石英、角闪石，副矿物以磁铁矿、钛铁矿、锆石、独居石、石榴子石、褐钇铌矿为主；细粒含斑黑云二长花岗岩中斑晶以板柱状的斜长石为主，其次为少量钾长石、石英，副矿物以磷灰石、锆石、褐帘石、磁铁矿为主。

岩石中 SiO_2 含量为 72.24%~75.53%，$A/CNK=1.45\sim1.44$，属铝过饱和的岩石类型；$AR=$

[1] 资料来源：云南省地质矿产勘查院，2010a，云南省腾冲县江南锌铋矿核查矿区资源储量核查报告。

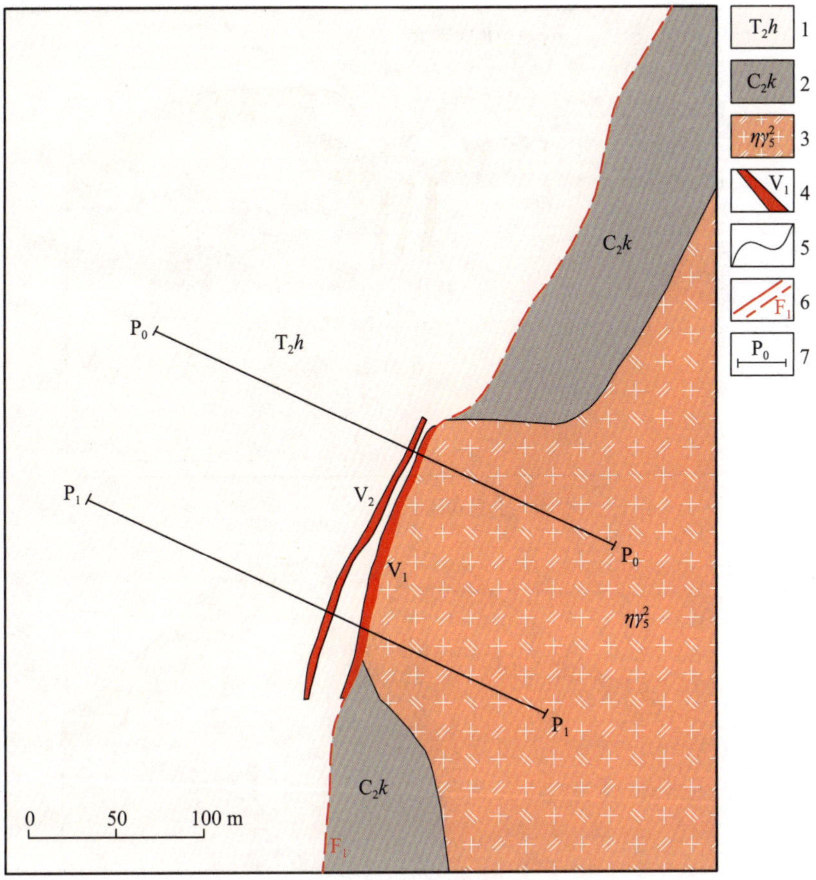

图 4-3　腾冲市江南铋锌矿区地质简图

（据云南省地质矿产勘查院，2010a，有修改）

1—中三叠统河湾街组；2—上石炭统空树河组；3—燕山早期中细粒黑云二长花岗岩；4—矿体及编号；5—地质界线；6—实/推测断层及编号；7—勘探线及编号

3.46～3.95，SiO_2-*AR* 投影为碱性岩石。微量元素 W、Sn、Li、Be、Rb、Cs 等相对岩群来说含量较低，稀有元素指数 *REL*＝314～5532，对 W、Sn 成矿不利；虽然 Pb、Zn 含量较高，但硫含量低，故对铅、锌成矿也不利。

岩石中稀土元素总量 ΣREE＝92.3×10^{-6}～116.4×10^{-6}，*L/H*＝1.11～1.45，δEu＝0.16～0.29，铕亏损值有逆向演化的趋势，稀土配分曲线左稍高于右，"V" 谷较深，属低 δEu "L" 型熔融模式，与上地壳成分经 50%部分熔融，再经 20%～80%结晶分异的模式之间过渡。

据云南省地质调查院（2009）对岩石氢、氧同位素组成研究成果，δD（‰）值为－96.2、$\delta^{18}O$（‰）值为 8.37，大致属正常的花岗岩变化范围；铅同位素组成则具上地壳来源的特征。

3. 构造

矿区断裂构造主要为纵贯全区的 F_1 断裂，呈北北东向延伸，倾向南东，倾角 65°～75°，属逆冲性质。断层上盘为石炭系空树河组角岩化砂板岩及燕山早期花岗岩（γ_5^2）。断层下盘为河湾街组白云岩和白云石大理岩，在花岗岩与白云石大理岩的接触部位形成接触交代型铁多金属矿体，断层对矿体起控制作用。由于逆冲作用，在断层接触带上局部可见花岗岩体超覆于白云石大理岩之上。

（二）矿体地质特征

江南矿床的铋锌矿体赋存于近南北向的逆断层下盘，晚侏罗世—早白垩世（燕山早期）中细粒黑云二长花岗岩与中三叠统河湾街组外接触带的白云岩、大理岩裂隙和破碎带中，部分矿体产于内接触带的花岗岩体内（图 4-4）。有矿体 2 个，其中 V_1 矿体为铋锌共生矿体，V_2 矿体为锌矿体伴生铋。

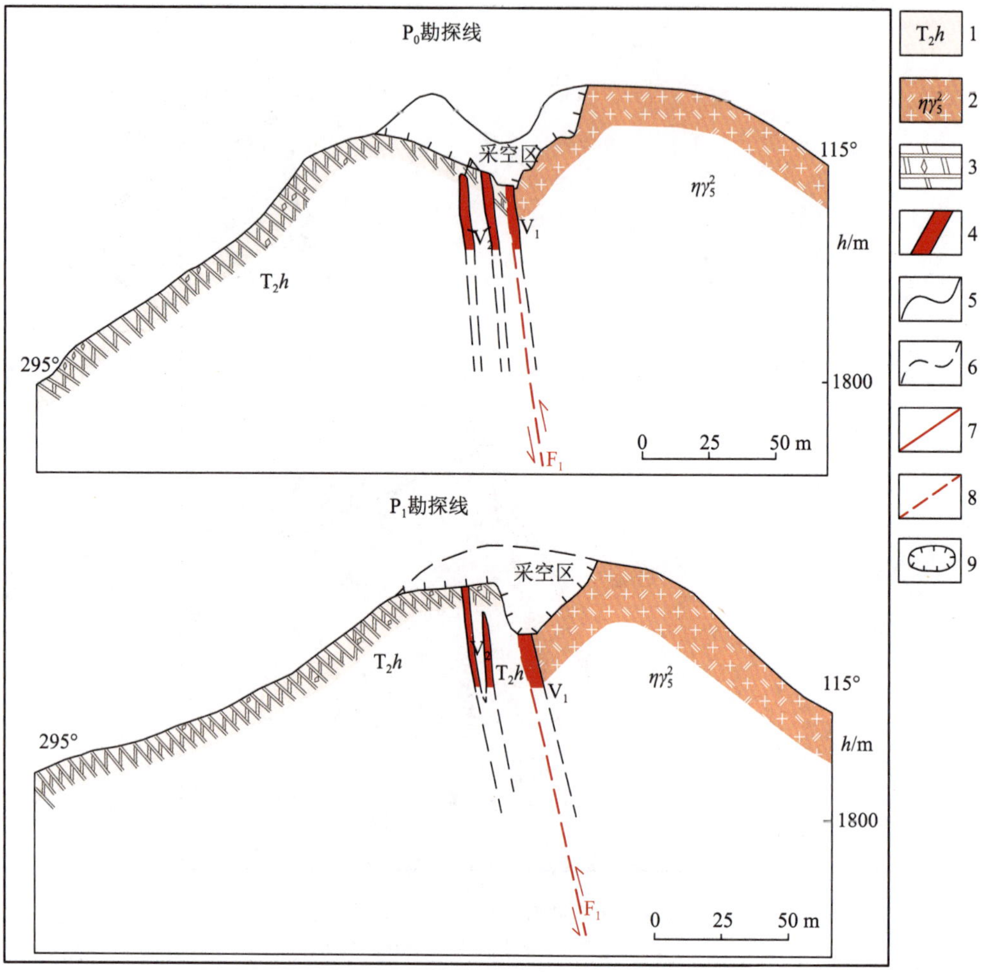

图 4-4 腾冲市江南铋锌矿床 P_0、P_1 号勘探线地质剖面图

（据云南省地质矿产勘查院，2010，有修改）

1—中三叠统河湾街组；2—燕山早期二长花岗岩；3—白云石大理岩；4—铋锌铁矿体；5—实测地质界线；6—推测地质界线；7—实测断层；8—推测断层；9—采空区

V_1 矿体：产于花岗岩与白云石大理岩的断层接触带，矿体顶板围岩一般为花岗岩，局部为角岩化石英砂岩，底板围岩一般为矽卡岩化白云质大理岩，局部为矽卡岩；夹石一般为矽卡岩化白云质大理岩和矽卡岩。矿体呈透镜状，总体倾向 110°，倾角 60°~70°。矿体出露标高为 1700~1900 m，控制走向长 155 m。矿体厚度 1.48~3.79 m，平均 2.64 m；Bi 品位 0.05%~3.30%，平均 2.07%；Zn 品位 2.03%~16.49%，平均 12.16%。

V_2 矿体：矿体产于北北东向 F_1 断层下盘中三叠统河湾街组白云石大理岩的破碎带和节理、裂隙中，矿体顶、底板围岩为白云石大理岩，夹石为矽卡岩化大理岩。呈脉状，具分支复合现象。矿体总体产状与 V_1 矿体基本一致。矿体出露标高为 1870~1900 m，控制走向长度 150 m。矿体厚度 3.87~9.77 m，平均 6.82 m；Zn 品位 1.48%~2.56%，平均 2.16%；Bi 品位 0.17%~0.20%，平均 0.18%。

（三）矿石特征

江南矿床的矿石自然类型分为硫化矿、混合矿和氧化矿 3 类；根据矿石的有用组分、氧化程度划分为氧化铋锌矿石和硫化铋锌矿石 2 类；按赋矿岩石类型主要划分为矽卡岩矿石 1 类。

硫化矿石的矿石矿物主要为辉铋矿和闪锌矿，其次为磁铁矿、黄铜矿、锡石和白钨矿等；脉石矿物主要为符山石、透辉石和白云石，其次为石榴子石、绿帘石、蛇纹石、石英和方解石等。

氧化矿石的矿石矿物为异极矿、菱锌矿、泡铋矿、孔雀石及褐铁矿等，脉石矿物为符山石、透辉石、白云石、石榴子石、绿泥石、蛇纹石、石英和方解石等。

原生矿石结构主要为他形-半自形细-中粒粒状结构，构造主要为星点状、浸染状和块状构造。

氧化矿石结构主要为他形、半自形、自形、细-中粒结构，构造主要为土状、蜂窝状、皮壳状和致密块状构造。

矿石中主要有用组分为铋、锌，伴生有益组分主要为金，金矿化与铋矿化呈正相关关系，但原核实报告未估算伴生元素资源储量。

（四）围岩蚀变

围岩蚀变主要为矽卡岩化和大理岩化。

（五）矿床成因

1. 成矿时代

燕山早期中细粒黑云二长花岗岩是江南铋锌矿的成矿母岩。岩体侵入于上覆地层中，在接触带及断层破碎带产生矽卡岩化、大理岩化、角岩化和铋、锌、铁等多金属矿化。成矿时代应与岩体侵位时代基本一致，据云南省地质调查院（2009）研究成果，岩体年龄为134.2~151.6 Ma，为晚侏罗世—早白垩世（燕山期）。因此，矿床成矿时代也为晚侏罗世—早白垩世（燕山期）。

2. 矿床成因

江南铋锌矿的矿体主要产于花岗岩外接触带的矽卡岩中，其成因类型为接触交代型铋锌矿。晚侏罗世—早白垩世的构造运动伴随强烈的岩浆活动，中酸性的岩浆岩与中三叠统河湾街组和上石炭统空树河组碎屑岩发生接触交代作用，形成大量的矽卡岩矿物，并伴随强弱不等的铋、锌、铁、铜、锡多金属矿化。磁铁矿主要形成于矽卡岩晚期，铋锌矿主要形成于硫化物期，表生期主要改造了矿床地表和浅部的矿体，形成氧化铋锌矿体。

三、香格里拉市红山铜多金属矿床伴生铋

香格里拉红山是一个以铜为主的斑岩型-接触交代型多金属矿床，共伴生有铅、锌、钨、钼、银、铟、铋、钴等多种矿产。据《云南省2017年矿区及所属矿山矿产资源储量简表》，截至2017年底，矿床累计查明的伴生铋资源储量7262 t，Bi品位0.016%。矿床行政区划隶属于香格里拉市格咱乡，位于香格里拉市区北东28°方向，平距约40 km处；其中心点地理坐标为：东经99°53′36″，北纬28°07′26″。

红山铜多金属矿床的成矿地质构造环境、控矿因素与普朗铜矿床基本一致，形成于印支期义敦岛弧构造环境，主要控矿因素为普朗-沙鲁里山外火山岩浆弧带的北北西—北西向断裂控制的中酸性斑（玢）岩体。其大地构造分区属羌塘-“三江”造山系（Ⅶ）、甘孜-理塘弧盆系（Ⅶ-2）之义敦-沙鲁里岛弧（Ⅶ-2-2），成矿区带属三江（造山带）成矿省（Ⅱ2）、香格里拉（陆块）Cu-Pb-Zn-W-Mo-Au成矿带（Ⅲ7）之香格里拉（岛弧）Cu-Pb-Zn-W-Mo-Au矿带（Ⅳ18）中部。

矿区出露地层主要为上三叠统图姆沟组、曲嘎寺组，岩性为巨厚的复理石砂板岩夹火山岩、碳酸盐岩，普遍遭受不同程度的区域变质作用。其中，曲嘎寺组第二段（T_3q^2）主要为深灰色砂泥质板岩、粉晶灰岩夹绢云板岩、变质砂岩、大理岩、基性火山岩，是主要赋矿层位，广泛发育矽卡岩化、角岩化，伴随蚀变作用发育铜、铅、锌等矿化。

矿区位于区域性北北西向红山断裂西侧，次级断裂发育，主要呈北西向展布，多为正断层。层间裂隙、节理发育，是主要有利的赋矿部位。

岩浆活动强烈，主要有印支期、燕山期。两期岩浆活动在矿区表现各异，成矿作用也不相同，具有叠加成矿特点。印支期岩浆岩出露较多，主要为挤压型钙碱性系列钾质中-酸性火山岩及其侵入相的浅成斑岩。曲嘎寺组发育基性火山岩，图姆沟组中以安山岩、英安岩为主；浅成斑岩岩性主要为石英二长斑岩、花岗斑岩，石英二长斑岩Rb-Sr单矿物模式年龄为214 Ma（谭雪春，1985），表明其侵

位时代为三叠纪（印支晚期），与接触交代型铜矿成矿关系密切。燕山期岩浆岩零星出露于矿区中部，多呈岩枝、岩脉状产出，深部钻孔控制到厚大的含矿岩体，岩性主要为石英二长斑岩和花岗斑岩。花岗斑岩锆石 LA-ICP-MS U-Pb 年龄为 81.1±0.5 Ma（王新松等，2011），辉钼矿 Re-Os 等时线年龄为 77 Ma（徐兴旺等，2006），与斑岩型铜钼矿成矿关系密切。

矿体主要产于上三叠统曲嘎寺组第二段大理岩边部矽卡岩化蚀变带及深部隐伏斑岩体中，具有隐伏石英二长斑岩-花岗斑岩岩枝全岩铜钼矿化，外接触带矽卡岩全层铜矿化特点。目前以外接触带的接触交代型铜矿最为重要，其次为隐伏斑岩体内的斑岩型铜钼矿，外接触带角岩体裂隙中脉状、网脉状铜矿以及远离岩体灰岩层间破碎带中的脉状铅锌（银、金）矿。接触交代型铜矿体多呈似层状产出，走向北西，倾向南东，倾角 70°左右；主矿体控制长度 720～1435 m，斜深 285～410 m，厚度 5.72～33 m，Cu 品位 0.48%～1.71%；伴生有 Pb、Zn、W、Mo、Ag、In、Bi、Co 等元素，其中铋含量为 0.016%。斑岩型钼矿体呈大透镜状产出，厚度 117～302 m，Mo 品位 0.034%～0.057%。热液脉状铅锌矿体多呈透镜状产出，走向北西，倾向南东，倾角 56°～89°，厚度 5.72～33 m；矿化以铅锌为主，Pb 品位 1.73%～6.87%、Zn 品位 2.15%～4.29%，普遍伴生银、金，Ag 品位 56.6～249.78 g/t、Au 品位 1～3 g/t。

铋主要以自然铋、辉铋矿、辉铅铋矿、斜方辉铅铋矿等单矿物形式存在，同时又呈类质同象分散于黄铁矿和方铅矿中；铜矿石含铋 0.02%～0.067%。

红山铜多金属矿床的成矿过程与多期岩浆（热液）活动及其交代作用有关，各阶段矿化常重叠，形成磁铁矿-黄铜矿、白钨矿-黄铜矿、辉钼矿-黄铜矿、黄铁矿-黄铜矿和闪锌矿、方铅矿（黄铜矿）等不同组合的铜矿体和铅锌（银、金）矿体。整个矿床构成了一个比较完整的斑岩型铜多金属成矿系统，但由于铋矿主要伴生于接触交代型铜矿石中，暂将其成矿类型定为接触交代型，其成矿时代为三叠纪（印支晚期）。

四、其他铋矿床（点）

（一）腾冲市铜厂山铅锌铁矿床伴生铋

铜厂山铅锌铁矿床行政区划隶属于腾冲市滇滩镇，位于腾冲市区 355°方向，平距 54 km 处；其中心点地理坐标为：东经 98°26′30″，北纬 25°30′35″。

1992 年 2 月至 1994 年 2 月，云南省地质矿产局第四地质大队开展了铜厂山铅锌矿地质普查工作，并于 1994 年 5 月提交了《云南省腾冲县瑞滇乡铜厂山铅锌矿普查地质报告》，估算 D+E 级铅金属量 1.04×10^4 t、锌 15.81×10^4 t，伴生铋资源量 488 t。

矿床主矿产为锌，共生铁，并以贫铅为特征（矿石中铅锌含量比为 1：12.1）。铅锌矿石伴生有益元素为铜、银、镉、铋，铋矿物主要为辉铋矿和泡铋矿。单工程 Bi 平均品位 0.02%～0.103%，矿床 Bi 平均品位 0.0163%。

（二）腾冲市滇滩铁多金属矿床伴生铋

在腾冲市滇滩铁多金属矿床土瓜山一带，燕山期黑云母二长花岗岩-黑云母钾长花岗岩-花岗斑岩与中三叠统河湾街组外接触带产有接触交代型含锡硼镁铁矿-磁铁矿，为一中型富铁矿床，锡为伴生矿产。沿碳酸盐岩层走向，形成长度达 1600 m，宽度 500～600 m 的矽卡岩带，由石榴子石矽卡岩、符山石矽卡岩、透辉石矽卡岩、镁橄榄石-粒硅镁石矽卡岩、金云母矽卡岩等构成具不同矿物组分带。含锡硼镁铁矿-磁铁矿体，除部分产于顶部逆冲断裂上盘勐洪群角岩化碎屑岩及三叠系白云质大理岩中外，主要呈似层状、透镜状、脉状产于矽卡岩带中。磁铁矿形成于接触交代阶段晚期，其后有含锡铋的硫化物热液叠加作用。矿石呈致密块状、稠密或稀疏浸染状、团块状及条带状构造，金属矿物主要为磁铁矿，其次有赤铁矿、硼镁铁矿、铁闪锌矿、磁黄铁矿、黄铜矿、黄铁矿、方铅矿及其氧化次生矿物。矿石中含微量锡石、木锡石。部分硼镁铁矿-磁铁矿中 Sn 含量一般为 0.101%～0.88%；

局部有含锡多金属硫化热液脉叠加的贫铁矿石，Sn 含量一般为 0.10%～1.71%，平均 0.75%；含锡硫化物矿化的矽卡岩中，Sn 含量 0.13%～0.365%。锡石多以粉尘状分布在硼镁铁矿、磁铁矿中，硼镁铁矿 Sn 含量可达 0.62%，并见有木锡石分布于硼镁铁矿的外缘。在具硫化物矿化的矿石中，普遍有少量辉铋矿产出，矿石中 Bi 含量一般为 0.2%～0.3%，局部可达工业品位。

第二节　岩浆热液型铋矿

岩浆热液型也是云南省铋矿重要的成矿类型，主要为伴生矿产，以个旧锡多金属矿田、石屏县龙潭钨金矿床伴生铋矿最具代表性。

一、个旧锡多金属矿田伴生铋矿

个旧矿田是一个以锡为主，共（伴）生有铜、铅、锌、钨、铋、银、铟等的超大型锡多金属矿田，据《云南省 2017 年矿区及所属矿山矿产资源储量简表》统计，其伴生铋资源量为 32616 t，达中型铋矿床规模（表 4-2）。

表 4-2　个旧锡多金属矿田伴生铋矿一览表

矿床名称	Bi 含量/%	资源量/t	矿床类型
卡房矿床采选厂	0.062	5361	锡石硫化物型、含锡石细脉带型
卡房矿床金光坡矿段	0.214	3294	锡石氧化物型、锡石硫化物型、
老厂矿床采选厂	0.064	8798	锡石氧化物型、锡石硫化物型、含锡石细脉带型
老厂矿床竹林矿段	0.01	4053	锡石硫化物型、含锡石细脉带型
松树脚矿床	0.0634	10566	锡石氧化物型、锡石硫化物型、含锡石细脉带型
高松矿床大马芦矿段	0.091	272	锡石氧化物型、锡石硫化物型、热液脉型
大箐东矿床深部锡铜矿	0.091	272	热液脉型
合计		32616	

个旧锡多金属矿田的伴生铋在各个地区以及各种类型的锡多金属矿床中具有分布，但集中产于松树脚、老厂、卡房 3 个矿床，成矿类型则以锡石氧化物型、锡石硫化物型、含锡石细脉带型最为重要。由于矿床类型的不同，伴生铋含量也有所不同。个旧地区的花岗岩岩体中含有较高丰度的 Sn、W、Sb、Pb、B、F、Li、Rb、Be、Nb、Ta、U、Th、Mo、Bi、Ag、As，晚期岩体中 Bi 尤为富集，老卡岩体 Bi 含量可达 7.8×10^{-6}（薛传东，2002）。老卡岩体主要为中细粒黑白母花岗岩，成岩晚期至成岩期后的花岗岩残浆和气成-热液作用较为活跃，岩体普遍具钾长石化；岩体边缘和顶部突起有显著的钠长石化和淡色云母化，普遍发育为厚数米至数十米的自变质淡色花岗岩（白岗岩），特别是岩体中的脊状突起、岩枝、岩舌多为全蚀变碱长花岗岩。据贾润幸（2005）对老厂矿床与成矿关系密切的淡色花岗岩（白岗岩）、各种矽卡岩微量元素组成的研究成果，淡色花岗岩 Bi 含量最高可达 993×10^{-6}，一般 1.12×10^{-6}～13.4×10^{-6}；矽卡岩化大理岩 Bi 平均含量为 719×10^{-6}；含矿脉状矽卡岩 Bi 含量最高为 2480×10^{-6}，平均 533×10^{-6}；含矿块状矽卡岩 Bi 平均含量为 448×10^{-6}；矽卡岩铜矿石 Bi 含量最高为 1683×10^{-6}。由此表明，Bi 主要来自燕山期酸性岩浆岩，铋矿化主要与岩浆期后热液有关，主要形成于硫化物阶段，次为氧化物阶段。

卡房矿床下部岩体为脊状隐伏岩体，在新山矿段附近，岩体顶部向上穿过个旧组卡房段下部岩层中的辉绿岩床后，向四周呈舌状伸出，形成中心突起的花岗岩岩盘，其顶部出露于地表。岩盘之下透穿辉绿岩部位，收缩成岩颈状狭窄通道与部分花岗岩主体相连，并形成各类型的锡多金属矿化。除前面单独列述的金光坡铋金铜矿外，新山矿段、金光坡矿段产于个旧组下段卡房段第一、二层（T_2g^{1-2}）玄武岩层内的层状、似层状锡、铜多金属矿体，伴生 Bi 品位较高，Bi 品位 0.14%。其中，金光坡矿段品位最高，Bi 品位 0.214%。

老厂矿床位于老卡岩体一系列北东向延展的多峰式脊状次级突起带上部，各类型矿化的空间分布直接受突起构造控制。产于竹叶山花岗岩株突起南东侧的花岗岩凹陷构造带内正接触带及其附近玄武岩和大理岩中的层状、似层状锡多金属矿体，伴生有 Bi、Au、Ag、S 等元素，Bi 品位 0.04%。其中，13-2-3#矿体硫化矿中 Bi 含量最高可达 0.405%。大斗山一带广泛发育的细脉带锡多金属矿体，成矿元素以 Sn、Be 为主，伴生有 W、Bi、Li、Rb、Cs、Nb、Ta 及 TR 等元素，Bi 品位 0.025%~0.063%，平均 0.041%。矿床伴生 Bi 平均品位为 0.01%~0.064%，铋矿物主要为自然铋、辉铋矿，多与毒砂、磁黄铁矿等密切共生产出。

松树脚矿床以锡为主，共（伴）生铅、锌、铜、铋，各类型锡多金属矿化以梨花山隐伏花岗岩岩株为中心，矿体围绕其南半部分布，产于中三叠统个旧组中下部灰岩、白云岩等地层褶皱而成的松树脚穹窿中，赋矿岩石为矽卡岩及蚀变碳酸盐岩。目前共圈定各类型矿体 160 个，其中主矿体（1-1）矽卡岩锡石硫化物型矿体，呈似层状，长度 5000 m，倾向延深 300~500 m，厚度 2~20 m，倾角 20°~70°。矿石中有用组分以锡为主，伴生有 W、Cu、Pb、Zn、Bi、Au、Ag 等元素，Bi 品位 0.035%；V_{1-2}、V_{1-2E}、V_{1-9W} 等矽卡岩锡铅锌多金属矿体的 Bi 含量更高。矿床伴生 Bi 含量平均为 0.0634%，铋矿物主要为自然铋、辉铋矿，多与铁闪锌矿、毒砂、黄铁矿等密切共生产出。

由于 Bi 主要来自燕山期酸性岩浆岩，铋矿化主要与岩浆期后热液有关。因此，铋矿的成矿时代与岩浆侵位时代基本一致或略晚。薛传东（2002）、伍勤生等（1984）均对马松岩体和老卡岩体做过全岩 Rb-Sr 法定年，马松岩体全岩 Rb-Sr 等时线年龄分别为 87.83±3.1 Ma、90.4±6.3 Ma；老卡岩体全岩 Rb-Sr 等时线年龄为 86.3±2.3 Ma、81.0±4.9 Ma；程彦博等（2008）获得老卡岩体锆石 U-Pb 年龄为 85±0.85 Ma。杨宗喜等（2008，2009）分别获得卡房接触交代型铜（锡）矿 Re-Os 等时线年龄为 83.4±2.1 Ma，老厂细脉带锡矿白云母^{40}Ar-^{39}Ar 同位素坪年龄为 82.7±0.7 Ma。上述同位素测龄数据表明成矿时代也是略晚于成岩时代的，且马松岩体成岩时代略早于老卡岩体。综上所述，个旧锡多金属矿田伴生铋的主成矿时代为 82.7±0.7~83.4±2.1 Ma，即晚白垩世（燕山晚期）。

二、石屏县龙潭钨多金属矿床伴生铋❶

石屏龙潭矿床是一个以钨为主，共（伴）生铁、铜、锡、金、铋等的高温热液型多金属矿床，其中伴生 C_2 级铋金属储量 8691 t（云南省冶金厅地质勘探公司三〇七队，1960），达到小型铋矿床规模。矿床行政区划隶属于石屏县宝秀镇，位于石屏县城 312°方向，平距约 15.5 km 处；其中心点地理坐标为：东经 102°22′24″，北纬 23°48′28″。

龙潭矿区出露地层主要为中元古界昆阳群黄草岭组、黑山头组、大龙口组、美党组变质岩系。其中黑山头组是主要赋矿层位，含矿岩性为凝灰岩、变质砂岩。矿区位于峨山复式岩体南东端，为其后期岩浆活动的一部分，主要为基性、中性、酸性侵入岩。出露面积最大的为侵入于昆阳群黑山头组浅变质泥质碎屑岩中的角闪辉长岩体，呈岩床状产出，面积约 3 km^2。矿区北侧约 2 km 处有黑云母二长花岗岩出露，呈岩株或岩墙状产出；矿区东侧约 1 km 处的下家白云母电气石花岗岩小型侵入体，为黑云母二长花岗岩同期分异产物，与黑山头组变质石英粉砂岩和角闪辉长岩的接触带近侧，普遍有云英岩化和锡、钨（铋）、黄铜矿、黄铁矿化，所产出的含锡石云英岩脉，Sn 含量一般为 0.1%~0.2%，前人普遍认为黑云母二长花岗岩与钨锡等成矿密切相关。李献华等（2001）对峨山岩体中黑云母钾长花岗岩进行了锆石 U-Pb 测年，年龄为 818±10 Ma，与云南省地质矿产局（1990）的锆石 U-Pb 年龄数据 828 Ma 一致。因此，龙潭黑云母二长花岗岩的成岩时代应为新元古代（晋宁期）。

龙潭矿床的钨矿体主要赋存于角闪辉长岩侵入体的下盘，昆阳群黑山头组浅变质泥质粉砂岩中。矿体沿走向断裂破碎带及其上盘的裂隙分布，产状与地层基本一致，呈东西走向，向南倾斜的囊状矿体。向下延伸，钨、铋含量变贫逐渐尖灭。其中，规模最大的 1 号矿体长度 873 m，宽度 20~80 m，

❶ 主要资料来源：云南省冶金厅地质勘探公司三〇七队，1960，云南石屏县龙潭钨矿储量计算报告书。

沿倾向延深 36~321 m，平均 214 m；倾向 130°~160°，倾角上缓下陡，平均 41°；钨品位上富下贫，中间富两端贫。伴生铁矿体形态、规模、产状钨矿体基本一致。矿石中 WO_3 含量 0.1%~2.0%，个别样品高达 8.2%，平均为 0.69%；近地表的氧化矿石中含金，品位 0.15~1.128 g/m^3，平均 0.44 g/m^3，金主要与电气石化、萤石化关系密切，钨矿化电气石-石英脉中金品位最高可达 0.855 g/t。铋在地表褐铁矿化较强的部位较富集，常与褐铁矿共生，呈泡铋矿、铋华，偶见自然铋。矿石中含铋 0.05%~0.34%，少数达 0.95%，平均 0.145%。矿石可分为交代型和裂隙充填型两种，以前者为主，系含矿气-液流体强烈交代粉砂岩所形成，风化十分强烈，形成砂矿。矿石类型分为含钨石英粉砂岩型、含钨褐铁矿型、含钨铁矿电气石-石英脉及含钨铁矿电气石脉型 3 类，以含钨石英粉砂岩型最为重要。组成矿石的矿物主要要为硫铁矿氧化形成的各类铁的氧化物、石英、电气石、钨铁矿、自然金、泡铋矿、铋华、钨华及少量萤石、绢云母及金红石。其中电气石一般含量高达 30%以上。近矿围岩蚀变有轻微的云英岩化、电气石化、硅化、黄铁矿化等。

铁矿体主要位于 1 号钨金铁矿体西侧总体走向为北东向（局部近东西），倾向 130°，倾角 30°左右。矿体长度约 150 m，最厚约 30 m，TFe 含量 42%左右。矿体中部厚，向两端逐渐变薄并尖灭；地表厚，向深部逐渐变薄尖灭。

近年来，云南省有色地质局三一三队在 1 号钨金铁矿体下部发现 1 个铜矿体（喻国东等，2016），与角闪辉长岩体紧密伴生，受地层与构造破碎带控制。矿体长 266 m，倾向延深 85 m；矿体厚 10 m，Cu 品位 0.54%~1.06%，平均 0.64%。

龙潭钨多金属矿床成因类型为岩浆期后高温气-液交代钨多金属矿床，据云南省地质矿产局（1993）研究成果，钨、铋矿化与晋宁期峨山复式花岗岩基外侧晚阶段花岗岩浆活动有关。因此，铋矿成矿时代应与成岩时代基本一致，为新元古代（晋宁期）；原生矿体后期遭受风化剥蚀作用，形成风化壳型砂矿，成矿时代第四纪。

三、西畴县嘎机铅锌铜矿床伴生铋❶

嘎机铅锌铜矿床为近几年新发现的隐伏矿床，其行政区划隶属于西畴县新马街乡管辖，位于西畴县城 216°方向，平距 33.6 km 处；其中心点地理坐标为：东经 104°30′03″，北纬 23°11′37″。

2014~2016 年，云南地矿总公司（集团）文山地质勘查院（云南省地质矿产勘查开发局第二地质大队）利用云南省地质勘查基金对该区开展地质普查工作，于 2017 年 4 月提交了《云南省西畴县嘎机铅锌多金属矿普查报告》，经云南省地质勘查基金管理中心组织专家评审验收，矿区探获 333 类工业矿石量：铅 524.04×10^4 t、锌 574.70×10^4 t、铜 509.07×10^4 t，金属量：铅 59461 t、锌 130736 t、铜 20321 t，平均品位为 Pb 1.13%、Zn 2.27%、Cu 0.40%。铅达中型矿床规模，锌、铜为小型矿床规模。

嘎机矿区地处都龙-斋江构造岩浆岩带北端，都龙复式花岗岩基向北侧伏地带，其大地构造分区属扬子陆块区（Ⅵ）、上扬子古陆块（Ⅵ-2）之富宁-那坡被动陆缘（Ⅵ-2-9）；成矿区带属华南（陆块）成矿省（Ⅱ4）、个旧-文山-富宁（地块）Sn-W-Ag-Pb-Zn-Au-Sb-Mn-Al 成矿带（Mz，Kz）（Ⅲ13）之文山-西畴（西畴拱凹）Au-Sb-Al-Cu-Pb-Zn 矿带（Ⅳ30）。

矿区主要出露中-下寒武统碎屑岩和碳酸盐岩系，部分岩石遭受浅变质作用。其中，中寒武统田蓬组为主要赋矿地层，工业矿体主要产于黑色碳质绢云千枚岩之下的大理岩中。区内主要构造形迹总体反映为系列早期的北东—北西向线性褶皱、脆韧性断裂，被近南北向断裂所切割改造，最终形成网状构造格架，近南北向断裂控制着矿化蚀变带和矿体的分布。岩浆活动较为强烈，地表出露多个基性岩和酸性岩岩株、小岩枝，深部有隐伏花岗岩基。

嘎机矿床的各矿（化）体沿小江东背斜轴部呈叠瓦状顺层平行展布，集中产出于隐伏花岗岩基之上、田蓬组一段黑色碳质层之下 119.7~813.5 m 范围内，浅变质碎屑岩与碳酸盐岩交互层序中。

---

❶ 主要资料来源：云南地矿总公司（集团）文山地质勘查院，2017，云南省西畴县嘎机铅锌多金属矿普查报告。

主矿体（Ⅱ2）呈较稳定的层状产出，埋深375.65~797.08 m，产状与小江东背斜近轴部两翼产状一致构成背形。走向近南北，西翼倾角2°~41°，东翼倾角10°~45°；控制走向长度2068 m，倾向延深161~592 m。矿体厚度0.79~6.51 m，平均2.26 m；主成矿元素品位：Pb 0.01%~5.27%、平均1.12%，Zn 0.52%~9.09%、平均3.44%，Cu 0.02%~1.03%、平均0.40%。各矿体中Bi含量普遍较高，一般0.012%~0.0593%，最高可达0.7173%，可能与矿石中普遍存在自然铋有关。

矿石自然类型以原生硫化矿石为主，局部存在少量混合矿石；按赋矿岩石划分，可划分为碳酸盐岩型矿石、角岩型矿石，存在少量硅化岩及接触交代型矿石，接触带附近存在蚀变花岗岩型白钨矿、辉钼矿、锡矿矿石；按矿石矿物组分及组合划分，以毒砂-磁黄铁矿-黄铜矿-方铅矿-闪锌矿矿石、磁黄铁矿-方铅矿-闪锌矿矿石类型为主。矿石矿物主要有闪锌矿、方铅矿、黄铜矿、磁黄铁矿、黄铁矿、白铁矿、自然铋等，脉石矿物有方解石、白云石、石英、绢云母-白云母、绿泥石等。矿石结构主要有他形粒状结构、半自形-自形粒状结构、鳞片变晶结构、隐晶质-胶状结构，矿石构造主要有条纹-条带状、细脉浸染状、稀疏浸染状、稠密浸染状、块状、角砾状等构造。

嘎机矿床的铋未估算资源量，如按Bi含量0.012%~0.0593%进行概算，其资源远景将超过1000 t，具有较好的找矿潜力。铋矿成因类型与铅锌铜主矿种一致，为岩浆期后热液型矿床，主成矿时代为白垩纪（燕山晚期）。

第三节　其他类型铋矿

除前述与中酸性岩浆岩密切相关的矽卡岩和岩浆热液型铋矿，在兰坪-普洱地块的浅成中-低温热液型铜矿床中伴生有铋矿，以永平厂街、江城瑶家山铜矿床为代表；在滇东北的浅成中-低温热液型铅锌矿床也伴生有铋矿，以会泽麒麟厂、矿山厂铅锌矿床为代表。此外，澜沧老厂斑岩型银铅锌多金属矿床中也伴生有铋矿。

一、永平县厂街铜钴矿床伴生铋[1]

厂街矿床是一个以铜钴为主，伴生硫、砷、铋、银的矿床，其伴生的铋资源量为363 t，Bi品位0.017%。矿床行政区划隶属于永平县厂街乡，位于永平县城167°方向，平距22 km处；其地理坐标为：东经99°33′00″~99°35′30″，北纬25°14′30″~25°16′30″，面积14.42 km^2。

厂街矿区构造变形比较强烈，主要表现为红层的褶皱和断裂。其大地构造分区属羌塘-三江造山系（Ⅶ）之昌都-兰坪-普洱（思茅）地块（Ⅶ-5）中北部；成矿区带属“三江”（造山带）成矿省（Ⅱ2）之兰坪-普洱（陆块）Cu-Pb-Zn-Ag-Fe-Hg-Sb-As-Au-石膏-菱镁矿-盐类成矿带（Ⅲ5）之兰坪-普洱（地块）Cu-Pb-Zn-Ag-Fe-Hg-Sb-As-Au-盐类矿带（Ⅳ12）的中部西侧。

区内出露地层主要有中侏罗统花开左组（J_2h）、坝注路组（J_2b）和下白垩统景星组（K_1j），其中，中侏罗统花开左组（J_2h）是主要赋矿层位，含矿岩性为石英砂岩。矿区位于厂街-狗街燕山期褶皱中段、咱咧-厂街-热水塘向斜南西翼，分布有大菜园背斜、西岳山向斜、象狮山破背斜及象鼻子向斜等次级褶皱，轴向为北西向。断裂构造发育，主要呈北西、近东西向展布，属压扭性；矿体严格受构造控制，一般构造破碎带越发育，对成矿越有利。

厂街铜钴矿床的矿体赋存于层间破碎带及断裂破碎带中，岩性控制不明显。已发现大小矿体50余个，矿体多由单脉或复脉组成。产于层间破碎带的矿体呈似层状，规模较大，长度560 m，宽度300 m，厚度0.66~36.01 m，平均5.44 m。产于断裂破碎带中的矿体呈脉状、透镜状、囊状及串珠状，主要呈北东、北西、近东西向展布。矿体一般长度40~180 m，宽度20~60 m，厚度1~3 m；主成矿元素品位分别为：Cu 1%~2%，平均1.32%；Co 0.03%~0.1%，平均0.097%；S 3%~10%，平均6.71%；As 0.4%~1.5%，平均1.44%。伴生有Sb、Bi、Ag等元素，其含量分别为Sb 0.1%~

[1] 主要资料来源：云南省冶金局地质勘探公司三一〇队，1976，云南永平铜钴矿厂街矿区地质勘探报告。

0.2%、Bi 0.017%、Ag 13.62 g/t。

矿石中金属矿物有砷黝铜矿、黄铜矿、黄铁矿、含钴黄铁矿、毒砂、含钴毒砂、钴黄铁矿、钴毒砂、铁硫砷矿、辉砷镍矿、辉钴矿及其次生矿物（铜蓝、孔雀石、臭葱石、褐铁矿等），常呈粒状、细脉状沿破碎带裂隙充填。脉石矿物有石英、白云石、铁白云石、菱铁矿、长石、绢云母等。

矿石结构主要有自形晶结构、半自形晶结构、交代结构、交代残余结构、溶蚀结构、环节结构及周边结构等；矿石构造主要有致密块状构造、网脉状构造、浸染状构造及后期形成的角砾状构造。

根据矿床形成条件、矿石结构构造、矿物共生组合及相互间的交代与穿插关系，可将厂街矿床成矿期划分为热液成矿期与表生期，其中热液成矿期又可分为黄铁矿化、钴矿化阶段与铜矿化阶段两个成矿阶段。铜钴生成于同一时期之不同阶段，密切共生；硫、砷与铜、钴、铁组成硫砷化物，且呈相互正相关关系。锑、铋、银呈类质同象赋存于砷黝铜矿、黄铜矿、黄铁矿等铜钴矿物中。

厂街矿床的围岩广泛见硅化、黄铁矿化、菱铁矿化、重晶石化、镜铁矿化等蚀变及褪色现象，以褪色现象为主，其他蚀变皆分布于褪色带中。硅化及重晶石化主要表现为细脉状充填，其他则以细脉浸染状出现。以上现象在断层破碎带更为显著。围岩蚀变强弱与矿化关系较为密切，强则富、弱则贫。

经单矿物爆裂法测定成矿温度，厂街铜钴矿床含矿热液温度大于370℃、黄铁矿阶段大于365℃、钴矿化阶段310~370℃、铜矿化阶段265~295℃、脉状及细脉状黄铜矿阶段150~165℃；据董方浏（2002）研究成果，矿石中石英包裹体均一温度为231.4~347.1℃，盐度为10.75%~33.37%，为中高温中高盐度的热液蚀变型铜钴矿床。由于矿床综合研究程度较低，各种测试数据较少，对比区域上同一成矿带上的兰坪金满等铜多金属矿床，本志书初步将其定为浅成中-低温热液型矿床。由于水泄铜（钴）矿石英$^{40}Ar-^{39}Ar$等时线年龄为59.8±0.5 Ma（黄震等，2005），金满铜矿矿化砂岩中磷灰石裂变径迹修正年龄为58.7 Ma（李小明，2000）、石英$^{40}Ar-^{39}Ar$快中子活化法等时线年龄为54.30±0.15 Ma（刘家军等，2003），与薛春纪等（2003）对兰坪盆地边缘及中央断裂带的构造岩浆活动时代（23~68 Ma）基本一致。因此，厂街铜钴矿床伴生铋矿的成矿时代应为古新世（喜马拉雅早期）。

二、江城县瑶家山铜矿床伴生铋

瑶家山矿床为一小型热液脉状铜矿床，位于兰坪-普洱（地块）Cu-Pb-Zn-Ag-Fe-Hg-Sb-As-Au-盐类矿带南段，其成矿地质条件、矿床成因类型与厂街铜钴矿床基本一致。

矿体产于北东和北西向断裂破碎带中，矿石中主要有用组分为铜，Cu品位1%~5%，平均2.57%；伴生有Co、Ga、Ag、Au、Bi、As、Sb、U、Th等有益元素。矿石中Bi含量约0.1%，其中致密块状矿石Bi含量大于1%、网脉状矿石Bi含量0.03%~0.08%、浸染状矿石Bi含量0.003%~0.03%、铁帽Bi含量0.005%~0.01%，Bi主要富集于块状矿石中，个别样品中可见辉铋矿与硫化物及砷化物共生。

三、会泽铅锌矿田（麒麟厂-矿山厂矿床）伴生铋

会泽矿田是一个大型铅锌多金属矿田，伴生有Ge、Ga、Cd、Ag、Bi、As、V等有益元素。云南省会泽矿务局于1959年提交了《云南省会泽矿务局铅锌矿有益伴生元素赋存规律的研究及储量计算报告书》，估算C_1+C_2级伴生元素储量：锗361.69 t、镓300.71 t、镉1078.81 t、银451.95 t，砷12445.13 t、铋497.30 t、五氧化二钒9949.15 t。

铋主要产于麒麟厂、矿山厂矿床的硫化矿石中，含铋矿物主要为硫铋铜矿、针铅铋银矿等。矿田平均Bi含量0.00657%，最高含量为0.066%。麒麟厂矿床硫化矿中，Bi含量0.004%~0.008%；矿山厂矿床硫化矿石中，Bi含量0.0043%。

四、澜沧县老厂银铅锌多金属矿床伴生铋

澜沧老厂矿床是一个与喜马拉雅期富碱斑岩有关的大型银铅锌多金属矿床，以银、铅、锌为主，共生铜、钼，伴生金、铋、镓、镉、铟、铼、砷、硒、碲等有益组分。1989~1994年，西南有色地质

勘查局三〇九队对矿区进行系统勘探，分别提交了《云南省澜沧县老厂铅银矿床第一期地质勘探报告》《云南省澜沧县老厂铅银矿床第二期地质勘探报告》；2010～2011 年，通过实施危机矿山深部接替资源勘查工作，取得了重大成果和新进展。累计查明资源储量：Ag 2531.91 t、Pb 60.47×10^4 t、Zn 42.99×10^4 t、Cu 23.25×10^4 t。

据西南有色地质勘查局三〇九队（1994）成果，火山岩型的银铅锌黄铁矿矿石 Bi 含量为 0.036%、碳酸盐岩型银铅矿石中 Bi 含量为 0.0018%；火山岩型银铅锌黄铁矿矿石通过优先浮选，铅精矿中 Bi 含量为 0.26%，可综合回收利用。铋主要赋存于铅矿石中，铋矿物主要为辉铋矿，其次为含银铋铅矿、辉铋铅矿，Ⅰ、Ⅱ号矿体群方铅矿的 Bi 平均含量为 0.021%（李光斗，2010）。

伴生铋虽未估算资源量，但资源潜力较大。关于澜沧老厂银铅锌多金属矿床的成因，有许多不同的观点，主要有海相火山喷流沉积型、岩浆热液型、海相火山喷流沉积+斑岩型等，均具有一定的依据，在《中国矿产地质志·云南卷·贵金属矿产》和《中国矿产地质志·云南卷·铅锌矿产》中均有较详细的叙述。随着勘查工作和综合研究的不断深入，矿床的形成虽为多期次和多种成矿作用所致，但与喜马拉雅期富碱斑岩活动关系最为密切，自下而上形成 Mo（Cu）→Cu、S→Pb-Zn-Ag-Bi→Ag-Pb（Zn）的成矿元素垂直分带，应为斑岩型银铅锌多金属矿床。由于花岗斑岩中辉钼矿 Re-Os 等时线年龄为 43.78±0.78 Ma（李峰等，2010），表明其主成矿时代为始新世（喜马拉雅期）。

第五章 铝土矿

第一节 沉积型铝土矿

云南省沉积型铝土矿共发现矿产地33处，约占全省矿产地总数的57%。其中，大型矿床1处、中型矿床2处、小型矿床22处、矿点8处。累计查明资源储量12401.68×10^4 t，占总量的61.28%。该类矿床以滇中地区富民老煤山铝土矿矿床，滇东南麻栗坡铁厂、丘北大铁铝土矿矿床最具代表性；经近年勘查，文山市天生桥地区沉积型铝土矿找矿也取得重大突破。

一、富民县老煤山耐火粘土铝土矿矿床❶

老煤山耐火粘土铝土矿矿床行政区划隶属于富民县大营镇，位于富民县城98°方向，平距10 km处；其中心点地理坐标为：东经102°36′15″，北纬25°13′11″，面积约1.66 km^2。

1939年，许佳佑对区内地层构造做了一定的工作，但缺乏对矿产的研究；1944年，谢家荣、张兆瑾在区内开展地质调查，对富民老煤山铝土矿进行研究，测有1∶10000简测图一幅，同时经取样分析确定为铝土矿。

1958年，云南省地质局铝土矿地质队对矿区开展地质工作，提交了《云南省富民县老煤山矿区地质报告》，估算C_1+C_2级铝土矿矿石量115.28×10^4 t，C_1+C_2级硬质耐火材料1000.31×10^4 t。

1959~1963年，云南省地质局第九地质队对矿区开展勘查工作，于1963年5月提交了《云南省富民县老煤山铝土矿初步勘探报告》，估算C_1+C_2级铝土矿矿石储量122×10^4 t，烟煤储量12.4×10^4 t。

1990~1991年，冶金工业部西南地质勘查局昆明地质调查所对老煤山铝土矿首采地段进行勘探工作，于1991年3月提交了《云南省富民县老煤山铝土矿区首采地段勘探地质报告》，估算表内C+D级铝土矿矿石量140.2×10^4 t；表外铝土矿矿石量8.9×10^4 t。共伴生煤12.4×10^4 t、耐火粘土76.41×10^4 t、熔剂灰岩104.87×10^4 t、镓295.5 t、镱14 t。

2010年，云南地质工程勘察设计研究院对矿区开展资源储量核查工作，提交了《云南省富民县老煤山铝土矿核查矿区资源储量核查报告》，矿区累计查明并保有332+333类铝土矿资源量140.20×10^4 t，Al_2O_3 62.53%。上述资源量已列入《云南省2017年矿区及所属矿山矿产资源储量简表》，本区的铝土矿、耐火粘土矿以及煤矿除有零星民采外，尚未系统开发利用。

（一）矿区地质特征

老煤山矿区大地构造分区属扬子陆块区（Ⅵ）、上扬子古陆块（Ⅵ-2）之康滇基底隆起带（Ⅵ-2-11），成矿区带属上扬子（陆块）成矿省（Ⅱ3）、滇中基底隆起带Fe-Cu-Pb-Zn-Ag-Au-Pt-Pa-Ni-Ti-Sn-W-REE-P-S-重晶石-蓝石棉-盐类-煤成矿带（Ⅲ9）之东川-易门Fe-Cu-Pb-Zn-Ti-Sn-Al-W-Mn-P-S-重晶石-盐类矿石矿带（Ⅳ23）。

1. 地层

区内出露地层主要为上石炭统，中二叠统梁山组、栖霞组及第四系。其中含矿层位为中二叠统梁山组（P_2l）(亦称倒石头组（P_2d)，为一套滨海沼泽相的砂泥岩夹铝土矿、铝土岩及煤层，总厚度

❶ 主要资料来源：冶金工业部西南地质勘查局昆明地质调查所，1991，云南省富民县老煤山铝土矿区首采地段勘探地质报告。

11~33 m。根据岩性可分为上下两段：

上段（P_2l^2）铝土矿层

（16）灰白色粘土岩，含砂粘土岩。 厚度 0~1.09 m

（15）铝土矿层：为豆状、角砾状、致密状、土状，主要含铝层系。 厚度 0~5.26 m

（14）浅灰色碧玉状铝土岩。 厚度 0.5~2 m

（13）黑色碳质页岩。 厚度 0~0.5 m

（12）第一层煤：烟煤，为半暗煤至光亮煤。 厚度 0~4 m

下段（P_2l^1）砂岩层

（11）黑色碳质页岩。 厚度 0~0.2 m

（10）灰色细砂岩灰色铝土页岩。 厚度 0~4 m

（9）第二层粘土岩：灰白色致密碧玉状粘土岩。局部铝硅比 2.6。 厚度 0.8~1.5 m

（8）灰色细粒至中粒砂岩。 厚度 0~4 m

（7）第二层煤：劣质煤。 厚度 0.2 m

（6）灰色细粒砂岩及铁质石英砂岩。 厚度 4 m

（5）灰褐色粘土。 厚度 0.4 m

（4）第三层粘土岩：灰色致密碧玉状。 厚度 1.4 m

（3）灰色细粒砂岩。 厚度 3 m

（2）第三层烟煤。 厚度 0.8 m

（1）深灰色粉砂岩。 厚度 0.5 m

其上覆地层为中二叠统栖霞组灰岩，与下伏上石炭统灰岩假整合接触，铝土矿赋存于含矿岩系的中上部（图 5-1，图 5-2），围岩无明显蚀变特征。

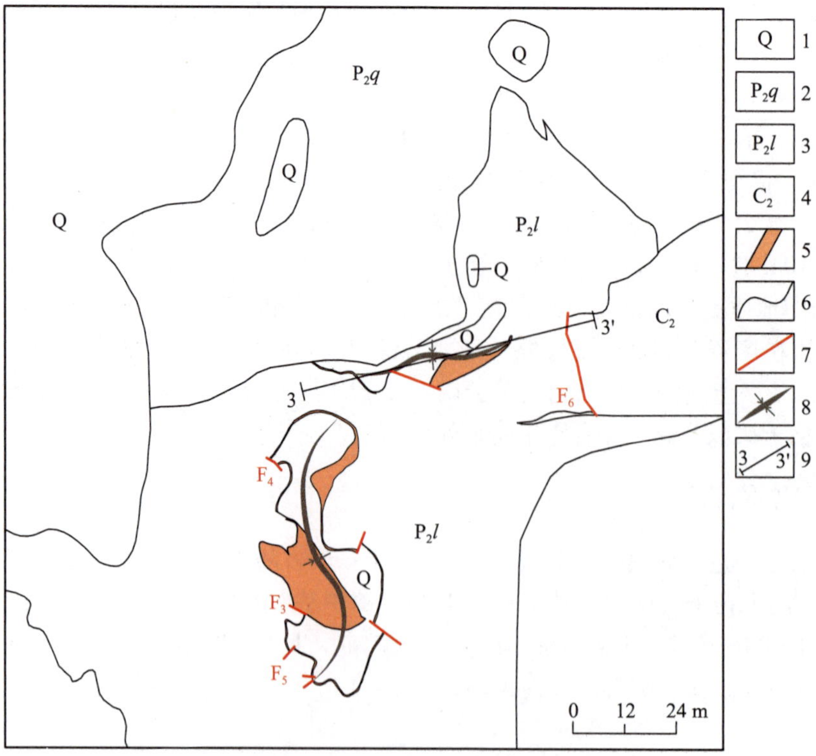

图 5-1 富民县老煤山耐火粘土铝土矿矿区地质简图

（据冶金工业部西南地质勘查局昆明地质调查所，1991，有修改）

1—第四系；2—中二叠统栖霞组；3—中二叠统梁山组；4—上石炭统；5—铝土矿；6—断层；7—地质界线；8—向斜轴；9—勘探线及编号

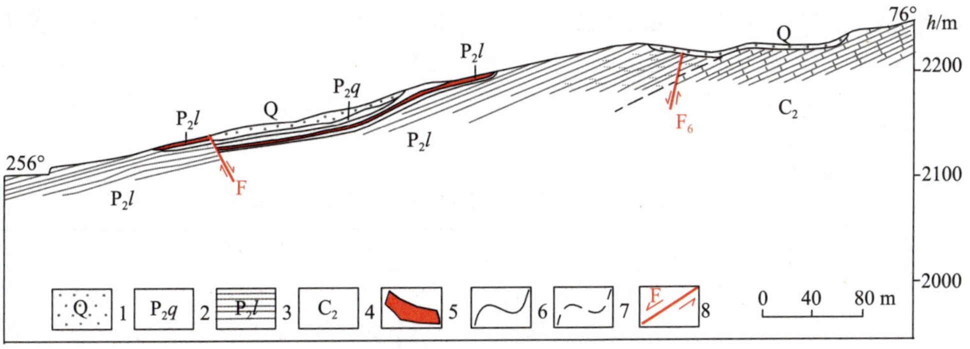

图 5-2　富民县老煤山耐火粘土铝土矿矿床 3 号勘探线地质剖面图

（据冶金工业部西南地质勘查局昆明地质调查所，1991，有修改）

1—第四系；2—中二叠统栖霞组；3—中二叠统梁山组砂岩、石英砂岩；4—上石炭统灰岩；5—铝土矿；6—整合地质界线；7—平行不整合界线；8—断层及编号

2. 岩浆岩

区内岩浆活动较弱，岩浆岩不发育。仅在矿区北部下茨塘与三村一带见浅色基性岩体侵入，岩性为橄榄辉绿岩。

3. 构造

老煤山矿区构造较复杂，由南北、东西、北东、北西向 4 组断裂构造及旋卷构造组成，使本区寒武纪—二叠纪地层受到影响。其中北东、北西向构造极为发育，相互错断现象极为明显，由此推测此系列构造为早期构造影响下形成。该区褶皱主体是老煤山向斜，向斜呈北西—南东向展布，呈不对称状，东翼陡西翼缓，南端封闭，北端开阔，核部为二叠系，两翼为石炭系及泥盆系。

（二）矿体地质特征

老煤山矿床的铝土矿体呈似层状赋存于老煤山向斜东南翼，顺坡倾斜，倾向 280°~330°，倾角 7°~18°。矿体南北长 1100 m，宽度 96~385 m；最厚 5.34 m，最薄 0.73 m，平均 2.56 m；各组分含量分别为：Al_2O_3 62.53%、SiO_2 14.06%、Fe_2O_3 4.26%、S 0.06%、P_2O_5 0.05%，A/S 值为 4.45。矿体出露标高 2130~2210 m，分南北 2 段，北段为Ⅰ号矿体，南段为Ⅱ号矿体。

北段Ⅰ号矿体：以灰白色致密块状铝土矿为主，长度 600 m，宽度 105~385 m，平均厚度 2.57 m，呈单斜状，倾向北西，走向北东，倾角 8°~18°，局部受裂隙影响有小范围的变化达 42°，向东露出地表，向西覆盖逐渐加厚，但大致产状与地貌有一致性。

南段Ⅱ号矿体：以豆状铝土矿为主，底部见少量灰白-浅灰色致密块状铝土矿，长度 500 m，宽度 96~280 m，平均厚度 2.53 m，总产状与地貌一致，走向北东，倾向北西，倾角 7°~17°。

（三）矿石特征

老煤山矿床的矿石矿物主要有一水硬铝石、地开石、一水软铝石，次要矿物为三水铝石、褐铁矿、高岭石、粘土矿物及少量绿泥石等。矿石化学分析结果见表 5-1，矿区有益组分较多，其中铝土矿 Al_2O_3 含量为 59.69%~63.68%，有害杂质含量较少，潜在经济效益较高。

表 5-1　富民县老煤山耐火粘土铝土矿矿床矿石化学分析表

样号	分析结果/%									特征值	
	Al_2O_3	SiO_2	Fe_2O_3	CaO	MgO	TiO_2	Na_2O	K_2O	烧失量	A/S	F/A
Ⅰ	59.69	13.89	5.23	0.5	0.5	1.94	0.052	0.37	13.43	4.3	0.056
Ⅱ	63.68	12.42	2.92	0.5	0.5	2.58	0.045	0.4	16.39	5.1	0.029

铝土矿按形状及结构分可以分为豆状铝土矿、致密块状铝土矿、层状铝土矿3种主要类型。

矿石结构以鲕状、豆状为主；构造以土状、块状为主。

在铝土矿中，含有可回收利用的稀土元素镱（Yb）、分散元素镓（Ga）以及煤层和耐火粘土（表5-2）。

表5-2　富民县老煤山耐火粘土铝土矿矿床伴生元素特征表

名称		资源储量	规模	赋存部位和品位
共伴生元素	煤	未计算		位于第一层铝土矿之下，厚度1~2 m，最厚可达4 m，呈透镜状产出；灰分含量为6%~18%，挥发分含量20%~40%，固定碳含量70%~80%，含硫量3.2%
	耐火粘土	53.00×10^4 t	小型	为煤层底板，致密状、灰白色-浅灰色，具贝壳状断口，厚度0.8~1.5 m，最厚3 m，Al_2O_3 含量25%~65.32%、SiO_2 15.06%~62%、Fe_2O_3 1.62%~3.47%、$TiO_2$3.5%~4.38%，A/S 1~4.33，局部达铝土矿要求
	镱（Yb）	14 t	小型	平均品位0.001%
	镓（Ga）	295.5t	小型	品位0.02%~0.027%，平均0.02%

（四）矿化阶段划分

老煤山铝土矿床成矿过程大致经历了3个阶段：①早期沉积的岩石经过红土化作用，形成红土化风化壳，含铝土矿物初步堆积；②在中二叠世海侵时，残留的富含三水铝石的红土型风化壳被地表径流冲刷、搬运、残积（原地）-堆积-沉积在附近的滨海-沼泽环境中随后沉积上覆地层，形成早期铝土矿床；③受燕山和喜马拉雅运动影响，地壳抬升遭受剥蚀，部分含矿岩系暴露于地表或近地表，在氧化条件下，矿石进一步去硅去硫富铝，使矿石发生变化形成高品位低硫质量优良的矿石。

（五）成矿物理化学条件

矿层之下为深灰色砂泥岩夹煤层，水平层理发育，说明水体平静，为还原环境，矿层之上灰色灰岩，为弱还原环境，矿层灰白色、灰黄色，说明成矿时为弱还原-弱氧化环境。

（六）矿床成因及成矿模式

老煤山矿床的铝土矿严格受中二叠统梁山组层位控制，矿体呈似层状产于含矿岩系中，矿床成因类型为古风化壳沉积型铝土矿，老煤山式铝土矿床为扬子地台区尤其是滇中昆明地区沉积型矿床典型代表。

老煤山式沉积型铝土矿床成矿需满足以下几个条件：①古地理条件及良好的成矿物源。石炭纪末，扬子古陆的云南境内地壳普遍上升，使滇中古陆和牛头山岛的范围有所扩大，以碳酸盐岩为主的古陆逐步上隆并遭受剥蚀，形成富含铝沉积物的物源供应区；同时其间出现了大片滨海低丘平原和滨海沼泽，在滇中古陆东侧的昆明附近则为早中二叠世残留海盆。②适宜的古气候条件：在温暖润湿气候条件下，以碳酸盐岩为主的滨海低丘平原上发生了强烈的钙红土化和红土化作用，形成红土化风化壳，同时形成石炭系低洼不平的溶蚀地貌，在中二叠世海侵时，残留的富含一水铝石和三水铝石的红土型风化壳被地表径流冲刷、搬运、残积（原地）-堆积-沉积在附近的滨海-沼泽环境中，随后沉积上覆地层。③后期次生作用改造：受燕山和喜马拉雅运动影响，地壳抬升遭受剥蚀，部分含矿岩系暴露于地表或近地表，在氧化条件下，矿石进一步去硅去硫富铝，形成高品位低硫的土状矿石。矿床成矿模式见图5-3。

（七）找矿标志

地层岩相标志：中二叠统梁山组是主要赋矿层位，滨海沼泽相夹铝土矿、铝土岩及煤层的砂泥岩

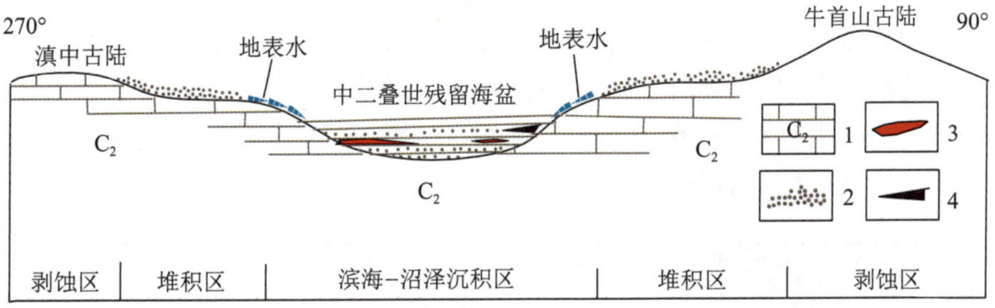

图 5-3 富民县老煤山耐火粘土铝土矿矿床成矿模式图

（据云南省地质调查局，2011b，有修改）

1—上石炭统灰岩；2—堆积-残积型铝土矿；3—沉积型铝土矿；4—劣质煤

为直接找矿标志。

构造标志：区域上次一级的背、向斜构造可作为铝土矿找矿的构造标志，特别是向斜构造是重要的找矿标志。

矿化转石标志：铝土矿化转石可作为近矿找矿标志。

二、麻栗坡县铁厂铝土矿矿床❶

铁厂铝土矿矿床行政区划隶属麻栗坡县铁厂乡，位于麻栗坡县城 50°方向，平距约 40 km 处；其中心点地理坐标为：东经 105°02′35″，北纬 23°21′37″，面积 25.42 km^2。

1972 年，云南省地质局第二地质大队在矿区开展过铝土矿勘查评价工作，初步了解了铝土矿的产出部位和矿体形态、产状、规模、品位及伴生有益元素，并估算了铝土矿地质储量。

1985~1986 年，云南省地质矿产局第二地质大队在矿区开展详查工作，提交了《云南省麻栗坡县铁厂铝土矿详细普查地质报告》，估算表内 C+D 级铝土矿矿石量 273.29×10^4 t。

2004~2005 年，云南地矿资源股份有限公司文山分公司在前期详查工作基础上，开展了补充详查工作，于 2005 年 5 月提交了《云南省麻栗坡县铁厂铝土矿补充详查报告》，估算 121b+122b+2S22 类铝土矿资源储量 424.91×10^4 t，Al_2O_3 含量 54.83%，A/S 值为 6.61（其中，沉积型 268.56×10^4 t，占比为 63.2%；堆积型铝土矿 156.33×10^4 t，占比为 36.8%）；334 类堆积型铝土矿预测资源量 683.77×10^4 t，各组分含量分别为：Al_2O_3 49.35%，SiO_2 7.47%，Fe_2O_3 25.27%，S 0.07%；A/S 值 6.61。估算伴生镓资源量 918.89 t（其中 333 类 310.35 t，334 类 608.54 t）。

2010 年，云南省地质调查院对矿区开展资源储量核查工作，提交了《云南省麻栗坡县铁厂铝土矿核查矿区资源储量核查报告》，矿区累计查明 121b+122b+2S22 类铝土矿资源储量 424.91×10^4 t，Al_2O_3 含量 54.83%；上述资源储量已列入《云南省 2017 年矿区及所属矿山矿产资源储量简表》。铁厂铝土矿为小型规模，其矿石品位高、但含硫、硅、钙、镁较高，尚未开发利用。

（一）矿区地质特征

铁厂矿区大地构造分区属扬子陆块区（Ⅵ）、上扬子古陆块（Ⅵ-2）之富宁-那坡被动陆缘（Ⅵ-2-9），成矿区带属华南（陆块）成矿省（Ⅱ4）、个旧-文山-富宁（地块）Sn-W-Ag-Pb-Zn-Au-Sb-Mn-Al 成矿带（Ⅲ13）之文山-西畴（西畴拱凹）Au-Sb-Al-Cu-Pb-Zn 矿带（Ⅳ30）。矿区由黄家塘矿段（堆积型）、铁厂矿段、团山包矿段（沉积型为主）三个矿段组成。

1. 地层

区内出露地层有三叠系永宁镇组、洗马塘组，二叠系吴家坪组、茅口组，以及石炭系—二叠系马

❶ 主要资料来源：云南地矿资源股份有限公司文山分公司，2005a，云南省麻栗坡县铁厂铝土矿补充详查报告。

平组，石炭系威宁组、大塘组（图 5-4）。上二叠统吴家坪组下段（P_3w^1）则是本区沉积型铝土矿的唯一含铝岩性段，也是堆积型铝土矿的主要物质来源。吴家坪组下段由铝质粘上岩、铝土岩、碳质粘土岩、铝土矿及生物碎屑灰岩等组成，不整合于上石炭统威宁组和下二叠统的古岩溶侵蚀面上，属海进系列建造，厚度变化较大（0.55~64.12 m），是铝土矿赋矿层位。除上二叠统含铝岩段为局限海域沉积外，其余均属浅海相碳酸盐岩建造。

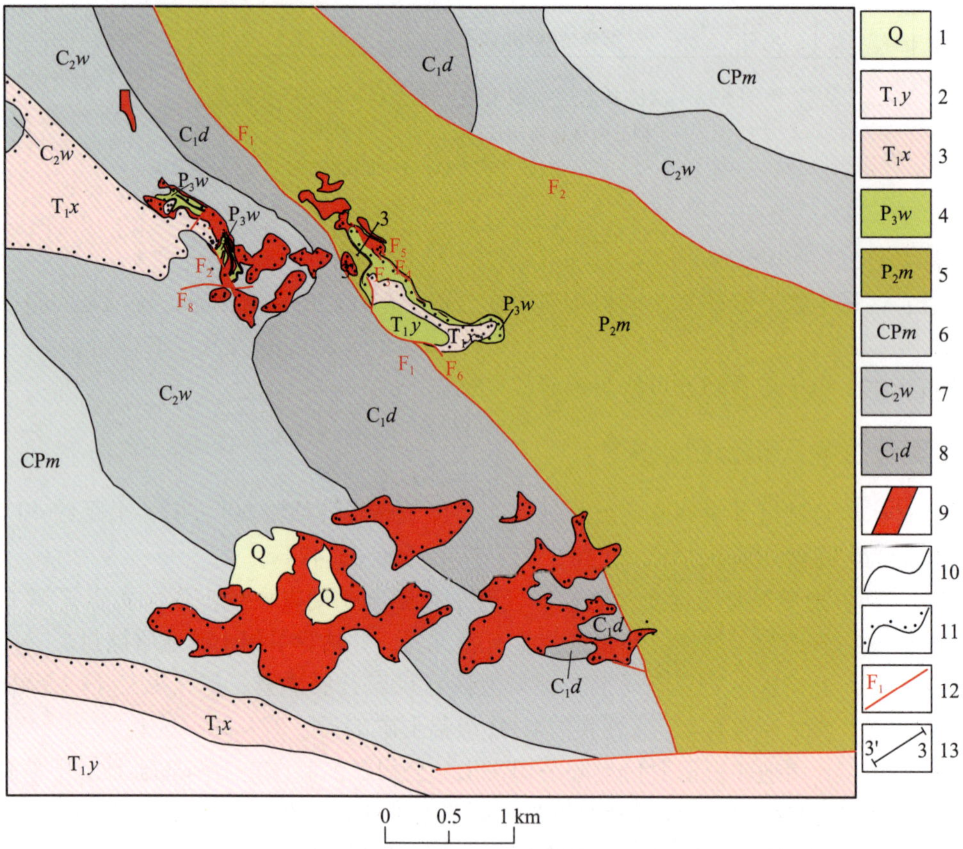

图 5-4　麻栗坡县铁厂铝土矿矿区地质简图

（据云南地矿资源股份有限公司文山分公司，2005a，有修改）

1—第四系残坡积物；2—下三叠统永宁镇组结晶灰岩；3—下三叠统洗马塘组厚-中厚层细晶灰岩；4—上二叠统吴家坪组中厚层状灰岩、铝土岩、铝质粘土岩；5—中二叠统茅口组厚至巨厚层状灰岩；6—石炭系—二叠系马平组厚至巨厚层状细晶灰岩；7—上石炭统威宁组中厚层状细晶灰岩、鲕状灰岩；8—下石炭统大塘组厚层状细晶灰岩、假鲕状灰岩；9—堆积型铝土矿体；10—整合地质界线；11—角度不整合界线；12—断层及编号；13—勘探线及编号

2. 岩浆岩

区内岩浆活动较弱，岩浆岩不发育，仅在西南部董定、磁南一带出露变玄武岩。

3. 构造

铁厂矿区褶皱构造以铁厂向斜为代表，位于铁厂矿段东部，为一不对称向斜，其轴线呈向南西弯曲弧形，轴长度约 1650 m，受董马-铁厂断裂（F_1）影响其南西翼发育不全，轴部出露永宁镇组上段（T_1y^2），两翼出露永宁镇组（T_1y）及吴家坪组（P_3w），向斜北东翼地层倾向 198°~223°，倾角 10°~32°，南西翼中部被 F_6 断层破坏而部分残缺，南西翼岩层倾向 323°~35°，倾角 13°~30°。

矿区断裂构造发育，其中以北西向断裂最为重要，对矿区地层和矿体连续性均有不同程度的破坏。铁厂断裂（F_1）为董马-铁厂断裂南东段分支断裂，为矿区主断裂之一。地表出露大于 2070 m，呈北西—南东向展布，断裂面倾向南西，倾角 65°，沿断裂走向微显舒缓波状弯曲，带内见断续构造破碎带，宽度 10~20 m，构造角砾岩十分发育，并有方解石脉穿插。为一条压扭性复合逆断裂，吴家坪期前后都有活动迹象，据成矿岩相古地理特征分析、恢复，该断裂与成矿时的古海岸线大致吻合，控制着矿区成矿、成岩沉积环境。铝土矿主要分布于 F_1 断层附近，断裂以西抬升剥蚀缺失中二叠统（局部甚至下二叠统），含铝岩段直接超覆于 CP*m*、C 之上，东侧下降接受连续沉积，多次构造活动叠加，形成区内复杂多变的构造形迹。

（二）矿体地质特征

铁厂矿床的铝土矿包括沉积型和堆积型两大类，沉积型赋存于上二叠统吴家坪组下段，共有 3 个工业矿层 9 个矿体，单矿体呈似层状、透镜状（图 5-5）。主要矿体有 4 个：团山包矿段 V_1、V_{2-2}、V_3 矿层和铁厂矿段 V_1 矿层。

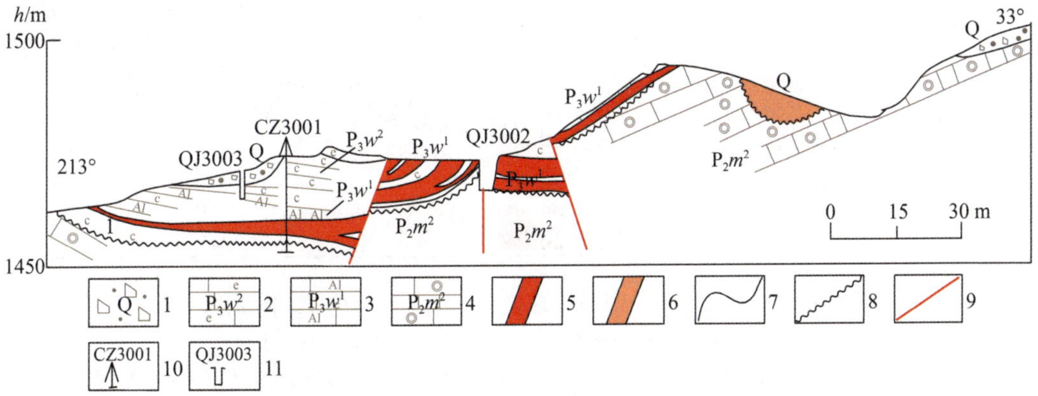

图 5-5　麻栗坡县铁厂铝土矿矿床 30 号勘探线地质剖面图

（据云南地矿资源股份有限公司文山分公司，2005，有修改）

1—第四系堆积物；2—上二叠统吴家坪组上段中厚层状生物碎屑灰岩、细晶灰岩；3—上二叠统吴家坪组下段铝土矿、铝土岩、铝质粘土岩、碳质页岩；4—中二叠统茅口组厚层状角砾状灰岩、细晶灰岩；5—沉积型铝土矿；6—连续堆积型铝土矿体；7—整合地质界线；8—角度不整合地质界线；9—断层；10—钻孔及编号；11—浅井及编号

团山包矿段 V_1 矿层：分布于含铝岩段底部，不整合超覆于上石炭统威宁组（C_2w）之上，呈层状产出。总体走向长度 1120 m，宽度 90～280 m，倾向延深 180～230 m；矿层厚度 0.43～6.18 m，平均 2.59 m。矿层 *A/S* 值为 5.90。矿石工业类型除原生矿为一水硬铝石中铁高硫铝土矿外，其余均属一水硬铝石中铁低硫的Ⅵ—Ⅴ级。

团山包矿段 V_{2-2} 矿层：呈层状单斜产出，产状 232°∠40°，矿层走向长度 760 m，倾向延深 50～200 m；矿层厚度 0.39～14.90 m，平均 3.54 m。假鲕状、碎屑状一水硬铝石原生带矿石为灰黑色黄铁矿有机质假鲕状铝土矿或铝土岩。各主要组分含量分别为：Al_2O_3 40.48%～66.60%，平均 57.74%；SiO_2 4.32%～18.37%，平均 10.01%；Fe_2O_3 5.93%～21.56%，平均 13.10%；S 0.02%～5.90%，平均 0.60%；*A/S* 值 5.77。工业矿石在氧化带中均为一水硬铝石中铁低硫矿石的Ⅴ、Ⅵ级品。

团山包矿段 V_3 矿层：产于含铝岩段顶部，呈层状单斜产出，产状 223°∠19°，走向长度 550 m，倾向延深 160 m；矿层厚度 0.71～1.96 m，平均 1.35 m。由假鲕状一水硬铝石矿石组成，致密块状，时有硅质条纹或条带，普遍含星点状细粒黄铁矿，含量为 30%～35%，风化成黄褐色。矿层上部具交错纹层构造。高硫矿石占全矿层矿石量的 76.34%，氧化低硫矿石仅占 23.66%。矿层主要组分含量分别为：Al_2O_3 47.09%～59.29%，平均 55.80%，SiO_2 14.26%；Fe_2O_3 6.63%～17.77%，平均 10.45%；S 0.02%～4.98%，平均 1.68%，各组分含量比较均匀。*A/S* 值 3.91，属一水硬铝石中铁高硫铝土矿石的Ⅵ级品。

铁厂矿段 V_1 矿层：矿体呈层状产出，产状 226°∠42°，走向长 930 m，倾向延深 110～190 m；矿体厚度 0.55～10.88 m，平均 2.69 m。矿层各主要组分含量分别为：Al_2O_3 41.20%～68.36%，平均 56.55%；SiO_2 5.63%～16.89%，平均 11.28%；Fe_2O_3 1.64%～21.82%，平均 10.74%；S

0.09%~12.91%，平均3.08%。*A/S*值5.01，工业类型和品级属一水硬铝石中铁中硫铝土矿的Ⅴ—Ⅵ级品。

堆积型矿体主要分布于铁厂和团山包矿段之间的交接部位及黄家塘矿段，矿体堆积类型均为残-坡积型，具有大小不一，厚薄不等，形态不规则，分布呈零星片状等特征（图5-6）。两矿段共圈出堆积矿体8个，其中铁厂矿段3个（LD1、LD2、LD3），团山包矿段5个（LD4、LD5、LD6、LD7、LD8），均为连续堆积矿体。另有少量堆积体无工程控制。黄家塘矿段的堆积矿体共10个，其中连续堆积矿体4个，不连续堆积矿体6个。矿体堆积类型包括残-坡积、坡积、坡-洪积、塌积4种类型，以坡积型居多。黄家塘矿段堆积矿体具有面积较大但形态极不规则，分布相对集中等特征。

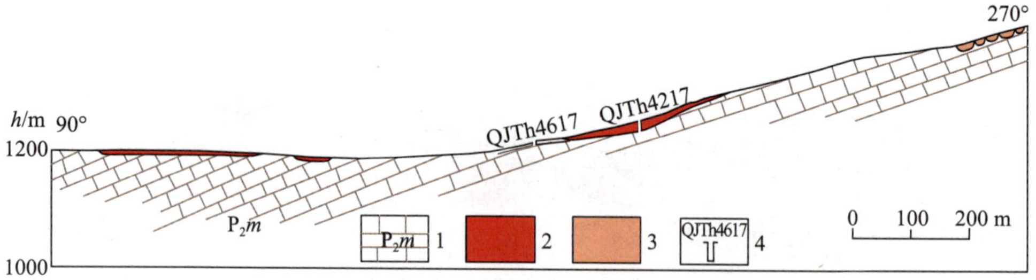

图5-6 麻栗坡县铁厂铝土矿矿床黄家塘矿段17号勘探线地质剖面图

（据云南地矿资源股份有限公司文山分公司，2005a，有修改）

1—中二叠统茅口组巨厚层状细晶灰岩；2—连续堆积铝土矿体；3—不连续堆积铝土矿体；4—浅井及编号

（三）矿石特征

铁厂矿床沉积型铝土矿矿石总的属一水硬铝石铝土矿类，按自然类型可进一步分为：一水硬铝石-（假）鲕状碎屑状铝土矿石、一水硬铝石土状铝土矿石、黄铁矿一水硬铝石（假）鲕状碎屑状矿石、黄铁矿一水硬铝石致密块状矿石4类；堆积型矿矿石自然类型主要为一水硬铝石-（假）鲕状碎屑状铝土矿石。

沉积型铝土矿石工业类型也分为4类：一水硬铝石中铁高硫矿石（V_1、V_2矿层原生带矿石）、一水硬铝石中铁低硫矿石（V_1、V_2矿层氧化带矿石）、一水硬铝石高铁高硫矿石（V_3原生带矿石）、一水硬铝石高铁低硫矿石（V_3氧化带的矿石）。第一、二类矿石的Al_2O_3含量和*A/S*值均在Ⅳ—Ⅴ级品之列，V_3矿层的矿石，不论原生矿石或氧化矿石，均属Ⅵ级品。堆积型铝土矿石工业类型为高铁低硫型铝土矿，从主要组分含量的统计看，铁厂、团山包两矿段堆积型矿石的品级属Ⅴ—Ⅶ级，黄家塘矿段则以Ⅶ级为主。

铁厂铝土矿矿石矿物单一，主要为一水硬铝石和铝凝胶，脉石矿物主要为方解石、黄铁矿、褐铁矿、赤铁矿、高岭石等。矿石各主要组分含量分别为：Al_2O_3 40.84%~73.47%，平均57.58%；SiO_2 3.92%~20.35%，平均10.91%；Fe_2O_3 1.64%~30%，平均11.32%。铝硅比值3.14~5.90，平均5.28。

沉积型铝土矿层原生带矿石结构包括假鲕状结构、碎屑结构、鲕状结构，氧化带中矿石结构，除部分保留有原生带矿石的一些结构特点外，还有鳞片粒状镶嵌结构、砂状结构等。矿石构造主要有块状、纹层状、条带状、砾状、角砾状等，其中以块状者为主。堆积型铝土矿矿石结构构造与沉积型类似，包括假鲕状、鲕状、碎屑结构。矿石构造主要由块状、条纹状、条带状及砾状构造。

矿石中伴生有益组分主要为镓（Ga），主要呈类质同象存在一水硬铝石中。堆积型矿石中Ga含量为0.0089%，沉积型矿石中Ga含量为0.0045%~0.0095%，已达工业要求。有害元素硫含量较高（0.02%~12.91%），但随着矿床的氧化，S大量淋失，矿石质量显著提高。

（四）矿化阶段及分布

铁厂铝土矿成矿过程大致经历了两期四个阶段，第一期为晚二叠世的原生沉积铝土矿；第二期是在原生沉积铝土矿的基础上，经风化、剥蚀、氧化作用在岩溶凹地、坡地堆积或原地残积形成的铝土矿。四个阶段为：①滇东南古陆地壳升隆、剥蚀风化阶段——晚二叠世吴家坪早期的滨海地带温湿多雨，古钙红土化作用强烈，形成含铝土矿物堆积；②东吴运动古地壳差异升降、切割、岩溶化，含铝土矿物迁移、脱硅阶段——鲕状水铝石被搬运至附近的半局限海湾或台地凹陷中；③半局限海湾或台地沉积、海解、去硅阶段——鲕状水铝石沉积，在上覆沉积物和水体海解、压力下发生成岩作用，形成原生沉积型一水硬铝石铝土矿床；④表生改造阶段——印支运动本区抬升结束沉积，进入长时间的风化剥蚀。出露地表或近地表的沉积铝土矿、铝土岩、含铝岩石不断遭受风化、剥蚀或再生，形成堆积型铝土矿。受喜马拉雅运动第三幕强烈褶皱造山、差异性升降及断裂活动影响形成的岩溶洼地、缓坡则成为堆积型铝土矿聚集成矿的有利场所（图 5-7）。

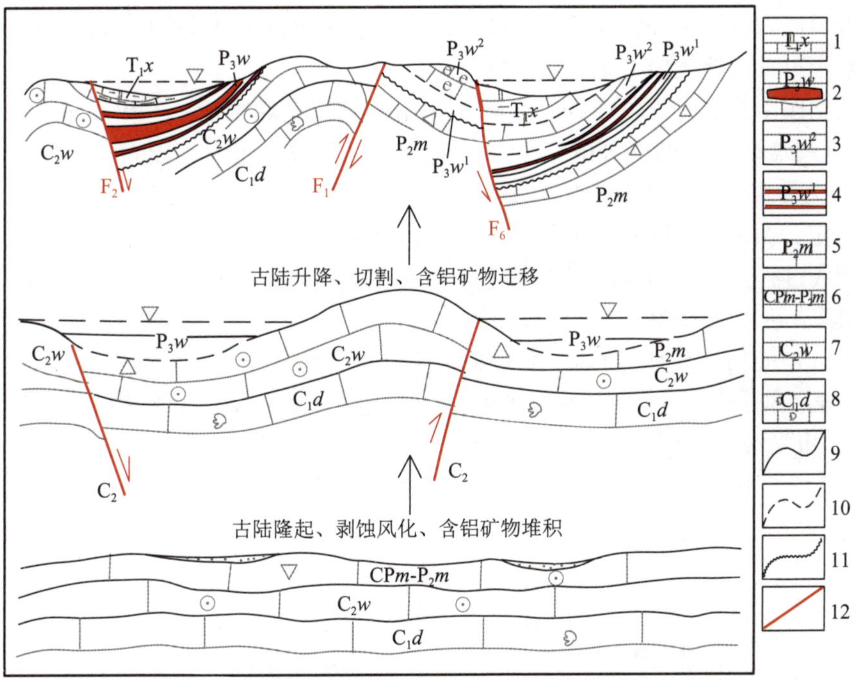

图 5-7　麻栗坡县铁厂沉积型铝土矿矿床成矿演化示意图

（据云南省地质调查局，2011，有修改）

1—下三叠统洗马塘组条带灰岩、薄层灰岩、白云岩；2—上二叠统吴家坪组含铝土矿层；3—上二叠统吴家坪组二段生物碎屑灰岩、细晶灰岩；4—上二叠统吴家坪组一段含铝土矿粘土岩；5—中二叠统茅口组灰岩角砾状灰岩、生物碎屑灰岩；6—石炭系—二叠系马平组、中二叠统茅口组角砾状灰岩、生物碎屑灰岩；7—上石炭统威宁组灰岩、鲕状灰岩；8—下石炭统大塘组灰岩、假鲕状灰岩；9—整合地质界线；10—平行不整合接触；11—角度不整合接触；12—断层

（五）成矿物理化学条件

铁厂矿床沉积-成岩期黄铁矿分布比较普遍，矿石中碳酸盐矿物与星点状黄铁矿共生，沉积域水介质化学性质属碱性弱还原环境。

（六）矿床成因及成矿模式

铁厂铝土矿成因类型为沉积型（碳酸盐岩侵蚀面上机械碎屑沉积型一水硬铝石）及堆积型（一水硬铝石高铁铝土矿）并存的铝土矿床。

上二叠统吴家坪组下段含铝岩系由一套碎屑岩、铝土矿与碳酸盐岩、泥岩相间交替组成，可划分为3个明显的沉积旋回，旋回底部由铝土矿或铝土岩组成，其上为含碳质生物碎屑灰岩与碳质页岩互层，它们是特定环境的产物。

早期（粘土岩形成时期）：陆表海期上二叠统吴家坪组下段，由铝质粘土岩、铝土岩、钙质砂岩、黄铁矿碳质铝土岩、碳质页岩、碎屑状鲕状铝土矿、生物碎屑灰岩等组合而成。

中期（铝土矿沉积期）：海陆交互沼泽期上二叠统吴家坪组下段中部，为铝（粘）土矿沉积，铝土矿的分布具明显的局限性，多出现于古岩溶洼地中，多相变为粘土页岩，优质高品位的铝土矿基本都出现于其中，形成于湖泊环境中。豆鲕状铝土矿、碎屑状铝土矿出现于水动力较强的滨海环境中，致密状铝土矿、砂岩状铝土矿出现于水体相对较深、水动力环境相对较弱的岩溶洼斗中。含铝岩段基本是一套深色的碳质页岩、劣质煤线和碳质灰岩，有的地段出现厚数十厘米至1 m多的煤层。同时，伴随铝土矿层多处见到鳞木、轮叶、芦木等大型植物化石。表明晚二叠世吴家坪早期以海陆交互温暖潮湿的古气候环境为主，有利于古钙红土化的进行。

晚期（碳质、粘土页岩）：滨海环境上二叠统吴家坪组下段上部，含矿岩系顶板普遍为生物灰岩，其次为砂岩、灰岩、碳质页岩为相变关系。说明处于水动力环境较强的陆表海环境，在部分地段出现中、细粒砂岩，具靠近大陆边缘的沉积特征。

铝土矿是风化作用的最终阶段产物，当风化作用进行到最后阶段——铝铁土阶段（红土型风化作用阶段），铝硅酸盐矿物被彻底分解，全部可移动元素都被带走，主要剩下Al_2O_3、SiO_2、Fe_2O_3、TiO_2等铝土矿的主要成分。矿区铝土矿、粘土页岩中Al_2O_3与TiO_2成正相关关系，由于风化条件下TiO_2化学性质稳定，Al_2O_3与TiO_2的正相关关系是铝土矿形成于风化剥蚀环境的明证。

铝土矿的形成过程是一个SiO_2流失的过程。矿区铝土矿、顶部粘土页岩基本分析表明，Al_2O_3与SiO_2成负相关关系，可以认为Al_2O_3与SiO_2在铝土矿、顶部粘土页岩中存在于不同的矿物中，Al_2O_3的相对减少是因为SiO_2的相对增加。在晚二叠世吴家坪早期滨海地带，沿岸均为C-P灰岩，多处出现半局限的海湾或台地经风化作用后积累了大量的红土化风化作用形成的铁铝残留物质，经晚二叠世期最早的海侵，形成了含铝岩系；随后海水退出，多处出现半局限的海湾或台地，水体将地势较高处的成矿物质搬运到低洼的岩溶凹陷中，成矿物质进一步分选、富集形成铝土矿体。矿床成矿模式见图5-8。

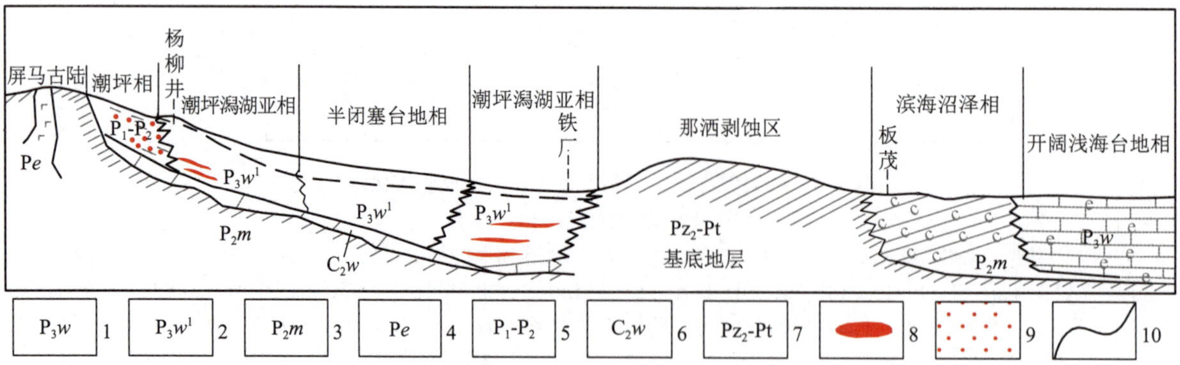

图5-8　麻栗坡县铁厂铝土矿矿床成矿模式图

（据云南省地质调查局，2011b，有修改）

1—上二叠统吴家坪组上段生物碎屑灰岩、细晶灰岩；2—上二叠统吴家坪组下段含铝土矿层；3—中二叠统茅口组角砾状灰岩、生物碎屑灰岩；4—二叠系峨眉山玄武岩；5—下二叠统—中二叠统潮坪相灰岩；6—上石炭统威宁组灰岩、鲕状灰岩；7—晚古生代—元古宙基底地层；8—沉积型铝土矿；9—堆积型铝土矿；10—地质界线

（七）找矿标志

地层岩性标志：上二叠统吴家坪组下段（或龙潭组）含铝岩段是唯一的地层标志。

地貌标志：在石炭系、二叠系碳酸盐岩发育地区的缓坡或缓丘地带，常预示有含铝地层的出露。

在红壤分布区，并有大量赭褐色“铜珙石”时，应注意是否为堆积型铝土矿。

植被标志：在碳酸盐广布地区的缓坡地带，如果出现繁茂的蕨类植物，且其他灌木不易生长时，多数是铝土矿层出露区或堆积铝土矿分布区。

三、丘北县大铁铝土矿矿床[❶]

大铁铝土矿矿床行政区划隶属于丘北县腻脚乡，位于丘北县城南西方向 70 km 处；其中心点地理坐标为：东经 103°53′18″，北纬 23°58′53″。

“云南广南-丘北-砚山地区铝土矿整装勘查”为云南省 3 年地质找矿行动计划第一批整装勘查项目之一，项目实施单位为云南省有色地质局，丘北县大铁铝土矿勘查为项目 4 个勘查区块之一（其余 3 个为文山天生桥-砚山阿猛铝土矿勘查区、西畴县木者-铁厂铝土矿勘查区、广南县甲坝铝土矿勘查区）。2010 年云南省有色地质局三〇六队对丘北大铁铝土矿进行了初步的普查评价，发现了规模较大的铝土矿矿（化）体，特别是古城矿段的沉积型铝土矿深部还有较大找矿空间。经云南省有色地质局三〇六队和云南冶金集团文山铝业有限公司协商，2011 年开始主要对古城矿段开展了详查工作，其他矿段开展了普查工作。矿床由沉积型铝土矿（主要）和堆积型铝土矿组成，共伴生矿产有煤、铁、钛、镓等，综合利用经济价值极大。目前共圈定沉积矿体 17 个，堆积矿体 16 个。按边界品位 Al_2O_3≥40%，A/S≥1.8 估算，累计探获 332+333 Ⅰ类净矿资源量 1881.79×10^4 t（其中，沉积型 1785.3×10^4 t，占比为 94.87%；堆积型 96.5×10^4 t，占比为 5.13%），Al_2O_3 含量 44.05%，A/S 4.83，达中型规模。如按低于工业指标的边界品位 Al_2O_3≥35%，A/S 值≥1.5 估算，则累计探获 332+333 Ⅱ类净矿资源量 6100.54×10^4 t（其中，沉积型 5917.0×10^4 t，占比为 96.99%；堆积型 183.5×10^4 t，占比为 3.01%），Al_2O_3 含量 39.70%，A/S 3.65，达大型规模。该资源储量尚未列入《云南省 2017 年矿区及所属矿山矿产资源储量简表》，矿床为富钛、高铁的低品位铝土矿，目前尚未开发利用。

（一）矿区地质特征

大铁矿区位于背鲁底复式背斜北翼，其大地构造分区属扬子陆块区（Ⅵ）、上扬子古陆块（Ⅵ-2）之富宁-那坡被动陆缘（Ⅵ-2-9）；成矿区带属华南（陆块）成矿省（Ⅱ4）、个旧-文山-富宁（地块）Sn-W-Ag-Pb-Zn-Au-Sb-Mn-Al 成矿带（Ⅲ13）之文山-西畴（西畴拱凹）Au-Sb-Al-Cu-Pb-Zn 矿带（Ⅳ30）。由西向东分为架木格矿段、古城矿段、大铁矿段和龙戛矿段 4 个矿段，南邻飞尺角铝土矿，矿床范围东西长 25 km，南北宽大于 5 km。

1. 地层

区内出露地层主要为古生界泥盆系、石炭系、上二叠统，中生界三叠系，局部出露第四系，缺失侏罗系、白垩系和古近系、新近系（图 5-9）。其中出露面积最大的是石炭系和三叠系，铝土矿主要赋存于上二叠统龙潭组（P_3l）底部。龙潭组（P_3l）自西向东断续出露，由于受后期断层影响，含矿地层被切断为大小不一、形态极不规则的断块，并被推覆重叠。在相对完整的古城和大铁矿段，含矿层出露厚度十余米至 65 m，平均厚度达 45 m。在矿区大部分地段，龙潭组（P_3l）底部与上石炭统威宁组不整合接触，上部盖层为下三叠统洗马塘组；在西部架木革矿段，则与上二叠统峨眉山玄武岩假整合接触。

大铁铝土矿区的含铝土矿岩系地层岩性，从上至下为：

上覆地层：下三叠统洗马塘组（T_1x）

（6）灰黄、褐灰色粉砂质页岩。

——————整合接触——————

上二叠统龙潭组（P_3l）：

---

❶ 主要资料来源：云南省有色地质局三〇六队，2013，云南省丘北县大铁地区铝土矿普查报告。

（5）硅质岩：灰白、深灰色薄层状，坚硬性脆，矿区内普遍发育，在东部夹有泥灰岩透镜体。 厚度 5~30 m

（4）煤层：为无烟煤，多为透镜体，有的夹于硅质层或粘土岩之中。 厚度 0~2 m

（3）粘土岩：褐灰、绿灰、灰白色粘土岩，呈块状、少量鲕状，局部为砂质粘土岩，亦有相变为铝土矿层。 厚度 2~20 m

（2）铝土岩：灰、灰白、灰绿、紫灰色，具鲕状、豆状、土状结构。底部有 1~2 cm 杂色粘土层。为本区主要含矿层。 厚度 0~20.7 m

----------------假整合接触----------------

下伏地层：石炭系（C）

（1）灰白色、深灰色石炭系灰岩，局部为上二叠统褐灰、紫灰色玄武岩。

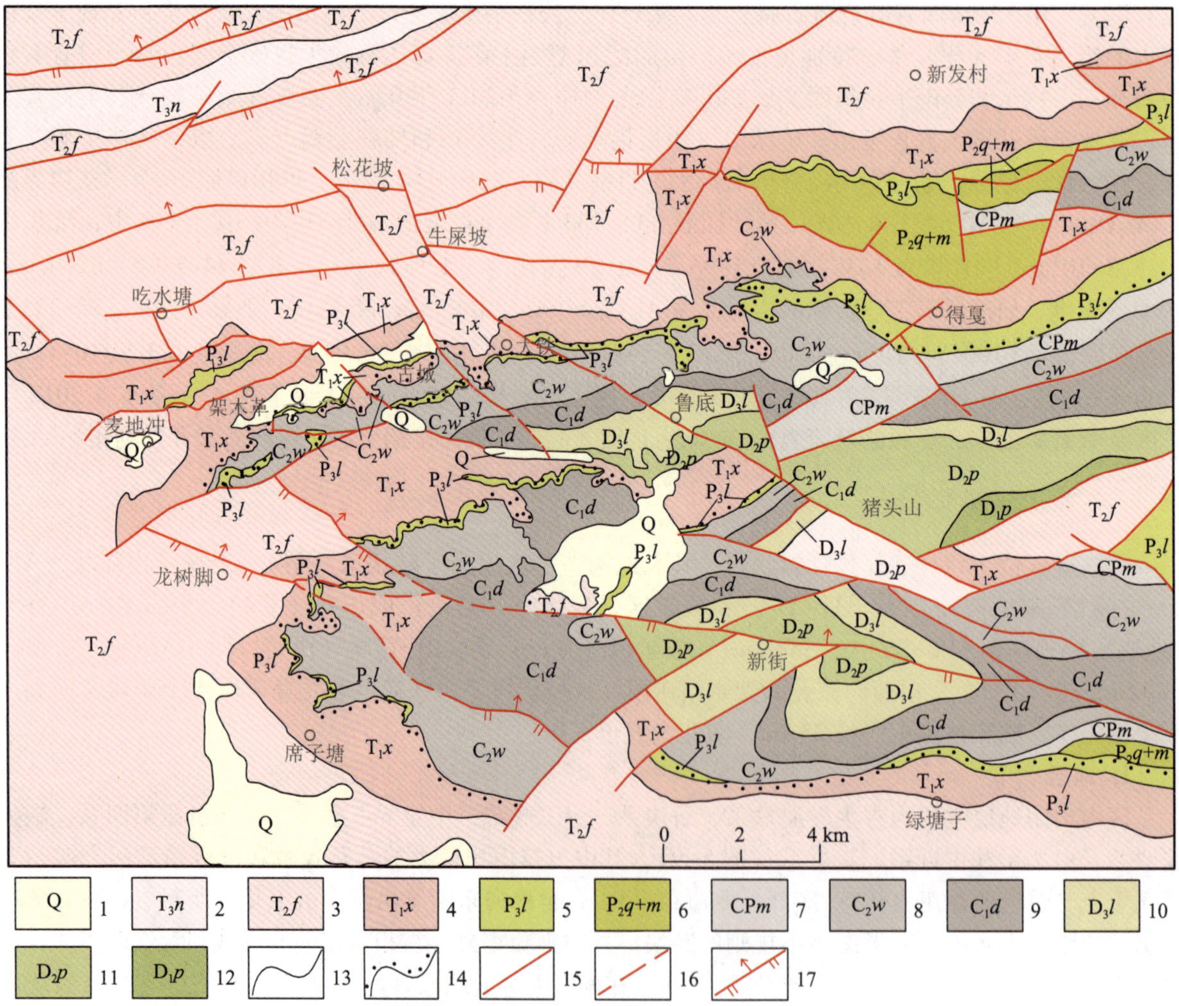

图 5-9 丘北县大铁铝土矿矿区地质简图

（据云南省有色地质局三〇六队，2013，有修改）

1—第四系；2—上三叠统鸟格组；3—中三叠统法郎组；4—下三叠统洗马塘组；5—上二叠统龙潭组；6—中二叠统栖霞组—茅口组；7—石炭系—二叠系马平组；8—上石炭统威宁组；9—下石炭统大塘组；10—上泥盆统榴江组；11—中泥盆统坡折落组；12—下泥盆统坡脚组；13—整合地质界线；14—角度不整合界线；15—实测性质不明断层；16—推测断层；17—逆断层

2. 岩浆岩

区内出露岩浆岩仅有晚二叠世基性玄武岩，岩性为玄武质熔岩，玄武质火山碎屑岩。岩石矿物主要组分为基性长石和辉石，次要矿物为橄榄石、角闪石及黑云母。岩石为黑色、灰绿色、暗紫色。斑状结构，气孔状、杏仁状构造。矿区北西架木革矿段地表出露长度 2.5 km，宽度 200~500 m，厚度大于 50 m 的玄武岩。矿区大石包、沙子坡等地段含矿层龙潭组底部钻孔揭露下伏玄武岩厚度大于 200 m。

3. 构造

大铁矿区整体为鲁底复式背斜的北翼，背斜核部位于矿区中部猪头山–马革–丘北县城一带，轴向近东西走向，轴长大于 30 km，东部延出矿区，西部在地白老寨附近倾没消失。核部出露为泥盆系，翼部地层分别为石炭系、二叠系、三叠系。矿区内断裂活动强烈，大多为逆断层，将地层切割为形态不一的断块并出露，架木革矿段地表玄武岩出露长 5 km，均沿断裂分布。矿区主要断层分为北东、北西向两组，局部发育东西向断层，北西断层在矿区浅表出露完整，并切断北东、北西向断层，应属印支期—燕山期的断裂，部分北西走向断层为正断层，属北西向主断裂走滑活动中伴生的低级别断裂（图 5-9）。

（二）矿体地质特征

大铁矿床从西往东长度约 25 km，四个矿段共圈出原生沉积型铝土矿体 19 个。其中规模较大的沉积矿体均集中在古城矿段，以 GCⅠ号矿体和 GCⅢ号矿体规模较大；堆积型铝土矿主要出露地段于古城、大铁和龙戛 3 个矿段，共圈出矿体 16 个，规模较大的为古城矿段的 GDⅣ号矿体和龙戛矿段 LDⅡ号矿体。

沉积型 GCⅠ号矿体：走向北东东，从架木格经沙子坡延伸至水米冲，控制矿体长度 2450 m，矿体规模属大型，矿体产状总体与地层产状一致，倾向北西西，倾角 6°~38°，个别达 42°。矿体形态呈厚层状，局部透镜状，矿体形态总体变化程度简单（图 5-10）。矿体地表出露标高 1900~2070 m，相对高差 80 m。矿体厚度 0.97~39.63 m，平均 14.80 m；Al_2O_3 含量 36.51%~53.47%，平均 40.27%。*A/S* 值为 1.95~7.93，平均 3.46。

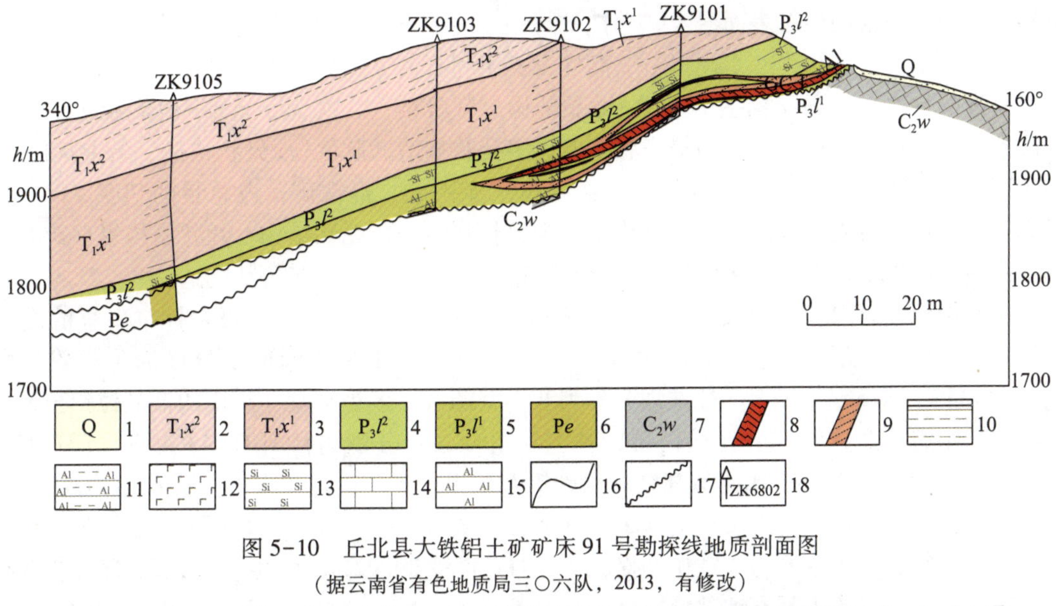

图 5-10　丘北县大铁铝土矿矿床 91 号勘探线地质剖面图

（据云南省有色地质局三〇六队，2013，有修改）

1—第四系；2—下三叠统洗马塘组上段；3—下三叠统洗马塘组下段；4—上二叠统龙潭组上段；5—上二叠统龙潭组下段；6—上二叠统峨眉山玄武岩；7—上石炭统威宁组；8—Ⅰ类铝土矿体；9—Ⅱ类铝土矿体；10—泥岩；11—铝土质泥岩（粘土岩）；12—玄武岩；13—硅质岩；14—灰岩；15—铝土矿；16—整合地质界线；17—不整合界线；18—钻孔及编号

沉积型 GCⅢ号矿体：走向北东，从水米冲延伸至古城，控制矿体长度 2350 m，矿体规模属大型，矿体产状总体与地层产状一致，倾向北西，倾角 11°~38°，个别达 55°。矿体形态层状，局部似层状，矿体形态总体变化程度简单。矿体地表出露标高 1960~2146 m，相对高差 186 m。矿体厚度 1.50~21.48 m，平均 7.90 m；Al_2O_3 含量 35.06%~50.88%，平均 42.60%。*A/S* 值为 1.56~12.85，平均 4.70。

堆积型 GDⅣ号矿体：是矿区规模最大的堆积型矿体，分布于古城矿段古城村南，赋存标高 1945~2118 m，相对高差 173 m。矿体纵向长度 2620 m，横向宽度 180~430 m，平均 380 m，出露面积 1.16 km^2，为中型规模。矿体外形为条状，其产状随地形起伏有所变化，在纵横剖面上呈平缓、微倾斜、缓倾斜产出，与第四系产出形态一致，矿体形态比较简单。矿体厚度 1.2~20.2 m，平均 4.57 m；Al_2O_3 含量 35.68%，*A/S* 值为 2.68，含矿率 510.30 kg/m^3。

堆积型 LDⅡ号矿体：是矿区品位最富的矿体，分布于龙戛矿段黑则村南，赋存标高 1985~2050 m，相对高差 65 m。矿体纵向长 1820 m，横向宽 180~650 m，平均 470 m，矿体累计出露面积 0.73 km^2，为小型规模，矿体外形为饼状，矿体纵横长度比 1∶2，其产状随地形起伏有所变化，在纵横剖面上呈平缓、微倾斜、缓倾斜产出，与第四系产出形态一致，形态简单。矿体厚度 1.00~11.30 m，平均 5.37 m；Al_2O_3 含量 43.35%，*A/S* 值为 4.03；含矿率 200.63~1004.75 kg/m^3，平均 393.67 kg/m^3。

（三）矿石特征

大铁矿床矿石的工业类型属富钛高铁低硫一水硬铝石铝土矿。根据矿石构造可分为鲕状铝土矿石、块状铝土矿石、致密块状铁铝矿石 3 种类型。鲕状铝土矿石呈褐黄色、紫红色、少数黑色，砂屑结构、鲕状构造；主要由粒径为 0.06~0.5 mm 大小的砂屑状一水硬铝石（45%）、砂屑状一水软铝石（15%~20%）和胶结物等组成。块状铝土矿石呈灰绿色、灰白色、暗紫色，呈泥晶结构，块状构造；主要由粒径 0.004~0.03 mm 的泥-微晶一水硬铝石（70%）和部分铁泥质（5%）、赤铁矿（25%）等组成。致密块状铁铝矿石呈褐红色、紫红色。呈微晶结构、致密块状构造；主要由粒径 0.004~0.02 mm 大小的泥-微晶一水硬铝石（60%）、部分铁泥质（5%~10%）和赤铁矿（30%）等组成。铁泥质不均匀的沿一水硬铝石表面浸染，赤铁矿与一水硬铝石呈不均匀的混杂产出。

沉积型铝土矿矿物组合为一水硬铝石、高岭石、伊利石、赤铁矿、绢云母、绿泥石、锐钛矿、金红石，占总量的 98%。矿石结构主要为隐-微晶结构、鲕状结构，次为半自形-他形粒状结构、包含结构、假象结构等；矿石构造主要为浸染状构造、多孔状构造、脉状-浸染状构造、条带状构造等。

堆积型铝土矿矿物组合为一水硬铝石、高岭石、赤铁矿、褐铁矿，占总量的 70%~96%；锐钛矿、绿泥石、石英、黄铁矿次之。矿石结构主要为鲕粒状结构、泥状结构、片状结构等；矿石构造主要为块状构造、次块状构造、蜂窝状构造、土状构造、晶洞状构造、花斑状构造。

按云南文山铝业有限公司“关于丘北大铁地区铝土矿工业指标确定、报告评审事宜的函”文铝函字〔2012〕5 号文的规定，按 Al_2O_3 含量≥40%、*A/S* 值≥1.8 的标准划分称为Ⅰ类资源量。按 Al_2O_3 含量≥35%、*A/S* 值≥1.5 的标准划分称为Ⅱ类资源量。多为富钛、高铁的低品位铝土矿。

矿石中矿物组合和化学成分比较简单，各主要组分含量分别为：Al_2O_3 48.46%、SiO_2 17.02%、Fe_2O_3 17.30%，铝硅比 2.85，属富钛高铁一水硬铝石型铝土矿。矿床主要共伴生矿产为煤、铁、镓、铌、铈等。经深部钻孔揭示，煤层厚度 0.5~4.9 m，一般 0.8~2.1 m，为薄层-透镜状无烟煤，未进行保有资源量估算；铁矿主要为赤铁矿和褐铁矿，TFe 含量 20.92%；伴生有镓，Ga 含量 0.00696%。此外，稀有元素铌和轻稀土元素铈部分样品达工业指标边界品位，Nb_2O_5 含量 0.01%~0.02%，Ce 含量 193~656 g/t，综合利用价值极大。矿石有害组分 P_2O_5、S、CaO、MgO 含量较低，均在规范允许含量范围之内。矿石中有害杂质含量分别为：MgO+CaO 0.132%、S 0.033%、P_2O_5 0.11%、CO_2 0.06%。总体而言，Al_2O_3 含量及铝硅比偏低，但矿石质量较好，有害杂质较低，可以加以利用。

（四）矿化阶段及分布

丘北大铁矿床的沉积型铝土矿形成于晚二叠世龙潭期，其成矿作用有机械搬迁、红土风化壳溶滤改造、水域中化学分解、胶体化学和生物作用等，具有多期、多因素、多阶段成矿的特点，成矿过程大致经历了基底上升隆起遭受剥蚀、切割夷平和岩溶化阶段→迁移堆积溶滤富集阶段→沉积海解成岩再富集3个阶段。

堆积型铝土矿赋存于第四纪松散层中，铝土矿石空间分布标高2000 m左右，从堆积矿均分布于松散层之特点分析，其主要成矿时代应为第四纪更新世。龙潭组含铝母岩在潮湿炎热气候条件下，具排泄良好的有利地形（残丘、低山、台地），由于水、CO_2和生物等的风化分解作用，母岩中易溶物质K、Na、Ca、Mg流失，而SiO_2、Al、Fe、Ti残留在原地，在构造作用、重力作用下，发生崩落，脱离母体，堆积就位于稳定的缓坡、坡脚等岩溶低洼地带，最终形成质量较好的堆积型铝土矿。

（五）成矿物理化学条件

1. 微量元素地球化学特征

据崔银亮等（2018）对古城矿段铝土矿、灰岩、玄武岩微量元素地球化学特征研究成果，铝土矿与下伏灰岩、玄武岩具有大体一致的元素富集、亏损特点，即明显富集Th、U、La、Ce、Nd、Sm元素，亏损Ba、K、Sr、P、Ti元素，但与玄武岩更为接近。铝土矿和下伏灰岩、玄武岩Zr/Hf值分别为39.94、38.06、38.92，Nb/Ta值分别为16.12、15.35、15.35，均比较相近。在稳定元素Zr-Hf和Nb-Ta图解中，铝土矿与下伏灰岩、玄武岩表现出极高的正相关关系，相关系数分别为0.9734、0.9666，且玄武岩样品点位相对更靠近铝土矿分布点位。由此表明，铝土矿与下伏灰岩、玄武岩存在亲缘关系，下伏灰岩、玄武岩均为成矿物源，但玄武岩贡献相对较大。

2. 稀土元素地球化学特征

据崔银亮等（2018）研究，古城矿段铝土矿ΣREE值为84.18×10^{-6}～5693.62×10^{-6}，平均813.98×10^{-6}；ΣLREE值为66.61×10^{-6}～184.31×10^{-6}，平均529.69×10^{-6}；ΣHREE值为7.39×10^{-6}～745.41×10^{-6}，平均83.49×10^{-6}；ΣLREE/ΣHREE值为2.42～27.22，平均10.65；$(La/Yb)_N$值为1.88～45.39，平均11.62。总体显示LREE富集、HREE亏损的特征，与下伏的灰岩、玄武岩基本一致，而稀土总量（ΣREE）特征与玄武岩更为接近。由此表明，灰岩、玄武岩均可能为成矿物源，但玄武岩贡献相对较大。

综上所述，大铁铝土矿矿床成矿物质具有多源性，可能主要来自下伏峨眉山玄武岩，少部分来自下伏碳酸盐岩。

（六）矿床成因及成矿模式

丘北大铁矿床的沉积型铝土矿赋存于上二叠统龙潭组底部，上覆地层为下三叠统洗马塘组，下伏地层为中石炭统碳酸盐岩基底，其成矿时代为晚二叠世（华力西晚期）；风化型（堆积型）铝土矿则赋存于沉积型铝土矿旁侧岩溶低洼地带的第四系松散沉积物中，成矿时代为第四纪（喜马拉雅晚期）。

龙潭组（P_3l）沉积层由铝质泥岩、褐红色含一水软铝石、一水硬铝石、高岭石、褐铁矿（铁铝岩）组成，以碎屑、豆状、鲕状、块状等不同结构和构造组成的复合矿层，与围岩产状一致，呈似层状产出，局部夹灰岩透镜体。上部为铝质硅质岩、劣质煤、含生物碎屑泥质岩、粉砂质泥岩，上述岩性特征代表潮湿温暖古气候及还原环境。

龙潭组底部不整合接触于中、晚石炭世古风化壳上，其沉积间断时间达40 Ma，证明铝土矿就位在长期遭受风化的古陆上，堆积在侵蚀面上的硅铝-铁铝-铝土型风化物及异地（古陆区）搬运的铝硅酸盐矿物，在长期风化淋滤过程中，Ca、Mg、K、Na被带出，转变为粘土矿物，如高岭石、蒙脱石、伊利石等。同时在二氧化碳和生物作用下，使Al_2O_3、Fe_2O_3、SiO_2发生分离，形成红土化风化壳。晚二叠世龙潭期，隆起的古陆缓慢下降，岩溶洼地、湖盆及局限潟湖、沼泽等开始接受沉积，红土风化壳接受海解，它们在水中变成胶体物质，SiO_2溶于碱性溶液中被带走（即去硅作用），使铝达到饱和并构成铝土矿的主体，Al_2O_3 含量普遍提高，SiO_2 明显降低，最后堆积在已岩溶化溶蚀洼地，最后在上覆沉积物和水体压力下发生成岩作用，形成沉积型铝土矿体。

堆积型铝土矿矿体赋存于第四纪松散层中，铝土矿石空间分布标高 2000 m 左右，从堆积矿均分布于松散层之特点分析，其主要成矿时代应为第四纪更新世。龙潭组含铝母岩在潮湿炎热气候条件下，具排泄良好的有利地形（残丘、低山、台地），由于水、CO_2 和生物等的风化分解作用，母岩中易溶物质 K、Na、Ca、Mg 流失，而 SiO_2、Al、Fe、Ti 残留在原地，在构造作用、重力作用下，发生崩落，脱离母体，堆积就位于稳定的缓坡、坡脚等岩溶低洼地带，最终形成质量较好的堆积型铝土矿。

根据区域地质特征、矿床成因、地形地貌特点、矿床空间位置展布特点，沉积型矿床受基底、古岩溶地貌、沉积环境和沉积相的控制，而堆积型矿床不但与现代地形地貌关系密切，又与沉积型矿床具有因果联系。

1. 基底不整合面的控矿作用

晚石炭世末的东吴运动，滇东南长时间的沉积间断和强烈的风化剥蚀，不但为铝土矿床提供了物源，也确立了矿床空间定位机制，滇东南具有经济价值的沉积型铝土矿，均分布于古侵蚀面之上龙潭组或吴家坪组内。

2. 沉积环境和沉积相的控矿作用

从铝土矿矿产地平面分布位置分析，绝大部分矿产地分布在古陆边缘滨海-沼泽半闭塞台地相，少量矿产地分布于半闭塞台地相与开阔台地相或台盆相交互地带，个别矿床分布于台盆边缘礁滩相。沉积物以泥质、泥砂质、铝土质、硅质为主，少量矿点为泥质碳酸盐沉积。

3. 古岩溶的控矿作用

原生沉积矿及堆积矿基底均为中、上石炭统碳酸盐岩系，在强烈岩溶发展过程中，形成凹凸不平、高低起伏的岩溶地貌，隆起和洼陷控制了含矿岩系的厚度及矿体的分布，往往在狭小空间内含矿岩系及矿体厚度有很大变化，一般地说，含矿岩系厚度与矿体厚度成正比。

4. 原生矿对堆积矿的控矿作用

从堆积型铝土矿的成矿条件分析，原生沉积铝土矿的存在和遭到剥蚀，是形成岩溶型堆积矿的先决条件，在地形上，原生沉积矿出露在山顶或半山坡上，在其下部地形有利部位低洼处（残丘、低山、台地），就存在规模不等、厚薄不一的堆积矿，矿石质量与原生矿密切相关。

（七）找矿标志

地层标志：原生沉积铝土矿严格受上二叠统龙潭组或吴家坪组控制，而堆积型铝土矿就位于原生沉积铝土矿附近的第四系松散沉积物中，龙潭组或吴家坪组是找寻原生沉积矿和堆积型矿的直接标志。

古侵蚀面标志；东吴运动形成的中、晚石炭世古侵蚀面风化剥蚀及异地搬运物提供了铝土矿的物质来源，不整合面是间接找矿标志。不整合面之上的上二叠统龙潭组（吴家坪组）和石炭系大塘组，以及直接超覆不整合面之上其他时代的地层均是找矿重点部位。

地形地貌标志：在含矿层位出露区的岩溶盆地是形成堆积矿的优良场所，原生矿脱离母体，堆积就位于缓坡、坡脚，在地表水和基底碳酸盐泄水的反复循环作用下，杂质遭到淋滤，形成厚度较大、品位较富的铝土矿。

四、文山市天生桥铝土矿矿床[1]

天生桥铝土矿矿床行政区划主体隶属于文山市卧龙街道管辖，部分属砚山县江那镇管辖，位于文

[1] 主要资料来源：四川冶金地质勘查院，2007a，云南省文山县天生桥-瓦白冲铝土矿普查报告；崔银亮，豆松，晏建国，等，2018，云南铝土矿地质与勘查。

山市区 310°方向，平距约 10 km 处；其中心点地理坐标为：东经 104°08′41″，北纬 23°26′59″。

2004~2007 年，云南省冶金集团股份有限公司委托四川冶金地质勘查院对区内堆积型铝土矿进行普查评价工作，于 2007 年 8 月提交了《云南省文山市天生桥-瓦白冲铝土矿普查报告》，估算 332+333+334 类自然风干铝土矿原矿矿石量 1662. 76×10^4 t，净矿矿石量 403. 20×10^4 t；伴生镓金属资源量 240. 97 t。

2011 年，云南文山铝业有限公司委托云南省有色地质局昆明勘查设计院对矿区开展沉积型铝土矿勘查，至 2017 年 8 月，初步完成天生桥、瓦白冲和者五舍约 28 km^2 面积的勘探工作，估算 333 类以上铝土矿资源量约 6000×10^4 t，达大型矿床规模，实现该区沉积型铝土矿的找矿重大突破。上述资源量尚未列入《云南省 2017 年矿区及所属矿山矿产资源储量简表》，上表资源量为 1884. 7×10^4 t，目前尚未开发利用。

（一）矿区地质特征

天生桥矿区大地构造分区属扬子陆块区（Ⅵ）、上扬子（古陆块）（Ⅵ-2）之富宁-那坡被动陆缘（Ⅵ-2-9）；成矿区带属华南（陆块）成矿省（Ⅱ4）、个旧-文山-富宁（地块）Sn-W-Ag-Pb-Zn-Au-Sb-Mn-Al 成矿带（Ⅲ13）之文山-西畴（西畴拱凹）Au-Sb-Al-Cu-Pb-Zn 矿带（Ⅳ30）。矿区由西向南划分为干塘子、天生桥、瓦白冲、者五舍和拖白泥 5 个矿段。

1. 地层

区内出露地层主要为奥陶系、泥盆系、石炭系、二叠系、三叠系、新近系和第四系（图 5-11）。受东吴运动影响，上二叠统龙潭组、下三叠统洗马塘组直接超覆、不整合于石炭系—二叠系马平组古侵蚀面上。强烈的岩溶侵蚀作用及基底古地貌高低起伏，使基底及其以上地层呈孤岛状分布。

上二叠统龙潭组（P_3l）为沉积型铝土矿的主要含矿层位，与上覆地层下三叠统飞仙关组（T_1f）呈假整合接触关系，与下伏石炭系—二叠系马平组（CPm）呈角度不整合接触关系。按照岩性可划分为上、下两个岩性段：

下段为沉积型铝土矿含矿岩系，自下而上分为 3 个岩性亚段，具典型的铁-铝组合特征。

1）灰绿色、紫红色铁铝岩，泥质结构，块状构造，赤铁矿化较强，单层厚度 5~20 cm。总厚度 0~10. 86 m。

2）灰色、浅灰色铝土矿，主要为团粒状，少量鲕粒状结构，鲕粒大小 0. 05 mm，主要成分为铝土矿。薄至中层状构造，单层厚度大多 2~20 cm，局部呈块状构造。总厚度 0~17. 83 m。

3）紫红色、灰白色硅铝岩，主要为泥质结构，少量鲕状结构，薄至中层状构造，单层厚大多 2~10 cm，主要成分为三氧化二铝、二氧化硅。总厚度 0~2. 0 m 不等，多数地段缺失。

上段为灰色、深灰色薄至中层状硅质岩，局部为深灰色细晶中厚层状硅质灰岩，岩石节理裂隙发育，地表多风化成碎块状。厚度 0~121. 1 m，在与下段接触部位，见有 0~4 m 厚的煤层。

第四系（Q）为矿区堆积型铝土矿含矿层，分布于山坡，岩溶凹地，主要为粽红色、黄色、浅褐色残坡积泥质、砂质粘土，其次为铝土矿块，局部地段达工业要求。厚度 0~30 m。

铝土矿赋存于石炭纪—二叠纪古侵蚀面上的上二叠统龙潭组内，上覆地层为下三叠统飞仙关组紫红色、黄绿色泥岩、砂质泥岩；与龙潭组呈假整合接触；下伏地层为石炭系—二叠系马平组厚层-块状灰岩、生物碎屑灰岩、白云岩，与龙潭组呈假整合接触。含矿层呈向南凸的“U”字形，南部向斜扬起端含矿层近东西向分布。向斜东翼者五舍-瓦白冲，含矿层大致呈南北向带状分布，倾向西，倾角 0°~56°；向斜西翼瓦白冲-干塘子，含矿层呈东西向展布，倾向北西，倾角 25°。区内龙潭组断续延伸约 25 km，岩性组合为：下段铁铝质建造，上段硅质、砂质含煤建造。含矿岩系厚度受古基底溶蚀地貌控制，基底低凹处厚度大，凸起处厚度小，但总体上含矿层厚度变化较小，出露厚度 0~90 m 不等。

2. 构造

天生桥矿区总体为一向斜构造，称天生桥向斜（或称塘子边向斜）。向斜西翼为于塘子、天生桥

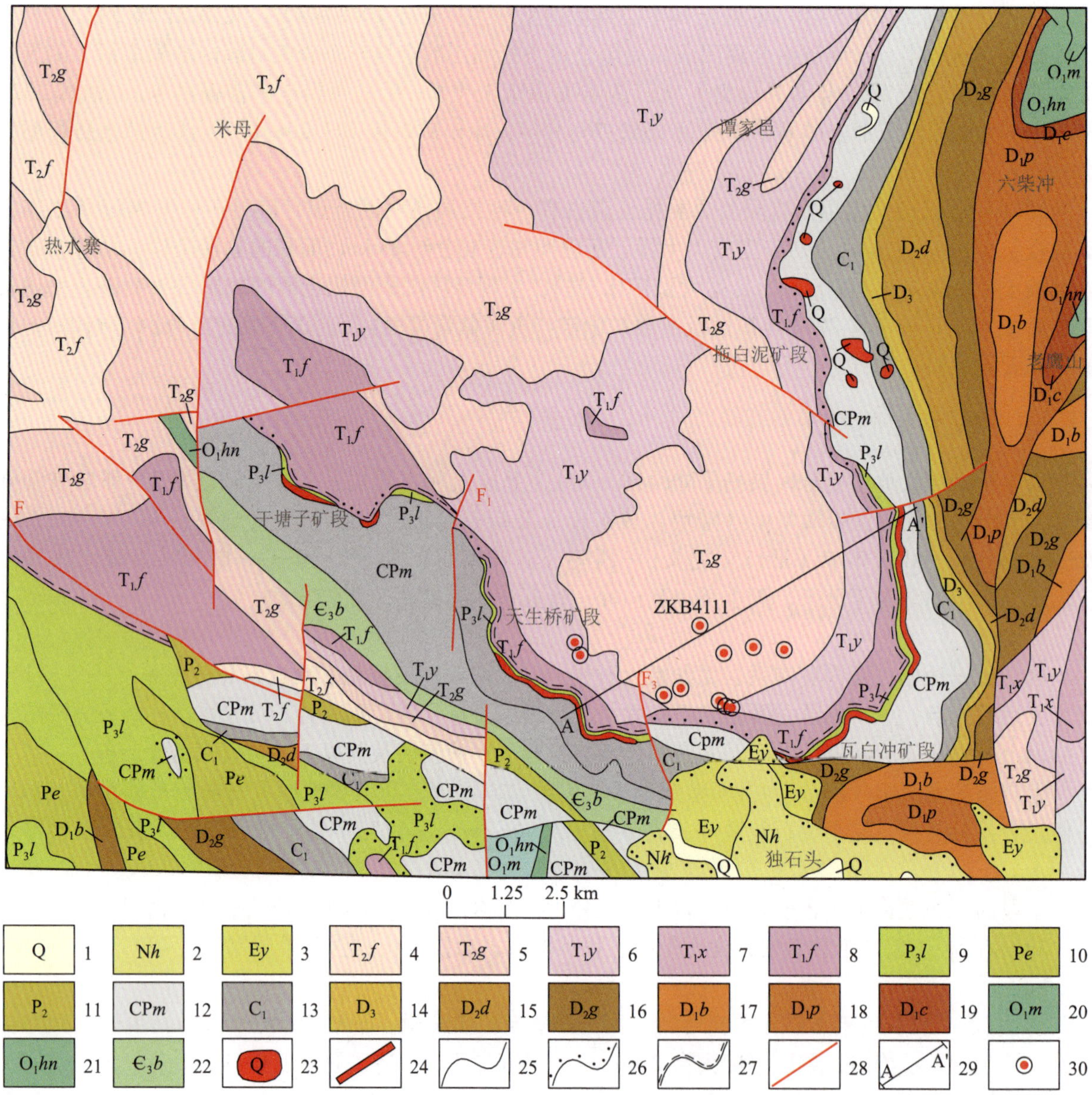

图 5-11 文山市天生桥铝土矿矿区地质简图

（据崔银亮等，2018，有修改）

1—第四系；2—新近系花枝格组；3—古近系砚山组；4—中三叠统法郎组；5—中三叠统个旧组；6—下三叠统永宁镇组；7—下三叠统洗马塘组；8—下三叠统飞仙关组；9—上二叠统龙潭组；10—二叠系峨眉山玄武岩；11—中二叠统；12—石炭系—二叠系马平组；13—下石炭统；14—上泥盆统；15—中泥盆统东岗岭组；16—中泥盆统古木组；17—下泥盆统芭蕉箐组；18—下泥盆统坡脚组；19—下泥盆统翠峰山组；20—下奥陶统湄潭组；21—下奥陶统红花园组；22—上寒武统博莱田组；23—堆积型铝土矿；24—沉积型铝土矿；25—整合地质界线；26—角度不整合界线；27—平行不整合界线；28—断层；29—剖面线；30—验证钻孔

矿段，南转折端为瓦白冲矿段，东翼者五舍矿段，向北延伸至拖白泥矿段。矿体露头沿向斜边缘断续出露长度约 18 km，形成一个“U”字形，向斜核部均为上覆地层覆盖。断裂沿向斜边缘分布，主要有北东、北西和东西向三组断层，多数对矿体影响不明显。

3. 岩浆岩

矿区岩浆活动主要为晚二叠世的基性岩浆喷发，形成上二叠统峨眉山玄武岩组（Pe）玄武岩。对风化玄武岩取样化学分析结果显示，Al_2O_3 平均含量为 20.14%，SiO_2 平均含量为 38.66%，Fe_2O_3 平均含量为 21.76%，具较高铝元素含量，表明其对区内铝土矿的形成有一定贡献。

（二）矿体地质特征

天生桥矿床有沉积型铝土矿和堆积型铝土矿 2 种类型。沉积型铝土矿的矿体呈层状、似层状，总体受石炭纪—二叠纪古侵蚀面起伏影响，部分矿体不连续；堆积型铝土矿沿沉积型铝土矿出露界线分布，为沉积型铝土矿出露地表经风化、破碎，就地残积的产物。

干塘子矿段：位于天生桥向斜西翼，主要为沉积型铝土矿，矿体呈透镜状产出，近东西向延伸 500 m，剖面上控制最大延深 300 m，倾向北，倾角 5°~20°；厚度 0.78~5.40 m，Al_2O_3 含量 42.41%~67.44%，*A/S* 值为 1.52~14.77。

天生桥矿段：位于天生桥向斜西翼，有沉积型和堆积型 2 种类型。沉积型铝土矿呈层状、似层状分布，剖面上矿体控制最大延深 1000 m；厚度 0.13~23.16 m，Al_2O_3 含量 40.06%~69.27%，*A/S* 值 1.60~28.29。堆积型铝土矿分布于龙潭组含矿层南部，赋存于石炭系—二叠系马平组灰岩的溶蚀洼地上的第四系残坡积物中。矿体呈面形展布，产状受地形影响，与地表大致平行；矿体形态极不规则，呈港湾状展布。矿体铅直厚度最小 0.9 m，最大 7.0 m；原矿含矿率最高 1012.09 kg/m^3，最低 120.53 kg/m^3，平均 446.23 kg/m^3。矿体净矿石中，各主要组分含量分别为：Al_2O_3 35.39%~65.38%，平均 46.38%；SiO_2 8.69%、Fe_2O_3 25.86%，铝硅比值平均为 5.34。

者五舍矿段：位于天生桥向斜东翼，有沉积型和堆积型 2 种类型。沉积型铝土矿长轴方向为南北向，呈似层状、透镜状，矿体走向断续延伸 3000 m，控制最大倾向延深 100 m，倾向西，倾角 0°~56°；矿体厚度 0.5~11.42 m，Al_2O_3 含量 43.90%~74.35%，*A/S* 值为 1.92~17.21。堆积型铝土矿主要分布于龙潭组含矿岩系以东，出露于东西宽 1 km，南北长度约 2 km 的范围内，矿体主要赋存于泥盆系及石炭系—二叠系古侵蚀面上的第四系残坡积层中。矿体形态复杂，平面上呈不规则状，具港湾状弯曲；剖面上随基底起伏而起伏，呈舒缓波状、条带状、扁豆状、透镜状产出；矿体规模较小，分布零星，东西最宽 1050 m，南北最长 1180 m，面积约 0.225 km^2。矿体铅直厚度最小 0.6 m，最大 1395 m，平均 8.0 m；原矿含矿率最高 1243.76 kg/m^3，最低 307.12 kg/m^3，平均 713.959 kg/m^3。矿体净矿石中，各主要组分含量分别为：Al_2O_3 42.87%~53.70%，平均 49.65%；SiO_2 5.51%~14.99%，平均 9.39%；Fe_2O_3 20.33%~31.05%，平均 17.31%；铝硅比值为 3.88~9.34，平均 5.30。

瓦白冲矿段：位于天生桥向斜南转折端，有沉积型和堆积型 2 种类型。沉积型铝土矿长轴方向为北西向，呈层状、似层状，矿体走向延伸 2000 m，控制最大倾向延深约 300 m，倾向北东，倾角 0°~45°；矿体厚度 0.5~83.36 m，Al_2O_3 含量 41.85%~62.82%，*A/S* 值为 2.25~14.10。堆积型铝土矿分布于龙潭组南侧，石炭系—二叠系马平组溶蚀洼地上的第四系残坡积物和冲积物中，矿体形态受古地貌控制，在平面上呈不规则状，南北最长 1505 m，东西最宽 1700 m。矿体铅直厚度最小 1.0 m，最大 13.50 m，平均 5.73 m；原矿含矿率最高 790.53 kg/m^3，最低 115.84 kg/m^3，平均 371.97 kg/m^3。矿体净矿石中，各主要组分含量分别为：Al_2O_3 36.20%~59.24%，平均 49.04%；SiO_2 9.34%，Fe_2O_3 24.11%；含矿率平均为 371.97 kg/m^3，铝硅比值平均为 5.25。

拖白泥矿段：位于天生桥向斜东翼者吾舍矿段的北延部分。矿体走向延伸约 800 m，厚度约 5 m，Al_2O_3 含量 51.20%，*A/S* 值为 5.43。

（三）矿石特征

天生桥矿床的矿石类型总体为高铁型（Fe_2O_3 含量大于 15%）、高铝型。矿石中主要矿物为一水硬铝石、三水铝石、黄铁矿、赤铁矿、褐铁矿、高岭石、石英、绿泥石、绢云母等。

矿石结构以泥质结构为主，部分团粒状、鲕状结构；矿石构造主要为致密块状构造、蜂窝状构造、砂屑状构造等。

据四川冶金地质勘察院（2007a）成果，矿石有益组分仅有镓具综合回收价值，矿床已估算 333 类镓金属量 103.68 t，Ga 含量 0.0059%。矿石有害组分 P_2O_5、S、CO_2、CaO、MgO 含量极低。据崔银亮等（2018）成果，在铝土矿、铁质铝土矿、铁铝质岩、铁质岩等含铝岩系中均伴生有 Ga、REE、Nb、TiO_2，其平均含量分别为 24.44×10^{-6}、1001.16×10^{-6}、194.16×10^{-6}、5.82×10^{-6}，均已达到或接近独立矿床的边界品位要求。

（四）成矿物理化学条件

1. 微量元素地球化学特征

据焦扬等（2014）、崔银亮等（2018）研究成果，天生桥铝土矿与下伏玄武岩具有大体一致的元素富集、亏损特点，即明显富集 Th、U、Ce、Nd、Zr、Hf、Ti 元素，亏损 Ba、Sr、T 元素。铝土矿和下伏灰岩、玄武岩 Zr/Hf 值分别为 38.71、34.88、37.64，Nb/Ta 值分别为 16.87、16.38、12.34，均比较相近。在稳定元素 Zr-Hf 和 Nb-Ta 图解中，铝土矿与下伏灰岩、玄武岩表现出极高的正相关关系，相关系数分别为 0.953、0.5054，且玄武岩样品点位相对更靠近铝土矿分布点位。由此表明，铝土矿与下伏灰岩、玄武岩存在亲缘关系，下伏灰岩、玄武岩均为成矿物源，但玄武岩贡献相对较大。

2. 稀土元素地球化学特征

据焦扬等（2014）、崔银亮等（2018）研究成果，天生桥铝土矿 ΣREE 值为 105.58×10^{-6} ~ 3063.47×10^{-6}、ΣLREE 值为 87.11×10^{-6} ~ 2483.68×10^{-6}、ΣHREE 值为 18.47×10^{-6} ~ 579.79×10^{-6}、ΣLREE/ΣHREE 值为 3.32~18.6、$(La/Yb)_N$ 值为 1.33~29.24，总体显示 LREE 富集、HREE 亏损的特征；下伏灰岩 ΣREE 值为 11.15×10^{-6} ~ 87.44×10^{-6}、ΣLREE 值为 8.10×10^{-6} ~ 65.42×10^{-6}、ΣHREE 值为 3.05×10^{-6} ~ 22.02×10^{-6}、ΣLREE/ΣHREE 值为 1.76 ~ 3.15、$(La/Yb)_N$ 值为 1.54 ~ 7.15，属 LREE 富集型；下伏玄武岩 ΣREE 值为 176.54×10^{-6} ~ 213.64×10^{-6}、ΣLREE 值为 163.62×10^{-6} ~ 189.31×10^{-6}、ΣHREE 值为 12.92×10^{-6} ~ 24.33×10^{-6}、ΣLREE/ΣHREE 值为 7.78 ~ 12.66、$(La/Yb)_N$ 值为 5.29 ~ 12.99，也具 LREE 富集、HREE 亏损的特征。三者具有大致相同的稀土元素富集、亏损特征，但铝土矿与玄武岩的富集、亏损规律更为接近，由此表明，灰岩、玄武岩均可能为成矿物源，但玄武岩贡献相对较大。

综上所述，天生桥铝土矿成矿物质具有多源性，可能主要来自下伏峨眉山玄武岩，少部分来自下伏碳酸盐岩。

（五）矿床成因类型

天生桥铝土矿矿床的成因与丘北大铁铝土矿矿床基本一致，为沉积型+风化型（堆积型）的复合类型。沉积型铝土矿成矿时代为晚二叠世（华力西晚期）；风化型（堆积型）铝土矿成矿时代为第四纪（喜马拉雅晚期）。

五、其他沉积型铝土矿矿床（点）

（一）砚山县红舍克铝土矿矿床❶

红舍克铝土矿床行政区划隶属于砚山县干河乡，位于砚山县 6°方向，平距约 11 km 处；其中心点地理坐标为：东经 104°18′52″，北纬 23°42′52″，面积约 40 km^2。

该区地质勘查始于 1960 年，文山州地质处对该区进行过一般性踏勘。1976 年，云南省地质局第二区测队开展文山幅 1∶20 万区域地质调查时，对矿区作过概略评价；1979 年，西南冶金地质勘探公司三一七队对红舍克铝土矿区沉积型铝土矿进行了地表评价。

1988 ~ 1991 年，云南省地质矿产局第二地质大队对矿区开展普查工作，于 1992 年 10 月提交了《云南省砚山县红舍克铝土矿区普查地质报告》，估算 D+E 级储量 528.73×10^4 t。

---

❶ 主要资料来源：云南省有色地质勘查院，2007，云南省砚山县红舍克铝土矿北段详查报告。

2004~2005 年，云南省有色地质勘查院对红舍克铝土矿区南段进行勘探，于 2005 年 4 月提交了《云南省砚山县红舍克铝土矿勘探报告》，估算 121b+122b+2M21+2M22 类净矿矿石量 403.53×10^4 t，伴生镓资源量 339.463 t。

2006~2007 年，云南省有色地质勘查院对红舍克铝土矿区北段开展详查工作，于 2007 年 7 月提交了《云南省砚山县红舍克铝土矿北段详查报告》，估算 332+333 类工业净矿矿石量 171.04×10^4 t，伴生镓资源量 83.808 t。

据《云南省 2017 年矿区及所属矿山矿产资源储量简表》，矿区累计查明 333 类以上铝土矿矿石量 1279×10^4 t，达中型矿床规模。各主要组分含量分别为：Al_2O_3 51.01%~57.29%、SiO_2 8.73%~11.31%、Fe_2O_3 17.54%，铝硅比值 5.65~6.56；伴生 333 类以上镓资源量 370 t，Ga 含量 0.0049%~0.0084%。

矿山现由云南文山铝业有限公司开发利用。

1. 矿区地质特征

红舍克矿区包含红舍克和红舍克北段两个矿段，大地构造分区属扬子陆块区（Ⅵ）、上扬子古陆块（Ⅵ-2）之富宁-那坡被动陆缘（Ⅵ-2-9）；成矿区带属华南（陆块）成矿省（Ⅱ4）、个旧-文山-富宁（地块）Sn-W-Ag-Pb-Zn-Au-Sb-Mn-Al 成矿带（Ⅲ13）之文山-西畴（西畴拱凹）Au-Sb-Al-Cu-Pb-Zn 矿带（Ⅳ30）。

区内出露地层由老至新依次为下泥盆统坡脚组（D_1p）、芭蕉箐组（D_1b），中泥盆统古木组（D_2g）、东岗岭组（D_2d），上泥盆统榴江组（D_3l），下石炭统董有组（C_1dy）、大塘组（C_1d），上石炭统威宁组（C_2w），石炭系—二叠系马平组（CPm），中二叠统茅口组（P_2m）、上二叠统龙潭组（P_3l），下三叠统飞仙关组（T_1f）、永宁镇组（T_1y），中三叠统个旧组（T_2g）、法郎组（T_2f）及第四系（Q）。由于东吴运动造成矿区下二叠统剥蚀殆尽，上二叠统龙潭组、下三叠统飞仙关组直接超覆、不整合于上石炭统威宁组古侵蚀面上。强烈的岩溶侵蚀作用及基底古地貌高低起伏，使基底及其以上的地层呈现孤岛状分布，第四系含矿沉积物广布全境，覆盖率达 77%（图 5-12）。

上二叠统龙潭组（P_3l）为沉积型铝土矿赋矿层位，被第四系覆盖。其下段为褐黄、褐黑至黑色粘土岩、碳质页岩夹劣质烟煤或煤线，局部夹硅质岩及沥青质灰岩扁豆体，厚度 0~29 m。上段厚度 0~52 m，上部为浅灰、灰白、褐黄色、紫色铝土质泥岩、粉砂岩、细砂岩，下部赋存 1~3 层厚薄不等的似层状、扁豆状铁铝岩或铝土矿。

堆积型铝土矿赋存于第四系（Q）残积、残坡积层中，上部为褐红、褐黄色砂质粘土或腐殖土，厚度 0~0.5 m。中部为褐红色粘土、砂质粘土夹褐色、紫色棱角状铝土矿，是重要的赋存部位，厚度 0~33.56 m。下部为黄色、红褐色粘土，偶见铝土矿块及褐黑色磨圆度较高的铝土矿砾石，厚度 0~5 m。

矿区总体为一背斜构造，小挠曲发育，地层和断裂以北东向展布为主。地层走向 25°~50°，倾向北西或南东，倾角 0°~85°。

2. 矿体地质特征

红舍克矿床的沉积型铝土矿共圈出规模不等矿体 27 个，走向长度 60~1560 m。矿体呈层状、似层状、透镜状赋存于龙潭组上段（P_3l^2）底部含铝岩系中（图 5-13），大部分矿体沿 30°~60°平行产出，常出现分支复合现象，低品级矿石一般分布在矿体两侧。矿体厚度 0.54~24.42 m，平均 11.50 m，倾向 95°~246°，受褶皱影响，局部反倾（倾向 300°~330°），倾角 28°~84°；Al_2O_3 含量 40.39%~71.64%，平均 52.62%。Ⅰ3、Ⅰ18 为主要矿体，其资源量分别占沉积型铝土矿的 43.7%、30.7%。

Ⅰ3 矿体：是最大的矿体，呈 NE60°展布，倾向 95°~166°，倾角 37°~84°。矿体走向长度 1560 m，呈层状、似层状产出，倾斜延深大于 50 m；矿体厚度 1.97~11.11 m，平均 7.63 m。

Ⅰ18 号矿体：呈 NE30°~50°展布，倾向 107°~160°，倾角 37°~74°。矿体走向长度 1516 m，呈层状、似层状产出，其南段有分支复合现象，倾斜延深大于 50 m；矿体厚度 1.33~13.95 m，平均 6.78 m。

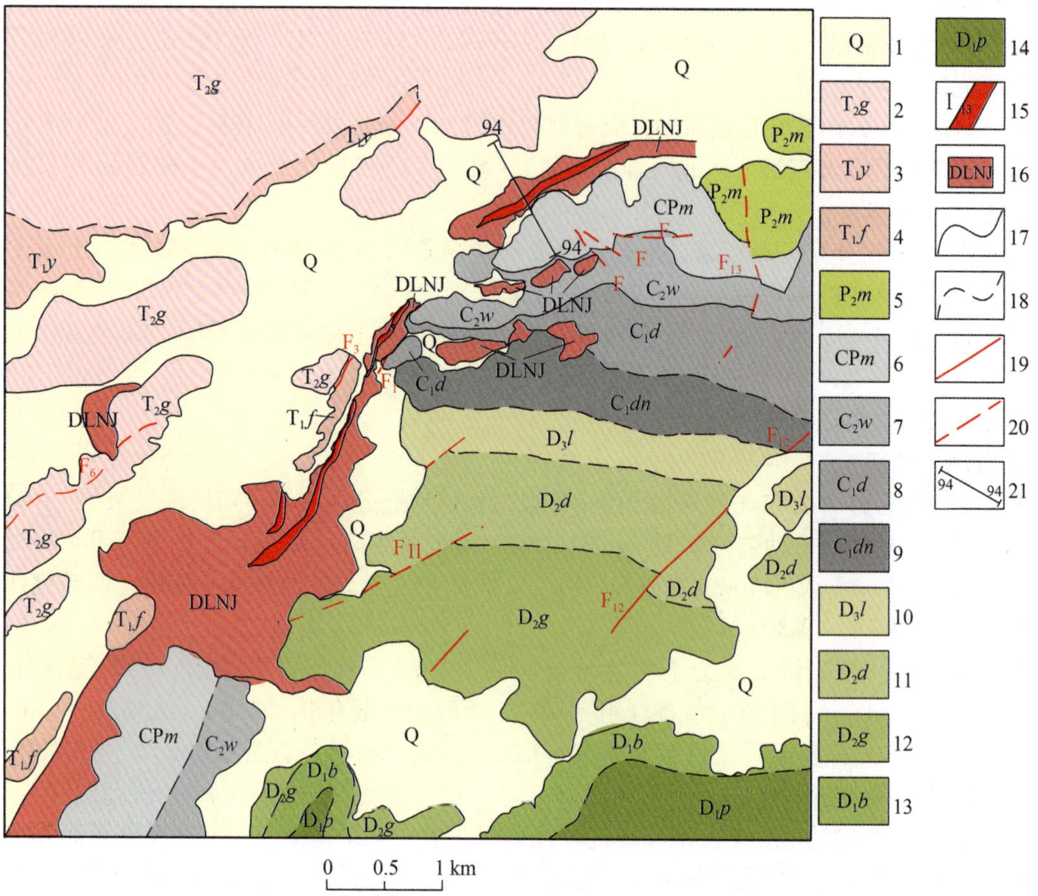

图 5-12　砚山县红舍克铝土矿矿区地质简图

（据云南省有色地质勘查院，2007，有修改）

1—第四系；2—中三叠统个旧组；3—下三叠统永宁镇组；4—下三叠统飞仙关组；5—中二叠统茅口组；6—石炭系—二叠系马平组；7—上石炭统威宁组；8—下石炭统大塘组；9—下石炭统董有组；10—上泥盆统榴江组；11—中泥盆统东岗岭组；12—中泥盆统古木组；13—下泥盆统芭蕉箐组；14—下泥盆统坡脚组；15—沉积型铝土矿及编号；16—粘土胶结型铝土矿连续堆积区；17—实测地质界线；18—推测地质界线；19—实测断层；20—推测断层；21—勘探线及编号

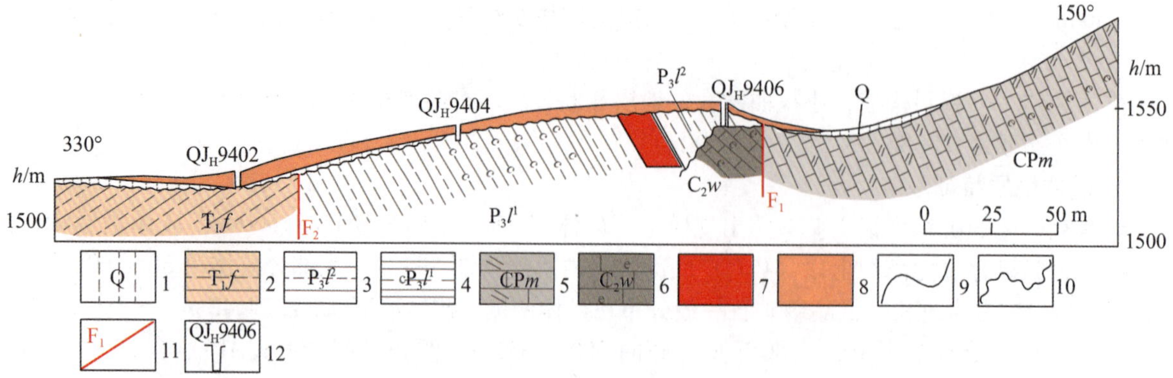

图 5-13　砚山县红舍克铝土矿矿床 94 号勘探线地质剖面图

（据云南省有色地质勘查院，2007，有修改）

1—第四系粘土、砂质及红土层；2—下三叠统飞仙关组泥岩；3—上三叠统龙潭组上段泥岩；4—上三叠统龙潭组下段泥岩、碳质泥岩夹劣质煤层或煤线；5—石炭系—二叠系马平组白云质灰岩、生物碎屑灰岩；6—上石炭统威宁组生物碎屑灰岩；7—沉积型铝土矿；8—堆积型铝土矿；9—整合地质界线；10—角度不整合界线；11—断层及编号；12—浅井及编号

堆积型铝土矿主要分布于第四系残积、残坡积层中，基本裸露地表，呈面型展布。

红舍克矿段目前共圈定矿体个中型矿体1个（1号矿体），零散小矿体5个。

1号矿体：是矿区规模最大矿体，矿体赋存标高1544~1683 m，相对高差139 m。矿体纵线宽度340~1650 m，平均1180 m，横线宽度150~1600 m，平均1291 m，矿体零点边界面积1.521 km^2，为中型规模。矿体外形为薄饼状，宽窄比1.09：1，矿体形态比较简单，基本与第四系产出形态一致。矿区其余5个小矿体规模很小，厚度0.8~3.0 m不等。

红舍克铝土矿北段共圈定工业小矿体4个（Ⅱ1、Ⅱ2、Ⅱ8、Ⅱ9），零散小矿体5个。矿体一般长度70~1040 m，平均386 m；宽度55~300 m，平均113 m；面积0.253 km^2。矿体厚度0.70~15.10 m，平均4.85 m；Al_2O_3含量41.13%~62.98%，平均50.78%；含矿率204.69~1271.87 kg/m^3，平均499.21 kg/m^3。Ⅱ2、Ⅱ9为主要矿体。

$Ⅱ_2$号矿体：呈北东向展布，赋存标高1515~1553 m，相对高差38 m。矿体呈薄饼状，长度820 m，宽度80~270 m（平均160 m），宽窄比0.20：1，面积0.20 km^2，为小型规模。矿体厚度0.80~6.90 m，平均2.85 m；沿走向和倾向上厚度、含矿率、品位变化较大，西部品位偏低。

$Ⅱ_9$号矿体：呈北东向展布，赋存标高1571~1605 m，相对高差34 m。矿体呈薄饼状，长度1040 m，宽度60~300 m（平均143 m），宽窄比0.14：1，面积0.16 km^2，为小型规模。矿体厚度0.85~12.50 m，平均4.40 m，沿走向和倾向上厚度、含矿率、品位变化较大，北部品位偏低。

3. 矿石特征

红舍克矿床的矿石以高铁低硫为主，沉积型铝土矿均为低硫型，总体为混合型。按Fe_2O_3的含量划分，以高铁型（>15%）为主，其次为中铁型（6%~15%）。按S的含量划分，以低硫型（<0.3%）为主，其次为中硫型（0.3%~0.8%）、高硫型（>0.8%）。按含铝土矿物成分划分，为一水型铝土矿，由一水软铝石和一水硬铝石组成。

沉积型铝土矿主要矿物有一水软铝石、一水硬铝石、铁泥质，其次为褐铁矿、黄铁矿、高岭石、三水铝石、石英等。堆积型铝土矿石主要矿物有一水硬铝石、一水软铝石，其次为铁泥质、高岭石、褐铁矿、泥质岩屑等。

沉积型铝土矿矿石具有多种结构特点，主要有团粒泥晶、粗碎屑结构；矿石构造有块状构造、次块状构造（局部块状构造）、花斑状构造。堆积型铝土矿主要结构有砂屑、团粒、泥晶结构，孔隙-基底式胶结；矿石构造主要有块状构造。

矿石有益组分仅有镓具综合回收价值，21件沉积型和堆积型铝土矿组合样分析结果表明，矿石普遍含镓，且含量均匀稳定。矿床已估算333类镓金属量370 t，Ga品位0.0049%~0.0084%。矿石有害组分P_2O_5、S、CO_2、CaO、MgO含量极低。

4. 矿床成因类型

红舍克铝土矿的矿床类型属沉积型为主，兼具风化堆积型的混合矿床。

（二）鹤庆白水塘铝土矿矿床❶

白水塘铝土矿矿床行政区划隶属于鹤庆县松桂镇，位于鹤庆县城160°方向，平距约27 km处；其中心点地理坐标为：东经100°16′00″，北纬26°18′42″。

1964~1965年，云南省地质局第一区测大队开展1：20万鹤庆幅区域地质调查，对区内铝土矿点进行过矿点检查。

2001年，云南省有色地质局三一〇队对矿区进行踏勘评价，确认该区铝土矿具有开发价值。

2008~2009年，云南省有色地质局三一〇队对矿区开展普查工作，于2009年7月提交了《云南省鹤庆县白水塘铝土矿普查报告》，估算333+334类铝土矿资源量200×10^4 t，Al_2O_3含量53.24%，

---

❶ 主要资料来源：云南省有色地质局三一〇队，2009a，云南省鹤庆县白水塘铝土矿普查报告。

SiO_2 含量 15.27%，A/S 值为 3.49；伴生有镓资源量 88.59 t，Ga 品位 0.0022%。达到小型矿床规模。

据《云南省 2017 年矿区及所属矿山矿产资源储量简表》，矿区累计查明铝土矿矿石量 196.37×10^4 t，Al_2O_3 含量 55.44%，SiO_2 含量 10.64%，A/S 值为 3.79；目前尚未开发利用。

1. 矿区地质特征

白水塘矿区位于上扬子陆块西缘，地处上扬子陆块与“三江”造山带结合部上扬子陆块一侧，夹持于北西向金沙江-哀牢山深大断裂、北东向的三江口-小金河大断裂和程海-宾川大断裂之间，其大地构造分区属扬子陆块区系（Ⅵ）、上扬子古陆块（Ⅵ-2）之盐源-丽江被动陆缘（Ⅵ-2-13）；成矿区带属滨太平洋成矿域（$Ⅰ_2$）、上扬子（陆块）成矿省（$Ⅱ_3$）、丽江-大理-金平（陆缘坳陷）Au-Cu-Ni-Pt-Pd-Mo-Mn-Fe-Pb-Zn 成矿带（Ⅲ9）之丽江（陆缘坳陷）Au-Cu-Pt-Pd-Mo-Mn-Fe-Pb-Zn 矿带（$Ⅳ_{19}$）。

（1）地层

区内出露地层主要为上二叠统玄武岩（Pe）、下三叠统腊美组（T_1l）、中三叠统北衙组（T_2b）、上三叠统中窝组（T_3z）和松桂组（T_3sg）（图 5-14）。

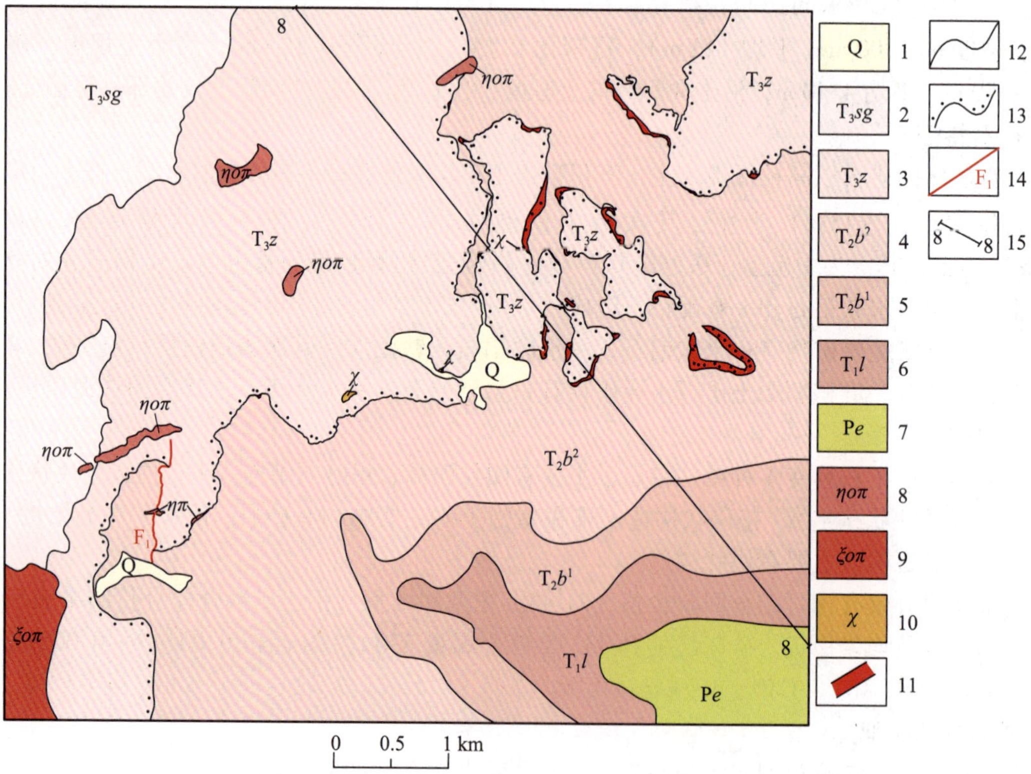

图 5-14 鹤庆白水塘铝土矿矿区地质简图

（据云南省有色地质局三一〇队，2009a）

1—第四系；2—上三叠统松桂组灰绿色砾岩、砂岩、页岩夹碳质页岩及煤；3—上三叠统中窝组深灰色灰岩、泥质灰岩、鲕状灰岩、含铝土矿层；4—中三叠统北衙组上段浅灰色灰岩、白云质灰岩及白云岩；5—中三叠统北衙组下段深灰色泥质灰岩夹粉砂岩、页岩；6—下三叠统腊美组紫红色、黄绿色玄武质砾岩、凝灰质砂岩、粉砂质页岩；7—上二叠统致密状、杏仁状玄武岩及斜斑玄武岩；8—石英二长斑岩（脉）；9—石英正长斑岩；10—煌斑岩脉；11—矿体露头；12—整合地质界线；13—不整合地质界线；14—断层及编号；15—勘探线及编号

中窝组（T_3z）出露面积大于 15 km^2，为主要赋矿层位。岩性为浅灰色、灰色、灰黑色中-厚层状灰岩、泥质灰岩、生物碎屑灰岩、鲕状灰岩、微晶灰岩、含燧石条带灰岩、亮晶团粒灰岩及泥晶灰岩，下部为黄绿色砂泥岩，底部有不稳定铝土矿层，厚度 180~220 m，与下伏地层北衙组（T_2b）呈假整合接触，铝土矿似层状赋存于其底部含铝岩系中，即北衙组上段（T_2b^2）古风化剥蚀面上。

（2）岩浆岩

区内岩浆活动较强，主要有华力西期（晚二叠世）峨眉山玄武岩岩浆喷发和喜马拉雅期（古近纪）富碱岩浆侵入活动。喷出岩为上二叠统玄武岩组的玄武岩，主要分布于矿区东南部；侵入岩主要为石英正长斑岩、石英二长斑岩、二长斑岩、煌斑岩，属北衙斑岩体的一部分。

（3）构造

白水塘矿区位于松桂向斜东翼，构造简单，为一倾向北西、倾角 10°～30°的单斜，断裂不发育，区内仅见一条小断层（F_1），对矿体略有错移影响。

2. 矿体地质特征

白水塘矿床的矿体受上三叠统中窝组（T_3z）与下伏中三叠统北衙组上段（T_2b^2）的古风化剥蚀不整合面控制，断续出露，呈似层状、扁豆状、串珠状产出（图 5-15）。目前共圈定大小矿体共 28 个，其中含有达到要求的工业矿体 12 个。

V_1 号矿体：是矿区规模较大的矿体之一，位于矿区东部 14～20 号剖面之间。矿体产于北衙组上段（T_2b^2）古风化剥蚀面上，形态简单，呈似层状、透镜状产出，为剥蚀剩下的一个“小孤岛”。矿体总体走向北东，倾向北西，倾角 8°～10°，长度约 540 m，出露面积 0.12 km²。矿体厚度最大 1.60 m，最小 0.40 m，平均 1.04 m。

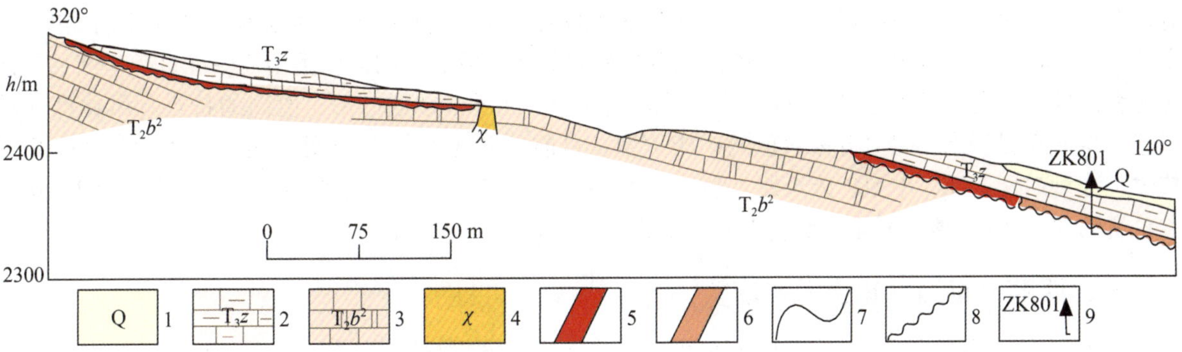

图 5-15　鹤庆白水塘铝土矿矿床 8 号勘探线地质剖面图

（据云南省有色地质局三一〇队，2009）

1—第四系坡积土；2—上三叠统中窝组泥质灰岩；3—中三叠统北衙组上段白云质灰岩及白云岩；4—煌斑岩（脉）；5—铝土矿体；6—矿化体；7—整合地质界线；8—角度不整合界线；9—钻孔及编号

V_2 号矿体：呈似层状、透镜体产出，总体走向北东，倾向北西，倾角 10°～20°。矿体走向长度约 600 m，倾向最大延深 340 m；厚度最大 3.0 m，最小 1.30 m，平均 1.61 m。

V_5 号矿体：呈透镜状、漏斗状、似层状产出，总体走向北东，倾向北西，倾角 20°。矿体走向长度约 580 m，倾向最大延深 199 m；厚度最大 4.7 m，最小 0.40 m，平均 2.55 m。

3. 矿石特征

矿石主要由一水硬铝石、胶铝土矿、锐钛矿、黄铁矿、赤铁矿、褐铁矿组成，占总量的 70%～90%，其次为高岭石、绿泥石、方解石、水-绢云母，含少量石英、石髓等。矿区铝土矿含铝土矿物组合由一水硬铝石和高岭石组成，矿石工业类型属混合型高铁高硅低硫矿石。矿床由于沉积间断时间较短，风化富集程度不够，造成矿石质量相对差。

矿石结构主要为豆状结构、鲕状结构，其次有片状结构、泥状结构、压碎结构等。矿石构造有块状构造、层状构造、蜂窝状构造、土状构造等。

矿石中有益组分仅镓具综合回收价值，Ga 含量 0.0022%，估算 334 类镓金属量 88.59 t。

4. 矿化阶段划分

矿床形成大致经历了三个阶段，第一阶段是陆生阶段，三叠纪开始的海侵形成该区含铝碳酸盐岩建造，至晚三叠世末期的早印支运动使该区一度抬升，此时该区古气候为热带环境，有利于岩溶作用进行，经过短期侵蚀和风化作用，原来沉积的铝硅酸盐类分解、搬运，形成含铝土矿物、粘土矿物、氧化铁矿物等的残、坡积富铝风化壳物质；第二阶段是富铝钙红土层、红土层或红土铝上矿为浅海淹没再沉积，并逐渐深埋地下，经过一段时期的成岩后生作用改造后形成铝土矿层；第三阶段是表生富集阶段，部分原始铝土矿层抬升到地表浅部后由于地表水或地下水的改造作用，使硅质淋失、铝质富集，形成品位较富的有工业价值的铝土矿矿床。

5. 矿床成因类型

鹤庆县白水塘为与三叠纪古风化壳有关的沉积型铝土矿矿床，局部伴有后期风化堆积型矿床。

（三）其他矿床（点）

沉积型铝土矿主要分布于滇东南、滇中地区，滇西大理-鹤庆一带也有零星分布。除上述6处典型和重要矿床外，还有43处矿床（点），详见附表4。

第二节 风化型（堆积型）铝土矿

主要是指包括原生沉（堆）积的铝土矿床或含铝岩石在外力地质作用下，对含矿地质体的破坏与再造，其矿砾（块）与矿屑堆积在第四系中富集而成的铝土矿床。该类矿床仅分布于北纬24°以南，上二叠统含铝土矿系出露的地区，其分布范围略大于含铝土矿系的出露范围，构成滇东南铝土矿成矿带的一种重要矿床类型，是目前省内最有找矿前景和工业意义的矿床类型之一。该类矿床均分布在地表，堆积深度一般不超过20 m，具有裸露或浅埋、易采、易选、A/S值高的特点。风化型（堆积型）铝土矿是云南省最具开采价值的矿床类型，目前共发现矿产地25处，占总发现数的43.10%。其中，大型矿床1处、中型矿床4处、小型矿床18处、矿点2处。累计查明资源储量7835.93×10^4 t，占总量的38.72%。该类矿床以西畴卖酒坪为典型。

一、西畴县卖酒坪铝土矿矿床❶

卖酒坪铝土矿矿床行政区划隶属于西畴县董马乡，位于西畴县城85°方向，平距26 km处；其中心点地理坐标为：东经104°53′38″，北纬23°26′06″，面积约10 km^2。

1972~1975年，云南省地质局第二区测队进行1：20万文山幅区域地质矿产调查，圈定了董马、芹菜塘、卖酒坪3个铝土矿点。

1980~1993年，云南省地质矿产局第二地质大队对卖酒坪矿段堆积型铝土矿开展过3次勘查工作。1980年为普查，提交了《云南省西畴县卖酒坪铝土矿区初步普查报告》，估算远景资源量233×10^4 t；1986~1988年为详查，提交了《云南省西畴县卖酒坪矿区铝土矿详细普查地质报告》，估算表内C+D级矿石储量907.16×10^4 t，伴生镓898.09 t；1992~1993年对首采区进行勘探，提交了《云南省西畴县卖酒坪铝土矿首采区勘探地质报告》，估算表内B+C+D级矿石储量135.24×10^4 t，伴生镓79.86 t。

1984~1986年，云南省地质矿产局第二地质大队对芹菜塘矿段进行初步普查，于1986年11月提交了《云南省西畴县芹菜塘铝土矿区初步普查地质报告》，估算表内D级净矿矿石量269.0×10^4 t，表外D级净矿矿石量154.13×10^4 t，伴生镓241.14 t。

1987年，云南省地质矿产局第二地质大队对转堡村矿段的堆积型铝土矿进行了检查，于1987年6月提交了《云南省西畴县转堡堆积型铝土矿点矿检小结》，概算表内D级矿石量299.63×10^4 t，表外E级矿石量26.75×10^4 t。

2004~2005年，云南文山铝业有限公司委托云南地矿资源股份有限公司文山分公司对卖酒坪、芹菜塘、转堡3个矿段进行勘探工作，于2005年5月提交了《云南省西畴县卖酒坪铝土矿勘探报

❶ 主要资料来源：云南地矿资源股份有限公司文山分公司，2005b，云南省西畴县卖酒坪铝土矿勘探报告。

告》，估算 121b+122b+2S22+333 类矿石量 1209.18×10⁴ t，伴生镓金属量 789.11 t，达中型矿床规模。

2009~2015 年，云南文山铝业有限公司委托北京勘察技术工程有限公司对采矿权范围开展生产勘查工作，并提交了《云南省西畴县卖酒坪铝土矿生产勘探报告》，采矿权内累计查明 111b+122b+333 类沉积型+堆积型工业铝土矿净矿矿石量 1031.27×10^4 t，伴生 333 类镓金属量 857.25 t。其中沉积型净矿矿石量 250.53×10^4 t，伴生镓金属量 164.70 t；堆积型净矿矿石量 780.7410^4 t，伴生镓金属量 692.55 t。

据《云南省 2017 年矿区及所属矿山矿产资源储量简表》，矿区累计查明 333 类以上铝土矿矿石量 1463×10^4 t，伴生镓金属量 1042 t。

矿山建于 2008 年，自 2012 年开始，由云南文山铝业有限公司开发利用，目前主要有 6 个露天采场，建有年处理矿石量 80×10^4 t 的氧化铝厂，采用拜尔法生产氧化铝，取得较好的经济效益。

（一）矿区地质特征

卖酒坪矿区由卖酒坪矿段、转堡矿段、芹菜塘矿段组成，为一个环绕越北古陆作同心环状展布的弧形构造，并有北西西向断裂穿插其间。其大地构造分区属扬子陆块区（Ⅵ）、上扬子古陆块（Ⅵ-2）之富宁-那坡被动陆缘（Ⅵ-2-9）；成矿区带属华南（陆块）成矿省（Ⅱ4）、个旧-文山-富宁（地块）Sn-W-Ag-Pb-Zn-Au-Sb-Mn-Al 成矿带（Ⅲ13）之文山-西畴（西畴拱凹）Au-Sb-Al-Cu-Pb-Zn 矿带（Ⅳ30）。

1. 地层

区内出露地层主要为泥盆系—二叠系、三叠系和第四系。其中，上二叠统吴家坪组下段（P_3w^1）是沉积型铝土矿含矿层位，为粘土岩、泥岩夹生物碎屑灰岩，包括两个沉积旋回，具海陆交互相特点，含铝岩段厚度 6.99~26.64 m，以含煤、富铝、富铁为特征。

自古生代以来，由于受加里东运动和燕山运动的影响，本区长期处于上升剥蚀阶段，未接受沉积，缺失下古生界中奥陶统上部—志留系及侏罗系、白垩系，仅在部分河谷、凹地和岩溶坡地中有第四系松散层分布，在毗邻沉积型铝土矿的第四系松散层中产有堆积型铝土矿，矿石质量较好，是区内重要的含矿层位（图 5-16）。

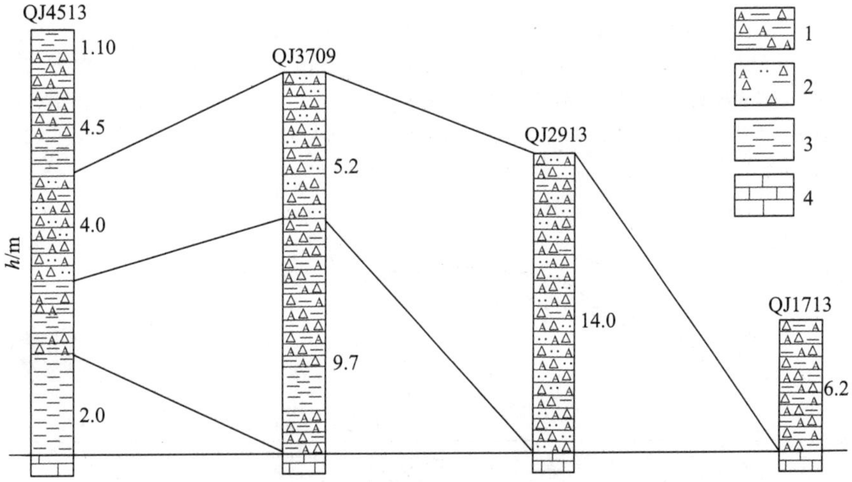

图 5-16　西畴县卖酒坪铝土矿矿区第四系柱状对比图

（据云南地矿资源股份有限公司文山分公司，2005b）

1—粘土夹铝土矿块、矿屑；2—铝土矿块、矿屑夹粘土；3—粘土层；4—灰岩

堆积型铝土矿主要沿大塘组、威宁组的岩溶坡地呈近东西向分布，形成溶丘地貌特征，面积

5.14 km^2，覆盖率65%，由上二叠统吴家坪组含铝岩段经风化作用形成的残坡积物组成（图5-17，图5-18），在层序发育最完整的部位，自下而上大致可分为4层。堆积物中的岩块、铝土矿块呈角砾状，棱角明显，组分比较单一，没有远距离搬运特征。堆积物的分布和厚度变化除了与原生沉积型铝土矿有关外，与基底岩溶面的起伏和地貌形态也有一定的关系。

2. 构造

区内构造以北西向为主，皱褶主要有芹菜塘向斜、桐子林背斜，主断层为董马-铁厂断裂（F_1），次级断层发育有北西向、北东向2组。董马-铁厂断裂以北为芹菜塘矿段，董铁断裂以南的西部为转堡矿段，东部为卖酒坪矿段。

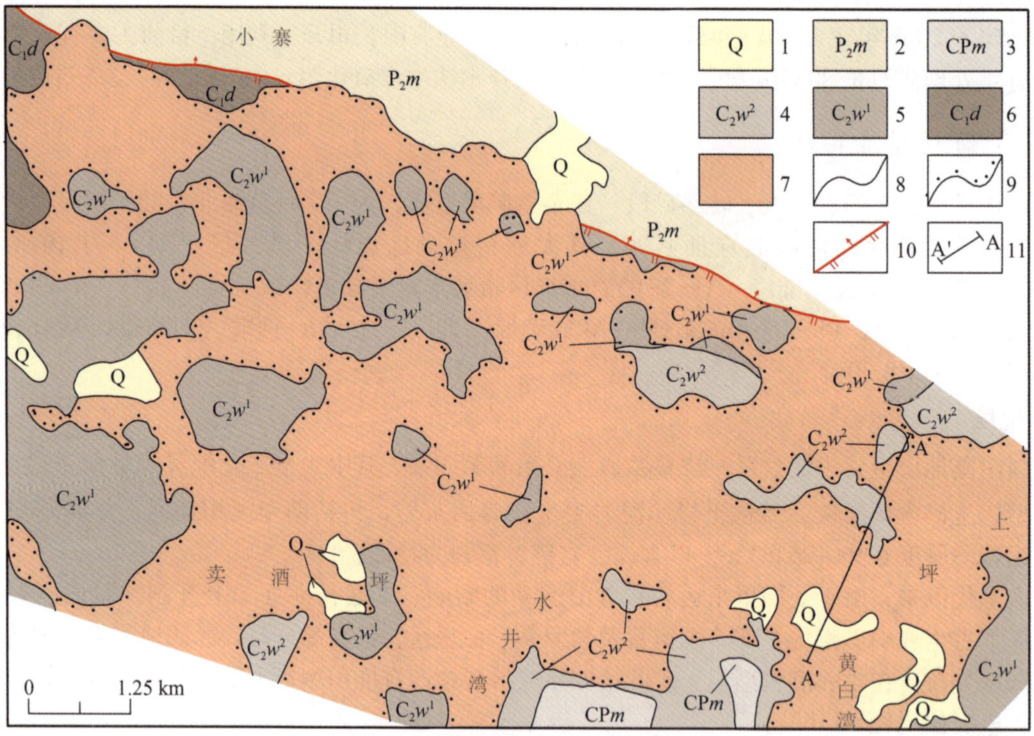

图5-17 西畴县卖酒坪铝土矿矿区地质简图

（据云南地矿资源股份有限公司文山分公司，2005b，有修改）

1—第四系洪、冲积砂砾石、粘土及铝土矿块；2—中二叠统茅口组角砾状灰岩；3—石炭系—二叠系马平组泥-粉晶灰岩；4—上石炭统威宁组上段泥-粉晶灰岩夹鲕状灰岩；5—上石炭统威宁组下段泥-粉晶灰岩、鲕状灰岩；6—下石炭统大塘组假鲕状灰岩；7—堆积型铝土矿；8—整合地质界线；9—角度不整合界线；10—实测逆断层；11—剖面位置

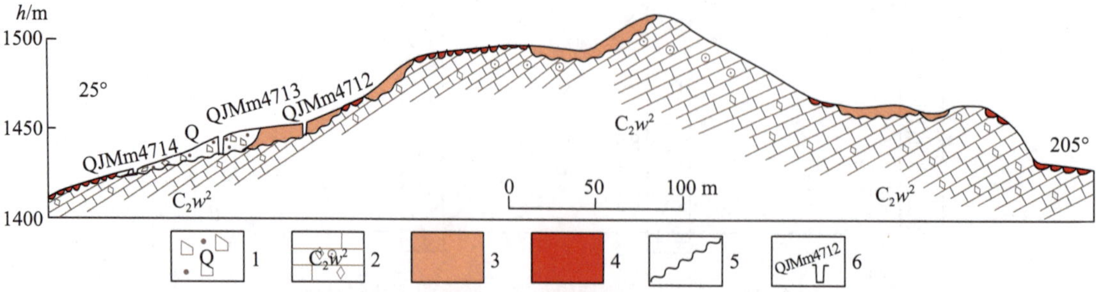

图5-18 西畴县卖酒坪铝土矿矿区卖酒坪矿段47勘探线剖面图

（据云南地矿资源股份有限公司文山分公司，2005，有修改）

1—第四系粘土、岩块及砾砂；2—上石炭统威宁组泥-粉晶灰岩、鲕状灰岩；3—连续堆积粘土胶结型铝土矿；4—不连续堆积粘土胶结型铝土矿；5—不整合地质界线；6—浅井及编号

（二）矿体地质特征

卖酒坪矿床的铝土矿有两种类型：一为沉积型铝土矿，二为堆积型铝土矿。

沉积型铝土矿只分布于芹菜塘矿段，按其赋存部位自下而上分为 Vq_1、Vq_2、Vq_3 三个矿体，以 Vq_1 较大，Vq_2 次之，Vq_3 无工业意义。

Vq_1 矿体：呈似层状，控制长度2100 m，沿倾斜延深100~800 m，倾向30°~270°，倾角7°~49°。矿体厚度0.20~8.54 m，平均1.93 m；Al_2O_3 含量50.62%~62.12%、*A/S* 值为4.67~6.14。

堆积型铝土矿主要分布于卖酒坪矿段，转堡矿段只有较小矿体，芹菜塘矿段仅有零星矿体。矿体呈面状分布，产状随地形起伏有所变化，按胶结物粒级不同分为两种类型：粘土胶结型铝土矿（胶结物粒级小于0.1 mm）和矿粉胶结型铝土矿（胶结物粒级大于10 mm）。堆积型铝土矿自上而下一般顺序：①砂质粘土，厚度0~3.1 m；②粘土胶结型铝土矿夹矿粉胶结型铝土矿，厚度0~31.6 m；③杂色铝土质页岩夹碳质泥岩透镜体，厚度2.4~24.8 m；④粘土胶结型铝土矿，局部夹矿粉胶结型铝土矿，厚度2~25.5 m；⑤钙红土及钙红土夹水铝英石、埃洛石、褐铁矿块，厚度0~7.1 m。

卖酒坪矿段矿体总体呈北西向展布，出露范围长度约2.6 km，宽度1~1.6 km，共圈定矿体10个，矿体出露总面积1.19 km^2。矿体最长2.1 km，最宽1.4 km；矿体厚度0.5~31.6 m，平均7.16 m；Al_2O_3 含量40.14%~72.21%，平均58.22%，*A/S* 值平均为9.37。其中 V_{m7} 号矿体为主矿体，长度约1.71 km，宽度约1.20 km，矿体零点边界面积1.01 km^2。矿体厚度0.5~31.6 m，平均7.43 m；Al_2O_3 含量40.39%~74.07%，平均58.47%；*A/S* 值为2.60~34.69，平均9.33；含矿率232.77~1911.30 kg/m^3，平均1217.62 kg/m^3。矿体形态与岩溶地貌发育程度密切相关，不同地貌类型矿体厚度变化大，一般在溶丘漏斗、岩溶洼地、峰丛谷地分布区铝土矿堆积厚度大，溶蚀坡地及石牙坡地分布区铝土矿堆积厚度薄。

转堡矿段的堆积型矿体分散，共圈定了22个矿体，厚度0.5~14.10 m，平均3.82 m。芹菜塘矿段只有2个小的堆积型矿体，面积分别为0.006 km^2、0.007 km^2，平均厚度分别为4.0 m、1.6 m。

（三）矿石特征

卖酒坪矿床的矿石按氧化带划分，堆积型铝土矿属氧化带矿石；沉积型铝土矿在芹菜塘矿段埋深50 m以上为氧化带矿石，埋深50 m以下为原生带矿石。按 Fe_2O_3 和S含量的标准划分工业类型，沉积型的芹菜塘矿段氧化带主要是中铁中硫型为主，含铁中硫型次之；原生带主要是中铁高硫型。堆积型的卖酒坪、转堡矿段主要是高铁低硫型，其次为中铁低硫型矿石。

主要矿石矿物为一水硬铝石，另为三水铝石、叶蜡石、绿泥石、高岭石、褐铁矿等。矿石结构有假鲕状、碎屑状、砂状、致密状四种，矿石构造包括块状、层纹状、孔穴状三种。依其组合关系矿石自然类型分五种：假鲕状硬水铝石铝土矿、假鲕状碎屑状硬水铝石铝土矿、碎屑状硬水铝石铝土矿、砂状硬水铝石铝土矿、致密状硬水铝石铝土矿。

沉积型铝土矿矿石的主要化学成分有 Al_2O_3、SiO_2、Fe_2O_3、S以及烧失量，总量为92%~96%；次要化学成分有 TiO_2、MgO、CaO、CO_2、P_2O_5，总量为0.55%~4.2%。氧化带矿石品位较高，主要组分含量分别为：Al_2O_3 46.59%~76.90%，平均62.06%；SiO_2 2.56%~21.03%，平均10.57%；Fe_2O_3 1.21%~24.68%，平均7.68%；S 0.08%~9.04%，平均0.48%。原生带矿石品位相对较低，主要组分含量分别为：Al_2O_3 41.85%~52.65%，平均50.62%；SiO_2 7.24%~16.00%，平均11.84%；Fe_2O_3 9.32%~13.19%，平均11.85%；S 0.17%~10.93%，平均8.78%。沉积型铝土矿矿石中伴生的有益组分主要为Ga，其含量为0.0027%~0.009%，平均0.0063%，可综合利用；有害组分 Fe_2O_3、TiO_2、S、P_2O_5、MgO、CaO、CO_2 等含量低，满足工业要求。

堆积型铝土矿矿石的主要化学成分有 Al_2O_3、SiO_2、Fe_2O_3 以及烧失量，总量为95%~98%，其他化学成分有 TiO_2、CaO、MgO、K_2O、Na_2O、MnO_2、FeO，总量为1.45%~4.25%。卖酒坪矿段的矿石中，主要组分含量分别为 Al_2O_3 40.39%~74.07%，平均55.43%；SiO_2 1.77%~18.46%，平均

7.04%；Fe_2O_3 6.11%~37.49%，平均20.78%；A/S值为2.60~34.69，平均7.87。转堡矿段的矿石中，主要组分含量分别为Al_2O_3 41.85%~61.30%，平均51.79%；SiO_2 1.92%~16.62%，平均8.04%；Fe_2O_3 18.33%~31.46%，平均23.83%；A/S值为2.64~31.93，平均12.33。堆积型铝土矿矿石中伴生的有益组分主要为Ga，卖酒坪矿段的矿粉胶结型矿石Ga含量为0.0097%，粘土胶结型矿石Ga含量为0.0087%，两者平均为0.0089%；转堡矿段矿石中Ga含量为0.0086%。此外，卖酒坪矿段中铌（Nb_2O_5）平均含量0.0165%，已达到风化壳矿床的工业品位要求，是否可供工业利用值得进一步探讨。矿石中的有害组分Fe_2O_3、TiO_2、S、P_2O_5、MgO、CaO、CO_2等，除Fe_2O_3含量高外，其他均满足工业要求。

（四）矿化阶段划分

卖酒坪铝土矿矿床成矿过程可总结为原生沉积成矿、原生矿层溶蚀-剥蚀、初级堆积成矿的表生矿体定位及初级堆积矿石脱硫、去硅、富铝的富集成矿三个阶段，表生富集阶段是堆积型铝土矿的重要成矿阶段，对堆积型矿体的形成、分布及矿石质量的提高具有重要的作用。

（五）矿床成因及成矿模式

卖酒坪铝土矿矿床主要为风化堆积型铝土矿，与广西苹果那豆、德保属同成因矿床类型，为云南省堆积型铝土矿典型代表。

以卖酒坪为代表的滇东南堆积型铝土矿成矿过程受地壳运动和地质构造条件、成矿物源、地貌条件和气候因素的共同控制，经历了晚二叠世沉积成矿期及第四纪再造成矿期，含矿红土层主要形成于第四系。

滇东南堆积型铝土矿近年的研究表明，晚二叠世早期峨眉山大火成岩省的形成与上升地幔柱活动有关。大火成岩省向东远至滇东南的富宁与桂西的百色、隆林、田阳、巴马一带，滇东南地区处于峨眉山大火成岩省的外带。

晚二叠世，峨眉山地幔柱上升导致滇东及滇东南地区地壳抬升并形成晚期的隆起构造带，使中石炭统—上石炭统和下二叠统碳酸盐岩和上二叠统下部峨眉山玄武岩组基性玄武岩抬升到地表。滇东及滇东南地区晚二叠世早期处于古纬度2.4°S的低纬度区，属热带气候，雨量充沛。碳酸盐岩在地表岩溶化，形成有利于含铝土矿碎屑物质堆积的场所。本区铝土矿矿石中含较多锆石、金红石、石榴子石、电气石、刚玉、铌钽铁矿、磁铁矿、锐钛矿、毒砂等与岩浆有关的矿物，其外形特征表现了经远距离搬运的特征。此外，矿体中产出鳞木、芦木等植物化石碎屑，也说明铝土矿物质是搬运来的碎屑沉积。

本区铝土矿矿床含铝岩系均含有多层火山物质，如丘北水米冲、砚山平远街、文山者黑冲一带，含铝岩段中含有较多的凝灰岩、凝灰质粘土岩；有些地段含铝岩系之下即为基性火山岩，如开远果花；在玄武岩分布区，含铝岩段底部常为凝灰岩，这说明有同期火山物质的供给。

滇东南地区晚二叠世峨眉山玄武岩、玄武质凝灰岩化学分析表明，Al_2O_3含量12.2%~16.48%，说明玄武岩及相关的玄武质火山物质风化能够提供充足的铝来源。此外，玄武岩及玄武质火山物质化学组成中具有高钛低磷的特征，与本区铝土矿中的高钛低磷特征是一致的，更加说明物质来源的可靠性。

此外，古陆和基底岩系风化剥蚀可能也为生成铝土矿提供了一定的成矿物质来源。屏马-越北古陆产出众多的花岗岩及基性岩体。在潮湿炎热气候条件下，风化物中的成矿物质以真溶液或胶体形式搬运，在滨海地区沉积，形成以胶状结构为主的铝质岩并与陆源碎屑共生。

董马-铁厂地区乃至滇东南地区内，凡有沉积型铝土矿产出的区域内均有堆积型铝土矿产出，两者间依属关系密切，沉积型铝土矿（或岩段）的存在为堆积型铝土矿的形成提供了直接的物质来源。

在高温多雨的气候条件下，原生沉积铝土矿在地表水的作用下经矿石中易溶物质Ca、Mg、K、Na等在这个阶段被淋失，绝大部分黄铁矿转变成褐铁矿，最终矿层发生崩解并坠落成碎块夹杂于红色黏泥中，经或未经短距离搬运，在利于聚集的岩溶洼地、谷地和坡地中堆积成为极具开采利用价值的岩溶堆积铝土矿。卖酒坪铝土矿矿床的成矿模式见图 5-19。

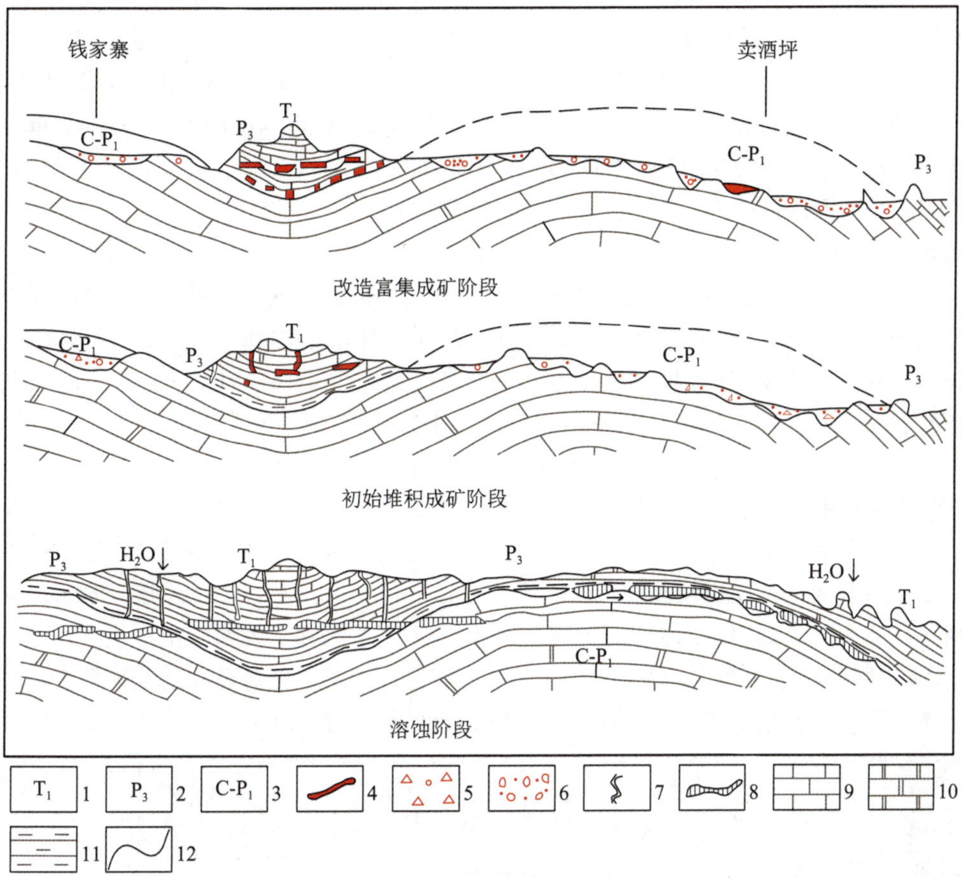

图 5-19　西畴县卖酒坪铝土矿矿床成矿模式图

（据云南省地质调查局，2011b）

1—下三叠统；2—上二叠统龙潭组或吴家坪组；3—石炭系—下二叠统；4—原生沉积型铝土矿层；5—块及矿块混杂堆积的初始矿体；6—堆积型铝土矿体；7—构造裂隙及溶隙；8—隐伏岩溶洞穴；9—灰岩；10—白云岩；11—泥岩及砂岩；12—地质界线

（六）找矿标志

卖酒坪式堆积型铝土矿的成矿物质来源于吴家坪组（龙潭组）底部的原生沉积型铝土矿岩层，受该矿源层控制，堆积型铝土矿的主要矿体大多分布于邻近的岩溶洼地、谷地中的第四系红土层中，主要有如下找矿标志。

矿源层标志：上二叠统吴家坪组（龙潭组）。

地貌标志：泥盆系—下二叠统碳酸盐岩区峰丛峰林组合的溶丘漏斗、岩溶洼地、坡地和谷地。

直接标志：有含铝岩系分布的第四系岩溶洼地、坡地和谷地地表有铁铝质矿块或铝土矿块。

地化异常标志：堆积铝土矿与化探 Al_2O_3、Fe_2O_3、Ti 异常较吻合，为矿床的找矿标志。

二、其他风化型（堆积型）铝土矿矿床（点）

（一）丘北飞尺角铝土矿矿床[1]

飞尺角铝土矿矿床行政区划隶属于文山州丘北县腻角乡，位于丘北县城 253°方向，平距约 3 km

[1] 主要资料来源：云南文山铝业有限公司，2007a，云南省丘北县飞尺角铝土矿详查报告。

处；其中心点地理坐标为：东经 103°51′31″，北纬 23°56′18″，面积 132.97 km^2。

2007 年，云南文山铝业有限公司提交了《云南省丘北县飞尺角铝土矿详查报告》，估算 332+333 类铝土矿矿石量 2012.17×10^4 t。其中，沉积型 785.62×10^4 t，占 39.04%，平均湿体重值 2.83 g/cm^3，干体重值为 2.792.83 g/cm^3，Al_2O_3 含量 47.10%，A/S 平均 4.42；堆积型矿 1226.55×10^4 t，占 60.96%，平均含矿率 399.67 kg/m^3，主要组分含量分别为 Al_2O_3 46.01%、SiO_2 11.96%、TFe_2O_3 22.14%，A/S 3.85；伴生镓 736.43 t，Ga 含量 0.00357%。上述资源量已列入据《云南省 2017 年矿区及所属矿山矿产资源储量简表》，目前正处于矿山筹建中。

1. 矿区地质特征

飞尺角矿区位于鲁底破背斜的南西转折部位，其大地构造分区属扬子陆块区（Ⅵ）、上扬子古陆块（Ⅵ-2）之富宁-那坡被动陆缘（Ⅵ-2-9）；成矿区带属华南（陆块）成矿省（Ⅱ4）、罗平-开远 Pd-Zn-Au-Sb-Mn-煤成矿带（Ⅲ12）之罗平-广南-富宁 Au-Al-Hg-Sb-Cu-Fe-Ti-Mn 矿带（Ⅳ27）。矿区包含飞尺角、席子塘、白色姑、鲁苦地四个矿段。

（1）地层

区内出露地层主要为泥盆系、石炭系、二叠系、三叠系、第四系（图 5-20），由于东吴运动导致矿区下二叠统剥蚀殆尽，上二叠统龙潭组、下三叠统洗马塘组直接超覆、不整合于中石炭统威宁组古侵蚀面上。强烈的岩溶侵蚀作用及基底古地貌高低起伏，使基底及其以上的地层呈现孤岛状分布。

矿区赋存有堆积型及沉积型两类铝土矿床，沉积型铝土矿赋存于晚石炭世古侵蚀面之上的上二叠统龙潭组（P_3l）底部含铝岩系中。龙潭组（P_3l）为灰色、浅灰白色薄至中层状粉砂岩、硅质岩局部夹灰岩透镜体，底部为灰色、灰白色、灰紫色含铁铝土矿层，厚度 0~24 m。与上覆地层下三叠统洗

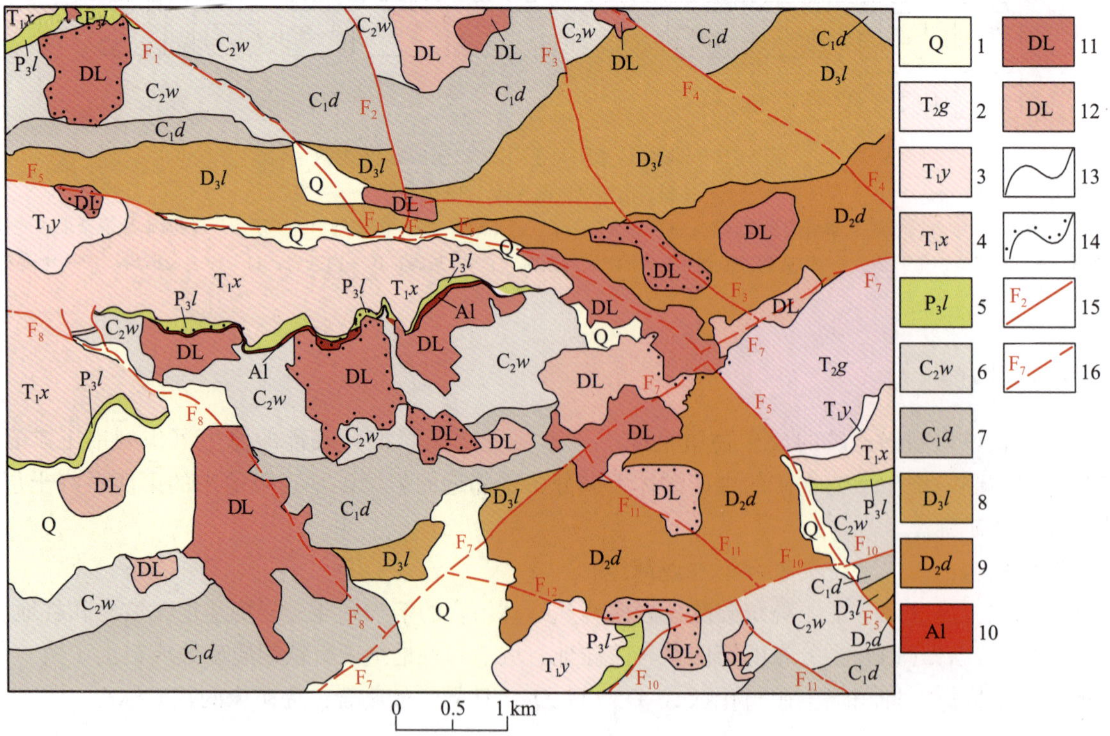

图 5-20　丘北县飞尺角铝土矿矿区地质简图

（据云南文山铝业有限公司，2007a，有修改）

1—第四系含碎石粘土；2—三叠系个旧组灰岩夹白云岩；3—三叠系永宁镇组灰岩、泥质灰岩；4—下三叠统洗马塘组粉砂质泥岩夹粉砂岩；5—上二叠统龙潭组粉砂岩、硅质岩，底部为铝土矿层；6—上石炭统威宁组灰岩、生物碎屑灰岩；7—下石炭统大塘组灰岩；8—上泥盆统榴江组灰岩、白云岩；9—中泥盆统东岗岭组灰岩；10—沉积型铝土矿矿体；11—堆积型铝土矿矿体；12—堆积型铝土矿矿化体；13—整合地质界线；14—角度不整合界线；15—实测断层及编号；16—推测断层及编号

马塘组（T_1x）呈假整合接触关系。堆积型铝土矿为沉积原生矿在风化搬运次生变化堆积过程中在第四系再次形成。

（2）岩浆岩

区内岩浆活动仅有晚二叠世基性岩浆喷发活动，为峨眉山玄武岩组。于鲁底背斜南西端外围的木瓜铺、架木革及北东端外围的温浏、未昔等地零星出露。地球化学研究表明，玄武岩为铝土矿主要的成矿物质来源。

（3）构造

飞尺角矿区构造形式为一背斜构造，次级构造小褶曲、揉皱现象较为发育，构造线在飞车一带呈近东西向，在地白附近呈近南北向，在席子塘附近呈南东向展布。由于受到断裂构造的影响，背斜核部地层出露极不完整，具有重复和缺失现象。北西翼地层产状较为稳定，总体倾向北西（在飞车一带总体倾向北），倾角一般为20°~30°。区内主要发育北东向和北西向两组断裂，尤以后者最为发育。由于断裂作用影响，在地貌上多形成负地形，造成多级地貌台阶，当上一级台阶有沉积型铝土矿存在时，下一级台阶多为堆积型铝土矿有利的堆积场所，对堆积型铝土矿具有一定的控制作用。

2. 矿体地质特征

飞尺角矿床目前控制原生沉积型铝土矿矿体1个（CⅠ），其产状总体与地层总体产状一致，走向近东西，倾向北（图5-21），倾角25°~35°，个别达47°，长度3290 m，矿体规模属大型。矿体厚度3.50~16.74 m，平均9.79 m；Al_2O_3含量43.25%~48.56%，最高61.89%，平均47.10%，总体属低品位矿。

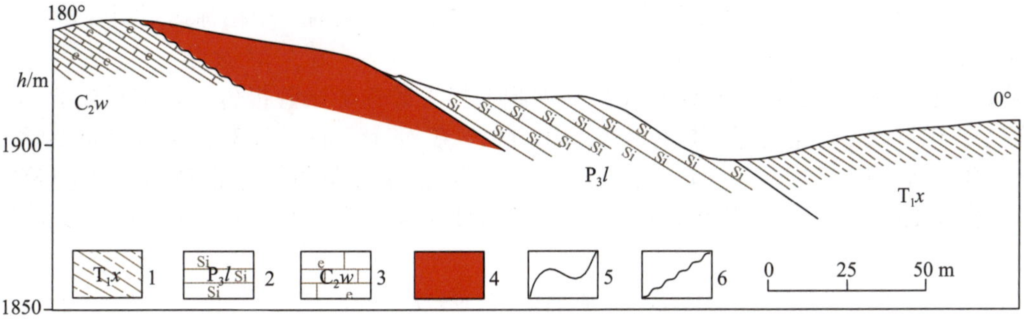

图5-21 丘北县飞尺角铝土矿矿床CI号矿体158勘探线地质剖面图

（据云南文山铝业有限公司，2007a，有修改）

1—下三叠统洗马塘组泥岩；2—上二叠统龙潭组硅质岩；3—上石炭统威宁组生物碎屑灰岩；4—沉积型铝土矿矿体；5—整合地质界线；6—不整合地质界线

矿床堆积型铝土矿由北向南分为飞尺角、飞车、席子塘、鲁底-大铁4个矿段，共控制FCⅠ、FCⅡ2、FCHⅠ、FCHⅡ、FCHⅢ、FCHⅣ、FCHⅤ、XZⅠ、XZⅡ2这9个主要矿体及多个零星小矿体，其中主要的几个矿体描述如下。

FCⅠ矿体：是矿床规模最大的矿体，外形为薄饼状，与第四系产出形态和谐一致。矿体长度448.98~1807.86 m，平均1088.95 m，宽度159.83~1383.55 m，平均662.22 m，面积1.651 km^2。

FCHⅠ矿体：外形为薄饼状，形态比较简单。矿体长度148.84~1060.77 m，平均679.7 m，宽度167.35~1114.92 m，平均598.02 m，面积1.046 km^2。

FCHⅡ矿体：产状随地形起伏有所变化，显示出舒缓波状弯曲特点（图5-22）。矿体长度98.49~871.78 m，平均466.28 m，宽度161.36~821.48 m，平均458.24 m，面积0.572 km^2。

FCHⅢ矿体：外形为薄饼状，形态比较简单。矿体长度135.05~1056.07 m，平均516.62 m，宽度137.05~711.44 m，平均411.14 m，面积0.78 km^2。

XZⅠ号矿体：外形为薄饼状，形态比较简单。矿体长度1223~2151 m，平均1573 m，宽度305~820 m，平均551 m，矿体零点边界面积1.36 km^2。

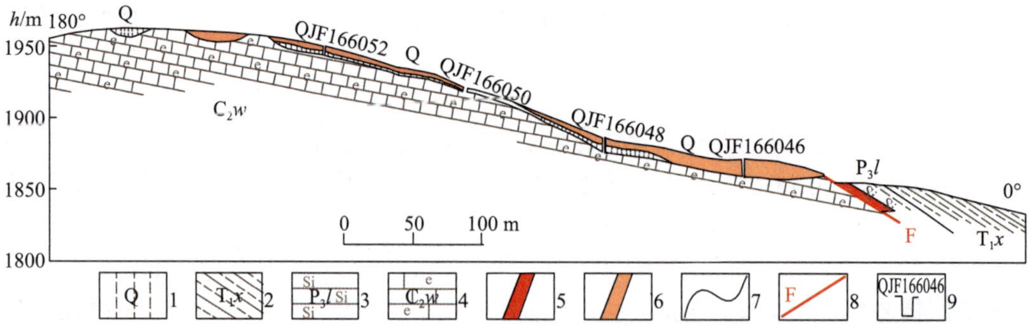

图 5-22 丘北县飞尺角铝土矿矿床 FCHII 号矿体 166 号勘探线地质剖面图

（据云南文山铝业有限公司，2007a，有修改）

1—第四系粘土沉积物；2—下三叠统洗马塘组泥岩；3—上二叠统龙潭组硅质岩；4—上石炭统威宁组生物碎屑灰岩；5—沉积型铝土矿矿体；6—连续堆积粘土胶结型铝土矿矿体；7—地质界线；8—断裂；9—浅井及编号

3. 矿石特征

飞尺角矿床中，堆积型铝土矿主要矿物有一水硬铝石、高岭石、赤铁矿，其次为针铁矿、蒙脱石、伊利石、锐钛矿、三水铝石、石英及微量绢云母、斜长石、锆石等。

矿石自然类型属一水硬铝石铝土矿矿石，根据 Fe_2O_3、S 的含量划分，沉积型铝土矿矿石属工业类型属中-高铁低硫矿。堆积型矿按照 A/S 值划分为工业矿石（$A/S \geqslant 3.8$）和低品位矿石（$A/S<3.8$）；沉积型矿根据 Al_2O_3 含量及 A/S 比值划分为工业品位矿石和低品位矿石：同时满足两个指标 $Al_2O_3 \geqslant 55\%$ 和 $A/S \geqslant 3.8$ 者即划为工业品位矿石，两个指标中只要有一个指标达不到者即划为低品位矿石。

据昆明冶金研究院《云南省丘北县飞尺角堆积型铝土矿选矿试验报告》可溶性试验结果表明：飞尺角铝土矿矿石加工性能良好，具有开发利用价值。矿石 A/S 值为 7.54，在温度为 260℃、Na_2O 浓度 190 g/L、溶出时间 45 min、石灰添加量 12%的溶出条件下溶出率已达 $\eta_{实}=84.08\%$，$\eta_{相}=96.94\%$，溶出效果较好，可以用于氧化铝的生产，若要达到最佳溶出效果，则需进一步进行溶出条件试验。

沉积型铝土矿矿石结构有假鲕状结构、碎屑结构、鲕状结构，氧化带中矿石结构，除部分保留有原生带矿石的一些结构特点外，还有鳞片粒状镶嵌结构、砂状结构等。矿石构造主要有块状、纹层状、条带状、砾状、角砾状等，其中以块状者为主。

堆积型铝土矿矿石具有多种结构特点，主要结构为假鲕粒结构，其次有鳞片状结构、泥状结构、片状结构。矿石构造有块状构造、次块状构造（局部块状构造）、层状构造、蜂窝状构造、晶洞状构造、脉状充填构造、花斑状构造。

矿石有益组分仅有镓具综合回收价值，镓含量均匀稳定，最低值 0.0022%，最高值 0.011%，平均 0.00357%，估算镓金属量 736.44 t。

4. 矿床成因

飞尺角矿床中，沉积型铝土矿的形成经历了基底上升隆起遭受剥蚀、切割夷平和岩溶化阶段-迁移堆积溶滤富集阶段-沉积海解成岩再富集阶段三个阶段。赋存于晚石炭世古侵蚀面之上的上二叠统龙潭组（P_3l）内的沉积型铝土矿及原生矿在经历了多期构造运动的改造、抬升，最终暴露于地表或近地表，遭受风化、剥蚀、搬运，矿床发生次生变化，并在稳定的缓坡、坡脚等第四纪岩溶低洼地带堆积，最终形成堆积型铝土矿矿床。

（二）文山市杨柳井铝土矿矿床[1]

杨柳井铝土矿矿床行政区划隶属于文山市杨柳井乡，位于文山市区南东 161°方向，平距 20.5 km

[1] 主要资料来源：中国冶金地质总局昆明地质勘查院，2007a，云南省文山县杨柳井铝土矿详查报告。

处；其中心点地理坐标为：东经104°19′07″，北纬23°13′00″。

该区的地质工作开展比较早，自20世纪50年代起，先后有冶金勘探公司三一〇队、二机部二〇九地质队、云南省地质局文山地质处及云南省地质局区域地质调查队、第二区域地质测量队、第二地质队、第四地质队等单位在区域内开展了不同比例尺的地质调查及矿产普查工作。

2004~2005年，云南南方地勘工程有限公司对杨柳井矿段作了普查工作，并提交了《云南省文山市杨柳井铝土矿普查报告》。

2007年，云南文山铝业有限公司委托中国冶金地质总局昆明地质勘查院对该区开展了详查工作，提交了《云南省文山市杨柳井铝土矿详查报告》，估算332+333类铝土矿矿石量1359.19×10^4 t，达中型矿床规模；伴生镓资源量640.79 t。

2011~2012年，云南文山铝业有限公司委托云南省有色地质局三〇六队对矿区开展勘探工作，分别提交了《云南省文山市歪头山铝土矿勘探报告》《云南省文山市杨柳井铝土矿勘探报告》，歪头山矿段估算331+332+333类铝土矿工业原矿矿石量985.64×10^4 t，净矿量291.91×10^4 t，平均含矿率532.42 kg/m^3，Al_2O_3含量41.89%。伴生镓资源量193 t，Ga含量0.0066%。杨柳井矿段估算堆积型铝土矿331+332+333原矿量933.81×10^4 t，净矿量295.67×10^4 t，平均含矿率542.61 kg/m^3，Al_2O_3含量52.48%；伴生镓资源量165.57 t，Ga含量0.0056%。

据《云南省2017年矿区及所属矿山矿产资源储量简表》，矿区累计查明333类以上铝土矿矿石量1897.4×10^4 t，伴生镓资源量833 t；目前尚未开发利用。

1. 矿区地质特征

杨柳井矿区处于富宁-那坡被动陆缘带文麻断裂西侧薄竹山拱褶带之杨柳井向斜核部，其大地构造分区属扬子陆块区（Ⅵ）、上扬子古陆块（Ⅵ-2）之富宁-那坡被动陆缘（Ⅵ-2-9）；成矿区带属华南（陆块）成矿省（Ⅱ4）、个旧-文山-富宁（地块）Sn-W-Ag-Pd-Zn-Au-Sb-Mn-Al成矿带（Ⅲ13）之薄竹山-马关Ag-Sn-Pb-Zn矿带（Ⅳ30）。矿区包含杨柳井、歪头山两个矿段。

（1）地层

区内出露地层主要为中泥盆统、下石炭统、上石炭统、上二叠统、下三叠统、中三叠统及第四系（图5-23）。由于东吴运动导致矿区下二叠统剥蚀殆尽，上二叠统龙潭组（P_3l）、下三叠统飞仙关组（T_1f）直接超覆、不整合于上石炭统威宁组（C_2w）及下石炭统大塘组（C_1d）之上。

上二叠统龙潭组（P_3l）为沉积型铝土矿的含矿层位，根据岩性可分为下段（P_3l^1）和上段（P_3l^2），其岩性特征如下。

下段（P_3l^1）：褐黄、褐黑至黑色粘土岩，碳质页岩夹劣质烟煤或煤线，局部夹硅质岩及沥青质灰岩扁豆体，厚度0~29 m。

上段（P_3l^2）：上部为浅灰、灰白、褐黄色、紫色铝土质泥岩、粉砂岩、细砂岩，下部赋存1~3层厚薄不等的似层状、扁豆状铁铝岩或铝土矿，本层厚度0~52 m。

堆积型铝土矿赋存于第四系（Q）残积层、残坡积层中，第四系松散堆积层垂直空间分布具以下特点。

上部为褐红、褐黄色砂质粘土或腐殖土，厚度0~0.5 m。

中部为褐红色粘土、砂质粘土夹褐色、紫色棱角状铝土矿，是堆积铝土矿重要赋存部位，厚度0~33.56 m。

下部为黄色、红褐色粘土，偶见铝土矿块及褐黑色磨圆度较高的铝土矿砾石，厚度0~5 m。

（2）构造

杨柳井矿区位于杨柳井向斜核部，为椭圆形短轴褶皱，主要由马鞭塘向斜和红石岩向斜组成。断裂构造发育，以北东向（60°~70°）为主，次为北西向（330°）。主要的铝土矿夹持于北东向断裂之间。

2. 矿体地质特征

杨柳井矿床主要为堆积型矿体，赋存于第四系（Q）残积层、残坡积层中，矿体平面形态呈不规

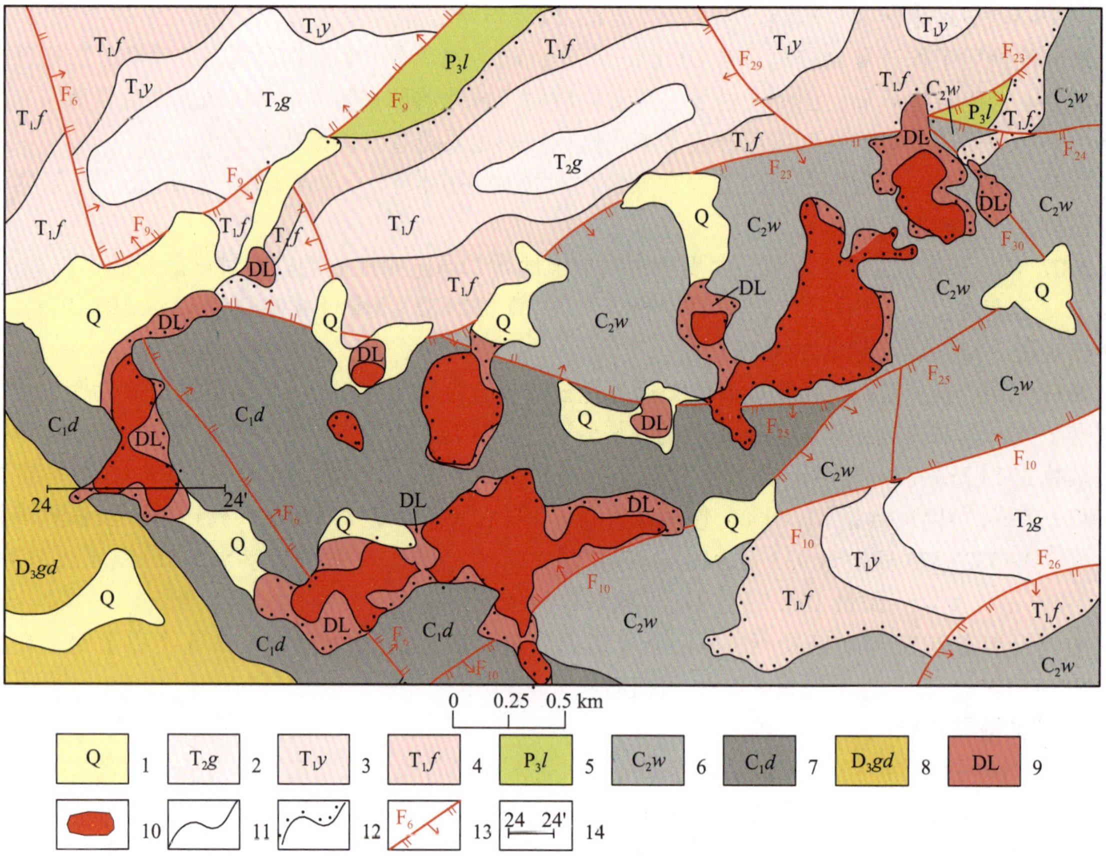

图 5-23 文山市杨柳井铝土矿矿床地质简图

（据中国冶金地质总局昆明地质勘查院，2007a）

1—第四系残坡积-堆积层，岩块、砾砂、粘土及铁铝质矿块；2—中三叠统个旧组灰、浅灰色中厚层状白云岩；3—下三叠统永宁镇组浅灰、红灰色薄中层泥晶灰岩夹淀晶鲕粒灰岩及生物碎屑灰岩；4—下三叠统飞仙关组褐紫色薄层泥岩、含粉砂质凝灰岩；5—上二叠统龙潭组深灰色条带状生物碎屑钙质硅质岩、铁铝质泥岩夹生物碎屑灰岩；6—上石炭统威宁组灰、浅灰色厚层含生物碎屑灰岩；7—下石炭统大塘组浅灰、灰白色厚层-块状生物碎屑灰岩、泥晶生物碎夹薄层钙质泥岩；8—上泥盆统革当组浅灰、灰色鲕粒灰岩夹白云岩；9—含铝土矿块堆积体；10—矿体露头；11—地质界线；12—角度不整合地质界线；13—正断层及编号；14—勘探线及编号

则状及团块状，剖面上呈透镜状及似层状，少数为漏斗状（图 5-24）。褐色及红色粘土层中含一水硬铝石矿块，矿块多呈棱角状及次棱角状，无分选性，大小混杂嵌于粘土之中，少数呈浑圆状。目前共圈定了矿（化）体 13 个，杨柳井矿段 10 个，歪头山矿段 3 个。

（1）杨柳井矿段

共圈定了 10 个矿（化）体，总体呈北东向（55°）展布，产于灰岩的溶蚀洼地与漏斗之中，分布范围长度 3.9 km，宽度 0.9 km，面积 2.5 km^2。

Y-KT1 矿体：分布于杨柳井村东南 400 m 处，地表出露形态呈蝶状，面积 0.0567 km^2。矿体平均厚度 5.41 m，Al_2O_3 含量 45.66%，平均含矿率为 575.43 kg/m^3。矿体空间形态呈透镜状，倾向北东，倾角较缓，为 5°左右。

Y-KT2 矿体：位于杨柳井村 110°方向 1.80 km 处，矿体平面形态呈莲藕状，长度 1.6 km，宽度 0.08～0.52 km，面积约 0.4 km^2。矿体产状平缓，东段倾向北，倾角 3°～5°；西段矿体倾向南。矿体平均厚度 7.28 m，Al_2O_3 含量 50.82%，平均含矿率为 662.97 kg/m^3。

Y-KT3 矿体：位于杨柳井 90°方向 1.70 km 处，矿体平面形态近于椭圆形，长轴 0.46 km，短轴（宽）0.3 km，面积 0.12 km^2 左右。矿体呈透镜状，产状平缓，总体倾向北东，倾角 5°左右。矿体平均厚 10.39 m，Al_2O_3 含量 49.12%，平均含矿率为 770.05 kg/m^3。

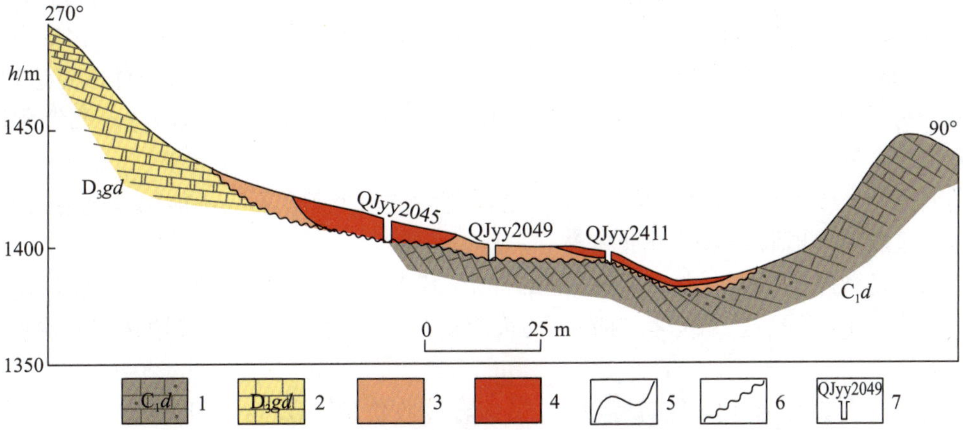

图 5-24 文山市杨柳井铝土矿矿床 24 号勘探线地质剖面图

（据中国冶金地质总局昆明地质勘查院，2007a）

1—下石炭统大塘组泥粉晶含砂屑灰岩夹砾砂屑砂及铁铝质泥岩；2—上泥盆统革当组浅灰、灰色鲕粒灰岩夹白云岩；3—含矿堆积层，粘土含少量铁质铝土矿矿块；4—铝土矿矿体；5—整合地质界线；6—角度不整合界线；7—浅井及编号

Y-KT4 矿体：位于杨柳井村 85°方向 3.35 km 处，矿体长度 1.2 km，最宽 0.43 km，面积约 0.44 km^2。矿体倾向 120°，倾角 13°左右。矿体平均厚度 6.93 m，Al_2O_3 含量 55.79%，平均含矿率为 580.05 kg/m^3，北东方向较厚，向南西变薄。

Y-KT5 矿体：位于杨柳井村 77°方向 4.05 km 处，矿体平面形态呈菱形，长轴长度 530 m，短轴长度 240 m，面积 0.127 km^2。矿体产状平缓，随地形起伏。矿体平均厚度 3.74 m，Al_2O_3 含量 50.83%，平均含矿率为 740.79 kg/m^3。

Y-KT6 矿体：位于杨柳井村 95°方向 1.15 km 处，矿体堆积于下石炭统大塘组（C_1d）溶蚀漏斗之中，面积约 0.025 km^2。矿体平均厚度 10.10 m，Al_2O_3 含量 48.29%，平均含矿率为 395.14 kg/m^3。

Y-KT7 矿体：在 KT6 矿体北东 15°方向 320 m 处，为含铝土矿块的第四系坡残积物，长度 240 m，宽度 140 m，面积 0.026 km^2。矿体平均厚度 10.77 m，Al_2O_3 含量 52.57%，平均含矿率为 531.14 kg/m^3。

Y-KT9 矿体：位于杨柳井村 150°方向 2.60 km 处，矿体长度 150 m，宽度 120 m，面积约 0.018 km^2，呈圆形状。矿体产状平缓，平均厚度 6.5 m，Al_2O_3 含量 48.75%，平均含矿率为 451.78 kg/m^3。

Y-KT10 矿体：位于杨柳井村 85°方向 3.35 km 处，矿体长度 0.25 km，最宽 0.16 km，面积约 0.04 km^2。总体倾向 120°，倾角 13°左右。矿体平均厚度 11.5 m，Al_2O_3 含量 51.59%，平均含矿率为 414.05 kg/m^3。

DL3 矿（化）体：位于杨柳井之北东 1.5 km 处，平面形态近于圆形，面积 0.06 km^2，矿（化）体为含铝土矿块的第四系坡残积物，堆积于上石炭统威宁组（C_2w）灰岩生成的溶蚀漏斗之中。

（2）歪头山矿段

共圈定了 3 个矿体，主要分布于缓坡地带，部分分布于溶洞及溶蚀凹地。矿体总体呈南北向展布，分布范围长度 2.8 km，宽度 1.3 km，面积 3.1 km^2。矿体厚度 1.0~30.0 m，平均 10.05 m。

W-KT1 矿体：总体呈南北向展布，长度 2.8 km，宽度 1.3 km，面积 3.1 km^2。矿体产状平缓，厚度 1~30 m，平均 10.05 m；Al_2O_3 含量 42.58%，平均含矿率为 717.47 kg/m^3。

W-KT2 矿体：位于 KT1 矿体北 500 m 处，平面出露形态呈椭圆形，面积约 0.020 km^2。矿体厚度 10.60 m，Al_2O_3 含量 41.22%，平均含矿率为 536.9 kg/m^3。

W-KT3 矿体：位于 KT1 矿体南 400 m 处，面积约 0.015 km^2。矿体厚度 1.81 m，Al_2O_3 含量 42.18%，平均含矿率为 407.15 kg/m^3。

3. 矿石特征

杨柳井矿床中，组成矿石的主要矿物有一水硬铝石及高岭石、褐铁矿和赤铁矿，少量黄铁矿、高岭石及少量的绿泥石、石英等。主要化学组分 Al_2O_3 含量为 40.01%~62.31%，平均为 53.73%；SiO_2 含量为 4.10%~26.55%，平均 7.29%，铝硅比值 3.44~12.70，平均 7.37；Fe_2O_3 含量为 16.82%~29.48%，平均 23.59%，为高铁型。有害组分硫（S）含量 0.005%~0.12%，单样最高达到 0.949%，平均 0.08%，为低硫型。其他磷（P_2O_5）、镁（MgO）、钙（CaO）、钛（TiO_2）、二氧化碳（CO_2）等矿石有害组分含量均较低。

矿石类型为一水硬铝石-高岭石混合型矿石之低硫高铁铝土矿矿石，不能用作电熔刚玉原料及高铝水泥原料，只能用作提取氧化铝的原料。

矿石结构以显微晶质结构为主（泥-微晶结构），其次为豆状结构、鲕状结构及碎屑结构。矿石构造主要为疏松粘土状构造、角砾状构造、块状构造，少数地段矿石呈次棱角状、次圆状属砾状构造。

矿石有益组分主要有镓（Ga）、铁（Fe）具综合回收价值，Ga 含量 0.0029%~0.0064%，平均 0.0047%，已达到工业要求。估算 333 类伴生铁 309.51×10^4 t，Fe_2O_3 含量 23.59%，经氧化铝提取之后废渣中 Fe_2O_3 含量可相对增加，可以进行综合利用。

4. 矿床成因类型

杨柳井铝土矿产于第四系残坡积层中，为风化堆积型铝土矿矿床。

（三）广南县板茂铝土矿矿床❶

板茂铝土矿矿床行政区划隶属于广南县旧莫乡，位于广南县城 241°方向，平距约 15 km 处；其中心点地理坐标为：东经 104°55′00″，北纬 23°58′24″。

1959 年，云南省地质局第二地质队对原生沉积铝土矿系统采集样品进行鉴定，确认为铝土矿，同年转入详查勘探工作，于 1960 年 10 月提交了《云南广南板茂铝土矿储量计算报告书（第一期）》，估算表内 C_1+C_2 级铝土矿储量 235.7×10^4 t，表外 C_1+C_2 级储量 186.6×10^4 t，C_2 级黄铁矿储量 14×10^4 t；镓地质储量 316 t。

2004 年，长沙有色冶金设计研究院勘查公司对矿区开展了全面勘探工作，于 2005 年 5 月提交了《云南省广南县板茂铝土矿勘探地质报告》，探获铝土矿储量 613.91×10^4 t，伴生镓金属量 408.55 t；勘探过程中委托“中国铝业贵州分公司轻金属研究所”作了可溶性试验，试验结果表明：板茂铝土矿石加工性能良好，具有开发利用价值。

2010 年，云南省有色地质局三〇六队对矿区进行资源量核查工作，提交了《云南省广南县板茂铝土矿核查矿区资源储量核查报告》，矿区累计查明 333 类及其以上铝土矿矿石量 705.20×10^4 t。其中，沉积型 367.31×10^4 t，占 52.09%；堆积型 337.86×10^4 t，占 47.91%。共生硫铁矿 14.10×10^4 t，S 含量 12.0%；伴生镓金属量 421.81 t，Ga 含量 0.0066%。上述资源量已列入《云南省 2017 年矿区及所属矿山矿产资源储量简表》，矿床达中型规模，目前尚未开发利用。

1. 矿区地质特征

板茂矿区大地构造分区属扬子陆块区（Ⅵ）、上扬子古陆块（Ⅵ-2）之富宁-那坡被动陆缘（Ⅵ-2-9）；成矿区带属华南（陆块）成矿省（Ⅱ4）、罗平-开远（右江海槽）Pd-Zn-Au-Sb-Mn-S-煤成矿带（Ⅲ12）之罗平-广南-富宁（右江海槽）Au-Al-Hg-Sb-Fe-Ti-Mn 矿带（Ⅳ27）。

区内出露地层主要为上石炭统威宁组（C_2w）、上二叠统吴家坪组（P_3w）及第四系（图 5-25）。矿区总体为董弄-免分背斜北西段，地层总体走向为北西向。铝土矿有沉积型和堆积型两种成因类型，沉积型铝土矿赋存于上二叠统吴家坪组底、晚石炭世古侵蚀面之上；堆积型铝土矿赋存于第四系的残坡积沉积物中，系由原生矿在风化搬运次生变化堆积过程中再次形成。

2. 矿体地质特征

板茂矿床中，沉积型铝土矿呈层状赋存于上二叠统吴家坪组（P_3w）底部与上石炭统威宁组灰岩

---

❶ 主要资料来源：长沙有色冶金设计研究院勘查公司，2005，云南省广南县板茂铝土矿勘探地质报告。

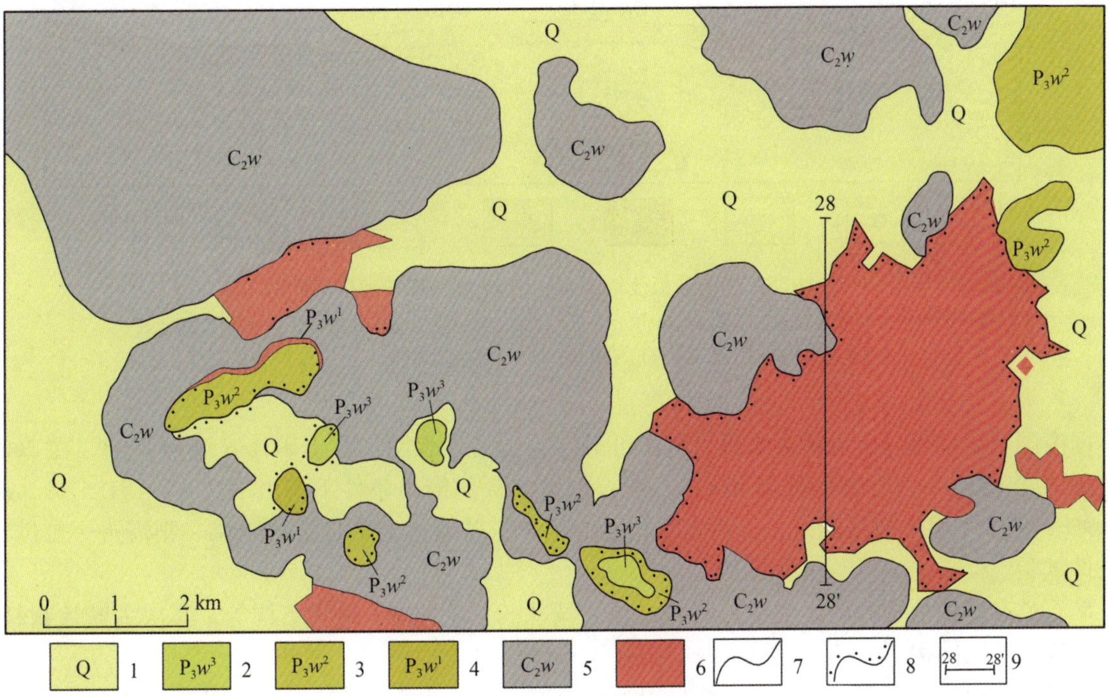

图 5-25 广南县板茂铝土矿矿区地质简图

（据长沙有色冶金设计研究院勘查公司，2005）

1—第四系全新统亚粘土、砂质及红土层；2—上二叠统吴家坪组上段白云质灰岩；3—上二叠统吴家坪组中段黑灰色含燧石结核灰岩；4—上二叠统吴家坪组下段铝土矿层；5—上石炭统威宁组生物碎屑灰岩；6—堆积型铝土矿矿体；7—整合地质界线；8—角度不整合界线；9—勘探线及编号

的不整合面上。目前共圈定出 8 个工业矿体（Ⅰ、Ⅱ、Ⅲ、Ⅳ、Ⅴ、Ⅵ、Ⅶ、Ⅷ），其中Ⅰ、Ⅱ、Ⅷ为主要矿体。

Ⅰ矿体：产状平缓，倾角 4°～12°，仅有小的波状起伏。矿体沿北东—南西方向延伸，长度约 800 m，宽度约 400 m；厚度 0～9.32 m，平均 4.50 m。

Ⅱ矿体：产状平缓，走向大致为北东向，倾向南东。矿体控制长度约 480 m，厚度 1.7～3.38 m，平均 2.69 m。矿体向南变薄，向南东延长 50～100 m 尖灭。

Ⅷ矿体：产状平缓，走向大致为北西向，倾向北东。矿体控制长度约 110 m，西边厚，东边薄，平均厚度 2.75 m。

堆积型铝土矿目前共圈定 6 个工业矿体（DL1、DL1-1、DL1-2、DL2-2、DL2-3、DL3），其中 DL1 为主要矿体。

DL1 矿体：呈似层状，总体沿北东—南西方向延伸，直接出露于地表（图 5-26）。矿体长度 900 m，宽度 800 m，面积 0.72 km^2；矿体产于斜面缓坡地带，出露标高 1201～1338 m，呈平缓波状起伏，总体由北西向南东倾斜，倾角一般 0°～20°，平均 15°；矿体含矿率为 111～2295 kg/m^3，变化系数 61.56%，属较稳定变化。

3. 矿石特征

板茂矿床的矿石工业类型主要为高铁低硫铝土矿（占资源/储量的 80%）及高铁高硫铝土矿（占资源/储量的 20%）。按主要的铝土矿物成分，本区铝土矿石含铝土矿物组合由一水硬铝石和高岭石组成，属于一水型铝土矿矿石。主要组分含量分别为 Al_2O_3 52.83%、SiO_2 7.68%、TFe_2O_3 21.78%，铝硅比 6.87。

矿石中主要矿物成分为一水铝石（含量 50%～65%）、三水铝石（含量 0～15%）、胶铝土矿（含量大于 15%），另有少量黄铁矿、褐铁矿、金红石、白钛矿、刚玉等。

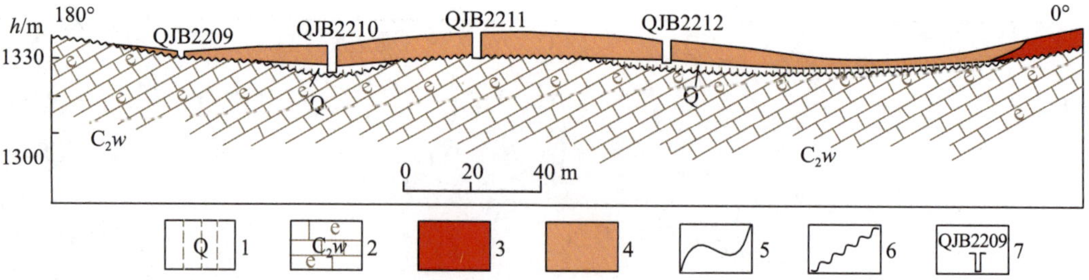

图 5-26　广南县板茂铝土矿矿床 28 号勘探线地质剖面图

1—第四系全新统亚粘土、砂质及红土层；2—上石炭统威宁组生物碎屑灰岩；3—沉积型铝土矿；4—堆积型铝土矿；5—整合地质界线；6—不整合地质界线；7—浅井及编号

据中国铝业贵州分公司轻金属研究所作可溶性试验结果表明：铝土矿 A/S 值为 2.33，在 260℃、苛性碱浓度 190 g/L，溶出时间 45 min；石灰添加量 16%的溶出条件下溶出率达 $\eta_{实}=81.57\%$，$\eta_{相}=96.09\%$，铝土矿溶出效果较好，可用于氧化铝的生产，若要达到最佳溶出效果，则需进一步进行溶出条件试验。

矿石具有多种结构特点，主要为砂屑结构、鲕状-砂屑结构、鲕状结构等，其次为鳞片状结构、泥状结构、片状结构。

矿床共生矿产为硫铁矿，位于沉积型铝土矿的顶部，由含硫铁矿粉砂岩及碳质页岩和铝土矿所组成，目前仅见于Ⅰ号沉积型铝土矿体上部，呈饼状，长轴 300 m，矿体厚度 1～2.76 m；品位低，含硫量变化较大，一般为 6.79%～15.72%，平均 12.00%。

矿床主要伴生矿产为镓，估算 333 类镓金属量 421.81 t，Ga 含量 0.0050%～0.0094%，平均 0.0066%。此外，光谱分析铌含量为 0.037%～0.076%，平均 0.0634%；钽含量为 0.0025%～0.0073%，平均 0.0039%，以上各矿种分布较均匀，达到工业要求，可以综合回收利用。矿石有害组分 P_2O_5、S、CO_2、CaO、MgO 含量极低，均在规范允许含量范围之内。

4. 矿床成因类型

板茂铝土矿主要产于第四系残坡积层中，矿床类型属风化堆积型为主，兼具沉积型的复合矿床。

（四）其他矿床（点）

风化型（堆积型）铝土矿主要分布于滇东南、滇中地区，除上述 4 处典型和重要矿床外，还有 15 处矿床（点），详见附表 4。

第六章　成矿规律及找矿方向

第一节　锑汞矿

一、成矿地质条件

（一）地层及沉积环境条件

云南省锑、汞矿床的层控特征是相当明显的，赋矿地层时间跨度大，从元古宇至新近系，多个层位均有锑、汞矿化存在（图 6-1）。

具有工业意义的锑矿床主要集中于寒武系—三叠系几个地层单位内，矿体的产出又与这一层位内的某一种岩性有关，离开了特定的地层和岩性，即使有相同的构造条件，或者只是层位不同而有相同的岩性，也不能成矿，尤其不能形成工业锑矿床。无论是碎屑岩建造，还是碳酸盐岩及火山岩建造，含矿岩石普遍具有高硅质特点，上有塑性砂页岩作遮挡层。目前被广泛认可的“矿源层”主要有下泥盆统坡脚组、坡松冲组（翠峰山组），上二叠统峨眉山玄武岩组、龙潭组，上三叠统三合洞组 5 个层位。龙学耀（1989）对西畴地区 10 处锑矿产地坡脚组、坡松冲组（翠峰山组）Sb 元素丰度进行测定，其最低值为 150×10^{-6}，最高值为 3000×10^{-6}，平均 1781×10^{-6}；由于岩石普遍变质，Sb 元素的高丰度值不一定代表沉积成岩阶段的初始富集，但至少说明坡脚组、坡松冲组（翠峰山组）含锑的普遍性，它们既是赋矿层，也可能就是主要的矿源层。俞国芬等（2009）认为上二叠统峨眉山玄武岩组与龙潭组构成一个完整的玄武岩喷溢旋回，也是滇东-滇东南地区的重要矿源层；并通过木利锑矿与巍山锑矿带含矿地层 Sb 元素背景值的研究，认为上三叠统三合洞组是与下泥盆统坡脚组相似的矿源层，但其富矿性较坡脚组逊色。

从沉积环境来看，滇东南地区早泥盆世的台盆相沉积环境最有利于锑的初始富集而成为矿源层，台地相和滨海相沉积环境也有利于锑在沉积层中初始富集，但在陆相沉积岩中尚未发现锑的矿化。在滇东及滇东南部分地区，众多锑矿产地均位于台地前缘礁相带内侧与陆相玄武岩之间的滨海相-浅海沉凝灰岩与正常沉积岩交互成层的沉积岩相带内，锑矿的形成，与玄武岩尖灭带前缘海相火山-沉积作用这一特定岩相所形成的矿源层有关。在维西-兰坪-巍山地区，晚三叠世的滨海-浅海相沉积环境最有利于锑在沉积层中初始富集，上三叠统三合洞组、石钟山组是主要的赋矿层位。

目前已知最老的汞矿赋矿地层为南华系澄江组（巧家县大坝汞矿点）、震旦系—寒武系灯影组（永善金沙厂铅锌矿伴生汞），最新的赋矿地层则为古近系始新统宝相寺组（兰坪县温水河汞矿）；含矿岩性多种多样，以碳酸盐岩和碎屑岩为主，还有火山岩、火山碎屑岩及基性侵入岩。

滇东南地区主要的汞赋矿层为中三叠统，目前查明资源储量的汞矿床均产于此层位，含矿岩性主要为不纯的碳酸盐岩（白云岩、白云质灰岩）及碎屑岩，属半封闭台地浅水白云岩相和半深水盆地碎屑岩相的沉积岩相；此外，上二叠统也产有一些矿点，目前虽未发现矿床，但从汞矿化与层位的依存关系来看，也是一个值得重视的找矿层位。

在维西-兰坪-巍山地区，上三叠统三合洞组（石钟山组）是最重要的汞赋矿层位，目前查明资源储量的汞矿床大部分产于此层位，含矿岩性为灰岩，属晚三叠世滨海-浅海相的碳酸盐岩的沉积岩相；上三叠统麦初箐组、中侏罗统花开左组、古近系始新统宝相寺组也是重要的赋矿层位，含矿岩性多为砂岩。据范朝俊（1991）对巍山地区上三叠统到中侏罗统 Sb、Hg、As 3 个金属元素背景值的研究成果，Sb 元素背景值高出克拉克值 3~123 倍，Hg 元素背景值高出克拉克值 1~52.2 倍，As 高出克拉克值 1~55 倍。因此，上述地层应该是该区 Sb、Hg、As 等成矿的矿源层。其中，上三叠统三合洞组（石钟山组）应该是以 Sb 为主的 Sb、Hg 矿源层，上三叠统麦初箐组是以 As 为主的 As、Hg 矿源层，中侏罗统花开左组是以 Hg 为主的 Sb、Hg、As 矿源层，古近系始新统宝相寺组则是单一的 Hg 矿源层。

表 6-1　云南省锑矿主要含矿地层一览表

地区	地层	沉积相	岩石	Sb 含量/10^{-6}	代表性矿产地	备注
滇东地区	上二叠统龙潭组（大厂组）	滨海相-浅海沉凝灰岩与正常沉积岩交互成层的沉积岩相带	凝灰岩	50~1500	富源老厂	除中三叠统个旧组 Sb 含量数据来源于张欢等，2005；其余数据来源于史清琴，1988
			玄武质角砾岩	100~1500		
滇东南地区	中三叠统板纳组	海盆相	砂岩、泥岩	3~25	多为矿（化）点	
	中三叠统个旧组	滨海-浅海相	白云质灰岩	10.5	开远余米都	
	下三叠统龙丈组	浅海相	泥岩、泥灰岩	10~25	多为矿（化）点	
	上二叠统峨眉山玄武岩组	海相-陆相玄武岩	玄武岩	150~2000	开远虎跳崖	
	下二叠统茅口组	浅海相	灰岩	20~100	建水虾洞	
	下泥盆统坡脚组	台盆相	硅质岩	812~1000	广南木利	
	下泥盆统坡松冲组（翠峰山组）		石英岩	5~200	西畴小锡板	
	下奥陶统老寨组	浅海-滨海相	硅质岩、硅化灰岩		广南皂角树	
	下奥陶统湄潭组		石英岩	10~30	广南田坊	
	中、上寒武统		石英岩、硅质岩	20~25	富宁里达	
兰坪-巍山地区	上三叠统三合洞组	滨海-浅海相	黑色页岩	20.27	巍山笔架山	Sb 含量数据来源于俞国芬等，2009
			灰岩	9.66		
	上白垩统虎头寺组	陆内湖相-河流相	碎屑岩		巍山羊虎头	
维西-香格里拉地区	上三叠统石钟山组	浅海相	碎屑岩		维西阿南多塘	
	上三叠统拉纳山组	浅海相	灰岩、碎屑岩		香格里拉格咱斯各	
其他地区	中侏罗统花开左组	陆内湖相-河流相	碎屑岩		景东南岸	
	上三叠统丁家寨组	浅海相	碎屑岩		镇康小荒田	
	下二叠统草坝山头组	浅海相	灰岩		永德崇岗	
	新元古界王雅岩组		变质岩		西盟小新寨	

在保山-施甸地区，汞矿的矿化地层包括上寒武统—中三叠统多个层位，但具有工业意义矿床的赋矿层位则集中产于中泥盆统—上石炭统，含矿围岩主要为白云岩及基性火山（次火山）岩类。

（二）岩浆岩条件

在滇西北维西-香格里拉地区，印支期—燕山期、喜马拉雅期中酸性岩浆活动强烈，浅成斑岩体与围岩接触带附近及远离岩体的围岩破碎带中，产出有众多岩浆热液型（斑岩型）锑多金属矿产地，如香格里拉格咱斯各、帕纳牛场，维西阿南多塘、白马吉等。香格里拉一带的锑多金属矿床主要与印支期—燕山期石英二长斑岩侵入活动有关，维西一带的锑多金属矿床则主要与喜马拉雅期石英斑岩侵入活动有关。此外，在滇西临沧-勐海一带的花岗岩基中，产出有临翔区大田河、遮奈 2 个中型锑矿

T^{M}	三叠系未分，海相：哀牢山：变质砾岩、砂岩、千枚岩；洱源：千枚岩、片岩夹大理岩、变质火山岩
P-T	灰岩、白云质灰岩、白云岩，保山-镇康下部砂岩、页岩夹灰岩，中部玄武岩
$P\text{-}T_{1}\sigma\varphi m$	二叠系—下三叠统:蛇绿混杂岩,局部含蓝闪片岩
P_{3}	上统：东部：玄武岩、砂岩、页岩，夹灰岩,煤；西部：砂岩、灰岩、页岩，夹中酸性火山岩，局部含煤
P_{2-3}	中-上统：东部：砂岩、页岩、灰岩、玄武岩，底部含煤；西部：砂岩、板(页)岩夹灰岩、玄武岩或安山岩、凝灰岩
P_{2}	中统：砂岩夹页岩、灰岩、白云质灰岩，金沙江带夹玄武岩，澜沧江带夹火山岩、火山碎屑岩，墨江东南夹安山岩
P_{1-2}	下-中统并层：砂岩、页岩、灰岩，保山-镇康地区有玄武岩，墨江东南夹安山岩
P_{1}	下统：砂岩、页岩、夹灰岩，保山-镇康地区有玄武岩，滇东南为灰岩夹硅质岩，思茅有中酸性凝灰岩
P	二叠系下、中、上统并层灰岩、白云岩、砂岩、泥岩，夹凝灰岩
$C\text{-}T_{1}$	石炭系-下三叠统并层：浅变质泥质岩、变砂岩；滑积碳酸盐岩、基性火山岩
$C_{2}\text{-}P_{1}$	泥质岩、砂质岩、碳酸盐岩及煤、滇西有冰海杂砾岩、含砾板岩
C-P	各地以碳酸盐岩为主，夹砂岩、页岩；滇东、香格里拉、程海、金平、孟连等地有玄武岩
C	金沙江：板岩夹灰岩、玄武岩、硅质岩；滇东南：灰岩、硅质岩夹玄武岩；哀牢山：板岩、千枚岩夹砂岩、灰岩、火山岩；其余以灰岩为主，
$D_{3}\text{-}C_{1}$	滇东北: 灰岩、砂岩、页岩夹煤；普洱：中酸性火山岩，页岩夹硅质岩、基性火山岩
D-C	宁蒗北为片岩、变质砂岩夹大理岩、硅质岩，哀牢山为砂岩、页岩夹灰岩，孟连、贡山东及腾冲为变质砂岩、板岩，其余为各地同时代地层岩性组合
D_{3}	上统：灰岩、白云岩，景洪东为砂砾岩、泥岩夹凝灰岩
D_{2-3}	中-上统并层或未分：金沙江-哀牢山：砂岩、页岩；滇东南：硅质岩；其余为灰岩、白云岩、砂岩
D_{2}	中统：灰岩、泥质灰岩夹泥灰岩，滇中下部为砂岩夹页岩
D_{1-2}	下-中统并层：砂岩、页(泥)岩、灰岩、滇东南台盆区及宁蒗有较多硅质岩
D_{1}	下统：砂岩、泥(页)岩，少量灰岩，保山-镇康以灰岩，砂质灰岩为主
D	泥盆系各统并层：砂岩、泥(页)岩，滇东南台盆区及孟连有较多硅质岩，景洪夹凝灰岩，其余多有灰岩、白云岩
Pz_{2}	上古生界各系并层：岩性为所在地区泥盆系、石炭系、二叠系的岩性组合
S-D	保山：黑色笔石页岩、灰岩、泥灰岩；滇东：黑色页岩、灰岩夹砂岩；金平、大理东：灰岩、白云岩，上部为页岩、硅质岩
S_{3-4}	上-顶统：壳相泥岩、灰岩、页岩、粉砂岩
S_{3}	上统：杂色页岩、灰岩
S_{2-4}	中-顶统：页岩,灰岩与白云岩;大理岩、片岩夹生物碎屑岩、变质岩；中-酸性火山岩，凝灰岩夹灰岩
S_{2-3}	中-上统：中基性、中酸性火山岩夹大理岩，灰绿色生物灰岩和变质砂砾岩
S	志留系各统并层：滇东北：页岩、灰岩、砂岩；墨江-绿春：黑色页岩、砂岩；芒市：黑色笔石页岩、泥质灰岩
$O\text{-}S_{2}$	奥陶系—中志留统并层
O-S	滇东北：页岩、笔石页岩、灰岩、白云岩夹砂岩；滇西：砂岩、页岩、泥质灰岩、黑色笔石页岩；其他地区：砂岩、页岩、白云岩
O_{1-2}	奥陶系下-中统并层页岩、砂岩、灰岩
O_{1}	下统：砂岩、页岩，滇中夹灰岩，滇东南有较多灰岩、白云质灰岩
O	奥陶系各统并层：页岩、砂岩、灰岩，滇东、芒市有白云岩
$€_{3}\text{-}O_{1}$	上寒武统—下奥陶统并层：灰岩、白云岩、砂岩、泥岩
$€\text{-}O_{1}$	寒武系—下奥陶统并层
€-O	寒武系—奥陶系并层：页岩、砂岩、灰岩、白云岩
$€_{3}$	上统：滇西：页岩、灰岩、砂岩；滇东南：灰岩、粉砂岩、泥岩
$€_{2-3}$	中-上统未分或并层：威信：白云岩；滇东北：页岩夹砂岩、灰岩、白云岩；滇东南：灰岩、白云岩夹泥岩；巨甸：泥岩、白云岩
$€_{2}$	中统：滇东：页岩、砂岩、白云岩；滇中：页岩、砂岩夹灰岩、白云岩；滇东南：灰岩、白云岩夹页岩
$€_{1-2}$	下-中统并层：页岩、砂岩、白云岩、灰岩
$€_{1}$	下统：页岩、灰岩夹砂岩
€	寒武系各统并层：页岩、砂岩、灰岩、白云岩
Pz_{1}	下古生界各系并层或未分：无量山区：千枚岩、片岩、变质砂岩；其余为所在地区下古生界的岩性组合

	Pz	贡山、南汀河、澜沧江、哀牢山：古生界未分，变质砂岩、千枚岩，夹大理岩、结晶灰岩、绿泥片岩；其余为古生界各系并层
	Z-O	震旦系—奥陶系并层：石榴云母片岩、二云母片岩、蓝晶石片岩及石英岩
	Z-€	震旦系—寒武系未分或并层：页岩、砂岩、灰岩、白云岩、含磷或夹磷块岩；滇西：砂岩、板岩，夹硅质岩、少量灰岩
震旦系	Z	震旦系各统并层：砂岩夹页岩，白云岩，局部含南华系上部冰碛砾岩
	Nh-Z	南华系—震旦系未分或并层：屏边：板岩、千枚岩夹变质砂岩、含砾板岩；滇东：砂岩、页岩、白云岩，含磷
南华系	Nh	牛头山地区：紫红、黄绿色砂岩、泥岩砂砾岩、凝灰岩；其余地区：紫红色砂岩、泥岩夹砂砾岩
	Qb-Z	青白口系—震旦系并层：变质砂岩、千枚岩、板岩夹片岩、砂砾岩夹大理岩、板岩夹火山岩
	Qb-Nh	青白口系—南华系并层：变质中基性火山岩及碎屑岩
青白口系	Qb	青白口系未分：变火山岩、火山碎屑岩、碳酸盐岩及硅质岩
元古宇	Pt_{3}	绢云微晶片岩、绢云石英片岩、石英片岩、板岩、变质砂岩、石英岩, 一般夹大理岩, 部分夹变火山岩
	Pt_{2-3}	变碎屑岩、碳酸盐岩夹火山岩；片岩、片麻岩、混合岩夹大理岩
	Pt_{2}	滇中：板岩、变质砂岩、石英岩、灰岩、白云岩，局部夹变火山岩；大理：绿泥片岩、阳起片岩、斜长角闪岩、大理岩
	Pt_{1-2}	滇中：微晶片岩、板岩、石英岩、变质砂岩、变中-基性火山岩，大理岩；滇西：云母片岩，石英片岩、绿帘阳起片岩、绿帘钠长绿泥片岩、绿帘斜长角闪片岩，夹少量硅质岩
	Pt_{1}	片岩、片麻岩、变粒岩、斜长角闪岩、大理岩
	Pt	麻栗坡：变粒岩、片岩夹斜长角闪片岩

岩 浆 岩

酸性-中酸性岩类

- 花岗岩(γE、γK、γJ、γT、γC、γS、γZ、γPt)
- 二长花岗岩($\eta\gamma$E、$\eta\gamma$K、$\eta\gamma$J、$\eta\gamma$T、$\eta\gamma$O)
- 正长花岗岩（$\xi\gamma$K、$\xi\gamma$T）
- 花岗闪长岩（$\gamma\delta$K、$\gamma\delta$J、$\gamma\delta$T、$\gamma\delta$P、$\gamma\delta$O）
- 英云闪长岩（$\gamma\delta o$T、$\gamma\delta o$Pt）
- 石英正长岩（ξoE）

中性岩类

- 闪长岩（δT）
- 正长岩（ξE）

基性岩类

- 基性岩不分（NJ、NT、NPt）
- 辉长岩（νK、νJ、νT）
- 辉绿岩（$\beta\mu$T、$\beta\mu$P）

超基性岩类

- Σ 超基性岩不分（ΣC、ΣPt）
- σ 橄榄岩（σT、σP、σPt）

碱性岩类

- E 碱性岩不分（EK）

变质深成侵入体及混合岩

- 片麻岩不分（$Pt_{1}gn$）

特殊地质体

- 特殊地质体（K$o\phi$、T$o\phi$、P$o\phi$）

火山岩岩性花纹

- 英安(质)岩(ζ)
- 玄武(质)岩(β)

床；在岩体与围岩接触带附近产出有双江南美河中型锑矿床。该区花岗岩主体侵位时代为印支期，但岩浆活动持续时间长，具多期次活动特征，燕山期和喜马拉雅期均有少量侵入活动，锑矿与喜马拉雅期的岩浆期后热液活动有一定关系。

滇东-滇东南地区广泛分布的金、锑、汞矿床，虽层控特征比较明显，但成矿与岩浆活动也密切相关。据翟佑华等（2001）研究成果，滇东地区富源胜境关地区峨眉山玄武岩 Au、As、Sb、Hg 元素含量为高背景，分别为 $7.05\times10^{-9}\sim19\times10^{-9}$、$358.4\times10^{-6}$、$24.03\times10^{-6}$、$125.45\times10^{-6}$；富源老厂锑矿主要产于上二叠统龙潭组第一段（$P_3l^1$）中，其含矿岩石为上部深灰色中厚层-厚层状石灰岩，其下部为厚 35~55 m 凝灰质砂岩或角砾状凝灰岩、煤层，系峨眉山基性岩浆喷发后第一个沉积岩层，锑矿成矿与峨眉山基性岩浆喷发晚期岩浆喷发活动有关。滇东南地区上二叠统的玄武岩、玄武质凝灰岩锑含量高，达 $50\times10^{-6}\sim2000\times10^{-6}$（史清琴，1988），开远虎跳崖等锑矿床即有矿体直接产于玄武岩裂隙内；建水虾洞铅锌矿、马南铅锌矿伴生的锑矿也产于上二叠统峨眉山玄武岩组与下二叠统茅口组不整合面附近的大理岩破碎带和玄武质角砾岩中。张成江等（2004）认为峨眉地幔柱分异演化彻底，与地壳的同化混染程度较高，与其有关的成矿作用复杂，成矿系统多、成矿系列齐全，区域分布规律明显，即从四川攀西地区深成层状侵入相往外至浅成相-喷发相，成矿元素总体显示明显的分带性，由内向外分别为 Fe-Ti-V→Cu-Ni-PGE→Cu-Pb-Zn-Ag→Au-Sb-Hg-Te-Se。规模巨大的峨眉山玄武岩喷发及其伴随的基性岩浆侵入、火山碎屑浊流沉积，与滇东南及其邻区金、砷、锑、汞矿的形成有成因联系。滇东南地区的金、锑、汞矿床在空间分布及成矿元素组合上还与燕山晚期花岗岩有密切联系。据杨世瑜（1990）、俞开基（1990）、江鑫培（1990）、郑庆鳌等（1997）、张洪培等（2006）研究成果，围绕个旧、薄竹山、老君山 3 个花岗岩，自岩体向外，依次形成钨锡（铍）-锡铜（铋）-铜银铅锌银-金锑汞等不同元素组合的矿床，即高温→中温→低温元素组合的矿床。高子英等（1993）研究认为，低温热液的锑成矿阶段也是白牛厂银多金属矿床热液成矿的一个阶段，大气降水对地层中的成矿元素进行活化、萃取，生成了含锑等成矿元素的低温流体，在有利的成矿空间内充填成矿，或叠加于早期形成的矿体之上（白羊矿段），或以充填的方式形成独立的锑矿体（咪尾矿段），矿物为辉锑矿-石英-碳酸盐。紧邻咪尾矿段的茅山硐地区下泥盆统硅质岩中产有脉状锑矿化，其附近施工的钻探工程中，在中寒武统龙哈组白云岩中见两层锑矿，厚度分别为 1.79 m 和 1.88 m，锑品位分别为 1.08%和 1.46%（刘继顺等，2005）。李建伟等（2016，2018）研究认为，燕山期个旧-文山-麻栗坡一带大规模的岩浆侵入活动与滇东南卡林型金矿成矿关系密切，岩浆活动除提供部分成矿物质和流体外，还提供大量热源，在同期构造的共同作用下，使含 Au 热液沿滇东南逆冲-推覆构造带根带向远离岩体的中带、前锋带远距离迁移，进一步活化富集矿源层中的 Au，形成诸多浅成中-低温热液型之卡林型金矿床。因此，同为低温元素组合，且经常与金相伴产出锑、汞矿，其成矿也应与燕山期酸性岩浆侵入活动具有一定关系。

滇西兰坪-巍山地区广泛分布的金、锑、汞矿床和滇东南地区比较类似，多相伴产出，层控特征比较明显，与已知岩浆侵入岩相距较远。巍山石岩村锑矿数十件矿石样品微量元素分析结果表明，矿石中含有较高的 Cr、Ni、Co、V、Cu 等基性岩浆中富集的元素，其 Sr/Ba 值为 2.4，Cr/Ni 值为 2.7，均大于 1，与基性火山岩中该两对元素的比值相似，而与沉积岩中该两对元素的比值相差较大，故推断兰坪-巍山地区类锑矿成矿物质的来源与基性岩浆活动有关（范朝俊，1991）。扎村金矿床同位素地球化学研究成果也表明，其成矿流体是多源的，既有沉积物质的参与，更与岩浆活动衍生的热液有关，以多阶段、多来源、多成因的混合水为特征；不同阶段的成矿物质具有相同的来源，具有壳-幔混合源特征（李建伟等，2016，2018）。董方浏（2002）研究也认为，巍山大莲花山喜马拉雅期富碱二长斑岩体是该区金、锑、汞矿床的重要矿源，也是成矿流体驱动热源。

保山-施甸地区汞矿化带集中分布于怒江断裂东约 15 km，宽 10~35 km 的基性岩浆岩带内。区内石炭纪及晚三叠世基性火山岩和基性岩脉发育，汞矿化与其有一定的成因联系。从区域上看，基性岩浆活动有从北往南、从西到东减弱之趋势，与之相对应的汞矿化强度也出现了如上的变化。从矿区看，在强矿化地段一般都有蚀变辉绿岩-玄武岩脉的出现，如保山水银厂汞矿体主要产在辉绿岩脉及其旁侧围岩内，金家山汞矿的赋矿围岩为上石炭统玄武岩、灰岩、砂页岩及凝灰岩。有的汞矿体直接产在辉绿岩中，有的则产在辉绿岩与围岩接触破碎带或围岩中。岩浆岩主要是以矿体围岩的形式出现，辰砂细脉切穿玄武岩中石英杏仁体，反映了汞矿的成矿时代晚于岩浆岩的形成时代。

（三）构造条件

地质构造是控制各类矿产形成与分布的重要因素，构造变形作用不仅是岩浆、成矿流体的运移通道和驱动力，还为成矿元素的富集、沉淀提供场所。

从云南省主要锑汞矿产地与大型变形构造关系图来看，无论是何种类型矿床，其产出均受大型变形构造控制，其形成与构造作用密不可分。怒江断裂带控制着保山-施甸一带的浅成中-低温热液型汞矿的分布，水银厂、金家山、茅草坡等中型汞矿床均呈带状分布于断裂带东侧与保山复背斜西翼之间的狭长地带内。澜沧江、双江、金沙江断裂带也是重要的火山岩浆活动带、侵入岩浆活动带、变质岩带，控制着众多浅成中-低温热液型、岩浆热液型锑矿床的分布，沿双江断裂带产出有大田河、遮奈、南美河等中型锑矿床；沿澜沧江断裂带产出有阿南多塘、白马吉等小型锑多金属矿床；沿金沙江断裂带产出有格咱斯各、帕纳牛场等小型锑多金属矿床。兰坪-普洱地块的近南北向中轴构造控制着该区成中-低温热液型锑、汞矿的分布，沿紫金山、黑惠江等复式背斜核部及两翼的层间破碎带产出有笔架山、石岩村、黑龙潭等中型锑、汞矿床及众多小型矿床、矿点。师宗-弥勒、南盘江、丘北、文山-麻栗坡、富宁等大型变形构造带则控制着滇东北、滇东南地区浅成中-低温热液型锑、汞矿的分布，产出有木利、老厂、洗马塘等大中型锑、汞矿床及众多小型矿床、矿点。

大型区域变形构造在大范围内控制锑、汞矿产地在区域上的分布，其后期次级构造则在小范围内控制着矿体的产出。其中，褶皱构造中背斜鞍部成矿最为有利，常构成厚大矿体；层间裂隙密集带、层间破碎带、构造不整合面（或假整合面）等是锑汞矿成矿的有利空间，均对锑汞矿床的最终定位起到了十分重要的控制作用。

二、成矿时代

锑、汞矿成矿作用具有长期性、多期次、多源叠加等特点，其成矿时代基本晚于含矿围岩，成矿与构造-岩浆活动时代基本一致。

由于云南省锑、汞矿勘查工作和综合研究工作普遍较低，除广南木利锑矿等少数矿床开展过一些同位素年龄测试工作，绝大部分矿床未开展过此项工作。因此，对于锑、汞矿成矿时代的确定，主要是通过赋矿围岩成岩时代和控矿构造、岩浆岩的活动时间等来综合确定。赋矿地层层位众多，自元古宇至新近系均有不同程度矿化显示，赋矿岩石涵盖了沉积岩、变质岩、侵入岩和火山岩。锑矿含矿层位以寒武系、泥盆系、二叠系、三叠系最为重要，岩性以碎屑岩为主，其次为碳酸盐岩；含矿侵入岩主要为印支期—燕山期中酸性花岗岩和喜马拉雅期富碱斑岩；含矿火山岩主要为晚二叠世火山岩，岩性以凝灰岩、凝灰质玄武岩为主。汞矿含矿层位以泥盆系、石炭系、三叠系最为重要，岩性以碳酸盐岩为主；含矿岩浆岩以华力西期基性岩浆岩为主。

大部分锑、汞矿床成矿时代晚于含矿围岩，与构造-岩浆活动时间基本一致。锑矿主成矿时代主要有印支晚期（晚三叠世—早侏罗世）、燕山期（侏罗纪—白垩纪）、喜马拉雅期（古近纪）3期（表6-2）。其中以燕山期（侏罗纪—白垩纪）和喜马拉雅早中期（古近纪）的成矿最为重要，55处锑矿产地中有53处形成于此两个时代，查明资源储量超过全省锑矿资源总量的98%。汞矿主要成矿时代为华力西期（晚石炭世—二叠纪）、燕山期（侏罗纪—白垩纪）、喜马拉雅期（古近纪）3期（表6-3）。其中以华力西期（晚石炭世—二叠纪）、燕山期（侏罗纪—白垩纪）的成矿最为重要，累计查明资源量超过全省汞矿资源总量的92%。

（一）印支期

在滇西北香格里拉格咱地区，是云南省重要的斑岩-接触交代型铜多金属矿集区，印支期—燕山期中酸性岩浆活动强烈，主要为挤压型钙碱性系列钾质中-酸性火山岩及其侵入相的浅成斑岩。在石英二长斑岩体与围岩接触带附近及远离岩体的围岩破碎带中，产出有岩浆热液型（斑岩型）锑多金属矿产地，如香格里拉格咱斯各、帕纳牛场。帕纳牛场锑多金属矿床石英二长斑岩中黑云母$^{40}Ar-^{39}Ar$等时线年龄为199.2±2.4 Ma（李文昌等，2010a），表明其成岩时代为晚三叠世—早侏罗世，成矿时代应与其基本一致。

表6-2 云南省锑矿主要成矿时代（构造旋回）统计表

主成矿期（构造旋回）		矿产地数量/处					查明资源量/t	占资源总量百分比/%
		合计	大型	中型	小型	矿点		
新生代	古近纪（喜马拉雅早中期）	18		5	7	6	187849.07	34.12
中生代	侏罗纪—白垩纪（燕山期）	35	1	6	9	19	356040.76	64.67
	晚三叠世—早侏罗世（印支晚期）	2			2		6655.28	1.21
	小计						362696.04	65.88
合计		55	1	11	18	25	550545.11	100.00

表6-3 云南省汞矿主要成矿时代（构造旋回）统计表

主成矿期（构造旋回）		矿产地数量/处					查明资源量/t	占资源总量百分比/%
		合计	大型	中型	小型	矿点		
新生代	古近纪（喜马拉雅早中期）	20			3	17	326	5.95
中生代	侏罗纪—白垩纪（燕山期）	16		2	1	13	1931	35.22
古生代	晚石炭世—二叠纪（华力西晚期）	9		3	2	4	3225	58.83
合计		45		5	6	34	5482	100.00

（二）华力西期

保山-施甸地区是云南省最重要的汞矿集区，产出有中型汞矿床3处（隆阳区水银厂、施甸县茅草坡、隆阳区金家山）、小型汞矿床2处、汞矿点4处，累计查明资源储量占全省汞矿资源总量的58.83%。带内汞矿分布在怒江断裂东侧与保山复背斜西翼之间的狭长地带内，矿体的产出受南北向褶皱和断裂控制，古生代碳酸盐岩和晚石炭世基性火（次火）山岩是主要赋矿围岩。由此看出，区内汞矿成矿与华力西晚期构造及岩浆活动有关，即主成矿时代为晚石炭世—二叠纪（华力西晚期）。

（三）燕山期

滇东南地区是云南省最重要的有色金属和贵金属矿集区，燕山期大规模的构造-岩浆活动，除在岩体及内外接触带形成个旧、白牛厂、都龙等超大型钨、锡、铜、铅、锌、银多金属矿床，含Au、Sb、Hg等元素的热液沿滇东南逆冲-推覆构造带根部带向中带、前锋带远距离迁移，进一步活化富集矿源层中的成矿元素，产出众多浅成中-低温热液型金、锑、汞矿床，形成一个比较完整的中低温元素的成矿系列（统），其成矿时代是一致的。广南木利锑矿床中，与辉锑矿共生的石英Ar-Ar法坪年龄和最小视年龄均为165 Ma左右（胡瑞忠等，2007），表明主成矿时代则为侏罗纪（燕山期），这与区域金、锑矿成矿时代是一致的。因此，滇东-滇东南地区锑、汞矿主成矿时代为侏罗纪—白垩纪（燕山期）。

此外，在滇东富源-弥勒和师宗-弥勒断裂带夹持区域，也产出有一些浅成中-低温热液型锑矿，如富源老厂锑、萤石矿，其主成矿时代应与贵州大厂锑矿142.3～148 Ma（仲麒维，2012）的成矿时代一致，为侏罗纪—白垩纪（燕山期），也与区域断裂构造活动时间基本一致。在滇西永德、镇康、西盟等地也有一些浅成中-低温热液型锑、汞矿产地零星分布，其主成矿时代也应与区域构造-岩浆活动时间基本一致，为侏罗纪—白垩纪（燕山期）。

（四）喜马拉雅期

喜马拉雅期也是云南省锑、汞矿的重要成矿时代。在滇西兰坪-普洱地块，由于印度板块向欧亚板块俯冲，形成一系列近南北向的褶皱、断裂及层间破碎带。在长期挤压应力作用下，地下热卤水不断溶解和萃取矿源层中的成矿物质而成为含矿热液，运移到有遮挡层阻隔的背斜褶皱转折端、虚脱空间、背斜轴部、层间破碎带、断裂带等部位时、由于介质条件的改变从而使矿液中的金、锑、汞分别与硫化合沉淀晶出而成矿。沿近南北向中轴构造带产出有众多浅成中-低温热液型金、锑、汞矿床，与喜马拉雅期构造-岩浆活动有密切生成关系，其成矿时代是基本一致的。巍山扎村金矿床内蚀变水云母的 Rb-Sr 等时线年龄为 46.5 Ma（杨嘉文等，1991），巍山大莲花山富碱二长斑岩中钾长石的 $^{40}Ar-^{39}Ar$ 法同位素年龄为 38.81±0.17 Ma（董方浏等，2002），表明金矿主要的成矿时代为始新世（喜马拉雅期）。因此，处于同一成矿系统内的锑矿床，其成矿时代也应为古近纪始新世（喜马拉雅期）。

此外，在该带北端的维西地区，喜马拉雅期中酸性岩浆活动强烈，浅成石英斑岩与围岩接触带附近及远离岩体的围岩破碎带中，产出有众多岩浆热液型（斑岩型）锑多金属矿产地，其成矿时代也应为古近纪（喜马拉雅期）。在滇西临沧-勐海一带产出有临翔区大田河、遮奈和双江南美河 3 个中型锑矿床，其成矿时代也应为新近系（喜马拉雅期）。

三、矿产空间分布

（一）各成矿区带矿产分布情况

云南全省 55 处锑矿产地分布于 3 个Ⅱ级成矿省、7 个Ⅲ级成矿带内（表 6-4）。其中，罗平-开远（右江海槽）Pb-Zn-Au-Sb-Mn-S-煤成矿带（Ⅲ12）是云南省最重要的Ⅲ级锑成矿单元，累计查明锑资源储量 255766 t，占全省资源总量的 46.46%；其次为兰坪-普洱（陆块）Cu-Pb-Zn-Ag-Fe-Hg-Sb-As-Au-石膏-菱镁矿-盐类成矿带（Ⅲ5）、个旧-文山-富宁（地块）Sn-W-Ag-Pb-Zn-Au-Sb-Mn-Al 成矿带（Ⅲ13）、Ⅲ4 临沧-勐海（岩浆弧）Fe-Pb-Zn-Ag-Au-Sn-Ge-REE 成矿带，分别查明锑资源储量 148157.36 t、89871.74 t、39691.71 t，各占全省资源总量的 26.91%、16.32%、7.21%。

表 6-4 云南省各Ⅲ级成矿带中锑矿产分布简表

Ⅰ级（成矿域）	Ⅱ级（成矿省）	Ⅲ级（成矿带）	矿产地数量/处					查明资源量/t	占资源总量百分比/%
			合计	大型	中型	小型	矿点		
Ⅰ1特提斯成矿域	Ⅱ1-Ⅱ2 腾冲、三江（造山带）成矿省	Ⅲ2 保山（陆块）Pb-Zn-Ag-Fe-Au-Cu-Sn-Hg-Sb-As 成矿带	5			3	2	10403.02	1.89
		Ⅲ4 临沧-勐海（岩浆弧）Fe-Pb-Zn-Ag-Au-Sn-Ge-REE 成矿带	3		3			39691.71	7.21
		Ⅲ5 兰坪-普洱（陆块）Cu-Pb-Zn-Ag-Fe-Hg-Sb-As-Au-石膏-菱镁矿-盐类成矿带	15		2	7	6	148157.36	26.91
		Ⅲ8 香格里拉（陆块）Cu-Pb-Zn-W-Mo-Au 成矿带	2			2		6655.28	1.21
		小计	25		5	12	8	204907.37	37.22

续表

Ⅰ级（成矿域）	Ⅱ级（成矿省）	Ⅲ级（成矿带）	矿产地数量/处					查明资源量/t	占资源总量百分比/%
			合计	大型	中型	小型	矿点		
Ⅰ2滨太平洋成矿域	Ⅱ3上扬子（陆块）成矿省	Ⅲ11昭通-曲靖（弧间盆地）Pb-Zn-Cu-Au-Ag-Fe-Mn-Hg-Sb-P-S-煤-煤层气成矿带	1				1		
	Ⅱ4华南（陆块）成矿省	Ⅲ12罗平-开远（右江海槽）Pb-Zn-Au-Sb-Mn-S-煤成矿带	13	1	2	3	7	255766	46.46
		Ⅲ13个旧-文山-富宁（地块）Sn-W-Ag-Pb-Zn-Au-Sb-Mn-Al成矿带	16		4	3	9	89871.74	16.32
		小计	29	1	6	6	16	345637.74	62.78
合计			55	1	11	18	25	550545.11	100.00

云南45处汞矿产地分布于3个Ⅱ级成矿省、5个Ⅲ级成矿带内（表6-5）。其中，保山（陆块）Pb-Zn-Ag-Fe-Au-Cu-Sn-Hg-Sb-As成矿带（Ⅲ2）是云南省最重要的Ⅲ级汞成矿单元，累计查明汞资源储量3225 t，占全省资源总量的58.83%；次为昭通-曲靖（弧间盆地）Pb-Zn-Cu-Au-Ag-Fe-Mn-Hg-Sb-P-S-煤-煤层气成矿带（Ⅲ11）、罗平-开远（右江海槽）Pb-Zn-Au-Sb-Mn-S-煤成矿带（Ⅲ12）、兰坪-普洱（陆块）Cu-Pb-Zn-Ag-Fe-Hg-Sb-As-Au-石膏-菱镁矿-盐类成矿带（Ⅲ5），分别查明汞资源储量1001 t、930 t、326 t，各占全省资源总量的18.26%、16.96%、5.95%。

表6-5 各Ⅲ级成矿带中汞矿产分布简表

Ⅰ级（成矿域）	Ⅱ级（成矿省）	Ⅲ级（成矿带）	矿产地数量/处				查明资源量/t	占资源总量百分比/%
			合计	中型	小型	矿点		
Ⅰ1特提斯成矿域	Ⅱ1-Ⅱ2腾冲、三江（造山带）成矿省	Ⅲ2保山（陆块）Pb-Zn-Ag-Fe-Au-Cu-Sn-Hg-Sb-As成矿带	10	3	2	5	3225	58.83
		Ⅲ3昌宁-孟连（结合带/裂谷-洋盆）Pb-Zn-Ag-Cu-Mo-S-Hg成矿带	3			3		
		Ⅲ5兰坪-普洱（陆块）Cu-Pb-Zn-Ag-Fe-Hg-Sb-As-Au-石膏-菱镁矿-盐类成矿带	20		3	17	326	5.95
		小计	33	3	5	25	3551	64.78
Ⅰ2滨太平洋成矿域	Ⅱ3上扬子（陆块）成矿省	Ⅲ11昭通-曲靖（弧间盆地）Pb-Zn-Cu-Au-Ag-Fe-Mn-Hg-Sb-P-S-煤-煤层气成矿带	5	1		4	1001	18.26
	Ⅱ4华南（陆块）成矿省	Ⅲ12罗平-开远（右江海槽）Pb-Zn-Au-Sb-Mn-S-煤成矿带	6	1	1	4	930	16.96
		Ⅲ13个旧-文山-富宁（地块）Sn-W-Ag-Pb-Zn-Au-Sb-Mn-Al成矿带	1			1		
		小计	12	2	1	9	930	16.96
合计			45	5	6	34	5482	100.00

注：表中包含巍山县石岩村锑汞矿共生小型汞矿数据。

（二）矿产空间分布规律

1. 腾冲、三江（造山带）成矿省

腾冲、三江（造山带）成矿省是云南省重要的有色金属成矿区域，除铜、铅锌、钨、锡等金属外，锑、汞矿也占有重要地位。

据截至2017年12月所搜集的地质勘查成果报告统计，腾冲、三江（造山带）成矿省共发现锑（含伴生）矿产地25处，占全省矿产地总数的45.45%。其中，中型矿床5处、小型矿床12处、矿点8处；累计查明锑资源储量204907.37 t，占全省资源总量的37.22%。共发现汞矿产地33处，占全省矿产地总数的75%。其中，中型矿床3处、小型矿床5处、矿点25处。累计查明汞资源储量3551 t，占全省资源总量的64.78%。据《云南省2017年矿区及所属矿山矿产资源储量简表》统计，腾冲、三江（造山带）成矿省上表锑（含伴生）矿床11处，累计查明锑资源储量154324.32 t，占全省上表资源总量的28.40%；上表汞矿产地5处，累计查明汞资源储量2186 t，占全省上表资源总量的70.38%。

腾冲、三江（造山带）成矿省锑矿成因类型主要有岩浆热液型、浅成中-低温热液型2种类型，各类型矿产地数量、规模及查明资源量情况详见表6-6；汞矿成因类型均为浅成中-低温热液型。

表6-6　腾冲、三江（造山带）成矿省各类型锑矿产地数量、规模、资源量统计表

矿床类型	矿产地数量/处					查明资源储量/t	占资源总量百分比/%
	合计	大型	中型	小型	矿点		
浅成中-低温热液型	17		5	7	5	187709.09	91.61
岩浆热液型	8			5	3	17198.28	8.39
合计	25		5	12	8	204907.37	100.00

保山陆块是云南省最重要的汞矿集区，在怒江断裂东侧与保山复背斜西翼之间的狭长地带内，产出有保山隆阳区水银厂、金家山，施甸县茅草坡等浅成中-低温热液型汞矿床。汞矿的分布及矿体产出受南北向褶皱和断裂控制，汞矿成矿与华力西晚期构造及岩浆活动密切相关。

兰坪-普洱地块也是重要的锑、汞矿集区，沿近南北向中轴构造带产出有众多浅成中-低温热液型锑、汞矿床，如巍山县笔架山、石岩村、黑龙潭，兰坪县温水河等。与区域上的金、砷矿同属一个成矿系统，成矿与喜马拉雅期构造-岩浆活动具有密切生成关系，矿体主要受近南北向褶皱核部及两翼的层间破碎带、构造不整合面（或假整合面）控制。据范朝俊（1987）、杨国桢等（1989）研究成果，基本按Au→As→Sb→Hg顺序成矿，金、砷矿于早期在复背斜翼部形成，锑、汞矿于晚期形成于复背斜轴部。

在临沧-勐海一带的花岗岩基中，产出有临翔区大田河、遮奈2个中型锑矿床；在岩体与围岩接触带附近产出有双江南美河中型锑矿床。此类矿床主要受区域喜马拉雅期断裂构造控制，属浅成中-低温热液型锑矿床。

在滇西北维西-香格里拉地区，印支期—燕山期、喜马拉雅期中酸性岩浆活动强烈，浅成斑岩体与围岩接触带附近及远离岩体的围岩破碎带中，产出有众多岩浆热液型（斑岩型）锑多金属矿产地，如香格里拉格咱斯各、帕纳牛场，维西阿南多塘、白马吉等。香格里拉一带的锑多金属矿床主要与印支期—燕山期石英二长斑岩侵入活动有关，维西一带的锑多金属矿床则主要与喜马拉雅期石英斑岩侵入活动有关。

此外，在永德、镇康、西盟等地也零星分布一些浅成中-低温热液型锑、汞矿产地，如永德崇岗锑矿、镇康小荒田锑矿等，其成矿与区域侏罗纪—白垩纪（燕山期）的构造-岩浆活动密切相关。

2. 上扬子（陆块）成矿省

上扬子（陆块）成矿省（云南部分）锑、汞矿资源较为稀少，目前仅发现独立的1处锑矿产地。据截至2017年12月所搜集的地质勘查成果报告统计，共发现汞矿产地4处。其中，中型矿床1处、矿点3处。累计查明汞资源储量1001 t，占全省资源总量的18.26%。

汞矿主要分布于滇东北-滇东地区，成因类型均为浅成中-低温热液型。其中，以永善县金沙厂铅锌矿床伴生的汞矿最具工业价值，已达中型矿床规模；会泽、陆良、富源等地也零星分布一些矿点，工业价值不大。

3. 华南（陆块）成矿省

华南（陆块）成矿省（云南部分）的锑、汞矿在云南省均占有十分重要的地位。据截至2017年

12 月底所搜集的地质勘查成果报告统计，华南（陆块）成矿省（云南部分）共发现锑矿产地 29 处，占全省矿产地总数的 60%。其中，大型矿床 1 处、中型矿床 6 处、小型矿床 6 处、矿点 16 处；累计查明锑资源储量 345637.74 t，占全省资源总量的 62.78%。共发现汞矿产地 8 处。其中，中型矿床 1 处、小型矿床 1 处、矿点 6 处，累计查明汞资源储量 930 t，占全省资源总量的 16.96%。据《云南省 2017 年矿区及所属矿山矿产资源储量简表》统计，华南（陆块）成矿省（云南部分）上表锑（含伴生）矿床 11 处，累计查明锑资源储量 341253.74 t，占全省上表资源总量的 71.60%；上表汞矿产地 1 处，累计查明汞资源储量 920t，占全省上表资源总量的 29.62%。

华南（陆块）成矿省（云南部分）锑、汞矿产地数量多，成因类型为浅成中-低温热液型。锑矿广泛分布于滇东南逆冲-推覆构造带根部带、中带和前展带的不同部位，受构造、地层及岩浆岩等因素控制，构造不整合面、弧形构造顶部、短轴背斜轴部及两翼、断裂构造叠加部位是成矿的有利部位。在逆冲-推覆构造带根部带的文山-西畴弧形构造弧顶边缘地区，产出有西畴香坪山、屏边后山等锑矿床，赋矿层位为中上寒武统、下奥陶统碎屑岩-碳酸盐岩。在逆冲-推覆构造带中部-前展带的丘北-广南-富宁区域，产出有广南木利、西畴小锡板、富宁里达等锑矿床，赋矿层位主要为加里东不整合面之上的下泥盆统坡脚组、坡松冲组（翠峰山组）硅质岩，是本区最重要的成矿类型；在开远-建水一带，产出有开远虎跳崖、建水虾洞等锑（伴生锑）矿床，赋矿层位主要为上二叠统—下三叠统火山碎屑岩和碳酸盐岩。此外，在中上三叠统的碎屑岩-碳酸盐岩中，有部分锑矿点产出，规模小，价值不大。汞矿则主要分布于滇东南逆冲-推覆构造带前展带的丘北-广南一带，产出有丘北洗马塘、石腊等汞矿床，矿体主要赋存于短轴背斜轴部及两翼的层间破碎带中，含矿岩性主要为中上三叠统的碳酸盐岩。

四、找矿潜力及找矿方向

（一）找矿远景区的圈定

在综合地质、物化探、遥感、重砂等各类信息的基础上，以成矿规律为主导，通过综合类比研究，在锑、汞矿重点成矿带内圈定找矿远景区。其原则是：以地质构造单元和Ⅳ级成矿带为划分找矿远景区的基础，兼顾已知矿化类型的分布特点，以大地构造单元接合部构造-岩浆岩带、深大断裂活动带、化探异常范围作为远景区带的边界。

找矿远景区圈定的依据主要为成矿地质条件，已知矿床点及矿化信息，物探、化探、遥感、重砂等综合找矿信息三方面。具体来讲，找矿远景区具备有利成矿的地质条件（成矿构造环境、含矿建造等）时，具有寻找大中型矿床前景或找矿潜力较大；在已知矿产地分布区或矿化集中区，具有扩大其规模或寻找同类型矿床的前景；在其他区域，须具有较好的地质、物探、化探、遥感、重砂等各类有利找矿信息。

依据成矿地质条件的有利程度、已知矿产地数量和规模的大小、查明资源量的多少及找矿潜力的大小，将找矿远景区分为 A、B、C 三个类别。A 类远景区主要为成矿地质条件非常有利，已发现有 1 个以上大型矿床，查明的资源储量巨大，且仍有很大找矿潜力的区域；B 类远景区主要为成矿地质条件有利，已发现大型矿床或多个中小型矿床，查明的资源储量较大，且具有较大找矿潜力的区域；C 类远景区主要为成矿地质条件有利，已发现多个矿产地，查明一定资源储量，且具有一定找矿潜力的区域。

按照上述远景区划分原则，在全省圈定找矿远景区 5 处。其中，A 类远景区 2 处、B 类远景区 2 处、C 类远景区 1 处，详见图 6-2、表 6-7。

（二）远景区找矿潜力及找矿方向

1. 滇东南锑、汞找矿远景区（A1）

滇东南远景区成矿地质条件十分有利，已发现锑矿床 12 处（大型矿床 1 处、中型矿床 6 处、小

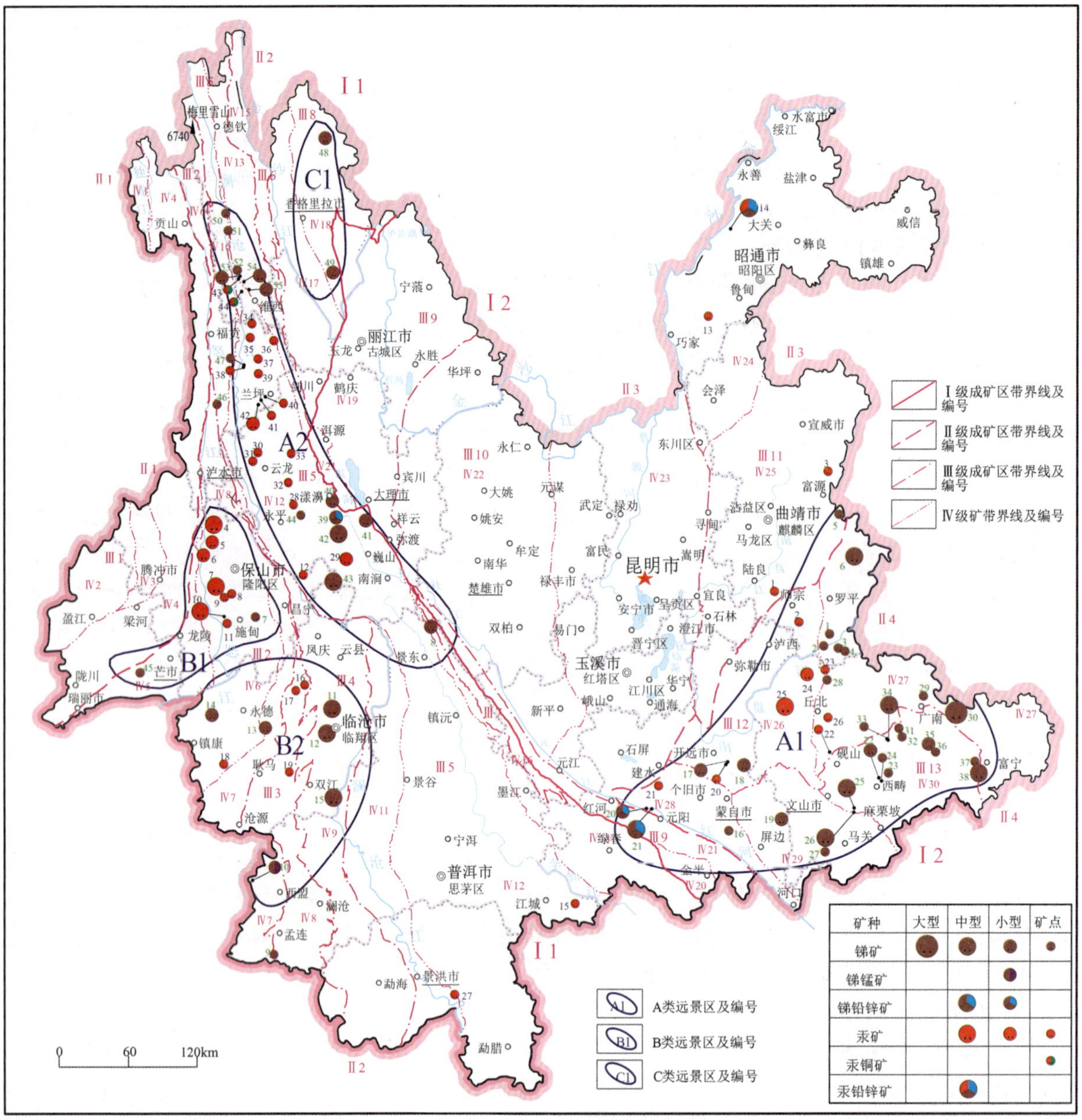

图 6-2　云南省锑、汞矿找矿远景区分布图

型矿床 5 处），汞矿床 2 处（中型矿床 1 处、小型矿床 1 处），累计查明锑资源储量近 35×10^4 t，汞资源储量近 1000 t。

表 6-7　云南省锑、汞矿找矿远景区一览表

编号	名称	类别
A1	滇东南锑、汞矿找矿远景区	A 类
A2	维西-兰坪-巍山锑、汞矿找矿远景区	A 类
B1	保山-施甸汞矿找矿远景区	B 类
B2	临沧-耿马-双江锑、汞矿找矿远景区	B 类
C1	香格里拉锑多金属矿找矿远景区	C 类

结合远景区地质、矿产、物化探异常等综合信息研究，推测在已知矿床深部及外围均具有巨大的

找矿潜力；据云南省国土资源厅等（2013）成果，该区尚有超过 100×10^4 t 的锑矿资源潜力，综合评价为 A 类找矿远景区。锑矿找矿以滇东南逆冲-推覆构造带中带和前展带为重点区域，文山-西畴-广南一带以寻找木利式、小锡板式赋存于下泥盆统、下奥陶统及中上寒武统硅质岩、硅化灰岩的浅成中-低温热液型锑矿为主攻方向；建水-开远-富源一带则以寻找老厂式、虎跳崖式赋存于上二叠统火山岩、火山碎屑岩及三叠系碎屑岩的浅成中-低温热液型锑矿为主攻方向。汞矿找矿以滇东南逆冲-推覆构造带前展带的丘北-富源一带为重点区域，以寻找洗马塘式赋存于三叠系碳酸盐岩、碎屑岩的浅成中-低温热液型汞矿为主攻方向。

2. 维西-兰坪-巍山锑、汞矿找矿远景区（A2）

维西-兰坪-巍山远景区成矿地质条件十分有利，已发现锑矿床 8 处（中型矿床 2 处、小型矿床 6 处），汞矿床 3 处，累计查明锑资源储量近 15×10^4 t，汞资源储量超过 300 t。

结合远景区地质、矿产、物化探异常等综合信息研究，推测在已知矿床深部及外围均具有巨大的找矿潜力；据云南省国土资源厅等（2013）成果，该区尚有超过 27×10^4 t 的锑矿资源潜力，综合评价为 A 类找矿远景区。以寻找与喜马拉雅期构造-岩浆活动有关的笔架山式、石岩村式浅成中-低温热液型锑、汞矿和阿南多塘式与岩浆热液型锑多金属矿为主攻方向。

3. 保山-施甸汞矿找矿远景区（B1）

保山-施甸远景区成矿地质条件有利，已发现汞矿床 5 处（中型矿床 3 处、小型矿床 2 处），累计查明汞资源储量超过 3000 t。

结合远景区地质、矿产、物化探异常等综合信息研究，推测在已知矿床深部及外围均具有较大的找矿潜力，综合评价为 B 类找矿远景区。以寻找水银厂式、茅草坡式与华力西期基性岩浆活动有关，并受后期构造控制的浅成中-低温热液型汞矿为主攻方向。

4. 临沧-耿马-双江锑、汞矿找矿远景区（B2）

临沧-耿马-双江远景区成矿地质条件有利，已发现锑矿床 6 处（中型矿床 3 处、小型矿床 3 处），汞矿点数处，累计查明锑资源储量近 5×10^4 t。

结合远景区地质、矿产、物化探异常等综合信息研究，推测在已知矿床深部及外围均具有较大的找矿潜力，综合评价为 B 类找矿远景区。以寻找与燕山期构造-岩浆有关的岩浆热液型锑矿和浅成中-低温热液型锑、汞矿为主攻方向。

5. 香格里拉锑多金属矿找矿远景区（C1）

香格里拉远景区成矿地质条件有利，已发现小型锑多金属矿床 2 处，累计查明锑资源储量约 0.7×10^4 t。

结合远景区地质、矿产、物化探异常等综合信息研究，推测在已知矿床深部及外围均具有较大的找矿潜力，综合评价为 C 类找矿远景区。以寻找与印支期—燕山期中酸性浅成岩浆岩有关的岩浆热液型锑多金属矿为主攻方向。

第二节　铋　矿

云南省铋矿大部分与钨、锡、铅锌矿共（伴）生产出，主要成矿物质大多来自成矿花岗岩浆的分异演化，其成矿与岩浆作用最为密切。从已发现的矿产地来看，其成矿多与深成-中浅成侵位的“陆壳改造型”花岗岩浆活动有关，多形成于岩浆活动晚阶段补充期花岗岩侵位及其岩浆期后气成-热液活动阶段；少数与“过渡性地壳同熔型”中-酸性岩浆的浅成侵入作用有关，呈铜多金属矿床伴生的钨、铋产出（云南省地质矿产局，1993）。

一、成矿地质条件

滇东南地区是云南省铋资源最丰富的地区，其查明资源量占全省资源总量的 83.81%。个旧锡多金属矿田中除发现独立的铋矿床（金光坡铋金铜矿），在锡石-硫化物型、接触交代型、岩浆热液型、云英岩型、石英-电气石脉型、蚀变花岗岩型等各种矿床类型中均伴生有Bi，个旧花岗岩体属燕山期陆壳改造型重熔岩浆多阶段结晶分异侵入体，由早期到晚期，岩浆分异演化产出的岩石序列为：斑状中粗粒黑云母二长花岗岩→等粒（或含斑）中粗粒花岗岩→细粒花岗岩。Bi主要来自燕山期酸性岩浆岩，铋矿化主要与岩浆期后热液有关，主要形成于硫化物阶段，其次为氧化物阶段。岩体中含有较高丰度的Sn、W、Sb、Pb、B、F、Li、Rb、Be、Nb、Ta、U、Th、Mo、Bi、Ag、As，晚期岩体中Bi尤为富集，老卡岩体Bi含量可达7.8×10^{-6}（薛传东，2002）。成岩晚期至成岩期后的花岗岩残浆和气成-热液作用较为活跃，岩体边缘和顶部突起普遍发育为厚数米至数十米的自变质淡色花岗岩（白岗岩），与成矿关系最为密切，其Bi含量最高可达993×10^{-6}，一般$1.12\times10^{-6}\sim13.4\times10^{-6}$（贾润幸，2005）。此外，在晋宁期峨山复式花岗岩基南东端石屏一带，产出有龙潭钨多金属矿床（伴生铋），钨、铋矿化与晚阶段花岗岩浆活动有关，形成于岩浆期后高温气-液交代阶段。

滇西腾冲-梁河地区也发现较多铋矿化信息，目前发现的矿产地集中于东河岩群上，属晚侏罗世—早白垩世（燕山早期）花岗岩→二长花岗岩→黑云钾长花岗岩系列侵入岩，铋成矿与岩浆期后高温气-液交代作用有关。在腾冲市曲石镇一带的中细粒黑云二长花岗岩与中三叠统河湾街组接触带附近产出有接触交代型江南铋锌矿；在腾冲市瑞滇乡以北滇滩-土瓜山一带，黑云母二长花岗岩-黑云母钾长花岗岩-花岗斑岩与中三叠统河湾街组外接触带产出有含锡硼镁铁矿-磁铁矿镁质接触交代型矿床（滇滩铁矿）主矿产为铁，在具硫化物矿石中，普遍有少量辉铋矿产出，Bi含量一般为0.2%～0.3%，局部可达工业品位；产于花岗斑岩与上石炭统空树河组外接触带的大硐厂铅锌多金属矿床，矿石中常伴生有铋，Bi含量一般为0.074%（云南省地质矿产局，1993）。此外，晚白垩世（燕山晚期）古永岩群晚阶段侵入的小龙河岩体由中细粒黑云母二长花岗→黑云母钾长花岗岩→二云母碱长花岗岩→白云母钠长花岗岩等花岗岩类演化序列的各岩类组成，Bi含量较高，一般为$3.7\times10^{-6}\sim5.0\times10^{-6}$，黑云母钾长花岗岩中Bi含量可达$10.5\times10^{-6}$。

在滇西北香格里拉格咱地区，是云南省重要的斑岩-接触交代型铜多金属矿集区，印支期—燕山期岩浆活动强烈，主要为挤压型钙碱性系列钾质中-酸性火山岩及其侵入相的浅成斑岩，即前面提及的“过渡性地壳同熔型”中-酸性浅成侵入岩。在红山斑岩-接触交代型铜多金属矿床中，产于三叠纪（印支期）石英二长斑岩与上三叠统曲嘎寺组外接触带矽卡岩中铜钼矿，伴生有Pb、Zn、W、Mo、Ag、In、Bi、Co等元素，其中Bi含量为0.016%。

此外，在滇西南澜沧一带产出的老厂大型银铅锌多金属矿床，其成矿与喜马拉雅期花岗斑岩有关，自下而上形成Mo（Cu）→Cu、S→Pb-Zn-Ag-Bi→Ag-Pb（Zn）的成矿元素垂直分带，在火山岩型及碳酸盐岩型矿石中伴生有铋。

铋成矿虽主要受中酸性岩浆作用所致，但与构造作用也密不可分。大型变形构造控制着岩浆的活动，与铋成矿关系密切的滇东南个旧花岗岩、滇西腾冲花岗岩、滇中峨山花岗岩及滇西北红山石英二长斑岩，即受控于弥勒-师宗断裂、个旧断裂、怒江断裂、小江断裂、格咱断裂等大型变形构造。次级的构造控制着矿床的展布及矿体的形态、产状等，如个旧锡多金属矿田的五子山复背斜及其上一系列等间距分布的北东向断裂，一些成对平行排列的近东西、北西向断裂和由褶皱挠曲组成的挤压带，控制着其间产出的各类矿床；其他一些低级次的小型构造，如小断裂、小褶皱、褶皱中的层间滑动、层间剥离、断裂旁侧羽状裂隙及一些裂隙带等，是控制矿群、矿体的构造。

二、成矿时代

由于云南省铋矿大部分与钨、锡矿共（伴）生产出，成矿与中酸性岩浆活动密切相关，多形成于岩浆活动晚阶段的期后气成-热液活动阶段。因此，其成矿时代与岩浆侵位时代基本一致；目前发现的铋矿产地中，主要有新元古代南华纪（晋宁期）、三叠纪（印支期）、侏罗纪—白垩纪（燕山期）、古近纪古新世（喜马拉雅早期）4个成矿时代（表6-8）。其中，侏罗纪—白垩纪（燕山期）是最重要的铋矿成矿时代，有6处矿产地形成于此时代，其查明资源量占全省查明资源总量的69.75%。

表 6-8　云南省铋矿主要成矿时代（构造旋回）统计表

主成矿期（构造旋回）		矿产地数量/处					查明资源量/t	占资源总量百分比/%
		合计	大型	中型	小型	矿点		
新生代	古近纪古新世（喜马拉雅早期）	3			1	2	363	0.65
中生代	侏罗纪—白垩纪（燕山期）	6		1	3	2	38767	69.75
	三叠纪（印支期）	2			2		7759.3	13.96
	小计	11		1	6	4	46526.3	83.71
新元古代	南华纪（晋宁期）	1			1		8691	15.64
合计		12		1	7	4	55580.3	100.00

晋宁期中酸性岩浆活动主要位于滇中地区，其中的峨山复式花岗岩体南东端的石屏一带，产出有石屏龙潭中型钨多金属矿床，其伴生有铋矿，达到小型矿床规模。峨山岩体中黑云母钾长花岗岩的锆石 U-Pb 年龄为 818±10 Ma、828 Ma（云南省地质矿产局，1990；李献华等，2001），龙潭钨多金属矿的成矿时代应为其一致，为新元古代南华纪（晋宁期）。

滇西北香格里拉格咱地区，是云南省重要的斑岩-接触交代型铜多金属矿集区，印支期—燕山期岩浆活动强烈，主要为挤压型钙碱性系列钾质中-酸性火山岩及其侵入相的浅成斑岩，在石英二长斑岩体内及外接触带的矽卡岩中产出有红山铜多金属矿床。铋主要伴生于接触交代型铜钼矿中，与其成矿密切相关的石英二长斑岩 Rb-Sr 单矿物模式年龄为 214 Ma（谭雪春，1985）。因此，铋矿成矿时代应为三叠纪（印支期）。

在滇东北会泽麒麟厂、矿山厂铅锌矿中伴生有铋，闪锌矿 Rb-Sr 等时线年龄为 224.8~226.0 Ma、方解石 Sm-Nd 等时线年龄为 225~226 Ma（黄智龙等，2004；韩润生等，2006），韩润生等（2012）根据构造变形筛分、构造古应力测量及同位素约束定年技术，厘定其成矿时代为三叠纪（印支期）。

燕山期中酸性岩浆活动十分强烈，形成滇西、滇东南 2 个花岗岩带和云南省最重要的钨锡多金属矿带，在一些钨锡多金属矿床中，伴生有铋，局部可形成独立或共生铋矿床。在个旧超大型锡多金属矿田中，除发现独立的铋矿床（金光坡铋金铜矿）外，在锡石-硫化物型、接触交代型、岩浆热液型、云英岩型、石英-电气石脉型、蚀变花岗岩型等各种矿床类型中均伴生有 Bi，个旧地区是云南省目前铋资源最丰富的地区，其查明资源量占全省资源总量的 67.89%。个旧地区不同类型的花岗岩成岩时代集中于 76~85 Ma（程彦博等，2008），锡多金属与铋矿成矿时代应与其基本一致，为晚白垩世（燕山晚期）。滇西地区发现的矿产地集中于东河岩群上，腾冲市曲石镇一带燕山期中细粒黑云二长花岗岩与中三叠统河湾街组接触带附近产出有接触交代型江南铋锌矿，黑云二长花岗岩年龄为 134.2~151.6 Ma（云南省地质调查院，2009），铋矿成矿时代为晚侏罗世—早白垩世（燕山早期）；在滇滩铁多金属矿南端的铜厂山铅锌铁矿床中，石英斑岩与上石炭统空树河组外接触带产出有铅锌矿（伴生铋），石英斑岩 K-Ar 法同位素年龄为 76.9 Ma（云南省地质矿产局第四地质大队区调分队，1989）；在滇滩铁多金属矿的土瓜山一带，黑云母二长花岗岩与中三叠统河湾街组外接触带产出的接触交代型铁矿，矿石中普遍有少量辉铋矿产出，Bi 含量一般为 0.2%~0.3%。此外，产于明光花岗斑岩与上石炭统空树河组外接触带的大硐厂铅锌多金属矿床，矿石中常伴生有铋，Bi 含量一般为 0.074%（云南省地质矿产局，1993）。此外，晚白垩世（燕山晚期）古永岩群晚阶段侵入的小龙河岩体由中细粒黑云母二长花岗-黑云母钾长花岗岩-二云母碱长花岗岩-白云母钠长花岗岩等花岗岩类演化序列的各岩类组成，Bi 含量较高，一般为 3.7×10^{-6}~5.0×10^{-6}，黑云母钾长花岗岩中 Bi 含量可达 10.5×10^{-6}。

在兰坪-普洱地块中段，产出有众多热液型铜多金属矿床，其中永平厂街铜钴矿伴生有铋矿。其南部水泄铜（钴）矿石英 $^{40}Ar-^{39}Ar$ 等时线年龄为 59.8±0.5 Ma（黄震等，2005）；其北部金满铜矿矿化砂岩中磷灰石裂变径迹修正年龄为 58.7 Ma（李小明，2000）、石英 $^{40}Ar-^{39}Ar$ 快中子活化法等时线年龄为 54.30±0.15 Ma（刘家军等，2003），与薛春纪等（2003）对兰坪盆地边缘及中央断裂带的构造岩浆活动时代（23~68 Ma）基本一致。因此，厂街铜钴矿伴生铋矿的成矿时代应为古近纪古新世（喜马拉雅早期）。在滇西南澜沧一带，与喜马拉雅期富碱斑岩有关的老厂大型银铅锌多金属矿床，其火山岩型及碳酸盐岩型矿石中伴生有铋，花岗斑岩中辉钼矿 Re-Os 等时线年龄为 43.78±0.78 Ma（李峰等，2010），主成矿时代为始新世（喜马拉雅期）。

三、矿产空间分布

（一）各成矿区带矿产分布情况

云南省 11 处铋矿产地分布于 3 个Ⅱ级成矿省、7 个Ⅲ级成矿带内（表 6-9）。其中，个旧-文山-富宁（地块）Sn-W-Ag-Pb-Zn-Au-Sb-Mn-Al 成矿带（Ⅲ13）是云南省最重要的Ⅲ级铋成矿单元，累计查明铋资源储量 37066 t，占全省资源总量的 66.69%；其次为滇中（基底隆起带）Fe-Cu-Pb-Zn-Ag-Au-Pt-Pd-Ni-Ti-Sn-W-REE-P-S-重晶石-蓝石棉-盐类-煤成矿带（Ⅲ10）、香格里拉（陆块）Cu-Pb-Zn-W-Mo-Au 成矿带（Ⅲ8），分别查明铋资源储量 8691 t、7262 t，各占全省资源总量的 15.64%、13.07%。

表 6-9　云南省各Ⅲ级成矿带中铋矿产分布简表

Ⅰ级（成矿域）	Ⅱ级（成矿省）	Ⅲ级（成矿带）	矿产地数量/处				查明资源量/t	占资源总量百分比/%
			合计	中型	小型	矿点		
Ⅰ1 特提斯成矿域	Ⅱ1-Ⅱ2 腾冲、三江（造山带）成矿省	Ⅲ1 独龙江-腾冲（岩浆弧）Sn-W-Be-Nb-Ta-Rb-Li-Fe-Pb-Zn-Au 成矿带	3		2	1	1701	3.06
		Ⅲ3 昌宁-孟连（结合带/裂谷-洋盆）Pb-Zn-Ag-Cu-Mo-S-Hg 成矿带	1			1		
		Ⅲ5 兰坪-普洱（陆块）Cu-Pb-Zn-Ag-Fe-Hg-Sb-As-Au-石膏-菱镁矿-盐类成矿带	2		1	1	363	0.65
		Ⅲ8 香格里拉（陆块）Cu-Pb-Zn-W-Mo-Au 成矿带	1		1		7262	13.07
		小计	7		4	3	9326	16.78
Ⅰ2 滨太平洋成矿域	Ⅱ3 上扬子（陆块）成矿省	Ⅲ10 滇中（基底隆起带）Fe-Cu-Pb-Zn-Ag-Au-Pt-Pd-Ni-Ti-Sn-W-REE-P-S-重晶石-蓝石棉-盐类-煤成矿带	1		1		8691	15.64
		Ⅲ11 昭通-曲靖（弧间盆地）Pb-Zn-Cu-Au-Ag-Fe-Mn-Hg-Sb-P-S-煤-煤层气成矿带	1		1		497.3	0.89
		小计	2		2		9188.3	16.53
	Ⅱ4 华南（陆块）成矿省	Ⅲ13 个旧-文山-富宁（地块）Sn-W-Ag-Pb-Zn-Au-Sb-Mn-Al 成矿带	3	1	1	1	37066	66.69
合计			12	1	7	4	55580.3	100.00

（二）矿产空间分布规律

1. 腾冲、三江（造山带）成矿省

据截至 2017 年 12 月所搜集的地质勘查成果报告统计，腾冲、三江（造山带）成矿省共发现铋（含伴生）矿产地 7 处，占全省矿产地总数的 55.56%。其中，小型矿床 4 处、矿点 3 处。累计查明铋资源储量 9326 t，占全省资源总量的 16.78%。据《云南省 2017 年矿区及所属矿山矿产资源储量简表》统计，上表铋（含伴生）矿床1处，查明铋资源储量7262 t，占全省资源总量的13.07%。

铋矿成因类型主要有接触交代型、斑岩型、浅成中-低温热液型3种类型，各类型矿产地数量、规模及查明资源量情况详见表6-10。

腾冲-梁河地区燕山期—喜马拉雅期中酸性岩浆活动强烈，为云南省重要的岩浆型钨锡多金属矿集区，也是重要的铋矿找矿远景区。目前发现的矿产地集中于晚侏罗世—早白垩世（燕山早期）侵入的东河岩群上，在腾冲市曲石镇一带的中细粒黑云二长花岗岩与中三叠统河湾街组接触带附近产出有接触交代型江南铋锌矿；在铜厂山石英斑岩与上石炭统空树河组外接触带产出有接触交代型铜厂山铅锌铁矿（伴生铋）；在滇滩黑云母二长花岗岩与中三叠统河湾街组外接触带产出的接触交代型滇滩铁多金属矿，矿石中普遍有少量辉铋矿产出，Bi含量一般为0.2%~0.3%；在明光花岗斑岩与上石炭统空树河组外接触带的大硐厂铅锌多金属矿床，矿石中常伴生有铋，Bi含量一般为0.074%（云南省地质矿产局，1993）。此外，晚白垩世（燕山晚期）古永岩群晚阶段侵入的小龙河岩体由中细粒黑云母二长花岗→黑云母钾长花岗岩→二云母碱长花岗岩→白云母钠长花岗岩等花岗岩类演化序列的各岩类组成，Bi含量较高，一般为3.7×10^{-6}~5.0×10^{-6}，黑云母钾长花岗岩中Bi含量可达10.5×10^{-6}。

表6-10　腾冲、三江（造山带）成矿省各类型铋矿产地数量、规模、资源量统计表

矿床类型	矿产地数量/处					查明资源储量/t	占资源总量百分比/%
	合计	大型	中型	小型	矿点		
接触交代型	4			3	1	8963	96.11
斑岩型	1				1		
浅成中-低温热液型	2			1	1	363	3.89
合计	7			4	3	9326	100.00

在兰坪-普洱地块，沿近南北向中轴构造带产出有众多浅成中-低温热液型（砂岩型）铜钴矿床，如永平厂街、江城瑶家山等，伴生有铋矿化。其成矿与燕山晚期—喜马拉雅期构造-岩浆活动具有密切生成关系，矿体主要受近南北向褶皱核部及两翼的层间破碎带控制。

在滇西北维西-香格里拉地区，印支期—燕山期、喜马拉雅期中酸性岩浆活动强烈，浅成斑岩体与围岩接触带附近及远离岩体的围岩破碎带中，产出有众多岩浆热液型-斑岩型铜多金属矿产地，如香格里拉红山铜多金属矿，伴生有铋矿，成因类型为接触交代型（矽卡岩型）。

此外，澜沧县老厂银铅锌多金属矿床伴生有铋，其成矿主要与喜马拉雅期富碱斑岩有关，自下而上形成Mo（Cu）→Cu、S→Pb-Zn-Ag-Bi→Ag-Pb（Zn）的成矿元素垂直分带，即中高温→中低温热液成矿的结果。

2. 上扬子（陆块）成矿省

据截至2017年12月所搜集的地质勘查成果报告统计，上扬子（陆块）成矿省（云南部分）共发现铋矿产地2处，均为小型矿床；累计查明铋矿资源储量9188.3 t，占全省资源总量的16.53%。

铋矿与晋宁期中酸性岩浆活动有关，在峨山复式花岗岩基南东端石屏一带，产出有石屏龙潭中型钨多金属矿床，伴生有铋。钨、铋矿化形成于岩浆期后高温气-液交代阶段。在滇东北会泽麒麟厂、矿山厂铅锌矿中，伴生有铋矿，其成因类型为浅成中-低温热液型。

3. 华南（陆块）成矿省

据截至2017年12月所搜集的地质勘查成果报告统计，华南（陆块）成矿省（云南部分）共发现铋矿产地3处。其中，中型矿床1处、小型矿床1处、矿点1处；累计查明铋资源储量37066 t，占全省资源总量的66.69%。

本区燕山期中酸性岩浆活动十分强烈，在滇东南逆冲-推覆构造带根部带分布有个旧、薄竹山、老君山等燕山期的中酸性花岗岩体，形成云南省最重要的钨锡多金属矿集区，也是云南省目前铋资源最丰富的地区。个旧超大型锡多金属矿田中除发现独立的接触交代型铋矿床（金光坡铋金铜矿）外，在锡石-硫化物型、接触交代型、岩浆热液型、云英岩型、石英-电气石脉型、蚀变花岗岩型等各种矿床类型中均伴生有 Bi。个旧花岗岩体成岩晚期—成岩期后的花岗岩残浆和气成-热液作用较为活跃，岩体边缘和顶部突起普遍发育为厚数米至数十米的自变质淡色花岗岩（白岗岩），与成矿关系最为密切。老君山岩体外围的西畴一带，也有岩浆期后热液型铋矿化（嘎机）。

四、找矿潜力及找矿方向

全省圈定找矿远景区 3 处。其中，B 类远景区 1 处、C 类远景区 2 处，详见图 6-3 与表 6-11。

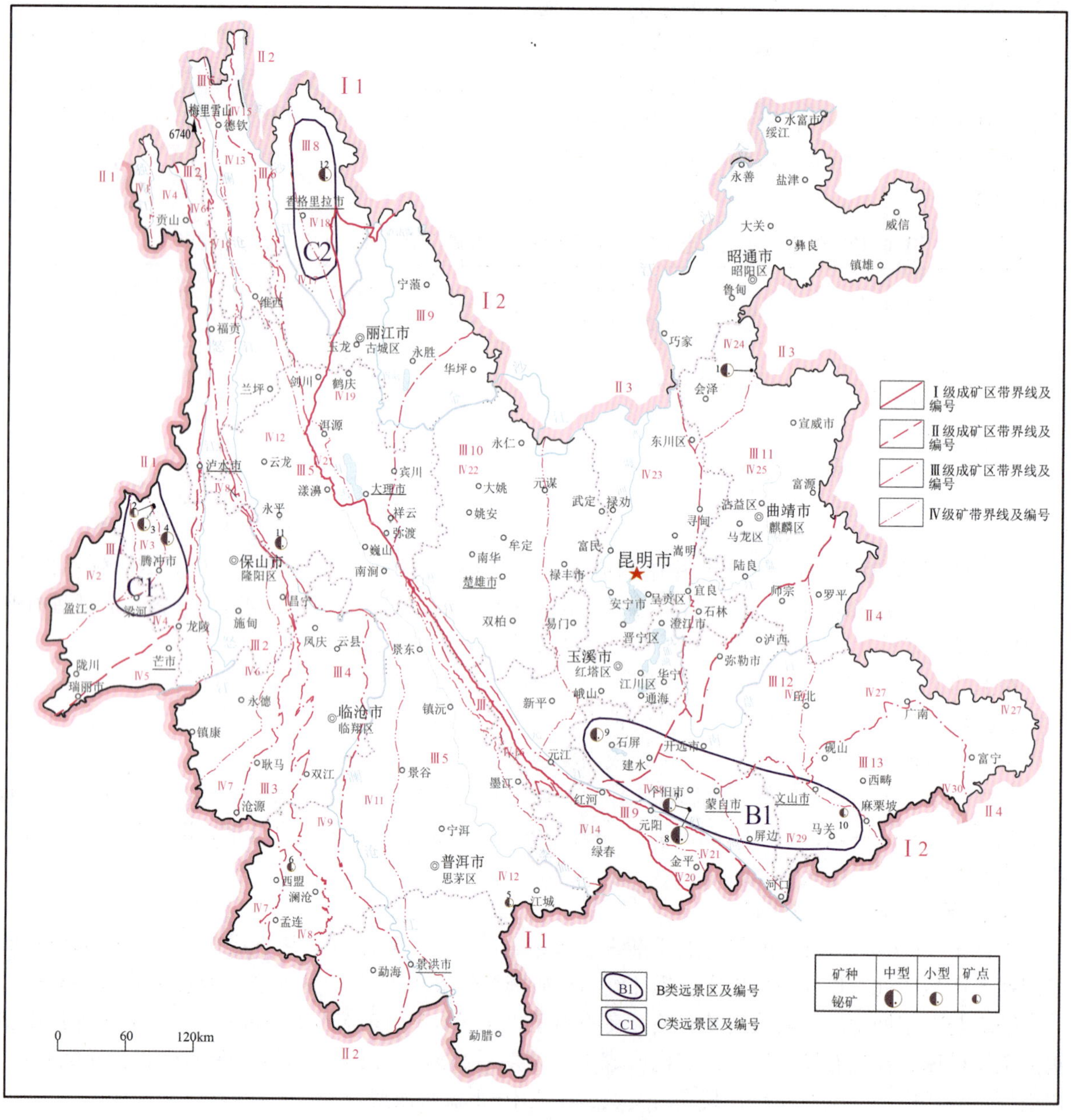

图 6-3　云南省铋矿找矿远景区分布图

（一）滇东南找矿远景区（B1）

滇东南远景区成矿地质条件十分有利，是云南省乃至全国最重要的钨锡银多金属矿集区，个旧、薄竹山、老君山等燕山期花岗岩体中普遍富含 Bi，是很好的铋矿找矿远景区。目前已发现铋矿产地 4

处（中型矿床 1 处、小型矿床 2 处、矿点 1 处），累计查明铋资源量近 50000 t。

结合远景区地质、矿产、物化探异常等综合信息研究，推测在已知矿床深部及外围均具有较大的找矿潜力，综合评价为 B 类找矿远景区。铋矿找矿以滇东南逆冲-推覆构造带根部带的个旧-文山-马关一带为重点区域，以寻找个旧式与燕山期花岗岩有关的岩浆热液型、接触交代型锡铋多金属矿为主攻方向。

表 6-11 云南省铋矿找矿远景区一览表

编号	名称	类别
B1	滇东南找矿远景区	B 类
C1	腾冲-梁河找矿远景区	C 类
C2	香格里拉找矿远景区	C 类

（二）腾冲-梁河找矿远景区（C1）

腾冲-梁河远景区成矿地质条件十分有利，也是云南省重要的锡多金属矿集区，腾冲-梁河一带的燕山期—喜马拉雅期花岗岩中普遍富含 Bi，是较好的铋矿找矿远景区。目前已发现铋矿产地 3 处（小型矿床 2 处、矿点 1 处），累计查明铋资源量近 2000 t。

结合远景区地质、矿产、物化探异常等综合信息研究，推测在已知矿床深部及外围均具有较大的找矿潜力，综合评价为 C 类找矿远景区。以寻找江南式接触交代型铋多金属矿为主攻方向，兼顾其他与岩浆作用有关的铋多金属找矿类型。

（三）香格里拉找矿远景区（C2）

香格里拉远景区成矿地质条件十分有利，也是云南省重要的斑岩-接触交代型铜多金属矿集区，印支期—燕山期富碱斑岩中普遍富含 Bi，也是较好的铋矿找矿远景区。目前已发现小型铋矿床 1 处，累计查明铋资源量超过 7000 t。

结合远景区地质、矿产、物化探异常等综合信息研究，推测在已知矿床深部及外围均具有较大的找矿潜力，综合评价为 C 类找矿远景区。以寻找红山式接触交代型铋多金属矿为主攻方向，兼顾其他与岩浆作用有关的铋多金属找矿类型。

第三节　铝土矿

一、成矿地质条件

（一）地层及沉积环境条件

云南省铝土矿以沉积型和风化型（堆积型）为主，地层沉积作用是最主要的成矿作用，岩相古地理、气候等沉积环境也是重要的成矿地质条件。总体具有如下特点：①都是在晚古生代地台型沉积环境下沉积的；②含矿系与下伏地层均为假整合接触，沉积间断时间越长，成矿物质越丰富，铝土矿层厚度及矿石质量越好；③铝土矿层都是在氧化环境下（氧化相）近距离迁移再沉积形成，矿床氧化带发育的程度，决定了矿床的工业价值和规模。湿热的气候条件下氧化作用强烈，加上地表水或地下水的改造作用，使硅质淋失（脱硫、脱硅）、铝质富集，这是一个不可忽视的重要条件。

1. 沉积型铝土矿

滇中-滇东北地区沉积型铝土矿含矿岩性总体以滨海-沼泽相含铝煤泥页岩夹碳质页岩建造为主，纵向上一般是铝土矿层在上，煤层或煤线在下，在倾斜延深方向上铝煤呈互为消长关系；铝土矿是在短距离搬运后沉积的，矿层以下的各类沉积岩石中，水平层理发育，具有滨海沼泽环境的沉积特征（图6-4）。石炭纪末，扬子准地台的云南境内地壳普遍上升，使滇中古陆和牛头山古岛的范围有所扩大，其间出现了大片滨海低丘平原和滨海沼泽，在滇中古陆东侧的昆明附近则为早二叠世残留海盆。此时，以碳酸盐岩为主的滨海低丘平原上发生了强烈的钙红土化和红土化作用，导致了残积型和异地堆积型铝土矿的形成。含铝土矿系的底板和顶板，都是很厚的碳酸盐岩，按现代全球碳酸盐岩沉

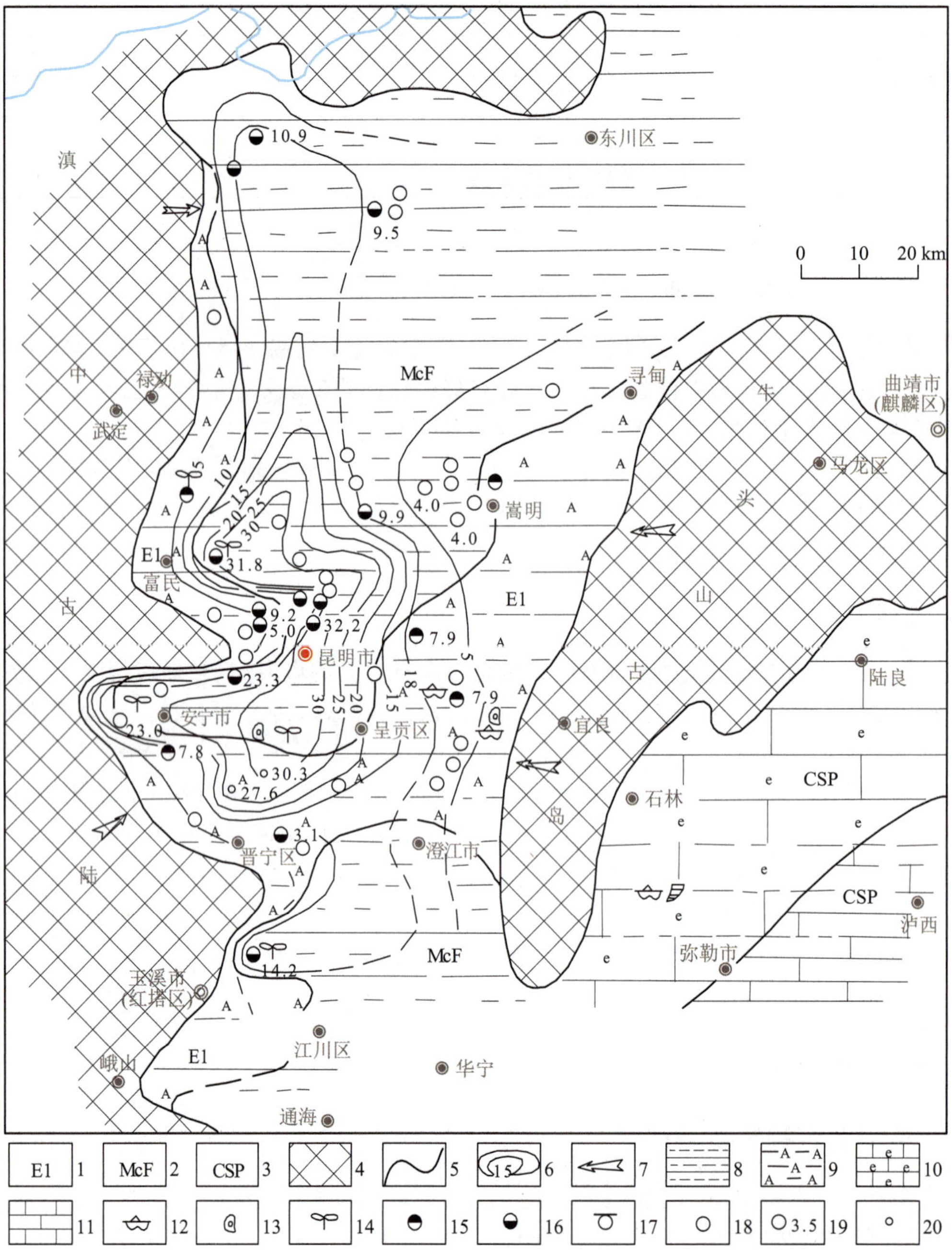

图6-4 昆明地区早中二叠世含铝土矿系岩相古地理图

（据云南省地质调查局，2011b）

1—残积相；2—滨海沼泽相；3—浅滨海台地相；4—古陆、古岛剥蚀区；5—古陆及岩相界线；6—含矿系等厚线；7—物质搬运方向；8—粘土岩、岩土岩、铝土矿、页岩夹砂岩，劣质煤岩组；9—粘土岩、岩土岩、铝土矿岩组；10—生物碎屑灰岩、碳质页岩夹砂岩组；11—灰岩、硅质条带灰岩组；12—腕足类化石；13—䗴类化石；14—植物化石；15—（钙）红土化矿产地；16—底板具水体沉积层的矿产地；17—顶板具水体沉积层的矿产地；18—矿系结构不明确的矿产地；19—含矿系真厚度（m）；20—实测剖面点

积的环境模式，可以类推在成铝期的前后，滇中地区应处于低纬度温热地带，含铝土矿系中有多层煤的存在，也是当时温暖湿润气候的环境标志，这种温暖潮湿的古气候，为古风化作用的进行创造了良好的条件。在滇中古陆的两侧，含铝土矿系（中二叠统梁山组）超覆于中寒武统、上泥盆统和中石炭统灰岩之上。在这些地层中，除石炭系灰岩较纯外，其余均夹有较多的白云岩、泥岩和碎屑岩，岩石中 Al_2O_3 的含量多大于 2%，当岩石发生钙红土化和红土化作用时，其中的 CaO、MgO 和 SiO_2 等被大量淋滤带出，而 Al、Fe、Ti 等元素则进一步富集，这些特征与现代（钙）红土型铝土矿床的形成有许多相似之处。铝土矿也和其他氧化物或含氧盐矿床一样，在氧化带中也可发生强烈的变化，氧化作用可使矿石进一步去硅去硫富铝，使矿石质量较原生带有较大的提高，所以氧化作用对沉积铝土矿床的再造是十分明显的，氧化作用还能使高铝岩石氧化而成铝土矿石。昆明周边的草铺、下哨、牛恋村、马头山等矿床，矿体在地表附近都相对稳定，其主要原因就是表生富集所致。由此可知，凡属氧化条件较好的矿区，会使地表浅部矿体的质量变得更好。本区域的铝土矿规模相对较小，且多位于城市周边，难以开发利用。

滇西北鹤庆-大理一带的沉积型铝土矿，含矿岩性总体以滨海-浅海台地相碳酸盐岩夹含铝铁泥岩建造为主（图 6-5），三叠纪开始的海侵形成含铝碳酸盐岩建造，至中三叠世末期的印支运动使该区抬升，经过短期侵蚀和风化作用，原来沉积的铝硅酸盐类分解、搬运，形成含铝土矿物、粘土矿物、氧化铁矿物等的富铝风化壳；其后，富铝钙红土层被海水淹没再沉积，并逐渐深埋地下，经过一段时期的成岩后生作用改造后形成铝土矿层。在后期的构造运动中，部分原始铝土矿层抬升到地表浅部后由于地表水或地下水的改造作用，使硅质淋失、铝质富集，形成品位较富的有工业价值的铝土矿矿床。晚三叠世卡尼期铝土矿，由于成矿所经历的风化、氧化地质历史时间短，Al_2O_3 没有得到充分分离、富集，不利于形成规模较大的铝土矿。

滇东南地区铝土矿含矿岩系均沿晚二叠世形成的古陆边缘及与其毗邻的滨海-浅海地带分布。华力西运动对扬子陆块区和滇东南区的古地理及古地貌格局产生强烈影响。初期，在滇东和滇东南发生了大面积海退，使宣威一带成为淡水湖泊含煤沼泽区，而罗平、开远、蒙自一带则成为滨海含煤沼泽区，在这些沼泽区内，沉积了一套砂页岩、玄武质凝灰岩、煤层和灰岩，其中局部夹有铝土质粘土岩。文山-富宁地区，情况则更趋复杂，在屏马古陆与丘北-广南-富宁一线之间，出现八布平原和西畴-富宁间的半局限海台地，丘北以南可能有一隆起，在古陆边缘或海域中的某些断块隆升区，则出现了海滨准平原地带。错综复杂的古地貌形态，为铝土质的富集与迁移提供了良好的条件，即在古陆边缘的海滨准平原地带和断块抬升区，发育了古红土化和古钙红土化作用形成的残积铝土矿，与其毗邻的半局限海台地的边缘地带，则有碎屑沉积型铝土矿的产出（图 6-6）。滇东和滇东南在晚二叠世时都处于低纬度区，普遍含煤，碳酸盐岩发育，并有大量暖水型生物繁衍，这些，都指示了当时的扬子准地台和滇东南区的古气候是温暖而潮湿的，在这样的条件下，十分有利于古红土化作用的进行，使富含铝硅酸盐矿物的岩石发生分解，形成残积或沉积型铝土矿床。滇东南含铝土矿系为上二叠统吴家坪组（或龙潭组），超覆于石炭系和二叠系峨眉山玄武岩之上，这些岩石都是富含铝硅酸盐矿物的岩石，一旦在较大范围内发生古红土化或古钙红土化作用时，都是提供铝质的理想母岩（如石炭系灰岩 Al_2O_3 含量 0.01%~14.02%）。在亚热带气候和岩溶高原地貌条件下，原生沉积矿床在氧化带中发生强烈的变化，矿石经氧化后，Al_2O_3 明显富集，而硫大幅度淋失；原来高铁高硫矿石转化为高铁低硫矿石，使暂不能利用的原生矿石变为可利用的次生氧化矿石。

2. 风化型（堆积型）铝土矿

滇东南地区在加里东运动后，进入了较稳定的构造发展阶段，上二叠统及其上覆地层褶皱变动微弱，岩层产状较平缓，含铝土矿系大面积裸露，基底及盖层均为碳酸盐岩，有一个渗水性好的岩性、构造条件。滇东南地区地处北纬 24°以南，属亚热带气候，温暖多雨，干湿季节交替，年均气温 8.3~10.9℃，年均降水量 992.3~1329.4 mm，致使高原岩溶地貌发育得十分完美，十分有利于风化作用的进行。在天水容易渗透排泄酸氧化条件下，原生矿石中黄铁矿发生氧化而产生硫酸，这样既可促使风化作用的加快进行，使原生铝土矿层的 S、CaO、MgO、SiO_2 等被部分淋失，从而提高了原矿

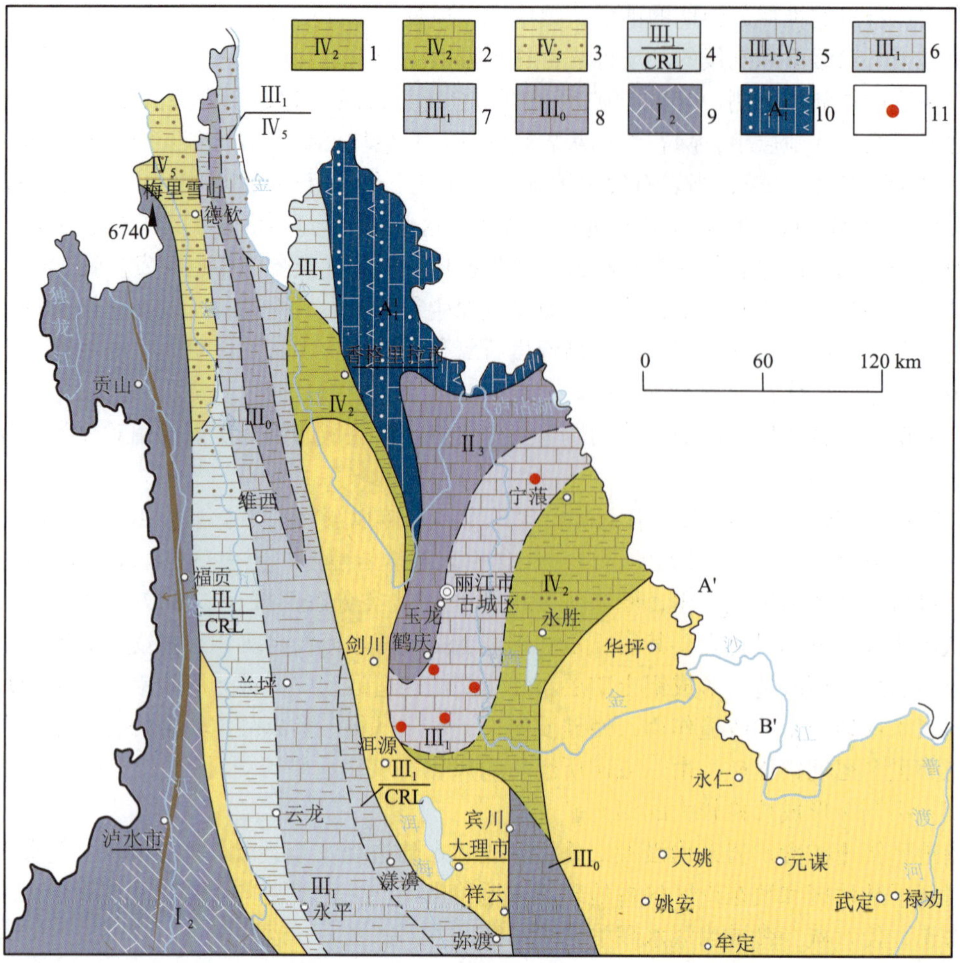

图 6-5 滇西鹤庆一带晚三叠世卡尼期岩相古地理图

（据崔银亮等，2018）

1—潮坪相（泥岩）；2—滨海陆屑滩相（泥质碳酸盐、底部含砾砂岩）；3—滨海陆屑滩相（砾岩、砂岩、泥岩）；4—早期河湖相，晚期开阔台地相（砾、砂、泥岩、灰岩）；5—早期滨海陆屑滩相，晚期开阔台地相（砾、砂泥岩、灰岩夹火山岩）；6—开阔台地相（灰岩、碎屑岩）；7—开阔台地相（灰岩）；8—凹槽台地相（碎屑岩、灰岩，具浊积岩特征）；9—浅海陆棚相（细碎屑岩、灰岩）；10—岛弧次深海相（砂泥岩、硅质岩、灰岩夹火山岩）；11—晚三叠世代表性铝土矿矿床

石中 Al_2O_3 的含量；也可因溶解围岩或被其他溶液冲淡使溶液性质改变而沉淀出二水铝石。氧化作用越强，矿石块度越小，矿石质量越高。矿体或含铝岩石经崩解离析后的迁移距离与含矿率的高低与地貌形态有着密切的关系，本类堆积矿均分布在距原生矿不到 1 km 的范围内，在岩溶缓坡地带，属残坡积或坠-残积类型，矿体呈被状，矿石与粘土或矿粉混合在一起。在岩溶洼地或盲谷内，含矿堆积体为半裸露-浅埋的洪坡积或堆积类型，矿体呈似层状、透镜状，矿石（砾、砂）与砂质土或粘土混合在一起。同时矿层及上下岩层透水性好，地下水有良好的排泄条件，利于 Al_2O_3 的富集。

（二）岩浆岩条件

作为沉积矿产的铝土矿，一般与岩浆作用关系不大，但滇东南、滇东北及滇西地区广泛分布的晚二叠世峨眉山玄武岩却与该区的沉积型铝土矿有一定生成关系。据冯晓宏等（2009）、云南省有色地质局等（2011a）、刘加强等（2012）、王行军等（2013）、黄智龙等（2014）、焦扬等（2014）、吴春娇等（2014）、张启明等（2015）、王成江等（2016）、崔银亮等（2018）对上述地区铝土矿床微量元素、稀土元素地球化学特征研究成果，玄武岩为沉积型铝土矿提供了重要的物质来源；丘北小米

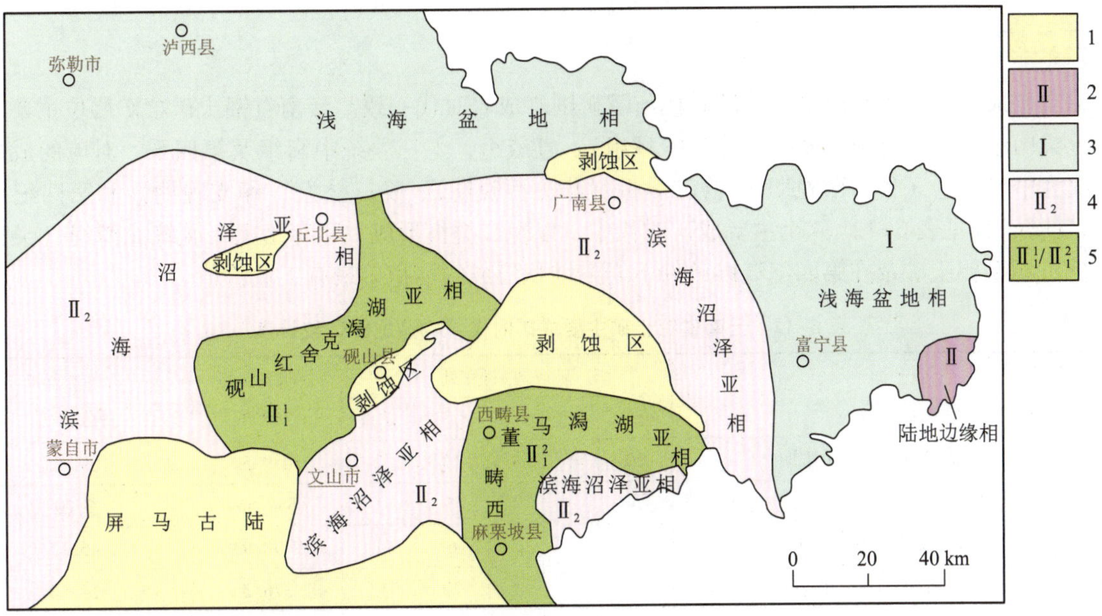

图 6-6　滇东南晚二叠世早期构造岩相古地理图

（据崔银亮等，2018）

1—古陆、剥蚀区；2—陆地边缘相；3—浅海盆地相；4—滨海沼泽相；5—潟湖亚相

（$Ⅱ_1^1$—砚山红舍克潟湖亚相，$Ⅱ_1^2$—西畴董马潟湖亚相）

冲-砚山平远街-文山者黑冲一带的含铝岩段中见有较多的凝灰岩、凝灰质粘土岩存在。

综上所述，峨眉山玄武岩为该区铝土矿的形成提供了主要成矿物质。

（三）构造条件

铝土矿的形成主要与构造运动密切相关，多受沉积间断不整合面（古侵蚀面）控制。晚石炭世，扬子古陆块普遍抬升，形成沉积间断，以碳酸盐岩为主的滇中及滇东北古陆隆起并遭受剥蚀和红土化作用，形成富铝风化壳；在早-中二叠世，陆块的不均匀沉降并开始沉积作用，最终形成产于中二叠统梁山组中的“老煤山式”铝土矿。中二叠世末期的东吴运动引发地壳抬升，滇东南地区形成上二叠统吴家坪组（或龙潭组）与石炭系—二叠系马平组或二叠系峨眉山玄武岩组之间的古侵蚀面，经长期风化、岩溶作用形成了富铝古红土化风化壳，并在其上沉积形成产于上二叠统吴家坪组（或龙潭组）中的“铁厂式”铝土矿。与此同时，滇东北部分地区在峨眉山玄武岩基底上，沉积形成产于上二叠统宣威组中的“朱家村式”铝土矿。中三叠世末期的印支运动，滇西北的鹤庆-大理地区也隆起并遭受剥蚀，形成富铝、铁质风化壳，其后沉积形成产于上三叠统中窝组中的“中窝式”铝土矿。沉积型铝土矿受控于地层间沉积间断时间长短，沉积间断时间越长，生成的铝土矿物越多，粘土矿物越少，矿石品位越富，矿层厚度也越大（崔银亮等，2018）。晚三叠世后的燕山运动和喜马拉雅运动，随着地壳的抬升和变形，岩石遭受剥蚀，原先深埋地下的铝土矿层部分出露地表或近地表，在表生作用下，脱硅、除铁、去硫，铝土矿更加富集，形成矿石质量更好的风化型铝土矿。部分未经搬运在原地形成风化残积型铝土矿；部分经短距离搬运，在岩溶洼地、谷地和坡地中形成极具开采价值的“卖酒坪式”堆积型铝土矿。

区域性同生沉积断裂构造控制着铝土矿的产出，为铝土矿的形成提供了物质来源和成矿空间。后期断裂构造则对铝土矿产生改造作用，有的破坏矿体，使其错位；有的使矿体发生次生富集，形成厚大的红土风化壳及矿石品位高、质量好的铝土矿体。褶皱构造控制着矿源层的分布，背斜内侧或向斜外侧地带利于成矿；成矿后褶皱对矿层有保护或破坏作用，向斜构造有利于含铝岩系地层的保存，是寻找沉积型铝土矿的有利地区。如文山天生桥向斜内龙潭组保存完整，面积大，沉积型铝土矿达到大型矿床规模。背斜构造易使矿层遭受剥蚀破坏，其附近的岩溶发育地段则是堆积型铝土矿形成的有利场所。

二、成矿时代

铝土矿成矿作用相对简单，成矿时代与赋矿围岩成岩时代一致。云南省铝土矿含矿层位主要有中二叠统梁山组，上二叠统龙潭组（或吴家坪组）、宣威组，上三叠统中窝组及第四系，对应的成矿时代依次为中二叠世（华力西晚期）、晚二叠世（华力西晚期）、晚三叠世（印支晚期）和第四纪（喜马拉雅期），详见表6-12。4个主要成矿时代中，以晚二叠世形成并赋存于上二叠统龙潭组（吴家坪组）的沉积型铝土矿及在第四纪气候条件下岩溶堆积形成的堆积矿最有工业价值。

表6-12　云南省铝土矿主要成矿时代（构造旋回）统计表

主成矿期（构造旋回）		矿产地数量/处					查明资源量 $/10^4$ t	占资源总量百分比/%
		合计	大型	中型	小型	矿点		
新生代	第四纪（喜马拉雅期）	20	1	4	13	2	8019.50	39.02
中生代	晚三叠纪（印支晚期）	6			5	1	658.56	3.20
古生代	晚二叠世（华力西晚期）	10	1	2	6	1	9498.93	46.22
	中二叠世（华力西晚期）	32			20	12	2376.35	11.56
	小计	42	1	2	26	13	11875.28	57.78
合计		68	2	6	44	16	20553.34	100.00

中二叠世是滇中-滇东北铝土矿主要成矿期，含矿层位为中二叠统梁山组。该含铝岩系分布范围广，在滇中地区的昆明、安宁、玉溪、晋宁、富民一带有众多小型铝土矿床及矿点，以富民老煤山、安宁耳目村沉积型铝土矿矿床最具代表性，目前主要是作为耐火材料进行少量开采。滇东北地区的禄劝、鲁甸、巧家、镇雄一带也零星分布一些矿点，但矿石质量较差的矿点。目前共发现矿产地32处，累计查明铝土矿资源储量2376.35×10^4 t，占全省查明资源总量的11.56%。

晚二叠世是滇东南地区最重要的铝土矿成矿时代，也是云南省最重要的成矿时代，含矿层位主要为上二叠统龙潭组（或吴家坪组），在滇东北地区的上二叠统宣威组中也有少量沉积型铝土矿产出。含铝岩系广泛分布于文山、西畴、丘北、麻栗坡、广南、富宁等地，以文山天生桥、麻栗坡铁厂、丘北大铁等矿床最具代表性。目前共发现矿产地10处，累计查明铝土矿资源储量9498.93×10^4 t，占全省查明资源总量的46.22%。

晚三叠世沉积型铝土矿仅分布在上扬子成矿省西部鹤庆、大理等地，分布范围较小，矿石质量一般，以鹤庆白水塘小型铝土矿矿床最具代表性。目前共发现矿产地6处，累计查明铝土矿资源储量658.56×10^4 t，占全省查明资源总量的3.20%。

风化型（堆积型）铝土主要分布于滇东南地区，滇中地区有少量分布，是目前云南省最有找矿前景和开采价值的矿床类型之一。该类矿床分布于含铝岩系出露的地区，其分布范围略大于含铝岩系的出露范围，地表堆积深度一般不超过20 m，具有裸露或浅埋、易采、易选、*A/S*值高的特点，以西畴卖酒坪、文山杨柳井、丘北飞尺角等矿床最具代表性。目前共发现矿产地20处，累计查明铝土矿资源储量8019.50×10^4 t，占全省查明资源总量的39.02%。

三、矿产空间分布

（一）各成矿区带矿产分布情况

云南68处铝土矿集中分布于2个Ⅱ级成矿省、5个Ⅲ级成矿带内（表6-13）。其中，罗平-开远（右江海槽）Pb-Zn-Au-Sb-Mn-S-煤成矿带（Ⅲ12）、个旧-文山-富宁（地块）Sn-W-Ag-Pb-Zn-Au-Sb-Mn-Al成矿带（Ⅲ13）是云南省最重要的Ⅲ级铝土矿成矿单元，分别查明铝土矿资源储量10247.42×10^4 t、7256.33×10^4 t，分别占全省资源总量的49.86%、35.30%；其次为滇中（基底隆起带）Fe-Cu-Pb-Zn-Ag-Au-Pt-Pd-Ni-Ti-Sn-W-REE-P-S-重晶石-蓝石棉-盐类-煤成矿带（Ⅲ10）、丽江-大理-金平（陆缘坳陷）Au-Cu-Ni-Pt-Pd-Mo-Mn-Fe-Pb-Zn 成矿带（Ⅲ9）、昭通-曲靖（弧间盆地）Pb-Zn-Cu-Au-Ag-Fe-Mn-Hg-Sb-P-S-煤-煤层气成矿带（Ⅲ11），分别查明铝土矿资源储量 2083.35 × 10^4 t、658.56 × 10^4 t、307.68 × 10^4 t，分别占全省资源总量的 10.14%、3.20%、1.50%。

表 6-13　云南省各Ⅲ级成矿带中铝土矿产分布简表

Ⅰ级（成矿域）	Ⅱ级（成矿省）	Ⅲ级（成矿带）	矿产地数量/处					查明资源量/10^4 t	占资源总量百分比/%
			合计	大型	中型	小型	矿点		
Ⅰ2 滨太平洋成矿域	Ⅱ3 上扬子（陆块）成矿省	Ⅲ9 丽江-大理-金平（陆缘坳陷）Au-Cu-Ni-Pt-Pd-Mo-Mn-Fe-Pb-Zn 成矿带	7			5	2	658.56	3.20
		Ⅲ10 滇中（基底隆起带）Fe-Cu-Pb-Zn-Ag-Au-Pt-Pd-Ni-Ti-Sn-W-REE-P-S-重晶石-蓝石棉-盐类-煤成矿带	29			19	10	2083.35	10.14
		Ⅲ11 昭通-曲靖（弧间盆地）Pb-Zn-Cu-Au-Ag-Fe-Mn-Hg-Sb-P-S-煤-煤层气成矿带	3			2	1	307.68	1.50
		小计	39			26	13	3049.59	14.84
	Ⅱ4 华南（陆块）成矿省	Ⅲ12 罗平-开远（右江海槽）Pb-Zn-Au-Sb-Mn-S-煤成矿带	10	2	1	6	1	10247.42	49.86
		Ⅲ13 个旧-文山-富宁（地块）Sn-W-Ag-Pb-Zn-Au-Sb-Mn-Al 成矿带	19		5	12	2	7256.33	35.30
		小计	29	2	6	18	3	17663.82	85.16
	合计		68	2	6	44	16	20553.34	100.00

（二）矿产空间分布规律

1. 上扬子（陆块）成矿省

据截至 2017 年 12 月搜集的地质勘查成果报告统计，上扬子（陆块）成矿省（云南部分）共发现铝土矿矿产地 39 处，占全省矿产地总数的 57.35%。其中，小型矿床 26 处、矿点 13 处；累计查明铝土矿资源储量 3049.59×10^4 t，占全省资源总量的 14.84%。据《云南省 2017 年矿区及所属矿山矿产资源储量简表》统计，上表铝土矿床 19 处，累计查明铝土矿资源储量 2305.23×10^4 t，占全省上表资源总量的 20.64%。

铝土矿是上扬子（陆块）成矿省（云南部分）的优势矿产之一，主要分布于滇中-滇东北、滇西北鹤庆-大理地区，有沉积型和风化型 2 种成因类型。沉积型铝土矿均产于沉积间断面之上，其中滇中-滇东北地区铝土矿产于晚石炭世与中二叠世的沉积间断面上，含矿层位为中二叠统梁山组，含矿岩性总体以滨海-沼泽相含铝煤泥页岩夹碳质页岩建造为主，纵向上一般是铝土矿层在上，煤层或煤线在下，该含铝岩系分布范围广，在滇中地区的禄劝、富民、昆明、安宁、玉溪、晋宁一带有众多有小型铝土矿床及矿点，以富民老煤山、安宁耳目村沉积型铝土矿矿床最具代表性；滇东北地区的鲁甸、巧家、会泽一带也零星分布一些矿点。滇西北地区鹤庆-大理一带的铝土矿则产于中三叠世与晚三叠世的沉积间断面上，含矿层位为上三叠统中窝组，含矿岩性总体以滨海-浅海台地相碳酸盐岩夹含铝铁泥岩建造为主。分布范围较小，矿石质量一般，以鹤庆白水塘小型铝土矿矿床具代表性。在后期的构造运动中，部分沉积型铝土矿层抬升到地表浅部，由于地表水或地下水的改造作用，使硅质淋失、铝质富集，形成品位较富的有工业价值的风化型铝土矿。

2. 华南（陆块）成矿省

华南（陆块）成矿省（云南部分）的铝土矿在云南省均占有十分重要的地位，据截至2017年12月搜集的地质勘查成果报告统计，共发现铝土矿矿产地29处，占全省矿产地总数的42.65%。其中，大型矿床2处、中型矿床6处、小型矿床18处、矿点3处。累计查明铝土矿资源储量17663.82×10^4 t，占全省资源总量的85.16%。据《云南省2017年矿区及所属矿山矿产资源储量简表》统计，上表铝土矿床12处，累计查明铝土矿资源储量109357.77×10^4 t，占全省上表资源总量的79.36%。

本区是云南省铝土矿最为丰富的地区，含铝矿岩系主要沿晚二叠世形成的古陆边缘及与其毗邻的滨海-浅海地带分布。在文山-丘北-广南-富宁一线产出众多碎屑沉积型铝土矿，如文山天生桥、丘北大铁、砚山红舍克等大中型矿床；含矿岩系为上二叠统吴家坪组（或龙潭组），超覆于石炭系和二叠系峨眉山玄武岩之上。其后的构造运动使地壳抬升，含铝岩系近地表或裸露，在渗水性好的岩性、构造条件及有利风化的气候条件下，原生铝土矿层脱硅、除铁、去硫，Al_2O_3进一步富集，形成矿石质量更好的风化型矿石。部分未经搬运在原地形成风化残积型铝土矿；部分经短距离搬运，在岩溶洼地、谷地和坡地中形成堆积型铝土矿。风化型（堆积型）铝土矿分布在距原生矿不到1 km的范围内，极具开采价值，如丘北飞尺角、西畴卖酒坪、文山杨柳井等大中型矿床。

四、找矿潜力及找矿方向

全省圈定找矿远景区4处。其中，A类远景区1处、B类远景区1处、C类远景区2处，详见图6-7、表6-14。

表6-14　云南省贵金属找矿远景区一览表

编号	名称	类别
A1	滇东南找矿远景区	A类
B1	禄劝-昆明-玉溪找矿远景区	B类
C1	鹤庆-洱源找矿远景区	C类
C2	昭通-会泽找矿远景区	C类

（一）滇东南找矿远景区（A1）

滇东南远景区成矿地质条件十分有利，是云南省最重要的铝土矿矿集区。目前已发铝土矿矿产地29处（大型矿床2处、中型矿床6处、小型矿床18处、矿点3处），累计查明铝土矿资源储量超过17000×10^4 t。

结合远景区地质、矿产、物化探异常等综合信息研究，推测在已知矿床深部及外围均具有巨大的找矿潜力；据云南省国土资源厅等（2013）成果，该区尚有超过30×10^8t的铝土矿资源潜力，综合评价为A类找矿远景区。找矿以滇东南逆冲-推覆构造带中带的丘北处文山-西畴-广南为重点区域，以寻找铁厂式、大铁式赋存于上二叠统龙潭组（吴家坪组）含铝岩系中的沉积型铝土矿和卖酒坪式赋存于第四系残坡积物、堆积物中的风化型（堆积型）铝土矿为主攻方向。

（二）禄劝-昆明-玉溪找矿远景区（B1）

远景区成矿地质条件有利，也是云南省最重要的铝土矿矿集区之一。目前已发现铝土矿矿产地29处（小型矿床10处、矿点10处），累计查明铝土矿资源储量超过2000×10^4 t。

结合远景区地质、矿产、物化探异常等综合信息研究，推测在已知矿床深部及外围均具有较大的找矿潜力；据云南省国土资源厅等（2013）成果，该区尚有近5×10^8 t的铝土矿资源潜力，综合评价为B类找矿远景区。以寻找老煤山式赋存于中二叠统梁山组含铝岩系中的沉积型铝土矿和赋存于第四系残坡积物、堆积物中的风化型（堆积型）铝土矿为主攻方向。

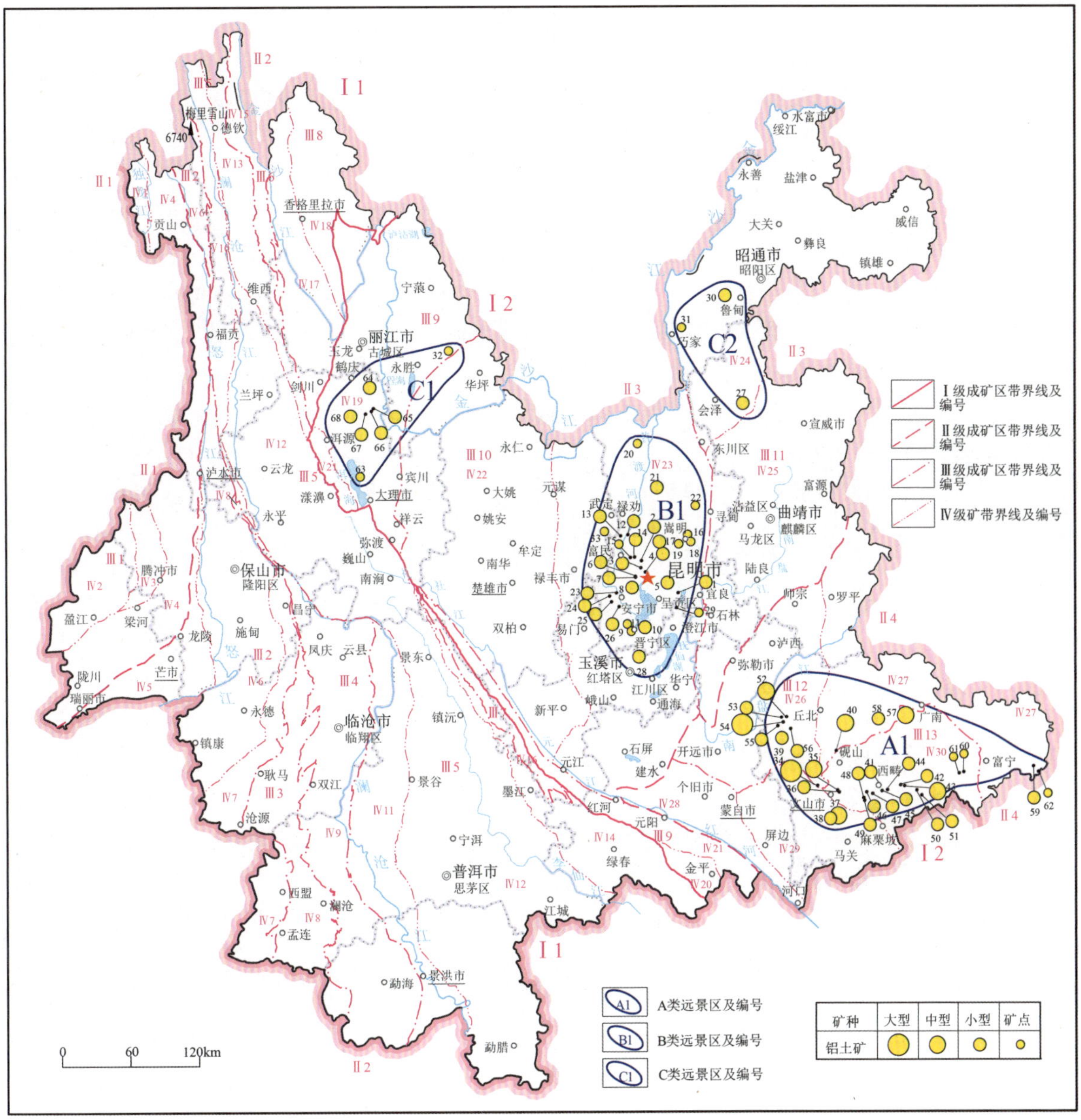

图 6-7　云南省铝土矿找矿远景区分布图

（三）鹤庆-洱源找矿远景区（C1）

远景区成矿地质条件有利，已发现铝土矿矿产地 7 处（小型矿床 5 处、矿点 2 处），累计查明铝土矿资源量超过 600×10^4 t。结合远景区地质、矿产、物化探异常等综合信息研究，推测在已知矿床深部及外围均具有一定的找矿潜力，综合评价为 C 类找矿远景区。以寻找白水塘式赋存于上三叠统中窝组含铝岩系中的沉积型铝土矿和赋存于中二叠统梁山组含铝岩系中第四系残坡积物、堆积物中的风化型（堆积型）铝土矿为主攻方向。

（四）昭通-会泽找矿远景区（C2）

远景区成矿地质条件有利，已发现铝土矿矿产地 3 处（小型矿床 2 处、矿点 1 处），累计查明铝土矿资源量超过 300×10^4 t。结合远景区地质、矿产、物化探异常等综合信息研究，推测在已知矿床深部及外围均具有一定的找矿潜力，综合评价为 C 类找矿远景区。以寻找朱家村式赋存于上二叠统宣威组和三合场式赋存于中二叠统梁山组含铝岩系中的沉积型铝土矿为主攻方向。

第二篇

稀土稀有分散元素矿产

稀土、稀有、分（稀）散元素矿产统称为“三稀”矿产，是当前及今后培育发展战略性新兴产业（新一代信息技术、节能环保、新能源生物、高端装备制造、新材料、新能源汽车等）所需要的功能材料和结构材料（王登红等，2013），是支撑我国占领科技和经济制高点的关键资源。

第七章　稀土金属矿产

第一节　资源概况

稀土元素主要包括原子序数21号元素钪（Sc）、39号元素钇（Y）和57~71号的15个镧系元素——镧（La）、铈（Ce）、镨（Pr）、钕（Nd）、钷（Pm）、钐（Sm）、铕（Eu）、钆（Gd）、铽（Tb）、镝（Dy）、钬（Ho）、铒（Er）、铥（Tm）、镱（Yb）、镥（Lu），共计17个金属元素（其中钷（Pm）为人造元素）。稀土元素具有特殊的物理性质和活泼的化学性质，价格非常昂贵，被誉为“工业味精”。除广泛应用于电子、石油化工、冶金、机械、能源、轻工、农业等普通领域，在超级永磁铁、磁悬浮列车、光纤材料、防辐射材料、极光材料、原子能以及航空航天等高科技新材料领域也广泛应用。目前为国家重要的战略性矿产资源，实行控制性开采。

一、矿产资源情况

云南省稀土金属矿产资源较丰富，种类齐全，17种稀土元素均有发现。据国土资源部发布的《全国矿产资源储量通报》（2017年）数据统计，云南保有的重稀土（磷钇矿）资源储量列全国第四位；保有的轻稀土（独居石）资源储量列全国第五位；保有的稀土氧化物资源储量列全国第十三位。据《云南省2017年矿区及所属矿山矿产资源储量简表》统计，全省共上表重稀土（磷钇矿）砂矿床2处（中型矿床1处、小型矿床1处），稀土氧化物砂矿床2处（大型矿床1处、小型矿床1处），独居石砂矿床4处（大型矿床3处、小型矿床1处），轻稀土氧化物矿床2处（中型矿床1处、小型矿床1处），钪矿床1处（超大型）。

据截至2017年12月所搜集的最新勘查成果及地质勘查报告数据统计，云南省已发现稀土金属矿产地36处（图7-1；表7-1）。其中，超大型矿床3处、大型矿床4处、中型矿床5处、小型矿床4处、矿点20处。

二、勘查开发情况

云南省稀土矿产地质勘查工作始于20世纪50年代末，以60年代初中期所做工作相对较多，矿种以独居石及磷钇矿砂矿为主。对勐海、金平地区的独居石（磷钇矿、锆石）砂矿进行过较为系统的勘查，并提交了相应的资源储量。70年代中期以后，随着矿床综合评价的开展以及测试技术水平的提高，对伴生的稀土矿开始重视，并对武定、禄劝一带的铁铜矿，曲靖、昆明一带的磷矿及滇中、滇东南地区铝土矿中伴生的稀土矿均做过一些工作，为云南省伴生稀土矿的研究迈出了重要一步。

20世纪80~90年代，随着我国南方离子吸附型（又称淋积型）稀土金属评价和选矿工艺的突破，云南省地质矿产局区域地质调查队、第一地质大队、云南省地质科学研究所等单位对云南省风化壳离子吸附型稀土矿的成矿地质条件进行了调查，结果表明云南省风化壳离子吸附型稀土金属成矿条件良好，具有一定的找矿前景，相继发现和评价了牟定水桥、陇川龙安2个离子吸附型稀土矿床。此后，勘查工作又进入停滞状态，2011年，随着中国地质调查局“我国三稀资源战略调查研究项目”的启动，成矿理论研究水平、勘查测试方法手段的不断提升，云南省稀土矿找矿取得重大进展。云南省地质调查局承担了“中国三稀金属资源战略调查”计划项目的子项目——“云南三稀资源综合研究与重点评价”，在梁河-陇川-盈江一带圈出的风化壳离子吸附型成矿远景区面积达215 km^2 以上，

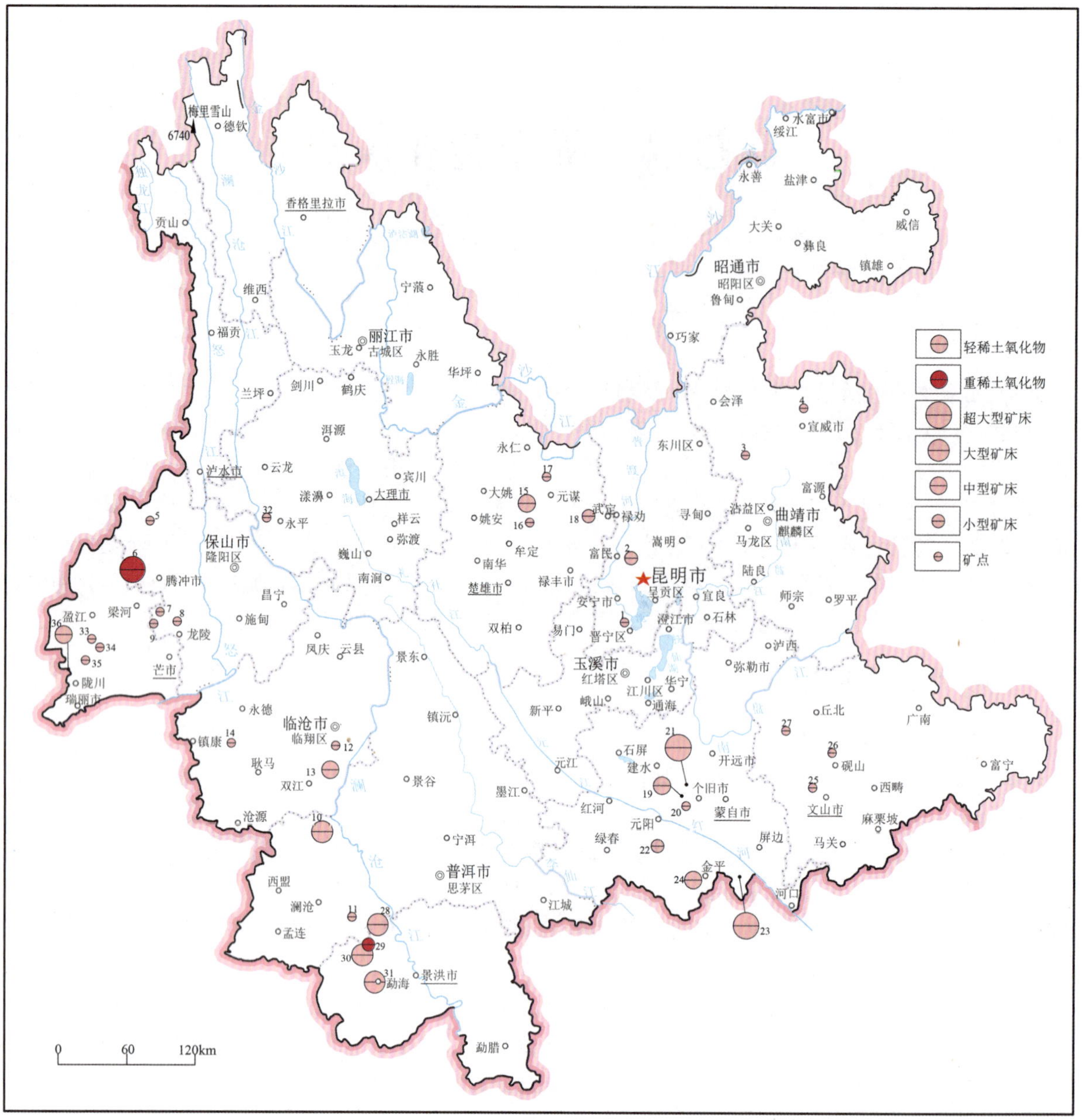

图 7-1　云南省稀土金属矿产分布图

并圈定了城子、邦歪、小勐龙、野鸭塘 4 处找矿靶区；通过在城子找矿靶区开展重点评价工作，发现一个初具大型矿床远景规模的离子吸附型稀土矿产地。中国地质调查局成都地质调查中心承担组织实施的“滇西地区三稀等重要矿产地质调查”项目取得阶段性找矿成果，在腾冲、临沧 2 个花岗岩带圈定陇川-梁河、临沧 2 处稀土矿矿集区，提交新发现矿产地 13 处和 A 类找矿靶区 30 余处，其中陇川营盘山、大曼别等 7 处矿产地具有大型矿床资源远景，取得高海拔（大部分 1000 m 以上，最高超过 2000 m）地区离子吸附型稀土矿的找矿突破，揭示了该区巨大的稀土资源找矿潜力，有望成为中国稀土资源勘查开发的重要接替（储备）资源基地。云南省核工业二〇九地质大队在建水长岭岗、个旧白云山碱性岩体和临沧花岗岩区开展“三稀”矿产勘查，在建水普雄发现了超大型规模的稀土矿床，探获离子吸附型稀土氧化物资源储量，其中查明伴生三氧化二钪资源储量 961 t，填补了云南省没有超大型离子吸附型稀土矿的空白，并取得碱性岩体风化壳离子吸附型稀土矿的找矿突破；个旧白云山、临沧岔河也达到中型稀土矿床规模。核工业西藏地质调查院受普洱扬正投资有限公司委托，在临沧花岗岩西南缘的澜沧上允开展离子吸附型稀土矿找矿工作，也取得找矿突破，累计查明的 332

+333 类工业稀土氧化物资源量已达到大型矿床规模。此外，基性-超基性岩中钪找矿也取得重大突破。2007 年，云南省有色地质局首次在牟定二台坡岩体中发现了钪矿体，估算三氧化二钪（Sc_2O_3）远景资源量可达大型矿床规模；2013~2017 年，云南省地质工程勘察总公司在金平马鞍底开展基性岩浆型钛磁铁矿地质普查、详查、勘探，并对钪等有益组分进行了综合评价，累计查明伴生的三氧化二钪资源量 4023 t，达超大型矿床规模。

表 7-1　云南省稀土金属矿产地一览表

序号	矿产地名称	规模	序号	矿产地名称	规模
1	昆明市晋宁区昆阳磷矿床伴生稀土矿	矿点	19	个旧市白云山稀土稀有分散元素矿	中型
2	富民县老煤山耐火粘土铝土矿伴生镱矿	小型	20	个旧市贾沙稀土矿	矿点
3	曲靖市沾益区德泽磷矿伴生稀土矿	矿点	21	建水县普雄稀土稀有分散元素矿	超大型
4	宣威市中营-禾木多-徐家村稀土矿	矿点	22	元阳县金厂坪独居石砂矿	小型
5	腾冲市小龙河锡多金属矿床共（伴）生稀土矿	矿点	23	金平县马鞍底铁矿床伴生钪矿	超大型
6	腾冲市新歧稀有稀土分散锡多金属矿	超大型	24	金平县阿德博独居石磷钇矿砂矿	中型
7	腾冲市土官寨稀土矿	矿点	25	文山市天生桥铝土矿矿床伴生稀土矿	矿点
8	龙陵县蕨叶坝稀土矿	矿点	26	砚山县红舍克铝土矿矿床伴生稀土矿	矿点
9	龙陵县尖山脚稀土矿	矿点	27	丘北县白色姑铝土矿矿床伴生稀土矿	矿点
10	澜沧县上允稀土锡矿	大型	28	勐海县勐往独居石砂矿	大型
11	澜沧县新营盘稀土矿	矿点	29	勐海县勐康磷钇矿独居石砂矿	小型
12	临沧市临翔区陂阴寨稀土矿	矿点	30	勐海县勐阿独居石磷钇矿砂矿	大型
13	临沧市临翔区岔河稀土矿	中型	31	勐海县城郊独居石砂矿	大型
14	镇康县木厂铌稀土金多金属矿	矿点	32	永平县卓潘稀土矿	矿点
15	牟定县水桥稀土稀有金属矿	中型	33	陇川县一碗水稀土矿	矿点
16	牟定县二台坡钪铁铂钯多金属矿	矿点	34	陇川县大曼别稀土矿	矿点
17	元谋县朱布铂族多金属矿床伴生钪矿	矿点	35	陇川县营盘山稀土矿	矿点
18	武定县迤纳厂铁铜矿床伴生稀土矿	小型	36	陇川县龙安稀土矿	中型

总体来说，云南省稀土矿成矿地质条件十分有利，但勘查工作及综合研究程度普遍较低，找矿潜力巨大。

云南省稀土矿开发比较滞后，规模小，技术落后。仅陇川龙安和牟定水桥 2 个风化壳离子吸附型稀土矿先后进行过小规模的开发利用，该区域稀土矿具有埋藏浅，品位高，稀土元素齐全，矿床类型简单，易采、选、冶，能耗与运量小等特点。

三、资源分布情况

全省 36 处稀土金属矿产地分布于 11 个州（市）和 22 个县（区、市）行政区，分布范围较广。查明资源储量分布于 8 个州（市）和 11 个县（区、市）行政区，稀土氧化物集中分布于红河州、普洱市、楚雄州等州（市）的建水县、澜沧县、牟定县等县（区、市）行政区；独居石集中分布于西双版纳州的勐海县和红河州的金平县；磷钇矿（含钇氧化物）集中分布于保山市的腾冲市和西双版纳州的勐海县；钪集中分布于红河州的金平县、建水县，保山市的腾冲市。

云南稀土矿成矿与岩浆活动密切相关，矿产地的分布与岩浆岩分布基本一致。滇西地区，在陇川-腾冲、临沧-勐海两个花岗岩体周边，产出有众多岩浆-风化型和砂矿型稀土矿床，已发现大型离子吸附型稀土矿床 1 处、大型砂矿型独居石磷钇矿床 3 处、具有中-大型矿床资源潜力的离子吸附型稀土矿产地 10 余处，是云南省目前最重要的稀土矿聚集区之一，也是最具开发价值的区域。滇东南的金平-个旧-建水地区也是最重要的稀土矿聚集区之一，在建水长岭岗碱性岩体风化壳中发现超大型普雄离子吸附型稀土矿，个旧白云山也具有大型远景规模，神仙水、贾沙等燕山期岩体中也发现许多稀土矿化信息；在金平马鞍底基性-超基性岩体中发现超大型钪矿，阿德博中酸性岩体风化壳中发现中型独居石矿床。滇中的牟定-武定地区，晋宁期花岗岩体中也产出有水桥大型稀土矿床，华力西期基性-超基性岩中有钪矿化。此外，在宣威-罗平一带发现的沉积型、古风化壳型稀土矿化及滇东南沉积型铝土矿伴生稀土矿化，均与晚二叠世峨眉山火山岩密切相关。

第二节　矿床类型划分

云南省稀土矿成矿主要与岩浆作用密切相关，富含成矿元素的岩浆岩即为成矿母岩，多期次、多阶段的岩浆分异、熔离作用，也可富集成矿；成矿母岩经表生风化作用或冲积、洪积等作用，成矿元素进一步富集形成风化壳残积型、风化壳离子吸附型、砂矿型稀土矿床。由于其成矿过程比较复杂，往往具有多期次、多种成矿作用叠加的特点，矿床类型划分往往存在较大的争议。本次划分主要依据全国省（自治区、直辖市）矿产地质志的矿床类型划分方案，结合勘查规范中对矿床成因、工业类型的划分方案，按照成矿地质作用的类型和成因机理对矿床类型进行划分。共划分出风化型、砂矿型、化学沉积型、生物化学沉积型、岩浆型、海相火山岩型6种Ⅲ级矿床类型（表7-2）。其中风化型矿床又划分为风化壳残积型、风化壳离子吸附性矿床2种亚类；岩浆型矿床划分为中酸性岩浆型、基性岩浆型、碱性岩浆型矿床3种亚类。

从查明的资源储量来看，风化型（以风化壳离子吸附型为主）稀土矿最为重要，其次是砂矿型和岩浆型稀土矿。风化壳离子吸附型矿床累计查明稀土氧化物资源储量占全省资源总量的98.39%；除有较大的资源潜力外，还有重要经济意义。砂矿型矿床累计查明独居石资源储量占全省资源总量的94.05%；风化型矿床累计查明钇族氧化物资源储量占全省资源总量的84.55%；基性岩浆型矿床累计查明钪氧化物资源储量占全省资源总量的59.49%。

表7-2　云南省稀土矿床主要成因类型划分表

Ⅱ级分类	Ⅲ级分类	Ⅳ级分类	代表矿床
表生作用	风化型	风化壳残积型	金平县阿德博
		风化壳离子吸附型	陇川县龙安、牟定县水桥、建水县普雄、澜沧县上允
沉积作用	砂矿型	河流冲积型	勐海县勐往、勐海、勐阿、勐康
	化学沉积型		富民县老煤山
	生物化学沉积型		沾益区德泽
岩浆作用	岩浆型	中酸性岩浆型	腾冲市新歧、腾冲小龙河
		基性岩浆型	金平县马鞍底、牟定县二台坡
		碱性岩浆型	永平县卓潘、个旧市白云山
	海相火山岩型		宣威市中营、武定县迤纳厂

第三节　风化型稀土矿

风化型稀土矿是云南省稀土矿的主要矿床类型之一，包括风化壳离子吸附型（又称淋积型）稀土矿床和风化壳残积型稀土矿床，以前者最为重要。

一、离子吸附型稀土矿

风化壳离子吸附型稀土矿是富含稀土元素的成矿母岩在表生风化作用下，榍石、褐帘石、氟碳铈矿、氟碳钇矿等易风化矿物解离出大量 REE^{3+}，并发生迁移，被高岭土、伊利石、蒙脱石等粘土矿物吸附，富集成矿。它是中国南方特有的稀土矿床类型，1969 年首次发现于赣南地区，主要分布于江西、福建、广东、广西、云南等地区，具有规模大、品位较高、易采易冶、工艺流程简单、成本低等优点及配分好，富铕、钇、钐、钕、镨等中重稀土的特点，具有较好的工业利用价值。云南该类型矿产地众多，主要分布于滇西陇川-腾冲、临沧-勐海一带，其次在滇中、滇东南地区，资源潜力大，具有很好的找矿远景。主要有 4 种类型：①产于花岗岩风化壳的离子吸附型矿床，主要分布于滇西陇川-腾冲、临沧-勐海一带的印支期、燕山期—喜马拉雅期花岗岩风化壳中，以陇川龙安中型稀土矿床和澜沧上允大型稀土矿床最具代表性；②产于碱性岩风化壳的离子吸附型矿床，主要分布于滇东南建水-个旧一带的燕山晚期长岭岗、白云山碱性岩风化壳中，以建水普雄超大型稀土稀有分散元素矿床最具代表性；③产于花岗混合岩风化壳的离子吸附型稀土矿，主要分布于滇中牟定一带的元古宇混合岩风化壳中，以牟定水桥中型稀土稀有金属矿床最具代表性；④是产于火山岩风化壳的离子吸附型稀土矿，主要分布于滇东宣威-罗平一带的峨眉山玄武岩风化壳中，以宣威稀土矿点最具代表性。

（一）牟定县水桥稀土稀有金属矿床❶

水桥稀土稀有金属矿床行政区划隶属于牟定县戌街乡水桥村。

1962~1964 年，云南省地质局第三地质大队在该区开展 1∶5 万地质测量时发现该矿床。

1964~1975 年，云南省地质局第三地质大队在矿区开展地质普查工作，于 1979 年提交了《云南省牟定县姚兴村地区矿产普查报告》。

1988~1992 年，云南省地质矿产局第一地质大队在 1964 年普查工作基础上，相继开展离子吸附型稀土金属矿预查-普查-详查工作，提交了《云南省牟定县水桥寺稀土稀有矿详查地质报告》，矿床达到中型规模。

1. 矿区地质特征

水桥矿区位于“康滇”基底断隆带中段西缘，南北向元谋-绿汁江岩石圈断裂纵贯矿区并严格控制着基性、超基性岩体的展布。大地构造位于扬子陆块区系（Ⅵ）、上扬子古陆块（Ⅵ-2）之楚雄陆内盆地（Ⅵ-2-12）；成矿区带属上扬子（陆块）成矿省（Ⅱ3）、滇中（基底隆起带）Fe-Cu-Pb-Zn-Ag-Au-Pt-Pd-Ni-Ti-Sn-W-REE-P-S-重晶石-蓝石棉-盐类-煤成矿带（Ⅲ10）之楚雄（前陆缘盆地）Fe-Cu-Pb-Zn-Ag-Au-Pt-Pd-Ni-REE-蓝石棉-盐类-煤成矿带（Ⅵ22）。

区内出露地层主要为第四系和古元古界普登岩群第一段（$Pt_1P.$）（图 7-2）。其岩性主要为黑云条痕混合岩、石英二长均质混合岩、眼球状石英条痕混合岩为主，其次为角闪二长均质混合岩，局部有混合花岗岩，是矿区稀土稀有元素矿的成矿母岩。下部的红、白二长均质混合岩为主要含矿层；上部的黑云条痕白色二长均质混含岩为次要含矿层。此类岩石风化后形成离子吸附型稀土矿，含矿风化壳按成矿母岩不同可分为全风化黑云母条痕混合岩类、全风化石英条痕混合岩类、全风化二长均质混合岩类、全风化黑云母片岩类、全风化基性脉岩类 5 类。以全风化黑云母条痕混合岩类为主，占矿石总量的 63.74%，全风化脉岩类矿石和全风化片岩类矿石量最少，分别占 2.66% 和 1.74%；全风化基性脉岩类矿石品位最高，全风化黑云条痕混合岩类矿石、全风化片岩类矿石品位次之。

水桥矿区位于老纳背斜北西翼次级水桥寺倒转背斜中，断裂不发育，仅见少数小断层，呈北东、南北、北西向，长度 100 m 左右，岩石节理发育，其间常有岩脉贯入。

区内岩浆活动较频繁，岩浆岩分布广泛。主要出露有晋宁晚期姚兴村花岗岩体，沿老纳复背斜核部贯入，呈岩株状，其岩性为黑云母二长花岗岩，细-中粗粒结构，主要由钾长石、斜长石、石英、黑云母和少量白云母组成，副矿物有石榴子石、锆石、独居石、褐钇铌矿、白钨矿、铌钽铁矿等，稀土含量（REO）0.019%~0.040%；此外，矿区外围还有华力西期基性-超基性岩，呈岩墙、岩株状分布，稀土含量（REO）0.012%~0.035%。

矿区属中山区，为流水侵蚀台地，由台面、缓坡地貌和陡坡侵蚀地貌构成，前者可细分为台面缓

---

❶ 主要资料来源：云南省地质矿产局第一地质大队，1992a，云南省牟定县水桥寺稀土稀有矿详查地质报告。

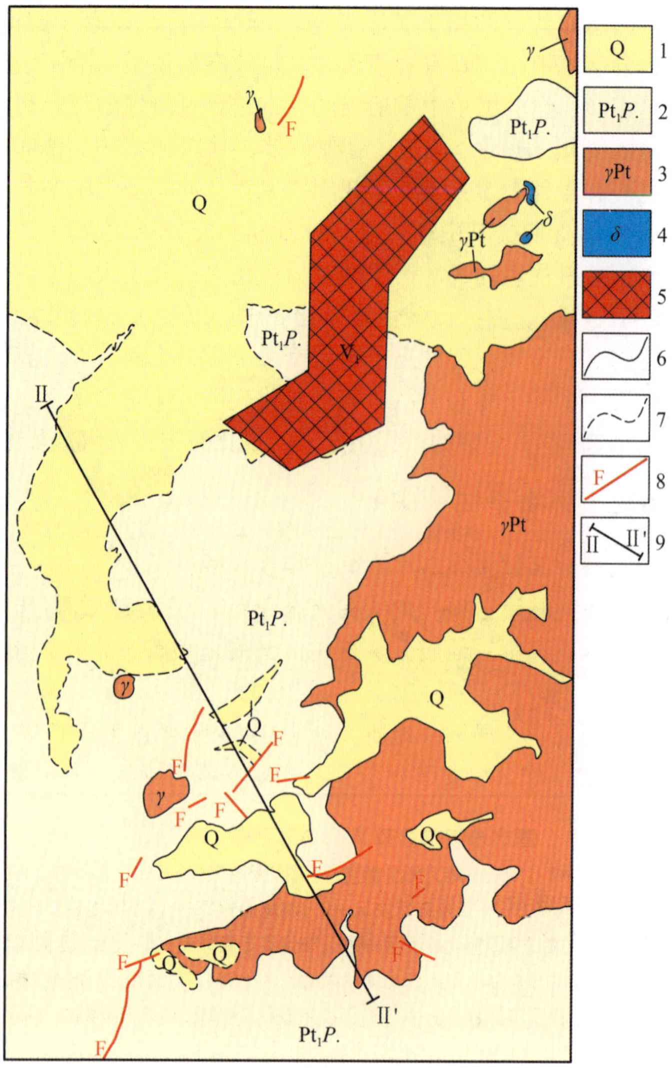

图 7-2　牟定县水桥稀土稀有金属矿区地质简图

（据云南省国土资源厅等，2013b，有修改）

1—第四系；2—古元古界普登岩群；3—晋宁期花岗岩；4—闪长岩；5—褐钇铌矿首期勘探控制区；6—实测地质界线；7—推测地质界线；8—断层；9—勘探线及编号

坡侵蚀地貌、台面冲沟发育地貌、台面缓坡堆积地貌，其中台面缓坡侵蚀地貌最有利于风化壳形成和保留。

2. 矿体地质特征

水桥矿床圈定的 2 个工业矿体，均产于古元古界普登岩群第一岩性段第一岩性亚段的混合岩风化壳中。平面上矿体与上述岩层在台面缓坡侵蚀台地的风化壳相吻合，基本上呈面型分布；剖面上矿体位于全风化层中。矿体形态取决于原岩风化壳厚度的变化，总体上呈似层状面形分布，产状与地形坡度大体一致，倾角 3°~15°，在坳沟、冲沟处矿体变薄，局部出现无矿天窗。在平缓山坡上原岩的全风化层厚，矿体也较厚，且厚度变化小，品位亦均匀。矿体呈北东—南西向延伸，长度 4 km，宽度 1.30~3.00 km，厚度 2.00~14.40 m，稀土总量平均为 0.129%；稀土浸取品位 0.04%~0.144%。

Ⅰ号矿体：呈北东—南西向展布，倾角小于 20°，走向长度 3300 m，宽度 2100 m，厚度 1.00~24.82 m，平均 5.30 m。稀土含量（REO）0.083%~0.435%，平均 0.125%；离子相稀土含量（SREO）0.040%~0.144%，平均 0.054%。与稀土矿共生的铌矿体长度 2.80 km，宽度 1.30 km。工业矿体面积 3.16 km^2，平均厚度 14.74 m，Nb_2O_5 含量 0.22%；低品位矿体面积 2.34 km^2，平均厚度

11.75 m，Nb_2O_5 含量0.013%。

Ⅱ号矿体：走向长度1600 m，宽度600 m，厚度2.00~21.33 m，平均7.49m；稀土含量（REO）0.07%~0.186%，平均0.140%；离子相稀土含量（SREO）0.040%~0.138%，平均0.066%。与稀土矿共生的铌矿体长度1500 m，宽度600 m，面积0.95 km^2，平均厚度14.13 m，Nb_2O_5 含量0.020%。

3. 矿石特征

水桥矿床的矿石工业类型主要为混合岩类风化壳离子吸附型稀土矿，根据稀土与铌矿的共伴生关系，可分为铌与稀土共生、铌与稀土伴生及铌矿3种矿石类型。

矿石结构主要为半自形粒状结构；矿石构造主要为砂状构造、土状构造。矿石矿物有褐钇铌矿、含铪锆石、锆英石、钛铁矿、磁铁矿、独居石、磷钇矿、白钨矿、锡石、褐铁矿、赤铁矿、铬铁矿、黄铁矿、辉钼矿、自然金、自然银、自然铅等；脉石矿物有绿帘石、电气石、十字石、蓝晶石、辉石、角闪石、黑云母等。

矿石中除含稀土外，共生有铌、含铪锆石、自然金、石英砂及稀有稀土矿物（褐钇铌矿、磷钇矿、独居石）等。铌赋存于矿体内及顶、底围岩中，其平面形态同稀土矿体，呈似层状面形分布，且更连续，厚度也大，包括原岩风化壳上部的全风化层及半风化层。铌矿体平均厚度15.92 m，Nb_2O_5 含量为0.11%~0.138%，平均0.035%。与稀土共生的还有含铪锆石，含量600~1639.45 g/m^3，平均1000 g/m^3。对锆石精矿分析，ZrO_2 含量60.67%，TR_2O_3 含量0.274%，HfO_2 含量1.51%，达三级品要求；按锆石含Hf为1.53%估算，获334类Hf资源量473.1 t。金、石英砂及稀有稀土矿物均可综合回收利用。从矿石初步可选性试验混合氧化稀土产品配分（表7-3）可看出，矿床为轻、重稀土均富集型，钇（Y）、镧（La）、钕（Nd）、铈（Ce）等元素较富集；轻稀土（ΣCeO）配分占比为55.40%，重稀土（ΣYO）配分占比为44.60%。

表7-3 牟定县小水桥稀土稀有金属矿床混合氧化稀土产品配分表

元素	La_2O_3	Ce_2O_3	Pr_6O_{11}	Nd_2O_3	Sm_2O_3	Eu_2O_3	Gd_2O_3	Tb_4O_7
配分/%	20.49	9.40	5.21	15.93	4.01	0.37	3.75	0.51
元素	Dy_2O_3	Ho_2O_3	Er_2O_3	Tm_2O_3	Yb_2O_3	Lu_2O_3	Y_2O_3	
配分/%	3.60	0.77	2.09	0.31	1.66	0.31	31.61	
ΣCeO 55.40%　ΣYO 44.60%　ΣCeO/ΣYO=1.24								

4. 围岩蚀变

水桥稀土稀有金属矿床中，与褐钇铌矿成矿有关的蚀变为钾微斜长石化，镜下明显见钾微斜长石交代斜长石；另一蚀变为碱质交代作用。受此类蚀变的二长均质混合岩，肉眼可见褐钇铌矿晶体。

5. 矿床成因及成矿模式

元谋-牟定地区，新元古代以来长期隆起为陆地，遭受剥蚀，到新生代形成了以台地侵蚀地貌为主的中山地形。矿区属亚热带山地季风气候，湿热多雨，沟谷、植被发育，有利于岩石发生化学风化。由于岩石风化作用和剥蚀作用相对均衡，形成了面状分布且连续性较好的厚大红土型风化壳。风化壳内造岩矿物及不稳定稀土矿物分解充分，粘土类矿物富集，为稀土离子的吸附和沉淀创造了有利的条件和环境。

水桥稀土稀有金属矿床的成矿母岩为古元古界普登岩群第一岩性段的混合岩，成矿母岩经钾质交代，稀土总量较高，是稀土元素成矿的物质基础和前提条件。该岩性内含有褐钇铌矿、磷钇矿、独居石、含铪锆石等有用矿物，尤其是含铪锆石在风化壳中形成了锆石砂矿床；同时稀土矿物中的稀土元素在风化作用中不稳定，易释放出大量的 REE^{3+} 离子，而风化壳中的粘土矿物因破键等原因需要吸附阳离子以维持其电价平衡，REE^{3+} 与 K^+、Na^+ 等相比具有较大的吸附能，因此 REE^{3+} 离子除少部分随地表水流失外，大部分向下淋滤，被长石风化的高岭石类粘土所吸附。随着风化作用不断地向下侵蚀，风化壳经历了淋滤-剥蚀的反复作用，最终形成了有工业价值的离子吸附型（淋积型）稀土矿床，其成因类型为外生作用的混合岩风化壳离子吸附型稀土矿床，也有少数观点认为普登岩群第一岩性段均质混合岩本身即为变质花岗岩，矿床属花岗岩风化壳离子吸附型稀土矿。

水桥稀土稀有金属矿床的成矿模式如图 7-3 所示。

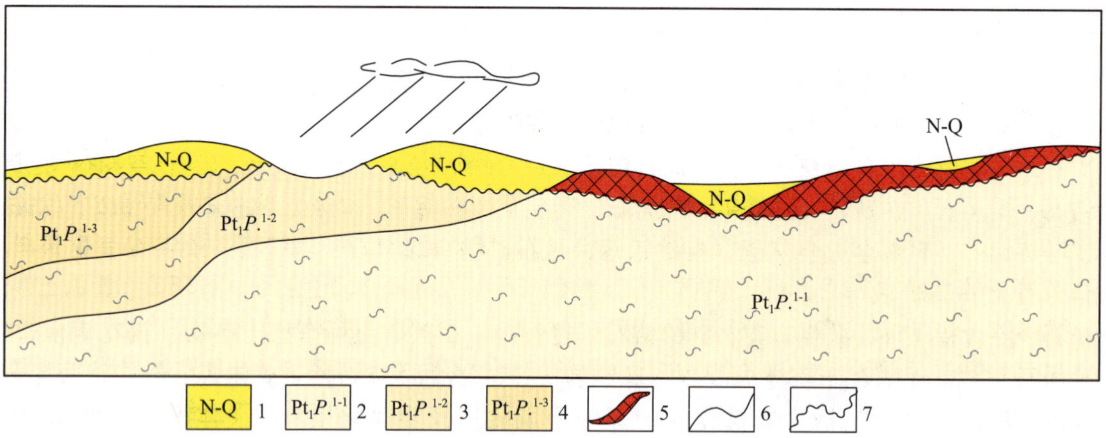

图 7-3　牟定水桥稀土稀有金属矿床成矿模式图

（据云南省国土资源厅等，2013b）

1—新近系—第四系；2—古元古界普登岩群第一段第一亚段；3—古元古界普登岩群第一段第二亚段；4—古元古界普登岩群第一段第三亚段；5—稀土矿体；6—整合地质界线；7—不整合地质界线

6. 找矿标志

地质标志：花岗岩外接触带高 REO 含量的混合岩。

地貌标志：风化壳发育和保有良好的地貌条件。

重砂异常标志：含有褐钇铌矿、独居石、锆石、金红石和钛铁矿等含稀土矿物的重砂异常。

地球化学标志：稀土元素的地球化学异常，其元素组合主要为 Y、La、SiO_2、Al_2O_3。

（二）陇川县龙安稀土矿床❶

龙安稀土矿行政区划隶属于陇川县弄巴镇龙安村。

1990 年初，云南省地质矿产局区域地质调查所在陇川开展花岗岩风化壳淋积型稀土矿的科研、普查，提交了《陇川县弄巴镇龙安村轻稀土矿普查报告》，证实龙安地区赋存有中型以上富镧、钕等轻稀土矿床。

1992~1994 年，云南省地质矿产局区域地质调查所继续对矿区开展详查工作，于 1994 年 12 月提交了《云南省陇川县弄巴镇龙安村轻稀土矿首采区详查报告》，矿床属风化壳离子吸附型富镧钕轻稀土矿床，达中型规模。

资源已初步进行开发，主要采用原地浸出生产工艺，具有安全、有效、不破坏植被、不开挖山体、无废碴排放等优势。

1. 矿区地质特征

龙安矿区位于腾冲岩浆弧带之龙川江燕山期岩浆弧南段。其大地构造分区属冈底斯-喜马拉雅造山系（Ⅸ）、冈底斯-察隅弧盆系（Ⅸ-1）之班戈-腾冲岩浆弧（Ⅸ-1-3）；成矿区带属腾冲（造山带）成矿省（Ⅱ1）、独龙江-腾冲（岩浆弧）Sn-W-Be-Nb-Ta-Rb-Li-Fe-Pb-Zn-Au 成矿带（Ⅲ1）之东河-明光（燕山早期岩浆弧）Sn-Cu-Pb-Zn-Ag-Fe-Mn 矿带（Ⅳ4）。

---

❶ 主要资料来源：云南玉溪迈特实业有限公司，2010，云南省陇川县龙安稀土矿核查矿区资源储量核查报告；云南省地质矿产局区域地质调查所，1994，云南省陇川县弄巴镇龙安村轻稀土矿首采详查报告。

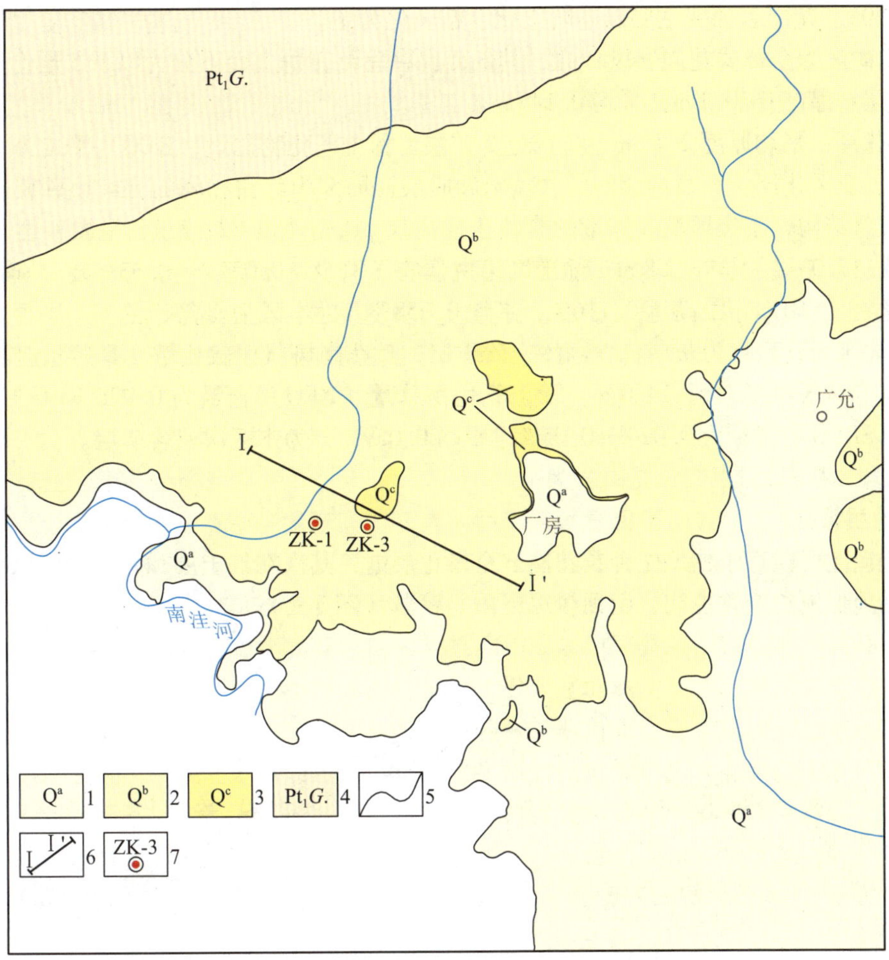

图 7-4　陇川县龙安稀土矿区地质简图

（据云南省地质矿产局区域地质调查所，1994）

1—现代洪积、堆积层；2—残坡积层；3—古河床堆积层；4—古元古界高黎贡山岩群；

5—地质界线；6—剖面线及编号；7—见矿钻孔及编号

区内出露地层主要为古元古界高黎贡山岩群（$Pt_1G.$）及第四系（图 7-4）。高黎贡山岩群（$Pt_1G.$）岩性组合主要为灰白色石英岩、石英片岩、黑云变粒岩、黑云斜长片麻岩及黑云片岩。第四系主要包括下段洪积、堆积层（Q^a）、残坡积层（Q^b）及古河床堆积层（Q^c）3 部分，残坡积层为主要赋矿层位。

矿区受盈江断裂、陇川江断裂及龙陵-瑞丽断裂控制，整体为一复式背斜，构造线方向总体呈南西—北东向展布；主要出露高黎贡山变质岩及新近系山间盆地型内陆屑含煤夹中-基性火山岩建造；华力西期—印支期酸性岩浆岩发育，大多沿构造线方向侵入高黎贡山岩群中。

区内岩浆活动强烈，大面积出露的中酸性侵入岩为邦棍尖山岩体的一部分。关于其侵位时代有很大争议，云南省地质矿产局（1990）认为是华力西期—印支期，云南省地质调查院（2004）认为是三叠纪（印支期），巫嘉德（2014）通过锆石 U-Pb 同位素定年认为有 3 组成岩活动，即邦棍尖山花岗闪长岩体侵位于 73.1～74.7 Ma（晚白垩世），坡仑山花岗闪长岩体侵位于 62.8～67.5 Ma（晚白垩世—古新世），南邦棍尖山斑状花岗岩体侵位于 48.0～50.8 Ma（古新世—始新世）。由此表明，邦棍尖山岩体是一个由同期不同演化阶段岩浆岩组成的复式岩基，侵位时代为晚白垩世—古近纪。南邦棍尖山斑状花岗岩中，岩石 SiO_2 含量高（68.47%～74.43%），属高钾钙碱性系列，介于准铝质到弱过铝质之间的 S 型花岗岩。各类岩石稀土总量普遍较高，中细粒黑云母钾长花岗岩、中粗粒角闪黑云钾长花岗岩稀土含量为 265.40×10^{-6}～706.8×10^{-6}，是龙安及周边众多离子吸附型稀土矿的成矿母岩

（陆蕾等，2020）。花岗岩蚀变主要以高岭土化、粘土化为主。

龙安稀土矿区为全覆式花岗岩风化壳，其剖面保存完整，由上而下分为以下 5 层：

1）腐殖层：厚度 0~0.3 m，平均 0.145 m。

2）红土化层：平均厚度 2.13 m，少部分为矿层。稀土氧化物总量（REO）平均为 0.061%。

3）花岗岩全风化层：为黄白相间的含黄土砂质层，局部为红白相间的含红土砂质层，呈松散砂状、微花岗斑状结构，手搓即散。该带的含黄土砂质层 pH 值为 6.32~7.3，呈微酸性，该层遍布全区，厚度 1.0~18.0 m，平均 6.58 m；稀土氧化物总量（REO）0.057%~0.339%，平均 0.130%；离子相稀土氧化物（SREO）最高达 0.116%，平均 0.058%。为本区主要含矿层。

4）花岗岩半风化层：为灰白色含高岭土砂质层，具花岗斑状但较松散，具砂状但其原岩成分及分布仍可辨认。该层厚度 1.5~14.0 m，稀土氧化物总量（REO）含量为 0.078%~0.179%；离子相稀土氧化物（SREO）含量为 0.02%~0.05%，平均 0.029%，为本区次要含矿层。

5）花岗岩（基岩）：以二长花岗岩为主。

2. 矿体地质特征

龙安稀土矿主要赋存于白垩纪钾长花岗岩全风化层内，其次在红土层和花岗岩半风化层中零星分布，其形态受地形地貌变化控制，山顶较厚，山脚较薄（图 7-5）。

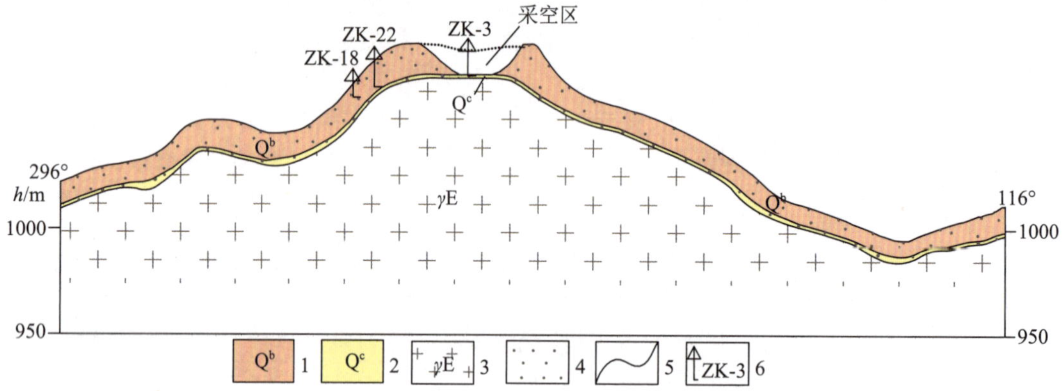

图 7-5 陇川县龙安稀土矿床 I—I′剖面图

（据云南省地质矿产局区域地质调查所，1994）

1—花岗岩全风化层（矿体）；2—花岗岩半风化层；3—花岗岩；4—风化层；5—地质界线；6—钻孔及编号

矿体东西长 1900 m，南北宽 1850 m，矿化面积 1.4~1.5 km^2。矿体出露标高最高 1300 m，最低 1004.1 m，其形态受地形地貌变化控制，呈被褥状，剖面上一般山顶垂直厚度较大，向山脚逐渐变薄。矿层厚度最大 12.9 m，最小 1.65 m，平均 6.62 m，厚度变化系数 46.37%，厚度稳定。矿层顶板为红土化层，平均厚度 2.7 m，宜露天开采。矿层稀土氧化物总量（REO）0.07%~0.339%，平均 0.094%；离子相稀土氧化物（SREO）含量 0.028%~0.116%，加权平均为 0.056%。有用组分分布属均匀类型。

3. 矿石特征

龙安矿床的矿石工业类型属花岗岩风化壳离子吸附型轻稀土矿，矿石呈砂状、粘土状构造，主要由粘土、石英组成，其次有少量长石、绿泥石、黑云母等；稀土矿物有富钍独居石、褐帘石及富含锰和铅的未命名稀土矿物，其他重矿物有磁铁矿、钛铁矿、褐铁矿、石榴子石、锆石、方铅矿、铌铁矿等。富钍独居石呈褐黄色，油脂光泽，半透明，中等电磁性，粒度 0.075~0.2 mm，晶形呈板状，相对密度大于 4.5；经能谱定量分析，主要化学成分为：Al_2O_3 8.35%、SiO_2 7.27%、P_2O_5 17.44%、CaO 2.97%、ThO_2 17.24%、CeO_2 19.85%、Nb_2O_3 15.70%、La_2O_3 10.71%。富含锰和铅的未命名稀土矿物呈黑色，金属光泽，相对密度较大（>5.0），粒度较粗（>0.2 mm），结晶程度差，多为粒状，矿物表面不平整。经能谱定量分析，主要化学成分为：Al_2O_3 9.69%、SiO_2 4.93%、PbO 10.43%、

CaO 1.88%、TiO_2 3.89%、CeO_2 33.00%、Nd_2O_3 7.26%、MnO 28.80%。

矿石属高硅、高铁、高钾矿石，其中的钾具有综合利用价值，与南方五省（区）的高硅型稀土矿石不一致。除稀土元素外，锆石和铌铁矿有综合利用价值，矿石中锆石含量为 304.7~329.7 g/t，铌铁矿含量可达 35.29 g/t。

矿石具有采、选、冶较易，精矿品位高，稀土元素齐全，La、Ce、Pr、Nd、Sm、Gd、Dy、Y、Sc 等有价元素含量高等特点，见表 7-4。稀土氧化物中，La_2O_3 配分占比为 33.71%、Nd_2O_3 配分占比为 20.68%、Y_2O_3 配分占比为 10.01%、Eu_2O_3 配分占比为 0.36%（表 7-5）；轻稀土（ΣCeO_2）配分占比为 79.4%，矿床类型属低钇、低铕的富镧、钕的轻稀土型。

表 7-4　陇川县龙安稀土矿浸出试验结果对比表

分析元素	样品编号 ZK68		样品编号 ZK83	
	原矿/10^{-6}	浸出结果/10^{-6}	原矿/10^{-6}	浸出结果/10^{-6}
La	222.00	119.00	157.00	87.00
Ce	220.00	208.50	238.00	227.10
Pr	43.20	17.20	29.70	11.40
Nd	152.00	58.20	104.00	36.10
Sm	26.10	10.20	18.50	6.30
Eu	3.40	1.31	2.11	0.82
Gd	20.90	5.70	14.10	1.90
Tb	3.48	1.46	2.58	0.93
Dy	15.70	4.70	11.80	2.59
Ho	3.15	0.92	2.31	0.51
Er	8.54	2.55	6.19	1.53
Tm	1.16	0.34	0.84	0.21
Yb	7.41	2.41	5.36	1.49
Lu	1.00	0.34	0.74	0.23
Y	84.70	23.30	62.00	12.70
Sc	6.27	5.96	4.09	3.85
总计	819.01	462.09	659.32	394.66
浸取率/%	56.42		59.86	

4. 矿床成因

龙安稀土矿的成矿母岩为新生代古近纪（喜马拉雅期）邦棍尖山钾长花岗岩，其稀土含量高，是离子吸附型稀土矿的成矿物质基础和前提条件。矿区处于亚热带季风气候带，低中山浅切割区，气候炎热潮湿、氧气充足、植物繁茂。在此环境下，含矿花岗岩以化学风化作用为主，有利于 SiO_2、Al_2O_3、Fe_2O_3 和水合物的富集，Na、Ca、Mg、K 等元素淋出，生成大量含水硅酸盐、高岭石族粘土矿物；富含稀土元素的褐帘石等矿物，在风化作用中不稳定易离解，释放出大量的 REE^{3+} 离子。风化壳中的粘土矿物因破键等原因需要吸附阳离子以维持其电价平衡，REE^{3+} 与 K^+、Na^+ 等相比具有较大的吸附能，因此 REE^{3+} 离子除少部分随地表水流失外，大部分向下淋滤，被高岭石类粘土所吸附。随着风化作用不断地向下侵蚀，风化壳经历了淋滤-剥蚀的反复作用，遂形成有工业意义的离子吸附型（即淋积型）稀土矿床，其成因类型系外生矿床中花岗岩风化壳离子吸附型稀土矿床，其赋矿模式见图 7-6。

5. 找矿标志

地质标志：古近纪钾长花岗岩为成矿母岩，具有较高的稀土总量。

地形地貌标志：湿热的气候且植被发育、海拔较低的平缓地形。

地球化学标志：稀土元素的化探异常分布于花岗岩风化壳上，异常元素组合为 La、Y、Nb、U、Th，并以 La 元素异常为主。

表 7-5　陇川县龙安稀土矿床稀土氧化物配分表

样品编号		龙安-1	龙安-2	ZK51	ZK57	平均配分值
稀土氧化物含量/%	La_2O_3	32.47	36.40	33.06	32.90	33.71
	CeO_2	11.38	11.42	8.14	2.33	8.32
	Pr_6O_{11}	6.43	6.02	6.04	5.91	6.10
	Nd_2O_3	21.15	20.75	20.59	20.23	20.68
	Sm_2O_3	3.15	2.97	3.00	3.20	3.08
	Eu_2O_3	0.38	0.35	0.37	0.42	0.38
	Gd_2O_3	2.29	2.09	2.19	2.36	2.23
	Tb_2O_3	0.36	0.31	0.35	0.42	0.36
	Dy_2O_3	1.67	1.45	1.76	1.94	1.71
	Ho_2O_3	0.30	0.28	0.32	0.39	0.32
	Er_2O_3	0.78	0.64	0.82	1.00	0.81
	Tm_2O_3	0.11	0.09	0.12	0.14	0.12
	Yb_2O_3	0.55	0.40	0.67	0.75	0.59
	Lu_2O_3	0.08	0.05	0.09	0.11	0.08
	Y_2O_3	9.18	9.01	9.64	12.29	10.03

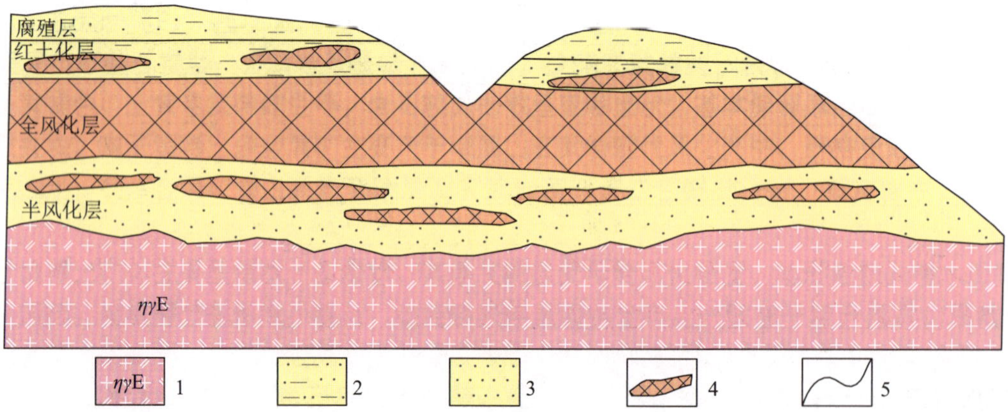

图 7-6　陇川县龙安稀土矿床赋矿模式图

（据云南省国土资源厅等，2013）

1—古近纪黑云二长花岗岩；2—风化壳砂及粘土；3—半风化层砂；4—矿体；5—地质界线

重砂异常标志：矿物组合由独居石、磷钇矿、锆石、金红石等组成的稀土矿物重砂异常，是比较理想的找矿标志。

（三）建水县普雄稀土稀有分散元素矿床❶

普雄稀土稀有分散元素矿床行政区划主体隶属于建水县普雄镇，部分隶属于个旧市鸡街镇。

1960 年，红河州第一工业局地质处对长岭岗岩体开展稀有元素勘查，于 1961 年 1 月提交了《个

❶　主要资料来源：云南省核工业二〇九地质大队，2015a，云南省建水县普雄地区长岭岗矿段风化壳型铌稀土矿详查报告；王学武，刘凤祥，李新仁等，2018，云南建水风化壳离子吸附型铌稀土矿床特征与勘查方法。

旧市碱性岩长岭岗岩体稀有元素矿床普查报告》，发现锂、镓、铌、锆等元素矿化。

1962年，云南省地质局第十五地质队对长岭岗岩体进行普查，提交《云南省建水县长岭岗碱性岩普查报告》，认为该区分散元素成矿地质条件优越，有进一步工作的必要。

1962~1964年，云南锡业股份有限公司普查队在三道沟至上纸厂一带霞石正长岩中进行稀有元素的找矿工作。

1987~1997年，西南有色地质勘查局地质研究所先后对白云山碱性岩体开展普查、勘探工作，于1997年9月提交《云南省个旧市白云山霞石正长岩矿床地质勘探报告》，计算B+C+D级霞石正长岩矿石量5544.997×10^4 t。

2010年至今，云南省核工业二〇九地质大队以“三稀”矿产为主要找矿方向，对长岭岗岩体开展1∶10000土壤化探测量、地质测量、物探电测深、磁法测量工作。发现大面积铌、稀土矿化区，有大型稀有稀土金属风化壳型矿床的巨大潜力。随后开展系统地质详查工作，并于2015年12月提交了《云南省建水县普雄矿区长岭岗矿段风化壳型铌稀土矿详查报告》，累计查明的稀土氧化物（REO）资源量已达大型矿床规模以上。共生331+332+333类铌矿石量23422.20×10^4 t，五氧化二铌组分量41620 t，Nb_2O_5含量0.019%；伴生331+332+333类铌矿石量12694.62×10^4 t，五氧化二铌组分量15842 t，Nb_2O_5含量0.0143%。工业稀土矿中伴生331+332+333类铷镓钪矿石量36116.82×10^4 t，氧化二铷组分量81839 t，Rb_2O含量0.045%；Ga金属量10818 t，品位0.0033%；Sc金属量961 t，品位2.70 g/t。

上述资源储量未列入《云南省2017年矿区及所属矿山矿产资源储量简表》，通过试验研究，矿床稀土回收率大于94%，目前尚未开发利用。

1. 矿区地质特征

普雄矿区大地构造分区属扬子陆块区（Ⅵ）、上扬子古陆块（Ⅵ-2）之泸西被动陆缘（Ⅵ-2-9）；成矿区带属滨太平洋成矿域（Ⅰ2）之华南（陆块）成矿省（Ⅱ4）、个旧-文山-富宁（地块）Sn-W-Ag-Pb-Zn-Au-Sb-Mn-Al成矿带（Ⅲ13）之个旧-河口（个旧断块）Sn-W-Bi-Al-Pb-Zn-Mn-Cu矿带（Ⅳ28）。

（1）地层

区内出露的地层由老至新分别为上二叠统峨眉山玄武岩组火山岩及火山碎屑岩，下三叠统洗马塘组、嘉陵江组碎屑岩，中三叠统个旧组、法郎组碳酸盐岩及第四系残坡积物、堆积物及湖泊沉积物（图7-7）。其中，第四系中长岭岗碱性岩体风化堆积层是主要赋矿层位，自上而下划分为腐殖层、粘土层、全风化层、半风化层和弱风化层5层。

腐殖层主要由灰、灰黑色粘土组成，含少量碎石，厚度0.10~1.00 m；稀土含量低，一般小于边界品位。粘土层由灰黄-砖红-淡红色疏松状粘土及少量岩石碎块组成，厚度1.00~20.60 m，为重要的含矿层，在长岭岗碱性岩分布区，大部分粘土层稀土含量达工业品位要求。全风化层分布广，覆盖了90%以上碱性岩分布区，由灰白-淡黄-淡红色疏松状高岭土、蒙脱石等粘土矿物及少量正长岩碎块组成，厚度3.00~44.10 m，是风化壳离子吸附型铌稀土矿的主要富集部位，稀土含量几乎全部达到工业品位要求，具有稀土元素含量高、离子吸附相稀土元素所占比例大的特点。半风化层由淡红-灰黄色细粒砂土组成，基本保留碱性正长岩和霞石正长岩的结构，厚度4.00~48.60 m，稀土矿化比较明显，也是重要的铌、稀土含矿层，中上部稀土含量一般可达工业品位要求，向下品位逐渐降低。弱风化层主要为淡红、灰绿色弱风化碱性岩组成，向下过渡到未风化基岩，无明显的稀土矿化。

（2）构造

普雄矿区断裂构造发育，主要有北东向、北东东向、北西西向3组。其中，以北东向组断裂最为重要，主要包括F_7、F_8、F_9三条逆断层，具多期活动的特点，控制着岩浆岩的分布。F_7、F_9为长岭岗岩体的边界断裂，F_8为岩体内部断裂。北东东向、北西西向组断裂为晚期次级构造，北东东向组断裂旁侧常出现剪切节理，具有稀有、稀土元素矿化的铁锂云母脉和霞石正长伟晶岩脉多沿此节理带发育。

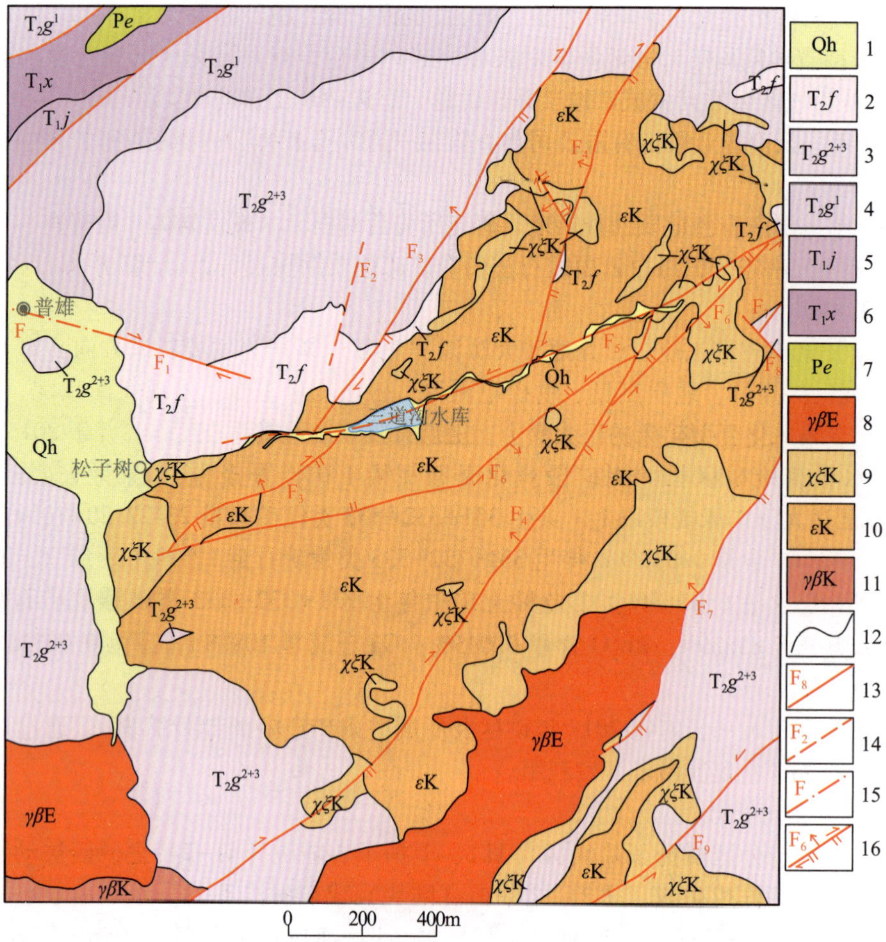

图 7-7 建水县普雄稀土稀有分散元素矿区地质简图

（据云南省核工业二〇九地质大队，2015a）

1—第四系全新统；2—中三叠统法郎组砂岩；3—中三叠统个旧组中上段灰岩；4—中三叠统个旧组下段白云岩；5—下三叠统嘉陵江组灰岩；6—下三叠统洗马塘组页岩；7—二叠系峨眉山玄武岩；8—古近纪黑云钾长花岗岩；9—白垩纪碱长正长岩；10—白垩纪霞石正长岩；11—白垩纪黑云母花岗岩；12—地质界线；13—实测性质不明断层；14—推测性质不明断层；15—隐伏断层；16—右行平移逆断层

（3）岩浆岩

区内岩浆活动较强，岩浆岩以侵入岩为主，喷出岩较少。侵入岩以碱性岩为主，酸性岩次之，脉岩零星出露；喷出岩为晚二叠世峨眉山玄武岩，仅少量出露于矿区西北部。

酸性侵入岩分布于矿区西南侧，出露面积 1.66 km^2，侵入于中三叠统个旧组上段（T_2g^2），呈岩基产出，称为“四角山岩体”或“龙岔河岩体”。岩性为浅灰白色中粒似斑状黑云二长花岗岩，黑云母 K-Ar 同位素年龄为 91～115 Ma（中国有色金属工业总公司西南有色地质勘查局地质研究所，1997），表明其成岩时代为晚白垩世（燕山晚期）。岩石稀土元素含量（ΣREE）为 409×10^{-6}，属轻稀土富集型。

碱性岩呈北东向长方形展布，长度约 6 km，宽度 2.0～3.7 km，面积约 17.12 km^2；南部被喜马拉雅晚期花岗岩（γ_6^b）侵入，西、北部侵入于中三叠统法郎组（T_2f）和个旧组（T_2g）泥岩、灰岩中。矿区内的碱性岩称为长岭岗岩体，南部的碱性岩称为白云山岩体，从碱性岩（白云山岩体）同位素年龄测试数据来看，早期 K-Ar 法、Rb-Sr 法、Ar-Ar 法等测试数据差异较大，介于 59.5～94.3 Ma 之间（冶金工业部西南冶金地质勘探公司，1981；汪志芬，1983；谢应雯等，1984；伍勤生等，1986；刘红英等，2004）；近年来，LA-ICP-MS 锆石 U-Pb 法同位素测试数据则比较统一，分别为：76.6±3.6 Ma（程彦博等，2008）、80.0±0.6 Ma（黄文龙等，2018）、80.35±0.72 Ma（黄文龙等，

2016)，与个旧花岗岩体成岩时代基本一致，均属燕山晚期。结合区域岩浆演化特征及岩石地球化学特征，白云山、长岭岗碱性岩和龙岔河酸性岩体均为个旧杂岩体不同阶段的演化产物，碱性岩为晚期演化产物，成岩时代也为燕山晚期。其成因类型与 A 型花岗岩大致相当，岩浆形成于板块内部环境；岩体中常见残余包体、残浆包体、深源捕虏体，岩浆的同化混合作用特征较为明显。长岭岗岩体由碱性正长岩、霞石正长岩（广义的）组成，碱性正长岩相主要分布于岩体东部边缘，岩性主要为碱长正长岩、角闪碱长正长岩、霓辉碱长正长岩。霞石正长岩相（广义的）位于岩体中部，岩性主要有黑云霞石正长岩、霓辉霞石正长岩、黑榴霞石正长岩、霞石正长岩，其中以霞石正长岩出露面积最广，构成岩体的主体，副矿物主要为氟碳钙铈矿、磷灰石、独居石、曲晶石、钍石、钛铁矿、黑榴石、沸石、磁铁矿及萤石等。碱性正长岩相（白云山岩体）主要分布于岩体东部边缘，岩性主要有角闪正长岩、碱长正长岩、霓辉正长岩等；霞石正长岩相分布于岩体核部，呈带状沿北北西向展布，其岩性主要有黑云霞石正长岩、霞石正长岩、黑榴霞石正长岩等，副矿物主要为榍石、锆石与磁铁矿等。长岭岗岩体的基本特点与白云山岩体相似，只是含有更多的稀有、稀土及分散元素矿物，据李新仁等（2018）、王学武等（2018）研究成果，长岭岗碱性侵入岩的稀土、稀有元素含量高，ΣREE $509.83\times10^{-6}\sim1088\times10^{-6}$、Sc $1.30\times10^{-6}\sim2.09\times10^{-6}$、Li $48.0\times10^{-6}\sim134\times10^{-6}$、Nb $69.4\times10^{-6}\sim147\times10^{-6}$、Rb $206\times10^{-6}\sim413\times10^{-6}$、Zr $1080\times10^{-6}\sim3780\times10^{-6}$、Hf $27.5\times10^{-6}\sim47.9\times10^{-6}$，是区内的含矿母岩。碱性岩体稀土、微量元素含量详见表 7-6、表 7-7。

表 7-6　建水县长岭岗碱性岩体稀土元素含量一览表

序号	岩石类型	稀土元素成分及含量/10^{-6}																	
		La	Ce	Pr	Nd	Sm	Eu	Gd	Tb	Dy	Ho	Er	Tm	Yb	Lu	Y	LREE	HREE	ΣREE
1	碱长正长岩	166	287	30.6	100	14.0	2.60	12.3	1.24	5.83	1.20	3.57	0.50	3.09	0.54	32.2	600	60	661
2	黑云霞石正长岩	228	286	25.1	62	7.76	1.52	8.83	0.83	4.34	1.08	3.83	0.65	4.56	0.8	36.4	609.33	61.31	670.63
3	霓辉霞石正长岩	200	220	17.8	38	4.10	0.80	5.47	0.45	2.13	0.51	1.81	0.32	2.02	0.37	15.8	481.0	28.83	509.83
4	黑榴霞石正长岩	387	472	40.4	106	13.0	2.59	15.8	1.20	5.12	1.15	3.88	0.60	3.69	0.61	35.2	1021	67	1088
5	霞石正长岩	278	352	31.9	80	9.67	1.78	10.93	0.97	4.21	0.94	3.10	0.50	3.14	0.51	28.7	752.84	52.94	805.78

注：碱长正长岩样品为白云山岩体。

表 7-7　建水县长岭岗碱性岩体微量元素含量一览表

序号	岩石类型	微量元素													
		Li	Be	Nb	Sc	Ga	Th	Sr	Ba	V	Hf	Rb	Ta	Zr	Au
1	碱长正长岩	48.0	5.83	69.4	2.09	22.8	77.5	632	567	19.3	27.5	333	2.87	1080	0.88
2	黑云霞石正长岩	75.2	10.3	139	1.37	31.5	85.0	343	112	14.9	46.4	268	2.21	3780	1.27
3	霓辉霞石正长岩	134	15.2	128	1.45	36.3	73.3	234	137	10.5	47.9	413	2.54	3293	1.03
4	黑榴霞石正长岩	90.5	16.3	147	1.30	30.8	125	479	121	25.8	35.0	206	3.64	2330	1.49
5	霞石正长岩	74.4	15.0	136	1.46	34.3	90.7	251	183	14.3	36.9	270	3.50	2640	2.34

注：碱长正长岩样品取于白云山岩体。除 Au 含量单位为 10^{-9} 外，其余成分含量单位均为 10^{-6}。

长岭岗碱性岩体中还发育有与气成-热液活动有关的铁锂云母脉和霞石正长伟晶岩脉，在靠近花岗岩体的一侧，则有与岩体边界不清晰的霞石正长伟晶岩块体分布，并伴有较强的稀有、稀土矿化。铁锂云母脉主要产于岩体北西边缘的霞石正长岩体之北东和北西向节理中，集中分布于白石岩、戈白、三道沟等地，面积 0.25～0.5 km^2；主要矿物为黑色黑云母、黄绿色铁锂云母，另有少量锆石、独居石、磷钇矿、方钍石等。霞石正长伟晶岩脉和块体都含有铁锂云母、烧绿石等矿石矿物。

喜马拉雅晚期花岗岩主要呈岩株状出露于矿区的东南部，侵入于碱性侵入岩与 T_2f 中。岩石主要为细粒钾长花岗岩，呈浅灰、灰色，具细粒半自形粒状结构、块状构造。主要矿物成分为钾长石 55%～60%，斜长石 15%～25%，石英 25%～30%，黑云母 1%～2%。

（4）变质作用

区内岩浆岩边部的围岩，均遭受了不同程度的热液变质作用，灰岩接触带变质为大理岩或宽度由数米到数十米的石榴子石、透灰石、符山石矽卡岩；砂页岩接触带则表现为千枚岩化、石英岩化、角岩化等。黑云母花岗岩及斑状花岗岩接触带，可见到淡绿色叶蜡石化现象，一般宽度 50～100 m。

区内热液活动明显，主要蚀变有黄铁矿化（褐铁矿化）、碳酸盐化、高岭土化、绿泥石化、大理岩化、萤石化等。

2. 矿体地质特征

普雄矿床的稀土、稀有、分散元素矿化主要有风化离子吸附型和岩浆期后热液活动有关的铁锂云母-伟晶岩脉型 2 种类型，以风化离子吸附型稀土、稀有、分散元素矿最为重要，也最具工业价值。

（1）风化离子吸附型稀土、稀有、分散元素矿体

矿体产于碱性岩体风化壳中，出露面积约 14.51 km^2，分布在 2251～1767 m 标高之间。主要有Ⅰ（粘土-全风化层）、Ⅱ（半风化层）两个矿体（其中粘土层发育零星，且体重与全风化层接近，未单独分层，粘土层中的矿体与全风化层合并为一层矿体），如图 7-8 所示。

Ⅰ号矿体（层）：位于长岭岗碱性岩体上覆的全风化层（主）与粘土层（次）中，属上部矿层。矿体（层）呈不规则曲面状，产出标高 2251～1767 m，其走向与岩体走向基本一致，为北东向，总体倾角为 3°～15°；矿体呈层状、似层状产出，部分地段有分支复合现象。工程控制矿体面积 9.87 km^2，厚度 0.60～59.58 m，平均 9.18 m，局部矿体中含 1 层或多层夹石，夹石厚度 2～10 m；稀土氧化物（REO）含量为 0.005%～0.797%，平均 0.151%，同体共生的 Nb_2O_5 含量为 0.004%～0.2848%，平均 0.0185%。

Ⅱ号矿体（层）：呈不规则曲面状分布于长岭岗碱性岩半风化层中，产出标高 2245～1773 m，走向北东，总体倾角 3°～15°。矿体呈层状、似层状、透镜状产出，部分地段有分支复合现象。工程控制矿体（层）面积 8.13 km^2，厚度 1.0～65.0 m，平均 12.59 m；稀土氧化物（REO）含量为 0.007%～1.15%，平均 0.142%，同体共生的 Nb_2O_5 含量为 0.002%～0.0969%，平均 0.0163%。

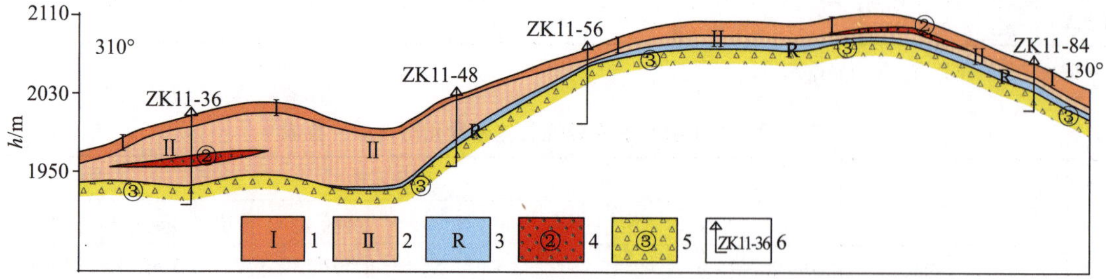

图 7-8　建水县普雄稀土稀有分散元素矿床 11 号勘探线地质剖面图

（据云南省核工业二〇九地质大队，2015a）

1—风化层中稀土矿体（品位≥0.100%）；2—半风化层中稀土矿体（品位≥0.100%）；3—低品位矿体（品位 0.070%～0.100%）；4—半风化层；5—弱风化层；6—钻孔及编号

空间上，Ⅱ号矿体位于Ⅰ号矿体之下、弱风化层或基岩之上；Ⅱ号矿体顶部与Ⅰ号矿体底部相连，局部由于地下水、次级小构造影响，两层矿体间为无矿的半风化碱性正长岩；部分陡坡、泉水发育地段，全风化层被剥蚀，Ⅱ号矿体直接裸露地表。

低品位风化离子吸附型稀土矿体：主要以透镜状产出于工业矿体内或工业矿体两侧。矿体长度

75~815 m，厚度2.00~30.12 m，稀土氧化物（REO）含量为0.078%~0.092%。

异体共生的风化壳型铌矿体：主要以透镜状产出于同体共生铌、稀土矿体两侧。矿体长度80~720 m，厚度1.50~22.26 m，Nb_2O_5 含量为0.0126%~0.0684%。

（2）铁锂云母-伟晶岩脉型稀土、稀有元素矿（化）体

铁锂云母脉多较为规则，以不连续的串珠状产出，局部具分支复合现象，脉长一般20~100 m，宽度约1 m。铁锂云母（或黑云母）中，Li_2O 含量0.65%~2.5%、Nb_2O_5 含量0.095%~0.26%、Ta_2O_5 含量0.002%~0.004%，TR_2O_3 含量0.054%~0.52%。

霞石正长伟晶岩脉、霞石正长伟晶岩块体富含Li、Rb等稀有元素，云母中 Li_2O、Rb_2O 含量分别为1.85%、0.51%。

3. 矿石特征

普雄矿床的矿体产于碱性岩体风化壳内，主要有全风化、半风化两种矿石类型。其中，全风化矿石占45.6%，半风化矿石占54.4%。矿物组合有氧化物、硅酸盐、碳酸盐、磷酸盐、硫化物、卤化物6类共40余种矿物存在，其中，氧化物占5.30%，硅酸盐占94.41%。矿石中稀土元素以镧（La）、铈（Ce）、镨（Pr）、钕（Nd）等轻稀土元素为主，轻稀土含量达90%以上（镧、铈占比60%以上，镨、钕占比20%以上），重稀土元素含量极低（表7-8）。据王学武等（2018）研究成果，稀土元素配分与包头白云鄂博稀土矿类似，均属轻稀土分馏程度较高的铈族轻稀土强选择配分型，不同的是普雄稀土矿偏镧，白云鄂博稀土矿偏铈（表7-9）。

表7-8　建水县普雄稀土稀有分散元素矿床稀土元素含量一览表

序号	岩石类型	稀土元素成分及含量/10^{-6}																	
		La	Ce	Pr	Nd	Sm	Eu	Gd	Tb	Dy	Ho	Er	Tm	Yb	Lu	Y	LREE	HREE	ΣREE
1	矿石	554	541	74.4	182	20.4	4.17	17.7	2.12	10.10	1.52	5.20	0.72	4.80	0.74	49.1	1375.97	92.00	1467.97
2	原岩	273	333	28.8	71.5	8.63	1.67	10.26	0.86	3.95	0.92	3.16	0.52	3.35	0.57	29.0	716.60	52.59	769.19
3	富集	2.03	1.62	2.58	2.55	2.36	2.50	1.73	2.47	2.56	1.56	1.65	1.38	1.43	1.30	1.69	1.92	1.75	1.91

注：富集=矿石稀土元素含量/原岩稀土元素含量，原岩稀土元素含量为黑云霞石正长岩、霓辉霞石正长岩、黑榴霞石正长岩、霞石正长岩的平均含量。

表7-9　建水县普雄稀土稀有分散元素矿床与包头白云鄂博稀土矿床稀土元素配分对比表

矿床名称	稀土氧化物含量/%																	
	La_2O_3	CeO_2	Pr_6O_{11}	Nd_2O_3	Sm_2O_3	Eu_2O_3	Gd_2O_3	Tb_4O_7	Dy_2O_3	Ho_2O_3	Er_2O_3	Tm_2O_3	Yb_2O_3	Lu_2O_3	Y_2O_3	LREE	HREE	ΣREE
普雄矿床	38.13	18.20	5.09	12.43	1.33	0.26	1.00	0.13	0.61	0.09	0.31	0.04	0.28	0.04	3.12	70.04	4.72	74.76
白云鄂博矿床	26.39	50.45	5.06	15.31	1.14	0.20	0.44	<0.1	<0.1	0.17	<0.1	<0.1	<0.1	<0.1	0.25	93.15	<1.46	94.61

矿石结构有变余斑状结构、蚀变残余结构、显微鳞片变晶结构、碎裂结构、碎斑结构、他形粒状结构等；矿石构造主要为土状构造、粉末状构造及松散块状构造。

矿石中稀土矿物主要为独居石、含锰氟碳铈矿，其次为铅锰铈矿、含锰氟铈矿、含铀钍铈矿、钛铌铀钍铈矿、磷钇矿、钍铈磷灰石等；含稀土矿物主要为锰铅矿、铀钍铌钛铁矿、水铅锰矿等。铌镓矿物主要为烧绿石、铅烧绿石、铅贝塔石、水锆石，含铌镓矿物主要为含铌铁金红石、含铀钍铌钛铁矿等。脉石矿物主要有长石、石英、云母、角闪石、高岭石等。

在风化层与半风化层混合矿石中，赋存于高岭石等粘土矿物的离子相稀土为39.96%（全风化矿石中离子相稀土占比相对较高，多大于40%），独居石、氟碳铈矿等稀土独立矿物为44.32%，其他形式存在稀土为15.72%（部分为无法判断的粘土矿物），详见表7-10。镧（La）基本赋存于独居石

中（99.78%），少量赋存于氟碳钙铈矿中（0.22%）。铈（Ce）主要赋存于氟碳铈矿（55.55%）、独居石（18.77%）、铅锰铈矿（9.19%）中，并以类质同象形式赋存于铅锰矿中（16.35%），氟碳钙铈矿中含量则较少（0.07%）。镨（Pr）、钕（Nd）赋存状态与镧（La）基本一致，基本赋存于独居石中（分别为99.58%、99.41%），少量赋存于氟碳钙铈矿中（分别为0.42%、0.59%）。

矿石中共生有用组分主要为铌，Nb_2O_5 含量0.0172%；伴生有益元素主要有镓（Ga）、钪（Sc）、铷（Rb）等，其含量达综合评价指标要求。Ⅰ号矿体各伴生组分含量分别为：Ga 0.0037%、Sc 4.32 g/t、Rb_2O 0.042%，Ⅱ号矿体各伴生组分含量分别为：Ga 0.0031%、Sc 1.91 g/t、Rb_2O 0.044%。铌（Nb）主要以独立矿物的形式赋存于烧绿石、铅烧绿石中（分别为44.17%、34.46%），部分赋存于钛铁矿（6.67%）、含铌金红石（1.78%）中，其余多以类质同象形式分散于其他矿物（12.92%）中。镓（Ga）在矿石中没有含量较高的载体矿物，主要以类质同象稀散赋存于黑云母、含钛磁铁矿、水锆石中。铷（Rb）主要呈分散状态富集于云母类矿物中，云母片径越大，铷含量越高。

表7-10 建水县普雄稀土稀有分散元素矿床主要矿物稀土配分表

矿物	稀土元素的配分量/10^{-6}				稀土总量/10^{-6}	稀土量与稀土总量百分比/%
	镧	铈	镨	钕		
独居石	110.6	109.3	44.6	56.4	320.9	23.75
氟碳铈矿、含锰氟铈矿、含铀钍铁铈矿	/	278	/	/	278	20.57
粘土矿物（高岭石）	390	60	20	70	540	39.96
其他	53.4	93.7	9.8	55.6	212.5	15.72
合计	554	541	74.4	182	1351.4	100.00

4. 矿床成因

普雄矿区属亚热带高原型湿润季风气候，中等切割中山地貌，地形坡度一般为10°~25°，植被发育。湿热多雨的气候、相对平缓的地形及茂密的植被，有利于风化壳的形成和保留。

稀土稀有分散元素矿床的形成主要经历岩浆成矿作用和表生成矿作用2个阶段。长岭岗碱性岩体富含稀土、稀有、分散元素，在成岩及期后热液活动过程中，成矿元素产生初始富集，局部地段形成原生岩浆型、热液脉型及伟晶岩型稀土稀有分散元素矿（化）体；含矿岩体暴露地表，发生风化作用，主要造岩矿物（正长石）风化为高岭石、锰高岭石、多水高岭石等粘土矿物，同时稀土、稀有、分散元素矿物从岩体中分离在风化壳内富集，并析出易溶呈离子相的稀土元素，粘土矿物不断吸附成矿元素。最终，在碱性岩风化壳内富集形成了具有工业意义的离子吸附型稀土稀有分散元素矿床。

岩浆作用形成的热液脉型及伟晶岩型稀土稀有分散元素矿（化）体，其成矿时代应为晚白垩世（燕山晚期）；而作为矿床主体的风化壳离子吸附型稀土稀有分散元素矿，其成矿时代应为第四纪（喜马拉雅晚期）。

5. 找矿标志

1）风化程度较高的碱性岩体是形成稀土金属矿床的母岩，碱性岩体是区内找矿的主要靶区。

2）岩体风化后出现红色的碱性长石、霞石矿物，则可作为找矿标志。

3）地形平缓，特别是构造破碎带发育的地段有利于岩体的风化及稀土元素富集。

4）化探次生晕稀土、稀有及分散元素异常地段是找矿的主要靶区。

5）在气候湿热、地形平坦、植被发育、构造活动比较稳定的地区，风化作用较强，风化壳厚度大，易形成厚大矿体。

（四）澜沧县上允稀土锡矿床[1]

上允稀土锡矿床行政区划隶属于澜沧拉祜族自治县上允镇和富东乡。

---

[1] 主要资料来源：西藏金海矿产资源开发有限公司，2016，云南省普洱市澜沧县上允稀土矿锡矿详查报告。

20 世纪 80 年代，云南省地质矿产局第五地质大队在该区进行过踏勘，发现了一些锡、铜、铅矿化点。

2011 年，云南省有色地质局地质地球物理化学勘查院受普洱扬正投资有限公司委托，在上允-勐佛地区开展 1∶2.5 万、1∶1 万土壤地球化学测量，圈定组合异常 17 个，确定找矿靶区 6 个。

2012~2013 年，云南省核工业地质调查院受业主委托，对红毛岭地区开展锡矿普查工作，圈定锡矿体 1 个。

2014 年，云南省有色地质局三〇六队受业主委托，对小黑箐地区金矿开展工作，认为金矿无进一步勘查价值，但在黄藤-老选厂-鲁家寨一带发现厚度较大的稀土矿体。

2014~2016 年，西藏金海矿产资源开发有限公司（核工业西藏地质调查院）受普洱扬正投资有限公司的委托，对矿区开展稀土、锡矿详查工作，于 2016 年 12 月提交了《云南省普洱市澜沧县上允稀土矿锡矿详查报告》，矿床已具大型规模。

1. 矿区地质特征

上允矿区位于昌宁-孟连褶皱带的临沧-勐海褶皱束南部，澜沧江深断裂西侧。其大地构造分区属班公湖-双湖-怒江-昌宁-孟连对接带（Ⅷ）、怒江-昌宁-孟连结合带（Ⅷ-3）之昌宁-孟连蛇绿混杂岩（Ⅷ-3-6）；成矿区带属特提斯成矿域（Ⅰ3）、“三江”成矿省（Ⅱ2）、昌宁-孟连（结合带/裂谷-洋盆）成矿带（Ⅲ3）之昌宁-孟连（结合带/裂谷-洋盆）Pb-Zn-Ag-Cu-S-Hg 矿带（Ⅳ8）。

（1）地层

区内出露地层主要为中元古界澜沧岩群惠民组（Pt_2h）、第四系冲洪积层，见图 7-9。中元古界澜沧岩群惠民组总体为一套以复理石建造为主，间夹多期中-基性火山岩的沉积地层，岩石普遍遭受一定变质作用，构成本区褶皱变质基底，岩性主要为石英白云母片岩、绿泥白云石英片岩，呈多个旋回的韵律沉积；中侏罗统花开左组（J_2h）为一套紫红色为主的杂色细碎屑岩沉积，岩性主要为紫色、黄褐色复岩屑砂砾岩、砾岩；第四系包括冲积层、洪积层、坡积层和残积层，主要分布于盆地及沟谷周缘，在矿区东部花岗岩区域的平缓山顶、山脊及低缓山丘则多发育壳层齐全的风化壳。

残积层是区内离子吸附型稀土矿的主要含矿层。自上而下将矿区花岗岩风化壳分为腐殖层（A1）、亚粘土层（A2）、全风化层（B1）、半风化层（B2）、弱风化层（C1）、新鲜基岩（C2）6 层，整体厚度 10~50 m，主要特征见表 7-11。离子吸附型稀土矿体主要赋存于全风化壳中砂质粘土层（B1），埋深一般在 8~22 m。

（2）岩浆岩

上允矿区岩浆活动强烈，东部大面积分布的岩浆岩属“临沧花岗岩复式岩基”向西突出部分，出露面积约 65 km^2。该岩基形成时代分为两个期次，较早一期属印支期花岗岩（γ_5^1），较晚一期属燕山晚期花岗岩（γ_5^3）。

印支期花岗岩体自中心向边缘分为两个相带。中心相出露面积占 2/3 以上，具中粗粒结构，主要是黑云母二长花岗岩、似斑状黑云母二长花岗岩，局部见似斑状花岗岩。边缘相出露于标高 2000 m 以上的岩体顶部。岩体蚀变强烈，沿接触带及断层多见石英、绢云母、绿泥石脉体贯入。岩石中 SiO_2 含量 66.07%~73.99%、Al_2O_3 含量 12.94%~15.23%、K_2O 含量 1.26%~5.36%、MgO 含量 0.48%~2.74%，属高钾钙碱性过铝-强过铝质花岗岩，与 S 型花岗岩强过铝质特征吻合，属于后碰撞花岗岩，形成于缅泰马陆块与思茅（普洱）地块大陆碰撞造山过程的后碰撞阶段（孔会磊等，2012；何显川等，2016）。岩石中主要矿物成分由钾长石、斜长石和石英组成，副矿物主要有独居石、磷灰石、锆石、榍石、钠黝帘石等，含有相对丰富的稀土元素，是稀土矿成矿母岩。彭头平等（2006）、孔会磊等（2012）、王舫等（2014）分别获得花岗岩锆石 U-Pb 年龄为 229~234 Ma、219 Ma、217~233 Ma，表明其主体成岩时代为晚三叠世；何显川等（2016）认为岩体形成时代应为 227 Ma，岩浆活动高峰期为 210~220 Ma，至少持续到 203 Ma。

燕山晚期岩体侵位于印支期花岗岩岩基中，包括细粒二长花岗岩、白云母二长花岗岩、浅色细粒花岗岩、石英二长岩、石英二长闪长岩、碱长花岗岩等类型。在硅碱图上，形成锡矿的红毛

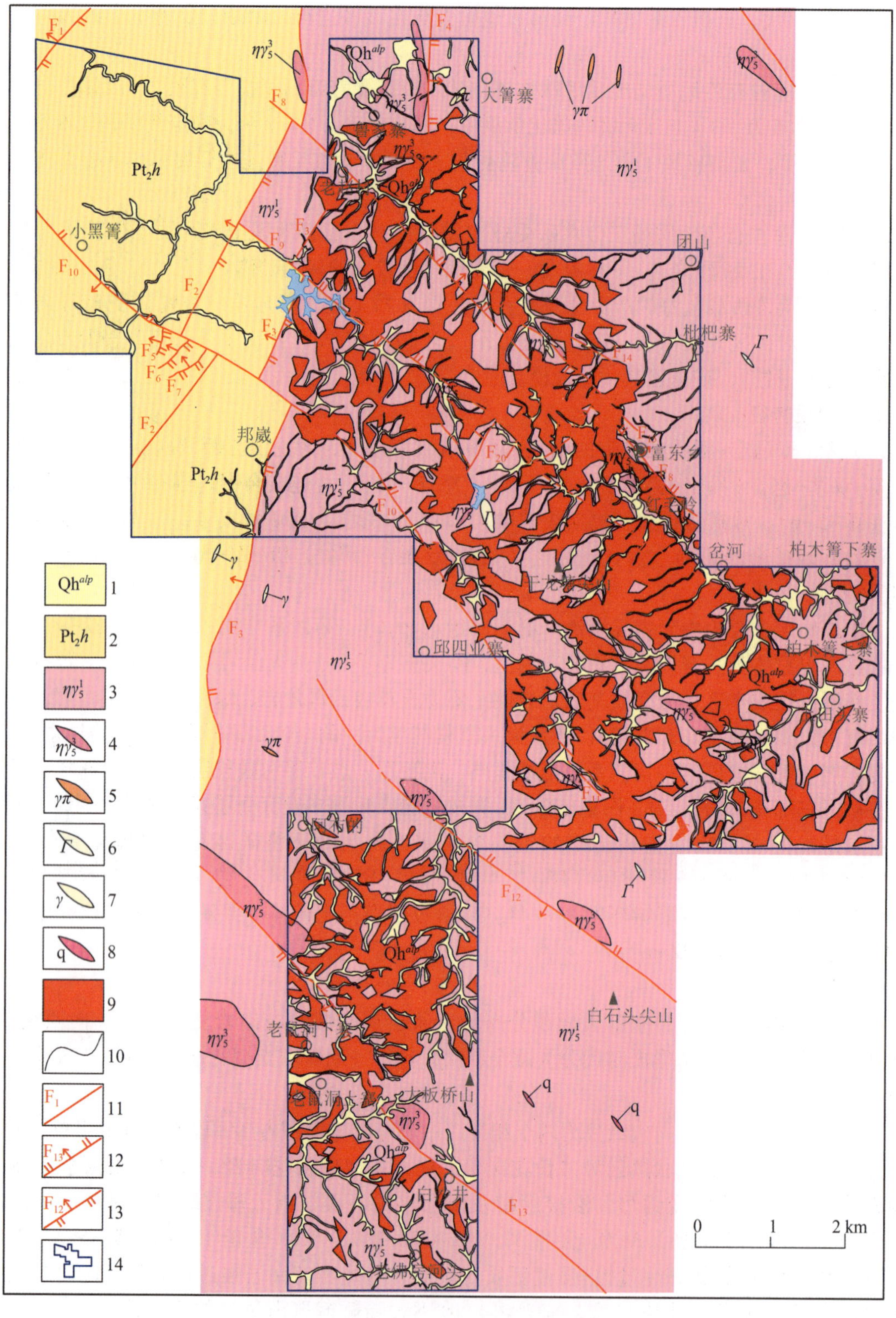

图 7-9　澜沧县上允稀土锡矿区地质简图

（据西藏金海矿产资源开发有限公司，2016）

1—第四系冲洪积物；2—中元古界澜沧岩群惠民组；3—印支期黑云母二长花岗岩；4—燕山期二长花岗岩、压碎花岗岩；5—花岗斑岩脉；6—酸性岩脉；7—花岗细晶岩脉；8—石英脉；9—稀土矿体；10—地质界线；11—实测性质不明断层隐伏断层及编号；12—实测正断层及编号；13—实测逆断层及编号；14—矿区范围

岭花岗岩样品处于花岗岩及花岗闪长岩区间。黑云母 K-Ar 同位素年龄 109.4～138 Ma，属白垩纪（燕山晚期）。

（3）构造

矿区褶皱构造主要为小黑箐背斜和小黑箐向斜，轴向 340°~345°，呈反“S”形。小黑箐背斜核部破碎，发育网格状石英细脉，局部褐铁矿化。

断裂构造发育，主要有北东—北北东向、北西向两组，性质以右旋走滑为主，印支期以来的构造岩浆活动过程中的差异抬升导致该区形成了西低东高的特殊地貌，纵横交错的断裂构造将临沧花岗岩基细碎切割，为地表径流的下浸和地下水的运移提供庞大的网状管道，造就了本区极为强烈的化学风化作用。断层主要特征见表 7-12。

表 7-11　澜沧县上允稀土锡矿区花岗岩风化壳分层特征表

分层	岩性	颜色	结构	物质组成	岩芯特征	厚度/m	稀土总量/%
腐殖土层（A1）	腐殖土	黑色	完全破坏	粘土，腐殖质高	呈土状	0.2~1.2	0.001~0.034
亚粘土层（A2）	粘土	红色	完全破坏	粘土矿物含量高		1~3	
全风化层（B1）	粉砂质粘土	杂色	保留原岩结构	粘土矿物含量次于红土层		2~29	0.011~0.044
半风化层（B2）	含砾、砂质土	灰白色、杂色	保留原岩结构	粘土矿物含量次于红土层		1~14.3	0.03~0.13
弱风化层（C1）	次棱角状碎石	灰白-灰褐色	原岩结构清晰，节理较发育	以长石、石英为主，含黑云母，长石已部分风化	上部砂状、泥砂夹碎状，可捏碎。下部呈碎块状，锤击难碎	<2	<0.03
新鲜基岩（C2）		灰白色	结构完整	长石、石英、黑云母为主	呈圆柱状	未见底	<0.026

注：稀土总量数据来源于罗云平等（2016）。

表 7-12　澜沧县上允稀土矿锡矿区主要断层特征表

断层组	断层	位置	性质	倾向	倾角/(°)	长度/km	与矿化的关系
北东、北北东向	F_2	北西部	逆断层	NW	70	5.1	未见矿化
	F_3	北西部	逆断层	NW	61	8.3	锡矿化 1 处、铜矿化 1 处
	F_4	北部	逆断层	E		3.29	未见矿化
	F_{19}	中部	右滑断层	W		2.05	锡矿化
	F_{20}	中部	右滑断层	W		1.6	锡矿化
	F_{21}	中部	右滑断层	W		1.98	锡矿化
北西向	F_{15}	北东部	正断层	NE	65	2.8	未见矿化
	F_8	北东部	正断层	NE		4.9	锡矿化
	F_9	中部	逆断层	SW		7.3	未见矿化
	F_{10}	中部	逆断层	SW		12.4	铜矿化
	F_{12}	南西部	逆断层	SW		6.37	未见矿化
	F_{13}	南西部	逆断层	SW		7.81	未见矿化

2. 矿体地质特征

离子吸附型稀土矿分布面积大，与印支期中粗粒黑云母二长花岗岩风化壳关系密切，主要赋存于全风化的砂质粘土层中，长度大于 12 km，宽度尚未控制。矿体形态严格受地形地貌控制，剖面形态简单，呈层状、似层状、长透镜状，与风化壳形态基本一致。目前共圈定 6 个工业矿体（编号Ⅰ、Ⅱ、Ⅲ、Ⅳ、Ⅴ、Ⅵ），资源量估算面积 54.277 km^2，估算标高 2371.7~1737 m。其中Ⅴ号矿体厚度最大、品位最高，连续性最好，为矿区最主要矿体。Ⅰ、Ⅱ、Ⅲ、Ⅳ、Ⅴ、Ⅵ号矿体中浸出相占比

（平均浸出率）分别为：70.29%、67.69%、61.47%、62.86%、64.36%、63.94%。

各矿体主要特征见表7-13、表7-14，矿体形态及稀土元素含量变化情况见图7-10。

锡矿主要产于红毛岭一带燕山晚期二长花岗岩与印支期黑云母二长花岗岩接触部位的钾化蚀变带内，受断层控制。目前共圈定1个工业矿体（Sn Ⅰ），为含锡石英脉，呈透镜状产出。矿体倾向183°，倾角60°~65°；长度50 m，平均厚度1.23 m，Sn品位0.72%。坑道中个别样品含钨，W品位0.80%。此外，矿区小黑箐一带东西向石英脉与澜沧岩群惠民组的接触部位，产有金矿化体1个（Au1），倾向342°~3°，倾角66°~74°，水平厚1.79~1.95 m，Au品位1.25~5.04 g/t；邦崴一带也产有石英脉型铜矿化体，长度30 m左右，厚度0.71~6.47 m，Cu品位0.07%~0.57%。

表7-13　澜沧县上允稀土锡矿床主要稀土矿体特征表

矿体	走向/(°)	长度/km	宽度/km	矿体面积/km²	风化壳面积/km²	面含矿率/%	标高/m	一般埋深/m	平均厚度/m	TRE_2O_3 平均含量/%
Ⅰ	NW	4.5	0.2~1.3	2.2	3.13	70	2118~1817	8~10	5.03	0.089
Ⅱ	340	5		2.4	3.3	73	2263~1843	6~9	4.01	0.089
Ⅲ	315	6.3		4.8	5.5	87	2266~1762	8~15	4.97	0.087
Ⅳ	270	4.9		4.3	5.4	80	2347~1762	6~10	5.14	0.093
Ⅴ	240	5.7		6.3	8.1	78	2359~1737	8~10	5.73	0.093
Ⅵ	352	6.1		4.9	6.7	71	2359~1807	8~13	4.13	0.087

表7-14　澜沧县上允稀土锡矿床主要稀土矿体厚度、含量及其变化系数表

矿体	厚度变化/m				REO含量变化/%			
	最小值	最大值	平均值	变化系数/%	最小值	最大值	平均值	变化系数/%
Ⅰ	1.0	20.0	5.03	56	0.050	0.117	0.089	24
Ⅱ	1.3	15.0	4.01	55	0.050	0.175	0.089	23
Ⅲ	1.0	19.7	4.97	60	0.050	0.191	0.087	21
Ⅳ	1.5	17.0	5.14	55	0.050	0.186	0.093	22
Ⅴ	1.2	25.0	5.75	59	0.050	0.274	0.093	25
Ⅵ	1.0	22.0	4.13	59	0.050	0.138	0.087	22

3. 矿石特征

上允矿床稀土矿石的自然类型为全风化稀土矿石。按主要矿物组分划为单一稀土矿石；按矿物赋存状态划为离子吸附型稀土矿石。

稀土矿石为花岗岩风化产物，以粘土矿物为主，主要为高岭石、埃洛石、蒙脱石、水白云母、三铝水石及少量铁锰氧化物。风化残余的花岗岩造岩矿物以石英、长石为主，含少量铁锰氧化物碎屑，副矿物为锆石、独居石、磷钇矿等。锡矿石中矿石矿物主要为锡石，其次为黑钨矿，含少量磁铁矿、赤铁矿、黄铁矿、针铁矿、毒砂。

上部稀土矿石含粘土较多，以粉砂泥质结构、粘土结构为主，矿石构造主要为土状构造、块状构造。下部稀土矿石粘土含量相对较低，以中细粒松散砂质结构为主；矿石构造主要为块状构造，局部呈砂状构造。

稀土氧化物是唯一有用组分，F含量为0.047%、Sn含量为0.00085%，不具综合回收价值。有害元素为Th、U，含量分别为0.0055%、0.0011%，均低于有害组分标准。

稀土元素主要以浸出相氧化物分散吸附于粘土矿物中，少量以矿物相存在，矿物相的稀土赋存在不易风化蚀变的锆石、钍石矿物中。

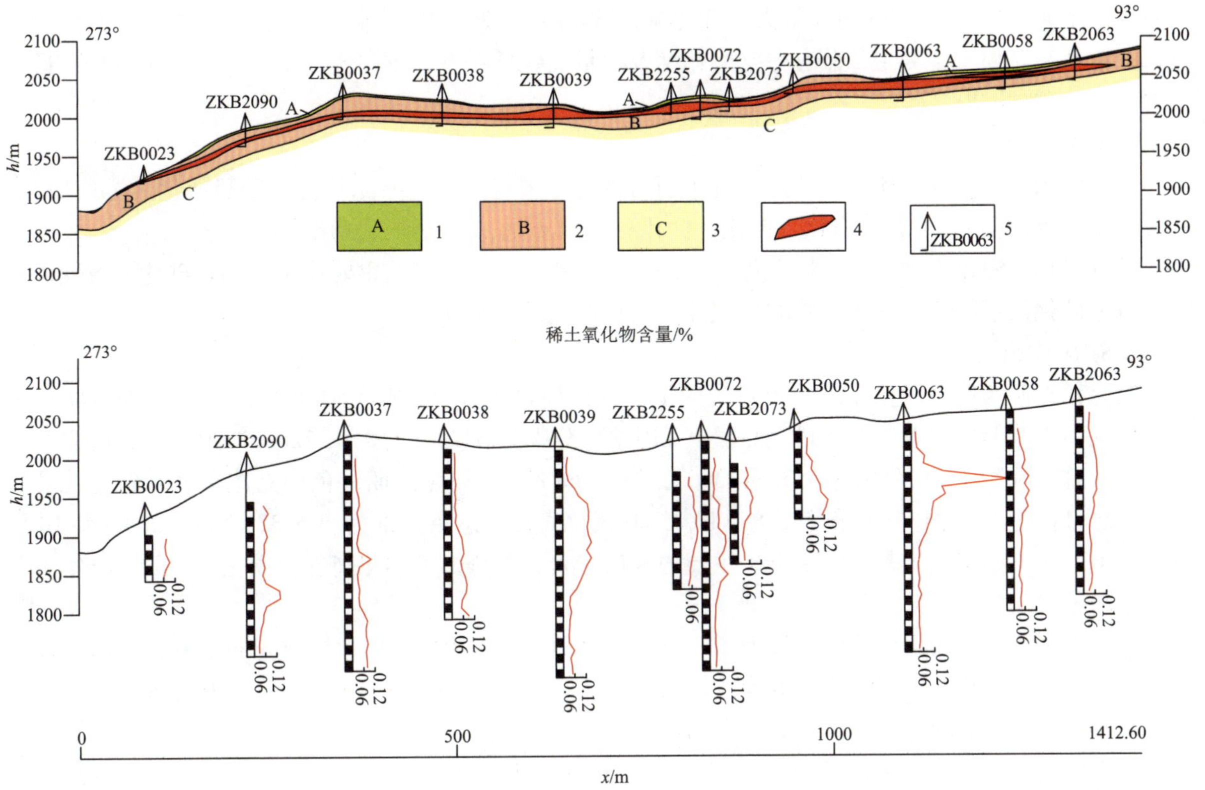

图 7-10　澜沧县上允稀土锡矿床地质剖面及稀土氧化物含量分布图

（据西藏金海矿产资源开发有限公司，2016）

1—腐殖土及亚粘土层；2—全风化及半风化层；3—弱风化层及基岩；4—稀土矿体；5—钻孔及编号

6 个矿体 152 件钻孔组合样的全相稀土总量稀土元素配分分析结果见表 7-15。全相稀土总量以轻稀土（LREO）为主，占稀土总量 71.49%，其中镧（La）、铈（Ce）、镨（Pr）、钕（Nd）4 种元素氧化物占比达到 67.28%。重稀土（HREO）占稀土总量 28.51%，其中 Y_2O_3 配分值 17.95%，接近中钇水平，高计价元素 Dy_2O_3 配分值为 2.74%。

表 7-15　澜沧县上允稀土锡矿床稀土含量及配分值一览表

组分	La_2O_3	CeO_2	Pr_6O_{11}	Nd_2O_3	Sm_2O_3	Eu_2O_3
含量/%	0.0269	0.0176	0.00562	0.0200	0.00399	0.000391
配分值/%	25.81	16.89	5.39	19.19	3.83	0.38
组分	Gd_2O_3	Tb_4O_7	Dy_2O_3	Ho_2O_3	Er_2O_3	Tm_2O_3
含量/%	0.00354	0.000574	0.00286	0.000593	0.00161	0.000242
配分值/%	3.40	0.55	2.74	0.57	1.55	0.23
组分	Yb_2O_3	Lu_2O_3	Y_2O_3	ΣLREO	ΣHREO	合计
含量/%	0.00138	0.000205	0.0187	0.0745	0.0297	0.104205
配分值/%	1.32	0.20	17.95	71.49	28.51	100.00

6 个矿体 152 件矿石组合样品浸出相稀土分量分析结果显示，轻稀土（LREO）La-Eu 的氧化物占稀土氧化物总量 50.43%~96.31%，平均 67.20%；重稀土（HREO）Ga-Y 的氧化物占稀土氧化物总量 3.69%~49.57%，平均 32.80%；轻重稀土平均比值约 2∶1。有少量钻孔的重稀土氧化物占稀土氧化物总量大于 50%，也说明成矿母岩中不均匀地有少量含钇族矿物，如磷钇矿、氟碳钙钇矿、黑稀金矿等；但矿区总体上属于以镧（La）、铈（Ce）、镨（Pr）、钕（Nd）占主导的轻稀土矿。

轻稀土元素中，La、Nd 占比最大，变化幅度 38.79%~75.04%，平均 52.40%。稀土矿石配分类型以中钇低铕轻稀土型为主，兼有中钇中铕型及少量高钇低铕型。重稀土元素中，Y 占比最大，最高达 48.92%，平均 20.72%。

4. 蚀变特征

上允矿床的围岩及岩体蚀变强烈，近矿围岩蚀变主要有硅化、绿泥石化、碳酸盐化（方解石化、白云石化）、绿泥石化、云英岩化、钾化、钠化、高岭土化、黄铁绢云岩化等。

云英岩化、钾化、钠化、高岭土化蚀变是本区寻找锡、稀土矿的重要找矿标志。硅化、黄铁矿化蚀变与金矿化关系密切，硅化、碳酸盐化蚀变与铜矿化关系密切。

5. 矿床成因

上允稀土矿属典型风化壳离子吸附型稀土矿，据何显川等（2016）研究成果，印支期斑状黑云母二长花岗岩及似斑状花岗岩的稀土总量（ΣREE）分别为 322.77×10^{-6}、228.60×10^{-6}，其对应的风化壳稀土总量（ΣREE）分别为 555.54×10^{-6}、831.36×10^{-6}；而燕山期浅色细晶花岗岩和石英二长岩的稀土总量仅为 137.24×10^{-6} 和 223.89×10^{-6}，其风化壳稀土总量分别为 306.32×10^{-6}、204.74×10^{-6}。由此看出，印支期花岗岩是矿区稀土矿主要的成矿母岩，而燕山晚期花岗岩的风化壳现阶段基本不具备赋存离子吸附型稀土矿的条件。

中低山剥蚀堆积区山坡坡度一般为 10°~30°，化学风化作用极强，故风化壳非常发育；山头常呈馒头状，直径一般数十米到 300 m 不等，且山坡坡度舒缓，一般在 5°~10°之间，山头风化壳规模较大，是风化壳离子吸附型稀土矿成矿的有利地段。

矿区属夏湿冬干的热带山地季风气候，雨量充沛，日照充足，由于地形地貌复杂，海拔高低悬殊，气候垂直差异明显；矿区森林植被发达，而植物腐烂后形成的有机酸有利于稀土矿物的分解，同时促使离子态稀土在风化壳中随雨水向下运移，最终被粘土矿物吸附，在全风化壳中富集成矿。

综上所述，稀土总量较高的印支期花岗岩为离子吸附型稀土矿主要的成矿母岩，常年温热多雨的气候和中低山剥蚀堆积地貌，使得富含稀土元素的岩石在化学风化作用下发生高岭土化、白云母化、绿泥石化等自变质作用，导致岩石内部以类质同相形式存在稀土元素被解离出来，在地下淋滤水的搬运下被全风化层中的粘土矿物吸附而富集成矿。

（五）其他矿床（点）

近年来，滇西陇川-腾冲-龙陵、临沧-勐海地区及滇东南个旧-建水地区的稀土找矿取得重要进展，新发现了一批离子吸附型稀土矿产地。

1. 陇川-腾冲-龙陵一带稀土矿产地

通过对滇西陇川-腾冲-龙陵地区 1∶5 万矿产地质调查，在营盘山、大曼别、一碗水、土官寨等地发现一批中-大型稀土元素矿产地（张彬等，2019a）。

（1）陇川县营盘山稀土矿点

营盘山稀土矿点位于陇川县户撒乡，初具大型矿床远景规模。矿体产于古近纪花岗岩风化壳的全风化层中，主要分布于山脊，其次为山坡、山坳。平面形态不规则，主要受地形地貌变化控制，呈被袱状。剖面上呈似层状，一般山顶垂厚较大。

目前圈定工业矿体 2 个，南北长 8.7 km，东西宽 4.6 km，面积 18.89 km^2；矿体平均厚度 4.8 m，稀土氧化物含量 0.08%~0.22%，平均 0.11%；浸出率平均 47.68%。其中，Ⅰ号矿体为轻稀土矿体（轻稀土配分占比 81.48%~93.05%），赋矿岩石主要为全-强风化似斑状黑云钾长花岗岩、斑状黑云二长花岗岩；Ⅱ号矿体为重稀土矿体（轻稀土配分占比为 42.68%），赋矿岩石主要为全-强风化细粒黑云二长花岗岩。

（2）陇川县大曼别稀土矿点

大曼别稀土矿点位于营盘山稀土矿北东侧，初具大型矿床远景规模。矿体主要产于古近纪花岗岩风化壳的全风化层中，形态、产状受地形地貌变化控制，剖面上呈层状、似层状产出，一般山脊厚，往两侧山坡、山麓逐渐变薄。

目前圈定工业矿体 1 个，赋矿岩石为全-强风化似斑状粗粒钾长花岗岩。控制矿体南北长 8.6 km，东西宽 7.6 km，面积 25.39 km^2；矿体厚度 1~17 m，平均 5.8 m；稀土氧化物含量 0.08%~0.28%，平均 0.10%。矿石中以轻稀土矿物为主，轻稀土配分占比为 68.32%~92.53%，平均 85.71%；浸出率平均 43.31%。

（3）陇川县一碗水稀土矿点

一碗水稀土矿点位于陇川县户撒乡北侧，初具中型矿床远景规模。矿体主要产于三叠纪花岗岩风化壳的全风化层中，平面形态不规则，主要受地形地貌变化控制，呈面状展布。

目前圈定工业矿体 1 个，控制矿体南北宽 3.9 km，东西长 5.7 km，面积 11.3 km^2；矿体厚度 3.00~16.8 m，平均 3.55 m；稀土氧化物含量 0.08%~0.16%，平均 0.96%。矿石中以轻稀土矿物为主，轻稀土配分占比为 61.81%~98.03%，平均 79.05%；浸出率平均 43.69%。

（4）腾冲市土官寨稀土矿点

土官寨稀土矿点位于腾冲市新华乡东侧，初具大型矿床远景规模。

据张彬等（2018、2019a、2019b）研究成果，矿区出露地层为古元古界高黎贡山岩群烂泥坝组，岩性为一套片麻岩、花岗片麻岩夹少量石英片岩等。构造以断裂为主，主构造方向为北东向，并被晚期次北西向脆性断层错断，糜棱岩化发育。区内岩浆活动强烈，三叠纪、白垩纪和古近纪花岗岩广泛出露。其中，白垩纪花岗岩属区域大寨岩体的一部分，整体呈北东向展布，与区域构造方向一致，由中间相的似斑状二长花岗岩及外围的中细粒二长花岗岩和少量似斑状二长花岗岩组成，矿区内受夹象石断裂、胡广山断裂等区域性北东断裂影响，花岗岩糜棱岩化强烈。二长花岗岩是区内离子吸附型稀土矿主要成矿母岩，SiO_2 含量 70.70%~76.14%、K_2O 含量 3.92%~6.14%、Na_2O 含量 2.80%~3.50%，具有富钾的特征，MgO 含量 0.19%~0.66%、P_2O_5 含量 0.01%~0.13%、Al_2O_3 含量 12.87%~14.62%，属强过铝质 S 型花岗岩。稀土元素（ΣREE）含量 80.55×10^{-6}~362.85×10^{-6}，平均 171.97×10^{-6}；ΣLREE/ΣHREE 比值 2.06~6.95，La_N/Yb_N 值在 5.11~18.8 之间，轻稀土相对富集，轻、重稀土分馏明显，具 Eu 负异常；其成岩时代为 115.8±1.0~139.6±2.3 Ma（丛峰等，2010，2011；谢韬等，2010）。

矿区气候温热潮湿，岩体化学风化作用强烈，形成广泛分布的花岗岩风化壳。据张彬等（2019）研究成果，根据风化程度的不同，从地表至基岩呈现层状结构，各分层之间为过渡渐变，由上而下可将风化壳分为表土层（A 层）、全风化层（B 层）、半风化层（C 层）、基岩层（D 层），稀土矿体主要赋存于全风化层中，在表土层和半风化层中局部也有矿化显示。风化壳厚度与地形坡度密切相关，靠近山脚平坦地段，风化壳厚度 10~33 m，山坡上厚度 15 m 左右，局部地形较陡部位风化壳厚度在 5 m 左右，而山顶厚度相对稳定，为 25 m 左右。稀土元素（ΣREE）含量 512.77×10^{-6}~1240.67×10^{-6}，是原岩稀土元素含量（152.81×10^{-6}）的 3.4~8.2 倍，说明风化壳中稀土元素含量与母岩稀土含量及后期风化淋滤作用强度相关；ΣLREE 迁入程度较 ΣHREE 高，由半风化层到全风化层，REE 元素均为迁入，而由全风化层到表土层，REE 元素发生了不同程度的迁出。稀土矿体厚度与风化壳厚度呈明显的正相关关系，从山坡向上至平坦山顶、向下至平缓山脚，风化壳有逐渐变厚的趋势，矿体厚度、品位也相应变大、变富；具体表现为地形平缓部位矿体厚而富，陡坡部位矿体薄而贫。

矿体主要产于二长花岗岩风化壳的全风化层中，呈似层状产出，东西宽约 2500 m，南北长度约 4000 m，向东侧山顶矿体未圈闭，且有变厚变富集的趋势。矿体厚度 1~31.6 m，平均 8.85 m，品位（TREO）0.08%~0.22%，平均 0.10%。呈现出两头小、中间大的“凸”字形，且均为突变关系，矿体一般分布在深度 2~10 m 的范围内，向深部变贫或无矿，具“浅伏式”分布特征。从上到下，稀土含量呈现“低→高→低”的抛物线型分布规律，主要富集在全风化层的上部。

目前圈定工业矿体 3 个，赋矿岩石为全-强风化糜棱岩化花岗岩，Ⅰ号矿体厚度 6.82~14.41 m，平均 10.20 m；稀土氧化物含量 0.09%~0.14%，平均 0.10%。$Ⅱ_1$ 号矿体厚度 2.00~21.40 m，平均 11.82 m；稀土氧化物含量 0.08%~0.12%，平均 0.11%。$Ⅱ_2$ 号矿体厚度 0.50~31.60 m，平均

7.24 m；稀土氧化物含量0.08%~0.22%，平均0.09%。

矿石中以轻稀土矿物为主，轻稀土配分占比为77.03%~94.76%，平均86.84%；组合分析样离子相稀土矿浸出率为20.42%~54.49%，平均37.95%。从稀土元素含量来看，目前价格较高的元素Pr占4.22%~5.50%、Nd占18.76%~25.73%，属于富钕轻稀土矿；而重稀土中Y元素含量最高，配分值最高达105×10^{-6}，占比3.09%~9.77%，且稀土富集程度越高，Y元素所占比例越高，说明稀土富集程度越高，越有利于重稀土的富集。

（5）龙陵县蕨叶坝稀土矿点

蕨叶坝稀土矿点位于龙陵县龙江乡龙江东侧，初具中型矿床远景规模。矿体主要产于早白垩世花岗岩风化壳中，呈层状产出。

目前圈定工业矿体1个，赋矿岩石为全-强风化黑云二长花岗岩，控制矿体面积约2.71 km^2。矿体厚度2~11 m，平均3.93 m；稀土氧化物含量0.08%~0.16%，平均0.09%。矿石中以轻稀土矿物为主，轻稀土配分占比为67.2%~84.3%，平均78.8%；浸出率平均53.44%。

（6）龙陵县尖山脚稀土矿点

尖山脚稀土矿点位于龙陵县龙山镇芒旦村东侧，初具中型矿床远景规模。

矿体主要产于古近纪花岗岩风化壳中，呈似层状产出，赋矿岩石为全-强风化黑云二长花岗岩。控制矿体厚度1~12 m，平均5.53 m；稀土氧化物含量0.08%~0.09%，平均0.09%。矿石中以轻稀土矿物为主，轻稀土配分占比为86.76%~90.27%，平均88.27%；浸出率平均64.66%。

2. 临沧-勐海一带稀土矿产地

（1）澜沧县新营盘稀土矿点

该矿点位于澜沧县发展河乡，上允稀土锡矿床南侧，初具中型矿床远景规模（邢永辉等，2019）。

含矿母岩为三叠纪似斑状黑云二长花岗岩。矿体赋存于花岗岩风化壳中，受地形地貌变化控制，呈层状、似层状产出。稀土矿化风化壳厚度约20 m，由上至下分为4层：第一层为腐殖土层，褐色、褐黑色粉砂质粘土，厚度0~1.0 m，平均0.36 m；第二层为砂质粘土层，灰黄色砂质粘土，厚度2.0~4.0 m，平均2.4 m；第三层为花岗岩全风化层，为区内主要含矿层；第四层为花岗岩半风化层，局部有规模较小的稀土矿体。

主矿体一般位于风化壳砂质粘土层以下3~10 m范围的花岗岩全风化层内，上部或下部局部见小的矿体。主矿体厚度1.0~4.2 m，平均1.88 m；稀土氧化物含量0.08%~0.11%，平均0.08%。稀土矿石配分类型与澜沧上允稀土矿基本一致，以中钇低铕轻稀土型为主。

（2）临翔区陂阴寨稀土矿点

该矿点位于临沧市临翔区博尚镇，初具中型矿床远景规模（张保涛等，2019）。

含矿母岩为三叠纪似斑状黑云二长花岗岩。矿体主要赋存于花岗岩风化壳的全风化层中，受地形地貌变化控制，呈层状、似层状产出；工业矿体厚度大于4 m，边界品位矿体厚度大于3 m。

（3）临翔区岔河稀土矿床

岔河稀土矿也称圈内稀土矿，其行政区划隶属于临沧市临翔区圈内乡，位于临翔城区200°方位，平距约28 km处。

2016~2017年，云南省核工业二〇九地质大队对矿区开展稀土矿普查工作，并提交了《云南省临沧市临翔区岔河稀土矿普查报告》，估算稀土氧化物资源量，具中型矿床规模，未开发利用。

稀土矿体赋存于三叠纪临沧花岗岩体风化壳中，含矿母岩中细粒-中粗粒黑云二长花岗岩。矿体多产于粘土层下部、全风化层的中上部，少部分产于半风化层中；在同一矿体中，上、下部较贫，中部较富。矿体受地形地貌变化控制，呈层状、似层状产出；同一山体中，山脊→山腰→山谷，矿体顶部逐渐变薄，矿体埋深逐渐变小，矿体厚度逐渐变薄。工业矿厚度2.00~4.41 m，平均3.48 m；稀土全相品位0.081%~0.096%，平均0.088%。低品位矿厚度1.60~4.23 m，平均3.03 m；稀土全相品位0.055%~0.068%，平均0.060%。

矿石矿物组成复杂，由硫化物、氧化物、硅酸盐、碳酸盐、磷酸盐5类18种矿物组成。其中，硅酸盐占73.67%、氧化物占22.32%、稀土的独立矿物占0.047%。矿石中的有益组分为稀土元素，其他有益组分含量很低，无工业意义。稀土元素主要以离子吸附状态赋存于粘土矿物（高岭石、钾长石、黑云母）中，约占稀土元素总量的81.38%；其次是以独立矿物形式存在于独居石（12.26%）、氧化蚀变稀土矿物（4.85%）及磷钇矿（1.51%）中，约占稀土元素总量的18.62%。矿石中有害组分 ThO_2 含量0.015%，处于环境安全范围之内。

矿石类型多属低钇低铕轻稀土矿，Eu_2O_3 配分率为0.24%~0.52%、Y_2O_3 配分率为9.49%~13.21%、ΣCe_2O_3 配分率为77.89%~84.34%、ΣY_2O_3 配分率为15.66%~22.11%；仅 KT_3 低品位矿为中钇低铕轻稀土矿，Eu_2O_3 配分率为0.21%、Y_2O_3 配分率为30.36%、ΣCe_2O_3 配分率为55.97%、ΣY_2O_3 配分率为44.03%，可能与其成矿母岩靠近白云母二长花岗岩（二云母二长花岗岩）分布区有关。

据陆蕾等（2019）研究成果，临沧圈内一带的离子吸附型稀土矿中，轻稀土相对重稀土较为富集。LREE在全风化层中的含量均较基岩高，通常是基岩的2~5倍，La、Ce、Pr、Nd相对含量更高；HREE在多数钻孔中的含量低于基岩，根据其常富集于风化壳下部，推测应在离地表更深处（>10 m）富集。单个钻孔ΣREE平均含量 $310.12\times10^{-6}\sim595.51\times10^{-6}$，最高约 1219×10^{-6}，最低约 134×10^{-6}。ΣCe/ΣY值3.5~10.73，表现出轻稀土相对富集。矿体中局部可见HREE异常，风化壳从上至下，Y含量逐渐增高，Y/ΣREE值为0.1~0.4；HREE异常的钻孔，从地表向下，LREE/HREE值为4.89~0.62，Ce/Y值为5.05~0.22，在约15 m处，HREE含量高于LREE。由北至南，随着地势逐渐降低，稀土含量逐渐增高，矿体埋深程度也逐渐由深变浅；由西向东，呈现出REE含量中间高，两边低的特征，东部矿体稀土含量高于西部矿体。垂向上，山腰的矿体ΣREE最高，其次是山顶，山脚较低；靠近河床的矿体，ΣREE含量降低。

矿床的成矿母岩主要为似斑状中粗粒黑云母二长花岗岩，其次为中细粒黑云母二长花岗岩；稀土元素主要赋存于榍石、褐帘石、独居石、磷钇矿和磷灰石、锆石等矿物中。含矿岩体暴露地表，发生风化作用，榍石、褐帘石和磷灰石等矿物在表生条件下分解，析出离子相稀土元素；长石、云母等矿物经风化作用，形成大量的高岭石、蒙脱石和埃洛石等粘土矿物，并不断吸附稀土离子，最终在风化壳内形成离子吸附型稀土矿床。主成矿时代为第四纪，良好的气候、植被及水文地质条件，加速了成矿母岩的风化和稀土元素的解离、迁移和富集；低缓的地形地貌和相对稳定的大地构造环境，为风化壳离子吸附型稀土矿床的形成和原地保存提供了充足的空间。

3. 个旧市白云山稀土稀有分散元素矿床

白云山稀土稀有分散元素矿床位于个旧市区北西320°方向，平距约9 km处。

该区长期以霞石正长岩的勘探为主，稀土、稀有及分散元素找矿效果较差。近年来，云南省核工业二〇九地质大队围绕白云山、长岭岗2个碱性岩体，开展了较为系统的稀土、稀有及分散元素找矿工作，取得重大突破，在长岭岗碱性岩风化壳中发现超大型矿床1处（建水普雄），白云山岩体找矿也有新进展，于2015年提交了《云南省建水县普雄矿区白云山矿段风化壳型铌稀土矿普查报告》，估算稀土氧化物（REO）资源量，具中型矿床规模；共伴生铌、镓、钪、铷等多种有益元素也达大型以上远景规模。上述资源量均未列入《云南省2017年矿区及所属矿山矿产资源储量简表》，也未开发利用。

矿区出露的碱性岩体（白云山岩体）形态呈椭圆状穹形隆起，南北长约5.5 km，东西宽2.0~3.5 km，出露面积约16 km^2。根据岩石类型、矿物组成、结构构造、化学成分及岩石分布特征，将岩体划分为边缘相（碱长正长岩）、过渡相（霞石正长岩）和内部相（白霞石正长岩），各相带接触部位的岩石类型具有过渡特征。碱性岩体具有较高的稀土元素丰度，碱长正长岩、霞石正长岩稀土平均含量分别为 661×10^{-6}、687.5×10^{-6}，在风化壳中富集两倍以上即可成矿。

矿体产于碱性岩风化壳中，目前共圈定2个矿体（Ⅰ、Ⅱ）。Ⅰ号矿体（层）产于全风化层内，呈南北向展布。平面上为不规则块状，剖面上以层状为主，透镜状、似层状次之，产状与地形起伏相一致，倾角0°~36°。矿体长度约4.38 km，宽度约2.05 km，面积约6.5 km^2，出露标高1750~2353 m。矿体单工程厚度2.80~11.30 m，平均6.01 m，TREO含量0.085%~0.148%，平均0.131%。Ⅱ号矿体（层）产于全风化层下部、弱风化层或基岩上部的半风化层内，呈南北向展布。平面上为不规则面状，长度约4.26 km，宽度约1.96 km，面积约5.11 km^2，出露标高1748~2348 m。矿体单工程矿层厚度2.23~4.25 m，平均3.34 m；TREO含量0.088%~0.144%，平均0.127%。

矿石自然类型分为全风化碱性岩型、半风化碱性岩型2种类型。矿石矿物成分主要为新生的水铝硅酸盐矿物占40%~70%（其中，高岭石约占70%、水云母20%、蒙脱石8%、三水铝石0~3%）、半风化状碱性长石及少量的黑云母、白云母等，稀土稀有元素矿物主要有绿层硅铈钛矿、独居石、锆石、磷钇矿、铌钽铁矿等。全风化矿石呈粒状结构，局部偶见风化残余的碱性长石不均匀散布于粘土质矿物中，总体呈粒状结构，部分为似斑状结构，粘土矿物在外形上呈现原岩的块状构造，实际上呈松散土状；半风化型矿石大致保持原岩的块状构造，粒状、斑状结构。

矿石中伴生有Li、Nb、Rb、Cs、Ga等有益元素。经矿石光谱分析、多元素组合分析岩矿鉴定测试等综合查定，伴生组分均呈类质同象赋存于相关的硅酸盐矿物中。Li_2O与层状硅酸盐矿物绢云母关系最密切；Rb_2O、Cs_2O含量高低与K_2O的贫富相关，主要载体矿物为钾长石、绢云母；Ga主要赋存于霞石、白霞石等矿物中。Nb_2O_5在矿石中平均含量为0.0142%，Li_2O、Rb_2O、Cs_2O、Ga在白霞正长岩中的含量相对较高，分别为0.0514%、0.073%、0.0069%、0.00212%；Ga在霞石正长岩中平均含量为0.002%，其中方钠霞石正长岩中含量为0.00204%，霞石正长岩中含量为0.00196%。Fe、Mg、Ti、S、Cl等有害元素含量均较低。

4. 宣威地区稀土、稀有金属矿点

近年来，通过开展1∶5万矿产地质调查，在宣威地区的峨眉山玄武岩现代风化壳中发现了离子吸附型稀土矿和古风化壳沉积型铌矿（刘殿蕊，2019）。

峨眉山玄武岩（P*e*）呈喷发相整合于中二叠统茅口组（P_2m）之上，与上覆上二叠统宣威组（P_3x）呈平行不整合接触。玄武岩呈墨绿、灰黑色，拉斑玄武结构，块状、气孔、杏仁状构造。地表风化呈黄褐色、土黄色及砖红色等，岩石较为松散呈亚粘土状，基本保留原岩结构构造，零星含玄武岩硬质夹块。离子型稀土多金属矿主要产于峨眉山玄武岩现代风化壳中，严格受地层、风化程度及地形地貌控制；铌多金属矿层主要产于峨眉山玄武岩顶部紫红色铁质泥岩、凝灰岩中，严格受层位控制。

离子型稀土矿体主要呈层状、似层状，其厚度明显受母岩风化程度、地形地貌及潜水面控制。并受沟谷、河流、陡坡等分割形成小规则、小连续块体呈面状分布。一般在平坦开阔及山腰地带较厚，在坡度变化较大的山脊、陡坡处较薄，平均厚度一般5~10 m。矿石中主要矿物为：高岭石、伊利石、蒙脱石，次要矿物为石英、方解石和褐铁矿等。经取样分析，稀土氧化物（TRE_2O_3）含量480×10^{-6}~940×10^{-6}，平均610×10^{-6}；浸出相稀土含量180×10^{-6}~428×10^{-6}，平均280×10^{-6}，浸出率23.13%~52.46%，平均33.82%。矿石主要以轻稀土为主，富钕（Nd）、铕（Eu）、镝（Dy）3种中、轻稀土元素，Nd_2O_3含量50.86×10^{-6}~115.89×10^{-6}，平均73.92×10^{-6}；Eu_2O_3含量1.77×10^{-6}~6.35×10^{-6}，平均4.20×10^{-6}；Dy_2O_3含量3.72×10^{-6}~19.62×10^{-6}，平均9.81×10^{-6}。镧（La）、铈（Ce）、镨（Pr）、钕（Nd）等轻稀土所占比例为51.59%~79.12%，平均62.84%；钐（Sm）、铕（Eu）、钆（Gd）、铽（Tb）、镝（Dy）、钬（Ho）等中稀土所占比例为10.64%~20.50%，平均15.24%；铒（Er）、铥（Tm）、镱（Yb）、镥（Lu）、钇（Y）等重稀土所占比例9.95%~31.50%，平均21.92%。矿石中还伴生有钪、钛等有益组分，Sc_2O_3含量24.60×10^{-6}~80.51×10^{-6}，平均60.50×10^{-6}；TiO_2含量4.185%~7.515%，平均5.43%。

铌多金属矿体主要呈层状、似层状产出，地表露头呈带状分布，产状平缓，倾角一般10°~15°，厚度8~20 m；Nb_2O_5含量111×10^{-6}~747×10^{-6}，平均255×10^{-6}。矿石中还伴生有钪、钛、铁等有益组分，Sc_2O_3含量25.10×10^{-6}~81.25×10^{-6}，平均46.63×10^{-6}；TiO_2含量2.62%~7.54%，平均5.28%；TFe含量13.32%~26.39%，平均17.76%。

二、风化壳残积型矿床

风化壳残积型矿床主要产出在风化壳内，矿体主要受地貌的制约，呈似层状，多为面型分布；矿床主要与偏碱性花岗岩及混合岩有关，风化作用的强度是成矿的重要因素之一。有用矿物以独居石、褐钇铌矿为主，其次为磷钇矿、锆石、钛铁矿及金红石等，以金平县阿德博独居石矿、元阳县金厂坪独居石矿及镇康县木厂铌稀土矿最具代表性。

（一）金平县阿德博独居石砂矿床❶

阿德博（也称为阿得博）独居石砂矿床行政区划隶属于金平苗族瑶族傣族自治县阿得博乡。

1959~1963 年，云南省地质局十五地质队对矿区进行了普查-勘探工作，分别于 1960 年 11 月和 1963 年 3 月提交了《云南省金平县阿德博独居石矿勘探储量报告》和《云南省金平县阿得博独居石砂矿初勘报告》，并估算独居石、磷钇矿储量，具中型独居石砂矿床规模。

1. 矿区地质特征

阿德博矿区位于上扬子古陆块西南缘，哀牢山基底逆冲-推覆构造带之哀牢山结晶基底断块内。属哀牢山隆起的东南延伸部分，区域地层出露较全，从太古宇至新生界均有出露，但以元古宙结晶变质岩系在区内分布最广；岩浆活动频繁，岩性复杂；区域内构造主要发育有观音山大背斜、红河深大断裂、哀牢山大断裂等。

区内出露的地层主要有古元古界哀牢山岩群（$Pt_1A.$）的二云母片麻岩、角闪片麻岩和混合片麻岩（图 7-11）。矿区为单斜构造，走向 100°~120°，片理倾向不一，倾角差别甚大，为 15°~70°。矿区岩浆活动强烈，主要出露有元古宙阿德博片麻状黑云二长花岗岩和印支期花岗岩；此外，各种岩脉比较发育。阿得博片麻状黑云二长花岗岩是由数十个大小不等的岩株、岩枝状岩体组成的岩体群，沿北西—南东向展布，面积大于 140 km^2，为主要的含矿岩体，属板内构造环境铝过饱和、重熔“S”型花岗岩，其锆石 U-Pb 法同位素年龄分别为 1226±21 Ma、696±14 Ma、1339.8±202.9~220.2 Ma，成岩时代总体属中、新元古代（晋宁期）。岩体稀土总量（REE）为 44.67×10^{-6}~103.05×10^{-6}，平均 66.95×10^{-6}，构成稀土矿的成矿母岩，是阿得博稀土矿床成矿的物质基础和前提条件。

2. 矿体地质特征

阿德博矿床的含矿岩体呈北西—南东向延长的带状分布，北起元阳沙板桥，南至魁河碗厂，全长 20 km，宽度 1.5~2 km，风化壳平均厚度约 10 m，岩体尚完整，但由于后期脉岩的侵入和残留有各种片麻岩捕虏体，使其矿化程度不一，但从整体来看岩体风化壳普遍矿化，岩体北西段矿化较为富，南东段矿化较贫。只有个别矿体较大而完整，其余的成为不规则的孤立小块，形态简单而完整，全区共圈出矿体 62 个。

矿体形态多为似层状、透镜状，在剖面上无一定的层位。主要工业矿体长度 440~1600 m，宽度 1656~195 m，厚度 2~6 m。独居石（包括少量磷钇矿）平均品位 250~300 g/m^3（未作淘汰损失校正），除独居石外，有益矿物有锆英石，金红石，但含量均不高。独居石一般晶形完好，粒度在 0.105 mm 以下者占 60%，粒度在 0.8~0.105 mm 之间者约占 25%。独居石含稀土总量约为 62%，ThO_2 含量为 10%。

3. 矿石特征

矿石工业类型为花岗岩风化壳独居石磷钇矿；矿石自然类型为砂质粘土型矿石。矿石呈粒状，松散土状构造；矿石矿物有独居石、磷钇矿、锆石、金红石等；脉石矿物主要由粘土、石英组成，其次为长石、云母、褐铁矿。

稀土矿物主要为独居石，占矿石矿物总量的 88.59%，以深黄色为主，黄红、黄褐色次之，半透

---

❶ 主要资料来源：中国有色金属工业昆明勘察设计研究院，2010a，云南省金平县阿得博独居石砂矿核查矿区资源储量核查报告。

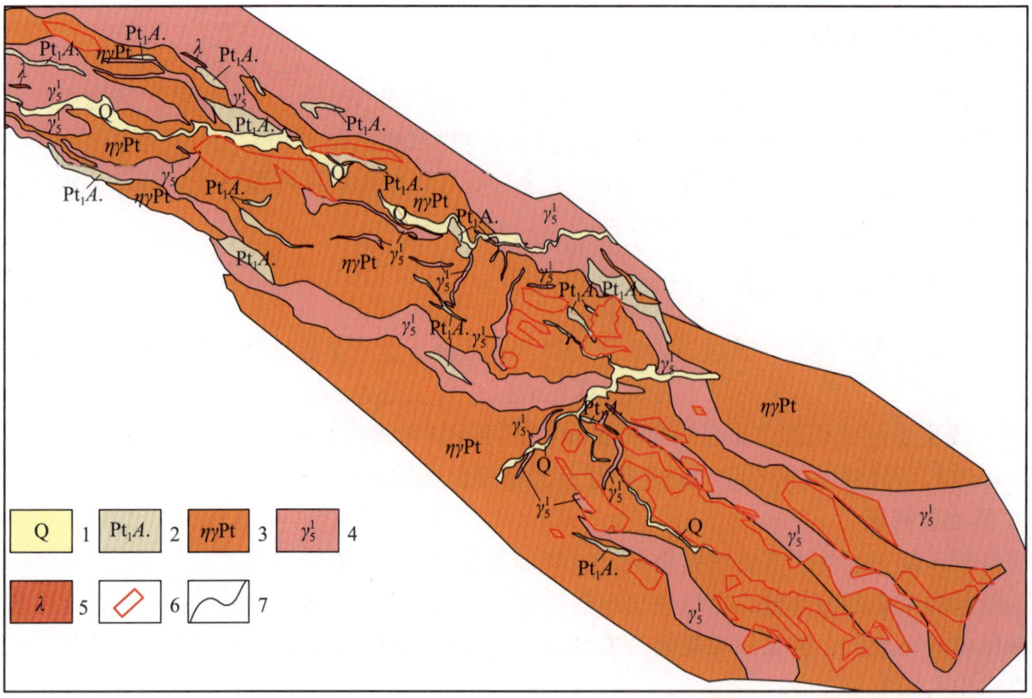

图 7-11　金平县阿得博独居石砂矿地质简图

（据云南省国土资源厅等，2013b）

1—第四系残坡积层；2—古元古界哀牢山岩群片麻岩；3—元古宙片麻状二长花岗岩；4—三叠纪花岗岩；5—岩脉；6—矿体（风化壳）界线；7—地质界线

明至微透明，玻璃光泽，相对密度 4.76～5.15。独居石中稀土总量为 62.13%，CeO_2 含量 14.8%，ThO_2 含量 10.51%。所圈表内矿体，独居石平均含量为 250～300 g/m^3。

次要稀土矿物为磷钇矿，占矿物总量的 11.41%，为深黄、乳白、红棕、灰绿、褐色，晶体呈双锥状、四方柱状或棱角状圆形颗粒，大部分具弱磁性。

4. 矿床成因及成矿模式

富含稀土矿物独居石、磷钇矿的元古宙片麻状花岗岩，是形成该类型稀土矿床的必要物质来源，是成矿的重要基础；此外，区域性构造运动、变形变质强烈、韧性剪切带发育等都有助于矿体的形成。在湿热条件下，化学风化和物理风化强烈，出露地表的岩体遭受风化剥蚀，经长期的风化剥蚀和堆积，稀土矿物逐步富集，原地堆积形成稀土砂矿床，区内植被发育则更有利于风化壳的保存。成矿模式见图 7-12。

5. 找矿标志

1）富含独居石、磷钇矿等稀土矿物的花岗岩。

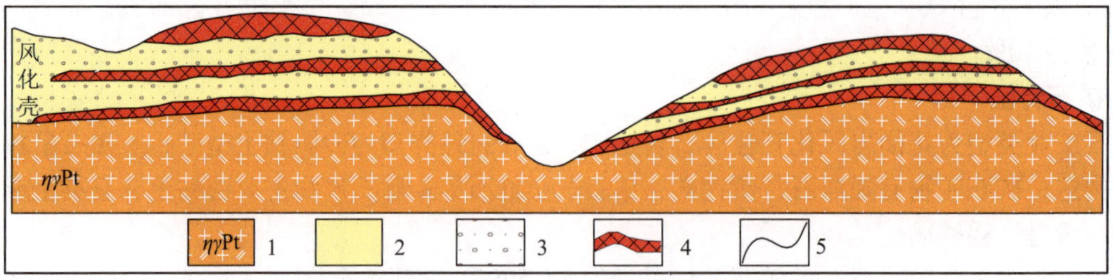

图 7-12　金平县阿德博独居石砂矿床成矿模式图

（据云南省国土资源厅等，2013b）

1—元古宙片麻状二长花岗岩；2—风化壳；3—砂砾岩；4—矿体；5—地质界线

2）湿热的气候条件，植被发育、海拔较低、平缓地形中稀土元素的化探异常、重砂异常。

（二）元阳县金厂坪独居石砂矿床❶

金厂坪独居石砂矿床行政区划隶属于元阳县黄茅岭乡、嘎娘乡。

1958~1959年，云南地质局金平地质队在该区开展地质勘查工作，先后提交了《云南元阳县金厂坪纸厂河砂矿报告》和《云南省元阳县金厂坪、纸厂河独居石砂矿矿产普查检查报告》，估算独居石、磷钇矿储量，具小型独居石砂矿床规模。资源储量未列入《云南省2017年矿区及所属矿山矿产资源储量简表》，资源尚未开发利用。

矿区夹持于哀牢山断裂与藤条江断裂之间，出露地层主要为古元古界哀牢山岩群小羊街岩组（$Pt_1x.$），岩性以二云片岩夹黑云斜长变粒岩、混合花岗质片麻岩、斜长角闪岩、石英岩等为主，岩石混合岩化成条带状混合岩、条纹状混合岩；含矿岩石主要为混合岩和黑云片麻岩等。岩浆活动强烈，主要出露晋宁期片麻状黑云二长花岗岩和燕山期碱性花岗岩，均富含稀土元素，与稀土矿化关系密切。

区内独居石矿有风化壳残坡积型、河流冲积型2种矿化类型。

1）风化壳残坡积型独居石砂矿：古元古界哀牢山岩群小羊街岩组（$Pt_1x.$）与花岗岩接触带附近的混合岩带富含独居石，其风化壳成分主要有石英、长石、高岭石、硅铁质等，一般厚10 m左右，最厚达18 m；独居石含量一般100 g/m^{3}左右，最高达650 g/m^3，含量变化向深部有增高的趋势；磷钇矿含量低。总体矿化不均匀，但分布范围大，矿石矿物除独居石外，尚有微量磷钇矿、锆石、金红石等。

2）河流冲积型砂矿：金厂坪小河发源于富含独居石的变质岩、花岗岩区，河谷平坦，河水流量小、流速缓，形成冲积型砂矿，独居石含量高，最高达6959 g/m^3，最低10.4 g/m^3，平均700 g/m^{3}以上；独居石与磷钇矿比例为17：1。矿体品位富，但范围不大。纸厂河形成的砂矿体较金厂坪小河的规模大，但矿体品位贫，难以利用。

富含稀土矿物独居石、磷钇矿的晋宁期片麻状花岗岩和燕山期碱性花岗岩，是形成该类型稀土金属矿床的物质来源，强烈的构造、变形、变质作用也促进了成矿元素的富集；在湿热条件下，出露地表的含矿岩体遭受风化、剥蚀、淋滤、搬运，独居石等矿物进一步富集，一部分就地形成风化壳残坡积型砂矿体，一部分经流水搬运、分选富集，在河谷中沉积下来，则形成冲积型砂矿。

第四节　砂矿型稀土矿

砂矿型稀土矿主要产于临沧-勐海花岗岩体南段的勐海一带，矿体主要赋存于古河床冲积砂砾层中，为层状、似层状、小扁豆状矿体，且多集中于第四纪冲积盆地的中部，向边部变薄。在含矿层剖面垂直方向上，有中部较富，上、下较贫的特点。目前有工业价值的主要有独居石、磷钇矿两种，独居石矿以勐海县勐往、城郊2个大型矿床最具代表性；磷钇矿则以勐海县勐阿中型和勐康小型矿床最具代表性。

一、勐海县勐往独居石砂矿床❷

勐往独居石砂矿床行政区划隶属于勐海县勐往乡。

1959年，昆明有色冶金地质勘探公司三〇五队（于1959年8月更名为云南省地质局第十六地质队）在该区开展稀土普查找矿工作，发现勐往盆地第四系堆积物中独居石、锆石等矿物含量达到工

---

❶ 主要资料来源：云南省地质局金平地质队，1959，云南省元阳县金厂坪、纸厂河独居石砂矿矿产普查检查报告。

❷ 主要资料来源：地质矿产部“三江”专著编辑委员会，1984，怒江、澜沧江、金沙江区域矿产志；云南省地质矿产勘查开发局第一地质大队，2010b，云南省勐海县勐往独居石砂矿核查矿区资源储量核查报告。

业指标，随后相继开展了详查-勘探工作，于 1963 年 12 月提交了《云南省勐海县勐往独居石砂矿储量计算报告书》，并估算 C_1+C_2 级独居石储量。

截至 2017 年底，具大型独居石砂矿床规模；伴生锆英石 19966. 82 t、钛铁矿 138835. 81 t；资源尚未开发利用。

（一）矿区地质特征

勐往矿区地处冈底斯-念青唐古拉褶皱系的南部，临沧-勐海花岗岩基的东侧。其大地构造分区属羌塘-“三江”造山系（Ⅶ）、崇山-临沧地块（Ⅶ-7）之临沧岩浆弧（Ⅶ-7-2），成矿区带属“三江”（造山带）成矿省（Ⅱ2）、临沧-勐海（岩浆弧）Fe-Pb-Zn-Ag-Au-Sn-Ge-REE 成矿带（Ⅲ4）之临沧-勐海（岩浆弧）Fe-Pb-Zn-Au-Ag-Sn-Sb-Ge-REE 矿带（Ⅳ9）。

区域上以元古宙变质岩系为基底，并有主体形成于印支期的临沧-勐海花岗岩基侵入于元古宙变质岩系中；有中生代地层不整合覆盖于元古宙变质岩系基底及花岗岩基之上。勐往盆地位于花岗岩基东侧接触带上，盆地基底由花岗岩类和中基性岩类等岩石组成，矿区呈南北向展布；独居石砂矿产于盆地新生代古河床冲积层中（图 7-13）。

1. 基底地质

区域性南北向断裂纵贯勐往盆地。断裂以东分布有花岗闪长岩，且发育有中-基性辉长、辉绿岩脉；断裂以西为印支期黑云母花岗岩、长英岩等。盆地南部边缘出露有三叠系页岩、石英砂岩及元古界千枚岩、石英片岩。

黑云母花岗岩以灰色、中粒结构为主。造岩矿物主要有斜长石（25%~30%）、钾长石（20%~25%）、黑云母（15%~20%）及石英（30%~35%）；副矿物有磷灰石、锆石、钛铁矿、独居石、磷钇矿等；经人工重砂测定，花岗岩中独居石含量为 56. 26 g/t，锆石 281. 33 g/t，钛铁矿 281 g/t；该花岗岩属印支早期临沧花岗岩基的组成部分，是形成砂矿型稀土矿床的母岩。

花岗闪长岩为中粒状，斜长石、钾长石含量约占 50%，黑云母、角闪石约 25%，石英约 15%；含极少量的锆石、独居石、磷灰石等副矿物；成岩时代可能为燕山期。

长英岩在区内出露广泛，呈脉状产出于黑云母花岗岩中，长几十、几百至几千米，宽几十至几百米不等。矿物含量石英约 40%，钾长石、斜长石近 60%，偶见金云母。

盆地东侧的中性、基性岩类，岩性组合复杂，既有辉长岩、辉绿岩等暗色岩，也有压碎状安山岩及玢岩，与砂矿型稀土矿床的形成关系不大。

2. 新生界地质

勐往盆地新生界堆积广且厚。一般在坝区为古河床冲积层，盆地边缘多见洪积层；盆地四周丘陵地带为坡积层。在古河床冲积层之下或缓坡地带有残积层，现代河床内为现代冲积物。

（1）残积层

残积层形成于古河床冲积层之前，现代仍继续发育，多呈面型分布。在盆地底部者厚达十余米；边缘丘陵缓坡地区厚几米至十余米，局部达 20 m。花岗岩地区的残积层一般为砖红色到棕褐色，由石英、云母及泥质物组成；长英岩地区的残积层多为浅灰、浅黄白色，松散土状为主；中基性岩地区残积层为深灰色、棕紫色，含碎屑少，粘性大。

（2）古河床冲积层

勐往盆地主要为第四纪早期河流冲积层所充填，属河流冲积相和河漫滩相。冲积层上部为粘土、砂质粘土；下部砂砾层、砂层、砂质粘土层、粘土层等交替出现，常呈凸镜状、分支复合出现，变化较大。冲积层厚度随盆地不同部位而变化，一般盆地边缘薄，往中心变厚达 10 m 以上，局部超过 20 m。砂砾层：大部分位于盆地中心，约占冲积物的 56%。浅灰、灰白以及暗紫色，由砾石、砂及少量泥质物组成。砾石含量 11%~49%，砂 62%~24%，泥质物 26%左右。砾石成分以石英为主；在盆地东部有中基性岩砾石，西部有花岗岩砾石。砾径一般约 5 cm，最大可达 10 cm。

砂层：透镜状零星分布，在冲积层中所占比例极少。以石英砂为主，并见云母、长石碎屑，偶见

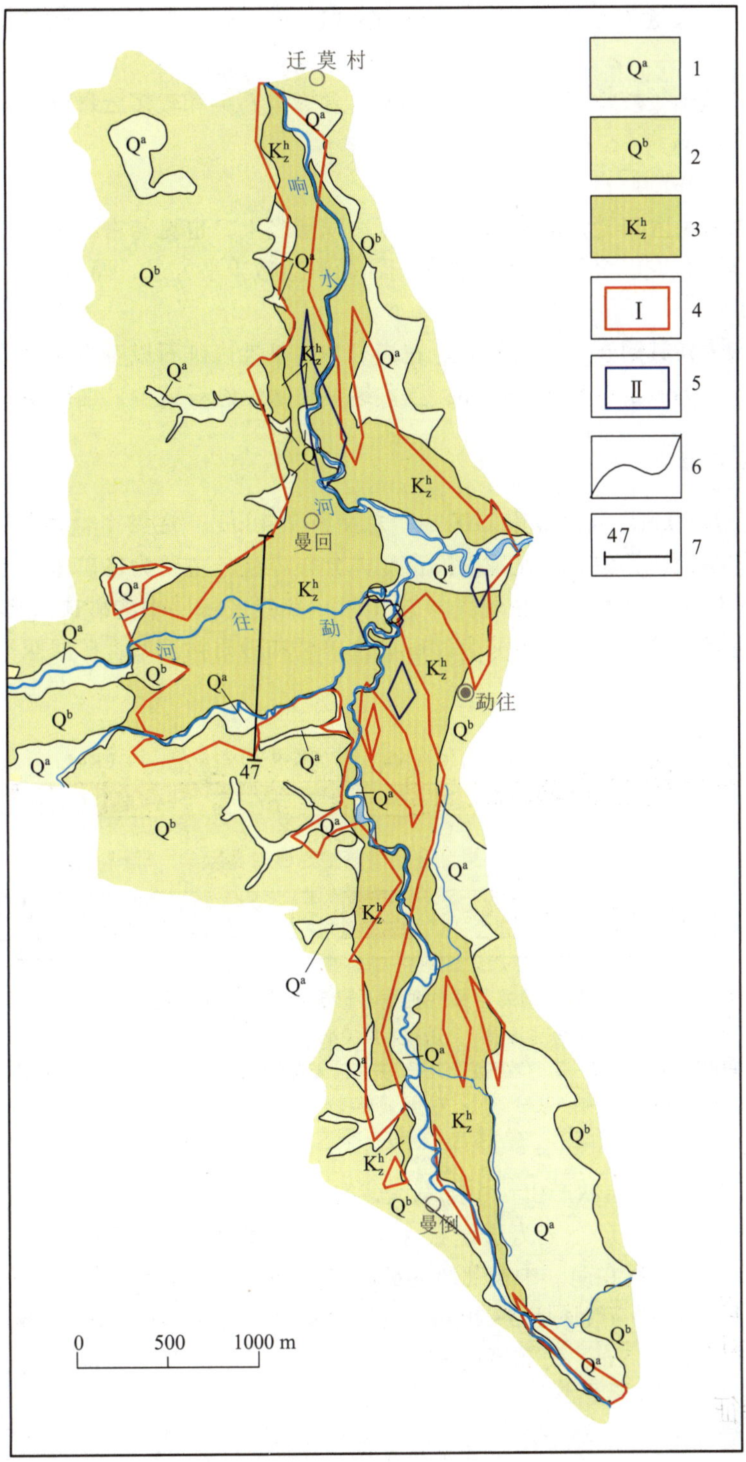

图 7-13　勐海县勐往独居石砂矿区地质简图

（据云南省地质矿产勘查开发局第一地质大队，2010b）

1—第四系堆积、洪积层；2—第四系残坡积层；3—古河床堆积层；4—Ⅰ号矿体线；5—Ⅱ号矿体界线；6—地质界线；7—勘探线及编号

小砾石。当泥质增多时，则逐渐过渡为砂质粘土。在 100~200 m 内即过渡尖灭，变化较大。

砂质粘土层：约占冲积层的 24%。一般为浅黄、浅绿、灰白色砂质粘土。砂质含量 45%，粘土约 55%，砂质主要由石英、云母等组成。

粘土层：多分布在盆地边缘，与坡积层的粘土难以准确划分。一般为棕红、浅黄、灰褐色，颜色随物质成分而变化。除大量粘土泥质物外，尚有较多白云母碎片，具有一定粘结性和可塑性。

（3）坡积层

分布在盆地四周低山缓坡地带，为棕红色粘土，含少量石英和较多云母碎片，偶见大小不等的岩石碎块；一般厚度 2~5 m。

（4）洪积层

分布在盆地边缘水系入口处，多覆盖在古河床冲积层之上，也见与古河床冲积层交错出现，由粘土、石英砂及少量砾石组成。全区共 15 个洪积扇，面积达数千平方米，厚度 0.1~2 m。

（5）现代冲积层

分布于现代河床中及其附近，由石英砂、花岗岩和中基性岩砾石以及少量泥质物组成。在盆地边缘多见巨砾，砾径 5~10 cm，最大达 1~2 m；至盆地中心部位砾石减少，细砂增多。厚度 0.1~2 m。

（二）矿体地质特征

勐往盆地南北长 8500 m，东西最宽 2200 m，总面积 7.4 km^2。在整个盆地范围内均有矿体出露，盆地北部和中部矿体厚大、品位高；盆地南部富矿体分布零星，主要为贫矿体。独居石砂矿体主要赋存于盆地古河床冲积层中，也有分布在现代河谷（床）和残坡积层中的砂矿（图 7-14），前者较富是主体，后者较贫且规模较小。全区可分为砂砾型含矿层和砂质粘土型含矿层两类。

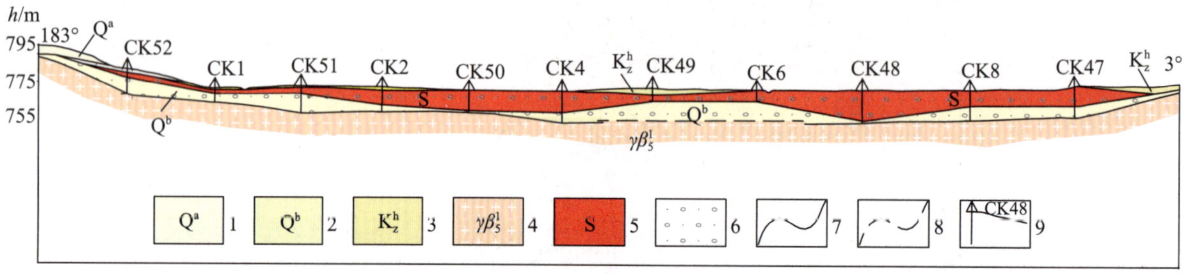

图 7-14　勐海县勐往独居石砂矿床 47 线地质剖面图

（据云南省地质矿产勘查开发局第一地质大队，2010b）

1—第四系河床堆积层、洪积层；2—第四系残坡积层；3—古河床堆积层；4—印支期中粒黑云母花岗岩；5—独居石矿工业矿体；6—粘土质砂砾层；7—地质界线；8—推测地质界线；9—钻孔及编号

6 号矿体为主矿体，呈似层状产出，中部宽大，向南变窄，向北分为两支，面积为 3.06 km^2；其余矿体分布于其上下或外围，形态多为透镜状、扁豆状，总面积为 0.44 km^2，在剖面上无一定的层位。主矿体分布范围较大，且在南、中及北段局部有富矿分布；在矿区南段，富矿厚度 2~4 m，贫矿厚度 1~10 m；在中段，富矿一般厚度 3~20 m，贫矿厚度 2~10 m；在北段，富矿厚度 2~8 m，贫矿厚度 2~6 m；小矿体厚度 1~6 m，局部可达 10 m。

（三）矿石特征

根据矿石组分、粒度大小、粘结程度，勐往矿床的含矿层分为砂砾型及砂质粘土型含矿层 2 类。砂砾型含矿层主要由砂和砾石组成，还有少量粘土，松散无粘结性。粒度低于 0.02 mm 者占 26.5%，0.02~2 mm 者占 53.1%，2~10 mm 者占 16.8%，大于 10 mm 者占 3.6%。独居石含量在 500 g/t 以上者占样品总数的 39%。粘土、砂质粘土型含矿层由粘土和细砂组成，粘结性差、松软、粒度细（0.02 mm）。有用矿物含量超过 500 g/t 者占样品总数的比例分别为：独居石 39%、锆石 42%、钛铁矿 10%。

矿层中矿石呈细粒-粗粒状结构，具有砂状、粘土状构造。主要重矿物为独居石、锆石、钛铁矿（三者比例为 1∶1.3∶8.2），其次为磷钇矿、金红石、锐钛矿、锡石、自然金等，微量矿物有榍石、磷灰石、钍石、石榴子石、电气石、绿帘石、黄铁矿、褐铁矿等。独居石一般晶形完好，粒度在

0.105 mm 以下者占 60%，粒度在 0.8~0.105 mm 的约占 25%。独居石化学分析结果为：稀土总量（ΣREE）46.65%~54.4%、ThO_2 含量 2.89%~4.99%，光谱分析各元素含量为：Th≥1%、La≥1%、Y≥0.1%、Yb 0.03%~1%、Nb 0.1%、Zr>1%；锆石光谱分析各元素含量为：Zr 5%~30%、Sc 0.005%~0.01%、Hf 0.5%~3%、Y 0.03%~0.05%、Yb 0.01%~0.1%。

重矿物在含矿层中总的分布趋势为：坡积层含量不及冲积层高，盆地两端含量不及中部高，冲积层中粘土层中含量不及砂砾层高。矿层的上部或下部独居石品位一般较贫，中部较富。冲积层中不同岩性分层重矿物含量见表 7-16。坡积层中独居石含量一般为 n~n×10 g/m^3，最高达 550 g/m^3，残积层中独居石含量因基岩岩性不同而异。花岗岩为 n×10~1656 g/m^3，片麻状花岗岩为 n×10~694 g/m^3，长英岩为微量至 n×10 g/m^3，中基性岩中含量极微。

表 7-16　勐海县勐往独居石砂矿床冲积层中不同岩性分层重砂矿物含量表

矿物名称	取样总数	品位品级	各自然岩性含有益矿物百分比/%		
			砂砾层	砂质粘土层	粘土层
独居石	2760	<200	22	51	71
		200~500	47	20	20
		>500	31	21	9
锆石	2760	<200	14	39	47
		200~1500	81	57	51
		>1500	5	7	2
钛铁矿	2760	<2000	27	69	83
		2000~5000	33	20	13
		>5000	35	11	4

（四）成矿条件及矿床成因

勐往独居石砂矿床的形成受临沧-勐海花岗岩基岩的含矿性、风化作用、气候地貌等条件控制。

区内印支期花岗岩基岩经过人工重砂测定，证实黑云母花岗岩类岩石含独居石、锆石较高，是提供砂矿物质来源的基础条件。

勐往地区属于亚热带气候，湿热多雨，含腐殖酸及中偏碱性的地下水活动，促进了岩石的风化作用。强烈风化的结果，形成了区内广泛分布的红土层，而不易氧化的独居石等重砂矿物，从岩石中分离出来，保留在较松散的红土层中。

在遇见中-暴雨时，红土层就遭受冲刷剥蚀，使大量泥砂、岩块及重砂矿物随水流汇入盆地。在盆地内由于流速减慢，水体携带物质相继沉积于盆地中聚集。水体搬运过程也是独居石等重矿物天然分选富集的过程。

由于岩体风化，大量的独居石、锆石、钛铁矿等副矿物与岩体分离，在残积、坡积、冲积、搬运至盆地过程中富集，最终形成砂矿床。

勐往独居石砂矿床主要为冲积型砂矿；坡积物型砂矿规模较小，多为表外矿，属次要矿床类型。

二、勐海县城郊独居石砂矿床[❶]

勐海城郊独居石砂矿床行政区划隶属于勐海县勐海镇。

1960~1964 年，云南省地质局第十六地质队对矿区开展普查-详查工作，于 1964 年 5 月提交了

❶ 主要资料来源：云南省地质矿产勘查开发局第一地质大队，2010d，云南省勐海县勐海独居石砂矿核查矿区资源储量核查报告。

《云南省勐海县勐阿勐海勐康磷钇矿独居石砂矿详细普查报告》，并估算 C_2 级独居石储量。

截至 2017 年底，已具大型独居石砂矿床规模，伴生锆英石 40587.60 t；资源尚未开发利用。

（一）矿区地质特征

勐海城郊矿区处于冈底斯-念青唐古拉褶皱系的南部，位于华力西期临沧-勐海花岗岩基的中部。其大地构造分区属羌塘-“三江”造山系（Ⅶ）、崇山-临沧地块（Ⅶ-7）之临沧岩浆弧（Ⅶ-7-2），成矿区带属“三江”（造山带）成矿省（Ⅱ2）、临沧-勐海（岩浆弧）Fe-Pb-Zn-Ag-Au-Sn-Ge-REE 成矿带（Ⅲ4）之临沧-勐海（岩浆弧）Fe-Pb-Zn-Au-Ag-Sn-Sb-Ge-REE 矿带（Ⅳ9）。

区内发育有新生代冲洪积层及残坡积层，是独居石砂矿的主要赋存层位。盆地边缘冲积层上部常有洪积层分布，坡积层分布于盆地四周的丘陵山地，在坡积层及早期冲积层下部均有残积层广泛存在，现代冲积层则仅限于现代河床溪谷之内，各个层位的分布如图 7-15 所示。

残积层：区内残积层分布范围较广，岩石和地貌条件有利的区域残积层常呈面型分布，厚度较大，一般在盆地底部厚达十余米，在盆地边缘的山区，也可厚达几米到十几米，少数地区厚达 20 m。盆地残积层一般为棕红色及肉红色，主要由粘土、云母碎片及长石石英砂组成。

坡积层：分布于盆地边缘低山缓坡地带，坡积层分布比较广泛。主要为红色粘土，其次为土黄、灰绿色粘土，可见较多的云母碎片和少量的石英颗粒。本区坡积层厚度 2~5 m，一般不超过 10 m，分布比较广泛，几乎掩盖盆地的四周所有山区。

洪积层（锥）：分布于在盆边缘河流入口处，分布面积大者达 1 km^2，小者有数百平方米，洪积锥中部的厚度有的达 10 m。由砾石、砂及粘土组成，砾石成分多为石英及花岗岩岩屑、岩块、砾径 0.5~2 m，最大可达 10 m，此类洪积锥区内有 7 个，多复盖于古河床层之上，形成时代为全新世。

古河床冲积层：在勐海盆地分布面积达 26 km^2，冲积物主要为河床冲积相及河漫滩相，极少量为牛轭湖相堆积。在河床上部为粘土层及砂质粘土层，中下部为砂层及砂砾层，在垂向上粗细碎屑互相交错，看不出明显的韵律结构，沉积物厚度数米至数十米不等，边缘部分较薄，中部最厚有达 24.53 m，该层可细分为砂砾层、砂层、砂质粘土层、粘土层 4 个亚层。

现代冲积层：现代冲积层主要分布在盆地内流河和丘陵地带沟谷开阔处，冲积层的形状、规模受堆积的沟谷形状控制，面积几十平方米至几万平方米。产于现代河床者厚度 0.1~2 m，堆积物成分由石英砂、花岗岩和中基性岩砾石及少量泥质物组成；产于冲沟的堆积物厚度 0.5~8 m，为含植物杂质粘土层、砂质粘土层及砂砾层，堆积的物质成分由粘土、石英碎块及少量花岗岩砾石组成。

（二）矿体地质特征

勐海盆地总体呈南北向，形状为不规则树枝状展布，总面积 26 km^2。本区矿体主要赋存于盆地古河床冲积层中，少部分赋存于残坡积及洪积层中（图 7-16）。全区共有独居石砂矿体 7 个，其中Ⅰ~Ⅳ号为表内矿体，Ⅰ—Ⅲ号矿体呈长条形、分支不规则形，Ⅳ号矿体呈扁豆形。Ⅵ矿体分布面积最大，约 8.649 km^2，约占盆地总面积的 44%。矿体受地貌和堆积物分选性的控制，矿体多分布于盆地的东部。矿体的规模及分布见表 7-17。

矿床独居石平均品位 573 g/m^3（表内），最高达 1108 g/m^3，品位在古河床冲积层最富，在现代冲积层、洪积层、坡残积层中依次变贫；在冲积层中以砂砾层最佳，其次为砂层、砂质粘土层、粘土层。矿体主要分布在盆地东部，而且高品位者亦多集中在东部，尤其东部舌形谷处品位更为富集。除独居石外，还伴生有锆石、钛铁矿及磷钇矿，伴生矿物的品位变化和独居石品位变化成正相关。

（三）矿石特征

主要有益重砂矿物有独居石、锆石，其次有金红石、钛铁矿、钍石、锐钛矿、锡石、自然金等；其他矿物主要有石英、长石及粘土类矿物。

独居石砂矿呈细粒结构，颗粒呈棱角状-半滚圆状；具有砂状、土状构造。

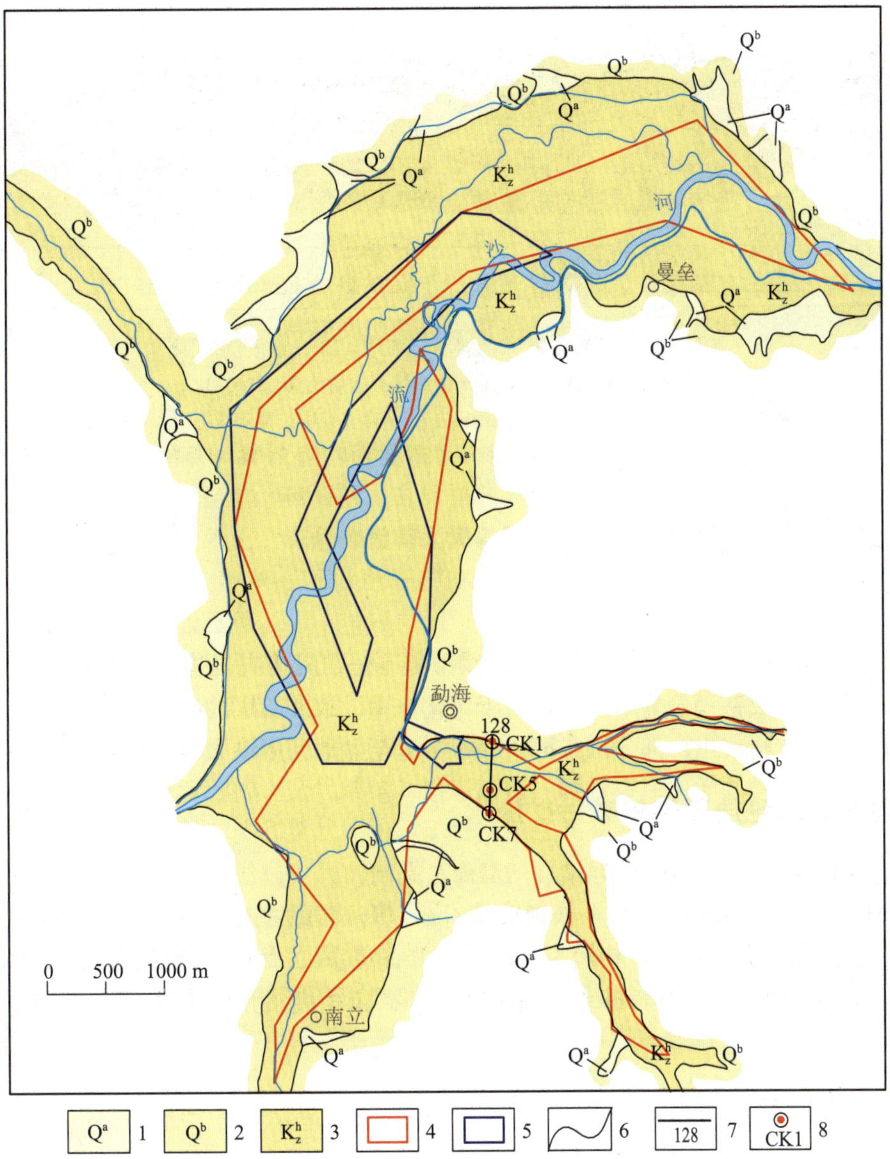

图 7-15　勐海县城郊独居石砂矿区地质简图

（据云南省地质矿产勘查开发局第一地质大队，2010d）

1—第四系河床冲积层、洪积层；2—第四系残坡积层；3—古河床冲积层；4—Ⅵ号矿体界线；5—Ⅶ号矿体界线；6—地质界线；7—勘探线及编号；8—见矿钻孔及编号

表 7-17　勐海县城郊独居石砂矿床主要矿体特征表

矿体编号	分布位置	形状	面积/$10^4\ m^2$	平均厚度/m	最大厚度/m	平均品位/($g\cdot m^{-3}$)	备注
Ⅰ	盆地中部曼贞寨东边	长度 1.5 km，宽度 0.3 km，呈长条形	30	2.04	3.07	531	表内
Ⅱ	盆地东部舌形谷口	长度 0.8 km，呈不规则形	19.8	3.35	6.00	606	表内
Ⅲ	盆地东部舌形谷曼洼附近	长度 1 km，宽度<100 m，呈长条形	2.6	1	1.00	900	表内
Ⅳ	盆地东部舌形谷麦郎街-曼中一带	长度 1 km，宽度 0.1 km，呈扁豆形	7.7	4.7	7.5	559	表内
Ⅴ	盆地东部舌形谷曼贞到曼达一带	长度 2.4 km，宽度 1~2 km，呈长条形	29.9	1.4	2.31	300	表外
Ⅵ	分布于盆地东部，占盆地面积的 44%	具分支的不规则形	864.9	2.25	10	308	表外
Ⅶ	位于盆地中部		487.7	2.06	4.15	292	表外

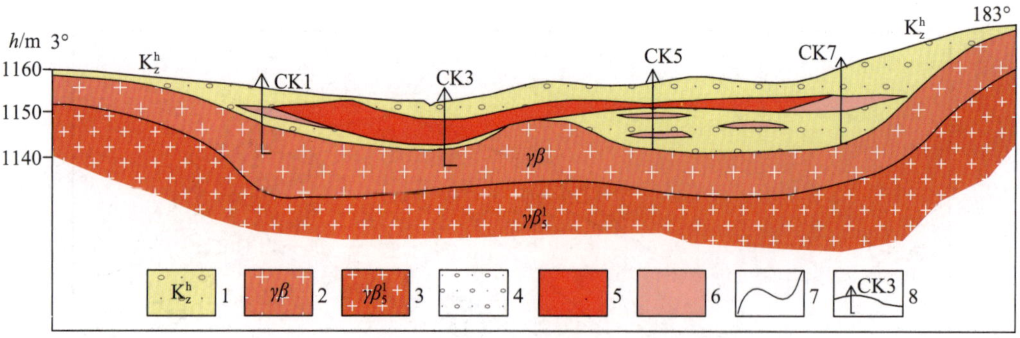

图 7-16 勐海县城郊独居石砂矿床 128 线地质剖面图

（据云南省地质矿产勘查开发局第一地质大队，2010d）

1—古河床堆积层；2—黑云母花岗岩风化后残积层岩；3—印支期中粒黑云母花岗；4—粘土质砂砾层；5—独居石表内（工业）矿体；6—独居石表外（低品位）矿体；7—地质界线；8—钻孔及编号

独居石砂矿伴生有益组分主要为锆英石，其次为磷钇矿等。

（四）矿床成因

勐海城郊独居石砂矿床的成矿物质源于印支期的临沧-勐海花岗岩基，各类花岗岩中含有大量的独居石、锆石、磷钇矿及钛铁矿等副矿物，由于风化作用，致使有用的矿物与岩体分离，在坡积、残积层中独居石等重砂矿物富集，部分由于雨水冲积搬运至盆地河床中大量聚集，形成独居石砂矿床。

三、勐海县勐阿独居石磷钇矿砂矿床[1]

勐阿独居石磷钇矿砂矿床行政区划隶属于勐海县勐阿镇。

1960~1964 年，云南省地质局第十六地质队对矿区开展普查-详查工作，于 1964 年 5 月提交了《云南省勐海县勐阿勐海勐康磷钇矿独居石砂矿详细普查报告》，估算了独居石、磷钇矿储量。

截至 2017 年底，已具大型独居石和中型磷钇矿砂矿床规模，并伴生锆英石 44787.14 t；资源尚未开发利用。

（一）矿区地质特征

勐阿矿区地处冈底斯-念青唐古拉褶皱系的南部，位于临沧-勐海花岗岩基的中部。其大地构造分区属羌塘-“三江”造山系（Ⅶ）、崇山-临沧地块（Ⅶ-7）之临沧岩浆弧（Ⅶ-7-2），成矿区带属“三江”（造山带）成矿省（Ⅱ2）、临沧-勐海（岩浆弧）Fe-Pb-Zn-Ag-Au-Sn-Ge-REE 成矿带（Ⅲ4）之临沧-勐海（岩浆弧）Fe-Pb-Zn-Au-Ag-Sn-Sb-Ge-REE 矿带（Ⅳ9）。

1. 基底地质

勐阿盆地处于印支期临沧-勐海花岗岩体南段中心部位，基底岩石由花岗岩及其脉岩组成。岩体边缘多为细粒黑云母花岗岩，中心以粗粒或中粒斑状黑云母花岗岩为主。

盆地西侧有一北北西向延伸 30 km 的勐阿断裂，沿断裂形成宽窄不等的破碎带和明显的蚀变带，断裂带及其附近并见各类脉岩产出。盆地形成与此断裂关系密切，勐阿盆地属一断陷盆地。

区内发育有印支期粗粒-中粒-细粒黑云母花岗岩（图 7-17），各类花岗岩的副矿物有锆石、磷灰石、独居石、磷钇矿、榍石、电气石、褐帘石等。经人工重砂分析，以细粒花岗岩磷钇矿含量最高，可达 85 g/t；其次为中粒花岗岩、蚀变花岗岩，磷钇矿含量分别为 23 g/t、11 g/t。粗粒花岗岩中独居石含量最高，达 89 g/t；其次为中粒花岗岩，独居石含量 41 g/t。中粒花岗岩中锆石含量最高，

[1] 主要资料来源：云南省地质矿产勘查开发局第一地质大队，2010c，云南省勐海县勐阿磷钇矿、独居石砂矿核查矿区资源储量核查报告；地质矿产部“三江”专著编辑委员会，1984，怒江、澜沧江、金沙江区域矿产志。

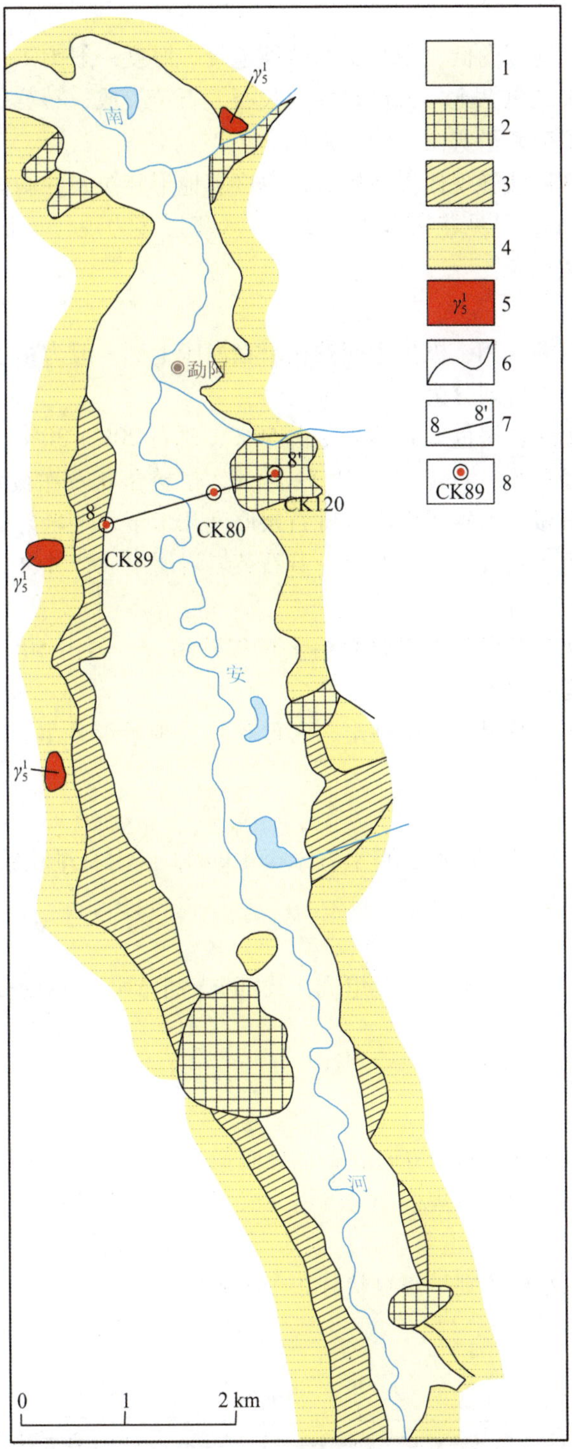

图 7-17　勐海县勐阿独居石磷钇矿砂矿区地质简图

（据云南省地质矿产勘查开发局第一地质大队，2010c）

1—古河床冲积层；2—洪积扇；3—坡积层；4—坡残积层；5—印支期花岗岩；6—地质界线；7—剖面及编号；8—见矿钻孔及编号

达 443 g/t。

2. 第四纪地质

勐阿盆地呈北北西向长条状分布，面积 22 km^2，第四纪坡残积层、洪积层、古河床冲积层、现代河床冲积层分布在盆地内及其周围。

（1）坡、残积层

坡积层广泛分布于盆地周围的低、中高山的缓坡地带，厚度一般为2~7 m，最厚可达15 m。花岗岩地区的坡积层由棕红、肉红色粘土、云母碎片及长石、石英组成；石英硅质岩分布区的坡积层主要由石英粗屑、细砂及粘土组成，呈灰白、浅灰褐色。

残积层呈面型分布，其形状受现代溪谷控制，厚度随地形陡缓、冲刷作用的强弱而异，一般在盆地边缘缓坡地带厚度3~10 m；可见花岗岩残余结构。残积层多为现代风化产物，但在盆地古河床冲积层之下的残积层时代可能较老。

（2）古河床冲积层

主要为河床冲积相及河漫滩相，极少牛轭湖相。在河床上部一般为粘土层及砂质粘土层；中下部为砂层及砂砾层。根据碎屑粒度划分为：

砂砾层：灰色、灰白色或黄褐色，砂的含量占50%，砾石20%~30%。砾石成分以石英为主，其次为花岗岩、长英岩，砾径0.5~1 cm，少数达5~8 cm，呈棱角状及次棱角状。在盆地边缘砾石多，砾径也大，向盆地中心砾石减少，砾径也小。砾石层厚度几米至几十米，最厚可达21.62 m。

砂层：灰白色或黄褐色。由石英、长石及少量石英岩岩屑组成，并含少量砾石和粘土；厚度一般为几米至几十米。

砂质粘土层：灰白、灰黑及黑色，主要由粘土及细砂组成，各占50%。粘性较差。本层厚度变化较大，一般厚度为几米至几十米。

粘土层：黄褐、灰、灰黑及黑色，由粘土、云母碎片及少量细砂组成，偶见泥炭，粘结性较好；厚度为几米至十几米。

（3）洪积层

分布在盆地边缘河流入口处，面积数百平方米至1 km^2，区内有洪积锥7个，均覆盖在古河床冲积层之上。

（4）现代河流冲积层

为河床冲积相及河漫滩相，由砾石及砂组成，局部夹粘土薄层；沿南安河呈长条状分布，宽数十米，厚度1~2 m。

（二）矿体地质特征

勐阿盆地呈长条形，沿340°~355°方向展布，总面积22 km^2。矿体主要赋存于盆地古河床冲积层中，赋存于坡残积及洪积层中的矿体规模小且经济意义不大（图7-18）。全区共有磷钇矿矿体19个，其中17个是表内矿体，Ⅰ—Ⅴ号为主要矿体；独居石砂矿体共8个，全为表外矿。主矿体长轴方向与盆地一致，呈面型分布；小矿体则呈扁豆状分布于主矿体的上下、左右呈雁行展布，矿体多分布于盆地的东部。

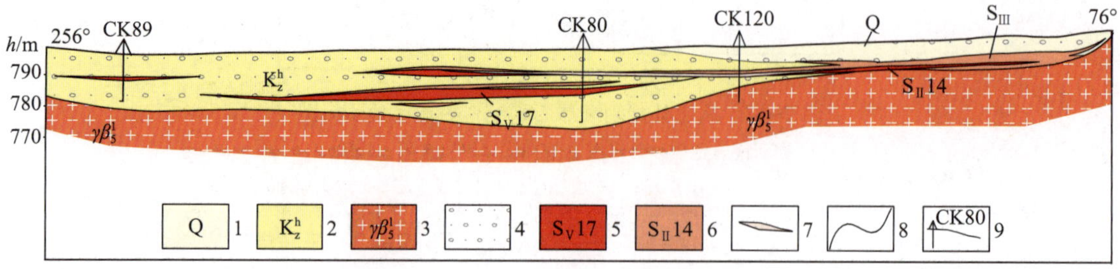

图7-18　勐海县勐阿独居石磷钇矿砂矿床8线地质剖面图

（据云南省地质矿产勘查开发局第一地质大队，2010c）

1—第四系河床坡积层、洪积坡；2—古河床冲积层；3—印支期中粒黑云母花岗岩；4—粘土质砂砾层；5—磷钇矿工业矿体及编号；6—磷钇矿低品位矿体及编号；7—矿化体；8—地质界线；9—钻孔及编号

1. 磷钇矿砂矿体

勐阿矿床共发现磷钇矿矿体19个，Ⅰ—Ⅴ号为规模较大的矿体，其中Ⅰ号矿体规模最大，长达11 km，宽度0.6~1 km，面积达7.5 km^2，呈北北西走向，为南北两头尖灭的长条形。在盆地中部矿体一般厚度4.49~8.87 m，最厚达17.5 m以上，矿体宽度900~1000 m；盆地南北两端矿体宽度逐渐收敛，厚度也随之变薄，北部矿体厚度0.5 m，南部矿体厚度2.42~2.72 m。磷钇矿平均品位为89 g/m^3，储量达2712 t，占全区储量的96%。其余规模较小的矿体，分布于主矿体上部（Ⅳ、Ⅵ号）、主矿体下部（Ⅸ号）及主矿体之间（多为表外矿体）。其他矿体特征见表7-18。

表7-18　勐海县勐阿独居石磷钇矿砂矿床磷钇矿矿体特征一览表

矿体编号	位置	形状	面积	平均厚度/m	平均品位/($g \cdot m^{-3}$)
Ⅰ	勐阿盆地东部	长条状	7.5 km^2	2.42~8.87	89
Ⅱ	曼本附近Ⅰ号矿体东侧	短扁豆状	13.3×10^4 m^2	0.5	76
Ⅲ	益宰附近Ⅰ号矿体之上	扁豆状	15.6×10^4 m^2	0.56	72
Ⅳ	曼卖以北	扁豆状	4.1×10^4 m^2	0.81	130
Ⅴ	位于Ⅰ号矿体之下	扁豆体向南分岔	4.3×10^4 m^2	2.23	100

2. 独居石砂矿体

勐阿矿床发现独居石砂矿体8个，规模较大者有Ⅲ、Ⅳ、Ⅴ 3个，其余为小矿体。Ⅲ号矿体位于Ⅰ号磷钇矿矿体之东侧，主矿体部分在剖面上与Ⅰ号磷钇矿矿体的层位相当。Ⅰ、Ⅱ号矿体呈透镜状产出于磷钇矿主矿体上部；Ⅵ、Ⅶ、Ⅷ 3矿体则位于磷钇矿主矿体的东侧及下部。矿体的规模见表7-19。

表7-19　勐海县勐阿独居石磷钇矿砂矿床独居石矿体特征一览表

矿体编号	形状	面积/m^2	平均厚度/m	最厚/m	平均品位/($g \cdot m^{-3}$)
Ⅲ	长度8.7 km，宽度一般300~450 m，最宽处0.7~1 km，成向北分叉的狭长带状	353	1.22	6.35（北段）	255
Ⅳ	长度2.7 km，最宽处0.95 km，平面上呈“丫”字形	111	1.22	7.7（24线）	211
Ⅴ	长度4.4 km，最宽达0.95 km，呈透镜状	248	2.13	5.7	246

全区（表内）磷钇矿平均品位89 g/m^3，最高达302 g/m^3；独居石矿平均品位257 g/m^3，最高达503 g/m^3；锆石平均品位1011 g/m^3，最高达4085 g/m^3；钛铁矿平均品位1266 g/m^3，最高达6365 g/m^3。

（三）矿石特征

勐阿矿床的矿石主要由砾、砂、泥质及有益重矿物组成，按砾、砂、泥质的不同量比关系可分出砂砾层矿石、砂层矿石及砂质粘土层矿石等自然类型。砂砾型矿石一般含20%~30%的砾石，含砂50%；砂型矿石中一般含砂70%~90%，并有少量的砾石及粘土物质（粘土质含量一般小于20%）；砂质粘土型矿石粘土含量达50%以上，细砂及粉砂占10%~20%。矿石工业类型有产于坡残积层中的磷钇矿、独居石砂矿；产于现代河床溪谷中的磷钇矿、独居石砂矿；产于古河床冲积层中的磷钇矿、独居石砂矿；以产于古河床冲积层中的砂矿为主要类型。

矿石中有益矿物主要有磷钇矿、独居石、锆石、钛铁矿，其次有金红石、钍石、锐钛矿、锡石、自然金等；其他矿物主要是石英、长石及粘土等。

磷钇矿中主要伴生有独居石、锆英石、钛铁矿等，其次伴生有金红石、锐钛矿、锡石、砂金等。

独居石砂矿石中主要伴生有磷钇矿、锆英石、钛铁矿，其次为金红石、锐钛矿、锡石、砂金等。

矿石呈砂状、粘土状构造；磷钇矿呈黄绿色，树脂光泽，透明细粒状结构，晶形为柱面不发育正方双锥体；独居石呈黄色、紫黄色，半透明，细粒状结构，晶形为棱角状-半浑圆状。

主要有益矿物含量在古河床冲积层中最高，尤以砂砾层中最富集，其次为现代冲积层、洪积层、坡残积层；矿体中磷钇矿、独居石、锆石及钛铁矿等的含量变化具有一致性，在横向上有由东向西品位逐渐变贫的趋势，厚度变化也基本一致。

（四）矿床成因

勐阿独居石磷钇矿砂矿床的成矿物质源于印支期的临沧-勐海花岗岩基，各类花岗岩中含有大量的磷钇矿、独居石、锆石、钛铁矿等副矿物。经人工重砂分析，以细粒花岗岩含磷钇矿最高且达85 g/t；其次为中粒花岗岩、蚀变花岗岩并分别含磷钇矿23 g/t、11 g/t。粗粒花岗岩中含独居石最高且达89 g/t；其次为中粒花岗岩，含独居石41 g/t；中粒花岗岩中含锆石最高，达443 g/t。花岗岩是砂矿的物质来源，即成矿母岩。区内属热带-亚热带气候，湿热多雨，基岩经风化作用形成红土层，结构疏松，不易氧化的重矿物仍保留其中，这些红土层经过雨水山洪的冲刷及剥蚀，顺河流而下，被雨水搬运至盆地后因流速减缓而相继沉积，逐渐在盆地中聚集成砂矿。花岗岩的含矿性、气候以及地貌是砂矿形成的重要条件。

四、勐海县勐康磷钇矿独居石砂矿床❶

勐康磷钇矿独居石砂矿床行政区划隶属于勐海县勐阿镇勐康村。

1960~1964年，云南省地质局第十六地质队对矿区开展普查-详查工作，于1964年5月提交了《云南省勐海县勐阿勐海勐康磷钇矿独居石砂矿详细普查报告》，并估算 C_2 级磷钇矿、独居石储量，均属小型砂矿床规模；资源尚未开发利用。

（一）矿区地质特征

勐康盆地呈北东—南西向展布，似葫芦形状，盆地长度近5 km，宽度0.5~2 km，总面积2.5 km^2。区内新生界可分为残积层、坡积层、洪积层（锥）、古河床冲积层、现代河床冲积层等（图7-19），是磷钇矿、独居石砂矿的主要赋存层位。盆地边缘冲积层上部常有洪积层分布，坡积层则广泛分布于盆地四周的丘陵，在坡积层及早期冲积层下部均有残积层广泛存在，现代冲积层则仅限于现代河床溪谷内。

勐康盆地周围及基底为印支期中粒斑状黑云母花岗岩，其中含有丰富的副矿物，基岩人工重砂取样含磷钇矿高达23 g/t，富含磷钇矿的基岩为磷钇矿的形成提供了物质来源。

（二）矿体地质特征

矿体主要赋存于盆地古河床冲积层中，少部分赋存于残坡积及洪积层中（图7-20）。全区共有较大的磷钇矿矿体2个，矿体呈面型分布，长轴方向与盆地一致。矿体受地貌和堆积物分选性的控制，多分布于盆地的中部。

矿区Ⅰ号磷钇矿矿体较大，呈北北东向分布在盆地中部，与盆地延伸一致，长度约1.3 km，宽度25~150 m，面积达0.39 km^2，占盆地总面积15.6%，矿体平均厚1.93 m，最厚在2.25 m以上，平均品位72 g/m^3，最高达116 g/m^3，Ⅰ号主矿体东部有数个零星分布的小矿体。

（三）矿石特征

矿石中主要有益矿物有磷钇矿、独居石、锆石、钛铁矿，其次有金红石、钍石、锐钛矿、锡石、

---

❶ 主要资料来源：云南省地质矿产勘查开发局第一地质大队，2010e，云南省勐海县勐康磷钇矿核查矿区资源储量核查报告。

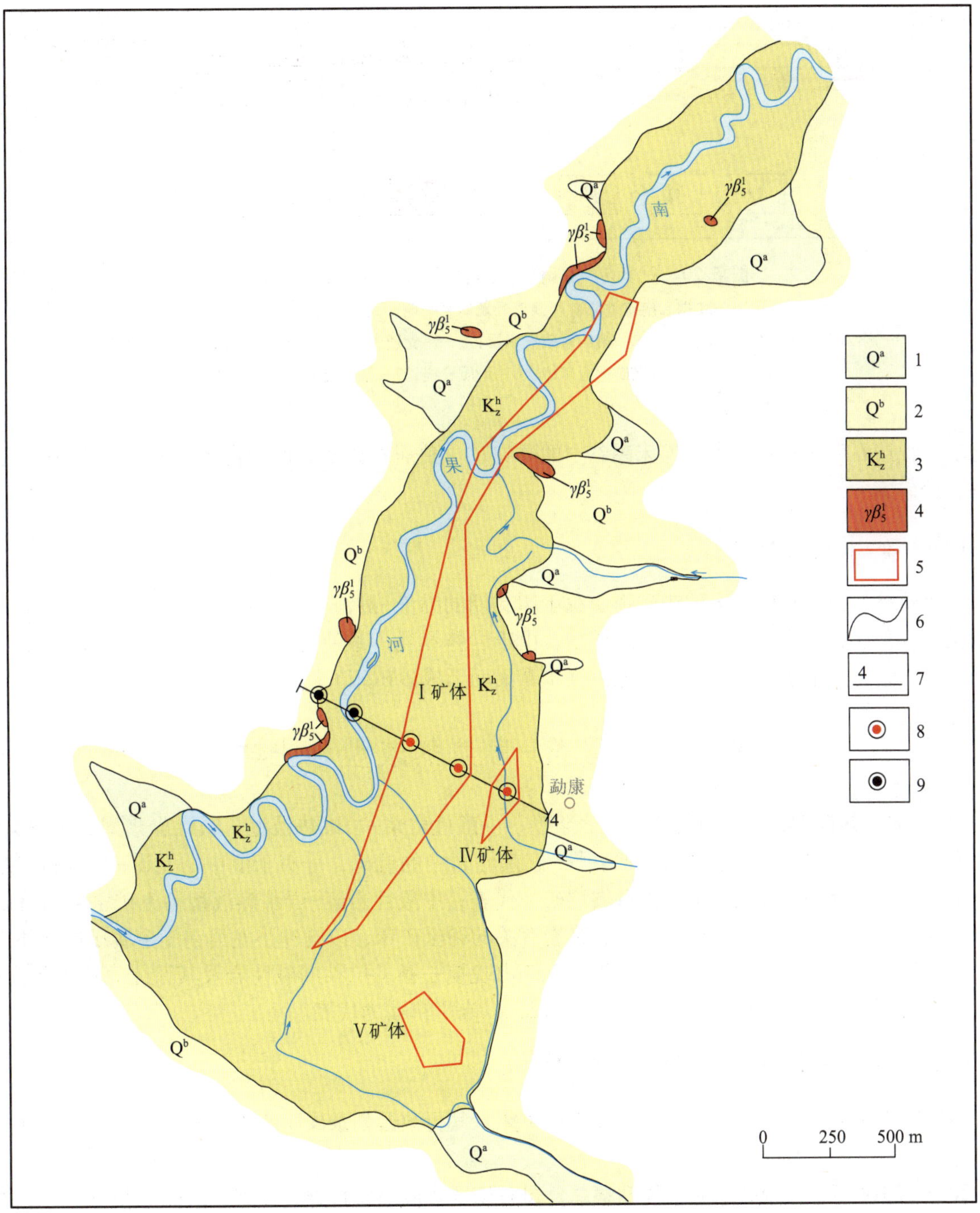

图 7-19　勐海县勐康磷钇矿独居石砂矿区地质简图

（据云南省地质矿产勘查开发局第一地质大队，2010e）

1—第四系河床堆积层、洪积层；2—残坡积层；3—古河床堆积层；4—中粒黑云母花岗岩；5—矿体界线；6—地质界线；7—勘探线及编号；8—见矿钻孔；9—未见矿钻孔

自然金等；其他矿物主要有石英、长石及粘土类矿物。

矿石呈粒状结构，具有砂状、粘土状构造；磷钇矿呈黄绿色，树脂光泽，透明细粒状结构，晶形为柱面不发育的正方双锥体；独居石砂矿呈黄色、紫黄色，半透明，细粒状结构，晶形为棱角状和半滚圆状。

磷钇矿矿体中主要伴生独居石、锆英石等，其次伴生钛铁矿、金红石、锐钛矿、锡石、砂金等。

矿石自然类型为矿物型砂矿。工业类型按照产出位置的不同划分为以下几类：产于坡残积层中的

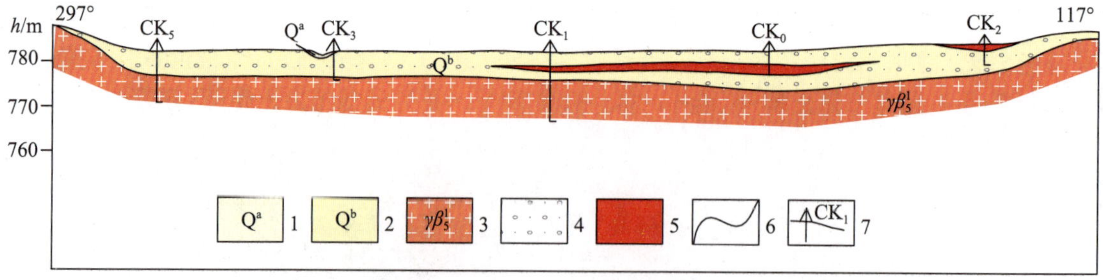

图 7-20　勐海县勐康磷钇矿独居石砂矿床 4 线地质剖面图

（据云南省地质矿产勘查开发局第一地质大队，2010e）

1—第四系河床堆积层、洪积层；2—第四系残坡积层；3—印支期中粒黑云母花岗岩；4—粘土质砂砾层；5—磷钇矿工业矿体；6—地质界线；7—钻孔及编号

磷钇矿、独居石砂矿；产于现代河床溪谷中的磷钇矿、独居石砂矿；产于古河床冲积层中的磷钇矿、独居石砂矿。

（四）矿床成因类型

勐康磷钇矿独居石砂矿床的成矿物质源于印支期的临沧-勐海花岗岩基，各类花岗岩中含有大量的磷钇矿、独居石、锆石、钛铁矿等副矿物，由于岩体风化，致使有用的矿物与岩体分离，在残积、坡积层中富集，在雨水冲积搬运至盆地后逐步聚集而形成砂矿床。

第五节　岩浆-岩浆热液型稀土矿

岩浆-岩浆热液型稀土矿可分为基性岩浆型、中酸性岩浆-岩浆热液型、碱性岩浆型 3 个亚类型。基性岩浆型稀土矿主要为产于华力西期基性-超基性岩中的钪矿，分布于滇中的元谋-牟定和滇东南的金平一带，以金平马鞍底、牟定二台坡钪矿为代表；中酸性岩浆-岩浆热液型稀土矿主要为滇西腾冲一带与燕山晚期—喜马拉雅期中酸性岩浆岩有关的稀土矿床，以腾冲小龙河锡多金属矿床共伴生的稀土矿为代表；碱性岩浆型稀土矿主要为产于燕山晚期—喜马拉雅期碱性岩及其风化壳中的稀土矿，主要产于滇西的永平和滇东南的个旧-建水一带，以永平卓潘为代表。

一、金平县马鞍底铁矿床伴生钪矿❶

马鞍底铁矿床为云南省目前最大的伴生钪矿床，其行政区划隶属于金平苗族瑶族傣族自治县马鞍底乡。

2013~2017 年，云南省地质工程勘察总公司对该区开展地质普查、详查、勘探，并对钪、钛等有益组分进行了综合评价，于 2017 年 3 月提交了《云南省金平县马鞍底铁矿勘探报告》；矿区累计查明 331+332+333 类工业铁矿石量 6969×10^4 t，TFe 平均含量 20.84%，为贫铁矿或低品位铁矿，属于可利用需选矿石；伴生钛氧化物量 452×10^4 t，TiO_2 含量平均含量 6.49%，达到中型规模；伴生钪氧化物量达大型规模。上述资源量已列入《云南省 2017 年矿区及所属矿山矿产资源储量简表》，目前尚未开发利用。

（一）矿区地质特征

马鞍底铁矿区位于北西向展布的红河断裂与哀牢山断裂夹持部位，大地构造分区属于上扬子古陆块（Ⅳ-2）之哀牢山变质基底杂岩（Ⅳ-2-14）；成矿区带属上扬子（陆块）成矿省（Ⅱ3），丽江-

❶　主要资料来源：云南省地质工程勘察总公司，2017，云南省金平县马鞍底铁矿勘探报告。

大理-金平（陆缘坳陷）Au-Cu-Ni-Pt-Pd-Mo-Mn-Fe-Pb-Zn 成矿带（Pz；Mz；Cz）（Ⅲ9）之点苍山-哀牢山（褶皱逆冲带）Cu-Fe-V-Ti-宝玉石矿带（Ⅳ21）。

1. 地层

矿区出露地层主要为古元古界哀牢山岩群小羊街岩组（$Pt_1x.$）及第四系（图 7-21）。小羊街岩组（$Pt_1x.$）经受过多期变形变质作用的改造，为区内主要的赋矿地层。小羊街岩组岩性以变质较深、混合岩化强烈为特征，其岩性主要为浅灰、灰色变粒岩、黑云斜长片麻岩、浅粒岩、云母片岩夹大理岩、角闪片岩等，岩石中暗色矿物以黑云母为主。

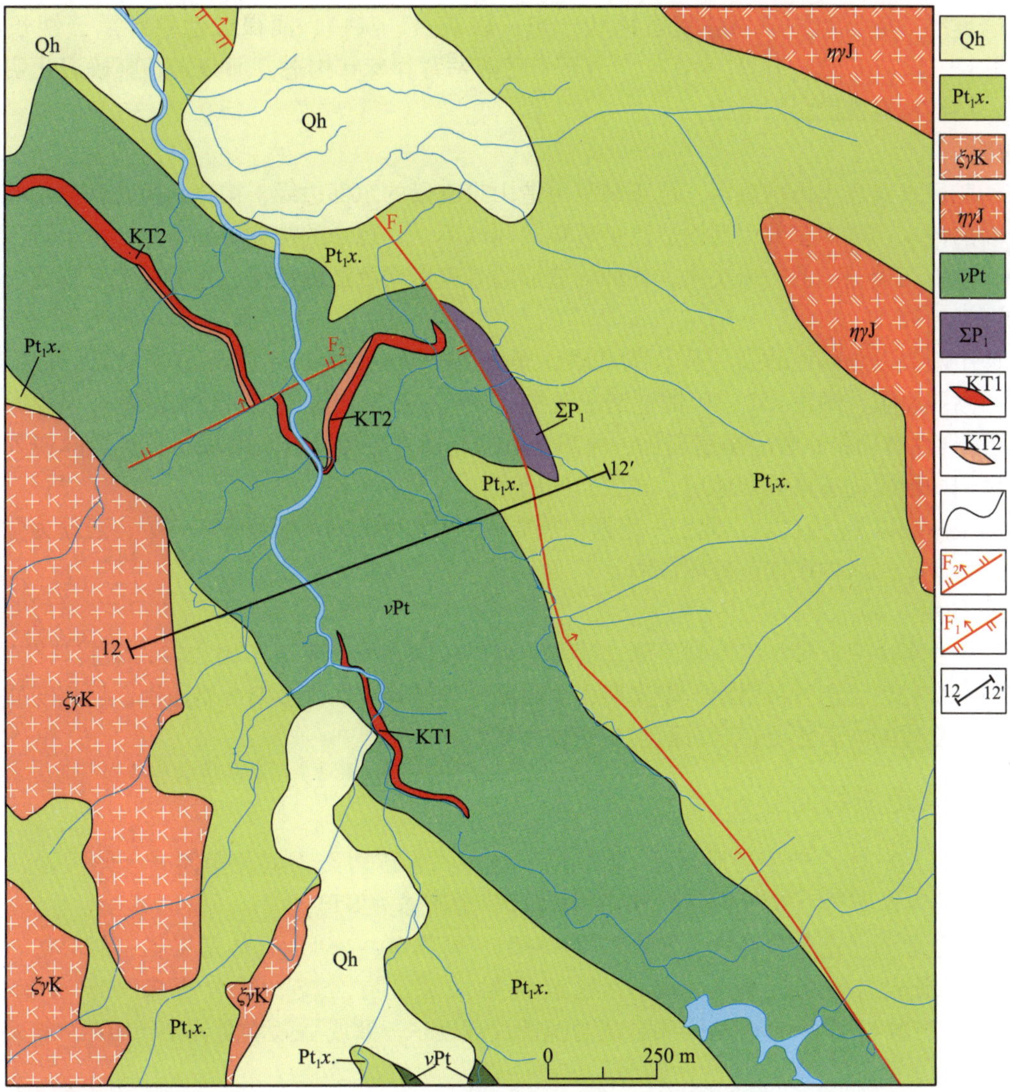

图 7-21　金平县马鞍底铁矿区地质简图

（据云南省地质工程勘察总公司，2017）

1—第四系残坡积物；2—古元古界哀牢山岩群小羊街岩组；3—糜棱岩化黑云钾长花岗岩；4—片麻状黑云二长花岗岩；5—斜长角闪岩；6—超镁铁岩；7—工业矿体及编号；8—低品位矿体及编号；9—地质界线；10—实测正断层及编号；11—实测逆断层及编号；12—勘探线及编号

2. 岩浆岩

区内岩浆活动强烈，主要有元古宙、二叠纪、侏罗纪—白垩纪三期岩浆侵入活动。岩浆岩发育，岩石类型有超镁铁岩类（ΣPt）、基性岩类和花岗岩类。

超镁铁岩出露于矿区北部大坪新村南南东方向一带，侵入于古元古界哀牢山岩群小羊街岩组中，出露面积约 235 m^2。岩性以橄榄辉石镁铁闪石岩为主，岩石中见有较多的蛇纹石和滑石类变质矿物，岩体经历了不同程度的变质作用。岩体与基性岩体接触（断层）带上见品位较高的铁矿细脉和团块。

基性-超基性岩类主要分布在矿区中部马鞍底至水头新寨一带，呈北西—南东向侵位于古元古界哀牢山岩群小羊街岩组中，长度 4100 m，宽度 300～660 m，分布面积最大，占矿区岩浆岩分布区的 40%，是区内含钛磁铁矿（化）体的主要赋存层位。岩性以深灰、灰黑色二云斜长角闪岩、斜长角闪岩、角闪片岩和斜长角闪片麻岩为特征。同时，由于后期变形-变质作用的改造，区内大部分岩浆岩特别是基性-超基性岩类，在原生矿物成分、结构构造等方面均发生较大变化。

中酸性侵入岩（花岗岩类）主要分布于矿区北东和南西两侧，出露面积约 2 km^2，侵入于古元古界哀牢山岩群小羊街岩组中。岩体呈岩株状产出，以灰黄、灰白、浅褐红色块状黑云钾长花岗岩（$\xi\gamma$K）、黑云二长花岗岩（$\eta\gamma$J）为特征。岩石中普遍发育片麻状构造，部分岩石糜棱岩化明显，原岩细粒化，结构构造遭受强烈改造。

3. 构造

马鞍底矿区隶属哀牢山构造区，位于哀牢山造山带南段的东部边缘，构造线呈北西向展布。由于大量岩浆岩的侵入，区内多数大型构造已被破坏的残缺不全，现今的构造格局是由一系列近于平行分布的逆冲韧性剪切带分割的构造块体，各种构造形迹具有多期叠加的特征。主要构造表现为北西向和北东向的两组断裂。

北西向组断裂以马鞍底断裂（F_1）为代表，呈北西—南东向展布，贯穿整个勘查区，长度大于 6 km；为一倾向北东，倾角 65°～70°的逆掩推覆构造，切穿小羊街岩组。沿断裂两侧表现为大量的构造变形-逆冲韧性剪切带；普遍糜棱岩化、局部有后期花岗岩、伟晶岩及薄层状长英岩脉侵入。该断裂控制了区内的地质构造格局和地层、岩浆岩的展布。

北东向组断裂以 F_2 为代表，北东—南西向展布，长度约 600 m，倾角 60°～70°，表现为张性、平推的正断层性质，对区内矿体起破坏作用。

4. 变质作用

矿区处于哀牢山变质带红河断裂西侧，受变质地质体为古元古界哀牢山岩群，变质基性岩-超基性岩。变质岩带先后经历过吕梁期、印支期、燕山期、喜马拉雅期等多期变质作用，后期变质作用明显叠加于先期变质的岩石之上，岩石面貌表现较为复杂。

（二）矿体地质特征

马鞍底矿床的矿体均产于变质基性-超基性岩体中，含矿岩石为斜长角闪岩、角闪岩、角闪片岩。目前共圈定 4 个矿体（KT1、KT2、KT3、KT4），主矿体为 KT3。

矿体总体呈北西—南东向展布，走向 320°～340°，局部 30°～40°。矿体呈层状、似层状、局部透镜状产出，与围岩（顶、底板）呈渐变过渡接触关系，有分支、复合现象，形态变化多样（图 7-22）；其产状与基性-超基性变质岩浆岩晚期片理近乎一致或呈微角度（小于 10°）斜交，倾角 2°～37°。

KT3 矿体：呈层状、似层状产于变质基性-超基性岩体中。矿体产状与围岩片麻理产状基本一致，北西段倾向 50°～70°，北东段 200°～250°。矿体厚度 1. 50～50. 60 m，平均 12. 02 m；TFe 含量 17. 11%～33. 89%，平均 21. 34%；TiO_2 含量 4. 17%～9. 34%，平均 6. 63%。矿石类型为钛铁矿石。

（三）矿石特征

马鞍底矿床的矿石以块状铁矿石、稠密浸染状铁矿石、稀疏浸染状条带状铁矿石为主，与岩石之间呈渐变过渡。

金属矿物以磁铁矿为主，其次为钛铁矿、钛磁铁矿、黄铁矿、磁黄铁矿、褐铁矿，少量黄铜矿；非金属矿物主要有角闪石、斜长石、黑云母、石英、金红石、锆石、磷灰石、高岭石、白云母等。未发现钪独立矿物，97%的钪以类质同象形式赋存于角闪石中，富集程度极高，含钪角闪石在原矿中的

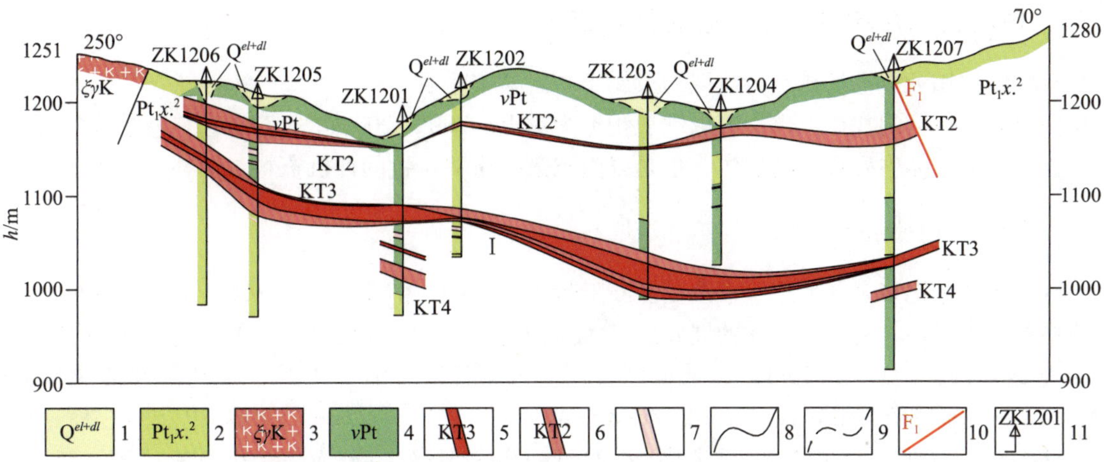

图 7-22 金平县马鞍底铁矿床 12 勘探线地质剖面图

（据云南省地质工程勘察总公司，2017）

1—第四系残坡积；2—哀牢山岩群小羊街岩组上段；3—糜棱岩化黑云钾长花岗岩；4—基性侵入岩、基性-超基性侵入岩；5—工业矿体及编号（TFe≥17%）；6—低品位矿体及编号（13%≤TFe≤17%）；7—矿化体；8—实测地质界线；9—推测地质界线；10—断层及编号；11—钻孔编号

含量达 66.37%。

矿石结构主要为粒状结构（自形、半自形、他形）、嵌晶结构、填隙结构、海绵陨铁结构；矿石构造主要为块状构造、稠密浸染状构造、稀疏浸染状构造，其次为条带状构造、片状构造等。

矿石中主要有益元素为铁，TFe 含量 17.00%～43.10%，平均 20.84%；伴生其他有益组分为 Ti、Sc、V，其含量分别为：TiO_2 4.24%～10.37%，平均 6.49%；Sc_2O_3 16.20×10^{-6}～86.70×10^{-6}，平均 57.65×10^{-6}；V_2O_5 0.072%～0.530%，平均 0.140%。

角闪石是钪的主要载体矿物，在脉石中的含量大于 85%。呈淡墨-墨绿色，玻璃光泽。多数呈自形-半自形板柱状变晶，正中突起，具典型角闪石式解理，多色性明显。

（四）矿床成因

马鞍底矿床的含钛磁铁矿赋存在侵位于古元古界哀牢山岩群小羊街岩组（$Pt_1x.$）的镁铁岩-镁质超镁铁岩组合中，赋矿岩性以绿灰、褐灰色斜长角闪岩、角闪岩、角闪片岩为主，其次为角闪二云二长片麻岩、角闪斜长变粒岩夹二云石英片岩、透辉石岩中。矿体围岩为灰色变粒岩、黑云斜长片麻岩、浅粒岩、云母片岩夹大理岩、角闪片岩等，矿体与围岩呈渐变关系，岩性控矿特征明显。

矿体产于北西向展布的红河断裂与哀牢山断裂夹持部位，受北西向逆冲韧性剪切构造控制。同时，由于多期构造活动及早期岩浆侵入，矿区内大多数岩石及部分矿体发生形变，形成密集的劈理及片理构造，同时成矿组分发生迁移、分异、改造和富集，矿体在走向和倾向上与后期片理方向或低角度斜交方向展布，变质作用形成的片理及片麻理构造制约和控制了矿体的形态、产状及规模。

区内岩石普遍遭受区域变质作用和动力变质作用的影响。含矿原岩除了经受早期岩浆侵入时所提供的热能外，同时也获得深部上升的热流。在多期的变质作用过程中，由于温度升高、压力增大，含矿原岩中的 FeO、Fe_2O_3 等有益组分发生迁移、分异、富集以及矿物组分的重结晶，同时使原岩中的粒间水、结晶水，随温度升高而逐渐从母体中析出，成为变质热液。变质热液在析出过程中，携带出成矿组分，同时也溶解和吸收原岩中的成矿物质，构成含矿的变质热液，并在一定范围内完成氧化-还原反应过程，与原岩进行交代，使成矿物质在原岩中重新沉淀、聚集形成矿床。

由此，马鞍底矿床的成因为受变质基性-超基性岩浆晚期分异改造型（岩浆型）钛磁铁矿床。

二、牟定县二台坡钪铁铂钯多金属矿点❶

二台坡钪铁铂钯多金属矿点行政区划隶属于牟定县安乐乡。

长期以来，该区的找矿工作一直以铁、铂钯为重点。2007~2009年，云南省有色地质局楚雄勘察院首次在二台坡岩体中发现了钪矿体，也是云南省第一份关于钪的评价资料，填补了其找矿空白。

（一）矿区地质特征

二台坡钪铁铂钯多金属矿位于康滇基底断隆带中段西缘，南北向元谋-绿汁江岩石圈断裂纵贯矿区并严格控制着基性、超基性岩体的展布。其大地构造位于扬子陆块区系（Ⅵ）、上扬子古陆块（Ⅵ-2）之楚雄陆内盆地（Ⅵ-2-12）；成矿区带属滨太平洋成矿域（Ⅰ2）、上扬子（陆块）成矿省（Ⅱ3）、滇中（基底隆起带）Fe-Cu-Pb-Zn-Ag-Au-Pt-Pd-Ni-Ti-Sn-W-REE-P-S-重晶石-蓝石棉-盐类-煤成矿带（Ⅲ10）之楚雄（前陆缘盆地）Fe-Cu-Pb-Zn-Ag-Au-Pt-Pd-Ni-REE-蓝石棉-盐类-煤成矿带（Ⅵ22）。

1. 地层

区内出露地层主要为古元古界普登岩群（$Pt_1P.$）变质岩系，主要由三部分组成：下部以片麻岩、片岩为主，局部夹石英岩；中部为灰绿-深灰色片岩、板岩，夹1~2层大理岩、石英；上部由各种片岩、片麻岩及角闪片岩组成。二台坡岩体即侵位于上部片岩中（图7-23）。

2. 岩浆岩

区内岩浆岩主要有二台坡岩体及众多闪长岩脉。二台坡岩体总体为深灰色-浅灰色-灰白色的含磁铁矿正长辉石岩-角闪正长岩-二长岩组成的杂岩体，属浅色矿物为主的端员。岩体侵位于普登岩群片岩段中，长轴长度360 m，宽度100~300 m。北西部宽大，最宽达330 m；南东较窄，宽度仅100 m。延深大于200 m，平面上似梨形，磁测圈定面积0.151 km^2。岩体总体向南东侧伏，侧伏角30°~40°，微向北东倾斜。北东面侵入倾角较陡，倾向南西，倾角30°~70°；南西面相对平缓，倾向北东，倾角30°~50°。岩体边沿倾角陡，中下部倾角相对较缓，立体不规则喇叭状岩盆产出。二台坡岩体形成于260 Ma（晚二叠世），是华力西运动晚期形成的（Zhou et al.，2005），与金宝山岩体、朱布岩体等具有相似的地质背景和地质时代，说明这些岩体在成因上可能与晚二叠世峨眉山大火成岩省有关。

岩体分异较好，岩性主要有橄榄岩、辉石岩、辉长岩以及闪长岩，呈明显的岩相分带，从下向上岩石类型分别为橄榄辉石岩→磁铁矿辉石岩→辉长岩→含正长石辉长岩→二长辉长岩，各岩性带均以过渡接触，互不穿插。磁铁矿及伴生组分氧化钪、钛、铂钯，产于磁铁辉石岩带、含橄辉石岩带中。

1）二长辉长岩带：位于岩体顶部，四周均已剥蚀，仅为顶部残留体，多为坚硬岩块，由长石（钾长石、斜长岩）组成。暗色矿物含量小于10%，粗粒结构，与下伏强风化正长辉长岩界线明显，厚度10~30 m。

2）正长辉长岩带：位于岩体中上部，二长辉长岩带之下。主要由长石（钾长石>斜长石）和少量暗色矿物辉石、黑云母等组成，暗色矿物含量10%~15%，中-细粒结构。与下伏浅色辉长岩呈过渡接触，厚度30~50 m。

3）辉长岩带：位于岩体中部，正长辉长岩带之下，下部与磁铁辉石岩接触带岩石风化弱，岩石坚硬，与下伏强风化磁铁辉石岩界线清楚。由斜长石及暗色矿物辉石、黑云母等组成，局部有少量钾长石，偶见石英颗粒。从上至下暗色矿物增多，但不大于20%，钾长石明显减少。中粒-粗粒结构，厚度20~50 m，厚薄不均。

4）磁铁辉石岩带：位于辉长岩之下，与下伏含橄辉石岩渐变接触。主要由暗色矿物辉石、黑云母及少量角闪石、斜长石、磁铁矿等组成，暗色矿物超过70%。上部多为中粒-粗粒结构，具强磁

❶ 主要资料来源：朱智华，2010，云南牟定二台坡岩体中钪的发现及其意义。

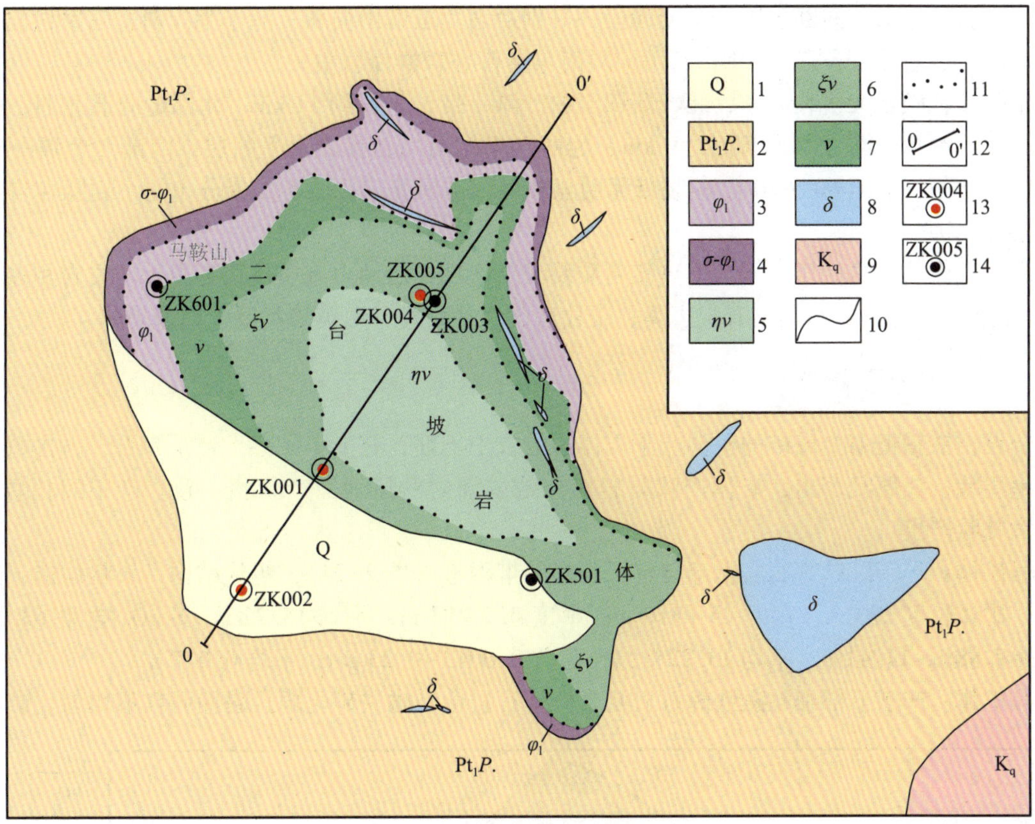

图 7-23　牟定县二台坡钪铁铂钯多金属矿点岩体地质简图

（据朱智华，2010）

1—第四系浮土、坡积物；2—古元古界普登岩群片岩；3—磁铁辉石岩；4—含橄辉石岩；5—二长辉长岩；6—正长辉长岩；7—辉长岩；8—闪长岩；9—石英岩；10—地质界线；11—岩相界线；12—勘探线及编号；13—见矿钻孔及编号；14—未见矿钻孔及编号

性；下部中-细粒结构，磁性减弱或不均，总体由上至下粒度变细、磁性减弱。岩石中发育方解石、滑石细脉，脉宽 1~3 cm。厚度 3~50 m，磁铁矿主要赋存于该岩相带中。

5）含橄辉石岩带：位于底部磁铁辉石岩之下并与片岩接触。由暗色矿物辉石、黑云母、角闪石及少量橄榄石、磁铁矿等组成，暗色矿物超过 90%。中粒-细粒结构，显不均匀弱磁性，向深部橄榄石含量增加。厚度 2~35 m。

据朱智华（2010）研究成果，从岩体中心至边缘（或从上至下），MgO、CaO、Fe_2O_3、FeO 逐渐增加，SiO_2、Al_2O_3、Na_2O、K_2O 逐渐减少，与造岩矿物含量在岩体中的变化相一致，其中 Na_2O、K_2O 的减少相对较为明显，说明在碱性减弱的条件下，有利于氧化物富集。二长辉长岩、辉长岩 K_2O+Na_2O 含量高达 8.85%~10.02%，$K_2O>Na_2O$，属碱性辉长岩范畴；磁铁辉石岩、含橄辉石岩 SiO_2 含量为 38.79%~46.79%，属基性-超基性岩。岩浆演化是由超基性→基性→碱基性；岩体属正常系列钙碱性岩石，m/f 值为 0.23~2.02，为铁质超基性岩。岩体的（K_2O+Na_2O）含量与 Sc_2O_3 的含量具负相关关系，而且过碱性环境中（K_2O+Na_2O）>8%，不利于 Sc_2O_3 富集。

岩体含钪性与其基性程度及分异程度关系十分密切。钪在辉石岩端员中富集程度较高；而基性程度过高的橄榄岩相或过低的辉长岩相，钪的富集程度均较低；岩体的分异程度越高，岩相分带越明显，则钪的富集程度越高；反之，岩体的分异程度差，岩相分带不明显，则钪的富集程度相对较低。

二台坡岩体内部及周围有许多闪长岩脉出露，岩脉走向为北东向或北西向，脉宽 1~3 m，长度不等，最长达 60 m，产状多与岩相带或地层一致。

3. 构造

二台坡钪铁铂钯多金属矿位于北东向海子哨-新田向斜南东翼、新田断裂带南段东侧。海子哨-

新田复式向斜被近南北向断裂组切割为四段，分别命名为五解山向斜、海子哨向斜、三家村向斜和水箐向斜。二台坡岩体侵位于海子哨-新田向斜南东翼普登岩群片岩中。

新田断裂：南起大平地以东，北经新田至白沙滩一带，全长约 11 km。北部走向北北西，倾向以南西向为主，倾角较陡，水平断距约 4 km，为西盘相对向南错移之水平断层；南部二台坡一带走向北东，倾向北西，倾角 60°~80°，断裂带无明显断面，主要表现为成群成带分布的小岩脉和岩体。

4. 变质作用

区内变质作用以中低压区域动力热流变质及浅层区域低温动力变质作用为主，变质岩相多为低角闪岩相-低绿片岩相。岩石类型有板岩类、千枚岩类、片岩类、石英岩类及大理岩类等。

（二）矿体地质特征

二台坡钪铁铂钯多金属矿的矿体产于岩体边沿或中下部，有 2 个赋存于磁铁辉石岩、含橄辉石岩带中，呈层状、似层状产出，矿体产状与岩相分带或围岩的接触面产状相一致。产于闪长岩中的 1 个，呈大脉状产出。

Ⅰ号矿体：产于磁铁辉石岩上部与辉长岩接触带附近（图 7-24），粗粒结构，块状构造，磁性强且均匀。矿体长度 280 m，宽度 45~310 m；厚度 4.2~23 m，平均 15.72 m。Sc_2O_3 含量 63.24 g/t；TFe 含量 7.88%~17.41%，平均 13.72%；Pt 品位 0.0043~0.23 g/t，平均 0.047 g/t。

Ⅱ号矿体：产于下部细粒磁铁辉石岩及含橄辉石岩中。磁铁矿化弱，磁性弱且不均匀。矿体长度

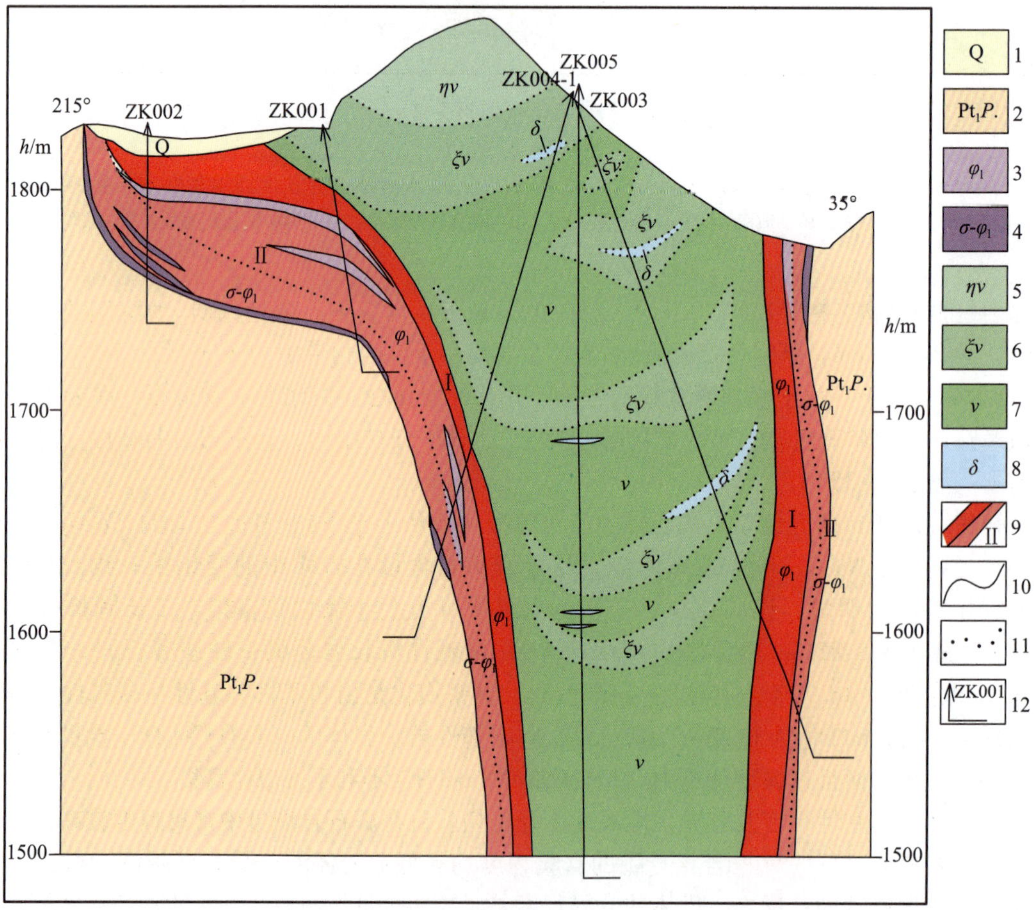

图 7-24　牟定县二台坡钪铁铂钯多金属矿点 0 号勘探线剖面图

（据朱智华，2010）

1—第四系浮土、坡积物；2—古元古界普登岩群片岩；3—磁铁辉石岩；4—含铁辉石岩；5—二长辉长岩；6—正长辉长岩；7—辉长岩；8—闪长岩；9—矿体及编号；10—地质界线；11—岩相界线；12—钻孔及编号

280 m，宽度 45~330 m；厚度 12~97 m，平均 42.43 m。Sc_2O_3 含量 66.71 g/t；TFe 含量 6.01%~10.67%，平均 8.28%；Pt 品位 0.0042~0.52 g/t，平均 0.032 g/t。

Ⅲ号矿体：产于岩体南东闪长岩中，细粒结构，致密块状构造，显不均匀弱磁性，大脉状、柱状产出。矿体长度 80 m，宽度 40~70 m，厚度 30 m。Sc_2O_3 含量 30.17~57.60 g/t，平均 43.89 g/t；TFe 含量 9.06%~13.14%，平均 10.84%；Pt 品位 0.0067~0.029 g/t，平均 0.013 g/t。

（三）矿石特征

根据不同的赋矿岩石将矿石类型分为 5 类：磁铁矿辉石岩型、橄榄辉石岩型、暗色辉长岩型、角闪辉长岩型、闪长岩型。经偏光显微镜、人工重砂、X-衍射和电子探针分析，岩石中未见钪的独立矿物，钪主要以类质同象的形式分布于透辉石、角闪石、斜锆石和锆石中。矿石结构主要为自形-半自形粒状结构，矿石构造主要有星点状构造、脉状构造、条带状构造等。

矿石有益组分主要为 Fe、Sc，无论是磁铁辉石岩还是含橄辉石岩，TFe 与 Sc_2O_3 的含量均成反消长关系，TFe 含量相对较高者，Sc_2O_3 含量相对较低；反之，TFe 含量相对较低者，Sc_2O_3 含量相对较高。铁矿石经磁选以后，铁精矿中的 Sc_2O_3 含量在 10%~20%，而尾矿中的 Sc_2O_3 含量可达 60%~90.5%。

（四）矿床成因

二台坡钪、铁、铂钯多金属矿为典型的基性岩浆型矿化，其成矿时代与成岩时代是一致的。其外围安益岩体中辉石与橄榄石 K-Ar 同位素年龄 187 Ma（云南省地质矿产局，1990），属燕山早期；Zhou et al.（2005）则认为二台坡岩体形成于 260 Ma（晚二叠世），是华力西运动晚期产物。结合区域成矿地质背景、岩体地质特征及与成矿关系分析，二台坡基性-超基性岩体应为多期岩浆活动叠加的产物，其含矿岩体成岩侵位时期应为华力西期。因此，二台坡钪铁铂钯矿成矿时代应为晚二叠世。

范亚洲等（2014）认为二台坡岩体中的 Sc 是玄武质岩浆早期结晶作用的典型元素，从岩浆演化早期到晚期，Sc 的绝对含量总体呈下降趋势。二台坡富 Sc 玄武质母岩浆在岩浆结晶早期大量进入镁铁质硅酸盐矿物中，形成独立的钪矿。

三、腾冲市小龙河锡多金属矿床共（伴）生稀土矿❶

小龙河锡多金属矿床行政区划隶属于腾冲市瑞滇乡，位于腾冲市区 348°方向，平距约 47 km 处；矿床地理坐标为：东经 98°22′23″~98°25′39″，北纬 25°25′7″~25°28′55″，面积 2.15 km^2。

20 世纪 70 年代末至 90 年代初，云南省地质矿产局第四地质大队对小龙河、弯旦山、猫舔石矿段开展了普查-详查工作，据《云南省 2017 年矿区及所属矿山矿产资源储量简表》统计，截至 2017 年 12 月 31 日，矿区累计查明 333 类以上锡资源量 77068.71 t，达到大型矿床规模。但在勘查过程中，一直以锡为主，伴生组分仅对 Li、Be、Rb、Nb、Ta 等元素有所提及，但未做系统评价。

2014 年，中国地质调查局成都地质调查中心开展“云南腾冲小龙河地区矿田构造研究及勘查方法示范与创新”课题野外调查时，在小龙河锡多金属矿床发现热液弥散状蚀变和侵入角砾岩，并发现存在稀土工业矿体。经进一步预查工作，发现具有商业价值、开采技术条件简单的大型稀土、稀有元素矿体，预测稀土远景资源量可达超大型矿床规模，共（伴）生的稀有元素铷（Rb）、铌（Nb）及分散元素镓（Ga）等，可达大型矿床规模。

小龙河锡多金属矿是一个老锡矿山，自 20 世纪 80 年代起，一直在生产，创造了较大的经济效益和社会效益，锂（Li）、铷（Rb）、铌（Nb）等稀有元素在生产过程中少部分得到回收利用，但大量稀土、稀有及分散金属资源均被浪费。近几年，在“三稀”矿产的找矿工作中取得了新发现、新认识，将积极推动腾冲-梁河地区“三稀”矿产勘查开发。

❶ 主要资料来源：李建忠，陆生林，丁俊等，2016，云南省腾冲市小龙河锡稀土多金属矿田新知及其稀土矿的发现。

（一）矿区地质特征

小龙河锡多金属矿区位于棋盘石-腾冲大断裂西侧，槟榔江大断裂东侧，其大地构造分区属冈底斯-喜马拉雅造山系（Ⅸ）、冈底斯-察隅弧盆系（Ⅸ-1）之班戈-腾冲岩浆弧（Ⅸ-1-3）；成矿区带属特提斯成矿域（Ⅰ1）、腾冲（造山带）成矿省（Ⅱ1）、独龙江-腾冲（岩浆弧）Sn-W-Be-Nb-Ta-Rb-Li-Fe-Pb-Zn-Au成矿带（Ⅲ1）之棋盘石-小龙河（燕山期岩浆弧）Sn-W-Fe-Pb-Zn-Cu-Ag矿带（Ⅳ3）。矿区包括小龙河、大松坡、猫舔石、分水岭、龙爪沟、弯旦山、黄家山7个锡矿段。

1. 地层

矿区出露地层主要为上石炭统空树河组（C_2k）砂页岩，属滨海-浅海相沉积，零星出露于李家山、白草坡、大窑坝等地。以残盖分布于古永复式岩体顶部，与古永复式岩体呈侵入接触，接触带附近是矿区主要容矿场所之一，钙质长石石英砂岩易形成矽卡岩或接触交代型锡矿体。

2. 岩浆岩

矿区岩浆活动强烈，大面积出露的花岗岩体为古永花岗岩群的一部分，其中以小龙河岩序中的猫舔石单元为主，主要为黑云母花岗岩和二云碱长花岗岩，为S型花岗岩，锡矿与之有关。黑云母花岗岩锆石U-Pb年龄为70.3~75.3 Ma（马楠等，2013），岩浆侵位时代为晚白垩世（燕山晚期）。

据李建忠等（2017）研究成果，该区花岗岩属于高钾钙碱性和铝过饱和系列，具有高度分异的特点：①岩石高硅、富碱、高钾 SiO_2 含量为65.31%~75.99%、（K_2O+Na_2O）含量为6.57%~8.30%、K_2O/Na_2O 为1.23~43.2；低钛、贫钙和镁，TiO_2 含量为0.017%~0.113%、CaO含量为0.041%~0.678%、MgO含量为0.052%~0.339%。②岩石富铝，铝饱和指数 A/CNK [Al_2O_3/($CaO+Na_2O+K_2O$)] 值为0.94~2.07，平均1.41。③全铁（TFeO）含量介于0.50%~2.00%之间，高TFeO/MgO值。

岩体中常见高岭土化、钠长石化和钾长石化蚀变，主要发育钾长花岗蚀变岩、含锡石云英岩和角岩以及松软的泥岩。花岗蚀变岩有比较典型的热液弥散状蚀变特征，后来叠加高岭土化。外接触带围岩中发育角岩化和矽卡岩化，角岩主要有黑云角岩和矿化绿帘石角岩。

3. 构造

矿区总体为黄家山-锅架山倾伏向斜的残留部分，轴向近南北，向北倾伏，向南扬起。断裂构造发育，以南北向、北北西向组为主，其次为北东东向、北北东向组。其中北北西向组、北北东向组断裂是主要赋矿构造，为晚期同岩浆构造活动形成的含锡云英岩脉、含矿构造蚀变岩（脉）、构造蚀变岩筒等同岩浆断裂，广泛发育热液弥散状蚀变、云英岩化、萤石化、黄玉化和锡石化，稀土矿化可能与这一期次岩浆作用晚期的热液活动有关。含锡云英岩脉、含矿构造蚀变岩（脉）是在成矿期压扭性裂隙基础上发展起来的容矿构造，走向主要为NW20°—NE5°，主要倾向南西，倾角60°~85°。含矿云英岩脉是小龙河岩体侵入围岩、岩浆未固结时，同断裂作用形成的右旋近南北向裂隙，被岩浆晚期分异形成的含矿热液充填、矿化蚀变形成的。当2组或2组以上含矿构造蚀变岩（脉）相交时，形成构造蚀变岩筒。

（二）矿体地质特征

在小龙河矿床中，稀土、稀有元素矿体主要受近南北向同岩浆断裂、岩体和围岩的接触面控制，主要呈面状、线状、伞状和岩筒状产出。岩体与围岩接触平缓，面状蚀变强烈持久，容易形成平缓宽大的面状矿体，呈丘状产出；在猫舔石岩体东部，由于地形切割较为强烈，在小龙河和花斑竹园形成的矿体规模有近1 km^2。在成矿期2组断裂交切的地方形成脉状和岩筒状矿体；岩筒状矿体可能与面状产出的矿体连为一体。

小龙河矿体：总体呈伞状产出，出露标高2100~2500 m，伞面厚度0 m至数十米不等，平面分布范围未能控制住；伞柄相当于岩筒，蚀变岩筒具有继承性活动特征，岩筒状矿体地面直径100~

200 m，深部延伸至少 200～300 m。

尾矿坝东矿体：根据花岗蚀变岩的原生构造和出露情况推测，可能为岩筒状产出，出露标高 1810～1820 m，直径数十米，深部延伸至少 200～300 m。

（三）矿石特征

在小龙河矿床中，稀土、稀有元素矿石自然类型有氧化矿石和原生矿石。氧化矿石中推测有风化壳离子吸附型，分布于地表及浅部，黄灰色或杂色，呈土状，有褐铁矿、孔雀石、蓝铜矿、石英、萤石、白云母和粘土矿物。原生矿石为花岗蚀变岩型，在地表深处及地表都有分布，系晚期岩浆作用发生广泛的热液弥散状蚀变形成，是一种花岗蚀变岩，有明显的泥化，外貌类似砂石，在地表有一定氧化，呈粉黄褐色、褐灰色、灰色。如有后期高岭土化叠加，形成类似于风化壳的原生矿石，呈灰色、灰白色土状、泥砂状和砂状。

矿石矿物有锡石、黄铜矿、黄铁矿、磁黄铁矿、独居石（磷铈镧矿）、磷钇矿、氟碳铈矿、镧石、钇铌矿、锆英石，少量碲铋矿、碲银矿、自然铋矿、含铌金红石、黑钨矿、铌钽矿，以及放射性矿物铀钍矿、晶质铀矿等大量稀土、有色和稀有元素矿物；其次是方铅矿、含镉闪锌矿、辉钼矿、白钨矿、磁铁矿、锂黑云母、含 Rb 钾长石。脉石矿物主要有高岭土、地开石、石英、黄玉、绿帘石、萤石、绿泥石、白云母及绢云母等。

花岗蚀变岩中的独居石（磷铈镧矿）呈不规则状、港湾状，有的发育环带；黑云二长花岗岩中呈他形、半自形晶，有的呈港湾状，粒径 10～100 μm，含钕，与磷钇矿共生。磷钇矿呈不规则状、港湾状，粒径 10～70 μm，含镝（Dy）、镱（Yb）和钆（Gd）。

矿石结构主要有溶蚀港湾结构、交代结构、镶嵌结构、碎裂结构、浑圆状结构、他形晶结构、半自形晶结构、胶状结构、泥状结构和絮状结构。矿石构造主要有浸染状构造、细脉状构造、星散状构造、细脉-浸染状构造和团块状构造。

在干柴岭、小龙河、弯旦山和大松坡一带采取 93 个样品（包括 2 件尾砂、2 件围岩和 1 件高岭土化伟晶岩），分析结果显示，稀土元素氧化物（REO）含量为 49.17×10^{-6}～2034.91×10^{-6}，平均 495.90×10^{-6}（0.50%），有 20 个样品低于边界品位 0.03%，有 44 个样品低于工业品位 0.05%，有 39 个样品高于工业品位 0.05%，有 8 个样品高于 0.10%。LREE/HREE 值为 0.77～1.28，属轻、重稀土均富集型。钇含量 87.63×10^{-6}，稀土矿物中含钇矿物主要为磷钇矿、铌钇矿，尾砂和松散的花岗蚀变岩中磷钇矿含量 7.56～1357.59 g/m^3，平均 210.91 g/m^3，只有 4 个低于 50 g/m^3；小龙河锡矿尾矿砂和尾矿库的尾砂磷钇矿含量分别可达 148.04 g/m^3 和 111.49 g/m^3。从地表来看，可以说是全岩成矿，还有轻、中稀土可以回收利用。

稀土矿体中伴生有稀有元素铷（Rb）和分散元素镓（Ga）。Rb_2O 含量 521.65×10^{-6}～897.57×10^{-6}，平均 642.00×10^{-6}，均达到综合利用边界品位。含锡石云英岩中 Rb_2O 含量 3550.01×10^{-6}（0.355%），远超工业品位 0.1%，可作为共（伴）生矿产综合利用；花岗蚀变岩中含铷斜长石和钾长石，Rb_2O 含量 0.21%～0.39%，已达工业品位，可作为独立矿产开发利用。分散元素镓（Ga）含量 21.10×10^{-6}～37.90×10^{-6}，平均 25.17×10^{-6}，达到伴生矿产综合利用品位（10×10^{-6}）要求，其中 1 个样品超过工业品位（30×10^{-6}）。

除稀土、铷（Rb）和镓（Ga）等有益组分外，还有锆（Zr）、锂（Li）、铍（Be）、铌（Nb）等，其含量分别为 90.4×10^{-6}～119.00×10^{-6}、9.3×10^{-6}～110.00×10^{-6}、6×10^{-6}～23.9×10^{-6}、40.5×10^{-6}～74.8×10^{-6}，均可综合利用。

（四）矿床成因

1. 成矿时代

小龙河矿床中锡石云英岩型矿石 Rb-Sr 年龄为 78.7 Ma（施琳，1991），大松坡矿段云英岩中铁锂云母 Rb-Sr 年龄为 70 Ma（陈吉琛，1987），大松坡矿段锡石 U-Pb 等时线年龄为 75.5±2.6 Ma（马楠等，2013），3 种方法测得的成矿年龄基本一致，均为晚白垩世（燕山晚期），代表锡矿成矿时代。据李建忠等（2017）研究成果，花岗蚀变岩独居石和锆石的 U-Pb 年龄分别为 75.61±0.47 Ma、75.68±0.72 Ma，未蚀变黑云钾长花岗岩锡石、锆石的 U-Pb 年龄分别为 76.30±3.2 Ma、77.29±0.54 Ma，两者年龄相近，且与马楠等（2013）锆石 U-Pb 法测得的成矿岩体侵位时间（70.3～75.3 Ma）一致。表明锡矿与稀土、稀有及分散元素矿为同期成矿，成矿时代均为晚白垩世（燕山晚期），属古永花岗岩群演化的后期产物。

2. 矿床成因类型

前人对小龙河矿床原生锡矿成因类型的认识是比较一致的，即与岩浆热液有关的气化-高温热液云英岩型、接触交代型锡矿床。赋存稀土矿的花岗蚀变岩，因发育高岭土等热液弥散状蚀变，过去多被认为是风化沉积产物，而据李建忠等（2017）最新研究成果，花岗蚀变岩多为晚期岩浆同构造活动的产物，属晚期岩浆热液-构造热液成因。因此，稀土、稀有及分散元素矿成因类型属岩浆热液型。

四、永平县卓潘稀土矿点

卓潘稀土矿点行政区划隶属于永平县博南镇卓潘村。

1961 年，云南省地质局第十四队对卓潘碱性杂岩体进行普查评价工作，发现稀有、稀土元素矿化，但含量偏低，达不到工业利用要求。

2014～2017 年，云南省有色地质局地质地球物理化学勘查院对卓潘碱性杂岩体开展稀土矿普查评价工作。

（一）矿区地质特征

卓潘稀土矿点地处兰坪-普洱（思茅）地块中段的西部边缘地带，其大地构造分区属羌塘-“三江”造山系（Ⅶ）、昌都-兰坪-普洱（思茅）地块（Ⅶ-5）之昌都-兰坪-普洱（思茅）地块（S-T）（Ⅶ-5-2）；成矿区带属“三江”（造山带）成矿省（Ⅱ2）、兰坪-普洱（陆块）Cu-Pb-Zn-Ag-Fe-Hg-Sb-As-Au-石膏-菱镁矿-盐类成矿带（Ⅲ5）之兰坪-普洱（地块）Cu-Pb-Zn-Ag-Fe-Hg-Sb-As-Au 盐类矿带（Ⅳ12）。

区内出露地层主要为下白垩统，自下而上可分为景星组（K_1j）、南新组（K_1n）和虎头寺组（K_1h），岩性主要为灰白色-紫红色石英砂岩、泥质-钙质粉砂岩、泥岩。

区内构造以断裂为主，发育一系列北北西向断裂构造。在喜马拉雅早期构造运动的作用下，沿断裂构造的脆弱部位，地幔岩浆上涌，形成卓潘碱性杂岩体。

卓潘岩体侵位于下白垩统紫红色砂岩和粉砂岩中，呈近东西向长形状岩席产出，东西长约 15 km，南北宽约 5 km，出露面积约 40 km^2。为一碱性杂岩体，主要由碱性辉石岩（65%）、辉石正长岩（30%）及少量碱性正长岩和霞石正长岩（5%）组成，其中碱性辉石岩主要分布于杂岩体东部，辉石正长岩主要分布于杂岩体西部，两者呈渐变过渡关系，碱性正长岩和霞石正长岩呈长条状、不规则状断续分布于杂岩体外侧边缘凸出部位。杂岩体边缘发育较强的硅化和角岩化蚀变。董方浏（2002）测得辉石正长岩中黑云母坪年龄为 36.70±0.15 Ma，等时线年龄为 36.49±0.43 Ma；杜斌等（2018）对卓潘岩体的正长岩和正长辉石岩进行 LA-ICP-MS 锆石 U-Pb 定年，年龄分别为 33.40±0.38 Ma 和 34.22±0.33 Ma。

主要造岩矿物为普通辉石（少量含霓辉石）、正长石（少量条纹长石）、霞石、角闪石和黑云母。原生副矿物主要是磷灰石、榍石、黑榴石、锆石、磁铁矿等，含量较少，一般为 0.5%～2%；次生副矿物有磷灰石、黑榴石、褐帘石等，沿构造热液蚀变带分布，分布局限。这些副矿物是稀土元素的主要载体矿物，也是其直接找矿标志。

在岩体西侧石棉厂一带，磷灰石富集于碱性辉石岩中心部位，磷灰石含量 3%～25%，面积 750 m^2；副矿物中分散、稀土及放射性元素含量较高，含 P_2O_5>8%、U 0.3%、Th 0.05%、La>1%、

Ce>1%、Yb>0.001%、Y 0.3%；在岩体东南边缘花椒园附近磷灰石局部高达 20%，并与褐帘石、稀土及放射性铀、钍共生，已达工业品位。

整个卓潘碱性岩体的各类岩石中稀土元素含量普遍较高，辉石正长岩稀土总量最高为 $763.7\times10^{-6}\sim1510.48\times10^{-6}$；正长岩和霞石正长岩稀土总含量分别为 578.91×10^{-6}、400.93×10^{-6}（董方浏等，2007），为风化壳型稀土矿的形成提供了充足的物质来源。据明添学等（2013）研究成果，卓潘岩体（基岩和风化壳）稀土总含量高，介于 $750\times10^{-6}\sim3017\times10^{-6}$ 之间，平均含量大于 1000×10^{-6}；轻重稀土比值（LREE/HREE）介于 15~20 之间，轻稀土富集，Ce、La、Nd 等轻稀土元素尤为富集。

岩体风化程度普遍较强，其顶部的风化壳基本保存完好，呈面型分布，分布范围与岩体出露面积大致相当，约 43 km^2。整个碱性杂岩体风化壳厚度 2~16 m（未见底），平均厚度≥5 m，稀土氧化物（ΣREO）含量 0.025%~0.435%，平均 0.174%，可圈定为一个大规模的稀土矿化层。

风化壳由上而下大致可分为 5 个带：

1）灰色腐土带：由植物根、茎、叶及粘土矿物组成，厚度 0.1~0.3 m。

2）褐色壤土带：处于风化作用的氧化带范畴，属全风化带。呈褐色、红色及淡白色疏松状，主要由铁、锰质矿物及高岭石等粘土矿物组成，一般厚度 1~5 m。稀土氧化物含量高，ΣREO 0.032%~0.435%，平均 0.204%。

3）浅色壤土带：处于风化作用的水解、淋滤作用的强风化带。呈浅灰、灰白色疏松状，由高岭石、少量水云母、水绿泥石及铁、锰氧化物组成，一般厚度 3~5 m。稀土氧化物含量较高，ΣREO 0.025%~0.360%，平均 0.153%。

4）灰色过渡带：为半风化带。呈浅灰-灰色半疏松状，由粘土矿物、碱性岩风化残余矿物及碎块等组成。一般厚度 5 m 左右。稀土氧化物含量（ΣREO）0.137%~0.394%，平均 0.308%。

5）弱风化岩带：岩石弱风化，基本为新鲜的碱性杂岩的基岩，稀土含量较低。

（二）矿（化）体地质特征

卓潘稀土矿点的岩体风化壳中，稀土矿（化）体主要赋矿层位为辉石正长岩相带的全风化层及强风化层，其次为辉石岩相带的全风化层及强风化层。矿（化）体东西最长约 13 km，南北最宽约 5 km；矿化层垂直厚度最大 16 m，最小 2 m，平均 5 m，均未见底。矿（化）体厚度稳定，其形态受地形地貌变化控制，呈被袱状，剖面上一般山顶垂厚较大，向山脚垂厚逐渐变薄，垂向上具明显的分带特征。初步圈定的稀土矿化体稀土氧化物含量（ΣREO）0.15%~0.435%，平均 0.205%；平均厚度 5.48 m。

风化壳中稀土元素的富集还与岩相关系密切，其中辉石正长岩相带风化壳的稀土氧化物含量（ΣREO）为 0.223%，辉石岩相带风化壳的稀土氧化物含量（ΣREO）为 0.177%，辉石正长岩相带风化壳的稀土含量相对较高。据云南省地质调查局（2016）研究成果，岩石中含霓辉石、霓石矿物越多（碱性程度越高），稀土含量就越高，但总体的情况是岩体中所含独立稀土矿物不多，只在个别岩石样品中发现含有稀土矿物氟碳铈矿及烧绿石，由于大部分岩石样品都不同程度发生风化蚀变，独立稀土矿物可能已经蚀变。

（三）矿石特征

卓潘稀土矿点的矿石自然类型为风化壳型，含矿物质主要为松散的碱性辉石正长岩、辉石岩风化壳；按矿石工业类型划分为以轻稀土为主的碱性岩风化壳型稀土矿。组合样稀土分量分析结果显示，轻稀土元素占 91%，重稀土元素占 9%。据云南省地质调查局（2016）研究成果，稀土矿浸出率为 0.13%~0.27%，平均为 0.18%，表明其不属于离子吸附型稀土类型，稀土元素主要赋存于磷灰石矿物内。据陈纳川（2019）研究成果，稀土元素主要以类质同象的形式存在磷灰石独立矿物中，风化辉长岩磷灰石稀土总量（ΣREE）平均为 2.60%、辉长岩磷灰石稀土总量（ΣREE）平均为 1.51%、辉石岩磷灰石稀土总量（ΣREE）平均为 0.97%，磷灰石本身是稀土元素的重要赋存矿物，大量的

REE^{3+}置换 Ca^{2+}和 P^{5+}进入晶格中，ΣREE 含量与 P_2O_5 含量呈正相关关系。

由于稀土元素主要赋存于磷灰石矿物内，稀土开发要先从全风化壳中分选出磷灰石，再从磷灰石中提取稀土。因此，从经济成本和环境保护角度来看，目前暂时难以开发利用。

（四）成因类型

由于卓潘杂岩体除风化壳中含有稀土矿外，其原岩中稀土含量也较高，所以卓潘稀土矿点的成矿类型应为碱性岩浆型-风化型。

第六节　火山岩型稀土矿

滇中武定-禄劝一带产出的迤纳厂、笔架山等铁铜矿床，伴生有稀土、稀有、分散元素，其成矿与吕梁期中酸性、基性岩浆喷发活动有关；滇东宣威-罗平一带的二叠纪峨眉山玄武岩古风化壳以及玄武岩顶部与宣威组底部之间的界面上，产出一些与玄武岩有关的稀土多金属矿，由于品位较低，地质工作程度低，均为矿点，如宣威市中营、禾木多、徐家村等矿点。

一、武定县迤纳厂铁铜矿床伴生稀土矿❶

迤纳厂铁铜矿行政区划隶属于武定县猫街镇永泉村。

1942 年，西南联大陈光远等三人，曾至矿区踏勘，估计铁矿石储量 75×10^4 t。

1943 年，会宫景光等人至禄劝踏勘油煤时附带调查迤纳厂等地铁矿，著有地质报告一份，估计铁矿石量 140×10^4～280×10^4 t，认为矿床成因属高中温热液矿床。

1954～1956 年，西南地质局五二七队，在矿区作过较系统的普查评价，提交了《云南武定迤纳厂铁矿区地质普查报告》，估算 C_2 级铁矿石储量 325×10^4 t，伴生铜金属储量 14458 t。

1957～1969 年，相继有地质部物探局成都物探大队三一一、三五一物探队，云南冶金勘探公司三一三队、云南地质局物探队二分队、云南地质局第十三队，在本矿区作过以磁法为主的综合物探工作和地质普查评价。

1970～1972 年，云南省地质局第四地质队，完成了下狮子口、辣椒矿及东部矿 3 个矿段的勘探，于 1972 年底提交《云南省武定迤纳厂铜铁矿区地质报告》（第一期），估算铁矿石储量 $B+C_1+C_2$ 级 190.18×10^4 t，铜金属储量 $B+C_1+C_2$ 级 9462 t。储量经云南省储委 1973 年 6 月 30 日第 18 号对《武定迤纳厂铁铜矿区地质报告》（第一期）审查意见书批准。

1973～1979 年，云南省地质局第四地质队对大宝山、东方红和撒干拉三个矿段进行了详探，于 1979 年 3 月提交《云南省武定县迤纳厂铁铜矿区详勘地质报告》（第二期），估算铁矿石储量 B+C+D 级 496.41×10^4 t，铜金属储量 B+C+D 级 58799.75 t，伴生铌（Nb_2O_5）1308.22 t、钴 659.33 t、钼 1313.02 t、硫 80249.01 t、硒 21.85 t、碲 6.77 t、银 8.443 t；此外，还伴生有稀土（TR_2O_3），具小型矿床规模。

（一）矿区地质特征

迤纳厂矿区位于康滇基底断隆带中段，大地构造分区属扬子陆块区系（Ⅵ）、上扬子古陆块（Ⅵ-2）之康滇基底断隆带（Ⅵ-2-11）；成矿区带属滨太平洋成矿域（Ⅰ2）、上扬子（陆块）成矿省（Ⅱ3）、滇中（基底隆起带）Fe-Cu-Pb-Zn-Ag-Au-Pt-Pd-Ni-Ti-Sn-W-REE-P-S-重晶石-蓝石棉-盐类-煤成矿带（Ⅲ10）之东川-易门（基底隆起带）Fe-Cu-Pb-Zn-Ti-Sn-Al-W-Mn-P-S-重晶石-盐类矿带（Ⅵ23）。

---

❶ 主要资料来源：云南省地质局第四地质队，1972，云南省武定迤纳厂铜铁矿区地质报告（第一期）；1979，云南省武定县迤纳厂铁铜矿区详勘地质报告（第二期）。

区内出露地层主要为震旦系—寒武系灯影组和中元古界昆阳群。灯影组主要为中厚层白云岩；中元古界昆阳群为浅变质岩。据云南省地质局第四地质队（1972、1979）勘查资料，由老至新将昆阳群划分为鹅头厂组、落雪组、因民组、美党组、迤纳厂组5个组。其中，迤纳厂组（Pt_2yn）是主要赋矿地层，为一套浅海碳酸盐相与碎屑岩相互层的浅变质岩系，第一段上、中亚段为大宝山、撒干拉矿段的主要含矿层，第二段下亚段为辣椒矿段和东部矿段主要含矿层，第三段下亚段为东方红矿段主要含矿层，第四段下亚段为下狮子口矿段的主要含矿层。云南省地质科研所1976年对该区地层进行调查研究，认为含矿地层是因民组、落雪组；目前，多数学者将含矿地层划为因民组（周国华等，1993；罗君烈，1995；李志群，1996；杨耀民，2003）。

区内褶皱主要有迤纳厂背斜、大宝山背斜、弯子-下狮子口向斜、东方红向斜，以北西向为主。断层以北东向为主，其次为北西向和近东西向断层，前者序次繁多，形迹复杂，多期复活；后者为次级或后期断层。

区内岩浆岩以基性侵入岩为主，按测定的绝对年龄大致可分三期，分类简述如下：

1）元古宙变辉绿岩（$\beta\mu$）：地表未出露，呈小岩床、岩脉侵入在迤纳厂组下部。岩性为变辉绿岩，岩石中暗色矿物变为黑云母、角闪石，斜长石变为钠长石，副矿物有磁铁矿、钛铁矿、磷灰石等，黑云母绝对年龄为1059 Ma。

2）澄江期变辉绿岩（$\beta\mu_2$）：分布广泛，在含矿层之下产出较多，整个迤纳厂矿区内有大小岩体30余个，呈岩墙、岩床、小岩株产出，有的未出露地表，仅在钻孔中揭露。辣椒矿区东部沿F_{127}出露小岩体一个，长度50~100 m，宽度30~100 m。有的岩体与角砾岩相伴产出。岩石为变辉绿岩，颜色灰绿色，黑绿色，变余辉绿结构，中-细粒结构，块状构造，主要由斜长石、普通辉石、角闪石组成，含微量黑云母、金红石、绿泥石、绿帘石、磁铁矿等。岩石蚀变强烈，主要有角闪石化、钠长石化，次生黝帘石化、黑云母化等。角闪石化辉绿岩中角闪石绝对年龄651 Ma。

3）澄江期石英钠长斑岩（$\alpha\varphi_2$）：产于F_{127}断层中，呈小岩株产出，长度160 m，宽度50~60 m，岩石呈灰白色、白色，斑晶为钠长石及石英，含量约25%，基质是显微晶质结构的钠长石及石英，副矿物有少量黑云母，磁铁矿及微量磷灰石、锆石、钛白石等。绝对年龄（全岩样）591 Ma。

4）燕山期辉绿岩（$\beta\mu_5$）：代表性的岩体有大宝山至辣椒矿北部的岩体，局部紧邻大宝山背斜轴，长度2000 m，宽度170 m。岩石呈灰绿色、黑绿色、致密块状，具辉绿结均、似斑状结构，主要由斜长石（含量50%左右）、普通辉石（含量30%左右）、紫苏辉石（含量5%左右）和微量磁铁矿、磷灰石、黑云母、金红石等组成。

（二）矿体地质特征

迤纳厂铁铜多金属矿区由大宝山、辣椒矿、东部矿、下狮子口、八层矿、东方红、过水沟、撒干拉8个矿段组成，圈定铁铜矿体58个。下狮子口、辣椒矿、东部矿3个矿段的矿石中虽普遍含有稀土（TR_2O_3）、铌（Nb_2O_5），其含量分别为0.147%、0.075%，但未作系统评价；目前以东方红、大宝山2个矿段的伴生稀土、稀有、分散元素最为重要。

1. 东方红矿段

矿段长720 m，宽约400 m，延深近200 m，包括老硐区、过水沟及八层矿三地段。含矿地层为迤纳厂组第三段下亚段上层，矿体全部赋存于黑云母片岩含矿带中，矿段自下而上有Ⅰ、Ⅱ、Ⅲ 3个矿层，共圈定矿体6个。矿层大致沿东方红向斜分布，整体走向近东西向，均以小于40°倾角向南侧伏。

典型矿体Ⅱ-1号矿体是矿段内主矿体，由F_{16}断层切割成两个部分，即老硐区和过水沟两地段。老硐区地段矿体埋深127.05 m，走向285°，控制长度720 m，向南侧伏，倾角30°，延深近200 m。矿体厚度最大10.99 m，平均3.93~4.31 m，北缘及中心部位较厚，向东、西及南变薄至尖灭。矿体中绝大部分属原生铁硫化铜型矿石，以铁铜矿石为主体，伴有单铁和单铜矿石，全铁平均品位41.65%，铜平均品位1.00%。过水沟地段矿体赋存深度不足160 m，地表露头长度340 m，走向近东西，向南倾伏，倾角小于30°，矿体向南延伸到F_{16}，延深长度80 m。矿体厚度最大15.19 m，平均8.85 m，向东西方向尖灭。矿体仍以铁铜矿石为主体，伴有铁矿石及铜矿石，铜矿体在矿层底部较稳定。地表及东部氧化较深为铁氧铜氧矿石，仅南部有少量原生硫化矿石。矿体铁铜矿石含Fe品位最高63.82%，最低29.30%，平均45.75%，Cu品位最高4.36%，最低0.14%，平均0.97%。铁铜矿石中各元素含量：Co 0.009%、Mo 0.020%、Se 0.0006%、Te 0.0002%、Ag 2.04 g/t，片岩铜矿石中各元素含量：Mo 0.015%、TR_2O_3 0.575%、Nb_2O_5 0.016%。

2. 大宝山矿段

矿段长度1000 m，宽度200 m，控制最大延深216.64 m。主含矿地层为迤纳厂组第一段中亚段上层，次含矿层为迤纳厂组下段上亚段，总体沿大宝山山脊分布，全部矿层均产于大宝山背斜构造带中，走向近东西，倾向随背斜所处位置而定，两翼较陡，在50°~70°间。从下至上分为Ⅰ、Ⅱ、Ⅲ、Ⅳ 4个矿层，分布在主含矿层的黑云母片岩含矿带中。矿段共圈定矿体7个，典型矿体为Ⅱ号和Ⅱ-1号。

Ⅱ号矿体：是大宝山矿段的主矿体，全长870 m，宽度65~180 m，基本上沿大宝山背斜轴及两翼分布，走向近东西向，倾向随背斜两翼倾向变化，倾角50°左右。矿体在走向上显示豆荚状特征，有3个最厚点，ZK33（16.18 m）、ZK44（11.51 m）、ZK27-1（9.75 m），其余厚度都小于以上厚度，并有规律地向南北尖灭。矿体在背斜轴线上一般埋深25~100 m，南翼埋深60~105 m，北翼埋深100~190 m。矿体矿石类型复杂，包括铁铜矿石及铜矿石的几个混合类型。矿体品位：TFe 43.87%、Cu 0.88%、SiO_2 12.96%、Al_2O_3 1.25%、MgO 1.58%、CaO 4.26%、P 0.33%、S 1.39%、As 0.02%、Sn 0.01%、Pb 0.00%、Zn 0.01%。铁铜矿石中伴生元素含量：Co 0.007%、Mo 0.021%、Se 0.0002%、Te 0.0002%、Ag 2.25 g/t。铜矿石中伴生元素含量：Co 0.003%、Mo 0.003%、Nb_2O_5 0.002%。

Ⅲ-1号矿体：位于F_{16}断层南侧，断层下盘，属盲矿体，走向东西，南西侧伏，倾角20°左右，长度610 m，延深34~145 m。顶板最高标高2317.46 m，底板最低标高2245 m，控制垂深72.46 m，厚度最大6.78 m，最小0.76 m，铁矿厚度2.58 m，铜矿厚度2.89 m，全铁平均品位37.10%，Cu平均品位1.26%，矿石类型属铜硫铁原矿石，铁矿主要是菱铁矿和磁铁矿，铜矿物主要是黄铜矿。伴生元素有Co、Mo、Se、Te、Ag，含量分别为：0.025%、0.037%、0.0006%、0.0002%、3.40 g/t。

（三）矿石特征

迤纳厂矿床的铁铜矿石（铁矿石）、铜矿石可分为4个基本自然类型：铁铜矿石、含铜片岩型铜矿石、含铜白云岩型铜矿石、铁矿石；铜铁矿石工业类型分为原生铁硫化铜矿石、原生铁混合铜型矿石、原生铁氧化铜型矿石、氧化铁铜型矿石4种类型；含铜片岩型铜矿石工业类型分为硫化铜矿石、混合铜矿石、氧化铜矿石3种类型；含铜白云岩型铜矿石工业类型全为氧化铜矿石；铁矿石工业类型分为原生铁矿石、氧化铁矿石2种类型。

矿石矿物成分复杂，计有40多种。主要铁矿物为磁铁矿、铁碳酸盐（锰钙镁菱铁矿、含镁铁白云石、铁白云石等），主要铜矿物为黄铜矿。次要矿物有黄铁矿、辉钼矿、辉钴矿、毒砂、斑铜矿、锐钛矿、辉铬矿、镜铁矿、方铅矿等。脉石矿物有方解石、磷灰石、萤石、石英、铁黑云母、铁铝榴石、透闪石、透辉石、绢云母、钠长石，绿泥石。伴生稀有稀土矿物有氟碳铈矿、氟碳钙铈矿、褐帘石、独居石、褐钇铌矿、硅钍钇矿、含稀土磷灰石、铌铁矿。铁的氧化矿物有磁赤铁矿、假象赤铁矿、褐铁矿、赤铁矿、纤铁矿、针铁矿，铜的氧化物有蓝铜矿、次生辉铜矿、孔雀石、橄榄铜矿。

矿石结构主要为自形、半自形、他形粒状变晶结构，其次为包嵌结构、交代结构、残余结构等。矿石构造主要为块状构造、纹带状构造，其次为浸染状构造、细脉状构造、多孔状构造、胶状构造、皮壳状构造等。

矿石中所含元素有20多种，有用组分主要为Fe，其次为Cu；伴生有益组分为稀土（TR_2O_3）、铌（Nb_2O_5）、钴（Co）、钼（Mo）、硒（Se）、碲（Te）、硫（S）、银（Ag），东方红矿段各元素组合分析含量为：TR_2O_3 0.008%~0.503%，平均0.145%；Nb_2O_5 0.007%~0.073%，平均0.020%；Co

0.009%~0.026%，平均0.012%；Mo 0.017%~0.037%，平均0.022%；Se 0.0002%~0.0012%，平均0.0006%；Te 0.0002%；S 1.73%~2.37%，平均2.03%；Ag 1.0~7.40 g/t，平均2.36 g/t。大宝山矿段各元素组合分析品位为：TR_2O_3 0.013%~0.095%，平均0.054%；Nb_2O_5 0.004%~0.010%，平均0.006%；Co 0.005%~0.025%，平均0.006%；Mo 0.010%~0.023%，平均0.015%；Se 0.0001%~0.0008%，平均0.0003%；Te 0.0002%；S 0.46%~1.50%，平均1.08%；Ag 2.25~4.30 g/t，平均2.50 g/t。含铜片岩型矿石中还伴生有Li、Rb，化学全分析含量为：Li_2O 0.01%~0.04%、Rb_2O 0.01%~0.06%，有综合利用价值。

迤纳厂矿床中稀土（TR_2O_3）一般含量为0.14%~0.2%，以轻稀土为主（铈、镧、镨、钕），重稀土次之（钇、镱）。稀土含量在不同类型矿石中有明显差异，主要取决于脉石成分，以萤石、磷灰石为主者，稀土含量高。稀土含量在不同构造铁铜矿石类型中也有差异，从角砾状磁铁矿→细粒脉状磁铁矿→浸染状磁铁矿，稀土含量增高；条带状、脉状铁铜矿石比浸染状和块状铁铜矿石有更高稀土含量，且变化范围更大。独立稀土矿物氟碳铈矿、氟碳钙铈矿、独居石、褐钇铌矿等，主要以被包裹的形式存在于磁铁矿内部；稀土矿物还分布于萤石、磷灰石中，一部分呈类质同象存在，一部分呈包体混入，磷灰石单矿物中TR_2O_3含量6.5%、Nb_2O_5含量0.055%。稀土含量与氟、磷含量成较弱的正相关关系。随着萤石颜色加深、密度和折光率增大，稀土含量略有增高；铁铜成矿期萤石（细粒、浅紫-紫红色）比成矿期后萤石（粒度较粗、无色-浅绿色）稀土含量高。白色、绿黑色自形磷灰石稀土含量较低，浅红色磷灰石稀土含量较高，稀土主要呈包体存在，基体中含量较低。稀土含量沿铁铜矿体走向和倾向变化不大，稀土矿化与铁铜矿化在空间上无明显相关关系；在近矿围岩黑云母片岩中，稀土含量为0.033%~0.65%，未发现独立稀土矿物，呈比较分散状态存在。

铌钽（Nb_2O_5、Ta_2O_5）在矿石中一般含量为：Nb_2O_5 0.01%~0.02%、Ta_2O_5 0.002%~0.107%，在各种类型矿石中，铌钽含量变化不大，条带状矿石含量略高。除铌铁矿、褐钇铌矿外，未发现其他铌钽独立矿物，主要赋存于金红石、独居石、透闪石中（含量≥0.1%），其次为磁铁矿、褐铁矿、磷灰石（含量≥0.01%），铌钽含量与稀土含量具有较强的正相关关系。在近矿围岩黑云母片岩中，铌钽一般含量为：Nb_2O_5 0.0035%、Ta_2O_5 0.000%~0.001%，未发现独立铌钽矿物。

锂（Li）、铷（Rb）、铯（Cs）、硒（Se）、碲（Te）、镓（Ga）、银（Ag）等均未见独立矿物，锂（Li）、铷（Rb）、铯（Cs）主要呈类质同象赋存于黑云母中；硒（Se）、碲（Te）、镓（Ga）、银（Ag）主要呈类质同象赋存于硫化物中。

（四）围岩蚀变

迤纳厂矿床围岩蚀变特征明显，主要的围岩蚀变类型有黑云母化、铁铝榴石化、菱铁矿化、钠长石化、黄铁矿化、硅化。

黑云母化：为铁铜矿最主要的近矿围岩蚀变，黑云母紧靠矿体顶底围岩及矿体夹层中发育。

铁铝榴石化：为铁铜矿体的近矿围岩蚀变之一，铁铜矿体顶、底板附近普遍可见铁铝榴石，越近矿体石榴子石越粗大密集，有时成为铁铝榴石岩。

菱铁矿化：分布广泛，多呈粒状，菱铁矿与磁铁矿共生，局部呈脉状与硫化物共生。

钠长石化：在铁铜矿体顶底板围岩中普遍可见，在铁铜矿石中有钠长石化的地方普遍稀土、稀有元素富集。

黄铁矿化：是矿区普遍出现的蚀变，黄铁矿呈粒状和脉状分布在矿体中或与石英、碳酸盐脉共生。

硅化：分布广，在矿石中常见，多呈团斑状、脉状出现。

（五）矿化阶段

根据围岩蚀变、矿物组合和矿化特征的差异，丁俊等（2012）、侯林等（2013a、2013b、2013c）将武定迤纳厂铁-铜-稀土矿床的矿化作用划分为矿化前期、主矿化期和矿化后期三个矿化期，其中主矿化期又划分为铁氧化物-稀土矿化和硫化物-金矿化阶段两个阶段。温利刚（2018）研究成果表明，无论是在铁氧化物矿化的阶段，还是铜硫化物（-金）矿化的阶段，均伴随有稀土成矿作用，并将主矿化期划分为铁氧化物-磷灰石-稀土成矿阶段（Ⅱ-1）和铜硫化物（-金）-稀土成矿阶段（Ⅱ-2）。

1. 矿化前期 Na-（Fe）蚀变阶段（Ⅰ）

该阶段是岩浆侵位和矿化的准备阶段，在近地表形成岩浆角砾岩（隐爆角砾岩）。从深部分离出的富含钠质岩浆热液导致岩浆角砾岩强烈钠化，在岩浆角砾岩胶结物中广泛存在着自形-半自形的钠长石和微细粒的针状、长柱状或圆形的磁铁矿和赤铁矿，钠长石常被后期形成的钾长石、黑云母、绢云母、石英、绿泥石和方解石等碳酸盐矿物等替代。

2. 铁氧化物-磷灰石-稀土成矿阶段（Ⅱ-1）

该阶段是铁-铜质（磁铁矿-菱铁矿-黄铁矿-黄铜矿）矿化的主要阶段，矿物组合主要为磁铁矿-菱铁矿-黄铁矿-黄铜矿；同时也是稀土和稀有元素成矿的主要阶段，条纹条带状铁铜矿石中稀土总量（ΣREE）高达 $1446.83\times10^{-6}\sim11259.23\times10^{-6}$，铌（Nb）含量高达 $278.8\times10^{-6}\sim529\times10^{-6}$，形成的稀有、稀土元素矿物有氟碳铈矿、铌铁矿、独居石、褐钇铌矿等，主要分布在铁氧化物的内部和边缘缝隙中，并且在磷灰石颗粒中普遍存在微细粒独居石、氟碳铈矿和氟碳钙铈矿等独立稀土矿物包裹体析出，表明此阶段矿物受后期构造运动的叠加改造。

3. 铜硫化物（-金）-稀土成矿阶段（Ⅱ-2）：

该阶段是铜（-金）-稀土（氟碳钙铈矿）矿化的主要阶段，矿石主要以脉状形式穿插铁氧化物-磷灰石-稀土成矿阶段（Ⅱ-1）的条纹条带状矿石，说明两者为截然不同的先后两个矿化阶段。脉状矿石中稀土总量（ΣREE）高达 $2020.92\times10^{-6}\sim3415.51\times10^{-6}$；矿石中发现了含量可观的氟碳钙铈矿和少量褐帘石、硅钛钇矿、（含铌）金红石等稀有、稀土元素矿物。

4. 矿化后期石英-碳酸盐脉阶段（Ⅲ）

该阶段为以石英和方解石脉为主的晚期热液脉阶段，普遍发育石英和方解石网脉，几乎不含硫化物或矿石矿物。

（六）矿床成因

迤纳厂铁铜多金属矿床矿石和萤石单矿物 Sm-Nd 等时线年龄分别为 1621±110 Ma、1538±43 Ma（杨耀民等，2005），黄铜矿 Re-Os 等时线年龄为 1690±99 Ma、加权平均年龄为 1685±37 Ma（叶现韬等，2013）；与成矿关系密切的岩浆角砾岩 LA-ICP-MS 锆石 U-Pb 年龄为 1739±13 Ma（侯林等，2013b），辉绿岩 LA-ICP-MS 锆石 U-Pb 年龄为 1728±4 Ma（郭阳等，2014）。因此，矿床主成矿时代为中元古代（晋宁期）。

迤纳厂铁铜多金属矿床的成因存在较大争议，云南省地质局第四地质队（1972，1979）地质报告将其归为火山沉积-变质型；其后，众多学者将其归为热水喷流沉积型或火山喷流沉积型（周国华等，1993；罗君烈，1995；李志群，1996；龚琳，2000；杨耀民，2003；杨世坤等，2013；叶现韬等，2013）；杨时蕙（1982）提出了岩浆热液成因说，吴健民等（1998）提出稀矿山式铁铜矿与奥林匹克坝式（IOCG）铜多金属矿床的对比研究，李泽琴等（2002）、毛景文等（2008）将同成矿带上的四川拉拉铜矿、新平大红山铁铜矿归为 IOCG 型矿床。近年来，一些学者（丁俊等，2012；李萍等，2013；侯林等，2013a、2013b、2013c、2015）也认为迤纳厂铁铜多金属矿床与岩浆热液交代作用有关，类似于 IOCG 型矿床。

中元古代早期的火山喷发-沉积，形成昆阳群火山-沉积岩建造（矿源层），Fe、Cu、P、F、Nb、REE 等成矿元素的矿化富集沉淀，形成早期的块状（浸染状或条带状）铁氧化物-磷灰石-萤石型 Fe-（Cu-Nb）-REE 多金属矿体；其后，多期次的热液活动，对早期矿体进行叠加改造，Cu、Au、REE 等成矿元素进一步活化富集，形成后期的石英-方解石脉型 Cu-（Au）-REE 多金属矿体。经过多期次热液活动和多种成矿作用的共同叠加，最终形成了 Fe-Cu-Nb（-Au）-REE 多金属矿床。

二、宣威市中营-禾木多-徐家村稀土矿点❶

宣威市北部倘塘镇中营-禾木多-徐家村一带的稀土矿，主要有两个含矿层。第一含矿层位于上二叠统峨眉山玄武岩组（Pe）与宣威组（P_3x）的接触部位，稀土元素主要赋存于玄武岩风化土（玄武岩组顶部）及粘土岩（宣威组底部）中，分布普遍；第二含矿层位于上二叠统玄武岩组第三段所夹的玄武岩风化土及粘土岩中，处于玄武岩组顶界之下30~70 m，稳定性较差。

玄武岩风化土覆于灰绿色玄武岩之上，厚度0~5 m，一般1~2 m。风化土中可见被粘土矿物替代的白色斜长石晶体，其间隙中为紫、紫红色氧化铁和粘土混合物。风化面常有厚数至10余厘米的褐铁矿皮壳。粘土岩覆于玄武岩或其风化土之上，由水云母粘土及三水铝石组成，局部地段底部见有厚度不到0.6 m的铁质玄武岩砾石层。总之，含矿岩石以富含粘土矿物为特征。

含矿层呈层状产出，第一含矿层厚数米至20 m左右，第二含矿层厚度0~10 m。第一含矿层在西部中营一带只有一层，呈似层状，控制长度1000 m以上，一般厚度2~4 m；向东部逐渐增至2~3层，以数米至10 m之粉砂岩、粉砂质粘土岩、煤层等间隔，矿层稳定性差，常呈不连续的透镜体产出，长数百米至1000 m以上，厚一般数十厘米至2 m。至禾木多一带，最下一层矿位于宣威组底部，而峨眉山玄武岩组顶部的风化土变薄且不含矿，类型也由古风化壳型向沉积型（如徐家村矿）转变。第二含矿层基本为一层，不连续，长度100 m左右，厚度1 m以下，呈透镜状产出。此矿层仅见于西部中营-禾木多一带，禾木多以东则为含煤沉积所取代。

中营一带有两个含稀土矿层，以古风化壳型为主，其次为沉积型。第一含矿层为上二叠统峨眉山玄武岩组顶部紫色玄武岩风化土-宣威组底部灰白色铁质粘土岩，TR_2O_3 含量一般为0.116%~0.466%，以富含铁质的粘土岩含量较高，个别工程中TR_2O_3 含量高达1.21%。整体来看，TR_2O_3 含量有西高东低之趋势。第二含矿层为峨眉山玄武岩组第三段，有2个含矿层，即玄武岩风化土和含铁粘土岩，TR_2O_3 含量相对较低，分别为0.108%、0.106%。

禾木多一带有两个含稀土矿层，以古风化壳型为主，其次为沉积型。第一含矿层为上二叠统宣威组底部，有3个矿层：上层为铁质粘土岩，TR_2O_3 含量平均为0.108%~0.173%；中层为粘土岩、页岩，产有3个矿体，TR_2O_3 含量分别为0.142%、0.131%~0.143%、0.15%；下层为粘土岩，产有3个矿体，TR_2O_3 含量分别为0.138%、0.112%、0.11%。第二含矿层为峨眉山玄武岩组第三段，有2个矿体，TR_2O_3 含量分别为0.1%、0.105%。光谱分析Nb含量一般为0.01%~0.05%，最高0.2%。

徐家村一带仅有上二叠统宣威组底部的第一含矿层，以沉积型为主。有3个矿层：上矿层为铁质粘土岩、粘土岩，TR_2O_3 含量平均为0.162%和0.14%；中矿层为粘土岩，TR_2O_3 含量平均为0.123%~0.176%；下矿层为粘土岩，TR_2O_3 含量平均为0.322%~0.162%，光谱分析Nb含量0.01%~0.05%，最高0.15%。

经光薄片及人工重砂鉴定研究，均未发现稀土矿物，贵州省地质局实验室曾对中营矿点的样品使用选择溶剂进行稀土浸取回收试验，认为稀土元素呈复氧化物为粘土矿物所吸附。

三、其他矿化信息点

近年来，云南省有色地质局有关单位在宣威-罗平一带开展与二叠纪峨眉山玄武岩有关的稀土、铁、钛多金属矿调查工作，发现在玄武岩喷发旋回之间的古风化壳中，以及玄武岩顶部与宣威组底部之间的界面，分别形成有两个稀土、铁、钛多金属矿含矿层（杨平等，2013）。稀土、铁、钛多金属矿赋存于玄武岩上风化壳或古侵蚀界面内的半硬质铁质粘土岩、粘土岩中，具成层性特征，矿化体呈似层状和透镜状产出。铁矿物以赤铁矿为主，钛矿物为锐钛矿，稀土以微细粒的独居石等矿物为主，并含部分离子吸附稀土。稀土矿、铁矿、钛矿呈“多元同层或多元同体”的共生关系。矿化层厚度大，分布范围广，具稳定层位，为一种新类型的稀土、铁、钛多金属矿（古风化淋积-沉积型），远

❶ 主要资料来源：云南省地质矿产局，1993b，云南省区域矿产总结（下册）。

景资源量大，具有重要的勘查价值。

经野外调查及多种测试分析手段（人工重砂、X-射线粉晶分析及电子探针）查定，稀土富集在玄武岩古风化土、铁质粘土和杂色粘土层中，稀土矿具有下列特征。

1. 稀土矿石成分及化学含量

氧化物类矿物以赤铁矿为主，少量褐铁矿、锐钛矿及石英等，约共占42%；硅酸盐类矿物以高岭石、绢云母为主，少量或微量绿泥石、锆石、石榴子石、电气石等，约占57%；磷酸盐类矿物独居石约占0.4%；硫化物类矿物黄铁矿等偶见。

上含矿层（I）赋存于玄武岩顶部与宣威组底部之间的界面内，呈面型产出，厚度20~35 m。稀土矿、铁矿、钛矿体呈“多元同层或多元同体”的共生关系，呈规模不等的似层状、大透镜状产出，赋矿岩石为铁质粘土岩和杂色粘土岩，ΣREO 含量 0.016%~0.52%，平均 0.095%；TFe 含量 19.09%；TiO_2 含量4.20%。

下含矿层（Ⅱ）赋存于玄武岩早、晚两个喷发旋回之间的古风化壳中，呈面型产出，厚度8~23 m。稀土矿、铁矿、钛矿体呈“多元同层或多元同体”的共生关系，呈规模不等的似层状、大透镜状产出，赋矿岩石为铁质粘土岩，ΣREO 含量 0.02%~0.16%，平均 0.072% TFe 含量 19.62%；TiO_2 含量5.84%。

2. 稀土元素配分特征

据区内十余件稀土全分析结果，将上含矿层（I）的稀土矿体按三分组（轻、中、重稀土）及其主要组分进行配分计算，为矿床主要工业矿物有用组分的评价提供趋势性预测，其结果如下。

轻稀土段（La-Nd）：LREE/ΣREO 值为0.638~0.874，LREE 含量621.8×10^{-6}~3749×10^{-6}。其中主要组分：Ce/ΣREO 值为 0.212~0.462，Ce 含量 218×10^{-6}~1404×10^{-6}；Nd/ΣREO 值为 0.106~0.213，Nd 含量88.3×10^{-6}~903×10^{-6}，具有强烈变化，或具有含钕的载体矿物生成。

中稀土段（Sm-Ho）：MREE/ΣREO 值为 0.071~0.146，MREE 含量 81.16×10^{-6}~424.7×10^{-6}。其中偶数元素 Sm、Gd、Dy 含量相对较高，Sm/ΣREO 值为0.018~0.043，Sm 含量14.0×10^{-6}~102×10^{-6}；Gd/ΣREO 值为 0.021~0.142，Gd 含量 16.8×10^{-6}~104×10^{-6}；Dy/ΣREO 值为 0.013~0.036，Dy 含量15.4×10^{-6}~99.8×10^{-6}。

重稀土段（Er-Lu+Y）：HREE/ΣREO 值为0.046~0.216，HREE 含量63.29×10^{-6}~621.17×10^{-6}。其中钇（Y）含量较高，占据了重稀土组的绝大部分，Y/ΣREO 值为 0.0343~0.177，Y 含量 48.5×10^{-6}~493×10^{-6}，平均170×10^{-6}。当Y含量增加时，相应的 Er、Yb、Dy、Gd、Sm 含量亦同步上升，显示有钇（Y）为主并具多种稀土成分的载体矿物加入。

铁和钛具有非线型的正相关关系。在浅色、杂色粘土岩中铁、钛的含量相对较低，TFe 含量10.09%~18.29%，TiO_2 含量1.08%~4.16%。按照现有自然露头采样工程控制，可圈出厚度1.5~22.18 m，TFe 含量20%~22.98%和TFe 含量26.82%~40.2%品级的铁矿体，以及厚度相当的钛矿体，TiO_2 含量4.2%~5.84%。

铁、钛矿属残积-再沉积的古风化壳型，赋存于峨眉山玄武岩界面之上的上（Ⅰ）、下（Ⅱ）含矿层内的粘土岩中，属需经选矿的矿石类型。铁、钛矿体呈规模不等的似层状、大透镜状产出，含矿层由铁质粘土岩和浅色、杂色粘土岩组成。在铁质粘土岩中铁、钛的含量相对较高：TFe 含量最高为49.44%，一般为19%~23%；TiO_2 含量最高为10.94%，一般为4%~6%（杨平等，2013）。

矿石矿物以赤铁矿为主（含泥状赤铁矿），少量褐铁矿、锐钛矿（含泥状锐钛矿），偶见磁铁矿、锆石、石榴子石、电气石、独居石等，共占35%~60%；脉石矿物以高岭石为主，少量绢云母、石英等，共占30%~55%。矿物的粒度组成大致可分为0.1~0.3 mm级和0.004~0.1 mm级，后者的矿物成分由X射线粉晶衍射确定，包含泥状赤铁矿（20%~30%）、泥状锐钛矿（5%~10%），高岭石（20%~45%）、石英（1%~5%）。

矿石的结构主要为他形粒状、砂屑状、胶状、鲕粒状等，由泥质物填隙；矿石构造主要为鲕状构造、豆状构造。

稀土矿以峨眉山玄武岩为物源，经古风化淋积作用，近距离运移，就地富集。成因类型为原地-半原地淋积、沉积类型；工业类型为稀土矿、赤铁矿、锐钛矿共生的粘土吸附型-混生型（内含稀土载体矿物），并含 Co、Nb、Zr、Ga、K_2O 等伴生有益元素。

第七节　沉积型矿床伴生稀土矿产

一、沉积型磷矿床伴生稀土矿产

（一）曲靖市沾益区德泽磷矿床伴生稀土矿产

德泽磷矿位于滇东中部，沾益、宣威、会泽三县交界的牛栏江西岸地段，中心区位于沾益区德泽乡。

稀土矿产主要分布于德泽磷矿区Ⅱ号矿体中，TR_2O_3 含量为 0.03%～0.1%，平均 0.06%，其中重稀土钇（Y）含量为 0.01%～0.04%。矿石中未发现独立的稀土矿物。稀土元素主要以类质同象赋存于胶磷矿中（0.02%～0.15%），在石英、玉髓、白云石、方解石、磷铝矿中，TR_2O_3 含量为 0.01%～0.014%。

矿体中 TR_2O_3、Y 和 P_2O_5 含量的变化极为相似，即沿矿体走向变化很小，沿矿体倾向由地表向深部逐渐降低。

TR_2O_3 及 Y 的含量与富集层位和 P_2O_5 的变化也是吻合的，即 P_2O_5 含量高的地段，TR_2O_3 及 Y 含量也高。矿层中 TR_2O_3 含量与 P_2O_5、CaO 含量大致成正比，而与酸不溶物含量呈反比。

此外，在安宁磷矿还有一处伴生稀土矿化点，为下寒武统梅树村组磷块岩矿床中的伴生稀土矿。

（二）其他矿化信息点

据常苏娟等（2011）研究成果，下寒武统筇竹寺组含磷岩系的稀土和放射性元素含量高，磷块岩中稀土总量（TR_2O_3）为 0.03%～0.23%；据曾繁瑞（1998）研究成果，安宁地区的尖山磷矿、安宁磷矿、柳树磷矿 3 个矿床中伴生有稀土元素，矿体中稀土含量 0.022%～0.049%，稀土含量与 P_2O_5 含量呈正相关关系，粗略估算伴生稀土氧化物资源量约 40×10^4 t。据云南省地质调查局（2016）资料，晋宁磷矿中的工业矿体中稀土氧化物（REO）含量一般 1.5%～6%，最高 11.78%，最低 0.95%，平均 2.63%；安宁龙山磷矿的工业矿体中稀土氧化物（REO）含量一般 5%～10%，最高 17.45%，最低 2.28%，平均 7.84%。上述 2 处矿床稀土含量高于原生矿的最低工业品位（1.5%～2%）。通过对昆阳磷矿集区的伴生稀土矿调查，在海口磷矿、尖山磷矿、昆阳磷矿中稀土含量与贵州省织金磷矿中的含量相当，赋存状态一样。由于昆阳磷矿集区磷矿资源量大，其中伴生的稀土可以增加磷矿的综合利用价值，意义重大。

二、沉积型铝土矿矿床伴生稀土矿产

近年来，随着众多学者对铝土矿成矿规律及共伴生矿产的深入研究，发现在云南的一些铝土矿床中共伴生有稀土矿产。

据王行军等（2015a）研究成果，滇东南地区铝土矿中稀土元素含量总体较高，稀土总量（ΣREE）为 84.18×10^{-6}～5693.62×10^{-6}（LREE 含量为 66.61×10^{-6}～2483.68×10^{-6}、HREE 含量为 17.58×10^{-6}～3809.31×10^{-6}），含铝岩系稀土总量（ΣREE）平均值为 769.10×10^{-6}；LREE 含量平均值为 538.50×10^{-6}；ΣY 含量平均值为 230.60×10^{-6}，接近离子吸附型稀土矿床边界品位（300×10^{-6}）。其中，文山市天生桥、丘北县白色姑、砚山县红舍克 3 处铝土矿床稀土总量（ΣREE）分别为 1001.16×10^{-6}、912.43×10^{-6}、851.64×10^{-6}；此外，丘北县大铁、飞尺角 2 处铝土矿床的铝土矿、铁质铝土矿中，稀土总量（ΣREE）为 976.31×10^{-6}～1678.29×10^{-6}。滇东南铝土矿的稀土元素含量，总

体表现为南西向北东逐渐变低的趋势；各含铝岩系的稀土元素含量，总体表现为由铁质铝土矿→铁质岩→铝土矿→铝质粘土岩→铁铝质岩→菱镁矿依次变低的趋势。

滇中地区的铝土矿中也伴生有稀土，据原冶金工业部西南地质勘查局昆明地质调查所（1991）勘查成果，富民县老煤山铝土矿首采地段共伴生有稀土元素镱（Yb），估算镱金属量14 t。据温汉捷等（2020）研究成果，中二叠统倒石头组（梁山组）作为滇中地区主要含铝岩系，其粘土岩中除锂超常富集外，稀土矿产在局部也发生富集，灰色铝土质泥页岩中轻稀土（LREE）含量0.08%~0.1045%，达到了风化壳型稀土矿床的最低工业品位。

第八节　成矿规律及找矿方向

一、成矿条件

（一）岩浆岩条件

稀土成矿主要与岩浆作用关系密切，富含稀土元素的岩浆岩即为成矿母岩，稀土元素主要以独立稀土矿物存在，以及呈包体或类质同象形式存在于硅酸盐矿物中。成矿母岩经表生风化淋积作用或冲积、洪积等作用，稀土元素发生迁移富集，形成风化壳离子吸附型、风化壳残积型及砂矿型稀土矿床。伴随着云南复杂的大地构造演化，发生了频繁而剧烈的构造-岩浆-成矿活动，中酸性岩浆岩与稀土成矿关系最为密切，各个时期的花岗岩均有不同程度的稀土矿化（图7-25，图7-26；表7-20），尤以交代作用强烈，富碱（高钾）、高硅、低铁、低镁岩石最利于成矿。最新勘查成果显示，基性-超基性、碱性岩浆活动也与稀土矿成矿关系密切。其中，基性-超基性岩主要与钪成矿关系最为密切，碱性岩稀土含量高，轻稀土富集程度尤其高（一般大于90%）。在岩浆分异演化活动早期，活度小的稀土矿物达到饱和后沉淀析出，如独居石、磷钇矿、褐帘石、榍石等；在岩浆活动晚期，挥发分聚集，形成了富含挥发组分的稀土矿物，如氟碳钙铈矿、氟碳钙钇矿、硅铍钇矿等易风化的稀土矿物，赋存于岩体上部或晚期岩相（带）中，为外生风化矿床的成矿母岩；经多期次、多阶段的岩浆分异、熔离及交代作用，稀土元素不断富集，局部也可形成原生矿体（化），如建水长岭岗碱性岩体中热液脉型、伟晶岩型稀土稀有金属矿，腾冲小龙河花岗岩蚀变型稀土稀有金属矿化等。一般来说，成矿母岩稀土配分多为轻稀土富集型，在岩浆分异演化过程中，较晚形成的岩石类型比早期岩石类型有更高的稀土含量，尤其是重稀土元素的富集，稀土矿物种类也更多。如临沧岩体中，早期花岗岩含稀土矿物主要为榍石、褐帘石、磷灰石和锆石等；中-晚期花岗岩的磷灰石中，常见到独居石、磷钇矿和钍石等矿物，REE的活化作用也明显增强；晚期的热液交代作用则生成铈萤石、钇萤石等氟碳酸盐矿物，多沿矿物解理面、裂隙和孔隙等交代充填（陆蕾等，2020）。陇川-腾冲岩浆岩带中，小龙河、百花脑、来利山等岩体，其稀土含量相对较高，局部可富集成矿，如漆木脑钾长花岗岩、大硐厂花岗斑岩、小龙河花岗蚀变岩部分地段稀土含量（ΣREE）可达0.1%以上；重稀土富集尤为明显，如大秧田矿化岩体（钠化花岗岩）Y含量高达0.01%以上，在其风化壳中单独可富集成矿。在邦棍尖山岩体，早期形成的中粗粒钾长花岗岩或斑状黑云母二长花岗岩风化壳中，多形成离子吸附型轻稀土矿，而在较晚形成的细粒黑云二长花岗岩风化壳中，则可形成离子吸附型重稀土矿。据现有的资料统计分析，与稀土矿成矿关系比较密切的是吕梁期—晋宁期中酸性侵入岩、华力西期基性-超基性侵入岩和喷发岩、华力西期—印支期中酸性侵入岩、燕山期—喜马拉雅期中酸性侵入岩及碱性侵入岩。

1. 吕梁期—晋宁期中酸性、基性侵入岩和喷出岩

吕梁期—晋宁期中酸性、基性侵入岩主要分布于扬子准地台结晶基底岩系出露的滇中地区及哀牢山结晶基底岩系南段的元阳-金平一带，并略呈带状展布。武定-禄劝一带产出的迤纳厂、笔架山等铁铜矿床，伴生有稀土、稀有元素，其成矿与吕梁期中酸性、基性岩浆侵入和喷发活动有关；牟定姚

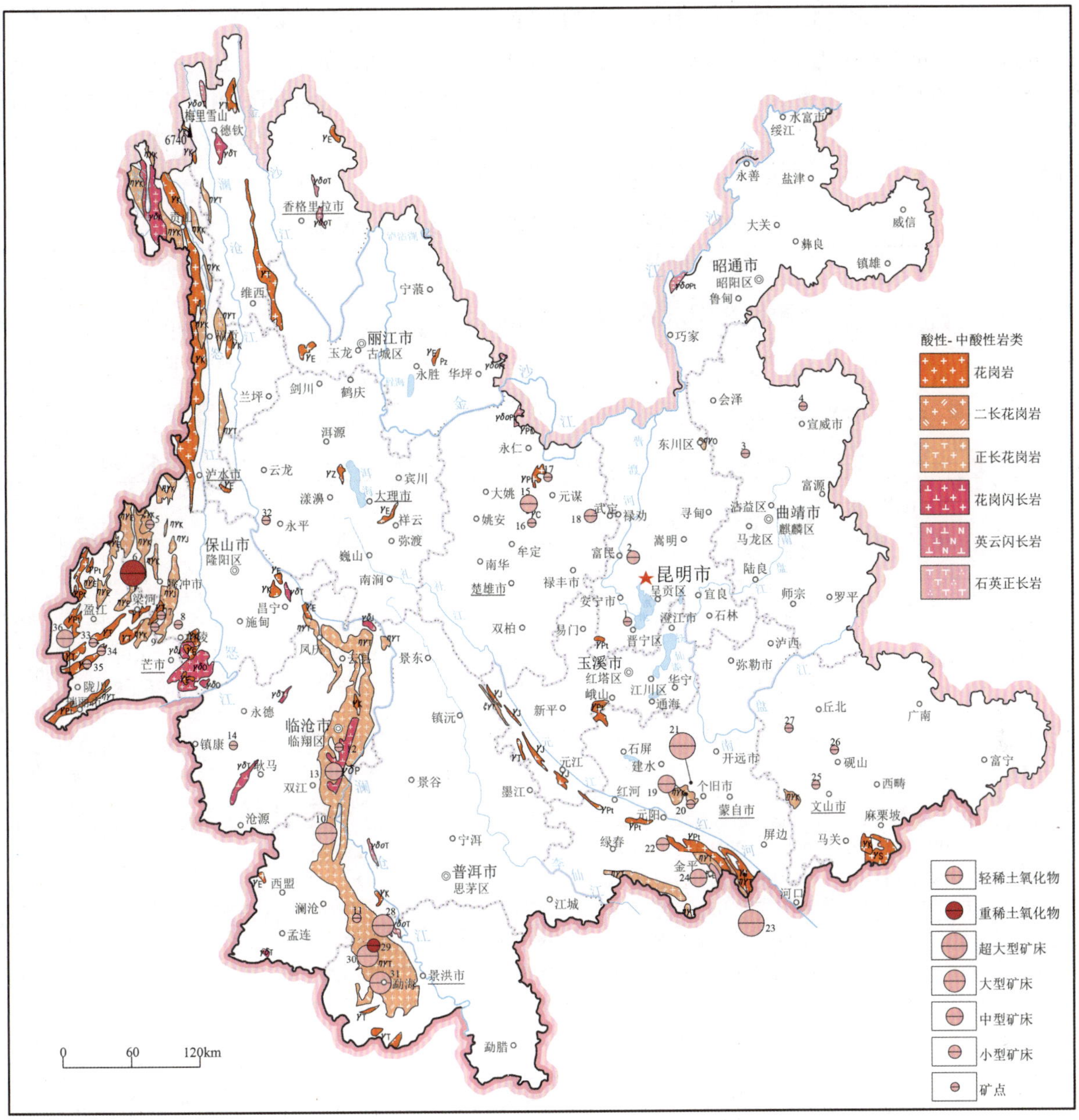

图 7-25　云南省中酸性岩浆岩与稀土金属矿产地分布关系图

兴村晋宁期花岗岩体稀土元素含量高，稀土氧化物总量（RE_2O_3）为 $190\times10^{-6}\sim400\times10^{-6}$，与水桥风化壳离子吸附型稀土稀有元素矿床成矿关系密切；元谋狗街一带的晋宁期花岗岩风化壳中，也具有稀土矿化。在金平阿德博的吕梁期片麻状花岗岩风化壳中，产有残积型独居石砂矿床，达中型规模。

2. 华力西期基性-超基性侵入岩和喷发岩

华力西期基性-超基性侵入岩主要与钪成矿关系密切，近年来，在滇中和滇东南地区取得找矿重大突破，金平马鞍底铁矿床伴生钪达超大型矿床规模，牟定二台坡也初具大型钪矿床远景规模；据张茂超（2013）研究成果，朱布铂族多金属矿床成矿岩体中，辉长岩、辉石岩中 Sc 含量高，可达 35.24～61.11 g/t。

华力西期基性-超基性喷出岩也与稀土矿化关系密切，在峨眉山玄武岩的古风化壳及现代风化壳中均发现有稀土矿。宣威地区的峨眉山玄武岩古风化壳中发现中营-禾木多-徐家村稀土矿点，稀土矿产于上二叠统峨眉山玄武岩组（Pe）与宣威组（P_3x）的接触部位（云南省地质矿产局，1993）；近年来，在现代风化壳中也发现有离子吸附型稀土矿（刘殿蕊，2019）。云南省有色地质局有关单位在宣威-罗平一带开展与晚二叠世峨眉山玄武岩有关的稀土、铁、钛多金属矿调查工作，发现在玄武岩喷发旋回之间的古风化壳中，以及玄武岩顶部与宣威组底部之间的界面上，分别形成有 2 个稀土、铁、钛多金属矿含矿层，矿化层厚度大，分布范围广，具稳定层位，远景资源量大，具有重要的勘查价值（杨平等，2013）。此外，崔银亮等（2018）对滇东南地区铝土矿进行地球化学特征研究，发现铝土矿中富含稀土元素，并认为其主要来源于峨眉山玄武岩。

表 7-20　云南省各个时期花岗岩与稀土矿化关系简表

岩浆侵入时期	主要岩性	主要副矿物组合	微量元素含量/10^{-6}	矿化或矿床类型	代表性岩体
晋宁期	片麻状黑云母二长花岗岩	独居石、磷钇矿、铌钽铁矿、锆石、褐帘石、磁铁矿、钛铁矿、石榴石、磷灰石	TREE 含量为 44.67~103.05，平均 66.95	风化壳型独居石砂矿	阿德博
	中粒黑云二长花岗岩	褐钇铌矿、锆石、独居石、磷钇矿、铌钽铁矿、黑钨矿、白钨矿	Zr120，Nb60，Be2，Sr500，Sn20，W15.8	风化壳离子吸附型稀土矿	狗街
加里东期	黑云花岗闪长岩 - 二长花岗岩	独居石、锆石、磁铁矿、褐帘石、榍石、钍石	Zr135，Nb20，Ta24，Hf6，Be7.1，Y36，Rb248，Cs11，Sr383	-	平河
华力西期—印支期	黑云二长花岗岩	独居石、锆石、磷钇矿、磷灰石、褐帘石、磁铁矿、钛铁矿、电气石、石榴石、钍石	Zr99~248，Nb10~17，Be1.2~3.7，Y13~46.3，Li<100，Yb1.5~2.7	独居石、锆石、磷钇矿砂矿；风化壳离子吸附型稀土矿	临沧、陇川
印支期	中粒二云母二长花岗岩	磁铁矿、钛铁矿、褐帘石、磷灰石、电气石、钍石、磷钇矿、白钨矿	Zr191~205，Nb11~18，Y31~33，Li100，Rb389，Cs18.2，Ta1.3，Be7.8，Sn17~43		新华街
燕山早期	中粒似斑状二云母花岗岩	磁铁矿、钛铁矿、绿帘石、锆石、电气石、独居石、锡石、磷灰石	Be22，Nb0-100，Ta0~35，Sn93，W83，F1420，B28		都龙
燕山晚期—喜马拉雅期	中 - 中细粒（似斑状）黑云二长花岗岩，细粒白云碱性花岗岩	磁铁矿、钛铁矿、褐帘石、褐钇铌矿、铌钽铁矿、锡石、独居石、锆石、磷灰石、电气石、榍石、石榴石、黄玉	Be3.6~169，Nb10~92.6，Ta6.5~36，Li58~238，Rb469~985，Cs19~178，Y37~79，Sn6.4~240		新塘、古永、大坡、个旧

（据云南省地质矿产局，1993）

3. 华力西期—印支期中酸性侵入岩

华力西期—印支期中酸性侵入岩是目前与稀土成矿关系最为密切的岩浆岩之一，超过 1/2 的风化型稀土矿床（点）的成矿母岩均为此期花岗岩。

分布于临沧-勐海一带的花岗岩（临沧花岗岩基），其主体侵入期为印支期，在燕山期—喜马拉雅期也有零星活动，是云南省最大的花岗岩体，也是云南省最重要的稀土矿集区之一，是寻找离子吸附型、砂矿型稀土矿床的绝佳靶区。目前已发现大型离子吸附型稀土矿床 1 处（澜沧上允）、中型矿床 1 处（临沧岔河）；在南端勐海一带，发现大型独居石砂矿床 2 处（勐往、勐海），大型和小型磷钇矿砂矿床各 1 处（勐阿、勐康）；此外，据邢永辉等（2019）、张保涛等（2019）、曾凯等（2019）成果，在临沧-勐海一带新发现多处离子吸附型稀土矿产地和矿化信息点，澜沧新营盘、临沧陂阴寨稀土矿已初具中型矿床规模。印支期黑云母二长花岗岩属 S 型后碰撞花岗岩，岩性主要为中粒、中粗粒或似斑状黑云母二长花岗岩，具有高钾、高硅、低铁、低镁的岩石化学特征，稀土含量高，是众多风化壳离子吸附型和砂矿型稀土矿的成矿母岩。据孔会磊等（2012）、何显川等（2016）研究成果，临沧花岗岩稀土总量为 $198.2\times10^{-6}\sim359.2\times10^{-6}$，平均 252.5×10^{-6}；黑云母二长花岗岩的稀土元素平均背景值为 297.42×10^{-6}，远高于我国目前已发现离子吸附型稀土矿床成矿母岩稀土元素的最低背景

三叠系未分，海相：哀牢山：变质砾岩、砂岩、千枚岩；洱源：千枚岩、片岩夹大理岩、变质火山岩

T 灰岩、白云质灰岩、白云岩，保山-镇康下部砂岩、页岩夹灰岩，中部玄武岩

φm 二叠系—下三叠统:蛇绿混杂岩,局部含蓝闪片岩

上统：东部：玄武岩、砂岩、页岩，夹灰岩，煤；西部：砂岩、灰岩、页岩，夹中酸性火山岩，局部含煤

中-上统：东部：砂岩、页岩、灰岩、玄武岩，底部含煤；西部：砂岩、板(页)岩夹灰岩、玄武岩或安山岩、凝灰岩

中统：砂岩夹页岩、灰岩、白云质灰岩，金沙江带夹玄武岩，澜沧江带夹火山岩、火山碎屑岩，墨江东南夹安山岩

下-中统并层：砂岩、页岩、灰岩，保山-镇康地区有玄武岩，墨江东南夹安山岩

下统：砂岩、页岩、夹灰岩，保山-镇康地区有玄武岩，滇东南为灰岩夹硅质岩，思茅有中酸性凝灰岩

二叠系下、中、上统并层灰岩、白云岩、砂岩、泥岩，夹凝灰岩

石炭系—下三叠统并层：浅变质泥质岩、变砂岩；滑积碳酸盐岩、基性火山岩

泥质岩、砂质岩、碳酸盐岩及煤、滇西有冰海杂砾岩、含砾板岩

各地以碳酸盐岩为主，夹砂岩、页岩；滇东、香格里拉、程海、金平、孟连等地有玄武岩

金沙江：板岩夹灰岩、玄武岩、硅质岩；滇东南：灰岩、硅质岩夹玄武岩；哀牢山：板岩、千枚岩夹砂岩、灰岩、火山岩；其余以灰岩为主，

滇东北：灰岩、砂岩、页岩夹煤；普洱：中酸性火山岩，页岩夹硅质岩、基性火山岩

宁蒗北为片岩、变质砂岩夹大理岩、硅质岩，哀牢山为砂岩、页岩夹灰岩，孟连、贡山东及腾冲为变质砂岩、板岩，其余为各地同时代地层岩性组合

上统：灰岩、白云岩，景洪东为砂砾岩、泥岩夹凝灰岩

中-上统并层或未分：金沙江-哀牢山：砂岩、页岩；滇东南：硅质岩；其余为灰岩、白云岩、砂岩

中统：灰岩、泥质灰岩夹泥灰岩，滇中下部为砂岩夹页岩

下-中统并层：砂岩、页(泥)岩、灰岩、滇东南台盆区及宁蒗有较多硅质岩

下统：砂岩、泥(页)岩，少量灰岩，保山-镇康以灰岩，砂质灰岩为主

泥盆系各统并层：砂岩、泥(页)岩，滇东南台盆区及孟连有较多硅质岩，景洪东夹凝灰岩，其余多有灰岩、白云岩

上古生界各系并层：岩性为所在地区泥盆、石炭、二叠系的岩性组合

D 保山：黑色笔石页岩、灰岩、泥灰岩；滇东：黑色页岩、灰岩夹砂岩；金平、大理东：灰岩、白云岩，上部为页岩、硅质岩

上-顶统：壳相泥岩、灰岩、页岩、粉砂岩

上统：杂色页岩、灰岩

中-顶统：页岩,灰岩与白云岩;大理岩、片岩夹生物碎屑岩、变质岩；中-酸性火山岩、凝灰岩夹灰岩

中-上统：中基性、中酸性火山岩夹大理岩，灰绿色生物灰岩和变质砂砾岩

志留系各统并层：滇东北：页岩、灰岩、砂岩；墨江-绿春：黑色页岩、砂岩；芒市：黑色笔石页岩、泥质灰岩

S_2 奥陶系-中志留统并层

S 滇东北：页岩、笔石页岩、灰岩、白云岩夹砂岩；滇西：砂岩、页岩、泥灰岩、黑色笔石页岩；其他地区：砂岩、页岩、白云岩

奥陶系下-中统并层页岩、砂岩、灰岩

下统：砂岩、页岩，滇中夹灰岩，滇东南有较多灰岩、白云质灰岩

奥陶系各统并层：页岩、砂岩、灰岩，滇东、芒市有白云岩

O_1 上寒武统—下奥陶统并层：灰岩、白云岩、砂岩、泥岩

O_1 寒武系—下奥陶统并层

O 寒武系—奥陶系并层：页岩、砂岩、灰岩、白云岩

上统：滇西：页岩、灰岩、砂岩；滇东南：灰岩、粉砂岩、泥岩

中-上统未分或并层：威信：白云岩；滇东北：页岩夹砂岩、灰岩、白云岩；滇东南：灰岩、白云岩夹泥岩；巨甸：泥岩、白云岩

中统：滇东：页岩、砂岩、白云岩；滇中：页岩、砂岩夹灰岩、白云岩；滇东南：灰岩、白云岩夹页岩

下-中统并层：页岩、砂岩、白云岩、灰岩

下统：页岩、灰岩夹砂岩

寒武系各统并层：页岩、砂岩、灰岩、白云岩

下古生界各系并层或未分：无量山区：千枚岩、片岩、变质砂岩；其余为所在地区下古生界的岩性组合

Pz 贡山、南汀河、澜沧江、哀牢山：古生界未分，变质砂岩、千枚岩，夹大理岩、结晶灰岩、绿泥片岩；其余为古生界各系并层

Z-O 震旦系—奥陶系并层：石榴云母片岩、二云母片岩、蓝晶石片岩及石英岩

Z-Є 震旦系—寒武系未分或并层：页岩、砂岩、灰岩、白云岩、含磷或夹磷块岩；滇西：砂岩、板岩，夹硅质岩、少量灰岩

震旦系 Z 震旦系各统并层：砂岩夹页岩，白云岩，局部含南华系上部冰碛砾岩

Nh-Z 南华系—震旦系未分或并层：屏边：板岩、千枚岩夹变质砂岩、含砾板岩；滇东：砂岩、页岩、白云岩，含磷

南华系 Nh 牛头山地区：紫红、黄绿色砂岩、泥岩砂砾岩、凝灰岩；其余地区：紫红色砂岩、泥岩夹砂砾岩

Qb-Z 青白口系—震旦系并层：变质砂岩、千枚岩、板岩夹片岩、砂砾岩夹大理岩、板岩夹火山岩

Qb-Nh 青白口系—南华系并层：变质中基性火山岩及碎屑岩

青白口系 Qb 青白口系未分：变火山岩、火山碎屑岩、碳酸盐岩及硅质岩

元古宇

Pt_3 绢云微晶片岩、绢云石英片岩、石英片岩、板岩、变质砂岩、石英岩，一般夹大理岩，部分夹变火山岩

Pt_{2-3} 变碎屑岩、碳酸盐岩夹火山岩；片岩、片麻岩、混合岩夹大理岩

Pt_2 滇中：板岩、变质砂岩、石英岩、灰岩、白云岩，局部夹变火山岩；大理：绿泥片岩、阳起片岩、斜长角闪岩、大理岩

Pt_{1-2} 滇中：微晶片岩、板岩、石英岩、变质砂岩、变中-基性火山岩，大理岩；滇西：云母片岩，石英片岩、绿帘阳起片岩、绿帘钠长绿泥片岩、绿帘斜长角闪片岩，夹少量硅质岩

Pt_1 片岩、片麻岩、变粒岩、斜长角闪岩、大理岩

Pt 麻栗坡：变粒岩、片岩夹斜长角闪片岩

岩 浆 岩

酸性-中酸性岩类

花岗岩(γE、γK、γJ、γT、γC、γS、γZ、γPt)

二长花岗岩($\eta\gamma E$、$\eta\gamma K$、$\eta\gamma J$、$\eta\gamma T$、$\eta\gamma O$)

正长花岗岩（$\xi\gamma K$、$\xi\gamma T$）

花岗闪长岩（$\gamma\delta K$、$\gamma\delta J$、$\gamma\delta T$、$\gamma\delta P$、$\gamma\delta O$）

英云闪长岩（$\gamma\delta o T$、$\gamma\delta o Pt$）

石英正长岩（$\xi o E$）

中性岩类

闪长岩（δT）

正长岩（ξE）

基性岩类

基性岩不分（NJ、NT、NPt）

辉长岩（νK、νJ、νT）

辉绿岩（$\beta\mu T$、$\beta\mu P$）

超基性岩类

Σ 超基性岩不分（ΣC、ΣPt）

σ 橄榄岩（σT、σP、σPt）

碱性岩类

E 碱性岩不分（EK）

变质深成侵入体及混合岩

片麻岩不分（Pt_1gn）

特殊地质体

特殊地质体（$Ko\phi$、$To\phi$、$Po\phi$）

火山岩岩性花纹

英安(质)岩(ζ)

玄武(质)岩(β)

本图

值（112×10^{-6}）。稀土配分总体为轻稀土富集型（以镧、铈为主），但在局部地段有重稀土富集现象，如上允-糯扎渡一带离子吸附型稀土矿的钇含量较高，在全相稀土配分中，Y_2O_3 占稀土总量的 13.26%~26.36%，平均 19.63%，接近中钇水平；在浸出相稀土配分中，Y_2O_3 占稀土总量的 18.11%~33.35%，平均 24.00%，达到中钇水平（张民等，2018）。澜沧上允稀土矿床中，矿石配分类型以中钇低铕轻稀土型为主，兼有中钇中铕型及少量高钇低铕型。临沧岔河 KT_3 矿体由于位于白云母花岗岩附近，钇含量较高。在基岩中，稀土矿物主要为榍石、褐帘石、氟碳铈矿、氟碳钇矿、磷灰石、含铪锆石、独居石、磷钇矿等；在风化壳中，榍石、褐帘石、氟碳铈矿、氟碳钇矿等易风化矿物解离出大量 REE^{3+} 而发生迁移，被粘土矿物（长石、云母类矿物风化蚀变产物）吸附，富集形成离子吸附型稀土矿；含铪锆石、独居石、磷钇矿等不易风化解离的矿物，则以重矿物形式残留，或经河流搬运、冲积，形成砂矿型独居石矿、磷钇矿。据张民等（2018）、曾凯等（2019）、陆蕾等（2020）研究成果，中北段临沧圈内一带成矿母岩主要为似斑状粗粒黑云母二长花岗岩、中细粒黑云母二长花岗岩，其稀土总量分别为 328.19×10^{-6}、212.58×10^{-6}，全风化层稀土总量为 445.20×10^{-6}~567.86×10^{-6}；中段上允-糯扎渡一带成矿母岩主要为斑状、似斑状黑云母二长花岗岩，其稀土总量为 283.43×10^{-6}，全风化层稀土总量和稀土氧化物总量较高，分别为 229.93×10^{-6}~697.20×10^{-6}、335.35×10^{-6}~1242.61×10^{-6}；南段勐往-曼卖一带的中粒黑云母二长花岗岩稀土总量平均为 326.78×10^{-6}，其风化壳稀土总量为 585.43×10^{-6}。成矿母岩和风化壳稀土元素配分总体以轻稀土为主，重稀土（钇）在个别地段富集，整个 LREE 和 HREE 相对于球粒陨石都有 10 倍以上的富集；从单元素来看，La、Ce、Nd、Y 等元素含量较高。

陇川-梁河-盈江一带分布有云南省第二大的花岗岩带，是一个由华力西期—印支期、燕山期、喜马拉雅期等多期次、多旋回的岩浆活动而形成的复式岩体，也是云南省重要的稀土矿集区之一。陇川-梁河一带印支期（三叠纪）花岗岩均富含稀土元素，是该区离子吸附型稀土矿的重要成矿母岩。其中，陇川户撒一带的印支期花岗岩全风化壳中已发现离子吸附型稀土矿产地 1 处（一碗水），具有中型矿床远景规模（张彬等，2019a）。梁河一带的龙塘花岗岩稀土总量（ΣREE）88.21×10^{-6}~506.96×10^{-6}，平均 261.20×10^{-6}（邹光富等，2011），具有较好的找矿潜力。

此外，在镇康木厂一带分布的印支期碱性长石花岗岩，与稀土、铌及金矿化关系密切，岩体稀土总量（ΣREE）为 342.58×10^{-6}~1264.219×10^{-6}。在岩体的各相带都普遍有铌和稀土矿化，岩体边缘相带中各类矿化尤为强烈，局部能富集成为矿体。

4. 燕山期—喜马拉雅期中酸性侵入岩及碱性侵入岩

此期岩浆活动也与稀土成矿关系非常密切，中酸性侵入岩及碱性侵入岩均为稀土矿成矿母岩。

滇东南的建水-个旧-金平地区，是非常重要的稀土矿找矿远景区。在燕山晚期—喜马拉雅期长岭岗、白云山碱性岩体稀土含量高，普遍具有稀土矿化，稀土总量（ΣREE）为 509.83×10^{-6}~1088×10^{-6}，副矿物中有氟碳钙铈矿、榍石、磷灰石、独居石等稀土矿物等。岩体风化壳中发现超大型离子吸附型稀土稀有分散元素矿床 1 处（建水普雄）、中型稀土稀有分散元素矿床 1 处（个旧白云山）；个旧地区燕山晚期各类花岗岩普遍富含稀土元素，含量高于世界花岗岩平均含量（维诺格拉多夫计算值），随着岩浆的演化过程，稀土氧化物总量趋向减少，在稀土元素组成方面，形成较早的斑状花岗岩（龙岔河岩体、马松岩体）以铈族稀土为主，并形成褐帘石一类稀土矿物；形成较晚的中粗粒、中粒及细中粒花岗岩（神仙水岩体、白沙冲岩体、老卡岩体）以钇族稀土为主，并以磷钇矿、独居石等矿物产出。在龙岔河花岗岩体稀土总量（ΣREE）为 453.63×10^{-6}（张婷婷等，2009），其风化壳稀土氧化物含量（REO）最高 0.183%，平均 0.055%，属轻稀土富集型，目前初具小型矿床规模的离子吸附型稀土矿 1 处（云南省地质调查局，2016）；个旧贾沙一带的二长岩中稀土总量（ΣREE）为 $287.11.83\times10^{-6}$~1062.48×10^{-6}，其风化壳中发现离子吸附型稀土矿，稀土氧化物含量（REO）0.05%~0.27%，平均 0.10%，镧、铈、钕三种元素占稀土总量的 90%左右，属高铈富镧型轻稀土矿（陶永林等，2019）；神仙水花岗岩体及老卡花岗岩体中，也发现有伴生的稀土矿化。在金平大寨-马鞍底一带分布的燕山晚期—喜马拉雅期勐平-大平碱性花岗岩体，富含稀土元素，稀土总量（ΣREE）

为 $517\times10^{-6}\sim1135\times10^{-6}$，平均 800×10^{-6}，为轻稀土富集型（夏斌等，2006）；大寨坡一带的铌、钇元素异常中，发现稀有、稀土元素矿化体（云南省地质局第二区域地质测量大队，1973），据林清茶等（2005）成果，马鞍底一带岩体风化壳矿体中有钇铌矿、独居石、锆石、烧绿石等，铌、铈风化壳型砂矿具中-大型矿床远景规模。

滇西的陇川-梁河-腾冲一带广泛出露燕山期—喜马拉雅期中酸性花岗岩体，也是重要的稀土矿找矿远景区。早白垩世花岗岩体主要分布于梁河-腾冲一带，由二长花岗岩、花岗闪长岩及闪长岩等组成，富含稀土元素，稀土总量（ΣREE）为 $62.2\times10^{-6}\sim697.54\times10^{-6}$，平均 265.83×10^{-6}，多为轻稀土富集型，LREE/HREE 值为 1.64~12.83；在其风化壳中已发现腾冲土官寨、龙陵蕨叶坝 2 处具有中-大型矿床远景规模的离子吸附型稀土矿（张彬等，2019a）。晚白垩世—古近纪花岗岩分布更为广泛，与稀土矿化关系尤为密切。邦棍尖山花岗岩属高钾钙碱性 S 型花岗岩，各类岩石稀土总量普遍较高，中细粒黑云母钾长花岗岩、中粗粒角闪黑云钾长花岗岩稀土含量为 $265.40\times10^{-6}\sim706.8\times10^{-6}$（陆蕾等，2010），在其风化壳中已发现离子吸附型稀土矿产地 3 处，陇川龙安为已探明的中型矿床，陇川营盘山、大曼别为具有大型矿床远景规模的矿产地（张彬等，2019a）。百花脑碱性花岗岩体是超大型新歧稀有稀土锡多金属矿床的成矿母岩，矿化岩体（钠化花岗岩）中除 Sn、W 等有色金属及 Rb 含量高外，还富含 Sc、Y 等稀土元素，Sc 含量 0.001%，稀土总量（ΣREE）为 216×10^{-6}，LREE/HREE 值为 0.30~0.52，属铕严重亏损的重稀土富集型，Y_2O_3 含量为 0.0149%；钾化花岗岩中稀土含量很高，局部地段稀土总量（ΣREE）为 1611×10^{-6}（陈吉琛等，1991）。小龙河花岗岩稀土含量较高，稀土总量（ΣREE）一般 $300\times10^{-6}\sim400\times10^{-6}$，中国地质调查局成都地质调查中心在花岗蚀变岩中发现稀土矿，稀土氧化物含量（ΣREE）0.015%~0.18%，平均 0.05%，最低 0.015%；LREE/HREE 值为 0.77~1.28，属轻、重稀土均富集型，钕、镝、钇 3 种元素最为富集，其平均含量分别为：Nd_2O_3 0.0087%、Dy_2O_3 平均含量 0.0014%、Y_2O_3 平均 0.0088%，预测稀土远景资源量可达超大型矿床规模（李建忠等，2016、2017）。

此外，在永平卓潘一带出露的喜马拉雅期碱性杂岩体富含稀土元素，岩体（基岩和风化壳）稀土总量（REE）介于 $750\times10^{-6}\sim3017\times10^{-6}$ 之间，平均含量大于 1000×10^{-6}，属轻稀土富集型（明添学等，2013）。近年来，云南省地质调查局、云南省有色地质局等单位在该区开展大量的调查工作，认为卓潘杂岩体除风化壳中含有稀土矿外，其原岩中稀土的含量也高，岩石中含霓辉石、霓石矿物越多（碱性程度越高），稀土含量就越高，具有较好的找矿潜力。

（二）地层沉积条件

表生作用形成的稀土矿床是云南省目前数量最多、探明资源量最多的稀土矿成因类型，主要包括最具工业价值的风化壳离子吸附型稀土矿床，数量众多的冲积型砂矿床及少量风化残积型矿床。云南以亚热带季风中等温度、中等湿度气候为主，这种气候有利于岩体的风化，风化是稀土矿物从岩体中分离出来的必要条件，同时风化为稀土离子的析出及吸附提供了有利的条件；一定的雨量为稀土矿物的搬运聚集提供了水动力条件。稀土元素在岩石风化壳中以稳定的矿物（独居石、磷钇矿、褐钇铌矿）被保存下来，形成风化壳残积型稀土金属矿床；当风化壳中的有用重矿物（独居石、锆石、磷钇矿等）经流水冲刷、搬运、分选富集，在其下游的中等山区、低缓丘陵河谷中沉积下来，则形成冲积型砂矿；某些易风化分解的含稀土矿物在水的渗透溶蚀及风化作用下，其分解物呈离子状态（RE^{3+}）进入溶液，被粘土矿物（埃洛石、高岭石、多水高岭石等）吸附，使其在风化壳富集形成离子吸附型稀土矿床。

从稀土矿物重砂异常及稀土金属元素的地球化学异常分布情况看，绝大多数异常分布于元古宙变质岩系（高黎贡山岩群、澜沧岩群、苴林岩群、普登岩群、昆阳群、哀牢山岩群等），表明这些变质岩系的原生岩石中初始富集了稀土元素，成为矿源层或地球化学高背景区。局部地区也可富集成矿，如武定迤纳厂铁铜矿床伴生稀土矿。

滇中曲靖-昆明一带的沉积型磷矿床中，普遍伴生有稀土矿化。沾益区德泽磷矿伴生的稀土矿已达中型矿床规模，产于下寒武统梅树村组磷块岩中的Ⅱ号磷矿体 TR_2O_3 含量为 0.03%~0.1%，平均 0.06%；据云南省地质调查局（2016）搜集的资料显示：产于下寒武统梅树村组磷块岩中的晋宁磷矿，其工业矿体中稀土氧化物（REO）含量一般是 1.5%~6%；安宁龙山磷矿的工业矿体中稀土氧化物（REO）含量一般 5%~10%。另据常淑娟等（2011）研究成果，云南下寒武统筇竹寺组含磷岩系的稀土和放射性元素含量高，磷块岩中稀土总量（TR_2O_3）为 0.03%~0.23%。

在宣威-罗平一带，上二叠统峨眉山玄武岩组（*Pe*）顶部与宣威组（P_3x）底部的接触部位及上二叠统玄武岩组（*Pe*）第三段所夹的玄武岩风化土及粘土岩中，产出有两个稀土含矿层，为沉积型-古风化壳型。第一含矿层为上二叠统峨眉山玄武岩组顶部紫色玄武岩风化土-宣威组底部灰白色铁质粘土岩，厚度数米至 20 m 左右，TR_2O_3 含量一般为 0.108%~0.466%；第二含矿层为峨眉山玄武岩组第三段，厚度 0~10 m，TR_2O_3 含量相对较低，为 0.1%~0.108%。

王根厚等（2011）、王行军等（2015a）、崔银亮等（2018）先后对滇东南地区铝土矿进行地球化学特征研究，发现铝土矿中富含稀土元素；据研究成果，滇东南地区铝土矿中稀土元素含量总体较高，稀土总量（ΣREE）为 84.18×10^{-6}~5693.62×10^{-6}（LREE 含量为 66.61×10^{-6}~2483.68×10^{-6}、HREE 含量为 17.58×10^{-6}~3809.31×10^{-6}），含铝岩系稀土总量（ΣREE）平均值为 769.10×10^{-6}；LREE 含量平均值为 538.50×10^{-6}；ΣY 含量平均值为 230.60×10^{-6}。据原冶金工业部西南地质勘查局昆明地质调查所（1991）勘查成果，富民县老煤山铝土矿首采地段也共伴生有稀土元素镱（Yb），估算镱金属量 14 t。

（三）构造条件

构造条件对稀土矿床的形成，也具有明显的控制作用，深大断裂直接控制了云南几个主要构造岩浆带、深变质带的形成与发展，而稀土成矿带（及有关异常带）与深变质岩带、构造-岩浆岩带在空间分布上具有相互重叠的特点，富含稀土元素的变质岩、中酸性岩浆岩、基性-超基性岩浆岩及碱性岩浆岩均为风化型、砂矿型稀土矿成矿母岩。

区域性复式背斜及与其相伴随的压扭性断裂带，往往控制了含矿侵入岩体的分布，岩体顶部及边缘的原生裂隙，是岩体蚀变带的发育部位，从而直接控制了蚀变花岗岩型稀土矿化的发生；同时，沿裂隙发生的交代作用，使风化壳离子吸附型稀土矿成矿母岩中稀土元素的进一步富集，或使其稀土元素配分发生改变，如轻稀土富集型成矿母岩叠加了重稀土矿化。

构造运动对风化壳的形成和保存有明显的制约作用。基岩（成矿母岩）中发育的断裂、裂隙、节理等构造，破坏了岩石的结构，有利于大气降水、地下水的下渗和排泄，形成良好的氧化环境，有利于岩石的风化及稀土元素的离解；相对稳定的大地构造环境则可形成厚大的风化壳，并完整保留下来。

（四）自然地理条件

除岩石、岩性、构造等地质条件外，气候、地形、地貌、植被等自然地理条件也是风化壳离子吸附型稀土矿的重要成矿条件。从云南省目前已发现的 15 处离子吸附型稀土矿产地分布情况来看，集中分布于北纬 22°~26°，海拔一般 1000~2000 m（部分大于 2100 m）的低纬度地区（个别大于 26°），多属亚热带-热带季风气候，构造剥蚀低的中低山地形（高差一般 100~500 m，部分 600~800 m），沟谷和植被发育。除海拔高度较高、高差较大外，其余条件与赣南、岭南等地区的离子吸附型稀土矿基本一致。

湿热多雨的气候条件下，充足的氧气、地下水及植被有利于岩石发生强烈的化学风化作用，基岩（成矿母岩）在富含腐殖酸的酸性环境中，稀土矿物离解呈可溶于水的离子态 REE^{3+}，长石等造岩矿物则氧化蚀变生成大量高岭石为主的粘土矿物；REE^{3+} 随大气降水和地下水下渗过程中，由于酸碱度（pH 值）的改变，不断沉淀被粘土矿物吸附，并最终富集成矿。由于各稀土元素的化学性质存在一定的差异，导致其迁移能力或被粘土矿物吸附能力有所区别，从而在风化壳中有不同富集层位。铈

（Ce）最早与其他轻稀土元素分离，并沉积在全风化层的上部或亚粘土层的下部，其他轻稀土元素则富集于其下的全风化层中上部；重稀土元素由于元素的原子序数较大，向下迁移的速度快于轻稀土元素，因此多富集于全风化层的中下部。

风化程度和风化壳的完整程度与稀土元素的富集程度密切相关，一般呈正相关关系。相对稳定的大地构造环境和地势相对平缓的地区（坡度一般小于25°）有利于形成厚大的风化壳，并完整保留下来。据王学武等（2018）、张彬等（2018）、王宏坤等（2019）、陆蕾等（2019）研究成果，云南风化壳离子吸附型稀土矿主要分布于“沟-谷-盆”边缘的中低山、丘陵，倾缓山脊和平缓山顶的风化壳保留最为完整，稀土矿体厚度最大，品位最高；山腰至山脚一带风化壳也保留较好，稀土元素较为富集。

二、成矿时代

云南省稀土矿床成因类型较为齐全，成矿作用比较复杂，具有多种、多期成矿作用叠加特点，其成矿时代涵盖了自古元古代至第四纪（吕梁期—喜马拉雅期）的各个时代。由于目前发现的稀土矿床主要为风化型（离子吸附型、残积型）和砂矿型，其成矿时代均为第四纪全新世（喜马拉雅晚期），因此，喜马拉雅晚期为最重要的成矿时代；此外，在燕山晚期—喜马拉雅早期（白垩纪—古近纪）、华力西晚期（二叠纪）、加里东期（寒武纪）、晋宁期（中元古代）的岩浆活动及地层沉积过程中，也发生一定程度的稀土矿成矿作用。

（一）喜马拉雅期（古近纪—第四纪）

由于目前发现的最具工业价值的稀土矿床主要为风化型（离子吸附型、残积型）和砂矿型矿床，其成矿时代均为第四纪全新世（喜马拉雅期），因此，喜马拉雅期为最重要的稀土矿成矿时代。

滇西腾冲-梁河一带，广泛出露燕山晚期—喜马拉雅期中酸性花岗岩，也是重要的稀土矿找矿远景区。围绕陇川邦棍尖山花岗岩体，产出数个风化壳离子吸附型稀土矿，是最具稀土矿找矿潜力的区域之一。斑状花岗岩体是主要成矿母岩，其锆石的U-Pb年龄48.0~50.8 Ma（巫嘉德，2014），表明其成岩时代为古新世—始新世（喜马拉雅早期）。百花脑碱性花岗岩富含稀土元素，新歧风化壳型钇矿的成矿母岩为钠长花岗岩，大秧田矿段钠长花岗岩全岩K-Ar同位素年龄为33.22 Ma（王登红等，2014），百花脑矿段钠长花岗岩中黑云母Ar-Ar同位素年龄为65.58 Ma（董方浏等，2006），表明稀有元素成矿母岩成岩及矿化时代为燕山晚期—喜马拉雅早期（白垩纪—古近纪）。

云南以亚热带季风中等温度、中等湿度气候为主，这种气候有利于岩体的风化，风化作用是稀土矿物从岩体分离出来的必要条件，同时也为稀土离子的析出及吸附提供了有利的条件；一定的雨量为稀土矿物的搬运聚集提供了水动力条件。稀土元素在岩石中多数呈副矿物或矿物包裹体的形式存在，在新构造运动作用下，各种稀土矿成矿母岩出露地表，经过长期的风化剥蚀和反复作用，在中等山区及低缓丘陵地带内，稀土元素在岩石风化壳中以稳定的矿物（独居石、磷钇矿、褐钇铌矿）形式被保存下来，形成风化壳残积型稀土矿床；在某些易风化分解的含稀土矿物在水的渗透溶蚀及风化作用下，其分解物呈离子状态（REE^{3+}）进入溶液，被粘土矿物（埃洛石、高岭石、多水高岭石等）吸附，使其在风化壳富集形成离子吸附型稀土矿床；部分独居石、锆石、磷钇矿等重矿物经流水冲刷、搬运、分选富集，在其下游的中等山区、低缓丘陵河谷中沉积下来，则形成冲积型砂矿。

（二）燕山期（白垩纪）

燕山期岩浆活动与稀土成矿关系非常密切，除局部地段形成原生矿物型稀土矿（化）体，在中酸性侵入岩及碱性侵入岩风化壳上还产出众多离子吸附型稀土矿。

滇东南的建水-个旧-金平地区，是非常重要的稀土矿找矿远景区。在建水-个旧一带产出的长岭岗、白云山碱性岩体，近年来的同位素年龄测试数据比较统一，介于76.6±3.6~80.35±0.72 Ma之间

（程彦博等，2008；黄文龙等，2016，2018），与个旧花岗岩体成岩时代基本一致，均属白垩纪（燕山晚期）。长岭岗碱性岩体中产出有岩浆热液型铁锂云母脉、伟晶岩脉，形成脉状稀土、稀有元素矿（化）体，TR_2O_3 含量 0.054%～0.52%；其成矿时代应与碱性岩成岩时代一致，为白垩纪。

滇西腾冲-梁河一带广泛出露燕山期中酸性花岗岩，普遍富含稀土元素，是风化壳离子吸附型稀土的成矿母岩，局部地段也可富集形成内生型稀土矿。中国地质调查局成都地质调查中心在小龙河锡多金属矿床发现花岗蚀变岩，其中存在稀土工业矿体，预测稀土远景资源量可达超大型矿床规模；花岗蚀变岩独居石和锆石的 U-Pb 年龄分别为 75.61±0.47 Ma、75.68±0.72 Ma，表明稀土矿成矿时代为晚白垩世（燕山晚期）。梁河-腾冲-龙陵一带的早白垩世二长花岗岩，成岩时代为 115.8±1.0～139.6±2.3 Ma（丛峰等，2010，2011；谢韬等，2010），是腾冲土官寨、龙陵蕨叶坝等离子吸附型稀土矿的成矿母岩。

（三）华力西期（二叠纪）

华力西期基性-超基性侵入岩与钪成矿关系密切，近年来，在滇中和滇东南地区取得找矿重大突破，先后发现牟定二台坡、金平马鞍底 2 处大型-超大型钪矿床，均赋存于基性-超基性岩体中；朱布铂族多金属矿床成矿岩体中，辉长岩、辉石岩中 Sc 含量高达 35.24～61.11 g/t（张茂超，2013），岩体中辉长岩的锆石 U-Pb 年龄测定为 256.0±1.0 Ma（Zhou et al，2002）。上述 3 处矿床均属峨眉大火成岩省构造-岩浆活动及成矿作用的一部分，其成因类型为基性岩浆型，成岩成矿时代基本一致，均为华力西期（二叠纪）。

华力西期基性-超基性喷出岩也与稀土矿化关系密切，在峨眉山玄武岩古风化壳中发现中营-禾木多-徐家村稀土矿点；在宣威-罗平一带，玄武岩喷发旋回之间的古风化壳中，以及玄武岩顶部与宣威组底部之间的界面上，分别形成有两个稀土、铁、钛多金属矿含矿层，厚度大，分布范围广，具稳定层位，远景资源量大，具有重要的勘查价值（杨平等，2013）。此外，王根厚等（2011）、崔银亮等（2018）对滇东南地区铝土矿进行地球化学特征研究，发现铝土矿中富含稀土元素，并认为其主要来源于峨眉山玄武岩。上述稀土矿化的时代与峨眉山玄武岩主体喷溢时代基本一致，为 257～259 Ma，即华力西晚期（中晚二叠世）。

（四）加里东期（寒武纪）

滇中曲靖-昆明一带的沉积型磷矿床中，普遍伴生有稀土矿化。沾益区德泽磷矿伴生的稀土矿已达中型矿床规模，主要产于下寒武统梅树村组磷块岩中，Ⅱ号磷矿体 TR_2O_3 含量为 0.03%～0.1%，平均 0.06%，其中重稀土钇含量为 0.01%～0.04%；据云南省地质调查局（2016）搜集的资料显示：产于下寒武统梅树村组磷块岩中的晋宁磷矿、昆阳磷矿、安宁龙山磷矿，其工业矿体中稀土氧化物（REO）含量均较高。据常苏娟等（2011）研究成果，云南下寒武统筇竹寺组含磷岩系的稀土和放射性元素含量高，磷块岩中 TR_2O_3 含量为 0.03%～0.23%。上述稀土矿化时代均为加里东早期（早寒武世）。

（五）晋宁期（中元古代）

晋宁期（中元古代）是目前已知稀土矿最早成矿时代，稀土矿化与该期中酸性-基性岩浆活动密切相关。在滇中武定-禄劝-新平一带，中酸性-基性岩浆喷溢和侵入活动强烈，形成众多火山岩型铁铜多金属矿床（如武定迤纳厂、禄劝笔架山），这些矿床普遍伴生有稀土、稀有元素。武定迤纳厂铁铜多金属矿床矿石和萤石单矿物 Sm-Nd 等时线年龄分别为 1621±110 Ma、1538±43 Ma（杨耀民等，2005），黄铜矿 Re-Os 等时线年龄为 1690±99 Ma（叶现韬等，2013）；与成矿关系密切的岩浆角砾岩 LA-ICP-MS 锆石 U-Pb 年龄为 1739±13 Ma（侯林等，2013b），辉绿岩 LA-ICP-MS 锆石 U-Pb 年龄为 1728±4 Ma（郭阳等，2014）。由此表明，稀土矿主成矿时代为晋宁期（中元古代）。

三、矿产空间分布

（一）各成矿区带矿产分布情况

全省36处稀土金属矿产地分布于3个Ⅱ级成矿省、9个Ⅲ级成矿带内（表7-21；图7-27）。从矿产地数量来看，独龙江-腾冲（岩浆弧）Sn-W-Be-Nb-Ta-Rb-Li-Fe-Pb-Zn-Au成矿带（Ⅲ1）、临沧-勐海（岩浆弧）Fe-Pb-Zn-Ag-Au-Sn-Ge-REE成矿带（Ⅲ4）、滇中（基底隆起带）Fe-Cu-Pb-Zn-Ag-Au-Pt-Pd-Ni-Ti-Sn-W-REE-P-S-重晶石-蓝石棉-盐类-煤成矿带（Ⅲ10）3个Ⅲ级成矿带内数量最多，分别有9处、7处、6处矿产地。从查明资源储量来看，稀土氧化物资源量主要分布于个旧-文山-富宁（地块）Sn-W-Ag-Pb-Zn-Au-Sb-Mn-Al成矿带（Ⅲ13），其查明资储源量占全省资源总量的66.30%；其次为临沧-勐海（岩浆弧）Fe-Pb-Zn-Ag-Au-Sn-Ge-REE成矿带（Ⅲ4）、滇中（基底隆起带）Fe-Cu-Pb-Zn-Ag-Au-Pt-Pd-Ni-Ti-Sn-W-REE-P-S-重晶石-蓝石棉-盐类-煤成矿带（Ⅲ10），其查明资源储量分别占全省资源总量的18.70%、13.01%。独居石资源储量集中分布于临沧-勐海（岩浆弧）Fe-Pb-Zn-Ag-Au-Sn-Ge-REE成矿带（Ⅲ4），其查明资源储量占全省资源总量的89.91%；磷钇矿资源储量集中分布于独龙江-腾冲（岩浆弧）Sn-W-Be-Nb-Ta-Rb-Li-Fe-Pb-Zn-Au成矿带（Ⅲ1）、临沧-勐海（岩浆弧）Fe-Pb-Zn-Ag-Au-Sn-Ge-REE成矿带（Ⅲ4），其查明资源储量分别占全省资源总量的83.08%、14.95%。三氧化二钪资源储量集中分布于丽江-大理-金平（陆缘坳陷）Au-Cu-Ni-Pt-Pd-Mo-Mn-Fe-Pb-Zn成矿带（Ⅲ9）、独龙江-腾冲（岩浆弧）Sn-W-Be-Nb-Ta-Rb-Li-Fe-Pb-Zn-Au成矿带（Ⅲ1）、个旧-文山-富宁（地块）Sn-W-Ag-Pb-Zn-Au-Sb-Mn-Al成矿带（Ⅲ13）3个Ⅲ级成矿单元内。

表7-21　云南省各Ⅲ级成矿带中稀土矿产分布简表

Ⅰ级（成矿域）	Ⅱ级（成矿省）	Ⅲ级（成矿带）	矿产地数量/处
Ⅰ1特提斯成矿域	Ⅱ1-Ⅱ2腾冲、三江（造山带）成矿省	Ⅲ1独龙江-腾冲（岩浆弧）Sn-W-Be-Nb-Ta-Rb-Li-Fe-Pb-Zn-Au成矿带	9
		Ⅲ2保山（陆块）Pb-Zn-Fe-Ag-Fe-Au-Cu-Sn-Hg-Sb-As成矿带	1
		Ⅲ4临沧-勐海（岩浆弧）Fe-Pb-Zn-Ag-Au-Sn-Ge-REE成矿带	7
		Ⅲ5兰坪-普洱（陆块）Cu-Pb-Zn-Ag-Fe-Hg-Sb-As-Au-石膏-菱镁矿-盐类成矿带	1
		小计	19
Ⅰ2滨太平洋成矿域	Ⅱ3上扬子（陆块）成矿省	Ⅲ9丽江-大理-金平（陆缘坳陷）Au-Cu-Ni-Pt-Pd-Mo-Mn-Fe-Pb-Zn成矿带	3
		Ⅲ10滇中（基底隆起带）Fe-Cu-Pb-Zn-Ag-Au-Pt-Pd-Ni-Ti-Sn-W-REE-P-S-重晶石-蓝石棉-盐类-煤成矿带	6
		Ⅲ11昭通-曲靖（弧间盆地）Pb-Zn-Cu-Au-Ag-Fe-Mn-Hg-Sb-P-S-煤-煤层气成矿带	2
		小计	11
	Ⅱ4华南（陆块）成矿省	Ⅲ12罗平-开远（右江海槽）Pb-Zn-Au-Sb-Mn-S-煤成矿带	3
		Ⅲ13个旧-文山-富宁（地块）Sn-W-Ag-Pb-Zn-Au-Sb-Mn-Al成矿带	3
		小计	6
合计			36

（二）矿产空间分布规律

1. 腾冲、三江（造山带）成矿省

腾冲、三江（造山带）成矿省是云南省重要稀土矿成矿区域，目前共发现19处矿产地。其中，超大型矿床1处、大型矿床4处、中型矿床2处、小型矿床1处、矿点11处；累计查明稀土氧化物、

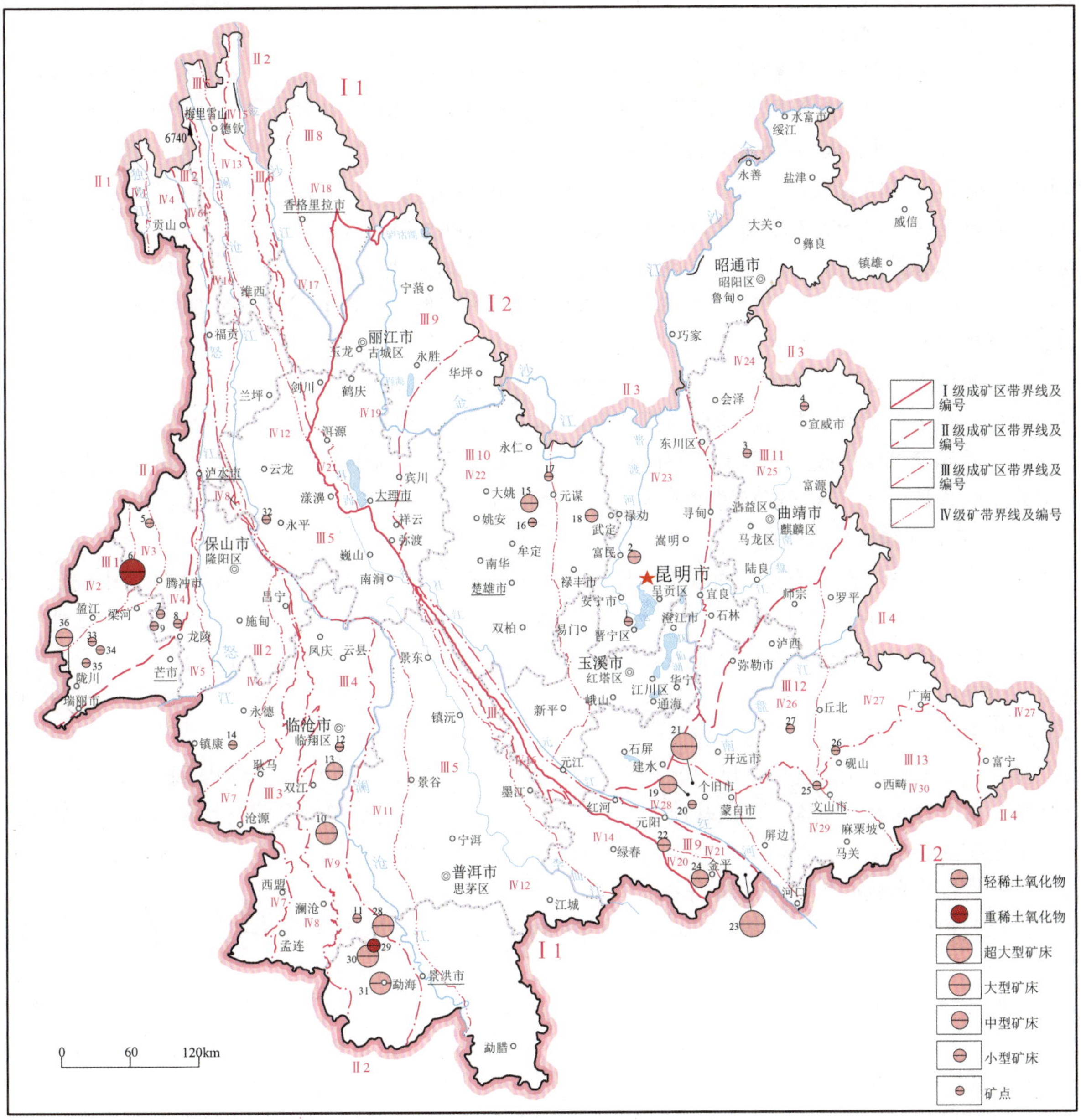

图 7-27　云南省各成矿区带稀土金属矿产分布图

独居石、磷钇矿、三氧化二钪资源量分别占全省资源总量 21.16%、89.91%、98.03%、26.30%。稀土矿成矿类型主要有中酸性岩浆型、碱性岩浆型、风化型（离子吸附型）、砂矿型 5 种类型。

稀土金属成矿与华力西期—印支期、燕山期—喜马拉雅期中酸性、碱性岩浆活动关系密切。分布于临沧-勐海一带的临沧花岗岩基，主体侵入期为印支期，是云南省最大的花岗岩体，也是最重要的风化壳离子吸附型、砂矿型稀土矿集区之一。目前已在临沧花岗岩基中段，发现风化壳离子吸附型稀土矿产地 4 处。其中，大型矿床 1 处（澜沧上允）、中型矿床 1 处（临沧岔河）、具有中型矿床远景规模的矿产地 2 处（澜沧新营盘、临沧陂阴寨）。矿床（点）主要分布于地势相对平缓的中山、中山丘陵地区，印支期黑云母二长花岗岩为主要成矿母岩，在缓倾山脊、平缓山顶、低缓山丘等有利地形，发育厚大的风化壳，稀土元素最为富集；在南端勐海一带，发现大型独居石砂矿床 2 处（勐海勐往、城郊），大型和小型磷钇矿砂矿床各 1 处（勐海勐阿、勐康）。陇川-腾冲一带也是重要的稀土矿集区之一，在印支期花岗岩风化壳中发现具有中型矿床规模的离子吸附型稀土矿产地1处（陇川—碗水）。此外，在镇康木厂一带分布有印支期碱性长石花岗岩，岩体各相带普遍有铌和稀土矿化。

陇川-梁河-腾冲一带广泛出露燕山期—喜马拉雅期中酸性花岗岩体，也是重要的稀土矿找矿远景区。邦棍尖山花岗岩是该区离子吸附型稀土矿最重要的成矿母岩，在其风化壳中已发现中型矿床1处（陇川龙安）、具有大型矿床远景规模的矿产地2处（陇川营盘山、大曼别），总体以轻稀土为主，陇川大曼别部分矿体为重稀土。梁河-腾冲-龙陵一带的燕山期—喜马拉雅期中酸性花岗岩体风化壳中，也发现有多处离子吸附型稀土矿产地，腾冲土官寨具有大型矿床远景规模，龙陵蕨叶坝、尖山脚具有中型矿床远景规模。在腾冲百花脑钠化花岗岩中发现超大型含锡稀有、稀土金属矿床1处（腾冲新歧），稀土氧化物达超大型矿床规模，三氧化二钪达大型矿床规模。近年来，中国地质调查局成都地质调查中心在小龙河锡多金属矿床发现热液弥散状蚀变和侵入角砾岩，并发现其中存在稀土工业矿体，预测稀土远景资源量可达超大型矿床规模（李建忠等，2016）。

此外，在永平卓潘一带出露的喜马拉雅期碱性杂岩体中富含稀土元素，云南省地质调查局、云南省有色地质局等单位在该区开展大量的调查工作，认为卓潘杂岩体其除风化壳中含有稀土矿外，其原岩中稀土的含量也高，具有较好的找矿潜力。

2. 上扬子（陆块）成矿省

上扬子（陆块）成矿省是云南省重要稀土矿成矿区域之一，近几年在基性-超基性岩中找钪，取得重大突破。目前共发现11处矿产地，其中，超大型矿床1处、大型矿床1处、中型矿床1处、小型矿床3处、矿点5处；累计查明稀土氧化物、独居石、磷钇矿、三氧化二钪资源量分别占全省资源总量12.05%、10.09%、1.97%、59.49%。稀土矿成矿类型主要有基性岩浆型、火山岩型、沉积型、风化残积型、风化壳离子吸附型5种类型。

基性岩浆型钪矿是上扬子（陆块）成矿省最具找矿潜力的成矿类型。在元谋-绿汁江、金沙江-红河断裂带上分布有大量华力西期基性-超基性岩，与钪成矿关系密切。目前已发现金平马鞍底1处超大型钪矿床，牟定二台坡具有大型矿床远景找矿潜力；元谋朱布铂族多金属矿床成矿岩体中，辉长岩、辉石岩中也有钪矿化，Sc含量高。

风化残积型、风化壳离子吸附型稀土矿也极具找矿潜力。在滇中的元谋-牟定和滇东南的元阳-金平一带，吕梁期—晋宁期花岗岩及古、中元古代变质岩的稀土含量高，在其风化壳中已发现中型离子吸附型稀土矿1处（牟定水桥）、中型风化残积型独居石砂矿1处（金平阿德博）、小型风化残积型独居石砂矿1处（元阳金厂坪）。此外，金平大寨-马鞍底一带出露的碱性花岗岩体（勐平岩体）中，也发现稀土矿化。

滇中武定-禄劝一带产出的迤纳厂、笔架山等铁铜矿床，伴生有稀土、稀有元素，其成矿与吕梁期-晋宁期基性岩浆喷发活动有关，稀土矿达小型矿床规模，为火山岩型矿床；华力西期基性-超基性喷出岩也与稀土矿化关系密切，在宣威一带峨眉山玄武岩第四纪风化壳中发现离子吸附型稀土矿；在古风化壳中发现中营-禾木多-徐家村稀土矿点，为火山岩沉积型。

此外，滇中的曲靖-昆明一带的沉积型磷矿床中，普遍伴生有稀土矿化。沾益区德泽磷矿伴生的稀土矿已达中型矿床规模，产于下寒武统梅树村组磷块岩中的晋宁磷矿也富含稀土元素，具有较大的找矿潜力。

3. 华南（陆块）成矿省

华南（陆块）成矿省稀土金属矿产地相对较少，但近几年在燕山晚期—喜马拉雅期碱性岩体中取得稀土矿找矿重大突破。目前共发现6处矿产地，其中，超大型矿床1处、中型矿床1处、矿点4处；累计查明稀土氧化物、三氧化二钪资源量分别占全省资源总量66.79%、14.21%。稀土矿成矿类型主要为碱性岩浆型、风化型（离子吸附型）2种类型。

滇东南的建水-个旧-金平地区，是非常重要的稀土矿找矿远景区。在燕山晚期—喜马拉雅期长岭岗、白云山碱性岩体稀土含量高，普遍具有稀土矿化；目前在长岭岗岩体风化壳中发现超大型离子吸附型稀土稀有元素矿床 1 处（建水普雄）、中型矿床 1 处（个旧白云山）；个旧地区燕山晚期各类花岗岩也普遍富含稀土元素，在龙岔河花岗岩体中，目前已发现稀土矿化，据云南省地质调查局（2016）的调查成果，个旧贾沙一带已具小型离子吸附型稀土稀有元素矿床规模，属轻稀土富集型矿床；神仙水花岗岩体及老卡花岗岩体中，也发现有伴生的稀土矿化。

四、找矿潜力及找矿方向

云南省稀土矿成矿地质条件十分有利，近年来虽取得找矿突破，但总体勘查工作及综合研究程度普遍较低，仍有较大找矿潜力。在综合地质、物化探、遥感、重砂等各类信息的基础上，以成矿规律为主导，通过综合类比研究，在重点稀土成矿带内圈定找矿远景区 8 处。其中，A 类远景区 3 处、B 类远景区 2 处、C 类远景区 3 处，详见图 7-28、表 7-22。

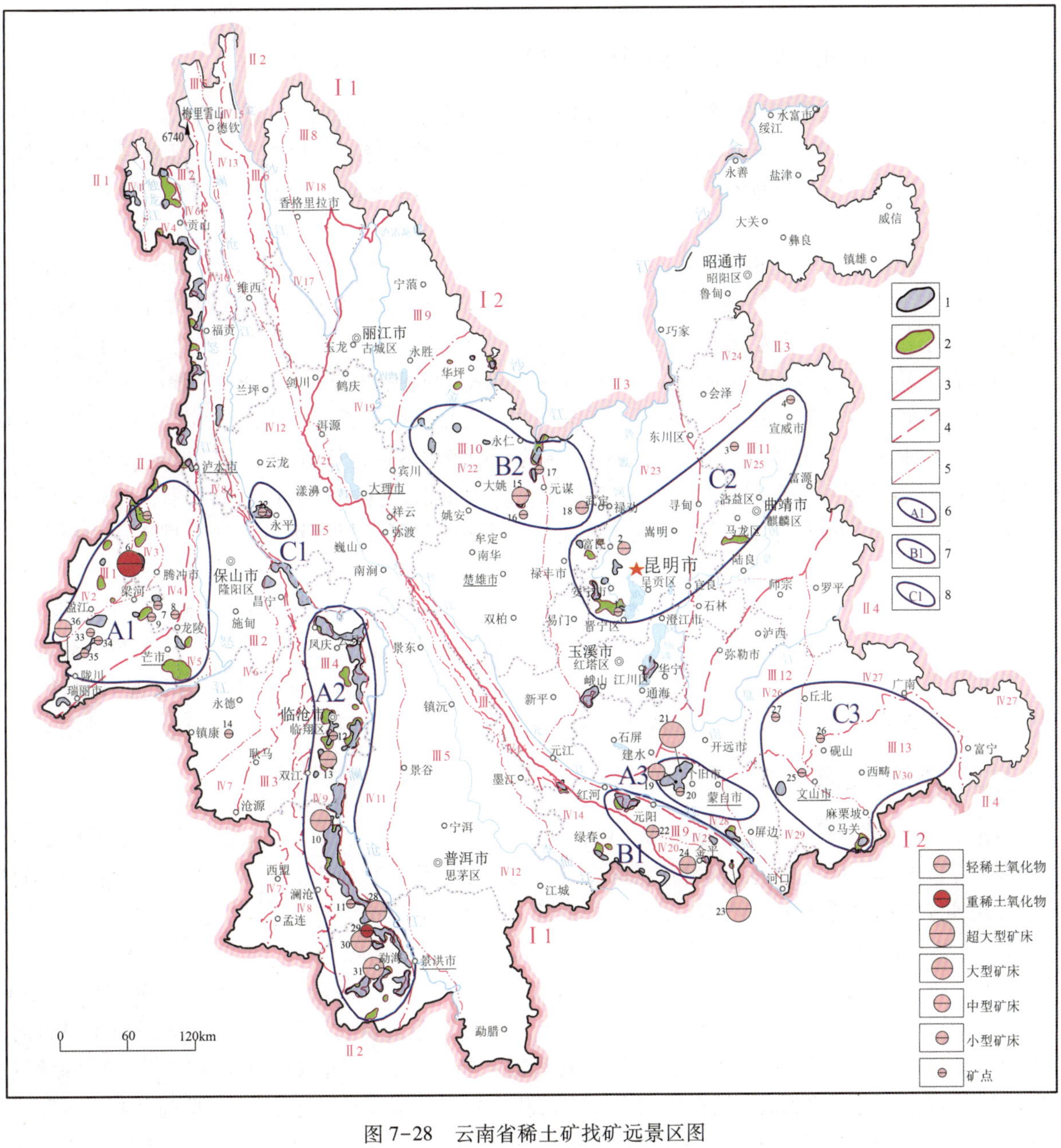

图 7-28　云南省稀土矿找矿远景区图

1—La 综合异常范围；2—Y 综合异常范围；3—Ⅰ级成矿带界线；4—Ⅱ级成矿带界线；5—ⅡⅠ级成矿带界线；6—A 类远景区及编号；7—B 类远景区及编号；8—C 类远景区及编号

表 7-22　云南省稀土矿找矿远景区一览表

编号	远景区名称	远景区类别
A1	腾冲-陇川-盈江找矿远景区	A类
A2	临沧-勐海找矿远景区	A类
A3	个旧-建水找矿远景区	A类
B1	元阳-金平找矿远景区	A类
B2	永仁-元谋-牟定找矿远景区	A类
C1	永平卓潘找矿远景区	C类
C2	宣威-晋宁找矿远景区	C类
C3	丘北-文山-富宁找矿远景区	C类

（一）腾冲-陇川-盈江找矿远景区（A1）

腾冲-陇川-盈江远景区位于怒江断裂带以西，大面积出露华力西期—印支期、燕山晚期—喜马拉雅期中酸性岩体，岩体普遍富含稀土元素，具有较好的岩浆型稀土矿找矿前景；远景区地处湿热气候条件，植被发育，岩石容易风化，且风化壳易保留，具有较好的风化壳残积型和离子吸附型稀土矿找矿前景。

区内有多处稀土化探和重砂异常。化探异常中，元素含量一般为 Y $20\times10^{-6}\sim100\times10^{-6}$、La $50\times10^{-6}\sim400\times10^{-6}$、Yb $1.5\times10^{-6}\sim303\times10^{-6}$；重砂异常中，稀土矿物以独居石为主，最高含量 1.88～136 g/30 kg。目前已发现超大型矿床 1 处（腾冲新歧）、中型矿床 1 处（陇川龙安）。腾冲新歧风化壳矿体下的基岩也具有矿化，外围茶塘河以南、干河一带尚有大面积的矿化岩体分布，找矿潜力巨大；小龙河锡多金属矿床的热液弥散状蚀变和侵入角砾岩中，发现有稀土工业矿体，预测稀土远景资源量可达超大型矿床规模（李建忠等，2016）。另据中国地质调查局成都地质调查中心承担的“滇西地区三稀等重要矿产地质调查”项目成果，在陇川营盘山、大曼别，腾冲一碗水、土官寨，龙陵蕨叶坝、尖山脚等地发现多个离子吸附型稀土元素矿产地，并预测该区稀土资源远景可达大型矿床规模以上，极具找矿潜力（张彬等，2019）。

综上所述，腾冲-陇川-盈江找矿远景区成矿地质条件十分有利，结合地质、矿产、物化探异常等综合信息研究，推测在已知矿床深部及外围均具有较大的找矿潜力，综合评价为 A 类找矿远景区。找矿应以寻找龙安式、土官寨式风化壳离子吸附型稀土矿，新歧式钠长花岗岩型+风化型稀土稀有元素矿及小龙河式花岗蚀变岩型+风化型稀土稀有元素矿等为主攻方向。

（二）临沧-勐海找矿远景区（A2）

临沧-勐海远景区位于澜沧江断裂带以西，呈南北向展布，出露有云南省最大的花岗岩体——临沧花岗岩基。岩体中印支期黑云母二长花岗岩的稀土元素平均背景值为 297.42×10^{-6}，远高于我国目前已发现离子吸附型稀土矿床母岩稀土元素的最低背景值（112×10^{-6}）；远景区地处亚热带，地貌条件有利，风化壳极为发育。

区内分布有 10 余个钇（Y）化探异常，Y 含量一般 $30\times10^{-6}\sim50\times10^{-6}$，少数可达 150×10^{-6}；据王学武等（2018）研究成果，有 6 个 Y、La、Th、U、Zr 元素组合异常区位于临沧-勐海的花岗岩内。其中 Y、La 元素异常浓度带分为中、内带，分布面积较大，最小面积超过 100 km^2，最大者超过 1000 km^2，规模、衬度值和面金属量均较大。Y 元素异常分布范围较广的有临沧-博尚、富东-谦迈 2 个靶区，分布面积均超过 800 km^2；La 元素异常分布范围较广的有茂兰-大寨、富东-谦迈、勐往-勐宋和勐海-南盆中寨 4 个靶区，分布面积均超过 460 km^2。区内还有 20 余个独居石重砂异常，面积大。目前远景区已发现大型离子吸附型稀土矿床 1 处、中型离子吸附型稀土矿床 1 处、大型独居石砂矿床

2 处、大型磷钇矿砂矿床 1 处；此外，在临沧-澜沧-勐海一带还发现多处离子吸附型稀土矿化信息点，其中澜沧新营盘、临沧陂阴寨稀土矿已初具中型矿床规模（邢永辉等，2019；张保涛，2019），勐海火盘山具有小型矿床规模（曾凯等，2019）。上述矿产地与化探、重砂异常吻合程度高，表明异常区是寻找风化壳离子吸附型矿和砂矿型稀土的重要靶区。

综上所述，临沧-勐海找矿远景区成矿地质条件十分有利，结合地质、矿产、物化探异常等综合信息研究，推测在已知临沧花岗岩体周边具有较大的找矿潜力，综合评价为 A 类找矿远景区。应以寻找上允式、岔河式风化壳离子吸附型稀土矿，勐往式、勐阿式砂矿型独居石、磷钇矿等为主攻方向。

（三）个旧-建水找矿远景区（A3）

个旧-建水远景区位于个旧燕山晚期—喜马拉雅期岩浆杂岩体分布区。长岭岗、白云山碱性岩体稀土、稀有元素含量高，普遍具有稀土、稀有元素矿化。长岭岗碱性岩稀土总量（ΣREE）为 $509.83\times10^{-6}\sim1088\times10^{-6}$，其风化壳中发现超大型离子吸附型稀土稀有及分散元素矿床 1 处、中型矿床 1 处。个旧地区燕山晚期各类花岗岩普遍富含稀土元素，龙岔河花岗岩体中，稀土总量（ΣREE）为 453.63×10^{-6}，目前已发现稀土矿化；个旧-贾沙一带的二长岩中，稀土氧化物总量（ΣRE_2O_3）高达 688×10^{-6}，据云南省地质调查局（2016）的调查成果，已具小型离子吸附型稀土稀有元素矿床规模，属轻稀土富集型矿床；神仙水花岗岩体及老卡花岗岩体中，也发现有伴生的稀土矿化。据云南省核工业二〇九地质大队（2015b）勘查成果，个旧白云山离子吸附型稀土矿及伴生钪均具有大型矿床以上远景规模。

综上所述，个旧-建水找矿远景区成矿地质条件十分有利，有很好的岩浆型稀土矿成矿条件，还有良好的风化型矿床所需的各种气候、地形条件。结合地质、矿产、物化探异常等综合信息研究，推测在已知矿床及花岗岩体、碱性岩体周边具有较大的找矿潜力，综合评价为 A 类找矿远景区。找矿应以寻找普雄式碱性岩浆型-风化壳离子吸附型稀土稀有及分散元素矿床、贾沙式花岗岩风化壳离子吸附型稀土矿等为主攻方向。

（四）元阳-金平找矿远景区（B1）

元阳-金平远景区位于哀牢山断裂带（变质岩带）南端，呈北西向狭长带状展布。区内主要出露古元古界哀牢山岩群深变质岩系，富含稀土元素。岩浆活动强烈，广泛分布各时期基性、中酸性及碱性岩浆岩。其中吕梁期、印支期中酸性岩类和燕山期碱性花岗岩富含稀土元素，勐平碱性花岗岩稀土总量（ΣREE）为 $517\times10^{-6}\sim1135\times10^{-6}$，平均 800×10^{-6}；华力西期基性-超基性岩体中钪含量高。

远景区地处亚热带，地貌条件有利，风化壳极为发育，是寻找风化残积型、离子吸附型稀土矿最有远景的地区之一；区内还有 10 余处独居石、含褐钇铌矿重砂异常，面积大，分布广，也是寻找冲积型独居石砂矿的重要靶区。目前已发现超大型钪矿床 1 处、中型风化型独居石矿 1 处、小型风化型独居石矿 1 处。

综上所述，元阳-金平找矿远景区成矿地质条件有利，结合地质、矿产、物化探异常等综合信息研究，推测在已知矿床及花岗岩体、基性-超基性岩体周边具有较大的找矿潜力，综合评价为 B 类找矿远景区。找矿应以寻找马鞍底式基性岩浆型钪矿、阿德博式风化壳型独居石矿等为主攻方向，兼顾砂矿型独居石、磷钇矿。

（五）永仁-元谋-牟定找矿远景区（B2）

元谋-牟定远景区位于元谋-绿汁江断裂带上，呈南北向条形展布。区内广泛出露的中元古界苴林岩群变质岩，富含稀土元素；岩浆活动强烈，广泛分布各时期基性、中酸性及碱性岩浆岩。其中晋宁期中酸性花岗岩富含稀土元素，华力西期基性-超基性岩（辉长岩）富含钪。滇中地区武定-禄劝一带，产于中元古界昆阳群因民组中的铁铜多金属矿床，普遍伴生有稀土矿化，找矿潜力较大。

远景区属中低山地形，为多雨、高温的湿热气候，易形成及保存良好的风化壳；元谋-牟定一带具有多个高钇化探异常区，与岩体的分布、混合岩化地层及构造的关系较密切，是具有寻找风化残积型、离子吸附型稀土矿远景的地区之一。目前已发现中型风化壳离子吸附型稀土矿1处、小型火山岩型伴生稀土矿1处；二台坡钪矿具有大型矿床远景规模，元谋-牟定基性-超基性岩带南北全长大于130 km，60余个同类基性-超基性岩体含钪情况基本相当，具有很好的找矿前景。

综上所述，元谋-牟定找矿远景区成矿地质条件有利，结合地质、矿产、物化探异常等综合信息研究，推测在已知矿床及花岗岩体、基性-超基性岩体周边具有较大的找矿潜力，综合评价为B类找矿远景区。找矿应以寻找二台坡式基性岩浆型钪矿、水桥式风化壳离子吸附型稀土矿、迤纳厂式火山沉积-改造型稀土矿等为主攻方向，并加强对元古宇变质岩风化壳的调查评价，以实现离子吸附型稀土矿的找矿新发现。

（六）永平卓潘找矿远景区（C1）

卓潘远景区大面积出露喜马拉雅期碱性岩体，各类岩石中稀土含量普遍较高，辉石正长岩稀土总含量最高达 $763.7\times10^{-6}\sim1510.48\times10^{-6}$，为风化壳型稀土矿的形成提供了充足的物质来源。整个岩体（基岩和风化壳）稀土总含量高，介于 $750\times10^{-6}\sim3017\times10^{-6}$ 之间，平均含量大于 1000×10^{-6}，Ce、La、Nd等轻稀土元素尤为富集。岩体风化程度普遍较强，其顶部的风化壳基本保存完好，呈面型分布，分布范围与岩体出露面积大致相当，约43 km^2。整个碱性杂岩体风化壳厚度2~16 m（未见底），平均厚度≥5 m，稀土氧化物总量（ΣRE_2O_3）为0.025%~0.435%，平均0.174%；除风化壳中含有稀土矿外，其原岩中稀土的含量也高，找矿潜力较大。

综合评价为C类找矿远景区，以寻找碱性岩浆型-风化壳型稀土矿为主攻方向。

（七）宣威-晋宁找矿远景区（C2）

宣威-晋宁远景区稀土矿化信息多，有一定找矿潜力。富民县老煤山铝土矿首采地段的矿石中，共伴生有稀土元素镱（Yb），估算镱金属量14t。滇中的宣威-晋宁一带的沉积型磷矿床中，普遍伴生有稀土矿化。沾益区德泽磷矿伴生的稀土矿已达中型矿床规模；产于下寒武统梅树村组磷块岩中的昆阳磷矿、晋宁磷矿、安宁龙山磷矿等，其工业矿体中稀土氧化物（REO）含量高，部分可综合利用；下寒武统筇竹寺组含磷岩系的稀土和放射性元素含量高，磷块岩中稀土总量（TR_2O_3）为0.03%~0.23%。宣威-罗平一带，晚二叠世峨眉山玄武岩的第四纪风化壳中发现离子吸附型稀土矿，在与上覆地层的接触带附近的古风化壳中发现火山沉积型稀土矿；矿化层厚度大，分布范围广，具稳定层位，远景资源量大，具有重要的勘查价值。

综合评价为C类找矿远景区。应加强峨眉山玄武岩、下寒武统黑色岩系2个重要层位稀土矿化调查研究工作，力争取得找矿新突破；以寻找老煤山式沉积型耐火粘土铝土矿矿床伴生稀土矿、德泽式沉积磷矿床伴生稀土矿、禾木多-徐家村式与峨眉山玄武岩有关的风化壳离子吸附型和火山沉积型稀土矿为主攻方向。

（八）丘北-文山-富宁找矿远景区（C3）

丘北-文山-富宁远景区分布有众多铝土矿矿产地，铝土矿中富含稀土元素，稀土总量（ΣREE）为 $84.18\times10^{-6}\sim5693.62\times10^{-6}$（LREE含量为 $66.61\times10^{-6}\sim2483.68\times10^{-6}$、HREE含量为 $17.58\times10^{-6}\sim3809.31\times10^{-6}$），含铝岩系稀土总量（ΣREE）平均值为 769.10×10^{-6}，接近离子吸附性稀土矿床边界品位（800×10^{-6}）。远景区稀土矿化信息多，含矿层位稳定，有一定找矿潜力。

综合评价为C类找矿远景区，以寻找沉积型铝土矿伴生稀土矿为主攻方向。

第八章　稀有金属矿产

稀有金属主要包括锂（Li）、铍（Be）、铌（Nb）、钽（Ta）、锶（Sr）、锆（Zr）、铪（Hf）、铷（Rb）、铯（Cs）9个元素，这些元素大多可以形成独立的稀有金属矿床，也常组合在一起形成多矿种的稀有金属矿床。稀有金属矿产用途广泛，尤其是在宇航、原子能、电子、国防工业等高科技方面应用广泛。

锂是已知稀有金属中活动性最强的金属元素，也是密度最小的金属，被称为“高能金属”，广泛用于电子工业、原子能工业、冶金工业、航空航天、军事国防等领域；铍是金属中最好的良导体，有“金属玻璃”之称，是原子能工业之宝，被作为一种新兴材料日益被重视，是原子能、火箭、导弹、航空、宇宙航行以及冶金工业中不可缺少的宝贵材料。铌、钽具有强度高、抗疲劳、抗变形、抗腐蚀、导热、超导、单极导电及吸收气体等优良特性，广泛用于钢铁工业、化学工业、电子工业、航天航空、国防、原子能、海洋开发等领域；锶有“金属味精”之称，是人体必需的微量元素，具有很强的吸收X射线辐射功能和独特的物理化学性能，被广泛应用于电子、化工、冶金、军事、医药和光学等各个领域；锆具有惊人的抗腐蚀性能、极高的熔点、超高的硬度和强度及突出的核性能等特性，除广泛应用于电子、军事、化工、建材、医药等普通领域，还广泛用于航空航天、核反应、原子能等尖端领域；铪具有可塑性、易加工、耐高温和抗腐蚀性，是原子能工业的重要材料，广泛应用于航空航天、电子、冶金、化工、国防等领域；铷、铯均具有优异的光电性能，是战略性新兴材料，广泛应用于光学、电子、能源、航空航天、国防等领域。

第一节　资源概况

一、矿产资源情况

云南省稀有金属矿产资源比较丰富，铍（绿柱石）、铌、钽、锶（天青石）、锆（锆英石和ZrO_2）资源储量均位居全国前列。据原国土资源部（现为自然资源部）发布的《全国矿产资源储量通报（2017年）》数据统计，云南省保有的绿柱石、氧化铍资源量分别为23170 t、11058 t，分别列全国第1、6位；保有的氧化铌钽矿、褐钇铌铁矿、氧化铌矿、氧化钽矿资源量分别为835 t、1199 t、784 t、367.27t，分别列全国第5、1、11、10位，伴生氧化铌矿资源量2663 t，列全国第3位；保有锶（天青石）资源量449.86×10^4 t，列全国第5位；保有的锆英石和氧化锆（ZrO_2）资源量分别为27.25×10^4 t、4.99×10^4 t，列全国第4、5位。

据《云南省2017年矿区及所属矿山矿产资源储量简表》统计，全省有上表铍（绿柱石）矿床2处，累计查明绿柱石资源储量29905.7 t；铍（氧化铍）矿床7处，累计查明BeO资源储量11612 t。上表独立（共生）铌钽矿床5处，伴生铌钽（氧化铌钽）矿床1处，累计查明氧化铌钽矿资源储量835 t、褐钇铌铁矿资源储量1333 t、氧化铌矿资源储量784 t、氧化钽矿资源储量445.27 t，伴生的氧化铌矿资源储量4778.17 t。上表独立及共（伴）生锶（天青石）矿床3处，累计查明天青石资源储量550.88×10^4 t。上表锆英石矿床5处、氧化锆（ZrO_2）矿床1处；累计查明锆英石资源储量550.88×10^4 t；氧化锆（ZrO_2）资源储量4.99×10^4 t。

据截至2017年12月所搜集的最新勘查成果及地质勘查报告数据统计，云南省已发现稀有金属矿产地52处（表8-1；图8-1）。其中，超大型矿床3处、大型矿床2处、中型矿床6处、小型矿床21

处、矿点 20 处；累计查明锂（Li_2O）资源储量 34536.8 t、铍（BeO）资源储量 44743.617 t、铌钽（铌钽未分）资源储量 208 t、铌（Nb_2O_5）资源储量 99034.31 t、钽（Ta_2O_5）资源储量 4226.43 t、锶（天青石）资源储量 550.88×10^4 t、锆（锆英石、ZrO_2）资源储量 33.83×10^4 t、铪（HfO_2）资源储量 407 t、铷（Rb_2O）资源储量 208747 t、铯（Cs_2O）资源储量 1891 t。

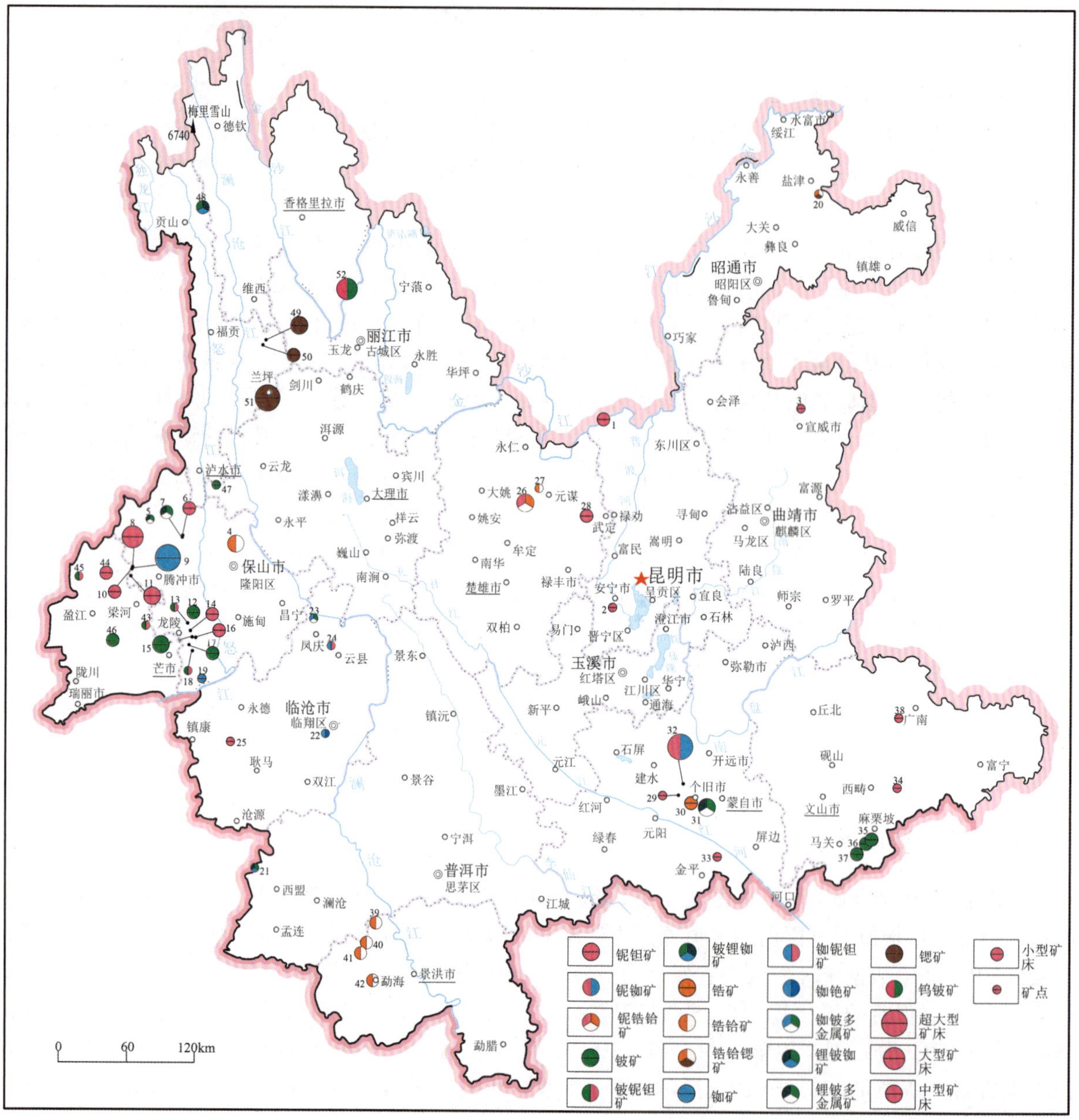

图 8-1　云南省稀有金属矿产地分布图

二、勘查开发情况

云南省稀有金属矿产地质工作始于 20 世纪 50 年代末至 60 年代末期，开展了大量的地质工作。主要是对伟晶岩中以铍（绿柱石）为主、砂矿中以锆为主的稀有金属调查，以及个旧锡多金属矿等老矿山中共伴生的锂、铍、铌、钽、锆、铷、铯等稀有元素的初步评价，发现了龙陵黄连沟、个旧牛屎坡、保山板桥等中型稀有金属矿床及众多小型矿床、矿点。70 年代至 90 年代末，在岩浆热液型、蚀变花岗岩型、碱性岩浆型稀有金属勘查工作上取得突破，发现了以铷、钽为主的腾冲新歧超大型稀

表 8-1　云南省稀有金属矿产地一览表

序号	矿产地名称	稀有金属组合	规模	序号	矿产地名称	稀有金属组合	规模
1	禄劝笔架山铁矿床伴生铌矿	铌	小型	27	元谋县丙令锆英石砂矿	锆、铪	矿点
2	安宁市耳目村-下哨铝土矿矿床伴生铌锂矿	铌、锂	矿点	28	武定县迤纳厂铁铜矿床伴生铌矿	铌	小型
3	宣威市中营-禾木多-徐家村稀土矿点伴生铌矿	铌	矿点	29	个旧市白云山稀土稀有分散元素矿	铌、铷	矿点
4	保山市隆阳区板桥钛铁矿砂矿床伴生锆英石矿	锆、铪	中型	30	个旧市新冠砂锡矿床伴生锆矿	锆	小型
5	腾冲市小龙河锡多金属矿床共伴生稀有金属矿	锂、铍、铌、钽、铷	矿点	31	个旧锡多金属矿田共伴生稀有元素	锂、铍、铌、钽	中型
6	腾冲市贡源锡矿床共伴生铌钽矿	钽、铌	小型	32	建水县普雄稀土稀有分散金属矿	铌、铷	超大型
7	腾冲市宝华山稀有多金属矿	锂、铍、铌、钽、铷、铯	小型	33	金平县大寨坡铌矿	铌	矿点
8	腾冲市卜锅脑钽矿	钽	大型	34	西畴县卖酒坪铝土矿矿床伴生铌矿	铌	矿点
9	腾冲市新歧稀有稀土锡多金属矿	铷、铌、钽、锂、铯	超大型	35	麻栗坡县那董铍矿	铍	小型
10	腾冲市茶塘河南钽铌矿	铌、钽	小型	36	麻栗坡县瓦渣钨铍矿	铍	小型
11	腾冲市勐蚌钨钽多金属矿	钽、铌	中型	37	马关县炭窑铍矿	铍	小型
12	龙陵县回欢铍矿	铍、钽	小型	38	广南县板茂铝土矿矿床伴生铌钽矿	铌、钽	矿点
13	龙陵县达摩山-黄草坝铍矿	铍、铌、钽	矿点	39	勐海县勐往独居石砂矿床伴生锆铪矿	锆、铪	小型
14	龙陵县三台坡铌钽矿	铌、钽	小型	40	勐海县勐康磷钇矿独居石砂矿床伴生锆铪矿	锆、铪	小型
15	龙陵县黄连沟铍稀有多金属矿	铍、锂、铌、钽	中型	41	勐海县勐阿独居石磷钇矿砂矿床伴生锆铪矿	锆、铪	小型
16	龙陵县黄家寨铌钽矿	铌、钽	小型	42	勐海县城郊独居石矿砂矿床伴生锆铪矿	锆、铪	小型
17	龙陵县大坡铍矿	铍、铌、钽	小型	43	梁河县章巴铍钽矿	铍、钽	矿点
18	龙陵县茅草寨铍钽矿	铍、钽	矿点	44	盈江县核桃寨铌钽矿	铌、钽	小型
19	龙陵县团坡铷矿	铷	矿点	45	盈江县卡场稀有稀土金属矿	铌、钽、铍	矿点
20	盐津县酢房锆石矿	锆、铪、锶	矿点	46	陇川县麻栗脑铍矿	铍	小型
21	西盟县大马撒稀有金属矿	锂、铍、铷	矿点	47	泸水石缸河锡钨矿床共伴生铍矿	铍	矿点
22	临沧市勐托锗煤矿伴生稀有金属矿	铷、铯	矿点	48	贡山县普拉底白云母稀有金属矿	铍、锂、铷	小型
23	凤庆县慈园稀有金属矿	铷、铍、铌、钽	矿点	49	兰坪县河西锶矿	锶	中型
24	凤庆县邦漂稀有金属矿	铷、铌、钽	矿点	50	兰坪县区五银矿床共生锶矿	锶	小型
25	镇康县木厂铌稀土金多金属矿	铌	矿点	51	兰坪县金顶铅锌矿床共伴生锶矿	锶	超大型
26	牟定县水桥稀土稀有金属矿	铌、锆、铪	中型	52	香格里拉市麻花坪铍钨矿	铍	大型

有金属矿床和以铍为主的香格里拉麻花坪大型稀有金属矿床，镇康木厂也具有大型铌矿远景规模；并在滇中地区的火山沉积-改造型铁铜多金属矿床中发现伴生的铌、钽等稀有金属。此外，在兰坪金顶铅锌矿发现共伴生的锶矿（天青石），其资源储量达超大型矿床规模。

进入21世纪，随着成矿理论研究水平、勘查测试方法手段的不断提升，加之“我国三稀资源战略调查研究项目”的启动，云南省稀有元素找矿取得新的突破。云南省核工业二〇九地质大队在建水普雄、个旧白云山开展“三稀”矿产勘查，取得重大突破，普雄超大型稀土矿床共（伴）生的稀有金属铌、铷，其氧化物资源量分别为57462 t、81839 t，均达到超大型矿床规模；白云山中型稀土矿伴生的铌、钽，也具有大型以上远景规模。云南省地质矿产勘查开发局八〇七队在腾冲卜锅脑的钠化花岗岩风化壳中发现大型钽矿床1处，查明钽（Ta_2O_5）资源量619.79 t。此外，在腾冲、盈江、龙陵等地发现众多以铌钽为主的稀有金属矿产地。中国科学院地球化学研究所通过开展“稀散矿产资源基地深部探测技术示范项目”，在滇中盆地发现碳酸盐岩粘土型锂矿，估算334类Li_2O资源量34×10^4 t（温汉捷等，2020）❶；云南省地质调查院在此区域开展1∶5万地质调查，也发现同类型的高锂铝土矿矿体（孙柏东等，2019）。由此表明，滇中地区具有巨大的锂资源找矿潜力。

总体来说，云南省稀有元素成矿地质条件十分有利，但勘查工作及综合研究程度普遍偏低，找矿潜力仍十分巨大。

由于品位低、难选冶、技术设备落后等原因，云南省稀有金属矿产开发利用非常落后。除云南锡业集团公司已对个旧锡多金属矿中共伴生的铍、铌、钽等稀有金属进行较好的回收利用外，目前尚未有规模化的稀有金属生产企业，稀有金属矿产未能有效综合开发利用。

三、资源分布情况

云南全省14处含锂、铷、铯的稀有金属矿产地分布于5个州（市）和8个县（区、市）行政区。其中，保山市5处、红河州3处、临沧市3处、怒江州2处、普洱市1处（表8-2）。查明资源储量分布于2个州（市）和3个县（区、市）行政区，锂、铯资源储量全部分布于保山市的腾冲市，铷资源储量分布于保山市的腾冲市和红河州的建水县。

表8-2 云南省各州（市）、县（区、市）锂、铷、铯矿产地及资源量分布一览表

州（市）	县（区、市）	矿产地数量/处	查明资源量/t		
			Li_2O	Rb_2O	Cs_2O
保山市	腾冲市	3	34536.8	126908	1891
	龙陵县	2			
	合计	5	34536.8	126908	1891
普洱市	西盟县	1			
	合计	1			
临沧市	临翔区	1			
	凤庆县	2			
	合计	3			
红河州	个旧市	2			
	建水县	1		81839	
	合计	3		81839	
怒江州	贡山县	2			
	合计	2			
全省总计		14	34536.8	208747	1891

❶ 此成果尚未经主管部门审核批准。

云南全省 19 处含铍的稀有金属矿产地分布于 8 个州（市）和 13 个县（区、市）行政区。其中，保山市 7 处，德宏州、文山州各 3 处，怒江州、红河州、迪庆州、普洱市、临沧市有零星分布（表 8-3）。查明资源储量分布于 6 个州（市）和 8 个县（区、市）行政区，迪庆州香格里拉市查明铍资源储量 31158.5 t，占全省资源总量的 69.64%。

表 8-3　云南省各州（市）、县（区、市）铍矿产地及资源量分布一览表

州（市）	县（区、市）	矿产地数量/处	查明资源量/t	州（市）	县（区、市）	矿产地数量/处	查明资源量/t
保山市	腾冲市	2	458.6	德宏州	盈江县	1	
	龙陵县	5	9715.5		梁河县	1	
	合计	7	10174.1		陇川县	1	14.617
普洱市	西盟县	1			合计	3	14.617
临沧市	凤庆县	1		迪庆州	香格里拉市	1	31158.5
红河州	个旧市	1	3124	怒江州	泸水市	1	
文山州	麻栗坡县	2	97.4		贡山县	1	50
	马关县	1	124		合计	2	50
	合计	3	221.4				
全省总计						19	44742.617

云南全省 32 处含铌、钽的稀有金属矿产地分布于 9 个州（市）和 17 个县（区、市）行政区，分布较广泛。其中，保山市分布最多，有 14 处；其次为红河州，有 4 处；临沧市、怒江州、文山州、德宏州、昆明市、曲靖市、楚雄市也有零星分布（表 8-4）。查明资源储量分布于 5 个州（市）和 8 个县（区、市）行政区。其中，红河州建水县查明五氧化二铌资源储量 57462 t，占全省资源总量的 58.02%；保山市的腾冲市五氧化二钽资源储量 3820.27 t，占全省资源总量的 90.39%。

表 8-4　云南省各州（市）、县（区、市）铌、钽矿产地及资源量分布一览表

州（市）	县（区、市）	矿产地数量/处	查明资源量/t		
			$(Ta+Nb)_2O_5$	Nb_2O_5	Ta_2O_5
昆明市	安宁市	1			
	禄劝县	1		4644	
	合计	2		4644	
曲靖市	宣威市	1			
保山市	腾冲市	7	208	7372.8	3820.27
	龙陵县	7		779.43	331.46
	合计	14	208	8152.23	4151.73
临沧市	镇康县	1			
	凤庆县	2			
	合计	3			
楚雄州	牟定县	1		26600	
	武定县	1		1308.22	
	合计	2		27908.22	
红河州	个旧市	2		784	
	建水县	1		57462	
	金平县	1			
	合计	4		58246	

续表

州（市）	县（区、市）	矿产地数量/处	查明资源量/t		
			$(Ta+Nb)_2O_5$	Nb_2O_5	Ta_2O_5
文山州	广南县	1			
	西畴县	1			
	合计	2			
德宏州	盈江县	2		83.86	74.6
	梁河县	1			
	合计	3		83.86	74.6
怒江州	贡山县	1			
全省总计		32	208	99034.31	4226.43

云南全省9处含锆、铪的稀有金属矿产地分布于5个州（市）和6个县（区、市）行政区，其中西双版纳州4处、楚雄州2处，保山市、昭通市和红河州各1处（表8-5）。查明资源量分布于4个州（市）和4个县（区、市）行政区，其中铪资源储量全部分布于楚雄州牟定县。锆资源量主要分布于保山市隆阳区，其查明资源储量占全省资源总量的49.29%，其次为西双版纳州勐海县，其查明资源量占全省资源总量的31.26%。

云南全省共有4处锶矿（天青石）矿产地，已查明资源储量的3处矿床全部分布于怒江州兰坪县，1处矿点分布于昭通市盐津县。

表8-5　云南省各州（市）、县（区、市）锆、铪矿产地及资源量分布一览表

州（市）	县（区、市）	矿产地数量/处	查明资源量/t	
			Zr	Hf
保山市	隆阳区	1	166753	
昭通市	盐津县	1		
楚雄州	元谋县	1		
	牟定县	1	15900	407
	合计	2	15900	407
红河州	个旧市	1	49880	
西双版纳州	勐海县	4	105766.1	
全省总计		9	338299.1	407

第二节　矿床类型划分

云南省稀有元素成矿过程比较复杂，往往具有多期次、多种成矿作用叠加的特点，矿床类型划分往往存在较大的争议。本次主要依据全国省（自治区、直辖市）“矿产地质志”的矿床类型划分方案，结合勘查规范中对矿床成因、工业类型的划分方案，按照成矿地质作用的类型和成因机理对矿床类型进行划分，共划分了11种Ⅲ级矿床类型（表8-6）。岩浆作用矿床可划分为岩浆型、岩浆热液型、伟晶岩型、云英岩型、接触交代型、海相火山岩型6种类型；非岩浆-非变质作用矿床可划分为浅成中-低温热液型1种类型；沉积作用矿床可划分为化学沉积型、生物化学沉积型、砂矿型3种类型；表生作用矿床可划分为风化型1种类型。

锂成矿主要与岩浆作用有关，部分与化学沉积作用有关，其矿床类型主要包括岩浆型、岩浆热液型、伟晶岩型、风化型、化学沉积型5种Ⅲ级类型。从矿产地数量来看，以伟晶岩型锂矿最为重要；

从查明资源量来看，岩浆型和伟晶岩型锂矿最为重要。

铍成矿主要与岩浆作用有关，其矿床类型主要包括岩浆型、岩浆热液型、伟晶岩型、云英岩型、接触交代型5种Ⅲ级类型。从矿产地数量来看，以伟晶岩型铍矿最为重要，其次为岩浆型铍矿；从查明资源量来看，以岩浆热液型铍矿最为重要，其次为岩浆型、伟晶岩型铍矿。

表8-6 云南省稀有金属矿主要矿床类型划分表

矿床类型			代表矿床	矿床规模	稀有元素组合
Ⅱ级	Ⅲ级	Ⅳ级			
岩浆作用矿床	岩浆型	中酸性岩浆型	腾冲新岐	超大型	Li、Rb、Cs、Nb、Ta
			腾冲卜锅脑	大型	Nb、Ta
			个旧牛屎坡	中型	Be、Nb、Ta
			镇康木厂	大型	Nb
		碱性岩浆型	建水普雄	矿点	Li、Nb、Ta
	岩浆热液型		香格里拉麻花坪	大型	Be
			个旧老厂	小型	Li、Be、Rb、Cs、Nb、Ta
	伟晶岩型		龙陵黄连沟	中型	Li、Be、Rb、Cs、Nb、Ta
			腾冲宝华山	小型	Li、Be、Rb、Cs、Nb、Ta
			贡山普拉底	小型	Li、Be、Rb
			麻栗坡瓦渣	小型	Be
	云英岩型		泸水石缸河	矿点	Be
	接触交代型		个旧松树脚	中型	Be
	海相火山岩型		武定迤纳厂	小型	Nb、Ta
			宣威中营	矿点	Nb、Ta
非岩浆-非变质作用矿床	浅成中-低温热液型	砂砾岩型	兰坪金顶	超大型	Sr
		碳酸盐岩型	兰坪河西	中型	Sr
沉积作用矿床	砂矿型	河流冲积型	勐海勐往	小型	Zr、Hf
			保山板桥	中型	Zr、Hf
			个旧新冠	小型	Zr
	生物化学沉积型		临沧勐托	矿点	Rb、Cs
	化学沉积型		丘北大铁	矿点	Nb
			盐津酢房	矿点	Zr、Hf、Sr
表生作用矿床	风化型		牟定水桥	中型	Nb、Zr、Hf
			龙陵团坡	矿点	Rb、Cs、Li
			建水普雄	超大型	Rb、Nb

铌钽成矿作用比较复杂，其矿床类型主要包括岩浆型、岩浆热液型、伟晶岩型、海相火山岩型、化学沉积型、生物化学沉积型、风化型6种Ⅲ级类型。从矿产地数量来看，以岩浆型、伟晶岩型、风化型铌钽矿最为重要；从查明资源量来看，以岩浆型、风化型铌钽矿最为重要。

锶的成矿以中-低温热液改造作用为主，其矿床类型主要包括浅成中-低温热液型、化学沉积型2种Ⅲ级类型。从矿产地数量和查明资源量来看，均以浅成中-低温热液型锶矿最为重要。

锆、铪成矿主要与岩浆作用和次生表生作用有关，也有部分与沉积作用有关，其矿床类型主要包括化学沉积型、砂矿型、风化型3种Ⅲ级类型，以砂矿型锆、铪矿最为重要，最具工业价值。

铷、铯成矿主要与岩浆作用有关，也有部分与沉积作用有关，其矿床类型主要包括岩浆型、岩浆热液型、伟晶岩型、生物化学沉积型、砂矿型、风化型6种Ⅲ级类型。从矿产地数量来看，以岩浆型、伟晶岩型铷、铯矿最为重要；从查明资源量来看，以岩浆型、风化型铌钽矿最为重要。

第三节 铍 矿

云南省铍（绿柱石）矿主要与中酸性岩浆活动密切相关，其矿床类型有岩浆热液脉型、蚀变花岗岩型、伟晶岩型、云英岩型、接触交代型5种类型。

一、岩浆热液脉型铍矿

是云南省最重要的铍矿类型，虽只有香格里拉市麻花坪铍钨矿、个旧锡多金属矿田老厂矿床共（伴）生铍矿2个矿床，但其查明资源量占全省查明铍（BeO）资源总量的80%以上。

（一）香格里拉市麻花坪铍钨矿床❶

麻花坪铍钨矿行政区划隶属于香格里拉市虎跳峡镇核桃坪村，位于香格里拉市区144°方向，平距约75 km处；矿区中心点地理坐标为：东经100°06′08″，北纬27°15′26″，面积约7 km^2。

1969年，云南省地质局第三地质队在该区开展水晶矿普查时，在麻花坪发现钨铍矿；于1970~1971年对矿区钨铍矿作了概略性普查工作，探获远景储量：WO_3 16507 t、BeO 3052 t，伴生萤石（CaF_2）21996 t。

1980~1983年，云南省地质矿产局第三地质大队对麻花坪钨铍矿开展系统勘查工作，于1985年6月提交了《云南省中甸县麻花坪矿区钨铍矿初步普查地质报告》，探获D级储量：WO_3 5.26×10^4 t、BeO 3.19×10^4 t，伴生萤石（CaF_2）236.81×10^4 t，钨铍矿均达大型规模。

2010年，云南省地质矿产勘查开发局第一地质大队对矿区开展资源量核查工作，提交了《云南省香格里拉县麻花坪钨铍矿核查矿区资源储量核查报告》，矿区累计查明钨铍矿石量1760.26×10^4 t，WO_3资源储量5.54×10^4 t，BeO资源储量3.54×10^4 t；伴生萤石矿石量1397.36×10^4 t，CaF_2 236.81×10^4 t。

截至2017年底，麻花坪钨铍矿在《云南省2017年矿区及所属矿山矿产资源储量简表》中的上表资源储量为：累计查明WO_3资源储量5.54×10^4 t，氧化铍（BeO）资源储量3.12×10^4 t。

麻花坪铍钨矿是云南省品位最高的铍矿床，开发利用较早。1972年，当地群众主要对北矿段2-3号矿体及7-8号矿体的白钨矿进行开采，至1983年，开采垂深约50 m，生产钨精矿1123.59 t，供外贸出口。1984年，钨矿开采规模有所扩大，新建了虎跳峡钨矿小选矿厂，钨精矿产量也逐年提高；至1991年，累计生产钨精矿估计达3000 t以上。麻花坪钨矿自开采以来，尽管经济效益较好，但资源浪费惊人，采富弃贫，选钨弃铍等现象十分突出。

1. 矿区地质特征

麻花坪铍钨矿区位于三江口-剑川深断裂东侧的玉龙雪山-哈巴雪山复背斜核部，其大地构造属羌塘-三江造山系（Ⅶ）、甘孜-理塘弧盆系（Ⅶ-2）之甘孜-石鼓蛇绿混杂岩（P_2-T_3）（Ⅶ-2-1）；成矿区带属滨太平洋成矿域（Ⅰ2）、上扬子（陆块）成矿省（Ⅱ3）、丽江-大理-金平（陆缘坳陷）Au-Cu-Ni-Pt-Pd-Mo-Mn-Fe-Pb-Zn成矿带（Ⅲ9）之丽江（陆缘坳陷）Au-Cu-Pt-Pd-Mo-Mn-Fe-Pb-Zn矿带（Ⅳ19）。

区内出露地层主要为泥盆系变质岩。下泥盆统主要由云母石英片岩、石英云母片岩、石英岩及长石石英片岩组成，偶夹云母片岩。其中石英脉发育，沿片理常见星点状黄铁矿分布，是矿区南部含钨（黑钨矿）石英（水晶）脉的主要含矿围岩。中上泥盆统主要为细-粗晶大理岩、白云质大理岩夹条带状大理岩、石墨大理岩，是矿区北部绿柱石、白钨矿的主要围岩（图8-2）。两者岩石类型、力学性质的巨大差异，以及沿其界面发育的钙质、硅质泥质岩，在褶皱变形过程中形成规模巨大的层间剪切滑动断裂带，为主要成矿通道。

❶ 主要资料来源：云南省地质矿产局第三地质大队，1985，云南省中甸县麻花坪矿区钨铍矿初步普查地质报告。

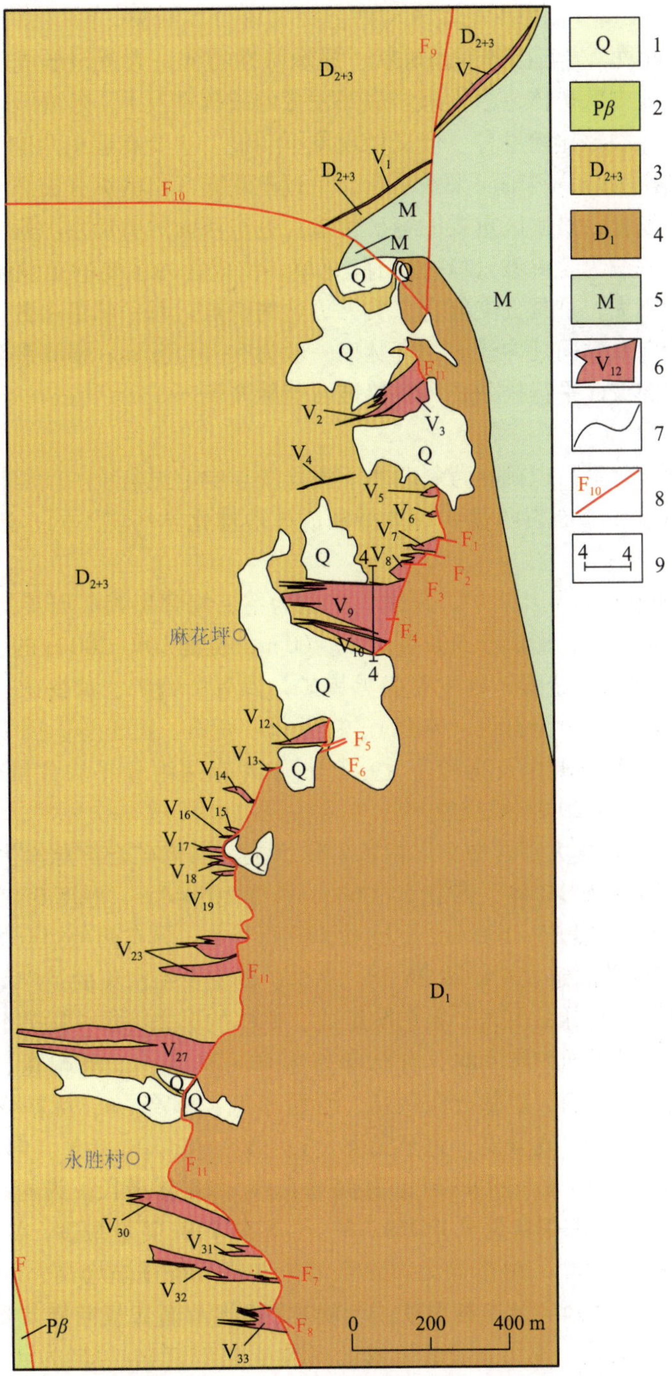

图 8-2 香格里拉市麻花坪铍钨矿区北段地质简图

（据云南省地质矿产局第三地质大队，1984）

1—第四系；2—上二叠统致密状玄武岩及片理化玄武岩；3—中上泥盆统大理岩；4—下泥盆统片岩；5—（时代不明）碳质片岩和绢云母片岩；6—矿体及编号；7—地质界线；8—断层及编号；9—勘探线及编号

区内除出露基性云煌岩脉外，未见其他岩浆岩类。基性云煌岩呈脉状零星分布于泥盆系变质碎屑岩及大理岩中，一般顺层产出，规模较小。据光谱分析，其钨含量一般为 $200\times10^{-6}\sim600\times10^{-6}$，铍含量一般为 $4\times10^{-6}\sim40\times10^{-6}$。矿区 NW 23°方向 2 km 处发现有闪长玢岩脉侵入体，推测矿区深部可能隐伏有与钨铍矿化有关的酸性岩浆岩体。

矿区位于虎跳峡背斜的西翼，基本构造为向西倾的单斜构造；背斜核部为下泥盆统浅变质碎屑岩，两翼为中上泥盆统大理岩。断裂构造以近南北向断裂为主（F_{11}），其次为近东西向平移小断裂

（F_1、F_2、F_3、F_4、F_5、F_6）。F_{11} 为下泥盆统与中上泥盆统分界断裂，断层面整体倾向西，局部有弯曲，倾角 52°左右。断裂两盘岩石破碎呈角砾状，显示张性特征，为背斜形成后强烈隆升引起。沿近东西向节理裂隙充填形成楔状矿体，沿大理岩底部发育的破劈理及 F_{11} 充填形成近南北向似层状矿体及两者复合型矿体。矿区裂隙比较发育，但交切现象不明显，主要有近东西向彼此近于平行排列的横张裂隙及剪切裂隙；其次为与背斜轴向大致平行，呈近南北向产出的纵张裂隙及层间裂隙等，其中以近东西向剪切裂隙最为发育，是矿区重要的容矿构造。近东西向的剪切裂隙则主要产于大理岩中，在接触面附近最为发育，一般为含钨铍云母-萤石脉充填，构成区内主要的工业矿体，其延伸方向近于东西，每一条单脉延伸不大，且具分支复合、尖灭再现的特点。每一脉组由数十条单脉组成，有平行密集产出的特征。沿走向及倾向延伸较大，含脉率一般为 5~61 条/m；横张裂隙在碎屑岩及大理岩中有稀疏出露，与剪切裂隙彼此平行排列，为含钨铍石英脉充填。

2. 矿体地质特征

麻花坪铍钨矿床的矿化带沿虎跳峡背斜西翼下泥盆统与中上泥盆统层间剪切形成的断裂带，呈南北向展布，长度约 3 km。由于断裂两盘岩石类型和成矿地球化学环境不同，造成矿物组合、含矿特征存在明显差异。

F_{11} 断裂下盘的下泥盆统石英片岩中，以黑钨矿化为主。发育黑钨矿石英脉和萤石石英脉各近百条，走向近东西，倾角近直立；形成 6 条长度 150~400 m，宽度 100~200 m 的脉带，单脉厚度 0.05~2.4 m，脉距 0.3~2 m。矿石中金属矿物主要为黑钨矿，偶有白钨矿、黄铁矿、菱铁矿、辉铋矿、方铅矿、黄铜矿；非金属矿物主要为石英（水晶）、白云母、萤石、黄玉等。围岩蚀变以硅化、褪色化为主，其次为黄铁矿化、菱铁矿化及高岭土化。矿石中各有用组分平均含量分别为：WO_3 2.88%、BeO 0.02%~0.04%、CaF_2 0.29%~42.5%。

F_{11} 断裂上盘的中上泥盆统大理岩中，以白钨矿化为主。白钨矿石英脉沿大理岩底部发育的破劈理和断裂带充填，前者形成楔形矿体，产状 5°∠60°，长度 10~40 m，厚度 0.05~2 m；后者形成似层状矿体，产状 250°∠38°，长度 75~160 m，厚度 0.47~4.45 m；另有两种组合的复合型矿体。在南北长约 3 km 的钨铍矿化带内共圈定大小矿体 25 个，每个矿体主要由密集的及中等密度的强蚀变及中强蚀变微细脉和细脉组成，每组脉又由若干条单脉组成。矿体的形态特征，随着脉组的变化而变化，近下泥盆统与中上泥盆统接触界面矿脉密集，含脉率高达 40~70 条/m，脉幅宽，蚀变强，矿化强，品位高，矿体厚度大；远离接触面，矿脉分布稀疏，含脉率低，38 条/m，脉幅变窄、蚀变减弱，矿化弱，品位低，矿体厚度变小，出现分支，直至尖灭。V_1、V_3、V_9、V_{10}、V_{23}、V_{27}、V_{30}、V_{32} 8 个矿体规模较大。V_9、V_{10} 矿体厚度最大（图 8-3），为 75 m；V_{27} 号矿体最长，为 453 m；V_2 号矿体钨铍含量最高，WO_3 含量 0.817%、BeO 含量 0.461%；V_{27} 号矿体钨铍储量最多，WO_3 为 25522.7 t，BeO 为 12295.5 t。矿石有用组分含量，由南向北，由低海拔向高海拔逐渐增高；就单个矿体而言，从东部至西部矿体厚度变薄，并逐渐尖灭，其 WO_3 及 BeO 含量则由高含量向低含量过渡。WO_3、BeO 和 CaF_2 含量的变化呈正消长关系，说明三者的生成受相同因素的控制，可能为同源同期产物。

V_1 矿体：产于中上泥盆统（D_{2+3}）大理岩中，矿体呈似层状产出，产状与大理岩层基本一致，为 323°~343°∠70°。矿化沿大理岩节理裂隙发生。矿体厚度 2.96~5.05 m，厚度较稳定。单样品 BeO 含量一般为 0.81%~1.50%，平均 1.20%；WO_3 含量 0.63%~1.33%，平均 0.86%，分布较均匀。

V_3 号矿体：出露矿区的北部，矿体走向近东西，倾向北，由东向西逐渐尖灭，矿体长度大于 145 m，推测延深大于 40 m。水平厚度 14.36~48.66 m，平均 31.51 m；WO_3 含量 0.169%~0.349%，平均 0.318%；BeO 含量 0.380%~0.486%，平均 0.463%。矿石类型为白钨矿、绿柱石、蓝柱石、云母-萤石脉型。

V_9 号矿体：分布于矿区的中部，矿体走向近东西，倾向北，由东向西逐渐尖灭呈楔形，在矿体西部出现分支现象。矿体长度大于 296 m，推测延深大于 70 m；水平厚度 37.18~149.42 m，平均 96.98 m。WO_3 含量 0.203%~0.462%，平均 0.353%；BeO 含量 0.077%~0.387%，平均 0.264%。矿

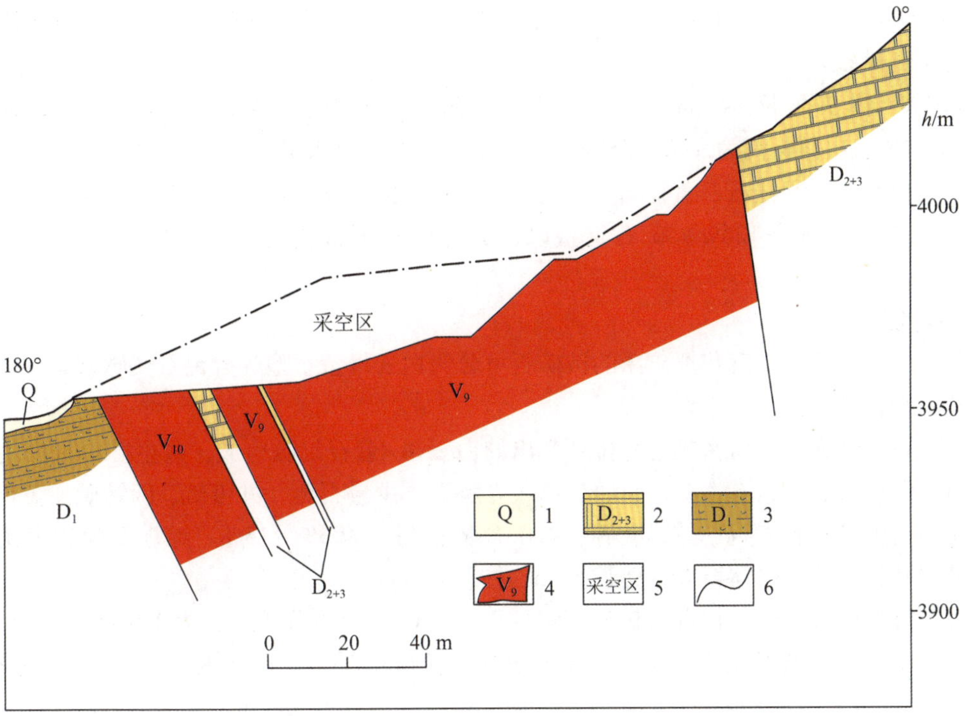

图 8-3　香格里拉市麻花坪铍钨矿床 4 号勘探线地质剖面图

（据云南省地质矿产局第三地质大队，1984）

1—第四系岩块、砾石、砂土等坡积及冰积物；2—中上泥盆统大理岩夹大理岩化灰岩；3—下泥盆统浅变质绢云粉砂岩、绢云石英片岩夹千枚岩；4—铍钨矿体，5—采空区，6—地质界线

石类型为白钨矿、绿柱石、蓝柱石、云母-萤石脉型。

V_{10} 号矿体（V_9 号矿体分支）：分布 V_9 号矿体南部，呈脉状体产出，走向北西西，倾向北。矿体长度大于 234 m，推测延深大于 60 m；水平厚度 3.29～31.92 m，平均 17.61 m。WO_3 含量 0.210%～0.380%，平均 0.360%；BeO 含量 0.160%～0.260%，平均 0.251%。矿石类型为白钨矿、绿柱石、蓝柱石、云母-萤石脉型。

V_{23} 号矿体：分布于矿区中南部，呈楔形体产出，走向近东西，倾向北。矿体中间夹石厚大于 5 m，将矿体分为南、北两支。矿体长度大于 210 m，推测延深大于 50 m；水平厚度 17.45～79.01 m，平均 54.75 m。WO_3 含量 0.199%～0.286%，平均 0.211%；BeO 含量 0.099%～0.191%，平均 0.129%。矿石类型为白钨矿、绿柱石、蓝柱石、云母-萤石脉型。

V_{27N} 号矿体：分布于矿区南部，为 V_{27} 号矿体北支段。矿体走向东西，倾向北。矿体长度大于 516 m，推测延深大于 120 m；水平厚度 5.43～72.02 m，平均 29.99 m。WO_3 含量 0.189%～0.369%，平均 0.319%；BeO 含量 0.045%～0.190%，平均 0.150%。矿石类型为白钨矿、绿柱石、蓝柱石、云母-萤石脉型。

V_{27S} 号钨铍矿体：露头延长 489 m，矿体东端走向为 290°，向西渐变为近东西向，并分叉。矿体倾角 71°～86°，北—北北东向陡倾斜。接触面处最大水平宽 91 m（平均水平宽 54.63 m，厚度 52.77 m），由东向西逐渐变薄至自然尖灭。矿脉类型为白钨矿、绿柱石、蓝柱石、云母-萤石型，含脉率一般为 30～70 条/m。WO_3 含量 0.328%，BeO 含量 0.170%，CaF_2 含量 18.198%。矿体是采区内 WO_3 含量最高，资源储量最大的矿体。矿石类型以白云母萤石型铍钨矿为主，西部矿体尾端则以白云母萤石型钨矿石为主，并构成独立钨矿体。

V_{30} 号矿体：露头延长 204 m，接触面处最大水平宽度 61 m，平均水平宽度 26.30 m，厚度 24.71 m，向西自然尖灭，矿体地表出露标高为 3640～3710 m。矿体总体走向为 290°，倾角 71°～80°，北北东向倾斜。矿脉类型为白钨矿、绿柱石、蓝柱石、云母-萤石型，含脉率 25～65 条/m。WO_3 平均含量0.246%，BeO平均含量0.136%。矿石类型以白云母萤石型铍钨矿为主，矿体北侧边缘则为白云母萤石型钨矿石。

V_{32}号矿体：露头延长349 m，矿体中部最大出露水平宽度34 m，平均宽度12.26 m，厚度11.52 m。矿体地表出露标高为3775~3850 m。矿体总体走向为285°，倾角67°~85°，北北东向倾斜。矿脉类型仍为白钨矿、绿柱石、蓝柱石、云母-萤石型，含脉率一般为20~50条/m。WO_3平均含量0.222%，BeO平均含量0.126%。矿石类型以白云母萤石型铍钨矿为主，其次为白云母萤石型钨矿石。

3. 矿石特征

根据矿物组合的不同，麻花坪矿床的铍矿石可分为白云母萤石型、含钨石英脉型2种类型，其中以白云母萤石型铍钨矿石最为重要。

白云母萤石型铍钨矿石由密集平行排列产出的白云母-萤石复脉组成，共生矿物有白钨矿、绿柱石、绿柱石、蓝柱石、硅铍石、萤石、白云母、方解石，少量石英、方铅矿、闪锌矿、黄铜矿、黄铁矿、黝铜矿、蓝铜矿、孔雀石、黑钨矿等，BeO含量较高，为5%~15%。绿柱石为致密块状，部分为柱状、放射状集合体，晶体最大者柱长5 cm，柱径0.5 cm。

含钨石英脉型矿石共生矿物有白钨矿、绿柱石，BeO含量相对较低，为1%~5%。绿柱石为白、灰、浅绿色，呈柱状、放射状或粒状集合体及块状。粒径0.1~0.5 cm，柱长1~5 cm，分布不均匀，不能手选。

矿石中矿石矿物主要有白钨矿、绿柱石、蓝柱石，少量黑钨矿、硅铍石、黄铁矿、闪锌矿、方铅矿等；脉石矿物主要有方解石，其次为萤石、白云石，少量石英、铁金属物质。

矿石结构主要有鳞片粒状-粒状鳞片变晶结构、变余镶嵌粒状变晶结构、交代包含嵌晶结构、交代溶蚀结构、交代残留结构、交代骸晶结构；矿石构造主要有近平行密集微细脉状构造、微分又复合近平行密集细脉状构造、似脉状的复斑状-斑点、斑块状构造、似条带-条纹状构造，其次为对称似条带状构造、梳状-对称梳状构造、晶簇状构造。

矿石中有用组分主要为WO_3、BeO，其次为CaF_2，其最高含量分别为：WO_3 2.615%、BeO 0.85%、CaF_2 54.26%；全矿区平均含量分别为：WO_3 0.366%、BeO 0.241%。有害元素含量很低，对矿石选冶无影响。

4. 围岩蚀变

麻花坪铍钨矿床的围岩蚀变明显而强烈，有褪色、硅化、黄铁矿化、碳酸盐化、白云母化、萤石化，都与矿化有关，而尤以白云母化和萤石化与矿化富集更为密切。

白云母-萤石化：是矿区的主要热液蚀变，与成矿作用有密切的关系，白云母化和萤石化往往叠加在一起，无明显界线，一般呈脉状产出，脉幅数毫米至10余厘米，主要蚀变矿物为萤石、白云母，与其伴生产出的还有少量的含铁碳酸盐。白云母-萤石化蚀变带边缘呈不规则齿状，脉壁多为白云母，中心为萤石，而且白钨矿、绿柱石、蓝柱石与其共生；此外脉内尚可见少许的石英、方铅矿、闪锌矿、黄铜矿等星点。白云母-萤石化越强，则矿化越好。这种蚀变具多期性，野外宏观可见早阶段白云母、萤石（颜色多为紫灰色）带被晚阶段的萤石脉穿切（其颜色为浅灰-灰白色）。

5. 矿化阶段划分

麻花坪铍钨矿床具有多阶段成矿的特点，主要分为4个阶段。

第Ⅰ阶段：矿物组合为萤石-白钨矿，多产于复脉内壁或边部。此阶段是区内主要钨矿化阶段，形成强蚀变富矿，宏观也比较清楚。

第Ⅱ阶段：矿物组合为蓝柱石、绿柱石、硅铍石-白云母。此阶段野外宏观难于识别。

第Ⅲ阶段：矿物组合为白云母-萤石-绿柱石、白钨矿。推测部分绿柱石和白钨矿可能是早阶段的残余物。此阶段野外宏观比较清楚，往往形成平行密集微细脉，围岩蚀变程度较第一阶段弱。

第Ⅳ阶段：矿物组合为绿柱石-白钨矿-萤石。

6. 成矿物理化学条件

（1）微量元素特征

据冉明佳等（2015）研究成果，麻花坪铍钨矿床下泥盆统变质细砂岩中 W、Be 元素含量为 350×10^{-6}、10×10^{-6}，石英绢云板岩中 W、Be 元素平均含量均为 80×10^{-6}；含碳酸盐的绢云千枚岩中 W、Be 元素含量为 225×10^{-6}、1311×10^{-6}；石英绢云微晶片岩中 W、Be 元素含量为 160×10^{-6}、270×10^{-6}。由此表明，矿质可能来源于围岩。矿石和围岩的微量元素平均值多数较为接近，但矿石中 Rb、Ta、Sr、Zr 等元素含量较围岩高出一个数量级，存在明显差异。钨矿石中相容元素 Ni 的含量较围岩高 1.5～4 倍，表明其不应该来自围岩。综上所述，矿床的成矿物质来源是比较复杂的，具明显的多源性特征。

（2）稀土元素特征

据冉明佳等（2015）研究成果，矿石中稀土总量高，重稀土含量高并具有明显的正铕异常；围岩稀土总量低，重稀土含量低并为负铕异常。表明矿石对围岩的依赖性不明显，反映了成矿物质以深源为主的特点。

（3）流体包裹体特征

云南省地质矿产局第三地质大队（1989b）通过对流体包裹体研究认为，麻花坪铍钨矿床成矿流体为岩浆水与大气降水的混合热液，成矿温度 300～170℃，成矿压力 500×10^4～700×10^4 Pa，成矿深度为 2～2.59 km。据熊风等（2015）研究成果，热液萤石中流体包裹体主要为富含 CO_2 的气液包裹体，包裹体均匀温度 180～250℃，盐度一般 3%～6%，为富 CO_2 的低盐度流体包裹体。钨铍矿石的矿物气-液包体温度测定结果显示，成矿流体温度为 350～151℃。其中，石英为 331～210℃、黑钨矿为 350～234℃、白钨矿为 236～187℃、绿柱石为 310～210℃。

（4）同位素地球化学特征

通过对麻花坪铍钨矿床白钨矿、黑钨矿、绿柱石、萤石、石英、白云母、方解石 $\delta^{18}O$ 值的测定，显示出成矿热液 $\delta^{18}O_{H_2O}$（‰）值具有广泛的范围，介于-27.97～+6.42 之间。其中，主要成矿阶段（第Ⅰ阶段、第Ⅱ阶段、第Ⅲ阶段）$\delta^{18}O_{H_2O}$（‰）值较稳定，集中于+1.25～+6.42 范围内，第Ⅳ阶段 $\delta^{18}O_{H_2O}$（‰）值为-27.97；石英、萤石流体包裹体中水的 δD（‰）值为-50.6～-86.1（云南省地质矿产局第三地质大队，1989b）。由此表明，麻花坪铍钨矿床成矿热液很大可能是与 S 型花岗岩有关的再平衡岩浆水与大气降水的混合水，成矿晚期逐渐演化为大气降水。

据云南省地质矿产局第三地质大队（1989b）研究成果，黄铁矿、方铅矿 $\delta^{34}S$（‰）值为 5.4～13.2，显示较富 $\delta^{34}S$ 值特征，表明硫源很可能来自地层和岩浆热液；据冉明佳等（2015）研究成果，矿石 $^{206}Pb/^{204}Pb$ 值为 18.62～18.66、$^{207}Pb/^{204}Pb$ 值为 15.50～15.65、$^{208}Pb/^{204}Pb$ 值为 38.37～38.60，接近于正常铅；围岩 $^{206}Pb/^{204}Pb$ 值为 18.57～18.97、$^{207}Pb/^{204}Pb$ 值为 15.47～15.88、$^{208}Pb/^{204}Pb$ 值为 38.46～38.99，与矿石铅相近。在 $\Delta\beta-\Delta\gamma$ 图解中，矿石铅落入俯冲带铅（岩浆作用）和造山带铅区，表明其铅源较复杂，主要来源于深源（幔源）。

7. 矿床成因及成矿模式

（1）成矿时代

麻花坪铍钨矿床的白云母 Rb-Sr 同位素等时线模式年龄为 39.1～39.7 Ma（云南省地质矿产局第三地质队大队，1989b）；据冉明佳等（2015）研究成果，黑钨矿石英脉和绿柱石石英脉中石英的电子自旋共振（ESR）年龄分别为 13.7 Ma、21.5 Ma，矿石 Pb 同位素模式年龄为 19.7 Ma，均与虎跳峡背斜变形时代（钾长石 Ar-Ar 年龄为 17±3.5 Ma）基本一致。因此矿床成矿时代应为渐新世—中新世，成矿与喜马拉雅期构造-岩浆活动有关。

（2）矿床成因

麻花坪钨铍矿为中成中-高温热液矿床，成矿与隐伏花岗岩浆活动有关。喜马拉雅期深部壳源重熔花岗岩沿本地湾背斜侵位（隐伏岩体）→在岩体及接触带发生强烈自变质及热液蚀变，并产生接触热变质晕圈→蚀变后的再平衡岩浆水（含矿质的富挥发分高温气成热液），在压力差温度差的驱使力作用下，沿两侧的裂隙从深部向浅部减压带上升→经过较长距离迁移的气液沿途与围岩发生成分交换，逐步改变矿液的性质，并发生不同程度的演化→矿液到达本区的（远离岩体的接触变质晕圈边缘），其活动强度较深部已大大减弱，在两侧不同岩性的裂隙中形成相对成分较简单的矿石类型，分别构成不同的矿体→成矿晚期大气降水混入残余热液，叠加弱的矿化。

麻花坪铍钨矿床的成矿模式如图 8-4 所示。

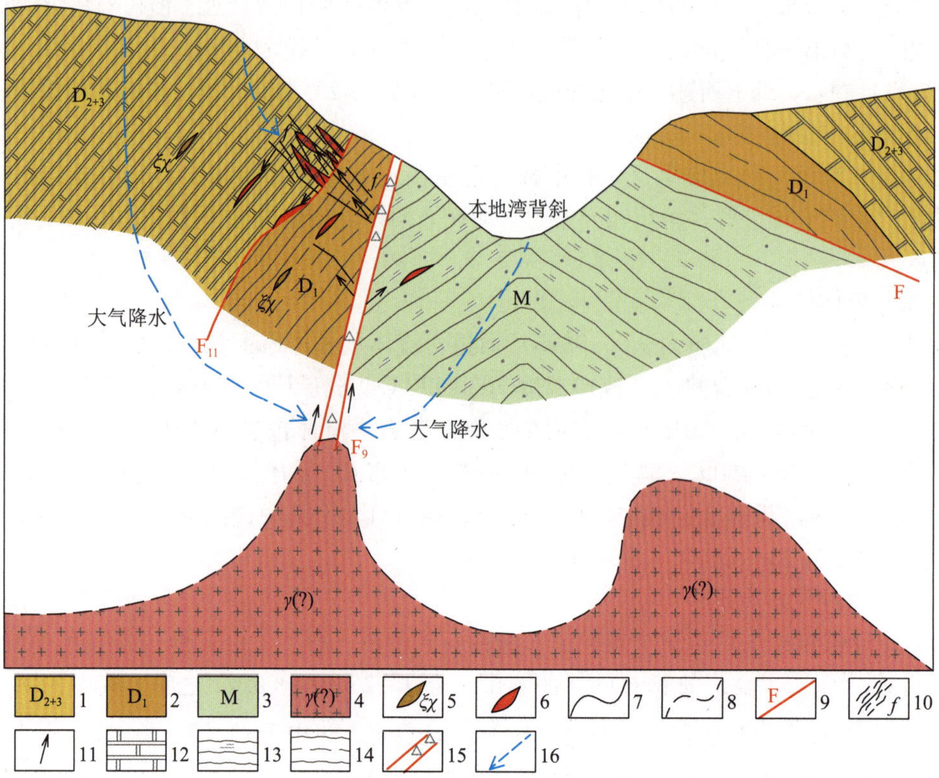

图 8-4　香格里拉市麻花坪铍钨矿床成矿模式图

（据云南省国土资源厅，2013）

1—中上泥盆统；2—下泥盆统；3—时代不明变质岩；4—推测酸性岩体；5—云煌岩脉；6—铍钨矿体；7—地质界线；8—推测地质界线；9—断层；10—裂隙、劈理带；11—热液运移方向；12—大理岩；13—千枚岩；14—片岩；15—断层破碎带；16—大气降水

8. 找矿标志

地层（岩性）标志：主要工业矿体产于中上泥盆统大理岩中，是最有利的赋矿地层（岩性）。此外，在下泥盆统变质碎屑岩、二叠纪玄武岩中均有含钨铍矿脉出现。

构造标志：麻花坪钨铍矿床产于本地湾背斜西翼，层间滑动面、东西向横张裂隙是主要储矿构造。背斜东翼有利岩性和构造是未来找矿的重要区域。

蚀变矿化标志：矿区蚀变矿物主要有白云母、萤石、石英、绿柱石、蓝柱石、黄铁矿、方解石，矿化主要有白钨矿、黑钨矿、方铅矿、闪锌矿、黄铁矿等。地表出露的石英线脉、白云母-萤石线脉，局部可见钨铍矿化，是寻找隐伏矿体的直接找矿标志。

化探异常标志：W、Sn、Bi、Mo、Be 等元素综合异常；白钨矿、黑钨矿重砂异常。

物探异常标志：重力负异常及其推断的隐伏花岗岩体。

（二）个旧锡多金属矿田老厂矿床细脉带型锡多金属矿体共伴生稀有元素❶

细脉带型矿体是老厂锡多金属矿重要的工业类型之一，其查明锡储量占老厂矿床的 30%左右，

---

❶ 主要资料来源：冶金工业部西南冶金地质勘探公司，1981，个旧锡矿地质。

达大型以上规模，平均含锡 0.42%，并伴生有 Be、W、Cu、Li、Rb、Cs 等稀有元素。截至 2017 年底，老厂锡多金属矿床在《云南省 2017 年矿区及所属矿山矿产资源储量简表》中的上表资源储量为：累计查明共（伴）生铍（BeO）资源量 622 t，为小型矿床规模。此类矿床在牛屎坡、卡房等地也有分布。

细脉带型锡多金属矿主要分布于老厂锡多金属矿床中部，以大斗山地段最具代表性，也称为“大斗山式矿床”。细脉带型矿化面积约 1.2 km^2，赋存于北东向的坳头山断裂、黄泥洞断裂和东西向的梅雨冲断裂、龙树坡断裂等所夹持的菱形地块中，区域构造上处于滇南“山”字形构造前弧东翼的五子山复式背斜中段。断裂、褶皱较为发育，断裂主要有北东向坳头山断裂、黄泥洞断裂和东西向的梅雨冲断裂、龙树坡断裂、湾子街断裂及一系列大致呈北东向展布的裂隙带。褶皱主要有北东向的黄泥洞复式背斜和东西向的湾子街背斜、银洞老银厂向斜。赋矿岩层主要为中三叠统个旧组中下部的卡房段（T_2g^1）的灰岩、泥质灰岩、白云岩和大理岩。在深部有中粒等粒黑云母花岗岩岩株（同位素年龄为 90 Ma），其次还发育有长英质岩脉、细晶岩脉和煌斑岩脉等脉岩（同位素年龄为 50～70 Ma）。岩体后期自蚀变的浅色花岗岩和长石岩中 Be 含量高，分别为 0.001%、0.0053%，含绿柱石伟晶岩脉呈带状产出，分异不好，绿柱石产于长石块体带中。细脉是构成细脉带矿体的基本单元，所处构造部位、围岩性质的不同，以及与花岗岩体距离的远近，细脉的幅度、频率、形态类型、矿物组合伴生有益组分，甚至矿脉与矿带的组合形式均有差异。含矿细脉由大量电气石-石英脉、电气石-长石-矽卡岩脉、电气石-矽卡岩-氧化矿脉、电气石-含锂云母脉等群集而成，为气成-高温热液成因的石英电气石脉及锡石-硫化物叠加矿化形成。

脉体形态、脉体类型及矿化富集程度则受花岗岩、断裂裂隙及地层岩性等多种因素控制，含矿细脉赋存在花岗岩突起之间，矿化大多从深 300 余米的花岗岩接触带一直延伸到地表，连续性较差的矿化仅分布在花岗岩接触带向上百余米的范围内。矿体规模不等，单脉的规模不等，长仅数十厘米至 200 余米，脉幅数毫米至数十厘米，大者 1～2 m，充填在大理岩或白云岩裂隙之中。脉体形态各异，按照形态可以分为平直脉、菱形脉、透镜状脉、“X”形脉、格子状脉、“S”与反“S”形脉、层间平板状脉、齿状脉、褶曲状脉和梳状脉等；按脉体的产状、形态可分为陡倾斜细脉带型矿体和缓倾斜似层状型矿体两类（图 8-5）。细脉带矿床是各类含矿脉体的复杂组合，各类脉体相互穿插或叠加，其分布受裂隙带控制，常具有对称或不对称的带状构造，反映出矿床具有多期多阶段的成矿特点。矿体明显依附于东西向张扭性断裂及北东向压扭性断裂及其派生的层间（或层内）裂隙构造控制，东西向断裂既是导矿构造，也是含矿构造。上述两类脉体属于不同矿化期的产物，前者形成较早，受压扭性裂隙带控制；后者形成较晚，受由褶皱引起的层间滑动及其层内剪切裂隙带控制。

密集的细脉形成两条北东向展布的矿带，北部 18 号矿带规模较大，长度约 1900 m，宽度约

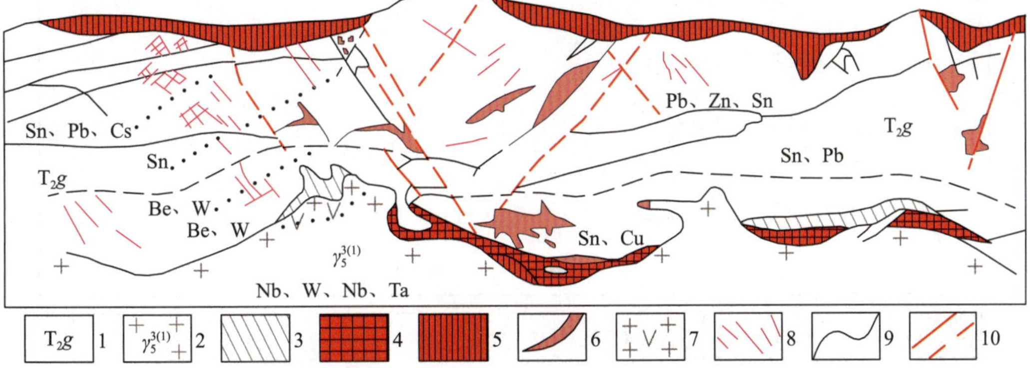

图 8-5 个旧老厂锡多金属矿床各类型矿化分布示意图

（据冶金工业部西南冶金地质勘探公司，1981，有修改）

1—中三叠统个旧组；2—燕山中晚期花岗岩；3—矽卡岩；4—接触带硫化矿；5—砂矿；6—氧化矿；7—云英岩化；8—电气石细脉型；9—地质界线；10—实测、推测断层

400 m，形态较完整，矿化连续性较好，自地表延至接触带，上下延深达 300 m；南部 17 号矿带长度约 1200 m，宽度约 100 m，矿化连续性较差，一般规模较小。东部、南部 13 个矿体综合大样的多元素分析成果显示，成矿元素以 Sn、Be 为主，伴生有 W、B、Li、Rb、Cs、Nb、Ta 及 TR 等（表 8-7）。

表 8-7　个旧老厂矿床细脉带型锡多金属矿体多元素分析结果（%）

含量	元素							
	Sn	W	Be	Li	Rb	Cs	Ga	Ge
最高值	3.220	0.438	0.950	0.055	0.133	0.024	0.031	0.0094
最低值	0.457	0.066	0.075	0.010	0.062	0.005	0.001	0.0008
平均值	1.338	0.133	0.569	0.032	0.067	0.0136	0.013	0.0030

硫化物为后期热液叠加，使矿脉中锡更加富集。细脉带矿床多分布在黑云母花岗岩的顶部或岩浆流动前缘的上部，在细脉带矿床扎根部位的黑云母花岗岩内蚀变带中，常有石英岩出现，此类云英岩含有锡、铍、钨，常构成小型工业矿床，并伴有铌、钽矿化，它们是细脉带矿的最下部。

细脉类型和有益元素组合具有一定的水平和垂直分带规律。垂向上由下而上为：以花岗岩突起为中心的花岗岩蚀变带（云英岩化）→黑电气石-绿柱石-长石脉带（Be、W 矿化带）→蓝电气石-矽卡岩-氧化矿脉带（Sn、W、Be 矿化带）→蓝电气石-含锂云母脉带（Sn、W、Be、Li、Rb、Cs 多金属矿化带），见图 8-6、表 8-8。Sn 的分布有上、下贫，中间富的规律；W、Be 矿化主要富集在下部但向上延续较远。Li、Rb、Cs 矿化富集在上部。水平方向上，以东西向湾子街背斜轴部及北东向花

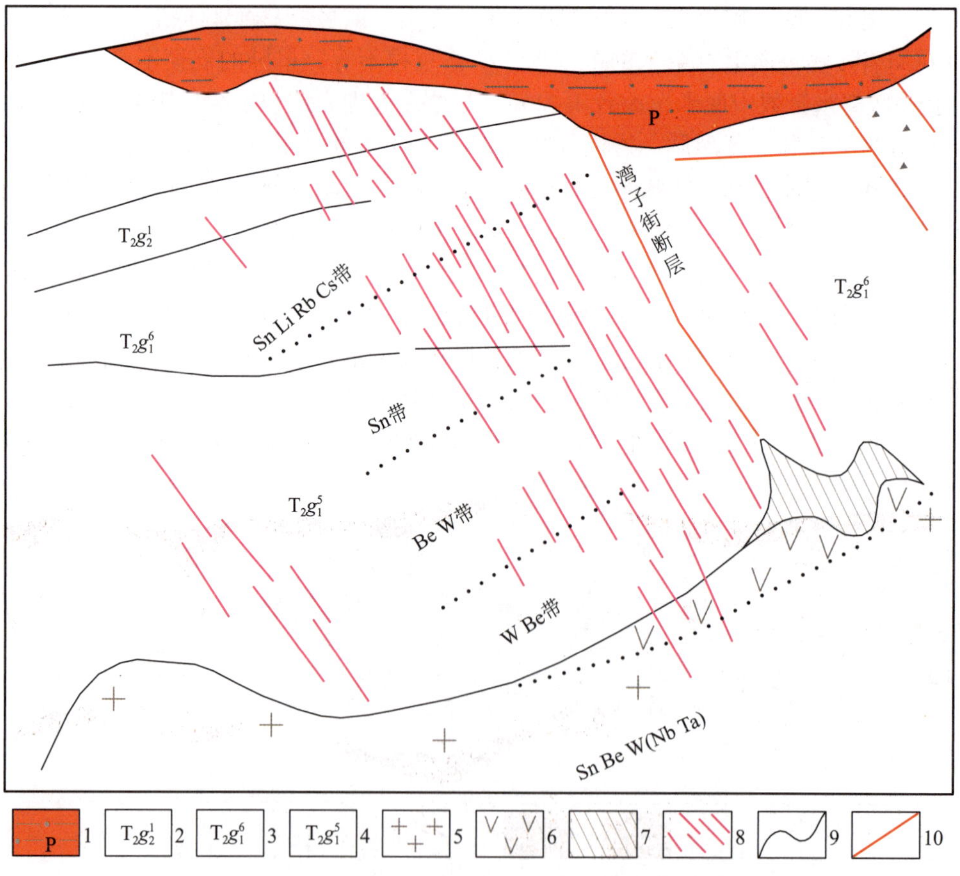

图 8-6　个旧老厂锡多金属矿床各类矿化垂直分带示意图

（据冶金工业部西南冶金地质勘探公司，1981）

1—砂矿；2—中三叠统个旧组白云岩；3—中三叠统个旧组石灰岩、白云岩灰岩互层；4—中三叠统个旧组石灰岩；5—黑云母花岗岩；6—石英岩化；7—矽卡岩；8—细脉带矿体；9—地质界线；10—断层

岗岩突起为界，南部与北部矿化有明显差异。北部富 Be、贫 Sn、含 W，以氧化物期矿化为主；南部富 Sn，含 Cu、Pb、Zn，以高温热液硫化物期矿化为主。

细脉带最下部（标高 2150 m）以具铍、钨矿化的黑电气石-石英脉为主，伴有云英岩化和矽卡岩化，Sn、W、Be 矿化较弱；其上为锡矿化较强的黑电气石-绿柱石-萤石-长石脉带，标高 2150~2210 m，以黑电气石、正长石为主，主要为 Be 矿化，Sn、W 矿化渐强，绿柱石主要呈细脉状穿插在接触带的大理岩中。以上两带属于细脉带型矿床下部锡矿化部分。

表 8-8　个旧老厂锡多金属矿床细脉带型矿体脉体类型及特征

矿脉类型	产出部位	矿化情况
黑电气石-石英脉	细脉带根部及花岗岩突起的下部	Sn、W、Be 矿化，矿化较弱
黑电气石-长石-矽卡岩脉	细脉带下部近花岗岩接触带的大理岩中	Sn、W、Be 矿化
黑电气石-萤石-绿柱石脉	细脉带下部	以 Be 矿化为主
白云母-长石-石英脉	细脉带下部	矿化较弱
蓝电气石-矽卡岩-硫化物脉	细脉带中下部	Sn 矿化最强，伴生 W、Be、Cu
蓝电气石-含锂云母脉	细脉带上部	Sn、W、Be 矿化，矿化较弱

细脉带的中部（标高 2200~2350 m）为矽卡岩-氧化矿脉带（Sn、W、Be 矿化带），矿物组成以蓝电气石、锡石为主，次要矿物有白钨矿、黑钨矿、绿柱石、含锂云母等。脉侧为交代形成的石榴子石、透辉石等钙硅酸盐矿物以及硫化矿氧化形成的赤铁矿、褐铁矿。此带为细脉带型矿床的主体，以 Sn 矿化为主，伴有 W、Be 矿化，平均含 Sn 较高，富矿段可达 1%~1.9%。

细脉带的顶部（标高 2350 m 至地表大斗山一带），以蓝电气石-含锂云母脉为主，共生矿物组合除蓝电气石、含锂云母外，还有黄玉、锡石、白钨矿、绿柱石及少量硫化物。除 Sn、W、Be 外，还有 Li、Rb、Cs 矿化，其含量分别为：Li_2O 0.58%~0.87%、Rb_2O 0.7%~1.05%、Cs_2O 0.065%~0.17%。

细脉带各矿体 BeO 平均含量为 1.717%，单矿体（18-2-1）最高 BeO 平均含量为 5.77%。根据氧化程度的不同，矿石类型可以分为 3 类：①原生矿石：分布于矿床的局部地带，矿物未被氧化而保持原样，常见矿物为磁黄铁矿、黄铁矿、黄铜矿、电气石、石榴子石、透辉石、长石、石英等；②氧化矿石：分布广泛，占矿床总量的 90% 以上，大都为原生矿石氧化而成，常见矿物为赤铁矿、褐铁矿、电气石、高岭土、白云母、绿柱石、绢云母、萤石、锂云母等；③残积氧化矿石：出露于矿床上部的陡倾斜细脉带矿体中，是由近地表部分的平直脉风化、淋滤而成。以含大量的锰质土、粘土和高岭土矿物为特征。

绿柱石是铍的主要矿物，还有少量含铍符山石和微量似晶石。绿柱石主要产于绿柱石-长石脉及石英电气石脉中，前者呈水绿色或白色的六方柱状、聚束状产出，长 6~25 mm，粒径 0.7~4 mm，为细长柱状；后者为黄色、浅棕色、白色短柱状，长 6~16 mm，粒径 2~8 mm，往往于近脉壁处垂直脉壁生长。含铍符山石及似晶石分别产于矽卡岩脉及含锂云母脉中。

矿石常见的结构有粒状结构、填隙结构、包含结构、交代熔蚀结构。常见的构造有块状构造、浸染状构造、条带状构造、脉状构造、多孔状构造、放射状构造和土状构造。

细脉带矿床具有多期次多阶段成矿特点，可划分为硅酸盐阶段（早期矽卡岩亚阶段、晚期矽卡岩亚阶段）、气成高温热液氧化物阶段（长石-绿柱石亚阶段、白云母-萤石亚阶段、电气石-石英亚阶段）、高-中温热液硫化物阶段（早期硫化物亚阶段、晚期硫化物亚阶段）三个成矿阶段和七个亚阶段（表 8-9）。高-中温热液硫化物期是锡的主要成矿期，气成热液的氧化物期有锡的局部富集，多期次矿化叠加可以形成局部富矿。各类矿脉生成顺序由早至晚大致为：矽卡岩脉（钙铝榴石 430~450℃）→长石-绿柱石脉（绿柱石 370℃）→白云母-萤石脉（萤石 330~350℃）→电气石-石英脉（电气石 350~380℃，石英 280℃）→硫化物脉（辉钼矿 290~300℃，磁黄铁矿 220~270℃）。

表 8-9　个旧老厂锡多金属矿床细脉带矿体成矿阶段划分表

成矿阶段	成矿亚阶段	主要矿脉类型	主要矿物	矿化类型	矿物包裹体温度/℃	
					测定矿物及均一温度	测定矿物及爆裂温度
硅酸盐阶段	早期矽卡岩亚阶段	透辉石矽卡岩脉、符山石石榴子石矽卡岩脉、方柱石矽卡岩脉	透辉石、符山石、方柱石、钙铝榴石、斜长石	Sn、Be 呈类质同象赋存于硅酸盐矿物中	长石：351~353	钙铝榴石：430~450
	晚期矽卡岩亚阶段	斜长石脉、绿泥石矽卡岩脉	透闪石、阳起石、绿帘石、绿泥石、黑云母、锡石、白钨矿、辉钼矿、石英、多金属硫化物	后期交代叠加的 Sn、W、Bi、Mo	长石：315~325 石英：326~334	锡石：350~380
气成高温氧化物阶段	长石绿柱石亚阶段	长石脉、长石绿柱石脉	正长石、石英、绿柱石、白云母、萤石、锡石、黑钨矿	Be、W、Sn	长石：315~325 石英：326~334	锡石：350~380
	白云母萤石亚阶段	白云母萤石脉、白云母绿柱石脉	白云母、萤石、锡石、绿柱石、白钨矿	Be、Sn、W	绿柱石：321~379 长石：273~322	绿柱石：370
	电气石石英亚阶段	石英绿柱石脉、电气石绿柱石脉、电气石脉、石英脉	电气石、石英、绿柱石、锡石、似晶石、白钨矿、黑钨矿、绿泥石	Sn、Be、W	萤石：271~331 石英：291~305	锡石：430~480 萤石：330~350
高-中温热液硫化物阶段	早期硫化物亚阶段	毒砂磁黄铁矿脉	锡石、白钨矿、辉钼矿、磁黄铁矿、毒砂、黄铁矿	Sn、W、Bi、Mo、Cu	电气石：271~301 石英：235~276	锡石：350~390 蓝电气石：380 黑电气石：350 石英：280
	晚期硫化物亚阶段	多金属硫化物脉	铁闪锌矿、白铅矿、赤铁矿	Sn、Pb、Zn	萤石：204~214 石英：302~304	锡石：320~390 辉钼矿：290~300 磁黄铁矿：220~270

老厂细脉带铍矿属岩浆期后热液矿床，成矿类型包括云英岩型、岩浆热液脉型、伟晶岩型 3 种亚类型。老厂细脉带锡矿白云母 $^{40}Ar-^{39}Ar$ 同位素坪年龄为 82. 7±0. 7 Ma（杨宗喜等，2009）。因此，铍矿成矿时代与锡矿成矿时代基本一致，为晚白垩世（燕山晚期）。

二、伟晶岩型铍矿

该类型铍矿产地数量多、分布广，但规模普遍较小，主要分布于滇西腾冲-梁河、芒市-龙陵、泸水-云龙，滇东南个旧、马关等燕山期花岗岩带以及高黎贡山、崇山、哀牢山等变质岩带上，以龙陵黄连沟、麻栗坡瓦渣、腾冲宝华山、贡山普拉底最具代表性。

（一）龙陵县黄连沟铍稀有多金属矿床❶

黄连沟铍稀有多金属矿床行政区划隶属于龙陵县龙新乡龙新村，位于龙陵县城 120°方向，平距约 12 km 处；其地理坐标为：东经 98°46′11″~98°50′30″，北纬 24°31′54″~24°35′26″，面积约 50 km^2。

1958~1963 年，德宏州一〇四地质队、云南省地质局第二十地质队先后在该区开展铍矿勘查工作。云南省地质局第二十地质队于 1964 年 1 月提交了《云南省龙陵县黄连沟矿区含铍花岗伟晶岩矿床普查勘探工作报告》，估算氧化铍 C_1+C_2 级表内储量 5149. 12 t，表外储量 2499. 6 t；伴生远景储量：五氧化二铌 773. 58 t，五氧化二钽 185. 16 t。

❶ 主要资料来源：云南省地质局第二十地质队，1964a，云南省龙陵县黄连沟矿区含铍花岗伟晶岩矿床普查勘探工作报告。

截至2017年底，黄连沟铍稀有多金属矿在《云南省2017年矿区及所属矿山矿产资源储量简表》中的上表资源储量为：累计查明铍矿（氧化铍）资源储量7649 t，BeO含量0.05%，达到中型铍（氧化铍）矿床规模，目前尚未开发利用。

1. 矿区地质概况

黄连沟矿区位于芒市褶皱束北东段的风吹坡复式背斜南东翼，燕山晚期的勐冒和黄连沟花岗岩体之间。其大地构造分区属冈底斯-喜马拉雅造山系（Ⅸ）、保山地块（Ⅸ-4）之潞西被动陆缘（Ⅸ-4-4）；成矿区带属特提斯成矿域（Ⅰ1）、“三江”（造山带）成矿省（Ⅱ2）、保山（陆块）Pb-Zn-Ag-Fe-Au-Cu-Sn-Hg-Sb-As成矿带（Ⅲ2）之芒市（潞西）（断块）Cu-Pb-Zn-Fe-Au-Sn-W矿带（Ⅳ5）。

区内出露地层为震旦系—寒武系公养河群，岩性主要为云母片岩和条带状硅质角岩（图8-7），其次为不同变质程度的板岩、角岩、千枚岩、石英片岩、石英岩、大理岩等。在花岗岩与片岩、大理岩之接触带附近，见有片麻状混合岩、矽卡岩零星分布。

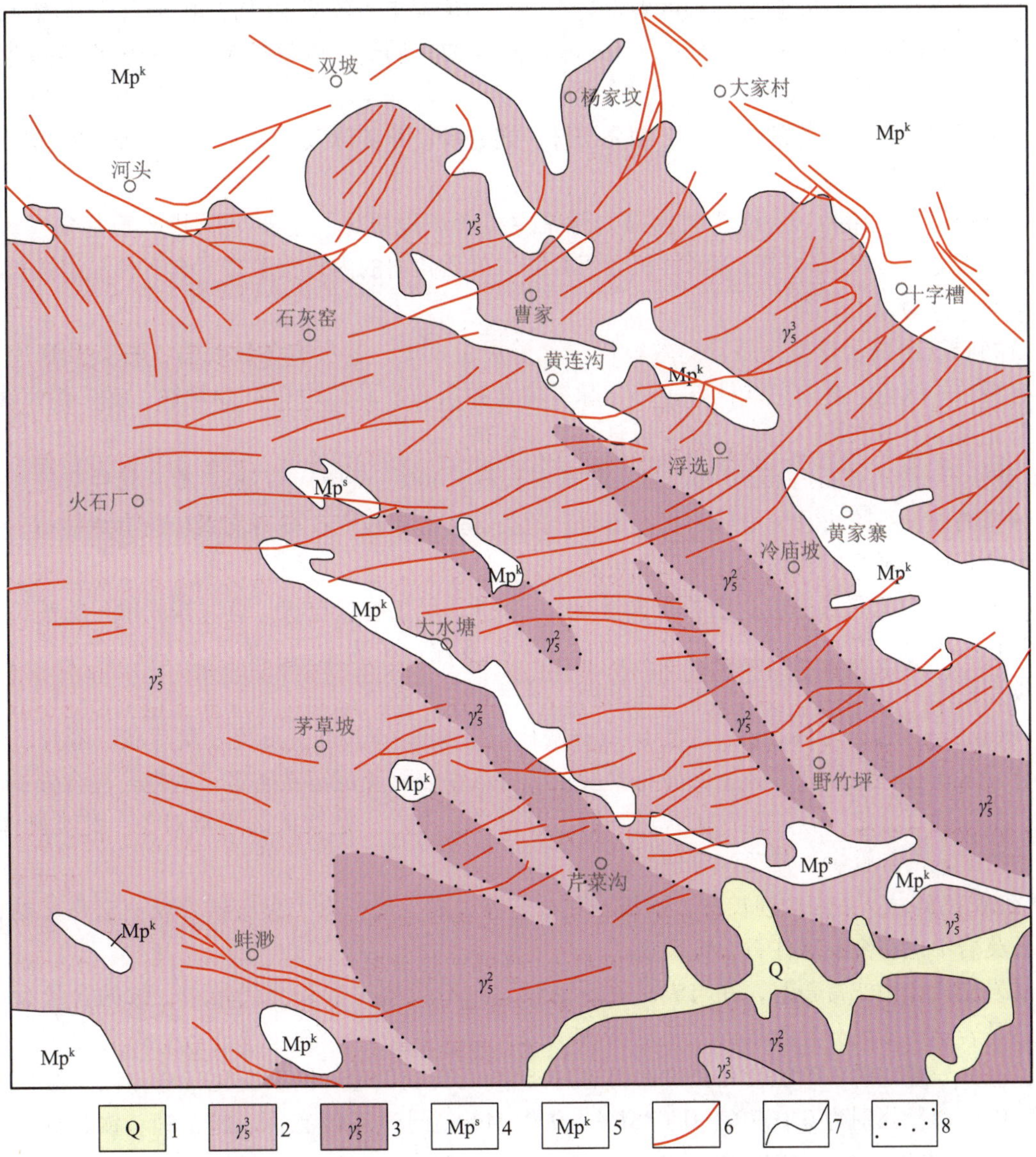

图8-7 龙陵县黄连沟铍稀有多金属矿区含铍伟晶岩分布图

（据云南省地质局第二十地质队，1964a，有修改）

1—第四系；2—黑云母斑状花岗岩；3—角闪石黑云母斑状花岗岩；4—片岩、泥质板岩；5—硅质角岩；6—伟晶岩脉；7—地质界线；8—岩相界线

矿区构造以黄草坝断裂的次级断裂为主，有北西向和北东向两组，断裂宽数十厘米至数十米不等，沿北西向和北东向两组断裂有石英脉、伟晶岩脉、长英岩脉及基性岩脉贯入。矿区以裂隙构造的广泛发育为特征，同时有零星的、规模不等的小断裂。裂隙构造是气成热液运移的良好通道以及脉岩储藏的良好空间，沿裂隙交代作用较为发育，伴随交代作用有铌、钽、铍等稀有元素的沉淀和富集。控制矿化伟晶岩脉及脉群的构造，主要是内接触带花岗岩体中呈密集排列，部分互相交叉，大小不等到的裂隙。在裂隙局部弯曲外或多组裂隙的交叉部位，伟晶岩脉较为发育。外接触带片岩中，由于裂隙不发育而很少有伟晶岩脉，只有当片岩中裂隙与花岗岩体顶部裂隙相通时，才有伟晶岩的充填。规模大或略有弯曲的顺层裂隙，是矿区最为有利的成矿构造，横穿片理的伟晶岩则极少见。

区内的岩浆活动强烈，燕山晚期—喜马拉雅期的花岗岩在区内分布较广，称为龙泉（黄连沟）岩体。斑状花岗岩是其主体部分，细分为三个岩相带：黑云母斑状花岗岩带、角闪石黑云母斑状花岗岩带和闪斑岩带。黑云母斑状花岗岩为主体部分，角闪石黑云母斑状花岗岩分布不广，多成一些长条状透镜体产于黑云母斑状花岗岩中，闪长斑岩出露极少，呈透镜体分布于前两种岩石中。龙泉（黄连沟）岩体属 SiO_2 过饱和-强过饱和的碱性岩石，其同位素年龄数据主要有 90 Ma（云南省地质局第二十地质队，1964a）和 60.9±1.4 Ma（Chen et al.，2007）两组，成岩时代应为燕山晚期—喜马拉雅早期。

区内大量发育规模不等的伟晶岩、细晶岩脉，还有少量石英脉及长英岩脉。此外，在矿区东部尚有零星闪长岩及辉绿岩分布。

区内规模不等的伟晶岩、细花岗伟晶岩脉是主要含矿地质体，主要呈脉状产于龙泉（黄连沟）岩体中，其次分布于花岗岩与公养河群黑云母片岩、硅质角岩的内外接触带。含矿伟晶岩按长石及云母含量不同可分为以下 5 类：

1）微斜长石-白云母型伟晶岩：微斜长石含量常在 80%，其次有条纹长石、石英及聚片状白云母，见有粗粒的绿色、乳白色绿柱石，部分脉体中含独居石。脉体中含有少量铍、铌、钽、锂、铷、铯等稀有元素，但分布极不均匀，仅少数具有工业价值。

2）钠长石-微斜长石-白云母伟晶岩：除微斜长石（40%~60%）、石英、聚片状白云母外，尚有不均匀分布的钠长石团块及少量鳞片状白云母。此类脉体分布较广，稀有元素矿物有绿柱石、铌钽铁矿等，但分布比较不均匀，部分具有工业价值。

3）钠长石-白云母伟晶岩：钠长石含量 60%~80%，呈细晶糖粒状，有时构成单一的钠长石集合体，微斜长石极少。稀有元素矿物以各色细粒绿柱石及铌钽矿为主，另有少量钙锂云母、铜锂云母等。此类型伟晶岩分布最广，稀有元素含量高，是主要含矿脉体。

4）钠长石-铁锂云母伟晶岩：主要矿物有钠长石（60%~80%），石英及聚片状、鳞片状铁锂云母。稀有元素矿物仍以绿柱石为主，另有少量独居石、锂云母及铌钽铁矿等。铁锂云母含锂一般为千分之几，最高为百分之一，铌钽铁矿含量一般为万分之一左右，是找矿的远景对象。此类脉体不多，主要集中于矿区南部蚌渺、芹菜沟等地。

5）细粒长英岩：由细粒钾长石、钠长石和石英等组成，局部有少量细鳞片状白云母。钠长石化强烈的长英岩中也有细粒绿柱石、铌钽铁矿。

伟晶岩交代作用非常普遍，并与成矿关系密切，在不同结构带和交代带中，铍的含量有较大差异。在伟晶岩早期结晶分异阶段的长英岩带和文象、准文象带中，铍（绿柱石）矿化很差，均无工业意义；在分异晚期的不等粒带和交代作用的白云母-石英交代带、钠长石化带中，铍（绿柱石）矿化较强，BeO 含量分别为 0.037%、0.0481%、0.0494%；同时还伴有铌、钽、锂、铷、铯、镓等稀有、分散元素矿化，含量分别为：Nb_2O_5 0.01%、0.021%、0.012%，Ta_2O_5 0.0031%、0.0033%、0.004%，Li_2O 0.0195%、0.0508%、0.0293%，Rb_2O 0.107%、0.089%、0.0676%，Cs_2O 0.0035%、0.00353%、0.002%，Ga 0.0047%、0.0061%、0.0051%，形成具有工业意义的稀有分散元素伟晶岩矿脉。

2. 矿体地质特征

黄连沟矿床共有伟晶岩脉2390余条，几乎均有不同程度的矿化，伟晶岩脉体即是矿（化）体。受围岩性质及构造特征的差异影响，各脉体产出状态不尽完全相同，相应的矿体形态、产状和规模等特征也有变化。大致可概括为如下五种情况。

1）单一的长条状、板状及密集排列的复合脉（矿）体群：多见于花岗岩裂隙及围岩片理发育的地段。形态较为简单，在矿区分布最广。长数十米至近1000 m不等，一般100~500 m；厚度1~20 m，一般2~6 m。

2）凸镜状、扁长串珠状脉（矿）体：多见于接触带板岩、硅质角岩的层间裂隙中。一般长度200~300 m；常有膨缩现象，膨大处可厚达20余米，薄者仅数十厘米。

3）不规则瘤状、囊状脉（矿）体：多见于花岗岩与片岩接触部位，其形态、产状较为复杂。大岩瘤脉（矿）体长径可达400余米，小脉（矿）体长宽仅为10余米至数十米。

4）"×"交叉形及菱网状复合脉（矿）体群：见于花岗岩中剪切裂隙发育的地段。在裂隙交叉部位，脉（矿）体有膨大现象。一般长度100~400 m；厚度1~5 m不等；最长者可达1200 m，厚度4~20 m，为本区最大脉（矿）体的发育地段。

5）钜状弯曲脉（矿）体：多出现于岩体接触带部位。形态复杂，产状变化大，同一脉（矿）体切穿不同围岩，常在弯曲部位处膨大，长度一般数十米至200 m左右，厚度数米至20余米。

脉（矿）体形态复杂，产状亦有差别，总体情况是：变质岩内的脉（矿）体，走向以北西向为主，在东部六家村一带多为南西倾向，西部河头一带多向北东倾斜。花岗岩体的脉体在矿区北部十字槽、野猪坪等地走向为北东东（60°~80°），大部分脉体倾向南东，极少数反倾；中部火石厂、大水塘、芹菜沟一带变为近东西走向，大多倾向南；南部蚌渺等地脉体走向转为北西，倾向南西，局部扭曲为北东走向。

黄连沟矿段和野猪坪矿段含矿伟晶岩体主要走向为北东东（50°~70°），倾向在南西110°~60°之间，倾角在60°~80°之间；黄家寨矿段含矿伟晶岩体走向主要为北北东（20°~30°），倾向南东东，倾角60°~80°之间。

从各类型伟晶岩含矿性来看，交代作用最为强烈的钠长石-白云母伟晶岩分布最广，富含铍、铌、钽、锂、铷、铯等稀有元素，其平均含量分别为BeO 0.054%、Nb_2O_5 0.018%、Ta_2O_5 0.0044%、Li_2O 0.028%、Rb_2O 0.068%、Cs_2O 0.004%，大部分脉体具工业价值，是主要找矿对象；钠长石-微斜长石-白云母伟晶岩分布较广，其稀有元素分布较不均匀，平均含量分别为BeO 0.029%、Nb_2O_5 0.018%、Ta_2O_5 0.0025%、Li_2O 0.024%、Rb_2O 0.063%、Cs_2O 0.0025%，部分脉体具有工业价值，也是重要的找矿对象；微斜长石-白云母型伟晶岩中含有少量稀有元素，且分布极不均匀，其平均含量分别为BeO 0.007%、Nb_2O_5 0.018%、Ta_2O_5 0.0014%、Li_2O 0.019%、Rb_2O 0.049%、Cs_2O 0.0018%，仅极少部分具有工业价值。

依据主要矿物共生组合、副矿物成分及矿化富集特征等，矿区内的花岗伟晶岩脉群在空间上显示有一定的水平分带现象，可分为如下3个伟晶岩带。

Ⅰ带：位于黄连沟一带。花岗伟晶岩脉体所处的地理位置海拔标高相对偏高，脉体规模（厚度、长度）较大，矿化差，仅见少量铌铁矿和大颗粒绿柱石。

Ⅱ带：位于野竹坪一带。花岗伟晶岩脉体所处位置海拔标高相对居中，脉体规模小于前者大于后者，矿化中等，Be、Ta、Nb矿化不强，多为贫矿体。

Ⅲ带：位于黄家寨一带。花岗伟晶岩脉所处的地理位置海拔标高相对偏低，脉体规模由大变小，矿化很富，为Be、Ta、Nb的富矿带。

上述这三个带，花岗伟晶岩脉体所处的地理位置海拔由高到低，脉体规模由大变小，微斜长石及白云母含量又多变少；钠长石、富铪锆石、锡石及钽铌矿物含量由少变多；钽铌矿物种类由富铌矿物向富钽矿物过渡。显示出稀有元素矿化由北西→南东方向，有由贫变富并在东南部形成工业富集的趋势。

从矿化深度来看，伟晶岩一般均有上部交代作用强，向下逐渐减弱的趋势；铍等稀有元素矿化也是伟晶岩上部较强，向下逐渐减弱的变化规律。在产状较陡的伟晶岩脉中，交代作用多局部聚集于岩脉顶部，向深部延伸不远，且分布不均匀；稀有元素矿化也多局部集中于岩脉顶部，向深部迅速贫化，且分布不均匀。在产状较缓的伟晶岩脉中，交代作用则能延伸到较大深度，且分布比较均匀；稀有元素矿化范围较大，向深部缓慢贫化，且分布比较均匀。

矿区东北部十字槽一带的563#、564#含矿伟晶岩脉组，属钠长石-微斜长石-白云母文象结构的伟晶岩，倾角75°~80°，地表局部交代作用强烈，BeO平均含量分别为0.048%、0.046%；而在倾向斜深28 m处，BeO平均含量分别为0.036%、0.039%，其贫化率高达每百米0.036%。矿区东南部的1466#含矿伟晶岩脉组，属钠长石-白云母粒状结构的伟晶岩，倾角40°左右，交代作用延深范围大且均匀，沿倾向用工程按50m段高控制了7个中段（斜深350 m），由地表至深部，BeO含量分别为0.057%、0.034%、0.047%、0.027%、0.041%、0.034%、0.030%，其平均贫化率为每百米0.008%。这也显示出稀有元素矿化由北西→南东方向，有由贫变富并在东南部形成工业富集的趋势。

3. 矿石特征

在黄连沟矿床，伟晶岩脉的矿物成分主要有微斜长石20%~25%、石英20%~30%、钠长石35%~60%，次要矿物有锰铝榴子石（0.5%）和微量白云母。稀有元素矿物种类远较其他类型矿床丰富，主要有绿柱石、铌钽铁矿、锰铌铁矿、锰钽铁矿、锰钽矿、铌铁金红石、复稀金矿、黑稀金矿、细晶石、铌锡矿、锂辉石、锆石、富铝锆石、独居石、磷钇矿、铯榴石等。早期结晶分异及白云母-石英交代阶段的绿柱石颜色一般较深、结晶粒度较大（0.5~3 cm），多呈不规则巢状产于伟晶岩之粗粒结构带中，部分呈长柱状单晶生于微斜长石或石英小块体中。早期结晶分异阶段的绿柱石中BeO含量为12.90%~14.20%，Li_2O含量为0.005%~0.933%。钠长石化阶段的绿柱石颜色较浅，晶粒细小（一般3 mm以下，以1 mm左右者居多），呈浸染状分布，含量与钠长石化强烈程度有关。含此类绿柱石的伟晶岩是本区最具工业意义的脉（矿）体。云英岩化阶段的绿柱石大部分为细粒无色透明单晶或小晶簇，粒度1~4 mm，呈小矿巢或不规则网脉状分布。铌钽铁矿为黑色或红棕色，具金刚光泽，呈极小的柱状、板状、不规则粒状单晶，主要浸染于强烈钠长石化和铁钾云母化伟晶岩中，粒度0.1~0.5 mm；部分为白云母晶体中的小包裹体，分布不均匀，肉眼不易分辨。

伟晶岩分异不完全，脉体内多无明显的分带性而呈单一的结构，其结构类型有文象和准文象结构伟晶岩、不完整带状构造的粒状结构伟晶岩两种。其中，具有不完整带状构造的粒状结构伟晶岩为主要类型，由外向内大致可分为细粒长英岩带、细-中粒不等粒结构带、粗粒结构带、小块体结构带4个带，同一脉体中大多数只发育上述结构带中的2~3个带；文象和准文象结构伟晶岩脉体分布不广，未有交代的微斜长石-白云母伟晶岩大部分具此结构。

矿床内的花岗伟晶岩脉，全脉都有一定的矿化，脉体即是矿体，矿化一般较均匀、稳定。矿石中主要有用元素为铍（Be），伴生有铌（Nb）、钽（Ta）、锂（Li）、铷（Rb）、铯（Cs）、镓（Ga）、锆（Zr）、铪（Hf）等稀有、分散元素。在各类花岗伟晶岩中，BeO含量0.007%~0.055%、平均0.030%，Nb_2O_5含量0.012%~0.018%、平均0.015%，Ta_2O_5含量0.0018%~0.0043%、平均0.0031%，Li_2O含量0.02%~0.032%、平均0.024%，Rb_2O含量0.051%~0.088%、平均0.0643%，Cs_2O含量0.004%~0.006%、平均0.0041%，Ga含量0.0039%~0.0054%、平均0.0044%。采于蚌渺地区371号矿脉中部的2号样，光谱分析含量为：BeO 0.05%、Li_2O 0.035%、Nb_2O_5 0.015%、Ta_2O_5 0.008%；选矿后的绿柱石中，有益组分含量分别为：BeO 12.09%~13.45%、Li_2O 0.079%~0.138%、Nb_2O_5 0.005%~0.015%、Ta_2O_5 0.0001%~0.0029%、Rb_2O 0.005%~0.015%、Cs_2O 0.033%~0.038%、Ga 0.004%~0.005%。据单矿物化学分析资料，白云母和石榴子石中铌、钽含量高，Nb_2O_5含量分别为0.508%、0.503%，Ta_2O_5含量分别为0.0064%、0.0131%；锂（Li）主要分布于白云母中（Li_2O含量0.2215%），其次为绿柱石、石榴子石、微斜长石中。铷（Rb）主要分布于白云母中（Rb_2O含量0.4083%），其次为微斜长石中；铯（Cs）主要分布于石榴子石中（Cs_2O含量0.052%），其次为绿柱石、白云母中；镓（Ga）主要分布于石榴子石电气石中（Ga含量0.1125%），其次为白

云母中。

一般的成矿元素含量变化趋势由地表往深部，Ta_2O_5 略有降低，Nb_2O_5 略有升高，BeO 含量变化不明显。地表钠长石的含量和 Nb_2O_5 的含量有同步消长关系，与 Ta_2O_5 的含量关系不明显；而两期 Be 矿化的复合含量与钠长石含量之间的对应关系较为复杂、多样，既有钠长石量少，BeO 含量高或较低的情况；也有钠长石量中等，BeO 含量高或较低的情形；还有钠长石量高，BeO 含量低至中等的情况出现。其两者含量显示无规律可循。

矿区花岗伟晶岩中的锆石，依据含铪（Hf）、锆（Zr）等元素种类的不同及含量高低，可分为富铪锆石、含铪锆石和普通锆石 3 种。从地表和钻孔资料看，当富铪锆石含量高时，其他两种锆石含量相对减少，钽、铌矿化变富；反之，钽、铌矿化较贫。因此，利用不同亚种锆石的标型特征和含量，可以指导找矿评价工作。

4. 蚀变特征

黄连沟矿床的伟晶岩及围岩蚀变强烈，主要有硅化、钠长石化、电气石化、高岭土化等。其中以钠长石化、硅化和电气石化与铌钽铁矿化关系最为密切。

钠长石化：为伟晶岩晚期结晶分异的产物。主要表现为钠长石沿钾长石晶体自外向内进行交代，交代不完全者常留下钾长石残晶，交代完全者具钾长石假象，构成长石-石英交代集合体，穿插于早期钠长石颗粒之间，并交代了早期生成的白云母。此类蚀变分布较广，与成矿关系最密切，除早期 Be 矿化外，Be、Ta、Nb、Zr、Hf 等稀有元素矿化及晚期的 Sn、W 矿化，均与钠长石化有关。

硅化：表现为后期酸性热液沿裂隙渗入，形成石英细脉，并使早期石英重结晶，少数在矿体中呈不规则石英团块。这类蚀变主要分布在铌钽矿体和顶、底板岩中，与成矿关系较为密切。

电气石化：表现为在伟晶岩脉体及围岩中，有大量的电气石石英脉、不规则电气石石英团块分布。该类蚀变主要分布在矿体和顶底板岩石中，与成矿关系较为密切。

花岗伟晶岩中钠长石普遍发育。钠长石的种类有叶钠长石、薄片状钠长石和糖晶状钠长石 3 种，它们与细晶石、锰钽铌铁矿、绿柱石、富铪锆石、锡石、锰铝石榴子石、石英等密切共生，在显微镜下可见到上述矿物互相穿插和镶嵌现象。稀有元素矿化与钠长石有密切的成因联系，是本区良好的找矿标志。

5. 矿化阶段划分

根据绿柱石的产出特征，黄连沟矿床的成矿过程可分为 5 个主要阶段。

结晶分异早期阶段生成的绿柱石：生长于各种粒状结构带（主要为粗粒带）内的钾长石与石英接触部位，部分完全被包裹于长石晶体之中。一般为粒度较粗的单晶体，呈较好的六方短柱状，颜色为黄绿、酒黄，透明度不佳；单晶长 2~20 cm，粒径 1~10 cm。分布极不均匀，多呈巢状，并以微斜长石-白云母型伟晶岩中最多，钠长石-微斜长石-白云母伟晶岩中次之。

结晶分异晚期生成的绿柱石：呈粗大而长的单晶状，嵌生于石英核或小块体石英中，一般均被石英包围，呈较好的六方长柱状，颜色多为鲜艳的海蓝-翠绿色，透明度较好。此类绿柱石分布少，仅在少数分异较好的伟晶岩中局部产出。

早期白云母-石英交代阶段生成的绿柱石：多呈不同粒度（以中、粗粒为主）的六方锥柱状、扁柱状、短柱状晶体，有时呈塔状、束状集合体；颜色多为浅蓝绿色、天蓝色，透明度较好。粒度一般 0.5~2 cm 不等，大者达 4~5 cm，大部分呈单晶状不均匀分布于白云母石英交代集合体中，为本区重要的开采对象之一。

钠长石化和鳞片状白云母阶段—石英交代阶段生成的绿柱石：均呈细粒的单晶状产出，晶形不太完整，粒度细小，多为 0.2~5 mm；颜色多为极淡的浅蓝色、蓝绿色和乳白色，透明度较好。此类绿柱石大部分呈较均匀的浸染状分布于交代带中，数量众多，分布广泛，为主要开采对象。

云英岩化交代阶段生成的绿柱石：呈颜色极淡的浅蓝色、浅绿色，透明度最好；晶体细小，以不完整的六方锥柱状为主，粒度一般 1~5 mm。此类绿柱石多呈不均匀的散点状分布于云英岩化带中，在矿区分布较少。

6. 矿床成因

（1）成矿时代

黄连沟为典型的花岗伟晶岩型铍稀有多金属矿床。陶琰等（2015）研究认为，矿区花岗伟晶岩锆石 U-Pb 平均年龄为 59.9±2.7 Ma，龙泉（黄连沟）花岗岩体为其母岩体；王登红等（2014）对花岗伟晶岩中白云母进行$^{40}Ar-^{39}Ar$年龄测试，其坪年龄为 30.8±1.8 Ma，等时线年龄为 31.51±2.40 Ma。由此可看出，黄连沟铍稀有多金属矿床主成矿时代为新生代古近纪（古新世—渐新世）。

（2）矿床成因

燕山晚期—喜马拉雅早期，富含挥发分（F、H_2O、Cl、CO_2等）、稀碱金属（Li、Rb、Cs、Na、K）和成矿元素（Be、Nb、Ta、Sn 等）的原始花岗质岩浆上侵，在封闭良好的构造、物理-化学环境内，岩浆的中部先于顶部及上部结晶固化，首先形成矿区主体-龙泉（黄连沟）斑状花岗岩体；随着岩浆的进一步演化，发生不混溶和液态分异作用，从原始花岗质岩浆中分离出来的富含挥发分和成矿元素（Be、Nb、Ta）的低熔浆液，并充分结晶形成伟晶岩主体和初步稀有元素矿化；在伟晶岩成岩晚期，发生了强烈的气液交代作用，使已固化部分的伟晶岩产生蚀变（钠长石化、硅化、电气石化），从而形成具 Be、Nb、Ta 等稀有元素矿化的伟晶岩型矿床。

7. 找矿标志

黄连沟铍稀有多金属矿化花岗伟晶岩脉的找矿标志归纳为如下几点：

1）稀有元素矿化与钠长石化有密切的成因联系，钠长石是本区良好找矿标志，钠长石-白云母型伟晶岩稀有元素矿化最好，因此钠长石-白云母型伟晶岩可作为找矿勘查评价的首选对象。

2）近矿围岩中Li_2O、Rb_2O、Cs_2O含量相对较高，是寻找稀有元素矿化伟晶岩的围岩标志。

3）富铪锆石、含钽锡石等标型矿物，是寻找含钽铌花岗伟晶岩的标志，当在重砂矿物中发现上述标型矿物时，应注意寻找稀有元素矿化的原生矿体。

4）花岗伟晶岩中的白云母晶体出现片小，含量少，特别是有淡绿色的锂白云母时，钽矿化一般均较好。

5）脉体中锡石含量越多、颜色越深，锰铝石榴子石粒度越小、颜色越浅时，稀有元素矿化越好。

（二）腾冲市宝华山稀有多金属矿床[1]

宝华山稀有多金属矿床行政区划隶属于腾冲市界头镇管辖，矿区位于腾冲市区北东 33°方向，平距约 53 km 处；其中心点地理坐标为：东经 98°42′00″，北纬 25°19′23″。

1982 年，云南省地质局第四地质大队对矿区开展普查地质工作，提交了《云南省腾冲县宝华山矿区稀有金属伟晶岩普查地质报告》，估算地质远景储量：铌（Nb_2O_5）164.8 t，钽（Ta_2O_5）76.1 t，铍（BeO）458.6 t，锂（Li_2O）712.8 t，锡 422.5 t。

1. 矿区地质特征

宝华山矿区位于高黎贡山西坡古元古界高黎贡山岩群动力变质岩（糜棱岩）区，其大地构造分区属冈底斯-喜马拉雅造山系（Ⅸ）、冈底斯-察隅弧盆系（Ⅸ-1）之班戈-腾冲岩浆弧（Ⅸ-1-3）；成矿区带属特提斯成矿域（Ⅰ1）、腾冲（造山带）成矿省（Ⅱ1）、独龙江-腾冲（岩浆弧）Sn-W-Be-Nb-Ta-Rb-Li-Fe-Pb-Zn-Au 成矿带（Ⅲ1）之棋盘石-小龙河（燕山期岩浆弧）Sn-W-Fe-Pb-Zn-Cu-Ag 矿带（Ⅳ3）。分为南部宝华山矿段和北部大水井矿段。

区内出露地层主要为古元古界高黎贡山岩群（$Pt_1G.$），根据岩性可分为三段（图 8-8）。下段出露于宝华山背斜核部，岩性为二云片岩、黑云片岩夹变粒岩；中段出露于宝华山背斜两翼，岩性为黑云片岩、变粒岩夹条纹状大理岩；上段出露于宝华山背斜翼部，两翼变质程度不同，西翼为黑云片岩、绢云片岩、千枚岩、浅变粒岩及石英岩，东翼为变粒岩、黑云片岩及二云片岩。

---

[1] 主要资料来源：云南省地质局第四地质大队，1982，云南省腾冲县宝华山矿区稀有金属伟晶岩普查地质报告。

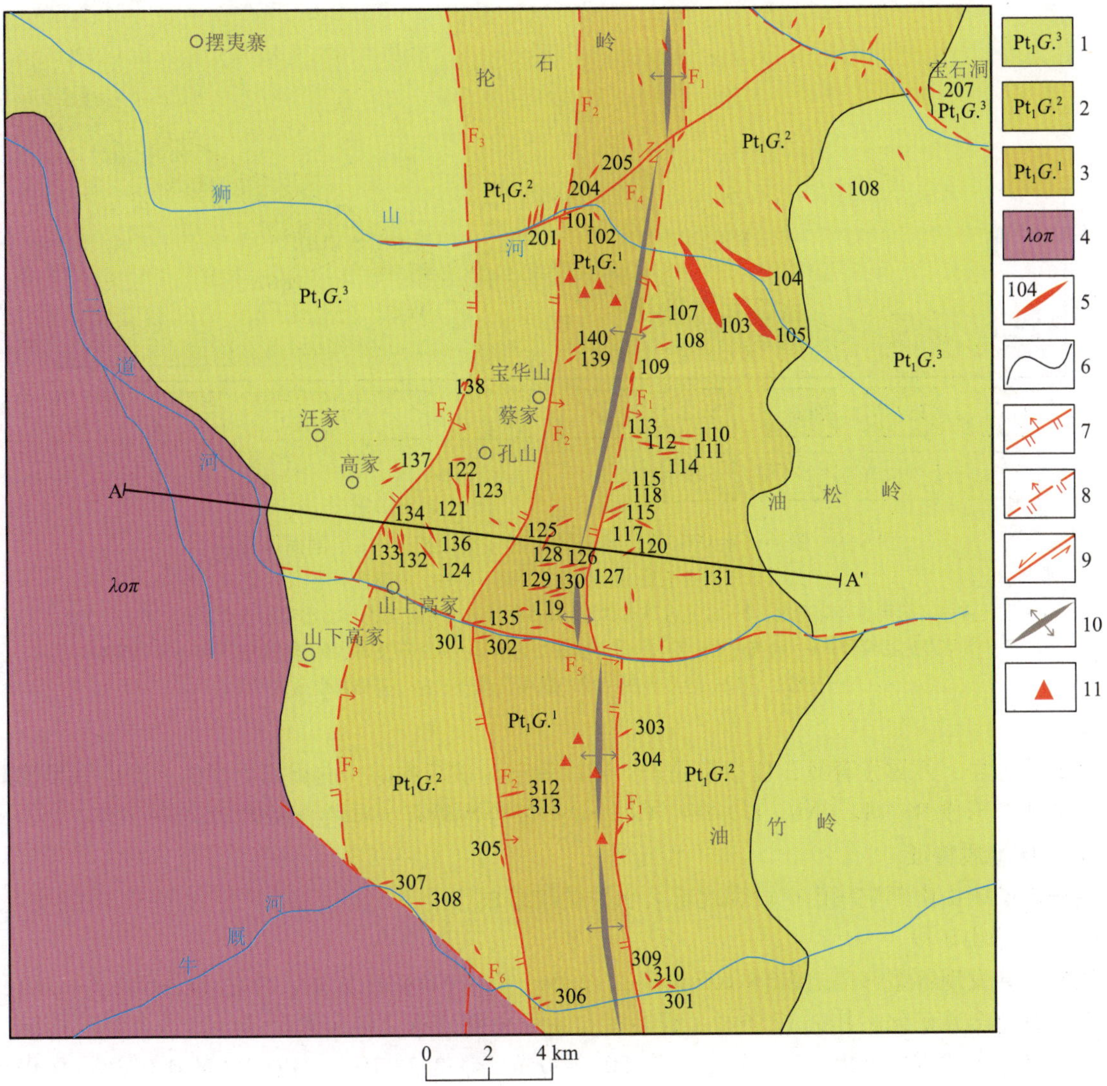

图 8-8 腾冲市宝华山稀有多金属矿区宝华山矿段地质简图

（据云南省地质局第四地质大队，1982，有修改）

1—古元古界高黎贡山岩群上段；2—古元古界高黎贡山岩群中段；3—古元古界高黎贡山岩群下段；4—石英斑岩；5—伟晶岩脉及编号；6—地质界线；7—实测逆断层；8—推测逆断层；9—平推断层；10—背斜轴；11—伟晶岩转块

矿区为一背斜构造，称为宝华山背斜，是高黎贡山复式背斜的一部分。背斜轴向近南北，两翼受 F_1、F_2、F_3 断裂破坏而不完整。断裂构造发育，主要有南北向、近东西向、北东向、北西向 4 组。南北向组为压扭性断裂，由 F_1、F_2、F_3 组成叠瓦状构造（图 8-9）；断裂总体倾向东，倾角较陡，多形成于成矿前和成矿期，并在成矿后有继承活动，断层界面间局部有伟晶岩充填。近东西向组断裂由 F_4、F_5、F_6 组成，是东西向张性裂隙发展而成。北东向、北西向组为扭性裂隙，所充填的伟晶岩大小不等。

矿区西侧出露有时代不明的石英斑岩，呈岩株产出，岩石成分以石英、正长石、斜长石为主。岩体边缘绿泥石化蚀变较强，与伟晶岩的形成无明显联系。矿区目前已发现厚度大于 1 m 的伟晶岩脉近 200 条（宝华山矿段 100 余条、大水井矿段 76 条），属白云母伟晶岩类，可划分为 4 个亚类型：白云母微斜长石钠长石型（Ⅴ）伟晶岩、白云母微斜长石钠长石锂辉石型伟晶岩（Ⅵ）、白云母钠长石锂辉石型伟晶岩（Ⅶ）、白云母钠长石型伟晶岩（Ⅷ）。其中，以白云母微斜长石钠长石型（Ⅴ）为主，约占伟晶岩脉总数的 70%。由于矿区伟晶岩中黑电气石含量高，达 2%~3%，也可称为含黑电气石伟晶岩。各型伟晶岩在空间上具带状分布特征，宝华山背斜轴部发育Ⅴ型伟晶岩，东翼发育Ⅵ、

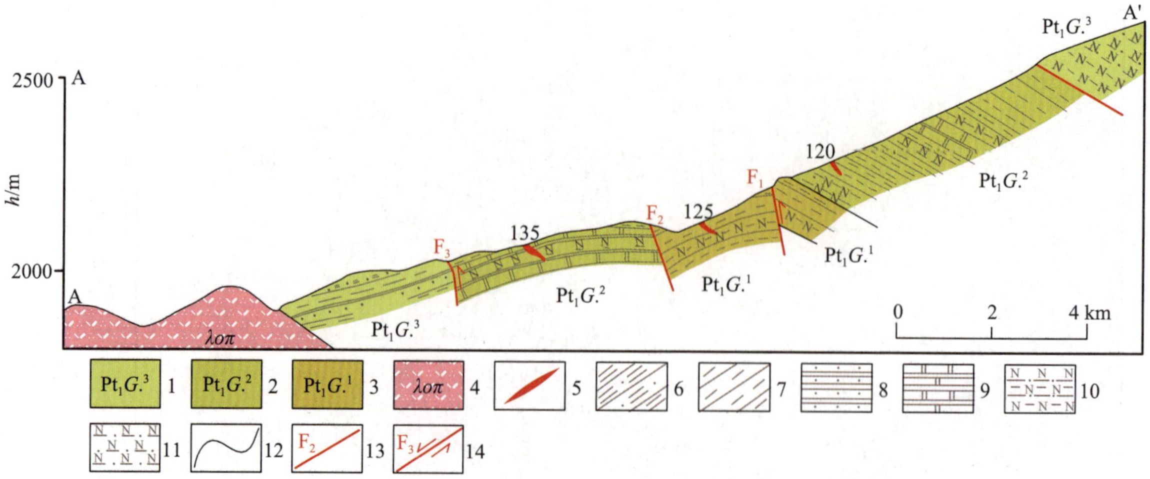

图 8-9　腾冲市宝华山稀有多金属矿区宝华山矿段 A-A′剖面地质图

（据云南省地质局第四地质大队，1982，有修改）

1—古元古界高黎贡山岩群上段；2—古元古界高黎贡山岩群中段；3—古元古界高黎贡山岩群下段；4—石英斑岩；5—伟晶岩脉及编号；6—绢英片岩；7—黑云片岩或二云片岩；8—石英岩；9—大理岩；10—黑云变粒岩；11—变粒岩；12—地质界线；13—断层及编号；14—平推断层及编号

Ⅶ、Ⅷ型伟晶岩，西翼发育Ⅵ、Ⅶ型伟晶岩。即以轴部为矿源中心，向翼部出现由Ⅴ型向Ⅷ型伟晶岩演化的方式，形成 Be、Ta、Nb、Li、Rb、Cs、Sn 的综合性稀有、有色金属矿床。

2. 矿体地质特征

宝华山矿床由南部宝华山矿段和北部大水井矿段组成。

（1）宝华山矿段

该矿段共发现各型伟晶岩脉体 100 余条，以 Be、Ta、Nb 矿化为主，伴生 Li、Rb、Cs、Hf、Sn 等稀有和有色金属矿化。其中 17 条经工程揭露和系统采样分析，各元素含量已达综合利用指标。矿化伟晶岩脉呈透镜状-脉状产出，控制长度 50～400 m，厚度 2～10 m；BeO 含量 0.023%～0.078%、Ta_2O_5 含量 0.004%～0.016%、Nb_2O_5 含量 0.009%～0.018%、Li_2O 含量 0.04%～0.537%、Rb_2O 含量 0.12%、Cs_2O 含量 0.01%、Sn 含量 0.003%～0.09%。其中，P103、P123 是 2 条主要的含矿伟晶岩脉。

P103 脉：为矿区规模最大的含矿伟晶岩脉，属白云母微斜长石钠长石型（Ⅴ）。矿脉倾角较陡，为 57°～85°；控制长度 100 m，厚度最大 40 m，平均 9 m；Nb_2O_5 含量 0.014%、Ta_2O_5 含量 0.005%、BeO 含量 0.031%、Sn 含量 0.047%。

P123 脉：为矿区最重要的含锂伟晶岩脉，属白云母微斜长石钠长石锂辉石型（Ⅵ）。矿脉倾角较陡，为 59°～71°；控制长度 100 m，厚度最大 15 m，平均 8 m；Nb_2O_5 含量 0.015%、Ta_2O_5 含量 0.01%、BeO 含量 0.056%、Li_2O 含量 0.537%、Sn 含量 0.07%。

宝华山矿段中，Nb、Be 在各类伟晶岩中的含量无明显变化，Nb_2O_5 含量在 0.009%～0.018%之间；BeO 含量为 0.023%～0.078%。Ta 主要富集于白云母钠长石锂辉石型（Ⅶ）型伟晶岩中，Ta_2O_5 含量 0.008%～0.016%；白云母微斜长石钠长石型（Ⅴ）、白云母钠长石锂辉石型（Ⅶ）伟晶岩中，Ta_2O_5 含量 0.004%～0.009%，明显要低很多。Li、Sn 主要富集于白云母钠长石锂辉石型（Ⅶ）型伟晶岩中，Li_2O 含量 0.015%～0.852%、Sn 含量 0.018%～0.078%；白云母微斜长石钠长石锂辉石型（Ⅵ）伟晶岩未作 Li_2O 含量分析。Rb、Cs 主要富集于白云母微斜长石钠长石锂辉石型（Ⅵ）伟晶岩中，捡块样分析 Rb_2O、Cs_2O 含量分别为 0.52%、0.53%；白云母钠长石锂辉石型（Ⅶ）伟晶岩中也有 Rb、Cs 矿化，Rb_2O、Cs_2O 含量分别为 0.12%、0.01%。

总之，由Ⅴ→Ⅷ型，随伟晶岩的演化，分带逐渐明显，矿化由弱到强再到弱，即白云母微斜长石钠长石型伟晶岩（Ⅴ）和白云母钠长石型伟晶岩（Ⅷ）矿化弱，白云母微斜长石钠长石锂辉石型伟晶岩（Ⅵ）、白云母钠长石锂辉石型伟晶岩（Ⅶ）矿化较好。白云母颜色由浅褐色渐变至淡绿色、无色，电气石由单一黑色渐变为玫瑰水、草绿色、蓝色等多色。伟晶岩脉规模以白云母微斜长石钠长石型（Ⅴ）最大，长度一般大于100 m，最长可达400 m，厚度一般几米至10余米，最厚可达60 m。其他类型伟晶岩脉规模均较小，一般长几十米至100余米，厚度1~5 m。各类型伟晶岩基本特征详见表8-10。

表8-10 腾冲市宝华山稀有多金属矿床宝华山矿段各类型伟晶岩基本特征一览表

特征	白云母微斜长石钠长石型（Ⅴ）	白云母微斜长石钠长石锂辉石型（Ⅵ）	白云母钠长石锂辉石型（Ⅶ）	白云母微斜长石钠长石型（Ⅷ）
形态、规模、产状	透镜状、脉状，一般长度100余米，最长400 m；厚数米至10余米，最厚60 m，延深近100 m	透镜状、脉状，缓倾脉，长数十米	脉状，陡倾斜为主，长100余米，厚度1~15 m	分支脉，缓倾至陡倾，长100余米，厚度1~15 m，延深近100 m
主要矿化组合	Be-Ta-Nb-Sn	Be-Ta-Nb-Li-Rb-Cs-Sn	Be-Ta-Nb-Li-Rb-Cs-Sn	Be-Ta-Nb-Sn
成矿元素含量/%	BeO 0.017%~0.089%、Ta_2O_5 0.004%~0.009%、Nb_2O_5 0.01%~0.018%、Sn 0.003%~0.1%	BeO 0.38%、Ta_2O_5 0.02%、Nb_2O_5 0.014%、Rb_2O 0.52%、Cs_2O 0.53%、Sn 0.004%	BeO 0.034%~0.118%、Ta_2O_5 0.004%~0.016%、Nb_2O_5 0.009%~0.018%、Li_2O 0.015%~0.852%、Rb_2O 0.1%、Cs_2O 0.01%、Sn 0.003%~0.139%	BeO 0.052%~0.056%、Ta_2O_5 0.005%~0.006%、Nb_2O_5 0.011%~0.012%、Sn 0.029%~0.056%
工业价值	矿化较差，规模大	矿化很好，规模小	矿化好，规模小	矿化一般，规模小

（2）大水井矿段

该矿段发现伟晶岩脉体76条，矿化较好的有27条。伟晶岩大部分产于宝华山背斜轴部及F_1、F_3附近的黑云斜长片岩中，大脉一般产于断层破碎带，少数脉体呈囊状、团块状产出。脉长一般2~300 m，厚度2~10 m。主要有用组分含量分别为：Ta_2O_5 0.099%、Nb_2O_5 0.013%、Li_2O 0.154%、BeO 0.042%、Sn 0.145%。

3. 矿石特征

宝华山矿床的矿石类型主要为（二云母、白云母、锂云母）微斜长石-钠长石伟晶岩型稀有元素矿。矿石矿物有绿柱石、铌钽铁矿、锰铌钽矿、细晶石、锂辉石、锂电气石、锂云母、锡石、铯榴石等；脉石矿物主要有正长石、微斜长石、钠更长石、白云母。绿柱石多呈六方柱状、小叶片状、粒状，颜色以无色为主，少量绿色、浅黄色，大者柱长5 cm，柱径2 cm；铌钽铁矿、锰铌钽矿晶形以短薄柱状为主，多具直角柱形，柱体末端呈锐角状，颜色主要有黑色、红褐色、褐红色，柱径一般小于0.2 mm，晶粒最大者柱长5 mm，宽2 mm；锂辉石多呈柱状、板柱状，具定向生长特征，晶体大者长9 cm，宽0.5 cm，厚0.5 cm。

矿石中有益组分以Be、Ta、Nb为主，伴生Li、Rb、Cs、Hf、Sn等有益元素。

4. 矿床成因类型

宝华山稀有多金属矿床为典型的花岗伟晶岩型矿床，其成矿时代与伟晶岩成岩时代基本一致，为喜马拉雅期（高子英等，1993）。

（三）麻栗坡县瓦渣钨铍矿床[1]

瓦渣钨铍矿床行政区划隶属于麻栗坡县南温河乡瓦渣村管辖，位于麻栗坡县城南西197°方向，

[1] 主要资料来源：云南省冶金厅地质勘探公司三一〇队，1962a，云南省麻栗坡县瓦渣含铍花岗伟晶岩矿床评价报告书。

平距约 16 km 处；矿区地理坐标为：东经 104°36′30″~104°38′00″，北纬 23°00′00″~23°01′30″，面积 6.52 km^2。

1959 年，昆明工学院（现为昆明理工大学）对伟晶岩型铍（绿柱石矿）、接触交代型白钨矿、石英脉型黑钨-锡矿进行了调查研究。

1961~1962 年，云南省冶金厅地质勘探公司三一〇队对矿区开展铍矿地质调查，提交了《云南省麻栗坡县瓦渣含铍花岗伟晶岩矿床评价报告书》，估算氧化铍 C_1+C_2 级储量 67.47 t，BeO 含量 0.09%；达到小型铍矿床规模。

2002 年，中国人民武装警察部队黄金第十三支队对矿区开展钨、锡矿普查工作，提交了《云南省麻栗坡县瓦渣钨矿普查报告》，估算 C+D 级钨矿石量 21.99×10^4 t，金属量 9034 t，WO_3 含量 4.11%。

截至 2017 年底，瓦渣铍矿在《云南省 2017 年矿区及所属矿山矿产资源储量简表》中的上表资源储量为：累计查明铍矿（氧化铍）资源储量 63 t，BeO 含量 0.09%，达到小型铍（氧化铍）矿床规模，目前尚未开发利用。

1. 矿区地质特征

矿区位于老君山花岗岩体东北接触带，田坝心-南捞背斜东翼的瓦渣次级背斜上，其大地构造分区属扬子陆块区（Ⅵ）、上扬子古陆块（Ⅵ-2）之富宁-那坡被动陆缘（Pz）（Ⅵ-2-9）；成矿区带属滨太平洋成矿域（Ⅰ2）、华南（陆块）成矿省（Ⅱ4）、个旧-文山-富宁（地块）Sn-W-Ag-Pb-Zn-Au-Sb-Mn-Al 成矿带（Ⅲ13）之薄竹山-马关（文山-麻栗坡褶皱带）Ag-Sn-Pb-Zn 矿带（Ⅳ29）。

矿区出露地层为下寒武统冲庄组，岩性主要为二云斜长片麻岩夹黑云斜长片麻岩、白云斜长片麻岩，电气石石英岩，石英电气石变粒岩和云母斜长变粒岩等。

矿区位于田坝心-南捞背斜东翼的瓦渣次级背斜上，轴向北东，其西翼被花岗岩体破坏，岩层产状为 70°~90°∠10°。矿区内无大断裂构造，断距数厘米至属十米的小断裂较发育，主要为成矿后横断裂，走向近南北或北北东。此外，节理发育，其中倾向南南东、南的系列节理与成矿关系密切。

矿区位于老君山花岗岩体东北接触带，岩浆活动强烈，以燕山期酸性侵入岩为主。主要出露老君山岩体第一期中粒二云母花岗岩和第二期细中粒二云母花岗岩，其中第一期中粒二云母花岗岩与成矿关系密切，与围岩有明显的热接触变质作用，具明显分带性，发育的热接触变质岩依次为白云二长片麻岩、二云斜长片麻岩、花岗片麻岩。在二云斜长片麻岩上、中部的纵裂隙和斜裂隙中产出有众多含铍（绿柱石）伟晶岩脉，呈板状或透镜状，为残余岩浆热液侵入和伟晶岩作用所致。老君山岩体第一期中粒二云母花岗岩的 SHRMP 锆石 U-Pb 年龄为 83.3±1.5 Ma（冯佳睿等，2010），成岩时代为燕山晚期（晚白垩世）。

含矿伟晶岩脉主要产于老君山复式岩体与下寒武统外接触带的片麻岩中，脉体多沿二云母斜长片麻岩片理产出。在横剖面上，无明显的分异作用和带状构造；纵向上，依据其造岩矿物种类、大小、数量相互关系及排列情况，伟晶岩分异作用由外向内可划分为 5 带：花岗伟晶岩带、细晶带、准文象带、小块体状伟晶岩带、块体状长石或石英核。伟晶岩交代作用主要为长石交代作用（糖晶状钠长石交代、叶片状钠长石交代）、白云母交代作用（鳞片状白云母交代、大片白云母交代），其次为轻微的鳞云母化及萤石化、电气石化交代作用，交代后生成各种不同的交代集合体。交代作用沿岩脉顶底板、分异带分界面、伟晶岩脉尖灭处及分支复合处最易发生，沿较大的石英、长石块和准文象中的粗块边缘也易发生交代作用。

2. 矿体地质特征

含矿伟晶岩脉呈群带分布，有 200 余条。其中规模较大的含铍（绿柱石）伟晶岩脉有 6 条，长度 200~1000 m，厚度 0.3~2.5 m。含矿伟晶岩长度大，厚度小而稳定，呈不规则的板脉状，走向东西，向南成缓倾斜产出。

铍（绿柱石）主要富集于伟晶岩交代带或准文象-块体带中，粒度 0.2~10 cm，矿化较均匀，BeO 含量 0.09%。矿体中部以块体状结构为主，钠长石交代轻微，BeO 含量 0.0027%~0.111%；边缘为钠长石、白云母交代强烈的钠长石-白云母交代准文象结构带，上盘交代带 BeO 含量 0.0057%~0.099%，下盘交代带 BeO 含量 0.095%~0.108%。可看出，交代带的铍矿化更为富集，富集程度与交代强度呈正比。

矿区还圈定 2 个钨锡矿体（1、3 号），均产于中粗粒二云二长花岗岩中，受北东向断裂控制，为典型的石英脉型矿体。

1 号矿体：控制长度 450 m，斜深 40 m，厚度 0.60~2.15 m，平均 2.05 m；WO_3 含量 2.15%~6.80%，平均 3.49%；Sn 品位个别达 0.64%外，其余均小于 0.2%。

3 号矿体：控制长度 300 m，斜深 50 m，厚度 1.63~1.68 m，平均 1.66 m；WO_3 含量 1.62%~15.60%，平均 5.22%。Sn 品位小于 0.2%，矿石类型为含钨石英脉。矿物主要有黑钨矿、锡石，少量黄铁矿、黄铜矿、毒砂等。矿石属易选矿石。

3. 矿石特征

瓦渣矿床的矿石矿物主要为绿柱石，少量电气石、金红石；脉石矿物主要为长石、白云母、石英。矿石结构主要为自形-半自形粒状结构、准文象结构、块体结构等；矿石构造主要为浸染状构造、散点状构造、细脉状构造等。

绿柱石主要有 2 种类型。产于分异期的绿柱石多呈绿色、黄绿色、天蓝色，结晶为六方柱形，晶粒度较大，直径一般 1~3 cm，长 3~10 cm，最大者达 7 cm×15 cm；晶形比较完整，多稀疏分布于中部块体中，尤以石英、长石块体边缘及脉体膨胀处分布较多。产于交代期的绿柱石多呈浅绿色、白色、浅蓝白色，结晶为六方短柱形，晶粒度较小，一般为（0.2~0.5）cm×1 cm，最大者达 3 cm×5 cm；晶形多不完整，较密集分布于边缘强烈的交代带中，尤以较粗粒的石英、云母边缘分布较多。

矿石中绿柱石粒度总体较大，大部分（70%以上）可进行手选。矿石中主要有益元素为铍，伴生有铌、钽，Nb_2O_5 含量 0.007%~0.001%，Ta_2O_5 含量 0.001%~0.002%；铌、钽主要赋存于黑色电气石和钛铁金红石中，光谱半定量分析其 Nb 含量大于 10%，Ta 含量 0.5%~1%。

4. 矿床成因类型

瓦渣钨铍矿为典型的与岩浆作用有关的稀有金属矿床。铍矿主要为伟晶岩型，钨锡矿则为接触交代型和岩浆热液型，其成矿时代略晚于岩浆侵入时代 83.3±1.5 Ma（冯佳睿等，2010），应与都龙锡多金属矿床成矿时代 80 Ma（刘玉平等，2007）基本一致，为晚白垩世。

（四）贡山县普拉底白云母稀有金属矿床❶

普拉底白云母稀有金属矿床行政区划隶属于贡山独龙族自治县普拉底乡，位于贡山县城正南方向约 22 km 处；其地理坐标为：东经 98°47′30″~98°49′00，北纬 27°51′00″~27°52′00″。

1960 年，云南省地质局第十八队对矿区开展勘查工作，提交了《云南省贡山县普拉底第 381、387 号含白云母伟晶岩脉地质报告书》，估算 C_2 级储量：云母 956.6 t；绿柱石 50 t。上述资源储量已列入《云南省 2017 年矿区及所属矿山矿产资源储量简表》，大部分已开发利用，目前资源近枯竭。

1. 矿区地质特征

普拉底矿区处于崇山变质岩带北段，出露地层为古元古界崇山岩群，上部以大理岩夹千枚岩、变质石英砂岩为主，中、下部为千枚岩与石英砂岩不等厚互层或片岩与变粒岩不等厚互层夹厚层块状石英岩、石英砂，在纵向及横向上均具有明显的辨识性：在纵向上，原岩为一套海相碎屑岩、火山岩-碳酸盐岩沉积建造，且砂岩与泥质岩组成频繁的韵律结构，偶发育类复理石，反映出强烈的振荡运动环境；在横向上，在区域上具有由南向北变质程度逐渐变浅的趋势，尤其在普拉底矿区一带，其南延部分不仅变质程度变深，而且混合岩化较为强烈。

怒江深大断裂由矿区旁侧通过，控制着矿区的构造格局。矿区总体位于交统-格拉米断裂东侧约 100 m 处，为一倾向北东的单斜构造，岩层产状较陡，为 50°~60°∠60°~70°。矿区内次级构造发育，

---

❶ 主要资料来源：云南省地质局第十八地质队，1960，云南省贡山县普拉底第 381、387 号含白云母伟晶岩脉地质报告书。

以北西向及北东向两组断裂为主，沿次级断裂贯入石英脉、伟晶岩脉及长英岩脉。矿区广泛发育裂隙构造，并发育零星的、规模不等的小断裂。裂隙构造是气成热液有利的运移通道及脉岩的良好储岩空间，沿裂隙发育交代作用，同时伴有铌、钽、铍等稀有元素的沉淀和富集。

2. 矿体地质特征

普拉底矿床共发现伟晶岩脉 17 条，其中 V_{381} 脉和 V_{387} 脉为主要含矿脉。这两条伟晶岩脉的结构类型有明显不同，其中 V_{381} 脉以交代结构为主，而 V_{387} 脉以原生结构为主。

（1）V_{381} 伟晶岩脉

呈不规则薄板状，长度 274 m（矿化长度 148 m），厚度 0.24~2.8 m，一般 1 m 左右。岩脉产状与围岩片理一致，倾角比围岩稍大，近于直立。近脉围岩有黑云母化蚀变带，除云母外尚有少量石英、电气石、石榴子石等，有时则全由黑云母组成。蚀变带厚度 0.2~0.5 m，不甚连续，沿走向局部缺失。岩脉交代作用发育、结构分带不对称，脉体自边缘至内部可分为 4 带。

黑云母蚀变带：位于脉体顶部与围岩接触处，呈不对称分布，主要由黑云母组成，含少量石英及电气石。

钠长石交代带：位于脉体内侧及底部，呈对称分布，但厚度不一，厚度 0.37~0.6 m，几乎全由钠长石组成，仅局部有石英块体和细脉穿插其中，带中尚有少量绿柱石、黄玉、磷灰石，另见不知名的黑色金属矿物颗粒。

石英绿柱石富集带：位于钠长石交代带与云母块体带之间，呈过渡关系，厚度 0.075 m。石英富集，近钠长石交代带处有长度 2~4 m，宽度 2~3 cm 呈雁行排列的石英条带。绿柱石呈自形晶赋存于石英间，两者共生，绿柱石含量较其他各带富集，并含较多的黄玉、磷灰石。绿柱石晶体长度 3~5 cm，直径 1 cm；绿柱石矿带厚度 0.24 m，手选平均含量为 16.58 kg/m^3。

白云母带：位于岩脉的底部，由白云母组成，含少量石英，并见钠长石细脉穿插其中，厚度 0.38 m。云母面积一般 30~50 cm^2，大者可达 200 cm^2 以上，厚度 1~3 cm。云母在脉中无定向排列，晶体中有大量磷灰石、石英、钠长石颗粒。

岩脉中以钠长石交代带最为发育，占露头面积的 1/3 以上。云母带沿走向不稳定，在该脉中段控制长度约 85 m，向北则逐渐与钠长石交代带混合，往南石英逐渐增加，过渡为石英云母集合体，其中白云母自然块度变小，多呈鳞片状，可用者甚少。石英绿柱石富集带的变化情况与白云母带大体相似。

（2）V_{387} 伟晶岩脉

该脉规模小，主脉出露长度 50 m，支脉长度 70 m，呈透镜状，中段膨大处厚度 8 m，平均厚度 2.94 m。岩脉倾向北东 50°~75°，倾角 70°~89°。

脉体以原生结构为主，具对称分带现象，交代作用不发育，按矿物共生组合和粒度大小，可分为 3 带，由边缘向中心特征如下。

外带：称为钠长石化小块体带，位于脉体两侧边缘，厚度 1.5~2 m，由微斜长石（主）、条纹长石、斜长石、石英（次）组成。石英呈不规则状或短脉状穿插于长石中，矿物粒度 1~2 mm。

中带：称为长石块体带，位于岩脉中部，与钠长石化小块体带呈逐渐过渡关系。该带石英减少，长石占绝大部分，石英呈颗粒产出。

内核：称为石英带，位于岩脉的内部或偏脉体的下盘，组成内核，局部有大的石英块体产出，其直径达 0.5~1 m 以上。其中尚见少量黄玉、磷灰石和绿柱石，绿柱石最大晶体达 1 kg。在石英块体内和周围长石间有白云母囊状体产出。

在脉壁和南段脉体变薄处钠长石化较发育，形成钠长石交代带，在钠长石中局部尚可见到微斜长石之残留体。

白云母主要赋存于伟晶岩脉体内之块体长石带及石英核中；绿柱石则主要赋存于石英核中。

3. 矿石特征

V_{381} 脉所产云母为浅棕色，板状晶体，断面呈六方形、楔形或不规则状，晶体厚度 2~3 m，面积

30~50 cm^2，大者可达200 cm^2 以上。有包裹体、放射状裂纹，又不易剥离，被称为“硬云母”，严重影响到云母利用价值。中段云母含量较富，为70~500 kg/m^3，两端为90~300 kg/m^3。矿化段白云母带占脉体露头面积的30%~50%，生料云母平均含量为392~561.62 kg/m^3。矿体含矿率高，但云母缺陷多，剥分率仅0.11%~0.37%，可用云母为Ⅲ类，级别标号为5-8，以8号为主；评价指标为2.39~46.34 kg·cm^2/m^3。

V_{387} 脉所产云母面积一般为40~60 cm^2，最大者可达千余平方厘米，晶体重达30 kg。白云母中包裹体少，含少量石英及电气石颗粒，因解理裂纹发育使云母有效面积减少，但晶面平整，无明显皱纹，故剥分性好，剥分率达10.78%。生料云母平均含量为28.85 kg/m^3，仅部分连晶形成“硬云母”。经开采证实，工业云母中有高级别（Ⅰ、Ⅱ级）和1-4标号的云母存在，虽数量不多，但质量好。

绿柱石呈浅绿色-黄绿色，多为半透明，晶体呈六方柱体，部分呈楔形，晶体长度3~5 cm，最长可达10余厘米。矿化地段与白云母化相似，具有同一性及连续性，矿化较稳定，厚度0.24~1.25 m，平均0.847 m；大部分绿柱石可手选回收，手选品位为4.85~42.5 kg/m^3，平均16.58 kg/m^3，是具有工业利用价值的共生矿产。

伟晶岩中还富含Li、Rb，云母中Li_2O、Rb_2O含量分别为3.94%、1.09%（高子英等，1993）。

4. 成矿物理化学条件

据尹琼（2017）研究成果，普拉底矿床绿柱石流体包裹体主要为CO_2纯包裹体及H_2O-CO_2包裹体，其中H_2O包裹体在绿柱石中占40%，气相填充度10%~25%；CO_2-H_2O包裹体在绿柱石中发育较多，占60%，室温下包括液相H_2O、液相CO_2及气相CO_2三种类型。

2件样品CO_2-H_2O包裹体均一温度平均值分别为301.39℃、254℃，对应的平均盐度分别为1.4136%、1.44%，流体密度平均值分别为0.667 g/cm^3、0.8363 g/cm^3，压强平均值分别为83.5645 MPa、88.73 MPa。

综上所述，成矿流体总体为中温、低盐度及中密度热液。

5. 矿床成因类型

普拉底矿床成因类型为中温气成-热液交代伟晶岩型云母稀有元素矿床，其成矿时代与伟晶岩成岩时代基本一致，为喜马拉雅期（高子英等，1993）。

（五）其他矿床（点）

除上述4处重要矿床外，还有梁河章巴、陇川麻栗脑、龙陵回欢、龙陵达摩山-黄草坝、龙陵茅草寨、麻栗坡那董6处伟晶岩型铍（绿柱石）稀有元素矿床（点），其基本特征详见附表6。

三、蚀变花岗岩型铍矿

蚀变花岗岩型铍矿也是重要的一种矿床类型，以BeO含量偏低，但具有一定规模为特征，由于对该类型铍矿的勘查和综合研究程度偏低，找矿潜力较大。目前已发现3处矿床和一些矿化信息点，主要分布于滇东南个旧-马关、滇西腾冲-龙陵地区的燕山期—喜马拉雅期花岗岩体中。

（一）个旧锡多金属矿田蚀变花岗岩型铍矿❶

该类型铍矿主要产于个旧矿田西矿区的牛屎坡一带，东矿区马拉格、老厂等地也有少量该类型铍矿产出。

1958年，云南锡业公司勘探队在牛屎坡一带发现含铍花岗岩，并开展勘查评价工作，于1960年1月提交了《云南个旧市个旧矿区牛屎坡铍储量计算说明书（1960年度）》，估算氧化铍储量：BeO含量0.03%~0.035%的储量1508 t，BeO含量0.062%~0.072%的储量994 t；氧化铍储量累计为

❶ 主要资料来源：云南锡业公司地质勘探队，1960，云南个旧市个旧矿区牛屎坡铍储量计算说明书（1960年度）。

2502 t，达中型矿床规模。

牛屎坡铍矿化产于神仙水花岗岩体之顶部和边部自蚀变花岗岩。BeO 含量一般 0.02%~0.1%，蚀变减弱的岩体下部和西南部，BeO 含量在 0.01%左右。铍矿化主要有 3 种类型：伟晶岩型铍矿、云英岩化-钠长石化花岗岩型铍矿、云英岩型脉状铍矿。

伟晶岩型铍矿：主要有产于伟晶岩粗粒准文系结构带和细粒伟晶岩内的 2 种铍（绿柱石）矿类型。产于伟晶岩粗粒准文系结构带中的绿柱石，颗粒大，呈海蓝色，折光率高，往往与石英关系密切；产于细粒伟晶岩内的绿柱石，呈绿色，较富集，但量少。两种铍（绿柱石）矿均为伟晶岩结晶分异产物，在矿区均不发育。

云英岩化、钠长石化花岗岩型铍矿：为矿区主要铍矿类型，矿体主要产于神仙水花岗岩体顶部突起及岩枝、岩脉近侧的云英岩化、钠长石化花岗岩中。矿体形态一般为脉状和不规则的囊状，规模较小，多以自变质淡色花岗岩或接触交代矽卡岩为围岩，厚度 0.1~0.4 m，矿化连续且稳定，BeO 含量 0.02%~0.1%。主要矿物共生组合为白云母、石英，少量电气石、黄玉、锂云母、绿柱石、黑钨矿、铌铁矿、磷钇矿、独居石、锆石、萤石及锡石等，矿石中有用组分主要为 Sn、Be、Nb、Ta、W 等。铍（绿柱石）主要呈细粒浸染状产出，部分呈小团块状、晶簇状、细脉浸染状产出；其矿化富集程度与花岗岩蚀变强烈程度有关，蚀变越强，铍矿化越富集。

云英岩型脉状铍矿：又可分萤石-石英-云英岩型、电气石-石英-云母云英岩型、电气石脉 3 种类型。矿石矿物主要为绿柱石、含锂云母、电气石，脉石矿物主要为石英、长石。含锂云母中 BeO 含量 0.037%~0.08%、Li_2O 含量 0.74%~0.92%；电气石中 BeO 含量 0.018%~0.026%、Li_2O 含量 0.03%~0.031%。

含铍云英岩化、钠长石化花岗岩面积达 0.4 km^2，可分为两个块段。其中，1 号块段矿体呈平缓长条形，长度 1100 m，平均宽度 200 m，厚度 11.58 m，BeO 含量 0.035%；2 号块段矿体位于风化壳顶部，长度 300 m，宽度 700 m，平均厚度 3.21 m，BeO 含量 0.03%。

牛屎坡铍矿为典型的岩浆作用矿床，属岩浆期后热液矿床，成矿类型包括蚀变花岗岩型、云英岩型、伟晶岩型、岩浆热液脉型 4 种亚类型。含铍花岗岩属神仙水岩体的一部分，其成岩年代为 84.4±1.3 Ma（伍勤生等，1984）。因此，牛屎坡铍矿成矿时代与含铍花岗岩成岩时代基本一致，为晚白垩世（燕山晚期）。

（二）龙陵县大坡铍矿床❶

大坡铍矿床行政区划隶属于龙陵县龙新乡，位于龙陵县城南东 150°方向，平距约 18 km 处；其中心点地理坐标为：东经 98°47′00″，北纬 24°30′00″，面积约 10 km^2。

1958~1960 年，中国科学院昆明地质研究所对矿区云英岩化及钠长石化花岗岩体开展调查，分别提交了《云南龙陵大坡云英岩化及钠长石化花岗岩体中铍矿化的初步研究》《云南龙陵大坡云英岩化钠长石化长英状花岗岩的铍矿化特征》，认为矿区氧化铍（BeO）含量已达工业要求。

1961~1962 年，云南省地质局第二十地质队对矿区开展普查工作，提交了《云南龙陵大坡含铍花岗岩普查评价报告》，圈定了 10 个矿体，估算 C_2 级表外铍（BeO）储量 1851 t。上述资源储量已列入《云南省 2017 年矿区及所属矿山矿产资源储量简表》，目前尚未开发利用。

1. 矿区地质特征

大坡矿区位于黄连沟铍稀有多金属矿床之南约 8 km 处，出露岩石皆为花岗岩，主要有角闪黑云母花岗岩、二云母花岗岩、白云母花岗岩三类。其中白云母花岗岩为矿化岩体，岩体呈南北向产于角闪黑云母花岗岩和二云母花岗岩之交合处，形成一向西倾斜，向南倾状的单斜岩体；长度 5.5 km，宽度 250~1200 m，面积约 4 km^2。从横剖面上看，岩体为一个上大下小的扁豆体，向深部有逐渐尖灭

❶ 主要资料来源：中国科学院昆明地质研究所，1960，云南龙陵大坡云英岩化钠长石化长英状花岗岩的铍矿化特征；云南省地质局第二十地质队，1962，云南龙陵大坡含铍花岗岩普查评价报告。

的趋势。岩体上盘接触面比较规则，变化小，无明显的蚀变，云英岩化角闪黑云母花岗岩以217°∠23°的产状盖于白云母花岗岩之上；下盘接触面不甚规则，常呈阶梯状，倾角变化大，与二云母花岗岩呈犬齿状接触，接触面因蚀变而不甚明显。

根据岩石结构、构造及矿物成分交代作用的差异，将矿化白云母花岗岩分5个岩相带：二云母云英岩化花岗岩、不等粒白云母花岗岩、钠长石化长英状白云母花岗岩、中-细粒白云母花岗岩、细-中粒钠长石化-云英岩化白云母花岗岩。其中，前三个相带多位于岩体顶部，三者间有明显的接触界线；第四、五相带则位于岩体中心和底部，二者间无明显接触界线，其区别主要体现在交代作用强度的差异。二云母云英岩化花岗岩为不等粒白云母花岗岩顶部外壳，厚度约25 m，出露面积约0.45 km^2；最大特征是广泛发育有团块状伟晶岩，团块矿物成分以微斜长石、石英为主，伴有粗晶电气石、白云母及少量浅绿色六方柱状绿柱石。不等粒白云母花岗岩位于钠长石化长英状白云母花岗岩之上，厚度约60 m，出露面积约0.28 km^2；最大特征是具有不等粒结构，粗粒化作用沿顺层裂隙发育，并伴随有绿柱石的产出，绿柱石多分布于粗粒团块及其边缘。钠长石化长英状白云母花岗岩位于中-细粒白云母花岗岩之上，厚度约50 m，出露面积约0.4 km^2；岩石具有等粒花岗岩细晶结构，普遍具有钠长石化，粗粒化作用沿顺层裂隙发育，并伴随有绿柱石的产出，绿柱石多分布于粗粒团块及其边缘。

矿区构造以广泛发育的裂隙构造为特征，裂隙构造是后期气成热液活动的良好通道及脉岩赋存的空间，交代作用往往沿裂隙发育，并带来稀有元素铍的沉淀和富集。主要有北西向、北东向、南东向、北北西或北北东向4组裂隙，其中北西向、北东向、南东向3组裂隙与成矿关系密切，尤以南东向组最为重要。北西向组裂隙为顺层裂隙，主要发育于岩体顶部及上盘的各相带中，产状为290°~330°∠12°~50°，在不等粒白云母花岗岩中，气成热液沿该组裂隙发生交代作用，并发生重结晶作用（粗粒化作用），使岩石具不等粒结构，伴随有绿柱石的晶出和富集；二云母云英岩化花岗岩中的团块状伟晶岩，往往也沿顺层裂隙发育。北东向组裂隙主要发育于底部相带中，产状为30°~60°∠40°~80°，伟晶岩脉、石英脉、石英-电气石脉等后期脉岩往往沿该组裂隙充填，钠长石化、云英岩化等后期交代作用也沿该组裂隙发育，并伴随有绿柱石的产出。南东向组裂隙主要发育于底部相带中，产状为210°~250°∠55°~80°，伟晶岩脉、石英-电气石脉等后期脉岩往往沿该组裂隙贯入，形成绿柱石的石英-电气石脉；钠长石化、云英岩化等后期交代作用与该组裂隙关系最为密切，并伴随有大量绿柱石晶出。北北西或北北东向组裂隙仅在顶部和底部个别地段发育，往往穿切上述含矿裂隙，为成矿后构造。

2. 矿体地质特征

大坡矿床的铍（绿柱石）矿（化）体分布于白云母花岗岩各个相带及交代带中，与钠长石化、云英岩化交代作用关系密切，钠长石化白云母花岗岩为主要含矿带，出露面积约1 km^2；矿化比较均匀而分散，BeO含量较低。在岩体内部相带和底部相带中，BeO平均含量为0.0185%，含量大于0.04%的样品仅占样品总数的3%，个别样品BeO含量可达0.09%；顶部相带BeO平均含量为0.014%。岩体南段铍矿化相对富集，共圈定出10个BeO含量大于0.02%的小含矿体。

3. 矿石特征

矿石结构主要为自形-半自形粒状结构，矿石构造主要为浸染状构造、团块状构造。矿石矿物主要为绿柱石，伴有微量铌钽铁矿、磷锂矿、黑钨矿等；脉石矿物主要为长石（钠长石、微斜长石）、石英、白云母等。绿柱石多呈六方柱状，以细粒为主，粒度0.5 mm~0.5 cm，分布不均匀；绿柱石中富含K、Na，皆为含碱绿柱石。

矿石中有用元素主要为铍（Be），伴生有少量铌（Nb）、钽（Ta），分布不均匀，难以综合利用。

4. 岩体交代蚀变作用

大坡矿床含矿岩体普遍发生交代蚀变作用，主要有钠长石化、云英岩化2种类型，均与铍（绿柱石）矿化关系密切。钠长石化为第一阶段的交代蚀变作用，主要发育于岩体底部相带，其次为中部和顶部相带，交代作用广泛但不甚强烈，多沿钾长石晶体边缘及裂隙发育，呈糖晶状产出，伴有细粒浸染状绿柱石产出。云英岩化为第二阶段的交代蚀变作用，主要发育于顶部相带，其次在底部相带亦有发育，较钠长石化强烈且相对集中，常呈条带状、脉状及不规则巢状产出，并伴有绿柱石的富集，晶粒较粗大。

5. 矿床成因类型

大坡铍矿为典型的岩浆作用矿床，属岩浆期后热液交代蚀变铍矿床，其成矿时代与黄连沟伟晶岩型铍矿床基本一致，为古近纪古新世—渐新世（喜马拉雅期）。

（三）马关县炭窑铍矿床❶

炭窑铍矿床行政区划隶属于马关县都龙镇，位于马关县城南东方向，平距约 18 km 处；其中心点地理坐标为：东经 104°32′33″，北纬 22°56′02″。

1962 年，云南省冶金厅地质勘探公司三一〇队对矿区开展铍矿普查工作，提交了《云南省马关县炭窑铍矿普查评价报告书》，估算 C_2 级氧化铍储量 124 t。上述资源储量已列入《云南省 2017 年矿区及所属矿山矿产资源储量简表》，目前尚未开发利用。

矿区位于老君山花岗岩体西南侧内接触带，铍矿化产于钠长石化、钾长石化、白云母化蚀变花岗岩（碱性正长岩）中。矿化碱性正长岩受北东东向组节理控制，为乳白色斑状岩石，斑晶由自形板状钾长石（主要为微斜长石、条纹微斜长石，少量正长石）组成，基质由他形-半自形粒状结构的钾长石、斜长石（钠长石及钠奥长石）、白云母、绢云母及少量石英组成。主要矿物成分为：钾长石 55%~60%、斜长石 23%~25%、白云母 13%~17%、石英 0~5%。

炭窑矿床目前共发现了铍矿化带 7 条，其中 3 个矿体（Ⅰ、Ⅱ、Ⅴ号）铍含量高，具工业价值。铍矿化体受节理控制，走向北东（80°），倾向北西，倾角 80°；长度 20~50 m，厚度 5~15 m；BeO 含量 0.3%~0.4%，最高达 2%以上，平均 0.38%。

矿石矿物主要为绿柱石，伴有微量锡石、黑钨矿、似晶石、磷灰石、锆石、金红石；脉石矿物以钾长石为主，斜长石、白云母次之。绿柱石主要为自形-他形长柱状或不规则晶体，颗粒细小（粒度 1 mm 为主），颜色以白色、天蓝色为主，其次为浅黄色、浅绿色及完全透明者。白色及浅黄色者常组成绿柱石细脉，呈颗粒集合体或块状产出；天蓝色、浅绿色者常呈自形六方柱状晶体，其中含有针状及纤维状包裹体。

在炭窑矿床，矿化岩体遭受不同程度的蚀变，蚀变类型主要有钠长石化、钾长石化、白云母化、电气石化、云英岩化、黄铁矿化及后期的绢云母化、泥化，大致分为 4 个阶段。第一阶段为岩浆后期的区域性钠长石化（条纹长石化）、白云母化，第二阶段为岩浆期后气成高温热液作用的钠长石化、电气石化、白云母化、钾长石化、云英岩化等，第三阶段为云英岩化及黄铁矿化等，第四阶段主要为绢云母化、泥化。铍（绿柱石）矿的形成系花岗岩浆经去硅化作用生成碱性正长岩，再经后期高温热液蚀变及矿化作用而成。

四、云英岩型铍矿

云英岩型铍矿主要分布于腾冲-梁河、龙陵、个旧、云龙-泸水等地区，前 3 个地区的云英岩铍矿化情况在岩浆热液型、伟晶岩型、蚀变花岗岩型铍矿中有所提及；云龙-泸水地区以泸水石缸河锡钨矿共伴生的铍矿最具代表性。

石缸河锡钨矿床行政区划隶属于泸水市六库镇，位于泸水市区 135°方位，平距约 20 km 处；矿床中心点地理坐标为：东经 98°59′52″，北纬 25°44′30″。

矿体产于浅色细粒白云母花岗岩西侧，与上寒武统核桃坪组浅变质碎屑岩的外接触带，东西两个构造破碎带内。锡石多产于石英云英岩脉中，黑钨矿、白钨矿、绿柱石多产于电气石石英脉中，在外侧砂板岩层间裂隙中局部可见零星铍矿化。由岩体向外，依次出现 Sn（W）→Sn、W（Be）→W、

❶ 主要资料来源：云南省冶金厅地质勘探公司三一〇队，1962b，云南省马关县炭搖铍矿普查评价报告书。

Be 的矿化分带。

已圈定锡钨矿体 26 个，钨铍矿体 16 个。Sn 平均品位 0.113%，WO_3 含量 0.486%、BeO 含量 0.222%（云南省地质矿产局，1993）。

矿床成因类型为石英-电气石-云英岩型钨锡铍矿。与矿化关系密切的浅色细粒白云母花岗岩 K-Ar 同位素年龄为 63.0~81.45 Ma，矿化蚀变年龄为 56.0±16 Ma（张文源，1993），成矿时代应为古近纪（喜马拉雅早期）。

五、接触交代型铍矿

此类型铍矿主要见于滇东南地区个旧-马关一带。据云南省地质矿产局（1993）成果，在个旧锡多金属矿田的松树脚及其南部的卡房下棱坡、老厂南区一带，燕山晚期花岗岩与中三叠统个旧组灰岩接触带的矽卡岩中，含铍较普遍，且以石榴透辉矽卡岩及方柱矽卡岩含量高。尚未发现铍的独立矿物，其赋存状态不清，BeO 含量较低，一般 0.001%~0.01%，作为锡钨铜多金属矿床的伴生组分，可达中型矿床规模。

此外，据杜胜江等（2014）研究成果，老君山岩体北缘的马卡钨多金属矿床中，发现伴生有铍矿化，铍以接触交代型矿床常见独立铍矿物日光榴石形式存在。

第四节　铌钽矿

铌钽矿主要与岩浆成矿作用有关，其矿床类型主要包括岩浆型、云英岩型、伟晶岩型、火山沉积-改造型、风化型 5 种类型；此外，部分沉积型铝土矿中也伴生有铌、钽矿。

一、岩浆-风化型铌钽矿

目前已知的中酸性岩浆-风化型铌钽矿产地共有 7 处，主要围绕新歧、个旧 2 个燕山晚期—喜马拉雅期中酸性花岗岩体分布，其中以腾冲新歧卜锅脑铌钽矿床规模最大，也最具代表性。

（一）腾冲市卜锅脑钽矿床[1]

卜锅脑钽矿床行政区划隶属于腾冲市中和镇新歧村管辖，位于腾冲市区 245°方向，平距 32 km 处，矿区地理坐标为：东经 98°15′15″~98°16′45″，北纬 25°03′45″~25°07′00″，面积 6.61 km^2。

2005~2006 年，云南省地质矿产勘查开发局八〇七队对矿区开展铌矿普查地质工作，分别在双营盘、大钟谷和坡头树发现 3 个钽矿体。于 2005 年 6 月提交了《云南省腾冲县双营盘钽矿普查报告》，估算 332+333 类钽（Ta_2O_5）资源量 309.67 t，Ta_2O_5 含量 0.042%；共生锡金属量 402.78 t，Sn 品位 0.055%。于 2006 年 5 月提交了《云南省腾冲县卜锅脑钽矿普查报告》，估算 332+333 类钽（Ta_2O_5）资源量 280.42 t，Ta_2O_5 含量 0.031%。矿区累计估算 332+333 类钽（Ta_2O_5）资源量 590.09 t，达大型钽矿床规模。

2008 年，腾冲隆腾矿业有限公司委托云南省地质矿产勘查开发局八一四队开展资源储量核实工作，于 2008 年 10 月提交了《云南省腾冲县双营盘-大钟谷钽矿资源储量核实告》，新增钽（Ta_2O_5）资源量 29.60 t，Ta_2O_5 含量 0.032%；共生锡金属量 26.29 t。累计查明 332+333 类钽（Ta_2O_5）资源量 339.27 t，Ta_2O_5 含量 0.041%；共生锡金属量 429.47 t。

截至 2017 年底，卜锅脑矿区（双营盘、大钟谷和坡头树）累计查明 332+333 类钽（Ta_2O_5）资源量 619.79 t，其中双营盘矿段提交的 339.27 t 资源量已列入《云南省 2017 年矿区及所属矿山矿产资源储量简表》，目前尚未开发利用。

---

[1] 主要资料来源：云南省地质矿产勘查开发局八〇七队，2006，云南省腾冲县卜锅脑钽矿普查报告；腾冲县金山地矿科技服务责任有限公司，2010a，云南省腾冲县双营盘钽（锡）矿核查矿区资源储量核查报告。

1. 矿区地质特征

卜锅脑钽矿区位于槟榔江南北向构造带与腾冲-梁河弧形构造带挟持带中，地处大盈江断裂带东侧，其大地构造分区属冈底斯-喜马拉雅造山系（Ⅸ）、冈底斯-察隅弧盆系（Ⅸ-1）之班戈-腾冲岩浆弧（Ⅸ-1-3）；成矿区带属特提斯成矿域（Ⅰ1）、腾冲（造山带）成矿省（Ⅱ1）、独龙江-腾冲（岩浆弧）Sn-W-Be-Nb-Ta-Rb-Li-Fe-Pb-Zn-Au 成矿带（Ⅲ1）之棋盘石-小龙河（燕山期岩浆弧）Sn-W-Fe-Pb-Zn-Cu-Ag 矿带（Ⅳ3）。矿区分为双营盘、大钟谷、坡头树 3 个矿段。

区内出露的地层主要为上石炭统丝光坪组上段（C_2s^2）碎屑岩与第四系冲洪积层（Q_4^{al}）（图 8-10）。

区内岩浆活动强烈，侵入岩分布面积大。主要为燕山期—喜马拉雅期中酸性侵入岩。主要分为细粒相钾化二长花岗岩、过渡相中粒黑云母二长花岗岩、粗粒花岗斑岩 3 个岩相带。细粒相钾化二长花岗岩占矿区面积 4/5，呈岩基产出，岩性主要为细粒钾化二长花岗岩，少量细粒黑云母花岗岩、细粒二云母花岗岩、细粒黑云母二长花岗岩。岩石钠化较强，且有云英岩化、钾化、硅化等蚀变叠加时，在蚀变较强的地段形成锡钽矿体，是矿区主要成矿母岩。过渡相花岗岩-中粒黑云母二长花岗岩分布于矿区外北部，岩体呈岩基产出，岩性为中粒黑云母二长花岗岩。岩石具中粒花岗结构，块状构造，主要由钾长石、斜长石、石英、黑云母组成；岩体具有硅化、云英岩化、钾化等蚀变现象，但未发现工业矿体。粗粒花岗斑岩分布于矿区北西角，岩体呈岩脉产出，岩性为中粒黑云母二长花岗岩；岩石具中粒花岗结构，块状构造。岩体具有硅化、云英岩化、钾化等蚀变现象，但未发现工业矿体。

花岗岩风化后形成的砂土，主要成分为石英砂，少量长石砂和粘土（高岭土）。原岩为钠化细粒花岗岩地段，常形成风化壳型钽锡矿床，最厚可达数十米。一般 0~2 m 属腐殖土层，不含矿；2~7 m 属全风化层，钠化强烈，为钽矿体；7~15 m 属半风化层，为钽矿化层；15 m 以下属花岗岩基底层，矿化弱。

矿区内构造以断裂为主，分为北东向、北西向两组。北东向组断裂，倾向南东，倾角较陡，为 68°~73°；具压扭性质，破碎带宽度 1~2.5 m，主要由断层泥、角砾岩等组成。上盘为下古生界高黎贡山岩群灰绿色黑云母斜长变粒岩，下盘为黑云母花岗岩。北西向组断裂倾向北东，倾角 65°，为后期次级断层，主要由断层泥、角砾岩等组成。

变质作用以区域变质作用、混合岩化-花岗岩化作用占主导地位，区域动力变质作用、热接触变质作用次之，变质作用类型属低压型，岩石变质显绿片岩相-角闪石相。

2. 矿体地质特征

在双营盘、大钟谷、坡头树分别圈定了 3 个风化壳钽（锡）矿体（V_1、V_2、V_3），为主要矿体；并在双营盘圈定 1 个脉状钽矿体（V_4），为次要矿体。

V_1 矿体：分布于矿区南西部的双营盘一带，含矿岩石为风化的花岗岩残盖，属风化壳型钽（锡）矿。矿体形态与地形一致，呈面型沿地表分布，矿体南北长 466 m，东西宽 192~235 m，面积 0.1 km^2。矿体铅垂厚度 4.20~8.00 m，平均 6.35 m；Ta_2O_5 含量 0.02%~0.09%，平均 0.042%；Sn 品位 1365.12~2125.73 g/m^3，平均 1744.81 g/m^3。

V_2 矿体：位于矿区中部偏北东侧的大钟谷一带，属花岗岩风化壳型钽（锡）矿。矿体形态与地形一致，呈面型沿地表分布；矿体南北长 250 m，东西宽 200 m，出露面积 0.05 km^2。矿体形态规则，厚度稳定，铅垂厚度一般 5.50~8.00 m，平均 6.45 m；Ta_2O_5 含量 0.011%~0.035%，平均 0.027%。

V_3 矿体：位于矿区南西侧的坡头树一带，属花岗岩风化壳型钽（锡）矿。矿体形态与地形一致，呈面型沿地表分布；矿体南北长 300 m，东西宽 100~245 m，出露面积 0.032 km^2。矿体形态规则，厚度稳定，铅垂厚度一般 4.20~8.00 m，平均 6.55 m；Ta_2O_5 含量 0.01%~0.09%，平均 0.036%。

V_4 矿体：分布于矿区北东部，矿体赋存于花岗岩与变粒岩构造破碎带中，呈层状、透镜状产出，走向北东，倾向南东，倾角 70°左右。矿体控制长度 300 m，倾向延深 138 m，厚度 1.14~1.38 m，平均

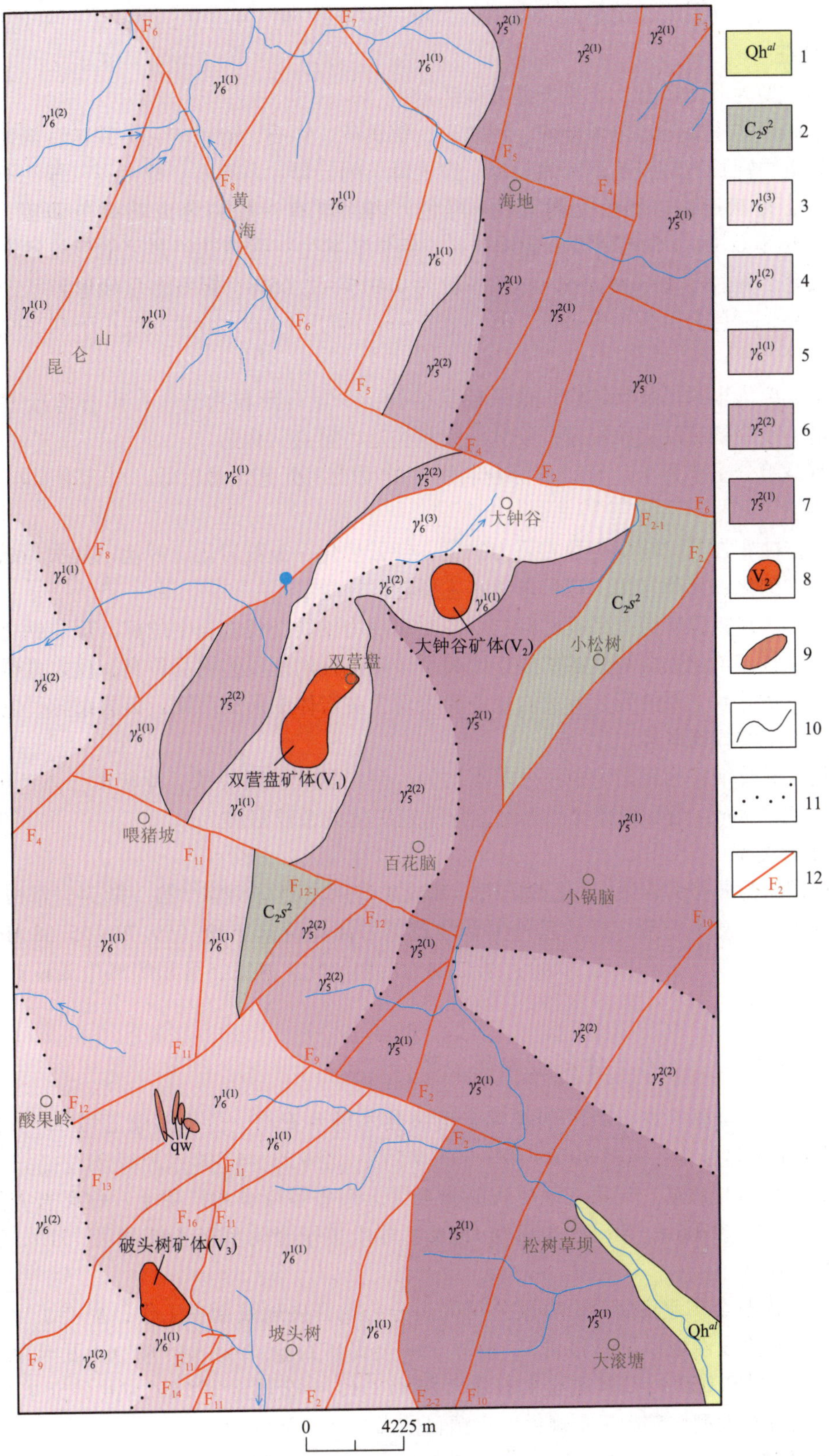

图 8-10　腾冲市卜锅脑钽矿区地质简图

（云南省地质矿产勘查开发局八〇七队，2006）

1—第四系冲洪积层；2—上石炭统丝光坪组第二段碎屑岩；3—喜马拉雅期细-中粒黑云母二长花岗岩；4—喜马拉雅期粗-巨粒黑云母二长花岗岩；5—喜马拉雅期不等粒蚀变花岗岩；6—燕山期粗粒黑云母花岗岩；7—燕山期中-粗粒黑云母花岗岩；8—矿体编号及界线；9—石英脉（含钨）；10—地质界线；11—岩相分界线；12—断层及编号

1.23 m；Ta_2O_5 含量 0.023%~0.043%，平均 0.032%；Sn 品位 787.59~1366.69 g/m^3，平均 987.44 g/m^3。

3. 矿石特征

矿石自然类型为氧化矿石，工业类型为砂矿。

矿石中金属矿物主要为钽黑稀金矿、钽铁矿、铌钽矿、锡石、磁铁矿、赤铁矿、褐铁矿等；脉石矿物主要为石英、钾长石、斜长石、黑云母、锂云母、绢云母、高岭石、绿帘石、绿泥石等。钽黑稀金矿多呈板状、片状产出，颜色为褐黑色-黑色，表面常有一层白色或黄绿色薄膜，粒径 0.2~0.3 mm，含量小于 0.1%，常与锡石、铌钽铁矿、钽铁矿共生；铌钽铁矿多呈他形粒状产出，颜色为灰黑色、灰褐色，粒径 0.1~0.5 mm，含量一般为 0.01%~0.05%；锡石多呈他形粒状产出，偶见四方柱晶体及双晶，颜色为黑色、黑褐色，0.1~0.5 mm，偶达 1 mm，含量一般小于 0.50%，少数地段可达 1%。

矿石结构主要为半自形粒状结构、他形粒状结构，少量自形粒状结构；矿石构造主要为砂状构造、土状构造、残余稀疏浸染状构造、细脉浸染状构造、星点状构造。

矿石中有益组分主要为 Ta、Sn，可综合利用；As 等有害元素含量较低，对选冶影响不大。

4. 围岩蚀变

围岩及岩体蚀变强烈，蚀变类型主要为钠化、锂云母化、云英岩化、钾化，其次为绿泥石化、高岭石化等，其中钠化、云英岩化、锂云母化是主要近矿蚀变。

钠化：是矿区找钽锡矿的直接找矿标志。主要表现为钠质交代岩石中的钾，形成钠化花岗岩，风化后呈白色糖粒状。钠化强弱与钽锡矿成正比关系，钠化强的地段钽锡品位高，反之则低。

云英岩化：是矿区主要蚀变，云英岩化主要表现为在岩体中形成后期云英岩细脉，它与锡矿化关系较密切，是重要的找锡矿标志。

锂云母化：遍及细粒相花岗岩中，分布不均匀，呈细脉状、团块状、片状集合体产出，片径 1~3 mm 为主，偶达 5 mm，当呈细脉状产出时，与锡钽矿化关系较密切。

5. 矿床成因类型

卜锅脑钽矿床为典型的岩浆-风化型矿床，其成矿作用主要有两期。第一期为岩浆成矿，其成矿时代与岩浆侵入时代基本一致，据矿区外围新岐花岗岩体同位素年龄（59.79~65.58 Ma），为白垩纪—古近纪（燕山晚期—喜马拉雅早期）；第二期为后期风化、淋滤、堆积等次生成矿作用的叠加改造，成矿时代为第四纪。

（二）镇康县木厂铌稀土金多金属矿点❶

木厂铌稀土金多金属矿点行政区划隶属于镇康县木场乡管辖，位于镇康县城 95°方向，平距约 35 km 处；矿区地理坐标为：东经 99°08′49″~99°10′53″，北纬 23°44′39″~23°47′21″。

1989 年，云南省地质矿产局第三地质队提交了《云南省镇康县木厂稀土、铌矿普查地质简报》，估算 Nb_2O_5 远景储量 2706 t，Nb_2O_5 含量 0.154%，伴生离子吸附型稀土储量为 731 t，稀土氧化物（REO）含量 0.041%。

2010 年，云南黄金矿业集团股份有限公司保山分公司开展地质勘查工作，提交了《云南省镇康县木厂铌稀土金矿阶段性地质勘查报告》，估算 334 类铌矿石量 1963.94×10^4 t，五氧化二铌资源量 11625 t，Nb_2O_5 含量 0.059%；334 类金矿石量 3.85×10^4 t，金金属量 158 kg，Au 品位 4.10 g/t。该区找矿潜力大，已具有大型铌矿床远景规模，资源目前尚未开发利用。

1. 矿区地质特征

（1）地层

木厂铌稀土金多金属矿点出露地层主要为下二叠统丙麻组（P_1bm）、沙子坡组（P_1s），中三叠统

---

❶ 主要资料来源：云南省地质矿产局第三地质队，1989c，云南省镇康县木厂稀土、铌矿普查地质简报；云南黄金矿业集团股份有限公司保山分公司，2010，云南省镇康县木厂铌稀土金矿阶段性地质勘查报告。

河湾街组（T_2h）和上三叠统牛喝塘组（T_3nh）、弯甸坝组（T_3wd），岩性以碳酸盐岩、火山岩及碎屑岩为主。其中，上三叠统牛喝塘组三段（T_3nh^3）深灰、灰绿色致密块状玄武岩、杏仁状玄武岩、斑状玄武岩，为马鹿街矿段金、铅矿（化）体主要赋存地层（图 8-11）。

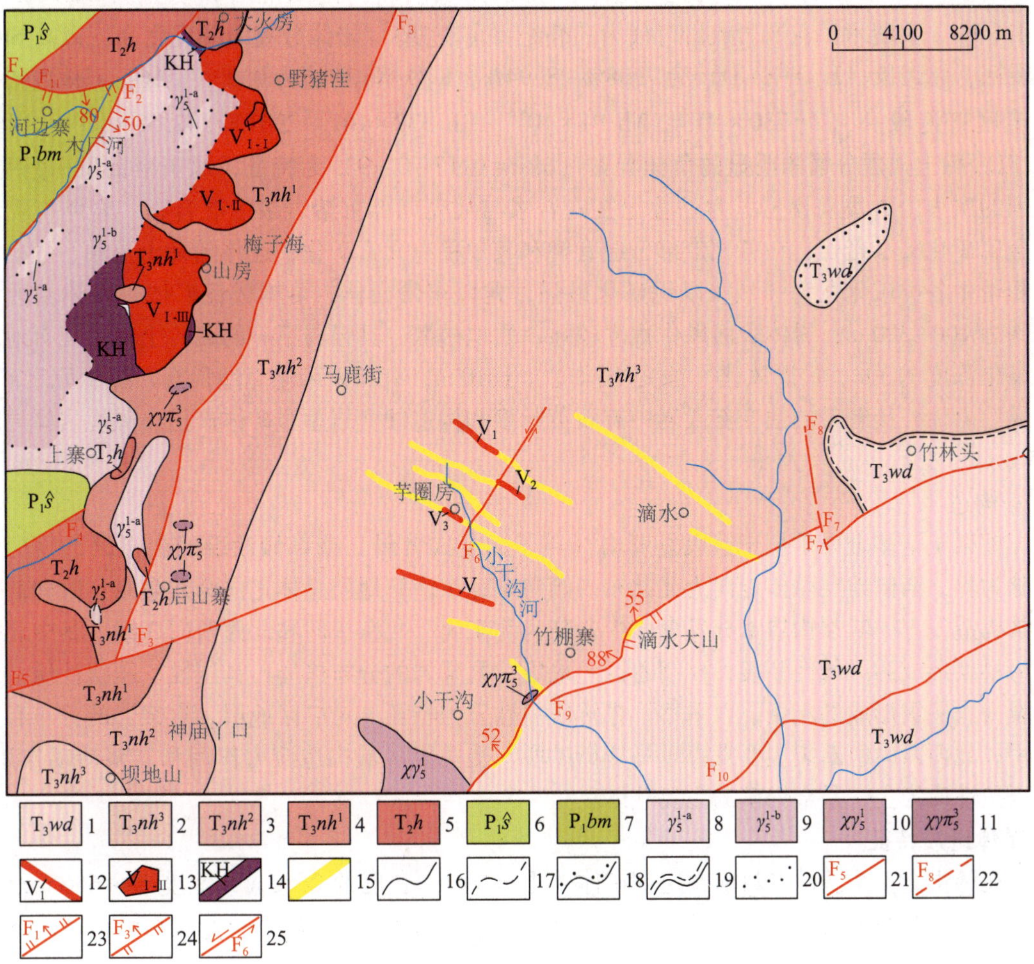

图 8-11 镇康木厂铌稀土金多金属矿点地质简图

（据云南黄金矿业集团股份有限公司保山分公司，2010）

1—上三叠统湾甸坝组；2—上三叠统牛喝塘组第三段；3—上三叠统牛喝塘组第二段；4—上三叠统牛喝塘组第一段；5—中三叠统河湾街组；6—下二叠统沙子坡组；7—下二叠统丙麻组；8—印支期中-细粒碱性花岗岩；9—印支期中-粗粒碱性花岗岩；10—印支期碱性花岗岩；11—燕山期碱性长石花岗斑岩；12—铅、金矿体及编号；13—铌矿体及编号；14—铌矿化体及编号；15—构造破碎带；16—地质界线；17—推测地质界线；18—角度不整合界线；19—平行不整合界线；20—岩相界线；21—实测断层及编号；22—推测断层及编号；23—实测正断层及编号；24—实测逆断层及编号；25—实测平移断层及编号

（2）岩浆岩

区内侵入岩主要为木厂碱性杂岩体，为一不规则的岩株，与下二叠统、中三叠统河湾街组、上三叠统牛喝塘组呈侵入接触关系；大致呈 40°方向延伸，长度 3.75 km，宽度 0.5～1.5 km，面积约 4.5 km^2。岩石以中粗粒、中粒碱长花岗岩和中细粒、细粒碱长花岗岩为主，各类岩石基本特征相同，仅在含碱性暗色矿物多少有一定区别。主要造岩矿物有正长石、钠长石、条纹长石、钠闪石、石英、磷灰石，副矿物有锆石、褐铁矿、绿帘石、铌钽铁矿等。

从岩石矿物粒度大小及产出位置可分为中-粗粒相和中-细粒相两个相带。中-细粒边缘相岩石为中细粒、细粒碱长石花岗岩，大致围绕中-粗粒相带呈环带分布，受断层和剥蚀作用影响形态变化大，岩体西部出露不完整，东部最宽可达 900 m，为铌多金属矿主要赋存岩体。中-粗粒中心相岩石以中粗、中粒碱性花岗岩为主，局部中粒霓石、钠闪石花岗岩，呈北东向带状，长度2.8 km，宽度0.5~1.2 km，为次要铌矿（化）赋存岩体。

木厂碱性花岗岩U-Pb法同位素年龄为217~253 Ma，Rb-Sr等值线法年龄为170±29 Ma；李庆（2016）利用SHRIMP锆石U-Pb同位素定年，获得木厂花岗岩岩浆结晶年龄分别为235.0±3.5 Ma、241.7±4.6 Ma，表明木厂花岗岩成岩时代为三叠纪（印支期）。岩体分离结晶程度高，以高SiO_2、低CaO为特征，总碱量（K_2O+Na_2O）为7.38%~8.94%，K_2O/Na_2O值为0.90~1.16；岩体内稀有、稀土元素丰度普遍较高（Zr 730×10^{-6}、Nb 91×10^{-6}、Rb 338×10^{-6}，ΣREE 342.58×10^{-6}~1264.22×10^{-6}），以轻稀土强烈分馏和明显的负铕异常（$\delta Eu=0.17\sim0.19$）为特征，属于准铝质-过铝质高钾钙碱系列的次火山A型花岗岩，为三叠纪玄武岩浆与陆壳局部重熔岩浆的混合物。岩体与铌、稀土及金多金属矿化关系密切，在各相带都普遍有铌和其他稀有元素矿化，还伴随稀土及铀、钍矿化；岩体边缘相带中各类矿化尤为强烈，以铌矿化最强，尤以东带最佳，可构成铌矿体；岩体剥蚀深度中等，推测为100~300 m；岩体表面风化程度较强，质地松散，具强弱不一的高岭土化，现有地表工程揭露全风化深度9.3 m，推测风化（蚀变）深度大于10 m，有利于风化壳型稀有、稀土元素矿（化）体的形成。岩体外接触带的蚀变玄武岩中有石英脉型和构造蚀变岩型金矿体产出，碱性岩体局部含金达0.25 g/t。

（3）构造

木厂铌稀土金多金属矿位于镇康复背斜（芦子园复式背斜）南部倾没端的南东翼，以马鹿街北东向山脉为界，西侧地层总体走向为北北东，倾向东；东南侧地层总体走向为北东东，倾向北西，局部小褶皱构造发育。断裂构造十分发育，主要分为北东向、北东东向和北西西向3组。其中北东向组断裂多为早期形成的区域性断裂，控制着区内地层、岩浆岩的分布格局，具压性、压扭性质；北东东向组断裂为次一级形成的断裂，以平移、张转压扭性质为特征，对矿区地层、岩浆岩的分布有着极大破坏作用；北西西向组断裂主要发育于马鹿街矿段，受两侧区域构造应力作用和岩浆活动作用形成，以张转压扭性质为主，是金铅矿的主要载体。

2. 矿体地质特征

木厂铌稀土金多金属矿点目前圈定铌矿体1个（V_1），长度约2650 m，宽度58~650 m，出露面积约1 km^2；最大铅垂厚度9.3 m，Nb_2O_5含量0.059%。根据矿体自然出露形态和工程控制情况，由北向南分为$V_{1-Ⅰ}$、$V_{1-Ⅱ}$、$V_{1-Ⅲ}$3个分矿体。

$V_{1-Ⅰ}$矿体：出露于木厂花岗岩体东部中细粒相花岗岩矿体北东段，矿体长轴方向为320°，长度1160 m，宽度40~440 m，呈不规则状产出，面积约0.29 km^2；Nb_2O_5含量0.036%~0.226%，平均0.077%。矿体北与中三叠统河湾街组呈侵入接触，北东与上三叠统牛喝塘组一段为侵入接触，接触面产状60°∠45°，西与中粗粒花岗岩为渐变过渡关系。

$V_{1-Ⅱ}$矿体：出露于木厂花岗岩体东部中细粒相花岗岩矿体中段，呈不规则状产出，面积约0.21 km^2；Nb_2O_5含量0.029%~0.214%，平均0.079%。矿体东与上三叠统牛喝塘组一段为侵入接触，接触面产状55°∠25°，西界与中粗粒花岗岩为渐变过渡，东内接触带铌矿较为富集。

$V_{1-Ⅲ}$矿体：出露于木厂花岗岩体东部中细粒相花岗岩矿体南段，矿体长轴方向为30°，长度1040 m，宽度210~650 m，呈长条状产出，面积约0.45 km^2；Nb_2O_5含量0.029%~0.051%，平均0.039%。北部和东部矿体与上三叠统牛喝塘组第一段为侵入接触，接触面产状不清；西与中粗粒花岗岩为渐变过渡关系；南与中细粒相花岗岩为渐变过渡关系。

在马鹿街一带还圈定金铅矿（化）体3个（V_1、V_2、V_3），总体走向北西西，倾向208°~216°，局部倾向北东，倾角60°~85°，厚度0.29~1.10 m。

V_1矿（化）体：总体走向为306°，工程控制走向长度930 m，厚度0.35~1.10 m，Au品位0~5.68 g/t，Pb品位0~1.19%。

V_2矿（化）体：总体走向为296°，工程控制走向长度800 m，厚度0.29~0.57 m，Au品位0~

10.61 g/t，Pb 品位 0~22.8%，矿化不连续，中部矿化弱。

V_3 矿（化）体：总体走向为 296°，工程控制走向长度 1540 m，厚度 0.17~0.55 m，Au 品位 0~10.24 g/t。

3. 矿石特征

木厂铌稀土金多金属矿的铌矿石自然类型为氧化矿，工业类型为热液蚀变碱性花岗岩型-风化型矿石。具花岗岩的结构构造，即中细粒花岗结构，块状构造。金属矿物主要为铌钽铁矿，其次为褐铁矿、磁铁矿、钛铁矿、赤铁矿、黄铁矿、锐钛矿、菱铁矿、辉钼矿、毒砂、闪锌矿、磷钇矿、白钛矿；非金属矿物主要为锆石、独居石、长石、石英、钠闪石、褐帘石、曲晶石、金红石、绿帘石、萤石、磷灰石、烧绿石等。矿石中有益组分主要为铌，伴生有钽、锆、稀土等有益组分。据云南省地质矿产局第三地质队（1989c）成果，东部中细粒相花岗岩铌矿体中，Ta_2O_5 含量为 0~0.013%，多数在 0.002%~0.005%之间，含量较低且矿化不均匀；ZrO_2 含量为 0.0662%~0.3917%，多数接近于边界品位，少数略高于边界品位；稀土矿化程度较高，全岩 TR_2O_3 平均含量为 0.1352%，离子吸附型稀土分析平均含量仅为 0.0362%，说明稀土元素次要吸附于粘土矿物中，主要与具稀土元素的有关矿物有密切关系，如烧绿石、磷钇矿和独居石等。有益稀有、稀土矿物主要为铌钽铁矿、锆石、独居石，其次为曲晶石、磷钇矿、烧绿石等，稀土矿物中除铈、镧、钕等主要元素外，还含有钍、铀等放射性元素。岩体中钾化、钠化、萤石化及硅化等蚀变作用的强度与 Nb、Ta 矿化成正比；地表岩体风化程度较强岩石较破碎部位，Nb、Ta 含量也高；岩体中暗色矿物及金属矿物含量高的部位，Nb、Ta 含量相应增高。

金铅矿石自然类型以硫化矿为主，工业类型为石英脉型和硅化构造角砾岩型金铅矿石。矿石中金属矿物主要为自然金、方铅矿、黄铁矿、褐铁矿、镜铁矿、黄铜矿、孔雀石、毒砂，非金属矿物主要为石英、长石、萤石、方解石及铁泥质、高岭石等。

4. 岩体及围岩蚀变

木厂碱性花岗岩体表面风化程度较强，质地松散，具强弱不一的高岭土化；近矿围岩蚀变主要有硅化、黄铁矿化、褐铁矿化、镜铁矿化、粘土化、大理岩化、绿泥石化、绿帘石化等。其中硅化、黄铁矿化、褐铁矿化、粘土化与金矿化关系密切。

5. 矿床成因类型

木厂碱性花岗岩体中稀有、稀土元素含量较高，且含有挥发组分的矿物；岩体经历长期演化过程，至少有三期成岩成矿作用，即成岩初期成矿作用—岩浆叠加交代成岩成矿作用—气成热液蚀变改造作用，从而在岩体不同部位形成强弱不一的稀有、稀土及放射性元素矿化，在有利部位形成以铌为主的稀有、稀土元素矿（化）体。

除岩体风化壳中有稀有、稀土元素矿外，原生岩体各相带都普遍有铌和其他稀有元素矿化。因此，其成矿类型应为碱性岩浆型-风化壳型稀有、稀土矿，岩浆型矿（化）体成矿时代与成岩时代一致，为晚三叠世（印支晚期）；风化壳型矿体成矿时代为第四纪。

（三）腾冲市勐蚌钽钨多金属矿床❶

勐蚌钽钨多金属矿床行政区划隶属于腾冲市中和镇新岐村，位于腾冲市区 270°方向，平距约 23.5 km 处；其中心点地理坐标为：东经 98°15′25″，北纬 25°00′55″，面积约 14 km^2。

2005~2006 年，云南省地质勘察总公司对矿区开展了普查工作，提交了《云南省腾冲县勐蚌钨钽矿地质普查报告》，估算 332+333 类钨（WO_3）资源量 4350.89 t，WO_3 含量 0.37%；钽（Ta_2O_5）资源量 339.55 t，Ta_2O_5 含量 0.032%。

2007~2008 年，云南省地质工程勘察总公司对矿区进行详查工作，提交了《云南省腾冲县勐蚌铌钽锡矿详查报告》估算 332+333 类钽（Ta_2O_5）资源量 106.48 t，Ta_2O_5 含量 0.065%，共生 333 类

---

❶ 主要资料来源：腾冲县金山地矿科技服务责任有限公司，2010b，云南省腾冲县勐蚌钨钽矿核查矿区资源储量核查报告。

锡金属量 182.31 t，Sn 品位 0.45%。伴生 333 类铌（Nb_2O_5）资源量 28.48 t，Nb_2O_5 含量 0.018%；钽（Ta_2O_5）资源量 340 t，Ta_2O_5 含量 0.023%。

截至2017年底，勐蚌钽钨多金属在《云南省2017年矿区及所属矿山矿产资源储量简表》中的上表资源储量为：累计查明资源储量：钨（WO_3）4350.89 t、钽（Ta_2O_5）106.48 t、锡 182.31 t；伴生 333 类铌（Nb_2O_5）资源量 28.48 t、钽（Ta_2O_5）资源量 340 t。资源目前尚未开发利用。

1. 矿区地质特征

勐蚌矿区位于槟榔江南北向构造带与腾冲-梁河弧形构造带挟持带中，主构造线方向为北西向，主要表现为一破向斜与一组压扭性逆冲断层；其大地构造分区属冈底斯-喜马拉雅造山系（Ⅸ）、冈底斯-察隅弧盆系（Ⅸ-1）之班戈-腾冲岩浆弧（Ⅸ-1-3）；成矿区带属特提斯成矿域（Ⅰ1）、腾冲（造山带）成矿省（Ⅱ1）、独龙江-腾冲（岩浆弧）Sn-W-Be-Nb-Ta-Rb-Li-Fe-Pb-Zn-Au 成矿带（Ⅲ1）之棋盘石-小龙河（燕山期岩浆弧）Sn-W-Fe-Pb-Zn-Cu-Ag 矿带（Ⅳ3）。矿区分为大尖峰和门坎山两个矿段。

区内出露的地层主要为古元古界高黎贡山岩群（$Pt_1G.$）与第四系（Q）。高黎贡山岩群（$Pt_1G.$）按其岩性组合特征可分划为两个岩性段，上段以有较多的石英片岩、石英岩为特征；下段以含有较多的长石变粒岩而与上段中只有较少的黑云变粒岩相区别。第四系主要为更新统火山堆积与全新统的残坡积堆积。

矿区总体为一宽缓型破向斜构造，主体构造线方向为北西向。向斜西翼地层产状较东翼缓，倾角一般在 40°~50°之间，而东翼在 50°~72°之间，形态上表面现为一斜歪褶曲；核部因受两条北西向逆断层的影响，地层出露不连续，有燕山晚期花岗岩侵入，花岗岩中平行于构造线展布的云英岩化带是区内钨钽矿（化）体的赋存部位。主向斜两翼中的次级褶皱也较发育，但未发现有较好的矿化体。

区内断裂构造发育，主要有北西向、近东西向和近南北向展布的三组。其中以北西向断裂规模最大，主要有 F_1、F_2 两条，长大于 5.5 km，倾角 50°~85°，具压扭性逆冲性质，为矿区主要控矿构造；近南北向断裂主要为 F_5，与北西向断裂近于同期形成，长 950 m，倾向东，倾角一般 81°左右，具挤压逆冲性质，对岩浆及矿化体有控制作用；近东西向断裂规模较小，主要有 F_1、F_2 两条，长度大于 3 km，切错北西向断裂，具平移走滑性质，属后期破坏性构造。

区内岩浆岩主要为燕山晚期—喜马拉雅期中酸性侵入岩，属古永花岗岩岩体南部突出端。岩体中心相带岩石没有出露，边缘相带为中粗粒似斑状黑云二长花岗岩，出露宽度 350~700 m；过渡相带为中细粒-不等粒似斑状黑云二长花岗岩，出露宽度 120~300 m，斑晶含量较边缘相少，且斑晶粒径也较小。过渡相带中云英岩化作用较强，岩体中发育云英岩化带，展布方向大致与 F_1 和 F_2 平行，普遍含有钨、钽矿化，是本区的主要含矿岩带。岩体具有明显分带，以粒度及斜长石含量进行划分，北段主要出现粒度较细的花岗岩，含大量斜长石，斜长石含量 23%以上，最多的达 35%，主要为钨、钽矿化为主，锡含量低。往南花岗岩的粒度逐渐变粗，以中粒为主，斜长石开始大量减少，含量 3%~5%，以钽矿化为主，钨含量大量减少，锡的含量有所增加。再往南，花岗岩粒度越来越粗，以粗粒为主，几乎不含斜长石，以锡矿化为主，钨、钽含量大量锐减。

变质作用以区域变质作用、混合岩化-花岗岩化作用占主导地位，区域动力变质作用、热接触变质作用次之，变质作用类型属低压型，岩石变质显绿片岩相-角闪石相。

2. 矿体地质特征

勐蚌矿床共圈定 5 个钨钽矿体（Ⅰ、Ⅱ1、Ⅱ2、V3、V4），均产于 F_1 与 F_2 所挟持的花岗岩中部云英岩化带中。含矿云英岩化带呈带状展布，且与主构造线近于平行，总长度大于 2280 m，宽度 42~87 m；矿体一般呈脉状、条带状，其次为扁大透镜体状，分布在云英岩化带的中部，其产状与云英岩化带基本一致。

Ⅰ矿体：位于大尖峰矿段，呈脉状产出，走向北东，地表控制长度 880 m，最大斜深 60 m，倾向北西，倾角 62°~83°；矿体平均厚度 5.06 m，Ta_2O_5 含量 0.033%、WO_3 含量 0.44%。

Ⅱ1 矿体：位于门坎山矿段，呈扁大透镜状产出，走向近南北，地表控制长度 238 m，倾向西，倾角 65°~80°。矿体平均厚度 3. 87 m，Ta_2O_5 含量 0. 026%、WO_3 含量 0. 32%。

Ⅱ2 矿体：位于Ⅱ1 号矿体南东端，呈脉状产出，走向北西，地表控制长度 560 m，最大斜深 20 m，倾向南西，倾角 58°~80°；矿体平均厚度 3. 68 m，Ta_2O_5 含量 0. 031%、WO_3 含量 0. 33%。

V3 矿体：呈条带状产出，走向近南北，地表控制长度 400 m，最大斜深 60 m，倾向西，倾角 68°。矿体厚度 1. 85~2. 43 m，平均 2. 22 m；Ta_2O_5 含量 0. 034%~0. 111%，平均 0. 065%。

V4 矿体：呈条带状产出，走向北西，地表控制长度 320 m，最大斜深 60 m，倾向南西，倾角 40°。矿体厚度 1. 47~2. 15 m，平均 1. 77 m；Ta_2O_5 含量 0. 035%~0. 065%，平均 0. 046%。

3. 矿石特征

勐蚌矿床的钨矿石自然类型以氧化矿为主，主要为黑钨矿矿石；钽矿石自然类型主要为氧化-半氧化矿石，以半氧化矿为主，约占矿石总量的 75%；锡矿石自然类型主要为硫化-半氧化矿石，约占矿石总量的 75%。

矿石中金属矿物主要为钽铁矿、铌铁矿、黑钨矿，其次为白钨矿、锡石、褐铁矿、黄铜矿、辉钼矿、黄铁矿、磁黄铁矿、锆石；脉石矿物主要为石英、斜长石、钾长石、白云母、绢云母和高岭石。

矿石结构主要有自形-半自形粒状结构、他形粒状结构、碎裂结构、变余碎粒结构、碎斑结构、蚀变边结构、自形板状结构、他形片状结构；矿石构造主要有块状构造、角砾状构造、条带状构造、条带浸染状构造和脉状浸染状构造。

矿石中有益组分为 W、Sn、Ta、Nb，可综合利用；As 等有害元素含量较低，对选冶影响不大。

4. 岩体及围岩蚀变

勐蚌矿床的围岩及岩体蚀变强烈，主要有褐铁矿化、黄铁矿化、云英岩化、硅化等。其中云英岩化是主要近矿蚀变，表现为在花岗岩体中形成后期云英岩细脉，与钨钽锡矿化关系较密切，是重要的找矿标志。

5. 矿床成因类型

勐蚌钽钨多金属矿为典型的岩浆作用矿床，主要为云英岩型，其成矿时代与岩体侵入时代基本一致。由于矿区外围新岐花岗岩体同位素年龄为（65. 58~59. 79 Ma），因此，矿床成矿时代应与其基本一致，为燕山晚期—喜马拉雅早期（白垩纪—古近纪）。

（四）其他矿床（点）

除上述 3 个重要矿床外，在盈江-腾冲一带的燕山期—喜马拉雅期花岗岩体周边，产出有腾冲茶塘河南和盈江卡场 2 个岩浆型-风化型铌钽矿床（点），在个旧锡多金属矿田的马拉格一带的蚀变花岗岩中，也产出有铌钽铍矿 1 处（马拉格），在金平大寨-马鞍底一带，分布有燕山晚期—喜马拉雅期的勐平-大平碱性糜棱岩化花岗岩体，富含 Nb、Rb、Zr、Hf 等稀有元素，产出有大寨坡铌稀土矿点。上述矿床（点）基本特征详附表 6。

二、伟晶岩型铌钽矿

伟晶岩型铌钽矿主要分布于滇西的腾冲-梁河、芒市-龙陵及滇东南的个旧等燕山期花岗岩带以及高黎贡山、崇山等变质岩带上，以腾冲贡源、龙陵三台坡、个旧马拉格、腾冲宝华山等矿床最具代表性。

（一）腾冲市贡源锡矿床伴生铌钽矿❶

贡源锡矿床行政区划隶属于腾冲市界头镇东华村，位于腾冲市区 33°方位，平距 55 km 处；其地理坐标为：东经 98°42′02″~98°42′23″，北纬 25°20′01″~25°20′30″，面积 0. 36 km^2。

2000~2001 年，云南省地质矿产勘查开发局第四地质大队在该区开展地质勘查工作，分别提交了

❶ 主要资料来源：云南省地质矿产勘查院，2010，云南省腾冲县贡源锡矿核查矿区资源储量核实报告。

《云南省腾冲县界头乡贡源锡矿小矿地质简测说明书》和《腾冲县贡源锡矿有限责任公司界头贡源锡矿 V3 矿体储量计算说明书》，估算 D+E 级锡金属储量 1172.72 t，Sn 平均品位 0.392%。

2010 年，云南省地质矿产勘查院对矿区开展资源量核查工作，提交了《云南省腾冲县贡源锡矿核查矿区资源储量核实报告》，截至 2009 年底，矿区累计查明 122b+333 类锡资源储量 1158.19 t，伴生钽（Ta_2O_5）48.94 t、铌（Nb_2O_5）106.67 t；矿床平均品位：Sn 0.316%、Ta_2O_5 0.013%、Nb_2O_5 0.029%。上述资源储量未列入《云南省 2017 年矿区及所属矿山矿产资源储量简表》中。

2005 年 4 月，腾冲市贡源锡矿有限公司获得该区采矿许可证，目前正处于探采结合阶段，没有正式生产。

1. 矿区地质特征

贡源矿区出露地层主要为新近系上新统芒棒组（N_2m）、石炭系勐洪群（C*MN*）及古元古界高黎贡山岩群（$Pt_1G.$）。上新统芒棒组（N_2m）岩性主要为砂岩、砂砾岩夹粘土岩及薄煤层；石炭系勐洪群（C*MN*）岩性主要为含砾含岩屑石英杂砂岩夹黑色板岩，顶部为白云岩、灰岩；古元古界高黎贡山岩群（$Pt_1G.$）上部岩性为角闪石化透辉斜长变粒岩、绢云石英微晶片岩、黑云石英片岩夹黑云二长变粒岩、黑云斜长变粒岩；下部为条纹状混合岩化黑云斜长变粒岩、混合质黑云斜长变粒岩、黑云二长变粒岩、眼球状花岗质混合片麻岩、黑云变斑状混合岩。

区内构造较为简单，以层间破碎带及压扭性小断裂为主。层间破碎带走向主要为北西向，少量北东向，长度一般大于 150 m，宽度 1.06~13.59 m，倾向北西（V3）和北东（V4、V5），倾角 60°~70°，沿断裂充填有黄铁矿化、电气石化石英伟晶岩脉，并具锡、铌、钽矿化，是主要控矿构造。压扭性小断裂走向北东，长度一般小于 100 m，宽度 0.5~5 m，倾向西，倾角 65°~80°。

2. 矿体地质特征

贡源矿床共圈定 3 个工业矿体（V3、V4、V5），均产于黄铁矿化电气石石英伟晶岩脉中，其中 V3、V4 为主要矿体。

V3 矿体：总体走向 34°，倾向北西，倾角 70°~80°。矿体控制长度 340 m，垂深 32 m；矿体厚度 4.81~16.85 m，平均 6.18 m；Sn 品位 0.28%~0.41%，平均 0.325%，为黄铁矿化电气石石英伟晶岩脉型锡矿石。矿体伴生有铌钽，含量分别为：Ta_2O_5 0.014%、Nb_2O_5 0.031%。

V4 矿体：总体走向 310°，倾向北东，倾角 70°~80°。矿体控制长度 145 m，厚度 4 m；Sn 品位 0.226%~0.289%，平均 0.289%，为黄铁矿化电气石石英伟晶岩脉型锡矿石。矿体伴生有铌钽，含量分别为：Ta_2O_5 0.011%、Nb_2O_5 0.021%。

3. 矿石特征

贡源矿床的矿石自然类型为黄铁矿化电气石石英伟晶岩脉型锡铌钽矿，工业类型为锡石-石英型矿石。

金属矿物主要为锡石、黄铁矿；稀有元素矿物主要为铌钽铁矿、绿柱石、电气石、锂云母等；非金属矿物主要为石英、白云母。锡石多呈半自形粒状产于伟晶岩脉中，与电气石、绿柱石、石英、云母等共生，矿物粒度一般 0.1~10 mm。铌钽铁矿多呈半自形-自形板状产于伟晶岩脉中，与锡石、绿柱石、电气石、锂云母等共生，矿物粒度一般 0.1~5 mm。

矿石结构以他形-半自形晶粒状结构、半自形-自形板状结构为主，偶见自形晶粒状结构；构造以星点状、细脉状构造为主，其次为浸染状、块状构造。

矿石中有用组分为 Sn、Ta、Nb，含量分别为：Sn 0.316%、Ta_2O_5 0.013%、Nb_2O_5 0.029%；有害组分为 As、Zn、Pb，含量均在允许范围内，不影响矿石加工选冶性能及精矿质量。矿石经重选后，有害元素能剔除并达精矿质量的要求，有益元素 Nb、Ta 与 Sn 一并选出，形成混合精矿，在磁选中进行分离。

4. 矿床成因类型

贡源锡铌钽矿床为典型的花岗伟晶岩型矿床，其成矿时代与伟晶岩成岩时代基本一致，为喜马拉雅期（高子英等，1993）。

（二）其他矿床（点）

除腾冲贡源铌钽矿外，还有腾冲宝华山、盈江核桃寨、龙陵三台坡、黄家寨4个伟晶岩型铌钽矿床（点）。腾冲宝华山矿床特征在伟晶岩铍矿部分已详细描述，其余矿床（点）基本特征详见附表6。

三、火山沉积-改造型铌钽矿

（一）禄劝县笔架山铁矿床伴生铌矿[1]

笔架山铁矿行政区划隶属于禄劝彝族苗族自治县皎平渡镇皎平办事处管辖，位于禄劝县城353°方向，平距约76 km处；矿区地理坐标为：东经102°22′42″~102°23′02″，北纬26°16′48″~26°17′08″，面积约0.28 km^2。

1958年，云南省冶金局地质勘探公司三一三队曾对该区进行过普查评价，估算铁矿远景储量1000×10^4 t左右。

1960年，云南省地质局第十队曾沿金沙江边开展普查找矿，对洪门厂、笔架山进行地表浅部评价，提交了《云南省禄劝县笔架山铁矿普查评价报告》，估算铁远景储量561.07×10^4 t。

1966年，云南省地质局第十三队对洪门厂、笔架山进行普查评价，估算C_1+C_2级铁矿储量129.8×10^4 t。

1967~1970年，云南省冶金局地质勘探公司组成的第一普查队对笔架山等地开展地表普查工作。

1970~1973年，原云南省冶金局地质勘探公司三〇五队完成禄劝县笔架山铁矿地质勘探工作，于1975年12月提交《云南省禄劝笔架山铁矿地质勘探报告书》，估算C_1+C_2级铁矿储量1406.62×10^4 t，TFe品位43.63%，为中型富铁矿床；伴生铌（Nb_2O_5）5150.98 t。审查批准C_1+C_2级表内铁矿储量680.5×10^4 t，表外储量720.9×10^4 t。

截至2017年底，笔架山铁矿在《云南省2017年矿区及所属矿山矿产资源储量简表》中的上表资源储量为：累计查明333类以上铁矿石量1406.62×10^4 t，伴生铌金属量4644 t。

矿山于1992年建成采矿，至1994年，年采原矿（富矿）4×10^4~5×10^4 t；1995年选厂投入生产，年采矿石8×10^4 t。采矿以坑采为主，露天为辅，选矿技术为磁选+重选，选出的铁精矿产品质量优良，经济效益较好。

笔架山铁矿为沉积变质型富铁矿床，矿区处于“康滇地轴”中段东侧，夹持于南北向普渡河深大断裂及汤郎-易门深大断裂之间。矿区出露地层主要为中元古界昆阳群浅变质岩系，其中昆阳群因民组上段变余粉砂岩是主要赋矿层位，矿体赋存于碳酸盐岩与碎屑岩沉积相的过渡部位，产状与围岩基本一致；矿体受近南北向拉戛厂断裂、北西向老马田断裂控制，岩（矿）层揉皱剧烈，沿走向呈叠瓦状。由于频繁的构造和基性岩浆活动及强烈变质作用改造，形成众多富、厚铁矿体。

矿区共发现大小矿体20余个，一般呈层状、似层状及扁豆状顺层产出，具分支、复合现象。矿体走向除1号矿近东西向外，其他矿体总体为北东—南西向，倾向南东（1号矿体倒转倾向北），倾角79°~88°。2号、3号矿体规模最大，是矿区主要矿体。

2号矿体：位于矿区北部，走向北东（50°~85°），倾向南东（140°~175°），倾角79°~90°。矿体呈层状产出，走向长度约330 m，倾向延深385 m，厚度3.00~27.0 m，平均10.9 m；矿石矿物以角砾状、致密状赤铁矿为主，其次为磁铁矿、针铁矿、褐铁矿及少量磷铁矿；矿石中TFe含量平均为42.18%。矿体顶板为因民组上段含铁变余粉砂岩、砂板岩，底板为落雪组下段白云岩。

3号矿体：位于2号矿体上部，走向北东（70°~75°），倾向南东（160°~165°），倾角79°~90°。

---

[1] 主要资料来源：云南省冶金局地质勘探公司三〇五队，1975，云南省禄劝笔架山铁矿地质勘探报告书；云南物探矿业有限公司，2010，云南省禄劝县笔架山铁矿核查矿区资源储量核查报告。

矿体呈层状产出，走向长度约346 m，倾向延深360 m，厚度2.00~27.5 m，平均12.1 m；矿石矿物以角砾状、致密状赤铁矿为主，其次为磁铁矿、针铁矿、褐铁矿及少量磷铁矿；矿石中TFe含量平均为TFe 45.59%。矿体顶、底板均为因民组上段含铁变余粉砂岩、砂板岩。

笔架山矿床的矿石氧化程度高，自然类型以氧化矿为主（85%），少量混合矿（12%）和原生矿（3%）；工业类型为以赤铁矿为主的赤铁矿-磁铁矿型富铁矿。按工业技术类型划分，以酸性矿石为主（44.15%），其次为半自熔型矿石（24.42%）、碱性矿石（21.26%），少量自熔性矿石（1.17%）；按有害杂质划分，以高磷低硫矿石为主（78%），少量高磷硫矿石（8.1%）、高硫低磷矿石（5%）、低磷硫矿石（8.9%）。

矿石矿物以赤铁矿为主，其次为磁铁矿、针铁矿、褐铁矿，少量磷铁矿、镜铁矿、黄铁矿、黄铜矿、辉铜矿等；脉石矿物以白云岩、石英、萤石、磷灰石为主，其次为绿泥石、黑云母、斜绿泥石，少量铁白云石、榍石、电气石、白云母、方解石、绢云母等。

矿石结构以自形、他形粒状结构和交代残余结构为主，其次为乳浊状结构、交代斑状结构、文象结构等；矿石构造以块状构造和韵律条带状构造为主，其次为角砾状构造、浸染状构造。

矿石中伴生有益组分为铌，矿床Nb_2O_5平均含量0.0366%，具有工业利用价值。铌主要在富铁矿石中富集（储量占66.5%），Nb_2O_5平均含量0.0424%；贫铁矿中储量只占33.43%，Nb_2O_5平均含量0.0288%。矿石中还富含稀土元素，TR_2O_3含量最高0.123%，最低0.082%，平均0.104%。

笔架山矿床的成因类型为火山沉积-改造型含铌稀土富铁矿床。

（二）其他矿床（点）

据云南省地质矿产局（1993）成果，宣威禾木多-徐家村一带的火山沉积型稀土矿中也伴生有铌矿。禾木多一带峨眉山玄武岩组第三段火山岩中含有稀土矿，TR_2O_3含量分别为0.1%、0.105%，伴生有铌矿，Nb含量一般为0.01%~0.05%，最高0.2%。徐家村一带仅有上二叠统宣威组底部火山碎屑岩中的稀土矿，也伴生有铌矿，Nb含量0.01%~0.05%，最高0.15%。

据刘殿蕊（2019）成果，宣威地区上二叠统峨眉山玄武岩组（Pe）顶部紫红色铁质泥岩、凝灰岩中，也产出有铌多金属矿体，主要呈层状、似层状，倾角一般10°~15°，厚度8~20 m；Nb_2O_5含量111×10^{-6}~747×10^{-6}，平均255×10^{-6}。矿石中还伴生有钪、钛、铁等有益组分，Sc_2O_3含量25.10×10^{-6}~81.25×10^{-6}，平均46.63×10^{-6}；TiO_2含量2.62%~7.54%，平均5.28%；TFe含量13.32%~26.39%，平均17.76%。

四、沉积型铌钽矿

在一些铝土矿矿床中伴生有铌（Nb）、钽（Ta）矿，如广南板茂矿床中，Nb含量为0.037%~0.076%，平均0.0634%；Ta含量为0.0025%~0.0073%，平均0.0039%。均达到相应的工业指标要求，可综合回收利用。此外，西畴卖酒坪矿床卖酒坪矿段的堆积型铝土矿中，Nb_2O_5平均含量0.0165%，已达到风化壳矿床的工业品位要求；安宁耳目村-下哨矿床中，Nb_2O_5含量为0.007%~0.016%。目前，铝土矿中共伴生的铌（Nb）、钽（Ta）矿尚未进行系统研究评价，可利用性有待进一步确定。

据王行军等（2015a）研究成果，滇东南地区铝土矿矿床中稀有元素铌（Nb）含量高，为18.46×10^{-6}~322.80×10^{-6}，含铝岩系Nb平均含量为121.03×10^{-6}，高于风化壳型铌矿床的边界品位：Nb 56.8×10^{-6}、Nb_2O_5 0.008%。其中铝土矿中Nb平均含量为169.73×10^{-6}，铁质铝土矿、铁铝质岩、铝质粘土岩、泥质铝土矿、铁质岩、菱镁矿的平均含量分别为147.52×10^{-6}、107.66×10^{-6}、85.70×10^{-6}、81.00×10^{-6}、60.71×10^{-6}、45.00×10^{-6}；除菱镁矿外，均高于风化壳型铌矿床的边界品位，显示出Nb含量与Al含量呈正相关关系。在主要铝土矿床中，文山天生桥矿床的Nb含量最高，平均值为194.16×10^{-6}，其次为丘北白色姑、丘北飞尺角、西畴芹菜塘、文山杨柳井、砚山红舍克、丘北大铁等矿床，其平均值分别为151.75×10^{-6}、108.50×10^{-6}、100.00×10^{-6}、94.00×10^{-6}、

86.35×10^{-6}、83.79×10^{-6}；均高于风化壳型铌矿床的边界品位，显示出 Nb 含量由北西往南东逐渐变低的特点。

第五节　锶矿（天青石矿）

锶（Sr）有“金属味精”之称，在金属、非金属材料、橡胶、涂料等有机材料中，添加适量的锶及其化合物，都可以改变某种性能，或使其具有特殊的性能。目前用途最广、用量最大的锶产品是碳酸锶、硝酸锶、铬酸锶、铁酸锶。碳酸锶广泛应用于彩色显像管、磁性材料、电子陶瓷、金属冶炼、功能材料、军工、医药等领域；而钡锶盐也作为一种新型民用防辐射材料而备受关注。

锶在自然界主要锶的硫酸盐矿物（$SrSO_4$）形式产出，俗名“天青石”。中国的锶矿（天青石）资源十分丰富，锶矿（天青石）资源储量占全球资源总量的 70%，其产量也占全球总产量的 60%。云南锶矿（天青石）主要分布于兰坪-普洱（思茅）盆地北段的兰坪一带，有独立锶矿和铅锌（银）矿共（伴）生锶矿 2 种类型。独立锶矿仅兰坪县河西锶（天青石）矿 1 处，与铅锌（银）矿共（伴）生锶矿有兰坪金顶铅锌多金属矿和区五银矿 2 处。

一、兰坪县河西锶（天青石）矿床❶

河西锶（天青石）矿行政区划隶属于兰坪白族普米族自治县河西乡，位于兰坪县城北西 353°方向，平距约 50 km 处；矿区地理坐标为：东经 99°23′33″~99°23′59″、北纬 26°50′46″~26°51′42″。

1985 年，云南省地质矿产局第三地质大队在该区开展铅锌矿矿点检查，发现天青石矿。

1988 年，云南省地质矿产局第三地质大队继续在该区开展矿点检查，圈定锶矿体 4 个，估算天青石矿石储量超过 2×10^4 t。

1989~1993 年，云南省地质矿产局第三地质大队断续在该区开展勘查工作，于 1993 年 8 月提交了《云南省兰坪县河西锶矿区普查地质报告》，估算 C+D+E 级天青石资源储量 20.79×10^4 t，$SrSO_4$ 含量 53.98%。其中，C 级 3.28×10^4 t，$SrSO_4$ 含量 51.08%；D 级 13.17×10^4 t，$SrSO_4$ 含量 52.77%；E 级 4.34×10^4 t，$SrSO_4$ 含量 60.85%。

2008 年，云南南方地勘工程总公司受兰坪县河西碳酸锶厂委托，对该区开展储量核实工作，提交《云南省兰坪县河西锶矿区资源储量核实报告》，保有 333 类及其以上天青石资源储量 11.63×10^4 t，$SrSO_4$ 含量 56.11%。

截至 2017 年底，河西锶（天青石）矿在《云南省 2017 年矿区及所属矿山矿产资源储量简表》中的上表资源储量为：累计查明 333 类及其以上天青石资源储量 17.09×10^4 t，$SrSO_4$ 含量 56.11%，达到中型锶矿床规模。

矿山于 2002 年建厂开发，成立兰坪县河西碳酸锶厂，采用碳还原法，年生产碳酸锶 1500 t。

（一）矿区地质特征

河西锶矿区位于兰坪-普洱（思茅）盆地北部，大地构造分区属羌塘-“三江”造山系（Ⅶ）、昌都-兰坪-普洱（思茅）地块（Ⅶ-5）之昌都-兰坪-普洱（思茅）地块（S-T）（Ⅶ-5-2）；成矿区带属特提斯成矿域（Ⅰ1）、“三江”（造山带）成矿省（Ⅱ2）、兰坪-普洱（陆块）Cu-Pb-Zn-Ag-Fe-Hg-Sb-As-Au-石膏-菱镁矿-盐类成矿带（Ⅲ5）之兰坪-普洱（地块）Cu-Pb-Zn-Ag-Fe-Hg-Sb-As-Au-盐类矿带（Ⅳ12）。区域内从晚三叠世至始新世沉积一套巨厚的富含生物碎屑及有机质的碳酸盐岩、碎屑岩及含膏盐碎屑岩建造，是区域内的主要含矿岩性。

❶ 主要资料来源：云南省地质矿产局第三地质大队，1993，云南省兰坪县河西锶矿区普查地质报告；云南南方地勘工程总公司，2008，云南省兰坪县河西锶矿区资源储量核实报告。

1. 地层

区内出露地层有上三叠统三合洞组（T_3sh）、古近系古新统云龙组（E_1y）和果郎组（E_1g），见图 8-12。

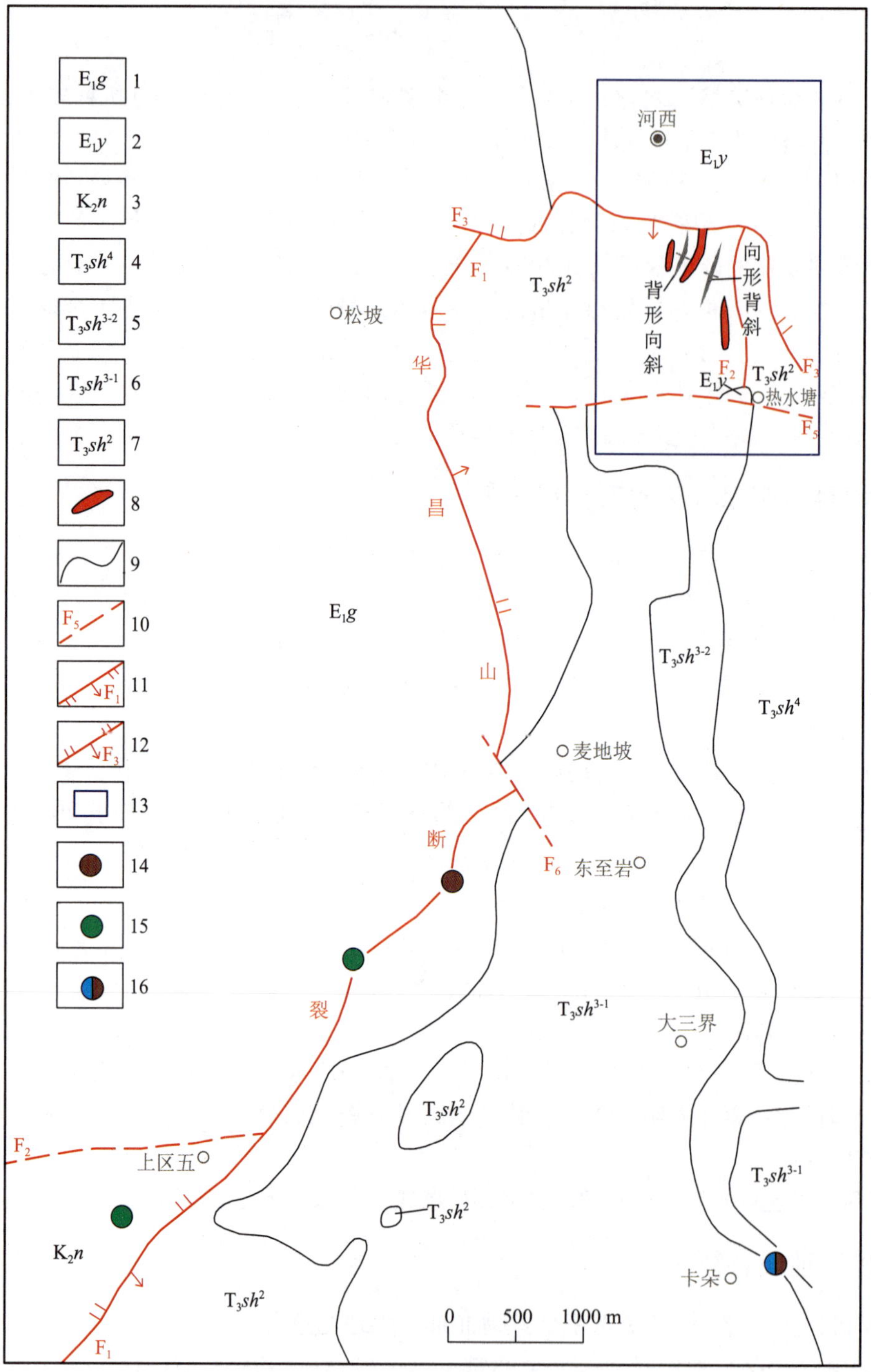

图 8-12　兰坪县河西锶矿区地质简图

（据云南省地质矿产局第三地质大队，1993）

1—古新统果郎组；2—古新统云龙组；3—上白垩统南新组；4—上三叠统三合洞组四段；5—上三叠统三合洞组三段上部；6—上三叠统三合洞组三段下部；7—上三叠统三合洞组二段；8—逆断层及编号；9—正断层；10—推测断层及编号；11—地质界线；12—锶矿体；13—矿区范围；14—锶矿点；15—铜矿点；16—铅锌矿点

上三叠统三合洞组（T_3sh）为外来系统，矿区内主要出露第二、三岩性段（T_3sh^2、T_3sh^3）。第二岩性段按岩性可分为 2 层，第一层靠顶部为厚度变化大的浅灰色厚层状灰岩角砾岩，中部为深灰色中厚层状含生物碎屑灰岩，其底部为深灰色薄-厚层状泥晶灰岩夹含灰质白云质灰岩，含硅质团块及条带。第二层为深灰色薄层状粉晶灰岩夹泥质灰岩，底部夹沥青灰岩，在中部及下部见杂色复成分角砾岩、水平面层理发育。本层以薄层状构造、水平层理发育为特点，锶矿体赋存于该层，有两个含矿层位，上含矿层位于紫红色复成分角砾岩之上，下含矿层位于复成分角砾岩之下（图8-13，图8-14）。角砾岩成分有泥岩、粉砂岩、灰岩、石膏等组成，角砾多呈棱角-次棱角状，砾径0.1~1 cm不等。由钙质、铁泥质疏松胶结，复成分角砾岩层厚度0~24.38 m。第三岩性段按岩性分为2层，第一层为深灰、灰黑色页岩夹紫色、灰绿色粉砂质泥岩，细砂岩；第二层为灰-深色薄层状粉-细晶灰岩，局部含硅质团块与条带。

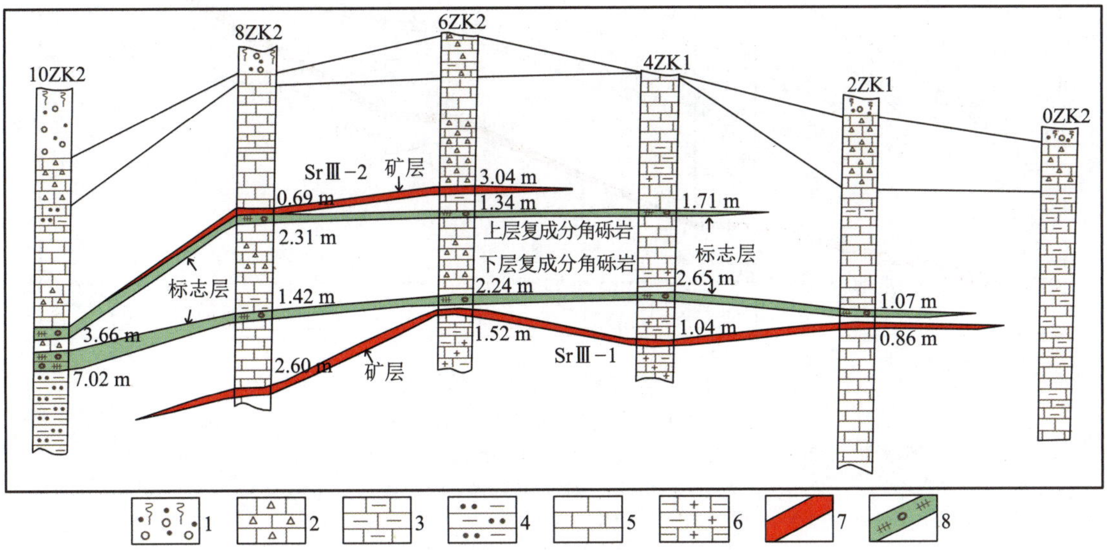

图8-13　兰坪县河西锶矿床矿体纵向对比图

（据云南省地质矿产局第三地质大队，1993）

1—残坡积层；2—角砾状灰岩；3—泥质灰岩；4—粉砂质页岩；5—灰岩；6—钙质灰岩；

7—锶矿体；8—复成分角砾岩（标志层）

古新统云龙组（E_1y）为原地系统，岩性为浅紫红色，棕红色粉砂质泥岩，泥质粉砂岩夹含长石英粉砂岩、石英细砂岩、顶部见纤维状石膏。与三合洞组（T_3sh）为断层接触，三合洞组（T_3sh）推覆于其上，顶部接触界面凹凸不平。

2. 构造

河西矿区位于区域性近南北向华昌山断裂东侧，其构造线方向与区域构造线方向基本一致，呈近南北向展布，发育有达乌山背形向斜和热水塘向形背斜，断裂则以近东西向和近南北向两组为主。

近东西向组断裂以F_3最具代表性，位于外来系统地层的底部，构成外来系与原地系两套地层之分界面（为外来推覆体东部和北部边界）。断面具波状起伏，并发育有2.5~3 m的褐黄色断层破碎带，破碎带内见灰岩碎块、断层泥、擦痕等，断层接触部位附近有Cu、Sr及石膏矿化。

南北向组断裂以F_7最具代表性，为推测正断层，断面倾向东，倾角50°，为上三叠统三合洞组（T_3sh）第二、三岩性段的分界面。

（二）矿体地质特征

河西矿床共圈定锶矿体8个。其中，下含矿层圈定矿体5个（SrⅠ-1、SrⅠ-2、SrⅠ-3、SrⅠ-4、SrⅡ-1）、上矿层圈定隐伏矿体3个（SrⅢ-1、SrⅢ-2、SrⅢ-3）。矿体主要呈似层状、透镜状顺层产出，长度26~500 m，厚度0.80~4.07 m，$SrSO_4$含量30.01%~89.07%。SrⅠ-1、SrⅡ-1为主要矿体。

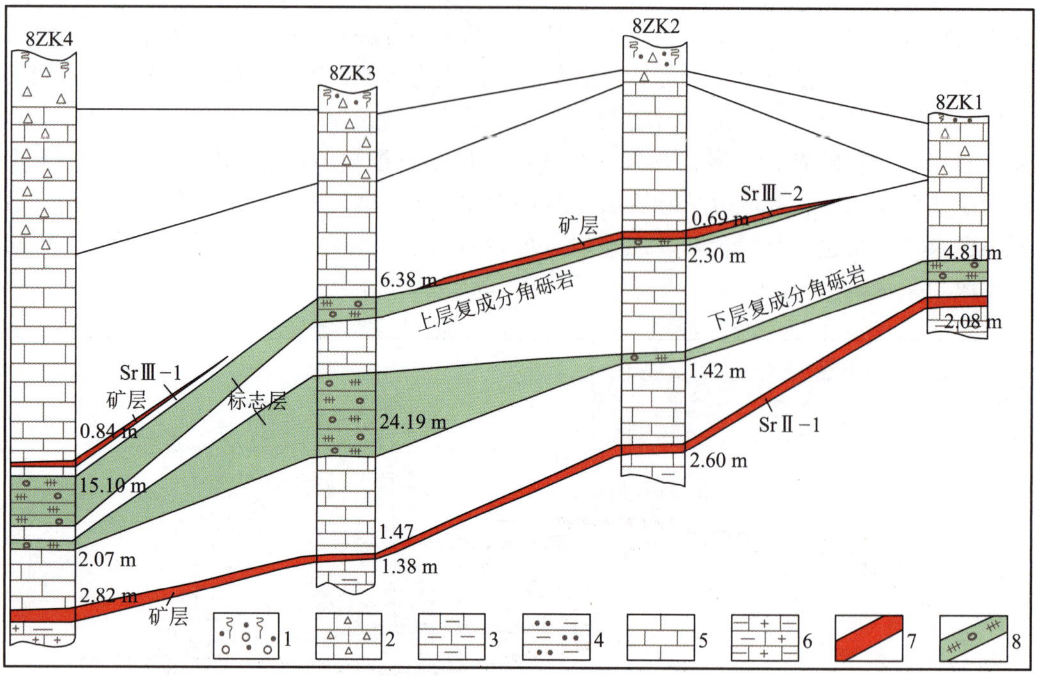

图 8-14　兰坪县河西锶矿床矿体横向对比图

（据云南省地质矿产局第三地质大队，1993）

1—残坡积层；2—角砾状灰岩；3—泥质灰岩；4—粉砂质页岩；5—灰岩；6—钙质灰岩；

7—锶矿体；8—复成分角砾岩（标志层）

SrⅠ-1 矿体：赋存于达乌山向形背斜西翼上三叠统三合洞组第二岩性段第二层（T_3sh^{2-2}）靠底部下含矿层中，地表控制长度 440 m，最大斜深 68 m，面积 0.01 km²。矿体呈似层状产出，走向北北东向，倾向 70°~96°，局部倾向 200°~248°，倾角 22°~58°。矿体最厚 1.73 m，平均 1.06 m；$SrSO_4$ 含量最高 79.68%，平均 46.30%。含矿岩性为硅化、碳酸盐化灰岩，主要为工业矿，有用矿物以天青石为主。

SrⅡ-1 矿体：为规模最大的矿体，赋存于达乌山向形背斜东翼上三叠统三合洞组第二岩性段第二层（T_3sh^{2-2}）靠底部下含矿层中，地表控制长 500 m，最大斜深 317 m，面积 0.05 km²。矿体走向近南北，倾向 220°~327°，倾角 5°~45°。矿体呈似层状，最厚 2.74 m，平均 1.26 m；$SrSO_4$ 含量最高 92.14%，平均 55.40%。含矿岩性为方解石化、硅质粉晶灰岩，主要为工业矿，低品位矿少且分布零星，有用矿物以天青石为主。

（三）矿石特征

河西锶矿床的矿石自然类型主要为天青石组成的单一型块状矿石，其次由天青石组成的土状、沙糕状矿石；工业类型为灰岩型天青石矿石。

矿石矿物主要为天青石，含量 66.77%~96.1%；其次为重晶石，少量碳酸锶、含锶方解石。脉石矿物以方解石、石英为主，少量铁泥质、硅质等。天青石为灰白色-白色，地表氧化呈浅黄色或褐黄色，具他形-半自形粒状、板状结构，呈细-粗粒（0.01~1.8 mm）或不等粒状充填交代于方解石和破碎次生石英之间；矿石具块状或脉团状构造，块状矿石间常有少量方解石混入物，脉团状矿石间多残留泥晶灰岩团块，局部受碳酸盐化、硅化蚀变。天青石矿石与无矿灰岩对比，CaO 含量明显减少（减少 0.98%~13.44%），SiO_2 含量增加（增加 1.03%~9.03%），Ba 含量略有增加（0.36%~0.45%），SO_3 含量随天青石品位的增高而比无矿灰岩明显增高。

矿石结构主要为不等粒结构、微粒状结构、他形-半自形粒状结构等；构造主要为团块状构造、脉状构造、疏松土状、沙糕状构造等。

矿石中有益组分主要为天青石，Ba 含量较低，为 0~0.45%，主要赋存在天青石内，少量呈重晶石矿物产出；有害杂质含量低，属优质天青石矿，不需处理可直接利用。

（四）围岩蚀变

河西锶矿床的围岩蚀变总体较弱，主要有方解石化、天青石化、重晶石化、白云石化，局部地段具有硅化，与铜银多金属成矿关系较为密切。

（五）矿床成因类型

锶（天青石）矿化在上三叠统三合洞组中普遍存在，主要沿上、下含矿层位矿化较强，其他地段呈斑点状分布于岩石中，含量一般在 5%以下。锶（天青石）矿的形成可分为两个阶段：第一阶段为沉积成矿阶段，形成白色状天青石，成分比较纯净，含极少量微粒碳酸盐（方解石）混入物；第二阶段后期热液改造阶段，形成明显的次生热液脉型天青石，进入矿体顶底围岩或呈浸染状交代碳酸盐岩石，具明显交代残余结构，岩石中常有许多不规则状灰岩残块。

综上所述，河西锶（天青石）矿为典型的沉积-改造型矿床，前期为沉积成矿作用阶段，其成矿时代为晚三叠世；后期热卤水成矿改造作用阶段，其成矿时代为始新世—渐新世。

二、兰坪县金顶铅锌矿床共伴生锶矿❶

截至 2017 年底，金顶铅锌矿床（含架崖山、跑马坪矿段）共伴生锶（天青石）矿在《云南省 2017 年矿区及所属矿山矿产资源储量简表》中的上表资源储量为：累计查明 333 类及其以上天青石资源储量 532.21×10^4 t，达到超大型矿床规模。

矿区地质情况详见《中国矿产地质志·云南卷·铅锌矿产》，现将锶（天青石）矿的有关特征叙述如下。

（一）矿区地质特征

金顶矿区位于兰坪-普洱（思茅）盆地北部，大地构造分区属羌塘-“三江”造山系（Ⅶ）、昌都-兰坪-普洱（思茅）地块（Ⅶ-5）之昌都-兰坪-普洱（思茅）地块（S-T）（Ⅶ-5-2）；成矿区带属特提斯成矿域（Ⅰ1）、“三江”（造山带）成矿省（Ⅱ2）、兰坪-普洱（陆块）Cu-Pb-Zn-Ag-Fe-Hg-Sb-As-Au-石膏-菱镁矿-盐类成矿带（Ⅲ5）之兰坪-普洱（地块）Cu-Pb-Zn-Ag-Fe-Hg-Sb-As-Au-盐类矿带（Ⅳ12）。

区内出露地层主要由外来系统和原地系统两部分组成。外来系统由已倒转的中生代地层组成，由上而下分别为上三叠统三合洞组（T_3sh）、麦初箐组（T_3m），中侏罗统花开左组（J_2h），下白垩统景星组（K_1j）等（图 8-15）；原地系统地层主要为古近系古新统果郎组（E_1g）、云龙组（E_1y）。云龙组（E_1y）按岩性岩相特征，可分为两段：即 E_1y^b（砂岩与粉砂岩互层，夹灰岩角砾岩岩块）和 E_1y^a（砂岩粉砂岩夹灰岩透镜体）。E_1y^b 为锶、石膏、硬石膏矿的主要赋存层位，含矿岩性为灰岩角砾岩或角砾状灰岩，局部为沥青质灰岩、含燧石结核结晶灰岩、泥灰岩是一个比较特殊的沉积相。

矿区处于区域推覆构造的西缘，导矿构造主要是沘江大断裂，为古新世断陷盆地的东界，是一多期活动性断裂，区域上在古近纪晚期仍有活动痕迹。由于受推覆构造影响，较老地层被多次推覆到较新地层之上，形成多个推覆构造面。局部穹窿化过程使推覆构造面和其上下地层发生变形，形成金顶穹窿。穹窿核心由云龙组（E_1y）构成，围绕穹窿核心向外围依次为景星组（K_1j）、花开左组

---

❶ 主要资料来源：地质矿产部“三江”专著编辑委员会，1984，怒江、澜沧江、金沙江区域矿产志；何志芳等，2015，滇西兰坪金顶特大型鳃矿矿床地质特征及矿床成因探讨。

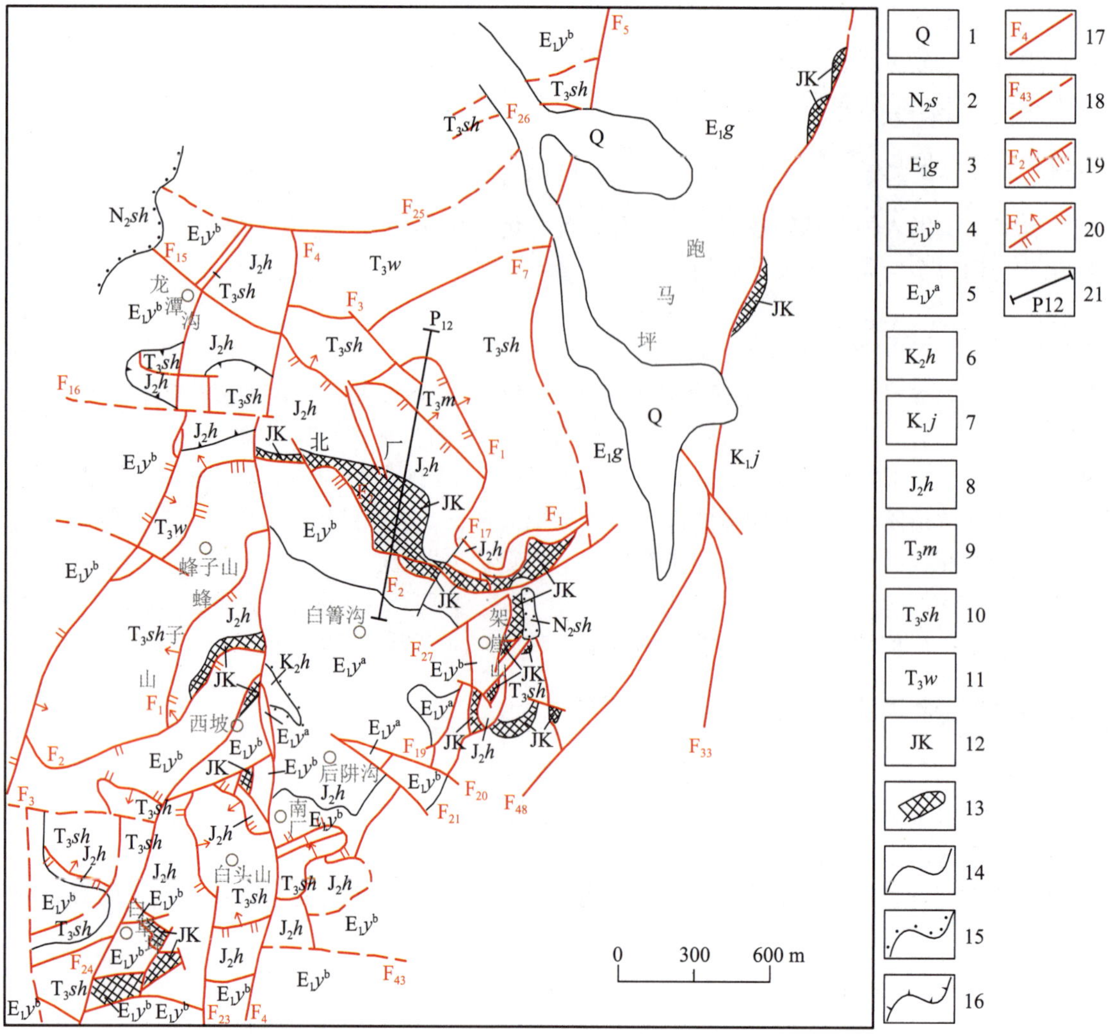

图 8-15　兰坪县金顶铅锌矿区地质简图

（据云南省地质局第三地质大队，1984；云南省国土资源厅等，2013）

1—第四系；2—新近系上新统三营组；3—古近系古新统果郎组；4—古近系古新统云龙组上段；5—古近系古新统云龙组下段；6—上白垩统虎头寺组；7—下白垩统景星组；8—中侏罗统花开左组；9—上三叠统麦初箐组；10—上三叠统三合洞组；11—上三叠统歪古村组；12—断夹块；13—铅锌及锶矿体；14—地质界线；15—角度不整合界线；16—滑坡体；17—实测性质不明断层；18—推测性质不明断层；19—水平推覆断层及编号；20—逆断层及编号；21—勘探线及编号

（J_2h）、麦初箐组（T_3m）和三合洞组（T_3sh）等倒转层序构成的外来系统。围绕金顶穹窿，无论是铅锌矿、锶矿，还是石膏矿矿体均呈板状、脉状、透镜状产在主推覆构造面上下的景星组（K_1j）和云龙组（E_1y）陆相碎屑岩中，受穹窿化的推覆构造-岩性圈闭控制。

（二）矿体地质特征

在金顶铅锌矿床中，赋存在景星组（K_1j）铅锌含矿带中天青石含量很低，一般呈星点状分布于砂屑之间，构不成工业矿体。在铅锌下含矿带云龙组中段 E_1y^b 中，一般下部较上部富集，东部含量又明显地高于西部。如 P12-ZK199 孔，上部锶含量低于 1%，而下部却增高，为 1%~8%，最高可达 16%。矿区共探明锶（天青石）矿体 100 余个，主要集中分布于 P17 线以东的北厂（66 个）、跑马坪（21 个）、架崖山（13 个）3 个矿段内。主（大）矿体多位于铅锌矿体边缘或尖灭延伸的一定层位中，常与石膏矿共生，垂向上常分布于石膏矿体之下或石膏矿体与铅锌矿体之间，少部分矿体产于硫铁矿边缘（图 8-16）。另在 P12 线云龙组（E_1y）下部紫红色铁泥质粉砂岩中见有含天青石小扁豆体的层位，单个扁豆体长度约 20 cm。该层位厚度 1.66 m，$SrSO_4$ 含量 25.1%，BaO 含量 1.53%。

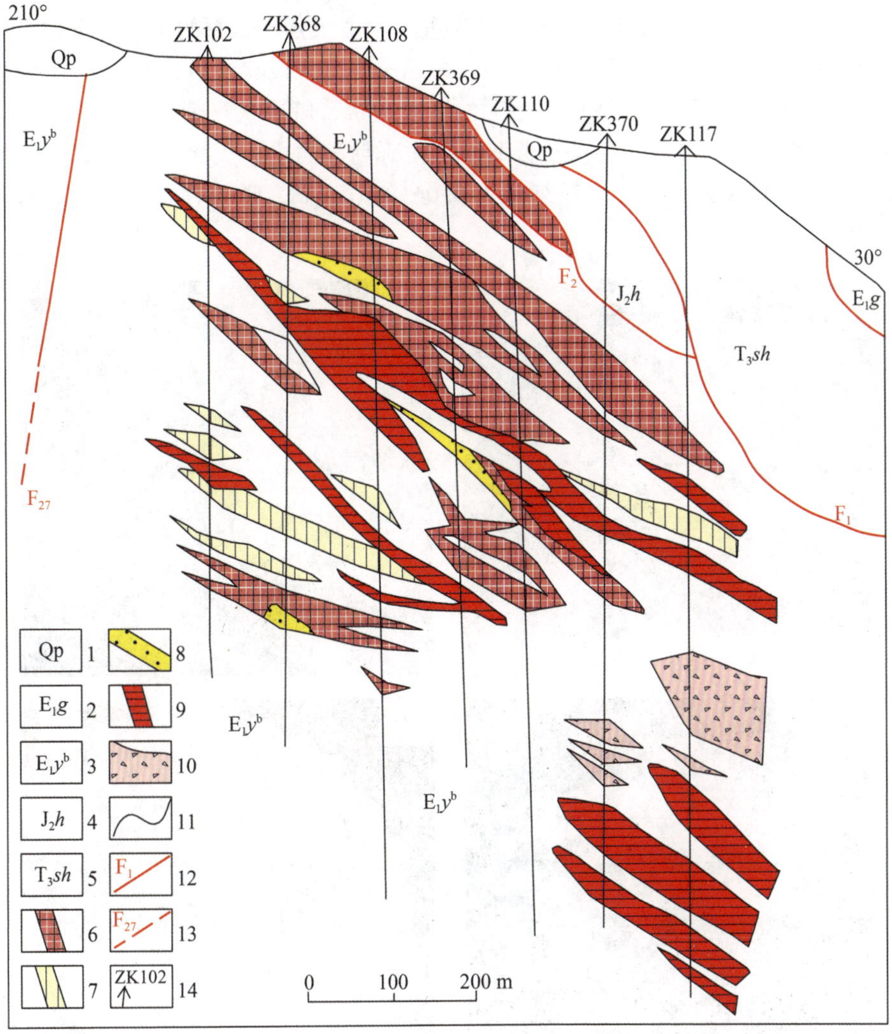

图 8-16　兰坪县金顶铅锌矿床共伴生锶（天青石）矿典型剖面图

（据何志芳等，2015，有修改）

1—第四系更新统；2—古新统果郎组；3—古新统云龙组上段；4—中侏罗统花开左组；5—上三叠统三合洞组；6—铅锌矿体；7—硫铁矿体；8—硫铁矿、铅锌矿体；9—天青石矿体；10—石膏矿体；11—地质界线；12—实测断层及编号；13—推测断层及编号；14—钻孔及编号

主要矿体均分布于 2400 m 标高以下，多呈囊状、透镜状产出，整体呈不规则面型分布，展布方向主要为北东—南西向，少数为北西—南东向。矿体产状、形态和推覆构造面基本一致，与铅锌、黄铁矿体大致吻合。矿体沿走向长度一般 200～530 m，控制最宽 210 m，最厚 29.35 m，平均 8～10 m；$SrSO_4$ 含量 10.60%～26.40%，平均 20%左右。

Ⅰ（Sr）+Ⅱ（Sr）矿体：分布于北厂矿段 P_{24} 线，为两个相邻而又平行的凸镜体，平均垂厚 8.89 m，最大 35.57 m。$SrSO_4$ 含量 25.03%，最高 40%；BaO 含量 2.40%，最高 6.44%。

Ⅲ（Sr）矿体：分布于北厂矿段 P_{24} 线，是目前已知最大的矿体，呈凸镜状产出，平均垂厚 9.10 m，最大 27.62 m。$SrSO_4$ 含量 26.33%，最高 41.2%；BaO 含量 3%，最高 5.00%。

Ⅳ（Sr）矿体：分布于北厂矿段 P_{24} 线，呈凸镜状产出，平均垂厚 3.84m，最大 14.43 m。$SrSO_4$ 含量 30.03%，最高 36.10%；BaO 含量 2.57%，最高 3.31%。

（三）矿石特征

在金顶矿床中，锶矿石类型按照含矿岩石可分为灰岩角砾岩型、含角砾砂岩型、细粒砂岩型、含角砾粉砂岩型4类，其中以灰岩角砾岩型矿石最为重要。由于含矿岩石的不同，矿化特征也有明显的差异。灰岩角砾岩中，天青石矿化相当普遍，呈细晶-巨晶条板状、自形-半自形晶粒结构，粒径0.5~3.1 mm以上，常与方解石、重晶石相伴生，呈团块状、斑块状、菊花状、放射状、脉状及致密块状（照片8-1）；含角砾砂岩型、细粒砂岩型、含角砾粉砂岩中，天青石常呈细条板状，他形粒状嵌布于砂屑间，胶结砂屑或角砾，粒度较细，为0.04~0.05 mm，常与方解石、重晶石伴生，呈团点状、团斑状、碎屑状及少量脉状。

照片8-1 兰坪金顶铅锌矿床共生锶（天青石）矿典型矿石照片

（据何志芳，2015）

a—块状天青石矿石；b—放射状天青石矿石；c—晶簇状碳酸锶矿石；d—板状透明天青石矿石；

e—片状透明天青石矿石；f—柱状透明天青石矿石

矿石矿物主要有天青石、碳酸锶矿（菱锶矿）、石膏、硬石膏及少量重晶石；脉石矿物以方解石、碎屑石英为主，少量玉髓、铁泥质、沥青、长石、黄铁矿、白云母、粘土矿物等。天青石多呈白色、浅灰色，以条板状结构为主，其次有短柱状、细柱状、雏晶状结构，因受力作用，有的天青石显示焰状消光。天青石常沿孔洞裂隙充填或环绕角砾、硬石膏分布，有的以胶结物的形式包裹砂屑及岩屑，又常被方解石包裹或交代。部分天青石被闪锌矿环绕或被黄铁矿胶结。一方面可见天青石被方铅矿、闪锌矿脉切穿，同时又可见到天青石-方解石脉中有结晶稍粗，晶形较好的方铅矿、黄铁矿、闪锌矿星点状集合体。呈条带状或充填孔洞的天青石往往分布于节壳状方解石或黄铁矿中。有时可见自形石英与天青石呈文象连晶或在天青石内呈乳滴状分布。

矿石结构主要有粗粒-板状结构、不等粒结构、微粒结构、自形-半自形粒状结构、他形粒状结构等；矿石构造主要有块状构造、脉团状构造、放射状构造、晶簇状构造、板（片）状构造、疏松土状构造、沙糕状构造等。由于含矿岩石不同，结构、构造特征也有明显的差异。在灰岩角砾岩中，天青石矿化相当普遍，呈细-巨晶条板状、自-半自形晶粒结构，粒径 0.5~3.1 mm 以上，常与方解石、重晶石相伴生，呈团块状、斑块状、菊花状、放射状、脉状及致密块状。在细粒石英砂岩、含角砾砂岩、粉砂岩中，天青石常呈细条板状，他形粒状嵌布于砂屑间，胶结砂屑或角砾，粒度较细，0.04~0.05 mm，常与方解石、重晶石伴生，呈团点状、团斑状、碎屑状及少量脉状。

天青石矿石中 Sr 与 Ba 密切共生，部分 Ba 可能以类质同象进入天青石晶格中，无法分离。一般 Sr/Ba 约为 10，在天青石精矿中，当 Sr 的含量大于 42%时，Ba 含量可达 3%~5%。其余组分含量较低，无综合利用价值。

（四）矿化阶段划分

根据锶（天青石）矿体地质特征和矿物共生组合，将其成矿作用划分为三期：沉积成矿期、热卤水成矿期、表生期。

早期沉积型锶（天青石）矿：构成了主要的天青石工业矿体，其中铅锌含量甚微。天青石主要分布于北厂东部下含矿带底部石膏岩之下，与铅锌矿体、硫铁矿体相距稍远。以胶结角砾、岩屑和砂屑的形式出现，由大致平行排列的细至微晶条板状天青石组成，粒间为铁染微晶方解石或无铁染微晶方解石充填（二者接触处见有闪锌矿微晶），呈现紫红或灰绿色。

热卤水成矿期锶（天青石）矿化：天青石多为粗晶板状、束状、放射状集合体，常与节壳状方解石相伴，分布在灰岩型铅锌矿体中或其边缘，并常与金属硫化物交替出现，早期与黄、白铁矿、闪锌矿，后期与方铅矿共生，最后形成大量的天青石团块及晶簇。天青石多为中-粗晶、部分为伟晶结构，有的呈束状、菊花状、放射状。常与金属矿物组成胶状、环状、环带状、晶洞构造，或单独形成菊花状、放射状、块状、角砾状、疏松土状、沙糕状构造。

表生期锶（天青石）矿化：在常温下形成，几乎不含 Ba，多见于裂隙、空洞中，呈半透明板柱状晶簇产出。

（五）矿床成因类型

金顶铅锌矿床共伴生的锶（天青石）矿为典型的沉积-改造型矿床，沉积成矿为主要成矿阶段，其主要成矿时代为晚三叠世—古新世；后期热卤水成矿叠加改造为次要成矿阶段，其成矿时代为始新世—渐新世。

三、兰坪县区五银矿床共生锶矿[1]

区五（吾）银矿床行政区划隶属于兰坪白族普米族自治县河西乡，位于兰坪县 352°方向，平距约 37 km 处；矿床中心点地理坐标为：东经 99°22′10″，北纬 26°49′04″，面积 12.71 km^2。

---

[1] 主要资料来源：云南省地质矿产勘查开发局第三地质大队，1999，云南省兰坪县东至岩锶矿区地质勘查报告。

1991~1992 年，云南省地质矿产局第三地质大队在开展 1：5 万河西幅区域地质调查及矿产勘查时发现了矿产地。

1999 年，云南省地质矿产勘查开发局第三地质大队通过对矿区内的锶矿进行勘查，提交了《云南省兰坪县东至岩锶矿区地质勘查报告》，估算 C+D+E 级天青石矿石量 3.68×10^4 t，$SrSO_4$ 矿物储量 1.85×10^4 t，$SrSO_4$ 含量 49.45%，共生 D 级菱锶矿矿石量 0.94×10^4 t，$SrCO_3$ 矿物储量 0.10×10^4 t，$SrCO_3$ 含量 11.11%。达到小型锶矿床规模。

2012~2015 年，云南省地质工程勘察总公司对区五银矿开展生产勘探工作，提交了《云南省兰坪县区吾银矿生产勘探报告》，截至 2015 年 3 月，矿区保有 332+333 类锶矿矿石量 2.92×10^4 t，天青石矿物资源储量 1.39×10^4 t。

截至 2017 年底，区五银矿在《云南省 2017 年矿区及所属矿山矿产资源储量简表》中的上表资源储量为：累计查明 333 类以上天青石矿石量 3.40×10^4 t，$SrSO_4$ 矿物资源储量 1.58×10^4 t。目前矿山主要是对银矿进行开发利用。

（一）矿区地质特征

区五矿区位于兰坪-普洱（思茅）盆地北部，属东至岩-黑山银、铅、锌、铜多金属矿带北部的一部分。其大地构造分区属羌塘-“三江”造山系（Ⅶ）、昌都-兰坪-普洱（思茅）地块（Ⅶ-5）之昌都-兰坪-普洱（思茅）地块（S-T）（Ⅶ-5-2）；成矿区带属特提斯成矿域（Ⅰ1）、“三江”（造山带）成矿省（Ⅱ2）、兰坪-普洱（陆块）Cu-Pb-Zn-Ag-Fe-Hg-Sb-As-Au-石膏-菱镁矿-盐类成矿带（Ⅲ5）之兰坪-普洱（地块）Cu-Pb-Zn-Ag-Fe-Hg-Sb-As-Au-盐类矿带（Ⅳ12）。

区内出露地层主要为上三叠统三合洞组（T_3sh）、挖鲁八组（T_3wl）、麦初箐组（T_3m），古新统云龙组（E_1y）。三合洞组（T_3sh）为一套碳酸盐岩组合，岩性主要为白云质灰岩、细晶-泥晶灰岩、生物碎屑灰岩及角砾状灰岩，是区域铅锌银矿的主要含矿层位，锶矿主要赋存于其下段的碳酸盐岩中。根据其产出空间，分为上、下 2 个含矿层位，即三合洞组下段下亚段（T_3sh^{1-1}）和上亚段（T_3sh^{1-2}）。下含矿层（T_3sh^{1-1}）位于华昌山断裂东侧，岩性为深灰色厚层-块状粉晶灰岩、白云质灰岩，底部为厚层复成分角砾岩或含天青石角砾状白云质灰岩，以底部角砾岩为标志层，铜、银多金属矿化较强。上含矿层（T_3sh^{1-2}）位于下含矿层东侧，岩性为深灰色、黑色中厚层状灰岩、粉晶灰岩、白云岩、白云质灰岩，以白云岩、白云质灰岩为标志层，普遍含天青石，多呈斑点状、脉状产出，部分被菱锶矿交代。

矿区处于华昌山复式背斜东翼，构造简单，主体部分呈单斜构造，构造线以近南北向为主。断裂构造发育，近南北向华昌山断裂（F_1）是矿区内规模最大的断裂，逆冲-推覆断裂及其派生的平行断裂是主要的导矿和容矿构造。

（二）矿体地质特征

区五矿床目前共圈定 4 个锶矿体，即 DSrKT1-1、DSrKT1-2、DSrKT1-3、DSrKT2。均产于华昌山断裂上盘的三合洞组（T_3sh）下段的碳酸盐岩中，分为上下两个含矿层。

DSrKT1-1 矿体：为矿区主要锶矿体，与 DKT1 银多金属矿体共生，均赋存于华昌山断裂带（F_1）内，含矿岩性为下含矿层底部角砾状白云质灰岩、断层角砾岩。矿体呈脉状，其产状与断裂带一致，倒转产状为 280°~315°∠50°~75°；控制矿体走向长度 180 m，厚度 0.73~2.73 m，平均 1.71 m；$SrSO_4$ 含量 22.35%~57.35%，平均 42.75%。

DSrKT1-2 矿体：位于 DSrKT1-1 矿体北部，产出部位东移，偏离华昌山主断面，但仍与银多金属矿体共生。含矿岩性为下含矿层底部厚层状灰岩、复成分角砾状白云质灰岩。矿体呈透镜状，产状为 265°~305°∠42°~75°；控制矿体走向长度 80 m，厚度 2.39 m；$SrSO_4$ 含量 15.74%~73.71%，平均 58.70%。

DSrKT1-3 矿体：位于麦地坡北西侧，受华昌山断裂带（F_1）控制，南部偏离银多金属矿体，含矿岩性为下含矿层底部角砾状白云质灰岩、角砾岩。矿体呈脉状，其产状与断裂带一致，为81°～115°∠70°～81°；控制矿体走向长度160 m，厚度1.20～1.40 m，平均1.30 m；$SrSO_4$含量33.86%～62.12%，平均46.90%。

上述3个锶矿体均赋存于华昌山断裂带内，与银多金属矿体共生，局部有偏离，锶矿体厚度明显小于多金属矿体厚度。

DSrKT1-3矿体：为高纯度锶矿体，产于华昌山断裂带（F_1）东侧约380 m的F_6断裂带内，南部偏离银多金属矿体，含矿岩性为上含矿层顶部黑色含碳质角砾岩。矿体呈透镜状，产状270°～300°∠45°～63°；走向长40 m，平均厚度3.87 m；$SrSO_4$平均含量68.96%，$SrCO_3$平均含量11.11%。

（三）矿石特征

在区五矿床中，锶矿石自然类型为块状、团脉状、网脉状天青石矿石，风化后为土状、沙糕状矿石；工业类型为灰岩型天青石矿石。

矿石矿物主要为天青石（$SrSO_4$）、菱锶矿（$SrCO_3$），其次为重晶石、黄铁矿、孔雀石、黝铜矿、方铅矿、闪锌矿等；脉石矿物主要为方解石、白云石、石英等。

矿石结构主要为不等粒结构、微粒状结构、自形-半自形粒状结构、交代结构等；构造主要为团块状构造、脉状构造、疏松土状、沙糕状构造等。

矿石中主要有益组分为$SrSO_4$（天青石）、$SrCO_3$（菱锶矿），共伴生有Ag、Cu、Pb、Zn等有益组分。矿床中$SrSO_4$平均含量为49.45%，$SrCO_3$平均含量为11.11%。

（四）矿床成因类型

区五银矿床共生的锶矿成因类型与河西锶矿一致，为沉积-改造型锶矿床。前期为沉积成矿作用阶段，其成矿时代为晚三叠世；后期热卤水成矿改造作用阶段，其成矿时代为始新世—渐新世。

第六节　锆（铪）矿

铪（Hf）与锆（Zr）物理、化学性质极为相似，Hf、Zr在自然界中密切共生，多以富铪锆石、含铪锆英石等矿物形式出现，云南省目前发现的含锆矿床中，基本都伴生有铪（Hf）。

目前发现的锆（铪）矿床均为风化型和砂矿型，且多为伴生矿。风化型矿床以牟定县水桥稀土稀有元素矿床为代表，稀土矿共生有含铪锆石，ZrO_2含量402.42～884.79 g/m^3，平均625.09 g/m^3；锆石精矿内ZrO_2含量为60.67%，HfO_2含量为1.56%。按锆石中Hf含量为1.53%估算，获334类Hf资源量473.1 t。除勐海县勐往独居石矿、城郊独居石矿、勐阿磷钇矿、勐康磷钇矿4个砂矿型稀土矿床中伴生有锆（铪）矿外，以保山市隆阳区板桥钛铁矿、个旧市新冠锡矿伴生的锆（铪）矿最为重要。据王瑞江等（2015）研究成果，勐海县勐往独居石矿、城郊独居石矿、勐阿磷钇矿、勐康磷钇矿、保山市隆阳区板桥钛铁矿5个含锆英石砂矿中，伴生的铪（Hf）资源量超过1000 t，其中勐往独居石矿中锆石的Hf含量0.5%～3%。

一、保山市隆阳区板桥钛铁矿砂矿床伴生锆英石矿[1]

板桥钛铁矿砂矿床行政区划隶属于保山市隆阳区板桥镇，位于隆阳区37°方向，平距约13 km处；其地理坐标为：东经99°11′54″～99°15′30″，北纬25°07′31″～25°19′58″，面积约161 km^2。

1955～1958年，云南省冶金厅地质勘探公司三〇七队对该区开展了地质勘查工作，并于1958年2月提交了《保山钛铁矿砂矿最终储量计算报告书》，共探获B+C_1级钛铁矿砂矿储量5848469 t，伴

[1] 主要资料来源：云南省冶金厅地质勘探公司三〇七队，1958，保山钛铁矿砂矿最终储量计算报告书；云南省地质矿产勘查院，2010b，云南省保山市隆阳区板桥钛铁矿核查矿区资源储量核查报告。

生锆英石储量166753 t。上述资源储量已列入《云南省2017年矿区及所属矿山矿产资源储量简表》，目前尚未开发利用。

（一）矿区地质特征

板桥矿区位于保山-永德褶皱束北段，大地构造分区属冈底斯-喜马拉雅造山系（Ⅸ）、保山陆块（Ⅸ-4）之保山陆表海（Ⅸ-4-3）；成矿区带属“三江”（造山带）成矿省（Ⅱ2）、保山（陆块）Pb-Zn-Ag-Fe-Au-Cu-Sn-Hg-Sb-As成矿带（Ⅲ2）之保山（地块）Pb-Zn-Cu-Fe-Hg-Sb-As-Au矿带（Ⅳ6）。

区内出露地层较为齐全，由新至老分别为第四系、新近系、三叠系、二叠系、石炭系、泥盆系、志留系、奥陶系和寒武系；矿体主要赋存于新近系松散的细砂层、砂质土及砾石层中，其次为第四系的松散堆积层中。

矿区位于山坝结合部位，整体表现为走向北西，倾向北东的单斜岩层；断裂构造主要表现为近南北向和近东西向的两组断层。

区内岩浆活动较弱，主要为石炭纪的火山喷发活动，形成上石炭统卧牛寺组玄武岩；其次为印支期—燕山期的基性岩浆侵入活动，形成一些辉绿岩脉、辉长辉绿岩脉。

（二）矿体地质特征

板桥矿床的钛铁矿体主要赋存于新近系松散的细砂层、砂质土及砾石层中，其次在第四系松散堆积层中亦有产出。主矿体产出于盆地北部丘陵区，南北长9400 m、东西宽800~2850 m，成层状产出，平缓地向盆地中心倾斜。矿体比较整齐、厚度大、品位一般变化不大，属砂矿分类的第一至第二类型间，偏于第一类型。据矿区重砂组合特点、矿砂共生组合特点及矿石结构构造等特征推断保山市隆阳区板桥钛铁矿属湖滨砂矿床。矿区内共圈定了6个矿体（Ⅰ、Ⅱ、Ⅲ、Ⅳ、Ⅴ、Ⅵ），其中Ⅰ号矿体是最大的和最主要的矿体。

Ⅰ号矿体：南北长9400 m，东西宽一般900~2200 m，最宽2850 m。矿体呈层状产出，自盆地东、北东部向中心倾斜。其形成后上部出露于近代侵蚀基准面之上，被流水切割成几个互不连续的块段，表现于地貌上为数个独立丘陵。丘陵区下部矿体分为山沟（$Ⅰ_1$）、盆地（$Ⅰ_2$）2个块段；丘陵区上部矿体分为福禄地丘陵（$Ⅰ_3$）、小寨丘陵（$Ⅰ_4$）、大堂口丘陵（$Ⅰ_5$）、八大营丘陵（$Ⅰ_6$）、育德村丘陵（$Ⅰ_7$）5个块段。丘陵区上部矿体均自北东（或东）倾向南西（或西），至与丘陵区下部连成一体，厚度一般11~60 m，钛铁矿含量一般8~18 kg/m^3，锆英石含量0.2~0.5 kg/m^3。其中以各丘陵的中段为矿体最厚和最富的地段，往东通常上翘分支和变薄，往西或南西则变贫变薄；其北自福禄地丘陵开始变贫分支而往北尖灭于马王屯丘陵间。

（三）矿石特征

板桥矿床工业矿石的自然类型主要为氧化矿石；按矿石结构、构造可分为半滚圆状矿石、次棱角状-棱角状矿石两种。

矿石结构主要为细晶结构；矿石构造主要为半滚圆状构造、棱角-次棱角状构造。

矿石中金属矿物成分以钛铁矿为主，其次为白钛石锐钛矿、钛磁铁矿、磁铁矿，非金属矿物成分以石英为主，其次为金红石、角闪石、褐铁矿、电气石、石榴子石、锆英石。

钛铁矿：铁黑色，纯金属光泽，大多数颗粒具有一个很光亮的晶面，反光为锖色。多为板状或不规则的棱角到半棱角状，断口不平坦，根据光谱半定量分析成果，Zr含量为0.053%，钛含量为36%，铁含量为30.45%。有些颗粒在偏光下透过褐色光具电磁性。

锆英石：白色，黄色，玻璃光泽或油脂光泽，柱状滚圆体，也有很好的正方柱状体或柱状体与双锥的聚晶。包裹体清楚为针状或细小的颗粒状。偏光下由于折光率很高（>2），所以单片光通常仅在最细的两网目中才出现。无磁性。

矿石中主要有用组分为 TiO_2，锆英石可作为伴生矿体圈定，与钛铁矿合并回收，其他伴生组分含量均较低，没有综合利用的价值；有害组分的含量都偏低，对矿床的开发影响不大。

（四）矿床成因类型

板桥钛铁矿砂矿床伴生的锆英石主要赋存于新近系及第四系细砂层中，矿床成因类型为湖滨型、坡积-冲积型砂矿床。

二、个旧市新冠砂锡矿床伴生锆矿[1]

新冠砂锡矿床为个旧锡多金属矿田的一部分，行政区划隶属于个旧市锡城镇新冠办事处管辖，位于个旧市区 205°方向，北部与个旧市区相连；其中心地理坐标为：东经 103°08′19″，北纬 23°20′07″，面积约 20 km^2。

1954 年起，地质部五〇一勘探队（后改为西南有色三〇八队）开始对个旧锡矿区砂锡矿开展系统的地质勘查工作，于 1956 年提交了《个旧矿区地质勘探报告书（1955 年度）》，之后分别提交了 1956、1957、1958 年度储量计算报告，累计估算 B+C_1 级砂矿石量 9305.41×10^4 m^3，锡金属量 148818 t，平均品位 1599 g/m^3；估算伴生元素储量：铅 385824 t、银 797.89 t、铁 10986×10^4 t、锰 8798.48×10^4 t、镓 5435.03 t、锆（ZrO_2）52791 t。

2010 年，云南锡业集团公司资源开发有限公司对矿区开展资源量核查工作，提交了《云南省个旧市新冠锡矿核查矿区资源储量核查报告》。截至 2009 年底，矿区累计查明锡砂矿石量 8055.27×10^4 m^3，锡金属量 144504 t；伴生元素资源量：银 768.05 t、铅 366366 t、铁 9623.05×10^4 t、锰 8313.21×10^4 t、镓 4749.03 t、锆（ZrO_2）49880 t。开采消耗砂锡矿矿石量 3896.30×10^4 m^3，锡金属量 101694 t；开采消耗伴生元素资源储量：银 284.05 t、铅 188886 t、铁 4734.01×10^4 t、锰 4734.01×10^4 t、镓 2366 t、锆 28405 t。保有 333 类以上砂矿石量 4158.96×10^4 m^3，锡金属量 42810 t；保有伴生元素资源储量：铅 177480 t、银 484 t、铁 4889.05×10^4 t、锰 3579.20×10^4 t、镓 2383.03 t、锆 21475 t。上述资源储量已列入《云南省 2017 年矿区及所属矿山矿产资源储量简表》。

矿山始建于 1956 年，由原云锡公司新冠采选厂开采，经 30 多年的开采消耗，至 1993 年 11 月，几乎无可采资源储量，遂停止了开采。1998 年 2 月，云锡新冠采选厂建制撤销。据调查，矿山历年动用矿石量 3896.30×10^4 m^3（其中采出矿石量 3682×10^4 m^3，损失 214.3×10^4 m^3）。

（一）矿区地质特征

新冠矿区位于个旧断裂以西的西矿区，其大地构造分区属扬子陆块区（Ⅵ）、上扬子古陆块（Ⅵ-2）之泸西被动陆缘（Ⅵ-2-9）；成矿区带属滨太平洋成矿域（Ⅰ2）之华南（陆块）成矿省（Ⅱ4）、个旧-文山-富宁（地块）Sn-W-Ag-Pb-Zn-Au-Sb-Mn-Al 成矿带（Ⅲ13）之个旧-河口（个旧断块）Sn-W-Bi-Al-Pb-Zn-Mn-Cu 矿带（Ⅳ28）。

由于处于多个地质单元的接触地带，区内构造、岩浆作用强烈，成矿条件优越。区内构造主要有沿北北东向五子山复式背斜轴部展布的次一级褶皱，以及北东向、近东西向、北西向三组断裂。这些构造均表现有多期活动的特点，与成矿关系密切。花岗岩是本区的主要岩浆岩，在矿区分布广泛，属燕山中-晚期粒状黑云母花岗岩，由钾长石、石英、斜长石及黑云母组成，与区内锡多金属矿床成矿关系较为密切，在矿床的时空分布、物质与热能供给等方面都起着重要性作用。

区内出露地层主要为中三叠统个旧组碳酸盐岩，岩溶发育，其上分布有坡积、洪积等第四纪沉积物，砂锡矿即赋存于其中。砂锡矿来源于原生锡矿、原生锡矿化体，为粘土型砂矿，由各种不同颜色的粘土层构成，岩性分选程度一般较差。依据各层间的物质组成及物理性的差异，可将砂矿岩性自上至下分为 4 层：①人工堆积层，结构松散，厚度 1～10 m，含锡 0.1%～0.4%；②棕红色粘土或砂质

[1] 主要资料来源：云南锡业集团公司资源开发有限公司，2010b，云南省个旧市新冠锡矿核查矿区资源储量核查报告。

粘土层：一般粘性不强，厚度 6~19 m，含锡 0.04%~0.2%；③黄色粘土层：粘性极强，为致密粘土层，厚度 5~40 m，含锡 0.02%~0.05%；④棕褐、黑色粘土层：一般湿度大、粘性强、有滑感，厚度 1~10 m，含锡 0.1%~0.3%。

（二）矿体地质特征

在新冠矿床中，各层砂矿发育程度不一致，在厂区附近出露较全，其余地段，主要缺失白色砂质粘土层。按地貌和水文情况可将砂锡矿成因类型划分为洪积型、洪积-冲积型、人工堆积型三类。洪积型砂矿广泛分布于第三层、第一层，矿层厚度主要受岩溶地貌控制，在地表岩溶槽（谷）中矿层厚度大，在坡陡地区矿层厚度薄，盆地内厚度较大，但远离原生矿的地方厚度也薄；洪积-冲积型主要分布于盆地区之第二层；人工堆积型一般分布于自然堆积砂矿层之上，在陡坡区分布较零星，主要分布于盆地边缘区。

矿体的空间分布和品位的变化，均与区内花岗斑岩、长英岩等火成岩脉的出露，附近原生脉矿的发育有关，一般分布于其附近的岩溶漏斗、盲谷及其他有利形成堆积体的地段。由北至南分布有 24 个矿体，其中 501 矿体为重要矿体。

501 矿体：位于牛屎坡矿段的北部，南北向个旧断裂以西的沟谷地带及沟谷边坡之台阶地带。矿体赋存 2105~1720 m 标高之间，走向北西，倾向北东，倾角 5°~15°，呈似层状产出碳酸盐岩地层之上。矿体走向长度 4650 m，宽度 1315 m，平均厚度 10.56 m。矿石类型为粘土型砂锡矿，Sn 平均品位 1906 g/m^3。

除前述 501 矿体外，还有 23 个粘土型砂锡矿体，分布于牛屎坡、牛荒坝、乌谷哨、青龙山、宝华公园、关猪洞等地，均呈似层状产出。矿体长度 74~1501 m，宽度 17~329 m，厚度 1.33~50.22 m；Sn 品位一般为 600~800 g/m^3，超过 1000 g/m^3 的有 10 个矿体，最高为 3441 g/m^3，最贫的 2 个矿体也近 400 g/m^3；矿体埋深一般为 0~3.4 m，最大埋深深达 76 m。

（三）矿石特征

新冠矿床的砂锡矿来源于原生锡矿、原生锡矿化体，为粘土型砂矿，矿石风化、氧化程度较高，矿石中一般无金属硫化物。主要矿物为粘土类矿物，其中含褐铁矿、锡石、石英、电气石、长石、锰结核、白云石、绢云母、方解石、白铅矿，并有少量锆石、黄铁矿、黄铜矿等。

砂锡矿中的锡主要呈锡石产出，锡石含量在陡坡区比盆地高；而自然堆积层的上部矿层又比其下部矿层高。砂锡矿中伴生有铅、银、铁、锰，其含量分别为：0.407%、8.55 g/t、12.23%、1.54%；并伴生有稀有元素锆（ZrO_2）和分散元素镓（Ga），其含量分别为 0.06%、0.05%。

（四）矿床成因类型

新冠砂锡矿处于溶蚀构造阶地和盆地地区，矿体的空间分布和品位的变化，均与花岗岩和原生脉矿的发育有关，其成因类型属洪积、冲积、堆积型砂矿床，主成矿时代为第四纪。

三、其他矿点

除上述几个重要的含锆（铪）矿床外，在元谋一带上新统及第四纪河床中，有含铪锆英石砂矿分布，以丙令锆英石砂矿为代表；在盐津酢房一带下奥陶统红石崖组的中上部，有含铪锆石砂岩产出。

（一）元谋县丙令锆英石砂矿点

丙令锆英石砂矿点行政区划隶属于元谋县平田乡，位于元谋县城北西约 20 km 处；其中心点地理坐标为：东经 101°49′00″，北纬 25°45′00″。

1958~1959 年云南省地质局黑色金属队、第十地质队先后在该区开展地质勘查工作，分别提交了

《云南省元谋县锆英石矿普查简报》《云南元谋丙令苴林小村锆英石砂矿普查评价报告》，估算锆英石地质储量 8240 t。

锆英石富集在新近系上新统第 3～4 层，粉砂岩层与泥岩层交界处，或由粗变细的黄色、杏黄色细砂岩层中。矿层出露较好，延长不超过 100 m，一般 10～50 m，厚度 0.1～2.5 m；锆英石含量最高达 12000 g/m^3，一般 600～2000 g/m^3。在第四纪河床中有锆英石含量较高的冲积层，高者达 3000 g/m^3，低者为 $n\times10$ g/m^3。锆英石直径特别小，一般在 0.09 mm 以下，个别可达 0.2 mm；锆英石中含有铪。

（二）盐津县酢房（作坊）锆石矿点[1]

酢房锆石矿点行政区划隶属于盐津县庙坝镇，位于盐津县城南东方向，平距约 40 km 处；其中心点地理坐标为：东经 104°16′28″，北纬 27°59′57″。

1966～1967 年，四川省地质局二〇二地质队在该区开展地质勘查工作，于 1967 年 3 月提交了《云南省盐津县酢房含锆石砂岩区初步普查报告》。

含锆石砂岩主要赋存于下奥陶统红石崖组（湄潭组）第三段的中上部，厚度较薄，一般 10～15 m，最厚仅 18 m；岩性单一，由灰色厚层细粒石英砂岩、长石石英砂岩夹含锆英石砂岩薄层组成。在剖面上，有 3 个含矿层，仅上部矿层较稳定，一般由 1～5 个含锆石砂岩分层组成，含锆砂岩呈深灰色、钢灰色、棕灰色，具有明显的条带状或细脉状，分层间夹矸以长石石英砂岩为主。上部矿层一般厚 0.2～0.7 m，最厚 1.21 m，平均 0.54 m；ZrO_2 含量一般 0.5%～2.0%。在酢房背斜北翼，矿层较为稳定，且矿石质量较好，呈似层状或串珠状产出；产状 20°～80°∠20°～70°，平均 30°∠50°。矿层沿北西走向延伸长 1400 m 以上，厚度较小，一般 0.2～0.3 m，最厚 1.02 m，从西往东，厚度有变厚的趋势；ZrO_2 含量一般 1.0%～2.0%，最高 6.81%，中段较好，向两端变贫。在酢房背斜南翼，矿层不稳定，呈似层状或串珠状产出；产状 200°～240°∠20°～60°，平均 210°∠50°。矿层沿北东走向延伸长 1100 m 以上，厚度极不稳定，有尖灭现象，一般 0.2～0.3 m，最厚 0.68 m；矿石质量较差，品位变化大，ZrO_2 含量一般 0.5%～1.0%，最高 12.08%。

根据矿石结构构造及矿物组分，矿石可划分为黑色致密线纹状微粒锆石砂岩、黑色条带状锆石锐钛矿砂岩、灰色稀疏条带状含锆细砂岩、灰色块状含锆细砂岩 4 种类型。矿石中有用矿物主要为锆英石，其次为锐钛矿、钛铁矿、磁铁矿、金红石、电气石、磷灰石、榍石等，脉石矿物主要为石英、长石、白云母等，胶结物主要为绿泥石、绢云母和方解石。矿石结构以细粒状、微粒状半自形-自形晶结构为主；构造主要为致密块状构造、稀散条带状状、线纹状构造等。

矿石中除含有锆外，伴生有铪（Hf）、铈（Ce）、钇（Y）、锶（Sr）、镓（Ga）等稀有、稀土及分散元素，均已接近工业要求。据光谱分析成果，Hf 含量一般小于 0.01%，个别达 0.04%；Ce 含量一般为 0.3%，Y 含量一般 0.01%～0.03%；Sr 含量一般 0.004%～0.01%，个别高达 0.04%；Ga 含量一般 0.001%～0.004%，个别达 0.006%。此外，还伴生有铀（U）、钍（Th）等放射性元素，U 含量一般 0.001%～0.006%，个别达 0.021%；Th 含量一般小于 0.03%。

坪子头-茶杯田一带下奥陶统红石崖组（湄潭组）第三段也有含锆石砂岩，厚度较小，一般 0.2 m，ZrO_2 含量 2.45%，伴生有铀、钍等有益组分，U 含量 0.008%、ThO_2 含量 0.057%。

第七节　锂、铷、铯矿

锂（Li）、铷（Rb）、铯（Cs）是云南省资源相对匮乏的 3 种稀有元素，由于地质勘查和综合研究程度普遍偏低，除腾冲市新歧为一处以铷为主的低品位超大型矿床外，目前尚未发现其他独立矿床。

---

[1] 主要资料来源：四川省地质局二〇二地质队，1967，云南省盐津县酢房含锆石砂岩区初步普查报告。

一、腾冲市新歧稀有稀土锡多金属矿床❶

新歧稀有稀土锡多金属矿床行政区划主体隶属于腾冲市中和镇新歧村，部分属盈江县管辖，位于腾冲市区北西290°方向，平距约24 km处；其地理坐标为：东经98°14′50″~98°18′00″，北纬25°02′30″~25°06′48″，面积约18 km^2。

1979~1980年，云南省地质局区调队一分队开展大秧田、席草坝锡钨重砂异常检查，在大秧田发现风化壳型含锡细粒白云母花岗岩1个，估算锡金属储量300 t；并发现有稀有元素矿化。

1981~1982年，云南省地质局第三地质队对矿区开展以铷、铌、钽为主的稀有元素矿普查工作，并于1983年3月提交了《云南省腾冲县新歧钨（锡）矿及含锡稀有多金属矿区初步普查地质报告》，原生矿计算C级钨金属储量634 t，WO_3含量1.38%，锡金属储量87 t，Sn品位0.21%，D级钨金属储量378 t，WO_3含量1.29%，锡金属储量74 t，Sn品位0.25%；风化岩矿床计算D级金属储量：氧化铷126908 t，Rb_2O含量0.1138%；五氧化二铌7078t，Nb_2O_5含量0.0063%；五氧化二钽2632 t，Ta_2O_5含量0.0024%；锡12638 t，Sn品位0.0113%；钨1621 t，WO_3含量0.0015%；氧化锂33824 t，Li_2O含量0.0303%；氧化铯1891 t，Cs_2O含量0.0017%；三氧化二钇16579 t，Y_2O_3含量0.0149%；三氧化二钪1779 t，Sc_2O_3含量0.0016%。铷、钽、钪已具超大型矿床规模，铌达大型矿床规模，锡、锂、铯、稀土（钇）达中型矿床规模，钨达小型矿床规模。

1999~2000年，云南省有色地质局三〇八队对席草坝、茶塘河矿段进行了普查工作，提交了《滇西铌钽矿找矿开发调研工作总结》。2006年，盈江县鑫奥矿业有限责任公司委托云南省有色地质局三〇八队对席草坝开展铌钽矿普查工作，提交了《云南省盈江县席草坝钽铌矿普查报告》，估算$(Ta+Nb)_2O_5$资源量1634 t（工业矿资源量865 t，低品位资源量769 t），为一个中低品位的中型花岗岩风化壳型钽铌矿床。截至2017年底，席草坝矿段在《云南省2017年矿区及所属矿山矿产资源储量简表》中的上表资源储量为：累计查明$(Ta+Nb)_2O_5$资源量835 t。

矿床是一个以铷、铌、钽、钪为主的低品位岩浆-风化型稀有、稀土多金属矿，铷、铌、钽、钪均达到大型-超大型矿床规模，钨、锡、钇、锂、铯等矿种则为中小型矿床规模。截至2017年底，新歧稀有、稀土多金属矿在《云南省2017年矿区及所属矿山矿产资源储量简表》中的上表资源储量为：席草坝矿段累计查明333类以上铌钽矿资源量835 t，目前尚未开发利用。

（一）矿区地质特征

新歧矿区位于腾冲岩浆弧带内，槟榔江弧形断裂及大盈江弧形构造的中间部位；其大地构造分区属冈底斯-喜马拉雅造山系（Ⅸ）、冈底斯-察隅弧盆系（Ⅸ-1）之班戈-腾冲岩浆弧（Ⅸ-1-3）；成矿区带属特提斯成矿域（Ⅰ1）、腾冲（造山带）成矿省（Ⅱ1）、独龙江-腾冲（岩浆弧）Sn-W-Be-Nb-Ta-Rb-Li-Fe-Pb-Zn-Au成矿带（Ⅲ1）之棋盘石-小龙河（燕山期岩浆弧）Sn-W-Fe-Pb-Zn-Cu-Ag矿带（Ⅳ3）。矿区由北至南划分为干河、大秧田、百花脑、席草坝、茶塘河5个矿段（图8-17）。

1. 地层

区内出露地层主要为古元古界高黎贡山岩群（$Pt_1G.$），分布于矿区的东部，岩性下部以混合岩为主，夹少量片岩、变粒岩；上部为片岩夹少量变粒岩。此外，尚有少量下二叠统岩子坡组（P_1y）粉砂质板岩和第四系更新统（Q_1b^3）角闪安山岩出露于矿区东北角。岩子坡组与变质岩呈断层接触。

2. 构造

矿区位于槟榔江弧形断裂及大盈江弧形构造的中间部位。主干断裂（F_1、F_2）呈近北北东向延伸，属逆冲断裂。其中F_2断裂为一压扭性后期又转化为张扭性的复合断裂，断面较为平整，倾角陡，沿走向、倾向呈舒缓波状，发育有宽1~1.5 km的断裂破碎带，带内硅化、绢云母化等蚀变普遍，为

❶ 主要资料来源：云南省地质局第三地质队，1983，云南省腾冲县新歧钨（锡）矿及含锡稀有多金属矿区初步普查地质报告。

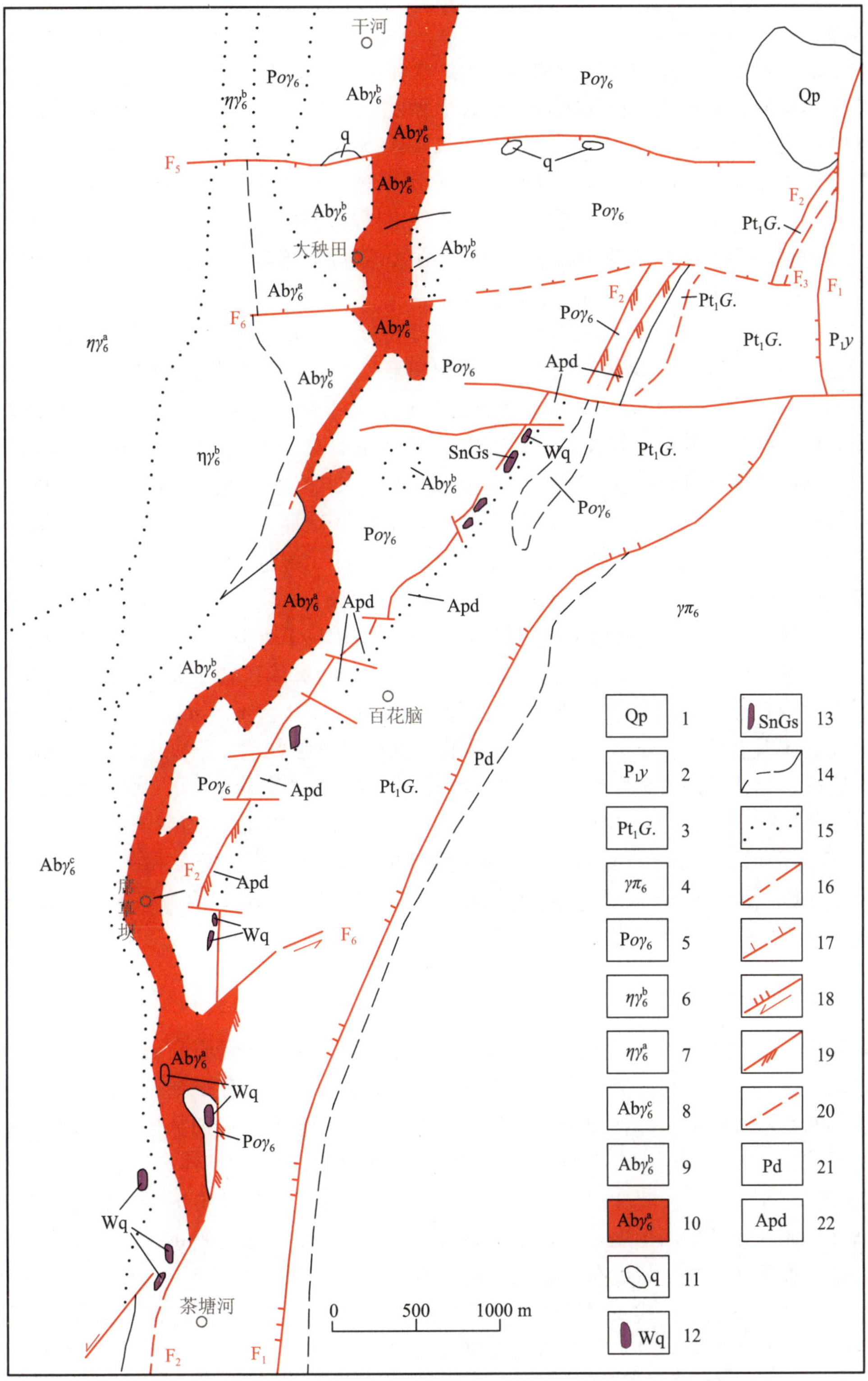

图 8-17　腾冲市新歧稀有稀土锡多金属矿区地质简图

（据李良等，2009，有修改）

1—第四系更新统安山岩、英安岩；2—下二叠统岩子坡组板岩、砂板岩；3—古元古界眼球状混合岩、石英片岩；4—花岗斑岩；5—钾化花岗岩；6—似斑状二长花岗岩（中粗粒）；7—中细粒似斑状二长花岗岩；8—粗粒钠化花岗岩；9—不等粒钠化花岗岩；10—细粒钠化花岗岩；11—石英脉；12—钨矿脉；13—锡矿脉；14—实测、推测地质界线；15—花岗岩岩相、蚀变带界线；16—实测、推测压性断裂；17—实测、推测张性断裂；18—实测、推测扭性断裂；19—实测、推测压扭性断裂；20—实测、推测性质不明断裂；21—挤压破碎带；22—挤压蚀变带

主要的成矿边界控制构造。

3. 岩浆岩

矿区岩浆活动强烈，出露的新岐花岗岩体为古永花岗岩基的南延部分，多呈椭圆状、不规则状和脉状。岩体主体部分为似斑状二长花岗岩，分布于西北部，全岩 Rb-Sr 同位素年龄为 59.79 Ma（陈吉琛等，1991），锆石 U-Pb 同位素年龄为 61.9±1.4 Ma（周新平等，2015）；钾化花岗岩分布于其东部边缘，与变质岩多为断层接触。钠化花岗岩总体沿上述两种花岗岩接触部位产出，具强烈钠长石化，是区内含锡稀有、稀土元素矿的成矿母岩。大秧田钠长花岗岩全岩 K-Ar 同位素年龄为 33.22 Ma（王登红等，2014），百花脑钠长花岗岩中黑云母 Ar-Ar 同位素年龄为 65.58 Ma（董方浏等，2006），表明新岐花岗岩体属燕山晚期—喜马拉雅期侵入体。

钠化花岗岩呈北北东—南北向条带状分布，断续长度约 7 km，具有受南北向及北北东向断裂联合控制的特点，矿区南段（百花脑-茶塘河）沿似斑状二长花岗岩与伟晶状钾化花岗岩接触部位产出，北段干河-大秧田产于钾化花岗岩内。此外，矿化岩体上部发育有大小不一、形状似椭圆形的云母云英岩异离体，以及数量较多的天河石花岗岩脉和含 Sn、W 及稀有元素的花岗伟晶岩脉、云英岩脉。依据岩石结构特征，可将矿化岩体分为细粒、不等粒、粗粒三个相带。细粒带多出现于钾化花岗岩一侧，不等粒带在似斑状花岗岩一侧。剖面上，下部为含斑细-中粒、不等粒似斑状结构，上部为细粒、等粒花岗结构。钠化花岗岩的矿物成分主要是钠长石（含量 35%~40%）、石英（含量 25%~35%）、钾长石（含量 15%~35%）和云母类矿物（1%~5%），据 X 射线分析，钾长石有序度值为 0.93；钾长石富含 Rb、Cs，Rb_2O+Cs_2O 含量≥1.8%，且 $K_2O/Rb_2O<20$，应属天河石变种；次要矿物为铁锂云母、锰铝榴石、黄玉、黑云母、白云母及高岭石。金属矿物主要有锡石、黑稀金矿、铌钽铁矿、独居石及锆石等。岩石化学特征：$SiO_2>75\%$，$K_2O+Na_2O>7\%$，$Na_2O>K_2O$，属高硅富钠花岗岩。由于矿化岩体碱性长石含量高，地表强烈风化后为疏松砂糖粒状，景观上显现为耀眼白色。以钠长石交代为特征，交代强烈者为细粒，含矿性较好；交代弱者，呈不等粒状，含矿性较差；交代更弱者为粗粒状，含矿微弱。矿化岩体 Sn、W 等有色金属及稀有元素丰度值均高于中国花岗岩平均含量。Rb 含量高，全岩平均为 0.13%；此外，还含一定量 Nb、Ta、W、Sc、REE 和 Y 等。矿化岩体的稀土元素总量（ΣREE）为 216×10^{-6}，Y 含量高达 98.3×10^{-6}，LREE/HREE 值为 0.3~0.52，$\delta Eu=0.08\sim0.16$，属铕严重亏损的重稀土富集型。

（二）矿体地质特征

新歧矿床成矿类型主要有含锡云英岩型（气成热液）、黑锡矿（锡石）石英型（高温热液）、含锡稀有元素钠长石石英变质花岗岩风化类型 3 类。前两类矿体主要赋存于新歧岩体与下古生代地层的内外接解带的断裂带及断裂破碎蚀变带内，其呈雁行状展布，呈大脉或细脉状产出（图 8-18）。区内工程控制的矿体有 22 个，长度 16~40 m，个别 70 m；规模相对较大的矿体有十余个，一般长度 100~150 m，最长的 3、8 号矿体长度分别为 184 m、197 m，平均厚度 0.5~1.0 m；风化类型矿床（体）主要分布于新歧岩体的顶部呈面形展布，长度 1200~2310 m，宽度 300~900 m。

矿化岩体呈近南北向条带状展布，南北长超过 8000 m，东西宽约 400 m；地表风化强烈，风化壳的垂直分带不明显，坡积层、残积层及原生岩石带的岩性及元素含量均较近似，属全岩矿化。经工程验证，风化壳的深度 3.80~30.1 m，控制长度 8000 m 以上，宽度 370~500 m，平均 400 m。矿体形态较简单，为稳定面形分布的层状矿体，内部无夹石或很少夹石，个别地段有分支复合现象。矿体基本连续，有用矿物颗粒较小，分布均匀。Rb_2O 含量相对较高，一般 0.06%~0.189%，平均 0.1%以上；Nb_2O_5 含量一般 0.005%~0.009%，最高 0.026%，低者 0.003%~0.004%；Ta_2O_5 含量一般 0.001%~0.004%，最高 0.009%，个别为 0；Li_2O 含量一般 0.01%~0.077%，最高 0.112%，低者 0.003%~0.009%；Cs_2O 含量一般 0.001%~0.003%，最高 0.006%，最低 0；Sc_2O_3 含量一般 0.0004%~0.003%，最高 0.0074%，最低 0；Y_2O_3 含量一般 0.01%~0.043%，低者 0.001%~0.008%；Sn 含量一般 0.005%~0.03%，高者 0.04%~0.06%，最低 0；WO_3 含量很低，一般 0.0001%~0.0090%，高

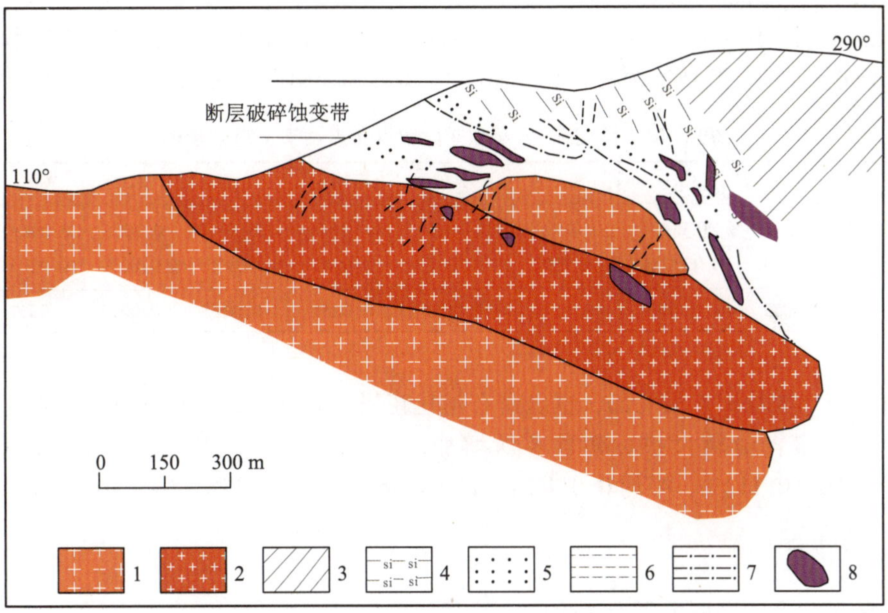

图 8-18　腾冲市新歧稀有稀土锡多金属矿床地质剖面图

（据李良等，2009，有修改）

1—粗-伟晶蚀变二长岩；2—含锡-稀有元素变花岗岩；3—下古生代片岩、变粒岩；4—弱蚀变带（硅化、云英岩化、绢云母化）；5—云母线；6—云英岩化；7—绢云母化；8—钨锡化石英脉

者 0.02%~0.036%。

大秧田矿段：位于矿区西北部，平面上呈“U”形，可分为细粒带和不等粒带 2 个相带。钠化花岗岩细粒带块段分布于矿段偏西侧的中心部分，剖面位于岩体上部。呈近南北向展布，长度 1175 m，宽度 200~480 m，面积 370096 m^2。本矿段稀有元素含量较高，特别是 Ta_2O_5，构成了新歧矿区唯一的单独钽矿体，Ta_2O_5 含量 0.0031%~0.006%，平均 0.0045%；Nb_2O_5 含量 0.0065%~0.0093%，平均 0.0078%。钠化花岗岩不等粒带分布在细粒带的外围，剖面上位于细粒带下部，呈不规则状，面积约 323924 m^2；与细粒带相比，Ta_2O_5 含量较低而 Nb_2O_5 含量相近，Rb、Cs、Li、Sc 等含量也比较相近，但 Y_2O_3 含量高。细粒带、不等粒带各稀有元素及钨、锡含量见表 8-11。

表 8-11　大秧田矿段稀有元素及钨、锡含量表

相带	含量/%								
	Nb_2O_5	Ta_2O_5	Rb_2O	Cs_2O	Li_2O	Y_2O_3	Sc_2O_3	WO_3	Sn
细粒带	0.0078	0.0045	0.1288	0.0023	0.0464	0.0076	0.0023	0.0009	0.0224
不等粒带	0.0077	0.0012	0.0930	0.0017	0.0281	0.0173	0.0014	0.0012	0.0045
基岩	0.0031	0.0013	0.1975	0.0023	0.0344	0.0056	0.0013	0.0002	0.0027

百花脑-席草坝矿段：位于矿区中南部。钠化花岗岩呈不规则线状分布，北部百花脑一带呈北东向展布，南部席草坝-茶塘河一带则为近南北向，工程控制长度 2310 m，宽度 345~600 m，面积 1157928 m^2。细粒带分布于伟晶二长-钾长岩一侧（东侧），不等粒带则分布于混合花岗岩一侧（西侧），二者含矿性无明显差别，各稀有元素及钨、锡平均含量见表 8-12。

云南省有色地质三〇八队（2006）对席草坝矿段钽铌矿开展普查工作，矿体主要赋存于钾化花岗岩带及钠化花岗岩细粒带、不等粒带风化壳中，形态简单，为稳定面形分布的层状；矿体基本连续，主体为一层，具有一定的横向变化特点（表现为由东至西逐渐变薄），有用矿物颗粒较小，分布均匀。矿体走向 20°~40°，倾向与地形坡向一致，倾角 0°~30°，一般 10°~15°；矿体控制长度大于

1600 m，宽度250~500 m。含矿层厚度最大8.1 m，最小1.0 m，一般3~5 m，平均4.86 m。工业矿体厚度最大17.85 m，最小0.7 m，平均2.87 m；品位总体变化不大，（Ta，Nb）$_2$O$_5$含量0.016%~0.0312%，平均0.020%。低品位矿石（Ta，Nb）$_2$O$_5$含量0.0086%~0.0139%，平均0.012%。

表8-12 百花脑-席草坝矿段稀有元素及钨、锡含量表

元素或氧化物	Nb_2O_5	Ta_2O_5	Rb_2O	Cs_2O	Li_2O	Y_2O_3	Sc_2O_3	WO_3	Sn
含量范围/%	0.004~0.0096	0.001~0.0038	0.0843~0.1593	0.0002~0.005	0.0044~0.0845	0.004~0.03757	0.000~0.0039	0.004~0.0105	0.0037~0.0198
平均含量/%	0.0055	0.002	0.1147	0.0014	0.0258	0.0165	0.0012	0.0017	0.0097

干河矿段：位于大秧田矿段北部，也出露有钠化花岗岩风化壳，长度400 m，宽度150 m，面积60000 m^2。稀有元素含量较大秧田矿段有所增加，Ta_2O_5含量0.001%~0.023%，平均0.007%；Nb_2O_5含量0.004%~0.112%，平均0.011%；Li_2O含量0.01%~0.35%，平均0.06%。

（三）矿石特征

新歧矿床的矿石自然类型主要为氧化矿。

Nb、Ta主要以铌钇矿产出，其次为铌钽铁矿、褐钇铌矿，少量以类质同象形式存在于锡石、黑钨矿、云母内（黑稀金矿、铌钽铁矿）。铌钇矿呈褐黑、黑色，有板柱状及片状两种，铌、钽、钍、铀、钇及镱含量较高。铌钽铁矿多分布在脉石中，含量微，粒度0.05~0.08 mm；锡石中Nb_2O_5含量3.75%、Ta_2O_5含量1.01%，说明部分铌、钽呈类质同象包裹体存在于锡石中。此外，石榴子石、褐铁矿、锆石及似方锰矿中亦有微量铌钽存在。

Rb、Cs主要分布于钠化花岗岩的细粒及不等粒相中，尚未发现独立矿物。Rb主要以类质同象形式存在于钾长石和各种云母中，据电子探针分析，在钾长石中Rb含量最高（2.31%），云母、斜长石次之，锰铝榴石中最低（0.06%）；Cs主要以类质同象赋存在各种云母中（0.03%），少量在钾长石内。

Li主要分布于钠化花岗岩中，呈类质同象存在于含铁的云母和天河石之中，构成铁锂云母、锂云母等锂的独立矿物；U呈独立矿物产出；Zr、Hf为锆石、富铪锆石和曲晶石等单矿物形式产出。REE元素大多呈单矿物形式产出，如铌钇矿、独居石、磷钇矿和褐钇铌矿等。独居石是矿区唯一的铈族稀土矿物，呈浸染状分布于脉石中，锰铝榴石是常见副矿物之一，其中有石英及锡石、黑稀金矿、铌钽铁矿包裹体。Y呈单矿物形式产出，如铌钇矿、磷钇矿、褐钇铌矿等。Sc以类质同象形式产出，主要赋存于铌钇矿中，其次在锡石、黑钨矿、铌钽铁矿中也有赋存。Sn 60%以上以锡石单矿物存在；W大多赋存于铌钇矿内，少数呈黑钨矿形式产出。

矿石中Rb_2O、（Ta，Nb）$_2$O$_5$含量均达工业品位之上，（Ta，Nb）$_2$O$_5$含量0.021%；低品位矿石也达0.012%。据沈敢富（2002）研究成果，可综合回收利用元素达28种之多，计有Sn、W、Nb、Ta、Zr、Hf、Li、Rb、Cs、U、Th、La、Ce、Pr、Nd、Sm、Eu、Gd、Tb、Dy、Ho、Er、Tm、Yb、Lu、Y和Sc等，目前仅对Rb、Nb、Ta、Li、Cs、Sc、Y、Sn、W等进行了勘查评价。按原生单一矿床的工业品位要求，有些元素品位虽然不高，但由于大都以供工业利用的矿石矿物形式产出，易采、易选、易冶和可综合回收，生产成本低。选矿后的尾砂是优质工业原料钠长石和石英，量大足以构成单独的石英砂矿和钠长石矿床。

（四）岩体蚀变

新歧花岗岩体蚀变较为强烈，岩体内部的混染及局部云英岩化则多出现在F_2断裂旁侧，蚀变类型主要有钠长石化、钾长石化、黄玉化、硅化、绿泥石化、高岭土化等。其中，钠长石化、钾长石化与稀有、稀土元素矿化关系密切，一般钾化、钠化蚀变越强，含矿性越好。

（五）矿床成因

新歧稀有稀土多金属矿床属于十分典型的岩浆作用矿床，钠长花岗岩具有全岩矿化特点，成矿类型主要为蚀变花岗岩型、伟晶岩型-云英岩型稀有稀土多金属矿床；后期有表生风化作用改造，进一步富集形成风化型稀有稀土多金属矿床。其蚀变花岗岩型、伟晶岩型-云英岩型矿床成矿时代与钠长花岗岩体成岩时代基本一致，介于 33.22~65.58 Ma 之间（王登红等，2014），属燕山晚期—喜马拉雅早期（白垩纪—古近纪）；风化型矿床成矿时代为第四纪（喜马拉雅期）。

初始富稀有、稀土及有色金属的酸性岩浆，沿高黎贡山基底滑脱带及一系列逆冲断裂上侵，经多期次、多阶段分异演化，在封闭良好的介质下，形成各类蚀变花岗岩型，花岗伟晶岩、云英岩型稀有、稀土及有色金属矿床。此外，在有利气候、地形条件下，风化、剥蚀作用使矿化花岗岩形成较厚大的风化壳，稀有元素矿物风化解体呈阳离子态释出，随天水向下淋移，被带负电荷的粘土矿物吸附，进一步富集形成风化型矿床。

二、其他矿化信息点

除腾冲新歧稀有稀土锡多金属矿床伴生的岩浆型锂、铷、铯矿外，尚有岩浆热液型、伟晶岩型、岩浆型、化学沉积型、生物化学沉积型、热泉型 6 种类型的锂、铷、铯矿（化）。

1. 岩浆热液型锂、铷、铯矿

以个旧长岭岗稀有、稀土元素矿最具代表性，在燕山晚期长岭岗碱性岩体中，发育有与气成-热液活动有关的铁锂云母脉和霞石正长伟晶岩脉（块体）。铁锂云母脉主要分布于长岭岗岩体北西边缘的霞石正长岩体之北东和北西向节理中，多呈规则脉状，脉长 20~100 m，脉宽约 1 m。主要矿物为铁锂云母，另有少量锆石、独居石、磷钇矿、方钍石等；铁锂云母（或黑云母）中，Li_2O 含量 0.65%~2.5%。霞石正长伟晶岩脉、霞石正长伟晶岩块体富含 Li、Rb 等稀有元素，云母中 Li_2O、Rb_2O 含量分别为 1.85%、0.51%。

此外，个旧老厂细脉带型锡铍多金属矿体中，也伴生有锂、铷、铯，Li 含量 0.01%~0.055%，平均 0.032%；Rb 含量 0.0067%~0.133%，平均 0.062%；Cs 含量 0.005%~0.024%，平均 0.0136%。在细脉带上部的含锂浅色云母脉中，锂、铷、铯矿化最强，Li_2O 含量 0.58%~0.87%、Rb_2O 含量 0.7%~1.05%、Cs_2O 含量 0.065%~0.17%，已达一般工业指标要求（肖景霞等，1988）。

2. 伟晶岩型锂、铷、铯矿

滇西一带的伟晶岩脉中普遍含有锂、铷、铯等稀有元素矿化，以腾冲宝华山稀有多金属矿最具代表性，矿化伟晶岩脉呈透镜状-脉状产出，控制长度 50~400 m，厚度 2~10 m；Li_2O 含量 0.04%~0.537%、Rb_2O 含量 0.12%、Cs_2O 含量 0.01%。宝华山矿段的 Li 主要富集于白云母钠长石锂辉石型（Ⅶ）伟晶岩中，Li_2O 含量 0.015%~0.852%；Rb、Cs 主要富集于白云母微斜长石钠长石锂辉石型（Ⅵ）伟晶岩中，捡块样分析 Rb_2O、Cs_2O 含量分别为 0.52%、0.53%；白云母钠长石锂辉石型（Ⅶ）伟晶岩中也有 Rb、Cs 矿化，Rb_2O、Cs_2O 含量分别为 0.12%、0.01%。

龙陵黄连沟稀有多金属矿床中，微斜长石-白云母型伟晶岩、钠长石-微斜长石-白云母伟晶岩、钠长石-白云母伟晶岩中均有锂、铷、铯矿化，Li_2O 平均含量 0.019%~0.028%、Rb_2O 平均含量 0.049%~0.068%、Cs_2O 平均含量 0.0018%~0.004%。

据高子英（1993）研究成果，西盟、贡山一带的伟晶岩中富含 Li、Rb、Cs。西盟大马散地区的伟晶岩带，分布于喜马拉雅期花岗岩体外 600~2400 m 范围内的西盟岩群变质岩中。产出伟晶岩脉近百条，长几十至百余米，厚度 3~8 m；伟晶岩主要为钠长伟晶岩和钠长-微斜伟晶岩，含少量白云母和锂云母，锂云母呈集合体团块产出。副矿物种类极多，有锡石、锰钽铁矿、锰铌铁矿、黄玉、细晶石、石榴子石、绿柱石、氟磷灰石、铁锂云母、锆石、铀钍矿、独居石、毒砂、自然铋、泡铋矿、黄铁矿、电气石等；云母中 Li_2O 含量 0.15%~4.8%、Rb_2O 含量 0.21%~1.25%；贡山伟晶岩（普拉底）主要为微斜伟晶岩，由微斜长石、石英、白云母及少量锂云母、斜长石组成。副矿物有磷灰石、黄玉、绿柱石、电气石等；云母中 Li_2O 含量 3.94%、Rb_2O 含量 1.09%。

据云南省地质调查局（2016）和李建康等（2017）成果，在贡山县黑马地区白云母伟晶岩群分布区发现 1 个高锂异常区和铁锂云母伟晶岩带。白云母伟晶岩中 Li_2O 含量 1.571%~3.452%，平均 2.973%，高于最低工业品位（0.8%）3 倍以上；棕红色云母（铁锂云母）Li_2O 含量 4.03%~4.36%。铁锂云母晶体较大，透明度高，且易剥离，属于优质的铁锂云母型锂资源，具有较大的经济利用价值。在贡山-福贡云母带上，除了黑马矿床外，还存在普拉底、和包等小型矿床，以及蜡早、季子洛等矿点，这些矿床（点）中的云母均属于铁锂云母。此外，在贡山-福贡的怒江峡谷两岸也发现众多富铁锂云母伟晶岩。因此，贡山-福贡地区具有良好的铁锂云母型锂找矿潜力。

据云南省地质矿产局（1993）成果，凤庆县慈园一带伟晶岩脉产于古元古界崇山岩群片麻岩中，受片麻理及张裂隙控制。区内共有伟晶岩脉 100 余条，部分具有 Be、Nb、Ta、Rb 等稀有元素矿化。红木山一带部分伟晶岩 Rb_2O 含量 0.01%~0.092%，其东南段部分伟晶岩 Rb_2O 含量 0.05%~0.10%；邦漂一带也有伟晶岩脉产于古元古界崇山岩群混合岩化片麻岩、眼球状混合岩中，具有 Be、Nb、Ta、Rb 等稀有元素矿化，其中 Rb_2O 含量 0.05%~0.104%。

3. 岩浆型锂、铷、铯矿

龙陵一带的平河花岗岩体中，富含锂、铷、铯等稀有元素，局部可富集成矿，以龙陵团坡铷矿点最具代表性。

铷矿体主要分布于矿区北部加里东期—华力西期（奥陶纪—石炭纪）松坡岩体的中细粒含黑云母二长花岗岩风化壳中，东西宽 1270 m，南北宽 300~1000 m，发现 3 个矿（化）体，产于地表及近地表的含铷矿物主要为钾长石、斜长石和绢云母-白云母。

I1 号矿（化）体：矿体出露面积约 0.3653 km^2，厚度 1~29.60 m，平均 13.26 m；Rb_2O 含量 0.062%~0.097%，平均 0.082%。

I2 号矿（化）体：地表主要出露于 1~12 号勘探线之间，其余均隐伏于地下。矿体出露面积约 0.0163 km^2，厚度 2.0~25.65 m，平均 10.36 m；Rb_2O 含量 0.101%~0.115%，平均 0.106%。

I3 号矿（化）体：地表未出露，为隐伏矿。矿体分布面积约 0.0475 km^2，厚度 2.00~10.00 m，平均 5.46 m；Rb_2O 含量 0.100%~0.114%，平均 0.105%。

松坡岩体为区域性平河岩体的一部分，全岩 Rb-Sr 等时线年龄为 525.9±13.4 Ma、黑云母 K-Ar 同位素年龄为 349~456 Ma（秦德先，1990），LA-ICP-MS 锆石 U-Pb 年龄为 480~486 Ma（董美玲等，2012），表明其侵入时代为加里东期—华力西期（奥陶纪—石炭纪），主体成岩时代应为加里东期。岩体主要有粗粒含黑云母二长花岗岩、中细粒含黑云母二长花岗岩 2 个岩相。粗粒含黑云母二长花岗岩分布于岩体中部及深部，Rb_2O 含量 0.015%~0.043%；中细粒含黑云母二长花岗岩分布于岩体边部及顶部，Rb_2O 含量 0.039%~0.143%、Li_2O 含量 0.068%、Cs_2O 含量 0.0048%，为铷矿的含矿母岩。

4. 化学沉积型-生物化学沉积型矿床共伴生锂矿

山西、河南、重庆、贵州等地的沉积型铝土矿矿床中先后发现伴生有锂矿，众多学者（陈平等，1997；杨军臣等，2004；叶霖等，2007；王登红等，2013；邓国仕等，2014；李沛刚等，2014；王涛等，2014；金中国等，2015；温汉捷等，2020）也对锂赋存状态、富集规律等进行了研究。

云南最早发现铝土矿中伴生有锂（Li）的是滇中地区的安宁耳目村-下哨铝土矿矿床，据云南省地质局第九地质队（1963c）勘查成果，铝土矿产于中二叠统梁山组（原为下二叠统倒石头组）含铝岩系中，矿石光谱分析 Li 含量 0.02%~0.5%，平均 0.15%；组合分析 Li_2O 含量 0.006%~0.883%，平均 0.243%。11 件可溶性试验样品中，6 件样品 Li_2O 含量大于 0.062%，最高 0.38%，可综合利用。但由于各种原因，一直未对伴生锂进行系统勘查评价。

据中国科学院地球化学研究所“稀散矿产资源基地深部探测技术示范项目”最新成果，在云南滇中盆地发现找矿潜力巨大的锂矿资源；富锂矿层产于下二叠统倒石头组（现为中二叠统梁山组）内，厚度 2~16 m，Li_2O 含量 0.10%~1.02%，平均 0.30%。在小石桥、观音山 2 个科研示范区

7.2 km^2 的范围内共获得334类氧化锂资源量约 34×10^4 t，达超大型规模（温汉捷等，2020）。倒石头组主要为一套滨海-湖沼相沉积，岩性主要为砂页岩夹灰岩透镜体、铝土矿和劣质煤层，一般厚度5~20 m，是滇中铝土矿的重要产出层位。根据钻孔工程所揭露的情况，粘土岩中 Li_2O 平均含量为0.3%左右，最高达1.1%。各岩性锂富集情况如下：灰色-深灰色致密块状含铝土质硬质粘土岩中锂最为富集，Li_2O 含量为0.2721%~0.7428%，平均0.3975%；黑色含碳质铝土质泥岩（煤）的 Li_2O 含为0.0806%~0.6953%，平均0.2578%，且具有碳质含量越高，锂含量越高的规律；灰色铝土质泥页岩的 Li_2O 含量变化范围较大，为0.0273%~0.6759%，平均0.2218%；浅灰色铝土质泥页岩 Li_2O 含量为0.0281%~0.3455%，平均0.21%；灰色-深灰色鲕粒铝土岩锂含量较低，但也有一定程度富集，Li_2O 含量为0.0622%~0.1922%，平均0.1405%；褐色强风化铝土岩（矿），几乎无锂富集，Li_2O 含量只有0.018%左右。由此可知，随着铝质含量逐渐增高（含铝土质、铝土质、铝土岩）和风化程度的加强，锂含量逐渐降低，表明最利于锂富集的是铝质含量较为适中的粘土化阶段，而不是强风化的铝土岩（矿）阶段。粘土岩中除锂超常富集外，Ga、REE也有一定程度的富集。其中Ga含量为32~69 g/t，平均43 g/t，均超过了铝土矿型镓矿床的工业品位。Ga主要富集在铝质含量较高的铝土岩中，以灰色-深灰色鲕粒铝土岩中Ga最高，一般都在50 g/t左右。稀土元素仅在局部发生富集，灰色铝土质泥页岩中轻稀土（LREE）含量0.08%~0.1045%，达到了风化壳型稀土矿床的最低工业品位。研究表明，锂主要以吸附形式赋存于粘土岩的蒙脱石相中，部分进入蒙脱石矿物结构；成矿物质来自基底的不纯碳酸盐岩，以白云岩为主的碳酸盐岩的 Li_2O 含量一般为20~50 g/t，分布面积广、厚度较稳定，具有提供锂的良好物质基础。碳酸盐岩风化-沉积作用是富锂粘土岩形成的主要机制；沉积环境对锂的富集具有重要的控制作用，还原、低能、滞留、局限的古地理环境有利于Li富集。据赵越等（2019）研究成果，高锂粘土以陆相沉积为主，夹有过渡相或海相，可能形成于还原或者亚还原的沉积环境。由此表明，碳酸盐岩粘土型锂矿主要形成于还原性陆相淡水沉积环境。

近年来，云南省地质调查院通过1∶5万地质调查，在滇中中部地区发现一层厚0.5~1.5 m的古风化壳型高锂铝土矿矿体（孙柏东等，2019）。新发现的高锂铝土矿矿体赋存于石炭纪黄龙组（C*h*）底部，晚泥盆世宰格组（D_3z）顶部（条带状粉晶白云岩）平行不整合界面之上，矿体呈层状、似层状，严格受古喀斯特地形地貌控制，产状与地层基本一致，倾向350°~10°，倾角25°~30°；矿体走向长度约6 km，出露地表宽度0.1~0.2 km，矿体厚度0.5~1.5 m，平均0.8 m。铝土矿组成矿物主要有硬水铝石、勃姆石、鲕绿泥石、高岭石、斜绿泥石、云母/伊利石、锐钛矿等。高岭石、斜绿泥石为角砾状、致密状铝土矿主要粘土矿物；鲕绿泥石为豆鲕状铝土矿的主要粘土矿物，也是最主要的含硅矿物。矿石中主要组分平均含量分别为：Al_2O_3 57.35%、SiO_2 20.34%、TiO_2 3.0%，铝硅比值（*A/S*）2.92。Li_2O 含量0.37%~0.98%，平均0.74%。对于不同类型的铝土矿石来说，豆鲕状铝土矿中的Li含量与Al含量在一定范围内呈弱的负相关，碎屑状、角砾状铝土矿中Li含量与Al含量没有明显相关性。由于Li的含量与样品中粘土矿物总含量有明显的正相关性，可初步推断铝土矿中的Li应主要为粘土矿物吸附状态产出，研究对象可能为古风化壳吸附型锂矿。

滇东南地区的铝土矿中锂（Li）含量相对较低，据王行军等（2015）、崔银亮等（2018）研究成果，9个矿床162件含铝岩系样品分析结果显示：Li含量为 3×10^{-6}~1207×10^{-6}；含铝岩系中各岩性Li含量表现为由铝质粘土岩→菱镁矿→泥质铝土矿→铁质铝土矿→铝土矿→铁铝质岩→铁质岩依次降低，其平均Li含量分别为 232×10^{-6}、185×10^{-6}、168×10^{-6}、162×10^{-6}、137×10^{-6}、116×10^{-6}、46×10^{-6}。在主要铝土矿床中，砂子塘铝土矿床中Li含量最高（393×10^{-6}）；西畴卖酒坪（芹菜塘矿段）、砚山红舍克2个铝土矿床中Li含量也比较高，分别为 261×10^{-6}、216×10^{-6}。据温汉捷等（2020）研究成果，在某些低品位铝土矿中，碳酸盐粘土型锂矿主体为铝土矿矿体的顶、底板粘土岩/铝土岩，少量为品质较低的铝土矿矿石。

此外，临沧市临翔区勐托锗煤矿床韭菜坝矿段的锗煤矿石中含有Rb、Cs等有益组分，其中Rb含量0.028%~0.043%，平均0.035%；Cs含量0.028%~0.035%，平均0.031%，接近或达到一般工业综合利用指标要求。

5. 热泉型锂、铷、铯矿

腾冲地区现代水热流体活动强烈，分布有许多热泉，富含 Au 及稀有分散元素 Li、Rb、Cs、Se 等。据胡云中等（2002）研究成果，在高温热泉、沸泉出露区，多见有硅华、硅质层；中温热泉出露区，则以钙质泉华为特征。地表热泉，由高温→中温→低温，矿化度总体上呈递减的趋势；Li、Rb、Cs、Se 等稀有分散元素组分，在高温沸泉中的含量，明显高于中低温热泉。硫磺塘地段的热沸泉（大滚锅、眼镜泉、怀胎泉、鼓鸣泉）Au、Li、As、Se 元素平均含量分别为：0.55 μg/L、7550 μg/L、613 μg/L、14.7 μg/L；中温热泉 Au 元素平均含量为 0.26 μg/L，而 Li、As 元素的含量明显偏低，分别为 1.17 mg/L、0.001 mg/L。大滚锅沸泉出露于蚀变碱长花岗岩中，喷溢口颈管处水温 96.6℃，pH 值 7.6，流量 0.76 L/s，为本区少有的具深源水特征的热泉。泉水所逸出气体中的 $^3He/^4He$ 高值反映了有深部幔源物质的加入；δD 与 δO 同位素分析数据，表明热水多为大气降水的补给。大滚锅热沸泉水中的 Li、Se、Rb、Cs 质量分数、固溶物与总矿化度都是腾冲地区各类热泉中最高的，其 Au、As、Sb 和硅元素的质量分数也居全区热泉的前列。大滚锅沸泉形成的现代热海热田内的硅华，Rb_2O、Cs_2O 含量分别为 0.014%、0.019%，Li、Be、Nb、Au 含量分别为 16.4×10^{-6}、167×10^{-6}、17.82×10^{-6}、45×10^{-9}，较老时期形成的硅华，其 Li、Be、Au 含量更高于现代硅华。刘明亮等（2014）测得热海热泉水 Li、Rb、Cs 含量分别为 $0.50\times10^{-6}\sim6.13\times10^{-6}$、$0.26\times10^{-6}\sim1.28\times10^{-6}$、$0.02\times10^{-6}\sim0.67\times10^{-6}$，郭唯明等（2019）测得大滚锅沸泉 Li、Rb、Cs 含量分别为 7076 μg/L、1936 μg/L、836 μg/L，由此表明，腾冲地区的热泉富含稀有元素且比较稳定。

该区目前已发现小型热泉型金矿 1 处（腾冲梁河），但对 Li、Rb、Cs 等稀有元素的勘查评价尚未展开，据郭唯明等（2019）测算，每年随着水热活动带出的锂金属量可达 500 余吨，而近 20 年来热泉中 Li 含量均是相对稳定的。因此，腾冲地区具有较好的热泉型稀有元素矿找矿潜力。

第八节　成矿规律及找矿方向

一、成矿地质条件

（一）岩浆岩条件

稀有金属成矿主要与岩浆作用密切相关，富含成矿元素的岩浆岩经多期次、多阶段的岩浆分异作用，形成岩浆型、岩浆热液型、伟晶岩型、云英岩型、火山岩型矿床。据现有的资料统计分析，各个时期中酸性花岗岩均不同程度与稀有金属矿化有一定关系，部分基性-超基性、碱性岩浆活动也与稀有金属成矿关系密切（图 8-19，图 8-20）。

1. 晋宁期中酸性、基性岩浆活动

晋宁期中酸性、基性侵入岩大量分布于扬子准地台结晶基底岩系出露的滇中地区。武定-禄劝一带产出的迤纳厂、笔架山等铁铜矿床，伴生稀有元素 Nb、Ta，其成矿与晋宁期中酸性、基性岩浆侵入和喷发活动有关；牟定姚兴村一带晋宁期黑云母二长花岗岩中，副矿物有铌钽铁矿、锆石等稀有金属矿物；岩体中 Zr、Nb 含量较高，分别为 120×10^{-6}、60×10^{-6}，与水桥稀土稀有元素矿床成矿关系密切。

2. 加里东期中酸性岩浆活动

加里东期中酸性侵入岩大面积分布于龙陵地区，以平河复式岩体最具代表性。作为平河岩体一部分的松坡岩体，岩性主要为二长花岗岩，富含稀有元素铷、锂、铯。岩体中、深部的粗粒含黑云母二长花岗岩 Rb_2O 含量 0.015%~0.043%，边部及顶部的中细粒含黑云母二长花岗岩 Rb_2O 含量 0.039%~0.143%、Li_2O 含量 0.068%、Cs_2O 含量 0.0048%，为团坡风化壳型铷矿的成矿母岩。

3. 华力西期基性-超基性岩浆活动

华力西期基性-超基性岩浆喷发活动，形成大面积的峨眉山玄武岩，岩石中也富含 Nb、Ta 等稀

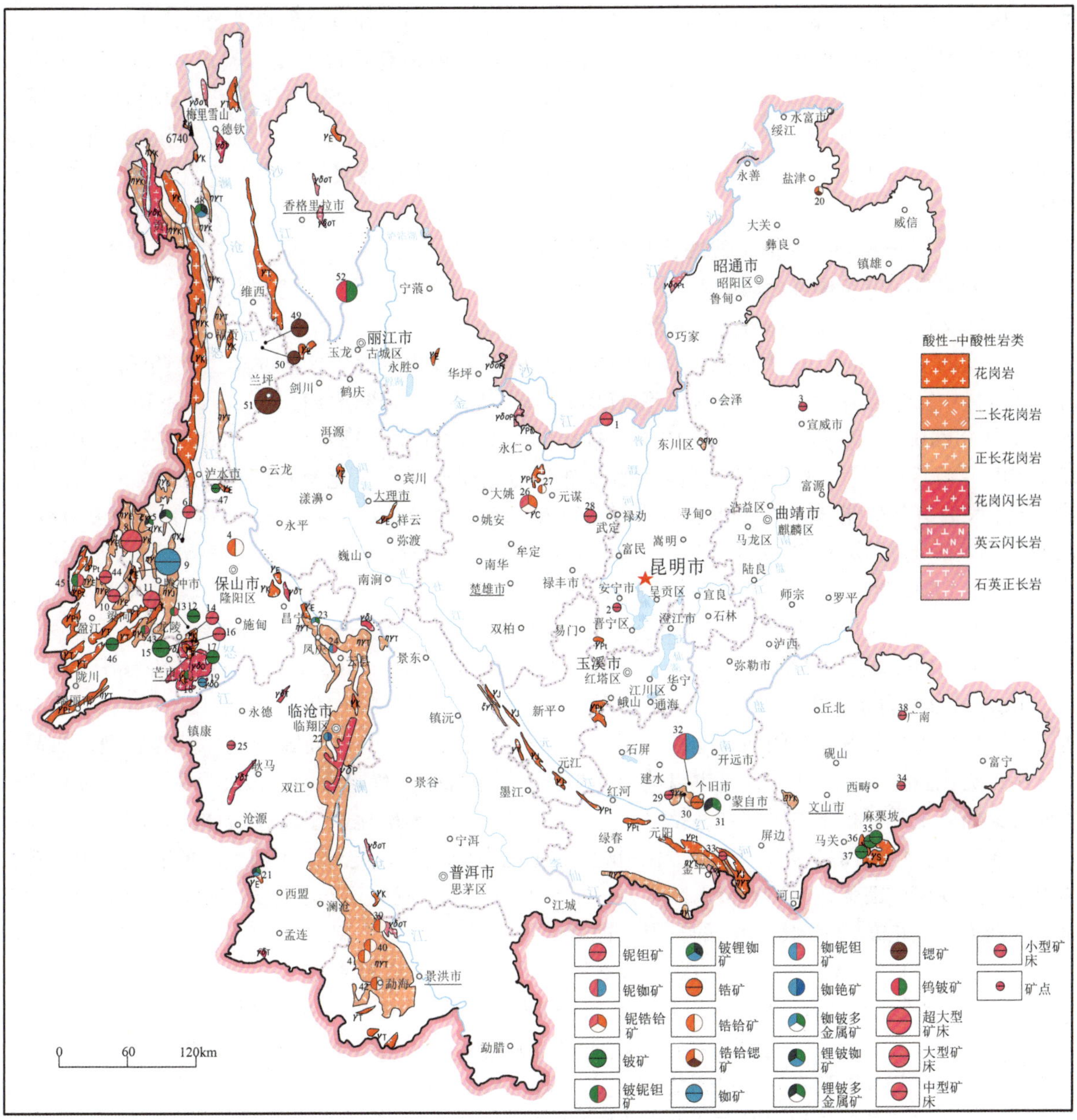

图 8-19 云南省中酸性岩浆岩与稀有金属矿产地分布关系图

有元素。宣威一带的峨眉山玄武岩古风化壳中，产出有铌多金属矿，Nb_2O_5 含量 $111\times10^{-6}\sim747\times10^{-6}$，平均 255×10^{-6}；宣威中营-禾木多-徐家村的火山岩型稀土矿点，伴生有铌，Nb 含量一般 0.01%~0.05%，最高 0.2%。

滇东南地区铝土矿矿床中稀有元素铌含量高，为 $18.46\times10^{-6}\sim322.80\times10^{-6}$（王行军等，2015a）。广南板茂铝土矿中伴生有铌、钽，Nb 含量为 0.037%~0.076%，平均 0.0634%；Ta 含量为 0.0025%~0.0073%，平均 0.0039%。均达到相应的工业指标要求，可综合回收利用。西畴卖酒坪铝土矿矿床中，Nb_2O_5 平均含量 0.0165%，已达到风化壳矿床的工业品位要求。据崔银亮等（2018）研究成果，滇东南铝土矿的成矿物质主要来源于峨眉山玄武岩。

4. 华力西期—印支期中酸性、碱性岩浆活动

华力西期—印支期中酸性岩浆侵入活动，形成云南省最大的花岗岩体（临沧花岗岩基）。锆石是岩体中黑云母花岗岩的主要副矿物，经人工重砂测定，岩体南部勐海一带花岗岩中锆石含量 281.33 g/t，是形成该区砂矿型稀土锆石矿床的母岩。目前已发现 4 处锆石砂矿床（勐往、勐海、勐阿、勐康），矿石属富铪锆石，Hf 含量 0.5%~3%，可综合利用，稀有金属找矿潜力较大。

在镇康木厂一带分布的印支期碱性长石花岗岩，岩体内稀有元素丰度普遍较高（Zr 730×10^{-6}、Nb 91×10^{-6}、Rb 338×10^{-6}），与铌矿化关系密切。在岩体的各相带都普遍有铌和其他稀有金属矿化；在边缘相带中以铌矿化最强，尤以东带最佳，可构成铌矿体。此外，在丽江石鼓一带也有印支期中酸性侵入岩出露，形成一些白云母微斜伟晶岩，伴有稀有金属铍（Be）矿化，矿物中有少量绿柱石。

5. 燕山晚期—喜马拉雅期中酸性及碱性岩浆活动

此期岩浆活动也与稀有金属成矿关系最为密切，形成众多岩浆型、岩浆热液型、伟晶岩型、云英岩型、接触交代型及风化型稀有金属矿床。

滇东南的个旧-金平-文山地区，是非常重要的稀有金属找矿远景区。在燕山晚期长岭岗、白云山碱性岩体中富含稀有元素，据李新仁等（2018）研究成果，长岭岗碱性岩 Li、Nb、Rb、Zr、Hf 含量分别为 $48\times10^{-6}\sim134\times10^{-6}$、$69.4\times10^{-6}\sim147\times10^{-6}$、$206\times10^{-6}\sim413\times10^{-6}$、$1080\times10^{-6}\sim3780\times10^{-6}$、$27.5\times10^{-6}\sim47.9\times10^{-6}$，是建水普雄超大型铷、钽稀有金属矿床（风化型）的含矿母岩。个旧白云山碱性岩中发育有与气成-热液活动有关的铁锂云母脉，Li_2O 含量 0.65%~2.5%、Nb_2O_5 含量 0.095%~0.26%、Ta_2O_5 含量 0.002%~0.004%。岩体中尚发育霞石正长伟晶岩脉，富含稀有元素 Li、Rb，云母中 Li_2O、Rb_2O 含量分别为 1.85%、0.51%（高子英等，1993）。个旧地区燕山晚期各类花岗岩普遍富含稀有元素，尤以老卡岩体中的淡色花岗岩和牛屎坡蚀变花岗岩的含量最高，淡色花岗岩 Li、Nb、Ta、Rb 含量分别为 200.93×10^{-6}、57.66×10^{-6}、13.51×10^{-6}、1033×10^{-6}，蚀变花岗岩 Li、Be、Nb、Ta 含量分别为 274.27×10^{-6}、43.23×10^{-6}、71.64×10^{-6}、21.90×10^{-6}（李家和，1985），部分已达工业品位要求。随着岩浆的演化过程，形成一系列蚀变花岗岩型、细脉带型、云英岩型、伟晶岩型、接触交代型稀有金属矿化，其中以蚀变花岗岩型、细脉带型稀有金属矿床最为重要。蚀变花岗岩型稀有金属矿主要分布于牛屎坡、马拉格一带，Be、Nb、Ta 等矿化产于花岗岩体之顶部和边部自蚀变花岗岩，主要包括伟晶岩型、云英岩化-钠长石化花岗岩型、云英岩型 3 种类型的矿化，铍、铌可达中型矿床规模。细脉带型稀有金属矿主要分布于老厂一带，成矿元素组合具有垂直分带规律，由下而上分别为：以花岗岩突起为中心的花岗岩蚀变带（云英岩型 Be、Nb、Ta 矿化带）→黑电气石-绿柱石-长石脉带（Be、W 矿化带）→蓝电气石-矽卡岩-氧化矿脉带（Sn、W、Be 矿化带）→蓝电气石-含锂云母脉带（Sn、W、Be、Li、Rb、Cs 多金属矿化带）。Be 矿化主要富集在下部但向上延续较远，Li、Rb、Cs 矿化富集在上部。在燕山晚期的马关老君山花岗岩体及周边也产出有伟晶岩型、蚀变花岗岩型铍（绿柱石）矿床，伟晶岩型铍矿主要产于岩体北东缘的瓦渣-戈岭一带，花岗岩体外接触带下寒武统二云母斜长片麻岩中，以麻栗坡瓦渣小型铍矿床最具代表性；蚀变花岗岩型铍矿则主要分布于岩体西南侧，岩体内带具有钠长石化、钾长石化、白云母化蚀变花岗岩（碱性正长岩）中以马关炭窑小型铍矿床最具代表性。此外，在金平大寨-马鞍底一带，分布有燕山晚期—喜马拉雅期的勐平-大平碱性糜棱岩化花岗岩体，富含 Nb、Rb、Zr、Hf 等稀有金属，含量分别为：Nb $72.31\times10^{-6}\sim122.80\times10^{-6}$、Rb $71.45\times10^{-6}\sim150\times10^{-6}$、Zr $196.6\times10^{-6}\sim1856.7\times10^{-6}$、Hf $3.81\times10^{-6}\sim32.18\times10^{-6}$（夏斌等，2006），已发现风化壳型铌钽矿体；马鞍底一带岩体风化壳型铌砂矿具中-大型矿床规模（林清茶等，2005）。

滇西的腾冲-梁河、芒市-龙陵等地区，广泛出露燕山晚期—喜马拉雅期中酸性花岗岩体，也是重要的稀有金属找矿远景区。据陈吉琛等（1991）研究成果，稀有金属成矿系列的花岗岩岩石化学和地球化学专属性较为明显，成矿母岩具富硅、富碱，且 K/Na<1；较锡（钨）系列花岗岩具有更高的 Sn、W、Nb、Ta、Li、Rb、Cs 和 F 含量，Rb/Sr 和 Rb/Ba 值更高，K/Rb 值更低；稀土配分显典型“V”型模式，LREE/HREE<1，出现强烈的铕负异常。百花脑碱性岩体是区内含锡稀有金属矿的成矿母岩，钠化花岗岩为主要矿化岩体，富含 Rb、Cs、Li、Nb、Ta 等稀有金属，其含量分别为：Rb 1010×10^{-6}、Cs 19×10^{-6}、Li 152×10^{-6}、Nb 55×10^{-6}、Ta 25×10^{-6}；钾长石中富含 Rb、Cs，（Rb_2O+Cs_2O）≥1.8%。钠化花岗岩稀有元素指数（REI）>37000，属塔乌松划分的 Li、F 相稀有金属刚玉

代号	说明
M	三叠系未分，海相：哀牢山：变质砾岩、砂岩、千枚岩；洱源：千枚岩、片岩夹大理岩、变质火山岩
-T	灰岩、白云质灰岩、白云岩，保山-镇康下部砂岩、页岩夹灰岩，中部玄武岩
oφm	二叠系—下三叠统:蛇绿混杂岩,局部含蓝闪片岩
3	上统：东部：玄武岩、砂岩、页岩，夹灰岩,煤；西部：砂岩、灰岩、页岩，夹中酸性火山岩，局部含煤
-3	中-上统：东部：砂岩、页岩、灰岩、玄武岩，底部含煤；西部：砂岩、板(页)岩夹灰岩、玄武岩或安山岩、凝灰岩
2	中统：砂岩夹页岩、灰岩、白云质灰岩，金沙江带夹玄武岩，澜沧江带夹火山岩、火山碎屑岩，墨江东南夹安山岩
-2	下-中统并层：砂岩、页岩、灰岩，保山-镇康地区有玄武岩，墨江东南夹安山岩
P_1	下统：砂岩、页岩、夹灰岩，保山-镇康地区有玄武岩，滇东南为灰岩夹硅质岩，思茅有中酸性凝灰岩
	二叠系下、中、上统并层灰岩、白云岩、砂岩、泥岩，夹凝灰岩
T_1	石炭系—下三叠统并层：浅变质泥质岩、变砂岩；滑积碳酸盐岩、基性火山岩
$-P_1$	泥质岩、砂质岩、碳酸盐岩及煤、滇西有冰海杂砾岩、含砾板岩
P	各地以碳酸盐岩为主，夹砂岩、页岩；滇东、香格里拉、程海、金平、孟连等地有玄武岩
	金沙江：板岩夹灰岩、玄武岩、硅质岩；滇东南：灰岩、硅质岩夹玄武岩；哀牢山：板岩、千枚岩夹砂岩、灰岩、火山岩；其余以灰岩为主，
C_1	滇东北: 灰岩、砂岩、页岩夹煤；普洱：中酸性火山岩，页岩夹硅质岩、基性火山岩
A-C	宁蒗北为片岩、变质砂岩夹大理岩、硅质岩，哀牢山为砂岩、页岩夹灰岩，孟连、贡山东及腾冲为变质砂岩、板岩，其余为各地同时代地层岩性组合
3	上统：灰岩、白云岩，景洪东为砂砾岩、泥岩夹凝灰岩
2-3	中-上统并层或未分：金沙江-哀牢山：砂岩、页岩；滇东南：硅质岩；其余为灰岩、白云岩、砂岩
2	中统：灰岩、泥质灰岩夹泥灰岩，滇中下部为砂岩夹页岩
-2	下-中统并层：砂岩、页(泥)岩、灰岩、滇东南台盆区及宁蒗有较多硅质岩
1	下统：砂岩、泥(页)岩，少量灰岩，保山-镇康以灰岩，砂质灰岩为主
	泥盆系各统并层：砂岩、泥(页)岩，滇东南台盆区及孟连有较多硅质岩，景洪东夹凝灰岩，其余多有灰岩、白云岩
z_2	上古生界各系并层：岩性为所在地区泥盆、石炭、二叠系的岩性组合
D	保山：黑色笔石页岩、灰岩、泥灰岩；滇东：黑色页岩、灰岩夹砂岩；金平、大理东：灰岩、白云岩，上部为页岩、硅质岩
-4	上-顶统：壳相泥岩、灰岩、页岩、粉砂岩
S_3	上统：杂色页岩、灰岩
-4	中-顶统：页岩,灰岩与白云岩;大理岩、片岩夹生物碎屑岩、变质岩；中-酸性火山岩，凝灰岩夹灰岩
-3	中-上统：中基性、中酸性火山岩夹大理岩，灰绿色生物灰岩和变质砂砾岩
S	志留系各统并层：滇东北：页岩、灰岩、砂岩；墨江-绿春：黑色页岩、砂岩；芒市：黑色笔石页岩、泥质灰岩
$-S_2$	奥陶系—中志留统并层
-S	滇东北：页岩、笔石页岩、灰岩、白云岩夹砂岩；滇西：砂岩、页岩、泥质灰岩、黑色笔石页岩；其他地区：砂岩、页岩、白云岩
1-2	奥陶系下-中统并层页岩、砂岩、灰岩
1	下统：砂岩、页岩，滇中夹灰岩，滇东南有较多灰岩、白云质灰岩
	奥陶系各统并层：页岩、砂岩、灰岩，滇东、芒市有白云岩
$-O_1$	上寒武统—下奥陶统并层：灰岩、白云岩、砂岩、泥岩
O_1	寒武统—下奥陶统并层
-O	寒武系—奥陶系并层：页岩、砂岩、灰岩、白云岩
3	上统：滇西：页岩、灰岩、砂岩；滇东南：灰岩、粉砂岩、泥岩
2-3	中-上统未分或并层：威信：白云岩；滇东北：页岩夹砂岩、灰岩、白云岩；滇东南：灰岩、白云岩夹泥岩；巨甸：泥岩、白云岩
2	中统：滇东：页岩、砂岩、白云岩；滇中：页岩、砂岩夹灰岩、白云岩；滇东南：灰岩、白云岩夹页岩
1-2	下-中统并层：页岩、砂岩、白云岩、灰岩
1	下统：页岩、灰岩夹砂岩
	寒武系各统并层：页岩、砂岩、灰岩、白云岩
z_1	下古生界各系并层或未分：无量山区：千枚岩、片岩、变质砂岩；其余为所在地区下古生界的岩性组合

本

系	代号	说明
	Pz	贡山、南汀河、澜沧江、哀牢山：古生界未分，变质砂岩、千枚岩，夹大理岩、结晶灰岩、绿泥片岩；其余为古生界各系并层
	Z-O	震旦系—奥陶系并层：石榴云母片岩、二云母片岩、蓝晶石片岩及石英岩
	Z-∈	震旦系—寒武系未分或并层：页岩、砂岩、灰岩、白云岩、含磷或夹磷块岩；滇西：砂岩、板岩，夹硅质岩、少量灰岩
震旦系	Z	震旦系各统并层：砂岩夹页岩，白云岩，局部含南华系上部冰碛砾岩
	Nh-Z	南华系—震旦系未分或并层：屏边：板岩、千枚岩夹变质砂岩、含砾板岩；滇东：砂岩、页岩、白云岩，含磷
南华系	Nh	牛头山地区：紫红、黄绿色砂岩、泥岩砂砾岩、凝灰岩；其余地区：紫红色砂岩、泥岩夹砂砾岩
	Qb-Z	青白口系—震旦系并层：变质砂岩、千枚岩、板岩夹片岩、砂砾岩夹大理岩、板岩夹火山岩
	Qb-Nh	青白口系—南华系并层：变质中基性火山岩及碎屑岩
青白口系	Qb	青白口系未分：变火山岩、火山碎屑岩、碳酸盐岩及硅质岩
元古宇	Pt_3	绢云微晶片岩、绢云石英片岩、石英片岩、板岩、变质砂岩、石英岩,一般夹大理岩,部分夹变火山岩
元古宇	Pt_{2-3}	变碎屑岩、碳酸盐岩夹火山岩；片岩、片麻岩、混合岩夹大理岩
元古宇	Pt_2	滇中：板岩、变质砂岩、石英岩、灰岩、白云岩，局部夹变火山岩；大理：绿泥片岩、阳起片岩、斜长角闪岩、大理岩
元古宇	Pt_{1-2}	滇中：微晶片岩、板岩、石英岩、变质砂岩、变中-基性火山岩，大理岩；滇西：云母片岩，石英片岩、绿帘阳起片岩、绿帘钠长绿泥片岩、绿帘斜长角闪片岩，夹少量硅质岩
元古宇	Pt_1	片岩、片麻岩、变粒岩、斜长角闪岩、大理岩
元古宇	Pt	麻栗坡：变粒岩、片岩夹斜长角闪片岩

岩　浆　岩

酸性-中酸性岩类

- 花岗岩(γE、γK、γJ、γT、γC、γS、γZ、γPt)
- 二长花岗岩($\eta\gamma E$、$\eta\gamma K$、$\eta\gamma J$、$\eta\gamma T$、$\eta\gamma O$)
- 正长花岗岩（$\xi\gamma K$、$\xi\gamma T$）
- 花岗闪长岩（$\gamma\delta K$、$\gamma\delta J$、$\gamma\delta T$、$\gamma\delta P$、$\gamma\delta O$）
- 英云闪长岩（$\gamma\delta oT$、$\gamma\delta oPt$）
- 石英正长岩（ξoE）

中性岩类

- 闪长岩（δT）
- 正长岩（ξE）

基性岩类

- 基性岩不分（NJ、NT、NPt）
- 辉长岩（νK、νJ、νT）
- 辉绿岩（$\beta\mu T$、$\beta\mu P$）

超基性岩类

- Σ 超基性岩不分（ΣC、ΣPt）
- σ 橄榄岩（σT、σP、σPt）

碱性岩类

- E 碱性岩不分（εK）

变质深成侵入体及混合岩

- 片麻岩不分（Pt_1gn）

特殊地质体

- 特殊地质体（$K o\phi$、$T o\phi$、$P o\phi$）

火山岩岩性花纹

- 英安(质)岩(ζ)
- 玄武(质)岩(β)

奥长花岗岩类型，类似蒙古和后贝加尔的翁岗岩，在岩体风化壳中已发现以铷、钽为主的腾冲新歧超大型稀有金属矿床，并在其周边产出多个以铌钽为主的蚀变花岗岩型稀有金属矿产地。小龙河岩体中Rb、Cs、Li、Nb、Ta等稀有元素含量高，挥发组分F含量极高，稀有元素指数（REI）为6450~58058，已接近于Li、F相稀有金属刚玉奥长花岗岩类型；晚期大松坡含锡云英岩稀有元素指数>10000，与蒙古和后贝加尔的翁岗岩相似。近年来，在腾冲小龙河锡多金属矿床中也发现花岗蚀变岩型以铷、铌为主的稀有金属矿，具大型矿床远景规模（李建忠等，2016，2017）。在龙陵黄连沟-大坡一带的燕山晚期-喜马拉雅期花岗岩中，也产出有以铍为主蚀变花岗岩型稀有金属矿床（大坡），矿化岩石主要为钠长石化白云母花岗岩。腾冲-盈江一带现代水热活动强烈，广泛分布的热泉中普遍富含Li、Rb、Cs等稀有元素，具深源水特征的高温热沸泉中的含量，明显高于中低温热泉，大滚锅沸泉形成的热海热田内的现代硅华，Rb_2O、Cs_2O含量分别为0.014%、0.019%，Li、Be、Nb含量分别为16.4×10^{-6}、167×10^{-6}、17.82×10^{-6}（胡云中等，2002），具有较好的找矿潜力。

伟晶岩是最重要的稀有金属含矿体，主要分布于高黎贡山、哀牢山2个变质岩带（韧性剪切带），其次在西盟、龙陵、凤庆、马关等具有元古宙基底变质岩系及花岗岩分布区。高子英等（1993）研究认为，绝大部分含稀有元素伟晶岩均为岩浆成因，与燕山晚期—喜马拉雅期岩浆活动有关；伟晶岩多为微斜伟晶岩，少量钠长伟晶岩和微斜-钠长伟晶岩，普遍为白云母，贫锂辉石（锂云母）。李建康等（2017）认为，在贡山-福贡一带的伟晶岩中，云母以铁锂云母为主，锂含量高，具有较好的找矿潜力。此外，在贡山丹珠一带的伟晶岩中发现铌、钽、铷等稀有金属矿化（唐建云，2009），具有较大的找矿潜力。总之，云南伟晶岩型稀有金属矿产地数量众多，约占稀有金属矿产地总数的一半，但规模普遍较小，资源量占比不大。

（二）地层沉积条件

由于云南以亚热带季风中等温度、中等湿度气候为主，有利于岩石的风化。因此，表生作用的风化型、砂矿型稀有金属矿是非常重要的矿床类型。在构造运动作用下，各种富含稀有元素的成矿母岩或原生矿（化）体出露地表，在湿热多雨的气候条件下，经过长期的风化剥蚀和反复作用，在中等山区及低缓丘陵地带内，稀有元素在岩石风化壳中以稳定的矿物被保存下来，形成风化壳型稀有金属矿床。建水普雄、腾冲新歧等大型以上稀有金属矿床的主要工业矿体均为此类型。当风化壳中的有用重矿物（锆石、铌钽铁矿等）经流水冲刷、搬运、分选富集，在其下游的中等山区、低缓丘陵河谷中沉积下来，则形成冲积型砂矿；目前查明资源储量的锆矿均为此类型。

目前发现的锶矿（天青石），主体均为沉积成因，后期有部分热液叠加改造。兰坪金顶铅锌矿共伴生的工业锶矿（天青石），铅锌含量甚微，主要分布于北厂东部下含矿带古新统云龙组下段（E_1y^b）底部石膏岩之下，与铅锌矿体、硫铁矿体相距稍远；以胶结角砾、岩屑和砂屑的形式出现，由大致平行排列的细至微晶条板状天青石组成。兰坪河西、区五的工业锶矿（天青石），则呈似层状产于上三叠统三合洞组（T_3sh）下段碳酸盐岩中，层控特征明显。

滇中地区武定-禄劝一带，产于中元古界昆阳群因民组中的铁铜多金属矿床，普遍伴生有稀有元素铌、钽，成矿具有明显的层控型；宣威-罗平一带，上二叠统峨眉山玄武岩组（Pe）顶部与宣威组（P_3x）底部的接触部位及上二叠统玄武岩组（Pe）第三段所夹的玄武岩风化土及粘土岩中，产出有两个稀土含矿层，为沉积型-古风化壳型，伴有铌矿化。

滇东北盐津酢房一带，下奥陶统红石崖组的中上部有含锆石砂岩，有3个含矿层，除含有锆外，还含有铪、锶，均已接近工业要求。

滇东南地区产于上二叠统龙潭组或吴家坪组的铝土矿中，稀有元素铌含量高，为18.46×10^{-6}~322.80×10^{-6}（王行军等，2015a）；广南板茂铝土矿中伴生有铌、钽，Nb含量0.0634%、Ta含量0.0039%，均达到相应的工业指标要求，可综合回收利用。滇中地区产于中二叠统梁山组的铝土矿中，部分矿床也伴生有稀有元素。安宁市耳目村铝土矿中，Nb_2O_5含量0.007%~0.016%，已达到工业指标要求。

临沧地区的锗煤矿产于新近系下部含煤碎屑岩组（N_1^1）中，勐托锗煤矿床韭菜坝矿段的矿石中含有 Rb、Cs 等稀有元素，Rb 含量 0.028%~0.043%，平均 0.035%；Cs 含量 0.028%~0.035%，平均 0.031%，已达到或接近一般工业综合利用指标。

（三）构造条件

构造条件对稀有金属矿的形成，也具有明显的控制作用，深大断裂直接控制了云南几个主要构造岩浆带、深变质带的形成与发展，而稀有金属矿带（及异常带）与深变质岩带、构造-岩浆岩带在空间分布上具有相互重叠的特点。如高黎贡山、哀牢山韧性剪切带即为变质岩带，控制着云南省最重要的 2 个含稀有金属伟晶岩带。

区域性复式背斜及与其相伴随的压扭性断裂带，往往控制着含矿侵入岩体的分布，岩体顶部及边缘的原生裂隙，是岩体蚀变带的发育部位，从而直接控制了蚀变花岗岩型、热液脉型、云英岩型、伟晶岩型稀有金属矿化的发生。

（四）变质条件

云南省含稀有金属的伟晶岩主要分布于高黎贡山、哀牢山 2 个变质岩带内，大部分伟晶岩型稀有金属矿床的围岩都是变质岩，由此表明，变质作用与稀有金属成矿关系密切。

古元古界高黎贡山岩群、崇山岩群、西盟岩群和中元古界澜沧岩群变质岩是滇西地区含矿伟晶岩的主要围岩，富含稀有元素 Li、Rb、Cs。据施琳等（1989）研究成果，此 3 种元素在高黎贡山岩群中含量分别为 33×10^{-6}~34×10^{-6}、177×10^{-6}~232×10^{-6}、11.8×10^{-6}~12×10^{-6}，崇山岩群中含量分别为 33×10^{-6}~45×10^{-6}、116×10^{-6}~195×10^{-6}、15.8×10^{-6}~19.2×10^{-6}，西盟岩群中含量分别为 3×10^{-6}~128×10^{-6}、23×10^{-6}~473×10^{-6}、11.5×10^{-6}~37.3×10^{-6}，澜沧岩群中含量分别为 14×10^{-6}~27×10^{-6}、84×10^{-6}~160×10^{-6}、6.8×10^{-6}~8.5×10^{-6}，远高于地壳克拉克值，也表明稀有元素在变质作用过程中，有一定的富集。

二、成矿时代

云南省稀有金属矿床成因类型较为齐全，成矿作用比较复杂，具有多种、多期成矿作用叠加特点，其成矿时代涵盖了中元古代—第四纪（晋宁期—喜马拉雅期）的各个时代。从查明的资源量来看，则主要集中于古近纪—第四纪（喜马拉雅期）、白垩纪（燕山晚期）、晚三叠世（印支晚期）及中元古代（晋宁期）4 个时代，尤以古近纪—第四纪（喜马拉雅期）最为重要。其查明的锂、铍、铌、钽、锶、锆、铪、铷、铯资源储量分别占全省资源总量的 100%、92.59%、93.21%、100%、96.61%、100%、100%、100%、100%（表 8-13）。

表 8-13　云南省稀有金属矿主要成矿时代（构造旋回）查明资源量统计表

成矿元素	成矿时代（构造旋回）	查明资源量/t	占资源总量比例/%	备注
Li	古近纪—第四纪（喜马拉雅期）	34536.8	100	
Be	古近纪（喜马拉雅期）	41397.217	92.59	
	白垩纪（燕山晚期）	3311	7.41	
Nb	古近纪—第四纪（喜马拉雅期）	92506.09	93.21	含 208 t Nb、Ta 未分资源量
	白垩纪（燕山晚期）	784	0.79	
	中元古代（晋宁期）	5952.22	6.00	
Ta	古近纪—第四纪（喜马拉雅期）	4226.43	100	
Sr	古近纪（喜马拉雅期）	5322060.48	96.61	
	晚三叠世（印支晚期）	186690	3.39	
Zr	第四纪（喜马拉雅晚期）	33299.1	100	

成矿元素	成矿时代（构造旋回）	查明资源量/t	占资源总量比例/%	备注
Hf	第四纪（喜马拉雅晚期）	407	100	
Rb	古近纪—第四纪（喜马拉雅期）	208747	100	
Cs	古近纪—第四纪（喜马拉雅期）	1891	100	

（一）喜马拉雅晚期（第四纪）

由于云南以亚热带季风中等温度、中等湿度气候为主，这种气候有利于岩矿石的风化。因此，表生作用的稀有元素矿产地数量较多，且分布广泛，主要有风化型和砂矿型 2 种类型，其成矿时代均为第四纪全新世（喜马拉雅期）。

（二）燕山晚期—喜马拉雅期（白垩纪—古近纪）

燕山晚期—喜马拉雅期（白垩纪—古近纪）是云南省重要的稀有元素成矿时代。该期岩浆活动也与稀有元素成矿关系非常密切，在中酸性侵入岩、碱性侵入岩内外接触带形成众多岩浆型、岩浆热液型、云英岩型、伟晶岩型、接触交代型稀有元素矿矿产地；此外，与沉积作用有关的锶矿，其主体成矿时代也是古近纪（喜马拉雅期）。

滇东南的个旧-金平-马关地区，是非常重要的稀有金属找矿远景区。在建水-个旧一带产出的长岭岗、白云山碱性岩体，其成岩时代为白垩纪（燕山晚期）。在碱性岩中产出众多锂云母脉和伟晶岩脉，铁锂云母（或黑云母）Li_2O 含量 0.65%~2.5%、Nb_2O_5 含量 0.095%~0.26%、Ta_2O_5 含量 0.002%~0.004%；霞石正长伟晶岩脉、霞石正长伟晶岩块体中 Li_2O、Rb_2O 含量分别为 1.85%、0.51%。个旧地区燕山晚期各类花岗岩普遍富含稀有元素，围绕岩体形成各类型的稀有金属矿。在牛屎坡、马拉格一带形成蚀变花岗岩型和云英岩型 Be、Nb、Ta 矿，在老厂一带形成细脉带型 Be、Li、Rb、Cs、Nb、Ta 矿，在松树脚一带则形成接触交代型 Be 矿，其主成矿时代介于 82~85 Ma 之间（表 8-14），属白垩纪—古近纪（燕山晚期—喜马拉雅早期）。金平大寨-马鞍底一带分布的勐平糜棱化碱性花岗岩体，富含 Nb、Rb、Zr、Hf 等稀有元素，在大寨坡已发现风化壳型铌钽矿体；岩体 Rb-Sr 等时线年龄为 108 Ma（吕伯西等，1989）、锆石 U-Pb LA-ICP-MS 年龄为 145 Ma（张玉泉等，2004），表明稀有金属成矿母岩的成岩和矿化时代为白垩纪（燕山晚期）。哀牢山变质岩带（韧性剪切带）南端的元阳、红河一带，产出有大量的含宝玉石和稀有金属的伟晶岩脉，其形成时代分别为 25.2~28.7 Ma，属古近纪渐新世（喜马拉雅期）。都龙老君山花岗岩体与围岩的内外接触带，也产出有蚀变花岗岩型（马关炭窑）、伟晶岩型（麻栗坡瓦渣）以 Be 为主的稀有金属矿，其成矿时代与老君山岩浆侵入时代 83.3±1.5 Ma（冯佳睿等，2010）基本一致，为白垩纪（燕山晚期）。

表 8-14　云南省主要含稀有金属岩体、伟晶岩成岩时代一览表

名称	测试方法	年龄/Ma	来源
个旧白云山碱性岩	全岩 K-Ar	59.5~62	冶金工业部西南冶金地质勘探公司，1981
	锆石 U-Pb	76.6±3.6	程彦博等，2008
个旧长岭岗碱性岩	Rb-Sr	84.9±9.3	刘红英等，2004
个旧老厂细脉带	白云母 Ar-Ar	82.7±0.7	杨宗喜等，2009
个旧老卡岩体	全岩 Rb-Sr	86.3±2.3	伍勤生等，1984
个旧老卡岩体	锆石 U-Pb	85±0.85	程彦博等，2008
个旧马松岩体	全岩 Rb-Sr	87.83±3.1	伍勤生等，1984
个旧神仙水岩体	全岩 Rb-Sr	62~90	伍勤生等，1984

续表

名称	测试方法	年龄/Ma	来源
金平勐平岩体	全岩 Rb-Sr	108	吕伯西等，1989
红河八间窝棚伟晶岩	白云母 Rb-Sr	28.7	王登红等，2014，引用云南地质科研所资料
元阳老乌寨伟晶岩	长石 Rb-Sr	27	
元阳克甲伟晶岩	白云母 Rb-Sr	25.6	
元阳鸡冠岩伟晶岩	黑云母 Rb-Sr	26.8	
	长石 Rb-Sr	25.2	
红河苗白丫口伟晶岩	长石 Rb-Sr	26.63	
都龙老君山岩体	锆石 U-Pb	83.3±1.5	冯佳睿等，2010
腾冲新歧岩体	全岩 Rb-Sr	59.79	陈吉琛等，1991
新歧百花脑钠长花岗岩	黑云母 Ar-Ar	65.58	董方浏等，2006
新歧大秧田钠长花岗岩	全岩 K-Ar	33.33	王登红等，2014
腾冲-梁河伟晶岩	锆石 U-Pb	41.8±0.8	李再会等，2014
龙陵黄连沟伟晶岩	锆石 U-Pb	59.9±2.7	陶琰等，2015
	白云母 Ar-Ar	30.8±1.8	王登红等，2014
龙陵平达白云母花岗岩	黑云母 K-Ar	51.3	王登红等，2014，引用云南地质科研所资料
龙陵龙泉白云母花岗岩	白云母 K-Ar	25.4~25.8	
龙陵大坡碱长花岗岩	白云母 Rb-Sr	60	
龙陵回欢伟晶岩	白云母 Rb-Sr	52	
龙陵回欢伟晶岩	长石 Rb-Sr	54.5	
龙陵平河岩体	锆石 U-Pb	480~486	董美玲等，2012
西盟大马撒伟晶岩	白云母 Rb-Sr	17.2~17.3	赵大贤，1989
贡山依玛洛伟晶岩	长石 Rb-Sr	16.2	王登红等，2005，引用云南地质科研所资料
贡山嘎拉博伟晶岩	白云母 Rb-Sr	61.5	
镇康木厂碱性花岗岩	锆石 U-Pb	235.0±3.5~241.7±4.6	李庆，2016

滇西腾冲-梁河、龙陵一带，广泛出露燕山晚期—喜马拉雅期中酸性花岗岩，也是重要的稀有金属找矿远景区。围绕百花脑碱性花岗岩体，形成众多岩浆型、云英岩型、伟晶岩型及风化型稀有金属矿床。大秧田矿段钠长花岗岩全岩 K-Ar 同位素年龄为 33.22 Ma（王登红等，2014），百花脑矿段钠长花岗岩中黑云母 Ar-Ar 同位素年龄为 65.58 Ma（董方浏等，2006），表明稀有金属成矿母岩成岩及矿化时代为燕山晚期—喜马拉雅早期（白垩纪—古近纪）。近年来，小龙河锡多金属矿床中发现花岗蚀变岩型稀土稀有金属矿，花岗蚀变岩独居石和锆石的 U-Pb 年龄分别为 75.61±0.47 Ma、75.68±0.72 Ma（李建忠等，2016、2017），表明稀有金属成矿时代为晚白垩世（燕山晚期）。在腾冲-梁河一带的白云母花岗岩与围岩内外接触带产出大量花岗伟晶岩，形成伟晶岩型 Be、Nb、Ta 等稀有金属矿，其成矿时代与伟晶岩形成时代 41.8±0.8 Ma（李再会等，2014）相一致，属古近纪始新世（喜马拉雅期）。龙陵地区也产出有黄连沟、回欢、大坡等伟晶岩型和蚀变花岗岩型稀有金属矿床，蚀变花岗岩的成岩时代为 25.4~60 Ma、伟晶岩的形成时代为 30.8~59.9 Ma，均属古近纪（喜马拉雅期）。此外，在贡山、凤庆、西盟等地，也分布着一些含稀有金属的伟晶岩脉，除凤庆一带的伟晶岩形成于燕山期（高子英等，1993），贡山一带的伟晶岩形成时代为 16.2~61.5 Ma、西盟一带的伟晶岩形成时代为 17.2~17.3 Ma，均为古近纪（喜马拉雅期）。

兰坪金顶铅锌矿共伴生的工业锶矿（天青石），铅锌含量甚微，主要分布于北厂东部下含矿带古新统云龙组下段底部石膏岩之下，层控明显，主体属沉积成矿，其主成矿时代为古近纪古新世（喜马拉雅早期）。此外，产于新近系下部含煤碎屑岩组中的勐托锗煤矿，其矿石中含有稀有元素 Rb、Cs，成矿时代为新近纪中新世（喜马拉雅晚期）。

（三）印支期（三叠纪）

印支期（三叠纪）稀有金属成矿作用相对较弱，在镇康木厂一带分布有碱性长石花岗岩，在岩体的各相带都普遍有铌和其他稀有金属矿化，岩体边缘相带中各类矿化尤为强烈，局部能富集成为矿体。其锆石 U-Pb LA-ICP-MS 年龄分别为 235.0±3.5 Ma、241.7.0±4.6 Ma（李庆，2016）表明铌成矿时代为三叠世纪（印支期）。

兰坪河西、区五一带的锶矿（天青石）呈似层状赋存于上三叠统三合洞组（T_3sh）下段碳酸盐岩中，层控特征明显。主体属沉积成矿，其主成矿时代为晚三叠世（印支晚期）。

（四）加里东期—华力西期（奥陶纪—二叠纪）

华力西期基性-超基性喷出岩与稀有金属成矿有一定关系，在宣威-罗平一带，上二叠统峨眉山玄武岩组（Pe）顶部与宣威组（P_3x）底部的接触部位及上二叠统峨眉山玄武岩组（Pe）第三段所夹的玄武岩风化土及粘土岩中，产出有两个稀土含矿层，为沉积型-古风化壳型，伴有铌矿化，其成矿时代为晚二叠世（华力西晚期）。

滇东南地区产于上二叠统龙潭组（吴家坪组）及滇中地区产于中二叠统梁山组的铝土矿中，部分矿床也伴生有稀有元素铌、钽，其成矿时代为中晚二叠世（华力西晚期）。

滇东北盐津酢房一带，下奥陶统红石崖组的中上部有含锆石砂岩，除含有锆外，还含有铪、锶，均已接近工业要求。其成矿时代为早奥陶世（加里东期）。

（五）晋宁期（中元古代）

晋宁期（中元古代）是目前已知稀有金属成矿的最早时代，在滇中武定-禄劝一带，中酸性-基性岩浆喷溢和侵入活动强烈，形成众多火山岩型铁铜多金属矿床（武定迤纳厂、禄劝笔架山），这些矿床普遍伴生有稀有元素铌。武定迤纳厂矿石和萤石单矿物 Sm-Nd 等时线年龄分别为 1621±110 Ma、1538±43 Ma（杨耀民等，2005），黄铜矿 Re-Os 等时线年龄为 1690±99 Ma（叶现韬等，2013）；与成矿关系密切的岩浆角砾岩 U-Pb 同位素年龄为 1739±13 Ma（侯林等，2013），辉绿岩锆石 U-Pb 同位素年龄为 1728±4 Ma（郭阳等，2014）。由此表明，铌矿主成矿时代为晋宁期（中元古代）。

三、矿产空间分布

（一）各成矿区带矿产分布情况

全省 52 处稀有金属矿产地分布于 3 个Ⅱ级成矿省、8 个Ⅲ级成矿带内（表 8-15；图 8-21）。从矿产地数量来看，独龙江-腾冲（岩浆弧）Sn-W-Be-Nb-Ta-Rb-Li-Fe-Pb-Zn-Au 成矿带（Ⅲ1）、保山（陆块）Pb-Zn-Ag-Fe-Au-Cu-Sn-Hg-Sb-As 成矿带（Ⅲ2）、个旧-文山-富宁（地块）Sn-W-Ag-Pb-Zn-Au-Sb-Mn-Al 成矿带（Ⅲ13）3 个Ⅲ级成矿单元数量最多，分别有 12 处、12 处、9 处矿产地。从查明资源储量来看，锂、铯资源储量全部分布于独龙江-腾冲（岩浆弧）Sn-W-Be-Nb-Ta-Rb-Li-Fe-Pb-Zn-Au 成矿带（Ⅲ1）；锶（天青石）资源储量全部分布于兰坪-普洱（陆块）Cu-Pb-Zn-Ag-Fe-Hg-Sb-As-Au-石膏-菱镁矿-盐类成矿带（Ⅲ5）；铪资源储量全部分布于滇中（基底隆起带）Fe-Cu-Pb-Zn-Ag-Au-Pt-Pd-Ni-Ti-Sn-W-REE-P-S-重晶石-蓝石棉-盐类-煤成矿带（Ⅲ10）。铍集中分布于丽江-大理-金平（陆缘坳陷）Au-Cu-Ni-Pt-Pd-Mo-Mn-Fe-Pb-Zn 成矿带（Ⅲ9），其查明资源储量占全省资源总量的 69.80%；铌资源储量集中分布于个旧-文山-富宁 Sn-W-Ag-Pb-Zn-Au-Sb-Mn-Al 成矿带（Ⅲ13），其查明资源储量占全省资源总量的 58.79%；钽资源储量集中分布于独龙江-腾冲（岩浆弧）Sn-W-Be-Nb-Ta-Rb-Li-Fe-Pb-Zn-Au 成矿带

（Ⅲ1），其查明资源储量占全省资源总量的92.86%；锆资源储量集中分布于保山（陆块）Pb-Zn-Ag-Fe-Au-Cu-Sn-Hg-Sb-As成矿带（Ⅲ2）、临沧-勐海（岩浆弧）Fe-Pb-Zn-Ag-Au-Sn-Ge-REE成矿带（Ⅲ4），其查明资源储量分别占全省资源总量的49.31%、31.27%；铷资源储量集中分布于独龙江-腾冲（岩浆弧）Sn-W-Be-Nb-Ta-Rb-Li-Fe-Pb-Zn-Au成矿带（Ⅲ1）、个旧-文山-富宁（地块）Sn-W-Ag-Pb-Zn-Au-Sb-Mn-Al成矿带（Ⅲ13），其查明资源储量分别占全省资源总量的58.67%、37.82%。

表8-15　云南省各Ⅲ级成矿带中稀有金属矿产分布简表

Ⅰ级（成矿域）	Ⅱ级（成矿省）	Ⅲ级（成矿带）	矿产地数量/处	查明资源量/10^4 t								
				锂	铍	铌	钽	锶	锆	铪	铷	铯
Ⅰ1特提斯成矿域	Ⅱ1-Ⅱ2腾冲、三江（造山带）成矿省	Ⅲ1独龙江-腾冲（岩浆弧）Sn-W-Be-Nb-Ta-Rb-Li-Fe-Pb-Zn-Au成矿带	12	3.45	0.05	0.74	0.39				12.69	0.19
		Ⅲ2保山（陆块）Pb-Zn-Fe-Ag-Fe-Au-Cu-Sn-Hg-Sb-As成矿带	12		0.97	0.08	0.03		16.68			
		Ⅲ4临沧-勐海（岩浆弧）Fe-Pb-Zn-Ag-Au-Sn-Ge-REE成矿带	7						10.58			
		Ⅲ5兰坪-普洱（陆块）Cu-Pb-Zn-Ag-Fe-Hg-Sb-As-Au-石膏-菱镁矿-盐类成矿带	3					550.88				
		小计	34	3.45	1.02	0.82	0.42	550.88	27.26		12.69	0.19
Ⅰ2滨太平洋成矿域	Ⅱ3上扬子（陆块）成矿省	Ⅲ9丽江-大理-金平（陆缘坳陷）Au-Cu-Ni-Pt-Pd-Mo-Mn-Fe-Pb-Zn成矿带	2		3.12							
		Ⅲ10滇中（基底隆起带）Fe-Cu-Pb-Zn-Ag-Au-Pt-Pd-Ni-Ti-Sn-W-REE-P-S-重晶石-蓝石棉-盐类-煤成矿带	5			3.26			1.59	0.04		
		Ⅲ11昭通-曲靖（弧间盆地）Pb-Zn-Cu-Au-Ag-Fe-Mn-Hg-Sb-P-S-煤-煤层气成矿带	2									
		小计	9		3.12	3.26			1.59	0.04		
	Ⅱ4华南（陆块）成矿省	Ⅲ13个旧-文山-富宁（地块）Sn-W-Ag-Pb-Zn-Au-Sb-Mn-Al成矿带	9		0.33	5.82			4.99		8.18	
合计			52	3.45	4.47	9.90	0.42	550.88	33.83	0.04	20.87	0.19

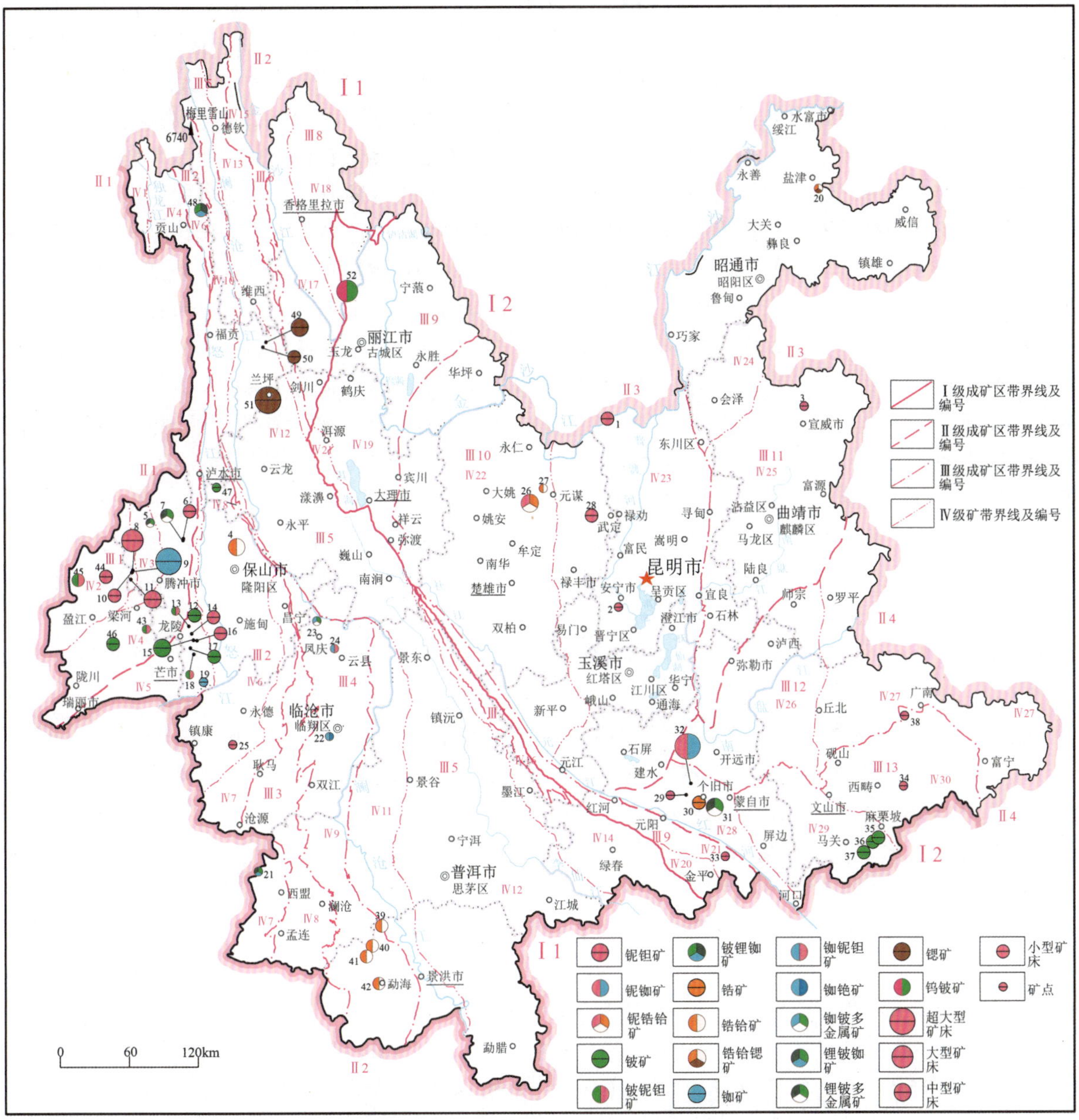

图 8-21　云南省各成矿区带稀有金属矿产地分布图

（二）矿产空间分布规律

1. 腾冲、三江（造山带）成矿省

腾冲、三江（造山带）成矿省是云南最重要的稀有金属成矿区域，查明的锂、钽、锶、铯资源储量全部分布于本区。目前共发现 34 处矿产地，其中，超大型矿床 2 处、大型矿床 1 处、中型矿床 4 处、小型矿床 16 处、矿点 11 处；累计查明锂资源储量 34536.8 t、铍（绿柱石）资源储量 1.02×10^4 t、铌资源储量 0.82×10^4 t、钽资源储量 0.42×10^4 t、锶（天青石）资源储量 550.88×10^4 t、锆资源储量 27.26×10^4 t、铷资源储量 12.69×10^4 t、铯资源储量 1891 t，分别占全省资源总量 100%、22.82%、8.28%、100%、100%、80.58%、60.80%、100%。成矿类型主要有中酸性岩浆型、碱性岩浆型、伟晶岩型、云英岩型、砂砾岩型、碳酸盐岩型、沉积型、风化型、砂矿型 9 种类型。

Li、Be、Nb、Ta、Rb、Cs 等稀有金属成矿与岩浆作用密切相关，主要集中于分布于腾冲-盈江、芒市-龙陵 2 个中酸性岩浆带上，形成云南重要的 2 个稀有金属矿集区。腾冲-盈江一带，稀有金属矿产地主要围绕燕山晚期—喜马拉雅期花岗岩演化后期的百花脑钠长花岗岩产出，在岩体及内外接触带形成蚀变花岗岩型、伟晶岩型、云英岩型、风化型的稀有元素矿化类型。蚀变花岗岩型+风化型以腾冲新歧超大型稀有稀土锡多金属矿床最具代表性，有成矿元素多、规模大、品位低等特点，5 种成矿稀有元素中，铷、钽达超大型矿床规模，铌达大型矿床规模，锂、铯为中型矿床规模。伟晶岩型、云英岩型稀有元素矿规模较小，多为小型矿床或矿点。其南延的新岐花岗岩体，是区内含锡稀有元素矿的成矿母岩。腾冲-盈江一带现代水热活动强烈，广泛分布的热泉中，普遍富含锂、铷、铯等稀有金属，具有较好的找矿潜力。芒市-龙陵一带，加里东期平河复式岩体的松坡二长花岗岩中，普遍具有铷、锂、铯等稀有金属矿化，岩体风化壳型中产出有龙陵团坡铷矿点；围绕燕山晚期—喜马拉雅期花岗岩也形成众多蚀变花岗岩型、伟晶岩型铍、铌、钽等稀有金属矿产地，伟晶岩型以龙陵黄连沟中型铍稀有多金属矿床最具代表性，蚀变花岗岩型则以龙陵大坡小型铍矿床最具代表性。此外，在镇康木厂一带分布有印支期碱性长石花岗岩体的各相带都普遍有铌和其他稀有金属矿化，尤以边缘相带中最强。在贡山、西盟、凤庆等地，还分布有大量含稀有金属的伟晶岩脉，多产于古、中元古界变质岩中，与燕山晚期—喜马拉雅期中酸性岩浆作用有关；主要成矿元素为锂、铍、铷、铯，少量伴有铌、钽，规模小，以矿点为主，少量达小型矿床规模。

锶（天青石）矿主要分布于兰坪盆地，受盆地中轴断裂带（逆冲推覆构造带）控制，为沉积+热液叠加改造成因，并以热液改造为主，属浅成中-低温热液型。兰坪金顶铅锌矿共伴生的工业锶矿（天青石）主要分布于北厂东部下含矿带古新统云龙组下段（E_1y^b）底部石膏岩之下，与铅锌矿体、硫铁矿体相距稍远；兰坪河西、区五的工业锶矿（天青石），则呈似层状产于上三叠统三合洞组（T_3sh）下段碳酸盐岩中。

锆（铪）矿均为砂矿型，主要分布于临沧花岗岩体南端的勐海一带及保山地块北段的隆阳区板桥一带，以坡积-冲积型砂矿为主。矿床规模普遍较小，除保山板桥达中型矿床规模，其余均为小型矿床；锆石中富含铪，但未作系统评价。

2. 上扬子（陆块）成矿省

目前共发现 9 处稀有金属矿产地，其中，大型矿床 1 处、中型矿床 1 处、小型矿床 2 处、矿点 5 处；累计查明铍（绿柱石）资源储量 3.12×10^4 t、铌资源储量 3.26×10^4 t、锆资源储量 1.59×10^4 t、铪资源储量 407 t，分别占全省资源总量 69.80%、32.93%、4.70%、100%。成矿类型主要有岩浆热液型、火山岩型、沉积型、风化壳离子吸附型、砂矿型 5 种类型。

铍是本区最重要的稀有金属矿种，虽仅有香格里拉麻花坪钨铍矿 1 处，但其是云南最大的铍矿床，查明资源储量占全省资源总量的一半以上，为岩浆热液型矿床，与喜马拉雅期构造-岩浆活动有关。

铌、锆、铪矿主要为牟定水桥中型稀土矿的共伴生矿产，铌已达中型矿床规模，锆、铪为小型矿床规模，成矿类型为风化型。在武定-禄劝一带产出的迤纳厂、笔架山等铁铜矿床中，伴生有铌等稀有元素，其成矿与吕梁期—晋宁期基性岩浆喷发活动有关，达小型矿床规模。滇中宣威地区上二叠统峨眉山玄武岩（Pe）顶部紫红色铁质泥岩、凝灰岩中，产出有铌多金属矿体；产于峨眉山玄武岩古风化壳中的宣威中营-禾木多-徐家村稀土矿点，也伴生有铌矿化。此外，元谋丙令一带的新近纪上新统细砂岩中有锆英石，第四纪河床中有锆英石含量较高的冲积层产出，并富含铪；盐津酢房一带下奥陶统红石崖组中，有 3 个含锆石砂岩层，除锆外，还含有铪、锶等稀有金属。

3. 华南（陆块）成矿省

目前共发现 9 处稀有金属矿产地，其中超大型矿床 1 处、中型矿床 1 处、小型矿床 4 处、矿点 3 处；累计查明铍（绿柱石）资源储量 0.33×10^4 t、铌资源储量 5.82×10^4 t、锆资源储量 4.99×10^4 t、铷资源储量 8.18×10^4 t，分别占全省资源总量 7.38%、58.79%、14.75%、39.20%。成矿类型主要为岩浆型、岩浆热液型、接触交代型、伟晶岩型、云英岩型、生物化学沉积型、风化型（离子吸附型）7 种类型。

铌、铷矿为本区重要的稀有金属矿种，主要分布于建水-个旧一带的长岭岗、白云山碱性岩体中。碱性岩普遍具有锂、铌、钽、铷等稀有金属矿化，产出有热液脉型和伟晶岩脉型稀有金属矿（化）体；其风化壳中产出有建水普雄超大型稀土稀有分散元素矿床和个旧白云山中型稀土稀有分散元素矿床，建水普雄共伴生的铌、铷均已达超大型矿床规模，个旧白云山伴生的铌、铷已具有大型以上远景规模。成矿类型为碱性岩浆型-风化型。

个旧锡多金属矿田中，各种类型的稀有金属矿化非常普遍，以细脉带型（岩浆热液型）和蚀变花岗岩型最为重要。细脉带型稀有元素矿主要分布于老厂一带，成矿元素组合具有垂直分带规律，由下而上分别为：以花岗岩突起为中心的花岗岩蚀变带（云英岩型 Be、Nb、Ta 矿化带）→黑电气石-绿柱石-长石脉带（Be、W 矿化带）→蓝电气石-矽卡岩-氧化矿脉带（Sn、W、Be 矿化带）→蓝电气石-含锂云母脉带（Sn、W、Be、Li、Rb、Cs 多金属矿化带）。Be 矿化主要富集在下部但向上延续较远，可达中小型矿床规模；Li、Rb、Cs 矿化富集在上部，未作系统评价。蚀变花岗岩型稀有元素矿主要分布于牛屎坡一带，Be、Nb、Ta 等矿化产于花岗岩体之顶部和边部自蚀变花岗岩，主要包括伟晶岩型、云英岩化-钠长石化花岗岩型、云英岩型 3 种类型的矿化，铍可达中型矿床规模。个旧马拉格矿床的蚀变花岗岩中富含铌、钽，铌已达中型矿床规模。此外，新冠砂锡矿床中还伴生有锆矿，可达小型矿床规模。

马关-麻栗坡一带，在燕山晚期的马关老君山花岗岩体西南侧，岩体内带产出有蚀变花岗岩铍矿床（马关炭窑）；在岩体北东侧的瓦渣-戈岭一带，其外接触带的变质岩中，则产出有众多伟晶岩型铍（绿柱石）矿，以麻栗坡瓦渣铍（绿柱石）矿床最具代表性。该区含绿柱石伟晶岩数量众多，但主要是作为祖母绿宝石矿进行评价，而忽略铍矿的评价。此外，丘北-文山-西畴一带广泛分布的铝土矿中，普遍含有铌、钽等稀有金属，广南板茂、西畴卖酒坪等铝土矿矿床中，伴生有铌、钽等稀有金属，其含量均达到相应的工业指标要求，可综合回收利用。

四、找矿潜力及找矿方向

云南稀有金属成矿地质条件十分有利，但总体勘查工作及综合研究程度普遍较低，有较大找矿潜力。在综合地质、物化探、遥感、重砂等各类信息的基础上，以成矿规律为主导，通过综合类比研究，在重点稀有元素成矿带内圈定找矿远景区 11 处。其中，A 类远景区 3 处、B 类远景区 3 处、C 类远景区 5 处，详见图 8-22、表 8-16。

表 8-16　云南省稀有金属矿产找矿远景区一览表

编号	远景区名称	远景区类别
A1	贡山-腾冲-盈江找矿远景区	A 类
A2	兰坪金顶-河西找矿远景区	A 类
A3	建水-个旧找矿远景区	A 类
B1	保山-龙陵-镇康找矿远景区	B 类
B2	香格里拉找矿远景区	B 类
B3	元谋-牟定找矿远景区	B 类
C1	凤庆-勐海找矿远景区	C 类
C2	元阳-金平找矿远景区	C 类
C3	禄劝-安宁-玉溪远景区	C 类
C4	丘北-文山-西畴找矿远景区	C 类
C5	马关-麻栗坡找矿远景区	C 类

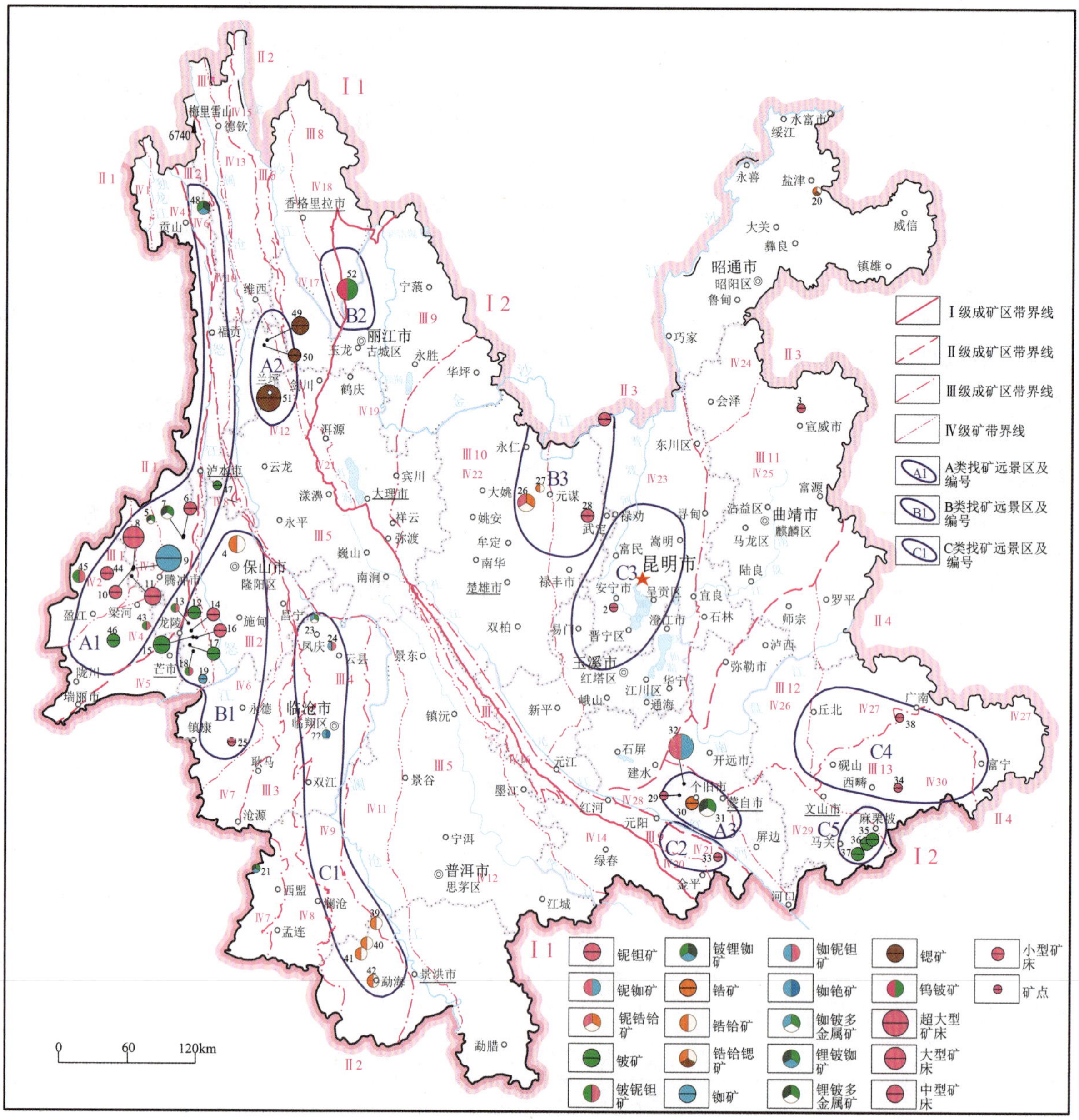

图 8-22　云南省稀有金属矿产找矿远景区分布图

（一）贡山-腾冲-盈江找矿远景区（A1）

贡山-腾冲-盈江远景区位于怒江断裂带以西，大面积出露燕山晚期—喜马拉雅期中酸性岩体，各类岩石普遍富含稀有元素，尤其是演化晚期的钠长花岗岩最为重要，围绕岩体及内外接触带，形成一系列岩浆型、云英岩型、伟晶岩型、风化型稀有金属矿化，在广泛分布的热泉中，普遍富含 Li、Rb、Cs 等稀有元素，具有较好的找矿前景。区内有多处 Be、Nb、Ta 等稀有元素化探异常和铌钽重砂异常，目前已发现超大型矿床 1 处（腾冲新岐）、大型矿床 1 处（卜锅脑）、中型矿床 1 处（腾冲勐蚌）、小型矿床及矿点 10 余处，累计查明锂（LiO_2）资源储量 34536.8 t、铍（BeO）资源储量 523.22 t、铌（Nb_2O_5）资源储量 7736.66 t、钽（Ta_2O_5）资源储量 3894.97 t、铷（RbO_2）资源储量 126908 t、铯（CsO_2）资源储量 1891 t。腾冲新岐风化壳矿体下的基岩也具有稀有金属矿化，外围茶塘河以南、干河一带尚有大面积矿化岩体分布，找矿潜力巨大；据云南省地质调查局（2016）、李建康等（2017）成果，在贡山-福贡一带发现众多富铁锂云母（或锂辉石）伟晶岩，锂含量较高，具有较好的 Li、Be 等稀有金属的找矿潜力。

综上所述，远景区稀有金属成矿地质条件十分有利，结合地质、矿产、物化探异常等综合信息研究，推测在已知矿床深部及外围均具有较大的找矿潜力，综合评价为 A 类找矿远景区。找矿应以寻找新歧式钠长花岗岩型+风化型稀有金属矿、贡源式伟晶岩型+风化型铌钽矿、宝华山式伟晶岩型稀有金属矿等为主攻方向，兼顾大滚锅式热泉型稀有金属矿的找矿工作。

（二）兰坪金顶-河西找矿远景区（A2）

金顶-河西远景区位于兰坪-普洱中、新生代沉积盆地北段，是云南重要的铅锌银矿集区之一。晚三叠世—古近纪含膏盐地层中，普遍具有锶（天青石）矿化；受燕山晚期—喜马拉雅期构造作用，热液叠加改造，使锶进一步富集，以上三叠统三合洞组、古新统云龙组的角砾状灰岩含矿性最好。目前已发现超大型共伴生锶矿 1 处（兰坪金顶）、中型锶矿 1 处（兰坪河西）、小型锶矿 1 处（兰坪区五），累计查明锶（天青石）资源量 550.88×10^4 t。

综上所述，远景区锶（天青石）成矿地质条件十分有利，结合地质、矿产、化探异常等综合信息研究，推测在已知矿床外围还具有较大的找矿潜力，综合评价为 A 类找矿远景区。找矿应以寻找金顶式、河西式沉积改造型锶（天青石）矿为主攻方向。

（三）个旧-建水找矿远景区（A3）

个旧-建水远景区位于个旧燕山晚期—喜马拉雅期岩浆杂岩体分布区。长岭岗、白云山碱性岩体稀有元素含量高，产出有岩浆型、岩浆热液脉型、伟晶岩型、风化型锂、铌、钽、铷等稀有金属矿；个旧锡多金属矿田中，各种类型的稀有元素矿化非常普遍，以细脉带型（岩浆热液型）和蚀变花岗岩型最为重要。细脉带型稀有成矿元素组合具有垂直分带，最下部为云英岩型 Be、Nb、Ta 矿化带，往上为 Be 矿化带，向上延续较远，最上部为 Li、Rb、Cs 矿化富集带；蚀变花岗岩型 Be、Nb、Ta 等矿化产于花岗岩体之顶部和边部自蚀变花岗岩，主要包括伟晶岩型、云英岩化-钠长石化花岗岩型、云英岩型 3 种类型的矿化。此外，新冠一带还产出有砂矿型锆矿。目前累计查明铍（BeO）资源储量 3124 t、铌（Nb_2O_5）资源储量 58246 t、锆（ZrO_2）资源储量 49880 t、铷（RbO_2）资源储量 81839 t，据云南省核工业二〇九地质大队（2015b）勘查成果，个旧白云山稀土矿伴生铌（Nb_2O_5）远景资源量超过 12000 t、铷（RbO_2）远景资源量超过 35000 t，均具有大型以上远景规模。

综上所述，远景区稀有元素成矿地质条件十分有利，稀有金属矿化普遍，成矿元素齐全。结合地质、矿产、物化探异常等综合信息研究，推测在已知矿床及花岗岩体、碱性岩体周边具有较大的找矿潜力，综合评价为 A 类找矿远景区。找矿应以寻找普雄、白云山式碱性岩浆型-风化型稀有金属矿，个旧式蚀变花岗岩型、细脉带型稀有金属矿为主攻方向。

（四）保山-龙陵-镇康找矿远景区（B1）

保山-龙陵-镇康远景区岩浆活动强烈，龙陵一带大面积出露华力西期—印支期、燕山晚期—喜马拉雅期中酸性岩体，各类岩石普遍富含稀有元素。围绕岩体及内外接触带，形成一系列岩浆型、云英岩型、伟晶岩型、风化型稀有金属矿化，具有较好的找矿前景。在镇康木厂一带分布有印支期碱性长石花岗岩，岩体内稀有、稀土元素丰度普遍较高（Zr 730×10^{-6}、Nb 91×10^{-6}、Rb 338×10^{-6}，ΣREE $342.58\times10^{-6}\sim1264.219\times10^{-6}$）；岩体的各相带都普遍有铌和稀土矿化，岩体边缘相带中各类矿化尤为强烈，局部能富集成为矿体，并形成规模较大的在风化壳型铌稀土矿。保山隆阳区板桥一带，分布有含锆英石的钛铁砂矿。

区内有多处 Li、Be、Nb、Ta、Rb 等稀有元素化探异常和铌、钽、锆重砂异常，目前已发现稀有金属中型矿床 1 处（龙陵黄连沟）、小型矿床 4 处、矿点多处，累计查明铍（BeO）资源储量 9715.5 t、铌（Nb_2O_5）资源储量 12404.43 t、钽（Ta_2O_5）资源储量 331.46 t、锆（ZrO_2）资源储量 166753 t，伴生稀土资源储量 731 t；据云南黄金矿业集团股份有限公司保山分公司（2010）勘查成果，镇康木厂估算 334 类 Nb_2O_5 资源量 11625 t，具有大型矿床远景规模。

综上所述，远景区稀有金属成矿地质条件十分有利，结合地质、矿产、物化探异常等综合信息研究，推测在已知矿床深部及外围均具有较大的找矿潜力，综合评价为 B 类找矿远景区。找矿应以寻找木厂式碱性岩浆型-风化壳型稀有稀土金属矿、黄连沟式伟晶岩型+风化型稀有金属矿及团坡式岩浆型+风化型铷矿等为主攻方向。

（五）香格里拉找矿远景区（B2）

香格里拉远景区位于三江口-剑川深断裂东侧的玉龙雪山-哈巴雪山复背斜核部，喜马拉雅期构造-岩浆活动强烈，形成与之有关的中-高温铍钨矿化，产出有大型铍钨矿床 1 处（麻花坪）。该矿床是云南省目前规模最大、品位最高的铍（绿柱石）矿床，累计查明 WO_3 资源储量 5.54×10^4 t，BeO 资源储量 3.54×10^4 t。

综上所述，远景区成矿地质条件有利，通过重力负异常推断的其深部可能存在隐伏花岗体，加之分布有多处 W、Sn、Bi、Mo、Be 等元素综合异常。因此，推测在已知矿床深部及外围具有较大的找矿潜力，综合评价为 B 类找矿远景区。找矿应以寻找麻花坪式岩浆热液型铍钨矿为主攻方向。

（六）元谋-牟定-武定找矿远景区（B3）

元谋-牟定-武定找矿远景区位于元谋-绿汁江断裂带上，岩浆活动强烈，广泛分布各时期基性、中酸性岩浆岩。其中晋宁期中酸性花岗岩富含 Nb、Zr 等稀有元素。元谋丙令一带，大面积的新近纪上新统冲积、湖积物中富含锆英石，锆英石中含有铪，具有较大的找矿远景。武定-禄劝一带，在中元古界昆阳群变质岩中产出有众多铁铜多金属矿产地，普遍伴生有 Nb、Ta 等稀有元素矿化，其成矿与吕梁期基性火山岩沉积及变质作用有关。

目前发现稀有元素中型矿床 1 处（牟定水桥）、小型矿床 2 处（武定迤纳厂、禄劝笔架山），累计查明锆（ZrO_2）资源储量 15900 t、铌（Nb_2O_5）资源储量 32552.22 t、铪（HfO_2）资源储量 407 t。

综上所述，远景区 Nb、Ta、Zr 等稀有元素成矿地质条件有利，结合地质、矿产、物化探异常等综合信息研究，推测在已知矿产地及花岗岩体周边具有较大的找矿潜力，综合评价为 B 类找矿远景区。找矿应以寻找水桥式岩浆型-风化型稀有金属矿、迤纳厂式火山沉积-改造型铌钽矿及丙令式砂矿型锆铪矿等为主攻方向。

（七）凤庆-勐海找矿远景区（C1）

凤庆-勐海远景区位于澜沧江断裂带以西，呈南北向展布，出露有云南省最大的花岗岩体——临沧花岗岩基。凤庆一带产出有大量伟晶岩脉（100 余条），部分具有 Be、Nb、Ta、Rb 等稀有元素矿化，具有一定的找矿潜力；临沧-勐海一带则产出有众多风化壳型、砂矿型稀土矿，伴生有锆英石，区内还有 20 余个独居石重砂异常，面积大，是寻找冲积型独居石砂矿的重要靶区。

综上所述，远景区成矿地质条件有利，目前已发现小型锆英石矿床 3 处，Be、Nb、Ta、Rb 矿化信息点数处，累计查明锆（ZrO_2）资源储量 105766 t。结合地质、矿产、物化探异常等综合信息研究，推测在已知矿床、矿化信息点周边具有一带的找矿潜力，综合评价为 C 类找矿远景区。找矿应以寻找慈园式伟晶岩型稀有金属矿及勐往式、勐阿式砂矿型锆英石矿为主攻方向。

（八）元阳-金平找矿远景区（C2）

元阳-金平远景区位于哀牢山断裂带（变质岩带）南端，古元古界哀牢山岩群深变质岩系中产出有大量宝石伟晶岩，富含 Li、Be 等稀有元素。金平大寨-马鞍底一带出露的燕山期勐平碱性花岗岩，富含 Nb、Ta、Zr 等稀有元素，其风化壳中已发现铌钽矿体。

综上所述，远景区稀有金属成矿地质条件有利，结合地质、矿产、物化探异常等综合信息研究，推测在已知矿床及花岗岩体、基性-超基性岩体周边具有较大的找矿潜力，综合评价为C类找矿远景区。找矿应以寻找伟晶岩型稀有金属矿及风化壳型铌钽矿为主攻方向，兼顾砂矿型铌钽矿。

（九）禄劝-安宁-玉溪找矿远景区（C3）

禄劝-安宁-玉溪远景区成矿地质条件有利，是云南省重要的铝土矿矿集区之一，目前已发现铝土矿矿产地29处。中二叠统倒石头组（现为梁山组）是铝土矿的重要产出层位，在致密状铝土质粘土岩和豆鲕状铝土质粘土岩中富含锂，富锂矿层产于下二叠统倒石头组（现为中二叠统梁山组）内，厚度2~16 m，Li_2O含量0.10%~1.02%，平均0.30%。在小石桥、观音山2个科研示范区7.2 km^2的范围内共获得334类氧化锂预测资源量约34×10^4 t，达超大型远景规模（温汉捷等，2020）。

结合远景区地质、矿产、物化探异常等综合信息研究，推测在该区具有较大的找矿潜力，综合评价为C类找矿远景区。以寻找赋存于中二叠统倒石头组（梁山组）中的粘土型锂矿及铝土矿伴生的锂矿为主攻方向。

（十）丘北-文山-西畴找矿远景区（C4）

丘北-文山-西畴远景区位于滇东南逆冲推覆构造带的中部，是云南最重要的铝土矿矿集区。铝土矿中普遍含有Nb、Ta等稀有元素，广南板茂、西畴卖酒坪等铝土矿中伴生有Nb、Ta，其含量均达到相应的工业指标要求，可综合回收利用。

远景区伴有铌、钽矿化的铝土矿矿产地数量多，勘查工作和研究程度低，有一定找矿潜力。综合评价为C类找矿远景区，以寻找沉积型铝土矿伴生铌钽矿为主攻方向。

（十一）马关-麻栗坡找矿远景区（C5）

马关-麻栗坡远景区位于滇东南逆冲推覆构造带的根部，岩浆活动强烈，以燕山晚期中酸性侵入岩与稀有元素成矿关系密切。围绕老君山花岗岩体产出有蚀变花岗岩型、伟晶岩型以铍为主的稀有金属矿。目前已发现小型铍（绿柱石）矿床3处（马关炭窑，麻栗坡瓦渣、那董），累计查明BeO资源储量221.4 t。

远景区内绿柱石伟晶岩数量众多，但主要是作为祖母绿宝石矿进行评价，而忽略铍矿的评价，具有一定的找矿潜力。综合评价为C类找矿远景区，以寻找炭窑式蚀变花岗岩型铍（绿柱石）矿、瓦渣式伟晶岩型铍（绿柱石）矿为主攻方向。

第九章　分散元素矿产

分散元素通常是指由锗（Ge）、镓（Ga）、铟（In）、铊（Tl）、硒（Se）、碲（Te）、铼（Re）、镉（Cd）8个元素组成的一组化学元素。

锗具有良好的半导体性质、优良的红外光学性质和对微波的良好透过性等特质。主要用于红外光学、太阳能电池、光纤、半导体、PET的催化剂等领域；此外，在国防、军事等领域广泛应用。目前，锗已被国家列为战略收储矿产。

镓主要用于电子工业和通讯领域，是制取各种镓化合物半导体的原料，硅、锗半导体的掺杂剂，核反应堆的热交换介质。

铟具有延展性好，可塑性强，熔点低，沸点高，低电阻，抗腐蚀等优良特性，且具有较好的光渗透性和导电性，被广泛应用于宇航、无线电和电子工业、医疗、国防、高新技术、能源等领域。

硒是一种分散元素，地壳中的含量仅为0.05×10^{-6}，且分布分散，极难形成工业富集。硒具有较强的抗氧化能力，是人体必需的微量矿物质营养素，但摄入过量又会对人体产生危害。硒的用途非常广泛，涉及电子、玻璃、冶金、化工、医疗保健、农业等领域。

碲具有十分良好的传热和导电性能，是金属性最强的非金属。碲及其化合物广泛应用于太阳能、冶金、热电制冷、电子、化学等领域，目前碲化镉薄膜太阳能行业发展迅速，被认为是最有发展前景的太阳能技术之一，使得碲化镉目前是碲产品中需求最大的，前景也是最光明的。

铼是一种稀有高熔点金属，不仅具有良好的可塑性、机械性和抗蠕变性能，还具有良好的耐磨损、抗腐蚀性能。铼及其合金被广泛应用到航空航天、电子工业、石油化工等领域。

镉是一种吸收中子的优良金属，制成棒条可在核反应堆内减缓链式裂变反应速率，广泛应用于电池、合金、颜料制造等方面。

第一节　资源概况

一、矿产资源情况

云南省分散元素矿产资源非常丰富，除硒、铼查明资源量相对较少，其余6种分散元素矿产查明保有资源量均位居全国的前列。

据国土资源部发布的《全国矿产资源储量通报（2017年）》数据统计，云南省保有铟、镉、铊资源储量分别为7072.07 t、137189.16 t、11369.15 t，分别占全国保有总量的39.25%、32.94%、84.66%，均位列全国第1位；保有锗资源储量1120.16 t，占全国保有总量的14.74%，位列全国第2位；保有的镓资源储量为6411.03 t，位列全国第6位；保有的碲资源储量8 t，位列全国第8位；保有硒资源储量17 t，位列全国第16位。

据《云南省2017年矿区及所属矿山矿产资源储量简表》统计，全省共有上表铟矿床13处，累计查明铟资源储量9342.07 t，保有铟资源储量7072.07 t。共有上表镉矿床23处，累计查明镉资源储量230559.40 t，保有镉资源储量137483.34 t；未上表镉矿床4处，累计查明镉资源储量178.02 t，保有镉资源储量178.02 t。共有上表铊矿床5处，累计查明铊资源储量15353.46 t，保有铊资源储量11369.15 t。共有上表锗矿床18处，累计查明锗资源储量3173.53 t，保有锗资源储量1145.27 t；未上表锗矿床5处，累计查明锗资源储量35.7 t，保有锗资源储量25.11 t。共有上表镓矿床25处，累计查明镓资源储量 11440.75 t，保有镓资源储量 6535.72 t；未上表镓矿床 2 处，累计查明镓资源储量 124.69 t，保有镓资源储量 124.69 t。共有上表硒、碲矿床 2 处，累计查明硒资源储量 64.81 t，碲资源储量 11.95 t。

据截至 2017 年 12 月所搜集的最新勘查成果及地质勘查报告数据统计，云南省已发现分散元素矿产地 77 处（图 9-1；表 9-1）。其中，超大型矿床 5 处、大型矿床 12 处、中型矿床 17 处、小型矿床 24 处、矿点 19 处；累计查明锗资源储量 4516.71 t、镓资源储量 29495.10 t、铟资源储量 10770.71 t、铊资源储量 15353.46 t、硒资源储量 1416.29 t、碲资源储量 565.02 t、铼资源储量 19.931 t、镉资源储量 234227.02 t。

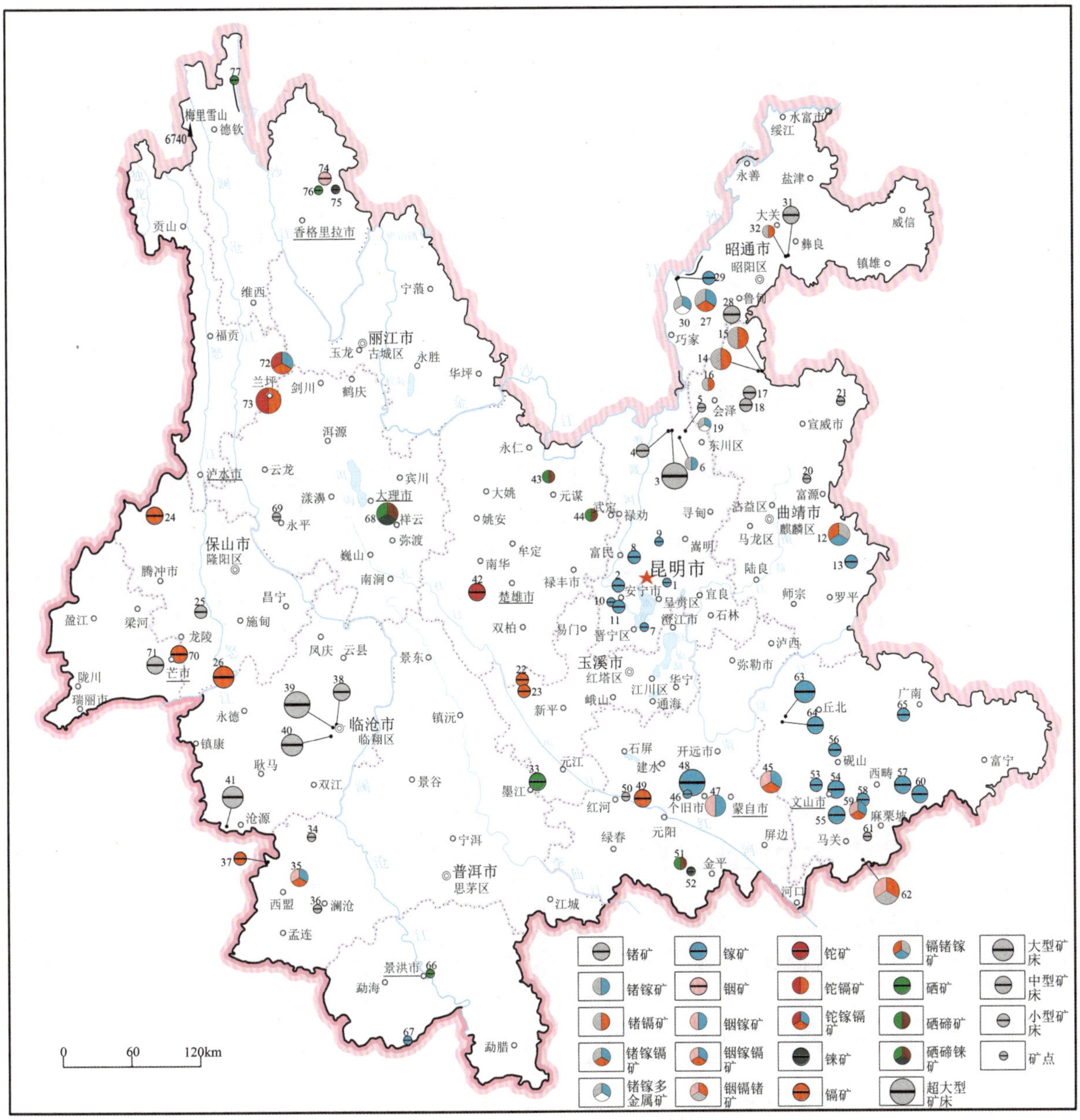

图 9-1 云南省分散元素矿产地分布图

二、勘查开发情况

云南省对伴生分散元素矿产的勘查评价工作起步较早。20 世纪 50 年代末，会泽矿务局对矿山厂、麒麟厂、五星厂、雨碌等矿床的伴生元素进行勘查评价，于 1959 年提交了《云南省会泽矿务局铅锌矿有益伴生元素赋存规律的研究及储量计算报告书》，估算了锗、镉等分散元素储量，目前矿山

表 9-1　云南省分散元素矿产地一览表

序号	矿产地名称	分散元素	规模	序号	矿产地名称	分散元素	规模
1	官渡区大板桥铝土矿矿床伴生镓矿	镓	矿点	36	澜沧县勐滨锗煤矿	锗	矿点
2	西山区白鱼口耐火粘土矿床伴生镓矿	镓	小型	37	西盟县新厂铅矿床伴生镉矿	镉	小型
3	东川区滥泥坪铜矿床伴生锗矿	锗	超大型	38	临翔区勐旺昌军锗煤矿	锗	中型
4	东川区石将军铜矿床伴生锗矿	锗	小型	39	临翔区邦卖锗煤矿	锗	超大型
5	东川区汤丹铜矿床伴生锗矿	锗	矿点	40	临翔区勐托锗煤矿	锗	大型
6	东川区石庄铅锌矿床伴生锗镓矿	锗、镓	小型	41	沧源县芒回锗煤矿	锗	大型
7	晋宁区牛恋村铝土矿矿床伴生镓矿	镓	矿点	42	南华县龙潭砷铊矿	铊	中型
8	富民县老煤山耐火粘土铝土矿矿床伴生镓矿	镓	小型	43	元谋县朱布铂族多金属矿床伴生硒碲矿	硒、碲	小型
9	嵩明县阿子营铝土矿矿床伴生镓矿	镓	矿点	44	武定县迤纳厂铁铜多金属矿床伴生硒碲矿	硒、碲	小型
10	安宁市县街铝土矿矿床伴生镓矿	镓	矿点				
11	安宁市耳目村-下哨铝土矿矿床伴生镓矿	镓	小型	45	蒙自市白牛厂银多金属矿床伴生分散元素矿	铟、镓、镉	大型
12	罗平县富乐厂铅锌矿床伴生分散元素矿	镉、锗、镓	大型	46	个旧锡多金属矿田伴生铟镓矿	铟、镓	大型
13	富源县老厂硫铁矿床伴生镓矿	镓	小型	47	个旧市白云山稀土稀有分散元素矿	镓	矿点
14	会泽县五星铅锌矿床伴生分散元素矿	锗、镉、镓	小型	48	建水县普雄稀土稀有分散元素矿	镓	超大型
15	会泽县窝铅厂锌矿床伴生锗矿	锗	小型	49	建水县荒田铅锌矿床伴生镉矿	镉	中型
16	会泽县麒麟厂铅锌矿床伴生锗镓镉矿	锗、镉	大型	50	石屏县大冷山铅锌矿床伴生锗矿	锗	矿点
17	会泽县矿山厂铅锌矿床伴生锗镓镉矿	锗、镉	大型	51	金平县白马寨铜镍多金属矿床伴生硒碲矿	硒、碲	小型
18	会泽县雨碌铅锌矿床伴生锗矿	锗	小型				
19	会泽县观音岩铅锌矿床伴生分散元素矿	锗、镓、铟、镉	小型	52	金平县铜厂铜钼矿床伴生铼矿	铼	矿点
				53	文山市天生桥铝土矿矿床伴生镓矿	镓	小型
20	沾益区罗木锗煤矿	锗	矿点	54	文山市大石盆铝土矿矿床伴生镓矿	镓	中型
21	宣威市宝山锗煤矿	锗	矿点	55	文山市杨柳井铝土矿矿床伴生镓矿	镓	中型
22	新平县太和街铅锌矿床伴生镉矿	镉	小型	56	砚山县红舍克铝土矿矿床伴生镓矿	镓	小型
23	新平县百大莫铅锌矿床伴生镉矿	镉	小型	57	西畴县卖酒坪铝土矿矿床伴生镓矿	镓	中型
24	腾冲市铜厂山铅锌铁矿床伴生镉矿	镉	中型	58	西畴县木者铝土矿矿床伴生镓矿	镓	小型
25	龙陵县杨广寨铅锌铜矿床伴生锗矿	锗	小型	59	西畴县红石岩铅锌铜矿床伴生分散元素矿	铟、镓、镉	中型
26	龙陵县勐兴铅锌矿床伴生镉矿	镉	大型				
27	鲁甸县乐红铅锌矿床伴生分散元素矿	锗、镓、镉	大型	60	麻栗坡县铁厂铝土矿矿床伴生镓矿	镓	中型
28	鲁甸县火德红铅锌矿床伴生锗矿	锗	中型	61	麻栗坡县马卡锌矿矿床伴生锗矿	锗	矿点
29	巧家县火山铅锌矿床伴生镓矿	镓	小型	62	马关县都龙锡锌多金属矿床伴生分散元素矿	铟、镉、锗	超大型
30	巧家县茂租铅锌矿床伴生分散元素矿	锗、镓、铟、镉	中型				
				63	丘北县大铁铝土矿矿床伴生镓矿	镓	大型
31	彝良县毛坪铅锌矿床伴生锗矿	锗	中型	64	丘北县飞尺角铝土矿矿床伴生镓矿	镓	中型
32	彝良县张家湾铅锌矿床伴生锗镉矿	锗、镉	小型	65	广南县板茂铝土矿矿床伴生镓矿	镓	小型
33	墨江县金厂金镍矿床伴生硒矿	硒	中型	66	景洪市三达山铜矿床伴生硒矿	硒	矿点
34	澜沧县上允锗煤矿	锗	矿点	67	景洪市大勐龙铁矿床伴生镓矿	镓	矿点
35	澜沧县老厂银铅锌多金属矿床伴生分散元素矿	铟、镓、镉、硒、碲、铼	中型	68	祥云县马厂箐金多金属矿床伴生分散元素矿	硒、碲、铼	大型

续表

序号	矿产地名称	分散元素	规模	序号	矿产地名称	分散元素	规模
69	永平县羊街锗煤矿点	锗	矿点	74	香格里拉市红山铜多金属矿床伴生铟矿	铟	小型
70	芒市老缅硐芭蕉洼铅锌矿床伴生镉矿	镉	中型				
71	芒市等吭（等嘎）锗煤矿	锗	中型	75	香格里市拉普朗铜矿床伴生铼矿	铼	矿点
72	兰坪县菜子地铅锌矿床伴生分散元素矿	铊、镓、镉	大型	76	香格里拉市雪鸡坪铜多金属矿床伴生硒矿	硒	矿点
73	兰坪县金顶铅锌矿床伴生镉铊矿	铊、镉	超大型	77	德钦县羊拉铜矿床伴生硒矿	硒	矿点

厂-麒麟厂伴生锗、镉资源量均达大型矿床规模。50 年代末至 60 年代，分散元素的勘查评价工作全面展开，取得巨大的勘查成果。东川矿务局、云南省锡业公司先后对东川铜矿、个旧锡多金属矿的伴生分散元素进行勘查评价，东川滥泥坪铜矿伴生锗储量达到超大型矿床规模，个旧锡多金属矿伴生镓、铟达大型矿床规模；此外，祥云马厂箐斑岩型铜钼矿中发现伴生的铼、硒、碲，元谋朱布、金平白马寨等基性-超基性岩浆型铜镍铂钯矿中发现伴生的硒、碲，均为今后寻找该类型分散元素矿打下良好基础。70 年代初至 90 年代，分散元素勘查工作进入新的阶段。围绕滇东南薄竹山、老君山 2 个燕山晚期花岗岩体，在银、铅、锌、锡、钨等有色和贵金属找矿取得突破的同时，铟、镉、镓、锗等伴生分散元素勘查评价也取得重大突破，马关都龙锡锌多金属矿床伴生的铟、镉均达到超大型矿床规模，蒙自白牛厂银多金属矿床伴生的铟达到大型矿床规模，该区探明铟资源量超过 10000 t，成为中国乃至世界最大的铟矿集区。在滇西地区褐煤中首次发现独立的锗矿（锗煤矿），并取得重大找矿成果，先后发现临沧邦卖、临沧勐托、沧源芒回等大型-超大型锗矿床；南华龙潭砷矿中发现独立或共生的铊矿，达到中型矿床规模。伴生分散元素勘查评价工作也取得重大突破，发现一批大型-超大型矿床。兰坪金顶铅锌矿中伴生铊、镉资源量均达到超大型矿床规模，均为全国最大的伴生铊、镉矿床；鲁甸乐红铅锌矿床伴生的锗，龙陵勐兴铅锌矿床伴生的镉及兰坪菜子地铅锌矿床伴生的镉、铊，均达大型矿床规模。进入 21 世纪，随着成矿理论研究水平、勘查测试方法手段的不断提升，加之“我国三稀资源战略调查研究项目”的启动，云南省分散元素找矿也取得新的突破。澜沧老厂斑岩型钼矿石伴生有铼、火山岩型银铅锌矿石中伴生有铟、硒、碲，均具有大型矿床远景规模，找矿潜力巨大；罗平富乐厂铅锌矿床中新发现伴生有硒，具有大型矿床远景规模，对该区寻找此类型硒矿有很大的参考价值；香格里拉雪鸡坪、德钦羊拉铜矿床中新发现伴生有硒，找矿潜力巨大。总而言之，云南省分散元素找矿成果虽然喜人，但勘查和综合研究工作程度总体还比较低，仍有很大找矿潜力和找矿空间，许多具备较好锗成矿地质条件的地区都还未做勘查评价工作，如滇西地区腾冲、澜沧、永平及滇东北-滇中地区锗煤型锗矿，基性-超基性岩型铜镍铂钯矿床中伴生硒、碲，斑岩型铜钼矿床伴生铼以及蒙自白牛厂、马关都龙、澜沧老厂等矿山目前未利用的伴生分散元素等。

云南省是锗资源开发利用最早的地区。1958 年，会泽铅锌矿首次从烟化炉的烟尘中提取锗金属 74.5 g，成为中国首个从铅锌矿石中提取锗的企业，拉开了云南锗开发的序幕，目前云南是中国乃至世界主要的锗原料生产基地。云南驰宏锌锗股份有限公司和云南临沧鑫圆锗业股份有限公司都是锗生产的龙头企业。截至 2010 年全国锗金属产量约 100 t，其中云南产量 60 t，占全国锗产量的 60%。虽然产量大，但锗生产企业中，除云南驰宏锌锗股份有限公司和云南临沧鑫圆锗业股份有限公司可以进行部分锗材料深精加工，主要装备和工艺技术处于“国内一流、国际先进”水平，具有较强的综合竞争力外，其他锗生产企业则小而散，属于粗放型的企业，主要以生产初级产品二氧化锗及金属锗为主，设备及生产方式落后，管理水平低下，导致资源利用率低、产品附加值低、资源浪费严重等问题。如临沧市的锗企业从褐煤中提锗，普遍采用直接燃烧褐煤，回收挥发锗烟尘的工艺，燃烧热量不能有效利用，造成极大浪费；碳质砂泥岩与煤矸石褐煤中锗含量高，但得不到回收，造成了资源的巨大浪费。

云南省铟的开发利用最早开始于个旧锡多金属矿，云南锡业集团（控股）有限责任公司是目前世界锡生产企业中产业链最长、最完整的企业，也是世界最大的锡生产、加工基地以及世界级的稀贵金属研发中心。对锡多金属矿中伴生的分散元素开发利用最完全，尤其是铟的深加工方面一直是云南省的龙头企业。以前主要是立足个旧锡多金属矿田的资源进行开发，2010 年实现对云南华联锌铟股份有限公司的控股，开始转入对都龙锡锌多金属矿的全面开发。随着年产 60 t 铟的冶炼技改项日于 2018 年 8 月完成投产，云南华联锌铟股份有限公司将成为云南最大的铟生产企业以及云南铟系列材料研发中心和产业基地。蒙自矿冶（集团）有限责任公司成立于 1996 年，主要对蒙自白牛厂银多金属矿进行开发，既是重要的银铅锌生产基地，也是重要的铟生产基地。至 2006 年，电解高纯铟的年产量已达 50 t。

除锗、铟已基本形成规模化开发，其他 6 种元素利用率均较低，仅对部分选矿产品中富集的元素进行回收利用。总之，云南分散元素开发利用水平普遍偏低，产业规模总体较小，存在核心关键技术和高层次人才匮乏、创新成果储备严重不足、产业集群不强、产业发展与市场结合度不高、品牌和标准建设滞后等问题。

三、资源分布情况

云南全省 30 处含锗矿产地分布于 10 个州（市）和 17 个县（区、市）。其中，曲靖市 9 处、昭通市 5 处、昆明市和临沧市各 4 处，其他地区零星分布（表 9-2）。查明资源储量分布于 6 个州（市）和 10 个县（区、市），集中分布于临沧市、昆明市、曲靖市、昭通市，查明资源量分别占全省资源总量的 39. 26%、24. 33%、17. 87%、12. 23%，其他地区零星分布。其中临沧市临翔区和昆明市东川区查明资源储量最多，分别占全省资源总量的 33. 56%、24. 33%。

表 9-2　云南省各州（市）、县（区、市）含锗矿产地及资源量分布一览表

州（市）	县（区、市）	矿产地数量/处	查明资源储量/t	州（市）	县（区、市）	矿产地数量/处	查明资源储量/t
昆明市	东川区	4	1099	临沧市	临翔区	3	1515. 76
	合计	4	1099		沧源县	1	257. 7
曲靖市	沾益区	1			合计	4	1773. 46
	宣威市	1		红河州	石屏县	1	
	罗平县	1	129		合计	1	
	会泽县	6	678	文山州	麻栗坡县	1	
	合计	9	807		马关县	1	214. 68
保山市	龙陵县	1	3. 34		合计	2	
	合计	1	3. 34	大理州	永平县	1	
昭通市	巧家县	1	136		合计	1	
	彝良县	2	138. 83	德宏州	芒市	1	67
	鲁甸县	2	277. 4		合计	1	67
	合计	5	552. 23				
普洱市	澜沧县	2					
	合计	2					
全省总计						30	4516. 71

云南全省 33 处含镓矿产地分布于 8 个州（市）和 24 个县（区、市），其中文山州、昆明市 2 地分布最多，分别为 11 处和 8 处，其他地区零星分布（表 9-3）。查明资源储量分布于 7 个州（市）和 20 个县（区、市），集中分布于红河州、文山州 2 地，查明资源储量分别占全省资源总量的 61. 41%、33. 74%；其他地区零星分布。其中红河州建水县查明资源储量最多（10818 t），占全省资源总量的 36. 68%；次为个旧市，查明资源储量 7185 t，占全省资源总量的 24. 36%。

表 9-3 云南省各州（市）、县（区、市）含镓矿产地及资源量分布一览表

州（市）	县（区、市）	矿产地数量/处	查明资源量/t	州（市）	县（区、市）	矿产地数量/处	查明资源量/t
昆明市	官渡区	1		红河州	蒙自市	1	111
	西山区	1	93		个旧市	2	7185
	东川区	1	16		建水县	1	10818
	晋宁区	1			合计	4	18114
	安宁市	2	332.88	文山州	文山市	3	1434
	嵩明县	1			砚山县	1	198
	富民县	1	295.5		西畴县	3	1349.35
	合计	8	737.38		广南县	1	374
曲靖市	富源县	1	14.42		丘北县	2	5678.03
	罗平县	1	75		麻栗坡县	1	918.89
	会泽县	2	40		合计	11	9952.27
	合计	4	129.42	西双版纳州	景洪市	1	
昭通市	巧家县	2	141		合计	1	
	鲁甸县	1	69	怒江州	兰坪县	1	257
	合计	3	210		合计	1	257
普洱市	澜沧县	1	95				
	合计	1	95				
全省总计						33	29495.10

云南全省 8 处含铟矿产地分布于 6 个州（市）和 8 个县（区、市）行政区（表 9-4），查明资源储量集中分布于文山州和红河州，其查明资源储量分别占全省资源总量的 69.87%、27.66%，其他地区零星分布。其中文山州马关县查明资源储量最多（7406.43 t），占全省资源总量的 68.76%；次为红河州个旧市、蒙自市，查明资源储量 2000 t 和 979.5 t，分别占全省资源总量的 18.57%、9.09%。

表 9-4 云南省各州（市）、县（区、市）含铟矿产地及资源量分布一览表

州（市）	县（区、市）	矿产地数量/处	查明资源量/t	州（市）	县（区、市）	矿产地数量/处	查明资源量/t
曲靖市	会泽县	1	38	文山州	西畴县	1	120
	合计	1	38		马关县	1	7406.43
昭通市	巧家县	1	30		合计	2	7526.43
	合计	1	30	普洱市	澜沧县	1	161
红河州	蒙自市	1	979.5		合计	1	161
	个旧市	1	2000	迪庆州	香格里拉市	1	35.78
	合计	2	2979.5		合计	1	35.78
全省总计						8	10770.71

云南全省 21 处含镉矿产地分布于 9 个州（市）和 16 个县（区、市）行政区，分布较为零散（表 9-5）。查明资源储量集中分布于怒江州兰坪县，查明镉资源储量 185981.28 t，占全省资源总量的 79.40%。

云南全省共有含铊矿产地 3 处，分布于怒江州兰坪县（2 处）和楚雄州南华县（1 处）；怒江州兰坪县查明铊资源储量 15221.46 t，占全省资源总量的 99.14%；楚雄州南华县查明铊资源储量 132 t，占全省资源总量的 0.86%。

表 9-5　云南省各州（市）、县（区、市）含镉矿产地及资源量分布一览表

州（市）	县（区、市）	矿产地数量/处	查明资源量/t	州（市）	县（区、市）	矿产地数量/处	查明资源量/t
曲靖市	罗平县	1	4831.68	普洱市	西盟县	1	53.04
	会泽县	4	6195		澜沧县	1	1566
	合计	5	11026.68		合计	2	1619.04
玉溪市	新平县	2	517	红河州	蒙自市	1	991
	合计	2	517		建水县	1	2592
保山市	腾冲市	1	658		合计	2	3583
	龙陵县	1	4738	文山州	西畴县	1	598
	合计	2	5396		马关县	1	20396.02
昭通市	巧家县	1	1912		合计	2	20994.02
	彝良县	1	75	德宏州	芒市	1	532
	鲁甸县	1	2591		合计	1	532
	合计	3	4578	怒江州	兰坪县	2	185981.28
					合计	2	185981.28
全省总计						21	234227.02

云南全省 10 处含硒矿产地分布于 7 个州（市）和 10 个县（区、市）行政区，分布较为零散（表 9-6）。查明资源储量集中分布于大理州祥云县和普洱市墨江县，查明资源储量分别占全省资源总量的 61.14%、32.74%。

表 9-6　云南省各州（市）、县（区、市）含硒矿产地及资源量分布一览表

州（市）	县（区、市）	矿产地数量/处	查明资源量/t	州（市）	县（区、市）	矿产地数量/处	查明资源量/t
曲靖市	罗平县	1		红河州	金平县	1	50.81
	合计	1			合计	1	50.81
普洱市	澜沧县	1		大理州	祥云县	1	865.9
	墨江县	1	463.73		合计	1	865.9
	合计	2	463.73	西双版纳州	景洪市	1	
楚雄州	元谋县	1	14		合计	1	
	武定县	1	21.85	迪庆州	香格里拉市	1	
	合计	2	35.85		德钦县	1	
					合计	2	
全省总计						10	1416.29

云南全省共有含碲矿产地 5 处，在普洱市澜沧县、红河州金平县、大理州祥云县及楚雄州元谋县、武定县各分布有 1 处（表 9-7），分布较为零散。查明资源储量集中分布于大理州祥云县，查明资源储量占全省资源总量的 96.69%。

表 9-7　云南省各州（市）、县（区、市）含碲矿产地及资源量分布一览表

州（市）	县（区、市）	矿产地数量/处	查明资源量/t	占全省资源总量的比例/%
普洱市	澜沧县	1		
楚雄州	元谋县	1	8	1.42
	武定县	1	6.77	1.20
	合计	2	14.77	2.61

续表

州（市）	县（区、市）	矿产地数量/处	查明资源量/t	占全省资源总量的比例/%
红河州	金平县	1	3.95	0.70
大理州	祥云县	1	546.30	96.69
全省总计		5	565.02	100.00

云南全省共有含铼矿产地4处，在普洱市澜沧县、红河州金平县、大理州祥云县及迪庆州香格里拉市各分布有1处，较为零散；查明资源储量全部分布于大理州祥云县。

第二节　矿床类型划分

由于分散元素矿产以伴生矿为主，少量独立或共生矿床。本次主要依据全国省（自治区、直辖市）“矿产地质志”的矿床类型划分方案，结合主矿种矿床类型的划分方案，按照成矿地质作用的类型和成因机理对矿床类型进行划分，共划分了10种Ⅲ级矿床类型（表9-8）。岩浆作用矿床可划分为岩浆型、岩浆热液型、接触交代型、斑岩型、海相火山岩型5种Ⅲ级类型；变质作用矿床可划分为沉积-变质型1种Ⅲ级类型；非岩浆-非变质作用矿床可划分为浅成中-低温热液型、化学沉积型、生物化学沉积型3种Ⅲ级类型；表生作用矿床可划分为风化型1种Ⅲ级类型。

锗（Ge）除形成独立锗煤矿床，以铅锌矿和铜矿床中的伴生锗最为重要，其矿床类型主要包括生物化学沉积型、沉积-变质型、浅成中-低温热液型、接触交代型、岩浆热液型5种Ⅲ级类型。从矿产地数量来看，以浅成中-低温热液型、生物化学沉积型最为重要，分别有15处和10处矿产地

表9-8　云南省分散元素矿产主要矿床类型划分表

矿床类型			代表矿床	矿床规模	分散元素组合
Ⅱ级	Ⅲ级	Ⅳ级			
岩浆作用矿床	岩浆型	基性岩浆型	元谋朱布	小型	Se、Te
			墨江金厂	中型	Se
	岩浆热液型		蒙自白牛厂	大型	In、Ga、Cd
			西畴红石岩	小型	In、Ga、Cd
	接触交代型		马关都龙	中型	In、Ge、Ga、Cd
			个旧	小型	In、Ga
			德钦羊拉	小型	Se
	斑岩型		祥云马厂箐	大型	Re、Se、Te
			香格里拉普朗	矿点	Re
			澜沧老厂	小型	Ga、Cd、In、Re、Se、Te
	海相火山岩型		武定迤纳厂	小型	Se、Te
			建水荒田	中型	Cd
非岩浆-非变质作用矿床	浅成中-低温热液型	砂砾岩型	兰坪金顶	超大型	Tl、Cd
		碳酸盐岩型	会泽麒麟厂	大型	Ge、Cd
			会泽矿山厂	大型	Ge、Cd
			罗平富乐厂	大型	Cd、Ge、Ga、Se
			巧家茂租	中型	Ge、In、Ga、Cd
			鲁甸乐红	大型	Ge、Ga、Cd
			兰坪菜子地	大型	Tl、Cd、Ga

续表

<table>
<tr><th colspan="3">矿床类型</th><th rowspan="2">代表矿床</th><th rowspan="2">矿床规模</th><th rowspan="2">分散元素组合</th></tr>
<tr><th>Ⅱ级</th><th>Ⅲ级</th><th>Ⅳ级</th></tr>
<tr><td rowspan="5">沉积作用矿床</td><td rowspan="2">生物化学沉积型</td><td rowspan="5"></td><td>临沧勐托</td><td>超大型</td><td>Ge</td></tr>
<tr><td>沧源芒回</td><td>大型</td><td>Ge</td></tr>
<tr><td rowspan="3">化学沉积型</td><td>富源老厂</td><td>小型</td><td>Ga</td></tr>
<tr><td>丘北大铁</td><td>大型</td><td>Ga</td></tr>
<tr><td>安宁耳目村</td><td>小型</td><td>Ga</td></tr>
<tr><td>变质作用矿床</td><td>沉积-变质型</td><td></td><td>东川滥泥坪</td><td>超大型</td><td>Ge</td></tr>
<tr><td>表生作用矿床</td><td>风化型</td><td></td><td>建水普雄</td><td>超大型</td><td>Ga</td></tr>
</table>

（表9-9）；从查明资源储量来看，以生物化学沉积型锗矿最为重要，查明的资源储量占全省资源总量的40.75%；次为浅成中-低温热液型、沉积-变质型，查明的资源储量分别占全省资源总量的30.32%、24.18%。

表9-9 云南省主要锗矿床类型查明资源量情况表

<table>
<tr><th colspan="2">矿床类型</th><th rowspan="2">矿产地数量/处</th><th rowspan="2">查明资源储量/t</th><th rowspan="2">占全省资源总量百分比/%</th></tr>
<tr><th>Ⅱ级</th><th>Ⅲ级</th></tr>
<tr><td rowspan="2">岩浆作用矿床</td><td>接触交代型</td><td>1</td><td>214.68</td><td>4.75</td></tr>
<tr><td>岩浆热液型</td><td>1</td><td>0</td><td>0</td></tr>
<tr><td>非岩浆-非变质作用矿床</td><td>浅成中-低温热液型</td><td>15</td><td>1369.57</td><td>30.32</td></tr>
<tr><td>沉积作用矿床</td><td>生物化学沉积型</td><td>10</td><td>1840.46</td><td>40.75</td></tr>
<tr><td>变质作用矿床</td><td>沉积-变质型</td><td>3</td><td>1092</td><td>24.18</td></tr>
<tr><td colspan="2">合计</td><td>30</td><td>4516.71</td><td>100.00</td></tr>
</table>

镓（Ga）主要为铝土矿和铅锌矿的伴生元素，其矿床类型包括化学沉积型、浅成中-低温热液型、岩浆热液型、接触交代型、斑岩型、海相火山岩型、风化型7种Ⅲ级类型（表9-10）。从矿产地数量来看，以化学沉积型镓矿最为重要，有12处矿产地；次为浅成中-低温热液型镓矿，有7处矿产地。从查明资源储量来看，以风化型、接触交代型、化学沉积型镓矿最为重要，查明的资源储量分别占全省资源总量的49.06%、24.36%、23.39%。

表9-10 云南省主要镓矿床类型查明资源量情况表

<table>
<tr><th colspan="2">矿床类型</th><th rowspan="2">矿产地数量/处</th><th rowspan="2">查明资源量/t</th><th rowspan="2">占全省资源总量百分比/%</th></tr>
<tr><th>Ⅱ级</th><th>Ⅲ级</th></tr>
<tr><td rowspan="4">岩浆作用矿床</td><td>岩浆热液型</td><td>2</td><td>249</td><td>0.84</td></tr>
<tr><td>接触交代型</td><td>1</td><td>7185.03</td><td>24.36</td></tr>
<tr><td>斑岩型</td><td>1</td><td>95</td><td>0.32</td></tr>
<tr><td>海相火山岩型</td><td>1</td><td>0</td><td>0</td></tr>
<tr><td>非岩浆-非变质作用矿床</td><td>浅成中-低温热液型</td><td>7</td><td>598</td><td>2.03</td></tr>
<tr><td>沉积作用矿床</td><td>化学沉积型</td><td>12</td><td>6897.29</td><td>23.39</td></tr>
<tr><td>表生作用矿床</td><td>风化型</td><td>9</td><td>14470.78</td><td>49.06</td></tr>
<tr><td colspan="2">合计</td><td>33</td><td>29495.10</td><td>100.00</td></tr>
</table>

铟（In）主要伴生于铅锌矿中，其次伴生于锡、铜矿中，其矿床类型包括接触交代型、岩浆热

液型、火山岩型、浅成中-低温热液型4种Ⅲ级类型（表9-11）。从矿产地数量来看，以接触交代型铟矿最为重要，有3处矿产地，其次为岩浆热液型、浅成中-低温热液型铟矿，各有2处矿产地。从查明资源储量来看，以接触交代型铟矿最为重要，查明的资源储量占全省资源总量的87.67%；次为岩浆热液型铟矿，查明的资源储量占全省资源总量的10.21%。

表9-11　云南省主要铟矿床类型查明资源量情况表

<table>
<tr><th colspan="2">矿床类型</th><th rowspan="2">矿产地数量/处</th><th rowspan="2">查明资源量/t</th><th rowspan="2">占全省资源总量百分比/%</th></tr>
<tr><th>Ⅱ级</th><th>Ⅲ级</th></tr>
<tr><td rowspan="3">岩浆作用矿床</td><td>岩浆热液型</td><td>2</td><td>1099.50</td><td>10.21</td></tr>
<tr><td>接触交代型</td><td>3</td><td>9442.21</td><td>87.67</td></tr>
<tr><td>斑岩型</td><td>1</td><td>161.00</td><td>1.49</td></tr>
<tr><td>非岩浆-非变质作用矿床</td><td>浅成中-低温热液型</td><td>2</td><td>68.00</td><td>0.63</td></tr>
<tr><td>合计</td><td></td><td>8</td><td>10770.71</td><td>100.00</td></tr>
</table>

铊（Tl）主要伴生于铅锌矿中，部分与砷矿（雄黄矿）共伴生，其矿床类型均为浅成中-低温热液型，根据含矿岩石的不同，又分为砂砾岩型、碳酸盐岩型2种亚类型（表9-12）。以砂砾岩型铊矿最为重要，其查明的资源量占全省资源总量的93.10%。

表9-12　云南省主要铊矿床类型查明资源量情况表

<table>
<tr><th colspan="3">矿床类型</th><th rowspan="2">矿产地数量/处</th><th rowspan="2">查明资源量/t</th><th rowspan="2">占全省资源总量百分比/%</th><th rowspan="2">备注</th></tr>
<tr><th>Ⅱ级</th><th>Ⅲ级</th><th>Ⅳ级</th></tr>
<tr><td rowspan="2">非岩浆-非变质作用矿床</td><td rowspan="2">浅成中-低温热液型</td><td>砂砾岩型</td><td>1</td><td>14294.46</td><td>93.10</td><td></td></tr>
<tr><td>碳酸盐岩型</td><td>2</td><td>1059.00</td><td>6.90</td><td></td></tr>
<tr><td colspan="3">合计</td><td>3</td><td>15353.46</td><td>100.00</td><td></td></tr>
</table>

硒（Se）成矿主要与基性岩浆作用有关，部分与中酸性岩浆作用有关，个别浅成中-低温热液型铅锌矿床中也有伴生；其矿床类型主要包括岩浆型、海相火山岩型、接触交代型、斑岩型、浅成中-低温热液型5种Ⅲ级类型（表9-13）。从查明资源储量来看，以斑岩型、岩浆型硒矿最为重要，查明的资源储量分别占全省资源总量的61.14%、37.32%。

表9-13　云南省主要硒矿床类型查明资源量情况表

<table>
<tr><th colspan="2">矿床类型</th><th rowspan="2">矿产地数量/处</th><th rowspan="2">查明资源量/t</th><th rowspan="2">占全省资源总量百分比/%</th><th rowspan="2">备注</th></tr>
<tr><th>Ⅱ级</th><th>Ⅲ级</th></tr>
<tr><td rowspan="4">岩浆作用矿床</td><td>岩浆型</td><td>3</td><td>528.54</td><td>37.32</td><td></td></tr>
<tr><td>接触交代型</td><td>2</td><td></td><td></td><td></td></tr>
<tr><td>斑岩型</td><td>2</td><td>865.90</td><td>61.14</td><td></td></tr>
<tr><td>海相火山岩型</td><td>2</td><td>21.85</td><td>1.54</td><td></td></tr>
<tr><td>非岩浆-非变质作用矿床</td><td>浅成中-低温热液型</td><td>1</td><td></td><td></td><td></td></tr>
<tr><td colspan="2">合计</td><td>10</td><td>1416.29</td><td>100.00</td><td></td></tr>
</table>

碲（Te）成矿主要与基性岩浆作用有关，部分与中酸性岩浆作用有关，其矿床类型包括岩浆型、海相火山岩型、斑岩型3种Ⅲ级类型（表9-14）。从矿产地数量来看，以岩浆型和斑岩型碲矿最为重要，各有2处矿产地；从查明资源储量来看，以斑岩型碲矿最为重要，查明的资源储量占全省资源总量的96.69%。

目前已发现的4处铼（Re）矿产地均产于斑岩型铜钼矿中，因此仅有斑岩型1种矿床类型。

表 9-14　主要碲矿床类型查明资源量情况表

矿床类型		矿产地数量/处	查明资源量/t	占全省资源总量百分比/%	备注
Ⅱ级	Ⅲ级				
岩浆作用矿床	岩浆型	2	11.95	2.11	
	斑岩型	2	546.30	96.69	
	海相火山岩型	1	6.77	1.20	
合计		5	565.02	100.00	

镉（Cd）主要伴生于铅锌矿床中，包括浅成中-低温热液型、岩浆热液型、接触交代型、斑岩型、海相火山岩型 5 种类型（表 9-15）。从矿产地数量来看，以浅成中-低温热液型镉矿最为重要，有 14 处矿产地。从查明资源储量来看，以浅成中-低温热液型镉矿最为重要，查明的资源储量占全省资源总量的 88.54%；次为接触交代型镉矿，查明的资源储量分别占全省资源总量的 9.01%。

表 9-15　主要镉矿床类型查明资源量情况表

矿床类型		矿产地数量/处	查明资源量/t	占全省资源总量百分比/%
Ⅱ级	Ⅲ级			
岩浆作用矿床	岩浆热液型	2	1589.00	0.68
	接触交代型	3	21107.06	9.01
	斑岩型	1	1566.00	0.67
	海相火山岩型	1	2592.00	1.11
非岩浆-非变质作用矿床	浅成中-低温热液型	14	207372.96	88.53
合计		21	234227.02	100.00

第三节　锗　矿

云南的锗矿主要为锗煤型、锗砂岩型锗矿床，次为铅、锌、铜等有色金属矿床中伴生的锗矿。

一、锗煤岩型（锗砂岩型）锗矿床

锗煤岩型（锗砂岩型）锗矿主要分布于滇西地区，腾冲、芒市、沧源、临沧、澜沧等新生代（古近纪—新近纪）含煤盆地，其沉积基底多为大面积的花岗岩、混合岩及变质岩；此外，在滇中的宣威晚二叠世含煤盆地中，个别煤矿中伴生有锗。主要锗煤型锗矿基本情况详见表 9-16。

表 9-16　云南省锗煤型锗矿产地基本情况表

序号	名称	含煤地层	锗资源储量/t	规模	锗含量/%	备注
1	临沧邦卖锗煤矿	N_1b	1126.36	超大型	0.0322~0.0445	上表资源量 669 t
2	临沧勐托锗煤矿	N_1b	257.09	大型	0.0171~0.0227	上表资源量 157 t
3	临沧勐旺昌军锗煤矿	N_1b	132.31	中型	0.083	上表资源量 59 t
4	芒市等眈（等嘎）锗煤矿	N_1	67	中型	0.00586	资源量未上表
5	沧源芒回锗煤矿	N_2	257.7	大型	0.00845	资源量未上表
6	澜沧上允锗煤矿	N_2		矿点	0.002~0.005	
7	澜沧勐滨锗煤矿	N_1		矿点	0.002~0.005	
8	腾冲瑞滇锗煤矿	N_2		矿点	0.004~0.008	
9	永平锗煤矿	N_1		矿点	0.001~0.002	

续表

序号	名称	含煤地层	锗资源储量/t	规模	锗含量/%	备注
10	沾益罗木锗煤矿	P_3l		矿点	0.0010~0.004	
11	宣威宝山锗煤矿	P_3l		矿点	0.0010~0.0012	
合计			1840.46			

临沧新近纪断陷盆地是最重要的锗矿集区，盆地以临沧花岗岩基为基底，以新近系洪泛沉积、河流-湖沼相沉积为特征的含煤碎屑岩建造构成盆地盖层（图9-2）。在长期风化、剥蚀、夷平作用下形成富锗碎屑物的堆积与富集，最终形成临沧锗煤矿田。代表性矿床为邦卖超大型锗煤矿床（大寨矿段、中寨矿段）、勐托大型锗煤矿床（韭菜坝矿段、文强矿段）、勐旺昌军中型锗煤矿床（表9-17）。

表9-17　临沧锗矿田主要锗矿床特征表

盆地名称		邦卖		勐托		勐旺
矿床名称		大寨	中寨	韭菜坝	文强	昌军
基底岩性		二云（黑云、白云）母花岗岩	二云（黑云、白云）母花岗岩	黑云母花岗岩	黑云母花岗岩	黑云母花岗岩
主要含矿层位		N_1b^3、N_1b^1	N_1b^3、N_1b^2、N_1b^1	N_1b^3	N_1b^3	N_1b^2、N_1b^1
产出部位		控盆断裂同侧，盆地西缘花岗岩突出部位	盆地西缘，控盆断裂同侧花岗岩突出部位	盆地东缘，控盆断裂对侧花岗岩突出部位	盆地东缘，控盆断裂对侧花岗岩突出部位	盆地东缘，控盆断裂对侧花岗岩突出部位
成矿时期及岩相		成盆期扇间泥炭沼泽相	成盆期扇间泥炭沼泽相	扩张超覆期泥炭沼泽相	扩张超覆期泥炭沼泽相	成盆期扇间泥炭沼泽相
矿体形态		层状为主，组合成带状	层状、似层状、多层状	透镜状、似层状、多层状	透镜状、似层状、单层状为主	透镜状、似层状、多层状为主
矿体围岩	顶板	砾岩、砂岩、硅化泥灰岩	砂岩、砾岩、硅化泥灰岩	砂岩	砂岩	含砾粗砂岩
	底板	花岗碎屑岩、砂岩	花岗碎屑岩、砂岩	花岗碎屑岩	花岗碎屑岩	花岗碎屑岩
矿石类型		锗煤、锗砂岩	锗砾岩、锗煤	锗砾岩为主，锗砂岩、风化壳次之	锗砾岩为主，锗砂岩、风化壳次之	锗煤、锗砂岩
平均品位/%	最高	0.3409	0.4713	0.11	0.1327	0.275
	平均	0.0445	322	0.0227	0.0171	0.083
厚度/m	最大	14.25	5.22	2.86	6.93	3.64
	一般	4.4	1.6	0.8	2.68	1
矿床规模		大型	中型	中型	小型	中型
热水活动及蚀变		有	有	无	无	无
盆地类型		菱形断块盆地	菱形断块盆地	单断式箕状盆地	单断式箕状盆地	阶梯状断陷盆地

（一）临沧市临翔区邦卖锗煤矿床❶

邦卖锗煤矿床行政区划属于临沧市临翔区章驮乡邦卖村管辖，位于临沧市区285°方向，平距约

❶ 主要资料来源：云南省核工业二〇九地质大队，1980，云南省临沧县邦卖盆地锗矿储量报告；1991，云南省临沧县大寨铀锗矿床勘探地质报告；云南省核工业二〇九地质大队，2013a，云南省临沧市临翔区大寨锗矿资源储量核实报告；2015c，云南省临沧市中寨锗矿资源储量核实报告；云南省核工业二〇九地质大队，1997，滇西临沧铀锗矿田成矿特征及成矿预测。

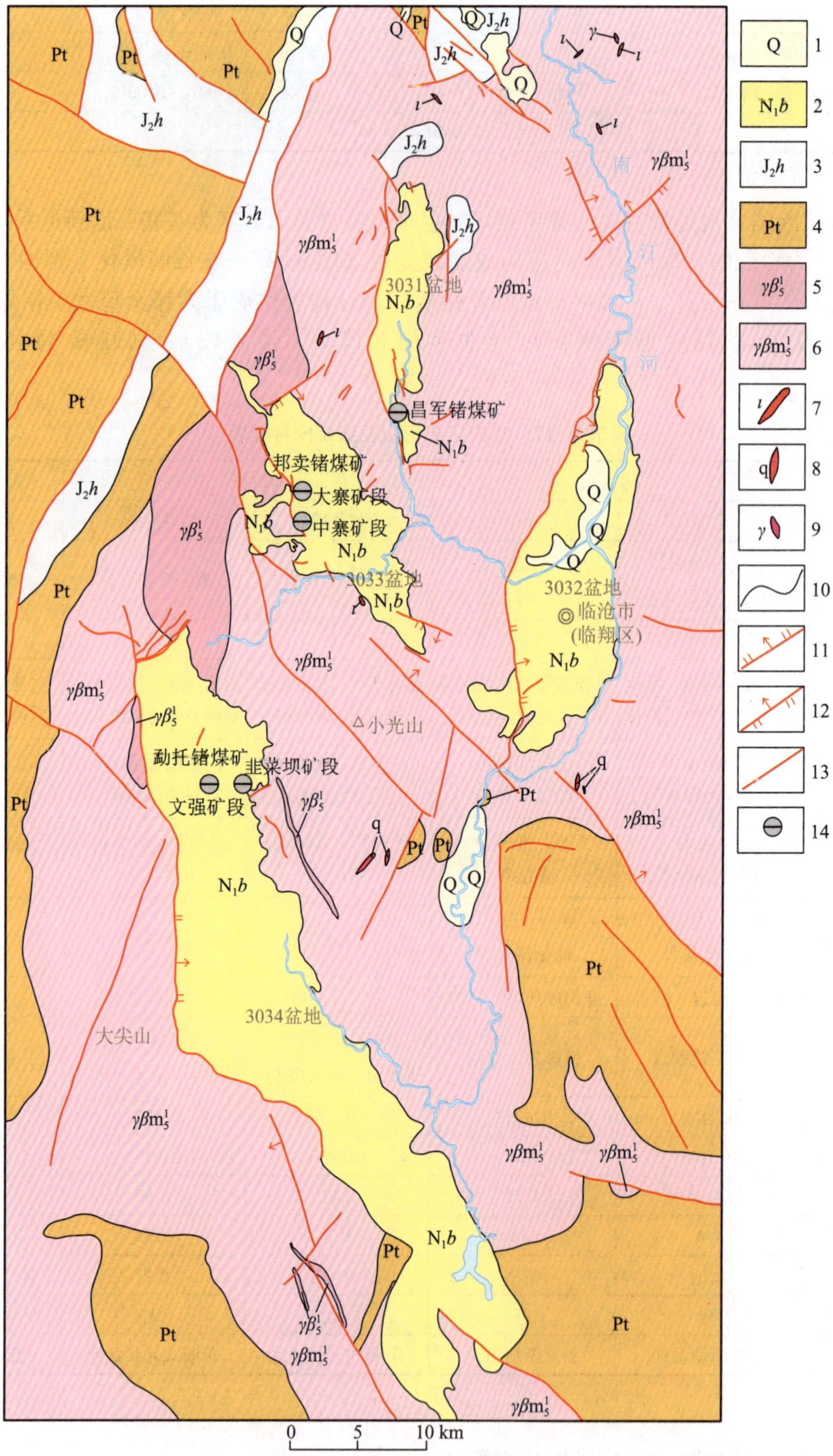

图 9-2　临沧锗煤矿田地质图

（据云南省核工业二〇九地质大队，1997，有修改）

1—第四系残积、坡积、冲积物；2—新近系复成分砾岩、粉砂岩、细砂岩互层含煤层（线）；3—侏罗系和平乡组复成分砂砾岩、砂岩夹泥岩；4—元古宙片岩、变粒岩、花岗质混合片麻岩；5—二云母混合花岗岩；6—黑云母混合花岗岩；7—细晶岩；8—石英脉；9—花岗岩脉；10—地质界线；11—正断层；12—逆断层；13—性质不明断层；14—锗煤矿床

8 km 处；其地理坐标为：东经 100°00′13″~100°00′42″，北纬 23°54′12″~23°55′45″。

1958 年，二机部所属中南二〇九队云南省第三地质队第七普查队在普查时发现异常，相继进行了不同精度的放射性普查。

1960 年，云南省第三地质队第一勘探队在邦卖盆地开展勘查工作，并发现锗的存在。

1969~1972 年，中南二〇九大队第九队开展伽马详查和浅部钻探揭露工作，估算的大寨浅部锗金属量达小型。

1974~1977 年，中南二〇九队第五队对大、中寨地段进行了初步勘探，于 1980 年提交了《云南省临沧县邦卖盆地锗矿储量报告》，估算锗远景储量达大型矿床规模。

1982~1985 年，西南地勘局二〇九地质大队对矿床开展详细勘探工作，于 1991 年提交了《云南省临沧县大寨铀锗矿床勘探地质报告》。

2012 年，云南省核工业二〇九地质大队对大寨矿段开展资源量核查工作，并于 2013 年提交了《云南省临沧市临翔区大寨锗矿资源储量核实报告》，截至 2012 年底，大寨锗矿累计查明锗资源储量 969.50 t，其中在《云南省 2017 年矿区及所属矿山矿产资源储量简表》中的上表资源储量为 669 t。

2014~2015 年，云南省核工业二〇九地质大队对中寨矿段开展资源量核查工作，并于 2015 年提交了《云南省临沧市中寨锗矿资源储量核实报告》，截至 2015 年 4 月，中寨矿段累计查明锗资源储量 156.86 t。

截至 2017 年底，邦卖锗煤矿大寨、中寨 2 个矿段累计查明的锗资源储量为 1126.36 t（其中上表 669 t，未上表 457.36 t），达超大型锗矿床规模。

矿山始建于 1969 年，已有近 50 年的开发历史，于 1975 年开始生产二氧化锗。1980 年进行了技术改造采用火电厂锅炉烧煤，热能发电，烟尘提锗，提高了锗的处理能力和经济效益。1993~1994 年又对原有生产工艺进行了重大技术改造，一步富集回收锗工艺试验成功，投入生产，并取得国家专利。1996 年又进行了扩大和技改。2003 年以前，一直由邦腊煤矿开采，属小型开采矿山规模；2003 年以后，由云南临沧鑫圆锗业股份有限公司（简称云南锗业）对矿山进行系统开发，通过人才引进和技术改造，逐渐提高了回采率和产量，目前为云南锗业的主要产地。

1. 矿区地质

邦卖矿区位于澜沧古岛弧中段，属昌宁-澜沧复背斜的一部分，受经向构造体系与帚状构造体系重接控制的古生代以来的隆起地区，为一阶梯状断陷型沉积盆地。其大地构造分区属羌塘-“三江”造山系（Ⅶ）、崇山-临沧地块（Ⅶ-7）之临沧岩浆弧（P-T）（Ⅶ-7-2）；成矿区带属“三江”（造山带）成矿省（Ⅱ2）之临沧-勐海（岩浆弧）Fe-Pb-Zn-Ag-Au-Sn-Ge-REE 成矿带（Ⅲ4）之临沧-勐海（岩浆弧）Fe-Pb-Zn-Au-Ag-Sn-Sb-Ge-REE 矿带（Ⅳ9）。包括大寨、中寨 2 个矿段（图 9-3）。

（1）地层

区内出露地层简单，主要为新近系中新统邦卖组（N_1b）。根据岩性组合、岩相变化、沉积旋回、古植物组合，将其划分为 8 层，矿区主要出露 1~6 层。

N_1b^1：为一套山麓相沉积的花岗碎屑岩。由基底混合岩长期风化、剥蚀，经洪积、冲积、坡积等形成，与下伏基底花岗岩为沉积不整合接触。

N_1b^2：为一套河流相，泥炭沼泽相含煤建造，是盆地的第一聚煤期，也是铀、锗的主要含矿层位。主要由砂岩、含碳砂岩、粘土岩及煤层组成，中深部相变为含砾粗砂岩、中细砾岩。该层东翼出露厚，煤层不发育；西翼厚度薄煤层发育。在大、中寨矿床见煤 8~14 层，其中可采煤 12 层，煤层分叉现象明显，顶部含 1~3 层泥灰岩或燧石层。本层产植物化石，具水平层理，在其上部细砂岩和粉砂岩中见斜层理和交错层理，与下伏岩层为整合接触，厚度 19~364 m。

N_1b^3：主要为河流相沉积，为浅灰、褐黄色复成分中细砂砾岩。大寨矿段中深部夹细砂岩、粉砂岩、粗砂岩及 2~3 层薄煤层（线），可采煤 1 层。与下伏岩层为整合接触，厚度 0~95 m。

N_1b^4：褐黄色、浅灰色细砂岩、粉砂岩、粗砂岩夹煤层（线），局部地段有发育不等的多层细砾

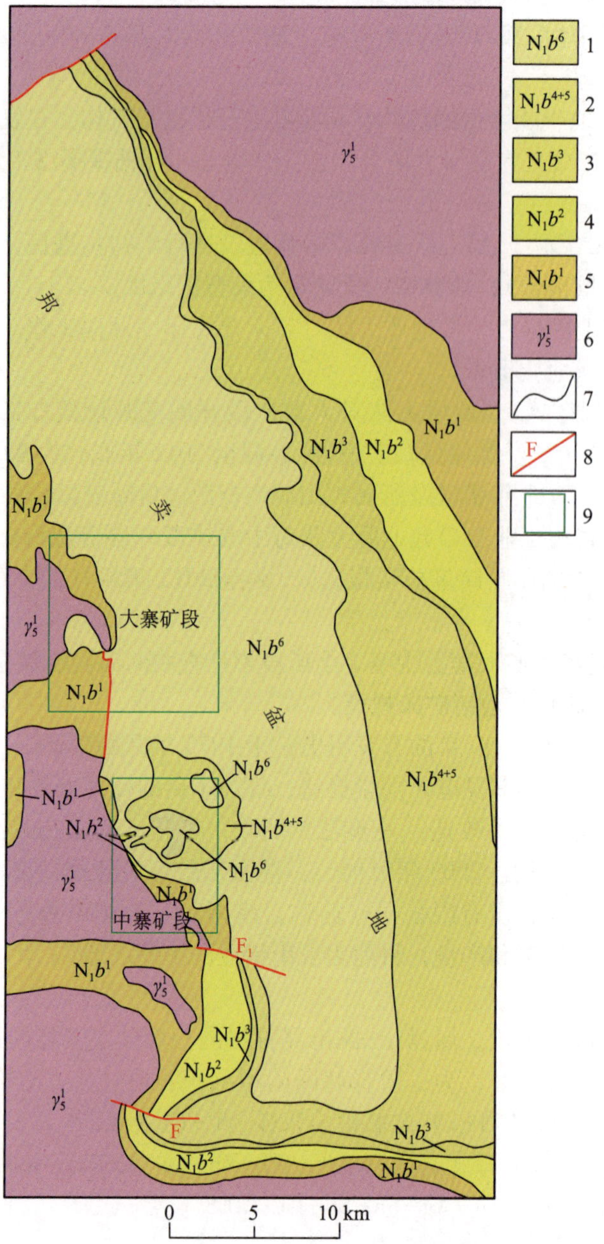

图 9-3 临翔区邦卖锗煤矿区地质简图

（据云南省核工业二〇九地质大队，2015，有修改）

1—中新统邦卖组第 6 层；2—中新统邦卖组第 4~5 层；3—中新统邦卖组第 3 层；4—中新统邦卖组第 2 层；5—中新统邦卖组第 1 层；6—中粗粒白云母花岗岩；7—地质界线；8—断层；9—矿段范围

岩和不规则砾岩透镜体。该层为第二含煤段，煤层分布较广，厚度较大，层数多，在大寨、中寨矿段见煤 6~17 层，大寨矿段见可采煤 16 层。产植物化石，为一套河流相、泥炭沼泽相、湖泊相沉积。与下伏地层整合接触，厚度 44~263 m。

N_1b^5：浅灰、浅黄色含硅藻粉砂岩、硅藻粘土岩。硅藻土质轻，水平层理发育，产植物化石。与 N_1b^4 不易区分，故并为 N_1b^{4+5} 层。

N_1b^6：褐黄、浅灰色粗中砾岩和浅灰白色细砂岩、粉砂岩夹不稳定煤层（线）组成的韵律层。砂岩层见交错层理，属河流相、泥炭沼泽相沉积，为新近系主要聚煤层，在大寨矿段见 8 层煤，其中可采煤 7 层。与下伏岩层整合接触，厚度 11~34.6 m。

（2）岩浆岩

邦卖矿区基底为花岗岩，属印支期临沧花岗岩基的中段西侧，岩性主要为黑云母二长花岗岩，是以壳源沉积物质为源岩，经熔融、结晶而成的S型（壳型）花岗岩，属原地、准原地花岗岩化的产物。矿区东部及东南部为中粗粒黑云母花岗岩、中粗粒变斑状黑云二长花岗岩，副矿物以钛铁矿、褐帘石、锆石为主，见晶质铀矿；Ge丰度为2.2×10^{-6}，是酸性岩浆岩克拉克值（1.4×10^{-6}）的1.6倍。矿区西侧及东北部，即大寨、中寨矿段的基底，为中粗粒白云母二长花岗岩和二云二长花岗岩，副矿物主要为磁铁矿、独居石、锆石，Ge的丰度为3.4×10^{-6}，是酸性岩浆岩克拉克值的2.4倍。

黑云母花岗岩和二（白）云母花岗岩共有的富集元素有：W、Co、Mo、As、Sn、Sb、Bi。这些元素在二（白）云母花岗岩中的富集程度多高于黑云母花岗岩，尤其是W、As、Sn、Bi、Ge更为突出；共有的亏损元素有Be、Ba、In，说明具有较多的相似性，同时也有各自的特殊性，如B、Cd、Tl等元素，在二（白）云母花岗岩中为富集元素，在黑云母花岗岩中却为亏损元素；在黑云母花岗岩中稍有富集的Y，在二（白）云母花岗岩中却为亏损。说明其既有共性又有个性。共性反映同源性，个性反映了在演变中的发展。

（3）构造

邦卖矿区为一阶梯状断陷型沉积盆地，盆地西侧的盆缘断裂和基底同沉积断裂控制着盆地地层的发育和发展。

褶皱构造简单，主要由邦卖向斜、上寨向斜组成，均为不对称长圆形短轴向斜。其中邦卖向斜长5.7 km，宽度0.2~2 km，轴向312°~338°，轴面东倾。两翼岩层倾角25°~45°，在向斜轴部倾角变缓，为11°~36°；西翼中深部岩层倾角变陡。上寨向斜宽0.7 km，轴向10°~340°，东翼岩层倾角20°~36°，西翼被盆缘断裂所断失。

断裂构造发育，主要有北西—北北西向、北东向、东西向3组。其中北西—北北西向组断裂最为发育，为矿区的主干断裂，在基底和盖层中均有显示，为主要控盆构造。具有同沉积断裂性质，控制了盆地的发生和发展，构成盆地阶梯状断裂组。断裂性质为正断层，倾向北东，倾角陡。北东向组断裂主要发育于基底，F_4也为盆缘断裂，控制着盆地北部边界。东西向组断裂在基底和盖层中均有显示，主要为线性影像构造。北西—北北西向主干断裂组与东西向组构成了盆地多个次级菱形断块构造格局和盆地地貌景观。

除上述三组断裂外，盆地基底存在着隐伏同沉积断裂组，主要表现为盆地西翼由西至东沉降幅度逐渐加大，沉积厚度相应加大，岩层沿倾向呈楔状随深度增大而增厚，也表现在向隆起带（缺失）逐层超覆。浅部煤层主要为单层薄煤，中深部形成厚煤层，再向深部分叉尖灭。隐伏同沉积断裂活动始于盆地的形成初期，长期继承性差异活动，直至N_1b^{4+5}之后作用逐渐消失。

2. 矿体地质特征

邦卖矿床大寨矿段目前已圈定锗矿体135个，78个工业矿体中，有大型锗矿体1个，中型锗矿体5个，小型矿体72个。GMⅡ$_1^1$矿体是最主要矿体，其储量占矿床总储量的79.9%。锗矿体形态受煤层和碳质层控制，产状与煤层产状一致，以层状为主，次为似层状；矿体组合呈帚状，浅部倾角0°~25°，中深部60°~75°，深部小于45°，倾向上呈反“S”形（图9-4）。矿体在盆地部分地段出露地表，向北埋深加大，最大埋深402 m；矿体分叉明显，最多可分为8个分支，各分支矿体最大埋深在196~366 m。其他主要矿体特征详见表9-18。

矿体（煤层）受控盆、基底同沉积断裂的影响，断裂两侧沉积厚度、地层、煤层倾角、岩相、含矿性（品位、厚度）等方面均有明显的差异，并使含锗煤层沿倾向及走向分为4个带：锗薄煤带、富锗厚煤带、锗煤分叉带和锗煤尖灭带。锗矿体在N_1b^1-N_1b^6层位中均有分布，但工业矿体主要赋存于N_1b^2-N_1b^1层位中，分别占矿床总资源储量的97.05%和2.81%，其他仅占0.41%。N_1b^2层位中的锗矿体主要分布于该地层的下部，N_1b^1层位中的锗矿体主要分布在该层的上部或顶部，其他层位中

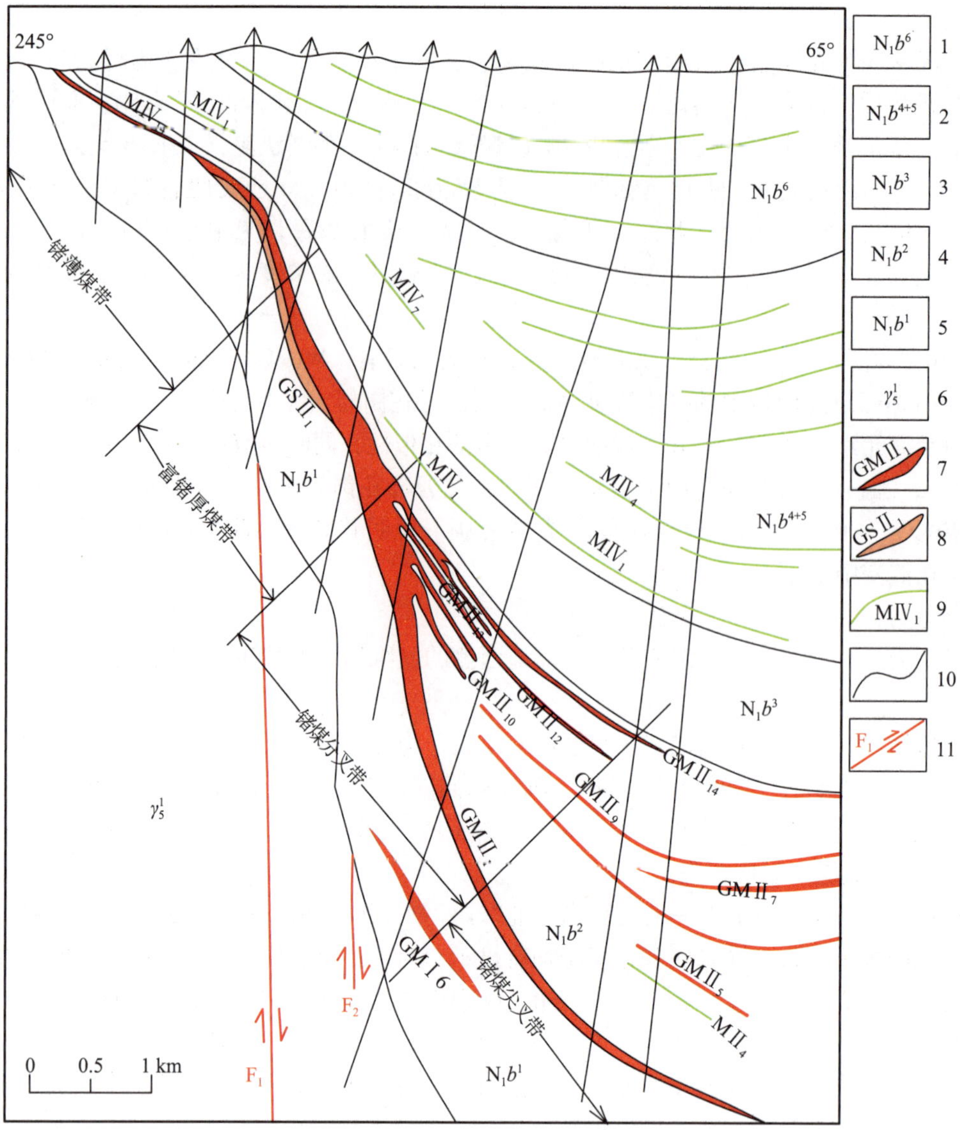

图 9-4　临翔区邦卖锗煤矿床大寨矿段地质剖面图

（据云南省核工业二〇九地质大队，2013）

1—中新统邦卖组第 6 层；2—中新统第 4～5 层；3—中新统邦卖组第 3 层；4—中新统邦卖组第 2 层；5—中新统邦卖组第 1 层；6—中粗粒白云母或二云母混合花岗岩；7—锗煤矿体及编号；8—锗砂岩矿体及编号；9—无锗煤矿体及编号；10—地质界线；11—推测同沉积断裂

的锗矿体多分布在地层超覆靠盆缘及基底部位。煤层一般即是锗矿层，锗矿体形态、产状与煤层一致。N_1b^2 中各煤分层自下至上锗矿化逐渐变弱，在各煤分层（包括主煤层 GM II_1^1）中一般也是下部富，上部贫，个别地段煤层上部达不到工业指标成为无矿煤。在同一煤层中，锗品位由底板到顶板由富变贫。以富锗厚煤带为中心向两侧品位逐渐降低。GM II_1^1 的富锗厚煤带的锗品位与厚度有同步增减的趋势。锗砂岩型矿体分布在 N_1b^1 顶部，紧靠 GM II_1^1 矿体的底板，为不同矿石类型的同一矿体。其特征是含不等量的碳质，常夹富锗薄煤层（线）。其产状与地层、煤产状一致。

中寨矿段目前共圈定工业锗矿体 42 个。其中，中型锗矿体 1 个（GM II_1）、小型矿体 41 个。锗矿体形态受含煤岩层和碳质层的控制，锗矿体产状与含煤岩层产状基本一致，以层状为主，次为似层状、透镜状，浅部主要为单层状，中深部锗矿体有膨胀、分叉，呈帚状产出（图 9-5）。矿体走向 305°～335°，倾向北东，倾角变化大，浅部较缓，中深部变陡约 45°，深部又变缓小于 45°，呈反“S”形。

表 9-18　临翔区邦卖锗煤矿床大寨矿段主要矿体特征表

顺序号		1	2	3	4	5	6	7	8
矿体号		$\mathrm{GM\,II}_1^1$	$\mathrm{GS\,II}_1^1$	$\mathrm{GM\,II}_6^1$	$\mathrm{GM\,II}_9^1$	$\mathrm{GM\,II}_{14}^1$	$\mathrm{GM\,II}_8^4$	$\mathrm{GM\,II}_{12}^1$	$\mathrm{GM\,II}_4^1$
矿石类型		褐煤	砂岩	褐煤	褐煤	褐煤	砂岩	褐煤	褐煤
规模	走向长/m	472	206	219	202	273	70	151	75
	倾向长/m	394~784	54~171	147	65~158	50	38~165	35~125	92~204
	平均品位/%	0.0522	0.423	0.0333	0.0442	0.0109	0.0582	0.0389	0.0295
	平均厚度/m	3.58	1.71	1.85	1.37	2.77	1.2	1.16	1.61
产状	倾向/(°)	70	72	60	64	70	76	73	80
	倾角/(°)	52	56	59	50	44	63	56	54
形态		层状							

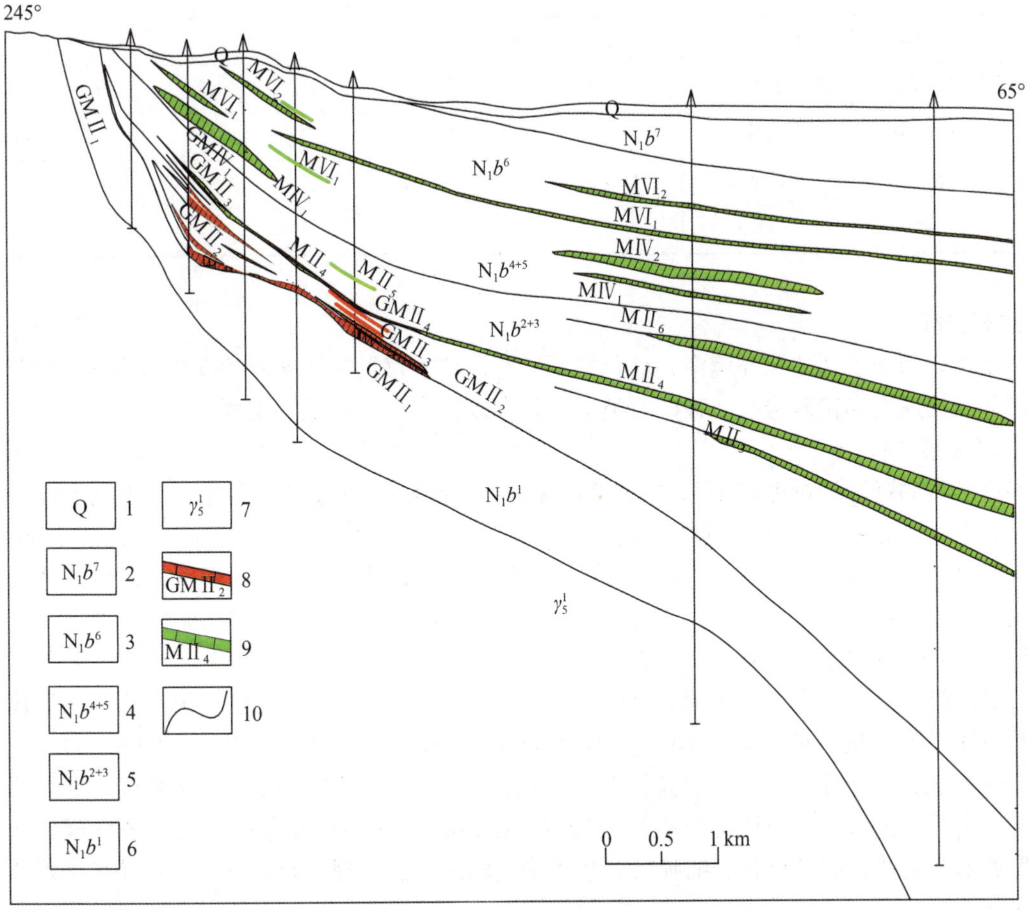

图 9-5　中寨矿段地质剖面图

（据云南省核工业二〇九地质大队，2015）

1—第四系；2—中新统邦卖组第 7 层；3—中新统邦卖组第 6 层；4—中新统第 4~5 层；5—中新统邦卖组第 2~3 层；6—中新统邦卖组第 1 层；7—印支期白云母或二云母混合花岗岩；8—锗煤矿体及编号；9—无锗煤层编号；10—地质界线

$\mathrm{GM\,II}_1$ 锗矿层：由 2 个矿体构成的大型矿层，资源储量占矿段总量的 60.6%。分布于 N_1b^2 层位的底部煤层中，矿石类型为锗煤型。矿层赋存高程 1480~1732 m，最大埋深 194 m。较大的矿体走向长 646 m，倾向长 361 m，呈单层状，为偶夹碳质粘土岩及含碳砂岩透镜体。矿层产状平缓，倾角 2°~45°；厚度 0.18~11.68 m，平均 2.546 m；平均品位 0.0845%，最高品位 0.3113%。$\mathrm{GM\,II}_1$ 锗矿层品位最富，往上各矿层品位有渐次降低的趋势。

锗矿体主要分布在N_1b^2层位中，有可采锗煤9层（GMⅡ$_1$—GMⅡ$_9$）；在N_1b^3、N_1b^{4+5}，层位中也有3层可采锗煤矿体（GMⅢ$_2$、GMⅣ$_2$、GMⅣ$_4$）。锗矿化除在煤层中形成矿体以外，在煤层顶底板的碳质或含碳质的各粒级砂岩（以细砂岩、粉砂岩为主）、粘土岩、少量花岗碎屑岩、燧石岩中也有锗矿（体）化存在。在锗煤矿层的含碳和碳质夹矸中，也有锗矿化存在。砂岩中的矿体一般厚度较小（<0.7 m），最大特征是含碳，锗主要赋存于碳质、有机质或有机质粘土复合体中，无机组分中不含锗。

中寨矿段主要锗煤矿层（矿体）特征详见表9-19。

表9-19　临翔区邦卖锗煤矿床中寨矿段主要锗煤矿层特征

锗煤层号	长度/m	宽度/m	平均厚度/m	平均品位/($g \cdot t^{-1}$)	平均倾角/(°)	最小~最大埋深/m
GMⅡ$_1$	65~330	70~290	2.54	845	31	0~194
GMⅡ$_2$	60~500	40~120	1.47	182	23	93~223
GMⅡ$_3$	60~120	150~180	1.40	126	31	82~210
GMⅡ$_4$	32~104	150~170	1.23	168	29	64~217
GMⅡ$_5$	20~80	20~80	1.16	134	34	25~165
GMⅡ$_6$	40~290	30~80	1.18	330	32	21~185
GMⅣ$_1$	30~60	26~32	0.98	298	36	13~72
GMⅣ$_2$	65	32		265	30	12

3. 矿石特征

邦卖锗煤矿床处于强还原环境中，氧化带不发育，地表仅见数厘米厚的煤华。根据含锗母岩不同岩性，可分为锗煤型和锗砂岩型2种矿石类型，其中以锗煤型矿石最为重要。

（1）锗煤型矿石

锗煤型矿石的资源储量占矿床总量的90%以上。含锗岩石为低变质褐煤。以半亮型煤、半暗型煤为主，其次为光亮型煤和全暗型煤，不同煤岩类型在同一煤层中变化不大。矿石相对密度1.65，黑色、褐黑色、条痕深棕色，沥青-暗淡光泽，贝壳状、不平坦状断口，线理状，条带状及似均一状结构，块状、碎块状、粉末状构造。原生节理发育，性脆，易破碎。易燃，火力不大，火焰长，有烟，燃烧时没有熔融现象，不粘结，不膨胀。

矿石显微组分以镜煤为主，含少量半镜质组，一般含量68%~80%。镜质组主要为均质体，次为不均匀基质体。碳含量一般2%~10%，少数达18%~30%。煤中矿物杂质一般3%~11%，个别达40%，以粘土和石英岩屑为主，少量黄铁矿、赤铁矿，并少见或偶见长石、方解石、重晶石、白云母、石膏、锆石，独居石等。粘土矿物呈条带状、透镜状及混染状分布；黄铁矿多呈草莓状、浸染状、圆形放射薄层状、结晶粒状、细脉状、结核状，多沿煤层层理、裂隙分布，黄铁矿的形成具有多源性和多期性。

锗煤型矿石以中灰-富灰分为主，部分为低灰煤。锗煤层中煤灰成分含量变化较大，下部煤灰分有增高的趋势。煤灰成分中，Fe_2O_3、CaO、MgO、SO_3、TiO_2含量较低，$SiO_2+Al_2O_3$含量较高，灰成分指数（$Fe_2O_3+CaO+MgO/SiO_2+Al_2O_3$）较低，为0.12。含锗煤灰成分指数大于无锗煤，表明含锗煤的还原性较无锗煤要强。含锗煤多属低硫煤-中硫煤，个别为富硫煤，硫以硫化物硫为主（主要为黄铁矿硫），有机硫次之，硫酸盐硫微量。含锗煤多属特低磷煤，部分为中磷煤。煤的熔灰点为72℃，属高熔灰分；煤的着火点较低，为258℃，发热量为20.85~30.16 MJ/kg。

不同层位煤层镜质组平均最大反射率在0.444%~0.541%之间，N_1b^2下部的主要锗煤矿层，平均为0.524%，表明其主要属褐煤-长焰煤类。由上而下（$N_1b^6 \rightarrow N_1b^1$），镜质组反射率有增高趋势，$N_1b^2$下部主矿层镜质组反射率增高地段，正是基底同沉积断裂和硅化泥灰岩，燧石层发育部位。说明主矿层镜质组最大反射率的增高，主要与断裂作用及附近热水活动有关。

锗煤矿石中，除铀具有工业价值外，普遍高于克拉克值的元素有 Be、W、Mo、As、Sn、Sb、Bi 等，其中 W、Bi 平均含量达 0.0421%、0.0236%，接近综合利用品位。光谱分析 Ga 平均含量为 0.0103%。

（2）锗砂岩型矿石

含锗岩石为含锗含碳、碳质粉砂岩、粘土岩、粗砂岩及花岗碎屑岩。锗砂岩型矿石常夹线理状、条带状薄煤层、煤线和碳质碎片。煤岩成分有镜煤、亮煤及暗煤。有机质（碳质）一般含量百分之几至百分之十几，无机质含量 50%~95%；有粘土质矿物（高岭石、水云母）、石英、长石，极少量白云母。副矿物有锆石、独居石、钛铁矿、赤铁矿、黄铁矿等。

锗砂岩型矿石锗组分主要含在有机质、碳质及有机质复合体中，而石英长石几乎不含锗。锗砂岩型矿石锗含量一般为 0.01%~0.05%，单个样品锗含量最高达 0.265%。除 Bi、Nb、Sc、Co、Y 等元素高于锗煤岩型矿石外；其他元素均低于锗煤型。

4. 锗矿化特征

邦卖锗煤矿床的锗游离吸附存在于煤中，呈锗的腐殖酸盐存在于煤有机质中以及呈硅酸盐、锗酸盐存在于矿物质中（汪毓煌，1992）。煤中锗大部分与有机质形成牢固的化学结合为主（70%~80%），形成腐殖酸锗络合物及锗有机化合物，未发现锗独立矿物；部分锗呈吸附状态（20%）。除煤中有机质（腐殖酸等）吸附外，粘土矿物褐铁矿等也吸附部分锗；极少数锗可能以类质同象状态存在于硅酸盐矿物晶格中。

含锗煤腐殖酸、沥青化学提取和逐级化学提取试验结果表明，煤中锗绝大部分与腐殖酸有关，腐殖酸吸附锗与介质条件和腐殖酸性状有关。大部分锗为腐殖酸结合态，占 47%~60%，与其他有机质结合态占总量的 73%~83%，呈吸附态的锗占 20%左右，极少量锗（<1%）在煤中呈类质同象存在。电子探针测试结果表明，煤岩凝胶化组分中锗含量都较高，而镜煤中的锗含量普遍高于凝胶化基质中含量 1.7~4 倍，平均高 2.4 倍（表 9-20）；煤中未发现锗的独立矿物。

表 9-20　煤岩凝胶化组分中锗含量统计表

样品号	样品数	镜煤		凝胶化基质	
		两极值/%	均值/%	两极值/%	均值/%
35	5	0.18~0.47	0.28	0.04~0.08	0.07
64	4	0.08~0.21	0.16	0.06~0.16	0.10
31	3	0.18~0.65	0.35	0.11~0.34	0.21
44	2	0.08~0.22	0.20	0.05~0.07	0.06
18	2	0.16	0.16	0.05	0.05
合计		0.08~0.65	0.24	0.04~0.34	0.01

锗砂岩矿石中的锗主要集中在煤、碳质等有机质中，而矿石中细-巨粒砂和砾石中，含锗甚微。粘土矿物具较强的离子交换能力，能吸附有机质和金属离子，相互作用形成有机质粘土复合体，对锗的富集和保存起一定的积极作用。

据胡瑞忠等（1996，1997）、戚华文等（2002）研究成果，锗主要富集于含有热水沉积的硅质岩和含碳硅质灰岩的 N_1b^2 层中，层状硅质岩锗含量 5.552×10^{-6}~355.752×10^{-6}，平均 78.374×10^{-6}；薄层含碳硅质灰岩锗含量为 40.488×10^{-6}~93.784×10^{-6}，平均 66.698×10^{-6}，分别是地壳克拉值的 49 和 41 倍。在中寨矿段，硅质岩作为锗矿体的顶板或夹层，在空间上与锗矿体紧密接触，靠近硅质岩附近的煤中，锗含量急剧升高。含锗煤明显富集 Ge、Nb，Li、Sb、W、Bi、U 等微量元素也相对富集，Nb 可作为锗矿化的指示元素。

5. 矿床成因

前人对邦卖锗煤矿床的成因开展过大量的研究工作，对于锗来源于二云母（白云母）花岗岩已取得比较一致的共识，但对成矿过程却有较大争议，主要有成煤植物吸收富集（张淑苓等，1987）、二云母花岗岩风化带入（庄汉平等，1998；卢家烂等，2000）、热水活动带入（胡瑞忠等，1996，1997；戚华文等，2002）三种观点。从锗矿化特征和富集规律来看，邦卖锗煤矿属多渠道供源、多阶段成矿的热水沉积-改造矿床，经过成煤植物和花岗碎屑岩预富集、泥炭沉积富积、褐煤成岩富集和热水改造富集等阶段而形成。锗主要是由成煤期形成热水沉积硅质岩（燧石）和硅质灰岩的热水带入，在水岩相互作用过程中，锗因其亲有机性被富集在煤中。

（二）临沧市临翔区勐托锗煤矿床（韭菜坝矿段、文强矿段）❶

勐托锗煤矿行政区划属于临沧市临翔区博尚镇勐托村管辖，位于临沧市区 250 方向，平距约 11.2 km 处；矿区地理坐标：东经 99°59′01″~99°59′39″，北纬 23°49′13″~23°50′51″。

最早在勐托盆地开展找矿工作的是核工业（原二机部）系统的地质队，20 世纪 70 年代末至 80 年代初，地矿系统区调队在完成 1∶20 万景谷幅的过程中，发现锗煤矿化信息。

2012 年，临沧韭菜坝煤业有限责任公司委托云南省核工业二〇九地质大队对韭菜坝煤矿资源储量进行核实，并于 2013 年提交了《云南省临沧市临翔区韭菜坝煤（锗）矿资源储量核实报告》，截至 2012 年 8 月，韭菜坝锗煤矿累计查明 333 类以上锗资源量 198.44 t。

2012 年，文强煤矿委托云南省核工业二〇九地质大队对文强锗煤矿资源储量进行核实，并于 2013 年提交了《云南省临沧市临翔区文强煤矿资源储量核实报告》，截至 2012 年 8 月，文强锗煤矿累计查明 333 类以上锗资源量 58.65 t。

截至 2017 年底，勐托锗煤矿床（含韭菜坝、文强锗煤矿）累计查明锗资源储量 257.09 t，达大型锗矿床规模。其中，列入《云南省 2017 年矿区及所属矿山矿产资源储量简表》中的资源储量 157 t，未上表资源储量 100.09 t。

韭菜坝煤矿为临沧韭菜坝煤业有限责任公司下属的一小型私营煤矿山，建于 2003 年。矿山开采的煤层为含锗煤、无锗煤两种，锗品位达到工业指标的原煤，采出后直接冶炼，提炼后生产出高纯二氧化锗，火法直收率为 70%，湿法直收率（氯化蒸馏）82%，高纯提纯加工直收率 78%；锗品位低的原煤，采出后直接外销。

文强锗煤矿建于 2003 年，年产煤 4×10^4~5×10^4 t。M_1 无锗煤以原煤出售，或作冶炼锗煤的底火煤自用。M3 锗煤由已建的小土炉焙烧，从烟尘中回收锗。经水冶、最终产品为二氧化锗。无锗煤主要销售给糖厂、纸厂、茶厂、砖厂作燃料用，文强煤矿原矿石（煤炭）一般锗品位为 200 g/t，2008 年度布袋尘富集倍数为 169 倍，烟尘品位达 57100 g/t，火法直收率为 69%，炉渣锗品位 45 g/t。

1. 矿区地质特征

勐托矿区位于勐托盆地北部，其大地构造分区属羌塘-“三江”造山系（Ⅶ）、崇山-临沧地块（Ⅶ-7）之临沧岩浆弧（P-T）（Ⅶ-7-2）；成矿区带属“三江”（造山带）成矿省（Ⅱ2）之临沧-勐海（岩浆弧）Fe-Pb-Zn-Ag-Au-Sn-Ge-REE 成矿带（Ⅲ4）之临沧-勐海（岩浆弧）Fe-Pb-Zn-Au-Ag-Sn-Sb-Ge-REE 矿带（Ⅳ9）。包括韭菜坝、文强 2 个矿段。

（1）地层

区内出露地层主要为新近系（N_1）碎屑岩及含煤碎屑岩建造，不整合于基底花岗岩之上（图 9-6）。根据岩性组合、沉积韵律、含煤性等可划分上下两组，即上部碎屑岩组（N_1^2）和下部含煤碎屑岩组（N_1^1）。

含煤碎屑岩组（N_1^1）含铀、锗、煤、硅藻土矿，可细分为 5 层。由下至上分述如下：

❶ 主要资料来源：云南省核工业二〇九地质大队，2013b，云南省临沧市临翔区文强煤矿资源储量核实报告；2013c，云南省临沧市临翔区韭菜坝煤（锗）矿资源储量核实报告。

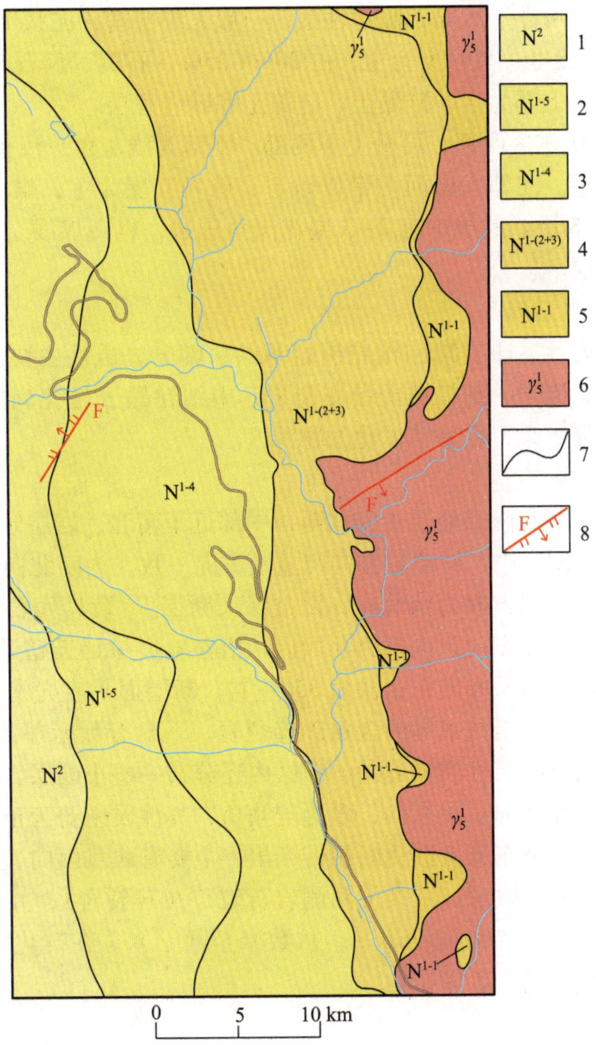

图 9-6 临翔区勐托锗煤矿区地质简图

（据云南省核工业二〇九地质大队，2013）

1—新近系上部；2—新近系下部第 5 层；3—新近系下部第 4 层；4—新近系下部第 2~3 层；5—新近系第 1 层；6—中粗粒黑云母二长花岗岩；7—地质界线；8—正断层及编号

N_1^{1-2} 砂岩夹煤层：呈灰白色、浅褐黄色，主要为粗中粒砂岩，局部有细砂岩、粘土岩，厚度 0~35 m。矿物成分由长石、石英、云母等组成，粘土质、细砂等胶结，胶结不紧密。砂岩中常夹煤层（线），层理清晰。

N_1^{1-3} 砾岩层：分布于矿区东部，厚度 28~358 m。砾岩多呈厚层状，砾石成分主要由变质岩、花岗岩、脉石英等组成，砂质、铁质胶结。砾径一般北部粗，最大可达 1 m，向南变小；下部粗，向上变小，磨圆度也是北部较差，向南变好，具河流相沉积的特点。砾岩中时夹花岗碎屑岩和砂岩、煤层透镜体。该层为盆地扩张期产物，常向东超覆于其他下部层位，甚至直接超覆于基底花岗岩之上。在盆地北部与 N_1^{1-2} 并层为 $N_1^{1-(2+3)}$，赋存有 M3 可采锗煤层。

N_1^{1-4} 砂岩夹煤层（线）：分布于矿区中部，盆地北端尖灭，厚度 0~360 m。下部为灰白色-浅黄色中粗砂岩，细、粉砂岩，粘土岩夹煤层（线）和细砾、砾岩透镜体。中部含煤层多层，煤层最厚 3~4 m，薄者为煤线。其中可采煤 2 层（M1、M2-2），煤层间一般为中粒砂岩夹粗砂岩。煤层顶板一般有 0.1~0.2 m 粘土岩。上部为灰白色，浅黄色中粗砂岩夹煤线。N_1^{1-4} 为矿区主要的含煤层位，文强煤矿的煤层即产于该层中。该层层理发育，在粘土粉砂岩中植物化石、炭化植物碎片发育。

N_1^{1-5} 硅藻土层：分布于矿区中部，一般厚度 0~210 m。硅藻土层分布于其中部，为灰白色、浅黄色、浅褐色、灰色，质轻，可浮于水面，吸水性强，一般无细层理，泥状生物结构。镜下鉴定硅藻占50%~75%，粘土矿物以水云母、高岭土为主，占20%~25%，石英、长石占5%。下部为含粘土含砂硅藻土并夹粘土岩、砂岩；上部为含砂硅藻土、硅藻土和砂岩互层。

碎屑岩组（N_1^2）分布于矿区西部，可分上下两部。下部为浅灰色、浅黄色中-粗粒砂岩为主，夹细、粉砂岩、粘土岩、煤线。北部大田河一带以砂岩、砾岩互层为主，煤层（线）主要分布于完贤拉西尼一带，有可采煤6~8层。此层中有2~3层花岗角砾岩，也夹煤线。上部为灰白色、浅绿色花岗碎屑岩及砂岩、砾岩互层。

（2）岩浆岩

勐托矿区基底为花岗岩，属印支期临沧花岗岩基的一部分，岩性主要有粗中粒黑云母二长花岗岩、中细粒二云母、二长花岗岩、细粒黑云母花岗岩、中细粒黑云母花岗闪长岩、碎裂斜长花岗岩等。其特征基本同邦卖锗煤矿床，也是锗矿化的物源区。

（3）构造

矿区总体为一单斜，北部和南部地层走向北西，中部近于南北，岩层倾角为10°~25°。局部地区褶曲较发育，分布于N_1^{1-4}、N_1^{1-5}中，褶曲轴方向与盆地方向一致，为南北向、北西向，轴长1~5 km。

构造以断裂为主，主构造线方向为南北向，以盆缘大断层F_1最具代表性，出露于矿区西部，主体呈南北向延伸，北部转为北北东向，南部为北西向，沿盆地边缘延长超过20 km，与西部硅化断裂带控制着盆地的形成和发展。断层倾向东，倾角35°左右，断层面平直光滑，有几十厘米厚的褐色断层泥和灰色糜棱岩，上盘有1 m至数米厚的含角砾碎裂岩，下盘有数米厚的角砾岩和数10 m厚的花岗碎裂岩、碎裂花岗岩，属正断层性质。此外，矿区内还分布一些小断层，错距一般几厘米至几十厘米，部分错距数米，主要为北西向、北东向，多为陡倾角，其性质主要为正断层，其次为逆断层以及平推断层。在盆地西部、北部及东部有硅化断裂带产出，主要有北北西向、北东向两组。硅化断裂带为中等倾角—陡倾角，厚1 m至数米，断裂带两侧岩石破碎（碎裂岩），并伴有硅化、绢云母化、绿泥石化等蚀变和脉石英穿插，破碎带宽度不一，从数米至数十米。在硅化断裂带及其附近有铀的矿化，并伴有辉锑矿、方铅矿、闪锌矿等矿化。

2. 矿体地质特征

勐托矿床韭菜坝矿段的锗煤层主要分布于$N_1^{1-(2+3)}$的上、中及下部三个煤组。M3、M4锗煤层分布在$N_1^{1-(2+3)}$的中部煤组（图9-7），上部煤组也有零星含锗煤层分布。其中M3含锗煤层发育较好，为全区可采含锗煤层。M4含锗煤层为M3含锗煤层之分支，两者层间距一般10 m左右，在3号勘探线南25 m合并为一层。

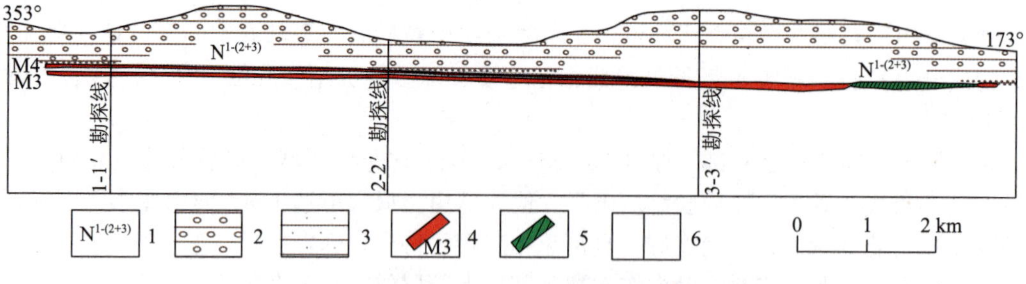

图9-7 临翔区勐托锗煤矿床韭菜坝勘探线纵剖面图

（据云南省核工业二〇九地质大队，2013）

1—新近系下部含煤碎屑岩组；2—砾岩；3—砂岩；4—含锗煤层及编号；5—采空区；6—勘探线

M3、M4含锗煤层为层状、似层状、透镜状，缓倾角12°~18°，断续长度440~880 m，宽度75~440 m。含锗煤层一般厚度0.7~1.0 m，最大厚度2.23 m。M3含锗煤层总体厚度变化不大，中东部以东厚度较厚，往北有变薄的趋势；M4含锗煤层北部较厚，往南有变薄的趋势。含锗煤层Ge含量0.0071%~0.1852%，平均0.0583%，锗组分属均匀-较均匀。M3含锗煤层品位总体变化不大，中部品位较富，往南、北西有变贫的趋势；M4 含锗煤层品位变化不大，往南有变贫的趋势。矿区含锗煤层为产状平缓的单斜构造，断裂构造不发育，但含锗煤层中多见河流相砾岩、砂岩原生及后生对煤层的冲蚀作用，见煤层膨胀收缩，尖灭再现现象。含锗煤层特征详见表 9-21。含锗煤层为复结构煤层，常含 1 m 至数层夹矸，夹矸厚 n~40 cm，主要为粘土岩、粘土质粉砂岩、细砂岩，呈较稳定的层状和不规则透镜状。

文强矿段锗煤层主要分布于 N_1^{1-4} 层底部的 M2-2 煤层和 $N_1^{1-(2+3)}$ 层顶部的 M3 煤层中。

M2-2 锗煤层沿走向、倾向均不连续，矿体为透镜状，矿体总体倾向南西，倾角 8°~19°。锗煤层厚度 0.11~4.40 m，平均 2.36 m；锗含量最低 0.0218%，最高 0.0285%，平均 0.0242%。

M3 锗煤层总体倾向西，倾角 10°~18°，埋藏在 1940~1850 m 标高，最大垂深超过 90 m。锗煤层厚度 0.50~4.60 m，平均 1.83 m；锗含量最低 0.0106%，最高 0.09115%，平均 0.0306%。

表 9-21　临翔区勐托锗煤矿床韭菜坝煤矿含锗煤层特征表

<table>
<tr><th rowspan="2">锗煤层编号</th><th rowspan="2">控制点数</th><th rowspan="2">可采点数</th><th colspan="2">矿体规模</th><th colspan="2">顶底板岩性</th><th rowspan="2">层间距/m</th><th rowspan="2">夹矸发育程度</th><th>最大埋深(m)</th><th>矿体厚度/m</th><th rowspan="2">厚度变化系数/%</th><th rowspan="2">品位变化系数/%</th><th>锗含量/%</th></tr>
<tr><th>长度/m</th><th>宽度/m</th><th>顶板</th><th>底板</th><th>最低标高(m)</th><th>最小~最大
平均</th><th>最低~最高
平均</th></tr>
<tr><td>M3</td><td>55</td><td>48</td><td>断续长 880</td><td>140~440</td><td>砂岩、含砾砂岩、中砾岩</td><td>粘土岩、细砂岩、花岗碎屑岩</td><td rowspan="2">0~10</td><td>较发育</td><td>120
1840</td><td>1.40~2.77
0.95</td><td>37</td><td>57</td><td>0.0071~0.1852
0.0595</td></tr>
<tr><td>M4</td><td>14</td><td>8</td><td>250</td><td>75~120</td><td>中砾岩、细-中砂岩</td><td>中砾岩、粗砂岩</td><td>较发育</td><td>20
1905</td><td>1.20~2.03
1.03</td><td>65</td><td>38</td><td>0.0236~0.0898
0.0623</td></tr>
</table>

3. 矿石特征

勐托矿床含锗煤矿石以暗淡型煤为主，黑色、条痕呈黑褐色，暗淡光泽，易燃，焰较长，不融熔，不膨胀。多呈块状、不平坦状、似均匀状，局部见贝壳状断口，块状构造，煤层底部多为条带状构造；常见胶状黄铁矿沿煤层层理及裂隙面分布，次生硫酸盐发育。

矿石中矿物基显微组分总量为 66.0%~91.7%，平均 86.4%。其中腐殖组 43.7%~61.8%，平均 54.6%，以无结构腐殖体、碎屑腐殖体为主，结构腐殖体次之，无结构腐殖体以基质状与其他显微组分共生；稳定组 16.7%~28.8%，平均 24.1%，以角质体、树脂体为主，木栓质体、碎屑稳定体次之；惰质组 4.3%~6.9%，平均 5.9%，以半丝质体为主，丝质体、碎屑惰质体次之，局部可见菌类体，半丝质体多为完整性较差的较小片状，少部分丝质体为完整性较差的较小片状。矿物总量一般为 8%~16%，个别达 34%。其中粘土矿物以团块状（2~42 μm），以细分散状、条带状、透镜状粘土为主，充填胞腔状粘土次之；硫化物矿物以黄铁矿为主，多呈莓状（3~48 μm），次为星点状，微粒状，普遍分布于粘土基质和有机质体中；碳酸盐矿物以方解石为主，多呈脉状充填煤层裂隙和胞腔中；氧化硅矿物以石英为主，呈颗粒状零星分布。

光谱半定量分析结果显示，韭菜坝矿段锗煤矿石中含有 W、Cs、Rb 等有益组分，均达到和接近一般工业综合利用指标。W 含量 0.22%~1.56%，平均 0.25%；Cs 含量 0.028%~0.035%，平均 0.031%；Rb 含量 0.028%~0.043%，平均 0.035%。文强矿段矿石中砷含量较高，为 0.0019%~0.0023%，属三级含砷煤。

4. 矿床成因

勐托锗煤矿床（韭菜坝、文强矿段）为临沧锗煤矿田的一部分，具有相似的地质成矿条件和矿床成因。含锗煤层锗源主要来自背景值高的白云母化二长花岗岩提供，在褐煤形成过程中锗被络合、吸附，形成锗矿层。矿床类型为与褐煤同体共生的沉积型矿床。

（三）临沧市临翔区勐旺昌军锗煤矿床❶

昌军锗煤矿也称白塔井锗煤矿，其行政区划属于临沧市临翔区章驮乡勐旺村管辖，位于临沧市区北西方向，平距约 10 km 处；矿区地理坐标：东经 100°02′04″~100°02′25″，北纬 23°55′39″~23°56′12″。

1970 年，中南二〇九地质队在勐旺盆地开展勘查工作，提交了《3031 矿床储量计算报告》。

1992 年，云南省一九九煤田地质队对矿床开展补充勘探工作，提交了《云南省临沧地区邦腊煤矿腊东矿白塔井田生产补充勘探地质报告》，估算伴生锗储量 132.31 t，达中型锗矿床规模。

截至 2017 年底，勐旺昌军（白塔井）锗煤矿床在《云南省 2017 年矿区及所属矿山矿产资源储量简表》中的上表资源储量为：累计查明锗资源储量 59 t。

1. 矿区地质特征

昌军矿区位于混合花岗岩体为基底的临沧新近系“反多字”型断陷盆地群的勐旺盆地中段，盆地长轴近南北向，南部转向北西西向，呈向西略突出的弧形。其大地构造分区属羌塘-“三江”造山系（Ⅶ）、崇山-临沧地块（Ⅶ-7）之临沧岩浆弧（P-T）（Ⅶ-7-2）；成矿区带属“三江”（造山带）成矿省（Ⅱ2）之临沧-勐海（岩浆弧）Fe-Pb-Zn-Ag-Au-Sn-Ge-REE 成矿带（Ⅲ4）之临沧-勐海（岩浆弧）Fe-Pb-Zn-Au-Ag-Sn-Sb-Ge-REE 矿带（Ⅳ9）。

（1）地层

区内出露地层以新近系（N_1）为主，在河流附近及低洼处，有少量第四系（Q）冲积、洪积层分布（图 9-8）。

新近系（N_1）划分为上下两组（N_1^2、N_1^1）。上组（N_1^2 厚度为 415 m，岩性以砂、砾岩沉积旋回为特征，可进一步划分为 5 段，均为砂、砾岩互层，主要分布于盆地北部和向斜中西部，在勐旺昌军煤矿的西北部仅含有煤线。下组（N_1^1）厚度为 207 m，岩性以砾岩、细砂岩、泥质粉砂岩、泥岩夹薄煤层为特征，也称下部含煤碎屑岩组，主要可采煤层均产于此组内。按其岩性组合与含煤性特征可划分为 4 段，各段岩性组合特征如下：

N_1^{1-4}：主要分布于矿区中部，为灰白色、浅棕黄色、灰色粗粒石英长石砂岩夹细砂岩、粘土质粉砂岩、含碳粘土岩、砾岩层及砾岩透镜体。粗粒砂状结构、块状构造。主要由长石（20%~30%）、石英（45%~50%）以及少量云母组成，粘土质、云母类、绿泥石胶结。砾岩层由钙质、铁质泥质胶结，铁质结核发育。该层厚度 2~92 m，在邻区煤层、煤线较发育，矿区内有 k6、k7、k8 层煤产出。

N_1^{1-3}：分布于盆地中东部，为中砾岩层，砾径 5~7 cm。成分复杂，主要有变质岩块状石英，以及砾岩、花岗岩碎块等。砂质胶结，较松散。局部为铁质胶结，较紧。砾岩中常夹砂岩透镜体。厚度 1~30 m。

N_1^{1-2}：为砂岩和煤层，分布于各矿段，但地表局部未出露。砂岩主要是粗-巨粒长石砂岩，为灰白色、浅褐黄色、粗巨粒砂状结构，块状构造。主要成分长石（钾长石和酸性斜长石 30%~35%）、石英（30%~40%）以及少量黑云母。矿物呈次棱角状。胶结物为粘土（一般含量 15%~25%），胶结较松散。此外还有粗巨砾石英长石砂岩、细砂岩、粉砂岩、含砂粘土岩，局部有菱铁矿砂岩、钙质长石砂岩，岩性坚硬，呈透镜体产出。该层厚度 0~85 m，层中发育 1~5 层煤，其中一号煤层（K_1）产于 N_1^{1-1} 与 N_1^{1-2} 接触部位，几乎在所有矿段均有分布，煤层沿走向、倾向均较稳定，呈层状、似层状、透镜状产出。N_1^{1-1}：主要分布于矿区东部，为厚层状花岗质砂岩及花岗碎屑岩。褐黄色、青灰色，具不等粒结构，粒度一般 1~2 mm，块状构造，层理不发育。主要成分：花岗岩岩屑（30%~35%）、酸性斜长石（25%~30%）、石英（20%~25%）及少量黑云母。胶结物为粘土以及碳质、云母、绿泥石等（15%~20%），胶结紧密，矿物、岩屑多具棱角状，分布不均匀。该层厚度 0~70 m，上部含碳量增多，呈灰黑色、黑色夹不规则透镜状薄煤、煤线。

---

❶ 主要资料来源：云南省核工业二〇九地质大队，2015d，云南省临沧市临翔区昌军煤（锗）矿资源储量核实报告。

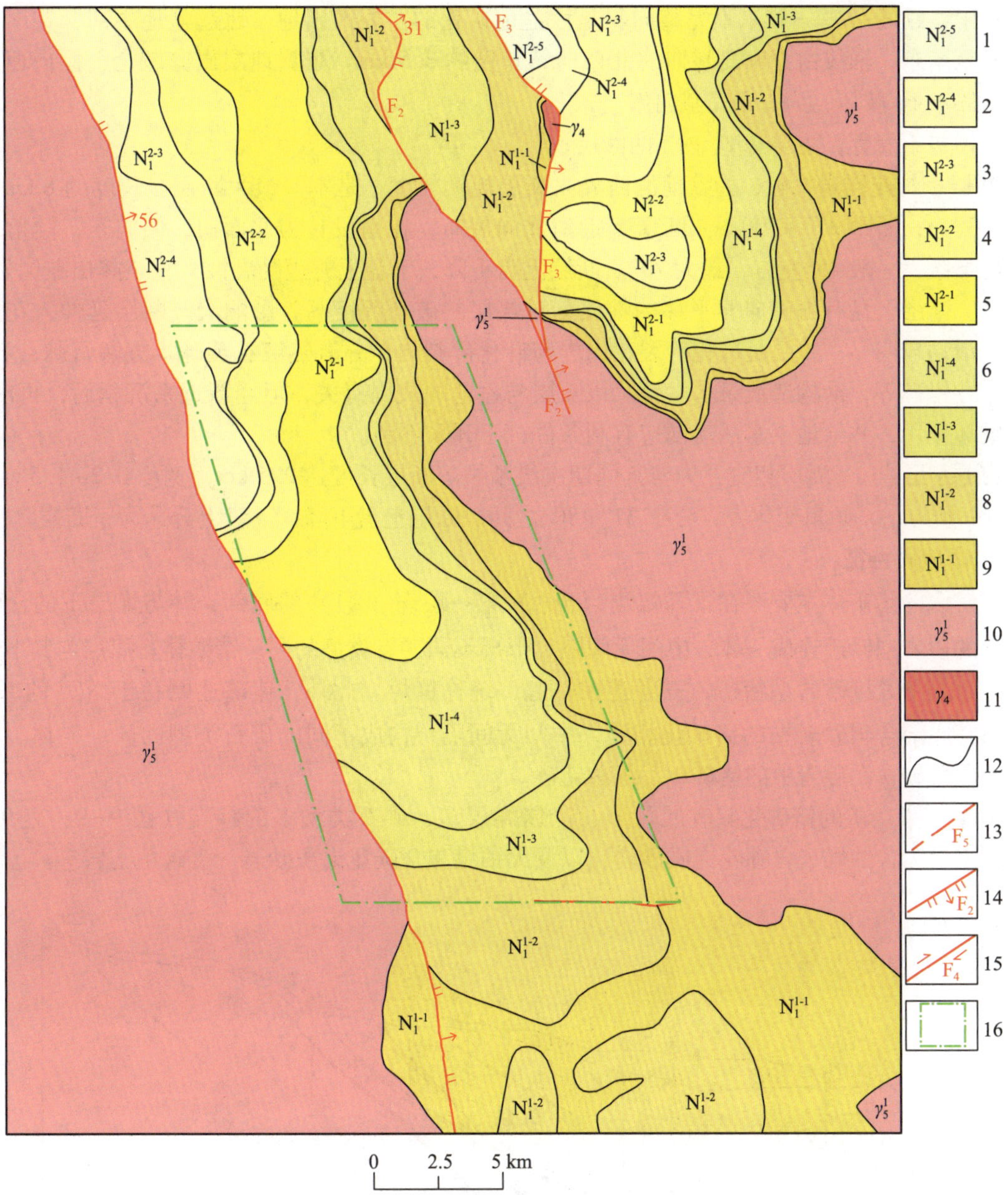

图 9-8 临翔区勐旺昌军锗煤矿区地质间图

（据云南省核工业二〇九地质大队，2015）

1—新近系上部第 5 段；2—新近系上部第 4 段；3—新近系上部第 3 段；4—新近系上部第 2 段；5—新近系上部第 1 段；6—新近系下部第 4 段；7—新近系下部第 3 段；8—新近系下部第 2 段；9—新近系下部第 1 段；10—印支期粗中粒少斑状黑云母花岗岩；11—华力西期花岗岩；12—地质界线；13—推测断层及编号；14—正断层及编号；15—平移断层及编号；16—矿区范围

（2）岩浆岩

昌军矿区基底为印支期临沧花岗岩基的一部分，为一原地至准原地花岗岩化产物，也是锗矿化物源区。其岩性为灰白色粗-中粒少斑黑云母花岗岩，风化后呈褐黄色，中粒少斑状结构，块状构造。矿物成分主要为钾长石 35%~40%、钠更长石 25%~30%、石英 25%~30%、黑云母 5%~10%等。

花岗岩中尚有印支期辉绿岩、辉绿玢岩、辉长岩（伴随铜、镍矿化）、斜长花岗岩，以及燕山期花岗斑岩、石英斑岩、英安斑岩、正长岩等产出。

（3）构造

勐旺盆地为一阶梯状断陷盆地，由新寨-东干、勐旺-昌军-腊东 2 个被断层破坏而不完整的向斜组成。其中，勐旺-昌军-腊东不完整向斜是该盆地矿化的主要产出地，北起盆地中部，花岗岩出露区南，南至腊东，轴线由近南北转向北北西向，长度约 3.5 km。东翼地层出露较全，倾向西，轴部偏西。西翼被 F_1 破坏，为一不完整向斜。

断裂构造不发育，主要有 F_1、F_2 两断层。

F_1 断层：与花岗岩接触，为盆地的西界。断层规模较大，是本区最大断层，长度约 8 km，宽度一般 10~30 m，断距 370~700 m。断层呈近南北向展布，在南段转为北西向，倾向东，倾角北陡南缓，上陡下缓，一般 45°左右，最大 70°。断层上盘下降，下盘上升遭受剥蚀，直至露出花岗岩基底，为正断层。断层上盘有由南向北平移的性质，对煤层的破坏程度高，影响大。断层延伸入花岗岩体中，热液活动较明显，主要是硅化碎裂花岗岩与硅化碎裂岩，并有热液石英脉、方解石脉、黄铁矿、黄铜矿、方铅矿等，沿构造线泉水发育。该断层与盆地的成因有关，但经新近系沉积后，再次活动，因而起破坏作用，并给地下水活动创造有利条件，于开采不利。

F_2 断层：西与 F_1 断层相交，为与其同期次级断裂。断层长度达 2.5 km，宽度 0.2~1.5 m，断距 10~20 m。倾向东，倾角变化大，介于 31°~80°之间。断层上盘下降，下盘上升，为正断层。

2. 矿体地质特征

昌军矿床的锗矿体主要产在下部煤组（N_1^{1-2}）第一层煤（K1）的底部，并与煤层下的含碳花岗碎屑岩中的砂岩型锗矿连成一体，中间无间隔，形成不同矿石类型的同一锗矿体。煤层与其下部的含锗煤重叠，其下紧接砂岩型锗矿，三者连在一起，统称锗煤。此外，锗矿还赋存于 N_1^{1-2} 的 K5 煤层中，且与其底部含碳砂岩中的锗矿化相连，中间无间隔，构成不同的矿石类型的同一矿体。在 N_1^{1-1} 中还有两层含碳含泥砂岩中的锗矿化，统称锗砂。

昌军煤（锗）矿的锗矿化具有层位多、产锗煤层多、矿石类型多的特点（图 9-9；表 9-22），含矿岩石主要为含铀煤、含铀花岗质砂岩，以及无铀煤和含碳花岗质砂岩，含碳粘土岩等。

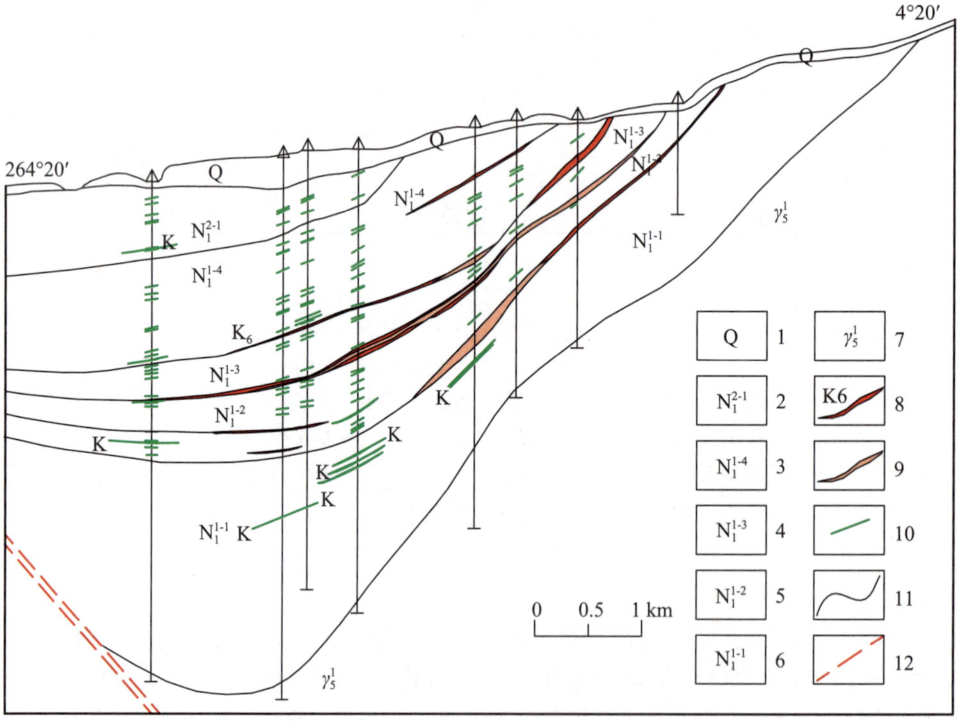

图 9-9　临翔区昌军锗煤矿床地质剖面图

（据云南省核工业二〇九地质大队，2015）

1—第四系；2—新近系上部第 1 段；3—新近系下部第 4 段；4—新近系下部第 3 段；5—新近系下部第 2 段；6—新近系下部第 1 段；7—印支期花岗岩；8—锗煤矿体及编号；9—锗砂岩矿体；10—无锗煤矿体；11—地质界线；12—推测断层

表 9-22 临翔区昌军锗煤矿床主要矿体特征表

矿石类型	矿体编号	矿体规模			锗含量/%
		走向长度/m	倾向宽度/m	厚度/m 范围（平均值）	范围（平均值）
锗煤型	K1	530	20~220	0.40~6.93（2.69）	0.004~0.086（0.027）
	K5	150	70~130	0.38~2.85（1.19）	0.002~0.046（0.013）
锗砂岩型	Sy2	80	5~80	0.67~2.12（1.26）	0.019~0.021（0.02）
	Sy3	70	67~104	0.64~5.55（2.61）	0.016~0.029（0.021）

（1）锗煤型（锗煤共生）

锗矿化赋存于长焰煤的局部地段中，一般产于煤层的下部或底部，实际包含了煤层下部的含锗煤和紧接其下的含碳锗砂层，以煤层底部最为富集，品位由下至上变低。主要有 K1、K5 两层矿，以 K1 煤层最为重要。

K1 锗煤层：分布于矿区中部，矿体产状与煤层产状一致，走向北西向，长度约 530 m，宽度 20~220 m 不等，呈似层状产出；矿体平均倾角为 43°，地表较陡（51°），向深部与向斜轴部变缓，为 0°~19°。矿体厚度最小 0.40 m，最大 6.93 m，平均 2.69 m，沿走向和倾向变化较大；Ge 含量 0.004%~0.086%，平均 0.027%，沿走向和倾向变化大。

K5 锗煤层：矿体产状与煤层产状一致，走向北西向，长度约 150 m，宽度 70~130 m 不等，呈似层状产出。矿体厚度最小 0.38 m，最大 2.85 m，平均 1.19 m，沿走向和倾向变化较大；Ge 含量 0.002%~0.046%，平均 0.013%，沿走向和倾向变化大。

（2）锗砂岩型

主要分布在 N_1^{1-1} 含碳花岗质砂岩中，产有 Sy1、Sy2、Sy3 三层矿。Sy1 紧靠 K1 煤层与其形成同一矿体而合称 K1 锗煤；Sy2 一般距 K1 煤层底板 4~7m；Sy3 距 K1 煤底板垂深 12~22 m。

Sy1 矿体：矿体形态主要为透镜状，个别为似层状，较稳定，储量大。矿体厚度一般 1~1.5 m，最小 0.37 m，最大 7.60 m；Ⅱ号矿段 Ge 含量 0.002%~0.08%，平均 0.035%；Ⅲ号矿段 Ge 含量 0.0045%~0.0455%，单样最高达 0.1176%，平均 0.0224%。

Sy2、Sy3 矿体：面积较小，分布于Ⅲ号矿段南部的 47 号线以北至 50 号线以南之间。锗矿体主要为单独产出，少数为铀锗复合矿体，但铀、锗相关性微弱。

3. 矿石特征

昌军锗煤矿床的矿石类型根据含矿岩石的不同可分为锗煤型矿石、锗砂岩型矿石 2 类。

锗煤型矿石的含矿岩石为一低变质的长焰煤，煤岩类型以半亮型、半暗型煤为主，黑褐色，沥青光泽，贝壳状断口，镜煤条带状，线理状结构，由煤层底板到顶部，往往由半暗煤变为半亮煤。显微组分以凝胶化物质为主，其次为半凝胶化物质，丝炭化物质微量，稳定组分有少量分布。凝胶化物质以凝胶化基质为主要成分，其次为镜煤，结构镜煤、木煤、木质镜煤，呈大小不等的透镜状，线理状分布。矿物杂质一般小于 5%，主要有黄铁矿、石英和长石，杂质分布广，含量较高。黄铁矿呈球状、星点状、薄膜状，有同生和后生两种。煤层从底部到顶部，矿物杂质由多变少，尤其是黄铁矿主要集中在底部。煤岩类型由煤层底板到顶部，往往由半暗煤变为半亮煤、全亮煤。铀矿物见铀黑。锗与铀在煤层中分布相似，即主要分布在煤层中下部，而以煤底部最为富积。煤层中部、中上部品位变低。

锗砂岩型矿石的含矿岩石为含碳（铀）花岗质砂岩，其中常夹煤线及薄层煤。锗矿化与碳质、有机质关系密切。含碳花岗质砂岩具碎屑状结构，块状构造，矿物成分主要有长石（30%）、石英（35%~40%），粘土质及不均匀碳质等组成。矿物碎屑呈不等粒棱角状，长石多大于 0.2 cm，小于 0.2 cm 的矿物碎屑占 40%~50%，粘土质占 5%~10%，不均匀碳质占 5%~15%，靠近 K1 煤层附近胶状黄铁矿和碳质发育。

4. 锗矿化特征

在昌军矿床，不同岩石的锗含量不同，花岗岩最低，其次为砂岩，花岗质砂岩、煤层中锗含量最高。这与花岗岩基底古地形所控制的成煤环境及地下水径流方向有关。

锗在煤层中的分布也很不均匀，锗矿化主要富集在煤层中下部，向上变薄变贫直至无矿，锗矿化中的富品级也主要集中在煤层底部，煤层底部平均品位为0.037%，比该矿体平均品位（0.02%）高出近一倍。而铀、硫化物也在煤层中下部富集。在水平方向上，由于锗矿层似透镜状产出，故接近边缘的品位低，靠近中段的品位高。

锗煤型矿石中锗含量与煤岩成分有密切关系，全暗煤→半暗煤→半亮煤→光亮煤，锗含量不断减少。特镜煤条带选出的半暗煤锗含量为0.0053%，镜煤锗含量为0.0402%。碳质砂岩中粉砂岩的锗含量为0.00089%，煤的锗含量为0.0085%。由此可见，锗的富集与镜煤、镜煤化物质有关。同时在不同地段同一煤岩类型锗含量差别也很大。

锗砂岩型矿体与锗砂岩型矿体相比，无论是品位、厚度变化系数，含矿连续性及矿体形态，都较稳定，品位高，厚度也大。含碳砂岩锗矿体，锗矿化与有机质、碳质、薄煤层关系密切。

锗的品位与厚度有同步增长的趋势，即厚度大者品位也高，反之亦然。

5. 矿床成因

从锗的富集与煤和碳质的关系密切，昌军矿床煤层中锗的背景值比其他岩层要高，镜煤中锗含量显著富集，说明在原始泥炭沼泽中吸来的锗，在泥炭层上覆岩层形成后，进入成岩阶段，渐变成腐殖煤系列，继承下来的锗，赋存在凝胶化作用产生的经压缩脱水转变成煤的凝胶化物质中，这种聚集锗的方式在该矿床中有一定的表现。但矿床锗主要富集在富水层与隔水层的交界处，即在煤层的底部和紧靠煤层底板的含碳花岗质砂岩层中，向两侧含量逐渐或显著降低，在空间分布上同受古地形所产生的水动力条件的控制，富集在古地形由陡变缓水力梯度由大变小的部位，含矿煤层距花岗岩基底较近，一般0~35 m，说明矿床锗富集主要是在煤化过程中，由煤从长期循环于其底板，具有承压性质的含锗水溶液中吸取而成。而原始植物从土壤中吸取锗的方式是极为次要的。锗来源于花岗岩尤其是花岗岩风化侵蚀堆积的“沉积风化壳”花岗碎屑岩中。

（四）其他锗煤型锗矿床（点）

除临沧新近纪含煤盆地产出的3处锗煤矿床外，在沧源芒回含煤盆地产出有大型锗煤矿床1处（芒回），芒市等吭（等嘎）含煤盆地产出有中型锗煤矿床1处（等吭）；在滇西腾冲、澜沧上允、勐滨、永平和滇中宣威、曲靖、玉溪等含煤盆地也有多处锗煤矿点产出。

1. 沧源县芒回锗煤矿

芒回锗煤矿行政区划隶属于沧源佤族自治县勐董镇芒回村管辖，位于沧源县城北东267°方向，平距约24 km处；其地理坐标为：东经99°06′34″~99°07′05″，北纬23°08′03″~23°08′54″。

1970年，云南省化工燃料局对芒回煤矿一井田（东方红矿）的伴生锗进行调查，3个全层煤样Ge含量0.00573%~0.0142%。

1970~1971年，云南省化工燃料局一四三煤田队在该区开展煤矿地质勘查工作，提交了《云南沧源县芒回矿区一井田普查地质勘探报告》，估算煤矿表内储量340.14×10^4 t，伴生有益组分锗257.7 t，达到大型锗矿床规模。矿山已对煤进行小规模开采，但尚未对伴生锗进行综合利用。

矿区含煤地层为古近系渐新统，主要可采煤层6层（1、2、3^a、5、6、7），次要煤层煤5层（1+1、3b、4、5+1、8）。煤的牌号为长焰煤（气煤），煤质总的是低灰高硫，均伴生有锗。

1号煤层：全区皆有分布，仅浅部、北半部可采，属不稳定煤层。厚度0.14~3.21 m，中夹薄矸多层（0.01~0.03 m），含夹矸1~3层，变化急剧；Ge含量0.000649%~0.00087%，平均0.00075%。

2号煤层：全区皆有分布，大部分地区可采，属比较稳定煤层。厚度0.25~1.26 m，一般为0.6 m，含夹矸1~3层，由北向南变薄分叉；Ge含量0.00068%~0.03608%，平均0.008109%。

3^a 号煤层：全区皆有分布，仅部分地区可采，属不稳定煤层。厚度 0.12~1.04 m，由北向南变薄；Ge 含量 0.00135%~0.02269%，平均 0.00938%。

5 号煤层：全区可采，属比较稳定煤层。厚度一般 1.0 m 左右，Ge 含量 0.000515%~0.027%，平均 0.008412%。

6 号煤层：由北向南在Ⅱ—Ⅲ线分为 3 个分层，属不稳定煤层。厚度 0.28~4.12 m，结构复杂，含夹矸 4~5 层；Ge 含量 0.00015%~0.01312%，平均 0.005775%。

7 号煤层：发育于Ⅱ线以南地区，属比较稳定煤层。厚度 0.7~2.5 m，一般含夹矸 1 层；Ge 含量 0.001%~0.01015%，平均 0.00701%。

1+1、3b、4、5+1、8 号等次要煤层 Ge 含量也较高，分别为 0.0059%、0.00364%、0.00561%、0.015937%、0.01177%。

2. 芒市等畹（等嘎）锗煤矿

等畹（等嘎）锗煤矿行政区划隶属于芒市弄岛镇等嘎村管辖，位于芒市城区南西 254°方向，平距约 16 km 处；矿区地理坐标为：东经 98°27′00″~98°30′00″，北纬 24°20′00″~24°24′00″。

1959~1960 年，云南省地质局第二十地质队对该区开展煤矿地质勘查工作，提交了《云南省潞西县等畹煤矿第三纪煤田勘探储量报告》，估算 C_1+C_2 级煤储量 157.3×10^4 t。

1970 年，云南省化工燃料局对等畹煤矿 Y1、Y2 号煤层的伴生锗进行调查，发现 Y1 号煤层 Ge 含量为 0.00021%，Y2 号煤层 Ge 含量为 0.022796%，并估算伴生锗金属储量 282.898 t。

1971 年，西安煤炭科学研究所对煤中伴生元素进行研究，提交了《云南省潞西县等畹煤矿煤中伴生元素资源情况》科研报告，发现煤中伴生有锗、钼、镓、铀、钒等元素，Y1 号煤层各元素平均含量分别为：锗 0.00021%、铀 0.0025%、镓 0.0015%；Y2 号煤层各元素含量分别为：锗 0.022796%、铀 0.000714%，钒 0.022647%、钼 0.031014%，并估算伴生锗金属储量 390 t。

1971~1973 年，云南省一九九煤田地质勘探队对该区开展煤矿勘查工作，提交了《云南省潞西县等畹煤矿一、三井田详查（最终）勘探地质报告》，估算 $B+C_1$ 级煤储量 252.46×10^4 t，伴生锗储量 67 t，达中型锗矿床规模。

矿山已开发利用 40 余年，富锗煤主要是供当地水泥厂作为燃料，并从烟尘中回收锗，目前资源已枯竭。

锗煤层赋存于新近系中新统上部，含煤建造中或煤层附近，以较细的泥岩、砂质泥岩为主，粉砂细砂岩居次，碳质泥岩部分点锗含量最高达 0.0314%，含有机质的砂泥岩锗含量也可达 0.004%，均为锗的载体，又构成了煤的夹矸或顶底板。

矿区成煤面积约 10 km^2，分为Ⅰ、Ⅲ两个井田，相距 3 km。有可采煤 5 层，煤层灰分 12%~24%、挥发分 51%~54%、发热量 4300~5200 cal/g、硫分 0.4%~1%，属低变质褐煤，局部伴生较富的铀和锗。

Ⅰ井田附近基底由石英片岩组成，Ge 平均含量 0.000337%；Ⅲ井田附近基底有一花岗片麻岩体，Ge 平均含量 0.000392%。Ⅰ井田底部的 5 号煤层中，Ge 含量较低，基本小于 0.001%，平均 0.00025%；Ⅲ井田底部的 5 号煤层中，Ge 含量高，一般 0.008%~0.08%，平均 0.00586%，构成主要工业锗矿层；向上的 4 号煤层中，仅少数点 Ge 含量大于 0.002%，平均 0.0004%；3 号煤层中，仅个别点 Ge 含量大于 0.002%，平均 0.00016%；再向上的 2 号、1 号煤层中，Ge 含量一般小于 0.0002%。显现出底部层位的煤层含锗相对较高，向上逐渐减低的变化特征。

3. 沾益区罗木锗煤矿

罗木锗煤矿行政区划隶属于曲靖市沾益区播乐乡罗木村管辖，位于沾益区北东 43°方向，平距约 42 km 处；矿区地理坐标为：东经 104°04′00″~104°10′00″，北纬 25°47′00″~25°49′00″，面积约 32 km^2。

矿区含煤地层为上二叠统龙潭组（P_3l），分为一、二两个岩性段。其中，第一段（P_3l^2）含煤 16~17 层，除 K7、K9 为局部可采煤层外，其余均不可采；第二段（P_3l^2）含煤层 6 层，分布于本段顶部和底部，均为可采煤层。

矿区煤层自上而下编号为K1—K9，总厚度6.20 m，可采煤层有K1、K2、K6、K7四层，局部可采煤层有K3、K5两层。除K6煤层为半暗型煤外，其余均为淡型煤，含丝炭较多；煤种为低变质程度的气煤及弱粘结煤二号。各煤层的光谱半定量分析，Ge含量均大于0.001%。其中K1、K3煤层Ge含量最高，分别为0.0019%、0.002%。

据云南煤田地质勘探公司一四三地质勘探队（1967）成果，各煤层的化学分析，除K1、K3煤层的Ge含量大于0.001%（分别为0.001199%、0.001001%）外，其余各煤层均小于0.001%。

据云南省化工燃料局（1970）、西安煤炭科学研究所（1971）成果，K1、K2、K6、K7四个主要煤层估算伴生锗金属储量504.46 t。

4. 其他锗煤矿点

在澜沧上允含煤盆地中，其盆缘为富锗花岗岩，煤层中伴生有锗。据地矿部“三江”专著编辑委员会（1984）成果，煤中锗（Ge）主要富集于最下部煤层或煤层底板，少数工程点Ge含量0.0024%~0.0065%；据邓明国等（2003）研究成果，个别地段锗十分富集，一个名叫养猪场的独立封闭的小盆地（<1 km^2），煤储量小，不具工业开采价值，但煤中Ge含量竟高达0.015%~0.025%；澜沧勐滨煤矿中也含有锗（Ge），少数工程点Ge含量达0.002%~0.005%。腾冲瑞滇含煤盆地中，部分地段Ge含量达0.004%~0.008%；在腾冲与梁河之间的一个小含煤盆地，Ge含量最高可达0.12%。此外，在永平含煤盆地中，羊街煤矿部分地段Ge含量较高，B1煤层中，个别煤灰样品的光谱半定量分析，Ge含量达0.002%；B2煤层17件煤灰样品的光谱半定量分析，4件样品Ge含量0.01%~0.03%，2件样品Ge含量0.001%~0.005%。

据云南省地质局榕峰地质队（1958）勘查资料，宣威榕峰煤田宝山矿区含煤地层为上二叠统乐平组含煤岩系，厚度200~240 m，含可采煤13层，总可采厚度7~12m，单层成透镜状；煤质属高灰、低硫、难选煤。据316件样品光谱分析成果，部分煤层中含锗，Ge含量0.001%~0.004%，C、E井田K3煤层中，Ge平均含量0.001%，具有一定工业价值。据刘伟等（2019）研究成果，宝山矿区K1、K2、K3、K5、K6、K7、K9、K10煤层均不同程度含有锗，其中K7煤层中锗含量最为稳定，Ge含量0.0029%~0.0053%，且分布范围广泛，为矿区最主要的含锗煤层。其他煤层锗分布的差异性较大，矿化范围相对较小或局部富集。锗元素的富集受古地理与构造共同控制，具有在古河道与相近断裂之间区域富集的特征。

据云南省地质局（1958）、西安煤炭科学研究所（1971）研究成果，滇中地区的宣威煤田羊场矿区、阿直矿区及师宗鸭子塘矿区等均发现一些锗矿化信息，晚二叠世乐平煤系具有较好的锗煤矿找矿潜力。宣威羊场矿区4#田K9煤层有个别样品，Ge含量0.0038%；5#田K2+1、K3、K6、K9煤层的煤灰样品，Ge含量分别为0.001%~0.003%；6#田K2+1、K7煤层有个别样，Ge含量分别为0.0015%、0.0021%；7#田K5、K6、K9煤层的个别样品，Ge含量分别为0.0043%、0.0016%、0.0028%；10#田K2+1、K9、K14+1、K15、K16+1、K17、K18煤层中煤灰样品，Ge含量均大于0.001%。宣威阿直矿区1#、2#、3#、4#田光谱半定量分析，Y1-2、Y2、Y4、Y8煤层中，Ge含量分别为0.00121%、0.00065%、0.00083%、0.0017%、0.00138%。师宗鸭子塘矿区1、2号井21件煤灰样品中，4件样品光谱分析成果Ge含量大于0.001%，最高可达0.016%。

据西安煤炭科学研究所（1971）研究成果，玉溪平滩、春和煤矿新近系含煤层中，也发现锗矿化信息。光谱分析成果显示，平滩煤矿C2、C4、C9、C10煤层Ge含量分别为0.002%~0.008%，C4开采面仅有1件样品Ge含量为0.00266%；春和煤矿4~11煤层的29件化学分析样品中，K9、K11煤层各有1件Ge含量大于0.001%，K7煤层有1件样品Ge含量为0.00087%，赤马村一带个别样品Ge含量达0.00156%。

二、铅锌矿床伴生的锗矿

铅锌矿床伴生的锗矿主要分布于滇东北地区，滇东南和滇西地区也有零星分布。滇东北地区铅锌矿床以规模大、品位富、伴生有用组分多为特点，普遍伴生有锗（Ge），也成为云南省目前最重要的锗生产基地，产出大型矿床3处（会泽矿山厂、麒麟厂，鲁甸乐红）、中型矿床4处（罗平富乐厂、巧家茂租、彝良毛坪、鲁甸火德红）、小型矿床7处；滇东南和滇西地区仅有少部分铅锌矿床伴生有锗，以马关都龙锡锌多金属矿床和龙陵杨广寨铅锌铜矿床最具代表性。矿区地质特征详见《中国矿产地质志·云南卷·铅锌矿产》，现将伴生分散元素的有关情况叙述如下。

（一）会泽县麒麟厂、矿山厂铅锌矿床伴生锗镓镉

麒麟厂、矿山厂铅锌矿是云南省重要的铅锌、锗、镓、镉生产基地。截至2017年底，会泽县铅锌矿（麒麟厂、矿山厂）在《云南省2017年矿区及所属矿山矿产资源储量简表》中的上表资源储量为：累计查明资源储量（含砂矿）：铅 164.19×10^4 t、锌 333.19×10^4 t，锌已达超大型矿床规模，铅为大型矿床规模；伴生锗资源储量618 t（麒麟厂345 t、矿山厂273 t）、镉资源储量5612 t（麒麟厂4072 t、矿山厂1540 t），均达大型矿床规模。据会泽矿务局（1959）成果报告，矿床中还伴生有镓，估算 C_1+C_2 级伴生镓储量300.71 t。

麒麟厂、矿山厂铅锌矿的开采历史悠久，早在2000多年前的西汉时代就已开始从铅矿石中提炼银；在清代鼎盛时期，会泽地区最高年产量铅达89900斤[1]，锌达1127500斤。1951年，会泽铅锌矿建矿，开始对矿山进行系统的开发利用；1958年，首次从烟化炉的烟尘中提取锗金属74.5 g，是中国首个从铅锌矿石中提取锗的企业，并于1960年建成年产锗300 kg的炼厂；至2000年，会泽铅锌矿具有年生产铅、锌 8×10^4 t，锗10 t，工业硫酸 6.4×10^4 t综合能力的大型企业，成为云南省乃至全国重要的铅锌、锗大型生产基地。矿山现由中国铝业控股的云南驰宏锌锗股份有限公司开发，年产锗超过20 t。2000年7月，会泽铅锌矿改制为云南驰宏锌锗股份有限公司，并于2004年4月在上海证券交易所A股成功上市。截至2013年底，云南驰宏锌锗股份有限公司具有年采选矿石 300×10^4 t，生产铅锌 30×10^4 t、金150 kg、银180 t、锗30 t，镉、铋、锑等稀贵金属超过400 t的综合生产能力，锗产品主要为高纯二氧化锗、精四氯化锗、还原锗、区熔锗、锗珠、锗粉、单晶锗等系列；主要装备、环保和工艺技术处于“国内一流、国际先进”水平，综合竞争力名列国内同行业前茅。

麒麟厂、矿山厂铅锌矿具有铅锌品位特高、共伴生组分多、矿体延深大、矿床规模大、经济价值巨大、成矿环境特殊等特征（韩润生等，2012）。矿床伴生分散元素以锗（Ge）、镓（Ga）、镉（Cd）为主，其含量分别为Ge 0.0026%～0.0628%、Ga 0.00162%、Cd 0.050056%～0.0728%（表9-23），其他元素含量较低，难以综合利用。从单矿体来看，3号矿体锗（Ge）、镉（Cd）含量最高，分别为Ge 0.0628%、Cd 0.0728%，其次为6号、1号矿体，Ge、Cd含量与锌、铅含量呈正相关关系。

锗（Ge）、镉（Cd）在单锌和共生矿石中，都较普遍存在，矿山厂Ge平均含量0.0042%、Cd平均含量0.0313%，麒麟厂Ge平均含量0.0031%、Cd平均含量0.0385%。在硫化矿石中，锗、镉主要以类质同象形式赋存于闪锌矿中，Ge含量0.002653%～0.0794%、Cd含量0.07138%～0.2181%（表9-24），并与闪锌矿的颜色浅、深有一定关系，一般浅色闪锌矿中锗、镉比深色者较为富集；方铅矿、黄铁矿中也有一定富集量的锗。据云南省会泽矿务局（1959）研究成果，粗粒闪锌矿中锗含量最高，可达0.0462%；中粒闪锌矿锗含量次之，可达0.0093%。氧化矿石中Ge主要赋存在砖红色褐铁矿型、黄褐色土状褐铁矿型、褐铁矿-硅锌矿-异极矿型3种矿石中，锗在氧化矿物中的富集明显与铅锌矿物共生的褐铁矿矿物状态有关。如矿山厂新平坑氧化矿中，硅锌矿锗含量最高，可达0.0407%；褐红色褐铁矿锗含量次之，可达0.0364%；砖红色、疏松、土状针铁矿中Ge含量达0.02%～0.0246%，这与氢氧化铁胶体是锗的最好沉淀剂有关。氧化矿石中，锌、铅含量高低与Ge含量关系并不明显。

---

[1] 清代1斤=596.8 g。

表 9-23　会泽铅锌矿主要矿体伴生分散元素含量表

矿体号		伴生元素/%			备注
		Cd	Ge	Ga	
矿床	均值 最大值	0.00437 0.035	0.00134 0.0088	0.00162 0.0041	据云南省会泽矿务局，1959
矿床	范围 均值	0.000255～0.1686 0.0661	0.0000520～0.0256 0.00621	0.0000495～0.00359 0.000226	据韩润生等，2012
6 号矿体	范围 均值	0.0031～0.1686 0.0687	0.000149～0.0224 0.00694	0.0000495～0.000774 0.00017	
1 号矿体	范围 均值	0.000565～0.147 0.0705	0.000166～0.0204 0.00668	0.0000637～0.00359 0.000322	
10 号矿体	范围 均值	0.000255～0.1256 0.0574	0.000052～0.0256 0.00458	0.0000574～0.000507 0.00021	
3 号矿体	均值	0.0728	0.0628		据云南驰宏锌锗股份有限公司，2001
8 号矿体	均值	0.050056	0.0026		

表 9-24　会泽铅锌矿微量元素测试结果表

样品编号	测试对象	微量元素/10^{-6}				备注
		Cd	Ge	Ga	In	
HZD-4	粘土矿物	21.94	9.7	36.31	0.07	据刘峰，2005
ZHZ-1-7	页岩	4.33	1.5	52.50	0.09	
1523-3	方解石	0.35	0.1	0.41	0.95	
1451-5	方解石	0.64	0.1	0.40	0.02	
1451-5	黄铁矿	9.66	1.7	0.25	0.02	
1451-4	黄铁矿	39.09	4.1	1.22	0.01	
1523-3	闪锌矿	2181	362.5	7.41	1.54	
1523-4	闪锌矿	713.8	93.4	2.63	1.61	
1451-5	闪锌矿	1408	64.7	5.33	0.66	
1451-3	棕色闪锌矿	1530	152.2	8.36	0.20	
1451-4	闪锌矿	1491	90	3.38	0.18	
1523-3	方铅矿	19.88	3.2	2.21	0.02	
6 号矿体	闪锌矿	1300	220	<2		据云南驰宏锌锗股份有限公司，2001
8 号矿体	深色闪锌矿	1025	26.53	0.49		
8 号矿体	浅色闪锌矿	1635	49.0	10.54		
6 号矿体	方铅矿	8	<5	<2		
8 号矿体	方铅矿	14.86	13.5	0.017		
6 号矿体	黄铁矿	15	<5	<2		
8 号矿体	黄铁矿	8.87	7.55	0.039		
F_A139	闪锌矿	1500	<5	794		据云南省会泽矿务局，1959
F_A140	闪锌矿	1100	<5	759		
F_A142	闪锌矿	1200	5	37		

镓在各类矿石中分布较为普遍，一般含量为0.001%~0.004%，以残留方铅矿、硅锌矿、褐铁矿类，褐铁矿类及褐铁矿、粘土类含量较富，似分散赋存于褐铁矿中，随褐铁矿之演化沉淀而富集。

李文博等（2004）系统对矿山厂、麒麟厂主要矿体进行同位素定年，其结果介于223~228 Ma之间，表明其主成矿时代为晚二叠世—晚三叠世；韩润生等（2014）用地质推断-构造古应力法系统测量-同位素约束定年推断矿田成矿时代与其基本一致。

晚二叠世—晚三叠世，区域造山事件诱发矿区发生强烈的构造推覆和冲断褶皱的形成，引发区域大规模流体运移，使赋矿地层中膏盐层的硫还原成硫代硫酸和氢硫酸，并淋滤出基底地层中的成矿元素。在构造应力的驱使下，富含Pb、Zn、Ge、Cd等元素的成矿流体沿北东向压扭构造带贯入，在碳酸盐岩层间断裂破碎带形成特富铅锌矿体，Ge、Cd进入成矿流体中，以类质同象置换锌元素的方式赋存在闪锌矿中。

（二）罗平县富乐厂铅锌矿床伴生锗镓镉铟硒

富乐厂铅锌矿是一个老矿山，已经有300余年的采冶历史。矿床以铅锌为主，伴生的分散元素主要为锗、镓、镉、铟、硒。据《云南省2009年矿区及所属矿山矿产资源储量简表》和《云南省2017年矿区及所属矿山矿产资源储量简表》统计，矿区累计查明主矿种资源储量：铅3.52×10^4 t、锌28.24×10^4 t，锌为中型矿床规模，铅为小型矿床规模；伴生分散元素资源储量：锗129 t、镓75 t、镉4831.68 t，镉达大型矿床规模，锗为中型矿床规模。司荣军（2005）发现铅锌矿石中伴生有硒，并估算硒资源量749.38 t。铟由于分布不均匀，未作系统评价。

铅锌矿体主要赋存于中二叠统茅口组二段的白云岩中，主矿体为老君台2号和新君台1号矿体。矿床中锗、镓、镉平均含量分别为：Ge 0.0035%、Ga 0.0016%、Cd 0.167%。老君台2号矿体铅锌平均品位分别为Zn 5.29%、Pb 0.54%，伴生有锗、镓、镉，含量分别为Ge 0.0035%、Cd 0.167%；新君台1号矿体铅锌平均品位分别为Zn 11.03%、Pb 1.41%，伴生有锗、镉，含量分别为Ge 0.0027%~0.0124%、Cd 0.0167%~0.087%。司荣军（2005）研究发现，铅锌矿石中Se含量一般为0.002311%~0.01065%，平均0.006642%，普遍达到边界品位（0.0025%~0.006%）要求。

据云南省地质局罗平地质队（1958）研究成果，锗、镓、镉、铟等分散元素含量与锌含量呈正相关关系。镉在黄绿色闪锌矿中，锗、镓在红-棕红色闪锌矿中，铟在黑色闪锌矿中的含量比其他各色闪锌矿中的含量偏高，更为富集（表9-25），含量分别为Cd 1.64%、Ge 0.0412%~0.0531%、Ga 0.00606%~0.01076%、In 0.0074%。但是，镉在矿床中占绝对优势的深色闪锌矿中，富集程度也较高。除有硫镉矿外，未发现其他单独分散元素矿物。镉元素在锌矿中，比较均匀地赋存于结晶格架上，流蚀后则以粉末状、葡萄状硫镉矿涂染和渗染沉淀于裂纹晶穴内或层间孔隙中。

表9-25　罗平富乐厂铅锌矿床各种颜色闪锌矿、硫镉矿、次生白云石分散元素含量表

样品类别	分散元素含量/%				备注
	Cd	Ge	Ga	In	
黑色闪锌矿	1.12	0.024	0.0015	0.0074	据何发荣，1958
红色闪锌矿	1.49	0.0531	0.01076	0	
棕红色闪锌矿	1.41	0.0412	0.00606	痕迹	
黄绿色闪锌矿	1.64	0.006	0.00174	痕迹	
葡萄状黄色硫镉矿	0.76	0.0025	0.00278	0	
粉末状黄色硫镉矿	0.04	0.0054	0.0023	0	
白色次生白云石	0.03	0.00026	0	0	

据司荣军（2005）研究成果，锗、镓、镉、硒主要赋存在闪锌矿中，在闪锌矿中的平均含量为：Ge 0.0135%、Ga 0.0086%、Cd1.6183%、Se 0.0163%。Ge、Cd以类质同象形式代替Zn的位置，Se

以类质同象形式代替 S 的位置，Ga 在闪锌矿中有类质同象和显微吸附两种存在形式。Cd 富集在深色闪锌矿中，Ge 富集在浅色闪锌矿中，Ga 在黄棕色闪锌矿中的含量最高，而 Se 在深浅不同颜色闪锌矿中的含量没有明显的变化。闪锌矿中 Zn 与 Cd 负相关，与 Ge 正相关，与 Se 相关性不明显。

（三）巧家县茂租铅锌矿床伴生锗铟镓镉

茂租铅锌矿是一个大型铅锌矿床，伴生的分散元素主要为锗、铟、镓、镉。据《云南省 2017 年矿区及所属矿山矿产资源储量简表》统计，截至 2017 年 12 月 31 日，矿区累计查明主矿种资源储量：铅 9.15×10^4 t、锌 59.28×10^4 t；伴生分散元素资源储量：锗 136 t、镓 128 t、镉 1912 t、铟 30 t。

矿区圈定工业矿体 14 个，主要有似层状和脉状矿体 2 种。似层状矿体分为上、下两层矿，上层矿赋存于震旦系—寒武系灯影组上段上亚段的白云岩内，包括 I_1—I_7 7 个矿体；下层矿矿体赋存于灯影组上段下亚段顶部的白云岩及硅质白云岩内，包括 II_1—II_5 5 个矿体。脉状矿体主要赋存于洪发硐背斜及其东翼的羽状裂隙中，呈陡倾斜产出，容矿层位为灯影组上段下亚段中上部的硅质白云岩，包括 III_1、III_2 2 个矿体。大部分矿体伴生有锗，其含量见表 9-26。

表 9-26 巧家县茂租铅锌矿床主要矿体特征表

矿体号	含矿层位	长度/m	延深/m	最大厚度/m	最小厚度/m	平均品位/%		Ge 含量/%
						Pb	Zn	
I_1	上层矿，于 $Z\epsilon d_2^2$ 顶部	440	254	6.24	2.68	1.35	9.48	0.0013
I_2		790	725	11.06	5.64	1.67	6.41	0.0011
I_3		628	712	8.66	2.63	4.11	6.22	0.0012
I_4		850	221	7.13	5.09	0.77	3.85	0.0014
I_5		546	120	3.55	1.68	0.51	4.80	
I_6		283	295	3.41	1.65	0.56	5.07	
I_7		115	165	3.25	2.20	0.40	5.77	
II_1	下层矿，于 $Z\epsilon d_2^1$ 顶部	930	346	2.40	1.60	1.13	3.61	0.0012
II_2		612	129	8.29	2.71	2.20	8.21	0.0015
II_3		290	164	2.94	2.94	1.68	4.54	0.0027
II_4		240	162	1.73	1.73		4.73	0.0013
II_5		243	45	4.36	2.69		9.27	0.0022
III_1	$Z\epsilon d_2^1$ 中上部	94	47	5.96	3.27	1.36	5.38	
III_2		60	80	4.04	2.71	2.40	5.24	

各矿体 Ge 含量 0.0011%~0.0027%，平均 0.0013%；除 Ge 外，Cd、Ga、In、Ag 也可综合利用，其含量分别为：Cd 0.012%~0.042%、平均 0.0185%，Ga 0.0013%~0.0029%、平均 0.0018%，In 0.0002%~0.00094%、平均 0.0004%，Ag 10.3~18.2 g/t，平均 13.6 g/t。

Ge 普遍赋存于浅黄色、棕黄色的闪锌矿及其氧化矿物中。闪锌矿中 Ge 含量大于或等于 0.01%，Ge 与 Zn 含量正相关，当 Zn 含量大于或等于 5%时，Ge 含量一般大于 0.001%；当 Zn 含量 4.5%~5%时，Ge 含量一般能达 0.001%；当 Zn 含量小于 4.5%时，绝大多数样品中的 Ge 含量小于 0.001%。在氧化带中 Ge 贫化或富集均不明显。

Cd 主要以类质同象存在于浅色闪锌矿中，其单矿物 Cd 含量一般大于 0.1%。矿石中 Cd 含量最高 0.133%，与锌含量正相关；Cd 含量高低与矿石的氧化程度没有明显关系。

Ga 主要赋存于闪锌矿中，单矿物 Ga 含量大于或等于 0.01%；Ga 含量高低与 Zn 的贫富有一定关系，当 Zn 含量大于或等于 3%时，有 70%的样品 Ga 含量大于或等于 0.001%，有 30%的样品 Ga 含量小于 0.001%。

In 主要与闪锌矿有关，单矿物 In 最高含量 0.003%；Ag 与方铅矿关系密切，单矿物 Ag 含量大于 100 g/t，当 Pb 含量大于或等于 1%时，Ag 含量一般大于或接近 10 g/t。

（四）彝良县毛坪铅锌矿床伴生锗

毛坪铅锌矿是一个大型铅锌矿床，伴生的分散元素主要为锗（Ge）。据《云南省 2017 年矿区及所属矿山矿产资源储量简表》统计，截至 2017 年 12 月 31 日，矿区累计查明主矿种资源储量：铅 54.28×10^4 t、锌 129.32×10^4 t，达大型铅锌矿床规模；伴生锗资源储量 128.83 t，达中型矿床规模。

矿床Ⅰ号主矿体赋存于上泥盆统宰格组白云岩中，呈似层状或筒状产出，铅锌品位高，部分铅锌富矿石实际是锗的富矿，Ge 含量可达 0.0124%~0.0331%；Ⅱ、Ⅲ号矿体则赋存于中石炭统威宁组白云岩中，呈扁豆状或扁柱状产出，铅锌品位相对较低。据韩润生等（2012）研究成果，铅锌品位富的Ⅰ号主矿体，其锗含量 0.000097%~0.020297%，平均 0.003922%；铅锌品位较低的Ⅱ、Ⅲ号矿体，其锗含量 0.000319%~0.002183%，平均 0.001006%（表 9-27）。由此看出，锗含量与铅锌品位成正相关。锗含量与锌品位关系更为密切，在氧化矿石中，铅品位高而锌品位相对较低，锗含量平均为 0.0026%；硫化矿石中，锌品位高而铅品位低，锗含量平均可达 0.0133%。

表 9-27 毛坪铅锌矿床伴生分散元素含量表（%）

伴生元素			Cd	Ge	Ga	备注
毛坪铅锌矿床	矿床（19）	范围 均值	0.002143~0.073548 0.017157	0.000097~0.020297 0.002464	0.000081~0.001014 0.000481	韩润生等，2012
	Ⅰ号矿体（10）	范围 均值	0.002143~0.073548 0.025421	0.000097~0.020297 0.003922	0.000081~0.00072 0.000326	
	Ⅱ、Ⅲ号矿体（9）	范围 均值	0.004996~0.011738 0.008893	0.000319~0.002183 0.001006	0.000365~0.001014 0.000635	

在单矿物中，锗主要赋存于闪锌矿中，Ge 含量可达 0.046%；在方铅矿和黄铁矿中也有富集，Ge 含量分别为 0.0024%和 0.0044%。在硫化矿选矿最终产品中，锌精矿 Ge 含量达 0.01%，而铅精矿 Ge 含量仅为 0.0012%。

（五）鲁甸县乐红铅锌矿床伴生锗镓镉

矿床以铅锌、银为主，伴生的分散元素主要为锗（Ge）、镓（Ga）、镉（Cd）。据《云南省 2017 年矿区及所属矿山矿产资源储量简表》统计，截至 2017 年 12 月 31 日，矿区累计查明主矿种资源储量：铅 17.14×10^4 t、锌 84.22×10^4 t、银 213 t，锌达大型矿床规模，铅、银达中型矿床规模；伴生分散元素资源储量：锗 209 t、镓 69 t、镉 2591 t，锗已达大型矿床规模。

铅锌银矿体赋存于北西向断裂带及其旁侧次级断层和层间破碎带中，主要呈大脉状、透镜状产出。锗、镓、镉赋存于各类矿石中，平均含量分别为 Ge 0.0030%、Ga 0.0011%、Cd 0.04%；在单矿物中，锗、镓、镉主要以类质同象的形式进入闪锌矿中并富集，在方铅矿和黄铁矿中也有不同富集。

（六）其他矿床（点）

除上述 5 个重要矿床外，还有马关都龙、鲁甸火德红、会泽五星等 12 处伴生有锗的铅锌矿床，马关都龙锡锌多金属矿床伴生铟（In）、锗（Ge）、镉（Cd）情况将在铟矿部分重点叙述，其余矿床伴生锗情况见表 9-28 与附表 7。

三、铜矿床伴生锗矿

有少部分铜矿中伴生有锗（Ge），以东川铜矿最具代表性。据已有资料，滥泥坪、汤丹、石将军

3个矿区的Ge含量较高，具有工业价值，尤以滥泥坪铜矿区伴生锗最为重要。矿区地质特征详见《中国矿产地质志·云南卷·铜钼镍钴矿产》，现将伴生分散元素的有关情况叙述如下。

表9-28 云南省主要含锗铅锌矿床基本情况表

序号	矿床名称	主要含矿地层	锗资源量/t	规模	锗含量/%	备注
1	东川区石庄铅锌矿	Z∈*d* 白云岩	7	小型	0.01	
2	龙陵县杨广寨铅锌铜矿	$∈_2s$ 大理岩	3.34	小型	0.0022	资源量未上表
3	罗平县富乐厂铅锌矿	P_1m 灰岩	129	中型	0.0028	资源量未上表
4	会泽铅锌矿（矿山厂、麒麟厂）	C_1b 白云岩	618	大型	0.0022~0.0048	
5	会泽县五星铅锌矿	$∈_1y$ 白云岩	7	小型	0.0011	
6	会泽县雨碌铅锌矿	$∈_1y$ 白云岩	9	小型	0.0015	
7	会泽县窝铅厂锌矿	炉渣	17	小型	0.0013	
8	会泽县麻栗坪观音岩铅锌矿	$∈_1y$ 白云岩	46	小型	0.0027	资源量未上表
9	巧家县茂租铅锌矿	Z∈*d* 白云岩	136	中型	0.0013	
10	彝良县张家湾铅锌矿	C_2 白云岩	10	小型	0.0044	
11	彝良县毛坪铅锌矿	D_3zg 白云岩	128.83	中型	0.0025	
12	鲁甸县乐红铅锌矿	Z∈*d* 白云岩	209	大型	0.0032	
13	马关县都龙锡锌多金属矿	$∈_2t$ 矽卡岩	214.68	大型	0.0015	资源量未上表
14	鲁甸县火德红铅锌矿	D_2 白云岩	68.4	中型	0.002	资源量未上表
15	石屏县大冷山铅锌矿	T_1 灰岩		矿点	0.002	薛步高，2004
16	马关县马卡锌矿	$∈_2$ 片岩		矿点	0.001	
合计			1603.25			

（一）东川滥泥坪铜矿床伴生锗

滥泥坪铜矿为东川铜矿田中的一个矿床，铜矿体主要赋存于震旦系陡山沱组和中元古界昆阳群落雪组白云岩中。

1963年，东川矿务局对其伴生锗（Ge）进行评价，提交了《云南东川滥泥坪矿区铜矿石中伴生元素储量计算报告书》，认为Ge主要呈类质同象和杂质状态赋存于原生硫化铜矿中，并估算 C_1+C_2 级锗储量15.324 t，锗地质储量46.869 t。

截至2017年底，滥泥坪铜矿床（伴生锗）在《云南省2017年矿区及所属矿山矿产资源储量简表》中的上表资源储量为：累计查明333类以上锗资源量1047 t。锗在生产流程中随主金属铜的精选而富集，可综合回收利用，具有工业价值。

（二）东川汤丹铜矿床伴生锗

汤丹铜矿为东川铜矿田的重要组成部分，矿体主要赋存于中元古界昆阳群落雪组白云岩中。

1959年，东川矿务局对其伴生及分散元素的研究，提交了《云南省东川市汤丹铜矿床中伴生及分散元素的初步研究》科研报告，发现铜矿石或铜矿物含有镓（Ga）、锗（Ge），含量分别为0.00004%~0.002%、0.0002%~0.0918%。

锗（Ge）常富集于晚期低温热液中，在铜的硫化物中分散并具有明显的富集性，即富集于晚期偏低温热液生成的黄铜矿、斜方硫砷铜矿及黝铜矿中，含量最高可达0.0918%，一般含量为0.03%左右；斑铜矿中Ge含量为0.0011%，偏高温的黄铜矿中Ge含量较低，为0.0005%；围岩中，蚀变白云岩及变质的混合岩含有少量锗，含量约为0.0002%。龚琳等（1996）对不同矿物的Ge含量进行研究，结果也表明：锗多富集于裂隙脉发育部位，锗在铜矿物中的含量与砷、锑呈正相关关系；锗在铜矿物中多呈类质同象形态存在，以脉状黄铜矿和斜方硫砷铜矿中含量最高，Ge 平均含量分别为 0.028%、0.0218%。

镓（Ga）在硫化矿物中的分散性极其广泛，且围岩中含量高，可达 0.0013%，远超铜矿物中的含量（0.00033%）。其中，辉长岩或辉长岩接触变质带的混合岩中镓含量最高且稳定，一般为 0.002%左右；其次为板岩，含量为 0.0006%；最低为白云岩，含量约 0.0001%。在各铜矿物中，Ga 含量相差不大，一般 0.0001%~0.0003%。其中黄铜矿中 Ga 含量相对较高，约 0.0004%，个别可达 0.001%左右。

铜矿石中锗、镓在生产流程中随主金属铜的精选而富集，可综合回收利用，具有工业价值。

（三）东川石将军铜矿床伴生锗

石将军铜矿为东川铜矿田中的一个矿床，铜矿体主要赋存于中元古界昆阳群落雪组白云岩段底部，与因民组紫色层顶部为过渡相的薄层泥质白云岩中。

1961 年，冶金工业部东川矿务局对其伴生锗（Ge）进行评价，提交了《云南东川石将军矿区铜矿石中伴生元素储量计算报告书》，采用精矿法估算锗储量 24.83 t，原矿法估算锗储量 50.718 t。截至 2017 年底，石将军铜矿床（伴生锗）在《云南省 2017 年矿区及所属矿山矿产资源储量简表》中的上表资源储量为：累计查明 333 类以上锗资源量 45 t。

锗（Ge）主要赋存于黄铜矿中，与斑点状、块状及带状构造的黄铜矿有正比关系，各中段含量稳定；黄铜矿单矿物中 Ge 含量 0.0001%~0.0019%，平均 0.0007%。

原矿 Ge 含量 0.0002%~0.00052%，最高 0.0007%；精矿 Ge 含量 0.0019%~0.00303%，最高 0.0044%，高出原矿 4.8~8.5 倍，具有经济价值。

第四节 铟 矿

云南目前尚未发现独立铟矿床，而主要为接触交代型、岩浆热液型锡铅锌多金属矿床及碳酸盐岩型、火山岩型铅锌多金属矿床的伴生矿产；此外，在少量斑岩型铜多金属矿床中也伴生有铟。从查明资源量来看，接触交代型-岩浆热液型多金属矿床伴生的铟最为重要，主要分布于滇东南地区，其查明资源量占全省资源总量的 98.91%，以马关都龙、个旧、蒙自白牛厂 3 个锡铅锌多金属矿床最具代表性；浅成中-低温热液型铅锌矿床伴生的铟主要分布于滇东北地区，以巧家茂租铅锌矿最具代表性；斑岩型多金属矿产地伴生铟的数量少，以澜沧老厂火山岩型银铅锌多金属矿最具代表性。主要含铟矿床见表 9-29。

表 9-29 云南省主要含铟矿床基本情况表

序号	矿床名称	矿床类型	查明资源量/t	规模	In 品位/%	备注
1	巧家茂租铅锌矿	浅成中-低温热液型	30	小型	0.0005	
2	会泽麻栗坪观音岩铅锌矿	浅成中-低温热液型	38	小型	0.003	资源量未上表
3	个旧锡多金属矿	接触交代型	2000	大型	0.0012~0.0115	上表资源量为 745 t
4	马关都龙锡多金属矿	接触交代型	7406.43	超大型	0.0029~0.0088	
5	香格里拉红山铜多金属矿	接触交代型-斑岩型	35.78	小型	0.000611	资源量未上表
6	蒙自白牛厂银多金属矿	岩浆热液型	979.5	大型	0.0014	资源量未上表
7	西畴红石岩铅锌铜矿	岩浆热液型	120	中型	0.0021	
8	澜沧老厂银多金属矿	斑岩型	161	小型	0.0024	上表资源量为 48 t
	合计		10730.71			

一、马关县都龙锡锌多金属矿床伴生铟镉锗镓

马关都龙是一个超大型锡多金属矿床，伴生的分散元素铟（In）、锗（Ge）、镓（Ga）、镉（Cd）资源十分丰富，其地质特征详见《中国矿产地质志·云南卷·锡钨矿产》，现将伴生分散元素的有关情况叙述如下。

据《云南省 2017 年矿区及所属矿山矿产资源储量简表》统计数据，矿床（含曼家寨、辣子寨、铜街矿段）累计查明伴生分散元素资源储量：铟 7406.43 t、镉 20396.02 t，均达到超大型矿床规模；据中国有色金属工业总公司西南地勘公司（1984）勘探成果报告，铜街矿段估算伴生锗金属储量 214.684 t、镓金属储量 338.39 t。

矿区铟资源量位居全国前列，其中曼家寨矿段累计查明伴生铟资源量 6946 t，占整个矿床资源总量的 93.78%，且 In 含量较高，平均为 0.0088%。矿山现由云锡集团（控股）有限责任公司控股的云南华联锌铟股份有限公司进行开发，年生产铟 30 t，其产品见照片 9-1；年产 60 t 铟的冶炼技改项目于 2018 年 8 月完成投产，将成为云南省最大的铟生产基地。

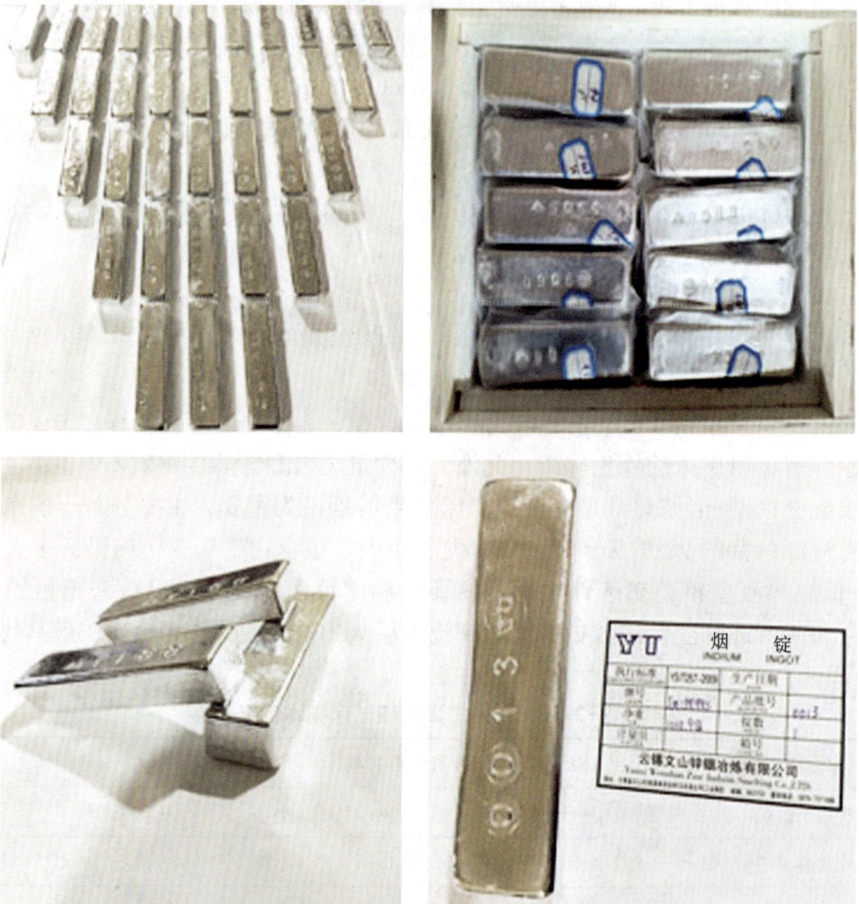

照片 9-1 马关都龙锡锌多金属矿床铟产品照片

（云锡集团（控股）有限责任公司提供）

据中国有色金属工业总公司西南地勘公司（1984）成果，铜街矿段伴生有铟（In）、锗（Ge）、镓（Ga）、镉（Cd）等分散元素，矿石及主要矿体伴生分散元素情况详见表 9-30、表 9-31。

据杨涛等（2018）研究成果，富 In 矿体主要赋存于岩体、构造、地层及变质带等复合带内，与矽卡岩关系密切。空间分布规律主要为：①大多数处于碎屑岩与碳酸盐岩交互地段；②富厚矿体大都处于 F_1 断裂两侧，长轴方向上受纵向断裂控制；③In 的成矿与岩浆活动有密切联系，矿体主要产于

粗粒含斑云母花岗岩旁侧，隐伏中细粒含斑白云母花岗岩脊状隆起上方。含矿层厚200余米，形态不规则，在倾向和走向上具有分支复合、膨胀收缩等现象，主要呈条带状、扁豆状、透镜状、似层状、囊状及脉状产出。矿体大小不一，一般长几十米至200 m，最长达500 m；一般厚几米至十几米，最厚达53 m；水平宽几十米至300 m。矿区共圈定1000余个含In矿体，其中富In矿体（In含量大于0.001%）300余个。97%的富In矿石中，In含量0.001%~0.01%；2.7%的富In矿石中，In含量0.01%~0.03%；0.3%的富In矿石中，In含量≥0.03%（最大0.0627%）。In在不同多金属矿体中均有分布，单Zn矿In含量最高，为0.00145%~0.004456%；次为单Sn、Cu矿，含量分别为：0.000839%~0.003451%、0.000947%~0.002284%；单W矿的In含量最低，为0.000286%~0.001388%。在共生矿体中，SnZnCu共生矿的In含量最高，为0.001777%~0.009753%，SnZn、ZnCu、SnCu共生矿次之，In含量分别为：0.001959%~0.005732%、0.002261%~0.004297%、0.001324%~0.003616%。由此可见，单Zn及SnZn、ZnCu、SnCu、SnZnCu共生矿体中In含量明显高于单Sn、Cu、W矿体中含量。

表9-30　马关都龙锡锌多金属矿床铜街矿段锡锌矿石伴生分散元素含量表

伴生元素	含量范围/%		
	最低含量	最高含量	平均含量
Ge	0.0001	0.026	0.0023
Ga	0.0002	0.019	0.0027
In	0.000038	0.024	0.0029
Cd	0.00012	0.097	0.0136

表9-31　马关都龙锡锌多金属矿床铜街矿段主要锡锌矿体伴生分散元素含量表

伴生元素	1号矿体平均含量/%	10号矿体平均含量/%	13号矿体平均含量/%	矿段平均含量/%
Ge	0.0027	0.0014	0.0012	0.0023
Ga	0.0024	0.0032	0.0018	0.0027
In	0.0029	0.0033	0.0014	0.0029
Cd	0.0136	0.0121	0.0192	0.0136

据中国有色金属工业总公司西南地勘公司（1984）成果，铟（In）、锗（Ge）、镓（Ga）、镉（Cd）等分散元素在各单矿物中的含量情况详见表9-32。

表9-32　马关都龙锡锌多金属矿床单矿物中分散元素含量表

矿物名称	样品数量	元素含量/%			
		Ge	Ga	In	Cd
铁闪锌矿	28	0.0003	0.001~0.003	0.041	0.118
磁黄铁矿	7	0.0001	0.001	0.0056	0.0058
黄铁矿	5	0~0.0001		0.002	0~0.0047
黄铜矿	3			0.0248	0.00735
毒砂	4	0~0.0001	0~0.001	0	0~0.003
磁铁矿	14	0.005	0.001~0.003	0.001~0.003	0~0.003
石榴子石	2	0.001~0.003	0.01~0.03	0.001~0.003	
绿泥石	2	0.001~0.003	0.003~0.03	0.001~0.01	
阳起石	6	0.0021		0.001	
透辉石	1	0.0014			

铟（In）主要以类质同象分布于铁闪锌矿、黄铜矿、黄铁矿中，其次为磁铁矿、磁黄铁矿，在不同矿物中含量差异不大，平均含量0.006%~0.009%。In的富集与锡有关，但在成矿过程中大量富集于铁闪锌矿中，平均含量0.041%；黄铜矿中In含量较高，为0.0248%；磁黄铁矿、黄铁矿中In含量0.002%~0.0056%。据朱笑青等（2006）研究成果，富In矿石中，In与Sn、Zn具线性正消长关系，与Pb无关；在成矿流体中，In与锡关系更为密切，具很好的线性变化关系，Sn的存在更有利于In进入流体形成富Sn、In成矿流体，但在沉淀成矿过程中，In主要进入闪锌矿或Sn的硫酸盐矿物中。在生产过程中，锌、铜精矿中In含量0.019%~0.064%，比原矿富集了3~8倍，已综合回收利用。

锗（Ge）主要呈类质同象形式，分散于磁铁矿及石榴子石、绿泥石、阳起石等硅酸盐矿物，磁铁矿中Ge含量为0.005%；在生产过程中，Ge未能在铅、锌、锡精矿中富集，而主要富集于磁铁矿精矿和尾矿中，磁铁矿精矿Ge含量0.0054%，可综合回收利用；尾矿中的Ge目前尚未回收利用。

镓（Ga）主要呈类质同象形式，分散于石榴子石、绿泥石、阳起石等富铝硅酸盐矿物，含量为0.003%~0.03%；少量分布于铁闪锌矿、磁黄铁矿、毒砂等矿物中，含量为0~0.003%。在生产过程中，Ga未能在锌、锡精矿中富集，尚未综合回收利用。

矿石中未见镉（Cd）的独立矿物，Cd以类质同象形式富集于深色铁闪锌矿中，平均含量为0.118%；其次为黄铜矿、磁黄铁矿、黄铁矿、磁铁矿等，平均含量0.0047%~0.00735%。在生产过程中，Cd主要富集于锌精矿中，含量为0.14%~0.18%，比原矿富集了8倍。

二、个旧锡多金属矿田伴生铟镓

个旧是一个超大型锡多金属矿田，伴生的分散元素铟（In）、镓（Ga）资源十分丰富，地质特征详见《中国矿产地质志·云南卷·锡钨矿产》，现将伴生分散元素的有关情况叙述如下。

据《云南省2017年矿区及所属矿山矿产资源储量简表》统计，个旧（老厂、大箐、高松矿、松树脚、马拉格等）锡多金属矿田累计查明伴生铟资源储量745 t，镓资源储量7185 t；铟达到大型矿床规模，镓达中型矿床规模。

个旧锡多金属矿田是云南省最早发现并评价伴生铟资源的地区。1961年，原云南省锡业公司地质勘探队对马拉格区段历年勘探的15个锡矿体，进行系统的铟矿查定评价工作，提交了《云南个旧市个旧矿区铟储量计算报告书》，估算C_1级铟矿矿石量7571 t，平均铟含量606 g/t，金属量4.585 t；C_2级矿石量5633 t，平均铟含量0.072%，金属量4.056 t。此后，老厂、大箐、高松矿、松树脚等区段也相继进行铟资源评价，据张乾等（2003）、王瑞江等（2015）研究成果，个旧锡多金属矿田累计查明伴生铟资源储量已超过2000 t。

据李玉帮等（2013、2014）研究成果，氧化矿（层间氧化矿）的In含量0.00013%~0.00215%，平均0.00066%，基本不具备工业价值；原生矽卡岩硫化物矿石In的含量为0.0001%~0.00904%，平均0.00295%，具有一定的In资源潜力；卡房矿床受玄武岩控制的层状、纹层状铜矿石中In的含量在0.003%~0.009%，也具有一定In资源潜力；主要产于松树脚矿床的层间及脉状富闪锌矿的块状硫化物矿石中In含量最高，为0.0198%~0.157%，平均含量超过0.05%，是目前最具In找矿潜力的靶区。

马拉格矿床的含铟矿体，由西至东沿老阴山-马拉格-尹家硐-兰菊山-白泥洞的锡矿体中均有分布。铟与锡、铜、铅、锌等矿伴生。矿石类型亦是锡石-硫化物型，以锡-铅-锌型为铟的主要工业类型。In含量大于0.01%，个别矿体可达0.1%以上，可作为单独铟矿床。铟在氧化矿石中一般赋存于铁的氧化矿物——赤铁矿、褐铁矿、小赤铁矿、水针铁矿及个别铜锌的次生氧化矿物中。在35、36号矿体中发现独立铟矿物——水铟石，白色（微带黄色），粒状，最大颗粒直径为0.016 mm，一般为0.01~0.001 mm，透明的均质体，In含量为60%。

在硫化矿石中未发现独立铟矿物，据李玉帮等（2013、2014）研究成果，个旧锡多金属矿田In的主要载体矿物是深色闪锌矿，其次是黄铜矿和锡石，而在其他硫化物矿物中含量普遍较低。In在闪锌矿中的含量有一定差异，从0.03%~0.083%不等，含量最高的深色闪锌矿产自松树脚矿床，In

含量高达 0.4781%；黄铜矿中 In 含量 0.00526%~0.02663%，平均 0.01381%；锡石中 In 含量 0.004%；毒砂和方铅矿中 In 含量均小于 0.002%；黄铁矿中 In 含量最低，为 0.00003%~0.00408%，平均 0.00139%。

据冶金工业部西南冶金勘探公司（1981）研究成果，铟在硫化物阶段产出的锡石中 In 含量为较高，在松树脚 193 号矿体中，锡石中 In 含量最高，平均达 0.0112%，最高可达 0.0248%；其次是马拉格的 3 号矿体，锡石中 In 含量 0.0018%；35 号矿体锡石 In 含量 0.003%。老厂硫化矿中锡石平均 In 含量 0.0022%，In 含量高的矿体，其中锡石的 In 含量也高。含铟锡石的分布与成矿母岩 In 的丰度值有密切关系，在马拉格北炮台斑状黑云母花岗岩中 In 的丰度值达 25.9×10^{-6}，在岩体南侧产有 In 含量高的矿体和含 In 锡石；而卡房新山粒状黑云母花岗岩铟的丰度值则低，仅 4.8×10^{-6}，该区很少发现含 In 锡石。锡石中 In 的含量与成矿岩体的远近也有密切关系。以马拉格 3 号矿体为例，矿体下部中段锡石的 In 含量低，向上逐渐增高，这与该区下部 Sn、Cu 含量高，上部 Pb、Zn 含量高的金属垂直分带规律是相吻合的。锡石是重要的 In 载体，表明个旧锡多金属矿田伴生 In 资源潜力巨大。

镓（Ga）富集于各种硫化物矿石中，主要以类质同象形式赋存于闪锌矿中，但不同阶段的锡石也富集有镓，Ga 含量 0.0018%~0.0045%；其中以硫化物阶段的锡石 Ga 含量最高，平均为 0.0029%，碳酸盐阶段、氧化物阶段的锡石 Ga 含量次之，分别为 0.0027%、0.002%。老厂矿床锡石-硫化物矿石中 Ga 含量较高，为 0.0268%；细脉带矿石中 Ga 含量较低，为 0.00041%~0.00057%。

据李玉帮等（2013、2014）研究成果，个旧锡多金属矿田伴生 In 主要形成于石英-硫化物成矿期，早阶段矿物组合为锡石、辉钼矿、毒砂、磁黄铁矿、黄铜矿、深色闪锌矿等，黄铁矿、方铅矿以及闪锌矿多在该期的晚阶段形成。与 In 矿化关系最为密切的深色闪锌矿，通过对其伴生的萤石进行流体包裹体测温，显示其形成温度在 200~360℃之间，流体盐度 5%~14%，深色闪锌矿中 In 的沉淀温度大致处于这个范围。

综上所述，个旧锡多金属矿田伴生 In、Ga 的成矿类型应以岩浆热液型、接触交代型（接触交代型）为主，成矿时代与锡、铜、铅锌等主矿种成矿时代一致。由于区内与成矿有关的岩浆活动集中于 76~85 Ma 之间（程彦博等，2008），成矿时代也与其基本一致，为晚白垩世（燕山期）。

三、蒙自市白牛厂银多金属矿床伴生铟镓镉

蒙自市白牛厂是一个大型银多金属矿床，其伴生分散元素铟（In）、镓（Ga）、镉（Cd）资源十分丰富，尤以铟最为重要。其地质特征详见《中国矿产地质志·云南卷·贵金属矿产》，现将伴生分散元素的有关情况叙述如下。

矿山由蒙自矿冶有限责任公司开发，年生产电解铟 50 t，是目前云南省最大的铟生产基地。据云南省地质矿产勘查开发局第二地质大队（2010）成果，矿山 2004~2008 年选矿生产指标中，原矿石 In 含量 0.0029%~0.0034%，精矿中 In 含量 0.0022%~0.0428%。由于种种原因，矿床一直未对伴生铟资源储量进行准确估算，在《云南省蒙自县白牛厂银多金属矿区咪尾-穿心洞、阿尾矿段地质普查报告》（云南省地质矿产勘查开发局第二地质大队，2000）中，蒙自矿冶有限责任公司根据白羊矿段详查期间和该公司生产中对白羊、对门山矿段矿石及铅、锌精矿中 In 的化验结果，通过对 In 的赋存状态和以铅、锌品位相关关系的分析，测算出 V_1 铅锌矿体 In 的平均含量为 0.0014%，概算矿区伴生铟资源储量 979.7 t；并提交了《白牛厂银多金属矿区铟的初步查定》，作为普查报告的附件。

据《云南省 2017 年矿区及所属矿山矿产资源储量简表》统计数据，矿床累计查明伴生镓资源储量 111 t、镉资源储量 991 t。

明添学等（2013）白牛厂银多金属矿床 V_1 矿体穿心洞、阿尾矿段的原矿、精矿、尾矿进行采样分析，调查其“三稀”元素的伴生情况。结果表明：原矿中分散元素含量 Cd、In、Ga 相对较高，分别为 Cd 0.0519%~0.0595%，In 0.00182%~0.00576%，Ga 0.00179%~0.00219%，均已达到伴生组分综合利用的要求。经选矿后，Cd 在锌精矿和铅精矿中相对富集，含量分别为 0.235%、0.0401%；In 在锌精矿和铅精矿中相对富集，含量分别为 0.0376%、0.00769%；Ga 则在尾矿中富集，含量

达 0.003%。

在单矿物中，铟（In）主要赋存于铁闪锌矿和锡石中。据李晓波（2005）研究成果，白牛厂闪锌矿中富 In，低 Ga、Ge，Ga/In 值为 0.01~0.082，In 含量最高可达 0.0943%；据杨世瑜（1990）研究成果，锡石中 In_2O_3 含量最高达 4.41%，平均 3.03%，换算为 In 含量为 2.66%，远远高于滇东南个旧、都龙和中国其他矿床锡石中铟的含量，也表明其铟找矿潜力巨大。镓（Ga）则主要以类质同象形式赋存于闪锌矿中。

白牛厂银多金属矿床的成矿元素大部分来自岩浆，铅锌等元素有部分来自围岩（寒武系），成矿流体以岩浆热液为主。因此，其成因类型应属岩浆热液为主的多阶段复成因矿床；矿石中锡石 LA-MC-ICP-MS U-Pb 同位素年龄为 87.4±3.7 Ma、88.4±4.3 Ma（李开文等，2013），表明其成矿时代为晚白垩世（燕山期）。

四、澜沧县老厂银铅锌多金属矿床伴生铟镉镓铼硒碲

老厂银铅锌多金属矿是一个开采历史悠久的老矿山，据《云南省志》（卷 4 地质矿产志）记载，战国时期已有银矿开采，盛于明朝永乐二年（1404 年），极盛于清朝乾隆、嘉庆年间（1736~1820 年），史称为“募乃银厂”。矿床除银、铅、锌、铜、钼等主要成矿元素外，还伴生有铟、镉、镓、铼、硒、碲等分散元素。其地质特征详见《中国矿产地质志·云南卷·贵金属矿产》，现将伴生分散元素的有关情况叙述如下。

1989~1994 年，西南有色地质勘查局三〇九队对矿区开展地质勘探工作，分别于 1992 年和 1994 年提交了《云南省澜沧县老厂铅银矿床第一期地质勘探报告》和《云南省澜沧县老厂铅银矿床第二期地质勘探报告》，累计查明伴生铟、镉、镓储量分别为：161 t、1566 t、95 t，铟、镉达中型矿床规模，镓为小型矿床规模。

2010~2011 年，通过实施危机矿山深部接替资源勘查工作，取得了重大成果和新进展，发现深部隐伏厚大的斑岩型、接触交代型铜钼矿，探获 334 类钼资源量 47.80×10^4 t；截至 2017 年底，老厂银铅锌多金属矿床在《云南省 2017 年矿区及所属矿山矿产资源储量简表》中上表资源储量为：累计查明主矿种资源储量：Ag 2531.91 t、Pb 60.47×10^4 t、Zn 42.99×10^4 t；银工业矿体内伴生 333 类铟资源量 48 t。

老厂矿区控制矿带长 1600 余米，宽 200~400 m，共有 6 个矿体群 138 个矿体，其中银铅锌工业矿体 73 个，低品位银铅锌矿体 21 个，工业铅矿体 22 个，工业锌矿体 5 个，工业铜矿体 8 个，工业硫矿体 8 个，工业钼矿体 1 个。根据赋矿围岩的不同，分为火山岩型、碳酸盐岩型、斑岩型、接触交代型 4 类。其中，火山岩型矿体以Ⅰ、Ⅱ、Ⅴ号矿体群最具代表性；接触交代型、斑岩型矿体以Ⅵ号矿体群最具代表性。

斑岩型、接触交代型铜钼矿称为“Ⅵ号矿体群”，包括产于 C_1^{5+6} 矽卡岩化凝灰岩或矽卡岩中的矿体、产于花岗斑岩体内的斑岩型细脉浸染状 Mo（Cu）矿体。含矿地质体南北长约 1200 m，东西宽约 730 m，面积约 0.876 km²，平均穿矿厚度 320 m。矿体具有穿层性，在地层和岩体内都有矿体，钻探穿矿厚度为 1.8~696.25 m；Mo 品位 0.03%~0.09%，平均 0.064%；Cu 品位 0.06%~0.17%，平均 0.27%。从地层至岩体发育有硅化、黄铁矿化带→矽卡岩化带→岩体内部的钾化带，各蚀变带内都有矿体产出。金属矿物以辉钼矿、黄铜矿、黄铁矿等为主，主要呈细脉状、浸染状、斑点状构造产出；非金属矿物主要为透辉石、石榴子石、符山石、绿帘石、绿泥石、长石、石英、方解石、绢云母等。

火山岩型 $Ⅱ_2$ 矿体中，伴生有镓、铟、镉，其含量分别为 Ga 0.001%、In 0.0027%、Cd 0.013%；碳酸盐岩型 $Ⅲ_1$ 矿体中，也伴生有镓、铟、镉，其含量分别为 Ga 0.0007%、In 0.0024%、Cd 0.023%。矿石多元素分析结果显示，含矿岩石为火山岩的银铅锌黄铁矿矿石中镓、铟、镉含量分别为：Ga 0.0012%~0.0016%、In 0.0023%~0.0044%、Cd 0.042%~0.45%；含矿岩石为碳酸盐岩的银铅矿石中镓、铟、镉含量分别为：Ga 0.0007%、In 0.0006%、Cd 0.01%（西南有色地质勘查局三〇九队，1994）。

罗艳碧等（2013）对矿区主要类型矿石及其各矿物的含铟（In）情况进行了深入研究，黄铁矿矿石 In 含量为 0.000014%～0.0106%，富集系数 2.69～2038；铅锌矿矿石 In 含量为 0.000025%～0.0597%，富集系数 4.81～11480。在单矿物中，黄铁矿中 In 含量为 0.000017%～0.00109%，富集系数 3.67～210；闪锌矿中 In 含量为 0.00083%～0.1576%，富集系数 160～30308；方铅矿中 In 含量为 0.000041%～0.00146%，富集系数 7.88～281；方解石中 In 含量为 0.000005%～0.00015%，富集系数 0.96～28.8。铅锌矿矿石中 In 含量明显高于黄铁矿矿石，在单矿物中，In 含量顺序为闪锌矿>方铅矿>黄铁矿>方解石，In 明显富集于闪锌矿中，其含量与 Zn 含量呈正相关关系。分析的矿石样品中，66%超过 In 工业指标（0.001%），矿石平均 In 含量 0.00848%。其中 85.71%铅锌矿矿石超过 In 工业指标，平均含量 0.0116%；20%黄铁矿矿石超过 In 工业指标，平均含量 0.00112%。单矿物样品中，90%以上的闪锌矿 In 含量大于 0.01%，平均含量可达 0.0555%。初步估算矿床伴生 In 工业储量超过 1000 t，远景储量超过 4000 t。

蒋绍平等（2011）对矿区钼矿石及其各矿物的含铼（Re）情况进行了深入研究，钼矿石中 Mo 含量 0.03%～0.09%，平均 0.064%；Re 含量 0.05～0.37 g/t，平均 0.17 g/t。Re、Mo 含量变化趋势基本一致，呈正相关性；随着深度增加，越靠近花岗斑岩体的主矿体部位，Re、Mo 含量的正相关性越高。钼矿石中辉钼矿的 Re 含量为 98.22～219.8 g/t，平均 164.2 g/t；黄铁矿的 Re 含量为 0.20～0.26 g/t，平均 0.23 g/t。透辉石、石榴子石、石英和长石等主要脉石矿物中 Re 含量仅 0.06～0.12 g/t，平均 0.086 g/t。由此表明，辉钼矿是 Re 的最重要载体，矿石中 95%以上的 Re 集中在辉钼矿中，其他矿物中的 Re 含量极有限。矿区铼品位偏低，虽不能单独利用，但可与钼综合利用。若按生产 KMo-47 的钼精矿标准（Mo 含量≥47%）计算，其 Re 含量可达 108 g/t，具有极高经济价值。如按矿区钼资源量为 40×10^4 t 进行估算，伴生铼资源量将超过 100 t。

含矿岩石为火山岩的银铅锌黄铁矿矿石中硒含量为 20 g/t，含矿岩石为碳酸盐岩的银铅矿石中硒含量为 4 g/t（西南有色地质勘查局三〇九队，1994）；据李虎杰（1995）研究成果，黄铁矿中硒、碲含量高，Se 含量 12.11～113.2 g/t、平均 42.92 g/t，Te 含量 14～27.8 g/t、平均 19.7 g/t；而闪锌矿中硒、碲含量均较低。张准等（2011）对矿区主要类型矿石及其各矿物的含碲（Te）情况也进行了深入研究，黄铁矿矿石中 Te 含量 0.476～207 g/t，平均 38.5 g/t；铅锌矿矿石中 Te 含量 1.22～197 g/t，平均 51 g/t。在单矿物中，黄铁矿中 Te 含量 0.415%～127 g/t、闪锌矿中 Te 含量 0.087～47.6 g/t、方铅矿中 Te 含量 0.382～1096 g/t、磁黄铁矿中 Te 含量 60.8～71 g/t、尾矿黄铁矿中 Te 含量 9.63～53.8 g/t，单矿物中 Te 含量顺序为方铅矿>黄铁矿和磁黄铁矿>闪锌矿。分析样品中，64.29%黄铁矿矿石和 68.97%铅锌矿矿石超过 Te 工业指标（10 g/t），矿石平均 Te 含量 46.9 g/t，也远超 Te 工业指标；初步估算出矿床伴生 Te 工业储量超过 500 t，远景资源量超过 1000 t。硒与碲的赋存状态基本一致，在黄铁矿中含量也大致相当，估计其资源量也应超过 500 t。

老厂银铅锌多金属矿床的形成虽为多期次和多种成矿作用所致，但与喜马拉雅期富碱斑岩活动关系最为密切，自下而上形成 Mo（Cu）→Cu、S→Pb-Zn-Ag-Bi→Ag-Pb（Zn）的成矿元素垂直分带，并伴生有铟、硒、碲、铼等分散元素的成矿，其主成矿时代为古近纪始新世（喜马拉雅期）。

五、其他矿床（点）

香格里拉红山矽卡岩-斑岩型铜多金属矿中也伴生有铟，主要呈类质同象分散状态赋存于铁闪锌矿、黄铜矿和磁黄铁矿中，铜矿石 In 含量 0.0001%～0.002%，平均 0.000611%；可综合利用，估算铟资源量 35.78 t，未列入《云南省 2017 年矿区及所属矿山矿产资源储量简表》。

西畴红石岩岩浆热液型铅锌铜矿中伴生有铟，In 含量 0.0014%，可综合利用，黄洞矿段估算伴生铟资源量 120 t，已列入《云南省 2017 年矿区及所属矿山矿产资源储量简表》。

碳酸盐岩型铅锌矿中普遍伴生有铟，但其含量偏低，大多不能综合利用。如会泽铅锌矿、彝良毛坪、永善金沙厂铅锌矿中 In 含量分别为 0.0001%、0.000197%、0.0002%（张乾等，2003；韩润生等，2012），目前不能综合利用。巧家茂租铅锌矿中 In 含量相对较高（0.0002%～0.00094%），平均含量 0.0005%，可综合利用，估算铟资源量 30 t，并已列入《云南省 2017 年矿区及所属矿山矿产资源储量简表》；In 主要赋存于闪锌矿中，单矿物 In 含量达 0.003%。此外，会泽麻栗坡观音岩铅锌矿中 In 含量 0.003%，也可综合利用，估算铟资源量 38 t，并已列入《云南省 2017 年矿区及所属矿山矿产资源储量简表》。

第五节 镉、铊矿

云南的镉、铊资源非常丰富，仅兰坪金顶铅锌矿床伴生的镉、铊资源量就占全国镉、铊资源总量的一半以上。

一、镉矿

镉（Cd）在不同类型的铅锌矿床中均有不同程度的富集，尤以浅成中-低温热液型铅锌矿床伴生的镉最为重要，以兰坪金顶、龙陵勐兴、罗平富乐厂等矿床最具代表性；次为接触交代型、岩浆热液型、斑岩型和海相火山岩型铅锌矿床伴生的镉。

（一）兰坪县金顶铅锌矿床伴生镉铊[1]

金顶铅锌矿是我国 20 世纪探明的最大的铅锌矿床，主矿种为铅锌，伴生的分散元素主要为镉、铊。其地质特征详见《中国矿产地质志·云南卷·铅锌矿产》，现将伴生分散元素的有关情况叙述如下。

据《云南省 2017 年矿区及所属矿山矿产资源储量简表》，矿床累计查明主矿种资源储量：铅 273.23×10^4 t、锌 1392.70×10^4 t，均已达超大型矿床规模；伴生镉资源储量 185113.28 t、铊资源储量 14294.46 t，均已达超大型矿床规模。

镉（Cd）、铊（Tl）矿主要分布于北厂、蜂子山、架崖山、跑马坪 4 个矿段，在硫铁矿体和铅锌矿体中均有分布。灰岩质角砾型矿石中 Cd、Tl 含量高于砂岩型矿石，上矿带的下部 Cd、Tl 含量高于上部。

镉（Cd）在矿床中普遍富集，明显地与锌矿物密切伴生，含量稳定。铅锌矿体中平均 Cd 含量 0.1%，单样最高达 3.268%；由东向西，镉矿化减弱；硫化矿中 Cd 平均含量 0.066%，在部分氧化矿物中进一步富集，平均含量达 0.124%。同一矿段不同类型矿石及不同含矿带，镉含量不尽相同，主要系受锌的制约，与锌成正消长关系；相关系数+0.79～+0.89，为单相密切正相关。有独立矿物硫镉矿、黄硫镉矿（CdS）。硫镉矿呈枯黄色粉末状，黄硫镉矿呈鲜黄色粉末状；前者常见于深部闪锌矿的表面，后者多见于地表氧化带中。镉主要以类质同象的形式赋存于闪锌矿晶格中，闪锌矿单矿物 Cd 含量为 0.09%～1.36%，方铅矿、黄铁矿（白铁矿）中 Cd 含量较低，分别为 0.005%～0.026%、0.003%～0.029%。镉在闪锌矿中因混入 Fe^{2+} 的吸附作用，一般闪锌矿颜色越深含镉越高，棕黑色者 Cd 含量高达 1.36%；无色者仅为 0.275%；胶状者含量也往往高于结晶粒状者。在氧化带中，镉因闪锌矿分解而被带出，在富含碳酸盐的围岩中，伴随菱锌矿沉淀下来。菱锌矿中 Cd 含量 0.24%～1.51%，不同颜色的菱锌矿 Cd 含量也有差异，黄绿色者最高，可达 1.51%，无色者最低，仅为 0.24%。黑锌锰矿中 Cd 含量 0.022%～0.204%，其他氧化带矿物中含量甚微。

铊（Tl）与黄铁矿、白铁矿关系极为密切，矿床中较为富集。铅锌矿体内 Tl 平均含量 0.0046%，硫铁矿体内 Tl 平均含量 0.011%，铊与硫铁矿的含量成正比消长关系，相关系数+0.65。如果原矿中黄铁矿、白铁矿的硫含量达 2%，相应 Tl 含量 0.01%以上。Tl 含量有由东向西递减的趋势，东部架崖山矿段 Tl 平均含量 0.0067%，西部蜂子山矿段仅为 0.0007%，各矿体中以 Ⅰ 号矿体下部较富集，平均达 0.0181%，灰岩型矿又高于砂岩型矿，单样最高达 0.23%。未发现铊的单矿物，主要以类质同

[1] 主要资料来源：云南省地质局第三地质大队，1984，云南省兰坪县金顶铅锌矿详细勘探地质报告书。

象取代 Fe 的形式赋存于黄铁矿中（姜凯等，2014）。单矿物中，硫铁矿中 Tl 含量 0.0055%~0.0879%，其中黄铁矿高于白铁矿，胶状者高于结晶粒状者；闪锌矿中 Tl 含量 0.006%~0.016%，方铅矿中含铊量极微。在氧化带中，因黄铁矿、白铁矿的氧化，铊发生迁移，大部转入到含铁锰的氧化物中，特别是在铅铁矾和黑锌锰矿中最为富集，含量高达 3.03%。当铅铁矾进一步氧化成褐铁矿时，含铊量却显著降低。与硫化矿比较，铊在氧化矿中趋于富集，平均含量为 0.0056%，而硫化矿的平均含量为 0.0041%。

矿床成因类型为浅成中-低温热液型铅锌矿床伴生镉、铊矿，主成矿时代为始新世—渐新世（喜马拉雅期）。

（二）龙陵县勐兴铅锌矿床伴生镉

龙陵勐兴是一个以锌为主的大型铅锌矿床，伴生的分散元素主要为镉。其地质特征详见《中国矿产地质志·云南卷·铅锌矿产》，现将伴生镉的有关情况叙述如下。

据《云南省 2017 年矿区及所属矿山矿产资源储量简表》，矿床伴生镉资源储量 4738 t，已达大型伴生矿床规模。

铅锌矿主要产于中志留统上仁和桥组中，矿层直接顶板为黑色含碳质钙质千枚岩，底板为紫红色砂质板岩、细砂岩，含矿层为灰色生物碎屑灰岩，构成“上黑下红灰色含矿”的地层-岩性组合特征。

矿床中伴生元素 Cd 含量较高，平均为 0.1044%；Cd 在铅、锌精矿中能够富集，其中锌精矿中 Cd 含量 0.51%、铅精矿中 Cd 含量 0.15%，可以综合利用。据赵发等（2010）研究成果，在原生硫化矿石中，镉与主金属矿物闪锌矿关系更为密切，Cd 含量 0.11%的原矿石，闪锌矿 Cd 含量 0.434%、方铅矿 Cd 含量 0.032%，Cd 主要以硫镉矿形式呈粒状或不规则的脉状充填嵌布于闪锌矿的粒间、裂隙及孔穴中。Cd 在铅矾、白铅矿、铅铁矾、菱锌矿等铅锌氧化矿物也有不同程度富集，其含量分别为 0.24%~1.59%、0.1%、0.2%~0.3%、0.4%。

矿床成因类型为浅成中-低温热液型铅锌矿床伴生镉矿，主成矿时代为中志留世（加里东期）。

（三）其他矿床

马关都龙、蒙自白牛厂、澜沧老厂、罗平富乐厂等矿床伴生镉情况已在锗矿、铟矿部分有所提及，其他矿床伴生镉情况见表 9-33 与附表 7。

表 9-33　云南省主要含镉矿床基本情况表

序号	矿床名称	矿床类型	查明资源量/t	规模	镉含量/%	备注
1	兰坪金顶铅锌矿	浅成中-低温热液型	185113.28	超大型	0.0865~0.182	
2	龙陵勐兴铅锌矿	浅成中-低温热液型	4738	大型	0.1044	
3	芒市老缅硐芭蕉洼铅锌矿	浅成中-低温热液型	532	中型	0.052	
4	兰坪菜子地铅锌矿	浅成中-低温热液型	868	中型	0.0414	
5	新平太和街铅锌矿	浅成中-低温热液型	211	小型	0.0003	
6	新平百大莫铅锌矿	浅成中-低温热液型	306	小型	0.0004	
7	鲁甸乐红铅锌银矿	浅成中-低温热液型	2591	中型	0.04	
8	彝良张家湾铅锌矿	浅成中-低温热液型	75	小型	0.031	
9	巧家茂租铅锌矿	浅成中-低温热液型	1912	中型	0.018	
10	罗平富乐厂铅锌矿	浅成中-低温热液型	4831.68	大型	0.085	
11	会泽县麒麟厂铅锌矿床伴生锗镉矿	浅成中-低温热液型	4072	大型	0.038	
12	会泽县矿山厂铅锌矿床伴生锗镉矿	浅成中-低温热液型	1540	中型	0.031	
13	会泽五星铅锌矿	浅成中-低温热液型	111	小型	0.0162	

续表

序号	矿床名称	矿床类型	查明资源量/t	规模	镉含量/%	备注
14	会泽麻栗坪观音岩铅锌矿	浅成中-低温热液型	472	小型	0.037	资源量未上表
15	西盟新厂铅矿	接触交代型	53.04	小型	0.0964	
16	腾冲铜厂山铅锌铁矿	接触交代型	658	中型	0.0219	资源量未上表
17	马关都龙锡锌多金属矿	接触交代型	20396.02	超大型	0.0134~2.3	
18	蒙自白牛厂银多金属矿	岩浆热液型	991	中型	0.0189	
19	西畴红石岩铅锌铜矿	岩浆热液型	598	中型	0.0103	
20	建水荒田铅锌多金属矿	火山岩型	2592	中型	0.03	资源量未上表
21	澜沧老厂银铅锌多金属矿	斑岩型	1566	中型	0.023~0.45	资源量未上表
	合计		234227.02			

二、铊矿

目前共发现铊矿床3处（表9-34），其中南华龙潭砷铊矿是我国已知铊含量最高富铊砷矿床，查明资源量132 t，达中型矿床规模，可作为独立铊矿床开发利用。其余2处均为伴生铊矿床，兰坪金顶铅锌矿伴生铊资源量14294.46 t，达超大型矿床规模，是我国规模最大的伴生铊矿床；兰坪菜子地铅锌矿伴生铊也达到大型矿床规模。

表9-34 云南省主要含铊矿床一览表

序号	矿床名称	查明资源量/t	规模	铊含量/%	备注
1	兰坪金顶铅锌矿	14294.46	超大型	0.0061~0.0114	伴生矿床
2	兰坪菜子地铅锌矿	927	大型	0.0077	伴生矿床
3	南华龙潭砷矿	132	中型	0.0227	共生矿床
	合计	15353.46			

（一）南华县龙潭砷铊矿❶

龙潭砷铊矿行政区划隶属于南华县雨露乡管辖，位于南华县城南东方向，平距约18 km处；矿区中心点地理坐标为：东经101°14′32″，北纬24°57′25″。其地质特征详见《中国矿产地质志·云南卷·化工矿产》，现将伴生铊矿的有关情况叙述如下。

1963~1964年，云南省地质局第十一地质队在该区开展砷矿地质勘查工作，于1965年提交了《南华龙潭砷矿储量计算报告书》，估算B+C_1+C_2级砷储量69008 t，共伴生C_2级铊储量132 t。上述资源储量已列入《云南省2017年矿区及所属矿山矿产资源储量简表》。

1. 矿区地质特征

矿区位于红河断裂的东侧，主构造线方向呈北北西—南南东向。矿体集中分布在硝井背斜东翼雄黄厂一带包括，雄黄厂、新利、草把3个矿段。矿区出露地层主要为上侏罗统红色河湖相沉积，赋矿地层由下至上有打腊段、雄黄厂段和那阮段。打腊段厚度242 m，韵律性明显，每一韵律层自下而上粒度由粗变细，从砂岩、粉砂岩开始，以泥岩告终，属于典型陆源碎屑岩层；那阮段厚度62 m，为暗紫红色泥岩、粉砂质泥岩夹灰紫色薄层状泥质粉砂岩和细砂岩；雄黄厂段俗称“黄层”，厚度285 m，为不纯白云岩、灰岩与泥岩组成的韵律层，是砷铊矿主要赋矿层位。

❶ 主要资料来源：云南省地质局第十一地质队，1965，南华龙潭砷矿储量计算报告书。

2. 矿体地质特征

区内砷铊矿化具有多层且较连续特征，长度 900~950 m，仅雄黄厂矿段就有 15 个矿化小层，其中 5 层能圈定矿体，Ⅹ、Ⅺ层是主矿体。砷铊矿体赋存于黑灰色细层纹状碳质泥质白云岩、碳质泥质灰岩即混杂岩相变带部位，呈脉状、透镜状和似层状产出，除脉状矿体外，产状均与地层一致，但沿走向矿体有膨胀收缩、尖灭再现等变化。主矿体长度 900 m，厚度 1.02~1.35 m，宽度 183~200 m。矿床中 As 含量 7%~15%，最高达 30%，平均 11%；Tl 含量 0.002%~0.2%，平均 0.024%。

3. 矿石特征

矿石类型有雄黄型、雌黄-雄黄型、雌黄-方铅矿型 3 种，以雄黄型为主。砷矿物与铊矿物紧密共生，主要砷矿物为雄黄、雌黄、镁毒石和砷镁石，铊矿物为辉铁铊矿、硫砷铊铅矿、硫砷铊矿、铊黄铁矿；脉石矿物主要有方解石、白云石和石英；伴生矿物主要有雄黄、雌黄、镁毒石、石膏、泻利盐。矿石构造主要为块状构造、细脉状构造、晶簇状构造和浸染状构造。铊黄铁矿为浅黄白色，金属光泽，呈粒状和结核状集合体与雄黄、方铅矿、闪锌矿、硫砷铊铅矿等共生；为黄铁矿结构，Tl 置换 Fe，As 置换 S，Tl 含量 5.14%~8.65%，As 含量 4.59%~6.96%（张忠等，1998；张宝贵等，1996，1998）。

4. 成矿物理化学条件

据张兴茂（1998）、张忠等（1999）研究成果，Tl、As 在岩矿石中含量变化受岩性控制非常明显，在单一较纯岩性的岩石中不利于矿化和富集，而在混杂岩，特别是碳质混杂岩最有利于 Tl、As 的矿化富集；Tl、As 在碳质混杂岩中的含量比非碳质岩高出几百倍，表明 Tl、As 富集与地层中生物富集及有机质含量高有明显关系。矿床成矿温度在 200℃以下，Tl、As 来自赋矿地层中可被活化和淋滤部分。卤素尤其是氯为铊富集成矿的矿化剂，$[TlCl_4]^-$可能是铊迁移富集的主要形式，$T1^+ \rightarrow T1^{3+} \rightarrow T1^+$的价态变换在铊富集成矿过程中具有重要作用。成矿流体是具有 δCe 和 δEu 负异常的酸性溶液，基本保留了矿源层（上侏罗统）的稀土配分模式，在成矿过程中没有受到基性岩浆活动的影响。

5. 矿床成因及成矿过程

矿床成因类型为沉积-改造型低温热液矿床。据张兴茂（1998）、张忠等（1999）研究成果，成矿作用可分为沉积预富集期、改造成矿期和表生贫化期 3 个成矿期。

沉积预富集期：在晚侏罗世的湖盆环境中，丰富的生物和生物遗体及其有机质选择摄取和吸附卤水中各种物质，形成了矿物颗粒细小的雄黄、雌黄、石英、白云石和方解石的矿物组合，形成温度小于 100℃。随着成岩成矿过程的进行，湖盆沉积物或含矿层预富集了成矿物质，使 As、Tl 和有机质等分散在矿源层中，为砷铊矿床形成奠定了物质基础。该成矿期亲石和亲硫元素没有明显分离，赋矿层含丰富的生物化石和有机质，并呈现层纹状和条带状构造。砷矿物以细粒雌黄占绝对优势，成矿时代约为 140 Ma（燕山早期）。

改造成矿期：为砷、铊矿的主成矿期，受区域构造活动和热力作用影响，热卤水重新活化矿源层中的成矿元素，富铊热卤水在构造运动的驱动下产生向构造脆弱带运动，并在有利的成矿构造中与硫砷共富集成矿。形成条带状、网脉状和不规则的矿体及含矿带；以雄黄占优势的雌黄、绿色石英、铁白云石、暗色方解石、方铅矿、闪锌矿、黄铁矿、铊黄铁矿、硫砷锐铅矿、辉铁锐矿和硫砷铊矿矿物组合。改造成矿期生在辉绿岩侵入之后的燕山晚期—喜马拉雅期，约 60 Ma。

表生贫化期：富硫化物和硫砷化物的原生矿石遭受风化淋滤，铊从矿石中释放出来，大部分进入循环水体进行再分配，少部分留在氧化矿石和表生矿物中。成矿温度小于 100℃，出现石膏、重晶石、镁毒石、泻利盐和粘土等表生矿物。

（二）其他矿床

兰坪金顶铅锌矿床伴生铊情况见镉矿部分。

菜子地铅锌矿行政区划隶属于兰坪白族普米族自治县通甸镇管辖，位于兰坪县城北东 19°方向，平距 36.5 km 处；矿床中心地理坐标为：东经 99°31′51″，北纬 26°45′57″。

矿床是一个以锌为主的中型铅锌矿床，伴生的分散元素主要为Cd、Tl、Ga。据《云南省2017年矿区及所属矿山矿产资源储量简表》，矿床累计查明333类及其以上铅资源储量12.56×10^4 t、锌资源储量21.49×10^4 t；伴生镓资源储量257 t、镉资源储量868 t、铊资源储量927 t，镉、铊均已达大型伴生矿床规模，镓为小型矿床规模。

铅锌矿体主要赋存于上三叠统石钟山组第二岩性段（T_3sh^2）层间破碎带内。Ⅰ号主矿体控制长度450 m，最大倾向延深350 m，厚度0.70～6.20 m，平均2.20 m；Pb、Zn平均品位分别为7.97%、13.37%。

矿床中主矿种铅、锌平均品位分别为2.06%、3.70%，伴生的分散元素平均含量分别为：Cd 0.0179%、Tl 0.0191%、Ga 0.0053%；Cd、Tl、Ga元素主要以类质同象形式赋存于闪锌矿中（云南省地质矿产局第三地质大队，1987）。

矿床成因类型为碳酸盐岩型铅锌矿床伴生镉、铊、镓矿，主成矿时代为早白垩世（燕山期）。

第六节 镓 矿

从矿产地数量来看，云南省分散元素镓（Ga）主要伴生于铝土矿和铅锌多金属矿床中，少量伴生于稀土和稀有元素矿床、铁矿床中；从查明资源量来看，建水普雄稀土、稀有、分散元素矿床伴生的镓资源储量最多，占全省资源总量的36.69%；次为铝土矿和铅锌多金属矿床伴生的镓（Ga）。

一、铝土矿床伴生镓

据《云南省2017年矿区及所属矿山矿产资源储量简表》和最新勘查成果报告统计，共有17处铝土矿矿床伴生有分散元素Ga（表9-35）。其中13处矿床估算了Ga资源储量（官渡区大板桥铝土矿矿床估算的35760 t地质储量未列入），大型矿床1处（丘北县大铁）、中型矿床5处、小型矿床7处，另有4处矿床未估算Ga资源储量。

表9-35 云南省主要含镓铝土矿基本情况表

序号	矿床名称	含矿地层	查明资源量/t	规模	Ga含量/%	备注
1	文山杨柳井铝土矿	P_3l	833	中型	0.0056～0.0066	
2	文山大石盆铝土矿	P_3l	498	中型	0.01	
3	文山天生桥铝土矿	P_3l	103	小型	0.0059	
4	砚山红舍克铝土矿	P_3l	370	小型	0.0084	
5	西畴卖酒坪铝土矿	P_3w	1122	中型	0.0063～0.98	含芹菜塘、卖酒坪2矿段
6	西畴木者铝土矿	P_3w	90.35	小型	0.0047	
7	广南板茂铝土矿	P_3w	374	小型	0.0068	
8	丘北飞尺角铝土矿	P_3l	736.43	中型	0.0036	资源量未上表
9	丘北大铁铝土矿	P_3l	4941.6	大型	0.007	资源量未上表
10	麻栗坡铁厂铝土矿	P_3w	918.89	中型	0.0089	资源量未上表
11	富民老煤山铝土矿	P_2l	295.5	小型	0.02～0.027	资源量未上表
12	官渡区大板桥铝土矿	P_2l		矿点	0.007～0.015	估算地质储量35760t
13	安宁耳目村-小哨铝土矿	P_2l	332.88	小型	0.0107	资源量未上表
14	安宁县街铝土矿	P_2l		矿点	0.0096～0.0152	
15	晋宁区牛恋村铝土矿	P_2l		矿点	0.009～0.03	
16	嵩明阿子营铝土矿	P_2l		矿点	0.02	
17	西山区白鱼口耐火粘土矿	P_2l	93	小型	0.0124	资源量未上表

据云南省地质局第九地质队（1960h）成果，昆明市官渡区大板桥铝土矿中富含镓（Ga），单工程 Ga 含量最高达 0.023%，最低 0.005%；块段 Ga 含量 0.007%~0.015%，平均 0.0089%。Ga 主要赋存于土豆状矿石中，一般含量均大于 0.01%，Ga 含量与 Al_2O_3 含量呈正相关关系。

据崔银亮等（2018）研究成果，镓（Ga）呈散点状、条索状均匀分布于铝土矿矿石中，其分布规律与其他元素无任何关系。区域上，滇中地区 Ga 含量相对较高，滇西地区含量较低；规模上，滇东南地区规模较大。

据王行军等（2015a）研究成果，滇东南地区铝土矿矿床中 Ga 含量高，为 0.000564%~0.008424%，含铝岩系 Ga 平均含量为 0.002886%，高于铝土矿伴生 Ga 最低工业品位（0.002%）；其中，丘北大铁矿床的 Ga 含量最高，为 0.00314%，其次为红舍克、飞尺角、白色姑、天生桥等矿床，其含量均高于铝土矿伴生 Ga 最低工业品位。含铝岩系中，铝质粘土岩的 Ga 含量最高，为 0.003568%；次为铁铝质岩、泥质铝土矿、铁质铝土矿、菱镁矿、铝土矿，其含量均高于铝土矿伴生 Ga 最低工业品位。

二、铅锌矿床伴生镓

据《云南省 2017 年矿区及所属矿山矿产资源储量简表》和最新勘查成果报告统计，目前已有查明资源量的含镓铅锌矿床共 10 处。镓在滇东北地区的浅成中-低温热液作用的碳酸盐岩型铅锌矿中均有不同程度的富集，但 Ga 含量普遍较低，介于 0.001%~0.0058%之间；滇东南地区岩浆热液型、接触交代型矿床伴生 Ga 含量相对较高，查明资源量也较多。个旧、白牛厂、茂租、富乐厂、乐红等矿床伴生镓的情况在前面章节已提及，其他矿床伴生镓基本情况见表 9-36。

表 9-36　云南省主要含镓铅锌矿床基本情况表

序号	矿床名称	类型	查明资源量/t	规模	镓含量/%	备注
1	东川石庄铅锌矿	浅成中-低温热液型	16	小型	0.0058	
2	罗平富乐厂铅锌矿	浅成中-低温热液型	75	小型	0.001	
3	会泽麻栗坪观音岩铅锌矿	浅成中-低温热液型	32	小型	0.0018	资源量未上表
4	会泽县五星铅锌矿	浅成中-低温热液型	8	小型	0.0012	
5	鲁甸乐红铅锌矿	浅成中-低温热液型	69	小型	0.001	
6	巧家火山锌矿	浅成中-低温热液型	13	小型	0.001	
7	巧家茂租铅锌矿	浅成中-低温热液型	128	小型	0.0018	
8	兰坪菜子地铅锌矿	浅成中-低温热液型	257	小型	0.0053	
9	蒙自白牛厂银多金属矿	岩浆热液型	111	小型	0.0019	
10	西畴红石岩铅锌铜矿	岩浆热液型	138	小型	0.0024	
11	个旧锡多金属矿	接触交代型	7185.03	大型	0.0031~0.62	
12	澜沧老厂银铅锌多金属矿	海相火山岩型	95	小型	0.0011	资源量未上表

三、其他含镓矿床

建水普雄稀土、稀有、分散元素矿床中伴生有镓，其查明的伴生镓资源量为 10818t，已达超大型矿床规模（云南省核工业二〇九地质大队，2015），也是目前云南省规模最大的伴生镓矿床。矿床中 Ga 平均含量 0.0033%，其中Ⅰ号矿体 Ga 含量 0.00375%，Ⅱ号矿体 Ga 含量 0.0031%。矿床成因类型为碱性岩浆型-风化壳离子吸附型。个旧白云山稀土矿床也伴生有镓，成矿类型与建水普雄一致，也具有大型矿床以上远景规模。

富源余家老厂黄铁矿床中也伴生有镓，估算伴生镓资源量 14.415 t（云南省地质局富源地质队，1958）。沉积型黄铁矿赋存于上二叠统乐平组中下部，矿体呈层状、板状、透镜状；矿床中 Ga 平均含量 0.001%，Ga 主要以类质同象形式赋存于黄铁矿中。矿床成因类型为沉积型。

此外，在景洪一带的变质火山沉积-改造型铁矿床中也伴生有镓，国防铁矿 Ga 含量 0.003%~0.006%、疆锋铁矿床 Ga 含量 0.003%，可综合利用。

第七节　铼、硒、碲矿

由于在以往地质勘查工作中对铼（Re）、硒（Se）、碲（Te）等分散元素的重视程度不够，缺乏系统的勘查评价，勘查和综合研究工作程度普遍较低。因此，全省发现的矿产地及资源储量相对较少，目前仅发现 12 处含铼、硒、碲矿床（表 9-37）。铼主要伴生于斑岩型铜钼矿床中，多以类质同象形式赋存于辉钼矿中；硒、碲主要伴生于铜镍和铅锌矿床中，成矿类型多为与岩浆作用有关的火山岩型、基性岩浆型、接触交代型、斑岩型，次为浅成中-低温热液作用的碳酸盐岩型。

表 9-37　云南省主要含铼、硒、碲矿床基本情况一览表

序号	矿床名称	矿床类型	资源量/t	元素含量/($g \cdot t^{-1}$)	备注
1	祥云马厂箐金多金属矿	斑岩型	Re 19.931、Se 865.9、Te 546.3	Re 0.338、Se 14.7、Te 9.3	
2	金平铜厂铜钼矿	斑岩型		辉钼矿 Re 含量 52.2	蒋绍平等，2011
3	香格里拉普朗铜矿	斑岩型		辉钼矿 Re 含量 318.5	
4	澜沧老厂银铅锌多金属矿	斑岩型-火山岩型		钼矿石 Re 0.17，银铅锌矿石 Se 20、Te 46.9	蒋绍平等，2011；张准等，2011
5	武定迤纳厂铁铜多金属矿	火山岩型	Se 21.85、Te 6.77	Se 3~6、Te 2	云南省地质局第四地质队，1979
6	景洪三达山铜矿	火山岩型		Se 17~79	云南省地质矿产局，1993
7	元谋朱布铂族多金属矿	岩浆型	Se 14、Te 8		上表资源量
8	金平白马寨铜镍多金属矿	岩浆型	Se 50.81、Te 3.95	Se 7~42、Te 0.28~20	上表资源量
9	墨江金厂金镍矿	岩浆型	463.73	金矿石 Se 含量 0.31~180，平均 46；镍矿石 Se 含量 10~1600	中国人民解放军 00533 部队，1982
10	香格里拉雪鸡坪铜多金属矿	接触交代型		精矿 Se 含量 49~81.6，尾矿 Se 含量 12.22	云南省地质调查局，2016
11	德钦羊拉铜矿	接触交代型		精矿 Se 含量 43.7~119，尾矿 Se 含量 5.5	
12	罗平富乐厂铅锌矿	浅成中-低温热液型		Se 66.42	司荣军，2005
合计		Re 19.931、Se 955.26、Te 567.72			

一、祥云县马厂箐金多金属矿床伴生铼硒碲❶

祥云县马厂箐金多金属矿是典型的与喜马拉雅期富碱斑岩有关的斑岩型金、铜、钼多金属矿床，主矿产金、钼已达大型矿床规模，铼（Re）、硒（Se）、碲（Te）是其铜钼矿中重要的伴生元

❶ 主要资料来源：西南冶金地质勘探公司三一〇队，1981，云南省祥云县马厂箐矿区铜钼矿评价地质报告。

素。其地质特征详见《中国矿产地质志·云南卷·贵金属矿产》，现将伴生分散元素的有关情况叙述如下。

1972~1979 年，西南冶金地质勘探公司三一〇队对矿床的铜钼矿进行勘查评价工作，于 1981 年提交了《云南省祥云县马厂箐矿区铜钼矿评价地质报告》，估算 C_1+C_2 级铜储量 81258 t，C_2 级钼储量 44525 t；估算伴生元素储量：铼（Re）19.931 t、硒（Se）865.9 t、碲（Te）546.3 t（表 9-38）。硒、碲均达到大型伴生矿床规模，铼达到中型矿床规模。

表 9-38　祥云马厂箐铜、钼矿石原矿法伴生元素资源储量计算表

矿体编号	矿石类型	矿石量/t	Re		Se		Te		备注
			品位/(g·t^{-1})	金属量/t	品位/(g·t^{-1})	金属量/t	品位/(g·t^{-1})	金属量/t	
1	单钼矿石	44224868	0.15	6.634	14	619.1	8	353.8	
	单铜及共生矿石	10964986	0.916	10.044	22	241.2	13	142.5	
2	单铜及共生矿石	1730981	0.761	1.317	1	1.7	11	19.0	
3	破碎带铜矿石	1935780	1	1.936	2	3.9	16	31.0	
合计		53356615	0.338	19.931	14.7	865.9	9.3	546.3	

马厂箐矿区铜、钼矿体主要分布在宝兴厂和乱硐山矿段，而金矿体则在金厂箐、人头箐、乱硐山、宝兴厂和双马槽 5 个矿段都有分布，铜、钼矿体与金矿体既有联系，又相对独立。从矿体与岩体的空间关系来看，铜、钼、金等矿体的产出受岩体内构造破碎带、岩体与围岩的接触带、围岩中的构造破碎带等多种因素控制，从岩体向外具有 Mo→Cu+Mo（Fe）→Cu+Au→Au+Pb+Zn+As+Ag 金属元素成矿分带，由岩体→接触带→围岩表现出由高温→低温的系列成矿效应。根据矿化体的空间分布，从岩体由内向外主要分为 4 种矿化类型：产于岩体内铜、钼矿体；产于岩体与围岩接触带铜、钼（伴生金）矿体；产于断裂构造破碎带中的脉状金矿体；产于第四系红色粘土型金矿体。据西南冶金地质勘探公司三一〇队（1981）成果，Re、Se、Te 主要富集于铜钼矿体中。

1 号矿体：是区内最大的一个铜、钼共生矿体，位于马厂箐岩体的北缘内外接触带及"岩舌"下部，呈北东东向展布，长度 1250 m，宽度 100~600 m，资源量占全区铜钼资源量的 72%。矿体由一些彼此相连的复脉群组成，形态、产状严格受接触界面的控制，多呈似层状，也有透镜状、囊状及其组合形状；产状、厚度变化大，倾角 20°~70°，厚度最大达 140 m，平均 82.7 m；Mo 品位 0.078%，Cu 品位 0.46%。矿体沿走向虽较稳定，但分岔、尖灭复合再现频繁，沿倾斜向深部变贫变薄至尖灭。铜、钼的富集与岩性关系较为密切，钼主要赋存于富碱斑岩体内，少量赋存于外带角岩、矽卡岩中；铜主要赋存于外带角岩中，在岩体内形成矿体比较少。铜、钼的富集与岩石中 Fe 含量有关，Cu 与 Fe_2O_3+FeO 成正相关关系，Mo 则相反。铜、钼的富集与岩石裂隙发育程度有关，在接触带的转折部位即陡变缓或缓变陡的部位裂隙发育，是矿体赋存的主要空间。

铜钼矿石中，金属矿物主要有辉钼矿、黄铜矿、斑铜矿、砷黝铜矿、黄铁矿、磁铁矿、磁黄铁矿、钛铁矿、白铁矿、白钨矿、闪锌矿、蓝辉铜矿、辉锑矿以及孔雀石、蓝铜矿、褐铁矿等；脉石矿物主要有石英、长石、黑云母、绢云母、绿帘石、高岭石、榍石、石榴子石、方解石等。矿石中有价值伴生的有益组分为 Re，其富集主要与辉钼矿有关，矿石中 Re 含量一般为 0.15~1.7 g/t（表 9-39）；钼精矿中，Re 含量为 74.7~100 g/t；单矿物中，辉钼矿 Re 含量为 18.8~22.4 g/t，而铜矿物中 Re 含量仅为 0.1~0.4 g/t（表 9-40）。

马厂箐矿床 Se、Te 的富集规律不明显。矿石中 Se 含量较低，为 1~22 g/t；各单矿物中 Se 含量，为 2~30 g/t。矿石中 Te 含量也较低，为 8~28 g/t；各单矿物中 Te 含量为 2~7 g/t，在黄铁矿中含量较高，可达 30 g/t。

表 9-39　祥云马厂箐铜、钼矿体伴生 Re、Se、Te 元素含量表（g/t）

矿体编号	矿石类型	Re	Se	Te	备注
1	斑岩型钼矿石	0.15	14	8	样品 24 件
	角岩型铜钼矿石	0.916	22	13	样品 11 件
2	角岩型铜矿石	0.761	1	11	样品 11 件
3	（破碎带）斑岩角岩型铜钼矿石	1	2	16	样品 9 件
13	透辉石接触交代型铜矿石	1.7	2	28	样品 1 件
14	含铜磁铁矿石	0.8	2	14	样品 4 件

表 9-40　祥云马厂箐铜、钼矿金属矿物伴生 Re、Se、Te 元素含量表（g/t）

编号	矿物名称	Re	Se	Te	备注
1	角岩中之辉钼矿	22.4	14	2	
2	斑岩中之辉钼矿	18.8	22	7	
3	砷黝铜矿	—	—	—	
4	黄铜矿、斑铜矿	0.4	15	3	
5	含铜黄铁矿	0.1	2	13	
6	黄铜矿、黄铁矿	0.2	23	6	
7	黄铁矿	0.2	30	30	

马厂箐为与喜马拉雅期浅成侵入体有关的斑岩型金多金属矿床。铜钼矿石中石英的$^{39}Ar-^{40}Ar$等时线年龄为 38.8±0.3~40.8±0.2 Ma、铜矿石中石英的$^{39}Ar-^{40}Ar$等时线年龄为 35.9±0.1~33.7±0.1 Ma（彭建堂等，2005），与蔡永文（2010）、郭晓东（2009）、曾普胜等（2006）、王登红等（2004）测得铜钼矿中辉钼矿 Re-Os 等时线年龄 34.7±0.6 Ma、35.3±0.7 Ma、35.8±1.6 Ma、33.9±1.1 Ma 是一致的，表明铜钼多金属矿的成矿时代为古近纪（喜马拉雅中期），铼、硒、碲的成矿时代也应与之一致。

二、墨江金厂金镍矿床伴生硒❶

金厂金镍矿是云南省最早发现的大型金镍矿床，其地质特征详见《中国矿产地质志 · 云南卷 · 铅锌矿产》，现将伴生分散元素的有关情况叙述如下。

1979~1981 年，云南省冶金地质勘探公司三一一勘探队（后改编为中国人民解放军 00533 部队，现为中国人民武装警察部队黄金第十支队）在该区开展金矿普查、勘探地质工作，于 1982 年 5 月提交了《云南省墨江县金厂金矿详细勘探报告》。估算表内+表外 C+D 级金金属量 31283 kg，D 级镍金属量 8643 t；伴生硒 463.733 t。

金镍矿沿金厂蛇绿岩体西接触带（下盘）断裂构造带中断续分布，呈长豆荚状平行岩体展布，总长度 3100 m，宽度 50~200 m。共圈出大小金矿体 159 个，镍矿体 87 个。金矿体主要产于金厂组“含金石英岩”，镍矿体主要分布在金厂超基性岩体与围岩接触带弯曲的部位；大部分金、镍矿体在空间上是异体共生的，镍矿体多出现在金矿体的上、下部位，少数与金矿体呈叠置、连接、交叉、重

❶ 主要资料来源：中国人民解放军 00533 部队，1982，云南墨江金矿详细勘探报告。

合的同体共生产出，构成金-镍矿体。镍矿石中伴生有分散元素 Se，含量为 10~1600 g/t，平均 31 g/t，选矿过程中基本上都能随镍一起回收；金矿石中也伴生有 Se，其含量为 0.31~180 g/t，平均 46 g/t，生产过程中未能回收利用。

Se 与超基性岩有成因联系，矿石中 Se 含量已达到伴生矿工业要求，主要分散于硫化物中，与 S 呈类质同象形式赋存于银矿物中；硫锑铜银矿中 Se 含量最高（6.5%）、含银黝铜矿中 Se 含量 4.75%~5.75%、辉锑银矿 Se 含量 0~1.8%（帅德权，1988）。金矿化带和含金石英岩（脉）中，Au、Ag、Se 的含量呈正消长关系，三元素含量间也有显著的线性相关关系。黄铁矿化硫化物岩中也富集 Se，其含量为 11.345~16.834 g/t（谢桂青等，2002）；近镍矿的黄铁铬绢英岩也富集 Se，黄铁矿单矿物 Se 含量为 1900~2200 g/t（江永宏等，2003）。综上所述，墨江金厂金镍矿床及外围具有较大的硒找矿潜力。

三、金平县白马寨铜镍多金属矿床伴生硒碲❶

白马寨主矿种，均达到中型矿床规模；伴生钴、硒、碲、铂钯、金、银、硫等矿产，其地质特征详见《中国矿产地质志·云南卷·铜钼镍钴矿产》，现将伴生分散元素的有关情况叙述如下。

截至 2017 年底，矿床在《云南省 2017 年矿区及所属矿山矿产资源储量简表》中的上表资源储量为：累计查明主矿种资源储量，Ni 62154 t、Cu 38501 t；伴生元素资源储量，Co 3172 t、Se 59.98 t、Te 3.95 t、Pt 110.48 kg、Pd 114.36 kg、Au 202.38 kg、Ag 6508 kg、S 291×10^4 t。

矿床目前共发现的 18 个铜镍多金属矿体，均赋存于具一定规模的基性-超基性岩体内，其中Ⅰ、Ⅲ号岩体规模较大，含矿较好。

Ⅰ号岩体含有 5 个矿体，以 10 号矿体为主。矿体走向长 205 m，倾向延深大于 250 m，倾角约 50°；矿体宽度 6~35 m，平均 21 m，厚度 7~28 m，平均 14 m。主成矿元素含量分别为：Ni 0.36%~0.84%，平均 0.59%；Cu 0.21%~0.62%，平均 0.34%；Co 0.038%。其余伴生有益组分平均含量为：S 6.66%、Se 7 g/t、Te 0.28 g/t、Au 0.02 g/t、Ag 2.25 g/t、Pt 0.03 g/t、Pd 0.01 g/t。

Ⅲ号岩体主要赋存有 9 个矿体，以 1、2 号矿体为主。

1 号矿体：位于岩体核心，产状与岩体基本相同，沿倾斜方向略向岩体南西侧偏移，为一块状特富矿矿体。矿体形态呈扁柱状，一般中部厚边缘薄，形态规则、完整，边部略有分支现象；横剖面呈似蝌蚪形，纵剖面呈似板状；矿体沿下延方向斜长 425 m，宽度 40~72 m，厚度 0.7~21 m；矿体以致密块状矿石为主，边部常有极薄的反角砾状矿石断续分布，与 2 号矿体的接触界线清楚，在其底部常有数厘米或数十厘米的细粒磁铁矿富集矿带。主要金属硫化矿物为磁黄铁矿、镍黄铁矿、黄铜矿、黄铁矿等。主成矿元素含量分别为：Ni 2.05%~4.85%，平均 3.88%；Cu 0.39%~3.26%，平均 1.99%；Co 0.108%~0.224%，平均 0.182%。其余伴生有益组分平均含量为：S 34.91%、Se 42 g/t、Te 20 g/t、Au 0.14 g/t、Ag 9.80 g/t、Pt 0.05 g/t、Pd 0.09 g/t。

2 号矿体：围绕 1 号矿体分布，构成其外壳，呈扁筒状顺岩体延长，产状与岩体南西侧基本一致，为一浸染状硫化中贫矿矿体。长度 510 m，厚度 2~35.5 m；矿体围岩为橄榄岩、橄辉岩、辉石岩及辉长岩；内部矿体以橄榄岩型海绵陨铁状、细粒浸染状矿石为主，边缘矿体在橄辉岩、辉石岩和辉长岩中为浸染状、斑杂状、斑点状、片状矿石。矿体中主要组分变化较 1 号矿体大，含量分别为：Ni 0.78%、Cu 0.65%、Co 0.036%；其余有益伴生组分平均含量为：S 6.56%、Se 9 g/t、Te 10 g/t、Au 0.03 g/t、Ag 4.40 g/t、Pt 0.01 g/t、Pd 0.01 g/t。

矿石矿物主要为磁黄铁矿、镍黄铁矿、黄铜矿、磁铁矿、镍辉钴矿、硫铋镍矿，偶见少量黄铁矿；脉石矿物主要为辉石、辉长石、橄榄石、绢云母、绿泥石等。未发现硒、碲独立矿物，硒、碲主要赋存于铜镍矿物中，可以综合回收利用。

---

❶ 主要资料来源：云南省地质局第十五地质队，1965，云南金平白马寨铜镍矿储量报告；云南省地质局第十五地质队，1966，云南金平白马寨铜镍矿储量报告（第二期）。

白马寨镍铜多金属矿体产于基性-超基性岩体中，为典型的岩浆型 Cu-Ni-PGE 多金属矿床。赋矿岩体 SHRMP 锆石 U-Pb 年龄为 258±3.5 Ma（Wang et al.，2006），硫化物矿石 Re-Os 年龄分别为 249±32 Ma（王登红等，2007）和 259±18 Ma（孙晓明等，2007）表明其成岩成矿时代为华力西期。

四、其他矿床（点）

（一）铼矿

除澜沧老厂、祥云马厂箐 2 个矿床的斑岩型铜钼矿中伴生有铼（Re），香格里拉普朗、金平铜厂 2 个斑岩型铜多金属矿床也伴生有铼（Re），据蒋绍平等（2011）研究成果，香格里拉普朗铜矿床中辉钼矿 Re 含量为 239.8~379.3 g/t，平均 318.5 g/t；金平铜厂铜钼矿床中辉钼矿 Re 含量为 2.27~134.9 g/t，平均 52.2 g/t。上述 2 个矿床均未对伴生 Re 进行过评价，普朗铜矿伴生钼资源量 12.57×10^4 t，如按辉钼矿 Re 含量 318.5 g/t 估算，其伴生 Re 资源量将超过 50 t，具有很大的找矿潜力。

（二）硒、碲矿

除澜沧老厂、墨江金厂金镍矿、祥云马厂箐、金平白马寨、武定迤纳厂 5 个矿床外，元谋朱布铂族多金属矿床和景洪三达山铜矿床也伴生有 Se、Te，罗平富乐厂铅锌矿床伴生有 Se。

元谋朱布铂族多金属矿产于华力西晚期（晚二叠世）基性-超基性岩中，查明资源量分别为 Se 14 t、Te 8 t，矿床成因类型为基性岩浆型。

景洪三达山铜矿位于景洪市区北约 5 km 处，其地理坐标为：东经 100°21′00″~100°31′00″，北纬 22°00′30″~22°03′30″。矿体呈透镜状、似层状、豆荚状产于中三叠统忙怀组变质火山凝灰岩中，大者长度大于 50 m，多数小于 50 m，厚度一般 3~8 m。矿石较富，主要有用组分为 Cu、S，含量分别为：Cu 2.09%、S 20.88%；伴生 Se、Te，含量分别为：Se 17~74 g/t、Te10 g/t（云南省地质矿产局，1993）。伴生 Se、Te 虽未作系统评价，但含量较高，已达到或超过工业指标（0.001%）要求，可综合利用，矿床成因类型为火山岩型。

据司荣军（2005）研究成果，罗平富乐厂铅锌矿石中伴生有硒，Se 含量一般为 23.11~106.5 g/t，平均 66.42 g/t，普遍达到边界品位（25~60 g/t）要求，并估算硒资源量 749.38 t。硒主要赋存在闪锌矿中，Se 平均含量 163 g/t。

据云南省地质调查局（2016）“三稀”资源调查成果，在德钦羊拉铜矿和香格里拉雪鸡坪铜多金属矿 2 个矿床中也发现伴生有硒（Se）元素。其中羊拉铜矿的铜精矿中 Se 含量最高，达 81.6 g/t，硫精矿中 Se 含量 49 g/t；尾矿中 Se 含量 11.0~13.9 g/t，平均 12.22 g/t。雪鸡坪铜多金属矿床的铜精矿中含量最高，达 119 g/t，其次为硫精矿，Se 含量 43.7 g/t，在尾矿中 Se 含量一般 4~8 g/t，平均 5.5 g/t。上述 2 个矿床精矿和尾矿的 Se 含量均高于铜镍矿床的硫化物矿石中的最低工业品位（5~60 g/t），表明其均为富硒的铜多金属矿床。

据刘军平等（2018，2019）成果，易门-罗茨断裂带以西的古元古界易门群罗洼垤组、西山村组为富硒地层，面积约 400 km^2，基岩 Se 含量一般为 0.4~0.86 g/t，其风化土壤 Se 含量一般为 0.8~1.5 g/t，达到富硒土壤含量标准（≥0.4 g/t）；易门普家村菜子山一带风化土壤 Se 含量高达 136 g/t，可直接作为富硒有机化肥使用。

此外，据云南省地质局第二区域地质测量大队（1978c）、常苏娟（2011）研究成果，在沾益德泽磷矿床的下寒武统筇竹寺组上段底部黑色碳质粉砂岩中，有一个钼、镍、铀、硒矿层，厚度 0.8~2.45 m，平均 1.21 m。各元素含量分别为：Mo 0.043%~0.12%，平均 0.08%；Ni 0.11%~0.21%，平均 0.14%；U 0.007%~0.015%，平均 0.01%；Se 12~65 g/t，平均 33 g/t。该层位在滇东、滇东北、滇中地区广泛分布，具有一定的找矿潜力。

第八节　成矿规律及找矿方向

一、成矿地质条件

（一）岩浆岩条件

大部分分散元素矿产成矿与岩浆作用关系较为密切，尤其是镓、铟、硒、碲、铼5种元素。其中，铼与浅成中酸性富碱斑岩、铟与中酸性岩浆岩及硒、碲与基性岩浆岩关系密切，镓则与基性、中酸性、碱性岩浆活动均有一定关系（图9-10）。

1. 晋宁期中酸性、基性岩浆活动

在中元古代（晋宁期），滇中地区中酸性、基性岩浆活动强烈。武定迤纳厂火山岩型铁铜矿床伴生有分散元素硒、碲，其成矿与晋宁期基性岩浆侵入和喷发活动有关。

2. 华力西期基性-超基性岩浆活动

华力西期基性-超基性岩浆活动强烈，与硒、碲等分散元素矿产成矿关系密切。

早石炭世—晚二叠世基性-超基性岩浆侵入，在金沙江-红河、哀牢山、元谋-绿汁江断裂带形成大量镁铁-超镁铁质侵入杂岩体，元谋朱布、金平白马寨等岩浆型铜镍铂钯矿床中普遍伴生有硒、碲，墨江金厂金镍矿伴生硒与超基性岩关系密切。

早石炭世—晚二叠世基性岩浆喷发活动强烈，在昌宁-孟连结合带以南、澜沧江断裂带以西区域形成众多火山岩型铁多金属矿床。其中，景洪一带的国防、疆锋铁矿中伴生有镓，三达山铁铜矿中伴生有硒；澜沧老厂银铅锌多金属矿床伴生有镓、铟、硒、碲、铼等分散元素，其成矿与火山活动可能有一定关系。在金沙江-红河断裂带以东区域，晚二叠世基性岩浆喷发活动形成大面积的峨眉山玄武岩，除与滇东北、滇东南地区的金、银、铅、锌、铜等矿化关系密切，也与锗、镓、铟、镉等分散元素矿化关系密切。建水荒田、马南一带的火山岩型铅锌矿中伴生有分散元素镉，滇东北会泽、乐红、富乐厂等碳酸盐岩型铅锌矿中普遍伴生锗、镓、铟、镉等分散元素矿产，滇东南地区的铝土矿普遍伴生有分散元素镓，铝土矿成矿物质主要来自峨眉山玄武岩。

3. 印支期—燕山期中酸性、碱性岩浆活动

印支期—燕山期中酸性、碱性岩浆侵入活动与分散元素成矿关系最为密切，尤其是铟、镓、镉等元素。

滇东南个旧-文山-马关地区燕山晚期中酸性、碱性岩浆活动强烈。燕山晚期长岭岗、白云山碱性岩体中富含稀有、分散元素，据李新仁等（2018）研究成果，长岭岗碱性岩 Ga 含量 22.8×10^{-6} ~ 36.3×10^{-6}，是建水普雄超大型镓矿床（风化型）的含矿母岩。个旧、薄竹山、老君山等花岗岩体普遍富含 In、Ga、Cd 等分散元素，形成马关都龙、个旧、蒙自白牛厂3处大型-超大型铟矿床，也是云南省乃至全国、全世界最重要的铟富集区。个旧马拉格北炮台斑状黑云母花岗岩中 In 的丰度值达 25.9×10^{-6}，在岩体南侧产有 In 含量高的矿体和含 In 锡石（冶金工业部西南冶金勘探公司，1981），李玉帮等（2013、2014）研究认为，花岗岩体对 In 的富集成矿有物质来源贡献；老卡岩体 Ga 含量 20.3×10^{-6} ~ 25.2×10^{-6}。镉含量最高 23.4×10^{-6}（贾润幸等，2014），也是伴生镓、镉矿的重要物质来源。

滇西北德钦-香格里拉一带，印支期—燕山期中酸性岩浆活动强烈，产出有羊拉、红山、雪鸡坪、普朗等大型-超大型铜金属矿床，也伴生有铟、硒等分散元素。红山接触交代型铜矿中 In 平均含量 6.11 g/t，可综合利用；普朗斑岩型铜钼矿中，辉钼矿 Re 含量为 239.8 ~ 379.3 g/t，平均 318.5 g/t；羊拉、雪鸡坪矽卡岩-斑岩型铜矿中也富含硒，可回收利用。

滇西临沧-勐海一带大面积出露的印支期花岗岩体，是临沧地区新近纪锗煤矿的主要成矿物质来源。其东部及东南部的中粗粒黑云母花岗岩、中粗粒变斑状黑云二长花岗岩，Ge 丰度为 2.2×10^{-6}，是酸性岩浆岩克拉克值（1.4×10^{-6}）的1.6倍；西侧及东北部的中粗粒白云母二长花岗岩和二云二长花岗岩，Ge丰度为3.4×10^{-6}，是酸性岩浆岩克拉克值的2.4倍。

4. 喜马拉雅期富碱岩浆活动

在金沙江-红河喜马拉雅期富碱斑岩带上，马厂箐斑岩型铜钼矿中伴生有铼、硒、碲，是云南省最早发现并评价铼（Re）的矿床；金平铜厂斑岩型铜钼矿中也含有铼，辉钼矿Re含量为2.27～134.9 g/t，平均52.2 g/t。

此外，在澜沧老厂银铅锌多金属矿床深部发现喜马拉雅期富碱斑岩，与银、铅、锌、铜、钼等多金属成矿关系密切，同时富含其斑岩型辉钼矿中也富含铟、硒、碲、铼等分散元素，目前对伴生铟已开展较为粗略的勘查评价，硒、碲、铼虽未作评价，但找矿潜力巨大。

（二）地层沉积条件

锗煤岩型（锗砂岩型）锗矿是云南省最重要的沉积型分散元素成矿类型，主要分布于滇西和滇中地区。滇西地区腾冲、芒市、沧源、临沧、澜沧等新生代（古近纪—新近纪）含煤盆地，其沉积基底多为大面积的花岗岩、混合岩及变质岩。除沧源芒回锗煤矿产于古近纪渐新统含煤岩系中，其余锗煤矿均产于新近系中新统、上新统含煤岩系中。锗除在煤层中形成矿体以外，在煤层顶底板的碳质或含碳质的各粒级砂岩（以细砂岩、粉砂岩为主）、粘土岩、少量花岗碎屑岩、燧石岩中也有锗矿（体）化存在。滇中地区的宣威-曲靖晚二叠世含煤盆地和玉溪新近纪含煤盆地中，也伴生有锗。

滇中地区东川-武定-禄劝一带，产于中元古界昆阳群的部分铜铁矿中普遍富含分散元素锗，局部有硒、碲富集。此种类型的伴生锗矿规模较大，查明的资源量占全省资源总量的24.18%。其中以东川铜矿（滥泥坪、汤丹、石将军）最具代表性，尤以滥泥坪铜矿区伴生锗最为重要，Ge含量较高，工业价值巨大。滥泥坪铜矿主要赋存于震旦系陡山沱组和中元古界昆阳群落雪组白云岩中，伴生锗资源量1047 t，达超大型矿床规模。产于中元古界昆阳群因民组中的武定迤纳厂铁铜多金属矿床，铁铜矿中Se含量2～12 g/t，平均6 g/t；Te含量2 g/t。

滇东南、滇中地区产于上二叠统龙潭组（吴家坪组）和中二叠统梁山组的铝土矿中，普遍伴生有分散元素镓，且含量较高、规模较大，是云南省重要的镓成矿类型。

南华龙潭砷铊矿产于中侏罗统江边组雄黄厂段不纯白云岩、灰岩与泥岩组成的韵律层中，据张忠等（1999）研究成果，Tl在岩矿石中含量变化受岩性控制非常明显，在单一较纯岩性的岩石中不利于矿化和富集，而在混杂岩，特别是碳质混杂岩最有利于Tl的矿化富集；Tl在碳质混杂岩中的含量比非碳质岩高出几百倍，表明Tl、As富集与地层中生物富集及有机质含量高有明显关系。

（三）构造条件

构造条件对分散元素矿床的形成，也具有明显的控制作用，构造变形作用不仅是岩浆、成矿流体的运移通道和驱动力，还为成矿元素的富集、沉淀提供场所。区域深大断裂或变形构造直接控制了云南几个主要构造岩浆带的形成与发展，也是重要的导矿构造，分散元素矿带（及异常带）与构造-岩浆岩带在空间分布上具有相互重叠的特点。如金沙江-红河、程海-宾川、元谋-绿汁江等大型变形构造带控制着与喜马拉雅期富碱斑岩、华力西期基性-超基性岩浆活动有关的铼、硒、碲等分散元素矿的分布；小江、南盘江、文山-麻栗坡等大型变形构造带控制着燕山期中酸性岩浆活动有关铟、镉镓等分散元素矿的分布；兰坪-普洱地块的近南北向中轴构造和滇东北一系列的北东向逆冲-推覆构造控制着与热液改造有关的锗、镓、镉、铊等分散元素矿的分布。

深大断裂或变形构造旁侧的次级断裂、褶皱是重要的控岩、控矿构造，背斜轴部或倾没端、多组断裂之间的交汇部位、层间挤压破碎带、岩体边部的原生裂隙等次一级构造均是重要的矿化富集部位。

三叠系未分，海相：哀牢山：变质砾岩、砂岩、千枚岩；洱源：千枚岩、片岩夹大理岩、变质火山岩

T 灰岩、白云质灰岩、白云岩，保山-镇康下部砂岩、页岩夹灰岩，中部玄武岩

φm 二叠系—下三叠统:蛇绿混杂岩,局部含蓝闪片岩

上统：东部：玄武岩、砂岩、页岩，夹灰岩,煤；西部：砂岩、灰岩、页岩，夹中酸性火山岩，局部含煤

中-上统：东部：砂岩、页岩、灰岩、玄武岩，底部含煤；西部：砂岩、板(页)岩夹灰岩、玄武岩或安山岩、凝灰岩

中统：砂岩夹页岩、灰岩、白云质灰岩，金沙江带夹玄武岩，澜沧江带夹火山岩、火山碎屑岩，墨江东南夹安山岩

下-中统并层：砂岩、页岩、灰岩，保山-镇康地区有玄武岩，墨江东南夹安山岩

下统：砂岩、页岩、夹灰岩，保山-镇康地区有玄武岩，滇东南为灰岩夹硅质岩，思茅有中酸性凝灰岩

二叠系下、中、上统并层灰岩、白云岩、砂岩、泥岩，夹凝灰岩

石炭系—下三叠统并层：浅变质泥质岩、变砂岩；滑积碳酸盐岩、基性火山岩

P₁ 泥质岩、砂质岩、碳酸盐岩及煤、滇西有冰海杂砾岩、含砾板岩

各地以碳酸盐岩为主，夹砂岩、页岩；滇东、香格里拉、程海、金平、孟连等地有玄武岩

金沙江：板岩夹灰岩、玄武岩、硅质岩；滇东南：灰岩、硅质岩夹玄武岩；哀牢山：板岩、千枚岩夹砂岩、灰岩、火山岩；其余以灰岩为主，

C₁ 滇东北：灰岩、砂岩、页岩夹煤；普洱：中酸性火山岩，页岩夹硅质岩、基性火山岩

宁蒗北为片岩、变质砂岩夹大理岩、硅质岩，哀牢山为砂岩、页岩夹灰岩，孟连、贡山东及腾冲为变质砂岩、板岩，其余为各地同时代地层岩性组合

上统：灰岩、白云岩，景洪东为砂砾岩、泥岩夹凝灰岩

中-上统并层或未分：金沙江-哀牢山：砂岩、页岩；滇东南：硅质岩；其余为灰岩、白云岩、砂岩

中统：灰岩、泥质灰岩夹泥灰岩，滇中下部为砂岩夹页岩

下-中统并层：砂岩、页(泥)岩、灰岩、滇东南台盆区及宁蒗有较多硅质岩

下统：砂岩、泥(页)岩，少量灰岩，保山-镇康以灰岩，砂质灰岩为主

泥盆系各统并层：砂岩、泥(页)岩，滇东南台盆区及孟连有较多硅质岩，景洪东夹凝灰岩，其余多有灰岩、白云岩

上古生界各系并层：岩性为所在地区泥盆、石炭、二叠系的岩性组合

保山：黑色笔石页岩、灰岩、泥灰岩；滇东：黑色页岩、灰岩夹砂岩；金平、大理东：灰岩、白云岩，上部为页岩、硅质岩

上-顶统：壳相泥岩、灰岩、页岩、粉砂岩

上统：杂色页岩、灰岩

中-顶统：页岩,灰岩与白云岩;大理岩、片岩夹生物碎屑岩、变质岩；中-酸性火山岩，凝灰岩夹灰岩

中-上统：中基性、中酸性火山岩夹大理岩，灰绿色生物灰岩和变质砂砾岩

志留系各统并层：滇东北：页岩、灰岩、砂岩；墨江-绿春：黑色页岩、砂岩；芒市：黑色笔石页岩、泥质灰岩

S₂ 奥陶系—中志留统并层

滇东北：页岩、笔石页岩、灰岩、白云岩夹砂岩；滇西：砂岩、页岩、泥质灰岩、黑色笔石页岩；其他地区：砂岩、页岩、白云岩

奥陶系下-中统并层页岩、砂岩、灰岩

下统：砂岩、页岩，滇中夹灰岩，滇东南有较多灰岩、白云质灰岩

奥陶系各统并层：页岩、砂岩、灰岩，滇东、芒市有白云岩

O₁ 上寒武统—下奥陶统并层：灰岩、白云岩、砂岩、泥岩

O₁ 寒武系—下奥陶统并层

O 寒武系—奥陶系并层：页岩、砂岩、灰岩、白云岩

上统：滇西：页岩、灰岩、砂岩；滇东南：灰岩、粉砂岩、泥岩

中-上统未分或并层：威信：白云岩；滇东北：页岩夹砂岩、灰岩、白云岩；滇东南：灰岩、白云岩夹泥岩；巨甸：泥岩、白云岩

中统：滇东：页岩、砂岩、白云岩；滇中：页岩、砂岩夹灰岩、白云岩；滇东南：灰岩、白云岩夹页岩

下-中统并层：页岩、砂岩、白云岩、灰岩

下统：页岩、灰岩夹砂岩

寒武系各统并层：页岩、砂岩、灰岩、白云岩

本

下古生界各系并层或未分：无量山区：千枚岩、片岩、变质砂岩；其余为所在地区下古生界的岩性组合

Pz 贡山、南汀河、澜沧江、哀牢山：古生界未分，变质砂岩、千枚岩，夹大理岩、结晶灰岩、绿泥片岩；其余为古生界各系并层

Z-O 震旦系—奥陶系并层：石榴云母片岩、二云母片岩、蓝晶石片岩及石英岩

Z-Є 震旦系—寒武系未分或并层：页岩、砂岩、灰岩、白云岩、含磷或夹磷块岩；滇西：砂岩、板岩，夹硅质岩、少量灰岩

震旦系 Z 震旦系各统并层：砂岩夹页岩，白云岩，局部含南华系上部冰碛砾岩

Nh-Z 南华系—震旦系未分或并层：屏边：板岩、千枚岩夹变质砂岩、含砾板岩；滇东：砂岩、页岩、白云岩，含磷

南华系 Nh 牛头山地区：紫红、黄绿色砂岩、泥岩砂砾岩、凝灰岩；其余地区：紫红色砂岩、泥岩夹砂砾岩

Qb-Z 青白口系—震旦系并层：变质砂岩、千枚岩、板岩夹片岩、砂砾岩夹大理岩、板岩夹火山岩

Qb-Nh 青白口系—南华系并层：变质中基性火山岩及碎屑岩

青白口系 Qb 青白口系未分：变火山岩、火山碎屑岩、碳酸盐岩及硅质岩

元古宇

Pt_3 绢云微晶片岩、绢云石英片岩、石英片岩、板岩、变质砂岩、石英岩，一般夹大理岩，部分夹变火山岩

Pt_{2-3} 变碎屑岩、碳酸盐岩夹火山岩；片岩、片麻岩、混合岩夹大理岩

Pt_2 滇中：板岩、变质砂岩、石英岩、灰岩、白云岩，局部夹变火山岩；大理：绿泥片岩、阳起片岩、斜长角闪岩、大理岩

Pt_{1-2} 滇中：微晶片岩、板岩、石英岩、变质砂岩、变中-基性火山岩，大理岩；滇西：云母片岩，石英片岩，绿帘阳起片岩、绿帘钠长绿泥片岩、绿帘斜长角闪片岩，夹少量硅质岩

Pt_1 片岩、片麻岩、变粒岩、斜长角闪岩、大理岩

Pt 麻栗坡：变粒岩、片岩夹斜长角闪片岩

岩　浆　岩

酸性-中酸性岩类

花岗岩(γE、γK、γJ、γT、γC、γS、γZ、γPt)

二长花岗岩($\eta\gamma E$、$\eta\gamma K$、$\eta\gamma J$、$\eta\gamma T$、$\eta\gamma O$)

正长花岗岩（$\xi\gamma K$、$\xi\gamma T$）

花岗闪长岩（$\gamma\delta K$、$\gamma\delta J$、$\gamma\delta T$、$\gamma\delta P$、$\gamma\delta O$）

英云闪长岩（$\gamma\delta o T$、$\gamma\delta o Pt$）

石英正长岩（$\xi o E$）

中性岩类

闪长岩（δT）

正长岩（ξE）

基性岩类

基性岩不分（NJ、NT、NPt）

辉长岩（νK、νJ、νT）

辉绿岩（$\beta\mu T$、$\beta\mu P$）

超基性岩类

Σ 超基性岩不分（ΣC、ΣPt）

σ 橄榄岩（σT、σP、σPt）

碱性岩类

E 碱性岩不分（EK）

变质深成侵入体及混合岩

片麻岩不分（Pt_1gn）

特殊地质体

特殊地质体（$K o\phi$、$T o\phi$、$P o\phi$）

火山岩岩性花纹

英安(质)岩(ζ)

玄武(质)岩(β)

二、成矿时代

分散元素多为银、锡、铅、锌、铜等金属矿床的伴生矿产，其成矿作用比较复杂，具有多种、多期成矿作用叠加特点，其成矿时代涵盖了中元古代—第四纪（晋宁期—喜马拉雅期）的各个时代（表9-41）。

表9-41　云南省分散元素矿产主要成矿时代（构造旋回）统计表

成矿元素	成矿时代（构造旋回）	矿产地数量/处	查明资源量/t	占资源总量比例/%	备注
Ge	古近纪—新近纪（喜马拉雅期）	9	1840.46	40.75	
	侏罗纪—白垩纪（燕山期）	5	347.02	7.68	
	二叠纪—三叠纪（华力西期—印支期）	13	1237.23	27.39	
	中元古代—新元古代（晋宁期）	3	1092	24.18	
Ga	古近纪—第四纪（喜马拉雅期）	9	14565.78	49.38	
	侏罗纪—白垩纪（燕山期）	5	7766.03	26.33	
	二叠纪—三叠纪（华力西期—印支期）	19	7163.29	24.29	
In	古近纪（喜马拉雅期）	1	161	1.50	
	侏罗纪—白垩纪（燕山期）	4	10505.93	97.54	
	三叠纪（印支期）	3	103.78	0.96	
Tl	古近纪（喜马拉雅期）	2	14426.46	93.96	
	白垩纪（燕山晚期）	1	927	6.04	
Se	古近纪（喜马拉雅期）	3	1329.63	93.88	
	侏罗纪—白垩纪（燕山期）	1	0	0	
	二叠纪—三叠纪（华力西期—印支期）	5	64.81	4.58	
	中元古代（晋宁期）	1	21.85	1.54	
Te	古近纪（喜马拉雅期）	2	546.3	96.69	
	二叠纪（华力西期）	2	11.95	2.11	
	中元古代（晋宁期）	1	6.77	1.20	
Re	古近纪（喜马拉雅期）	3	19.93	100.00	
	三叠纪—侏罗纪（印支期—燕山期）	1	0	0	
Cd	古近纪（喜马拉雅期）	3	186732.32	79.72	
	侏罗纪—白垩纪（燕山期）	9	29391.7	12.55	
	二叠纪—三叠纪（华力西期—印支期）	8	13365	5.71	
	志留纪（加里东期）	1	4738	2.02	

从查明的资源储量来看，古近纪—新近纪（喜马拉雅期）、二叠纪—三叠纪（华力西期—印支期）、中元古代—新元古代（晋宁期）锗矿最为重要，查明的资源储量分别占全省资源总量的40.75%、27.39%、24.18%。镓矿主要集中于古近纪—第四纪（喜马拉雅期），其查明资源储量占全省资源总量的49.38%；次为侏罗纪—白垩纪（燕山期）和二叠纪—三叠纪（华力西期—印支期），其查明资源储量分别占全省资源总量的26.33%、24.29%。铟矿主要集中形成于侏罗纪—白垩纪（燕山期），其查明资源储量占全省资源总量的97.54%。铊、硒、碲、铼、镉矿均主要集中形成于古近纪（喜马拉雅期），其查明资源储量分别占全省资源总量的93.96%、93.88%、96.69%、100.00%、79.72%。

三、矿产空间分布

（一）各成矿区带矿产分布情况

云南全省77处分散元素矿产地分布于3个Ⅱ级成矿省、12个Ⅲ级成矿带内（表9-42；图9-11）。从矿产地数量来看，滇中（基底隆起带）Fe-Cu-Pb-Zn-Ag-Au-Pt-Pd-Ni-Ti-Sn-W-REE-磷-硫-重晶石-蓝石棉-盐类-煤成矿带（Ⅲ10）、昭通-曲靖（弧间盆地）Pb-Zn-Cu-Au-Ag-Fe-Mn-Hg-Sb-磷-硫-煤-煤层气成矿带（Ⅲ11）、个旧-文山-富宁（地块）Sn-W-Ag-Pb-Zn-Au-Sb-Mn-Al成矿带（Ⅲ13）分布的矿产地最多，分别有17处、16处、14处矿产地。从查明资源储量来看，铼资源储量全部分布于丽江-大理-金平（陆缘坳陷）Au-Cu-Ni-Pt-Pd-Mo-Mn-Fe-Pb-Zn成矿带（Ⅲ9）；锗资源储量集中分布于临沧-勐海（岩浆弧）Fe-Pb-Zn-Ag-Au-Sn-Ge-REE成矿带（Ⅲ4）、昭通-曲靖（弧间盆地）Pb-Zn-Cu-Au-Ag-Fe-Mn-Hg-Sb-P-S-煤-煤层气成矿带（Ⅲ11）、滇中（基底隆起带）Fe-Cu-Pb-Zn-Ag-Au-Pt-Pd-Ni-Ti-Sn-W-REE-P-S-重晶石-蓝石棉-盐类-煤成矿带（Ⅲ10），其查明资源储量分别占全省资源总量的33.56%、30.09%、24.33%；镓、铟资源储量集中分布于个旧-文山-富宁Sn-W-Ag-Pb-Zn-Au-Sb-Mn-Al成矿带（Ⅲ13），其查明资源储量分别占全省资源总量的75.56%和97.54%；铊、镉资源储量集中分布于兰坪-普洱（陆块）Cu-Pb-Zn-Ag-Fe-Hg-Sb-As-Au-石膏-菱镁矿-盐类成矿带（Ⅲ5），其查明资源储量分别占全省资源总量的99.14%和79.40%；硒资源储量集中分布于丽江-大理-金平（陆缘坳陷）Au-Cu-Ni-Pt-Pd-Mo-Mn-Fe-Pb-Zn成矿带（Ⅲ9）、哀牢山（结合带/小洋盆）Au-Cu-Mo-Cr成矿带（Ⅲ7），其查明资源储量分别占全省资源总量的64.73%、32.74%；碲资源储量集中分布于丽江-大理-金平（陆缘坳陷）Au-Cu-Ni-Pt-Pd-Mo-Mn-Fe-Pb-Zn成矿带（Ⅲ9），其查明资源储量占全省资源总量的97.39%。

（二）矿产空间分布规律

1. 腾冲、三江（造山带）成矿省

目前共发现23处分散元素矿产地。其中，超大型矿床2处、大型矿床4处、中型矿床5处、小型矿床4处、矿点8处；累计查明锗资源储量1843.8 t、镓资源储量352 t、铟资源储量196.78 t、铊资源储量15221.46 t、硒资源储量463.73 t、镉资源储量193528.32 t，分别占全省资源总量的40.82%、1.19%、1.83%、99.14%、32.74%、82.62%。成矿类型主要有基性岩浆型、斑岩型、接触交代型、海相火山岩型、浅成中-低温热液型、生物化学沉积型6种类型。

锗煤型锗矿是本区最具特色的成矿类型，以锗含量高，可构成独立锗矿为特点。主要分布于滇西地区，腾冲、芒市、沧源、临沧、澜沧等新生代（古近纪—新近纪）含煤盆地，其沉积基底多为大面积的花岗岩、混合岩及变质岩。除沧源芒回锗煤矿产于古近系渐新统含煤岩系中，其余锗煤矿均产于新近系中新统、上新统含煤岩系中。

铊、镉是本区最具资源优势的分散元素。兰坪金顶铅锌矿是全国规模最大的伴生铊、镉矿床，其查明的资源储量占全省资源总量的93.1%、80.73%。此外，铊在兰坪菜子地铅锌矿也有伴生，可达大型矿床规模；镉普遍伴生于各类型铅锌矿中，分布较广，以龙陵勐兴铅锌矿的伴生镉最为重要，已达大型矿床规模。

硒、碲与基性-超基性岩浆活动有关，墨江金厂金镍矿的超基性岩体硒含量高，金镍矿中伴生硒可达中型矿床规模；澜沧老厂的基性火山岩型银铅锌矿中，伴生有硒、碲，找矿潜力大；景洪三达山火山岩型铁铜矿中，也伴生有硒。据云南省地质调查局（2016）成果，德钦羊拉、香格里拉雪鸡坪2个矽卡岩-斑岩型铜矿中，也富含硒。

镓、铟、铼矿数量少，零星分布。铟在香格里拉红山接触交代型铜钼矿和澜沧老厂火山岩型银铅锌矿中有伴生，均为小型矿床规模。镓在兰坪菜子地铅锌矿和澜沧老厂火山岩-斑岩型银铅锌矿中有伴生，为小型矿床规模；在景洪大勐龙一带的火山岩型铁矿中，也有伴生。铼在香格里拉普朗的斑岩型铜（钼）矿和澜沧老厂的斑岩型铜钼矿中有伴生，但未作系统评价。

表 9-42　云南省各Ⅲ级成矿带中分散元素矿产分布简表

Ⅰ级（成矿域）	Ⅱ级（成矿省）	Ⅲ级（成矿带）	矿产地数量/处	查明资源量/t							
				锗	镓	铟	铊	硒	碲	铼	镉
Ⅰ1 特提斯成矿域	Ⅱ1-Ⅱ2 腾冲、三江（造山带）成矿省	Ⅲ1 独龙江-腾冲（岩浆弧）Sn-W-Be-Nb-Ta-Rb-Li-Fe-Pb-Zn-Au 成矿带	1								658
		Ⅲ2 保山（陆块）Pb-Zn-Fe-Ag-Fe-Au-Cu-Sn-Hg-Sb-As 成矿带	5	70. 34							5323. 04
		Ⅲ3 昌宁-孟连（结合带/裂谷-洋盆）Pb-Zn-Ag-Cu-Mo-S-Hg 成矿带	4	257. 7	95	161					1566
		Ⅲ4 临沧-勐海（岩浆弧）Fe-Pb-Zn-Ag-Au-Sn-Ge-REE 成矿带	5	1515. 76							
		Ⅲ5 兰坪-普洱（陆块）Cu-Pb-Zn-Ag-Fe-Hg-Sb-As-Au-石膏-菱镁矿-盐类成矿带	4		257		15221. 46				185981. 28
		Ⅲ7 哀牢山（结合带/小洋盆）Au-Cu-Mo-Cr 成矿带	1					463. 73			
		Ⅲ8 香格里拉（陆块）Cu-Pb-Zn-W-Mo-Au 成矿带	3			35. 78					
		小计	23	1843. 8	352	196. 78	15221. 46	463. 73			193528. 32
Ⅰ2 滨太平洋成矿域	Ⅱ3 上扬子（陆块）成矿省	Ⅲ9 丽江-大理-金平（陆缘坳陷）Au-Cu-Ni-Pt-Pd-Mo-Mn-Fe-Pb-Zn 成矿带	3					916. 71	550. 25	19. 93	
		Ⅲ10 滇中（基底隆起带）Fe-Cu-Pb-Zn-Ag-Au-Pt-Pd-Ni-Ti-Sn-W-REE-磷-硫-重晶石-蓝石棉-盐类-煤成矿带	17	1099	737. 38		132	35. 85	14. 77		517
		Ⅲ11 昭通-曲靖（弧间盆地）Pb-Zn-Cu-Au-Ag-Fe-Mn-Hg-Sb-磷-硫-煤-煤层气成矿带	16	1359. 23	339. 42	68					15604. 68
		小计	36	2458. 23	1076. 80	68	132	952. 56	565. 02	19. 93	16121. 68
	Ⅱ4 华南（陆块）成矿省	Ⅲ12 罗平-开远（右江海槽）Pb-Zn-Au-Sb-Mn-硫-煤成矿带	3		5781. 03						
		Ⅲ13 个旧-文山-富宁（地块）Sn-W-Ag-Pb-Zn-Au-Sb-Mn-Al 成矿带	15	214. 68	22285. 24	10505. 93					24577. 02
		小计	18	214. 68	28066. 27	10505. 93					24577. 02
合计			77	4516. 71	29495. 10	10770. 71	15353. 46	1416. 29	565. 02	19. 93	234227. 02

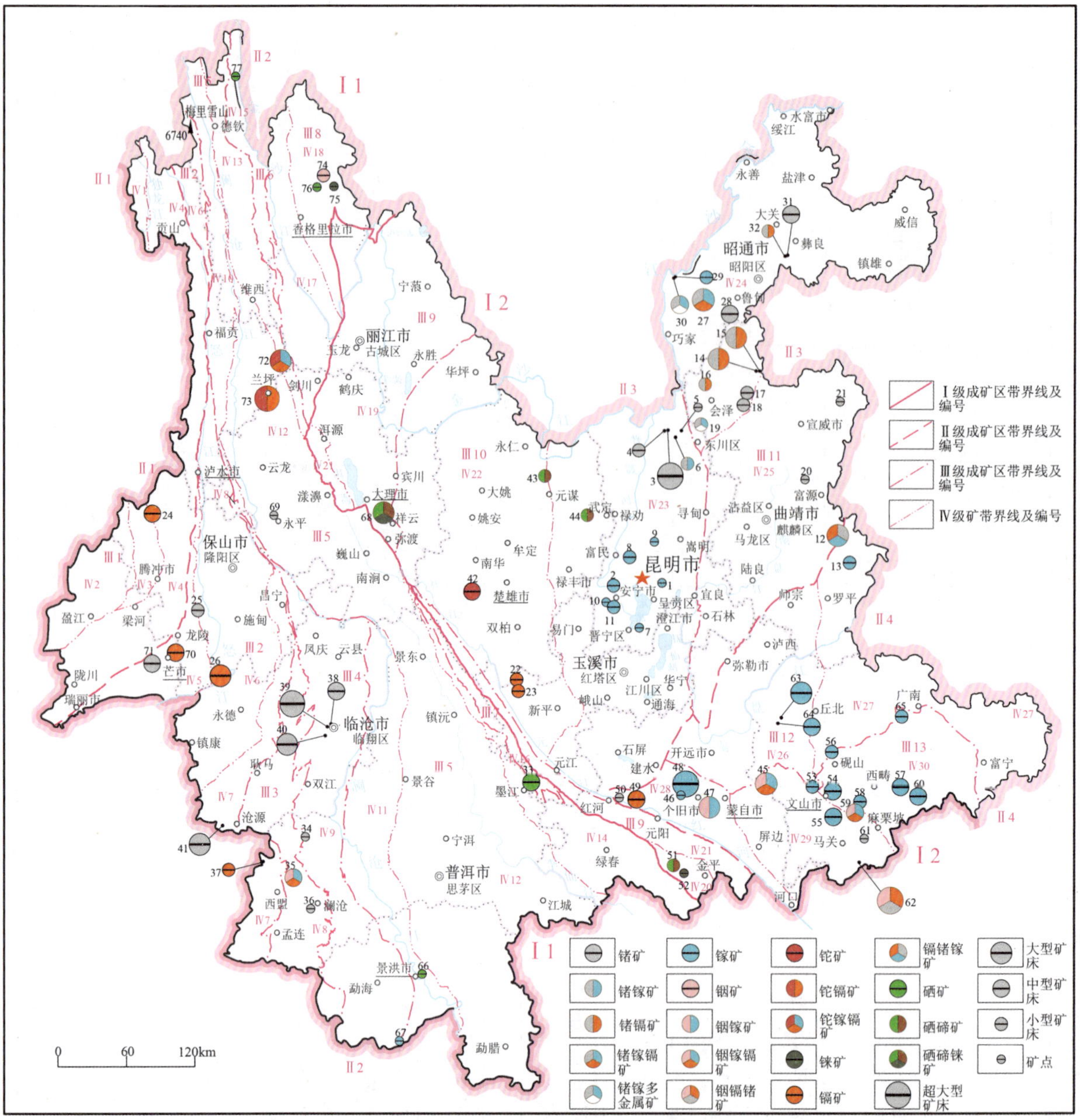

图 9-11 云南省各成矿区带分散元素矿床分布图

2. 上扬子（陆块）成矿省

目前共发现 36 处分散元素矿产地。其中，超大型矿床 1 处、大型矿床 5 处、中型矿床 4 处、小型矿床 17 处、矿点 9 处；累计查明锗资源储量 2458.23 t、镓资源储量 1076.8 t、铟资源储量 68 t、铊资源储量 132 t、硒资源储量 952.56 t、碲资源储量 565.02 t、铼资源储量 19.93 t、镉资源储量 16121.68 t，分别占全省资源总量的 54.43%、3.65%、0.63%、0.86%、67.26%、100.00%、100.00%、6.88%。成矿类型主要有岩浆型、斑岩型、海相火山岩型、浅成中-低温热液型、沉积变质型 5 种类型。

滇东北地区是云南重要的锗矿集区，东川铜矿田（滥泥坪、汤丹、石将军矿床）中伴生有锗，以滥泥坪铜矿床伴生的锗最为重要，已达超大型矿床规模，成矿类型为沉积变质型。巧家-会泽-罗平一带的碳酸盐岩型铅锌矿中，普遍伴生分散元素锗、镓、镉，个别矿床还伴生有铟、硒。其中以锗最为重要，矿产地数量较多、规模较大，会泽矿山厂、麒麟厂和鲁甸乐红 3 个矿床伴生的锗已达大型矿床规模，该区也是云南重要的锗矿集区和锗生产基地之一。此外，滇中宣威-曲靖、玉溪一带的晚二叠世、新近纪含煤盆地中，部分伴生有锗，以沾益罗木锗煤矿最具代表性。

铼主要伴生于斑岩型铜钼矿中，祥云马厂箐是云南最早发现的含铼矿床，也是唯一一个勘查评价过的矿床，其伴生铼已达中型矿床远景规模；金平铜厂的斑岩型钼矿中，也发现有铼。马厂箐斑岩型铜钼矿中还伴生有硒、碲，估算的资源量均达大型矿床规模，是目前云南规模最大的伴生硒、碲矿床；元谋朱布、金平白马寨2个基性岩浆型铂钯铜镍多金属矿床中伴生有硒、碲；武定迤纳厂火山岩型铁铜矿中也伴生有硒、碲。

南华龙潭砷铊矿是全省唯一的独立（共生）铊矿床，产于中侏罗统江边组雄黄厂段不纯白云岩、灰岩与泥岩组成的韵律层中，成矿类型为浅成中-低温热液型砷铊矿。

铟仅伴生于巧家茂租、会泽观音岩2个铅锌矿床中，硒仅在罗平富乐厂铅锌矿床中有发现。

3. 华南（陆块）成矿省

目前共发现18处分散元素矿产地。其中，超大型矿床2处、大型矿床3处、中型矿床7处、小型矿床4处、矿点2处；累计查明锗资源储量214.68 t、镓资源储量28066.27 t、铟资源储量10505.93 t、镉资源储量24577.02 t，分别占全省资源总量的4.75%、95.16%、97.54%、10.49%。成矿类型主要为岩浆岩、接触交代型、岩浆热液型、海相火山岩型、化学沉积型、风化型5种类型。

镓、铟是本区最重要的分散元素矿种。镓主要伴生于建水普雄超大型稀土稀有分散元素矿床中，查明资源量10818 t，占全省资源总量的36.81%，其成矿类型为碱性岩浆型-风化型；滇东南逆冲推覆构造带中部的丘北-文山-西畴一带分布的铝土矿中，普遍伴生有镓，成矿类型为化学沉积型-风化型；个旧锡多金属矿、蒙自白牛厂银多金属矿、西畴红石岩铅锌多金属矿等接触交代型、岩浆热液型矿床伴生有镓。铟与燕山晚期中酸性岩浆活动关系密切，围绕个旧、薄竹山、老君山3个花岗岩体产出个旧、白牛厂、都龙3个大型规模以上的伴生铟矿床，其查明资源量占全省资源总量的98%以上。

镉主要分布于建水-蒙自-马关一带，伴生于与岩浆作用有关的铅锌矿床中，主要有岩浆热液型（白牛厂）、接触交代型（马关都龙）、海相火山岩型（建水荒田）3种成矿类型；锗仅在马关都龙锡锌多金属矿床中有伴生。

四、找矿潜力及找矿方向

云南成矿地质条件十分有利，但伴生分散元素矿产勘查评价工作程度总体较低，有较大找矿潜力。在综合地质、物化探、遥感等各类信息的基础上，以成矿规律为主导，通过综合类比研究，在重点分散元素成矿带内圈定分散元素矿产找矿远景区10处。其中，A类远景区5处、B类远景区3处、C类远景区2处，详见表9-43、图9-12。

表9-43　分散元素矿产找矿远景区一览表

编号	远景区名称	远景区类别	备注
A1	芒市-临沧-澜沧找矿远景区	A类	
A2	兰坪金顶-菜子地找矿远景区	A类	
A3	会泽-宣威-罗平找矿远景区	A类	
A4	建水-个旧找矿远景区	A类	
A5	蒙自白牛厂-马关都龙远景区	A类	
B1	香格里拉-大理找矿远景区	B类	
B2	东川-武定-澄江找矿远景区	B类	
B3	丘北-文山-西畴找矿远景区	B类	
C1	墨江-金平找矿远景区	C类	
C2	元谋-牟定-新平找矿远景区	C类	

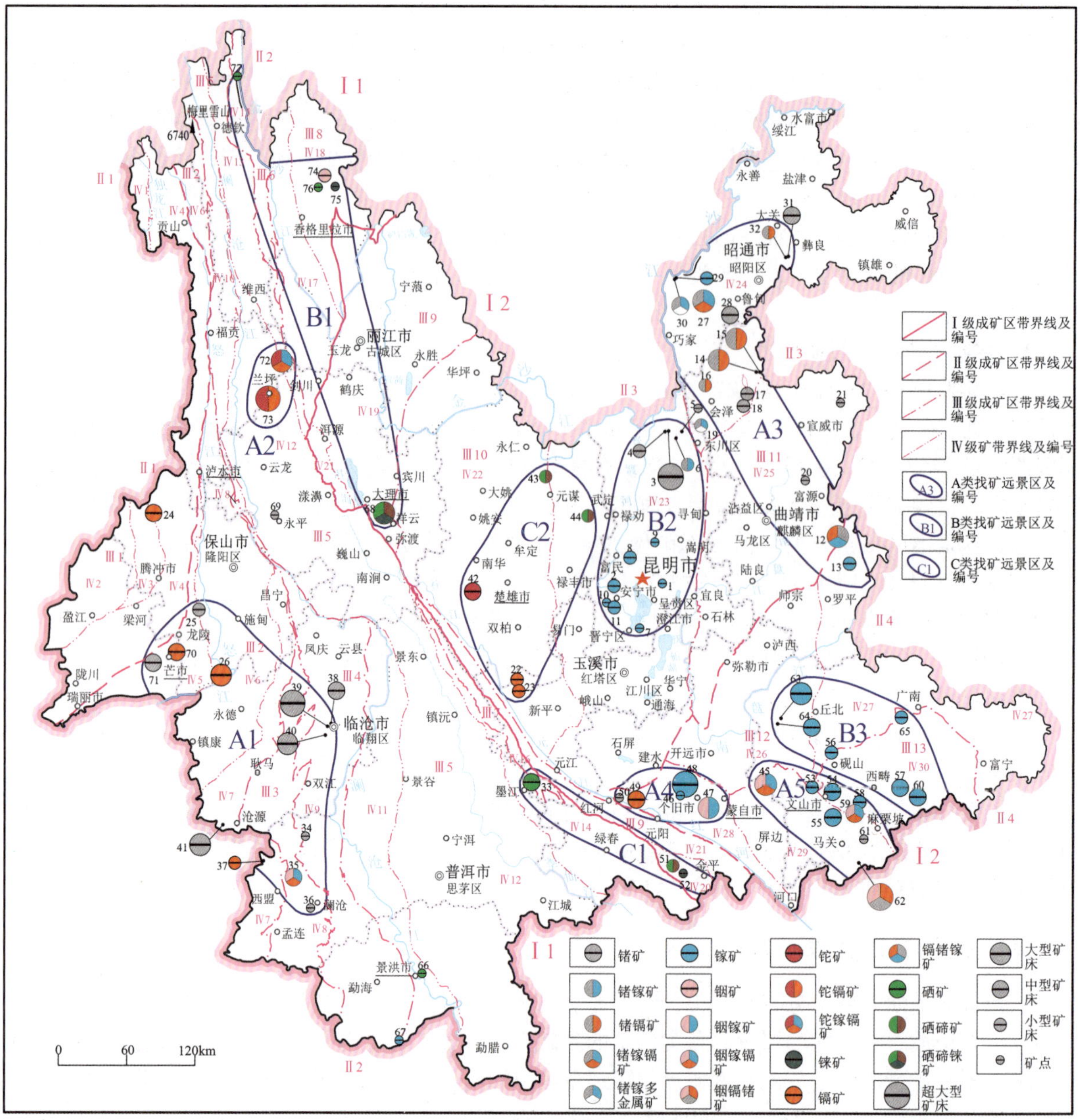

图 9-12 云南省分散元素矿产找矿远景区分布图

（一）芒市-临沧-澜沧找矿远景区（A1）

芒市-临沧-澜沧远景区位于澜沧江断裂带西侧的新近纪断陷盆地中，是云南最重要的锗煤型锗矿集中区，盆地以临沧花岗岩基为基底，以新近系洪泛沉积、河流-湖沼相沉积为特征的含煤碎屑岩建造构成盆地盖层。印支期—燕山期花岗岩是锗的主要成矿物质来源，还发育有富含锗的深源地热水以及与之沟通的同沉积断裂，使热水带来的锗能参与成矿活动，成为锗的另一成矿来源。目前已发现锗超大型矿床 1 处（邦卖）、大型矿床 2 处（勐托、芒回）、中型矿床 2 处（昌军、等anguage），累计查明锗资源储量 1840. 46 t。此外，澜沧上允、勐滨 2 个赋煤盆地中，部分褐煤富含锗，具有较好的找矿前景。

在昌宁-孟连结合带南东侧的澜沧一带，岩浆活动强烈，形成众多斑岩型、火山岩型银、铅、锌、铁等金属矿产地，部分矿床伴生有铟、硒、碲等分散元素，以澜沧老厂大型斑岩型银铅锌多金属矿床最具代表性。含矿岩石为火山岩的矿石中富含铟、硒、碲，除铟开展过简单评价，估算资源储量

161 t，达中型矿床规模；硒、碲均未作评价。据张准等（2011）、罗艳碧等（2013）概略估算，矿床伴生铟资源储量超过1000 t、碲资源储量超过500 t；矿床深部发现的斑岩型铜钼矿，辉钼矿中富含铼，概算其资源量超过100 t（蒋绍平等，2011）。此外，龙陵勐兴、西盟新厂2处铅锌矿床中还伴生有镉，累计查明镉资源储量近5000 t。

综上所述，远景区成矿地质条件十分有利，在已知矿床深部及外围均有很大的找矿空间，找矿潜力大。综合评价为A类找矿远景区，以寻找邦卖式、韭菜坝式锗煤型锗矿及老厂式斑岩型-火山岩型银铅锌多金属矿床伴生分散元素矿产为主攻方向；兼顾勐兴式浅成中-低温热液型铅锌矿矿床伴生镉的找矿工作。

（二）兰坪金顶-菜子地找矿远景区（A2）

金顶-菜子地远景区位于兰坪-普洱中、新生代沉积盆地北段，是云南重要的铅锌银矿集区之一，成矿主要受近南北向中轴断裂带控制。在兰坪金顶铅锌矿中伴生有分散元素铊、镉，规模巨大；其南部的菜子地铅锌矿中伴生有分散元素镓、铊、镉，铊也达大型矿床规模。目前累计查明镓资源储量257 t、铊资源储量15221.46 t、镉资源储量185981.28 t。

远景区内分布着数十个类似铅锌矿产地，对伴生分散元素矿产勘查评价工作较少，具有较大的找矿潜力。综合评价为A类找矿远景区，以寻找金顶式、菜子地式浅成中-低温热液型铅锌矿床伴生的镓、铊、镉矿为主攻方向。

（三）会泽-宣威-罗平找矿远景区（A3）

会泽-宣威-罗平远景区是云南重要的铅锌矿集区，成矿类型以浅成中-低温热液型为主。铅锌矿中普遍伴生分散元素锗、镓、镉，个别矿床还伴生有铟、硒。其中以锗最为重要，矿产地数量较多、规模较大，会泽矿山厂-麒麟厂、鲁甸乐红伴生锗已达大型矿床规模；在巧家茂租、会泽观音岩2个矿床中，还伴生有铟；在罗平富乐厂矿床中，又新发现有硒富集，进一步拓展了分散元素找矿空间。远景区还是云南的重要煤产区，含煤岩系主要为上二叠统乐平组，沾益罗木煤矿伴生锗含量偏低，约0.001%，估算资源储量超过500 t；在宣威榕峰煤田宝山矿区，部分含煤岩系中发现锗煤，表明该区具有较好的锗找矿潜力。远景区目前累计查明锗资源储量1378.23 t、镓资源储量331.42 t、铟资源储量68 t、镉资源储量14705.68 t。

远景区成矿地质条件十分有利，分散元素矿化普遍，找矿潜力大。综合评价为A类找矿远景区，以寻找矿山厂-麒麟厂式铅锌矿床伴生锗、镉矿，茂租式铅锌矿床伴生锗、镓、铟、镉矿及富乐厂式铅锌矿床伴生锗、镓、硒、镉矿为主攻方向，兼顾罗木式锗煤型锗矿的找矿工作。

（四）建水-个旧找矿远景区（A4）

建水-个旧远景区位于红河断裂带北东侧，岩浆活动强烈。燕山晚期—喜马拉雅期长岭岗、白云山碱性岩体富含分散元素镓，在长岭岗碱性岩风化壳中产出有超大型伴生镓矿床1处（建水普雄）；个旧锡多金属矿田中普遍伴生有铟、镓、镉等分散元素，可达大型矿床规模。建水一带的火山岩型铅锌矿中，也普遍伴生有镉，以荒田最具代表性，伴生镉已达中型矿床规模。目前累计查明镓资源储量18003 t、铟资源储量2000 t、镉资源储量2592 t，据云南省核工业二〇九地质大队（2015）勘查成果，个旧白云山稀土矿伴生的镓远景资源量超过2500 t，初具超大型矿床规模。

远景区成矿地质条件十分有利，分散元素矿化普遍，找矿潜力大。综合评价为A类找矿远景区，以寻找普雄、白云山式碱性岩浆型-风化型稀土稀有分散元素矿，荒田式火山岩型铅锌矿床镉矿及个旧式接触交代型镓、铟、镉矿为主攻方向。

（五）蒙自白牛厂-马关都龙找矿远景区（A5）

白牛厂-都龙远景区位于滇东南逆冲推覆构造带的根部，岩浆活动强烈。围绕薄竹山、老君山2

个燕山晚期花岗岩体，产出众多接触交代型、岩浆热液型锡、铅、锌、银多金属矿床，这些矿床中普遍伴生有锗、镓、铟、镉等分散元素。以马关都龙超大型锡锌多金属矿床最具代表性，其伴生的铟、镉均达超大型规模，为全国最大的铟矿床；其伴生的锗、镓，因暂未能综合利用而没有系统评价，但资源潜力巨大，按Ge含量20 g/t进行估算，在铜街、曼家寨矿段初步估算伴生锗资源量1120t（薛步高，2004）。蒙自白牛厂银多金属矿床伴生铟也达大型矿床规模，且勘查评价工作不系统，找矿潜力巨大。目前累计查明锗资源储量214.68 t、镓资源储量249 t、铟资源储量8505.93 t、镉资源储量19522.53 t。

综上所述，远景区成矿地质条件十分有利，分散元素矿化强度大，且勘查评价工作程度不高，找矿潜力大。综合评价为A类找矿远景区，以寻找都龙式接触交代型锡锌多金属矿床伴生锗、镓、铟、镉矿和白牛厂式岩浆热液型银多金属矿床伴生镓、铟矿为主攻方向。

（六）香格里拉-大理找矿远景区（B1）

香格里拉-大理远景区为云南省重要的铜钼多金属矿集区，成矿类型为与印支期—燕山期中酸性岩浆岩有关的接触交代型、斑岩型铜多金属矿及与喜马拉雅期富碱斑岩有关的斑岩型铜钼多金属矿。北部德钦-香格里拉一带，普朗斑岩型铜矿伴生的钼矿已达大型矿床规模，其辉钼矿富含分散元素铼，Re含量为239.8~379.3 g/t，平均318.5 g/t（蒋绍平等，2011），具有很大的找矿潜力；红山接触交代型铜矿中伴生有分散元素铟，已查明资源量35.78t；德钦羊拉铜矿和香格里拉雪鸡坪铜多金属矿2个矿床中也发现伴生有硒（Se）元素，找矿潜力大。南部的大理一带，马厂箐斑岩型铜钼矿中伴生有铼（Re）19.931 t、硒（Se）865.9 t、碲（Te），估算资源储量：Re 19.931 t、Se 865.9 t、Te 546.3 t。硒、碲均达到大型伴生矿床规模，铼达到中型矿床规模。

远景区成矿地质条件十分有利，铜钼金等主成矿元素矿床规模大，但对伴生分散元素勘查评价及研究工作开展较少，分散元素找矿潜力大。综合评价为B类找矿远景区，以寻找马厂箐斑岩型金多金属矿床伴生铼、硒、碲，红山式矽卡岩-斑岩型铜多金属矿床伴生铟矿为主攻方向。

（七）东川-武定-澄江找矿远景区（B2）

东川-武定-澄江远景区康滇基地断隆带上，北部是重要的铁铜矿集区，南部为重要的铝土矿矿集区。东川铜矿中普遍伴生有锗、硒、碲等分散元素，但仅对锗进行较为系统的评价；以滥泥坪铜矿的伴生锗最为重要，已达超大型矿床规模。武定一带火山沉积型铁铜矿也伴生有硒、碲等分散元素，以迤纳厂铁铜矿最具代表性，其伴生硒、碲均为小型矿床规模。富民-安宁一带的铝土矿中，普遍伴生有镓，且含量高，但勘查评价工作低，找矿潜力大，仅官渡区大板桥铝土矿估算的伴生镓远景资源量（地质储量）就超过35000 t。远景区目前已发现超大型伴生分散元素矿床1处（东川滥泥坪）、小型伴生分散元素矿床5处，累计查明锗资源储量1099 t、镓资源储量721.38 t。

远景区成矿地质条件有利，分散元素矿产找矿潜力大，但由于已知矿床资源多已濒临枯竭，或位于城市郊区，勘查评价有一定难度。综合评价为B类找矿远景区，以寻找汤丹式、滥泥坪式沉积改造型铜矿床伴生锗矿，迤纳厂式火山沉积型铁铜矿床伴生硒、碲矿及老煤山式沉积型耐火粘土铝土矿矿床伴生镓矿为主攻方向。

（八）丘北-文山-西畴找矿远景区（B3）

丘北-文山-西畴远景区位于滇东南逆冲-推覆构造带的中部，是云南最重要的铝土矿矿集区。铝土矿中普遍伴生有镓，是重要的镓矿成矿类型。目前已发现大型矿床1处（丘北大铁）、中型矿床5处、小型矿床4处，累计查明镓资源储量9814.27 t。

远景区伴有镓矿化的铝土矿矿产地数量多，勘查工作和研究程度低，有较大的找矿潜力。综合评价为B类找矿远景区，以寻找沉积型铝土矿矿床伴生镓矿为主攻方向。

（九）墨江-金平找矿远景区（C1）

墨江-金平远景区位于哀牢山断裂带（变质岩带）南端，华力西期基性-超基性岩浆活动强烈，除伴有金、铂、钯、铁、铜、镍等金属矿化，也伴有硒、碲等分散元素矿化。墨江金厂金镍矿中伴生有硒，已达中型矿床规模；金平白马寨铜镍铂钯矿中也伴生有硒、碲，均为小型矿床规模。此外，金平铜厂斑岩型铜钼矿中伴生有铼，未作勘查评价。远景区目前累计查明硒资源储量 514.54 t、碲资源储量 3.95 t。

远景区成矿地质条件有利，结合地质、矿产、物化探异常等综合信息研究，推测在已知矿床及基性-超基性岩体周边具有较大的分散元素矿产找矿潜力。综合评价为 C 类找矿远景区，以寻找金厂式、白马寨式基性岩浆型金镍矿床伴生硒、碲矿及铜厂式斑岩型铜钼矿床伴生铼矿为主攻方向。

（十）元谋-牟定-新平找矿远景区（C2）

元谋-牟定-新平远景区基性-超基性岩浆活动强烈，是重要的铂族多金属矿集区。基性-超基性岩与硒、碲等分散元素矿化关系密切，元谋朱布铂族多金属矿床中伴生有硒、碲，均为小型矿床规模。远景区南部产出有砷铊矿床 1 处（南华龙潭），共生铊已达中型矿床规模；新平一带的浅成中-低温热液型铅锌矿中，也伴生有镉，达小型矿床规模。远景区目前累计查明铊资源储量 132 t、硒资源储量 14 t、碲资源储量 8 t、镉资源储量 517 t。

远景区成矿地质条件有利，结合地质、矿产、物化探异常等综合信息研究，推测在已知矿床及基性-超基性岩体周边具有较大的分散元素矿产找矿潜力。综合评价为 C 类找矿远景区，以寻找朱布式基性岩浆型铂族多金属矿床伴生硒、碲矿，龙潭式沉积-改造型铊矿及百大莫式浅成中-低温热液型铅锌矿床伴生镉矿为主攻方向。

第三篇

水气矿产

第十章　概　况

第一节　地理概况

一、自然地理

云南地处青藏高原东部，云贵高原西部，是一个以山地高原地形为主的省份。山地和高原面积合计约占全省总面积的94%（山地面积占84%，高原面积占10%）。地势总体西北高、东南低，自西北向东南呈阶梯状逐级下降。最高峰是西北部迪庆藏族自治州德钦县的梅里雪山，其主峰卡瓦格博峰海拔6740 m，终年积雪。最低点位于滇东南河口县境内，元江与南溪河交汇处，海拔仅有76.4 m。两地高差6663.6 m，表现出高纬度与高海拔、低纬度与低海拔相一致的特点。山地、高原间分布众多山间盆地（俗称坝子），全省共有面积1.0 km^2 以上的盆地1400多个，总面积 2.4×10^4 km^2，约占总面积的6%。其中，100 km^2 以上的坝子有49个，集中了2/3的人口和1/3的耕地，是云南省人口、耕地、政治、经济、文化活动的中心和集中地。

云南境内地貌类型可分为山地、高原和盆地。山地可分为极高山、高山、中山、低山，极高山主要分布于滇西北德钦、香格里拉、丽江一带，高山主要分布于滇西北和滇东北地区，中山主要分布于滇中和滇东南地区，低山和丘陵主要分布于滇东、滇南、滇西南地区。高原可分为高原和山原，高原主要分布于滇中、滇东、滇东南地区，山原主要分布于滇西和滇东北地区。盆地则主要分布在规模较大的活动性断裂带附近，详见图10-1、表10-1。

表10-1　云南省主要地貌类型表

地貌类型		海拔/m	分布地区
山地	极高山	>5000	滇西北德钦、香格里拉、丽江一带
	高山	3500~5000	滇西北的大部分山地和滇东北的药山、拱王山
	中山	1000~3500	滇中及滇东地区
	低山	500~1000	滇东、滇东南、滇西南
	丘陵	<500	滇东、滇东南、滇西南
高原	高原	>1000	滇中、滇东及滇东南地区
	山原		滇西及滇东北
盆地	断陷盆地	500~3000	陆良、昆明、玉溪、曲靖、昭通、元谋、宾川、大理、程海、蒙自、文山、丽江、保山等盆地
	构造侵蚀盆地		富民、开远、景洪、梁河等盆地
	向斜盆地		楚雄、饱满街和普洱（思茅）等盆地
	河谷盆地		永仁、武定等盆地
	溶蚀盆地		师宗、丘北、砚山、罗平、平远街等盆地
	火山堰塞盆地		腾冲、固东、和顺等盆地

云南省地貌区划以元江河谷和云岭山脉一线为界可分为东西两个地貌区。以东为滇中、滇东高原盆地区，属云贵高原的一部分；以西为滇西山地峡谷区，属青藏高原横断山纵谷区。

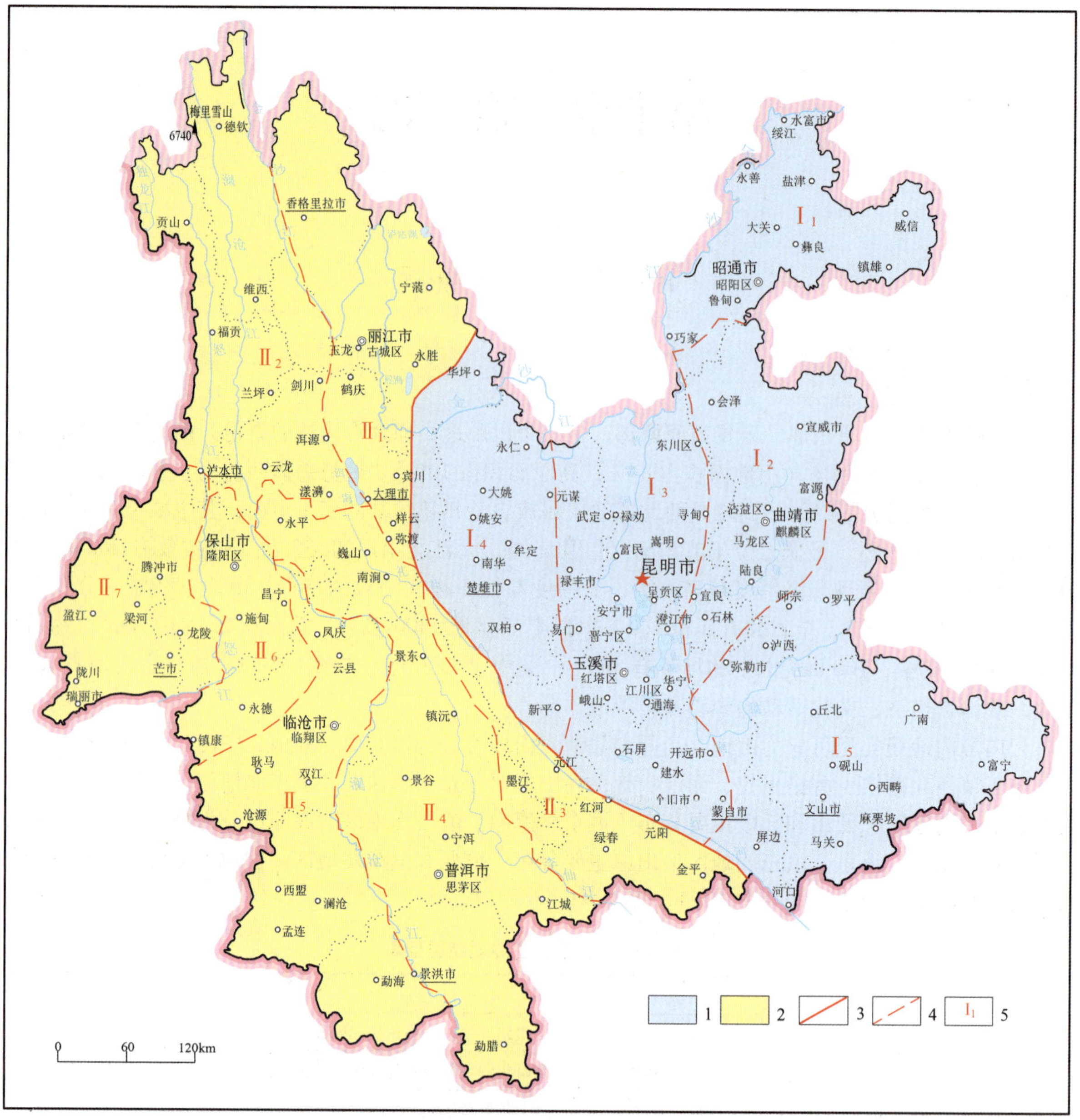

图 10-1　云南省地貌分区略图

1—滇中、滇东高原盆地区；2—滇西山地峡谷区；3—一级地貌分区界线；4—二级地貌分区界线；5—地貌分区编号：Ⅰ—滇中、滇东高原盆地区（$Ⅰ_1$—昭通中山峡谷亚区，$Ⅰ_2$—曲靖高原盆地亚区，$Ⅰ_3$—昆明高原湖盆地亚区，$Ⅰ_4$—楚雄高原亚区，$Ⅰ_5$—文山岩溶中山台地区）；Ⅱ—滇西山地峡谷区（$Ⅱ_1$—丽江高原湖盆地亚区，$Ⅱ_2$—兰坪高山峡谷亚区，$Ⅱ_3$—哀牢山中山亚区，$Ⅱ_4$—普洱（思茅）中山宽谷亚区，$Ⅱ_5$—临沧中山盆地亚区，$Ⅱ_6$—保山中山盆地亚区，$Ⅱ_7$—腾冲熔岩中山宽谷亚区）

东区高原面保存比较完整，除边缘地带外，大部分地区山势低矮，河谷开阔，盆地众多，平均海拔 2000 m、相对高差 500~1000 m，以中山-高原-湖盆地貌景观为主。边缘地带海拔因受金沙江、南盘江及元江等河流深切，高原面普遍遭到破坏，部分山地海拔大于 4000 m、相对高差达 2000 m，形成深切割中山-高山-山原地貌景观；而高原的东部、东南部，因有大面积石灰岩地层分布，各类岩溶地貌发育。

西区峡谷深切、山势宏伟、平均海拔 3500 m，山地相对高差 3000~4000 m。云南著名的高黎贡山、怒山（碧罗雪山）、云岭等与巨大水系怒江、澜沧江、金沙江等大河相间排列，构成深切割高山（极高山）-中山-湖盆地貌景观。下关-永平以南山势逐渐降低，除部分山顶外，大部分山地海拔

1500~2000 m，大盈江、高黎贡山、怒江、大雪山、澜沧江、无量山、李仙江、哀牢山、元江呈帚状撒开，宽谷盆地发育，形成中山-低山-宽谷-盆地地貌景观。

云南省地貌类型明显，按成因分类有构造地貌、侵蚀地貌、剥蚀地貌、溶蚀地貌、堆积地貌及上述诸类的过渡类型，其中构造地貌尤为突出，山地、盆地水系分布几乎都受地质构造控制。

二、气象与水文

（一）气象

云南省地处中国西南边陲，北依广袤的亚洲大陆，南临辽阔的孟加拉湾（距离不到 700 km）和南海（距离不到 400 km），正好处在东亚季风和南亚季风交汇区域，西北又受青藏高原大地形影响，形成了复杂多样的气候条件。同时，云南地形地貌复杂，海拔高低悬殊，除了南北方向上水平气候带的差异外，从低到高又有垂直方向上不同垂直气候带的差异。总体情况是：冬无严寒，夏无酷暑。全省大部分地区年平均气温 13~21℃。气温年温差小，一般为 10~15℃；日温差大，一般在 15℃左右，最大可达 20℃。年极端最高气温，多数地区为 30~35℃，较我国东部各省区低 5~10℃，少数河谷地区（如元江、元谋、河口等地）年极端最高气温亦能超过 40℃。

云南气候冬暖夏凉、四季如春，兼具低纬气候、季风气候、山原气候的特点，可细分为北热带、南亚热带、中亚热带、北亚热带、暖温带、中温带和高原气候区 7 个温度带气候类型。主要特征如下。

（1）气候的区域差异和垂直变化十分明显

气候的区域差异和垂直变化与云南的纬度和海拔这两个因素密切相关。从纬度看，云南相当于从雷州半岛到闽、赣、湘、黔一带的地理纬度，但由于地势北高南低，南北之间高低悬殊达 6663.6 m，大大加剧了全省范围内因纬度因素而造成的温差。这种高纬度与高海拔相结合、低纬度和低海拔相一致，即水平方向上的纬度增加与垂直方向上的海拔增高相吻合，使得各地的年平均温度，除金沙江河谷和元江河谷外，大致由北向南递增，平均温度 5~24℃，南北气温相差达 19℃左右。总体特征表现为：南部长夏无冬、一雨成秋，中部四季如春、一雨成冬，西北部和东北部高寒山区长冬无夏、春秋季短。

由于受地形和不同天气系统的影响，全省气温纬向分布规律中常会出现特殊的情况，例如“北边炎热南边凉”的现象。特别是在垂直分布上，因境内多山，河床受侵蚀作用不断加深，形成山高谷深的地貌特征，由河谷到山顶，因海拔上升而产生明显的气候类型差异。一般海拔每上升 100 m，温度即降低 0.6℃。民谚“一山分四季，十里不同天”即是对此地的写照。山地具明显的“立体气候”的特点，普遍呈现出“河谷热、坝区暖、山区凉、高山寒”的基本特征。

（2）年温差小，日温差大

由于地处低纬高原，空气干燥而比较稀薄，各地所得太阳光热的多少除随太阳高度角的变化而增减外，也受云雨的影响。夏季，最热天平均温度 19~22℃；冬季，最冷月平均温度 6~8℃。年温差一般为 10~15℃，但阴雨天气温较低。一天的温度变化是早凉午热，尤其是冬、春两季，日温差可达 12~20℃。

（3）降水充沛，干湿分明，分布不均

全省大部分地区年降水量在 1100 mm 左右，南部部分地区可达 1600 mm 以上。但由于冬夏两季受不同大气环流的控制和影响，降水量在季节上和地域上的分配是极不均匀的。冬季位于“昆明准静止锋”的西侧，受单一暖气团控制，降水稀少。夏季受西南季风影响，潮湿闷热，降水充沛。降水量最多的月份是 6~8 月，约占全年降水量的 60%。11 月至次年 4 月的冬春季节为旱季，降水量只占全年的 10%~20%，甚至更少。不仅如此，在小范围内，由于海拔高度的变化，降水的分布也不均匀。云南全省无霜期较长。南部边境全年无霜；偏南的文山、蒙自、普洱，以及临沧、德宏等地无霜期为 300~330 天；中部昆明、玉溪、楚雄等地约 250 天；较寒冷的昭通和迪庆达 210~220 天。云南光照条件也好，每年为 376~627 kJ/cm^2，仅次于西藏、青海、内蒙古等省（自治区）。

（二）水文

云南省江河纵横，水系十分复杂，其流向多由北向南，异于国内多数江河由西向东的流向。全省大小河流共 600 多条，其中较大的约 180 条，多为入海河流的上游。它们集水面积遍于全省，分属金沙江-长江，南盘江-珠江，元江-红河，澜沧江-湄公河，怒江-萨尔温江，独龙江、大盈江、瑞丽江-伊洛瓦底江六大水系。六大水系中，除南盘江-珠江、元江-红河的源头在云南境内外，其余均为过境河流，均发源于青藏高原，详见图 10-2。六大水系简述如下。

图 10-2 云南省水系分布略图

（1）金沙江-长江水系

金沙江为长江上游，从青海省玉树市巴塘河口至四川省宜宾岷江口河段，全长 2308 km。因盛产金沙故名金沙江，古代又称丽水。金沙江发源于青藏高原唐古拉山中段，经德钦县进入云南流于横断山区，而后进入滇中高原、滇东北与四川西南山地之间，最后从水富县流入四川境内，自宜宾以下称长江。金沙江在云南境内长 1560 km，流域面积 10.9×10^4 km^2，占全省总面积的 27.6%，是云南流域面积最大的河流。

（2）澜沧江-湄公河水系

发源于青藏高原唐古拉山北麓，流至西藏的昌都之后称澜沧江。从德钦县流入云南，经迪庆、怒江、大理、保山、临沧、普洱、西双版纳等州（市），从勐腊县出境，境外称湄公河，经老挝、缅甸、泰国、柬埔寨和越南五国，最后注入太平洋，有“东方多瑙河”之称。澜沧江全长 4500 km，云南境内干流长 1289.5 km，流域面积 8.87×10^4 km^2，占全省面积的 22.4%左右。

（3）怒江-萨尔温江水系

怒江又名潞江，发源于青藏高原唐古拉山南麓，流经西藏加玉桥后称怒江。它由贡山县进入云南，流经怒江、保山、临沧、德宏 4 个州（市）。怒江入缅甸后称萨尔温江，由莫塔马湾归入印度洋。怒江全长 2820 km，在中国境内长 1540 km，云南段长 650 km，流域面积 3.35×10^4 km^2，占全省面积 8.5%。

（4）南盘江-珠江水系

珠江上游为北盘江和南盘江。北盘江在贵州境内，南盘江在云南境内。南盘江发源于曲靖马雄山南麓，山顶海拔 2433 m，流经曲靖、玉溪、红河、文山 4 州（市），在罗平县的三江口出省，是黔贵两省区的界河。它与北盘江汇合后称珠江，最后注入南海。南盘江在云南境内长 677 km，流域面积 5.8×10^4 km^2，约占全省面积的 14.7%。

（5）元江-红河水系

该水系发源于滇中高原西部，元江和李仙江为其在云南境内两大支流。元江的东西两个源头分别发源于祥云、巍山两县，两源汇合后称礼社江，流入元江县后始称元江。流域多红色沙页地层，水呈红色，故称红河。它流经大理、楚雄、玉溪、红河等州（市），从河口县入越南。元江在云南境内全长 692 km，最后由北部湾入南海。该水系在云南境内流域面积 7.48×10^4 km^2，约占全省面积 19.0%，是六大水系中对云南地理条件影响最大的一条河流。它是滇东和滇西两大地理单元的分界线，它的两侧，地貌形态、气候类型、生物分布均有明显差异。

（6）独龙江、大盈江、瑞丽江-伊洛瓦底江水系

伊洛瓦底江是纵贯缅甸南北的著名大河，实际上流经云南省的主要是该水系的 3 条较大支流：独龙江、大盈江、瑞丽江。其中独龙江发源于西藏，流经怒江州贡山县，在云南境内长 80 km，出境后汇入缅甸恩梅开江。大盈江、瑞丽江在德宏、保山境内，分别流入缅甸。大盈江在云南境内长 186.1 km，瑞丽江在云南境内长 332 km。这 3 条江在境内的流域面积为 1.88×10^4 km^2，仅占全省面积 4.8%，但它是全省产水量最多的地区。独龙江流经地区，峡谷深切，气候湿润，森林资源丰富，沿江峡谷绝壁有“自然壁画”之美称。大盈江、瑞丽江流域高温多雨，地势开阔，森林资源丰富，适宜发展热带、亚热带经济作物。

除上述 6 大水系外，云南省境内分布有近 30 个湖泊，是我国湖泊最多的省份之一。成因上绝大多数为断陷型湖泊，主要分布于元江谷地以北及云岭以东。云南全省湖泊总面积为 1164 km^2，集水面积 9000 km^2，总蓄水量约 300×10^8 m^3。其中水面和容量较大的有滇池、洱海、抚仙湖、阳宗海、星云湖、杞麓湖、异龙湖、程海和泸沽湖，并称“云南九大湖泊”。

九大湖泊中，滇池、程海、泸沽湖属长江水系，抚仙湖、阳宗海、星云湖、杞麓湖和异龙湖属珠江水系，洱海属于澜沧江水系。集水面积最大的是滇池（2920 km^2），最小的是阳宗海（192 km^2）。湖泊容水量最大的是抚仙湖（191.8×10^8 m^3），最小的是异龙湖（1.2×10^8 m^3）。湖泊深度最深的为抚仙湖（155.2 m），是中国第二深的淡水湖泊。

湖泊水量多靠降雨补给，属雨源性淡水湖泊。每年 4~5 月湖泊水位最低，10~11 月水位最高，水位年度变幅 1~2 m。入湖水流大多源近流短、来水量有限，年内分配不均、年际变化大，湖泊补给系数较小。

湖泊具有调节区域水量、气候、提供工农业生产和生活用水、发电、旅游、水运、水产、养殖、

提供湖肥等功能。湖区大多地势平坦，人口集中，交通便利，土地肥沃，耕作条件良好。湖区的存在，为所在区域社会经济发展和人民生活提供了优越的自然条件，通常是云南省重要的文化、旅游、经济活动中心。

云南省众多的河流与湖泊以及充沛的降雨量为全省提供了丰富的水资源总量。不过，云南省水资源虽然总量很大，但在时间上分布严重不均，雨季、旱季水量变化明显，特别是农业生产用水量最大的4月和5月，径流量仅占全年水量的2%~3%；其次，云南省水资源地区分布也极不均匀，总体特征为南多北少，西多东少，深谷多，平坝少；其三，云南是一个山区省份，山地占63.5%，高原占30.5%，盆地占6%。全省的绝大多数城镇、工业区、主要的农业区都聚集在6%的盆地（坝区）上，而70%以上的水资源却分布在边远山区。人口集中和工业集中的城市如昆明、东川、个旧、曲靖、玉溪、楚雄等都位于金沙江、南盘江的二、三级支流上，水资源贫乏，供需矛盾突出，城市缺水和农业旱灾不断。此外，云南省岩溶地貌分布众多，降雨径流量大部分甚至全部下渗至地下数百米或千米以下的深度，形成大小不一的地下暗河，远流他处，不能被当地截获使用，因而地表水十分贫乏，一些地区甚至连人畜饮水都难以满足。综上所述，云南省江河密布，水资源丰富，但分布极为不均，多分布于西南及边远山区，平坝及城市严重缺水。

第二节 水气矿产资源概况

水气矿产系指蕴含有某种水、气，并经开发可被利用的矿产（孙鸿烈，2000）。具体指地下水、矿泉水、二氧化碳气、硫化氢气、氦气、氡气6个矿种。《中华人民共和国矿产资源法实施细则》（中华人民共和国国务院令第152号）划定地热为能源矿产，《矿产资源工业要求手册》（矿产资源工业要求手册编委会，2010）将地热（水）列入水气矿产，本志书为记述方便，将地热（水）纳入水气矿产进行编写。云南省已发现具有工业意义的水气矿产为：地下水、矿泉水、地热（水）、二氧化碳气。

一、地下水资源概况

云南省地下水资源丰富，采用多年平均地下水径流模数法计算得全省地下水天然补给资源量为752.44×10^8 m^3/a。但分布极不均匀，蕴藏量最大的为滇东地区，地下水年径流量达268.68×10^8 m^3，占全省总流量的34%，其中岩溶水占主要部分。其次是滇西南的怒江下段和伊洛瓦底江流域，地下水年径流量为132.64×10^8 m^3，占全省总流量的17%。地下水蕴藏量最低的为滇西北的怒江上段和澜沧江上段，以及金沙江中段，属地下水贫乏地区。尤以滇中一带最为突出，其地下水年径流量仅有22.55×10^8 m^3，只占全省总流量的3%。

二、矿泉水资源概况

云南省矿泉水种类和数量多，遍布全省各地，据云南省地质矿产局第一、第二水文地质工程地质大队1988~1989年编制1：75万《云南省矿泉水调查报告》，全省已发现和调查各类矿泉水点930个，矿泉水总资源出水流量1543758 m^3/d。其中，滇东地区183170 m^3/d、滇西地区1360588 m^3/d。

三、地热水资源概况

云南地热资源十分丰富。全省高、中、低温热泉广有分布，据《云南省地热调查与区划》（2015）资料统计，已发现天然出露温泉（≥25℃）851处，地热资源储量为204.71×10^{15} kJ，折合标准煤6985.39×10^6 t，可开采热流量1188481.35 m^3/d，可开采热量为141.85×10^9 kJ/d，折合标准煤为4840.84 t/d。全省各种成因类型的热田分布于省内各区，既有可作为能源开发的高温热田，也有可作为饮用矿泉水开发利用的中低温热田。地热资源在工业、农业、卫生保健业、旅游及房地产等产业中，都具有其重大利用价值。

四、二氧化碳气资源概况

云南省二氧化碳气资源尚无查明资源储量，目前以气苗形式发现于楚雄盆地及腾冲地热水活跃地区。楚雄盆地二氧化碳气主要在钻井中发现或自地下自然逸出，为深部岩浆脱气作用形成后在适当地层空间保存或逸出，属埋藏型二氧化碳气。腾冲地区二氧化碳气主要为深源气体随温泉水的出露而逸出。其中楚雄东部地区二氧化碳气埋藏浅、出气量大，具有一定资源勘查及开发前景。

第十一章　地下水

地下水是埋藏在地表以下岩土体空隙中的水。这里所称“地下水”仅限于浅层地下水，主要是潜水，其次为承压水。潜水是指埋藏于地表以下第一个稳定隔水层以上，具有自由水面的重力水。承压水是充满在两个稳定不透水层或弱透水层间的含水层中，承受水压力的地下水。由于潜水埋藏相对较浅，补给条件好，容易更新，具有较好的开采条件，有利于工农业和生活用水。

云南省地下水的来源主要靠大气降水的渗入补给，滇西北融雪水以及水库、塘坝、人工灌溉等，也是地下水补给来源，但与大气降水渗入量相比，其量甚微。地下水的富水程度与雨量大小、降雨历时、降雨强度等有很大关系。雨量大、历时长、强度小的降雨对地下水形成有利。其次是含水层性质，如土层疏松、森林植被良好、岩层节理、裂隙发育等，对地下水的形成、储存、汇集有利。全省地下水形成条件一般较好，不同地区有较大差异。

第一节　地下水勘查与开发史

一、地下水勘查史

1958 年 6 月云南省地质局水文地质工程地质队成立后，以昆明盆地为中心，在宣威、曲靖、文山、元谋等盆地开展了水文地质调查，提交了多份水文地质普查报告，并开展了交通沿线、重点经济区的水文地质调查。1961 年起，先后编制并提交了楚雄、大理、武定、大姚幅 1：20 万水文地质普查报告，因调查精度不够，后来整编为 1：50 万滇中区域水文地质图及说明书，使云南省首次有了区域性的水文地质综合图件。

1966 年开始，云南省地质局水文地质工程地质队继续开展平远街、宣威、广通、禄丰、戛洒-漠沙、昆明、宾川等干旱缺水地区的水文地质普查工作。从 1974 年开始，按照地质部的统一部署，与中国人民解放军 00939 部队、中国人民解放军建字 730 部队共同承担了云南省 1：20 万区域水文地质普查工作。

1978~1982 年，共完成 1：20 万水文地质普查图幅 42 个，面积 30.64×10^4 km^2，占全省总面积的 77.77%。其中，泸水、盈江、凤庆、双江、江城、雷波等图幅为 1：50 万精度。1994~2003 年，对未完成 1：20 万普查的滇西北怒江州、迪庆州、丽江市北部，滇西南的临沧市，云南省地质矿产局补作了 1：50 万的区域水文地质编测。1980 年代初期，云南省地质局第一、二水文地质工程地质大队以 1：20 万区域水文地质普查成果为基础，整编出版了 1：75 万云南省水文地质报告及系列图件。

1978~1996 年，云南省地质矿产局相继组织进行了对昆明、曲靖、玉溪、楚雄、大理、保山、宾川、祥云、蒙自、开远、个旧、建水、陆良等主要盆地的 1：5 万水文地质普查或水工环地质综合普查。1997~1999 年，完成了昆明、楚雄、元谋、嵩明、陆良、通海、开远 7 个县（市）1：10 万区域水文地质调查。

1999 年开展新一轮国土资源大调查以来，云南省地质调查院及云南省地质环境监测院完成了西南岩溶石山地区滇东-攀西片区地下水资源勘查与生态环境地质调查（1：25 万），持续开展了云南重点地区岩溶水文地质及环境地质调查（1：5 万）等基础性、公益性、战略性的水工环地质调查（王宇等，2018）。1999~2002 年完成的 1：25 万调查，云南省主要调查区为东经 102°以东、元江以北的滇东岩溶区，在全省其余岩溶地区针对石漠化补充了 1：5 万石漠化遥感专题调查。在 20 世纪 70~80

年代 1：20 万水文地质普查的基础上，采用编测结合带专题研究的方法，侧重调查近 20 年来的变化及环境地质问题，以流域为单元进行地下水资源计算评价。编制了地貌图、岩溶流域划分图、土壤类型图、植被覆盖率分布图、水文地质图、地下水资源潜力评价图、生态环境地质图、石漠化分布图等系列图件，建立了调查成果空间数据库。

2003 年至今持续开展的 1：5 万调查，主要部署在滇东重要经济区、老少边穷地区、石漠化严重及干旱缺水等地区的重点岩溶流域。在已有地质、水文地质及环境地质调查成果的基础上，按 1：5 万地形图分幅进行野外调查测量，以岩溶流域为单元进行地下水资源与地质环境评价和区划。鉴于水污染也是导致干旱缺水的主因，选择昆明盆地、泸江流域进行了重要城市和流域地下水污染专题调查，其间作了地下水有机污染调查试点。选择典型地段建立岩溶地下水开发利用及石漠化治理示范工程。按流域编制了水文地质图、地下水资源分布图、环境地质图、岩溶地下水开发与石漠化综合治理区划图等系列图件，分流域建立了调查成果数据库。

二、地下水开发史

有史以来，地下水的开采利用就已经非常广泛，泉眼、地下河出露点引水、提水设施以及各种浅井、斜井、坑塘、沟廊等地下水集水取水工程遍布各地人口聚居区。在高原山区，地下水以分布广、水质良好、动态稳定、取水就近等优点得到了人们的普遍青睐，成为重要的生产生活用水水源，尤其在旱季抗旱供水中扮演着不可或缺的角色。

引、蓄和抽取泉水以供生产生活之需，是地下水开发利用的最普遍方式。近现代意义上的泉水开发利用工程，最典型的当数云南自来水股份有限公司（1915 年筹办，1920 年 5 月 1 日成立）（肖黎煜等，2007）五华山自来水厂，该水厂以昆明市翠湖中九龙池岩溶泉群为水源，在五华山西坡建设调蓄水池、水处理设施及公司基地，1918 年 5 月 2 日正式送水，日供水量 1034 m^3。令人遗憾的是，20 世纪 70 年代初，九龙池泉群因地下水开采及人防工程排水影响，至 1974 年完全断流，使得当地风景遭受到严重影响并导致优质水源消失，至今未能恢复。2016 年昆明市地下水实际开采量约 $36816.02\times10^4\ m^3/a$，以利用泉水为主，井采为辅。其中，泉水利用量为 $31110.28\times10^4\ m^3/a$，占实际开采量的 84.5%；水井实际取水量为 $5705.74\times10^4\ m^3/a$，占实际开采量的 15.5%。为了解决滇东岩溶高原山原湖盆区水资源紧缺的难题，玉溪市委、市政府将云南最大的岩溶泉华宁县盘溪大龙潭作为抗旱应急水源，兴建玉溪市东片区暨“三湖”生态保护水资源配置应急工程。盘溪大龙潭流量 1880~10900 L/s，设计引水流量为 2.5 m^3/s，年引水量 $7013\times10^4\ m^3$，分为三级提水，提水总扬程 943.28 m，输水线路总长 154.8 km。该项目于 2014 年 1 月初动工，2015 年 5 月 31 日成功实现全线一次性调水，这是云南调水成本和技术难度最大的泉水开发利用工程。构筑坝塘水库，调蓄泉流动态变化，提高地下水资源的利用率也是常见的地下水开发利用方式。最具代表性的要数昆明市的大型水源地松华坝水库，最早是赛典赤率领民众于公元 1276 年，在凤岭、莲峰两山箐口、水出川原之间首次修建松华坝，并于坝上设置闸门以时启闭。后于 1946 年在松花坝上游 7 km 左右的芹菜冲修建了谷昌坝水库，总库容 $220\times10^4\ m^3$。1958 年在松华坝旧址筑坝建库，新建沿用至今的松华坝水库，库容 $6700\times10^4\ m^3$。1980 年代后几经加固扩建，目前库容达 $2.19\times10^8\ m^3$，控制径流面积 629.8 km^2，年均向城市供水 $1.5\times10^8\ m^3$，如今谷昌坝水库在高水位时已被松华坝库水淹没。松华坝水库汇水区共有 137 个地下水天然出露点，其中包括 4 个流量超过 50 L/s 的大泉和 6 条地下河，地下水总排泄量 3489.11×10^4~$11736.92\times10^4\ m^3/a$。这些泉和地下河水尽数汇入到松华坝水库中，通过供水管线输送至用户，得到了全面的开发利用。

地下河以引、提、堵、蓄的方式进行了广泛的开发利用，引、蓄开发利用和前述的泉水开发相似，但通过地下河天窗、溶洞提水和建设地下水库调蓄开发利用则需另作详解。云南地下河水库建设领先于全国，丘北县六郎洞地下河水库是中国第一座暗河水库水电站。六郎洞暗河出口位于南盘江东岸陡壁上，出口高于南盘江河床 121 m。暗河出流后沿支流汇入南盘江。暗河流域面积 2064 km^2，年径流量最大 $7.981\times10^8\ m^3$，最小 $6.584\times10^8\ m^3$，多年平均 $7.47\times10^8\ m^3$，属我国南方流域面积大于

1000 km^2 和年最枯水资源量大于 1×10^8 m^3 的四个超大型地下河系统之一。地下水库采用钢筋混凝土封堵地下溶洞，堵体长度 194 m，堵体下作地下帷幕灌浆，帷幕线穿过溶洞左右两侧断层破碎带与砂页岩隔水层相连。堵洞后形成的地下水库，由 5 条暗河通道相互贯通组成，在正常蓄水位 1086.0 m 高程以下库容约 27.1×10^4 m^3，有效库容 23.74×10^4 m^3，死水位 1073 m，堵洞后洞内水位抬高 14.5~18 m。于 1958 年 2 月开工兴建，1960 年 2 月竣工投产发电，装机容量 2.5×10^4 kW，总投资 2499 万元，年发电量 1.16×10^8~1.82×10^8 kW。1997 年 6 月，在 2 号机组上采用优化的 A553 不锈钢转轮，改进导叶和尾水管，使 2 号机组出力由 1.25×10^4 kW 提高到 1.5×10^4 kW，增加了发电量。文山县白石岩暗河流域面积约 680 km^2，由大倮者、水尾等地暗河支流汇集后于白石岩出露，暗河出口位于盘龙河右岸，水位与江水齐平，枯季水位高程 1105.5 m，水面宽 4.50~5.40 m，水深 2.87~6.00 m。暗河管道总长度约 36 km，由 2 组支管道组成，平面上沿径流方向呈树枝状由南西向北东集中，平均坡降约 15‰。暗河水位埋深一般 50~200 m，上游地段水位埋深多小于 100 m，水力坡度较大；下游地段水位埋深多在 200 m 左右，水力坡度平缓。据 1994~1996 年动态观测，平均流速 0.112~0.73 m/s，流量 1.53~23.5 m^3/s。暗河水位、流量季节变化剧烈，最大水位变幅可达 80 m。柳井天窗发育于白石岩暗河出口上游约 11 km 处，斜深 602 m，坡降 35%，底部与暗河相通，总体走向北西，洞内水流弯折，狭窄处仅 40 cm。天窗地下水位埋深 121.2 m，枯季流量 33.75 L/s。暗河水库坝址选在洞内距出口 116 m 处的钙华坝上，砂砾石钙华坝厚 15.2 m，进行了堆置不同级配的块石，浇灌混凝土，预埋直径 2.4 m 的过水管，迎水面铺隔水膜，然后进行高压灌浆防渗处理，在此基础上分期浇筑混凝土坝至 1142 m 高程直到封顶，最后建设坝后式地下电站发电。最终抬高水位 126 m，获得兴利蓄水量 2353×10^4 m^3。1999 年冬，国土资源部发起的扶贫找水项目组在上游建成了暗河提水示范工程，沿柳井天窗溶洞铺设提水管 425 m，洞口至峰丘上建的高位水池安装上水管道长 135 m，管道总长 560 m，提水总扬程为暗河水面至洞口 121.2 m，至高位水池高差 60 m，提水量 1000 m^3/d。由于洞道曲折，提水管道设计了两处 180°的螺旋式环形转弯，有效缓解了开、停泵时的水锤作用，同时节省了洞道开凿修整工程。暗河提水为岩溶山区群众提供了三七种植和抗旱用水。马关县水淹坝暗河天窗深约 35 m，天窗呈桶状，上部直径 25 m，下部直径 5 m。枯季水位埋深 35 m，水深约 28 m，初步估计流量约为 100 L/s。旱、雨季水位变幅较大，雨季水位上升可淹没天窗所在洼地。2010 年夏，为对抗旱灾而修建的提水工程，提水泵安装在水面下 5 m 处，在洞外石峰 1530 m 高程处修建了容积 100 m^3 的调节水池，水位面至水池顶高差约 195 m，水泵扬程 250 m、流量 30 m^3/h，最远输水距离 8.3 km。共为岩溶石山区严重干旱缺水的 21 个村寨和 1 个村级完小提供了抗旱应急用水。云南地下河开发利用工程众多，还有开远南洞暗河提引水、蒙自五里冲盲谷无坝水库、曲靖水城暗河调蓄水库、罗平四方石暗河天窗截流壅水等，各具特色，是地下水开发利用工程中的靓丽明珠。

云南省目前发现最早的打井汲水工程是在晋宁区上蒜镇金砂村上西河遗址发掘出的 13 眼古井，年代距今有 2000 多年。所以打井汲水自古已成为云南各地地下水开发利用的普遍方式，平坝、槽谷、洼地、台地、阶地等具备条件的地区，村村寨寨都能找到历史悠久、人工挖掘的大口径民井。但钻凿管井取水则只有一百多年的历史，有据可考的当属 1910 年竣工的滇越铁路云南段沿线车站，仍可找到当年的老机井，如华宁县青龙镇禄丰火车站仍在使用的水井。中华人民共和国成立后，云南省城镇、交通、工矿企业、学校医院、国营农场、部队营区等建设快速发展，远离河湖的地区，越来越多地开始钻凿机井取水。20 世纪 70 年代中期至 90 年代末，云南省地质矿产局在师宗、陆良、宜良、石林、蒙自、建水、宾川、祥云等干旱缺水地区开展支农抗旱找水打井，通过探采结合钻凿了一大批农田供水机井。云南打井取水在 1980 年代起一直保持上升的趋势。云南打井取水主要以自备单井分散取水为主，开采井的调查登记比较困难，全省尚缺乏全面准确的数据。统计登记井数比较全面的如：昆明市 2016 年登记在册的地下水井有 2171 口（含封停井 471 口），其中冷水井有 2041 口、在册热水井有 130 口，849 口冷水井纳入地下水应急备用水源规划，年供水能力共有 4373.02×10^4 m^3；宾川盆地计有机井 602 眼，配套 538 眼，但正常使用的仅有 434 眼，每年抽取地下水 2982.8×10^4 m^3；泸西县机井记录在册的有 1494 眼，年供水量 23.6×10^4 m^3；开远城区、工业厂矿及部队等单位供水，主要是井孔抽取地下水、引用南洞暗河及泉水，工业生产抽提泸江河水。实际开采地下水 31676 m^3/d。云南地下水集中供水水源地勘查评价不多，代表性的有昆明市吴家营地下水水源地详查、曲靖市花山地下水水源地勘查。吴家营地下水水源地经 1989~1991 年详查，查明允许开采量 76356 m^3/d，规模为大型。探采结合井曾经作为呈贡县城区的主要供水源地，部分提供给农村作为生活用水和旱季果树浇水水源，呈贡新区部分大学和企业在建设过程中也曾打井供水。目前，由于自来水管网已经通达，大部分供水井已停用，作为应急后备水源，暗河及泉流主要用于公园景观及浇灌花园等。曲靖市花山地下水水源地 1974 年底至 1975 年 8 月完成勘查，查明允许开采量 3.87×10^4 m^3/d，属中型地下水源地。成果报告提交后，沾益化肥厂随即部署开采，并建立中心水厂，先后打 5 口开采井，1978 年 8 月正式投产供水，5 口井合计开采量 3×10^4 m^3/d，水质、水量稳定，保证了沾益化肥厂的生产和生活用水，是云南地下水集中供水的成功实例。由于地下水开采井分布不均，缺乏统一规划和调度，自 1970 年代中期开始，在昆明、曲靖等盆地底部浅覆盖区因地下水超采诱发了岩溶塌陷、泉水疏干等环境地质问题。以 2009 年 9 月 1 日施行《云南省地下水管理办法》为标志，云南开始实行优先开发利用地表水，在地表水供水管网通达的地区，封停地下水开采井，严格限制审批新机井的措施，在省会及州市政府所在城市，地下水的开采水平开始出现实质性下降。

第二节　区域地下水资源❶

一、地下水资源分布

云南省的地表水系发育，有大小河流上万条。它们分属伊洛瓦底江、怒江、澜沧江、金沙江、红河、珠江六大水系，主要支流 180 余万米，流经 118 个县市，占全省的 93.6%，其中金沙江、澜沧江、红河三条流域面积约 27.8×10^4 km^2，占全省域的 70%。

大气降水是地下水和地表水的主要补给源，三者密切相连，降水后除蒸发外，即大多形成地表径流汇入江河，部分渗入地下形成地下水。云南是山区广布的省份，地下水流向多为地表分水岭处向两侧径流，沿江向河谷地排泄。除少数岩溶地区地表与地下分水岭不一致外，地表分水岭即为地下水分水岭，尤其是碎屑岩、变质岩、岩浆岩广布的滇西地区皆为如此，每条江河流域及其主要支流分布的地下水自成体系，形成独立的地下水系统。故六大地表水流域即为六大地下水资源区，其边界即为地表分水岭。

由于流域面积较大，且同一流域内大气降水和地貌条件差异较大，地下水补给径流条件也不同，径流模数也存在较大差异。据此，又做出进一步的划分。

滇西地区，北部属青藏高原南延部分，江河由北向南径流，山高谷狭，地下水径流途径短，具有就地补给、就地排泄的特点；南部河谷相对较开阔，水文地质条件也有所不同。因此，又划将此地划分为南北不同的亚区。

滇东地区岩溶地貌广布，地下水补给、径流条件有独自特征，面积较大的盆地多分布于该区，往往一个盆地汇水范围就是一个比较完整的地下水系统，盆地区就是地下水富集或排泄区。该区地表径流不发育，而地下水较丰富，水文地质条件较复杂，且研究程度相对较高，为此，地下水资源亚区划分相对较细。它们的边界或是地表分水岭，地下分水岭，或是阻水边界（隔水层）。

据此，云南地下水共划分为六大区，23 个亚区，详见表 11-1。

二、水文地质基本条件

（一）地下水类型与含水层组

云南省岩石种类齐全，构造发育，且自然条件差异显著，因此水文地质条件较为复杂。根据岩石

❶ 主要资料来源：云南省地质环境监测总站，2002，云南省地下水资源报告。

种类及其富水程度，将地下水类型划分为6类不同含水岩组（图11-1）。

表11-1　云南省地下水资源分区一览表

分区			所辖地州市或县
区	亚区	面积/km^2	
伊洛瓦底江水资源区（Ⅰ）	独龙江亚区（$Ⅰ_1$）	1904	怒江州贡山县
	龙川江亚区（$Ⅰ_2$）	18095	德宏州及保山市部分县（区）
怒江水资源区（Ⅱ）	福贡山峡谷亚区（$Ⅱ_1$）	11437	怒江州及保山市部分县（区）
	保山-镇康亚区（$Ⅱ_2$）	20183	保山市和临沧市部分县（区）
	西盟亚区（$Ⅱ_3$）	2305	普洱市西盟及孟连县
澜沧江水源区（Ⅲ）	德钦-永平亚区（$Ⅲ_1$）	29397	迪庆州、大理州和保山市部分县
	景洪宽谷亚区（$Ⅲ_2$）	58999	临沧市、普洱市及西双版纳州部分县（市、区）
金沙江水资源区（Ⅳ）	中甸高原亚区（$Ⅳ_1$）	35858	迪庆州、丽江市部分县（市、区）
	华坪-祥云亚区（$Ⅳ_2$）	14164	楚雄州、丽江市部分县（市）
	元谋龙川江亚区（$Ⅳ_3$）	13006	楚雄州部分县（市）
	昆明普渡河亚区（$Ⅳ_4$）	12446	昆明市部分县（市、区）
	东川小江亚区（$Ⅳ_5$）	8457	曲靖市、昭通市及昆明市部分县（市、区）
	牛栏江亚区（$Ⅳ_6$）	9552	昭通市、曲靖市部分县
	明通亚区（$Ⅳ_7$）	18778	昭通市部分县（区）
红河水资源区（Ⅴ）	哀牢山亚区（$Ⅴ_1$）	39617	楚雄、文山、红河州部分县（市）
	文山亚区（$Ⅴ_2$）	24085	普洱市和红河州部分县
	李仙江亚区（$Ⅴ_3$）	13000	文山州部分县
珠江水资源区（Ⅵ）	滇东宣威亚区（$Ⅵ_1$）	6118	曲靖市、宣威市部分县
	珠江源亚区（$Ⅵ_2$）	8032	曲靖市部分县（区）
	南盘江石林亚区（$Ⅵ_3$）	15772	红河州、玉溪市部分县（市）
	南盘江泸西亚区（$Ⅵ_4$）	16003	红河州、曲靖市部分县（市）
	南盘江丘北亚区（$Ⅵ_5$）	6799	文山州丘北、广南、砚山县
	滇东南富宁亚区（$Ⅵ_6$）	9386	文山州广南、富宁县

1. 松散岩类孔隙含水岩组

分布于山间盆地之中，总面积1.93×10^4 km^2，占全省面积的4.90%。含水层为新近系和第四系，厚度数十米至上千米。富水性各地差异较大，补给模数一般不足10×10^4 m^3/(a·km^2)。富水程度主要取决于含水层的堆积类型和成岩程度。松散堆积的砂砾石层、泉华钙粒层，含有孔隙水（潜水、承压水、自流水），富水性中等-丰富，补给模数一般10×10^4 m^3/(a·km^2)。地下水资源总量约25.89×10^8 m^3/a。具有供水价值的岩层多分布于滇西河谷区和洪冲积为主的坝区，如元谋、宾川等地，是当地人民生活和农田用水的主要来源之一。

2. 碎屑岩类裂隙含水岩组

集中分布在滇中的大姚-新平和滇西的兰坪-普洱地区，面积16.59×10^4 km^2，占全省面积的42.11%。岩组主要为红色陆相碎屑沉积，含层间裂隙水。富水程度受岩石粒度控制。粉细砂岩和泥岩富水性减弱，中粗砂岩和砾岩，富水性强-中等。径流模数为1.21~9.47 L/(s·km^2)。地下水资源蕴藏量约177.56×10^8 m^3/a。该含水岩组难以形成大型水源的富水地段。

3. 碳酸盐岩类岩溶含水岩组

该岩组总分布面积10.67×10^4 km^2，占全省面积的27.08%。其中，纯碳酸盐岩类岩溶含水分布面

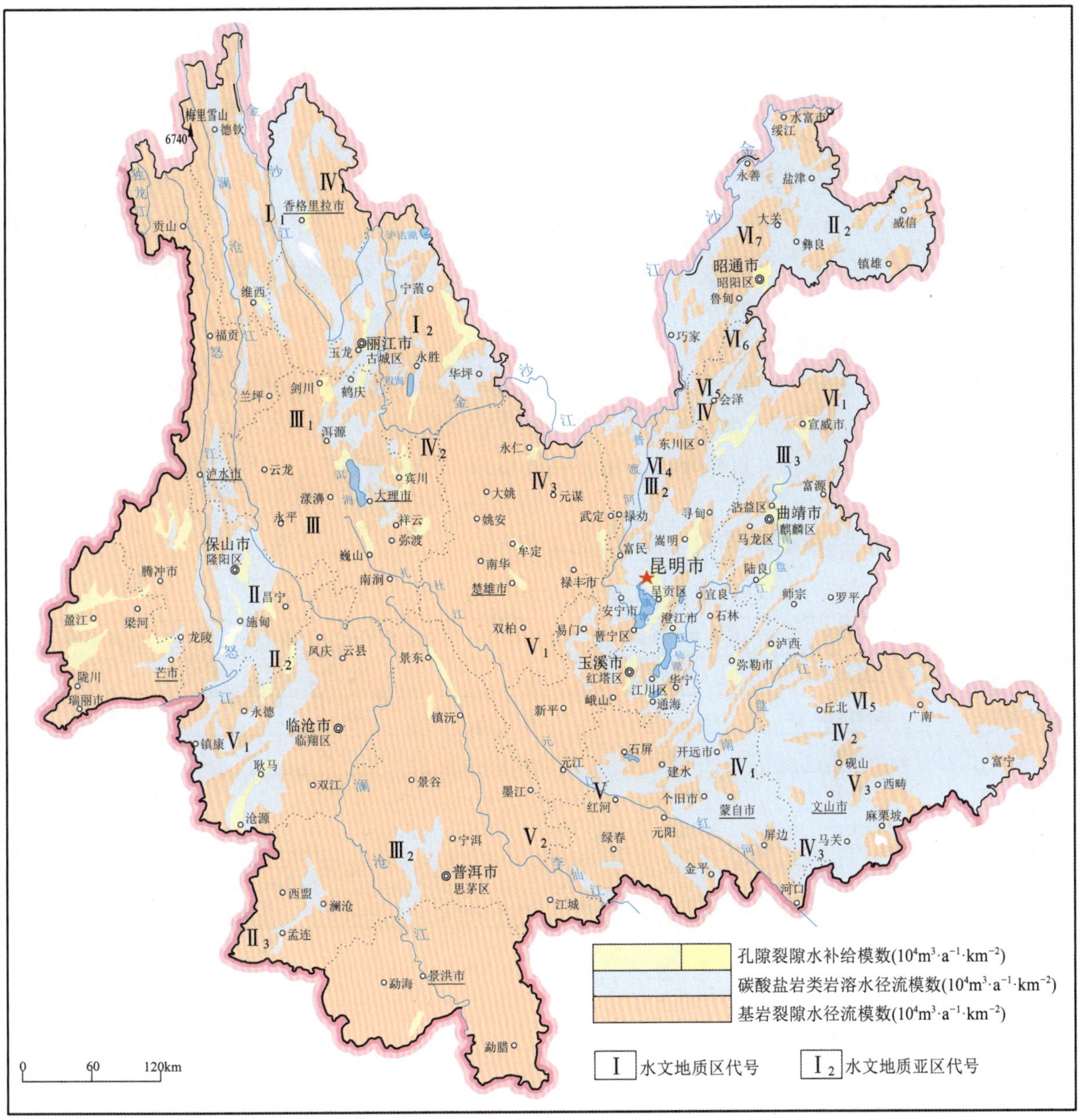

图 11-1 云南省地下水资源分布示意图

积 8.16×10^4 km^2，主要分布于滇东地区及部分滇西的大理、保山、镇康、香格里拉一带。因岩溶裂隙和洞穴发育，有利于降水渗入，补给条件较其他岩组优越。泉水、暗河是主要的排泄方式。在盆地边缘和河谷地带，泉水、暗河露头较多，形成较多的富水地段。富水程度不均匀性是岩溶含水层的基本特点。岩层的富水程度主要取决于岩溶的发育程度和岩溶埋藏深度。裸露型地区以管流为主，极不均匀。半裸露型地区管脉兼有，比较均匀，覆盖型地区以脉状流为主，较为均匀。岩组地下径流模数超过 10×10^4 $m^3/(a\cdot km^2)$，强者大于 30×10^4 $m^3/(a\cdot km^2)$。地下水资源蕴藏量 342×10^8 m^3/a，是省内重要的形成大中型集中供水水源地的主要含水层组。

碳酸盐岩夹碎屑岩裂隙溶洞水分布面积约 1.43×10^4 km^2，分布于滇西的香格里拉、丽江、腾冲、施甸及滇东的曲靖、昭通、个旧等地。该类含水层组的碳酸盐岩与碎屑岩呈互层状产出，其间的碎屑岩层起着相对隔水和溶蚀边界的作用，阻碍了地下水的循环，降低了水动力强度，致使岩溶发育相对较弱，具有明显的层间裂隙含水层的特征，构造控水作用突出，赋水空间主要为岩溶管道、裂隙为主，构成条带状多层含水层结构，富水性以中等为主。

碎屑岩夹碳酸盐岩裂隙溶洞水分布面积约 1.08×10⁴ km²，分布于滇西的香格里拉、丽江、腾冲、保山及滇东的昆明、曲靖、昭通等地，含水层组以碎屑岩为主，通常不溶物含量高，岩溶发育微弱或不发育，以构造裂隙为主要赋水空间。在构造发育、地形分割强烈地段，也能顺层发育溶孔、溶裂及岩溶管道，具有层间裂隙含水层特征，沿构造破碎带含水层富水性较强。

4. 变质岩类裂隙含水岩组

变质岩系分布面积 $4.91\times10^4\ km^2$，占全省面积的 12.46%。板岩、千枚岩等浅变质岩，透水性弱，地下径流模数小于 $2\ L/(s\cdot km^2)$。片麻岩、混合岩等深变质岩，裂隙发育，富水性较强，地下径流模数 $3.51\sim8.18\ L/(s\cdot km^2)$。地下水资源蕴藏量约 $100\times10^8\ m^3/a$。

5. 岩浆岩类裂隙含水岩组

该含水岩组包括侵入岩和喷出岩，总面积达 $4.88\times10^4\ km^2$，占全省面积的 12.38%。大型侵入岩体主要出露于滇西，含水层厚度数十米至数百米，地下径流模数为 $1.11\sim15.59\ L/(s\cdot km^2)$。喷出岩以二叠纪玄武岩为主，滇东大面积分布，地下径流模数与侵入岩接近。地下水资源蕴藏量约 $90\times10^8\ m^3/a$。

具体各类地下水类型补给资源量计算成果见表 11-2。

表 11-2 云南省地下水类型补给资源量计算成果统计表

地下水类型	含水岩类	计算面积/km^2	占全省面积/%	资源量/($10^8\ m^3\cdot a^{-1}$)	占总资源量/%
孔隙水	松散岩类	19308	4.9	25.87	3.43
岩溶水	碳酸盐岩	106749	27.08	348.92	46.38
裂隙水	碎屑岩	165947	68.02	177.56	50.19
	变质岩	49162		111.85	
	侵入岩	23175		49.58	
	喷出岩	29798		38.66	
全省		394139	100	752.44	100

（据云南省地质环境监测总站，2002）

（二）地下水径流特点

云南的地下水径流具如下特点。

1）云南山高谷深，断裂密布，地形变化较大，含水层多形成相互独立的面积不大的水文地质单元体。一般地下水径流途径小于几十千米。只有在岩溶发育的石灰岩地区和地下水深循环的温泉分布地带，才可形成源远流长的地下水径流途径。

2）侵蚀构造山区，地下水面和地形坡面的形态相差不大，地下水水力坡降较陡。地下水大部分通过天然露头排泄，表现出高原山区交替活跃、排泄通畅的水文地质特点。坝子内的松散层，地下水面与地面形态基本一致，地下水的水力坡降平缓，径流不畅，排泄不良。

3）全省多数地下水的分布区（指含水层的分布范围）与补给区（补给地下水的地区）一致。雨季地下水获得的补给量多，地下水面上升，含水层厚度随之加大，埋藏深度变小，地下径流量与排泄量增大。枯季则相反。

4）由于地形差异较大，省内无统一的地下水侵蚀基准面。各地区地下水多以邻近河流或湖泊为相对侵蚀基准面，排泄形态多呈泉水出露。在石灰岩、白云岩分布地区，往往有大流量暗河和泉水（俗称“龙潭”）。这些泉在河谷地带和盆地边缘成群溢出，形成集中排泄地带。一些湖泊和河流的水面以下亦有突涌现象。有坝子的地区常以坝子为中心，构成独立的水文地质单元。由分水岭至坝子，可大致分出地下水补给区-径流区-排泄区。

三、地下水天然补给资源和可采资源

（一）地表水资源数量及其变化

云南地表水资源丰富，1999年全省平均降水量1367.9 mm，折合降水量5391.49×10^8 m^3，较平均值多11.80%。江河水资源量为2492.54×10^8 m^3，占降水量的46.30%，比1997年多8.40%，比20世纪80年代多年平均量多24.40%。

地表水水资源分布现状是西部、南部较多，中部、北部较少。省内湖泊较多，九大湖泊总蓄水量287.37×10^8 m^3。湖泊总蓄水量有缩小趋势。例如，滇池在20世纪70年代水面积为340 km^2，现在仅为306.3 km^2。地表水利工程发展较快，1999年大中型水库已达148座，小型水库5000余座，总蓄水量86.47×10^8 m^3。

（二）地下水资源评价

1. 地下水天然补给资源数量及其分布

地下水天然补给资源是在天然条件下，通过各种途径直接或间接地接受大气降水或地表水的入渗补给，并按水文周期呈现有规律变化的补给量。

采用多年平均“地下水径流模数法”（径流模数系指单位面积、单位时间内的地下水径流量，单位为L/(s·km^2) 或10^4 m^3/(a·km^2)，将全省23个亚区作为计算单元，每单元中按不同类型含水岩组各自的径流模数分别进行计算之和为各单元的补给资源量。同样，分别计算云南省16个地州（市）128个县（市）的补给资源量，结果见表11-3、表11-4。

表11-3　云南省各地州（市）地下水补给资源统计表

市（州）	面积/km^2	占全省面积百分比/%	补给资源量/(10^8 m^3·a^{-1})	单位资源量/(10^4 m^3·a^{-1}·km^{-2})
昆明市	21582	5.48	34.40	15.94
曲靖市	29855	7.58	72.77	24.37
玉溪市	15285	3.98	18.68	12.22
保山市	19637	4.98	45.65	29.87
昭通市	23021	5.84	56.35	24.48
丽江市	21219	5.38	29.70	14.00
普洱市	45385	11.52	83.10	18.31
临沧市	24469	6.20	62.94	25.72
德宏州	11529	2.90	47.13	40.88
怒江州	14703	3.73	34.12	23.21
迪庆州	23870	6.06	31.90	13.36
大理州	29459	7.48	33.55	11.39
楚雄州	29459	7.43	19.52	6.63
红河州	32931	8.35	69.06	20.97
文山州	32239	8.18	82.23	25.51
西双版纳州	19700	5.00	31.34	15.91
全省	394139	100	752.44	19.09

（据云南省地质环境监测总站，2002）

全省地下水天然补给资源量752.44×10^8 m^3/a，并具以下特点。

1）总补给量金沙江、澜沧江流域较大，单位补给量伊洛瓦底江、怒江、珠江流域较丰富。

2）单位补给资源量：伊洛瓦底江、怒江、珠江较大，为21.7×10^4～36.38×10^4 m^3/(a·km^2)；

金沙江、澜沧江、红河较少，为 $15.18\times10^4\sim17.83\times10^4\ m^3/(a\cdot km^2)$。

3）德宏、文山、临沧、昭通、曲靖等州（市）较为丰富，单位补给资源量 $24.37\times10^4\sim40.88\times10^4\ m^3/(a\cdot km^2)$；楚雄、大理、玉溪、昆明、迪庆等州（市）较少。其中，楚雄州仅有 $6.63\times10^4\ m^3/(a\cdot km^2)$。

地下水类型中岩溶水最丰富，单位资源量 $37.56\times10^4\ m^3/(a\cdot km^2)$。

表 11-4　云南省地下水补给资源计算成果表

区			亚区				
名称	代号	面积 km^2	代号	面积 km^2	资源量/ $(10^8\ m^3\cdot a^{-1})$	合计资源量/ $(10^8\ m^3\cdot a^{-1})$	单位资源量/ $(10^4\ m^3\cdot a^{-1}\cdot km^{-2})$
伊洛瓦底江	Ⅰ	20104	$Ⅰ_1$	1904	6.32	73.13	36.38
			$Ⅰ_2$	18290	66.81		
怒江	Ⅱ	33925	$Ⅱ_1$	11437	30.67	85.23	25.12
			$Ⅱ_2$	20183	51.31		
			$Ⅱ_3$	2305	3.25		
澜沧江	Ⅲ	90714	$Ⅲ_1$	31715	43.28	155.05	17.09
			$Ⅲ_2$	58999	111.77		
金沙江	Ⅳ	112261	$Ⅳ_1$	35858	45.37	170.38	15.18
			$Ⅳ_2$	14164	12.85		
			$Ⅳ_3$	13006	7.83		
			$Ⅳ_4$	12446	14.48		
			$Ⅳ_5$	8457	14.18		
			$Ⅳ_6$	9552	30.74		
			$Ⅳ_7$	18778	44.93		
红河	Ⅴ	74785	$Ⅴ_1$	37700	53.51	133.32	17.83
			$Ⅴ_2$	24085	41.81		
			$Ⅴ_3$	13000	38.00		
珠江	Ⅵ	62350	$Ⅵ_1$	6118	14.01	135.33	21.70
			$Ⅵ_2$	7788	12.26		
			$Ⅵ_3$	15772	22.50		
			$Ⅵ_4$	16487	49.29		
			$Ⅵ_5$	6799	15.45		
			$Ⅵ_6$	9386	21.82		
全省	6		23	394139	752.44	752.44	19.09

（据云南省地质环境监测总站，2002）

2. 地下水天然补给资源数量及其分布

云南是多山省份，尤其滇西山高谷深，地下水以裂隙水为主，具有就地补给、就地排泄特点，开采利用条件较差；滇东地区以岩溶水为主，且为主要开采对象，水源地的选取均为岩溶水，地下水的开采主要在盆地边缘或在较开阔的河谷地带，山区以引泉为主。

本书数据采用枯季地下径流模数法计算，全省富水性中等以上的各类含水岩组的开采资源量，因云南干、雨季分明，枯季基本无降雨或少雨，以此法计算是适宜的（表 11-5）。从表中可看出，文山州、昭通市、曲靖市、红河州、临沧市可采资源量较丰富；楚雄州最少，单位可采量仅有 $1.39\times10^4\ m^3/(a\cdot km^2)$。

表 11-5 云南省各地州（市）地下水可采资源统计表

州（市）	面积/km^2	可采资源量/($10^8\ m^3\cdot a^{-1}$)	占总资源/%	单位可采量/($10^4\ m^3\cdot a^{-1}\cdot km^{-2}$)	州（市）	面积/km^2	可采资源量/($10^8\ m^3\cdot a^{-1}$)	占总资源/%	单位可采量/($10^4\ m^3\cdot a^{-1}\cdot km^{-2}$)
昆明市	21582	9.46	4.79	4.38	怒江州	14703	8.27	4.34	5.62
曲靖市	29855	17.02	8.94	6.47	迪庆州	23870	10.63	5.59	4.45
玉溪市	15285	4.51	2.37	2.95	大理州	29459	8.51	4.47	2.89
保山市	19637	9.62	5.05	4.89	楚雄州	29459	4.06	2.13	1.39
昭通市	23021	15.39	8.09	6.68	红河州	32931	15.86	8.33	4.82
丽江市	21219	7.51	3.95	3.54	文山州	32239	21.81	11.46	6.76
普洱市	45385	22.67	11.91	4.99	西双版纳州	19700	10.33	5.43	5.24
临沧市	24469	15.77	8.28	6.44					
德宏州	11529	8.93	4.69	7.75	全省	394139	190.35	100	4.82

（据云南省地质环境监测总站，2002）

可采资源量反映了地下水资源的丰贫程度，但高山峡谷区缺少开采利用的条件，山间盆地或开阔河谷区资源可充分利用，因此可采资源量才能客观地反映一个地区地下水资源的丰富程度（表 11-6）。

表 11-6 云南省主要盆地地下水可采资源统计表

盆地	面积/km^2	可采资源量/($10^4\ m^3\cdot a^{-1}$)	地下水类型	盆地	面积/km^2	可采资源量/($10^4\ m^3\cdot a^{-1}$)	地下水类型
昆明	173.13	12299.41	岩溶水、孔隙水	临沧	29.00	288.15	孔隙水
玉溪	306.76	5591.80	岩溶水、孔隙水	弥渡	142.00	3600.00	孔隙水
嵩明	133.00	3067.00	岩溶水	思茅	67.40	800.00	裂隙水、孔隙水
通海	136.0	1722.07	岩溶水	景东	178.00	1600.00	孔隙水
开远	40.00	10281.90	岩溶水	景洪	76.00	1556.00	孔隙水
石屏	92.00	2167.90	岩溶水	施甸	59.00	1200.00	岩溶水
陆良	427.00	8874.60	岩溶水	景谷	85.00	541.28	孔隙水、裂隙水
宣威	403.82	3508.10	岩溶水、孔隙水	文山	75.00	9015.79	岩溶水
楚雄	159.48	1714.20	孔隙水	蒙自	150.36	4800.60	岩溶水
元谋	115.30	7135.30	孔隙水	罗平	125.00	9493.70	岩溶水
大理	121.09	2022.90	孔隙水、岩溶水	弥勒	230.00	1600.00	岩溶水
昭鲁	830.51	2264.10	岩溶水	泸西	78.00	5100.00	岩溶水
保山	234.00	10937.70	岩溶水、孔隙水	丽江	199.00	13200.00	岩溶水
腾冲	65.00	8141.00	裂隙水、孔隙水	会泽	99.28	4228.00	岩溶水
盈江	382.00	21904.00	孔隙水	全省		157055.50	

（据云南省地质环境监测总站，2002）

四、深层承压水的可开采储存量评价

1. 主要盆地深层承压水资源

深层承压水系指地下水循环交替缓慢，开采以消耗储存量为主的承压水。就云南而言，仅分布在有关盆地地区，上覆有较厚的隔水层，下伏富水性中等以上的含水层。开采深度小于 500 m，水头下降以 60 m 为约束条件，计算结果见表 11-7。

表 11-7　云南省主要盆地深层承压水储存资源统计表

盆地	计算面积 km²	含水层类型	储存资源量/10^8 m³			城市	计算面积 km²	含水层类型	储存资源量/10^8 m³		
			总量	弹性量	可采量				总量	弹性量	可采量
昆明	136.44	岩溶水	1.65	0.95	0.70	大理	15.20	孔隙水 裂隙水	0.32	0.16	0.16
嵩明	149.75	岩溶水	0.51	0.37	0.14						
玉溪	18.0	岩溶水	0.20	0.16	0.04	宾川	159.0	孔隙水	11.02	5.94	5.08
曲靖	61.3	岩溶水	1.46	0.73	0.73	洱源	34.6	岩溶水	0.24	0.18	0.06
陆良	20.4	岩溶水	0.08	0.04	0.04	祥云	56.53	孔隙水	0.92	0.46	0.46
弥勒	42.0	岩溶水	0.25	0.25	0	丽江	40.40	孔隙水	0.32	0.27	0.05
建水	174.8	岩溶水	0.31	0.24	0.07	保山	46.10	岩溶水	0.42	0.36	0.06
通海	83.06	岩溶水	0.14	0.07	0.07	芒市	15.50	孔隙水	0.14	0.09	0.05
昭鲁	39.20	岩溶水	0.08	0.04	0.04	合计	1088.44		18.06	10.31	7.75

（据云南省地质环境监测总站，2002）

2. 主要城市地下水资源分布概况

云南主要城市多分布在较大的盆地（坝子）内，少数坐落在岩溶槽谷或江河宽谷中。资源分布见表 11-8。

表 11-8　云南省主要城市地下水资源分布统计表

盆地	地下水类型	计算面积/km²	补给量/(10^8 m³·a⁻¹)	可开采量/(10^8 m³·a⁻¹)	可开储存量/(10^8 m³·a⁻¹)
昆明	岩溶水	173.13	2.98	1.23	0.70
玉溪	孔隙水	102.00		0.04	
	岩溶水	172.39	1.45	0.52	0.04
曲靖	孔隙水	90.20	0.02		
	岩溶水	540.40	2.68	1.21	0.73
楚雄	孔隙水	41.26	0.13	0.08	
	裂隙水	260.14	0.26	0.20	
大理	孔隙水	54.31	0.75	0.53	
	岩溶水	6.38	0.13	0.09	
个旧	岩溶水	286.46	1.13	0.60	
昭通	孔隙水	138.00	0.10		
	岩溶水	377.05		1.57	0.04
普洱	孔隙水	29.60	0.04	0.03	
	裂隙水	37.80	0.04	0.03	
开远	岩溶水	23.23	4.37	4.66	
景洪	孔隙水			0.39	
宣威	孔隙水	23.55	0.01		
	岩溶水	49.31	0.80	0.35	

（据云南省地质环境监测总站，2002）

五、地下水质量

（一）地下水化学类型

云南省的地形、地貌、地层岩性、河网水系、补给条件等复杂的地理因素，导致出全省地下水含水介质多样、水化学类型复杂的特性。不同的地质条件、不同的地下水类型有其不同的特性。

1. 孔隙水

孔隙水埋藏浅，储水介质多样，水力联系复杂，易受污染，水化学类型较裂隙水和岩溶水复杂，种类较多，有18种类型，但多以HCO_3-Ca · Mg、HCO_3-Ca、HCO_3-Ca · Na型水为主，在该类型地下水中所占比例分别为26.67%、26.67%、10.67%。

2. 裂隙水

由于含水介质多样，水化学类型亦显复杂，有近10种类型，介于孔隙水和岩溶水之间，但多为HCO_3-Ca · Mg、HCO_3-Ca型水，各占该类型地下水的比例分别为36.27%、29.07%。

除此之外，盐层水和煤层水水质特殊。盐层水主要分布于滇中、滇西的中新生代红层及滇东北下、中寒武统中，水化学类型多属Cl-Na型、此外尚有SO_4-Ca、SO_4-Na、Cl · SO_4-Na · Ca、Cl · SO_4-Na、SO_4 · Cl-Na型。煤层水以滇东、滇东北分布较多，层位主要有二叠系煤系地层，水化学类型为SO_4-Ca · Mg、HCO_3 · SO_4-Ca · Mg型。

3. 岩溶水

岩溶水水化学类型相对简单，以HCO_3-Ca · Mg、HCO_3-Ca型为主，占该类型地下水的比例均为48.43%。

各类地下水的化学类型特征详见表11-9。

表11-9 云南省各类地下水的水化学类型特征表

地下水类型	水化学类型		矿化度		总硬度		pH值	
	类型	占比例/%	含量/(g · L^{-1})	占比例/%	德国度/(°)	占比例/%	范围	占比例/%
孔隙水	HCO_3-Ca · Mg	26.67	0.01~0.50	78.79	<4.2	18.40	5.5~6.4	28.99
	HCO_3-Ca	26.67	0.51~0.99	18.18	4.2~15	55.07	6.5~80	60.80
	HCO_3-Ca · Na	10.67	>1	3.03	16~25	24.64	8.1~8.5	5.80
	其余15种类型	35.99			>25	1.89		
裂隙水	HCO_3-Ca · Mg	36.27	0.01~0.50	91.40	<4.2	40.20	5.5~6.4	29.41
	HCO_3-Ca	29.07	0.51~0.99	8.60	4.2~15	40.60	6.5~8.0	47.52
	HCO_3-Ca · Na	11.45			16~25	19.30	8.1~8.5	9.06
	HCO_3-Na	9.34						
	HCO_3-Na · Ca	5.76						
	其余5种类型	8.11						
岩溶水	HCO_3-Ca · Mg	48.43	0.01~0.50	87.09	<4.2	15.52	6~6.4	16.67
	HCO_3-Ca	48.43	0.51~0.99	12.91	4.2~15	50.00	6.5~80	71.67
	其余4种类型	3.14			16~25	34.48	8.1~8.5	8.33
全省	HCO_3-Ca · Mg	37.12	0.01~0.50	85.76	<4.2	24.70	5.5~6.4	25.02
	HCO_3-Ca	34.72	0.51~0.99	13.23	4.2~15	48.56	6.5~80	60.00
	HCO_3-Ca · Na	7.48	>1	1.01	16~25	26.14	8.1~8.5	7.73
	HCO_3-Na	3.11						
	其余类型	17.67			>25	0.63	其余	7.25

（据云南省地质环境监测总站，2002）

（二）地下水质量评价

1. 评价依据、参数及方法

依据《地下水质量标准》（GB/T 14848—93）中地下水质量分类指标，选用其中的pH值、总硬度、溶解性总固体、硫酸盐、氯化物、铁、锰、高锰酸盐指数、挥发性酚、硝酸盐、亚硝酸盐、氨氮、氟化物、氰化物、汞、砷、硒、镉、铬（六价）、铅、细菌总数、总大肠菌群等参数，采用单因子法对地下水质量进行评价。

2. 地下水水质现状

评价结果表明，全省地下水质量总体相对较好，大部分为Ⅰ—Ⅲ类，水化学类型多为 HCO_3-Ca、HCO_3-Ca · Mg 型。以地域区分，滇西地下水水质好于滇东北，山区好于盆地区。云南省总面积的94%是山地，由于经济条件的制约，地下水开发利用程度较低，水质基本未受污染。但局部区域也存在水质较差的情况，一类是由于地质环境本身的原因，由氟、碘、硒、硫酸盐等物质在地下水中含量偏高或偏低而引发的地方病问题，以及赋存地下水的岩层中所含盐类的溶解使水的矿化与 SO_4^{2-}、Na^+、Cl^-、Ca^{2+}、Mg^{2+}离子的含量增高形成，在全省呈点状分布。另类主要出现在人类活动较集中的几个盆地内，由不同的污染源、污染途径对地下水造成污染，呈点状、线状分布；点状分布如洱海，湖滨地区，洱海南部及西部整体水质良好，地下水水质类别为Ⅱ类，但南部的凤仪普和村、下关洱滨纸厂料厂、下关大弯庄和西部的北生久村、下鸡邑、银桥马等单井水质类别为超Ⅲ类；线状分布如曲靖盆地，盆地东北角和西南角水质良好，水质类别Ⅱ类，盆地周边水质稍差，余家屯-小坝圩一带，水质类别多为Ⅳ—Ⅴ类。污染主要来源于生活和农药污染。

（1）孔隙水

云南省孔隙水主要分布于盆地及河谷地区，埋藏浅，含水层覆盖薄，防护能力差，直接受降雨、地表水以及部分基岩水补给，储水介质多样，水力联系复杂，易受污染，多为农村生活水源及农灌使用，少部分孔隙水受到不同程度的污染。孔隙水的矿化度和总硬度一般相对较低，多为软水，水化学类型以 HCO_3-Ca、HCO_3-Ca · Mg 型为主，以供水水源和农村生活饮用水的调查资料统计分析，水质类别多为Ⅰ—Ⅲ类；受降雨影响丰水期水质较枯水期差，部分地区铁、锰超标。经济较发达的城区、坝区由于受工业排污、农田及农村生活废水的影响，水质相对较差，部分井水超Ⅲ类；水质污染以有机物污染为主，超标项目主要有高锰酸盐指数、亚硝酸盐、氨氮、细菌总数、总大肠菌群等。在昆明、曲靖、楚雄、大理等地呈点状、线状分布。

（2）裂隙水

裂隙水埋藏相对较深，多为潜水，补给路径较长，不易受污染，受人类活动影响相对较小。云南省该类型的地下水水质状况良好，多为Ⅱ—Ⅲ类水，开发利用价值高，适应于生活饮用、农业和工业生产用水。由于该类型地下水的含水介质多样，因此水质特性表现为水化学类型复杂多样，水中离子成分繁杂，水质特征地带性明显。

滇中楚雄-大姚一带及滇西兰坪、景谷、普洱、勐腊等地，由于受红壤、含盐层、石膏、芒硝等岩层的溶滤作用，该类型地下水中 SO_4^{2-}、Na^+、Cl^-的含量相对高；岩浆岩、变质岩的含水介质层中，岩石化学成分大多有含钠矿物，经地下水溶滤作用后，该地区的裂隙地下水中 Na^+含量偏高，多为钠型水；岩浆结晶岩中，具有氟磷灰石、角闪石和云母等含氟矿物，因此该类型地质体中地下水氟、氯离子含量较高，水化学类型出现了重碳酸氯型水，部分水体中含氟量为 0.5~5 mg/L，个别达 11 mg/L，在滇西的临翔、腾冲、芒市、普洱等地呈点状分布；此外侵入岩、变质岩中含矿物质成分较多，地下水水质出现 As、Mn、Fe 等离子超标，临沧、普洱、文山、保山等地呈点状分布。

（3）岩溶水

云南省岩溶水一般埋藏较深，且往往有相对隔水层，受污染影响较小。岩溶水储水介质单一，水化学类型及成分相对简单，以 HCO_3-Ca · Mg、HCO_3-Ca 型为主，水质类别多为Ⅰ—Ⅲ类水，个别井水超Ⅲ类，超标项目多为总硬度、溶解性总固体。矿化度一般为 110~600 mg/L，个别井达 1000 mg/L 以上；总硬度多为 15~450 mg/L，pH 值为 7~8.5，多为弱碱性水。该类型水丰富，多集中排泄或富集形成富水块段，开发价值高，多为集中式供水水源。

第三节　水源地

一、典型岩溶水水源地

（一）昆明市吴家营地下水水源地

吴家营地下水水源地位于昆明市呈贡区；地理坐标：东经102°50′26″，北纬24°52′17″。水源地由黄莲山和石头山两个岩溶水系统构成，面积分别为98 km^2 和30 km^2。含水层为上泥盆统至下二叠统灰岩及白云岩层，岩溶发育的含水段厚142~219 m。可分为裸露和覆盖型两类含水层，裸露型含水层贮水空间为不均匀的洞隙系统，覆盖型含水层埋深一般20~60 m，大新册一带达145 m，储水空间为相对均匀的管隙网络。

黄莲山为一封闭系统，四周均为隔水边界，裸露型含水层面积46 km^2。地下水从裸露型岩溶山区获得大气降水补给后，大部分经暗河出口排泄到地表，其余部分进入覆盖区，呈承压慢速扩散流向大渔村-小海晏一带径流排泄。

石头山为一开放系统，向滇池的一面为透水边界，其余为隔水边界，裸露型含水层面积22 km^2，覆盖型含水层面积8 km^2。地下水呈潜流-承压缓变流运动，大部分侧向排入滇池。

水源地地下水一般水温18~22℃，均为重碳酸钙镁型水，水质符合国家饮用水卫生标准和工农业用水标准的要求。

经过详查，共查明天然补给量 2632.29×10^4 ~ 4585.64×10^4 m^3/a；可利用的储量 4780.35×10^4 m^3/a；允许开采量76356 m^3/d。黄莲山系统适宜以暗河截流提引开采为主，井采为辅，石头山系统仅井采。

1989~1991年，云南省地质局水文地质工程地质队二分队，根据昆明市的要求，对本水源地开展水文地质详查工作，还开展暗河示踪试验及电法、浅层地震等物探工作，用数值模拟模型评价了该地下水资源。

20世纪70年代，吴家营水源地已得到初步开发，打成供水井（孔）6口，井采量约5000 m^3/d，是呈贡县城区的主要供水源地，主要供人畜用水和旱季浇果树；暗河及泉流提引开采量约 330×10^4 m^3/a，主要用于农田灌溉。

目前，由于城市化建设的需要，城市供水的改变，已有供水井纳入应急水源管理。暗河及泉流主要用于农田灌溉及园林供水用等。

（二）曲靖市花山地下水水源地

该水源地位于曲靖市区之北35 km处；地理坐标：东经103°52′25″，北纬25°44′48″。有贵昆铁路和川滇公路通过，交通方便。

1974年底，为了查明花山地区地下水分布情况，首先开展扩大补给区调查，发现地表分水岭以外有大面积的岩溶洼地，泄水方向指向本区，补给区面积较原来认为的大得多。区内有些深大的岩溶竖井或溶洞从位置上很接近泉点排泄区，并低于排泄基准面，意味着在排泄区同样可能有较深的强岩溶发育带，这些特点揭示该区有可能找到富水地段。

1975年2月，在歪咀施工14号钻孔，含水层为裸露和半覆盖的二叠系石灰岩。抽水试验最大降深3.4 m，稳定涌水量31 L/s（2678.4 m^3/d），推算可靠的开采储量为59.4 L/s（5132.2 m^3/d），而出露泉水流量平均11.0 L/s，勘探后获得的开采量比自然泉水大5倍。经现场研究决定调整设计，增加打石炭系含水层的钻孔，同时在涌水量大时使用3个钻孔组成群孔进行抽水。

1975年4月，歪咀石炭系含水层探水23号钻孔施工，孔深150 m，揭露岩溶含水层126 m，孔段岩溶极为发育。试抽结果，水位仅下降几厘米，立即在旁侧增打钻孔2个组成群孔代替大井，用3台空气压缩机同时抽水，最后稳定降深3.1 m，稳定涌水量77.4 L/s（6687 m^3/d），推算允许开采储量

113.7 L/s（9824 m^3/d）。

后在大树屯实施钻探，探明泥盆系岩溶含水层地下水允许开采储量 119.5 L/s（10325 m^3/d）。至此，该区地下水资源勘查获得重大突破。

1975 年 8 月，提交了《花山地区供水水文地质勘察报告》，云南省建委和所属沾益化肥厂建设指挥部及云南省地质局在现场审查通过了该报告。6 个富水地段共获地下水允许开采储量 3.87×10^4 m^3/d，属中型集中供水的岩溶水源地。

花山地区地下水水质类型为重碳酸钙和重碳酸钙镁水，水质良好，可供饮用和工业用水。水源地地下水埋藏浅，水量集中，水温稳定，距用水单位近。报告提交后，沾益化肥厂立即建立中心水厂，先后打 5 口开采井，1978 年 8 月正式投产供水。开采井降深最大为 8 m，单井抽水量达 235~279 m^3/h，5 口井合计 3×10^4 m^3/d。目前已满足化肥厂供水需要，现尚有两个富水地段未开采。

花山地区地下水源地已开采供水约 20 年，水质、水量稳定，沾益化肥厂成为云南利用地下水作大规模生产和生活用水最成功的实例。

二、主要盆地地下水资源

（一）开远盆地地下水资源

1. 区域地质概述

开远盆地位于泸江下游，北窄南宽近似椭圆形，面积约 40 km^2。标高 1037~1080 m，四周山地环绕，标高 1300~1800 m，最高为东山 2289.90 m，与盆地相对高差 200~300 m。地理坐标：东经 103°13′08″~103°19′11″，北纬 23°38′31″~23°48′24″，属红河州管辖。

地表水体有泸江、南洞河。南洞河发源于开远南洞，在盆地南端与泸江汇合从南向北经盆地中部流出，注入南盘江。泸江最大流量 216.00 m^3/s、最小流量 4.20 m^3/s；南洞河最大流量 35.90 m^3/s、最小流量 4.67 m^3/s。

盆地为溶蚀断陷盆地，上部由第四系冲积、洪积层覆盖，基底由三叠系组成。

2. 水文地质条件

（1）含水层富水性

A. 第四系松散岩类孔隙水

冲积砂砾石孔隙含水层（Qh^{al}）：沿泸江河一带分布。上部为黄褐、棕黄色粘土及砂质粘土，下部为砂卵石层含水层，厚度 10~42 m，含孔隙承压水。富水程度中等，水质为低矿化的 HCO_3-Ca 型淡水。

冲积砂卵砾石孔隙含水层（Qp_3^{al}）：上部为黄褐色粘土，局部夹碳质粘土，下部为砂卵石孔隙含水层，厚度 19~66 m，含孔隙承压水。富水程度中等，水质为低矿化的 HCO_3-Ca 型淡水。

洪积粘土及粘土质砾石孔隙弱含水层（Qp_2^{pl}）：分布于盆地边缘的山前地带，岩性为黄褐色粘土、砂质粘土，中部夹多层透镜状之粘土质卵砾石。为一相对隔水层，含水贫乏。

河湖积砂及砂砾石透水层（Qp_1^{l+al}）：分布在盆地南部边缘。上部为黄褐色钙质粉砂，显层理；下部为砂砾石层，磨圆度较好，钙质胶结紧密，总厚度 66 m。由于地处位置较高，为透水而不含水层。

B. 岩溶水

三叠系个旧组（T_2g）、永宁镇组（T_1y）岩溶含水层：分布于盆地西部、南部和东北边缘，盆地中部局部出露外，均被第四系覆盖。岩性为灰色、深灰色中厚层灰岩、白云岩，间夹泥质灰岩。埋深 32~66 m，岩溶裂隙、蜂窝状溶孔和溶洞普遍发育，含丰富的承压水，为主要含水层。岩溶发育在垂直方向且具明显的分带性规律，大致分为三带，即：标高 990 m 以上，蜂窝状溶孔和溶洞发育，涌水量大，为强岩溶发育带；标高 990~960 m，溶孔和溶隙较为发育，为岩溶中等发育带；标高 960 m 以下，溶孔和溶隙少见，涌水量趋于稳定，为岩溶弱发育带。含水层厚度 60~80 m；水位埋深各地不同，盆地西部除个别孔水位低于地表，均为+1.44~+4.37 m，东部为 2.65~39.37 m；钻孔抽水降深

2.15～18.64 m，单位涌水量 0.25～7.21 L/(s·m)，最大 12.21 L/(s·m)，单井涌水量 249～3364 m^3/d。盆地西侧有泉水出露，流量 0.83～10.74 L/s，最大 93.16 L/s。富水性中等—丰富。水质为 HCO_3-Ca 型低矿化淡水。

中三叠统法郎组（T_2f）碎屑岩、碳酸盐岩岩溶裂隙含水层：分布于盆地北西、东南部。岩性为砂页岩、含锰灰岩，间夹四层灰岩，单层厚度 18～354 m。灰岩岩溶裂隙发育，含岩溶裂隙水，具承压性。水位埋深+5.28～4.12 m，降深 12.42～18.28 m，单位涌水量 0.27～0.29 L/s·m，单井涌水量 307～423 m^3/d；沿盆地边缘有泉水溢出，流量 0.14～12.07 L/s，富水性中等。水质为 HCO_3-Ca·Mg 型低矿化淡水。

C. 上三叠统鸟格组（T_3n）砂页岩风化裂隙弱含水层

分布于盆地东部和北部，岩性为砂页岩互层，基岩致密坚硬，裂隙不发育，为一相对隔水层位。

（2）地下水的补给、径流及排泄条件

盆地中地下水位埋藏浅，水量丰富。盆地第四系孔隙水主要接受大气降水的补给，同时也受泸江河的补给和岩溶水的侧向补给。以泉水形式和井孔开采方式等排泄地下水。

岩溶地下水，主要靠开远东山和盆地西部山区地下水补给，补给面积 237 km^2，顺层面向盆地径流，在盆地边缘或河谷中以泉的形式排泄地下水。盆地底部岩溶水受到砂页岩层的阻隔，在东西两侧富集了地下水，形成了多个富水块段。

3. 地下水资源量及开发利用

开远盆地为构造侵蚀盆地。区内石灰岩、砂砾石层广布，补给径流条件良好，地下水资源丰富。主要含水层有个旧组石灰岩、永宁镇组石灰岩，上更新统冲积砂卵石层及全新统冲积砂砾石层。为承压-自流水，具有含水层埋藏浅，地下水位高，水量大等特点。

已圈定的富水地段，经水资源评价计算，地下水岩溶水资源 34485.96 m^3/d，第四系孔隙水资源 10064.38 m^3/d，总共有地下水资源 44550.34 m^3/d。

开远城区、工业厂矿及部队等单位供水，主要是井孔抽取地下水、引用南洞暗河和泉水，工业生产抽提泸江河水。实际开采地下水 31676 m^3/d，地表水 26400 m^3/d，基本满足了生产和生活用水要求。但近几年里，城区一带开采井孔分布过密，超量开采对开采地下水影响很大。建议生产用水要充分利用南洞暗河地下水。

（二）楚雄盆地地下水资源❶

1. 区域地质概述

楚雄盆地位于南华扭动褶皱区与会基关-双柏穹窿褶皱区相交部位，亦即南华“S”形构造转折端东侧，为一向斜盆地。地形为四周高中间低之盆形，四周为浑圆-梁状浅切割低中山，山顶一般海拔 2000～2200 m，盆地呈北西—南东向延伸，长度约 16 km，宽度 3～4 km，面积约 55 km^2。盆地中地势平坦，微向河谷倾斜，海拔 1770 m。

地理坐标：东经 101°24′40″～101°39′18″，北纬 24°53′38″～25°11′45″，属楚雄市管辖。龙川江由北西进入盆地，经中部向东流出。支流自南东向北西流经盆地南部。汇水面积 464 km^2。河流沿岸均有Ⅰ、Ⅱ级阶地发育，含孔隙潜水。盆地西侧受北西向断层影响，使向斜南西翼倒转。两翼地层由白垩系砂泥岩相间组成。盆地中赋存承压水及自流水。

2. 水文地质条件

（1）含水地层及富水性

盆地周边山区为中生界红色碎屑岩系，新生界第四系松散岩类分布于楚雄向斜盆地及周边较大支流两侧。区内有松散岩类孔隙水，碎屑岩类夹可溶性岩类裂隙孔隙水，碎屑岩裂隙水。主要含水层富水性及特征是：

---

❶ 主要资料来源：云南省地质矿产局第二水文地质工程地质大队，1986，云南省楚雄市城市供水水文地质勘察报告。

1）松散岩类孔隙水，主要分布于龙川江及富民河沿岸，面积45.84 km^2。龙川江两岸Ⅰ级阶地第四系冲积沙砾石层，含孔隙潜水-微承压水。由上游冬瓜镇到下游鹿城镇一带，含水层逐年变厚，一般5~8 m。地下水水位埋深1.7~2.5 m。鹿城镇一带钻孔涌水量为500 m^3/d左右，水量较丰富，其他地段钻孔涌水量300 m^3/d左右，水量中等。富民河一级阶地第四系冲积沙砾石层及盆地边缘Ⅱ、Ⅲ、Ⅳ级阶地第四系，由于砂砾石层厚度薄，粒度细，所处地理位置高等条件限制，地下水水位埋深0.73~6.5 m，钻孔涌水量5~15 m^3/d，水量中等-贫乏。

2）碎屑岩类夹可溶性岩类裂隙孔隙水，主要为江底河组（K_2j）含水层，分布于楚雄向斜核部，面积52 km^2（含第四系覆盖区），岩性为泥岩夹钙质泥岩、钙质粉砂岩及泥灰岩，局部含膏盐，呈多层夹层类型，单层厚度0.2~0.5 m，岩石中裂隙溶孔发育，局部呈蜂窝状，向斜轴以东及转折端部，地下水承压自流，钻孔涌水量为200~737 m^3/d，水量中等-较丰富；向斜轴以西地区，岩层产状陡直。呈条带状展布，地下水补给条件差，钻孔涌水量7.0~320 m^3/d，大部分地区水量贫乏，局部地段水量中等。

3）碎屑岩裂隙水，分布于盆地外围山区，面积357.38 km^2。其中，高丰寺组砂岩含水层（组）分布面积171.75 km^2，钻孔涌水量100~1500 m^3/d，地下水径流模数0.5~3 L/(s·km^2)，泉水流量多数为0.05~1.0 L/s，水量中等-丰富。马头山组（K_1m）砂岩含水层（组）分布面积35.47 km^2，钻孔涌水量为100~700 m^3/d，地下水径流模数多在0.3~1.0 L/(s·km^2)，泉水流量多在0.01~0.8 L/s，水量中等，局部地段（如向斜转折端）水量丰富，构成集中供水源地。其他含水层（组），钻孔涌水量一般小于200 m^3/d，地下水径流模数为0.1~0.3 L/(s·km^2)，泉水流量一般为0.005~0.5 L/s，水量贫乏。

（2）地下水的补给、径流及排泄条件

区内各类型地下水以降雨为主要补给来源，部分地段（第四系分布区）还受农灌回渗水补给，局部受水库、坝塘、河流水渗入补给，以泉水、沟水、蒸发、人工开采为主要排泄方式。地下水动态主要受降雨控制，部分地段受人工开采控制。

（3）地下水的理化特征及水质评价

区内水化学类型较简单，以HCO_3-Ca、HCO_3-Ca·Mg型为主，占总面积的76.2%，次为HCO_3·SO_4-Ca或HCO_3·SO_4-Ca·Mg、HCO_3·Cl-Ca·Na型水，占14.3%。

地下水矿化度，大部分地区小于0.5 g/L，部分地区为0.5~1 g/L，个别点大于1.0 g/L。总硬度除少数点大于8.915 mmol/L及小于120.428 mmol/L外，大多数为1.498~8.915 mmol/L。pH值6.5~8.0最为常见，个别点属酸性。局部地段井中NO_3、NO_2、NH_4含量较高，显示出地下水已受人为污染严重。此外有些地段Mn、As、F、Cr离子超过饮用水标准。

区内地下水水质变化的主要规律为，水平分带为从补给区-径流区-排泄区，水中盐分逐渐增多，特别是缓流区水质较差。垂向上的变化，一是含水层受夹层膏盐的影响，水质变差；二是含水层随着深度的增加，水循环条件变弱，水质随深度增加逐渐变差，另外，局部地段因断层切穿膏盐含水层，使地下水水质变差。

总之，区内绝大部分地区地下水物理性质及水化学成分一般良好，适宜生活饮用；水垢较少，为不起泡水，灌溉系数大于18，适宜一般工业用水及农田灌溉用水。

（4）地下水资源

经水资源计算，区内地下水天然补给资源为2258.84×10^4 m^3/a（不包括河水回渗量及侧向补给量，其中第四系松散岩类孔隙水补给资源705.33×10^4 m^3/a；碎屑岩类夹可溶性岩类裂隙溶孔水补给资源120.68×10^4 m^3/a；碎屑岩类裂隙水补给资源1432.83×10^4 m^3/a），开采条件下夺取河水（回渗）补给量598.88×10^4 m^3/a，区内地下水共有补给资源2258.84×10^4 m^3/a。开采资源1306.47×10^4 m^3/a，其中松散类孔隙水有开采资源634.24×10^4 m^3/a；碎屑岩类夹可溶性岩类裂隙溶孔水有开采资源135.55×10^4 m^3/a；碎屑岩类裂隙水有开采资源436.34×10^4 m^3/a。

3. 地下水开发利用现状

近几年，楚雄市修建了九龙甸水库、西静河水库等引水工程，在龙川江上游又修建了青山嘴大型水库，解决了城镇居民生产和生活用水问题，地下水开采量逐渐减少。仅盆地边缘部分地段有少量深井开采。

（三）大理盆地地下水资源❶

1. 区域地质概述

大理盆地为沿洱海深大断裂断陷堆积而成的，地质构造复杂，主构造线方向为北北西向，长度约46 km，宽度10~13 km，面积约540 km^2。自更新世早期盆地形成后，堆积了湖积、冲湖积、冲积和洪积等多种成因类型的松散堆积物，据物探资料，堆积厚度1000 m以上，富含孔隙水，盆地东部和北部广布着古生界碳酸盐岩岩溶水，西部为苍山岩群变质岩系裂隙水，南部属“滇西红层”碎屑岩裂隙水。

盆地西依点苍山，东濒洱海。地理坐标：东经100°00′43″~100°21′14″，北纬25°43′35″~26°05′33″。海拔1965~2100 m，点苍山主峰马龙峰4122 m，高差达2157 m。中部洱海水域面积约250 km^2，为地表水和地下水的汇集地，经西洱河注入漾濞江。盆地是国民经济发展重点规划区，农业水利化程度较高，地表水资源丰富。

自前寒武纪以来，测区几度升降，沉积了古生代、中生代地层。喜马拉雅期断块升降突出，西部上升，东部下降，中部断陷，盆地内接受了巨厚的第四纪松散沉积。

区内构造复杂，断裂发育，主构造线方向呈北北西向。盆地东部发育早奥陶世—三叠纪地层。燕山—喜马拉雅运动为褶断和断块差异性升降为主。盆地西部为一套古老复杂的变质岩系，构成本区结晶基底。断裂为区内主要构造形迹，以北北西向为主，东西向次之。

2. 水文地质条件

（1）含水地层及富水性

测区地下水类型有松散岩类孔隙水、碳酸盐岩类裂隙溶洞水和基岩裂隙水。

1）松散岩类孔隙水，主要分布于盆地，面积309.97 km^2。据地貌、沉积特征和水文地质条件的差异，划分为右所、江尾和喜洲三个水文地质单元（块段）。喜洲块段为大理盆地之北段，据物探资料，松散层由北向南，由西至东增厚，沙坪一带不足50 m，周城-喜洲100~400 m，以南一般大于500 m，最厚可达1500 m。江尾块段松散层厚度50~250 m。右所块段松散层厚度100~300 m，山前小于50 m。据水文地质特征和开采技术条件，划分为浅层潜水-微承压-自流水（简称浅层水）和深层承压-自流水（简称深层水）。浅层水一般55~120 m，以下控制深度内为深层水。

全新统洪积层（Qh^{pl}）孔隙潜水，分布于盆地边缘山麓地带点苍山十八溪口形成之洪积扇相互衔接，叠置形成著名的“大理洪积扇（裙）”。岩性为砂砾石层、砾石层、含砾砂质粘土等，厚度50~300 m不等。地表巨砾、块石成堆，砾径多在1.0 m以上。由于各地含水砂砾层厚度、粒度及补给条件不同，地下水富水性及埋藏条件空间变化与差异较大。前缘地下水多具承压性。泉水流量一般0.5~10 L/s，最大流量为16.57 L/s。单井涌水量200~2500 m^3/d，部分地段小于100 m^3/d。水化学类型为HCO_3-Ca和HCO_3-Ca·Na型水，矿化度小于0.5 g/L。

全新统冲洪积层（Qh^{al+pl}）孔隙潜水-承压水，于洪积扇（裙）前缘呈带状展布，与洪积层和冲湖积层呈渐变接触关系。岩性以砂砾石层为主，表部有数米到数十米的粘质土。厚度100~300 m。泉水流量多在2 L/s以上，最大为16.95 L/s。单井涌水量600~2000 m^3/d。水量丰富。水化学类型为HCO_3-Ca·Mg型水，矿化度小于0.5 g/L。

全新统冲湖积层（Qh^{al+l}）孔隙潜水-承压水，沿洱海西侧及湖滨分布，厚度大于200 m。上部

---

❶ 主要资料来源：云南省地质矿产局第二水文地质工程地质大队，1989、1992，云南省大理市大理盆地中、北段供水水文地质、环境地质、工程地质综合勘察报告。

10~100 m 为粘质砂土、碳质粘土夹草煤及细砂层透镜体，富水性弱；下部 20~150 m 为砂砾石层，水量丰富，并具承压性。水化学类型为 HCO_3-Ca · Mg 和 HCO_3-Na · Ca 型水，矿化度小于 0.6 g/L。

2）碳酸盐岩类裂隙溶洞水，主要分布于盆地东部，面积 246.74 km^2。按其出露条件可分为裸露型和覆盖型两个业类。岩性为石灰岩、泥灰岩、生物灰岩、白云岩等，岩溶发育。该类含水层（组）出露于山区，延伸盆区埋于松散堆积层之下，或伸入海水之中。在盆地边缘和断裂带上有较多的泉水出露，流量 10~133.9 L/s，大泉多没于海水中。水化学类型为 HCO_3-Ca · Mg 型水，矿化度小于 0.5 g/L；受降水补给，富水性强-中等。

3）基岩裂隙水，主要分布于盆地周边，因岩性、地貌、构造和补给条件之差异，各类富水性亦不同，以苍山地区变质岩裂隙水富水性最佳。主要含水层有苍山群变质岩裂隙水，富水性强-中等，泉水流量 0.1~3 L/s，地下径流模数大小 5 L/(s · km^2)。玄武岩等火成岩裂隙水，富水性中等，泉水流量 0.5~1 L/s，地下径流模数大小 0.75~4 L/(s · km^2)。“滇西红层”碎屑岩裂隙水，富水性中等，泉水流量 0.1~1.5 L/s，地下径流模数大小 0.5~1.5 L/(s · km^2)。

4）洱海，为盆地大型地表水体，面积约 250 km^2。水深一般 10~15 m，最深大于 30 m，最大蓄水量达 $33.70×10^8$ m^3，是盆地汇水范围内地表水、地下水排泄带和汇集地，也是农田用水和西洱河电站的重要水源地。水质除边缘地带由于人为排污的影响有一定污染外，一般较好，水化学类型为 HCO_3-Ca · Mg 型，适于工农业用水。

（2）地下水的补给、径流、排泄条件

地下水主要接受大气降水补给，松散岩类孔隙水尚得到农灌水、溪沟水及基岩裂隙水、岩溶水的补给。盆地孔隙水由山前向盆地中部径流富集，以蒸发、开采和泉水排泄。地下水动态随季节变化明显，孔隙水水位流量较稳定，岩溶水流量动态不稳定-较稳定，裂隙泉水动态不稳定。

（3）地下水的理化特征及水质评价

地下水化学特征主要受岩土化学背景和地下水埋藏、运动等条件制约。地下水无色、无味、无嗅、透明，以重碳酸盐型为主，矿化度多小于 0.50 g/L。苍山变质岩区、江尾东部岩浆岩区分布极软水，总硬度小于 1.50 mmol/L；右所盆地、江尾块段潜水分布极硬水，总硬度大于 9.00 mmol/L，pH 值 6.5~8.5。地下水多适于饮用，局部硝酸盐氮、氟、锰等超标。

（4）地下水资源

经水资源计算，区内地下水天然补给资源量为 $27138.841×10^4$ m^3/a。其中，松散岩类孔隙水 $20650.685×10^4$ m^3/a、岩溶水 $2623.43×10^4$ m^3/a、基岩裂隙水 $3280.5×10^4$ m^3/a、孔隙深层水 $636.48×10^4$ m^3/a。喜洲、右所、沙坪-蝴蝶泉、大理集中供水源地开采资源量 $4855.86×10^4$ m^3/a。

喜洲供水源地地下水补给资源量 $2207.57×10^4$ m^3/a，开采量 $1763.72×10^4$ m^3/a，储量资源 $3516.31×10^4$ m^3；右所供水源地地下水补给资源 $908.34×10^4$ m^3/a，开采量 $770.52×10^4$ m^3/a，储量资源 $2986.21×10^4$ m^3；沙坪-蝴蝶泉水源地地下水补给资源 $698.1×10^4$ m^3/a，开采量 $687.49×10^4$ m^3/a；大理集中供水源地地下水补给资源 $1932.569×10^4$ m^3/a，开采量 $1635.13×10^4$ m^3/a，储量资源 $6558.74×10^4$ m^3。

3. 地下水开发利用现状

盆地内地表水、地下水均为丰富，目前生产、生活用水以地表水为主，其次是松散岩类表层潜水，局部有机井开采第四系表层潜水以下承压水自流水作为饮用水。洱海盆地地表水还主要用于西洱河电站发电，部分水引入宾川盆地作农田灌溉用。

（四）宾川盆地地下水资源[1]

1. 区域地质概述

宾川盆地位于云南省中西部，经向构造的宾川大断裂带上，为断陷堆积盆地。长度 46 km，宽度

[1] 主要资料来源：中国人民解放军 00933 部队，1979，云南省宾川盆地农田供水水文地质勘察报告。

3~9 km，面积 315 km^2。地理坐标：东经 100°11′48″~100°39′，北纬 25°36′45″~26°03′30″。自早更新世宾川大断裂的继承性活动形成盆地后，至今堆积有厚达千米以上的洪积、冲洪积和湖积成因之松散堆积层，富含孔隙水。盆缘山区分布有基岩裂隙水和碳酸盐岩岩溶水，有较多泉水出露。

盆地处于金沙江与澜沧江分水岭地带。总体地势平坦，海拔 1300~1600 m，四周山顶 1800~3100 m，比高超过 1800 m。桑园河自南而北纵贯盆区，流量 1.66~12.90 m^3/s。气候干燥炎热，雨量少而集中，为著名的缺水干旱坝子。

2. 水文地质条件

矿区包括宾川、大营、上沧等盆地及其周边山区，除西部分水岭以西地表水、地下水向洱海运移外，其他地区构成了一个完整的水文地质单元。

（1）含水地层及富水性

区内含水岩组齐全，构造复杂，松散岩类孔隙水、碎屑岩类裂隙孔隙层间水、碳酸盐岩类岩溶水和基岩裂隙水均有赋存，但以孔隙水和岩溶水为主。南北向的宾川断层纵贯全区，规模大，继承性活动强烈，决定了宾川盆地的地貌形态和现代水文网的展布格局，也控制了含水层的分布和结构。

宾川盆地为一长条形断陷堆积盆地，由于其地势较低，而成为全区的地表水与地下水的汇集场所。松散岩类孔隙水，按其含水层结构和地下水的埋藏条件及水力特征，划分为上、下两个含水段。上含水段由全新统、中-上更新统组成，厚度 40~80 m，主要分布在桑园河两侧及宾居、牛井地段。有 1~11 个含水层，累计厚度 10~30 m，水位埋深 0.42~22.07 m。盆地边缘为地下水补给径流区。由于不同地段水文地质条件不尽相同，故富水性各地不一，下含水段由下更新统组成，一般埋藏于地表 70 m 以下，仅牛井与力角地段零星出露。有含水层 1~22 层。地下水为高水头承压水，水头压力一般 30~60 m。南部水位埋深+8.25~+18.62 m，向北部渐深，最深达 39.75 m。富水性受补给条件控制，盆地中部丰富，边缘相对贫乏，由南向北逐渐减弱。

上含水段潜水-微承压水除大气降水和农灌回渗补给外，还接受地表水与基岩裂隙水的侧向补给，下含水段承压水主要接受周边基岩裂隙水的侧向补给，由盆地边缘向中部径流。山前地带地下水水力坡度大于盆区，在盆地中心形成富水区，上含水段地下水以人工开采排泄为主，在洪积扇前缘尚有泉水、截潜流（当地称地垅）之地下水溢出地表；下含水段以顶托补给上层水为主，其次为本次勘探深孔的人工开采。在力角地段，桑园河切穿了上、下含水段，上含水段地下水可直接补给河水，下含水段则通过阶地补给河水。

地下水动态随季节变化，尤以基岩裂隙水明显，岩溶水次之。孔隙潜水-微承压水变幅一般在 2~7 m，下含水段承压水自流有日趋减少之势。宾川盆地中有 8 个温泉，水温 24~51℃，其中低温 6 个，中温泉 2 个，流量 0.48~43.74 L/s，水温与流量较稳定。此外，在力角及宾川县城南的断层破碎带上，通过钻孔发现了低温热水，水温在 32℃左右。

综上所述，测区地下水资源主要赋存于松散岩类和碳酸盐岩中，水量较丰富。但是，由于测区植被破坏十分严重，导致盆地降雨量逐年减少，蒸发量变大；加之当前农业用水开采又不尽合理，致使水位连年下降。

（2）地下水的补给、径流、排泄条件

区内各类地下水以大气降水补给为主，第四系松散岩类孔隙水尚得到外围山区基岩地下水的侧向补给。排泄以农灌、蒸发、蒸腾为主，少量排入沟、河流出区外。地下水动态变化主要受降雨和人工开采的制约。

（3）地下水的理化特征及水质评价

盆地地下水循环交替迅速，水的理化性质良好，除钠离子、硫酸根离子含量较高而且出现点次较多外，其他各种离子一般含量不高，化学类型简单，大面积为 HCO_3-Ca·Mg、HCO_3-Ca 型水，HCO_3-Ca·Na 型次之。其他各种类型的水零星散状分布，面积甚小。矿化度一般 0.25~0.5 g/L，局部 0.5~1 g/L，个别点大于 2.0 g/L。总硬度多为 2.995~5.991 mmol/L，常见 pH 值 5~8，多属中性，弱酸和弱碱性水。灌溉系数大于 18，且为水垢少、不起泡和非侵蚀性水。适宜农田灌溉及一般工业使用。

表 11-10　云南主要盆地地下水化学基本特征一览表

编号	盆地名称	经度	纬度	地下水类型	面积/km^2	可采资源量/($10^4\ m^3 \cdot a^{-1}$)	含水层特征	水化学类型
1	昆明盆地	102°42′35″	24°57′29″	岩溶水、孔隙水	3258.0	12299.41	为断陷盆地。上部第四系、新近系湖相堆积层厚度 0~1000 多米，含水透水性弱。下部基岩含丰富的裂隙水及岩溶地下水，并有一较为稳定的热储含水层	HCO_3-Ca·Mg 型
2	玉溪盆地	102°31′38″	24°22′15″	岩溶水、孔隙水	306.76	5591.80	为断陷盆地。上部局部分布第四系，新近系湖相堆积层厚度 800 余米，含弱孔隙潜水。下部基岩含丰富的裂隙岩溶地下水，为盆地主要供水水源层	HCO_3-Ca·Mg 为主、次 HCO_3-Ca·Na 型
3	通海盆地	102°42′51″	24°08′57″	岩溶水	156.0	1722.07	为向南突出的新月形断坳盆地，面积约 156 km^2。上部第四系厚度约 100 m，以灰黑色砂质粘土、淤泥为主，含水富水性很弱。下部基岩以碳酸盐岩为主，含丰富的岩溶水，具有含水层埋藏浅，地下水位高，水量大等特点	HCO_3-Ca·Mg 为主
4	石屏盆地	102°31′09″	23°41′35″	岩溶水	92.00	2167.90	为断陷溶蚀盆地。上部第四系、新近系湖相堆积层厚 100 多米，含较丰富的孔隙岩溶水，以含卤水而闻名。下部 Pt_1d 碳酸盐岩含丰富的岩溶地下水。局部地下水温泉可达 45℃以上	上部为卤水、肥水，基岩为 HCO_3-Ca·Mg 水
5	陆良盆地	103°43′13″	25°00′40″	岩溶水	427.00	8874.60	为断坳溶蚀盆地。上部第四系、新近系湖相堆积层厚 100 多米，含较丰富的孔隙裂隙水。下部 P_2m+q 碳酸盐岩含丰富的岩溶地下水	
6	宣威盆地	104°06′33″	26°11′16″	岩溶水、孔隙水	403.82	3508.10	为构造溶蚀盆地。上部新近系湖相堆积层最厚达 1000 多米，含较丰富的孔隙水。下部古生界碳酸盐岩含丰富的岩溶地下水	HCO_3-Ca、HCO_3-Ca·Mg 型为主
7	元谋盆地	101°51′33″	25°42′43″	孔隙水	115.30	7135.30	为断陷盆地。上部第四系冲积、洪积堆积层厚度 350 余米，孔隙潜水丰富，为盆地主要供水水源层位。下部元谋群变质岩基岩含水透水性弱	$HCO_3 \cdot SO_4$-Ca·Na 型
8	昭鲁盆地	103°42′49″	27°20′21″	岩溶水	830.51	2264.10	为断陷构造盆地。为一较完整的水文地质单元，上覆 Q、N_2 松散堆积层，含水性极弱。下部以古生界 D 为主的碳酸盐岩，地下水十分丰富，浅埋且均匀，并有热水蕴藏	HCO_3-Ca·Mg 为主
9	保山盆地	99°11′21″	25°06′18″	岩溶水、孔隙水	234.00	10937.70	为断陷构造盆地。上覆 Q 及新近系松散沉积层最厚达 2000 m，含水性中等至弱，中部具承压自流。盆地基底分布中生界、古生界的碳酸盐岩，地下水丰富，并有热水蕴藏	HCO_3-Ca·Na、HCO_3-Ca 为主
10	盈江盆地	97°56′08″	24°42′33″	孔隙水	382.00	21904.00	为山间构造侵蚀盆地，上部分布 Q 松散冲洪积堆积层，物质成分、颗粒大小、厚度变化等都很复杂，分Ⅰ、Ⅱ级阶地堆积，厚度大于 100 m。孔隙地下水丰富-中等。下部 N 含较丰富的碎屑岩裂隙孔隙水	HCO_3-Na、HCO_3-Ca·Mg 型
11	临沧盆地	100°05′21″	23°52′54″	孔隙水	29.00	288.15	为新生代堆积断陷盆地。上部第四系厚度 0~15 m，新近系厚度 400~940 m，含孔隙潜水中等-弱。下部印支期花岗岩，含较丰富的风化裂隙水，并有较丰富的热水蕴藏	HCO_3-Ca·Na、HCO_3-Ca·Mg 型

续表

编号	盆地名称	经度	纬度	地下水类型	面积/km^2	可采资源量/($10^4\ m^3\cdot a^{-1}$)	含水层特征	水化学类型
12	弥渡盆地	100°26′39″	25°23′16″	孔隙水	142.00	3600.00	为断陷盆地。上部第四系厚度大于500 m，富含孔隙潜水和承压水。下部分布古生界的碳酸盐岩，地下水丰富，并有热水蕴藏	HCO_3-Ca·Na、HCO_3-Ca·Mg型
13	思茅盆地	100°58′18″	22°47′12″	裂隙水、孔隙水	67.40	800.00	为半封闭断陷盆地。上部第四系厚度0~60 m，含孔隙潜水中等。下部分布古近系—新近系碎屑岩，含基岩裂隙水，富水性中等	HCO_3·Cl-Ca·Na、HCO_3-Ca型
14	景洪盆地	100°47′50″	22°00′28″	孔隙水	76.00	1556.00	为断裂沉陷所形成的堆积盆地，盆地结构、物质成分复杂，厚度大于200 m。孔隙潜水丰富。下部基岩为T_3、P_2的构造裂隙水与华力西期、印支期花岗岩风化带网状裂隙水，地下水量中等，但富水性很不均一。于盆地西部各断裂带的花岗中，含较丰富的地下热水	HCO_3-Na、HCO_3-Ca型
15	施甸盆地	99°10′55″	24°44′00″	岩溶水	59.00	1200.00	为构造溶蚀湖积盆地。上部第四系湖相堆积层厚度70~125 m，含孔隙水，水量贫乏。下部古生界碳酸盐岩含丰富的岩溶地下水。隐伏断裂带含较丰富地下热水	HCO_3-Ca、HCO_3-Mg·Ca型
16	景谷盆地	100°42′13″	23°30′04″	孔隙水、裂隙水	85.00	541.28	为不均匀沉降的地堑式断陷堆积盆地，新近系沉积厚度达2700~2900 m，赋存层间承压水，富水性弱-中等。下部分布新生界碎屑岩，含基岩裂隙水，富水性中等	Cl-Na、HCO_3-Ca·Mg型
17	文山盆地	104°14′04″	23°22′51″	岩溶水	75.00	9015.79	为断陷堆积盆地。上部第四系厚0~15 m，新近系厚度500余米，含孔隙潜水中等-弱。下部分布古生界的碳酸盐岩，岩溶地下水十分丰富	HCO_3-Ca型
18	蒙自盆地	103°22′50″	23°22′25″	岩溶水	150.36	4800.60	为断陷堆积盆地。上部第四系厚0~25 m，新近系最厚达700余米，含孔隙潜水中等-弱。下部个旧组（T_2g）碳酸盐岩，岩溶地下水十分丰富	HCO_3-Ca型
19	罗平盆地	104°18′26″	24°53′14″	岩溶水	125.00	9493.70	为溶蚀坡立谷盆地，上部第四系厚0~15 m，含弱孔隙潜水。下部个旧组（T_2g）碳酸盐岩，岩溶地下水丰富	HCO_3-Ca型
20	弥勒盆地	103°25′36″	24°24′50″	岩溶水	230.00	1600.00	为一断陷湖积盆地。上部第四系、新近系沉积厚度大于500 m，含孔隙潜水中等-弱。下部为古生界碳酸盐岩，岩溶地下水丰富。赋存有地热异常带	HCO_3-Ca、HCO_3-Ca·Mg型
21	泸西盆地	103°45′37″	24°31′20″	岩溶水	78.00	5100.00	为构造溶蚀盆地，上部第四系厚度0~20 m，含孔隙潜水弱。下部个旧组（T_2g）碳酸盐岩，岩溶地下水丰富	HCO_3-Ca型
22	丽江盆地	100°14′19″	26°51′46″	岩溶水	199.00	13200.00	为断陷构造盆地。上覆第四系松散堆积层厚度700~1200 m，含水性中等至弱。中部具承压自流。下部分布中生界的碳酸盐岩，岩溶地下水丰富	CO_3-Ca、HCO_3-Ca·Mg型
23	会泽盆地	103°17′30″	26°25′13″	岩溶水	99.28	4228.00	为断陷构造盆地，上部第四系揭露最大厚度达500余米，含孔隙潜水中等-弱。下部为栖霞茅口组（T_2g）碳酸盐岩，岩溶地下水丰富	HCO_3-Ca型

（据云南省地质环境监测总站，2002）

（4）地下水资源

经水资源计算，测区地下水年天然补给资源量18035.24×10^4 m^3/a。其中，基岩裂隙水2260.76×10^4 m^3/a，岩溶水6416.35×10^4 m^3/a，松散岩类孔隙水上含水段3658.17×10^4 m^3/a、下含水段2699.98×10^4 m^3/a。全区共有地下水开采资源7466.34×10^4 m^3/a。其中，基岩裂隙水1430.35×10^4 m^3/a，岩溶水2274.37×10^4 m^3/a，松散岩类孔隙水上含水段2162.89×10^4 m^3/a、下含水段747.51×10^4 m^3/a。

达到B级的年开采资源7162.24×10^4 m^3/a。其中，基岩裂隙水1312.47×10^4 m^3/a，裸露型岩溶水2127.86×10^4 m^3/a，覆盖型岩溶水851.22×10^4 m^3/a，松散岩类孔隙水上含水段2182.89×10^4 m^3/a、下含水段707.80×10^4 m^3/a。

3. 地下水开发利用现状

盆地内浅层地下水已大量开采利用，特别是宾川盆地桑园河两岸和洪积扇前缘及中部地带。山区主要蓄引泉（溪）水，灌溉农田及饮用，到2014年底，宾川盆地已施工机井602眼，配套538眼，但正常使用的仅有434眼，可灌地29285亩，每年取地下水2982.8×10^4 m^3。

现有机井布局疏密不均。宾川、牛井、力角地段桑园河两侧，一般4～5眼/km^2，多者可达11眼，用水季节干扰严重，水位下降明显；机井深度一般20～40 m，井径0.73 m，用水泥滤水管护壁，施工中大部分机井未按规定填砾，井淤普遍存在；提水设施大多为大理州农机厂生产的4～8时深井泵与自吸泵抽水。由机电配套，正常使用者达66.7%，但大部分机井不能保证连续抽水，单井出水量一般达不到配套的泵量指标，仅在桑园河两侧和宾居、太和、力角等地洪积扇前缘部位，单井出水量一般500 m^3/d左右。

区内基岩裂隙水主要作为山区分散生活水源，岩溶大泉及暗河水用于灌溉和饮用。20世纪80年代末修建了引洱入宾引水工程，解决了坝区大部分的生产、生活用水问题，但仍有部分地区缺水严重。

其他盆地水文地质基本特征和水化学类型见表11－10。

第四节　地下水资源的合理利用

一、地下水开采量与开采程度

云南地下水、地表水资源丰富，但时空分布不均。滇西地区地表水丰富，城市生活用水和农业灌溉用水多以地表河水为水源，地下水也多以直接利用泉水为主，井采相对较少，且多以民井开采孔隙水为主，机井开采多为部分厂矿企业。滇东地区岩溶发育，干旱缺水，采用机井开发地下水比西部多。

云南省地下水开采量总体偏少，开采程度低。全省地下水可开采资源量190.35×10^8 m^3/a实际开采量6.28×10^8 m^3/a，仅占3.3%。各地的自然条件和经济状况不同，开采量和开采程度也有较大差异（表11－11）。由表中可见，地下水开采量最大的是曲靖市；开采程度最高的是昆明市，为11.84%，其次为曲靖市8.11%，玉溪市6.84%，楚雄州6.16%和大理州6.23%；开采程度最低的临沧市仅有0.25%。

二、地下水利用情况

1999年云南省地下水开采利用量6.28×10^8 m^3/a（表11－12）。不同地区或城市在生活用水和工农业用水差异较大，各个城市生活用水比例最高（41.03%）。

云南省水资源的时空分布不均，旱雨季差异大。雨季占水资源的70%，旱季4～5月份仅占9%～14.0%。西部、南部多，中部、东部少；山区多，坝区少。因此，造成区域上旱涝不均，一些城市供水紧张，农业需水矛盾突出。1997年春夏连旱，严重缺水，大面积受灾。虽然充分利用了现有水利设施供水，仍满足不了要求，年缺水量近30×10^8 m^3。

表 11-11　云南省各地州（市）地下水开采现状

市（州）	开采资源/($10^8\ m^3 \cdot a^{-1}$)	开采量/($10^8\ m^3 \cdot a^{-1}$)	开采程度/%	市（州）	开采资源/($10^8\ m^3 \cdot a^{-1}$)	开采量/($10^8\ m^3 \cdot a^{-1}$)	开采程度/%
昆明市	9.46	1.12	11.84	怒江州	8.27	0.06	0.73
曲靖市	17.02	1.38	8.11	迪庆州	10.63	—	—
玉溪市	4.51	0.30	6.84	大理州	8.51	0.53	6.23
保山市	9.62	0.23	2.39	楚雄州	4.06	0.25	6.16
昭通市	15.39	0.29	1.88	红河州	15.86	0.65	4.10
丽江市	7.51	0.13	1.73	文山州	21.81	1.05	4.81
普洱市	22.67	0.13	0.57	西双版纳	10.33	0.05	0.48
临沧市	15.77	0.04	0.25	全省	190.35	6.28	3.30
德宏州	8.93	0.07	0.78				

（据云南省地质环境监测总站，2002；因资料搜集有限，开采量统计可能偏小）

表 11-12　云南省地下水开采利用一览表

地州（市）	开采量/($10^4\ m^3 \cdot a^{-1}$)					地州（市）	开采量/($10^4\ m^3 \cdot a^{-1}$)				
	城市生活	农村生活	工业	农业	合计		城市生活	农村生活	工业	农业	合计
昆明市	648	783	8949	771	11187	怒江州	64	105	418		584
曲靖市	2307	4239	4966	2285	13797	迪庆州	—	—	—	—	—
玉溪市	790	759	972	517	3038	大理州	105	102	70	4979	5256
保山市	297	458	1327	206	2288	楚雄州	126	118	630	1646	2520
昭通市	306	2423	146	45	2920	红河州	1378	919	2039	2232	6564
丽江市	195	106	104	900	1305	文山州	—	8094	—	2418	10512
普洱市	81	550	712	—	1343	西双版纳州	26	412	—	—	438
临沧市	51	—	—	319	370	全省	6487	19292	20725	16318	62822
德宏州	77	224	399	—	700						

注：因资料搜集有限，开采量统计可能偏小。　　（据云南省地质环境监测总站，2002）

随着城市化的发展，城市缺水将更加突出。滇东岩溶石山区广大农村生活用水还很困难，灌溉用水奇缺，已成为制约当地经济发展的重要因素。

三、地下水资源潜力分析与开发利用现状

云南省地下水资源丰富，补给资源多年平均 $752.44\times10^8\ m^3/a$，可开采资源 $190.35\times10^8\ m^3/a$。目前已开采利用地下水资源仅 $6.28\times10^8\ m^3$，占可开采资源量的 3.30%。各地资源量不同，开采程度不同，开采潜力差异也较大（表 11-13）。

从表中可看出，可以增加的开采量即为剩余量。剩余量在同一地区的不同地段（富水地段）差异较大。有的地段已超采（如昆明市区的石咀、北教场、金殿、关上、三农场等地），远离市区的地段还有很大的开采潜力。云南省地下水资源开发利用条件差异很大。大部分地区山高谷深，含水层受强烈分割，地下水多排泄于沟谷低地，汇至地面河川流离。同时，大多数盆地处于分水岭地带，远离这些排泄区。农田、厂矿企业、城镇多位于盆地或岭地，对地下水（包括大部分地表水）的正常利用十分困难，造成水资源可利用率低。盆地分布区，沿盆地周边或底部，常有富水地段形成。虽然地下水资源量小（仅占 5.5%），但是水位埋藏浅，开采条件好，可利用率高，有较大的实用价值。目前，不少盆地地下水已成为该地区用水的重要水源地之一。

表 11-13　云南省地下水开采潜力分析表

市（州）	天然补给量/(10^8 m^3)	可开采量/(10^8 m^3)	已开采量/(10^8 m^3)	开采程度/%	可增开采量	
					10^4 m^3/a	10^4 m^3/(a·km^2)
昆明市	34.40	9.46	1.12	11.84	83400	3.86
曲靖市	72.77	17.02	1.38	8.11	156400	5.24
玉溪市	18.80	4.51	0.30	6.65	42100	2.75
保山市	45.65	9.62	0.23	2.39	93900	4.28
昭通市	56.35	15.39	0.29	1.88	151000	6.56
丽江市	29.70	7.51	0.13	1.73	73800	3.48
普洱市	83.10	22.67	0.13	0.57	225400	4.97
临沧市	62.94	16.03	0.04	0.25	157300	6.43
德宏州	47.13	8.93	0.07	0.78	88600	7.69
怒江州	34.09	8.27	0.06	0.73	82100	5.58
迪庆州	31.90	10.63			106300	4.45
大理州	33.55	8.51	0.53	6.23	79800	2.71
楚雄州	19.52	4.06	0.25	6.16	38100	1.29
红河州	69.07	15.86	0.65	4.10	152000	4.62
文山州	82.23	21.81	1.05	4.81	207600	6.44
西双版纳州	31.34	10.33	0.04	0.39	102900	5.22
全省	752.44	190.35	6.28	3.30	1840700	4.67

（据云南省地质环境监测总站，2002）

云南省拥有地下水资源 752.44×10^8 m^3。随着工农业发展和人口增加，地下水已成为很多地区的重要供水水源之一。2010~2013 年，云南省国土资源厅组织了抗旱救灾地下水找水行动，抗旱打井 1548 口，建成暗河提水工程 21 座，开采量达 250×10^4 m^3/d 以上。地下水开采采用了引、提、堵、蓄、凿五类工程方案，充分利用了天然出露的泉、暗河及盆、谷地沉积坝区打井开采的隐伏的储水构造。实际开采钻（凿）井估计应在数万口，分布于全省各地。近几年，云南出现不同程度的干旱，国家每年出资数亿元，由国土和水利水务部门牵头施工了数百口抗旱井，为农业缺水抗旱做出了较大的贡献。

四、地下水开发引起的环境问题

云南省地下水资源丰富，地下水开发利用程度总体较低，引起的地质环境问题不多。但开发很不均衡，缺少全面规划、合理布局以及管理不善，局部引发地质环境问题。例如：昆明城区据 2007 年初步统计，共有地下深水井 1418 口，其中冷水井 1132 口，热水井 286 口。许可开采水量 16227×10^4 m^3，年均开采量达 13389×10^4 m^3，单位面积孔密度最高达 8.6 个/km^2，孔间距最近只有 50 m，水位年下降速率在 1.25 m 以上，最高达 2.48 m。地下冷水过度开采引起翠湖九龙池断流，湖水干涸，海源寺、蝙蝠洞泉、黑龙潭等名泉一度断流；翠湖地区发生地面塌陷、马街地区地面开裂、建筑物遭到破坏等不良环境工程地质问题。北教场、杨方凹、关上、义路村等地区地下水位下降累计超过 30 m，最深达 51.77 m。

昆明市委、市政府高度重视地下水的管理和保护工作，2007 年 4 月 25 日，市政府召开了地下水规范管理专题会议，提出"一口管理，一笔审批，只减不增，明确职责"的原则。3 年内封停了 255 口冷水井，并严惩私挖"黑水井"的行为。续后如翠湖公园湖水、黑龙潭等名泉地下水水位得以逐渐恢复，生态自然环境得到明显改善和提高。

第十二章　天然矿泉水

第一节　矿泉水勘查与开发史

一、矿泉水勘查史

云南矿泉水资源的区域调查评价研究程度较低。20世纪60~80年代开展的1∶20万区域水文地质普查，仅在部分区域零星地对矿泉水做过很简要的评价。1986年，地矿部安排开展的“云南省矿泉水调查”项目，云南省地质矿产局第一水文地质工程地质大队、云南省地质矿产局第二水文地质工程地质大队分别于1988年、1989年提交了《云南省东部地区矿泉水调查报告》《云南省滇西地区矿泉水调查报告》，首次较系统地开展了1∶75万矿泉水区域调查评价。项目以搜集资料为主，配合水文地质调查、钻探、抽水试验、取样分析测试、长观等多项工作手段，初步查明了全省矿泉水形成的地质环境条件，矿泉水的分布、赋存特征，水质类型，分析了矿泉水的成因类型，概算了资源量，评价了开发利用条件与前景，为进一步工作和地方开发奠定了基础。1987年，云南省地质矿产局第二水文地质工程地质大队提交了《云南腾冲盆地矿泉水评价报告》（1∶5万），进一步查清了腾冲盆地矿泉水的分布特征、资源量及开采条件。2015年，云南省地质环境监测院提交的《云南省地热资源调查评价与区划报告》，对云南省具有医疗作用的地热矿泉水作了简略评价。个别学者针对昆明西山、松茂地区小区域等典型的矿泉水成因开展过专题研究（单婷婷等，2019；迟帅等，2019）。

二、矿泉水开发史

随着经济的发展，人民生活水平的不断提高，矿泉水已成为一种具有广阔开发前景的重要新型矿产。云南省矿泉水的勘查开发自20世纪80年代后期开始出现，最早为1986年玉溪市大营乡大营村与云南省地质矿产局第一水文地质工程地质大队合作建设了首家矿泉水厂，开发当地天然矿泉水。随之云南省地质矿产局牵头成立了云南省饮用天然矿泉水鉴定委员会对矿泉水进行鉴定，开发较早的有石林天外天矿泉水、云南山泉等。至今，云南省已通过鉴定的天然饮用矿泉水水源地有152个，水源地类型有泉水、钻孔取水，批准允许开采量8.2×10^4 m^3/d，以偏硅酸型矿泉水为主，主要的原因还是市场需求导向牵引所致，低矿化度的偏硅酸型矿泉水口感甘甜，市场销量最大，成为矿泉水开发投资的优选类型，钻井开采者尤多。各州、市都开发有数个矿泉水厂及品牌，知名度较高的有云南山泉、石林天外天、珍茗金龙、大理矿泉、玉尔贝等品牌矿泉水，主要生产饮用桶装水、瓶装水，昆明市、玉溪市的矿泉水开发利用最好。温度较高的矿泉水，多数已开发作为一般洗浴用水、医疗矿泉水，已利用的水源地有300余个，呈规模开发的企业有157家，开采量19.86×10^4 m^3/d。

第二节　矿泉水水文地质条件及区域资源量

饮用天然矿泉水指从天然深处自然涌出或经钻井采集的，含有一定量的矿物质、微量元素或其他成分，在一定区域未受到污染并采取预防措施避免污染的水。其化学成分、流量、水温等动态指标在天然周期波动范围内相对稳定。据《饮用天然矿泉水》（GB 8537—2008），各项标准要求见表12-1至表12-6。

表 12-1　饮用天然矿泉水感官要求

项目	要求	项目	要求
色度/度	≤15（不得呈现其他异色）	臭和味	具有矿泉水特征性口味，不得有异臭、异味
浑浊度/NTU	≤5	可见物	允许有极少量的天然矿物盐沉淀，但不得含其他异物

表 12-2　饮用天然矿泉水界限指标

项目	要求	项目	要求
锂/($mg \cdot L^{-1}$)	≥ 0.20	偏硅酸/($mg \cdot L^{-1}$)	≥ 25.0（含量在 25.0~30.0 mg/L 时，水源水温应在 25℃以上）
锶/($mg \cdot L^{-1}$)	≥ 0.20（含量在 0.20~0.40 mg/L 时，水源水温应在 25℃以上）	硒/($mg \cdot L^{-1}$)	≥ 0.01
锌/($mg \cdot L^{-1}$)	≥ 0.20	游离二氧化碳（$mg \cdot L^{-1}$）	≥ 250
碘化物/($mg \cdot L^{-1}$)	≥ 0.20	溶解性总固体（$mg \cdot L^{-1}$）	≥ 1000

表 12-3　饮用天然矿泉水限量指标

项目	要求	项目	要求
硒/($mg \cdot L^{-1}$)	< 0.05	锰/($mg \cdot L^{-1}$)	< 0.4
锑/($mg \cdot L^{-1}$)	< 0.005	镍/($mg \cdot L^{-1}$)	< 0.02
砷/($mg \cdot L^{-1}$)	< 0.01	银/($mg \cdot L^{-1}$)	< 0.05
铜/($mg \cdot L^{-1}$)	< 1.0	溴化物/($mg \cdot L^{-1}$)	< 0.01
钡/($mg \cdot L^{-1}$)	< 0.7	硼酸盐/($mg \cdot L^{-1}$)	< 5
镉/($mg \cdot L^{-1}$)	< 0.003	硝酸盐（以 NO_3^- 计）/($mg \cdot L^{-1}$)	< 45
铬/($mg \cdot L^{-1}$)	< 0.05	氟化物（以 F^- 计）/($mg \cdot L^{-1}$)	< 1.5
铅/($mg \cdot L^{-1}$)	< 0.01	耗氧量（以 O_2 计）/($mg \cdot L^{-1}$)	< 3.0
汞/($mg \cdot L^{-1}$)	< 0.001	^{226}镭放射性/($Bq \cdot L^{-1}$)	< 1.1

表 12-4　饮用天然矿泉水污染物指标

项目	要求	项目	要求
挥发酚（以苯酚计）/($mg \cdot L^{-1}$)	< 0.002	矿化物/($mg \cdot L^{-1}$)	< 0.05
氰化物（以 CN^- 计）/($mg \cdot L^{-1}$)	< 0.010	亚硝酸盐（以 NO_2^- 计）/($mg \cdot L^{-1}$)	< 0.1
阴离子合成洗涤剂/($mg \cdot L^{-1}$)	< 0.3	总 β 放射性/($Bq \cdot L^{-1}$)	< 1.50

表 12-5　饮用天然矿泉水微生物指标

项目	要求	项目	要求
大肠菌群（MPN/100 $mg \cdot L^{-1}$）	0	铜绿假单胞菌（CFU/250 $mg \cdot L^{-1}$）	0
粪链球菌（CFU/250 $mg \cdot L^{-1}$）	0	产气荚膜梭菌（CFU/50 $mg \cdot L^{-1}$）	0

注：①取样 1×250 mL（产气荚膜梭菌取样 1×50 mL）进行一次检验，符合表 5 要求，报告合理；②检测结果≥1 并<2 时，应按表达 6 采取 n 个样品进行第二次检验；③检测结果≥2 时，报告为“不合格”。

表 12-6　饮用天然矿泉水第二次检验指标

项目	样品数		限量	
	n	c	m	M
大肠菌群	4	1	0	2
粪链球菌	4	1	0	2
铜绿假单胞菌	4	1	0	2
产气荚膜梭菌	4	1	0	2

注：n——一批产品应采集的样品件数；c—最大允许可超出 m 值的样品数，超出该数值判为合格；m—每 250 mL（50 mL）样品中最大允许可接受水平的限量值（CFU）；M—每 250 mL（50 mL）样品中不可接受的微生物限量值（CFU），等于或高于 M 值的样品均为不合格。

据《地热资源地质勘查规范》（GB 11615—2010），医疗矿泉水水质标准见表 12-7。

表 12-7　天然理疗矿泉水水质标准　　单位：mg/L

成分	有医疗价值浓度	矿水浓度	命名矿水浓度	矿水名称
二氧化碳	250	250	1000	碳酸水
总硫化氢	1	1	2	硫化氢水
氟	1	2	2	氟水
溴	5	5	25	溴水
碘	1	1	5	碘水
锶	10	10	10	锶水
铁	10	10	10	铁水
锂	1	1	5	锂水
钡	5	5	5	钡水
偏硼酸	1.2	5	50	硼水
偏硅酸	25	25	50	硅水
氡/($Bq \cdot L^{-1}$)	37	47.14	129.5	氡水
温度/℃	≥34			温水
矿化度	<1000			淡水

一、矿泉水水文地质条件

矿泉水是埋藏在地下，在自然条件下形成的含有益于人体的元素和矿物组分的地下水或地热水。地下水对人体有良好的保健或医疗作用，古代就被人类所认识，但到 20 世纪末才获得大规模的开发利用。按照形成过程中不同因素所起的作用，矿泉水可划分为断裂带型、远循环盆地型、沉积环境控制型、火成岩岩体型、地层溶滤型。按照用途可划分为饮用矿泉水和医疗矿泉水。按照物质成分含量的不同，根据《饮用天然矿泉水》（GB 8537—2008）的命名标准，全省矿泉水可划分为碳酸水、微量元素水、偏硅酸水、盐矿泉水、淡温泉水、复合型矿泉水。天然矿泉水按照微量元素和组分不同可分为饮用矿泉水和医疗矿泉水。

（一）断裂带型

这类矿泉水出露在有一定规模的深断裂带上，而且与断裂深部的物质成分及热源有着密切的关系，主要沿断裂带呈线状分布（图 12-1）。

矿泉水的补给来源于大气降水，通过含水层与断裂深部循环沟通，经过溶滤，阳离子交换及升温等作用与岩石发生物质与温度的交换后，沿断裂或其破碎带上升而形成高热型，该类型的矿泉水数量

图 12-1　云南省矿泉水点分布示意图

（据云南省地质矿产局第一水文地质工程地质大队，1988；云南省地质矿产局第二水文地质工程地质大队，1989）

1—矿泉水点位置；2—河流水系

较多，达 287 个点，由于循环深度不一，及水温和水化学类型随环境的不同而差异较大，水质类型较多。动态基本稳定，水量、水温及水化学成分随季节变化不大。

矿泉水类型在滇东地区由于成因复杂，水质类型较多，有 HCO_3-Ca、$HCO_3-Ca\cdot Mg$、$HCO_3\cdot SO_4-Ca$、$SO_4\cdot HCO_3-Ca\cdot Mg$、$SO_4\cdot HCO_3-Ca\cdot Mg\cdot Na$、$SO_4-Ca$、$SO_4-Ca\cdot Mg$、$SO_4-Ca\cdot Mg\cdot Na$ 共 8 个水化学类型。其中又以偏硅酸水数量最多，占 46% 以上，偏硅酸含量一般 25～80 mg/L，矿化度小于 1 g/L；而滇西地区该成因的矿泉水类型较单一，多为偏硅酸矿泉水。水化学类型以 HCO_3-Na 和 HCO_3-Ca 型为主，矿化度小于 1 g/L。

（二）远循环盆地型

指形成环境是周围为基岩山区、中心为松散层分布的面积较大的山间盆地。山区或渗入地下的水通过深部含水层或表层松散层，在重力作用下向盆地中径流，沿途经溶滤、浓缩及升温等作用，使地下水矿化度升高，并有特殊矿物元素加入，形成于一般地下水的矿泉水。

这类矿泉均分布在盆地中，大都是经钻孔及民井揭露发现的，与勘探程度有明显关系。如昆明盆地就发现了47处，矿泉水储集层位大都是震旦系—寒武系灯影组硅质白云岩，具硬脆碎的特点，裂隙发育均一，富水性较好。

（三）沉积环境控制型

在含有易溶盐或某些微量元素的岩层分布的环境中，地下水在循环过程中溶解岩石内的易溶盐或微量元素，并长期滞留在其中，形成了高矿化度或微量元素富集的矿泉水。

这类矿泉主要分布于“滇中红层”地区，中生界至古近系沉积了一套巨厚的红色含石膏、芒硝、岩盐建造，由砂岩、泥岩、泥质碳酸盐岩和含石膏、含岩盐等组成，成分复杂。地下水在岩层中渗透运移过中溶解矿物盐类，富集于砂岩或裂隙的有利部位而形成。泥岩为相对隔水（气）层，利于形成矿泉水田，如楚雄-广通矿泉水田等。

该成因类型的矿泉水种类齐全，尤以盐类矿泉水、碳酸矿泉水的点数所占比例较大为显著特点。盐类矿泉水的点数占全省矿泉水总点数90%以上，碳酸矿泉水点占60%左右。

（四）火成岩岩体型

形成与各个时代的火山或岩浆活动密切相关。矿泉水的形成与岩体成分和深部余热有关，火山喷发或岩浆侵入时产生的大部分微量元素或气体进入水中，随着时间的推移，在距岩浆房一定范围内，地下水由表层裂隙往下渗入岩体深处，不断溶滤其中成分，到一定深度后加热比重减小，即上升涌出地表而形成矿泉。

该成因类型的矿泉水，多形成优质天然碳酸矿泉水，如腾冲矿泉水。又如文山薄竹山燕山期的花岗岩侵入体，出露面积约150 km^2，岩体上就分布有4个上升矿泉，水温41~45℃，流量0.11~2.95 L/s。偏硅酸含量47~130 mg/L，属偏硅酸型矿泉水，也是典型的花岗岩体型矿泉水。

（五）地层溶滤型

分布于各个时代的碳酸盐岩、碎屑岩、岩浆岩及变质岩等岩类，以岩溶裂隙、层状裂隙、风化裂隙和孔隙为矿泉水储集空间。其中出露较多的地层是泥盆系、二叠系、三叠系及侏罗系等。大部分是以下降泉形式出现，水温为20℃以下的低温泉，最低的仅11℃。矿化度也极低。

溶滤成因的矿泉水其水文地质条件都较简单，地下水循环周期较短，在补给区含水层接受大气降水后其中的地下水在重力作用下向下运移，途中不断溶滤岩土中的一部分化学成分，形成含偏硅酸或某种微量元素的水，经过一定的浓缩作用，在地形地貌及水文地质条件有利的地带出露地表形成矿泉。部分矿泉水在径流过程中有深部水加入或经过深循环而使成分变得复杂化。

这种成因的矿泉水分布零星而广泛，典型的有呈贡七甸松茂矿泉水，出露于山沟上二叠统峨眉山组玄武岩中，水温17℃，矿化度96.2~49.8 mg/L，为低矿化淡水，水质类型为HCO_3-Ca·Na型水，pH值7.2~8.8，属弱碱性水，偏硅酸含量为33.8~45.35 mg/L，为偏硅酸型饮用天然矿泉水。此外矿泉水中还含有锶、锂、碘、溴、硒等对人体有益的微量元素。

二、矿泉水区域资源量

（一）矿泉水资源量

云南省矿泉水种类和数量多，遍布全省各地，据云南省地质矿产局第一、第二水文地质工程地质大队1988~1989年编制的云南省矿泉水调查报告，全省已发现和调查各类矿泉水点（含钻孔）930处（图12-1），矿泉水总资源出水流量1543758 m^3/d。其中，滇东地区183170 m^3/d，滇西地区

1360588 m^3/d（表 12-8）。有代表性的中大型矿泉水源地资源量见表 12-9。

表 12-8　云南省矿泉水资源量统计

类型	滇东地区			滇西地区		
	泉点数	孔数	资源量/($m^3 \cdot d^{-1}$)	泉点数	孔数	资源量/($m^3 \cdot d^{-1}$)
碳酸矿泉水	5	2	1007	30	19	19943
偏硅酸矿泉水	96	62	113461	500	97	1142773
微量元素矿泉水	10	22	38828	11		187914
盐类矿泉水	20	26	24619	23	3	9958
复合型矿泉水	4		5255			
合计	135	112	183170	564	119	1360588

（据云南省地质矿产局第一、第二水文队，1988，1989）

表 12-9　云南省代表性矿泉水源地资源量

矿泉水源地	矿泉水类型	资源量				规模
		$Q_{储}$/($m^3 \cdot d^{-1}$)		$Q_{开}$/($10^4\ m^3 \cdot a^{-1}$)		
楚雄-广通矿泉水源地	碳酸矿泉水	344.19		34.94		大型
腾冲矿泉水源地	碳酸矿泉水	8770.10	198950.10	320.109	7261.679	大型
	偏硅酸矿泉水	190180.0		6941.570		
洱源矿泉水源地	碳酸矿泉水	1767.31	7741.70	64.507	282.572	大型
	偏硅酸矿泉水	5974.39		218.065		
元江矿泉水源地	碳酸矿泉水	1883.52	2839.54	68.730	103.625	大型
	偏硅酸矿泉水	956.02		34.895		
呈贡松茂矿泉水源地	偏硅酸矿泉水	8308	8308	303.24	303.24	大型
呈贡七甸中坝矿泉水源地	偏硅酸矿泉水	19444.38	19444.38	709.72	709.72	大型
玉溪大营矿泉水源地	碳酸矿泉水	208	208	7.592	7.592	中型

（据云南省地质矿产局第一、第二水文队，1988，1989）

（二）矿泉水类型及分布情况

1. 碳酸矿泉水

碳酸矿泉水是较典型的饮用矿泉水，有“天然汽水”之称，以溶解含有游离二氧化碳大于 250 mg/L 区别于其他水。

滇东共分布有 7 处，大部分位于峨山县以北、昆明以南的滇中地区。其中，红塔区、晋宁区最为集中。红塔区北城街道大营及晋宁区官庄、酸水塘 3 处矿泉水点均为国家级优质碳酸矿泉水。

滇西分布有 49 处，发现游离二氧化碳大于 400 mg/L 的碳酸矿泉水有 17 处，主要分布于腾冲、楚雄、洱源、维西、永平、大理、巍山、景谷、普洱、元江。

腾冲市和顺矿泉水游离二氧化碳达 3740 mg/L，偏硅酸达 117.0~160.4 mg/L，锂、锶等多项微量元素都达到饮用矿泉水标准。1986 年 5 月，在叠水河旁施工一口水井，深 121.3 m，井口温度 23.5℃，自流量 438.91 m^3/d。经水质分析，游离二氧化碳含量高达 2500 mg/L，偏硅酸达 72~169 mg/L，锂、锶、铁离子都达到天然矿泉水界限指标，属于含锶锂的重碳酸钙镁型水。1987 年，腾冲市叠水河矿泉水通过地矿部水文司主持的技术鉴定，评价为国内少见的优质饮用天然矿泉水。

2. 偏硅酸矿泉水

偏硅酸（H_2SiO_3）水在自然界中最为常见，是矿泉水家族中数量最多的一种，以含有偏硅酸及其他微量元素为特点。偏硅酸水作为饮用矿泉水和医疗矿泉水，在适量的情况下对人体健康有益。天然饮用矿泉水的偏硅酸确定指标是偏硅酸≥25 mg/L，命名标准是偏硅酸≥50 mg/L。

按这个标准滇东地区有 173 处偏硅酸矿泉水点，绝大多数含偏硅酸都较为适中（含量为 25～80 mg/L）；滇西偏硅酸≥50 mg/L 的矿泉水点有 240 处，遍布滇西各地。

3. 微量元素矿泉水

微量元素矿泉水是指从地下自然涌出的或经钻井采取的，含有一定量的矿物质、微量元素或其他矿物质的矿泉水，特别是指含锶、锂、锌、硒、氡、碘化物、硫化氢这几种微量元素或组分的矿泉水。

滇东地区发现富含有益人体的微量元素的矿泉水达 39 处，主要分布在昆明主城区、宜良县、武定县、个旧市、建水县、红塔区，尤以昆明、宜良最多。矿泉水大多分布于震旦系—寒武系灯影组、寒武系渔户村组及中三叠统个旧组的碳酸盐岩中，有锶矿泉 26 处，锌矿泉 5 处，锂矿泉 3 处，氡矿泉 2 处，硫化氢矿泉 1 处。滇西地区有 11 处，其中，锌矿泉 6 处、锶矿泉 5 处，主要分布于中生代红层中。

4. 盐类矿泉水

盐类矿泉水矿化度一般为 1000～3000 mg/L，达饮用水矿泉水标准。各地均有发现，其中滇东地区分布有 46 处，滇西地区有 26 处，分布于不同时代地层中，尤以安宁盆地中最密集（17 处）。

第三节　典型矿泉水水源地

一、天然饮用矿泉水

（一）昆明市呈贡区七甸松茂矿泉水水源地❶

松茂矿泉水源地位于昆明市呈贡区七甸乡松茂村委会北东方向约 2 km 处，紧邻昆石高速公路。地理坐标为：东经 102°55′15″～102°55′42″，北纬 24°54′21″～24°54′37″。距昆明市区 22 km，距呈贡城区约 15 km，交通便利。

1. 区域地质概况

矿区出露的地层由老到新依次为：上二叠统峨眉山组、上三叠统舍资组、下侏罗统禄丰组、第四系。矿泉水主要产于上二叠统峨眉山组气孔状玄武岩、灰岩中。

大山矿泉水位于北东向脚步哨断裂的南西侧约 4 km 处，脚步哨断裂出露长度大于 26 km，倾向南东，倾角 35°，属压扭性断裂，挽近期活动不明显。自燕山期以来，断裂带上发生了较强的中酸性岩浆侵入和喷发活动，形成一系列火山岩。此断裂带继续活动，使早期形成的火山岩产生裂隙或破碎，为火山岩孔隙-裂隙型矿泉水的形成提供了构造条件。

2. 水文地质条件

该区域的水文地质条件相对比较简单，地下水主要赋存在火成岩中，其次碳酸盐岩岩溶裂隙水含水层组和第四系松散层孔隙水。区域地下水开发利用的目标含水层组主要为上二叠统峨眉山组玄武岩。其地下水的主要补给来源为大气降水，且大气降水的补给是形成矿泉水的重要条件。其补给强度与降雨强度有关，在季节分配上有很大差异，丰水季节地下水位上升，枯水季节地下水位下降。大气降水通过岩石裂隙渗入地下转化为地下水。矿区地形平缓、谷地宽阔、雨量较充沛、降雨后地表水滞留时间较长，且浅层基岩风化强烈、裂隙发育，有利于雨水下渗补给地下水。天然状态下，地下水由北东流向南西，向区外排泄为主，在局部地段由于地下水开采强度过大，其径流条件已发生变化，径流汇向开采地段。在矿区，受构造、岩性、地形条件的影响，其地下水位一般比基岩裂隙水区高 4～5 m，可见地下水向两侧排泄。

---

❶ 主要资料来源：云南省煤田地质局，2015，昆明市呈贡县七甸乡松茂矿泉水开采井水资源评价报告。

（1）地下水类型

松散岩类孔隙水：地下水赋存于山间谷地带的冲、洪积层中，含水层厚度小，岩性多为细砂及砂卵、砾石层为主，空隙度大、其岩层厚度不大，储存水量贫乏，故供水意义不大。

基岩裂隙水：主要为上二叠统峨眉山组玄武岩，强风化带节理裂隙发育。岩性为致密块状、气孔杏仁状玄武岩，呈北东—南西条带状分布，构造裂隙发育，玄武岩地下水水质良好，水化学类型以 HCO_3-Ca·Na 型为主，为低矿化度、富含偏硅酸的饮用矿泉水。

碳酸盐岩溶裂隙水：主要为中二叠统栖霞组—茅口组，岩性以灰岩、白云质灰岩、灰质白云岩为主，裂隙、溶洞发育，地下水化学类型为 HCO_3-Ca 型。

（2）含水层特征

松茂矿区内主要含水层为上二叠统峨眉山组致密块状、气孔杏仁状玄武岩，富水性等级为富水性较强；碳酸盐岩溶裂隙水主要岩性为灰岩，其富水性等级为富水性较强；第四系松散层孔隙水的富水性介于中等-弱之间，局部层位富水性较强。

A. 富水性较强的火成岩裂隙水含水层组

上二叠统峨眉山组岩性为致密块状、气孔杏仁状玄武岩，地下水径流模量 M=1.74~6.29 L/(s·km^2)，钻孔涌水量 Q=220~1512 m^3/d，钻孔单位涌水量 q=0.14~0.17 L/(s·m)，泉流量 Q=0.19~4.38 L/s。

B. 富水性较强的碳酸盐岩岩溶裂隙水含水层组

包括中二叠统茅口组、栖霞组，岩性以灰岩、白云质灰岩、白云岩夹灰岩为主，地下水径流模量 M=5.39~9.30 L/(s·km^2)。

C. 富水性中等-较强的孔隙水含水层组

包括 Qh^{al}、Qh^{al+pl}，其主要分布在山间盆地及沟口一带，岩性主要由粘土夹中细砂、砾石组成。地下水径流模量 M=3.54 L/(s·km^2)，钻孔单位涌水量 q=0.52 L/(s·m)。

D. 富水性较中等-弱的孔隙水含水层组

包括 Qp_3^{dl+pl}、Qp_3^{el+dl}，其主要在山前平缓斜坡、坡脚地带，岩性主要为粘土夹碎石组成。

（3）地下水的补给、径流、排泄条件

松茂矿泉水所处马郎-松茂水文地质单元，是一个完整的地下水补给、径流、排泄系统。其补给、径流区为低中山区，玄武岩出露面积大，浅部风化裂隙发育，地表切割较浅，地形较缓及植被发育良好，补给条件较好，有利于大气降水入渗至深部岩石裂隙储存运移，含水层富水性较强。火成岩裂隙水一部分沿沟谷及盆地边缘以泉水的形式出露，大部分转入盆地及地层深部富集储存。本单元的特点是地下水的径流途径较长且复杂，泉水枯雨季动态变化较小。

3. 矿泉水理化特征及水质评价

（1）矿泉水地球化学特征

松茂矿泉水无色、无味、无嗅、无肉眼可见物，色度小于 5°，浑浊度小于 3.5°，水温常年在 16.5℃左右，矿化度 96.2 ~ 49.8 mg/L，为低矿化淡水，总硬度（以 $CaCO_3$ 计）为 13.87 ~ 27.15 mg/L，属极软水，阴离子以 HCO_3^- 为主，含量为 171.27~176.85 mg/L；其次为 Cl^-，含量为 41.87~46.49 mg/L；阳离子以 Ca^{2+}为主，含量为 49.96~56.53 mg/L；其次为 Mg^{2+}、Na^+，含量分别为 14.22~15.66 mg/L、25.34~28.88 mg/L。

水质类型为 HCO_3-Ca·Na 型水，pH 值 7.2~8.8，属弱碱性水，外观清澈透明，有矿泉水特征口味，无异味。

（2）矿泉水水质的动态变化及其评价

A. 界限指标评价

依据资料分析，松茂矿泉水的各项界限指标水质基本都达到《饮用天然矿泉水》(GB 8537—2008）水质标准，偏硅酸含量为 33.8~45.35 mg/L，为偏硅酸型饮用天然矿泉水。此外矿泉水中还含有锶、锂、碘、溴、硒等对人体有益的微量元素。

B. 限量指标评价

我国《饮用天然矿泉水》（GB 8537—2008）中所规定的18种元素和组分的限量指标，该矿泉水均符合要求，其中有害元素如汞、铬、铅、砷、铬、镉等的实测值都远低于限量指标值或低于仪器的最低检出限，特别是水中的砷含量介于0.0007~0.0014 mg/L之间，远小于Ⅰ类水质小于0.005 mg/L的标准。硝酸盐、耗氧量也远低于限量值。

C. 污染指标评价

松茂矿泉水污染指标含量与国标对比值对比，均符合国标的要求。各实验室所测试各时期的污染指标值，也都在国标限量以内。说明该矿泉水在年变化过程中，污染物都没有超标现象。

D. 微生物指标评价

该矿泉水经国土资源部昆明矿产资源检测中心枯、丰水期两次水样的测试结果，细菌总数和大肠菌群均未检出，满足国标要求。

E. 其他指标评价

其他指标指非饮用天然矿泉水的界限指标中的元素和物质及前面未提到的部分对人体有害和有益元素。有害元素与组分，如铝等，在该矿泉水中含量很低，其含量为0.194 mg/L。

通过对松茂矿泉水水质多个水文年的监测所获大量测试数据整理分析，该矿泉水水质稳定，从未出现过感官指标、限量指标、污染物指标、微生物指标超标现象，水化学类型一直保持为HCO_3-Ca·Na，水温变化稳定，变幅为1℃，变异系数为0.019，不稳定系数为1.065，属稳定型，气温变化对水温的影响小，各项指标完全符合国标《饮用天然矿泉水》（GB 8537—2008）的规定。此外，矿泉水中还含有一定量对人体有益的宏量和微量元素，如钙、镁、氟、锶、锌、硒、碘等，微量元素中偏硅酸的含量已达国标中的界限指标，为偏硅酸型矿泉水，其指标已达到《地下水质量标准》Ⅰ类标准，水质优良，口感好。

4. 矿泉水允许开采量评价

松茂矿区内现已施工了7口供水井，计算矿泉水多年平均天然补给量为709.72×10^4 m^3/a（61319.81 m^3/d），地下水可开采资源量（D级）为492.54×10^4 m^3/a（42555.46 m^3/d）。

5. 开发利用现状

松茂矿泉水水源地在20世纪90年代初，有数十家企业进行小规模的开发；后来进行资源整合，主要设置两个探（采）矿权，分别由云南大山饮品有限公司和云南天外天天然饮料有限责任公司等进行开发。现开发有“云南山泉”“石林天外天”等多种品牌。现两个基地最大年生产销售瓶装和桶装饮用水近80×10^4 t。矿泉水已出口缅甸、老挝、泰国、越南等东南亚国家。

（二）玉溪市大营矿泉水源地❶

大营矿泉水源地位于玉溪市红塔区北城街道大营村龙马山南坡下。地理坐标为：东经102°34′06″，北纬24°26′28″，海拔1679.76 m。地处玉溪盆地北东侧边缘，交通便利。

1. 地层及岩性

大营矿区位于玉溪盆地北东侧边缘，出露地层主要为昆阳群黑山头组（Pt_2hs），岩性为石英岩、变质石英砂岩、粉砂岩及板岩等，厚度大于3000 m。

2. 地质构造

玉溪盆地为一个断陷盆地，主要构造线为南北向和北西向两组，后者切割前者，起到沟通或阻断地下水的作用，使地下水沿断裂带在盆地边缘富集和排泄。矿泉水及二氧化碳气的赋集和运移与其密切相关。

3. 水文地质条件

（1）地下水类型及富水性

大营矿区地下水类型划分为：松散岩类孔隙水、可溶性岩类裂隙溶孔水和碎屑岩类裂隙水。松散

❶ 主要资料来源：云南省地质矿产局第一水文地质工程地质大队，1988，云南省东部地区矿泉水调查报告。

岩类孔隙水分布于西南侧坝区，可溶性岩类裂隙溶孔水和碎屑岩类裂隙水分布于北东侧盆地山区。其中，碎屑岩类裂隙水，主要为中元古界昆阳群黑山头组（Pt_2hs）石英砂岩，富水性为中等。

（2）地下水化学特征

大营矿区浅层地下水一般补给途径较短，地下水物理化学性质较好，除盆地中部局部地段地下水中硫酸盐含量偏高外，其他地区均可作为生活饮用水。在大营村地区具有优质饮用碳酸矿泉水。

第四系松散岩类孔隙水的水化学类型为 HCO_3-Ca · Mg 型，矿化度小于0.5 g/L，pH 值为7左右，可作为生活饮用水。

碎屑岩类裂隙水的水化学类型较简单，多属 HCO_3-Na 型和 HCO_3-Ca · Mg 型，矿化度小于 0.5 g/L，水质良好，适宜作生活饮用水和工农业生产用水。

矿泉水受地质构造、岩性及地貌条件的控制，水化学类型复杂。为沉积环境控制型。化学成分为 HCO_3 1056.85 mg/L、Na 158.73 mg/L、Ca 116.05 mg/L、Mg 70.42 mg/L、游离 CO_2 592 mg/L、Fe 24.00 mg/L。矿化度 1.419 g/L，pH 值为 6.2，为冷型盐类含重碳酸钠钙镁型矿泉水。

（3）矿泉水的形成条件和补给、径流、排泄条件

A. 矿泉水的形成条件

大营矿泉水的来源：主要为大气降水渗入补给。据矿泉水水化学资料，γ_{Na}/γ_{Ca} 系数平均值为 4.68，γ_{Ca}/γ_{Sr} 系数大于 2.0，γ_{Cl}/γ_{Br} 系数大于 300，说明矿泉水主要来自大气降水渗入补给，大气降水渗入地下后溶滤含盐层中之盐分和二氧化碳气，而后溢出地表形成天然矿泉水。

B. 矿泉水中化学组分的来源

二氧化碳气（CO_2）的来源：主要来自地下深部含碳酸盐岩的热变质，并沿断层带上升至浅部含水层，以游离二氧化碳及碳酸形式溶解于水中。

盐类成分的来源：主要来自对围岩矿物成分的溶滤。碳酸水对岩石的溶解能力强于常规地下水，因而水中盐分含量比常规地下水高。

C. 矿泉水的补给、径流、排泄条件

大营矿区地处盆地边缘山前地带，矿泉水分布区为断层发育的背斜槽谷。区内矿泉水主要为北东侧山地接受大气降水渗入地下，沿断层带经循环后富集形成。

4. 矿泉水、二氧化碳气资源计算及评价

大营矿泉水水源地内自古就有一口涩水井，上升泉自流水流量为 69.125 m^3/d（25228.8 m^3/a）。在 1987 年建厂投产期间，打了一口供水井，估算资源量大于 208 m^3/d（75920 m^3/a）。

5. 开发利用现状

大营涩水井历史悠久，早在明末清初就是远近闻名的胜地。清代《新兴州志》将涩水井列入《古迹》篇中，称为“酸水井”。每年春天，四方村民、玉溪市民，乃至昆明人成群结队、扶老携幼，纷纷来到涩水井畅饮。云南省第一座饮用天然矿泉水厂就位于此，经云南省地质矿产局第一水文队勘查评价，为优质碳酸矿泉。于 1986 年 11 月 9 日在地质矿产部水文司的主持下鉴定为珍贵的饮用天然矿泉水，在此基础上于 1987 年成立玉溪矿泉水厂，并建厂投产，以省内市场为主，开始几年销路较好，后因各种经营管理及策划推销等原因而销售不畅，开发规模小，未充分发挥和利用资源。

（三）腾冲市矿泉水水源地❶

腾冲矿泉水水源地位于腾冲盆地的腾冲市区一带，距昆明 655 km，距保山市政府驻地隆阳区 158 km。地理坐标：东经 98°26′48″~98°32′03″，北纬 24°58′44″~25°03′48″。区内公路成网，四通八达，与泸水、保山、龙陵、梁河、芒市等有汽车可达，盆地内乡间多有简便公路连通，交通便利。矿泉水点即在公路旁侧。

❶ 主要资料来源：云南省地质矿产局第二水文地质工程地质大队，1987，云南腾冲盆地矿泉水评价报告。

1. 区域地质背景

腾冲矿泉水水源地位于印度板块与欧亚板块碰撞带东侧，受板块运动影响，使其构造活动和岩浆活动频繁。特别是新生代以来，区内地壳周期性的引张和挤压，导致第四纪以来猛烈的间歇性火山爆发及其频繁的地震活动，为腾冲地区地热资源以及各类矿泉水的形成提供了有利的地质条件。各种火山地貌对矿泉水的形成具有重要的控制作用，碳酸泉则主要受中部腾冲断裂带控制，与近期火山活动密切相关。

2. 矿泉水水文地质条件

腾冲盆地为一长形断陷火山堰塞盆地，位于腾冲断裂带中下段。矿泉及淡矿泉均出露于熔岩台地前缘，十余个形态各异的火山口突兀于盆地四周，既是矿泉水形成的良好地质体，又是该盆地附近最令人注目的火山奇景之一（图 12-2）。

（1）地层岩性及富水性

A. 地下水含水层

盆地边部零星分布变质岩及古近系—新近系，盆地中则为第四系松散堆积层。上述各时代地层均有常规地下水含水层，现分述如下：

a）下古生界变质岩（Pz_1）：由片岩、变粒岩、混合花岗岩等组成，厚度大于 1648.4 m，分布于盆地西南端，含风化裂隙水，泉水流量 0.02~0.45 L/s，富水性弱。

b）新近系（N_1n）：花岗质砂砾岩夹砂岩及薄煤层，半胶结，总厚度 865.3 m，分布于盆地西南隅，含孔隙水，富水性弱。区内未见泉水出露，外围泉流量 0.02~1.24 L/s，矿化度 0.023~0.616 g/L。

c）第四系（Q）：盆地内自下更新统至全新统均有堆积，其中下更新统（Qp_1）主要为砂、粉砂及砂质粘土，局部夹碳质粘土及硅藻土，厚度大于 40 m，其中砂、粉砂层含承压水，富水性中等。

中更新统（Qp_2）在盆地南部以粉砂质、粘土质硅藻土为主，北部为砂、砂砾石层及粉砂质粘土夹粘土层，总厚度 32.05~100.2 m。其中盆地北部的砂、砂砾石层含孔隙承压水，钻孔单位涌水量 1.30 L/(s·m)，富水性中等。

上更新统（Qp_3）上部为砂质粘土夹砂和泥炭层，下部为粘土、粗砂夹砂砾石层，分选性好，具韵律性，总厚 10~50 m。粗砂和砂砾石层含孔隙水，局部具承压性，钻孔单位涌水量 1.30~4.03 L/(s·m)，渗透系数 3.06~17.80 m/d；矿化度 0.29~0.39 g/L，水化学类型为 HCO_3-Ca·Mg 型，富水性中等-强。部分民井偏硅酸含量 52.3~59.3 mg/L，矿化度 0.2 g/L，为偏硅酸水，水化学类型为 HCO_3-Ca·Na 型。

全新统（Qh）为砂质粘土、碳质粘土夹砂层，总厚度 3~10 m。砂层含孔隙水，泉流量 0.35 L/s，水温 17.6℃，矿化度 0.074 g/L，富水性中等，水化学类型为 HCO_3-Ca·Na 型。

B. 矿泉水含水层及其他岩浆岩

盆地内含矿泉水层主要为火山岩。燕山期花岗岩构成盆地基底，下更新统安山岩（Qp_1^b）覆于基底之上，伏于第四系松散堆积层之下；中更新统玄武岩（Qp_2^b）覆于下更新统安山岩之上或夹于第四系中更新统（Qp_2）松散堆积层中，二者均为含矿泉水层。

a）燕山早期侵入岩（γ_5^2）：分布于盆地东南，属勐连岩体的边缘部分，为角闪黑云母花岗闪长岩、中-粗粒花岗闪长岩、似斑状花岗岩等。岩体中普遍见后期闪长岩、细晶岩、二长斑状花岗岩及钾长斑状花岗岩侵入。构造裂隙发育，裂隙率 0.8%~1.0%，裂隙中普遍见有硅化、绿泥石化、高岭土化、绿帘石化、碳酸盐化等水热蚀变现象。

b）燕山晚期侵入岩（γ_5^3）：分布于盆地西北部，岩体呈南北向展布，长度 7~9 km，宽度 2~3 km，与 γ_5^2 在腾冲盆地基底为断层接触。该岩体为似斑状花岗岩、中-粗粒黑云母花岗岩等，风化带裂隙水泉流量 0.08~0.22 L/s。

c）喜马拉雅期火山岩：区内喜马拉雅期以大陆中心式火山喷发为主，主要分布于腾冲断裂带内，其次是东西两面的龙川江断裂和大盈江断裂带有少量分布。计有大小火山体 97 个，可分为四个喷发期。依其岩性和化学组成，可划分为由基性到中性的两个喷发旋回，即第一旋回由第一期的基性

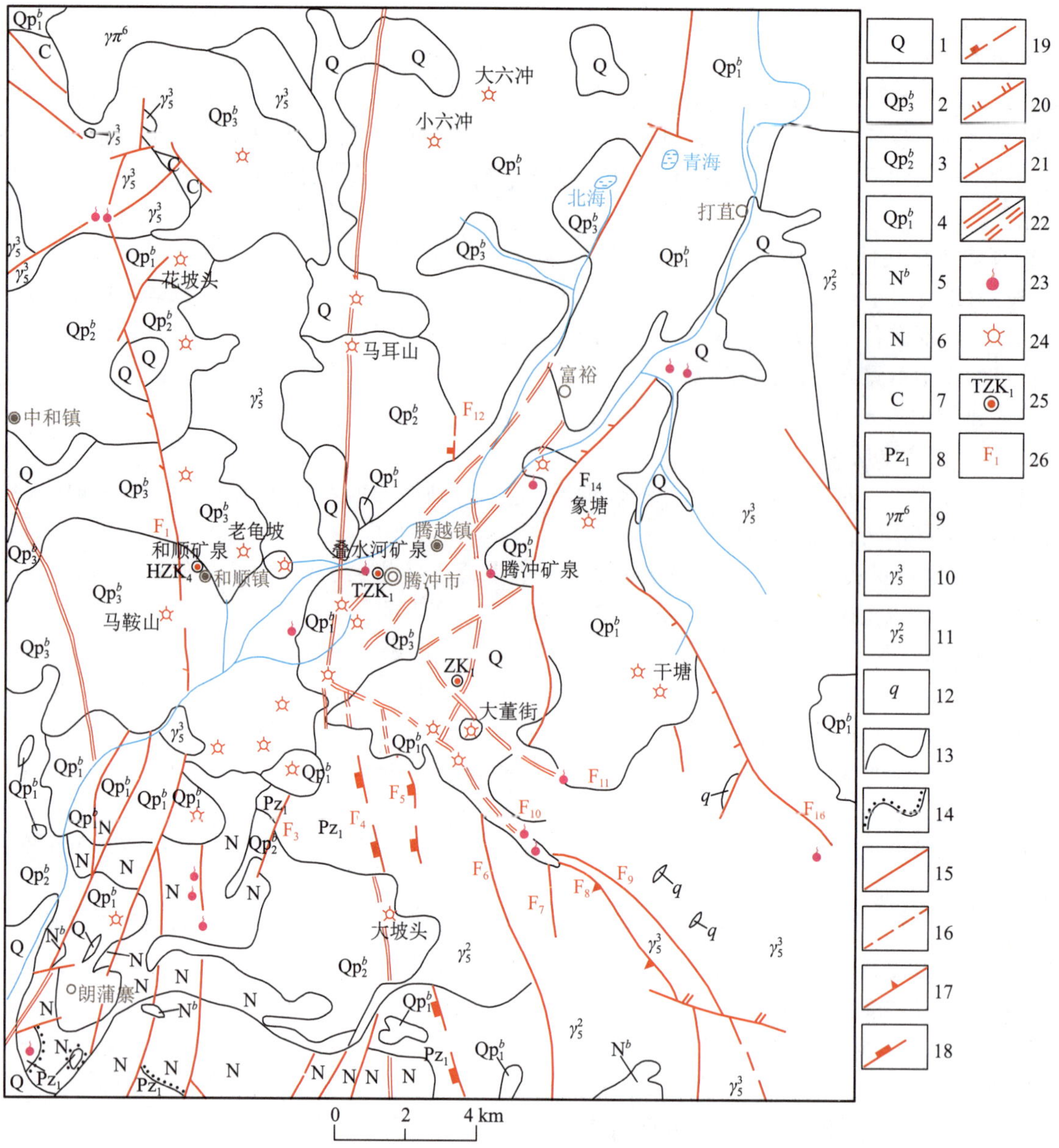

图 12-2 腾冲盆地地质简图

1—第四系；2—第四系上更新统火山岩；3—第四系中更新统火山岩；4—第四系下更新统火山岩；5—新近系火山岩；6—新近系；7—石炭系；8—下古生界变质岩系；9—喜马拉雅期花岗斑岩；10—燕山晚期花岗岩；11—燕山早期花岗岩；12—石英岩脉；13—地质界线；14—不整合地质界线；15—实测断层；16—推测断层；17—弧形构造带；18—南北向构造带；19—弧形构造与南北向构造的复合成分；20—张性断裂；21—扭性断裂；22—推测地壳断裂及隐伏基底断裂；23—温热泉；24—火山口；25—钻孔及编号；26—断裂编号

开始，到第二期的中性结束。第二旋回由第三期的基性开始，到第四期的中基性结束。由于各期熔岩具多次喷发间断，间断面裂隙及气孔极为发育，富水性强，是饮用矿泉水的赋存场所。

（2）断裂

腾冲盆地主干断裂主要有南北向火山活动带隐伏断裂（F_{16}），其次有北东、北西向次级断裂，断裂交汇部分多有火山口或温泉分布，次级断裂多为碳酸矿泉水涌出的通道。

（3）腾冲盆地饮料矿泉水的种类

根据地下水中化学成分含量并考虑到矿化度，腾冲盆地饮料矿泉水种类及特征见表 12-10。

（4）矿泉水的补给、径流、排泄条件

区内降雨充沛，盆地四周为大片熔岩分布区，熔岩层向盆地倾斜，透水性好，利于地下水的补给、径流和富集。盆地北部边缘构成地下水的汇流富集带，此带属地下水强烈交替带，溢出地表的地下水矿化度 0. 1~0. 4 g/L，多为矿泉水；继续往盆地深部径流的地下水进入深循环带，矿化度大于 1 g/L。碳酸泉水就是地下水沿断裂带进行深循环时与正在沿断裂带上升的游离 CO_2 气发生混合形成的碳酸水，碳酸水饱含 CO_2 气向上运移，赋存于熔岩含水层中，或溢出地表形成碳酸泉。

表 12-10　腾冲盆地矿泉水特征表

矿泉名称	出露层位	水温/℃	水位埋深/m	井口自流量/（$L \cdot s^{-1}$）	矿化度/（$g \cdot L^{-1}$）	pH 值	F/（$mg \cdot L^{-1}$）	H_2SiO_3/（$mg \cdot L^{-1}$）	游离 CO_2/（$mg \cdot L^{-1}$）	水化学类型
叠水河矿泉	Qp_2^{1b}	23. 5	+3. 1	5. 08	1. 30	6. 3	0. 28	127. 1	2500	HCO_3-Mg · Ca
腾冲矿泉	Qp_1^b	24. 0	30. 0	16. 40*	1. 17	6. 2	0. 27	120. 6	1264. 7	HCO_3-Mg · Ca
和顺矿泉	Qp_1^b	26. 0	+3. 2	8. 55	1. 40	6. 1	0. 32	127. 4	3740	HCO_3-Mg · Ca

（据云南省地质矿产局第二水文地质工程地质大队，1987）

（5）矿泉水的形成机制

区内已知的 3 处碳酸泉，均出露于腾冲断裂带内，是受板块运动及其所造成的火山作用的结果，特别是上新纪以来区内有猛烈的火山爆发活动。1961 年 6 月 12 日，腾冲火山活动带在盆地东面，由火山叠置的玉碧村附近发生过两次 5. 2 级的向上冲击型地震，推断其下潜火山作用仍在继续，岩浆期后热接触变质带中产生的气体，不断沿活动断裂带及其火山锥体部分的裂隙向地表天然释放，形成矿泉水中的 CO_2。碳酸泉的温度为 23. 5~26. 0℃，比当地环境温度（14. 8℃）高 8~11℃，属于热异常。根据对水的同位素组成分析结果看，腾冲雨水的氚含量为 22. 4 M3U（1 M3U = 3. 18×10^{-12} Ci/L），腾冲盆地矿泉水氚含量为 20. 3 M3U，碳酸泉氚含量为 5. 1 M3U，温泉氚含量为 1. 5 M3U，氚含量的变化特点是温泉小于碳酸泉水；碳酸泉水小于矿泉水；矿泉水小于雨水。根据氚的半衰期为 12. 36 a 计，大气降水渗入地下到循环为矿泉水时已经历了两个多半衰期，即在岩石裂隙中至少经历了 25 a 以上的时间。在深循环过程中与深部上升的热气相混合又溶解了围岩中的矿物质，尤其与花岗岩、变质岩水热反应和元素交换，使水中重碳酸盐及钙镁等宏量元素和锂、锶、氟等微量元素含量增加，形成对人体健康有益的饮用天然矿泉水。

3. 矿泉水的理化特征及水质评价

（1）叠水河矿泉水

叠水河矿泉水井位于腾冲市区西约 1 km 处的叠水河南岸，地貌处于大沙河 Ⅰ 级阶地部位。含矿泉水层为玄武岩（Qp_2^{1b}）。该矿泉水井于 1986 年 5 月施工，水位高出地表 3. 10 m，井口自流量 438. 91 m^3/d，单位流量 1. 64 L/(s · m)。经长期观测，涌水量较稳定。

叠水河钻孔矿泉水含有大量对人体健康有益的特殊化学成分，如游离 CO_2 达 2500 mg/L，偏硅酸达 72~169 mg/L，这是国内外都少有的。宏量元素以重碳酸根及钙镁离子占主要，微量元素有锂、锶、铁离子达到天然矿泉水的界限指标。水化学类型属于含锂、锶的重碳酸钙镁型。水量丰富，水源未受污染，水中有害组分及细菌含量均不超过国家规定的饮用水水质标准，符合卫生要求。水质清澈透明、酸甜爽口，是一种理想的天然饮用矿泉水。

（2）腾冲钻孔矿泉水

腾冲钻孔矿泉水位于腾冲市来凤山公园山脚的地热队院内。地貌处于北来凤熔岩台地前缘，含水层为安山岩。矿水层顶板埋深 207 m，水位埋深 30 m，含水层厚 300 余米。钻孔终孔深度 601. 81 m，钻孔涌水量 1204 m^3/d。

腾冲钻孔矿泉水含水层埋藏较深，水源未受污染。水中宏量元素以重碳酸根及钙、镁离子为主，对人体健康有益的游离二氧化碳和偏硅酸含量都很高，分别为 990. 5~1227. 5 mg/L 和 71. 5~134 mg/L。微量元素以锶、锂为主，水化学类型属含锶、锂的重碳酸钙镁型，是很理想的一种饮用天然矿泉水。

（3）和顺钻孔矿泉水

和顺矿泉水钻孔位于腾冲著名的和顺侨乡，地貌处于熔岩台地，矿泉水赋存于安山岩中。该矿泉水钻孔井深 50 m 即涌出矿泉水，井深 53 m 时因涌水量过大而提前终孔，终孔时测得水位高出地表 3.20 m，井口自流量 738.72 m^3/d，单位流量 2.67 L/(s·m)，井口水温 26℃。

和顺钻孔矿泉水含有对人体健康有益的游离二氧化碳和偏硅酸含量特高，分别为 1870~3740 mg/L 和 71.5~160.4 mg/L，宏量元素及微量元素含量均适宜，有害元素未超过国家饮用水标准，符合卫生要求。水化学类型属锂、锶的重碳酸盐钙镁型。其味特别酸凉爽口，无任何怪味，是非常理想的一种饮用天然矿泉水。

4. 资源量

重点勘查研究的 3 个钻孔矿泉水，均已进行了一年以上的长期观测，在干、雨季水量变化不大，以干季最小出水量为计算依据，叠水河钻孔矿泉水日产水量为 413 m^3，腾冲钻孔矿泉水日产水量为 864 m^3，和顺钻孔矿泉水日产水量为 739 m^3，三个钻孔合计日产水量为 2016 m^3。

5. 开发利用现状

腾冲地区地热及矿泉水资源均十分丰富，但上述 3 处矿泉水均位于重点旅游区内，未得到充分开发与利用。

（四）楚雄-广通矿泉水水源地❶

楚雄-广通矿泉水源地位于楚雄市与禄丰市接壤地带，属楚雄市石涧乡和禄丰市广通镇管辖。地理坐标为：东经 101°39′30″~101°45′，北纬 25°06′~25°15′，面积 154 km^2。广大铁路和楚广高等级公路均在矿区旁侧通过，交通便利。矿区地处金沙江与红河水系分水岭地带，山脉走向与构造线延伸方向一致。区内最高点是南部三棵山，海拔 2369.70 m，最低处是北部龙川江谷底，海拔 1693 m，区内最大相对高差 697 m。一般海拔 1900~2200 m，属中山、低中山地形。

1. 区域地质概况

（1）地层

楚雄-广通矿泉水矿区位于滇中中生代盆地中部，出露地层主要有第四系、白垩系及侏罗系。白垩系占测区总面积的 88.1%；侏罗系仅出露于黄家阱背斜核部，占测区总面积的 5.42%；第四系零星分布于龙川江河谷和广通盆地及冲沟出口等开阔地区（图 12-3；表 12-11）。

（2）构造

矿区位于金沙江褶皱系、双柏-牟定穹窿构造带、会基关穹窿与广通碗状向斜交接部位。火烧屯断层呈北西—南东向在测区南部通过，两端均越出区外，该断层在矿区东区内由三条分支断层组成，均为逆断层。由于受断层影响，使西南盘地层呈北西—南东走向；北东盘地层主要为近南北向和北东向。杨家阱、麂子塆一带以正断层为主，矿泉水及二氧化碳气的赋集和运移与其密切相关。褶皱多被断层切割破坏，残缺不全。现根据区内地质构造特征和组合关系，将其构造形态分述如下：

1）区内褶皱构造发育，主要有谢家村背斜①、黄家阱背斜②、大平地背斜③、麂子塆向斜⑥，均被后期断层切割破坏，支离破碎，断续不全。

谢家村背斜①：位于矿区中部，谢家村-藤子棚一带，轴线近南北，长度约 4.7 km。背斜核部为下白垩统高丰寺组上段（K_1g^2）长石石英砂岩、泥岩，东翼依次为普昌河组（K_1p）、马头山组（K_2m）和江底河组（K_2j）砂岩、泥岩，岩层倾向 70°~110°，倾角 27°~45°；西翼由于受 F_6、F_7 走向断层的破坏，地层重复，岩层倾向一般为 245°~270°，倾角 30°~35°，局部岩层直立-倒转。背斜被东西向、北东向和北西向断层切割破坏，连续性差，特别是北段和南段，轴线断离，地层缺失，走向多变。

黄家阱背斜②：位于矿区西南部杨家阱一带，区内长 13.5 km，呈北西—南东向展布。核部地层为侏罗系妥甸组上段（J_3t^2）泥岩、钙质泥岩及泥灰岩，岩层挤压强烈，岩石破碎，近核部小褶曲发育，局部岩层直立-倒转，属紧密型褶曲。南西翼依次为高丰寺组（K_1g）、普昌河组（K_1p）砂岩、

❶ 主要资料来源：云南省地质矿产局第二水文地质工程地质大队，1988，楚雄市-禄丰县广通镇矿泉水、二氧化碳气普查报告。

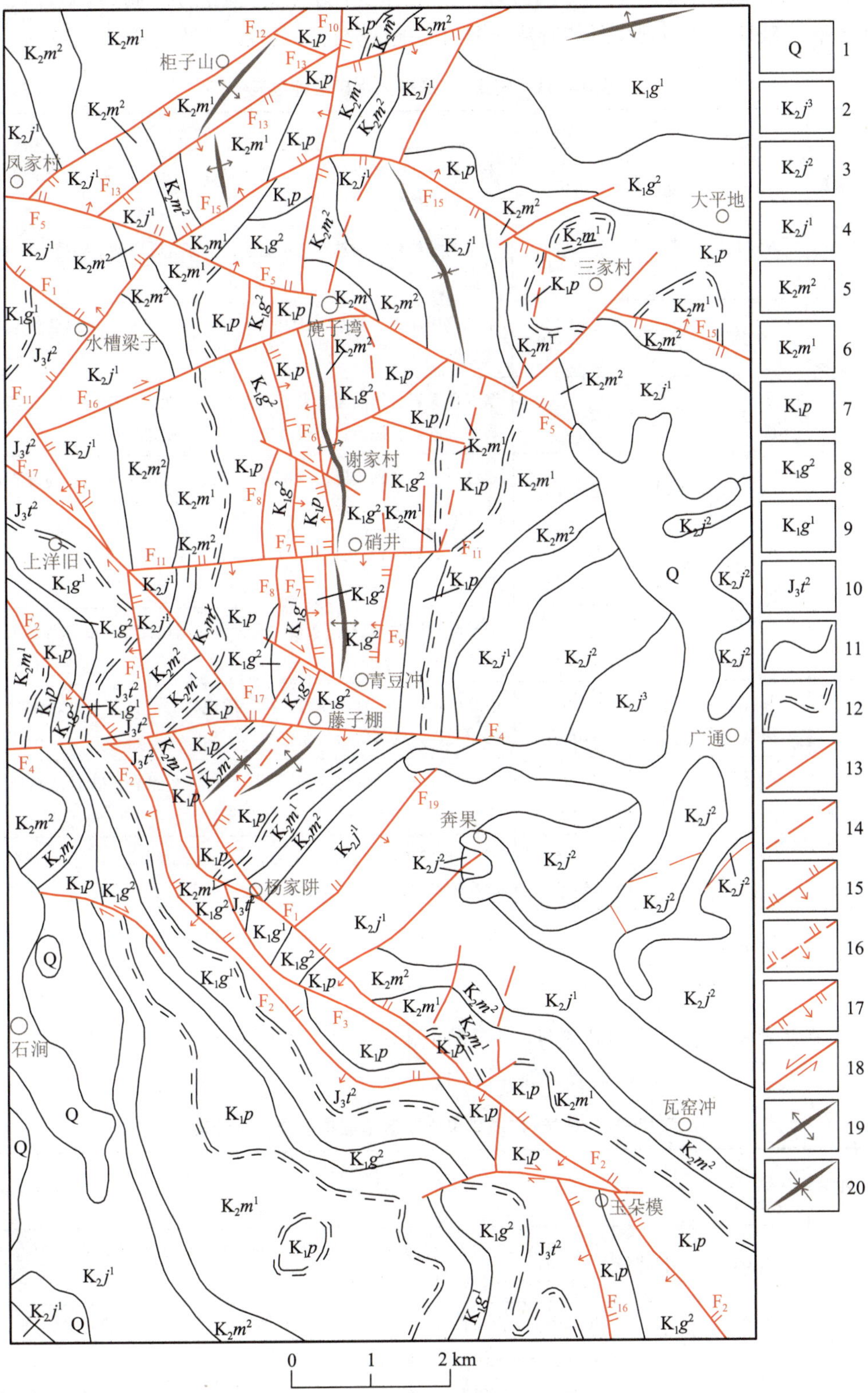

图 12-3　云南省楚雄-广通矿泉水田地质简图

1—第四系；2—上白垩统江底河组上段；3—上白垩统江底河组中段；4—上白垩统江底河组下段；5—上白垩统马头山组上段；6—上白垩统马头山组下段；7—下白垩统普昌河组；8—下白垩统高丰寺组上段；9—下白垩统高丰寺组下段；10—上侏罗统妥甸组上段；11—地质界线；12—推测平行不整合界线；13—性质不明断层；14—推测性质不明断层；15—正断层；16—推测正断层；17—逆断层；18—平移断层；19—背斜轴；20—向斜轴

泥岩；北东翼受杨家阱（F_1）等断层的破坏，地层连续性差。南西翼岩层倾向 210°～235°，倾角 25°～45°由于断层破坏，背斜轴线不甚清楚。据出露地层分析，其轴线走向与 F_1 断层基本一致。

表 12-11　楚雄-广通矿泉水矿区地层表

界	系	统	组	段	代号	厚度/m	岩性特征
新生系	第四系	全新统			Qh	<10	上部为冲积、冲洪积粘土、砂质粘土，局部夹碳质粘土；下部为砂砾石层、粉细砂层
		中更新统			Qp_2	<5	上部为棕红色砂质粘土、粘土层；下部含砾质粘土夹层 10～30 cm 的砂砾石层
中生界	白垩系	上白垩统	江底河组	上段	K_2j^3	268.30	杂色钙质泥岩、泥岩、泥质粉砂岩，局部夹中-薄层状泥灰岩，有溶孔发育
				中段	K_2j^2	245.50	紫红色泥岩、钙质泥岩夹黄绿色薄层状泥岩、细粒长石石英砂岩及含云母粉细砂岩、泥质钙质粉砂岩，岩石中钙质含量高
				下段	K_2j^1	254.04	紫红色泥岩、钙质泥岩、粉砂岩互层，含石膏夹层，局部夹泥灰岩，溶孔及层面裂隙比较发育
			马头山组	上段	K_2m^2	57.09～138.53	中-厚层状长石石英砂岩、长石砂岩、泥质粉砂岩、泥岩互层。砂岩占总厚度的 40%～60%
				下段	K_2m^1	46.76～127.46	中-厚层状细粒长石石英砂岩夹少量薄层状泥岩，底部为砾岩。砂岩占总厚度的 70%～90%
		下白垩统	普昌河组		K_1p	202.95～410.52	中厚层状泥岩、钙质泥岩、粉砂质泥岩。上部夹少量粉细砂岩；下部为钙质泥岩，局部薄层状泥岩
			高丰寺组	上段	K_1g^2	115.24～165.00	中-厚层状中-细粒含砾长石石英砂岩夹泥岩，砂岩占总厚度的 40%～60%，砾岩中含石膏和方解石团块
				下段	K_1g^1	153.66～236.00	中-厚层状中细粒长石石英砂岩，石英砂岩夹泥岩、泥质粉砂岩，局部含黄铁矿和方解石团块及脉状石膏
	侏罗系	上侏罗统	妥甸组	上段	J_3t^2	425	薄层状钙质泥岩、泥岩夹多层中-薄层状泥灰岩，泥灰岩占总厚度的 3%左右

其他如大平地背斜③、柜子山背斜④、广通向斜⑤、鹿子塆向斜⑥、宝马山向斜⑦等，特征见表 12-12。

表 12-12　楚雄-广通矿泉水矿区褶皱构造特征统计表

构造名称	编号	构造特征		
		长度/km	性质	主要特征
大平地背斜	③	2.05	倾伏背斜	核部由高丰寺组下段石英砂岩、长石石英砂岩构成，翼部倾角 30°～40°。轴线展布呈北东—南西向，向南西倾伏，倾角 8°
柜子山背斜	④	2.25	背斜构造	核部由马头山组长石石英砂岩构成，南端轴向近南北，北端受 F_{12}、F_{13} 断层破坏，轴线往北东偏转，翼部倾角 20°～30°
广通碗状构造盆地	⑤		碗状向斜	核部由江底河组泥岩、钙质泥岩、粉砂岩及泥灰岩构成，周边为马头山组砂岩，岩层由周边倾向中心，构成碗状构造盆地，倾角 15°～30°，后期由于受断层影响，向斜呈菱形状
鹿子塆向斜	⑥	2.75	对称向斜	核部由江底河组下段泥岩、钙质泥岩构成，翼部为马头山组砂岩，岩层由两翼倾向轴部，倾角 15°～25°，向斜轴线呈北西—南东向，为对称向斜
宝马山向斜	⑦	1.40	对称向斜	轴线呈北东—南西向，核部由马头山组砂岩构成，岩层倾角 20°～30°，两端被 F_1 和 F_4 号断层断掉

2）区内断层较为发育，在南部，沿黄家阱背斜核部发育，主要包括杨家阱断层（F_1）、阱脑断层（F_2）、小旧庄断层（F_3），均为逆断层，区域上统称这三条断层为火烧屯断层。

杨家阱断层（F_1）西起上洋旧，东在重台山与 F_2 断层复合，走向北西—南东。区内长度 24.54 km。北西端被水槽梁子断层（F_{14}）错开约 1250 m；中段被 F_4 断层平移错开 650 m，断层破碎带宽度 20~46 m，杨家阱附近大于 50 m。断层带中见角砾岩，糜棱岩和断层泥。断层面倾向 210°~230°，倾角 40°~70°，为高角度逆断层。

该断层规模大，错断深度大，在杨家阱一带沟通了深层二氧化碳气，使二氧化碳气与深循环的地下水混合，形成二氧化碳矿泉水。该断层为控制杨家阱地段矿泉水与二氧化碳气的主要构造之一。

a. 南北向断层

主要发育在测区中部谢家村背斜核部及其两翼部位，有赵家断层（F_6）、起家村断层（F_7）、老青山断层（F_9）、谢家村断层（F_{20}）等。断层走向基本与谢家村背斜轴向一致。

老青山断层（F_9）：发育于背斜东翼老青山一带，走向南北，长度约 4.70 km。断层倾向 250°~290°，倾角 70°~85°，为高角度正断层。破碎带宽度 10~20 m，破碎带内岩石破碎，产状凌乱，由砂岩、泥岩透镜体和断层角砾岩组成，胶结疏松，在断层上有铁锰质薄膜。在谢家村东、青豆冲一带该断层与矿泉水关系密切，并构成矿泉水田东部边界。

谢家村断层（F_{20}）：发育于谢家村背斜核部，地貌上形成槽谷，长度 4.40 km。沿断层带可见断层崖及牵引褶曲，破碎带宽度 30~50 m，胶结疏松。据放射性 α 卡法资料，在青豆冲、硝井及麂子塆一带，断层带中 α 卡法曲线均出现异常高峰值，分析为断层开启性较好造成，为正断层。该断层为测区二氧化碳气的主要通道之一，是二氧化碳气和矿泉水的最富集场所，沿断层带地表有大量的矿泉水和二氧化碳气显示。

b. 东西向断层

藤子棚断层（F_4）：发育于测区中部谢家村背斜南段，近东西向展布，区内出露长度 9.35 km。断层西延区外，东段被第四系覆盖。在藤子棚，破碎带宽度 30~50 m，由砂质角砾岩组成，泥质充填，胶结疏松。断层面倾向 220°，倾角 56°，为正断层。

该断层为控气、导水断层，在藤子棚一带沿断层带北侧有矿泉水与二氧化碳气出露。

（3）区域水文地质条件

A. 地下水类型及富水性

楚雄-广通矿泉水矿区地下水类型划分为：松散岩类孔隙水、碎屑岩类夹可溶性岩类裂隙溶孔水和碎屑岩类裂隙水。其中松散岩类孔隙水和碎屑岩类夹可溶性岩类裂隙溶孔水，分布于广通盆地和龙川江河谷两侧；碎屑岩类裂隙水分布于盆地周边山区。在杨家阱、藤子棚、治碑莫、麂子塆等地，有矿泉水与二氧化碳气分布。

区内各种类型地下水及含水层（组）富水性分述见表 12-13。

表 12-13　楚雄-广通矿泉水矿区地下水类型及含水层（组）富水性分级表

地下水类型		富水性级别	富水性指标		含水层（组）
			泉水流量/（$L \cdot s^{-1}$）	单孔实际涌水量/（$m^3 \cdot d^{-1}$）	
松散岩类孔隙水		水量贫乏	<0.1	<100	Qh^{al}、Qh^{al+pl}、Qp_2^{al}
碎屑岩类夹可溶性岩类裂隙溶孔水	裸露型	水量贫乏	<0.1	<100	K_2j
	覆盖型	水量中等	0.1~1	100~500	K_2j
碎屑岩类裂隙水		水量贫乏	<0.1	<100	J_3t、K_1g、K_1p、K_2m、K_2j
		水量中等	0.1~1	100~500	K_1p、K_2m

（据云南省地矿局第二水文地质工程地质大队，1988）

B. 地下水补给、径流、排泄条件

a. 松散岩类孔隙水

主要接受大气降水及部分农灌水的补给，由山前向河谷及盆地中部径流，以蒸发形式排泄为主，部分在阶地前缘和冲沟下部以泉水形式排泄（图 12-4）。

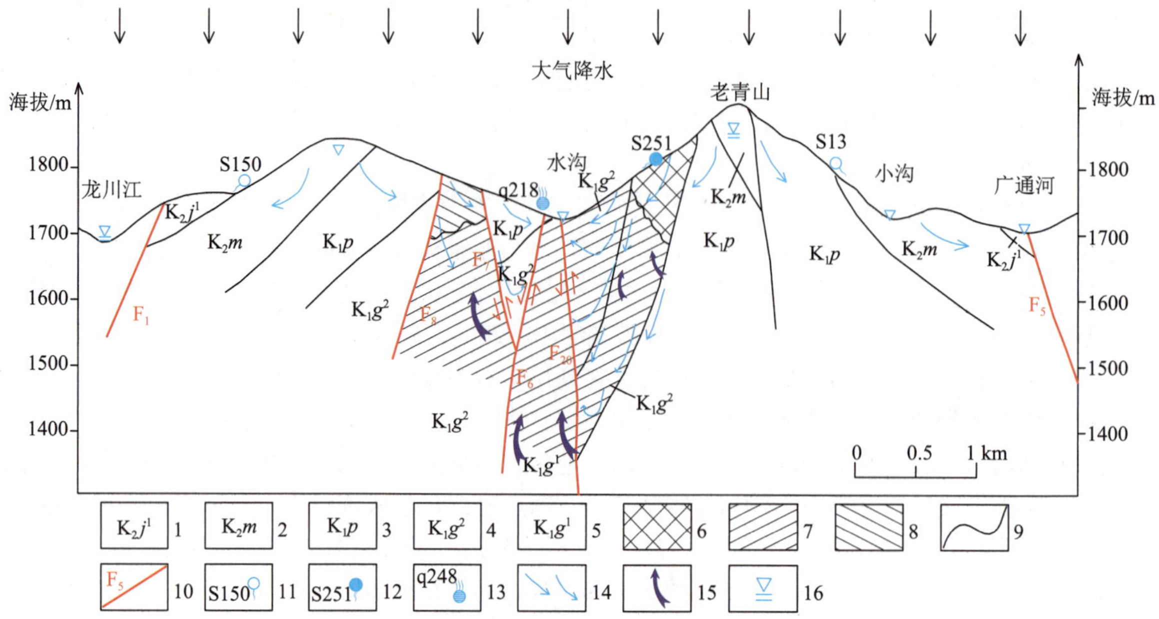

图 12-4　云南省楚雄-广通矿泉水田形成模式图

1—上白垩统江底河组下段；2—上白垩统马头山组；3—下白垩统普昌河组；4—下白垩统高丰寺组上段；5—下白垩统高丰寺组下段；6—淡碳酸矿泉水；7—重碳酸-钠（钙）型碳酸矿泉水；8—重碳酸-钠（镁）型碳酸矿泉水；9—地质界线；10—断层及编号；11—常规泉水及编号；12—矿泉水及编号；13—气苗点及编号；14—地下水渗流方向；15—二氧化碳气运移方向；16—地下水位线

b. 碎屑岩类夹可溶性岩类裂隙溶孔水

分布于广通盆地西部山区，该类型地下水主要接受大气降水补给，其次为马头山组砂岩裂隙水的侧向补给；盆地内覆盖型裂隙溶孔水，主要接受基岩裂隙水的侧向补给，盆地边部接受松散岩类孔隙水的越流补给。裂隙溶孔水的径流，主要受地貌和地质构造的控制，地下水由分水岭沿基岩裂隙和溶孔向盆地中心径流。裂隙溶孔水在基岩山区于坡脚或谷底以下降泉形式排泄；靠盆地一侧，则以径流形式补给孔隙水和覆盖裂隙溶孔水。在盆地中部主要以顶托补给孔隙水、蒸发及人工开采形式排泄。

c. 碎屑岩类裂隙水

地下水主要接受大气降水补给，砂岩分布区，裂隙较发育，开启性较好，有利于大气降水的渗入补给；泥岩分布区，由于裂隙充填闭合，不利于大气降水的渗入补给。地下水以构造裂隙为主要径流通道，自补给区向龙川江和沟谷底部及广通盆地径流。由于测区沟谷发育，地下水在浅层径流途径短，水力坡度大，循环交替较迅速，具就地补给，就地排泄之特征；在深部，地下水径流途径长，水力坡度小，循环交替迟缓，多沿地下水动态与降雨关系密切，泉水流量年变幅 3~10 倍。

在鹿子塆、硝井、杨家阱等地，高丰寺组、马头山组及妥甸组含水层中赋存二氧化碳气和碳酸矿泉水，主要接受大气降水渗入补给，进行中-深循环，沿断层或构造裂隙径流至地形低洼处排泄，形成矿泉。

C. 地下水化学特征

楚雄-广通矿泉水浅层地下水一般补给途径较短，地下水物理化学性质较好，除广通盆地中部局部地段地下水中硫酸盐含量偏高外，其他地区均可作为生活饮用水。另外，在杨家阱、治碑莫地区还有优质饮用碳酸矿泉水。

第四系松散岩类孔隙水：水化学类型为 HCO_3-Ca · Mg 型，矿化度小于 0.5 g/L，pH 值为 7 左右，可作为生活饮用水。

碎屑岩类夹可溶性岩类裂隙溶孔水：在广通盆地周边径流条件好，水化学类型单一，属 HCO_3-Ca · Mg 型，矿化度小于 0.5 g/L，水质好，可作为生活饮用水和其他用水。而广通盆地中心地带，由于地下水径流时间较长，交替缓慢，局部地段水化学类型复杂，为 SO_4 · HCO_3-Ca · Mg 型及 SO_4-Ca · Mg 型，矿化度 1~1.5 g/L，水质较差。盆地中地下水随埋深增加，矿化度逐渐增高、水质较差。

碎屑岩类裂隙水：水化学类型较简单，多属 HCO_3-Ca 型和 HCO_3-Ca · Mg 型，矿化度小于 0.5 g/L，水质良好，适宜作生活饮用水和工农业生产用水。

矿区中部矿泉水：分布于麂子塆、治碑莫、杨家阱等地，受地质构造、岩性及地貌条件的控制，水化学类型复杂。水中游离二氧化碳含量一般大于 1000 mg/L，矿化度 0.5~24 g/L，pH 值为 6~7.6，为优质饮用碳酸矿泉水。

2. 矿区水文地质条件

楚雄-广通矿泉水主要包括楚雄市石涧乡杨家阱矿泉水块段和禄丰市广通镇藤子棚-麂子塆矿泉水块段，总面积 5.363 km^2。

藤子棚-麂子塆矿泉水块段主要受测区谢家村背斜核部南北向断层控制，矿水含水层为下白垩统高丰寺组（K_1g）砂岩；杨家阱矿泉水块段主要受杨家阱断层控制，矿水含水层为上白垩统马头山组（K_2m）砂岩和上侏罗统妥甸组（J_3t^3）钙质泥岩、泥灰岩。矿泉水于断层带及断层交汇部位活动强烈，资源丰富。

区内主要有碳酸矿泉水类型，含有多种对人体有益成分。其中杨家阱 S_{268} 号、广通 S_{46} 号泉水及 SK_{11} 号钻孔水经国家级评审为优质饮用天然矿泉水。另外，尚有部分矿泉水点可作为医疗用矿泉水。

（1）矿泉水显示及分布规律

A. 矿泉水显示特征

矿泉水在天然条件下以矿泉出露于地表，多数碳酸矿泉伴有二氧化碳气体外逸。杨家阱地段矿泉以带状分布于杨家阱断层带上，断层带南西侧有二氧化碳气体苗（以下简称气苗）与矿泉伴生。藤子棚-麂子塆一带，矿泉及气苗主要沿谢家村背斜核部及南北向断层带分布，尤其是起家村断层（F_6）、谢家村断层（F_{20}）及断层交汇部位，矿泉及气苗点最多。

全区共出露碳酸泉（群）8 个，其中 7 个有气苗伴生，矿泉呈上升泉性质，见冒泡、翻炒现象。矿泉流量一般小于 0.1 L/s，仅杨家阱 S_{268} 号矿泉流量为 0.13 L/s（表 12-14）。矿泉水温度一般为 15~20℃。矿泉水具酸麻味；在藤子棚-麂子塆沟谷地带矿泉水一般还带咸味；治碑莫 S_{45} 号矿泉（SK_{10} 号钻孔处）咸味最明显，矿泉周围有大量白色粉末状 $NaHCO_3$ 析出及 $CaCO_3$、$MgCO_3$ 泉华堆积，少数矿泉（如 S_{268} 号）附近有红色铁质析出，水稍具铁锈味。

通过钻孔揭露，矿泉、气苗分布区均有含水层分布。共施工钻孔 13 个，均见矿泉水，且不同程度地有二氧化碳气体逸出和喷发，以近 F_6、F_{20} 断层的钻孔尤为明显，如 SK_3 号、SK_4 号、SK_5 号、SK_7 号、SK_{10} 号、SK_{12} 号 6 个钻孔气、水喷发较强，SK_{10} 号孔气、水喷发最大，喷发高度最大达 35.55 m。SK_{10} 号、SK_{12} 号钻孔水喷出地表后，由于含盐量较高，有大量白色 $NaHCO_3$ 和 $CaCO_3$ 析出，堆积于钻孔附近，使周围农田盐碱化。钻孔中矿泉水味道与其他同类矿泉水相似，且咸味更浓。钻孔涌水量一般小于 50 m^3/d，SK_3 号、SK_{10} 号、SK_{11} 号、SK_{13} 号孔水量较丰富，涌水量为 216.00~250.56 m^3/d。

除上述碳酸矿泉和钻孔外，在其周围还有硅酸矿泉，零星出露于测区不同地层中，偏硅酸含量为 25~33.62 mg/L，流量为 0.008~1.46 L/s，一般小于 0.1 L/s，水温 9.5~17℃。

B. 矿泉水分布规律

根据楚雄-广通矿区矿泉水的分布特征，可分为杨家阱和藤子棚-麂子塆 2 个矿泉水块段。

杨家阱矿泉水块段：该块段位于工作区中南部，为楚雄市石涧乡管辖。块段内矿泉水主要受杨家阱断层（F_1）控制，本次圈定块段面积 0.25 km^2。块段内矿泉水主要赋存于 F_1 断层破碎带及其影响带内的妥甸组上段（J_3t^2）钙质泥岩、泥灰岩和马头山组上段（K_2m^2）砂岩夹泥岩含水层（组），沿 F_1 断层破碎带 200 m 范围内，出露矿泉水点 5 处，形成泉群，总流量 0.13 L/s。

表 12-14　楚雄-广通矿泉水矿区矿泉水流量统计表

矿泉水编号	位置	地层代号	矿泉水种类编号	矿泉水流量		是否有气苗伴生	备注
				流量/（$L \cdot s^{-1}$）	测量日期		
S_{268}	杨家阱	K_2m^2	I_1	0.13	1987.3.5	无	长观矿泉
S_{59}	硝井村南	K_1g^2	I_2	0.082	1987.10	有	
S_{251}	硝井村东	K_1g^2	I_2	<0.001	1986.5.28	有	
S_{48}	青豆冲	K_1g^2	II_1	0.018	1986.5.29	有	长观矿泉（井）
S_{47}	硝井村	K_1g^2	II_1	0.014	1987.5.24	有	长观矿泉
S_{259}	硝井村南	K_1g^2	II_3	0.018	1987.6.8	有	
S_{46}	硝井村	K_1g^2		0.033	1987.5.29	有	长观矿泉
S_{45}	治碑莫	K_1g^1		0.033	1986.5.23	有	

（据云南省地质矿产局第二水文地质工程地质大队，1988）

藤子棚-鹿子垮矿泉水块段：该块段位于测区中北部，为禄丰市广通镇管辖，块段面积 5.113 km^2。块段内矿泉水分布主要受南北向断层控制，在南北向断层与东西向、北西向断层交汇部位，矿泉水更为丰富。块段内共调查到矿泉水点 7 处，总流量 0.169 L/s，其中位于南北向断层带上的有 4 处，总流量 0.104 L/s。块段内共施工钻孔 10 个，总涌水量为 1147.85 m^3/d，其中揭露南北向断层上的有 4 处，总涌水量为 749.98 m^3/d，占块段内钻孔总涌水量的 65.30%。其他部位有 6 个钻孔，涌水量仅占钻孔总矿泉水量的 34.70%。

（2）碳酸矿泉水类型及富水条件

A. 矿泉水类型及富水性级别划分

楚雄-广通矿泉水主要为碳酸水和硅酸水。依据碳酸矿泉水的矿化度。可将该类型矿泉水分为两个亚类：即碳酸矿泉水（矿化度大于 1 g/L）和淡碳酸矿泉水（矿化度小于 1 g/L）。

B. 矿泉水类型特征

碳酸矿泉水的分布及水质特征受地质构造、地层岩性、地形地貌条件的控制。矿泉水块段周边斜坡地带，为地下水补给区，地下水水力坡大，径流速度快。碳酸矿泉水矿化度一般小于 3 g/L，水化学类型以 HCO_3-Ca · Mg 型为主，矿水含水层富水性较弱。鹿子垮、治碑莫槽谷地带为矿泉水排泄区，此处地形较平缓，矿泉水水力坡度小，径流速度缓慢，矿化度高，一般为 4～10 g/L，最大达 23.06 g/L。水化学类型以 HCO_3-Na · Ca 型或 SO_4 · HCO_3-Na 型为主，水量中等-丰富。

矿泉水化学类型 HCO_3-Ca · Mg、HCO_3-Ca、HCO_3 · SO_4-Ca · Na、HCO_3-Na · Ca、HCO_3-Na、SO_4-Na 和 SO_4 · HCO_3-Na 7 种。矿化度、碱度、硬度、pH 值及各种宏量组分含量变化大，矿泉水有益成分主要有游离二氧化碳、偏硅酸、锶、锂、锌、溴等。

（3）矿泉水的形成条件和补给、径流、排泄条件

A. 矿泉水的形成条件

楚雄-广通矿泉水水的来源：主要为大气降水渗入补给。据矿泉水水化学资料，γ_{Na}/γ_{Ca} 系数平均值为 4.78，γ_{Ca}/γ_{Sr} 系数大于 2.0，γ_{Cl}/γ_{Br} 系数大于 300，说明矿泉水主要来自大气降水渗入补给，大气降水渗入地下后溶滤含盐层中的盐分和二氧化碳气，而后溢出地表形成天然矿泉水。

B. 矿泉水中化学组分的来源

二氧化碳气（CO_2）的来源：主要来自地下深部含碳酸盐岩的热变质，并沿断层带上升至浅部含水层，以游离二氧化碳及碳酸形式溶解于水中。

盐类成分来源：主要来自对围岩矿物成分的溶滤。碳酸水对岩石的溶解能力强于常规地下水，因

而水中盐分含量比常规地下水高。

C. 矿泉水的补给、径流、排泄条件

楚雄-广通矿区地处红河与金沙江水系分水岭地带，矿泉水分布区为断层发育的背斜槽谷。测区北、西两边为龙川江，为区内地下水排泄基准面；测区东侧为广通河碗状向斜盆地，内有广通河，为局部排泄基准面；南侧为金沙江与红河水系分水岭。区内矿泉水主要为东、西、南三侧和北东侧山地接受大气降水渗入地下，沿断层带经循环后富集形成。

3. 矿泉水、二氧化碳气资源计算及评价

楚雄-广通矿泉水水源地内有6个抽水试验钻孔，涌水量总和为172.85 m^3/d（$63.09\times10^3\ m^3/a$）。有6个泉水点，总流量为14.34 m^3/d（$5.237\times10^3\ m^3/a$）。源地内开采资源可按钻孔、泉水涌水量之和的0.75计算，青豆冲供水源地有开采资源140.39 m^3/d（$51.24\times10^3\ m^3/a$）。

矿区3处水源地共有矿泉水开采资源890.27 m^3/d（$324.95\times10^3\ m^3/a$）（表12-15）。预测共（伴）生二氧化碳气计算资源量6022.23 m^3/d（表12-16），可开采资源量130.655×$10^4\ m^3/a$。

表12-15　楚雄-广通矿泉水矿区资源计算成果表

<table>
<tr><td rowspan="3">块段名称</td><td rowspan="3">供水源地</td><td rowspan="3">地段编号</td><td rowspan="3">矿泉水类型</td><td rowspan="3">面积/km^2</td><td rowspan="3">储存资源 $W_{储}/10^3\ m^3$</td><td colspan="2">区域资源</td><td colspan="4">供水源地资源</td></tr>
<tr><td rowspan="2">天然径流量 $Q_{径}$/($10^3m^3\cdot a^{-1}$)</td><td rowspan="2">开采资源量 $Q_{开}$/($10^3m^3\cdot a^{-1}$)</td><td rowspan="2">储存量 $W_{储}/10^3m^3$</td><td rowspan="2">径流量 $Q_{径}$/($10^3m^3\cdot a^{-1}$)</td><td colspan="2">开采量</td></tr>
<tr><td>钻孔 $Q_{井开}$/($10^3m^3\cdot a^{-1}$)</td><td>泉水 $Q_{泉开}$/($10^3m^3\cdot a^{-1}$)</td></tr>
<tr><td rowspan="7">藤子棚-鹿子塆块段A</td><td rowspan="5">治碑莫供水源地</td><td>A_1</td><td>II_4</td><td>0.05</td><td>5.81</td><td rowspan="7">402.08</td><td rowspan="7">381.86</td><td rowspan="5">612.47</td><td rowspan="5">264.82</td><td rowspan="5">※
187.80
60.32</td><td rowspan="5"></td></tr>
<tr><td>A_2</td><td>II_3</td><td>0.03</td><td>6.50</td></tr>
<tr><td>A_3</td><td>II_3</td><td>0.72</td><td>516.06</td></tr>
<tr><td>A_4</td><td>II_3</td><td>1.625</td><td>56.47</td></tr>
<tr><td>A_5</td><td>I_2</td><td>0.80</td><td>27.63</td></tr>
<tr><td rowspan="2">青豆冲供水源地</td><td>A_6</td><td>II_1、II_3</td><td>1.563</td><td>381.69</td><td rowspan="2">483.18</td><td rowspan="2">137.26</td><td rowspan="2">47.32</td><td rowspan="2">※0.83
3.09</td></tr>
<tr><td>A_7</td><td>II_4</td><td>0.325</td><td>51.49</td></tr>
<tr><td rowspan="2">杨家阱块段B</td><td rowspan="2">杨家阱供水源地</td><td>B_1</td><td>I_1</td><td>0.125</td><td>9.55</td><td rowspan="2">25.76</td><td rowspan="2">24.55</td><td rowspan="2">192.32</td><td rowspan="2">25.76</td><td rowspan="2">22.56</td><td rowspan="2">※3.07</td></tr>
<tr><td>B_2</td><td>II_2</td><td>0.125</td><td>182.77</td></tr>
<tr><td colspan="2">合计</td><td></td><td></td><td>5.363</td><td>1237.97</td><td>427.84</td><td>406.41</td><td>1237.97</td><td>427.84</td><td>318.10</td><td>6.99</td></tr>
<tr><td colspan="2">备注</td><td colspan="10">三个供水源地共有开采资源 325.09×$10^3\ m^3/a$。其中，C级开采资源191.70×$10^3\ m^3/a$，D级开采资源133.39×$10^3\ m^3/a$。表中加有※者为C级开采资源</td></tr>
</table>

（据云南省地质矿产局第二水文地质工程地质大队，1988）

表12-16　楚雄-广通矿泉水矿区二氧化碳气资源计算

位置	面积/km^2	实测钻孔喷气量/($m^3\cdot d^{-1}$)	气苗点排出气量/($m^3\cdot d^{-1}$)	块段综合出气量/($m^3\cdot d^{-1}$)	实测喷气钻孔编号
鹿子塆	0.3	1905.00	1905.00	2403.72	SK12
治碑莫谢家冲	2.375	231.82	231.82	3312.67	SK10
藤子棚青豆冲	1.375	280.20	280.20	304.65	SK4
杨家阱	0.094	1.19	1.19	1.19	
合计	4.144	2418.21	2418.21	6022.23	

（据云南省地质矿产局第二水文地质工程地质大队，1988）

4. 结论

1）楚雄-广通矿泉水主要以碳酸水、淡碳酸矿泉水为主，分布面积0.925 km^2。主要分布于供水源边缘山坡地带，以低矿化度（小于 1.0 g/L）、含钠离子少而异于其他碳酸矿泉水，水化学类型为 HCO_3-Ca · Mg 型。泉流量小于 0.1 L/s，钻孔涌水量小于 10 m^3/d，水量贫乏。其中杨家阱供水源地，矿泉水赋存于马头山组砂岩与妥甸组钙质泥岩断层接触带内，为含偏硅酸、锶、锌重碳酸-钙（镁）淡碳酸矿泉水；S_{268} 号泉被评为国家级优质饮用天然矿泉水。源地内泉水总流量为 11.23 m^3/d，开发利用价值高。

碳酸矿泉水主要分布于矿泉水供水源地径流排泄地带，分布面积 4.438 km^2。重碳酸-钙（镁）型矿泉水面积 1.563 km^2，主要赋存于高丰寺组砂岩中，为含锶、锌、偏硅酸的碳酸水，钻孔涌水量 5.38~40.32 m^3/d，水量贫乏-中等。重碳酸（硫酸）-钙（钠）型碳酸水，钻孔涌水量 221.70 m^3/d，水量丰富。重碳酸-钠（钙）型矿泉水，面积 2.375 km^2，主要赋存于硝井、青豆冲、治碑莫等地段的断层带和谢家村背斜核部高丰寺组砂岩中，为含锶、锌、锂的碳酸水，泉流量 0.003~0.033 L/s，钻孔涌水量 11.32~250.56 m^3/d，水量中等-丰富。其中 S_{268} 号泉（流量 0.033 L/s）、SK_{11} 号钻孔水（涌水量 216.00 m^3/d）经国家鉴定为优质饮用天然矿泉水。硫酸（重碳酸）-钠型矿泉水，面积 0.375 km^2，主要赋存于藤子棚、麂子塆等地段的断层带及高丰寺组砂岩中，为含锶、锂碳酸水，钻孔涌水量 17.57~220.32 m^3/d，水量中等-丰富。

2）圈定了 3 处矿泉水供水源地。①杨家阱供水源地：面积 0.25 km^2，有矿泉水天然地下径流量 25.76×10^3 m^3/a、储存资源 192.32×10^3 m^3/a、开采资源 25.73×10^3 m^3/a（其中 C 级开采资源 3.07×10^3 m^3/a）；②治碑莫供水源地：面积 3.225 km^2，有矿泉水天然地下径流量 264.82×10^3 m^3/a、储存资源 612.47×10^3 m^3、开采资源 248.12×10^3 m^3/a（其中 C 级开采资源 187.80×10^3 m^3/a），广通镇已拟建矿泉水厂；③青豆冲供水源地：面积 1.888 km^2，有矿泉水天然地下径流量 137.26×10^3 m^3/a、储存资源 433.18×10^3 m^3、开采资源 51.24×10^3 m^3/a（其中 C 级开采资源 0.83×10^3 m^3/a），已列为中远期开发源地。

3）全区有矿泉水天然地下径流量 427.84×10^3 m^3/a、储存资源 1237.97×10^3 m^3、开采资源 406.41×10^3 m^3/a。资源计算中，大部分参数为实测，少数采用邻区比拟，资源精度 S_{268} 号、S_{46} 号、S_{47} 号、S_{48} 号泉水及 SK_{10} 号、SK_{11} 号等钻孔水均有一年以上长期观测资料（包括水质、水量、水位、水温等），其开采资源达 C 级，有 191.70×10^3 m^3/a；其他点资源达 D 级，有 133.39×10^3 m^3/a。C 级资源可作为近期规划开采矿泉水的重点；D 级资源可作为中远期规划开采的依据资料。

4）矿区二氧化碳主要受断层控制，来自地下深部，与矿泉水并存伴生。气体中含二氧化碳 82.65%~98.59%；氮气、氢气、水汽等气体含量极少，其他有毒有害气体成分基本不含。二氧化碳纯度高，质量好。全区有二氧化碳气喷逸量 6022.29 m^3/d，钻孔喷逸量达 3080.88 m^3/d。硝井-治碑莫、麂子塆为近期开采地段，有天然喷逸量 5716.42 m^3/d，目前能提供开发利用的气量为 3579.10 m^3/d。其他地段为中远期规划开采地段，其资源量有待进一步勘探证实。

5）矿泉水、二氧化碳气普查控制深度为 200 m 左右，揭示矿水含水层顶板埋深 3.70~18.50 m，在 200 m 深度内，砂岩含气、水层厚 8.10~113.70 mm。矿水水位埋深+16.80~+35.55 m。开采区内矿泉水宜扩泉引水，利用已成井的勘探钻孔或宜在有利地段施工浅井（井深小于 100 m）、深井（井深小于 100~200 m），依其水文地质条件和开采技术条件，近期于杨家阱供水源地开采矿泉水 20.06×10^3 m^3/a；治碑莫供水源地开采 131.58×10^3 m^3/a；中远期于青豆冲供水源地开采 15.70×10^3 m^3/a。

5. 开发利用现状

杨家阱供水源地于 1986 年建厂开采 S_{268} 号矿泉水，治碑莫供水源地广通镇已建矿泉水厂，但因各种原因，一直销售不畅，开发规模很小，现处于停滞状态。

（五）大理矿泉水水源地❶

大理矿泉水水源地位于大理市境内，距大理古城西约 200 m，距大理州府下关约 11.30 km。地理

❶ 主要资料来源：云南省煤田地质局，2016，大理神野有限公司城邑乡 1 号井矿泉水水资源勘查评价报告。

坐标为：东经 100°09′02″，北纬 25°42′13″。自大理市有公路通往 1 号井矿泉水。

1. 区域地质概况

（1）地层岩性

区内西部出露有古元古界苍山岩群变质岩系一段（$Pt_1C.^1$）、二段（$Pt_1C.^2$）、三段（$Pt_1C.^3$）、四段（$Pt_1C.^4$）、五段（$Pt_1C.^5$）及六段（$Pt_1C.^6$）6 个岩性段。东部主要分布第四系松散岩类。地层层序及岩性特征见表 12-17。

表 12-17　大理矿泉水矿区前寒武系苍山岩群变质岩系特征一览表

界	系	统	群(组)	段	代号	厚度/m	主要岩性特征	分布位置
古元古界			苍山岩群	六段	$Pt_1C.^6$	425~475	为灰白色、灰黑色变粒岩、黑云母片麻岩、眼球状片麻岩、角闪斜长片麻岩夹薄层状大理岩，裂隙率发育中等	区内西部，零星分布于苍山顶部和山麓地带
				五段	$Pt_1C.^5$	629~651	上部为灰黑色黑云母花岗质片麻岩，中部为辉石角闪片岩，下部为长英质变粒岩或变质砂岩，裂隙率一般 0.27%~4.56%	区内西部，主要分布于苍山顶部偏西部位
				四段	$Pt_1C.^4$	462	为灰白色、灰黑色长英变粒岩、角闪变粒岩、变粒长石砂岩夹角闪片岩、微晶片岩、黑云母片岩等，裂隙率 4.17%~8.40%	区内西部，主要分布于苍山顶部偏东部位
				三段	$Pt_1C.^3$	180~438	为灰黑色、灰绿色绿泥片岩、角闪片岩，阳起石片岩夹大理岩。片岩中片理较发育，构造带附近多见揉曲，裂隙率达 1.03%。厚度由北向南渐增	区内西部，主要分布于苍山近山顶地带
				二段	$Pt_1C.^2$	190~270	灰白色、灰色中-厚层状大理岩、变质白云岩，隐晶-细晶结构，裂隙发育，上下部均夹灰绿色、灰黑色板岩，底部为薄层状大理岩	区内西部，呈条带状分布于苍山东坡
				一段	$Pt_1C.^1$	>300	为灰绿色、灰黑色含钙质绿泥片岩、角闪绿泥片岩、绢云母绿泥片岩夹中层状石英岩，裂隙率 2.29%~13.58%	区内西部。苍山北段东坡

（2）地质构造

大理矿泉水矿区地处扬子准地台与滇西褶皱带接合部位苍山台缘基底褶断区地带，区内构造线主要呈北西—南东向展布，岩层主体倾向东，倾角 20°~50°，岩层扭曲及层间滑动较为严重，小褶皱发育，岩层产状变化大，现分述如下。

1）洱海断裂（F_1）：位于矿区以东直线距离约 6 km。断裂呈北北西向展布，区域延伸长度大于 100 km。断裂东盘出露古生界，西盘为中生界，沿断裂第四系下更新统松毛坡组受到切割，并见局部出现动力变质岩石，沿断裂带附近岩体破碎，有钙质胶结构造角砾岩、碎裂岩、断层泥分布，断裂产状 50°∠60°，表现为一压扭性断裂结构面，并兼有右旋扭动，仅晚期活动部分地段有张扭现象。

2）大理断裂（F_2）：位于建设项目用地区西侧苍山坡脚地带，断裂呈北北西向展布，延伸长大于 30 km，南延止于苍山断裂（F_3）。断裂主要切割地层为中元古界茫涌溪岩组，北部还切割了泥盆系。沿断裂带有石英脉贯入旁侧次级构造，中后期方解石脉发育，断裂带宽度 30~50 m，由碎裂岩、糜棱岩组成，断裂旁侧，茫涌溪岩组中岩石已普遍糜棱岩化。断裂倾向 70°~75°、倾角 45°~80°；断裂性质以逆冲为主，兼有右旋，属洱海深断裂的旁侧构造。该断裂为一充（导）水断裂，项目区供水井均揭穿该断裂，断裂带为供水井地下水富集带。

3）点苍山断裂（F_3）：位于点苍山东坡附近山顶部位，呈北西向延伸，区域延伸长度大于 40 km。断裂东盘为古元古界苍山岩群，西盘为古元古界沟头箐岩群，沿断裂西侧见有宽度近 40 m 的长英质糜棱岩带，其水平线理方向与断裂走向基本一致，属断裂推覆走滑之产物，为压扭性断裂。断裂面倾向240°，倾角50°~80°，多数地段倾角甚陡。

2. 水源地水文地质条件

（1）地下水类型及富水性

根据地下水的赋存条件、水理性质和水力特征，将矿区地下水划分为松散岩类孔隙水、基岩裂隙水二类，在此基础上，根据含水层（组）结构、埋藏条件、含水介质的储水条件和水力性质等，将各大类地下水划分为三个亚类。

A. 古元古界苍山岩群一段变质岩裂隙含水层

一段（$Pt_1C.^1$）：主要为灰绿色、灰黑色含钙质绿泥片岩、角闪绿泥片岩、绢云母绿泥片岩夹中层状石英岩，未见底，厚度大于300 m。裂隙率2.29%~13.58%，裂隙宽度一般为0.1~0.2 cm，延伸长度一般达10~100 m，裂面平整光滑，多无充填，储水条件极好，加之区内植被覆盖率高，可达60%以上，水土不易流失，地表水下渗能力强，降雨渗入系数0.01~0.466。该地层水量丰富，区域泉水流量0.11~31.78 L/s，地下水径流模数3.96~13.13 L/(s·km^2)，水化学类型为HCO_3-Ca·Na、HCO_3-Na·Ca、HCO_3-Ca·Mg·Na和HCO_3-Ca·Mg型，矿化度小于0.2 g/L。是洱海西侧第四系地下水的主要补给源。

B. 松散岩类孔隙水下含水段孔隙承压水

为中更新统冲洪积层（Qp_2^{al+pl}），初见含水层顶板埋深59~88.74 m，含水段厚度51.91~119.88 m，地下水水位埋深为27.89~+3.10 m，属承压水，含水层主要由卵石、含粘土砂卵石、卵质砂组成，粒径6~12 cm，分选性和磨圆度均很差，粘土含量大于5%，水化学类型为HCO_3-Ca·Na、HCO_3-Ca·Na·Mg型，矿化度0.11~0.32 g/L。该层为本矿泉水取水层。

C. 松散岩类孔隙水上含水段孔隙潜水-微承压水

为上更新统冲洪积层（Qp_3^{al+pl}），初见含水层顶板埋深0.50~15.22 m，含水段累计厚5.20~64.71 m，地下水水位埋深为6.52~+10.00 m，属潜水-微承压水，含水层主要由砂卵石、卵砾石、含粘土砂卵砾石、中粗砂层组成，多呈松散状，卵砾石成分主要为片岩、片麻岩，砾径一般2~10 cm，大者可达30~40 cm，呈次圆状，分选性中等。水化学类型为HCO_3-Ca·Na、HCO_3-Ca·Na·Mg、HCO_3-Ca·Mg·Na型，矿化度小于0.20 g/L。

（2）地下水补给、径流、排泄特征

A. 基岩裂隙水的补给、径流、排泄

苍山地区地下水主要接受大气降雨、降雪、高山凝结水的补给。该区以变质岩为主，裂隙率一般为2%~5%，断层带附近大于20%。据钻孔揭露，0~50 m裂隙较发育，800 m仍有构造裂隙发育。该区虽地形陡峻，但植被覆盖率达60%以上，降雨渗入系数为0.088。该类型地下水为潜水，无明显的径流区，具有就近补给、就近排泄的特点。当地侵蚀基准面以上地下水多以泉水或渗流形式在沟谷底部、地形转折处、岩性变化带、断裂带、盆地边缘等处排泄。当地侵蚀基准面以下地下水，以地下径流形式补给下游含水层地下水或盆地内松散岩类孔隙水进行排泄。

B. 下含水段（Qp_2^{al+pl}）孔隙承压水补给、径流、排泄

该段孔隙含水层地表基本没有出露，埋藏于上含水段孔隙含水层之下，不利于大气降水补给，主要接受西侧基岩裂隙水的侧向补给。该段孔隙承压水赋存并径流于砂、砂砾石、砂砾卵石、含粘土砂砾卵石含水层孔隙中，地下水自西向东径流，在洱海西岸一带富集，水力坡度0.013~0.032。在天然条件下，下段孔隙承压水的排泄方式主要通过越流补给上段孔隙潜水-微承压水。

C. 上含水段（Qp_3^{al+pl}）孔隙潜水-微承压水补给、径流、排泄

含水层分布于洱海沿湖地带，地下水主要接受大气降水及农田灌溉水的垂向渗入补给和外围孔隙潜水的侧向渗入补给及溪沟水的渗入补给。地下水总的自西向东径流，在靠近洱海一带富集，水力坡度为0.009~0.055。地下水主要以蒸发排泄为主，人工开采、泉水和越流补给上含水层（Qh^{al+pl}）次之，局部地段在丰水期尚补给洱海水。

3. 矿泉水物理化学特征和水质评价

（1）物理化学基本特征

大理矿泉水无色、无味、无臭、透明、无肉眼可见物，色度、浑浊度均为0。物理特征符合国家标准（GB 8537—2008）中的“感官要求”。水中阴离子以重碳酸根为主，重碳酸根离子含量为42.68~57.58 mg/L，重碳酸根离子的物质的量浓度 c（HCO_3^-）百分数平均为95.09%。阳离子以钙、钠为主：钙离子含量为5.75~11.24 mg/L，1/2钙离子的物质的量浓度 c（$1/2Ca^{2+}$）百分数平均为51.99%。钠离子含量为4.86~6.60 mg/L，离子的物质的量浓度 c（Na^+）百分数平均为27.87%。水化学类型为重碳酸钙钠型。pH值7.2~8.0，平均为7.5，为中性水；总硬度15~19.7 mg/L，平均16.8 mg/L，属极软水；溶解性总固体为53.00~102.49 mg/L，平均73.47 mg/L，具低矿化度特点。水中偏硅酸含量为25.08~32.03 mg/L，平均28.10 mg/L，达到了国家标准中“界限指标”。

（2）水质评价

根据枯、丰、平水期11次水质检验结果表明，大理矿泉水水质稳定，为中性、低矿化、重碳酸钙钠型极软水。据《饮用天然矿泉水》（GB 8537—2008）国家标准：水中偏硅酸含量已达到“界限指标”；感官特征、限量组分、污染物和微生物指标，以及耗氧量、放射性指标均符合国家标准。大理神野饮用矿泉水属偏硅酸型饮用天然矿泉水。

4. 矿泉水允许开采量评价

以1号井实际抽水试验的涌水量作允许开采量，该矿泉水的允许开采量为240 m^3/d（8.76×10^4 m^3/a）。

5. 开发利用现状

大理矿泉位于大理风景名胜区中心，经20多年的专业矿泉水生产经营，搭载大理美丽的山水旅游资源，已将生产的“大理矿泉”品牌有计划地销售全国各地市场（照片12-1），已成为云南省矿泉水生产经营的知名企业，目前生产能力已达到160 m^3/d（5.84×10^4 m^3/a）。具有云南省内高端矿泉水市场开发的潜力。

照片12-1 大理矿泉水厂实景

（伍早生供稿）

（六）麻栗坡县槟榔山天然矿泉水水源地❶

槟榔山天然矿泉水位于文山州麻栗坡县天保镇境内，距天保口岸20 km，距麻栗坡县城公路距离

❶ 主要资料来源：云南煤层气资源勘查开发有限公司，2016，云南省麻栗坡县槟榔山天然矿泉水水源地评价报告。

36 km，距文山市 116 km，距昆明市 447 km，自麻栗坡县有公路通往麻栗坡县槟榔山天然矿泉水厂。交通较为便利。矿区地理坐标为：东经 104°41′15″~104°41′45″，北纬 22°59′45″~23°00′45″。

槟榔山天然矿泉水矿区属构造侵蚀低中山地貌，南部最高海拔 1500 m，中部南温河水面海拔 510 m，最大高差 990 m。南温河两岸发育不对称斜坡，北岸陡，坡度一般 40°，南岸缓，坡度一般 20°~30°，沟谷多呈“V”字形，切割深度一般 20~50 m。

南温河为项目区主要的地表水体，流向自北西向南东，羽状支流十分发育，流程内均为“V”字形侵蚀峡谷地貌，水流湍急，河床内有漂砾块石等混杂堆积。

项目区森林覆盖率 50%左右，人类工程活动主要为南温河上的马鹿塘电站以及农田中的耕植等，其范围在河谷及缓坡一带，对环境影响较小，生态环境条件良好。补给区和径流区森林植被类型主要为常绿针叶林、阔叶林及灌木林，森林覆盖率达 60%左右，生态环境质量良好。

1. 区域地质概况

（1）地层岩性

以槟榔山天然矿泉水水源地为中心，周围 495 km 内全为混合岩带，地质结构较为简单，出露地层主要为深变质的片麻岩（$\epsilon_1-\epsilon_2 m^3$）和花岗片麻岩（Gn），地层时代属下古生界下-中寒武统。

1）$\epsilon_1-\epsilon_2 m^3$ 片麻岩：近南北向延伸的带状分布，灰色、浅灰色，颗粒较粗，粒状矿物与云母分别富集，构成黑、白相间的片麻状构造，有岩浆岩的结构特征，具半自形粒状鳞片花岗变晶结构，主要矿物成分为云母类及长石类矿物为主体，片麻理十分发育，层面上常可见片状银灰色的云母片呈叠层状分布。片麻岩属刚性岩体。在岩体侵入及断裂构造的挤压下，岩石破碎，形成密集的裂隙网络，为地下水的渗入和储集奠定了良好的空间条件。加上充沛的大气降水，发育极好的植被条件，不仅形成了发育的地表水文网，而且裂隙型的地下水也十分丰富。随地形变化由高向低，自太阳坪方向顺自然斜坡向南温河方向径流。在有利地段泉水往往呈串珠状或片状出露。虽单个泉水流量不大，但水质尤佳，矿化度较低，绝大部分都可能成为质地良好、口感极佳的饮用天然矿泉水。邻近勘区的城子上泉群中选出的 10 号泉，经勘查鉴定为天然矿泉水，并已开发十年有余，那龙湾泉群中的 8 号泉与之有相似的水文地质条件，且质地更佳，开发条件更加优越。

2）Gn 花岗片麻岩：岩石呈灰色，暗色矿物较多，矿物颗粒较细，常见稀疏的浅色花岗质脉体，沿片理分布，亦常见副片麻岩的残留体，厚层块状，质地较坚硬，裂隙十分发育，地貌上多形成陡壁或陡坡。风化带深度 10~30 m，富水性属较强等级。

（2）构造

区域上以旋扭构造体系占据主要地位，其次为北西向、纬向构造体系，构造较为发育。

1）都龙老君山旋扭构造：影响范围东西长 40 km，南北宽 36 km，位于老君山地区。著名的老君山花岗岩体成为这一旋扭构造的中心，其形状呈椭圆形的穹形隆起，花岗岩岩体的四周均为变质程度不等的寒武系。其中的构造形迹和片理、片麻理的方向亦是呈半环形层层围绕在花岗岩的周围，并一致向西或向南西方向收敛，向北或向北东方向散开。在其西北或北面由中寒武统龙哈组形成的压扭性结构面密集成带、层层重叠，形成时断时续的弧形断裂面和褶皱轴面。

2）老君山背斜：位于老君山，由北向南伸延约 13 km，走向南北，轴部由老君山花岗岩体组成，两翼由深变质片麻岩、花岗片麻岩组成，呈不对称分布，西翼倾角 40°，东翼 15°~30°，项目区位于背斜东翼的深变质片麻岩、花岗片麻岩地带，总体上呈单斜构造。

3）南温河断裂：北西向延伸长度 30 km，沿断裂带石英脉发育、硅化强烈，伴有水平运动，控制着盘龙江及其一级支流的演变，形成河曲地貌景观。破碎带宽度达 100 m，南西盘强烈抬升，有迹象表明近期活动仍较活跃，项目区主要分布在南温河断裂的南西盘上。

4）文山-麻栗坡断裂带：断裂带呈 300°~320°方向延伸，北西延伸至个旧幅尼革龙一带，向东南越过文山盆地至麻栗坡天保口岸一带，尔后伸入越南，长度 150 km 以上，受其他构造体系的影响，该断裂错移近 5 km，断裂带各处宽窄不一，最宽处达 10 km，至少由 5 条以上断裂组成，一般多为西南盘依次往北东斜冲于东北盘老地层之上，构成叠瓦状构造，局部亦存在北东盘向西南发生对冲，属压扭性质，断裂面一般倾向南西，倾角40°~60°。

2. 水文地质条件

（1）地下水类型及富水性

根据地下水的赋存条件、水理性质和水力特征，槟榔山天然矿泉水矿区地下水为基岩裂隙水，在此基础上，根据含水层（组）结构、埋藏条件、含水介质的储水条件和水力性质等，又将地下水划分为2个亚类。各类地下水含水岩组富水性特征分述如下。

1）花岗片麻岩裂隙含水层：花岗片麻岩（Gn），分布于南温河以北广大地区及南温河南侧局部地区，岩石含长石较多，部分砂岩也为长石石英砂岩，这些粒状岩石性脆，受构造变动易于产生破裂，形成裂隙系统，为地下水的赋存运移创造了有利条件，长石易于风化形成空隙，对地下水的储存有利，粒状岩石的稳定和分布情况是直接控制富水性强弱的重要因素，该层年平均径流模数7.21~22.38 L/(s·km^2)。泉水平均流量1.021 L/s，最大流量2.321 L/s，最小流量0.187 L/s，枯季径流模数13.72 L/(s·km^2)，水化学类型为HCO_3-Ca·Na型，矿化度小于110.11 mg/L。

2）片麻岩裂隙含水层：以粗粒斑状岩石为主，含长石较多，原生次生节理裂隙发育，可视裂隙率2.8%，在有利气候条件下，风化作用十分强烈，风化带深度一般10~30m，局部可达40 m以上，其中5~10 m以下为半风化带，该区大部分为原始森林，植被茂密，导致了本含水岩组富水性达到了一般同类型岩石的地下水难以达到的富水指标，年平均径流模数16.74~24.63 L/(s·km^2)，枯季径流模数13.65~14.04 L/(s·km^2)，动态变化稳定，水质较好，是该区理想的地下水资源。泉水流量一般0.91~3.82 L/s，富水性中等-强，水化学类型为HCO_3-Ca·Na型，矿化度小于118.54 mg/L。

（2）地下水补给、径流、排泄特征

槟榔山天然矿泉水矿区以侵蚀地貌为主，切割强烈，高山多雨多雾及湿润的气候，构造节理裂隙比较发育，风化带及植被的发育等有利因素的配合，构成了地下水补给的有利因素，老君山及东侧斜坡地带是项目区主要补给区（带）及径流区（带），地下水较为丰富，南温河河谷谷坡地带则为排泄区。降水沿裂隙垂直分散渗入补给地下水是本区地下水补给的主要方式。泉点分布较为集中，径流途径短是区内地下水运移的主要特点，径流循环深度不大，多属浅层地下水，径流方式多为隙流，水动力域状态则以缓变流、缓慢流为主。

3. 矿泉水物理化学特征及水质评价

（1）物理化学基本特征

槟榔山天然矿泉水无色、无味、无臭、透明、无肉眼可见物，色度、浑浊度均为0，物理特征符合《饮用天然矿泉水》（GB 8537—2008）中的“感官要求”。

水中阴离子以重碳酸根为主，重碳酸根离子含量为36.54~89.18 mg/L，重碳酸根离子的物质的量浓度c（HCO_3^-）百分数为91.17%~94.23%。阳离子以钙、钠为主：钙离子含量为4.01~21.44 mg/L，1/2钙离子的物质的量浓度c（$1/2Ca^{2+}$）百分数为37.58%~69.80%。钠离子含量为7.00~11.00 mg/L，钠离子的物质的量浓度c（Na^+）百分数为25.56%~46.59%，水化学类型为重碳酸钙钠型；pH值5.9~8.2，平均为7.0，为中性水；总硬度17.17~54.61 mg/L，平均26.80 mg/L（0.54 mg当量），属极软水；溶解性总固体为84.98~170.72 mg/L，平均118.54 mg/L，具低矿化度特点。

（2）特征组分含量

据勘查期间枯、平、丰水期及长观的21次分析（其中5次全项分析，16次单项分析）：水中偏硅酸含量为48.54~61.97 mg/L，平均55.96 mg/L，偏硅酸指标含量变化24.0%（不超过30%），达到了国家标准中“界限指标”（表12-18）。

（3）限量组分含量

据枯、平、丰水期24次检测：水中硒、锑、砷、铜、钡、镉、铬、铅、汞、锰、镍、银、溴酸盐、硼酸盐（以B计）、硝酸盐（以NO_3^-计）、氟化物（以F^-计）、耗氧量（以O_2计）、226镭放射性等指标，均符合国家标准中“限量指标”的要求。

（4）污染物、微生物和参考组分含量

据枯、平、丰水期22次检验：挥发酚（以苯酚计）含量小于0.002 mg/L、氰化物（支 CN^- 计）含量小于0.01 mg/L、阴离子合成洗涤剂小于0.14 mg/L、矿物油小于0.05 mg/L、亚硝酸盐（以 NO_2^- 计）含量小于0.028 mg/L、总β放射性小于0.364 Bq/L。

表12-18　槟榔山天然矿泉水界线指标含量统计表

取样日期	锂 Li	锶 Sr	锌 Zn	碘化物	偏硅酸 H_2SiO_3	硒 Se	游离 CO_2	溶解性总固体
	mg/L							
国家标准	≥0.20	≥0.20	≥0.20	≥0.20	≥25	≥0.01	≥250	≥1000
2002.03.26	0.000	0.000	0.000	0.000	61.97	0.0007	5.44	123.02
2002.05.16	0.000	0.004	0.000	0.000	60.01	0.0000	0.91	160.36
2002.08.25	0.000	0.000	0.002	0.000	58.45	0.0020	2.72	170.72
2003.02.12	<0.01	<0.01	<0.001	<0.005	58.14	<0.0002	30.82	114.93
2003.02.12	0.000	0.012	0.000	0.000	61.88	0.0000	4.53	114.96
2006.05.30	<0.1	<0.1	<0.1	<0.001	49.90	<0.1		
2007.10.22			<0.1		59.78			
2010.09.04					54.90	<0.01		
2011.04.18					55.37	<0.05		114.00
2011.10.22					52.10	<0.01		102.00
2012.04.24					54.49	<0.01		
2012.08.23			<0.1		48.54	<0.01		83.86
2013.02.22	0.006	0.014	0.001	<0.004	58.43	<0.001	4.71	105.40
2013.04.17					54.24	<0.001		
2013.06.28					57.60	<0.01		
2013.06.28					57.80	<0.01		
2014.10.09					54.05	<0.01		94.00
2014.10.16					54.06	<0.01		111.20
2015.04.27					52.54	<0.01		94.20
2015.07.21					55.00			
最小值	0.000	0.000	0.000	0.000	48.54	0.0000	0.91	83.86
最大值	0.006	0.014	0.002	0.000	61.97	0.0020	30.82	170.72
平均	0.001	0.006	0.001	0.000	55.96	0.0007	8.19	115.72

（据云南煤层气资源勘查开发有限公司，2016）

据枯、平、丰水期18次检验：大肠菌群、粪链球菌和产气荚膜梭菌未检出（在2011年10月22日的样品中检出铜绿假单胞菌，但在随后的几次采样中均未检出，可能是在某个环节受了污染），污染物、微生物含量亦符合标准要求。

（5）水质评价

根据枯、丰、平水期24次水质检验结果，表明麻栗坡县槟榔山天然矿泉水水质稳定，为中性、低矿化、重碳酸钙钠型极软水。据中华人民共和国《饮用天然矿泉水》（GB 8537—2008）国家标准：水中偏硅酸含量已达到“界限指标”；感官特征、限量组分、污染物和微生物指标，以及耗氧量、放射性指标均符合国家标准。云南省麻栗坡县槟榔山天然矿泉水属偏硅酸型饮用天然矿泉水。

4. 矿泉水允许开采量评价

8号泉为串珠状泉水群之一的矿泉水（照片12-2），是麻栗坡县槟榔山天然矿泉水厂取水点，现只对8号泉作水源地评价。经16个月的动态长观及近12年的实际开采，证明最枯流量为2.08 L/s，最大流量 2.28 L/s，变幅 9.2%。根据《天然矿泉水资源地质勘查规范》（GB/T 13727—2016），以枯水期的最小流量计算允许开采量。麻栗坡县槟榔山天然矿泉水常年自流，自流量较稳定，为 2.08～2.29 L/s，平均 2.18 L/s。其允许开采量为 179 m^3/d（6.5×10^4 m^3/a）。以枯水期流量计算的允许开采量可靠，符合 B 级要求，故将其允许开采量确定为 B 级。

照片 12-2　麻栗坡县槟榔山 8 号矿泉水点实景

（伍早生供稿）

5. 开发利用现状

麻栗坡县槟榔山天然矿泉水厂是一家以生产、销售、服务“云南矿泉”牌瓶装、桶装饮用矿泉水的私营企业，现已形成年生产桶装水 35 万桶的生产能力。

（七）龙陵县一碗水泉天然矿泉水水源地❶

一碗水泉位于龙陵县龙山镇境内，隶属河头村委会，距龙陵县城西直距 4.4 km 处；地理坐标为：东经 98°38′46″，北纬 24°35′21″。自河头村委会有公路经一碗水泉通往县城。自龙陵有公路向北至腾冲市 80 km，向南西至畹町镇 93 km，瑞丽市 128 km，向东至昆明市 720 km，距腾冲、畹町、瑞丽等边贸口岸近，区域地理位置较好，交通便利。

测区位于高黎贡山的西坡，其间北东向石老虎-立爬坡、张金山-老尖坡等次级山脊发育。次级山脊以北，有河冲河及其支流，向北流入龙江。以南有坝竹河及其支流，其下游称芒市河，至芒市境西南角也注入龙江。最高石老虎山顶海拔 2042 m，最低河冲河口、坝竹河海拔均为 1100 m，最大相对高差 942 m。受地质构造影响，地形复杂，属中等切割的中山地貌山区。

1. 区域地质概况

（1）地层及岩性

一碗水天然矿泉水矿区主要出露古元古界高黎贡山岩群（$Pt_1G.$），震旦系—寒武系公养河群（Z-€*GY*），古生界下志留统（S_1）、中上志留统（S_{2-3}），中泥盆统景坎组（D_2j）、回贤组（D_2h），新生界第四系（Q）松散层，火山岩及燕山期侵入岩（γ_5^3）等地层（或岩体），其中高黎贡山岩群和

❶ 主要资料来源：云南省煤田地质局，2014，云南省龙陵县一碗水泉饮用天然矿泉水水资源评价报告。

公养河岩群变质岩分布最广泛，主要分布于区域北西部；古生界碎屑岩、碳酸盐岩主要分布于区域东南部；第四系松散层主要分布在河谷地带；燕山期侵入岩分布于区域南部。矿泉水出露于古元古界高黎贡山岩群混合岩化片麻岩、变粒岩中。地层层序及岩性特征见表 12-19。

表 12-19　一碗水天然矿泉水矿区地层岩性及含水性一览表

地下水类型	岩类	界	系	统	组	代号	厚度/m	岩性特征	富水性
岩溶-裂隙水	碳酸盐岩-碎屑岩	古生界	泥盆系	中泥盆统	回贤组	D_2h	534	灰岩、白云岩，中下部夹砂岩	强
					景坎组	D_2j	141~348	泥质白云岩与砂岩互层	强
			志留系	中-上志留统		S_{2-3}	235	上部为砂岩、粉砂岩、页岩，下部为灰岩、白云岩夹砂岩	强
裂隙水	碎屑岩			下志留统		S_1	49	笔石页岩	弱
	变质岩		震旦系—寒武系		公养河群	Z-Є*GY*	>7103	变质砂岩、板岩	弱
		元古宇			高黎贡山岩群	$Pt_1G.$	>7700	片麻岩、变粒岩夹斜长角闪岩	弱-强
裂隙水	侵入岩	燕山期花岗岩				$\gamma\zeta$		二长花岗岩	弱-中等

（2）地质构造

矿区地质构造较复杂，褶皱、断裂构造形迹发育。构造线总体呈北北东向及南北向展布，主要断裂构造有怒江断裂和龙陵-瑞丽断裂，主要褶皱有风吹坡背斜。

1）怒江断裂：由藏入滇，向南延伸入缅甸，省内长度约 550 km，该断裂自泸水起分为两支，区内所见属于其西支省内部分的最南段，走向北北东，区内长度约 14.5 km，断面西倾，倾角不明，据区域资料为自西向东的逆冲断层。断裂西侧（上盘）高黎贡山岩群（$Pt_1G.$）深变质岩含水层富水性较强；东侧（下盘）公养河群（Z-Є*GY*）浅变质岩，含水层富水性弱，连同逆冲断层带相对阻水；由其组成西侧含水、东侧相对阻水的一侧含水断层。西侧含水带中出现泉点多处，本泉为其中之一。

2）龙陵-瑞丽断裂：东起镇安，向南西经龙陵（县城）、芒市、瑞丽延入缅甸，区内长度 12.5 km，断面北倾，倾角较陡、常近乎直立，线型特征明显，属压扭性断裂。北侧怒江断裂（西支）、高黎贡山岩群、公养河群等为其所切，其形成较晚。

3）风吹坡背斜：位于怒江断裂西北部，呈北东—南西向展布，轴部及两翼由古元古界高黎贡山岩群（$Pt_1G.$）变质岩系组成，两翼倾角 30°~45°，变质岩以黑云斜长变粒岩、黑云二长变粒岩为主，夹黑云微晶片岩、绢云石英微晶片岩、粉砂质板岩及混合片麻岩。

2. 水源地水文地质条件

（1）地下水类型及富水性特征

根据岩性组合和地下水赋存条件，一碗水天然矿泉水矿区地下水仅为基岩裂隙水一类，基岩裂隙水又分为浅变质岩裂隙水和深变质岩裂隙水含水层 2 个亚类。各类地下水含水岩组富水性特征分述如下。

1）震旦系—寒武系公养河群浅变质岩裂隙弱含水层：上段为褐黄-灰绿-灰黑色板岩、变质砂（粉砂）岩，夹少量硅质板岩，顶部夹结晶灰岩，厚 2303 m；下段为黄灰-灰-黑灰色变质砂岩夹板岩，间夹结晶灰岩，厚度大于 4800 m。含裂隙水，区内未见泉水点，区域泉水流量 0.36~0.45 L/s，富水性弱，地下水化学类型为 HCO_3-Na·Ca 或 HCO_3·Cl-Ca·Na·Mg 型。本含水层在区域上起阻水作用。

2）古元古界高黎贡山岩群深变质岩裂隙含水层：混合岩化片麻岩、变粒岩（局部已形成混合岩）为主，夹斜长角闪岩和大理岩透镜体，厚度大于 7700 m，含裂隙水。区域泉水流量 0.10~

31.4 L/s，富水性弱至强，很不均匀，平均 3.22 L/s，富水性中等，地下水化学类型为 HCO_3-Na·Ca 型。为本泉所在及其补给区内含水层。

（2）地下水补给、径流、排泄特征

龙陵是云南省有名的多雨区，降雨量十分充沛，降雨是地下水的主要补给来源。补给区为北东向石老虎-立爬坡次级山脊中立爬坡的东坡。补给区内森林茂密，风化带较厚，对本泉的补给有利。

怒江断裂（西支）于补给区的南东侧通过，断裂北西侧（上盘），高黎贡山岩群（$Pt_1G.$）深变质岩混合岩化片麻岩、变粒岩，岩石性脆，构造裂隙发育，线裂隙率 6.4%~13.5%，近断裂带尤为破碎，富水性较强。断裂南东侧（下盘），公养河群（Z-€*GY*）上段浅变质岩以板岩为主，揉皱强烈，糜棱岩化明显，富水性弱，补给区内降雨入渗形成的地下水，沿深变质岩含水层中裂隙系统，朝立爬坡的坡降方向径流。径流中的地下水，遇 F_1 逆断层及其下盘浅变质岩相对隔水层受阻，而于上盘深变质岩含水层破碎带中有所聚集，形成断层一侧含水带。含水带于沟谷中被切割出露，地下水主要沿含水层中一条与断裂平行的张开裂隙（产状 300°∠68°）自由流出，沿闭合裂隙（产状 6°∠86°）也微有泄出，形成本处下降矿泉。

3. 矿泉水物理化学特征及水质评价

（1）物理化学基本特征

一碗水天然矿泉水无异臭、无异味，无肉眼可见物，色度小于 5，浑浊度小于 3。物理特征符合《饮用天然矿泉水》（GB 8537—2008，以下同）中的“感官要求”。

水中阴离子以重碳酸根为主，重碳酸根离子含量为 15.33~34.45 mg/L，重碳酸根离子的物质的量浓度 c（HCO_3^-）百分数平均为 91.89%。阳离子以钠、钙为主：钠离子含量为 2.5~5.5 mg/L，离子的物质的量浓度 c（Na^+）百分数平均为 53.67%。钙离子含量为 0.50~5.1 mg/L，1/2 钠离子的物质的量浓度 c（$1/2Ca^{2+}$）百分数平均为 32.14%。水化学类型为重碳酸钠钙型；pH 值 6.1~7.8，平均为 7.2，为中性水；总硬度 1.3~15.3 mg/L，平均 7.0 mg/L，属极软水；溶解性总固体为 12.6~187.2 mg/L，平均 27.4 mg/L，具低矿化度特点；铁离子含量为 0.04~0.08 mg/L（个别样品为 0.17 mg/L），锰离子含量小于 0.02 mg/L，铁锰含量均低。

（2）特征组分含量

据勘查期间枯、平、丰水期及长观的 21 次分析：水中偏硅酸含量为 31.83~36.90 mg/L，平均 34.46 mg/L，达到了国家标准中“界限指标”，并含锌等对人体健康有益的微量元素。

（3）限量组分含量

据枯、平、丰水期 4 次检测：水中硒、锑、砷、铜、钡、镉、铬、铅、汞、锰、镍、银、溴酸盐、硼酸盐（以 B 计）、硝酸盐（以 NO_3^- 计）、氟化物（以 F^- 计）的含量，以及耗氧量（以 O_2 计）、^{226}Re 放射性等，均符合国家标准中“限量指标”的要求。

（4）污染物、微生物和参考组分含量、总 β 放射性

据枯、平、丰水期 4 次检验，酚类化合物（以苯酚计）含量小于 0.002 mg/L、氰化物（以 CN^- 计）含量小于 0.005 mg/L、亚硝酸盐（以 NO_2^- 计）含量小于 0.004 mg/L，总 β 活性 0.05~0.109 Bq/L。据枯、平、丰水期 3 次检验：细菌总数 1~10 个/L，大肠菌群未检出污染物、微生物含量亦符合标准要求。

（5）水质评价

根据枯、丰、平水期 7 次水质分析和 4 次外检验结果表明，一碗水泉水质稳定，为中性、低矿化、低铁、锰重碳酸钠钙型极软水。据中华人民共和国《饮用天然矿泉水》（GB 8537—2008）国家标准：水中偏硅酸含量已达到“界限指标”；感官特征、限量组分、污染物和微生物指标，以及耗氧量、放射性指标均符合国家标准。一碗水泉属偏硅酸型饮用天然矿泉水。

4. 矿泉水允许开采量评价

根据《饮用天然矿泉水》（GB 8537—2008）规定，以枯水期的最小流量计算允许开采量。一碗水天然矿泉水常年自流，自流量较稳定，为 0.40~0.63 L/s，平均 0.5 L/s。其允许开采量为 35 m^3/d，

(12775 m^3/a)。其水质、水量动态稳定，不受地表水的影响，大气降水影响不明显。以枯水期流量计算的允许开采量可靠，符合 C 级要求，故将其允许开采量确定为 C 级。

5. 开发利用现状

一碗水天然矿泉水采用自流开采方式，管道引入厂区水池。未进行扩泉过量开采，仅对泉点地表进行了清理，用混凝土浇灌至地表以便取水（照片 12-3）。

照片 12-3　龙陵县一碗水泉天然矿泉水取水点

（伍早生供稿）

龙陵县一碗水矿泉水厂现年生产瓶装（590 mL）矿泉水 1700 万瓶，年生产桶装（18.9 L）矿泉水 7.5 万桶，取水规模为 1.2×10^4 m^3/a。主要销路为保山市及芒市等部分地区。

其他主要矿泉水水源地的地理位置、水源地化学基本特征见表 12-20。

表 12-20　其他矿泉水水源地一览表

编号	水源地名称	经度（E）	纬度（N）	水化学类型	开发利用情况	水源地基本特征	允许开采资源/(10^4 m^3 · a^{-1})	资料来源
1	玉溪市江川映月泉矿泉水	102°46′40″	24°22′45″	HCO_3-Na · Ca 型，属中、略偏碱性水	已开发利用	泉水无色、清澈透明，无肉眼可见物，无异、嗅味，色度小于 5，浑浊度小于 3，偏硅酸含量 93.28～100.3 mg/L。pH 值 7.28～7.40，总硬度 27.95～33.71 mg/L，为极软水	4.2353	云南省地质环境监测总站，2000
2	昆明市五华区铁峰井矿泉水	102°40′51″	25°05′42″	偏硅酸型	已开发利用	矿泉水赋存于上二叠统峨眉山组块状玄武岩、气孔状玄武岩含水层中，属大气降水入渗、沿解理裂隙系统长期、缓慢、不断溶虑岩石中可溶性铝硅酸盐类矿物，水中 pH 值 9.2～9.6，偏硅酸含量 42.2～44.34 mg/L，属偏硅酸型饮用天然矿泉水	20.08	云南岩土工程勘察设计研究院，2013

续表

编号	水源地名称	经度（E）	纬度（N）	水化学类型	开发利用情况	水源地基本特征	允许开采资源/(10^4 $m^3 \cdot a^{-1}$)	资料来源
3	安宁市安宁温泉5号井矿泉水	102°26′52″	24°57′54″	HCO_3-Ca·Mg 型	已开发利用	总矿化度 0.385~0.405 g/L，无色、无味、无臭、透明、无肉眼可见的悬浮物；pH 值 7.2~7.6，属中性水；总硬度在 120 mg/L 上下。属微硬水；水温 40~43℃；本水源含有较丰富的人体必需的 11 种宏量元素	219.0	云南省地质矿产局第一水文地质工程队，1990
4	临沧市临翔区拳王泉矿泉水	100°02′33″	23°54′53″	HCO_3-Ca·Na 型（HCO_3·SiO_3-Ca·Na 型）	已开发利用	泉水无异色、异臭和异味，无肉眼可见物，色度小于 5，浑浊度小于 3，矿化度为 97.56~110.52 mg/L，平均 103.29 mg/L，总硬度 19.28~21.54 mg/L，属软水。pH 值 6.27~7.00，属中偏酸性水。水中偏硅酸含量为 50.44~55.25 mg/L，平均 53.42 mg/L，为饮用天然偏硅酸矿泉水	3.6582	云南地矿科工贸发展公司，1998
5	富源县清溪矿泉水	104°13′37″	25°45′56″	HCO_3-Ca·Mg 型	已开发利用	泉水清澈、透明、无异味和无肉眼可见物，色度小于 5，浑浊度小于 3，pH 值 6.6~7.5，平均值 7.1，属中性水。总硬度 25.08~34.03 mg/L，属软水。偏硅酸 30.27~35.71 mg/L，为饮用天然偏硅酸矿泉水	4.4778	云南省地质环境监测总站，2000
6	开远市开远光明啤酒厂矿泉水	103°14′31″	23°42′14″	HCO_3-Ca 型	已开发利用	该矿泉无色、无味、无臭、无异味、无肉眼可见物，色度小于 5，浑浊度小于 3，矿化度 581.29~630.98 mg/L，pH 值 7.1~7.4，为中性水，总硬度 360.85~376.23 mg/L，为硬水，含锶 0.99~1.157 mg/L，还含偏硅酸、溴、锂等多种对人体健康有益的微量元素。为锶型矿泉水	18.250	云南省地质环境监测总站，1996
7	嵩明县嵩明高仓泉矿泉水	102°47′55″	25°19′37″	HCO_3-Ca·Mg 型	已开发利用	赋存于上二叠统块状玄武岩、气孔状玄武岩含水层中，属大气降水入渗、沿解理裂隙系统长期、缓慢、不断溶滤岩石中可溶性铝硅酸盐类矿物，水中 pH 值 7.1~7.3，偏硅酸含量 33.05~35.36 mg/L，属偏硅酸型饮用天然矿泉水	3.300	云南地质环境研究院，2014
8	勐海县曼弄罕泉矿泉水	100°27′19″	21°55′46″	HCO_3-Ca·Na 型	已开发利用	赋存于华力西晚期二长花岗岩风化带网状裂隙含水层中，属大气降水入渗、沿裂隙长期、缓慢、不断溶滤岩石中可溶性铝硅酸盐类矿物，经复杂的水化学作用形成的液体矿床。pH 值 5.5~6.7，平均值 6.27，属中性水。总硬度 17.18~24.77 mg/L，属软水。偏硅酸 46.97~9.47 mg/L，为天然偏硅酸矿泉水	2.2075	云南地质环境研究院，2014
9	玉溪市大营矿泉水源地	102°34′06″	24°26′28″	HCO_3-Na 型	未充分开发利用	该矿泉水产于昆阳群黑山头组，为低钠型碳酸泉，矿化度 1200 mg/L，Na^+ 1.5~3.5 mg/L，对人体健康有益的二氧化碳 CO_2 达 515~631 mg/L，且含适量的 Li、Sr、Rn 等多种有益元素。1986 年 11 月 9 日通过国家级鉴定为珍贵的饮用天然矿泉水	7.5920	云南省地质矿产局第一水文地质工程队，1986

续表

编号	水源地名称	经度（E）	纬度（N）	水化学类型	开发利用情况	水源地基本特征	允许开采资源/（10^4 $m^3 \cdot a^{-1}$）	资料来源
10	腾冲市观音洞井矿泉水	98°34′25″	25°13′07″	HCO_3－Mg·Ca 型	已开发利用	产于第四系火山岩层位中，水中 pH 值 7.2~7.4，总硬度 31.29~38.68 mg/L，属极软水；偏硅酸含量 63.65~68.51 mg/L，属偏硅酸型饮用天然矿泉水	1456.96	云南省地质环境监测总站，2005

二、天然理疗矿泉水

云南省天然出露的地热泉水大都为天然理疗矿泉水，且种类齐全，品种繁多。具体如下。

1）氟水：具医疗价值的有 77 处，达命名矿水浓度的有 57 处。其中滇东地区 10 处，一般含量 1.2~2.0 mg/L。最大为元江迷哩温泉，达 6.50 mg/L；滇西地区 67 处，其特点是凡温度达 90℃以上的高温热泉，含氟量普遍都高，一般都在 15.0 mg/L 以上，最大为龙陵县邦纳掌地热田，达 25.0 mg/L，其次为腾冲市热海热田大滚锅温泉、云县幸福热水塘、盈江县芒克温泉等，23.0 mg/L。

2）锂水：具医疗价值的只有 2 处，主要分布在滇西地区热海热田大滚锅温泉和瑞滇地热田供销社温泉，含量分别为 4.04 mg/L、1.04 mg/L。

3）硅水：具医疗价值的有 116 处，达命名矿水浓度的有 65 处。主要分布在滇西地区，共有 87 处，其中达 100 mg/L 以上的就有 19 处，最高为云县幸福热水塘 250.27 mg/L、盈江县户勐沸泉 217.04 mg/L、云县南河温泉 212.03 mg/L，一般含量 25~80 mg/L。滇东地区只有 29 处，一般含量 25~60 mg/L。

4）硼水：具医疗价值的有 63 处，无达命名矿水浓度的标准。其中滇东地区 20 处，一般含量 1.5~8.0 mg/L，最大为铜都镇大龙潭热水塘，达 13.31 mg/L。滇西地区 43 处，一般含量 1.5~8.0 mg/L，最大为腾冲市热海热田大滚锅温泉，达 29.30 mg/L；隆阳区蒲缥温泉 19.41 mg/L。

5）氡水：现发现有建水县的曲江温泉，氡含量达 400~430 Bq/L，含量为全国温泉之前列，誉称“西南第一氡泉”“中国西部最具医疗价值的氡温泉”之称。

第四节　矿泉水资源潜力分析与合理利用

一、矿泉水资源潜力分析

云南省的碳酸矿泉水、偏硅酸矿泉水、盐类矿泉水、微量元素矿泉水（锂、锶、锌等）广泛分布。随着人们对矿泉水的认识不断加深、生活水平的不断发展及对健康生活的追求，矿泉水已成为一种具有广阔开发前景的重要新型矿产。至今，全省已通过鉴定的天然饮用矿泉水水源地有 152 处，批准允许开采量达 8.2×10^4 m^3/d，主要为偏硅酸型、锶型，少量为碳酸型、锂型、锌型。其中 37 家企业共开发水源地 44 处，年实际销售矿泉水 87×10^4 m^3，以大桶矿泉水为主。各州（市）都开发有数个矿泉水厂及品牌。昆明市、玉溪市的开发利用最好，有名的矿泉水有云南山泉·大山、石林·天外天矿泉、神野·大理矿泉、珍茗金龙等 101 家（不完全统计。图 12-5；表 12-21）。作为医疗矿泉水开发利用水源地 300 余家，呈规模开发企业有 157 家，开采量达 19.86×10^4 m^3/d。

从全省矿泉水资源量的开发利用率较低，仅为总资源量的 18.18%，而且仅局限于省内本地区的开发，尚未能充分利用现有资源。同时，云南省矿泉水的成矿规律及其特殊的水文地球化学环境的研究程度很低，现主要偏重于开发口感较好的偏硅酸矿泉水型矿泉水，对于盐类矿泉水、微量元素矿泉水等保健矿泉水开发利用很低。因此，加强矿泉水作为饮用或医疗时对人体的保健、治疗作用的试验

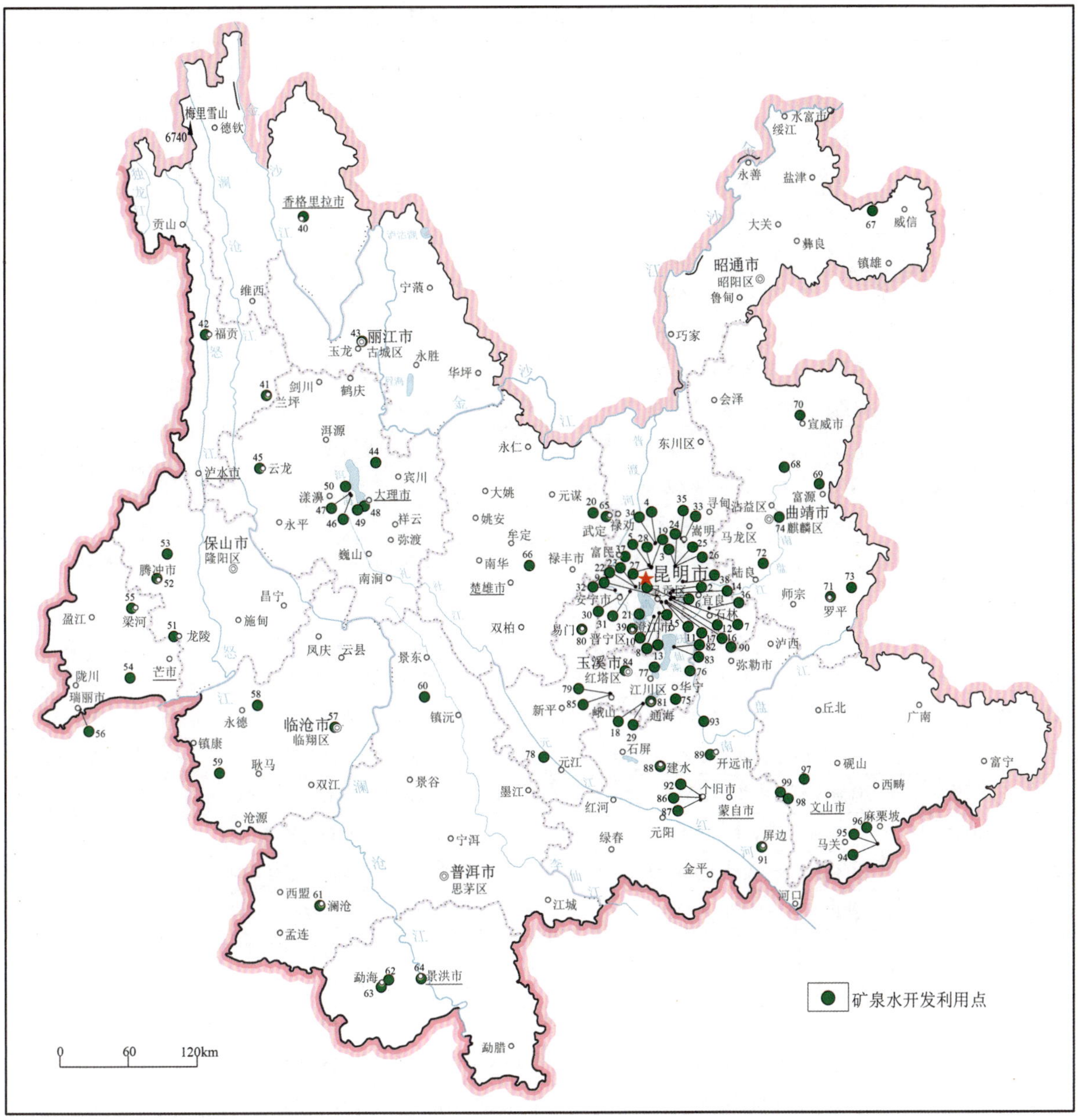

图 12-5　云南省矿泉水开发利用分布示意图

与研究，深入矿泉水质类型与地球化学环境的关系的研究，逐步丰富矿泉水这门边缘学科的基础理论研究就显得十分重要。以期指导今后矿泉水资源的充分利用与开发。

二、矿泉水资源的保护

矿泉水同一般地下水一样，同样面临着水质污染的威胁，而矿泉水卫生防护的要求更为严格。云南矿泉水大多分布于山区，环境条件较好为良好，矿泉水补给区水多无工业设施，居民点分散，人类工程活动不活跃，遭受污染的可能性小。但储集于如昆明、曲靖、开远、楚雄、大理、玉溪等城市附近的矿泉水受人类活动污染的可能性较大。如昆明市浅层孔隙水有 NO_3、NO_2、As、Pb 等检出，大部分地区的浅层孔隙水受到轻度污染，局部甚至达严重污染。浅层水与深层水发生联系地段必然导致部分矿水泉或矿水井的水质受到污染。

要加强矿泉水资源的保护工作，必须对水源地环境地质条件进行调查与评价，查清矿泉水补给区内原生的水文地质化学环境，掌握地层中微量元素在特定的水文地质、地形、地貌条件下的迁移、富

表 12-21　云南主要天然饮用矿泉水水源地及开发产品一览表

序号	州市	水源地名称	开发单位	产品名称
1	昆明市	呈贡区七甸一条龙泉矿泉水	昆明一条龙经贸有限公司	一条龙
2		呈贡区松茂古月泉矿泉水	云南大山饮品有限公司	云南山泉·大山
3		官渡区九龙矿泉水	昆明承龙水业有限责任公司	承龙
4		嵩明县高仓泉矿泉水	昆明珍茗食品有限责任公司	珍茗金龙
5		盘龙区茨坝矿山机械厂矿泉水		
6		呈贡区七甸中坝1、2号泉矿泉水	云南天外天天然饮料有限责任公司	石林·天外天
7		呈贡区七甸中坝1、3、4、5号井矿泉水		
8		呈贡区马金铺1号井矿泉水	昆明市呈贡国友工贸有限公司	龙夫
9		呈贡区洛阳镇大洛羊矿泉水	呈贡小林山泉水有限公司	
10		呈贡区马金铺乡白云矿泉水	昆明白云山泉有限责任公司	白云山泉
11		呈贡区吴家营刘家营矿泉水	云南山外山天然饮料有限责任公司	青武山
12		呈贡区七甸松茂井矿泉水		
13		呈贡区马金铺1号井矿泉水	昆明市呈贡国友工贸有限公司	龙爷爷·狮山泉
14		呈贡区七甸乡广南矿泉水	呈贡天云矿泉水厂	天云矿泉
15		呈贡区万溪冲矿泉水	昆明市玄武水业有限公司	玄武
16		呈贡区松茂泉矿泉水	昆明呈贡红麟水业有限责任公司	红麟泉水
17		呈贡区松茂检1号井矿泉水	云南滇中山外山天然矿泉水饮料有限公司	嘉丝特
18		西山区铁峰井矿泉水	昆明鸣峰矿泉水厂	都市冰洁
19		官渡区太乙井水（山泉水）	云南太乙工贸有限责任公司	太乙
20		寻甸县西拉龙矿泉水	云南兴盛水业有限公司	西拉龙
21		西山区交通疗养院热水井矿泉水	昆明金色港湾经贸有限公司	天上星
22		西山区碧鸡井林山矿泉水	云南林山天然矿泉水业有限公司	林山
23		西山区卧龙矿泉水	广东中山昆明西山康宝食品饮料厂	卧龙
24		官渡区小哨九龙矿泉水	昆明承龙水业有限责任公司承龙水厂	承龙
25		官渡区太子井矿泉水	昆明市官渡区天泉保健食品厂	太子
26		官渡区仙翁井矿泉水	昆明市叮咚饮用天然矿泉水厂	叮咚霖
27		盘龙区雨树村矿泉水	云南天一矿泉水有限公司	天一矿泉
28		盘龙区雨树村矿泉水	昆明市松林山泉饮料有限公司	松林山泉
29		五华区铁峰井矿泉水	昆明都市冰洁矿泉水厂	冰洁
30		安宁市连然镇水利大酒店矿泉水	安宁市珍珠山泉饮用水有限公司	珍珠山泉
31		安宁市太平镇桥头村矿泉水	安宁市龙箐山泉饮用水有限公司	龙箐山泉
32		安宁市温泉5号井矿泉水	昆明天下第一汤矿泉饮料厂	天下第一汤
33		嵩明县嵩阳镇山脚村矿泉水	昆明市溪嘻山泉有限公司	溪嘻山泉
34		嵩明县高仓泉矿泉水	昆明怡心堂饮料有限责任公司	南野
35		嵩明县仙山矿泉水	昆明市志良工贸有限责任公司	滇源
36		石林县青龙寺矿泉水	昆明石林青龙矿泉水饮料厂	乃古
37		富民县营康井矿泉水	富民龙然矿泉水厂	龙然
38		宜良县木希矿泉水	宜良高山泉饮料食品有限公司	高山青泉
39		晋宁区中和乡郑和路矿泉水	昆明灵泉水业有限公司	灵泉
40	迪庆州	香格里拉市建塘镇独立营泉水	香格里拉市蓝月谷纯净水公司	蓝月谷

续表

序号	州市	水源地名称	开发单位	产品名称
41	怒江州	兰坪县金顶镇	兰坪县龙溪山泉有限公司	龙溪山泉
42		福贡县上帕镇上帕矿泉水	福贡县矿产品公司	上帕矿泉
43	丽江市	玉龙县大研镇七一街矿泉水	丽江玉龙山矿泉水有限责任公司	玉龙山
44	大理州	宾川县鸡足山泉矿泉水	鸡足山明泉矿泉水有限责任公司	鸡足山泉
45		云龙县石门镇人民路山泉水	云龙县天赐山泉水有限责任公司	天赐山泉
46		大理市兴大1号井矿泉水	大理帝龙矿泉饮料有限公司	帝龙
47		大理市银萡泉矿泉水	大理神野有限公司	大理矿泉
48		大理市下关镇文化路电池厂88号山泉水	大理市天生山泉有限责任公司	天生
49		大理市下关镇人民北路49号矿泉水	大理市雪月山泉水有限责任公司	雪月
50		大理市银桥镇银桥灵溪矿泉水	大理娃哈哈食品有限公司	娃哈哈
51	保山市	龙陵县一碗水矿泉水	龙陵县天潭饮料有限责任公司	天潭
52		腾冲市高黎贡山矿泉水	腾冲市高黎贡山矿泉水销售公司	高黎贡山
53		腾冲市观音洞井矿泉水	腾冲市莹镜矿泉水厂	莹镜
54	德宏州	芒市一碗水泉矿泉水	德宏州芒市天明山矿泉水有限公司	天明山
55		梁河县小元泉矿泉水	梁河县小元泉有限责任公司	大西南
56		瑞丽市南京里矿泉水	瑞丽南景里矿泉水厂	南景里
57	临沧市	临翔区拳王泉矿泉水	云南临沧原生食品有限责任公司	天力
58		永德县端楞温泉矿泉水	云南玉丹食品饮料公司	玉丹
59		耿马县孟定镇西矿泉水	云南蓝泉矿泉水有限责任公司	蓝泉
60	普洱市	镇沅县里崴木碗矿泉水	镇沅大山矿泉水厂	大有为
61		澜沧县勐朗镇温泉	澜沧拉祜族自治县山泉饮用水公司	
62	西双版纳州	勐海县勐龙泉矿泉水	西双版纳千年茶王矿泉饮料有限公司	千年茶王
63		勐海县曼弄罕泉矿泉水	勐海县好水饮品厂	贝叶泉
64		景洪市玉泉井矿泉水	西双版纳玉泉饮料厂	宣慰
65	楚雄州	武定县喜鹊泉矿泉水	武定狮天一矿泉水有限责任公司	天在上
66		楚雄市石涧矿泉水	楚雄裕雄石涧矿泉水饮品有限公司	石涧矿泉
67	昭通市	威信县长安乡安稳坝矿泉水	威信县雪山泉饮用矿泉水厂	雪山泉
68	曲靖市	沾益区马雄山矿泉水	沾益区创鑫供排水有限责任公司珠江源矿泉水厂	马雄山
69		富源县清溪1、2号泉矿泉水	富源县宏兴天然矿泉水有限公司	清溪山泉
70		宣威市水中王泉矿泉水	宣威昆仑工贸有限公司	水中王
71		罗平县罗雄镇葡萄山矿泉水	云南省罗平县葡萄山泉水厂	葡萄山泉
72		陆良县芳华镇龙潭矿泉水	陆良县佳润龙泉水有限责任公司	佳润龙泉
73		陆良县板桥镇真龙矿泉水	陆良县真龙超水有限责任公司	真龙
74		麒麟区珠街乡三源矿泉水	曲线龙源山泉水厂	龙源山泉
75	玉溪市	华宁县象鼻温泉矿泉水	云南福泉饮料有限责任公司	象鼻山
76		华宁县通红甸矿泉水	昆明天南星可乐饮料有限公司	神奇
77		江川区映月泉矿泉水	江川大禹矿泉饮品厂	江川映泉
78		元江县曼旦箐矿泉水	元江县大明饮料有限公司	大明
79		峨山县双江镇锦泉山泉水	云南峨山锦泉天然山泉水厂	锦泉山泉
80		易门县龙泉镇大龙口矿泉水	易门天成矿泉水工业有限公司	天成
81		通海县秀山蒙泉	通海县秀山蒙泉水厂	秀山

续表

序号	州市	水源地名称	开发单位	产品名称
82	玉溪市	澄江市龙街镇老虎山山泉水	澄江虎山山泉水厂	虎山
83		澄江市热水塘矿泉水	云南宏坤天然绿色保健食品有限公司澄江矿泉水厂	三高
84		红塔区高龙潭山泉水	云南玉溪高龙潭山泉水有限公司	高龙潭
85		红塔区研和镇秀溪山泉水	云南玉溪市秀康泉水有限公司	
86	红河州	个旧市百花草井矿泉水	个旧市红河云天矿泉水厂	红河云天
87		个旧市卡房矿泉水	个旧大湾坝思然矿泉水厂	思然
88		建水县文庙井矿泉水	云南建水文庙矿泉水饮料厂	崇圣
89		开远市光明啤酒厂矿泉水	开远光明啤酒厂	光明
90		弥勒市西三镇戈西矿泉水	弥勒市甘思咪哚水厂	
91		屏边县凹嘎泉矿泉水	屏边县成清思林矿泉水有限公司	成清思林
92		个旧市锡城镇新冠辽源山泉	个旧市辽源山泉有限公司	
93		弥勒市巡检司矿泉水	弥勒市山汇矿泉水有限责任公司	山汇
94	文山州	麻栗坡县城子上 5 号泉矿泉水	云南天宝饮料有限公司	玉尔贝
95		麻栗坡县城子上 6 号泉矿泉水		
96		麻栗坡县那龙湾 8 号泉矿泉水	麻栗坡那龙湾天然水厂	槟榔山
97		文山市痴他泉矿泉水	文山锶乐天然矿泉水有限公司	锶乐
98		文山市薄竹山泉矿泉水	文山水利水电工程有限公司薄竹山矿泉水厂	薄竹山
99		文山市乐诗冲老君山矿泉水	文山市老君山矿泉水厂	老君山

集规律，以采取相应的防护措施。查清矿泉水水源地附近废气、废水、污水排放及废渣堆放情况，及其给地下水水质带来的影响。必须在矿泉水点附近建立卫生防护带，在带内严禁排放工业、生活废水和使用农药，严禁修建水厕、渗水坑、堆放废渣或铺设污水管道，并不得有破坏水源地的水文地质条件的活动。

第十三章　地热（水）资源

第一节　地热资源勘查与开发史

一、地热资源勘查史

云南省地热资源十分丰富，自然温泉遍及全省各地，尤其是河谷地带及盆地边缘温泉呈带状出露，充分体现了云南省境内新构造断裂活动强烈的特点。据现有资料统计：全省自然出露的温泉就有851处（以水温≥25℃为准），约占全国总数的1/3。

云南省地热分布与云南省复杂的地质构造密切相关，从数量分布上，滇西密集，约占全省的2/3，且温度高，水热活动类型俱全，诸如水热爆炸、间歇喷泉、沸气泉、硅华等均有出现。而滇东片区出露温泉温度相对较低，水热活动类型相对较少，多以中、低温形式出露。

云南省关于温泉的记载已有近千年历史，《山海经》《水经注》《云南图经志》《读史方舆纪要》《大清一统志》《徐霞客游记》等史料中不乏关于各地著名温泉的描述，其中包括了对云南温泉的记载。

20世纪70~80年代，中国人民解放军00930、00931、00932和00933水文部队，云南省地质矿产局水文公司、十五地质队等单位在全省进行了1：20万~1：50万的区域水文地质调查，对全省温泉做了一定的调查研究，对主要地热异常区及地热田开展了普查工作，积累了一批温泉资料。现将主要工作及成果叙述如下。

1981~1983年，云南省地质矿产局成立了地热地质队编制出《(1：75万）云南省地热地质区划图及说明书》，通过编图较系统地总结了前人资料，首次对全省地热地质进行了区划。

1981~1985年，中国科学院青藏高原综合科学考察队编纂了《横断山区温泉志》和《腾冲地热》，对云南滇西横断山脉地热作了全面系统调查与研究。

1986~1990年，云南省地质矿产局第一、第二水文地质工程地质大队开展1：75万云南省地热地质区域调查，分别提交了《(1：75万）云南省东部地区地热地质调查报告》和《(1：75万）云南省西部地区地热地质调查报告》。

1996~1998年，云南省温泉志编纂委员会编纂了《云南省志·卷二十五·温泉志》及1999年初梁乃英编著了《云南温泉大观》等。

2013~2015年，中国地质科学院水文地质环境地质研究所实施了“全国地热资源调查评价与区划”项目，云南省地质环境监测院编制完成其中云南省地热资源调查评价与区划部分。

上述地热地质调查工作，初步查明了云南地热的分布状况，划分了不同类型（高、中、低温）的地热异常区（带）和地热田，初步查明了热水的水化学特征，对全省地热资源量进行了评估。为云南的地热地质和地热资源开发利用积累了丰富的资料。

二、地热资源开发史

云南温泉开发与利用历史悠久，自东汉光武年间，安宁温泉地热水就被开发利用，距今已近2000年，是云南省开发利用最早的温泉。但最早记载见于明代，著名的地理学家徐霞客在游记中曾对安宁温泉进行描述：“余所见温泉，滇南最多，此水实为第一，不可不浴。”分别对洱源、安宁、腾冲等地的著名温泉作了生动的地热现象描述。另外，保山的腾冲温泉群（点），早在几百年前就被当地民众用于日常生活中的保健、养生以及治疗健身之用。因此，云南是世界最早开发利用温泉的地方之一。

云南地热勘查始于20世纪70年代初，第一口中低温勘探井于1975年在昆明巫家坝机场东面土桥村成功实施，获得52.6℃的热水，从而揭开了云南盆地地热田开发利用的序幕。自20世纪80年代改革开放以来，随着国民经济的飞速发展，地热田开发利用突飞猛进。至1989年12月止，仅在昆明盆地地热田范围内就施工了孔口温度达25℃以上的地热孔69个（其中，孔口温度25~38℃的有34个、39~59℃的34个、60℃以上的1个）。开采量达5.2582×10^6 m^3/d。地热水主要用于沐浴与浴疗。部分含有用微量元素并经国家级专业机构鉴定，用于生产瓶装饮用矿泉水。据初步统计（不完全），在昆明盆地地热田范围内施工地热孔就达200余口，主要集中在昆明市区的关上、官庄、海埂及呈贡等地。各地州市已施工开发的热水井初步估计有100余口（不包括人工挖井），由于大都为商业性开发，资料搜集较为困难。

随着云南旅游业的长足发展，云南各地的温泉资源得到进一步的开发利用，温泉旅游更是发展迅速。尤其是近年来，伴随云南旅游业改革力度的加大，综合实力的增强，涌现出了如腾冲火山热海、阳宗海柏联SPA、昆明滇池春天、安宁温泉心景、昆明世纪金源君豪温泉会所等一大批有规模、有实力、有品位的温泉旅游服务企业。云南温泉旅游业得到了迅速发展与充分利用。

第二节　地热地质条件

一、云南省成热地质背景

（一）地层及岩类特征

1. 地层

云南地层发育齐全，自元古宇至第四系均有出露。由于处在我国两大构造域交接地带，跨5个一级大地构造单元，所以各时代地层在不同地区，其发育程度、岩石组合、厚度变化、层序特征及接触关系、古生物组合、沉积岩相与古地理条件，区域变质作用及火山活动等方面差异极大，导致地下热源较多，形成了较多的温泉或局部地热田的分布。

2. 岩浆岩及岩浆作用

云南岩浆岩十分发育，总出露面积为91830 km^2，占全省总面积的23.3%。其中，火山岩为65000 km^2、镁铁岩-超镁铁岩为1830 km^2、花岗岩类深成岩及浅成斑（玢）岩类为25000 km^2。由于云南构造活动的强烈而多期性，导致岩浆活动也具多期性特点，各期岩浆活动有侵入也有喷发。岩石类型相当复杂，酸性、中性、基性、超基性及碱性均有出露。从区域分布上看，以滇西地区占绝对优势，而滇东地区及滇东南地区仅占少量。岩浆活动带与长期的构造活动带、变质带，乃至高温的水热活动在位置上相吻合。

古元古代的岩浆岩见于大红山群、大勐龙群中的钠质火山岩。中元古代晋宁期的岩浆岩分布于元谋断裂带上有中性的闪长岩、石英闪长岩和酸性的花岗岩类，同时在昆阳群和澜沧岩群中见基性火山岩。新元古代岩浆岩集中于元谋断裂带北端，有基性的辉长岩、碱性的辉长岩，中性的石英闪长岩和酸性的花岗岩类。早古生代加里东期岩浆岩仅在滇中的元谋一带零星分布。有基性、超基性和酸性岩类。晚古生代华力西期岩浆活动在本省十分强烈，不仅整个石炭纪、二叠纪有基性火山岩喷发，而且沿各主要构造带、主干断裂带普遍有超基性、基性、中性和酸性岩浆侵入。印支期岩浆岩主要分布于金沙江-红河断裂以西的滇西地区，尤其是哀牢山构造带和澜沧江构造带。有大规模中酸性和中基性火山岩喷发，还有超基性、基性、中性和酸性岩浆侵入。燕山期岩浆活动是印支期岩浆活动的继续，活动部位有一定继承性，但活动强度有所减弱。有酸性、中性、基性和超基性岩体出露。喜马拉雅期岩浆活动以碱性岩最发育为特征，除此尚有少量中酸性和基性岩体。同时还有火山喷溢，且有基性、中性和酸碱性火山岩类分布，其中以腾冲地区火山活动最强，至今仍保存着完好的火山地貌。

云南岩浆岩具有岩类齐全、岩浆活动期次多、形成环境多样、分布范围广泛等特点，其复杂多样的岩浆作用，为多种内生金属矿产及地热的形成提供了极为有利的条件。

3. 区域变质岩与变质作用

云南区域变质岩石分布广泛，面积达 11×10^4 km^2，约占全省面积的 28%。其变质作用有着明显的多期性。并经历了多次强烈的构造运动，每一次构造运动都伴随着大规模的机械能、热能和化学能的积极活动，沿着构造运动带温度和压力的平衡受到破坏，由地球内部向上扩散，岩浆物质上升以强大的动力所产生的机械能向热能的转化等因素带来了变质作用。省内变质作用十分普遍而强烈，各类变质岩分布广泛，尤以滇西地区三大变质带（高黎贡山变质带、澜沧江变质带、苍山-哀牢山变质带）为甚。这三个带均与构造活动、岩浆作用关系密切，形成构造带、岩浆带及变质带三位一体的地质体。同时，在这些地带内，部分热能被地下水的深循环而带出地表，因此也是地热显示十分活跃的地带。云南省变质作用的类型有动力变质、热力变质、热水变质、区域热动力变质、区域深埋变质等，其中以区域热动力变质为主。

（二）区域构造与深部构造

1. 区域构造位置及特征

云南地处欧亚、印度板块及滨太平洋构造域的结合部位，冈瓦纳古陆与古欧亚大陆拼合地带。所处构造位置和漫长的地质发展，造就了云南地质环境基本特点。区域构造运动对云南地质环境影响显著，元古宙以来，云南地区经历过多次区域性构造运动，有东川运动、晋宁-澄江运动、加里东运动、印支运动、燕山运动、喜马拉雅运动。不同的区域构造单元形成了云南地质环境的地域性差异，区域地质构造条件十分复杂。

2. 深大断裂构造

云南断裂十分发育，活动断裂众多，其中规模较大、全新世以来活动明显的断裂有近 40 条。这些断裂（带）常常表现为重力陡变梯度带、地震活动带、带状地热异常，晚新生代地层呈连续或断续条带状分布，晚新生代地层陡倾、褶皱、挠曲或错断，新断裂构造岩、串珠状断陷盆地、断裂谷、断层三角面、断层崖、水系异常、山体和盆地错断，断裂带两侧层状地貌面级数、高度及河谷类型的突变等。云南的山川走向、湖盆沉积、地貌形态、水系展布，以及地热、火山和地震活动等，都受深大及活动断裂的控制。

云南深大及活动断裂走向以北西向、南北向为主，北东向次之。这些断裂活动历史大多复杂而漫长，具有多旋回和继承性活动特点，对各构造单元的演化起重要控制作用。目前认识较统一的深大断裂有超壳断裂 4 条，即腾冲火山断裂、怒江断裂、澜沧江断裂和红河断裂；壳断裂有 22 条，即金沙江断裂、无量山断裂、龙蟠-乔后断裂、小黑江（木嘎）断裂、大盈江断裂、龙陵-瑞丽断裂、南汀河断裂、柯街-崇岗断裂、耿马-澜沧-勐遮断裂、程海断裂、元谋-绿汁江断裂、罗茨-易门断裂、普渡河断裂、小江断裂、丽江-木里断裂、鹤庆-洱源断裂、大关-水城断裂、富宁-广南断裂、蒙自-屏边断裂、南华-楚雄断裂、峨山-曲江断裂和建水断裂。这些深大断裂是控制地下水温度分布的主要地质要素之一，其通过的地方加上适当的地质体就可能有温泉产出。

（三）新构造运动与地震

1. 新构造运动

云南处于印度板块与欧亚板块中国大陆碰撞带东缘，地壳运动剧烈，这与云南的特殊区域构造环境关系密切。在地史上，云南经历了多次构造运动。但对于当今有着重要影响的构造运动首推晋宁运动和喜马拉雅运动。在整个漫长的地质历史时期，云南多处于造山运动的突出部位，地质作用显著，地质现象典型，矿产及地热资源丰富，地震火山活动频发。

晋宁运动是对云南产生深刻影响的构造运动。该运动造成西南地区区域变质、混合岩化和岩浆活动，同时伴有强烈的褶皱和断裂作用（黄汲清，1980）。云南省断裂和构造的形成可以追溯到晋宁运动时期。红河断裂就形成于此时，为云南最早的一条断裂，将云南分为东西两大区域，自形成以来就一直控制着云南地质演化与发展。之后，包括滇中的小江、汤郎-易门、元谋-绿汁江等南北向断裂带的部分次级断裂也开始出现。

喜马拉雅运动奠定了中国西南地区现代断裂构造格局。1966年以来发生的11次大地震震源机制反映碰撞作用仍在持续进行，高原南部的地壳浅部存在着东西向水平张力（马宗晋等，1998）。

现代活动断裂带以红河断裂带为边界，东部川滇菱形块体相关断裂继承性活动，西部北东向断裂继承性活动和北北西向断裂新生性活动，基本构成云南现代活动断裂格局。云南新构造运动主要表现在以下四个方面。

（1）间歇式掀斜抬升运动

间歇式掀斜抬升运动是波及全省范围的一种新构造运动。其主要表现有：由滇西北至滇东南，布格重力异常等值线值递增、地壳厚度递减、夷平面高度降低、河流切割深度减小、阶地类型由侵蚀阶地向基座、冲积阶地转变。此外，在云南普遍发育2级夷平面和多层溶洞。说明本地区自上新世末至今的掀斜抬升运动具有时强时弱的阶段性变化特点。

（2）断裂运动

云南现代活动断裂众多，其中规模较大、全新世以来活动较明显的断裂有40余条，这些断裂（带）常常表现为重力陡变梯度带、地震活动带、带状地热异常，晚新生代地层连续或断续条带状分布，晚新生代地层陡倾、褶皱、挠曲或错断，新断裂构造岩、串珠状断陷盆地、断裂谷、断层三角面、断层崖、水系异常、山体和盆地错断，断裂带两侧层状地貌面级数、高度及河谷类型的突变等。云南省的山川走向、湖盆沉积、地貌形态、水系展布，以及地热、火山和地震活动等，都受主要活动断裂的控制（图13-1）。

（3）断块差异运动

以金沙江-红河断裂和小江断裂为界，云南可分为3个主要块区，即金沙江-红河断裂带以西的滇西块区、小江断裂带以东的滇东块区和介于两断裂带之间的滇中块区。滇西块区地壳厚度等值线变化复杂，多陡变梯度带；活动断裂以右旋走滑显著的压扭性断裂为主；现代构造应力场主压应力方向南部以南—北向为主，北部以北东—南西向为主；主要山脉与河谷走向严格受活动断裂控制。

滇中块区地壳厚度等值线圈闭良好，边缘梯度变陡；活动断裂以南—北走向的左旋走滑张扭性断裂为主；现代构造应力场主压应力方向呈北北西—南南东向；高原面保存较好，山脉、河谷亦多呈南—北走向。

滇东块区地壳厚度等值线自北而南单斜式递减；活动断裂多呈北东—南西向展布；现代构造应力场主压应力方向呈南东东—北西西向为主；山脉、河谷走向多为北东—南西向。由于金沙江-红河断裂带和小江断裂带作方向相反的水平错动，致使滇中块区整体向南南东方向楔入，滇东、滇西块区则分别向北、北北西方向滑移。

上述三大块区还可进一步划分出许多次级块区，各级块区均以活动断裂带为界，断块运动与断块之间的断裂带活动具有呼应关系。

（4）穹状隆起运动

主要发生在滇中的大姚、永胜和滇东南的文山、丘北一带。主要表现是围绕一个中心（穹窿中心）向周缘地势和缓降低，放射状或水系发育，高原面保存相对完好，地壳常表现出压缩变形。

2. 地震

云南省国土面积占全国陆地面积的4.1%，地震能量却占全国地震总能量的20%，破坏性地震发生频繁。从地震的时间分布看，自公元886年至1999年，共记载5级以上破坏性地震525次。1900年以来，平均每年发生5.0级以上中强破坏性地震3次；每2年发生6.0~6.9级强地震1次；每8年发生7.0级以上大震1次。从地震的空间分布看，除文山州的部分地区外，其余地区几乎都发生过5.0级左右的地震（图13-2）。

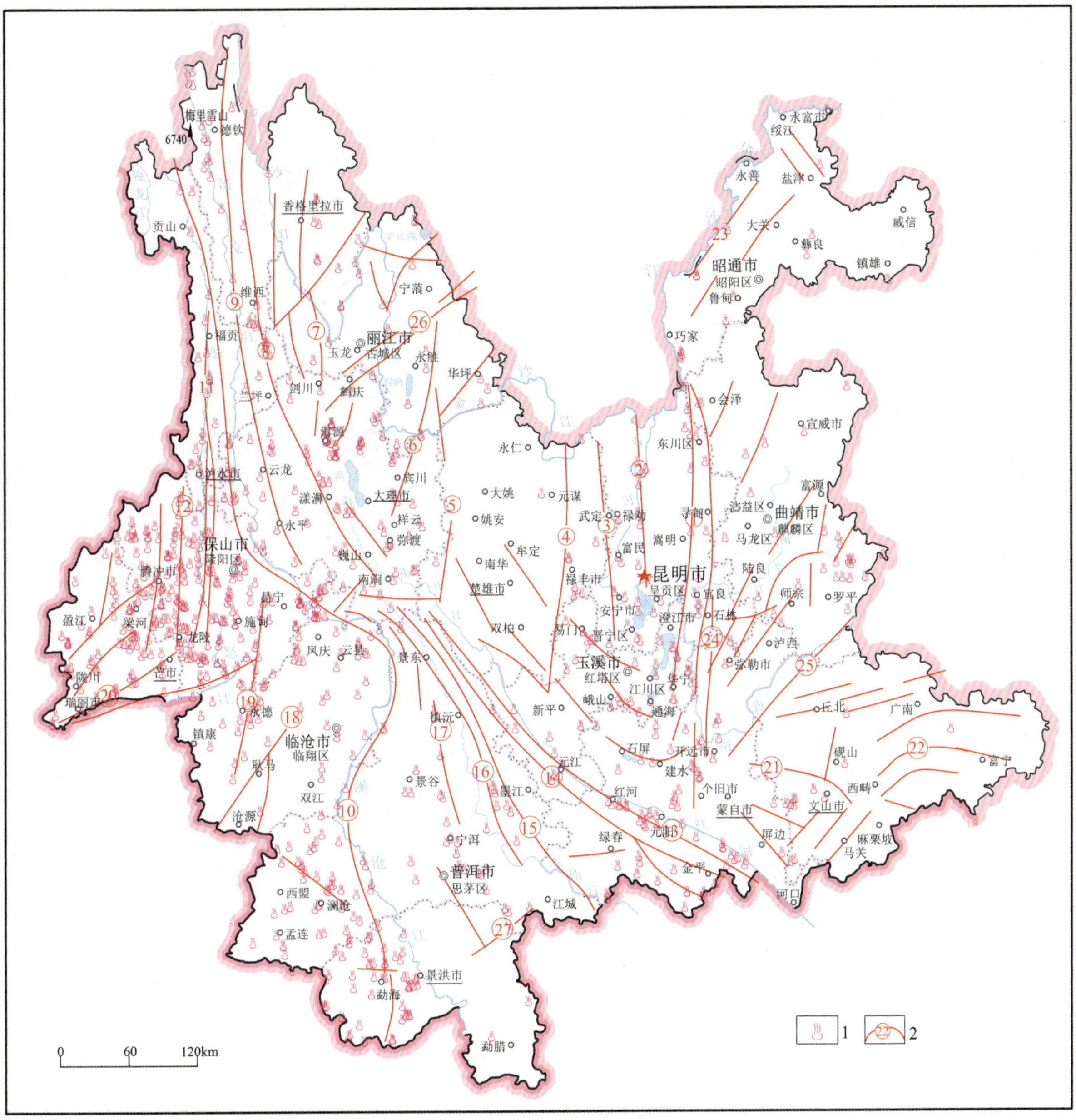

图 13-1　云南省主要活动断裂构造与温泉分布示意图

1—温泉；2—断层及编号：①小江断裂带，②普渡河-滇池断裂，③汤郎-易门断裂，④绿汁江断裂，⑤大厂断裂，⑥程海断裂，⑦中甸-剑川断裂，⑧维西-漾濞断裂带，⑨德钦-兰坪断裂带，⑩澜沧江断裂带，⑪怒江断裂带，⑫陇川江断裂带，⑬红河断裂带，⑭哀牢山断裂带，⑮阿墨江断裂带，⑯把边江断裂带，⑰营盘山断裂带，⑱南汀河断裂带，⑲柯街-沧源断裂，⑳龙陵-瑞丽断裂带，㉑文山-麻栗坡断裂，㉒西畴弧形褶皱束，㉓五莲峰断裂，㉔弥勒-富源断裂，㉕朋普断裂带，㉖丽江断裂

温泉与地震的空间分布有一定的相关性。温泉密集的地段，历史地震频频发生，地震带与温泉带基本吻合。7 级以上强烈地震往往发生在温泉带的两端或边缘（图 13-3）。

从上图可以看出，省内所有的地震带（区）或地震活动地段，都与相应的温泉带（或段）基本对应。在 23 个温泉带中，与地震带有较好对应关系者达 90%。这说明，云南省地震带与温泉密集带基本吻合，关系较为密切。现将主要温泉叙述如下。

蒙姑-华宁温泉带，温泉基本沿小江断裂带出露，温泉多的地段，中小地震频繁。例如寻甸-嵩明-宜良段，中温-中高温温泉屡见不鲜，且该地段内中强地震也频繁发生。曾发生过 8 度以上强地震 5 次。

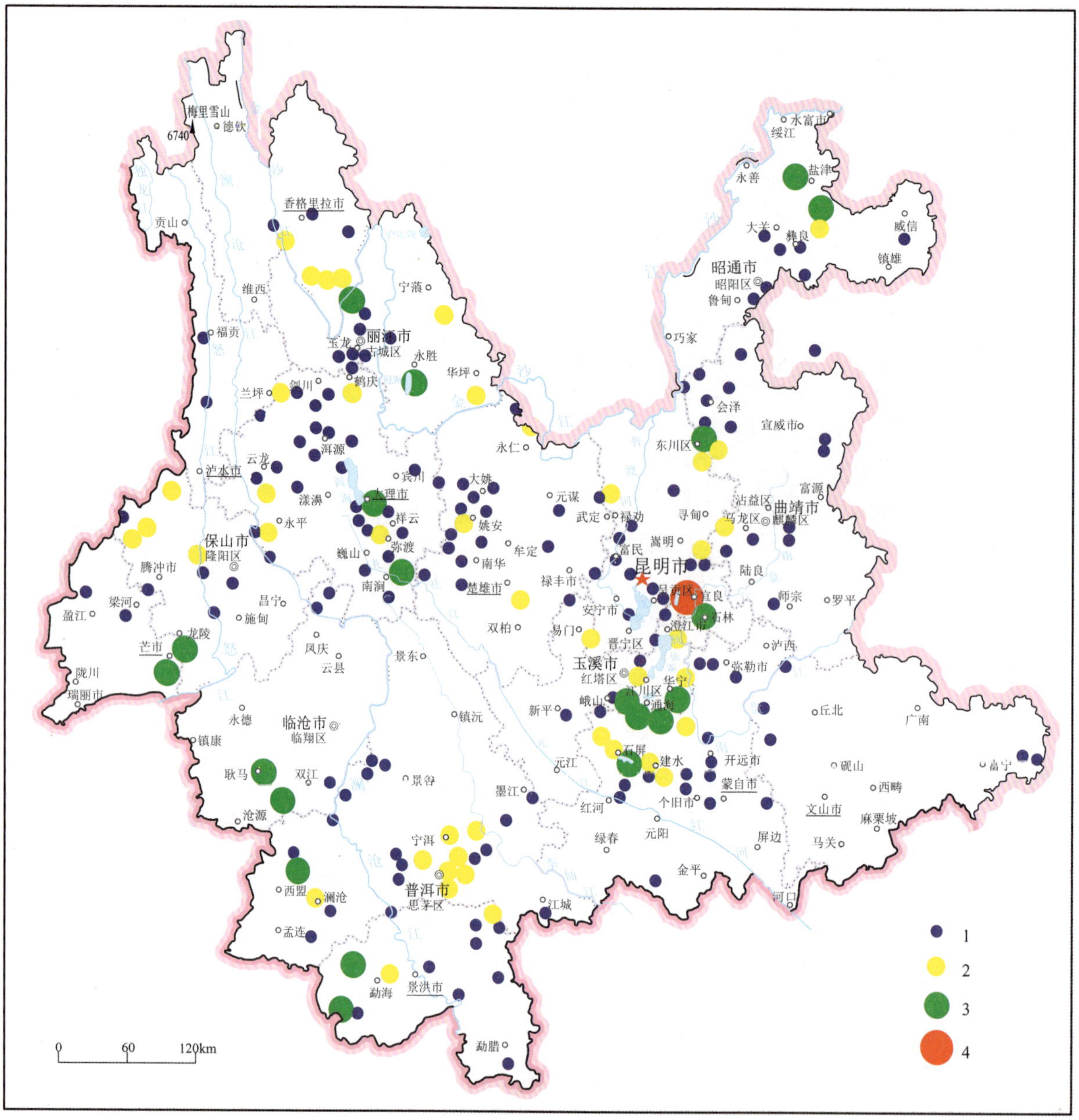

图 13-2　云南省 5 级以上地震震中分布示意图

1—5~5.9 级地震；2—6~6.9 级地震；3—7~7.9 级地震；4—>8.0 级地震

弥勒-师宗温泉带，温泉主要沿着弥勒-师宗大断裂出露，但在弥勒附近温泉较多。中小地震也在该处成群出现。曾发生过 8 度地震 1 次，7 度地震 5 次，6 度地震 1 次。

剑川-洱源-弥勒温泉带，温泉基本上沿着剑川-大理活动断裂带出露。在相应地段内，历史地震频度高，强度大。曾发生过 6 度以上地震 31 次。此外，澜沧-耿马、永胜-祥云、腾冲-泸水、普洱-宁洱、石屏-建水、通海-峨山、龙陵-芒市等地区都有类似现象，温泉多的地段，地震活动也相对频繁。

二、地温场与大地热流

（一）云南地温场特征

地温特点通常指直接测量深度范围或通过其预测的地壳相对浅部地下温度及其空间变化，地温的高低决定于区域基本地热特征及地下地层结构（或物质组成）两大因素。云南地温场具有下述特点：

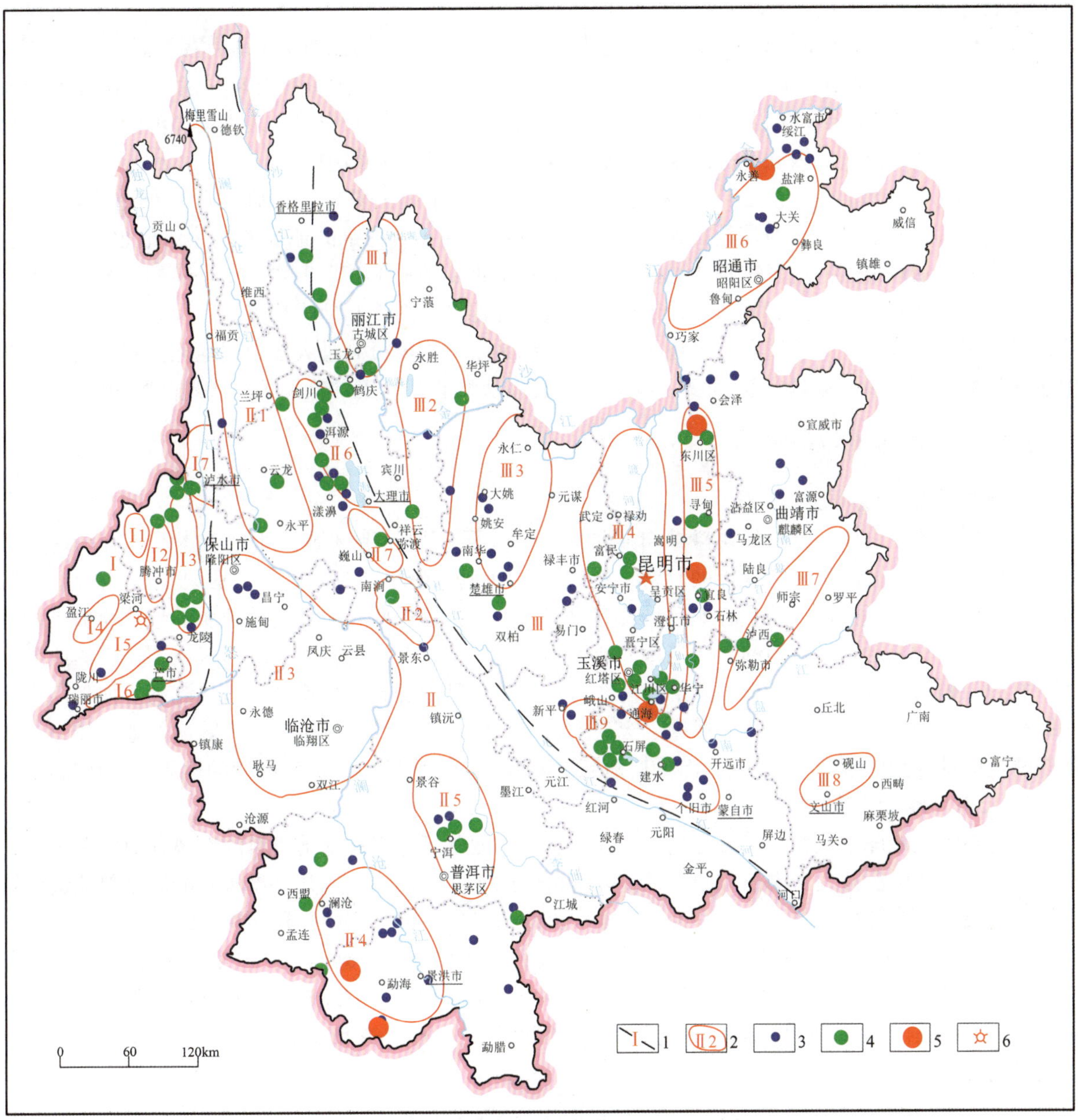

图 13-3 云南省温泉区划与强震震中分布示意图

1—温泉分区界线及编号；2—温泉带分带界线及编号；3—M-5-5.9 历史地震；4—M-6-6.9 历史地震；5—M≥7 历史地震；6—近代火山

云南省温泉分区分带：Ⅰ—腾冲-龙陵温泉区（Ⅰ1—胆扎-古永温泉带，Ⅰ2—瑞滇-荷花温泉带，Ⅰ3—曲石-勐连温泉带，Ⅰ4—盈江-章弄温泉带，Ⅰ5—梁河-陇川温泉带，Ⅰ6—瑞丽-龙陵温泉带，Ⅰ7—泸水-六库温泉带）；Ⅱ—德钦-普洱温泉区（Ⅱ1—德钦-洱源温泉带，Ⅱ2—南涧-回龙山温泉带，Ⅱ3—保山-临沧温泉带，Ⅱ4—澜沧-景洪温泉带，Ⅱ5—景谷-普洱温泉带，Ⅱ6—剑川-弥渡温泉带，Ⅱ7—元江-金平温泉带）；Ⅲ—丽江-昆明-文山温泉区（Ⅲ1—丽江-鹤庆温泉带，Ⅲ2—永胜-祥云温泉带，Ⅲ3—石羊-南华温泉带，Ⅲ4—东川-昆明温泉带，Ⅲ5—石屏-个旧温泉带，Ⅲ6—盐津-昭通温泉带，Ⅲ7—师宗-弥勒温泉带，Ⅲ8—砚山-文山温泉带，Ⅲ9—蒙姑-华宁温泉带）

1）滇东南是全省地温最低的地区，反映其地质上稳定，褶皱、断裂与岩浆活动均相对不发育的基本地质特点。

2）滇中-丽江-洱源等地区虽和滇东南同属于扬子地台的一部分，但地温明显高于后者，且特点比较复杂，地温变化有呈近南北向线状分布的趋势，反映了近代构造活动对地温的控制与影响。

3）怒江-金沙江、红河之间的三江地区，地温中等，其中澜沧江以东中生代红色盆地的地温略高于其地质背景。

4）腾冲地区是全省地温最高的区域，近代岩浆活动与构造活动强烈是其地质背景。

5）云南地区的地质历史是一个受若干巨型的并至今仍多在活动的断裂及其发展演化控制的历史。如怒江、澜沧江、红河以及滇中、滇西北、川滇地区内的一些断裂带，表现为地温急剧变化并显示地温较高，与地热有成因联系的温泉、地震在这些构造带上更加集中。

总体来说，云南地热特征总体上反映出全区（滇东南小范围除外）受强烈的新构造运动制约。新构造运动不仅使活动中心地带具有高热特征，而且使一些相对稳定的地块的地热流值也相对偏高。全省新构造运动最强烈的地区是腾冲地区和南北向构造带，地质上表现形式主要是新的或继承性断裂的强烈活动或者同时有新的岩浆活动，地热上表现为地温高、热流和地幔热流高。前者高热是区域性的，后者还具有线状分布的特点。宏观上，南北向构造带的形成机制是大陆内部地壳拉张、挤压以断裂活动为主的地质-地热区，而腾冲地区更具有大洋与大陆板块交汇前缘的地质和地热特色。

（二）大地热流特征❶

1. 区域大地热流特征

云南处于印度板块与欧亚板块碰撞挤压带的喜马拉雅高地热带区域，地热总体上具有高地热特征，并自西往东呈波浪式逐渐变低的趋势。反映全区（滇东南小范围除外）受强烈的新构造运动所制约。新构造运动不仅使活动中心地带具有高热特征，而且使一些相对稳定的地块的地热流值也相对偏高。全省新构造运动最强烈的地区是腾冲地区和南北向构造带，地质上表现形式主要是新的或继承性断裂的强烈活动或者同时有新的岩浆活动，地热上表现是地温高、热流和地幔热流高。前者高热是区域性的，后者还具有线状分布的特点。宏观上，南北向构造带的形成机制是大陆内部地壳拉张、挤压以断裂活动为主的地质-地热区，而腾冲地区更具有大洋与大陆板块交汇前缘的地质和地热特色。

2. 云南大地热流基本特征

大地热流是地球内热在地表最为直接的标志。本次搜集了全省有基础资料的地热井200多个，大多为商业性地热资源开发，测温、抽水试验等有价值的水文参数不全或几乎没有，能满足热流值计算与评价有关水文参数的地热井很少。为此，本次大地热流值主要采用中国科学院汪缉安、徐青、张文仁1988年编纂《云南大地热流及地热问题》的资料，同时参照了吴乾蕃等1988年的著作《云南地区地热基本特征》。他们对云南48个钻孔进行了专项地温测量，相应地对约100件岩样作了热导率测试和50多件岩样作了放射性元素生热化分析，对筛选后的地热测井计算各地的大地热流值。对全省大地热流及地热地质问题作了全面估算并给予评价和说明。云南地区大地热流测试数据见表13-1。

表13-1　云南大地热流测试数据结果一览表　　单位：mW/m^2

资料来源	测点数	平均热流	滇西地区						滇东地区					
			腾冲高热流区			三江中热流区			扬子地台中高热流区			华南褶皱系低热流区		
			测点数	热流范围	平均热流	测点数	热流范围	平均热流	测点数	热流范围	平均热流	测点数	热流范围	平均热流
汪缉安等，1990	30	71.5	5	64~88	78.9	7	38~72	58.8	15	42~104	76.1	3	42~69	56.4
吴乾蕃等，1988	14	84.1	1		118				11	67~103	85.9	2	48~66	57.2
王钧等，1990	22	61.2				1		69.9	12	47~84	70.0	9	37~58	47.3
合计	66	70.8	6		85.4	8		60.2	38		77.3	14		50.7

（据汪缉安等，1990）

3. 云南大地热流分布特征

云南大地热流值的地理分布与大地构造单元具有明显的一致性，构成若干界限分明、独立的地

❶ 主要资料来源：汪缉安等，1990，云南大地热流及地热地质问题；徐青等，1992，云南大地热流及大地构造意义。

质-热流区，其形成与地壳活动性紧密相关，尤其是与喜马拉雅期构造活化有关。全省基本可分为四个地质热流区，即腾冲高热流区、三江中热流区、滇中-丽江-洱源中高热流区和滇东南低热流区，各区特征如下。

（1）滇西腾冲高热流区

本区东界大约在怒江沿线，其他三面与缅甸接壤，平均热流值为85.4 mW/m^2，最高热流值可达118 mW/m^2，是云南最高的高热流区。显然这种高热流的出现和挽近期地质活动事件存在着因果关系。它位于欧亚大陆、印度次大陆和太平洋板块几大地块交汇前缘，强烈的构造活动形成了著名的喜马拉雅地热带，异常活跃的近代火山活动无疑是高热带形成的直接而重要的原因。现有资料表明：腾冲热海热田在60 m深度范围内有高导热层显示，可能存在潜在热源。

（2）滇西三江中热流区

以金沙江、红河与怒江分别为东西界，由3个线状褶皱带（三江）和2个夹持其间的相对稳定断块（西为保山-澜沧断块、东为兰坪-普洱断块）相间组成，平均热流值60.2 mW/m^2。该区地质环境条件复杂，现代地热特征尚不十分清楚，但地热变化明显。根据大地电磁测深资料，在保山-永平一带近地表存在一个视电阻率为200 Ω·m，厚度2 km的高阻薄层；下伏一个视电阻率约为5 Ω·m，厚度约7 km的高导层。由于该区西南部受印度洋板块挤压，而其东部受红河断裂阻挡，上部地壳都沿此层滑动或逆掩，使该区形成一个特殊的构造变异带。这种岩体逆掩叠加以晚中生代大幅度沉降与沉积，许多热流值在小盆地测量，可能是热流不太高的原因。尽管保澜地穹系是天然地热（温泉）出露最密集的地带之一，云县-临沧与勐海-景洪高温热泉在本带内，还有频繁强烈的地震活动。反映了地壳活动具有相当的活动性，与喜马拉雅期构造活化有关。

（3）滇东中高热流区

大致范围为剑川-建水-曲靖-镇雄之间的倒三角形地带，包括了滇中、滇北的大部分地区。本区是一个受一系列南北向长期活动深大断裂控制、早期隆起晚古生代断陷的地质区，丽江至洱源为地洼区，剑川-大理地震带就发育在此区边缘地带，具有强烈的现代构造活动特征，为构造活化区，热流值变化幅度大，低者不到45 mW/m^2，而高者达100 mW/m^{2}以上，平均热流值77.3 mW/m^2。总的趋势特点是中部南北向断裂相对不甚发育的红色盆地热流相对较低（即中部华坪-大姚-宾川-祥云一线断裂），温泉较少，而东部（东川-昆明-建水）一线和西部（剑川-大理）一线热流值相对较高，温泉较多，显然与地壳高度活动有因果关系，云南历史记载的强震半数发生的这两个带上，亦证明该区地壳活动性的强烈。

（4）滇东南低热流区

范围约为开远-泸西-罗平一线以南和红河以东地区，本区在早古生代属于过渡半深海地质环境，经加里东运动回返后成为一较稳定的地质单元，此后的构造活动和岩浆活动亦不甚强烈。热流值变化在42~69 mW/m^2，平均值为56.4 mW/m^2，半数以上在50 mW/m^{2}以下，具典型的稳定地质区的地热特征，是云南省热流值最低的区域。

云南地热流总的变化趋势是由西向东渐次衰退变低，平均热流值从腾冲地区的118 mW/m^2→临沧地区108 mW/m^2→普洱地区103.4 mW/m^2→楚雄地区73.7 mW/m^2→昆明地区77.9 mW/m^2→曲靖地区67 mW/m^2→文山地区50.2 mW/m^2。

综上所述，云南地区地温场无论是大地热流，还是地温梯度或地层温度的分布，在澜沧江断裂以西是最高值，红河断裂带北段次之，昆明、峨山地区较红河断裂带略低。而在小江断裂带以东的滇东地区一概都是低值，在红河断裂带和小江断裂带之间的楚雄、宾川、祥云等地区较低。云南地温场具有西高东低，并自西往东呈波浪式逐渐变低的趋势。

三、热储类型与分布

（一）热储类型

根据地热资源形成的构造特征和赋存条件可分为三种成因类型，一为隆起山地型，主要受断裂控制呈带状分布的地热田，云南绝大部分地区都属于该类型，分布面积达90%以上；其次为近代火山和岩浆活动类型（如滇西腾冲地热多属此类）和沉积盆地型（如滇东扬子准地台区的昆明盆地型），零星分布于全省各地，其分布面积小于5%。

按温度和地热载体形态，可分为产出湿蒸汽型和热水型。不同类型的地热资源各有其分布特征，据此可将全省地热资源划分为以产出湿蒸汽为主的中-高温地热资源分布，低温（热水）地热资源为主的地热资源分布，低温（温热水）地热资源为主的地热资源分布（图13-4）。

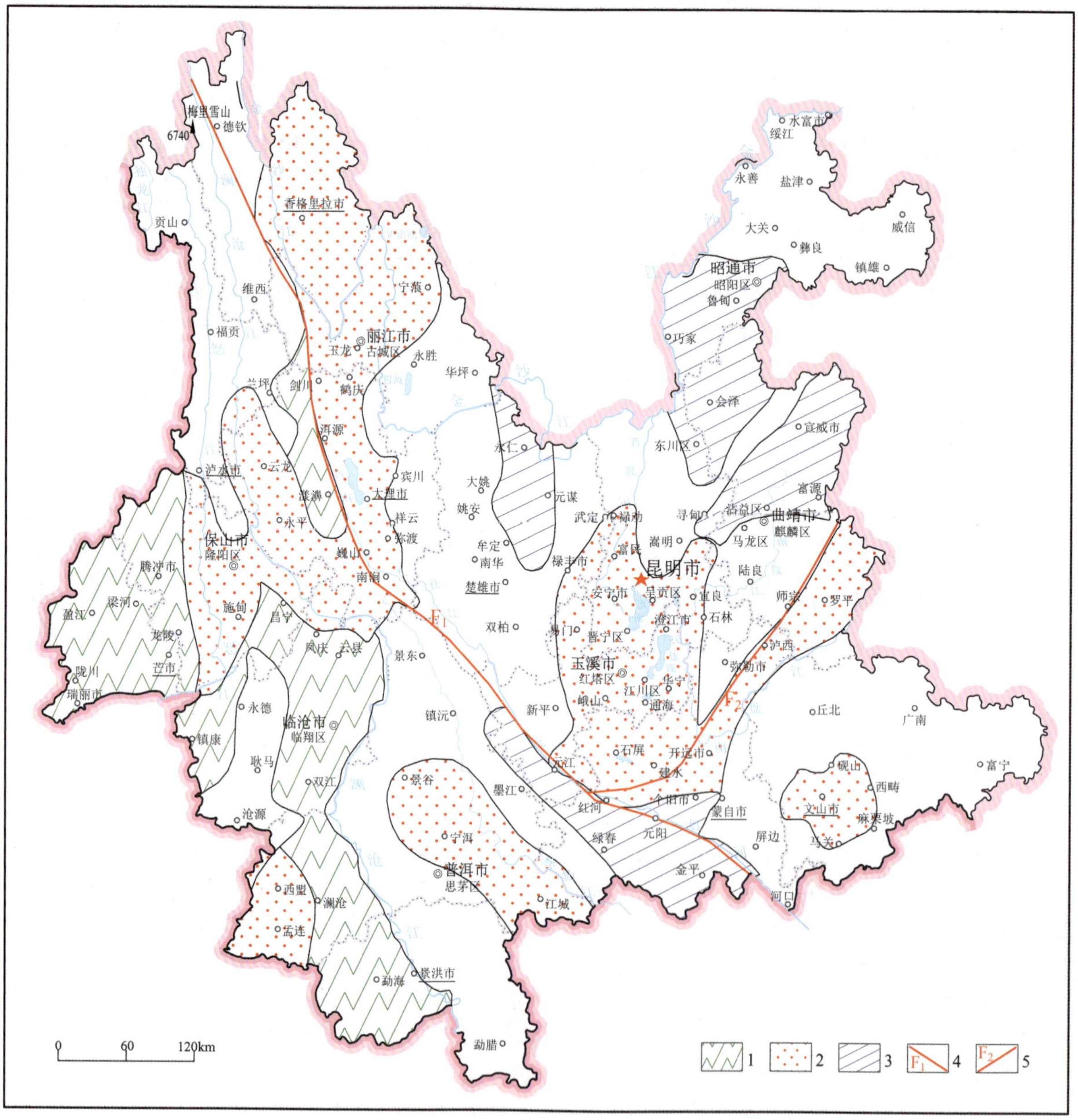

图13-4　云南省地热分区简图

1—中-高温地热资源分布区；2—低温（热水）地热资源分布区；
3—低温（温热水）地热资源分布区；4—哀牢山断裂；5—弥勒-师宗断裂

（二）热储划分

云南省地热根据岩性组合特征及地热流于岩层或岩体中的传递形式与储存特点，其热储类型划分主要以裂隙型带状热储层和岩溶型层状热储层为主，而上部孔隙下部岩溶复合型层状热储层和上部孔隙下部裂隙复合型带状兼层状热储层为辅，孔隙型层状热储层几乎没有，具体热储类型分区见图 13-5。

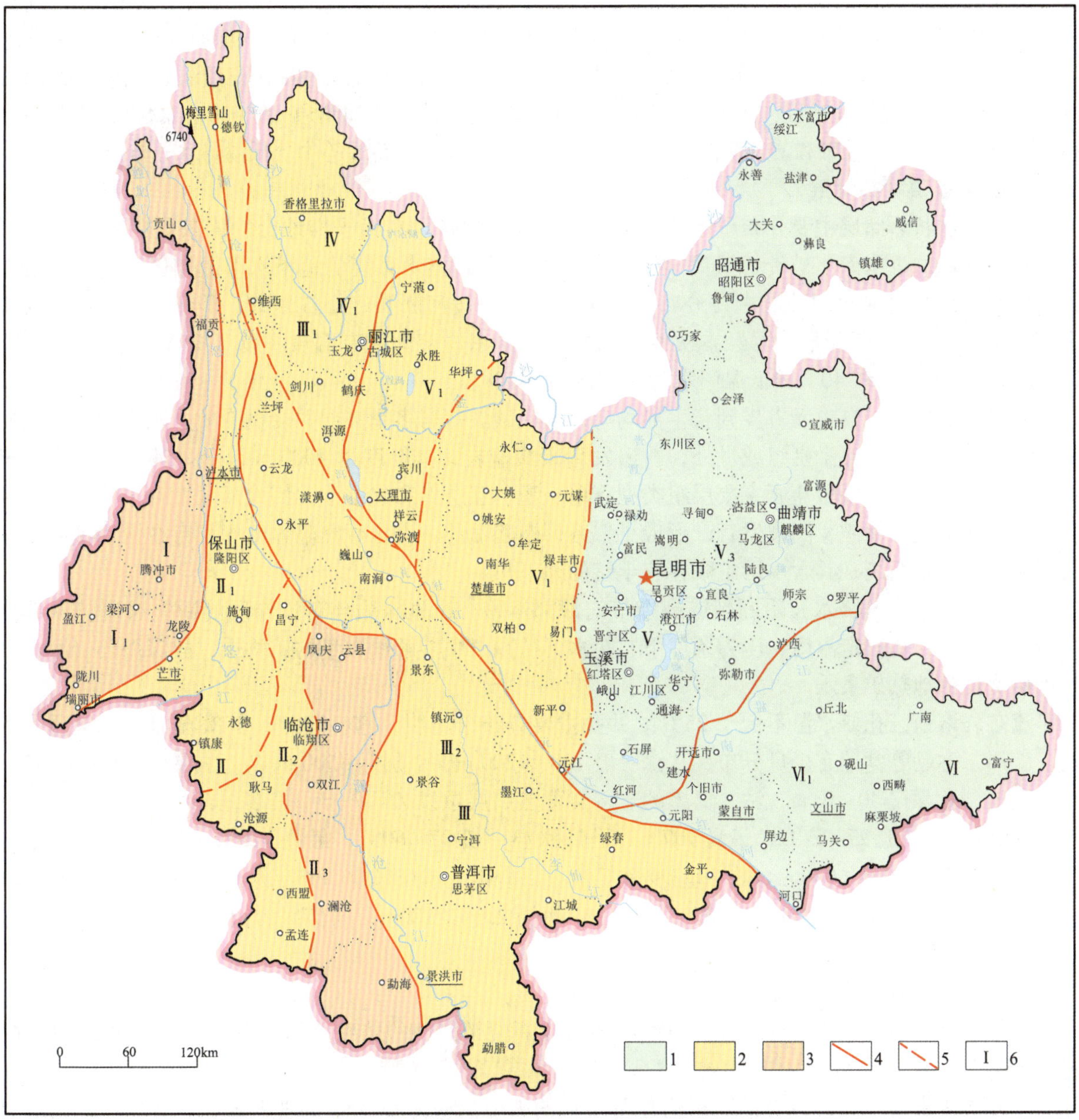

图 13-5　云南省热储类型分区图

1—岩溶型层状热储层；2—裂隙型带状热储层；3—岩浆岩余热型层状热储层；4—一级构造单元界线；5—二级构造单元界线；6—构造单元编号

（三）热储分布

1. 裂隙型带状热储层

裂隙型带状热储层主要分布于云南滇西大部分地区，即红河断裂与绿汁江断裂带以西，怒江断裂以东的三江地区，即三江褶皱系（Ⅲ）的云岭褶皱带（Ⅲ1）和兰坪-普洱褶皱带（Ⅲ2）、左贡-耿马褶皱系（Ⅱ）的保山褶皱带（Ⅱ1）和西盟褶皱带（Ⅱ2）及扬子准地台的丽江-盐源台缘褶皱带（Ⅴ1）和滇中台坳（Ⅴ2），共计六个二级构造褶皱带。分布面积达95%以上。主要分布于怒江-澜沧江沿岸及其河间地块地区、洱海地区等地的程海断裂、香格里拉-剑川（金沙江）断裂、维西-乔后断裂带、澜沧江断裂带、怒江断裂带、阿黑江断裂、营盘山断裂带、南汀河断裂带、柯街断裂等10条断裂带上。这一带出露的温泉有304处，其中高温热泉24处。水温为23~82℃，一般为30~70℃。热水的矿化度为0.102~17.898 g/L。水质类型主要以HCO_3-Ca·Mg型、HCO_3-Na型和HCO_3-Ca型为主，其次为HCO_3·SO_4-Na型。主要包括滇西褶皱带的元江-元阳带、保山-施甸带、兰坪-巍山带、普洱-江城带、勐连-澜沧带、剑川-下关带、永德-镇康带、中甸-鸣音带和鹤庆-祥云中温热水分布带；扬子准地台区的昆明-禄劝带、建水-石屏带、宜良-玉溪带，滇东北的昭通-鲁甸带、永仁-元谋带、会泽-东川带、宣威-沾益带和滇东南褶皱带的弥勒师宗带、文山-乐诗冲等中、低温热水分布带。

2. 岩溶型层状热储层

岩溶型层状热储层主要分布于绿汁江断裂与红河断裂带以东扬子准地台的滇东台褶皱带（Ⅴ3）和华南褶皱系的滇东南褶皱带（Ⅵ1）两个地区，深循环岩溶水系统的地下水形成和运移主要受地质构造控制，与断裂密切相关。主要分布于红河断裂、普渡河断裂、小江断裂、罗平-师宗断裂及文山-麻栗坡断裂5个断裂带上，经本次调查与核实，滇东岩溶地区有温度不低于25℃的温（热）泉166处，以水温在25~40℃的低温温水为主，占61.45%。

温泉出露的地层自古元古界到新生界均有，基底碳酸盐岩多呈夹层并受到变质及剧烈褶皱，震旦纪晚期至三叠纪期间除个别组或世外，普遍发育碳酸盐岩，其厚度达4000 m以上。其中二叠系、三叠系分布甚为广泛。碳酸盐岩主要层组类型有单一型、互层型和夹层型，因地而异发育了从紧密线状褶皱到开阔的短轴褶皱，断裂发育，形成了一系列断陷盆地。大多数断陷盆地中都存在深埋藏层控型的深循环岩溶水系统，其含水层组赋存有丰富的地下热水。

地下水（或大气降水）沿断裂或裂隙带向深部运移，经过深循环对流作用沿断裂通道将深部热能传递到地表，在一定温度、压力条件下，热水可从围岩中溶解出大量的矿物质，故深循环岩溶水多为水质优良的地热矿泉水。

滇东岩溶地区孔口水温不低于25℃的钻孔主要分布于昆明、宜良盆地，其次在曲靖、玉溪、昭通、江川、弥勒等盆地有少量分布，孔深一般150~1200 m，个别达3500 m以上，在峨山小街、安宁温泉等地，孔深仅40~70 m。钻孔揭露的岩溶裂隙热储层位以$Z\in d$-$\in_1 y$最多，其次为P、D和$\in_1 c$-$\in_1 y$。孔口水温一般27~57℃，最高107℃，孔底水温一般27~60℃，最高120℃，钻孔涌水量100~2700 m^3/d，最大可达5936 m^3/d。地温梯度受地层、岩性、盖层厚度、地下水活动和构造等因素影响而差异较大，变化于1.07~10℃/100m之间，一般为2.5℃/100m。高值区多出现于主干断裂带附近或盖层较薄的浅孔中。

3. 岩浆岩余热型层状热储层

岩浆岩余热型层状热储层位于云南西缘的怒江断裂带以西的腾冲褶皱带（Ⅰ）及澜沧江以西临沧-勐海褶皱带（Ⅱ2）。

腾冲褶皱带（Ⅰ）以发育的断裂构造及年轻的火山活动为其特征。地热显示强烈，是我国地热资源最丰富的地区之一。热储层主要由高黎贡山岩群深变质岩、燕山期花岗岩及喜马拉雅期中基性火山岩组成。地质构造主要为断裂，尤以南北向断裂为主，其次为北西西和北东向的断裂。但南北向断裂向南延伸至县城南均转向为南西方向，这与印度板块向北推挤产生的青藏高原向南南东向的挤压有关。主要断裂带有：泸水-龙陵-瑞丽断裂带、瑞滇-腾冲市区-小陇川弧形断裂带、古永-梁河-盈江弧形断裂带。次级断裂有北西西向的邦腊掌-攀枝花-梁河县城和石墙-瑞滇-胆扎等断裂，北东向的大盈江断裂、盏西-黑空山北-永安断裂、石花洞-大塘断裂等，近南北向有热海-黄瓜箐断裂、黑泥塘断裂等，这些断裂与弧形断裂相交之处，一般均见有温泉出露。区内大面积的酸性岩浆频繁的侵入活动和新生代多期次的火山活动。为腾冲地热提供了良好的导热通道和强大的热源。其空间展布明显受区域主干断裂的控制。地热显示形式多样，以地热蒸汽、喷汽孔和冒汽地面最为特殊。区内有温、热泉（群）163处，占全省总数的19.1%。其中，Ⅱ级热泉（90~150℃）11处、Ⅲ级高温温泉（60~90℃）71处、Ⅳ中温温泉（40~60℃）33处、Ⅴ级低温温泉（40~25℃）48处。

临沧-勐海褶皱带（Ⅱ2）以临沧-勐海花岗岩体为主体，东侧包括沿澜沧江岸分布的火山岩，西侧包括部分中元古界澜沧岩群变质岩。岩浆活动频繁而强烈，临沧-勐海花岗岩体以印支期为主，有燕山期及喜马拉雅期等多期侵入的以花岗岩为主的复式岩体。云县、澜沧、景洪等地地震活动频繁，震中沿断裂带分布，震级5~7级。同时也是温泉出露最多、温度最高的地段。区内地热显示以中高温泉为主，伴有水汽喷溢。共有温、热泉104处，占全省总数的12.2%。其中，水温60~100℃者有24处、高于100℃者有7处。温泉普遍具有硫化氢味，水温愈高愈浓，有翻花、冒泡、喷汽等现象。中高温温泉、热泉出口有钙华及硫磺沉淀。温泉主要集中在云县、澜沧、景洪一带。

第三节　区域地热资源❶

云南省目前主要利用天然出露的温泉和人工钻井开采的地热流体。据《云南省地热调查与区划》(2015)资料统计，已发现天然出露温泉（≥25℃）851处（图13-7），地热资源储量为204.71×10^{15} kJ，折合标准煤6985.39×10^{6} t，可开采热流量1188481.35 m^3/d，可开采热量为141.85×10^{9} kJ/d，折合标准煤为4840.84 t/d。

一、隆起山地型地热资源（带状热储）

隆起山地型地热水主要受断裂控制呈带状分布的地热田，云南绝大部分地区都属于该类型。云南断裂带型地热资源点多面广、遍布全省。成因主要与地下水的深循环有关，但与断裂活动、地震也有明显关系。地热资源温度的高低与断裂深浅、断裂带规模的大小、破碎程度成正相关关系。壳断裂常见中温-高温热水，一般断裂则多为低温或中温热水。云南地热大致以程海断裂、红河断裂为界分为滇东、滇西2个热水区、10个热水亚区。全省温泉分布与分区见图13-6、表13-2。

二、沉积盆地型地热资源（层状热储）

云南具有众多的山间盆地，俗称“坝子”。大部分为典型的构造断陷盆地，只有不足15%属侵蚀、河谷冲积盆地。坝子大部分呈串珠状分布，这些盆地多在新生代晚期形成，沉积物之下多有地热流存在，形成具有价值的地热田。

沉积盆地型零星分布于滇东的昆明、宜良、曲靖等地区，其分布面积不足全省的5%，为新近纪、第四纪沉积盆地。一般发生于非液态载热流的岩体，其基底结晶岩石密度大，热导率高，是良好的传导介质；其次，一些低渗透的含水岩体或地下水运动极为缓慢的地带，热的传输也基本以传导为主。这是一种大面积较均匀的热传导方式，所形成的热储规模大，可从数十至数百平方千米，热储温度高低与其埋藏深度和热水循环深度有关。

三、地热资源分布及特征

（一）滇西中-高温热水区

区内地热显示形式繁多，出露温泉有658处，占全省总数77.32%，主要出露于中深变质岩及岩浆岩热储层上，总流量2993.53 L/s，天然热流量313143.04 kJ/s。本区分为6个热水亚区。

1. 腾冲-盈江中高温热水亚区

该亚区位于云南西缘的怒江断裂以西地区，是我国地热资源最丰富的地区之一。区内大面积出露的中生代花岗岩和新生代火山岩，为腾冲地热提供了良好的导热通道和强大的热源。地热形式多样，以地热蒸汽、喷汽孔、冒汽地面最为特征。区内有温-热泉（群）163处，占全省总数的19.1%。其中，热（沸）泉（90~150℃）11处，高温温泉（60~90℃）71处，中温温泉（40~60℃）33处，低温温泉（25~40℃）48处。总流量572.7 L/s，天然热流量106503.82 J/s。可划分为3个水热活动带。

---

❶ 主要资料来源：云南省地质环境监测院，2015，云南省地热资源调查评价与区划报告。

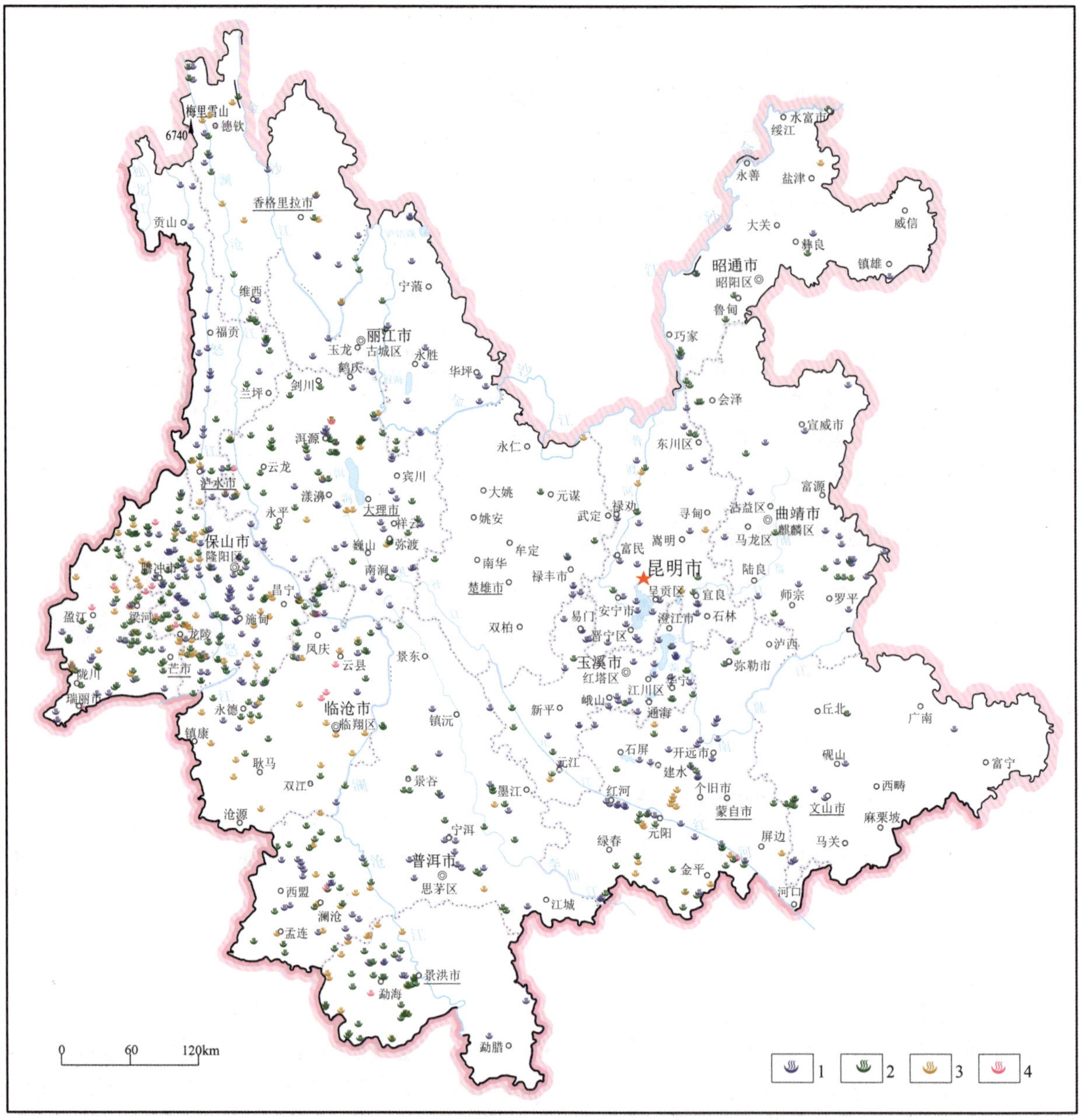

图 13-6　云南省天然出露温泉分布示意图

1—25～40℃低温温泉；2—40～60℃中温温泉；3—60～90℃高温温泉；4—90～150℃沸泉

（1）大盈江水热活动带

该活动带分布于瑞滇、腾冲城关，陇川以西地区。出露热储地层主要为高黎贡山岩群、石炭系勐洪群、燕山期—喜马拉雅期花岗岩及新生代火山岩。水热活动主要受大盈江弧形断裂带控制，少数水热系统分布在陇川断裂和槟榔江断裂带上。带内水热活动强烈，地热显示类型齐全。有沸泉、热泉、喷汽孔、冒汽地面，各种形态的泉华，还有独特的地热显示毒气孔和熔岩巨泉。该带有热（沸）泉 7 处、高温温泉 30 处、中温温泉 14 处、低温温泉 16 处，热水化学类型主要为 $HCO_3 \cdot Cl$-Na 和 HCO_3-Na 型水。

著名的腾冲市热海热田及黄瓜箐热泉、腾冲市瑞滇热田、梁河县龙窝温泉等分布在此地带。该带是腾冲-盈江中高温热水区地热资源最丰富的水热活动带。现为腾冲热海热田主要景点之一。已成为温泉旅游开发的最佳典范之一。

（2）龙川江水热活动带

该活动带位于高黎贡山西坡，出露热储地层主要为高黎贡山岩群、燕山期花岗岩、上新统火山岩。

带内水热活动强烈，有热（沸）泉（90~150℃）3处、高温温泉（60~90℃）19处、中温温泉（40~60℃）9处、低温温泉（25~40℃）16处，热水化学类型主要为HCO_3·SO_4-Na和HCO_3·Cl-Na型水。

表13-2 云南省地热（温泉）分区统计

分区			温泉数/处				热流量/($L \cdot s^{-1}$)	天然热流量/($kJ \cdot s^{-1}$)
			低温地热			中温地热		
区	亚区	代号	低温温泉	中温温泉	高温温泉	沸泉		
			25~40℃	40~60℃	60~90℃	90~150℃		
滇西中-高温热水区	腾冲-盈江中高温高温热水亚区	A_1	48	33	71	11	1034.7	174507.71
	保山-耿马中温高温热水亚区	A_2	64	58	31	1	1608.9	199302.65
	云县-景洪中温高温热水亚区	A_3	21	52	24	7	528.3	94769.14
	维西-思茅中温热水亚区	A_4	53	64	17	1	1354.9	153476.87
	中甸-大理中高温高温热水亚区	A_5	27	21	13	2	524.1	86294.01
	哀牢山中高温高温热水亚区	A_6	12	18	8	1	180.2	28053.65
	小计	A	225	246	164	23	5231.1	736404.03
滇东低-中温热水区	大姚-双柏低温中温热水亚区	B_1	17	10			872.8	58949.98
	昆明-通海中温热水亚区	B_2	55	15	10		1075.6	93399.55
	昭通-师宗低温中温热水亚区	B_3	38	29	2		1867.0	154591.31
	文山低温中温热水亚区	B_4	9	7	1		169.8	13098.40
	小计	B	119	61	13		3985.2	320039.24
合计			344	307	177	23	9216.3	1056443.27

（据云南省地质环境监测院，2015）

以龙陵县邦纳掌沸泉最为典型，属高温热泉、沸泉，分布在香柏河两岸350 m范围内（照片13-1）。泉水最高温泉达100℃，总流量为9.01 L/s，热水化学类型为CO_3·HCO_3-Na型水，已开发为温泉旅游度假区。

（3）龙陵-瑞丽水热活动带

该活动带分布于龙陵、芒市、瑞丽以东地区。出露热储层为古生界、中生界、燕山期花岗岩（平达岩体）。水热活动主要受龙陵-瑞丽断裂带的控制。带内水热活动较弱，有高温热泉1处、中温热泉22处、中温温泉10处、低温温泉15处，热水化学类型主要为HCO_3-Na和HCO_3·SO_4-Na型水。

典型地热田有瑞丽地热田，开发利用较好的有瑞丽市景成地海温泉度假村、瑞丽市景成地海温泉度假中心地热喷泉。

2. 保山-耿马中温高温热水亚区

该亚区位于昌宁-临沧以西，怒江断裂以东地区。地热显示以温泉形式为主，现已调查温泉154处，约占全省总数的18.10%。其中，中高温泉以上的有32处，约占全省中高温泉以上热泉总数的

16%；总流量 909.5 L/s，天然热流量为 118084.0 kJ/s。温泉沿断裂密集分布在保山-施甸、昌宁-永德一带。

照片 13-1　龙陵县邦纳掌沸泉

（伍早生摄，2013.11）

根据地热资源分布进一步划分为 3 个热水带。

（1）保山-施甸低中温热水带

该热水带分布于该亚区的北段，热储岩层主要是古生代和中生代的碎屑岩及少量碳酸盐岩，山间盆地内为新生代碎屑堆积，水系为澜沧江、怒江。带内有温泉热泉 42 处，其中低温温泉 20 处、中温温泉 14 处、高温温泉 7 处、热泉 1 处，地热水化学类型以 HCO_3-Ca · Na 型为主，其次为 HCO_3-Na 型。矿化度一般 0.192~2.294 g/L，温泉、热泉总流量 429.32 L/s，天然热流量为 42826.57 kJ/s。

典型热泉有云龙县漕涧上、中、下澡塘。泉水沿山体的底部裂隙涌出，汇流成河，分别流向东北、东南，从 10 余米高处悬崖隙中喷涌而下，宛如蛟龙，响如惊雷，形成温泉瀑布（照片 13-2），吸引着大理、保山、怒江等地的众多游客。

泸水市玛布温泉、登埂温泉等，是当地少数民族传统聚会、沐浴与对歌的场所（照片 13-3）。

照片 13-2　云龙县漕涧下澡塘温泉

（伍早生摄，2013.10）

照片 13-3　泸水市玛布温泉

（伍早生摄，2013.10）

（2）昌宁-镇康中高温热水带

该热水带分布于该亚区的中段，有典型的柯街、南汀河等活动性断裂在区内通过，热储岩层主要为古生代的碳酸盐岩、碎屑岩。水系为南汀河和澜沧江。带内有温泉、热泉 40 处，以中高温泉和热泉为主，主要分布于柯街断裂和南汀河断裂带及断裂带交汇部位。地热水化学类型主要为 HCO_3-Na · Ca 型，其次为 HCO_3-Ca · Mg 型；矿化度一般为 0.12~0.96 g/L。

典型温泉、热泉有昌宁县鸡飞温泉、昌宁县玉地里温泉、昌宁县橄榄河温泉及镇康县澡塘坝温泉，水温超过70℃，最高水温81℃。昌宁县鸡飞温泉的特点是以泉群形式出现，水热区热气环绕，钙华遍布，形态各异（照片13-4、照片13-5、照片13-6）。

照片13-4　昌宁县鸡飞温泉堆积泉华锥（左为母锥、右为公锥）
（据云南省地质矿产局地热地质队，2021）

照片13-5　昌宁县鸡飞温泉母锥泉口
（据云南省地质矿产局地热地质队，2021）

照片13-6　镇康县澡塘坝温泉
（据 https://www.sohu.com/a/46613739_115402）

（3）澜沧-孟连中高温热水带

热储岩层主要是碎屑岩、变质岩，其次为碳酸盐岩及少量火山岩。出露温泉12处，其中，低温温泉5处、中温温泉5处、高温温泉2处、热泉1处，地热水化学类型主要为HCO_3-Na·K型。

典型温泉有云南城沸泉、付腊温泉、黑山温泉等，水温超过80℃，最高水温99℃。其中，云南城沸泉位于澜沧县竹塘乡新寨村东南，显示区有50 m×30 m，成片出现95~98℃温泉群。泉口激烈翻涌，沸水四溅，腾高为20~30 cm。身临其境，可听到隆隆的沸腾声，还可感到地下强烈水热活动引起的振动。周围为茂密的丛林环绕。沸泉外还有数以百计的小泉眼，伴随气泡鼓出、热水沼泽、冒气地面等。泉区硫磺味较浓。由于地处偏远，交通不便，未开发利用。

3. 云县-景洪中高温高温热水亚区

该亚区以临沧花岗岩为主体，东侧包括沿澜沧江分布的火山岩，西侧包括部分早古生代澜沧群变质岩。云县、澜沧、景洪等地地震活动频繁，震中沿断裂带分布，震级5~7级。断裂也是温泉出露最多，温度最高的地段。区内地热显示以中高温泉为主，伴有水汽喷溢。共有温-热泉104处，占全省总数的12.2%。其中，水温60~100℃有24处、高于100℃有7处。总流量187.6 L/s，天然热流量46444.17 kJ/s。温泉普遍具有硫化氢气味，水温愈高愈浓，并有翻花、冒泡、喷汽等现象。中高温温-热泉出口有钙华、硫磺沉淀。温泉主要集中在云县、澜沧、景洪一带，可分2个热水带。

（1）云县-临沧中高温热水带

热储岩石以花岗岩为主，水系主要是澜沧江。带内有温泉、热泉 33 处。其中热泉 5 处，水温超过 100℃。本带是省内具有开发高温热水前景的热水之一。地热水化学类型主要为 HCO_3-Na 型，其次为 $HCO_3 \cdot SO_4$-Na 型。

典型温泉有云县的马鹿田坝沸泉、幸福温泉、南河温泉（照片 13-7，照片 13-8），凤庆县的卷桥河沸泉、永新热水塘及锣锅寨温泉等。

照片 13-7　云县马鹿田坝沸泉群
（伍早生摄，2013.11）

照片 13-8　云县南河温泉群
（伍早生摄，2013.11）

（2）景洪-勐海中高温热水带

该热水带位于临沧花岗岩南部，热储岩石以花岗岩为主，其次是澜沧群变质岩。带内有温泉热泉 41 处，其中，低温温泉 11 处、中温温泉 15 处、高温温泉 13 处、热泉 2 处，地热水化学类型主要为 $HCO_3 \cdot SO_4$-Na 型，其次为 HCO_3-Na 型。

典型温泉有勐满地热田、曼召温泉、蚌冷温泉、西定曼蚌、曼帮温泉及嘎洒温泉。

4. 维西-普洱中温热水亚区

该亚区位于澜沧江断裂以东，金沙江断裂、阿墨江断裂以西。地震活动频繁，震级 6~7 级。地热显示以低-中温温泉为主，共有 135 处，占全省总数的 15.8%。其中，60~90℃的高温温泉仅有 17 处，超过 100℃热（沸）泉有 1 处，总流量 549.1 L/s，天然热流量 60306.67 kJ/s。温泉主要集中分布于洱源县、大理市、弥渡县、宁洱县一带，划分 2 个热水带。

（1）兰坪-景东低温中温热水带

热储岩层以中生代碎屑岩为主。水系主要为澜沧江支流。带内有温-热泉 29 处，以低-中温温泉为主，水温一般为 25~60℃；地热水化学类型主要为 $HCO_3 \cdot SO_4$-Na 型，其次为 SO_4-Na 型。

典型温泉有兰坪阿贺已澡塘、永平县新村热水塘等。

（2）洱源-弥渡中高温热水带

带内有香格里拉-剑川、红河断裂通过。热储岩层为古元古界苍山群岩群、中-新生界碎屑岩、二叠纪玄武岩、喜马拉雅期碱性侵入岩。带内有温-热泉 29 处，其中，低温温泉 7 处、中温温泉 17 处、高温温泉 4 处、热泉 1 处，地热水化学类型主要为 $HCO_3 \cdot SO_4$-Na · Ca 型和 HCO_3-Ca 型。

带内洱源县茈碧湖地热田、洱源县下三口温泉、大理市温泉、大理市高芹澡塘等水温较高、名气较大，开发利用较好的有洱源县大理地热国、大理市温泉、下三口温泉等。

（3）景谷-江城高温热水带

该热水带处于亚区南部，属兰坪-普洱盆地南端，主要构造线方向为北西向，有营盘山断裂、把边江断裂通过带内。温泉多沿断裂两侧出露，热储岩层以白垩纪碎屑岩为主，其次为侏罗纪碎屑岩。水系为澜沧江支流把边江。带内有温-热泉 26 处，其中，低温温泉 14 处、中温温泉 11 处、高温温泉 1 处，中高温温泉水化学类型为 $HCO_3 \cdot Cl$-Na · Ca · Mg 型，矿化度一般在 1.416~3.9 g/L 之间。

典型温泉有清平（通关镇）热水塘，热水温度为60~70℃，流量25 L/s。泉口有翻涌声音，伴有大量气泡溢出，硫磺味浓，流经处有棕红色沉淀物。

5. 香格里拉-大理中温中高温热水亚区

该亚区位于金沙江断裂东、程海断裂以西。热储岩层以二叠纪玄武岩、中-新生代碎屑岩、碳酸盐岩为主。亚区内地震活动频繁，震中分布在金沙江断裂、程海断裂带上，震级6~7级。地热显示以低-中温温泉为主，共有63处，约占全省总数的7.4%。其中，60~90℃的高温温泉有13处、超过100℃的热泉有2处。总流量591.7 L/s，天然热流量7666.03 kJ/s。以丽江断裂为界划分为2个热水带。

（1）香格里拉-丽江中温热水带

构造处于香格里拉陆块，主要构造线近于南北向。热储岩层为碎屑岩与碳酸盐岩互层，其次为二叠纪玄武岩，另有零星分布的印支期侵入岩。温-热泉多沿玄武岩边缘出露，水系为金沙江及其支流。带内有温-热泉10处，其中，低温温泉2处、中温温泉4处、高温温泉4处。

典型温泉有香格里拉市天生桥温泉、下给茨温泉及宁蒗县永宁温泉等。天生桥温泉位于香格里拉市区东12 km处。整个泉区泉华沉积十分发育，白色的钙华体从河床至60余米高的山坡上都有出露。现已开发为天生桥地热公园旅游景点及天生桥地热温泉度假山庄。

（2）鹤庆-宾川中温低温热水带

热储岩层以二叠纪玄武岩为主，其次为中-新生代碎屑岩及碳酸盐岩，喜马拉雅期碱性侵入岩零星分布；水系为金沙江及其支流。带内有温-热泉36处，其中低温温泉20处、中温温泉14处、高温温泉2处，地热水化学类型以HCO_3-Ca型为主，其次为HCO_3-Ca·Mg型。典型的有开发利用价值的温泉有玉龙县大东热水塘，位于玉龙县北东侧约30 km的大东三级电站，现建有大东温泉山庄。

6. 哀牢山中温中高温热水亚区

该亚区夹持于红河断裂与阿墨江断裂之间，主体部分属古元古界哀牢山中深变质岩、安定浅变质岩；印支期—燕山期花岗岩广泛出露于亚区东南段，第四纪火山活动见于屏边县城西侧的红河谷地。带内有温-热泉39处，占全省总数的4.6%。其中，低温温泉12处、中温温泉18处、高温温泉8处、热泉1处，集中分布于元阳县、金平县。中高温热泉多溢自花岗岩与变质岩接触带上，地热水化学类型以HCO_3-Ca和HCO_3-Ca·Mg型为主，矿化度一般0.31~5.516 g/L；温泉、热泉总流量182.93 L/s，天然热流量为20582.52 kJ/s。

典型温泉有金平县勐拉温泉（照片13-9）、勐坪热水塘（照片13-10）、麻栗寨温泉、十里村热水塘，个旧市贾沙温泉、克勒温泉及屏边县白河桥热水塘。勐坪热水塘泉水最高温度达102℃，总流量约10 L/s；主泉口为一沸泉塘，塘面沸水腾跃有声，水柱溅高0.3 m，附近地面有感振动，大量气

照片13-9　金平县勐拉温泉

（吴琦金摄，2013.11）

照片 13-10　金平县勐坪热水塘

（吴琦金摄，2013.11）

泡自塘底涌出，硫磺味较浓，硫华遍地。

个旧市贾沙温泉、丫沙底温泉开发利用较好（照片 13-11，照片 13-12）。贾沙温泉建有疗养院。丫沙底现有 3 个温泉：分别是瀑布温泉、丫沙底温泉、农家乐温泉，3 个温泉均由民营企业投资，瀑布温泉是投资最大、设施最全的一个温泉。

照片 13-11　个旧市丫沙底温泉

（吴琦金摄，2013.11）

照片 13-12　个旧市贾沙温泉

（http://www.toutiao.com/artical/6202394561719992577/）

（二）滇东低-中温热水区

滇东的水热活动均不及滇西强烈。在岩石组合上，滇中碎屑岩占优势，滇东碳酸盐岩广布。区内共出露温-热泉 193 处，水温以中-低温为主，少数为中-高温；总流量 4775.4 L/s，天然热流量 409169.41 kJ/s。成因类型属水热对流型，热储类型以岩溶型层状热储层型为主，其次为孔隙型层状热储层型。根据构造与温泉分布特征划分为 4 个亚区。

1. 大姚-双柏低温中温热水亚区

地震活动见于楚雄一带，震级 6.5 级。亚区内红层分布广，热导率低，渗透性能差，温泉稀少，仅在构造有利部位可找到低温低产热水资源。出露温泉 27 处，占全省总数的 2%；以低-中温温泉为主，总流量 196.6 L/s，天然热流量 14927.76 kJ/s；地热水化学类型分别为 $HCO_3 \cdot SO_4$-$Ca \cdot Mg$ 型、$Cl \cdot HCO_3$-Na 型和 $Cl \cdot SO_4$-Na 型，矿化度 0.54～1.9 g/L。

2. 昆明-通海中温热水亚区

该亚区处于云南中部，主构造线为南北向，普渡河断裂、易门断裂、峨山断裂、石屏-建水断裂通过亚区。热储岩层有震旦系浅变质碎屑岩、碳酸盐岩，二叠纪玄武岩及古生界碎屑岩、碳酸盐岩。第四纪断裂活动强烈，地震频繁，震中分布在小江断裂、普渡河断裂及峨山断裂与石屏-建水断裂的交汇复合部位，如东川、寻甸、昆明、通海、石屏等地，震级6~8级。带内有温-热泉80处，占全省总数的9.4%。其中，低温温泉55处、中温温泉15处、高温温泉10处，总流量2235.2 L/s，天然热流量210361.58 kJ/s。据热储特征与成因类型划分为2个热水带。

（1）武定-玉溪中温低温热水带

热储岩层以震旦系浅变质碎屑岩、碳酸盐岩为主，其次为二叠纪玄武岩，零星分布的古生界-新生界碎屑岩、碳酸盐岩。带内出露温-热泉32处，其中，低温温泉24处、中温温泉6处、高温温泉2处。地热水化学类型以HCO_{34}-Ca·Mg型为主，其次为HCO_3-Ca型，矿化度0.117~0.854 g/L。

典型温泉有禄市市罗茨温泉、安宁市温泉、寻甸县塘子温泉、宜良县汤池温泉。安宁市温泉开发有数十家温泉宾馆及温泉度假区，主要有安宁温泉宾馆（照片13-13）、金方日式森林温泉、安宁温泉心景花园酒店（照片13-14）。寻甸县塘子温泉开发规模最大，现为星河温泉小镇及国际温泉大酒店，集休闲、洗浴、旅游于一体的综合性服务度假区。

照片13-13　安宁温泉（天下第一汤）
（吴琦金摄，2013.11）

照片13-14　安市温泉心景花园酒
（吴琦金摄，2013.11）

（2）新平-建水中温低温热水带

热储岩层以震旦系和古生界碎屑岩、碳酸盐岩较广，水系为红河水系。带内有温-热泉27处，其中，低温温泉20处、中温温泉5处、高温温泉2处。地热水化学类型以HCO_{34}-Ca·Mg型为主，其次为HCO_3-Ca型，矿化度在0.347~1.141 g/L。典型温泉有新平县硬寨温泉、新平县杨武温泉。

3. 昭通-师宗中温低温热水亚区

该亚区位于滇东北地区，构造线以北东向为主，有昭通-鲁甸断裂、东川-宜良断裂及师宗-弥勒断裂通过。热储岩层以碳酸盐岩、碎屑岩及玄武岩等为主。亚区内共有温泉69处，占全省总数的8.1%，60~90℃的高温温泉仅2处。一般流量大、水温低，地热水化学类型以HCO_3-Ca·Mg型为主，其次为SO_4·HCO_3-Ca·Mg型；总流量2194.5 L/s，天然热流量172157.03 kJ/s。温泉多沿断裂带一侧构造出露，集中于麒麟（区）、宜良、罗平、弥勒、昭通等地，进一步划分为2个热水带。

（1）昭通-东川中温低温热水带

热储岩层为二叠纪玄武岩分布广泛，其次有震旦系碎屑岩、碳酸盐岩，零星分布的古生界—新生界碎屑岩、碳酸盐岩。带内有温泉24处，其中，低温温泉17处、中温温泉6处、高温温泉1处。地热水化学类型以SO_4·HCO_3-Ca·Mg型为主，其次为HCO_3-Ca·Mg型。

典型温泉有位于水富县城4 km的金沙江畔的新滩坝温泉，原热水温度78.6℃，流量245 L/s，水压高达 4.2 MPa。修建向家坝水电站工程后，将江底的温泉通过管道直接引至山顶，建成西部大峡谷温泉旅游景点区。形成江水脚下走、云绕半山中、傲立群峰之巅的“云上新天地”画面。

（2）师宗-弥勒低温热水带

带内有弥勒-师宗断裂、南盘江断裂通过，主构造线方向为北东向。热储岩层以碳酸盐岩为主，其次为碎屑岩和零星分布的二叠纪玄武岩。带内有温-热泉 27 处，其中，低温温泉 22 处、中温温泉 4 处、高温温泉 1 处。水化学类型为 $SO_4 \cdot HCO_3$-$Ca \cdot Mg$ 型，其次为 HCO_3-$Ca \cdot Mg$ 型，矿化度为 0.30~0.634 g/L。

典型温泉有弥勒市热水塘、梅花温泉（照片 13-15），罗平县大寨温泉、长底温泉，师宗县葵山温泉及麒麟区三宝温泉（照片 13-16）。热水塘、梅花温泉、三宝温泉开发利用较好，形成生态旅游小镇旅游景区。

照片 13-15　弥勒市梅花温泉

（据 https：//www.sohu.com/a/252937750_ 99900956）

照片 13-16　麒麟区三宝温泉

（吴琦金摄，2013.11）

4. 丘北-文山低温中温热水亚区

热储岩层主要是碳酸盐岩、碎屑岩，侵入岩有薄竹山花岗岩、老君山酸性侵入岩体、富宁基性侵入岩。区内有温-热泉 17 处，占全省总数的 2%。其中，低温温泉 9 处、中温温泉 7 处、高温温泉 1 处。地热水化学类型主要为 HCO_3-Ca 型，HCO_3-$Na \cdot Ca$ 型，矿化度为 0.15~0.29 g/L。

典型温泉有文山市苍蒲塘温泉（照片 13-17）、腰店热水塘（照片 13-18）及丘北县古勒村热水塘。开发利用程度较低。

照片 13-17　文山市苍蒲塘温泉

（吴琦金摄，2013.10）

照片 13-18　文山市腰店热水塘

（吴琦金摄，2013.10）

四、地热资源可采资源量

（一）隆起山地型地热资源量

云南省隆起山地型地热资源热储量为 197.77×10¹⁵ kJ，折合标准煤 6748.51×10⁶ t，可开采热流量 1016234.35 m³/d，可开采热量为 119.21×10⁹ kJ/d，折合标准煤为 4068.38 t/d。其中，滇西地区热储量为 165.54×10¹⁵ kJ，折合标准煤 5648.82×10⁶ t，可开采热流量 503045.91 m³/d，可开采热量为 67.90×10⁹ kJ/d，折合标准煤为 2411.975 t/d；滇东地区热储量为 32.23×10¹⁵ kJ，折合标准煤 1099.68×10⁶ t，可开采热流量 513188.44 m³/d，可开采热量为 51.23×10⁹ kJ/d，折合标准煤为 1750.70 t/d。具体计算汇总结果见表 13-3。

表 13-3　云南省隆起山地型地热资源量汇总表

区	亚区	热储量/10^{15} kJ	折合标准煤/10^6 t	可开采量/($m^3\cdot d^{-1}$)	可开采热量/(10^9 kJ·d^{-1})	折合标准煤/(t·d^{-1})
滇西中-高温热水区	A1	53.81	1836.48	144781.57	21.25	725.14
	A2	31.34	1069.47	139008.96	17.21	587.55
	A3	29.49	1006.10	47398.44	8.61	293.69
	A4	25.44	868.10	117063.36	13.26	452.46
	A5	15.35	523.70	39224.30	5.15	175.65
	A6	10.11	344.97	15569.28	2.42	82.69
	小计	165.54	5648.82	503045.91	67.9	2317.68
滇东低-中温热水区	B1	4.35	148.43	75409.92	5.09	173.79
	B2	13.22	451.09	251474.28	29.80	1016.98
	B3	10.26	350.14	171633.52	15.28	521.32
	B4	4.40	150.02	14670.72	1.13	38.61
	小计	32.23	1099.68	513188.44	51.31	1750.70
全省总计		197.77	6748.51	1016234.35	119.21	4068.38

（二）沉积盆地型地热资源量

按照不同的研究程度对新生代坳陷盆地地热资源进行估算。其中昆明盆地、宜良盆地主要参照云南省地矿局第一水文队编制的《云南省东部地区地热调查报告》和《云南省昆明地热田进一步研究及外围普查报告》的地热资源评价估算结果综合确定。其他各盆地计算参数取经验值类比参照估算。估算结果为：热水量 2.41×10^9 m³，储存热量 6.94×10^{15} kJ，折合标准煤 236.89×10^6 t；可采热水量 172247.00 m³/d，可采热量 22.64×10^9 kJ/d，折合标准煤 772.46 t/d。

云南省隆起山地型和沉积盆地型地热资源汇总结果见表 13-4。即全省总热储量为 204.71×10^{15} kJ，可采热水量 1188481.35 m³/d，可采热量 141.85×10^9 kJ/d，折合标准煤 4840.34 t/d。

表 13-4　云南省地热资源估算结果汇总表

类型	热储量/10^{15} kJ	折标准煤/10^6 t	可采热水量/($m^3\cdot d^{-1}$)	可采热量/(10^9 kJ·d^{-1})	折合标准煤/(t·d^{-1})
隆起山地型	197.77	6748.50	1016234.35	119.21	4067.88
沉积盆地型	6.94	236.89	172247.00	22.64	772.46
合计	204.71	6985.39	1188481.35	141.85	4840.34

五、地热流体质量

（一）地热流体水化学特征

1. 地热流体的 pH 值

云南地热水 pH 值在 6.0~9.9 之间，据已有的 351 件化验成果资料统计，pH 值 6.6~8 的中性水有 295 件，占统计数的 84.0%，pH 值<6.5 的弱酸性水有 12 件，占统计数的 3.4%；pH 值>8 的弱碱性水有 44 件，占统计数的 12.5%。其中，滇东热水的中性水、弱酸性水和弱碱性水分别为 88.7%、3.2%和 8.1%，滇西热水的中性水、弱酸性水和弱碱性水分别为 83.0%、3.5%和 13.5%（表 13-5）。总体以中性水为主，相对说滇西片区水质类型较多，pH 值差异较大，最小的为腾冲市热海热田黄瓜箐沸泉，pH 值为 2.9，最大的为永胜县热河温泉，pH 值为 9.9。滇东片区以中性水为主而相对稳定。

表 13-5　云南地热流体 pH 值分布特征统计表

pH 值	<6.5	6.6~6.9	7~8	>8	合计	最大值	最小值
滇东片区/件	2	22	33	5	62	8.7	6.4
滇西片区/件	10	53	187	39	289	9.9	2.9
合计/件	12	75	220	44	351		

2. 地热流体的化学类型

地下热水在循环与对流过程中，始终发生溶滤、浓缩和离子交替等作用。因而处于不同地质背景的热水在循环过程中经历的地球化学环境不同，携带到地表的化学组分差异亦大，水化学类型亦繁多。

据现有资料统计，地热流体水化学类型至少有 24 种，主要是：HCO_3-Ca、HCO_3-Na、HCO_3-Ca·Na、HCO_3-Ca·Mg、HCO_3·SO_4-Ca、HCO_3·SO_4-Na、HCO_3·SO_4-Ca·Na、CO_3·HCO_3-Na、CO_3-Na、HCO_3·SO_4-Ca·Mg、HCO_3·Cl-Ca、HCO_3·Cl-Na·Ca、Cl-Na、SO_4-Ca、SO_4-Ca·Na、SO_4-Ca·Mg、SO_4·Cl-Na·Ca、HCO_3·CO_3-Na 等。

按地热资源区划的分级单元，将水质化学类型进行了统计，发现具有一定的规律性。滇西高温水热活动区，地热水化学类型以 HCO_3-Na 为主。水化学成分中阴离子以 HCO_3^- 为主，其次是 SO_4^{2-}、Cl^- 离子，阳离子以 Na^+ 离子占绝对优势。一般 Na/K 较高，其次还有一定量的 K、Ca、Mg、F、B 等气体和放射性元素等。一般矿化度都较高。水温在 60℃以上的热泉出口处或附近都普遍见泉华。滇东中低温水热活动区，地热水化学类型以 HCO_3-Ca·Mg 为主。水化学成分中阴离子以 HCO_3^- 为主，阳

离子以 Ca^{2+} 离子为主，Mg^{2+} 次之。Na/K 比滇西高温水热活动区普遍偏低。

热水中大部分化学组分含量随水温增高而增高。代表性元素有可溶性 SiO_2 在中温热水中 39.7～87 mg/L，高温热水中 109.38～222 mg/L。F 在中温热水中 0～6.0 mg/L，高温热水中 4～20 mg/L。Na 在中温热水中 19.8～145 mg/L，高温热水中 75.6～342 mg/L。

（二）理疗热矿水评价

根据《地热资源地质勘查规范》（GB/T 11615—2010）附录 E 理疗热矿水水质标准（表 12-7），全省大部分地热资源都达理疗热矿泉水水质标准，根据全省抽查取 150 件水样中，具医疗价值的理疗热矿水介绍如下。

1）氟水：具医疗价值的有 77 处，达命名矿水浓度的有 57 处。其中，滇东地区 10 处，一般含量 1.2～2.0 mg/L，最大为元江迷哩温泉，达 6.50 mg/L；滇西地区 67 处，其特点是温度达 90℃以上的高温热泉，含氟量普遍都高，一般都在 15.0 mg/L 以上。最大为龙陵县邦纳掌地热田，达 25.0 mg/L；其次热海热田大滚锅温泉、云县幸福热水塘、盈江县芒克温泉等，为 23.0 mg/L。

2）锂：具医疗价值的只有 2 处，主要分布在滇西地区热海热田大滚锅温泉和瑞滇地热田供销社温泉，含量分别为 4.04 mg/L、1.04 mg/L，无达命名矿水浓度的标准。

3）偏硅酸：具医疗价值的有 116 处，达命名矿水浓度的有 65 处。主要分布在滇西地区，共有 87 处，其中达 100 mg/L 以上的就有 19 处，最高为云县幸福热水塘 250.27 mg/L、盈江县户勐沸泉 217.04 mg/L、云县南河温泉 212.03 mg/L，一般含量在 25～80 mg/L 之间。滇东地区只有 29 处，一般含量在 25～60 mg/L 之间。

4）偏硼酸：具医疗价值的有 63 处，无达命名矿水浓度的标准。其中，滇东地区 20 处，一般含量 1.5～8.0 mg/L，最大为铜都镇大龙潭热水塘，达 13.31 mg/L；滇西地区 43 处，一般含量 1.5～8.0 mg/L，最大为热海热田大滚锅温泉，达 29.30 mg/L，隆阳区蒲缥温泉 19.41 mg/L。

（三）饮用天然矿泉水评价

根据《生活饮用水卫生标准》（GB 5749—2006）和《饮用天然矿泉水》（GB 8537—2008）标准，已抽查取样 150 件水样分析结果的化学指标分析，符合生活饮用水标准（仅就所分析的离子等指标对比）的仅有 13 处，占分析水样的 8.7%，其余水中主要是氟化物、砷、钡、硫酸盐、硝酸盐和总硬度及 pH 值等的单项和多项超标。主要有益元素为锂、锶、锌和偏硅酸，其超标元素主要有砷、氟、铅、汞、锰等。也就是说，本地大部分地热水资源只能作为养生保健的医疗价值的理疗热矿水。

第四节　主要地热田（泉）

云南典型的沉积盆地型地热田有昆明盆地地热田、宜良盆地地热田等，典型的隆起山地型地热田有安宁地热田、洱源县茈碧湖地热田、龙陵县邦纳掌地热田、瑞丽市瑞丽地热田等，火山岩型地热田有腾冲市热海海田、瑞滇地热田等。

一、昆明盆地地热田❶

昆明地热田处于昆明断陷盆地内，地理坐标：东经 102°37′～102°51′，北纬 25°09′～24°47′，北起松花坝-普吉一线，南至马金铺，东以棠梨坡-大新册为界，西至高尧-白鱼口一线，横跨昆明市五华、盘龙、西山、官渡四区及呈贡、晋宁部分地区，面积 672.84 km^2（包括滇池水域 318.78 km^2），为大型中、低温地热田。盆地新生界沉积最大厚度大于 1500 m，形成良好的保温盖层，在盆地范围

❶ 主要资料来源：云南省地质矿产局水文工程地质公司，1985，云南省昆明地区滇池流域地热调查评价报告。

内，地热资源丰富，具有较高的开发利用价值。

昆明地热田是云南省地质局水文地质大队于 1975 年 5 月在昆明市东郊土桥汽车营施工 TK2 钻孔发现，钻孔深 656 m，水温 48.50℃，涌水量 1594 m^3/d。之后开展了三次调查研究，扩展了地热田范围（王宇，2019；杨荆舟，1992）。

1. 地热田地质特征

（1）地层

昆明地热田除缺失白垩系、中下三叠统、上二叠统上部、下泥盆统、志留系、奥陶系及上寒武统外，其他地层均有出露。主要储热层有下寒武统沧浪铺组一段（$\in_1c^1$）砂岩、渔户村组一段（$\in_1y^1$）白云岩、震旦系—寒武系灯影组（$Z\in d$）白云岩等含水层。

（2）构造

热田区构造以南北向构造为主，东西向次之，零星分布有北东向及北西向次级构造，褶皱构造不发育。南北向断裂按其成因关系可分为普渡河－西山断裂带及小江断裂带。前者包括西山断裂束⑦、⑧、⑨，蛇山断裂束⑩，黑龙潭断裂束⑬、⑭等。后者为小江断裂带的西支断裂束，即白邑－横冲断裂。由北向南各断裂束均向主干断裂归并，西山断裂带各断裂束向⑦断裂归并；白邑－横冲断裂束向小江断裂西支归并。上述断裂具多期活动特点，挽近期活动强烈，是昆明断陷盆地形成的控制性断裂，并对盆地基底形成（凹陷、隆起）有直接的控制作用（图 13-7）。

2. 热田概况

昆明地热田属沉积盆地型，地面仅零星分布有 4 个温度大于 25℃的上升泉，沿南北向断裂溢出。

昆明地区地温梯度受构造、岩性及埋藏条件制约。盆地沉降沉积中心地区，埋藏封闭条件较好，地温梯度较大，尤以盆地区断裂带附近地温异常值最高；纵向上各地层由于岩石热导率的差异及水文地质条件不同，地热增温率也各不相同，以新生代松散沉积层增温率最高，其次为古生界的砂页岩。受降水补给条件好，地下水交替循环强烈的岩溶含水层，地热增温率最低，其中渔户村组白云岩、灯影组白云岩含水层及沧浪铺组砂岩含水层，在埋藏及封闭条件较好的情况下形成区内储热层。

（1）热田结构

地热田分布于南北向的普渡河－西山断裂与白邑－横冲断裂间的断陷盆地内，盆地沉积新生代松散地层，其下为中生界—古生界砂页岩及碳酸盐岩冷水含水层，再下以下寒武统沧浪铺组二段（$\in_1c^2$）、筇竹寺组一二段（$\in_1q^{2+1}$）为隔热、隔水层，震旦系—寒武系灯影组白云岩为储热层，组成完整热储构造。储热层埋深 2000 m 以内、温度大于 40℃；储热层埋深 1000 m 以内、温度大于 25℃的范围称之为昆明地热田。热田垂向具有四层结构（图 13-8）。

1）新生界松散沉积构造层：最大厚度 1500 m 以上，接受大气降水补给，浅部水温仅稍高于测区年平均气温，一般为 16℃左右。地温梯度较高，平均 5.0℃/100m。以粘土及粉砂岩为主，富水性差。

2）上古生界碳酸盐岩冷水强循环构造层：主要为中二叠统茅口组（P_2m）至上泥盆统（D_3）及下寒武统龙王庙组（$\in_1l$）碳酸盐岩组成，岩溶发育，连通性好，地下水循环交替强烈，水温一般为 16～20℃，平均热导率 4.8 mcal/(cm·s·℃)，平均地温梯度 1.0℃/100m。为富水性较强－强的冷水含水层。

3）下古生界以页岩为主的相对隔水构造层：由下寒武统沧浪铺组二段、筇竹寺组一二段砂页岩组成，富水性差，相对隔水。热导率平均 6.76 mcal/(cm·s·℃)，地温梯度 4.18℃/100m。为盆地热储层的隔热、隔水盖层。

4）碳酸盐岩热水弱循环构造层：由渔户村组一段白云岩、震旦系—寒武系灯影组白云岩等含水层、硅质白云岩组成，为弱循环水带，构造裂隙发育，构成储水空间。热导率高达 12.18 mcal/(cm·s·℃)，地温梯度 3.45℃/100m。是主要热储层。

（2）储热层及盖层

热田区储热层系指含有大于冷水温度上限 25℃的热流体岩层、单井涌水量大于 20 m^3/h，具备上

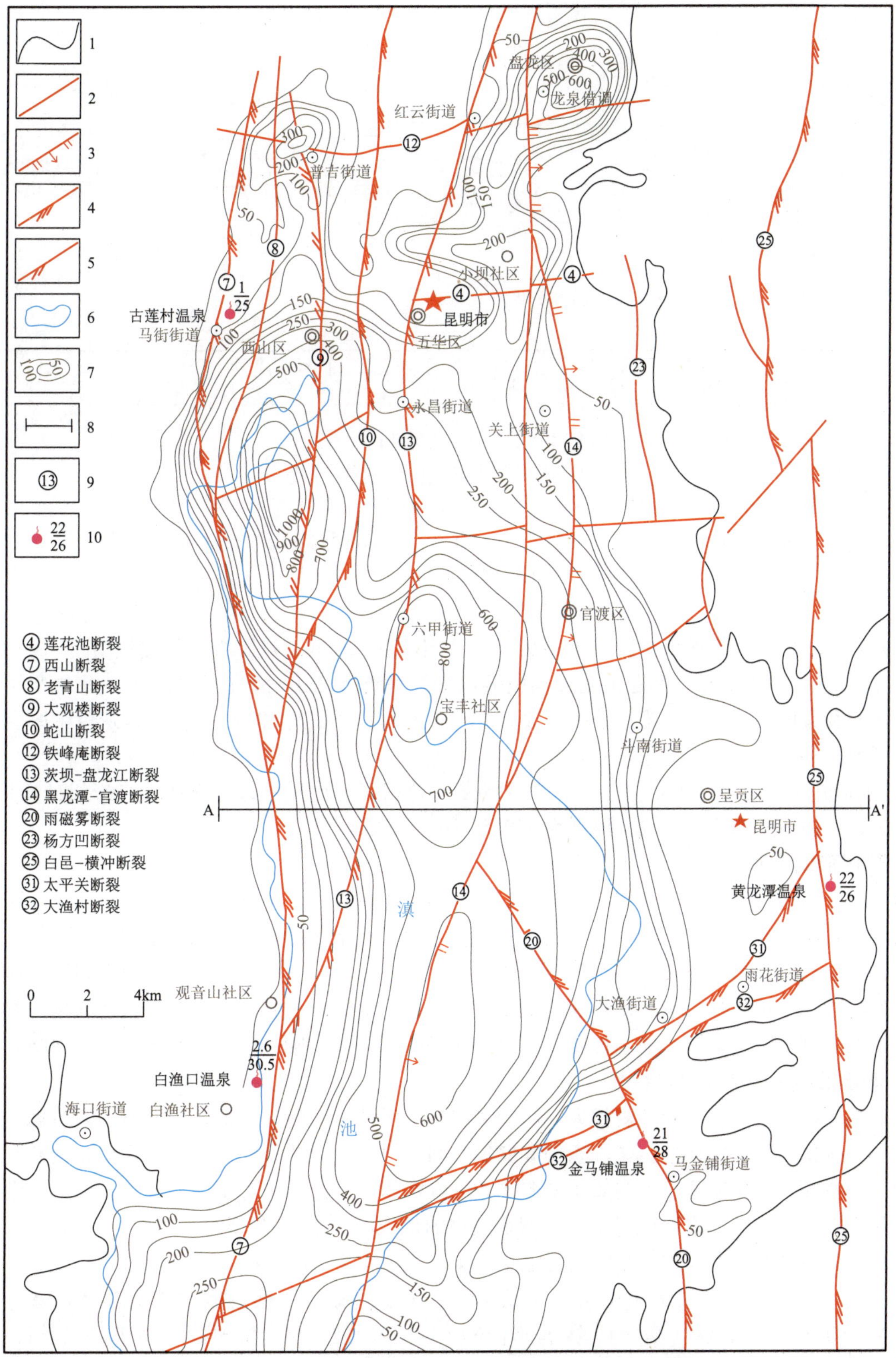

图 13-7　昆明地热田范围及热田第四系盖层等厚线图

（据云南省地质矿产局水文工程地质公司，1985）

1—地质界线；2—实测不明性质断层；3—正断层；4—压扭性断层；5—张扭性断层；6—滇池岸边线；7—上新世地层等厚线（m）；8—剖面位置；9—断层编号；10—温泉流量（$L \cdot s^{-1}$）/温度（℃）

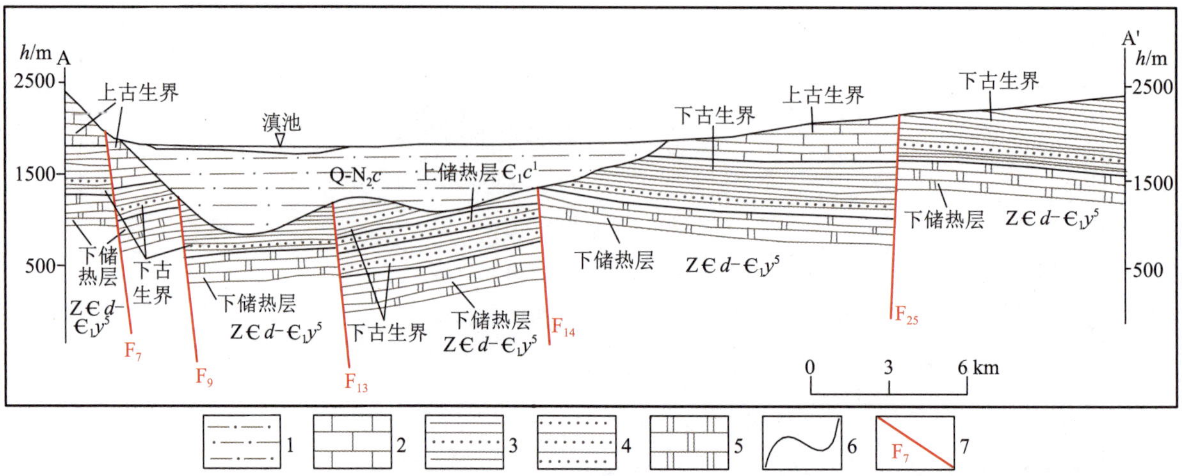

图 13-8　昆明地热田结构示意图

（据云南省地质矿产局水文工程地质公司，1985）

1—新生界（Q-N_2c）松散沉积层；2—上古生界碳酸盐岩冷水含水层；3—下古生界砂页岩相对隔水盖层；4—下寒武统沧浪铺组一段（$\in_1c^1$）上储热层；5—下寒武统渔户村组 5 段（$\in_1y^5$）—上震旦统灯影组（Z∈d）下储热层；6—地质界线；7—断层及编号

述条件者有下寒武统沧浪铺组一段（上储热层）及震旦系—寒武系灯影组（下储热层）。

1）上储热层：指分布于莲花池东西向断裂以南，呈贡跑马山-海埂一线以北，黑龙潭两支断裂⑭、⑬之间及旁侧的下寒武统沧浪铺组一段砂岩分布地区，面积约 60 km^2。为一套灰色中厚层石英砂岩，厚度 59.60～155.0 m，由北向南变薄。

2）下储热层：为测区主要储热层，广泛埋藏于热田区。由震旦系—寒武系灯影组硅质白云岩、藻屑白云岩、白云质磷块岩组成，厚度为 372.50～663.66 m。

3. 热田形成机理

热田热源由来自上地幔的热和花岗岩流的放射性蜕变热构成，主要传热方式为热传导。同时，由于热田处于普渡河断裂带上，在距地表较浅的部位，由于地下水的介入，沿断裂产生了水-热对流循环，获得升温后的载热流体又与靠热传导获得升温的地下水混合，并运移至适宜的空间聚集储存。所以，断裂的规模、性质是影响热田形成的主要控制因素。此外，基底形态对热田区地温场的变化也有一定影响，在基底隆起地段，地温梯度达 4～5℃/100m，而凹陷地段地温梯度仅 2～3℃/100m。

4. 热水运移、循环和储集特征

区内主干断裂形成时间长、规模大，历经多次构造运动。在断裂带上，岩石破碎，节理、裂隙发育，为热水提供了较好的运移、循环条件和储集空间。由于次级断裂的相互穿插切割，使断裂带和各断块间的热水相互发生联系。区内热水来源于大气降水渗入，裸露区降水直接补给，覆盖区则通过断裂穿越流补给。据碳同位素测试资料，^{14}C 测定热水的形成时间最长达 25227 a，一般 11458～13390 a。热水补给源大致由东、北、西三个方向往盆地汇集，流速 0.5～0.9 m/a。从盆地边缘至中心，热水化学成分由简单到复杂，水化学类型由边缘的 HCO_3-Ca · Mg 型逐渐过渡为 HCO_3-Na · Ca · Mg→HCO_3-Na→HCO_3 · SO_4-Ca · Mg→HCO_3 · SO_4-Na · Ca · Mg 型，在土桥-官渡一带形成高值区。

热水储集类型分为断裂带型和层控型两种方式，主要为层控型储集。热田区分布着下寒武统沧浪铺组一段（上储热层）及震旦系—寒武系灯影组（下储热层）两个热储层，具有双层热储结构。上热储仅分布在双凤村、蔡陆村和杨二甲一带，热储顶板埋深一般 150～350 m，单井涌水量 400～700 m^3/d，孔口水温 26.7～42℃。下热储是区内最主要的热储，广泛分布于全区，其顶板埋深一般 600～800 m，单井涌水量 800～1200 m^3/d，孔口水温多在 38～50℃之间，最高达 62℃。水温主要受热储结构的盖层条件和水循环条件的影响，在封闭型热储中，当有松散盖层，碎屑岩盖层覆于热储之上，或松散盖层直接覆盖于热储之上并有一定厚度时，热量得以保存，水温就高，反之，封闭条件差，水温则低。

5. 地热资源量

断陷盆地型的昆明地热田，热储层深埋地下，被断层、盖层夹持，在空间上呈层状展布，有一定的分布范围和厚度，采用体积法中的热储法和静储量法。热田区面积按672.84 km^2，计算热田总热储量为 25.60×10^{15} kJ，折合标准煤 8.73×10^{8} t；按20%回采率计算，可得热量 5.12×10^{15} kJ，折合标准煤 1.75×10^{8} t。

热田总热水储量为 120.62×10^{18} m^3，按25%回采率计算，可得热水量 30.16×10^{18} m^3。

6. 开发利用现状

昆明盆地20世纪70年代以前主要利用白渔口和沙朗等天然温泉。自第一口中低温勘探井成功实施后，即拉开了昆明盆地开发利用地热资源的序幕，20世纪80年代，地热钻探孔深一般在1000 m以内。20世纪90年代开始，地热水开采量猛增，1985年为3898 m^3/d，1999年增至32000 m^3/d，据不完全统计数据，至2000年，市区内有地热水井达200余口，其中150余口为宾馆（酒店）、疗养院（度假村）拥有（表13-6），主要集中于昆明市区的五华区、官渡区、西山区的滇池路沿线、海埂和关上及呈贡区等地。地热田内尤其是城中心区及南部集中强烈开采地段，深层基岩热储层中地下热水水位迅速下降，热水中 F^-、NO_3^-、SO_4^{2-}、Cl^-、NH_4^- 等含量明显逐年增高，资源形势渐趋恶化。1999年昆明世界园艺博览会召开后，云南省地方政府开始一定程度限制热田内尤其是超采地段地下热水的开采量。最近监测资料反映，地下热水水位已缓慢回升，但溶质含量仍在缓慢增高。据热田1982~2002年监测资料统计（云南省地质环境监测总站长期监测资料），1989年以前地下热水位的埋深一般为30~40 m，部分地段可自流，流场较为平缓，动态稳定。而至1999年底，各热水开采井（孔）水位已普遍低于成井时水位，最大下降值超过25.10 m，平均下降速率为1.02~1.80 m/a，最大为4.59 m/a。热储层流场具有从盆地边缘向主城区南部、盆地中心流动的总趋势，且水位逐年下降趋势明显，这是由于集中开采引起的水位差驱使热田边缘地下水向水位降落漏斗中心区流动所致。2005年开始，由于开采量得到有效的控制，深层基岩热储层中地下热水水位渐趋稳定并有逐渐回升的趋势。

近几年在呈贡区及滇池东南部打了数十口热水井，井深都在2000 m左右，水温在42~50℃之间。增加对昆明盆地地下热水的一些新的认识及资源开采利用的前景。

表13-6 昆明地热田主要地热井一览表

序号	位置	孔深/m	孔口高程/m	流量/($L\cdot s^{-1}$)	单位涌水量/($L\cdot s^{-1}\cdot m^{-1}$)	孔口水温/℃
1	云南武警边防总队疗养院	1845.84	1895.00	16.56	1.570	61.0
2	国防体育馆	1003.87	1891.12	9.40	0.250	40.8
3	昆明近日公园	823.33	1891.51	18.45	0.910	42.0
4	云南市地质矿产勘查开发局白塔大院	1430.39	1895.10	11.21	0.473	43.0
5	云南市地质矿产勘查开发局白沙河疗养院	853.51	1936.59	11.21	2.700	39.0
6	西坝清泉旅社	823.00	1888.22	21.87	0.804	45.8
7	云南白药厂	512.14	1888.70	5.47	0.188	31.6
8	云南省军区大院	872.00	1888.61	15.60		46.0
9	云南省第一人民医院	851.50	1891.27	18.65	1.450	44.0
10	昆明盘龙寺	951.64	1889.01	14.40	0.700	45.0
11	昆湖饭店	1040.14	1889.01	15.85	0.800	44.0
12	水文公司大院	1212.07	1891.97	19.44	1.180	51.0
13	凉亭肉联厂	932.75		7.13	0.122	43.0

续表

序号	位置	孔深/m	孔口高程/m	流量/($L \cdot s^{-1}$)	单位涌水量/($L \cdot s^{-1} \cdot m^{-1}$)	孔口水温/℃
14	五华运动场	834.90	1888.99	12.20	0.870	51.0
15	云南纺织厂内	825.76	1889.28	13.15	0.502	47.0
16	云南市地质矿产勘查开发局劳动服务公司	902.03	1896.77	12.20	1.750	49.0
17	羊方凹6441工厂	793.71	1918.79	11.90	1.420	36.0
18	黄龙山（四库）	876.04	1949.25	4.64	0.105	31.0
19	南坝食品厂	453.72	1893.63	13.33	1.369	38.0
20	巫家坝	701.91	1892.34	6.28	0.356	45.0
21	牛街庄35475部队	884.29	1912.24	11.80	0.445	40.8
22	牛街庄冶金孔	880.37		7.73	0.385	41.0
23	关上航天饭店	742.07	1892.40	12.20	1.360	48.0
24	巫家坝飞机场	291.44	1892.45	9.54	0.482	31.0
25	巫家坝飞机场	684.16	1893.66	19.45	1.070	49.0
26	土桥北东500 m	666.69	1898.05	17.03	1.147	48.0
27	土桥空军汽车营	655.39	1896.39	12.99	1.939	50.0
28	海埂兵器工业部疗养院	1001.00		13.89		62.0
29	织布营东	305.75	1898.91	6.18	0.384	31.0
30	红卫山8457工厂	779.78	1931.26	3.62	0.560	36.0
31	跑马山昆明市第二农场	818.33	1898.88	17.27	2.673	39.5
32	跑马山土产仓库	780.54	1909.66	9.54	0.452	35.0
33	外贸土产仓库	720.29	1909.89	4.80	0.386	34.0
34	呈贡北东3 km 87055部队	431.70	1940.66	5.75	2.144	34.0
35	呈贡大梅子村南	880.09	1889.57	14.30	1.980	42.0
36	呈贡东1500 m 35032部队	491.01	1921.81	3.92	0.167	30.0
37	呈贡飞机场摩托队	200.07		8.05	4.880	35.0
38	呈贡松花铺	450.40	1895.70	7.29	0.324	31.0
39	白鱼口小花园	901.23	1888.64	9.23	0.331	41.0
40	呈贡农贸市场	800.00		7.71		38.0
41	呈贡龙城镇办事处三社	647.00		7.71		37.0
42	王家坝省老干活动中心	750.57	1887.4	10.13	0.850	47.0
43	环城西路十四军司令部	872.00	1889.55	15.60		46.0
44	盘龙路昆明市委门前	951.64	1889.01	14.40	0.700	44.5
45	菊花村药材市场	970.22	1892.15	10.83	1.170	44.3
46	北京路金龙饭店	1000.98	1889.42	8.25	0.750	46.5
47	昆明味精厂	451.09	1889.28	13.21	0.610	37.0
48	原南昆铁路指挥部	865.50	1889.2	11.59	1.400	44.0
49	关上新兴酒店	951.68		10.26	0.270	42.5
50	昆明市中级人民法院	804.72		20.46	2.675	73.5
51	向阳红餐饮娱乐公司	1133.47		6.279	0.112	62.0
52	日新村温泉	653.84	1891.26	16.32	0.910	52.0
53	关上空军干休所	752.20	1890.65	10.27	0.360	44.0

续表

序号	位置	孔深/m	孔口高程/m	流量/(L·s^{-1})	单位涌水量/(L·s^{-1}·m^{-1})	孔口水温/℃
54	关上官渡体育馆	732.92	1890.52	14.00	1.213	50.0
55	鸣泉村温泉	752.37	1895.82	9.54	5.680	49.0
56	省荣军康复医院	685.65	1896.91	12.20	1.870	41.0
57	兰花冰箱厂	779.78	1931.26	3.62	0.560	39.0
58	煤炭疗养院	1041.15	1884.60	12.20	0.842	60.0
59	铁道疗养院	1081.32	1884.52	7.33	0.154	59.8
60	民族村风景区	1021.00	1884.50	12.20	0.690	67.0
61	昆明房屋开发总公司	1020.79		16.68	0.927	45.0
62	四道坝李家厂兴科企业	600.81	1887.80	12.80	6.100	68.0
63	针织九分厂	605.00	1889.13	6.48		41.5
64	九门里	651.04		15.14	4.090	52.0
65	山邑村35072部队	400.67		2.40	0.042	41.0
66	西华园船房园丁小区	953.67		14.23	1.028	63.0
67	临沧市驻昆明办事处	791.08	1887.50	6.94	0.124	53.0
68	绿世界	1050	1887.00	6.00		60.0
69	董家湾红房子大酒店	1627.44		18.83		45.0
70	连云宾馆	1784.43		14.23	0.889	37.5
71	云南省地质矿产勘查开发局昆明探矿机械厂	1998.60		9.25		52.0
72	中达实业公司	522.00		11.67		57.0
73	关上宝海公园	760.22		14.23	0.477	43.5
74	美丽传说酒店热水井	951.62	1890.00	9.14	0.8466	56.0
75	云南机械进出口公司	893.13		11.80	1.897	49.0
76	双桥原汇华园	907.51		6.98		45.0
77	云南航空公司住宅小区	1059.56		21.87	5.910	55.5
78	云锡集团公司关上基地	1051.02		13.89	1.218	47.5
79	7433工厂（403厂）	1114.68		18.89	2.127	51.0
80	六甲福宝工贸有限公司	1112.80		14.17		61.5
81	昆明市审计培训中心	2242.15		28.75	1.250	67.0
82	泰华公司	892.70		3.75		57.0
83	耀龙民族休闲公园	801.11		12.86		42.2
84	中国龙	830.76		8.90		68.0
85	云南省公安厅禁毒培训中心	1224.15		13.15		67.5
86	白族风情园	1251.03		14.23	20.000	75.0
87	仪诚达公司	1297.43		3.92	0.0734	69.5
88	西华园公园	876.00		8.20		40.0
89	云南楚峰市政建设公司	1566.74		6.98	30.840	53.0
90	体育进修学院	901.47	1884.91	13.36	0.450	59.0
91	云南省委组织部培训中心	949.48	1885.00	16.11	1.371	53.0
92	昆明机场劳动服务公司	1023.20		23.20	24.300	59.0
93	昆明金沙小区	900.89		7.00	0.279	38.0

续表

序号	位置	孔深/m	孔口高程/m	流量/(L·s^{-1})	单位涌水量/(L·s^{-1}·m^{-1})	孔口水温/℃
94	昆明市中级人民法院	804.72		20.46		73.5
95	国家体育训练基地	1050.57	1888.00	15.37	0.6868	65.0
96	官渡区农业生态科技园	1103.00		8.91		54.0
97	民航保安公司	2080.00		12.50		72.0
98	昆明市老年人活动中心	1151.05		10.42	0.836	62.0
99	云南同兴集团房产公司	866.70		9.57	0.301	59.0
100	滇池路3公里绿景花园	1350.45	1892.00	15.05	0.515	66.0
101	官渡区鸣泉商业商场	901.76	1912.00	11.11	0.233	49.0
102	云南省高级人民法院	1052.9	1889.00	12.50	0.126	71.0
103	云南华丰集团公司	870.00	1894.00	13.89	2.315	54.0
104	昆明市保安服务总公司	2103.04		12.15	0.445	50.5
105	马街西边村东头	473.66		24.00	0.890	38.3

（据云南省地质矿产局水文工程地质公司，1985）

二、安宁盆地地热田❶

地热田位于安宁市温泉镇，地理位置为：东经102°26′52″，北纬24°57′54″，海拔1830 m，距昆明市区38 km。其中安宁温泉位于境内玉泉山麓，螳螂川畔，是云南省最著名的温泉之一，有“天下第一汤”之美誉。安宁温泉古称“碧玉泉”，相传发现于汉代，明永乐年间始开发利用，由于区位优越，水质疗养效果明显，为我国著名的温泉疗养胜地。

1. 地热田地质特征

（1）地层

安宁地热田的地层分布较为复杂，元古宇、中生界、新生界均有出露。

元古宇：主要有中元古界昆阳群美党组（Pt_2m）、新元古界下南华统澄江组（Nh_1c）、下震旦统陡山沱组（Z_1d）和震旦系—寒武系灯影组（$Z\epsilon d$）。

古生界：主要有下寒武统渔户村组（ϵ_1y）、筇竹寺组（ϵ_1q），中泥盆统海口组（D_2h），上泥盆统宰格组（D_3zg），中二叠统倒石头组（P_2d）、栖霞组（P_2q）、茅口组（P_2m），上二叠统峨眉山组（Pe），是一套以灰岩、白云质灰岩、砂岩、板岩等为主的碳酸盐岩和碎屑岩。

中生界：主要有上三叠统舍资组（T_3s）、下侏罗统下禄丰组（J_1l）和上侏罗统安宁组（J_3an），是一套以泥砂质岩为主的红色碎屑岩层。

新生界：主要由冲洪积的砂卵砾石、粘性土组成，从更新统到全新统均有堆积分布，主要分布在螳螂川冲洪积盆地及两岸的河流阶地。

（2）构造

安宁地热田在区域上位于扬子准地台西部，川滇台背斜南段，属武定-石屏隆断束，处于禄劝断凹区，由昆阳群组成断凹区基底，构造甚为发育，为多期叠加褶皱变形区，古生界海相盖层和中生界凹陷的陆相盖层，在基底构造的制约下，主要发育了近东西向的褶皱和逆冲推覆构造。温泉地热田地处相距35~40 km的禄丰-易门南北向断裂带与桃园-昆明南北向断裂的相间挟持部位，受上述两南北断裂带的影响和来自南北地应力的控制，区内构造线以东西向为主，其次为南北向

❶ 主要资料来源：西南有色昆明勘测设计院，2007，安宁市温泉旅游小镇水资源保护与开发利用规划报告。

和北东、北西向，安宁温泉位于南北与东西向构造交汇处，平缓的褶皱和块状断裂是本地区的构造特点（图 13-10）。

A. 断裂构造

区内发育近东西向和南北向两组断裂构造，其中近东西向断裂有笔架山断裂和石甸口断裂。

笔架山断裂：位于笔架山南侧，长度大于 20 km，是安宁盆地的北界。断层面倾向北，倾角约 70°，由北向南逆掩，造成北面昆阳群、震旦系、寒武系推覆到南面上古生界和中生界之上，断距大于 1000 m，常形成数米到数十米的破碎带，常见碎裂岩和蚀变矿物产出。

石甸口断裂：位于龙山以南，由 3 条近于平行的断层组成，断裂走向近东西，倾向北，属区域断裂。断层由西面禄脿经青龙哨到温泉南石甸口，长度约 20 km。北部昆阳群逆冲推覆于震旦系之上，中部震旦系逆冲推覆于古生界之上，南部古生界逆覆于中生界红层之上，形成“叠瓦式构造带”。该断裂呈挤压状，侏罗系发生倒转，并显千枚状构造，蚀变矿物有云母、滑石等，白云岩、灰岩结晶变粗。断层破碎带宽数米至 250 m，碎裂岩块度为 1~5 cm。

南北向断裂主要为螳螂川断裂，也称温泉断裂，属受东西向应力作用产生的低次序断裂。断裂南北延伸约 7.0 km，北部出露昆阳群。断层由秋木园、新房子一带沿螳螂川经温泉镇、珍泉村直至南部新哨湾于滇中红层中收敛消失。断层倾角较陡，近直立，总体倾向西，局部东倾，为西升东降的左旋逆断层，断距大。北段断层面呈舒缓波状，南段呈直线状，断面擦痕极多，断层带宽数米至数十米。该断裂切断了区内的笔架山断裂和石甸口断裂，控制了断裂东西两侧的地层和较低序次的断裂分布，是区内唯一起控制作用的主干断裂（图 13-9）。

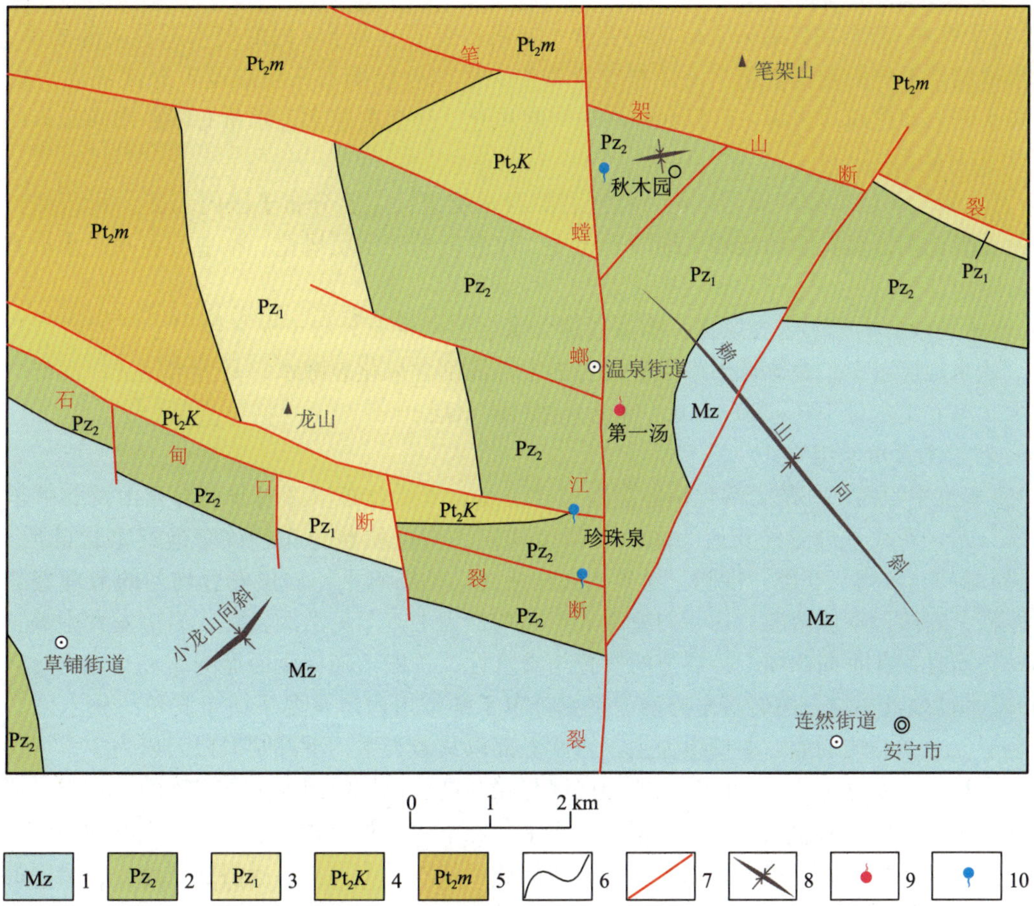

图 13-9　安宁地热田区域构造纲要图

（据西南有色昆明勘测设计院，2007）

1—中生界；2—上古生界；3—震旦系及下古生界；4—中元古界昆阳群；5—中元古界昆阳群美党组；6—地质界线；7—断层；8—向斜轴；9—温泉；10—冷水泉

B. 褶皱构造

主要有两个小规模的向斜：赖山向斜和小龙山向斜。分别位于螳螂川断裂的东西两侧。

赖山向斜：位于螳螂川断裂以东，褶曲宽缓，向斜轴部走向为南东—北西向，侏罗系安宁组为轴部最新地层，两翼最老地层为下寒武统渔户村组。

小龙山向斜：位于螳螂川断裂西侧；为小规模的宽缓向斜，轴部走向北东—南西。上侏罗统禄丰组为核部最新地层，两翼最老地层为下寒武统渔户村组。

2. 地下水类型及含水层组划分特征

根据地下水储存空间及赋存特征，安宁地热田地下水类型划可分为孔隙水、裂隙水、岩溶水三大类型。结合裂隙发育特征将裂隙水再细分为风化、构造裂隙水、层状裂隙水；根据碳酸盐岩岩体的溶蚀特征、岩溶发育程度，将岩溶水细分为溶隙洞穴岩溶水、岩溶化构造裂隙水两种。

（1）孔隙水含水层组

1）富水性中等-较强的冲洪积相砂砾石层孔隙型潜水含水层组：主要分布于螳螂川两岸阶地及现代河床，赋水空间主要为冲洪积相的砂砾石层，厚度数米至十多米，砾石含量高，透水性一般较好，补给条件适宜，富水性较为丰富，水位埋藏浅，单井出水量300~400 m^3/d。地下水动态变化大，与螳螂川江水互为补排关系，水质易受污染，细菌含量多超标。

2）富水性较弱的冲洪积、坡洪积孔隙潜水含水层组：主要分布在位置较高的阶地，赋水岩土以更新统的砂砾石层、砂层、粘土为主，多呈半胶结状态，含水量有限，无供水意义，可视为相对隔水层。

（2）裂隙水含水层组

1）富水性弱-较弱的碎屑岩类层状裂隙含水层组：主要分布于区内的南东部及南部的中山-丘陵区，赋水地层以下侏罗统禄丰组、上三叠统舍资组、中二叠统倒石头组以及下寒武统渔户村组的砂岩、页岩、泥岩及含磷块岩为主，仅含较弱的层状风化、构造裂隙水，水量有限，出露泉点的流量约1 L/s，为相对隔水层。

2）富水性较弱的变质碎屑岩风化、构造裂隙含水层组：主要分布于区内北部、北西部，赋水地层以中元古界昆阳群美党组的板岩夹细砂岩为主，仅含较弱的层状风化、构造裂隙水，水量有限，可视为相对隔水层。

3）富水性较弱的喷出岩类风化、构造裂隙含水层组：主要分布于温泉镇中心区的西岸及东岸凤山一带，赋水地层以上二叠统峨眉山组玄武岩为主，浅部含风化裂隙水，具潜水特征，深部含弱的构造裂隙水，单井出水量100~200 m^3/d，可视为相对隔水层。

（3）岩溶水含水层组

1）富水性中等而均一的岩溶化构造裂隙型岩溶水：主要分布于区内北西部龙山及北部羊角山一带，以震旦系—寒武系灯影组灰岩为主，受断裂切割，多呈块状分布，该套地层富含硅质不溶物，隐-细晶质结构，致密、坚硬、性脆、易碎，在构造变动的影响下，岩层发育均匀的节理裂隙，但因其抗蚀性强，岩溶形态以溶隙、均一的缝隙式形态特征为主，罕见溶洞发育，岩溶发育中等，岩层赋水性均一，而且，在垂向深度上，裂隙的发育与富水性，一般不随深度而递减。

2）富水性强且不均一的岩溶水类型：主要分布于螳螂川西岸及温泉镇东北角的秋木园、月亮山一带，地层以中二叠统栖霞、茅口组为主，岩性上部以灰岩为主，下部则以白云岩为主，岩层以厚层状为主，岩溶裂隙发育不均一，但裂隙的延展度与张开度远比灯影组大，为岩溶的发育提供了有利的构造条件。在山岭区，岩溶发育以垂直型形态为主，地下水呈管道式运动，富水性不均一，大气降水迅速为垂直型洞、隙吸收，渗入系数大，水交替循环不强烈，山顶多形成溶蚀谷地。补给区的人类活动非常容易造成地下水的迅速污染；在螳螂川河谷排泄区附近，岩溶发育则以溶隙为主，富水性较均一，水量丰富，常构成较好且易于开发的富水块段，局部地段直接出露岩溶大泉。

3）富水性中等且较均一的岩溶水类型：主要分布于南西的杨梅山、石甸口及北东的新房子村、甸中大村一带，地层为上泥盆统宰格组厚层状灰岩、白云岩。岩溶发育中等，岩溶形态以溶隙、溶孔为主，溶洞少见，多交错串联构成赋水网格。岩溶裂隙的发育深度一般在200 m以内，分布面积较为广泛时，常构成富水块段。

3. 地热田的形成及热储地热地质特征

安宁地热田属断裂传导性热田，地壳深部的热源通过断裂进行传导，形成与岩浆活动无关。

1）热源的富存，为地热田的形成提供了物质基础。区域重力、人工地震测深资料，该区地壳结构为双层结构型，安宁以南一带地壳厚度48 km，富民、禄劝一带以北地壳厚度约50 km，由南向北逐渐增厚，分为上地壳、下地壳，厚度分别为16～25 km、21～25 km，康德拉面附近可能存在低速带。热源主要来自上地壳花岗岩壳层放射性元素的蜕变天然热和上地壳下部低速层对热源的持续补充和传导。

2）深大断裂为地热田的形成提供了热运输通道，为热源向上传递提供了保障条件。地热田位于东西向构造带内，南北向断裂极为发育，从西向东发育罗茨-易门断裂、普渡河-西山断裂、小江断裂，处于地壳相对凸起带，有利于更多的侧向热源集中。特别是螳螂川活动断裂在地热田的形成中起到了至关重要的作用，该断裂沟通了深部的热源，为浅部常温水的下渗提供了良好的通道。

据区域资料，热田地区的地应力主要来自北部。在北部笔架山和南部石甸口形成由北向南推覆逆掩断裂的同时，受主压应力天然释放的影响，形成了走向近南北的低序次螳螂川断裂，断裂东盘上升、西盘下降，属高角度压扭性逆冲断裂。后期受历次构造运动的影响，尤其是燕山运动和喜马拉雅运动的影响，使该断裂重新活动，切穿了东西向构造，西盘开始抬升，断裂性质改变为张性和张扭性，为热流向上传递提供了首要条件。新生代挽近期，该断裂带活动更加强烈，形成断裂两盘上升的不对称性，造成断裂带两侧岩石破碎、裂隙网络发育，为地下水富集和热水的对流提供了必要的环境和场地。

3）高热导率结晶基底及碳酸盐岩深部水循环活动，为深部热源的传导提供了载体。地热田结晶基底由一套高热导率的昆阳群、震旦系组成，属良好的热源传导介质，加之震旦系碳酸盐岩深部岩溶仍较发育，增加了深部岩溶水的循环，促进了地壳深部热源形成的热量向浅部不断地快速传递。

4）热储层和热储盖层的存在，为地热田的形成、地热水的赋存提供了贮存和运移空间。地热田地区广泛分布元古宇至古生界的碳酸盐岩，为典型的常温水含水层组，在含热断裂附近或热水传递传导有利部位，将深循环的地下水加温变为热水时，也可视为热水储集层。另外，热储盖层条件也是温泉热田形成的主控因素。区内新生界松散沉积岩、中生界及古生界碎屑岩以及上古生界火山岩结构层，富水量弱-较弱，可视为区内的相对隔水层，也可视为隔热隔水的保温盖层。

热水外围区，碳酸盐岩地层普遍裸露地表，水温一般在18～20℃之间，只能形成冷水含水层，随上覆盖层或隔水层厚度增加，水温会逐渐升高，形成半敞式热储。水温增加受周围常温水补给量和热能传递及热水深循环的影响，一般增加较慢，多在25～30℃之间，水温不高，只有当含水层深埋地下，或处于封闭状态，无大量冷水补给时，水温才会迅速增加，形成水温达40℃以上的热水，由此，热储盖层条件也是地热田形成的关键性控制因素。

5）热水的补给、深部径流、沿断裂排泄为地热田热水的补充和对流提供了补充和更新的条件。震旦系—寒武系灯影组灰岩，是新元古界变质岩系上的第一个碳酸盐岩沉积，为一套灰、浅灰色中厚层、厚层状的隐-粉晶质白云岩、硅质白云岩为主，经历多次构造运动作用，除节理裂隙十分发育外，深部岩溶也十分发育，以溶隙为主，均匀性高，在海拔0 m以下仍赋存有丰富的构造裂隙。该地层主要分布于区内北西部龙山及北部羊角山一带。大气降水会沿溶隙及构造裂隙向深部径流，成为深循环的地下水。因埋藏深，径流距离长，渗透途径不畅，其运移速度缓慢。当运移到螳螂川断裂带附近时，由于断裂沟通产生深循环水的对流，使水的温度逐渐升高，并进一步加速溶解围岩的可溶组分，在含水层自然调节功能和地压力的作用上，呈均匀流形式继续向上运动、汇集，出露地表形成温泉（图13-10）。

4. 热水赋存与热储结构特征

安宁地热田分布在南北走向的螳螂川两岸的谷地内，热田垂向结构可分为六层，即浅部、中部、深部三个热储层以及上、中、下三个隔热隔水保温盖层（图13-11）。具有多元结构特征，形态上则

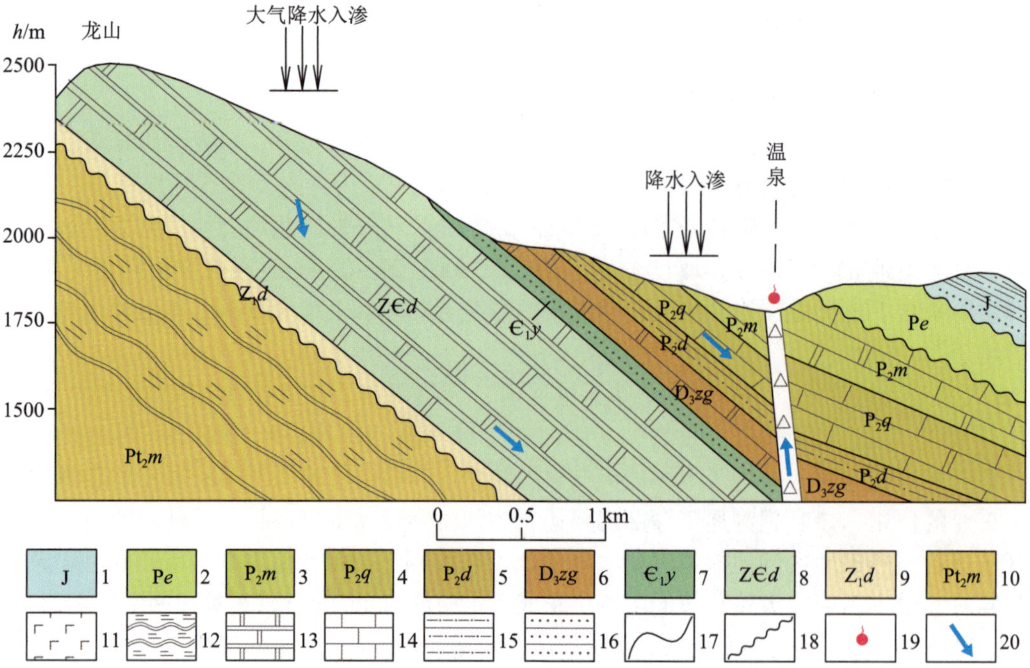

图 13-10 温泉水循环地质结构模式形成示意图

（据西南有色昆明勘测设计院，2007）

1—侏罗系；2—二叠系峨眉山玄武岩；3—中二叠统茅口组；4—中二叠统栖霞组；5—中二叠统倒石头组；6—上泥盆统宰格组；7—下寒武统渔户村组；8—震旦系—寒武系灯影组；9—下震旦统陡山沱组；10—中元古界昆阳群美党组；11—玄武岩；12—绢云母板岩；13—大理岩；14 灰岩；15—泥质砂岩；16—砂岩；17—地质界线；18—角度不整合界线；19—温泉；20—冷水/热水运移方向

属脉状热储。

1）上隔热隔水保温盖层，又称新生界松散沉积及中生界沉积碎屑岩和玄武岩构造盖层：热田区新生界松散沉积物最大厚度 12~15 m，中生界中下侏罗统禄丰组及上三叠统舍资组的砂岩、页岩、泥岩及上二叠统峨眉山组玄武岩，仅含较弱-弱的孔隙水和层状风化、构造裂隙水，浅部水温仅高于区内年平均气温，一般为 16~18℃，是区内最上部的隔热隔水保温盖层。

2）浅部热储层，又称上古生界碳酸盐岩热水强循环构造层：主要由中二叠统茅口组和栖霞组的灰岩、白云岩组成，岩溶发育，联通性好，地下水循环交替强烈，富水性中等-较强。热田区的温泉及地热井热水均出自该层。该热储的热水温度严格受距离螳螂川断裂的远近控制，在距离断裂一定距离之外，由于侧向地下冷水的大量补给，水温降低成为冷水。反之，在一定距离之内，由于沿断裂带上升的热流补给加热地下水而成为热水。在垂向上，由于受到冷水水动力条件及冷水侧向补给等影响，有时也形成冷热水相间的现象。

3）中隔热隔水保温盖层，又称为上古生界以沉积碎屑岩为主的相对隔热隔水保温构造盖层：主要由中二叠统倒石头组的铝土岩、铝土质页岩和石英细砂岩组成，埋深 350~400 m，仅含层状裂隙水，富水性弱，可视为相对隔水层和隔热层。

4）中部热储层，又称为上古生界碳酸盐岩热水中等-弱循环构造层：主要由上泥盆统宰格组的白云岩组成，埋深 400~500 m，热水分布的边界，同样受到距离螳螂川断裂的远近和周边侧向冷水补给量多少的影响。

5）下隔热隔水保温盖层，又称为下古生界以沉积碎屑岩为主的相对隔热隔水保温构造盖层：主要由下寒武统渔户村组的泥岩、页岩及含磷砂岩组成，埋深 500~600 m，含层状裂隙水，富水性弱，可视为相对隔水层和隔热层。

6）深部热储层，又称为碳酸盐岩热水弱循环构造层：主要由震旦系—寒武系灯影组硅质白云岩

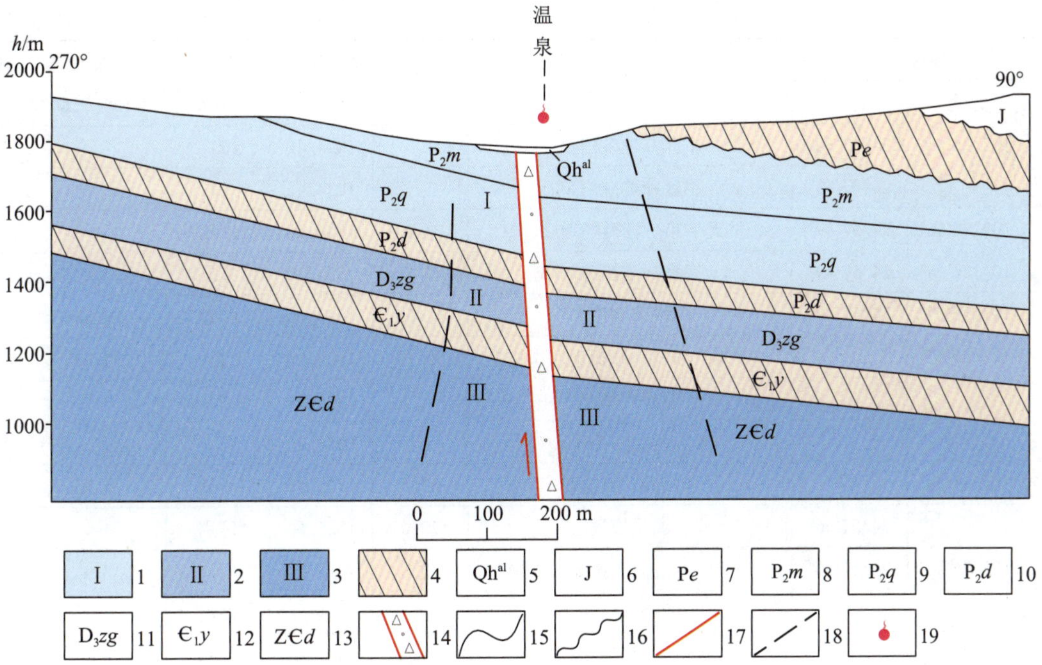

图 13-11　安宁温泉地热田热储多元结构模型示意图

（据西南有色昆明勘测设计院，2007）

1—浅部热储及编号；2—中部热储及编号；3—深部热储及编号；4—热储盖层；5—第四系；6—侏罗系；7—二叠系峨眉山玄武岩；8—中二叠统茅口组；9—中二叠统栖霞组；10—中二叠统倒石头组；11—下泥盆统宰格组；12—下寒武统渔户村组；13—震旦系—寒武系灯影组；14—断裂破碎带；15—地质界线；16—接触不整合界线；17—断层；18—热水边界；19—温泉

组成，埋深 600~700 m，本层由岩溶化的构造裂隙发育构成储水空间，含中等岩溶化构造裂隙水，是温泉地热田的主要热储。

5. 地热水资源情况

主要针对浅部热储进行评价。根据安宁地热田的形成机理及地热水径流特征，计算其浅部地热水资源总量约为 $374.41\times10^4\ m^3/a$，平均流量 $10257.75\ m^3/d$。

6. 地热水资源开发利用现状

安宁地热田是著名的风景名胜区，温泉得到大规模的开发利用。据 2007 年调查统计，浅部地热田年平均开采热水总量约为 $466.06\times10^4\ m^3$，平均开采量为 $12768.75\ m^3/d$。温泉热水的开发利用主要集中在“天下第一汤”周围，沿螳螂川两岸分布长度约 900 m、宽度约 200 m 的带状区域内。

区内现有开采利用的热水井 19 口（不含冷水井），分属云南省干部疗养院、昆明市干部疗养院、安宁经济贸易局、温泉宾馆、温泉小村、温泉镇政府等驻镇单位。开采量约 $141.56\times10^4\ m^3/a$（表 13-7）。

表 13-7　安宁温泉地热田主要地热井一览表

水井编号	地理坐标		位置	孔深/m	孔口高程/m	年开采量/$10^4\ m^3$	单位涌水量/$(L\cdot s^{-1}\cdot m^{-1})$	孔口水温/℃
	东经	北纬						
热 01		24°57′50″	云南省干部疗养院	50.15	1823.87	10.95	8.5	43.0
热 02		24°57′50″	云南省干部疗养院，螳螂川右岸边		1822.40	2.19		44.5
热 03	102°26′56″		云南省干部疗养院，螳螂川右岸边		1822.30	4.42		41.0
热 04	102°26′56″		军区疗养院内游泳池旁	15.35	1824.37	未用	12.4	35
热 05	102°26′56″	24°57′50″	军区疗养院门口	16.10	1824.42	21	2.04	44

续表

水井编号	地理坐标		位置	孔深/m	孔口高程/m	年开采量/10^4 m^3	单位涌水量/($L\cdot s^{-1}\cdot m^{-1}$)	孔口水温/℃
	东经	北纬						
热06	102°26′56″	24°57′50″	军区疗养院门口		1824.42	21		44
热07		24°57′50″	军区疗养院门口		1824.42	21		44
热08	102°26′56″	24°57′49″	天下第一汤西约20 m	8.0	1824.20	停用		
热09	102°26′58″	24°57′49″	天下第一汤西约30 m	7.6	1824.20	9.56		44.5
热10	102°26′57″	24°57′49″	国税培训中心	42.55	1823.60	0.37	0.88	36
热11	102°26′55″		温泉广场北，螳螂川左岸边	57.13	1824.00	15	0.83	42
热12			温泉广场北	45.3	1824.31	22		38
热13			龙凤桥北河心小岛		1823.10	1		34
热14	102°26′58″		云涛酒店院内	53.6	1823.96	3.65	1.55	41
热15		24°57′36″	温泉广场	70.0	1825.60	停用		27
热16	102°26′59″	24°57′36″	市干疗养院北，螳螂川左岸	70.0	1823.00	6.73		40
热17			云窝洞西侧			停用		35
热18	102°26′57″	24°57′35″	市干疗养院北	95.0	1823.96	1.83	7.25	39
热19	102°26′57″	24°57′35″	市干疗养院北		1824.0	0.86		25
热20			温泉广场以南	34.7	1824.11	15	7.37	31
热21			龙凤桥以东	100	1829.35	0.4	2.16	27
热22			粮管所院内	100	1841.01	0.4	0.11	

（据西南有色昆明勘测设计院，2007）

利用天然热泉两处，天下第一汤、附一号泉（热01、02号泉），由温泉宾馆作为沐浴、生产用水使用，利用量约为91.20×10^4 m^3/a。

近几年当地政府管理部门，采取了水资源统一配置与总体规划等治理保护措施，关停了部分规模较小的池塘和温泉宾馆。现地下水位有所回升，保障了“天下第一汤”“珍珠泉”等品牌自然风貌。

三、宜良盆地地热田❶

宜良第热田包括整个宜良盆地，地理坐标：东经103°06′~103°12′，北纬24°43′~25°05′。即北起羊街-张家村一线，南至狗街-白莲寺一线，东、西均为盆地自然边界，总面积139.3 km^2。宜良盆地为走向南北、长35 km、宽3~5 km的长条形盆地，地势平坦，平均海拔1530 m左右。南盘江由北而南贯穿整个盆地，河道弯曲，发育河漫滩及一级堆积阶地。盆地内沉积新生界松散地层，沉积中心在顺河营-西村一带，最大厚度超过800 m。山脉走向多与主干断裂平行，呈南北向或北北东向，为构造侵蚀中-低山地形，总地势北高南低，相对高差300~600 m。

1. 地热田地质特征

（1）地层

宜良地热田的地层以新元古界震旦系和下古生界寒武系及志留系最为发育，上古生界仅有泥盆系出露，中生界缺失，新生界主要分布在盆地（坝子）中。

（2）构造

区内主要构造为著名的小江断裂东支，断裂呈南北向纵贯全区。断裂形成于晋宁运动或更早的易门运动，长期成为各级构造单元的天然界线并控制着各期旋回和沉积中心的转移。

小江断裂东支断裂束在热田由F_1、F_2、F_3、F_4断裂组成（图13-12）。其中F_1和F_4是构成盆地

❶ 主要资料来源：云南省地质矿产局第一水文地质工程地质大队，1990，云南省东部地区地热调查报告。

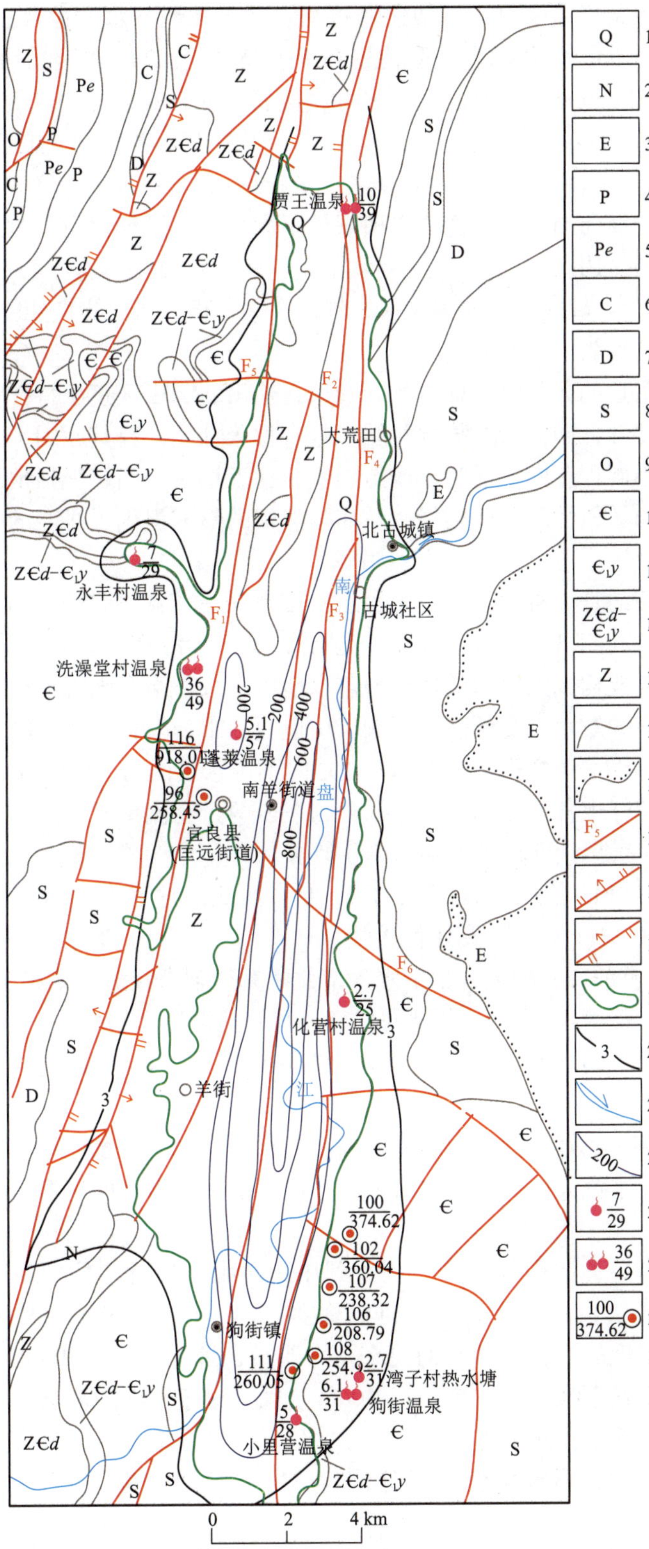

图 13-12 宜良盆地地热田范围及第四系盖层等厚线图

（据云南省地质矿产局水文工程地质公司，1985）

1—第四系；2—新近系；3—古近系；4—二叠系；5—二叠系峨眉山玄武岩；6—石炭系；7—泥盆系；8—志留系；9—奥陶系；10—寒武系；11—下寒武统渔户村组；12—震旦系—寒武系灯影组—下寒武统渔户村组；13—震旦系；14—地质界线；15—角度不整合地质界线；16—实测断层及编号；17—正断层；18—逆断层；19—地热田范围；20—等温梯度等值线（℃/100m）；21—水系；22—基岩埋深等值线（m）；23—温泉流量（L/s）/水温（℃）；24—温泉群流量（L/s）/水温（℃）；25—钻孔孔号/孔深（m）

东西边界的主干断裂，控制着整个热田区地层的排列、展布和地下水的运移、循环。F_1 断裂在地表可见 100～200 m 宽的破碎带，由角砾岩、糜棱岩和少量断层泥组成，断裂面光滑、向西倾斜，倾角 80°左右。F_4 断裂破碎带宽 50 m 左右，由角砾岩和糜棱岩组成，断裂面向东倾斜，倾角 45°，局部地段近于直立。与两主干断裂平行或斜交的 F_2，F_3 断裂，见有 50～70 m 宽的破碎带，断面东倾，倾角 80°左右。

区内垂直主干断裂的横向断裂较发育，一般规模不大，多显平移性质，对于沟通各断块间地下水的水力联系起到了良好的作用。

褶皱见于 F_4 以东，为一较完整的向斜构造，轴部在大荒田一带，走向 40°，为 D_1c 地层；两翼不对称，北西翼陡，南东翼舒缓。

区内的断裂性质具明显的分段性，即东支断裂束在热田北部山区挤压特征十分明显，而进入盆地区后，断裂束逐渐向南展开，两侧岩层排列舒缓，具有拉张性质。究其原因，乃是因为断裂自形成后在历次构造运动中均有不同程度的复活甚至改造，直至挽近期又全面、强烈地复活，造成现在同一断裂在不同地段具有不同力学属性的构造格局，从而为热田的形成提供了必要的条件。

2. 地下水径流特征

与地热成生关系密切的是岩溶地下水，含水层有震旦系—寒武系灯影组（$Z\epsilon d$）、下寒武统龙王庙组（$\epsilon_1 l$）、上志留统妙高组 3 段（S_3m^3）3 个层组。地下水沿沟谷和盆地边缘排泄，具有就近补给、就地排泄的特点，未能构成大面积的埋藏型富水地段。灯影组含水层在地表广泛出露，并大面积埋藏于盆地之中，岩溶不太发育。受断裂的影响，构造裂隙十分发育，大气降水主要通过断裂破碎带和裂隙通道下渗运移聚集于盆地之中。受 F_1 和 F_2 之间不透水层的阻隔，该含水层被分割成东、西两大条块，地下水的径流特征也各不相同，明显的分为东西两个径流单元。

1）西单元，为单斜构造，仅 F_1 旁侧略有牵引现象，地下水自东而西、由北向南往盆地中径流。受地形的制约，呈一走向南北的狭长条带聚集于 F_1 断裂西侧的盆地之中，形成富水块段。据钻孔揭露，单位涌水量 1.5～2.0 L/(s·m)，富水性较强。

2）东单元，为不完整的向斜构造，地下水由南北两翼往轴部径流，聚集于 F_2 断裂以东的盆地之中，形成承压富水块段。但由于 F_3、F_4 断裂的切割，其完整性遭到破坏，又被分割成三个狭长条带。从断裂的性质分析，各条带间可能存在水力联系，并且有其他含水层的越流补给。据钻孔揭露，单位涌水量一般 1.07～3.06 L/(s·m)，富水性强。

从承压条件来看，东单元好于西单元，但因分布面积大，水流分散导致水头较低。西单元则因面积狭小，补给来源充沛，水流集中，反而水头更高，最大水头高出地面达 63.3 m。

3. 地温场特征

宜良地热田内施工有各类钻孔 20 余个，揭露到热储的钻孔 13 个，主要集中在南部狗街一带。钻孔深度一般小于 400 m，孔口水温 22～57℃，地温梯度 2.6～10.4℃/100m。从平面分布来看，盆地的东部比西部略高一些。温度的变化与断裂的关系不太明显，埋深 100～200 m 的区段地温梯度呈现异常高的特点，其他地段变化不大，多在 4～5℃/100m 之间。对于垂向地温场而言，温度变化主要受岩性及导热性能控制。据 116 钻孔测试，粘土类热导率最低，增温率最高，其次为页岩和粉砂岩。进入热储后，随着热导率的增大，增温率急剧下降，表现出良好的负相关关系，说明热储的温差不会太大。

4. 地热块段及热储埋藏特征

东支断裂束呈南北向纵贯全区，将热田分割成东、西两个块段，各具不同的埋藏分布特征。

（1）西块段（I2-1）

范围北起吕广营、南至许家凹，呈长条形，面积 10.5 km²。块段以 F_1 断裂为东边界，北、西、南三个方向以山边作为块段边界。热储为灯影组（$Z\epsilon d$），厚 396 m，其顶板埋深 300～1900 m。热储盖层由基岩盖层和松散层盖层组成，但松散盖层厚度一般小于 100 m。由于受北西向断层的错切，热储顶板由北而南呈陡坎状急剧加深，分为 3 个埋藏区。

1）浅埋藏区：即F_5断裂以北地区，热储顶板埋深300~500 m，面积1.6 km^2。由于该区没有钻孔控制，其水温、水质、水量尚不清楚。按南部3.7℃/100m的地温梯度推算，热储温度34.9~42.3℃，平均为38.6℃，显然水温较低，意义不大。

2）中等埋藏区：位于F_5—F_6之间，面积5.8 km^2，热储顶板埋深700~1100 m，自东而西渐深，热储温度58.5~77.3℃，平均为67.9℃。据116钻孔揭露，热储顶板埋深823.27 m，钻孔深918.01 m，孔口水温57℃，孔底温度59.3℃，全孔平均地温梯度4.7℃/100m，水化学类型HCO_3·SO_4-Na型，矿化度0.316 g/L，水头高出地面63.3 m，自流量3.09 L/s，最大降深106.70 m，涌水量5.06 L/s。据SiO_2温标计算，热储温度60.2℃，循环深度919 m。在该区出露温泉2处，水温29~49℃，流量7.0~36 L/s，水化学类型为SO_4-Ca型，矿化度1.272~1.311 g/L。

3）深埋藏区：即F_6以南地区，面积3.1 km^2，热储顶板埋深1700~1900 m。施工钻孔1个，孔深258.45 m，未揭露热储，地温梯度为3.7℃/100m，推算热储温度86.7~94℃，平均90.4℃。

（2）东块段（I2-2）

北起贾家村-张家村一线，南至狗街-白莲寺一带，西以F_2断裂为界，东至盆地自然边界，总面积91.20 km^2。块段位于主盆地区，盆地中有厚度巨大的新生界松散沉积层，对热田的形成起到了良好的封闭作用。按其厚度大小，将东块段进一步细分为深覆盖区和浅覆盖区。

1）深覆盖区：北起贾家村、南至右所-狗街一带，即F_2—F_4之间的狭长条带。受F_2、F_3、F_4断裂夹持，呈北部收敛、南部撒开的帚状，面积71.50 km^2。该区处于宜良断陷盆地的中央部位，沉积了厚度巨大的松散层，最大厚度达800余米，沉积中心在顺河营-西村一线，四周逐渐变薄。由于松散层厚度巨大，目前尚无揭露基底的钻孔，据物探资料推测，下伏基底由震旦、寒武、奥陶系组成。地层排列的总趋势是北西老、南东新。所以，大部分地段具有双盖层结构，仅北部和西部的局部地段为松散层覆盖的单盖层结构。受此影响，热储顶板埋深跨度极大，在100~1900 m之间。地温梯度参照邻区资料取3.5℃/100m，推算得热储温度介于26.9~84.7℃之间，平均为58.4℃。在该区的北部出露温泉1处，水温39℃、流量0.50 L/s，水化学类型HCO_3-Ca·Mg型，矿化度0.319 g/L。

2）浅覆盖区：为F_4断裂以东的盆地区。北起张家村、南至白莲寺，面积19.7 km^2。松散覆盖层厚度多小于200 m，热储顶板埋深100~1900 m，地温梯度2.6~9.7℃/100m。F_8断裂以北，受地层褶皱的影响，热储埋深由300 m增至1900 m，在向斜的轴部大荒田一带埋深超过了2000 m。该地段施工有4个钻孔，未揭露到热储，水温21~24℃，地温梯度3.8~4.4℃/100m，平均为4.03℃/100m。按此梯度推算，F_8以北地区（面积10.80 km^2）热储温度36.5~95℃，平均68.7℃。而F_8断裂以南地区，虽然面积仅有5.3 km^2，却施工有13个钻孔，孔深142.87~374.62 m，热储顶板埋深100~500 m，水温22~42℃，地温梯度2.6~9.7℃/100m，平均8.1℃/100m，水头高出地面1.8~28.8 m，自流量1.52~66 L/s，单位涌水量0.135~3.06 L/(s·m)，水化学类型为HCO_3·SO_4-Ca·Na或HCO_3-Ca·Mg·Na型，矿化度一般0.205~0.491 g/L，个别达1.332 g/L。区内出露温泉2处，水温均为31℃，流量2.7~6.1 L/s，水化学类型HCO_3-Ca·Mg型，矿化度0.232 g/L（表13-8，表13-9）。

表13-8　宜良盆地地热田钻孔统计一览表

序号	位置	孔深/m	孔口高程/m	流量/($L·s^{-1}$)	单位涌水量/($L·s^{-1}·m^{-1}$)	孔口水温/℃
1	宜良县狗街镇湾子村	168.53		66.47	2.310	37.0
2	陆良县薛光堡村中	380.50	1857.70	11.24	2.248	39.0
3	宜良县狗街镇端家营	374.62		22.04	1.499	42.0
4	宜良县狗街中营村	300.24		16.56	2.900	35.0
5	宜良县狗街谷家营南东150 m	360.04		41.83	2.610	41.0
6	宜良县小李营村东	142.87	1545.09	36.71	3.060	34.0
7	宜良县狗街湾子村北	208.79	1539.94	36.24		35.0

续表

序号	位置	孔深/m	孔口高程/m	流量/（L·s^{-1}）	单位涌水量/（L·s^{-1}·m^{-1}）	孔口水温/℃
8	中营村南	238.32	1546.87	31.33		33.0
9	小李营村东 200 m	254.90		14.78	1.466	36.0
10	中营小村北 100 m	300.00		11.05	1.070	40.0
11	宜良县下山脚营北东	260.05		5.74	0.163	30.0
12	万寿山皂角村南西 250 m	336.00	1810.00	4.53	0.767	30.0
13	宜良西山营	918.01	1542.32	5.06	0.047	57.0

（据云南省地质矿产局水文工程地质公司，1985）

表 13-9　宜良盆地地热田及外围温泉统计表

序号	温泉名称	位置	温度/℃	流量/（L·s^{-1}）	水质类型
1	贾王温泉	羊街乡温泉寺北	39	10	HCO_3-Ca·Na
2	永丰村温泉	蓬莱乡永丰村	29	7	SO_4-Ca
3	洗澡堂村温泉	蓬莱乡洗澡堂村	49	36	SO_4-Ca
4	蓬莱温泉	蓬莱（可保）乡	57	5.1	
5	化营村温泉	南阳乡化营村	25	2.7	
6	湾子村热水塘	狗街镇湾子村	31	2.7	HCO_3-Ca·Mg
7	狗街温泉	狗街镇小李营村	31	6.1	HCO_3-Ca·Mg
8	小里营温泉	狗街镇小李营村	28	5	

（据云南省地质矿产局水文工程地质公司，1985）

5. 热田形成机理

区内地温梯度介于 2.6～10.4℃/100m 之间，一般为 4～5℃/100m，显示了较强的热异常。这是由于小江断裂东支断裂束在热田区具有拉张性质，宽大的断裂破碎带为水-热对流循环提供了良好的通道和储集空间，在热传导和载热流体的混合作用下形成热田。热田内存在着传导和对流两种传热方式，以对流传热为主。

该热田存在着较好的开发潜力，是继昆明地热田后又一个具有良好开发前景的地热田。

四、腾冲市热海热田❶

热田位于腾冲市区南西 13 km 山谷中。范围东起朱星街、西抵大盈江，北自半个山，南达阳关哨，面积达 60 km^2；地理坐标：东经 98°23′～98°28′，北纬 24°51′～24°58′。

1. 地热田地质特征

热海热田的形成与近代火山活动密切相关，大量热显示均沿断层带分布，特别是南北向和东西向两组断层的交汇部位，地热活动更是壮观。其热储层主要位于燕山期花岗岩岩体中，新近系中新统南林组（N_1n）砂砾岩地层为主要的覆盖层（图 13-13；表 13-10）。

（1）印支期花岗岩（γ_5^1）

区域上岩体有新华街岩体、梁河岩体、勐来岩体等。现以新华街岩体为例简述如下。新华街岩体与中元古代的变质岩呈侵入接触关系，接触带一般均发育有达百米或几百米的边缘混合岩化带，而在岩体内，则又见较多的变质岩残留体，交代作用发育。在另一岩体的残留体中，残留体具岩浆岩-变

❶ 主要资料来源：云南省地质矿产局第二水文地质工程地质大队，1987，云南省腾冲县热海热田地热普查报告。

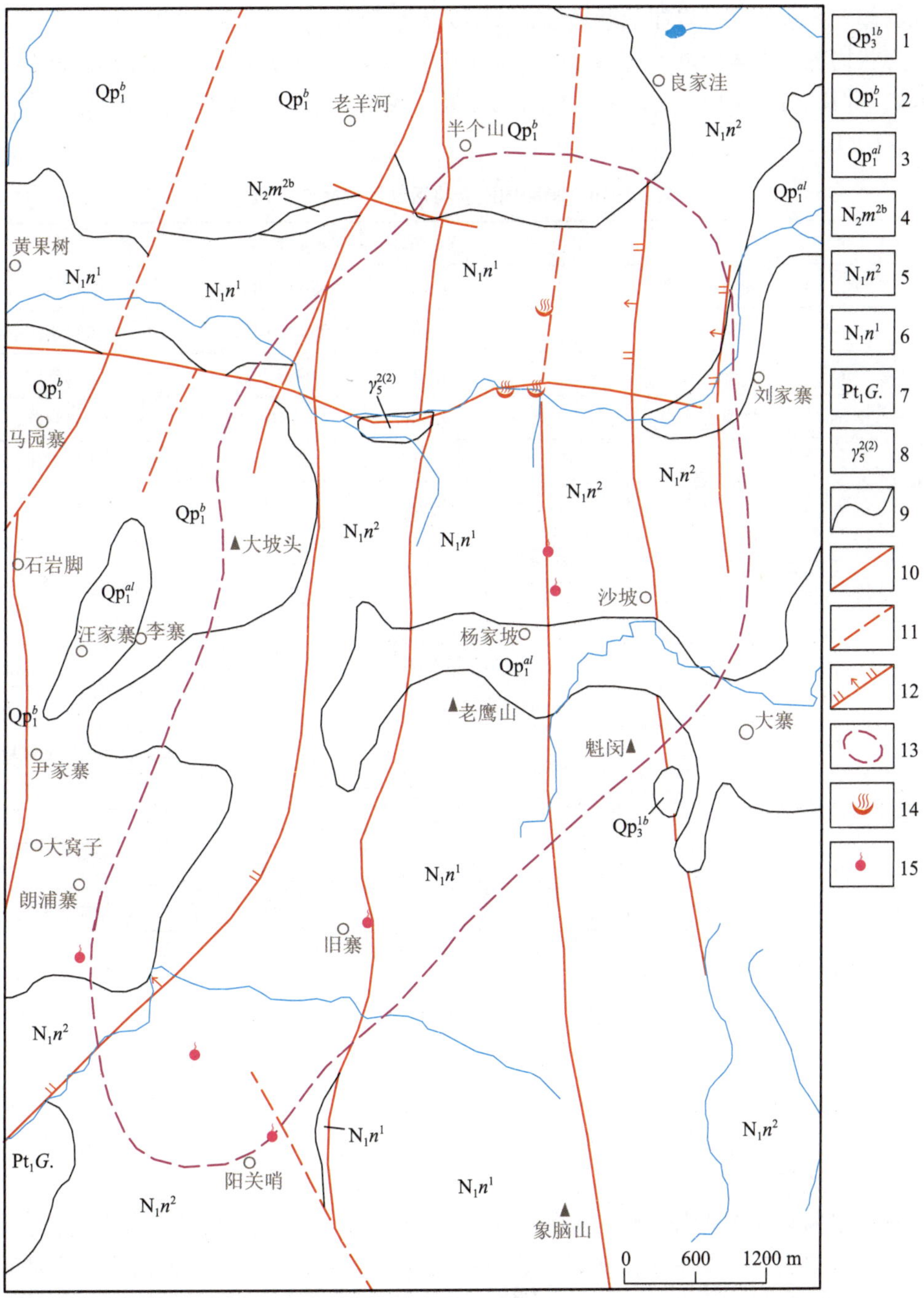

图 13-13　腾冲热海热田地热地质简图

（据云南地质工程第二勘察院，2013）

1—上更新统湖积层；2—下更新统火山堆积层；3—下更新统冲积层；4—新近系上新统芒棒组一段；5—新近系中新统南林组二段；6—新近系中新统南林组一段；7—古元古界高黎贡山岩群；8—燕山早期花岗岩；9—地质界线；10—实测断层；11—推测断层；12—实测正断层；13—热田范围；14—喷汽泉；15—温泉

质岩过渡性结构，其残留体经 Rb-Sr 法测定，其年龄值为 806 Ma，花岗岩重熔原岩应为中、新元古界之变质岩，岩石为中粒黑云花岗岩。

（2）燕山早期花岗岩（γ_5^2）

区域上岩体有勐连岩体、洪龙洞岩体、地盘关岩体等 10 余个岩体。现以勐连岩体为例，说明该期岩体的特征。

勐连岩体见于腾越镇勐连一带，岩体侵入于中元古界变质岩系中，与周围的变质岩一般见不到或者只有很弱的侵入接触关系。岩体沿断裂分布，不见有混合岩化中心，呈线状延伸；岩石普遍具有变晶结构和片麻状构造；岩体中常见有伟晶状及细晶状脉体或不规则之团块；岩体形态复杂。岩石为黑云花岗闪长岩，但从边缘至中心，岩石有较大的差异。表明岩石均匀化较低，岩体中含有大量的残留体，没有岩相的变化规律。

表 13-10　腾冲地区岩浆活动同位素年龄表

岩体或火山	时代	岩石	测定矿物	测定方法	年龄值/Ma	测定单位与测定时间
马鞍山	Qh^b	安山玄武岩		K-Ar	0.007±0.0014	北京大学，1993
马耳山	Qp_3^b	玄武岩		K-Ar	0.0384±0.0052	中国科学院，1988
大六冲等	Qp_1^b	安山岩		K-Ar	0.949±0.14	中国科学院，1988
城子山等	N_2m^b	橄榄玄武岩		K-Ar	3.83±0.72	中国科学院，1988
新岐岩体	γ_6	花岗斑岩	长石	K-Ar	32.4	成都地质矿产研究所，1980
			长石	K-Ar	45.9	成都地质矿产研究所，1980
		花岗岩	全岩等时线	Rb-Sr	52.5	云南省地质科学研究所，1982
古永岩体	γ_5^3	黑云花岗岩	钾长石	K-Ar	60.9	云南省地质科学研究所，1985
		黑云花岗岩	长石	K-Ar	80.4	成都地质矿产研究所，1980
		云关岩	铁锂云母	Rb-Sr	70	成都地质矿产研究所，1980
镇夷关		伟晶岩脉	白云母	K-Ar	72.0	北京大学，1974
雷公顶		黑云花岗岩	全岩+黑云母	Rb-Sr	61.0	云南省地质局区域地质调查队，1985
洪龙洞	γ_5^2	黑云母花岗岩	黑云母	Rb-Sr	118~99	云南省地质科学研究所，1982
大平地			全岩+黑云母	Rb-Sr	127.3	
棋盘石			长石	Rb-Sr	188~141.35	中国科学院贵阳化学所，1964
新华街岩体	γ_5^1	伟晶岩脉	白云母	K-Ar	167~169	中国科学院，1964
		二云花岗岩		U-Pb	248.9	

（据云南地质工程第二勘察院，2013，有修改）

（3）燕山晚期花岗岩（γ_5^3）

岩体主要出露于腾冲市内的西部，如古永岩体、新塘岩体、雷公顶岩体等，其中古永岩体侵入活动尤具代表性，简述如下。

古永岩体，沿断裂呈南北向延伸，呈巨大的岩基状产出；侵入最高层位为古生代石炭系。岩体岩相分带明显，围岩热变质现象明显，并显示热力变质的递变带。岩体为同期两次侵入活动的复式岩体，两次侵入活动时间相隔约 10 Ma，第一次侵入活动时间为 83~80 Ma，第二次为 74~71 Ma，但岩石均为似斑状黑云母二长花岗岩，只两次岩石在宏观结构差别明显；第一次为中粗粒结构，第二次为中细粒结构；岩体交代、同化混染作用发育。

（4）喜马拉雅早期花岗岩（γ_6^1、$\gamma\pi_6^1$）

喜马拉雅期岩体主要有腾冲市的花水岩体、来利山岩体、新岐-老坪山岩体以及蒲满哨岩体等。该期岩体地质特征与燕山晚期花岗岩体基本相当，如沿断裂延伸分布，岩体中岩相岩带明显，呈两次侵入，为复式岩体。交代、同化、混染作用普遍发育，岩石为铝过饱和过碱性酸性岩类，似斑状花岗斑岩基本是相同的。

2. 火山岩及火山喷发

新生代的火山喷发活动及火山岩，是腾冲区域地质最显著的特征。火山活动形成的火山口、火山锥、熔岩流动构造、熔岩台地、熔岩巨泉、大口湖……是开展火山地质旅游的基础，而滞留于地下未冷凝的岩浆则是温泉、热泉、沸泉乃至地热活动的主要热源。

火山活动始于新近纪的上新世，经更新世至全新世整个第四纪时期均有活动，为间歇式爆发和溢出。可划分为四期七个亚期，构成两个基性-中性或中偏酸性岩浆喷发旋回。

（1）火山活动及火山岩

A. 上新世火山及火山岩（N_2m^{2b}）

该期火山喷发主要为龙川江的上营-芒棒，大盈江流域的南林、弄别以及槟榔江大寨等处，熔岩面积近 140 km^2。熔岩总量约 9 km^3，岩石主要为黑色、灰黑色的橄榄玄武岩，在龙川江见有三次喷发，夹于芒棒组砂岩、砾岩、粘土岩之中；在南林盆地厚近 100 m 玄武岩直覆于南林组之上。而在囊烟、镇夷关等地，常见具柱状节理的玄武岩被磨圆度极好的河床相砾石层所覆盖，砾石成分有脉石英、板岩、片麻岩，但未见玄武岩成分。

芒棒地区玄武岩的 K-Ar 同位素年龄值为 3.83 Ma，因而将此期火山活动划为上新世。

B. 早更新世火山及火山岩（Qp_1^b）

本期火山熔岩在腾冲地区分布最广，面积达 610 km^2，容积约 40 km^3。主要分布于腾冲市区南、北广大地区以及团田和西部的照壁山、木瓜塘等地。形态常呈高大的穹丘状，相对高差达 600～800 m，如来凤山、余家大山、象塘、清凉山等。

此期火山岩在老羊河、杏塘直覆于上新统橄榄玄武岩上面，腾冲盆地的钻孔中，则见中更新世的砂砾石层盖在该火山岩上，另外来凤山、大六冲等地火山岩 K-Ar 年龄值为 0.949 Ma、0.72 Ma 和 0.623 Ma，又将该期火山分为 3 个亚期。

第一亚期为来凤山、老羊河、大坡头、芭蕉关等；

第二亚期为大六冲、余家山、茏苁山、木瓜塘等；

第三亚期为安山岩、英安岩、集块岩、凝灰岩等。

C. 晚更新世火山及火山岩（Qp_3^b）

相对而言，本期火山活动的规模要小，一般分为两个亚期。

第一亚期火山主要有朱星街的东大坡头、北边的鸦乌山、北西边的马耳山以及曲石的向阳桥、荷花太平村等处；岩石为橄榄玄武岩。第二亚期主要喷发地为左所营、马站大小空山等地，岩石为安山玄武岩。

本期火山熔岩基底各地不一，左所营火山熔岩直覆在中、新元古界变质岩上，马耳山熔岩下则为花岗岩，城子楼等地火山熔岩下是早更新世的安山岩。本期熔岩面积约 217 km^2，容积为 8.5～9 km^3。马耳山火山 K-Ar 年龄值 0.3845 Ma，交椅凹火山 K-Ar 年龄值 0.309 Ma。

D. 全新世火山及火山岩（Qh^b）

全新世火山，区内有三座，即马鞍山、打鹰山、黑空山。三座火山喷发熔岩面积约 90 km^2，容积约 1.8 km^3，亦可分为两个亚期。三座火山因活动时代新，至今基岩裸露，熔岩流动构造清晰，火山口保存完好。

岩石成分为安山质玄武岩。岩石 K-Ar 年龄值为 0.007±0.0014 Ma。

（2）火山岩及岩石化学特征

A. 火山岩

区内火山岩主要为两类。一类是熔岩，另一类是火山碎屑岩。

熔岩：依岩石中 SiO_2 的含量、结构、构造、斑晶、基质及分布特点，区内熔岩主要有以下几类。

橄榄玄武岩：黑色，灰黑色，坚硬，微密块状，亦见有气孔状杏仁状构造，柱状节理发育，具斑状结构，斑晶为长石、橄榄石，基质则由微晶长石、普通辉石、玻璃质组成。为 SiO_2 不饱和的富碱高铝橄榄玄武岩。这类岩石主要分布于上新世及晚更新世火山熔岩中。

含橄玄武岩：该类岩石结构、构造、矿物成分、斑晶、基质均与橄榄玄武岩相同，不同之处是岩石中 SiO_2 成分较橄榄玄武岩要多，但仍低于 50%，应为 SiO_2 不饱和富碱高铝玄武岩。这类岩石多分布于晚更新世火山岩中。

安山玄武岩：为橄榄玄武岩与安山岩过渡类型，在岩石特征上其与橄榄玄武岩类似，不同的是

SiO_2含量要高，矿物中橄榄石、辉石的含量要少，而斜长石的含量稍有增加。岩石仍为SiO_2含量不饱和的富碱高铝玄武岩类岩石。岩石多分布于晚更新世及全新世喷发之熔岩中。

安山岩：灰色，致密块状、气孔状构造，斑状结构，基质为交织结构。斑晶为橄榄石、中长石及紫苏辉石，基质为微晶中长石、普通辉石及玻璃质。安山岩中有石英，为SiO_2饱和的富钾钙碱性安山岩类，依矿物多少，可分别称为辉石安山岩、斜长安山岩，该类岩石主要分布于早更新世及全新世火山岩中。

英安岩：浅灰、绿灰、紫灰等色，多为薄层、中层，亦见厚层状，为玻基斑状结构，斑晶为斜长石、紫苏辉石及黑云母；基质由玻璃质及少量斜长石、辉石组成。岩石中有石英，属SiO_2饱和的钙碱性高钙英安岩类。这类岩石多出现在喷发旋回末期酸度增高的熔岩中，如早更新世火山喷发之末期。

B. 火山碎屑岩

腾冲的火山碎屑依粒度可划分为两类，即熔集块岩、熔凝灰岩。

熔集块岩（粒度>100 mm）和熔角砾岩（粒度 2~100 mm）：这类岩石一般都堆积在火山口的周围，组成火山碎屑锥。如马鞍山、打鹰山、黑空山等。熔集块岩和熔角砾岩每层均含浮石、火山砾及破碎的火山弹，火山集块为其主要成分，其形状各异，大小不等，多为棱角状。依其成分不同可分为玄武质熔集块岩、安山质熔角砾岩等。

熔凝灰岩：火山碎屑岩（粒度<2 mm）一般分布于距火山口较远的地方，依成分可分为安山质熔凝灰岩、英安质晶屑凝灰岩两种。

3. 火山岩形成的构造环境

腾冲新生代火山活动及火山岩，为世人关注，其主要原因有三。

（1）造山运动的产物

腾冲火山岩的数值点多数落在造山带和岛弧区，少数进入派生的碱性火山岩区。第一岩浆旋回初所处的构造位置是岛弧区与非造山带地区之相邻区。如N_2m^{2b}之火山岩；造山运动并不强烈；随着造山运动的加强，火山活动也随之激烈。第一旋回显示了从弱造山-强造山活动的演化过程，且这一演化过程时间较长，因此岩浆经过了充分的由碱性-钙碱性分异的过程。而第二岩浆旋回则集中在造山（岛弧区）、非造山带及派生的碱性的三角交界地区。说明造山运动虽频繁，但并不强烈。

（2）构造活动的结果

腾冲地区的火山活动出现两个碱性-钙碱性岩浆旋回是上新世以来腾冲地块两个低应力-高应力作用的构造运动旋回的结果。中新世时腾冲地区沿龙川江、大盈江、槟榔江三河谷均发生断陷作用，形成的盆地均有堆积，如大盈江的南林盆地，见厚近千米山麓堆积（N_1n）。这时，其断裂带上应力释放是较低的，从而沿三河谷均见有偏碱性玄武岩浆上升，喷溢其地表，形成橄榄玄武岩（N_2m^{2b}）。上新世末期至早更新世时，区内则受到强烈的挤压，芒棒组、南林组均发生了褶皱，盆地之间，则有大量的安山岩-英安岩浆的溢出，为高应力活动之产物。这样的岩浆旋回在晚更新世—全新世早期又重复了一次，只不过规模较前一旋回是大大地减弱了。

上述的构造运动旋回，如苏吉萨克说的“在板块强烈挤压的应力条件下产生钙碱系列岩浆（包括花岗岩与安山岩），在低应力区产生碱性玄武岩浆，在拉伸地区出现拉斑玄武岩浆”。说明腾冲火山活动与火山岩为板块运动的产物。

（3）走滑断裂活动

腾冲火山岩的分布规律是：最老的一期火山岩（N_2m^{2b}）沿大断裂分布，最新的一期（Qh^b）分布于腾-梁盆地中央，第二期、第三期向外依次对称变老，火山岩的这种时代对称分布及火山口线性展布，暗示腾-梁盆地不断地沿北西西—南东东方向张开，这个方向与区域张应力方向是吻合的。

腾冲地区处于缅甸弧后盆地俯冲带的边缘，俯冲洋壳带下的物质在腾冲地区地幔中富集，由于后期高黎贡山走滑断裂的活动，在腾冲地区形成了一系列的拉张盆地，使地壳减薄、地幔上升、地幔部分熔融产生的岩浆沿断裂喷出地表，形成第一期的高钾基性玄武岩。由于走滑断裂脉动式活动，在活动量较小时期岩浆上升受阻，形成底劈体，同化，混染了大量地壳物质，从而形成了高$^{86}Sr/^{87}Sr$ = 0.7057-0.7143 及 1143Na = 0.51193-0.51260 之值的高钾及含有大量紫苏辉石的中性安山岩-英安岩。当走滑断裂再次活动时，又重复前一次之旋回。

上述三种火山活动的构造环境，有一点是共同的，中新世后腾冲地块仍是一起活动的地块，之所以活动与相邻印度板块活动密切相关。

（4）构造

腾冲地热田位于欧亚板块和印度板块的边缘，地热活动比较强烈。腾冲地区虽然新生代晚期火山活动曾相当强烈，但绝大部分水热区并不与火山构造有关，而是与现代活动构造关系密切。该地区存在的大量的花岗岩，它们所含的丰富的放射性元素为该地区地热活动提供了丰富的热源。沿断裂下渗的地表水通过深循环变成地下热水，水的成分并无明显改变。

热海热田的热源含有的 Cl-Na 型热水与世界上其他火山区的高温热田溢出的热水的组分是相似的。据中国科学院青藏高原综合科学考察队（1989）研究成果，热海热田虽然不是处于一个火山构造内，附近也没有大规模的断裂穿过，而是处于一个椭圆形的环形构造之中。椭圆的长轴近东西向，约 18 km；短轴南北向，约 14 km，面积约 200 km^2。在环形构造内出露的最老地层为古生代变质岩和白垩纪花岗岩。环形构造的东部火山活动不甚发育，只在勐连一带有上新世玄武岩喷出；西部的火山活动则比较活跃，在杏塘西大坡头和指羊河一带有大面积早更新世英安岩和安山岩喷出，还有少量上新世粗玄岩和朱星街东大坡头的中更新世玄武岩喷出。所以这个环形构造不是一个火山构造，应该是一个早更新世以来侵入的岩种造成的。

热田断层发育，以近南北向为主，东西向次之，以正断层、陡倾角为共同特征，绝大多数断层具多次活动性。主要断层特征见表 13-11。其大盈江断层 F_1、黄瓜箐-硫磺塘断层 F_6、黄铁矿大沟断层 F_7 及澡塘河断层 F_{38} 为区内主要控、导热断层。

表 13-11 热海热田断层特征表

名称及代号	区内长度 m	断层类型或力学性质	产状			主要热显示类型	与地热关系	备注
			走向	倾向	倾角/(°)			
大盈江断层 F_1	9325	逆冲断层	NNW	W	85~90		控热	弧形
F_2	8500	正、逆断层	NNE	W	80	地温异常	导热	北正断层 南逆断层
F_3	6875	正断层	NNE	W		地温异常	导热	
F_4	9000	正断层	NNE	W	75	地温异常	导热	弧形
F_5	9500	正断层	NNE	W	78	热泉	导热	弧形
黄瓜箐-硫磺塘断层 F_6	12150	逆、正断层	NNE	W	55~70	热泉、冒汽地面	导热	S 形
黄铁矿大沟断层 F_7	5000	平移逆断层	NNE	E 或 W	76~77	地温异常矿脉	导热	弧形
F_{41}	1500	平移逆断层	SN	E		热泉、泉胶砂砾岩	导热	
F_{15}	1250	平移逆断层	NE	W				
F_{16}	2120	平移断层	NE	W				
F_{20}	5000	平移断层	NW					
F_{31}	2125	逆冲断层	NW					弧形
F_{33}	1300	平移断层	NNW	W	85~90	热泉	导热	
澡塘河断层 F_{38}	4750		EW			热泉	导热	
F_{39}	1000		EW			钙华	导热	
热水塘 F_{40}	850		EW			热泉、钙华	导热	

（据云南省地质矿产局第二水文地质工程地质大队，1987b）

4. 地热田特征

硫磺塘-黄瓜箐-松木箐热显示区系热海热田东部热显示区，现热海景区（硫磺塘水热区）仅是东部热显示区北段。该地段海拔为1350~1650 m，水热活动强烈，分布沸泉、喷汽孔、散热地面多处，并有现代水热成矿及水热爆炸现象。硅华大面积分布，硫华、盐华多分布在冒汽地面、喷汽孔附近和岩石裂隙中，计有热泉、沸泉25处（其中沸泉11处），泉水总流量11.37 L/s（表13-12）。

表13-12 硫磺塘-黄瓜箐-松木箐热泉统计表

编号	泉名	位置	水温/℃	流量/(L·s^{-1})	编号	泉名	位置	水温/℃	流量/(L·s^{-1})
W1		忠孝寺278°525 m	42		W14		硫磺塘203°795 m	73	0.17
W2		忠孝寺276°485 m	39	0.35	W15		硫磺塘210°715 m	62	0.03
W3	蛤蟆嘴	澡塘河瀑布西	97	0.40	W16		硫磺塘213°845 m	85	0.27
W4		硫磺塘182°405 m	97	0.87	W17		硫磺塘北20 m	45	0.04
W5		硫磺塘184°395 m	96.5	1.08	W18		硫磺塘北250 m	95	0.12
W6		硫磺塘185°405 m	94	0.71	W19		仙人澡塘	50	0.45
W7		硫磺塘190°410 m	96	0.80	W20	眼睛泉	仙人澡塘	97	0.22
W8		澡塘河瀑布西	97	1.57	W21	鼓鸣泉	仙人澡塘	99	1.19
W9		澡塘河瀑布西	95	0.50	W22	大滚锅	硫磺塘	96	0.76
W10	珍珠泉	仙人澡塘	96	0.08	W23		忠孝寺西	97	0.11
W11		中医院澡塘东	82	0.10	W24		忠孝寺西	44	0.64
W12		中医院澡塘东冲沟	96	0.32	W25		疙瘩山276°1 km	25	0.28
W13		硫磺塘南285 m	95	0.30	合计				11.37

（据云南省地质矿产局第二水文地质工程地质大队，1987a）

据地表显示，热田北起硫磺塘老滚锅，南至杨家坡、沙坡-松木箐，东到忠寿寺，西到仙人澡塘，总面积约10 km^2，由20个显示区组成。

热-1：硫磺塘老滚锅，位于硫磺塘北250 m的沟谷旁，为热田最北端的显示区。冒汽地面温度92.7℃。目前在30 m×15 m范围内出露有冒汽地面、黄白色蚀变地面以及自然硫、硅华和盐华等。地面以下0.3 m处温度超过92℃，但未见泉水活动。可分为两个亚区：

第一区：位于实竹坝村南2.5 km，当地称洗澡塘，泉口水最高温度45℃，流量0.8 L/s。泉水自花岗岩和坡积物的接触带处溢出，主泉口有二，已被围砌为两个澡塘，一为45℃，另一为42℃，显示面积50 m×50 m。

第二区：位于洗澡塘村西北750 m，当地俗称靠碑塘。围岩为强烈蚀变的新近纪砂砾岩。

热-2：硫磺塘取磺洞（又名仙人洞），位于硫磺塘北约100 m，北距老滚锅150 m。此区因前人采硫磺而成名。此洞系采挖硫磺形成，周围50 m×25 m范围出露有放热地面和蚀变地面以及呈细面状的自然硫、霜状晶体毛矾石等。

热-3：硫磺塘大滚锅（又名蛙鸣沸泉）也称中塘。此硫磺塘水热活动显示最为壮观。位于近南北向沟谷前缘，北距取磺洞约100 m。泉口水最高温度96.6℃，流量0.9 L/s，主泉口为一直径3 m，深超1 m的圆形沸泉塘，塘面水温88~89℃。最高温度在西北角塘边的小沸泉口处测到96.6℃。旅游者均来泉塘挂煮鸡蛋，疗养者多在塘边冒汽地面蒸煮食品。当地俗称大滚锅，锅水常年翻涌不停，沸腾状，锅壁“镶”有一层白色硅华，更加显出塘水澄碧清澈，白浪翻涌。平时清晨滚锅附近气雾弥漫，伸手不见五指，深入其境真有进到热海之感。远处眺望，一团洁白的汽柱久久漂浮在硫磺塘沟谷上空，显得格外壮观。滚锅附近还出露有喷汽孔、冒汽地面以及自然硫晶体、毛矾石等，此处尚分布大片的蚀变地面，总面积约1500 m^2。

近年来，在其南侧立有“一泓热海”石碑，东侧兴建有“观海亭”，滚锅四周用石围砌成台，铁索为栏。大滚锅在20世纪30年代曾喷高近3 m，50年代尚能涌腾到半米多，至90年代时只涌起

20 cm。现开发为国家级热海热田地热公园，是腾冲旅游开发主要景区之一。

热-4：种磺地面，位于大滚锅南 100 m。泉水最高温度 95.3℃，流量 0.2 L/s。泉区以出露喷汽孔、冒汽地面和小沸泉坑为主，地面普见硫磺、毛矾石和石膏等，总面积 80 m×40 m。

热-5：名为狮子头，位于种磺地面以南至硫磺塘沟口，因沟口东侧出露的钙华形体似狮子头。泉口水温度 96℃，流量 1.5 L/s。泉区除沸喷泉、喷汽孔和冒汽地面外，还淀积有钙华，最为醒目的是“狮子头”，在其北侧有 200 m^2 的冒汽地面和 2 个沸泉坑以及冒汽穴（照片 13-19）。

照片 13-19　腾冲狮子头沸喷泉

（伍早生摄，2013.10）

热-6：名为眼镜泉，位于香枝坡，即疙瘩山（又名观音山）南坡至澡塘河河床右侧，为一片以沸泉群为主的显示区，其中以眼镜泉著称。泉口水最高温度 95.5℃，流量约 5 L/s。沸泉出露于半山坡上，驰名的眼镜泉是由两个小圆形沸泉坑组成，上坑直径约 1 m，水温 94℃，坑垣硅华体测试有铀矿化现象。从山坡自北向南而下，首先见到“怀胎井”，井口偶见有气泡鼓出，流量甚小。怀胎井之下为“鼓鸣泉”，是一处镶嵌在山腰上的沸泉坑，沸水翻涌激烈，腾高 1 尺余，其声如擂鼓，人立泉旁有震感。此外，还出露有“珍珠泉”，是由一对对气泡星罗棋布于坑底的小喷汽孔所形成的凝结水坑，东坑 95.5℃，西坑 88℃，总流量仅 0.2 L/s，太阳光下数以千计的小沸泉，喷珠吐玉，晶莹透亮，耀人眼目，有如珍珠。香枝坡上的温泉顺坡下溢，形成大面积五颜六色的阶梯式泉华台地、泉华陡崖、泉华扇、泉华波纹等奇异壮观的景色，热水最终汇流到临近澡塘河边的露天浴池。整个显示区面积约 100 m×40 m（照片 13-20、照片 13-21）。

热-8：名为大白岩，位于仙人澡塘东 600 m 的澡塘河左岸。泉口水最高温度 61.8℃，流量 0.9 L/s。温泉沿一条南东—北西向小沟出露，有 5 个泉口，自南东向下流入一积水池。

热-9：名为芭蕉园，位于仙人澡塘北东 300 m 的澡塘河左岸。泉口水最高温度 54℃，流量 0.38 L/s。温泉出露于芭蕉园内坡地上，泉水自玄武岩和砂砾岩接触带附近溢出，有 5 个泉群，温度 40~54℃，流量较小，泉口处被表土覆盖。泉区地温也有热异常，适宜种植芭蕉的小气候，常年蕉园绿色成林，四季可产芭蕉。

热-10：名为狮子塘，位于芭蕉园东侧的澡塘河左岸。泉口水最高温度 84.5℃，流量 0.5 L/s。温泉沿南东—北西向沟谷出露，84.5℃泉位于沟东，流量 0.2 L/s，在其北面有一面积 15 m^2 热水塘，泉口温度 37℃，流量 0.3 L/s，当地称狮子塘；沟西尚有一处 62℃的泉水，流量仅 0.1 L/s。此外，还出露有近 20 m^2 的水热蚀变地面，并见有黄铁矿-白铁矿化现象，含菱沸石。

热-7：名为仙人澡塘，位于澡塘河瀑布下游约 1 km 处河的左岸，为热田最西端显示区。泉口水最高温度 43.7℃，流量 1.8 L/s。主要显示为面积 6 m^2、深 0.4 m 的露天澡塘，由 3 股泉流汇入塘中，温泉 42~43.7℃，泉区附近除有芭蕉林外无村落，素日十分幽静，露天沐浴水温正可着体，似如仙境而故名（照片 13-22）。

照片 13-20　腾冲珍珠泉
（伍早生摄，2013.10）

照片 13-21　腾冲眼镜泉（姊妹泉、怀胎井）
（伍早生摄 2013.10）

热-11：名为小白岩，位于狮子塘东偏南的澡塘河左岸。泉口水最高温度 88.5℃，流量 1.9 L/s。泉眼沿沟谷呈近南北向展布，共有 10 处。其中，5 处出露在沟西峭壁上，温度 57.0~88.5℃；2 处在沟东，水温 44~69℃，南端沟底尚有一处 39℃的泉眼。沟谷上方（北端）有水渠穿过，渠沟还有 57~71℃泉眼若干。周围村庄牲畜常到此饮水舔硝，当地又名硝塘。

照片 13-22　腾冲仙人澡塘
（伍早生摄，2013.10）

热-12：名为澡塘河，位于澡塘河瀑布以西至河流向南拐弯处的河床及河流左岸。泉口水最高温度 96℃，流量 13 L/s。沸泉群、喷汽孔以及水热爆炸等高温显示均沿河 250 m，宽约 30 m，呈东西向展布，是热海热田最壮观、最强烈、最集中的水热活动区（照片 13-23）。

照片 13-23　腾冲澡塘河沸泉群

（伍早生摄，2013.10）

热-13：名为蛤蟆嘴，位于澡塘河瀑布下左侧崖壁上。泉口水温度 95.5℃，流量 1 L/s。泉水自岩壁裂隙喷出，呈脉动式，泉口处由于泉华淀积形成蛤蟆状喷嘴，常年向澡塘河斜喷 95.5℃ 沸水，射程 2~3 m，泉口下方淀积形成高 5 m 的泉华丘，丘体表面白绿两色相间，低于 70℃ 的喷溅水域生长绿色藻体；高于 70℃ 水域则为洁白的钙华沉淀。这是温泉区常见的一种以生物显示温度的自然景观。

热-14：名为硫磺场，位于澡塘河瀑布东 300 m 的河右岸山坡脚。这是一处硫磺矿采矿场，附近无水热活动，热田里硫磺矿的存在既是地热显示，同时也是水热活动历史的佐证。采场围岩为强烈蚀变的花岗岩质砂砾岩，黄铁矿为脉状裂隙充填，宽窄不等，脉石矿物多蛋白石，脉西侧，倾角约 80°。

热-15：名为大地脚，位于忠孝寺西 0.5 km 的澡塘河沿岸。泉口水最高温度 95.8℃，流量 1 L/s。泉口沿河两岸均有出露。左岸水温高，95.8℃，泉眼出露于坡脚阶地上，呈小泉塘，并有气泡鼓起，附近形成热水沼泽，面积 20 m×2 m。左岸泉眼紧邻岸边，部分被河水淹没，最高温 70℃。面积 30 m×2 m。大地脚是热田最东缘的沸泉区，与澡塘河瀑布相距 700 m。

热-16：名为小澡塘，位于大地脚东 200 m 的澡塘河左岸。泉口水温度 65.3℃，流量 0.3 L/s。温泉出露处为一面积 2 m^2 泉塘，灰细砂底，偶见气泡逸出。

热-17：名为忠孝寺，位于小澡塘东 200 m 的澡塘河左岸边，因东距忠孝寺村仅百米，故名，是热田最东端的显示区。泉水温度 44.9℃，流量 0.1 L/s。

热-18：名为黄瓜箐，位于热田南面的黄瓜箐沟里，地热显示遍布箐沟而得名，为热田南端最强烈水热活动区。喷汽孔温度 96℃，无温泉。分布有喷汽孔、放汽地面，自然硫、毛矾石、黄铁矿-白铁矿化以及四水白铁矾等高温显示的矿物出露于整个箐沟内，基本上沿沟呈南北向展布，地形南高北低，相对高差约 110 m，整个面积 1.2 km×0.1 km。围岩性质为花岗质砂砾岩，并有强烈蚀变现象，沟内硫磺味甚浓。黄瓜箐地热蒸汽能治多种疾病，主要利用喷汽孔的蒸汽进行蒸疗或以蒸汽加热冷水后浴疗，对风湿诸症疗效显著。

热-19：杨家坡，位于黄瓜箐南杨家坡村北，为热田最南端的显示区。泉口水温 25℃，流量 0.6 L/s。泉水自玄武岩缝隙溢出，水清无异味，是黄瓜箐沟疗养所的饮用和浴池用水水源。

热-20：名为沙坡村-松木箐，位于杨家坡村东 1 km 沙坡村南。地表无现代水热活动，但出露有大面积的放热地面、蚀变和放气地面，此外还普见自然硫、黄铁矿-白铁矿化、铁明矾和毛矾石等矿物。热田中驰名的“醉鸟井”（为一小探井，深 1.5 m）就出露在这里的一个土坎上，井内及其附近地面有强烈的放气现象，井壁附着自然硫，人们在这里能经常发现有小鸟、松鼠的尸体，是由天然逸出的硫化氢、二氧化碳等有害气体所致，这里的气体组分代表着火山期后的产物。包括松木箐以南的整个香柏洼在内，总面积约 4 km^2，这里正处玄武岩和古近纪—新近纪砂砾岩的接触带。

热海热田是我国大陆上唯一的高温火山地热区，它不论从地热地质特性上，还是从地表显示强度均属高温水热型热田。热海热田一直被认定为地热发电最理想的基地之一。另一方面，由于热田地表出露有各种高温显示，有多姿多态的泉华群体，这些珍贵的自然景观，早已誉为“火山地热自然博物馆”之美称。热海范围之大、水热活动之强、类型之齐，引起古今学者的关注。早在公元1639 年，我国明朝地理学家徐霞客就到此做过考察。热海景区已开发为热海国家地质公园，成为集休闲、旅游、度假、娱乐为一体的国家 AAAAA 级旅游景区。

5. 热田成矿模式

热海热田位于古永-梁河弧形断裂带弧顶东侧近南北向断裂构造中，一系列平行展布的北北东向平移断裂是区内构造的主体。在硫磺塘-黄瓜箐区，近东西向断裂错切了这些北北东向的断裂，在这些断裂交汇部位，形成了地下热水溢出和热量散发的天然通道，才构成现在如此奇特的地热景观。

上述断裂不仅切穿、错移了古元古界高黎贡山岩群变质岩、新近系花岗质砂砾岩、砂岩，而且在第四纪火山岩中亦有明显位移迹象，这种长时期继承性活动，是热海热田强烈水热活动的主要原因之一。

此外，黄瓜箐以南，北西向平移断裂与北北东向（近南北向）断裂交汇部位也是地热活动的场所，现在地表不仅尚有硫华、硅华的发育，还有大片散热地面的分布。

6. 热储特征

热海热田处于区域上两大弧形断裂（古永-梁河-盈江、瑞滇-市区-小陇川）平行错动形成的一组南北向断裂上。这组断裂形成的有效空隙和渗透的空间是热田热水储集的场所。其地热地质结构为：①盖层，地表向下 1100 m 或 1450 m，为中新统南林组的砂岩、砂砾岩、粘土；②热储层，1500 m 下为古元古界高黎贡山岩群深变质岩，断裂发育段则为热储层；③花岗岩体和岩浆囊，古元古界变质岩下为花岗岩，7 km 下则为岩浆囊（图 13-14）。

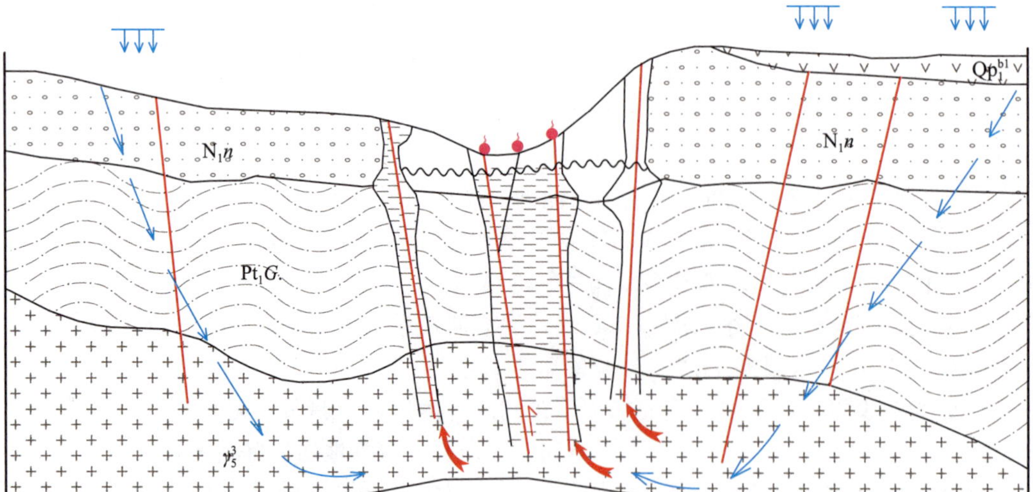

图 13-14 腾冲热海热储理想模式图

（据云南地质工程第二勘察院，2013）

1—下更新统；2—下新近统南林组；3—高黎贡山岩群；4—燕山晚期花岗岩；5—砂砾岩；6—花岗岩；7—安山岩；8—地质界线；9—断层；10—水热蚀变带；11—热盖层；12—冷水流向；13—大气降水；14—地热水点；15—热水流向

7. 水化学特征

热水化学类型以 Cl · HCO_3-Na 型和 HCO_3-Na 型为主，其次为 SO_4-Na 型、Cl-Na 型等。热水含有较多的 HCO_3、F、As、Li 以及 Sr、Nd、Mo、Sb、Sn、Ge、Ba 等微量元素和 CO_2、H_2S 等不凝气体，氡等放射性元素在热水中也较富集。

8. 地热资源

腾冲热海热田高温地热资源主要分布于黄瓜箐-硫磺塘、热水塘两个地区，黄瓜箐-硫磺塘区已发现热泉（群）25 个，其对流型和传导型天然热流量为 6.41×10^9 kJ/d；热水塘区有热泉（群）10 个，对流型和传导型天然热流量为 0.44×10^9 kJ/d（表 13-13）。

表 13-13　热海热田地热资源及发电潜力估算统计表

地热田（区）	储量级别	热田异常区面积/km^2		天然热流量/（10^9 kJ · d^{-1}）	热储资源量/10^{15} kJ	折合标准煤/10^6 t	发电潜力/（kW · a^{-1}）
		高、中低温异常	高温导常				
黄瓜箐-硫磺塘区	C+D	11.995	5.018	6.4103	2.4234	82.2415	892839
热水塘区	C+D	8.835	2.73	0.4427	1.1839	40.3957	373641
合计		20.83	7.748	6.8530	3.6073	122.6372	1266480

（据云南省地质矿产局第二水文地质工程地质大队，1987b）

9. 开发利用现状

腾冲市热海热田主要以自然风光旅游与理疗洗浴为主的保护性开发利用，地热水自然排泄流量大，其出水点的水量、水温及水质从有资料记载以来分析未发生明显变化，大都处于基本稳定状态，未出现过断流或干涸状态。大部分热泉水温度不随季节变化，部分变化差值在±2~4℃之间。热泉水流量随季节性变化率小于 50%，其变化量一般小于 0.5 L/s。热泉水各化学组分含量的动态变化总的特征是，含量稳定，其变化率一般小于 30%。如热海热田大滚锅温泉，在 20 世纪 30 年代时曾喷高近 3 m，50 年代尚能涌腾到 0.5 m 多高，从 90 年代至今基本保持喷涌高度在 0.2~0.4 m 之间。水量一直保持在 0.6~1.15 L/s 之间，热水各化学组分从 1986 年云南省地质矿产局第二水文队的普查报告、1998 年中国科学院的《横断山区温泉志》和 2014 年云南省地质环境监测院的《云南省地热资源调查评价与区划》取样分析成果对比看（表 13-14），水化学类型为 Cl · SO_4-Na 型，化学组分含量基本稳定，变化率小于 30%。

表 13-14　腾冲市热海地热田大滚锅水质分析对比表

化学成分		1986 年（云南省地质矿产局第二水文队）	1998 年（中国科学院）	2014 年（云南省地质环境监测院）
pH 值		7.6	8	8
矿化度/（mg · L^{-1}）		3044.68	2811.0	3082.04
阳离子/（mg · L^{-1}）	Na^+	844.85	840	860
	K^+	125.12	120	170
	Ca^{2+}	0.00	0.1	5.99
	Mg^{2+}	0.00	0.02	0.00
	NH_4^+	0.09	0.8	0.12
阴离子/（mg · L^{-1}）	HCO_3^-	1156.98	1168	1202.78
	SO_4^{2-}	40.00	31	20.00
	Cl^-	696.15	698	681.09
	NO_3^-	0.72		1.00

续表

化学成分		1986 年（云南省地质矿产局第二水文队）	1998 年（中国科学院）	2014 年（云南省地质环境监测院）
其他元素/($mg \cdot L^{-1}$)	F^-	14. 00	20	23. 00
	Br	0. 15	2. 2	1. 54
	SiO_2	140. 15	450	118. 06
	HBO_2	25. 65	52	29. 30
	As	0. 57	0. 9	0. 96
	Li^+		8. 3	4. 04
	I	0. 00	0. 2	0. 11
	Sr			<0. 01
	Mn	0. 00		<0. 02
水质类型		$Cl \cdot SO_4-Na$	$Cl \cdot SO_4-Na$	$Cl \cdot SO_4-Na$

（据云南省地质环境监测院，2015）

五、腾冲市瑞滇地热田❶

地热田位于腾冲市区北 50 km，范围北起西营（营盘街），南止松坡，西起猫舔石，东至小黑岩、皇帽山一线，地理坐标：北纬 25°22′~25°30′，东经 98°23′~98°30′，面积 151 km^2。多以泉群形式出露。泉水最高温度为 91. 5℃，最低温度为 25℃，一般水温为 50~75℃；最大单泉流量 1. 24 L/s，最小单泉流量 0. 0025 L/s。共有温、热泉 33 处，热显示区南北长 1. 05 km，东西宽约 0. 35 km，面积约 0. 37 km^2。

1. 地热田地质特征

（1）地层

瑞滇地热田位于滇西地槽褶皱系，高黎贡山腾冲褶皱带之滕冲复向斜北部。出露的地层主要为上古生界石炭系勐洪群及二叠系、新生界第四系。

1）上石炭统勐洪群（C_3MH），根据岩性特征可分为上、中、下三段。

下段：为褐黄、暗灰绿色含砾粉砂质泥岩，含砾泥质粉砂岩，含砾板岩，含砾粉砂质，斑点状板岩，夹白色厚层块状中粒长石、石英砂岩，厚度在 434. 5~900 m 之间。

中段：为灰、深灰、黑、褐黄色泥岩、页岩、粉砂质泥岩、粉砂岩夹长石石英砂岩；斑点状板岩、砂质板岩、变质粉砂岩、变质砂岩。厚度为 360~780 m。

上段：为灰白、黄灰、灰色结晶灰岩，生物碎屑灰岩，结晶生物碎屑灰岩，厚 59 m。

该地层与其他地层为断层接触关系，下、中、上三段亦为断层接触。一般温、热泉在该地层中均沿地层出露。是区内主要热储层位之一。

2）下二叠统大东厂组（P_1d）主要为灰、灰白色含硅质条带白云质灰岩，白云质、大理岩，夹薄层灰岩及泥灰岩。岩溶发育。厚度 214 m 左右。与下伏石炭系呈断层接触。

3）新生界第四系的河湖相沉积物、火山堆积物在区内广为发育，尤以中更新统为佳。不整合于石炭系勐洪群或花岗岩之上。第四系构成热田热储层位之一，而且构成热储盖层。由下至上有：

A. 下更新统（Qp_1）

下更新统安山岩（Qp_1^a）：灰色、灰白色块状安山岩、石英安山岩，厚度大于 30 m。

安山岩之下为冲-洪积层（Qp_1^{al+pl}）：为花岗岩巨砾石堆积层及砾砂层，厚度 0~40 m。

安山岩之上为冲积层（Qp_1^{al}）：为砂、砾石、卵石层，由盆地边缘向中心增厚，为浅部热储层位

❶ 主要资料来源：云南省地质矿产局地热地质队，1984，云南省腾冲市瑞滇热田普查地质报告。

之一，厚度大于200 m。

B. 中更新统（Qp_2）

中更新统下组玄武岩（$Qp_2^{1\beta}$）：灰色、灰黑色玄武岩、橄榄玄武岩，厚度大于75 m。

中更新统下组河湖相堆积物（Qp_2^{1l+al}）：揭露厚度53.01 m，依岩性可分为五层，即灰白色砂砾石夹亚粘土层，灰白色砾砂层与亚粘土层，浅灰色砂砾卵石层，湖相灰色、褐色、深灰色亚粘土层，灰色、黄色粗砂层夹亚粘土层、亚粘土夹中粗砂层等。

中更新统上组（Qp_2^2）：揭露厚度53.3 m。依岩性可分为三层，即灰黑色与灰色亚粘土呈厚层状互层状产出，并夹粉砂薄层；灰白、黄、砖红色细砾夹灰白色亚粘土层；深灰、黑色碳质粘土、浅黄色亚粘土夹灰色细砾粗砂。

C. 上更新统（Qp_3）

上更新统下组（Qp_3^1）：主要为砾石层，厚度4.0 m。

上更新统上组（Qp_3^2）：主要为卵石层，厚度4.1 m。

D. 全新统（Qh）

全新统下组（Qh^1）：主要为卵石砾石层，厚度5.8 m。

全新统上组（Qh^2）：主要为卵石砾石层，厚度0~1.5 m。

（2）岩浆岩

岩浆岩在区内分布广泛，主要是燕山晚期的花岗岩及喜马拉雅期安山岩和玄武岩。

1）侵入岩：广泛分布的燕山晚期的花岗岩（$\gamma_5^{3(2)}$）属古永花岗岩体的一部分，以肉红色似斑状粗-中粒黑云母花岗岩为主，其次为花岗闪长岩和斜长花岗岩。位于盆地基底的岩体风化壳与第四系松散堆积物共同构成浅部热储层，岩体中断裂和碎裂带构成热流通道和深部热储层。

2）喷出岩，包括早更新世的安山岩（Qp_1^a）和中更新世早期的玄武岩（Qp_2^{β}）。

（3）构造

区内主要构造线为南北走向，且以一系列相平行的逆断层为主，褶皱则表现为宽缓褶曲。新构造运动明显。主要断层特征见表13-15。

表13-15 瑞滇地热田断层特征表

名称及代号	区内长度/km	断层性质	产状			备注
			走向	倾向	倾角	
F_1	15.5	逆冲断层	340°	南西	不明	主干构造，对热田起控制作用
F_2	15.5	逆冲断层	352°	西	不明	
F_3	3	逆冲断层	20°	南东	72°	
F_4	3.5	逆冲断层	25°	北西	67°	
F_5	1.6	逆冲断层	18°	北西	74°	
F_6	3.5	正断层	6°	东	65°~83°	
F_7-F_{11}	4.5、0.5~1.5	正平移断层	260°	南	63°~67°	对热田起导热作用
F_{12}	11.5	正平移断层	92°	南	76°	
F_{13}	0.6	正平移断层	80°	南	不明	
F_{14}	0.5	逆断层	250°	北西	69°	
F_{15}	3.7	正断层	82°	南	不明	对热田起导热作用
F_{16}	1.5	正平移断层	320°	南西	67°	
F_{17}-F_{18}	1.5-4	逆冲断层	350°~335°	南西	67°~69°	
F_{20}	3	正平移断层	92°	南	77°	
F_{21}	1.5	正断层	248°	南东	不明	

续表

名称及代号	区内长度/km	断层性质	产状			备注
			走向	倾向	倾角	
F_{22}	6	正断层	335°~5°	东	不明	
F_{23}	4.5	正断层	5°	东	81°	
F_{24}	0.7	正断层	355°	西	64°	

（据云南省地质矿产局第二水文地质工程地质大队，1987）

2. 地热田特征

由于热泉水的热对流作用，使地表地面加热升温，形成散热地面。经调查，散热地面主要分布于热泉附近，如部队澡塘（W1 号热泉）、公社女澡塘（W2 号泉）及大沟边热泉处，温度一般为 25~40℃，最高为 53.5℃，散热地面面积达 21120 m^2。

热田内的泉华主要为钙华、盐华及少量的硫华。钙华一般分布于泉口附近，表面呈皮壳状，内部多呈气孔状，W1 号泉钙华最为发育，厚达 2 m，W2、W3 号泉亦见有分布。盐华，在腊幸街-大沟边热显示区主泉口处均见有分布，为一种白色的结晶附着物，经鉴定主要为泡碱、水碱及石盐（NaCl）、芒硝。硫华，仅见于 W3 号热泉（公社男澡塘）为 H_2S 的析出物。

地下热水中溶解的矿物质（瑞滇热田主要为碳酸钙）在砂砾孔隙中沉淀，从而将砂砾胶结成岩而称之。一般为基底胶结，碎屑主要是石英砂、岩屑、长石等，含量约占 40%，胶结物占 60%左右，主要为碳酸盐（方解石）的重结晶，有的见有少量硅质。

3. 热田成矿模型

大气降水沿分布于瑞滇盆地西部与东北部中高山区的基岩裂隙（构造裂隙、风化裂隙、断裂等）下渗，一部分沿沟谷径流排泄，另一部分则渗入到地下深处，因区内断裂延伸远，切割深，加之构造运动发育，有利于地下水深循环（地热水循环深度一般 1.2~2 km），深循环的地下水吸收了地壳岩石中的热（岩浆的余热）并沿断裂 F_1、F_2 运移，一般在断裂交汇处（热田内 F_1 与 F_7、F_1 与 F_{18}、F_2 与 F_{12}）储集，并沿导热断裂上升溢出地表，形成温泉、热泉。

4. 热储特征

热储为带状，瑞滇盆地南部 F_{12} 为一张扭性断裂，南北两盘均为燕山期花岗岩，因其附近次级断裂、岩石裂隙的发育，破碎。该断裂带规模较大，延伸较深，导水性，赋水性较好，沿断裂形成近东西向脉状富水带。带内赋存深循环的热水，泉水流量 0.19~1.14 L/s，富水性中等。热盖层为第四系中新统（Qp_2^1）湖积粘土层，岩性、岩相及厚度较稳定，一般厚度 20 m，隔水性良好。

5. 水化学特征

热泉水为无色、透明，微带 H_2S 气味，依据各泉水的水化类型特征，腊幸街-大沟边一带与和尚田-上后甸一带差异明显，腊幸街-大沟边的热泉泉水化学类型比较单一，均为 $HCO_3 \cdot Cl-Na$ 型水；和尚田-上后甸水化学类型列为 $HCO_3 \cdot F \cdot CO_3-Na$ 型水和 $HCO_3-Na \cdot Ca$ 型水。

6. 资源量估算

瑞滇中高温地热田 C+D 级天然热流量为 1.0878×10^9 kJ/d，地热资源量 38.686×10^{12} kJ，折合标准煤 1.320×10^6 t，发电潜力 53720 kW/a。

7. 开发利用现状

当前开发利用程度较低，主要利用自然出露的温泉点建成多家小规模沐浴场所。

六、洱源县茈碧湖地热田[1]

地热田位于洱源县城茈碧湖镇，距昆明市 471 km、大理市 73 km、丽江市 100 km，交通较为方

[1] 主要资料来源：云南省地质环境监测院，2008，云南省洱源县茈碧湖地热田地热资源评价报告。

便。地理坐标为：东经 99°57′00″，北纬 26°07′20″。茈碧湖地热田南部有洱源-三营盆地，北部为牛街地热田，相距 14 km。盆地东南面为下山口水热活动区，相距 6 km。

1. 地热田区域地质特征

（1）地层

盆地内出露以冲-湖积、湖积为主的第四系松散沉积物，盆地基底多为灰岩和火山岩。盆地四周为低中山山区，出露地层从元古宇—新生界均有分布。

（2）岩浆岩

区内岩浆岩可分为四期，即分布于元古界内的晋宁期基-中酸性变质火山岩；华力西期表现为安山岩和玄武岩的喷溢及少量辉长岩侵入；印支期—燕山期则以轻微变质的火山岩和花岗岩侵入为主；喜马拉雅期花岗斑岩、正长斑岩-粗面岩类分布较广。其中华力西期玄武岩分布最为广泛，如盆地东侧大佛山至下山口一带的二叠系玄武岩。

（3）构造

地热区地处欧亚板块与印度板块碰撞带以东，青藏高原与云贵高原的过渡地带。横跨三个一级大地构造单元：以罗平山断裂和北排-正生村断裂为界，东为扬子准地台，中为松潘-甘孜褶皱系，西为唐古拉山-昌都-兰坪-普洱褶皱系。红河-洱海大断裂北端延伸纵贯全区。

红河-洱海断裂属超壳断裂，走向北西—北北西，长 620 km，是有名的活动性断裂，活动时代为 Qp_3-Qh，活动方式北段为右行张扭、南段为右行压扭，活动速率 0.47～1.5 mm/a。地热区地壳活动强烈、地质构造复杂、岩浆活动频繁，断裂发育，为水热活动提供了有利条件。

（4）区域地热活动

洱源地热活动区是地中海-阿尔卑斯-喜马拉雅环球地热带的重要组成部分。从板块构造上来看，洱源-三营盆地处于印度板块与欧亚板块碰撞带以东，欧亚板块西南缘之内侧（横断山脉云岭之中南段）的一个小型断陷盆地。由于板块边界远在缅甸境内，洱源盆地内的地热田应属板内系统。靠近板缘构造活动地带（或影响带内），红河-洱海断裂的次级断裂和派生断裂发育，且可达到较大的深度，洱源盆地就位于平均大地热流值高达 98mW/m^2 的网格内，为地下水深循环吸收围岩的热量加温成热水及裂隙型热储体（带状热储）形成创造了条件。

2. 热田地热地质

（1）地层

茈碧湖地热田出露地层主要有志留系青山组灰岩、二叠系乌龙坝组火山岩、三叠系洱源岩群浅变质岩和广泛分布的第四系，以冲湖积、湖积为主的松散沉积物（表 13-16）。区内岩浆岩出露面积较小，仅有印支期花岗斑岩墙侵入于洱源岩群中。

表 13-16　洱源县茈碧湖地热田地层简表

<table>
<tr><th>界</th><th colspan="2">系（统）</th><th>组</th><th>地层代号</th><th>厚度/m</th><th colspan="2">岩性简述</th></tr>
<tr><td rowspan="5">新生界</td><td rowspan="2">第四系</td><td>全新统</td><td></td><td>Qh</td><td>4～105</td><td colspan="2">洪积、冲积、冲湖积之粘土、砂砾石层</td></tr>
<tr><td>更新统</td><td></td><td>Qp</td><td>30～450</td><td colspan="2">冲湖积、湖积为主，砂、砂砾石、砂质粘土、泥土夹泥炭</td></tr>
<tr><td rowspan="2">新近系</td><td rowspan="2">上新统</td><td>三营组</td><td>N_2s</td><td>1331</td><td colspan="2">下部灰褐色、灰色泥岩、粉砂岩夹紫红色泥岩及褐煤，底部为砾岩；上部杂色砾岩、砾岩夹粉砂岩</td></tr>
<tr><td>剑川组</td><td>N_2j</td><td>671</td><td colspan="2">下部为粗面岩、粗面质火山角砾岩、凝灰岩及火山沉积岩；中部为橄榄玄武岩、安山玄武岩、粗面玄武岩及相应的火山碎屑岩；下部为砂、泥岩夹煤层和煤线</td></tr>
<tr><td>古近系</td><td>始新统</td><td>丽江组</td><td>E_2l</td><td>700</td><td>紫红色、灰红色石灰角砾岩，角砾状灰岩、白云岩</td><td>洱海断裂以西宝相寺组（E_2b）：上段底部为紫红色复成分砾岩，中、上部为灰白色夹紫红色块状长石石英砂岩；下段为紫红色、砖红色夹灰白色长石石英砂岩、细砾岩。总厚度 1417 m</td></tr>
</table>

续表

<table>
<tr><th>界</th><th colspan="2">系（统）</th><th>组</th><th>地层代号</th><th>厚度/m</th><th colspan="3">岩性简述</th></tr>
<tr><td rowspan="4">中生界</td><td rowspan="4">三叠系</td><td rowspan="2">上三叠统</td><td>松桂组</td><td>T_3sg</td><td>520~1069</td><td>为一套砂岩、粉砂岩、页岩夹煤层及煤线</td><td rowspan="3">洱源岩群（总厚度约1000 m）</td><td>干水井岩组（Tg.）：为紫红色变质砂岩、砾岩、板岩和千枚岩，下部夹少量灰岩</td></tr>
<tr><td>中窝组</td><td>T_3z</td><td>191~230</td><td>薄-中厚层状灰岩夹少许灰岩</td><td>石照碧岩组（Ts.）：为千枚岩、结晶灰岩、绿泥片岩、绿泥角闪片岩及变质玄武岩</td></tr>
<tr><td>中三叠统</td><td>北衙组</td><td>T_2b</td><td>>260</td><td>下段为细砂岩、粉砂岩、夹泥灰岩及白云质灰岩；上段为厚层状白云质灰岩</td><td>绿茵塘岩组（Tl.）：变质流纹岩，钠长阳起片岩、斜长角闪岩、云母片岩，中部夹 10 m 厚的大理岩</td></tr>
<tr><td>下三叠统</td><td>腊美组</td><td>T_1l</td><td>>115</td><td colspan="3">下部紫红色砂岩，底部为砾岩，砾石中大多为玄武岩；中、上部为砂岩、粉砂岩夹页岩</td></tr>
<tr><td rowspan="11">古生界</td><td rowspan="3">二叠系</td><td rowspan="2">上二叠统</td><td>红岩子组</td><td>P_2h</td><td>1068</td><td colspan="3">杏仁状玄武岩、集块岩，粗面岩、粗面质凝灰岩，玄武质火山角砾岩，碱长粗面岩</td></tr>
<tr><td>乌龙坝组</td><td>P_2wl</td><td>>4806</td><td colspan="3">致密玄武岩、杏仁状玄武岩，火山角砾岩、集块岩、凝灰岩，橄斑、辉斑玄武岩</td></tr>
<tr><td>下二叠统</td><td></td><td>P_1</td><td>630</td><td colspan="3">为一套灰色、灰白色粉晶骨屑灰岩，泥晶灰岩</td></tr>
<tr><td rowspan="3">石炭系</td><td>上石炭统</td><td>斗顶山组</td><td>C_3d</td><td rowspan="3">476</td><td colspan="3">为灰色、浅灰色中厚层状泥质粉晶骨屑灰岩，泥晶灰岩</td></tr>
<tr><td>中石炭统</td><td>李子园组</td><td>C_2l</td><td colspan="3">为浅灰色中厚层状泥质粉晶骨屑灰岩，泥晶灰岩</td></tr>
<tr><td>下石炭统</td><td>砂子箐组</td><td>C_1s</td><td colspan="3">为薄层硅质岩、中厚层状粉晶骨屑灰岩</td></tr>
<tr><td rowspan="2">泥盆系</td><td>中泥盆统</td><td>长育村组</td><td>D_2c</td><td>90.4</td><td colspan="3">黑色硅质岩</td></tr>
<tr><td>下泥盆统</td><td>莲花曲组</td><td>D_1l</td><td>740.2</td><td colspan="3">灰色薄层粉晶骨屑灰岩夹落层粉砂页岩、泥灰岩及硅质岩</td></tr>
<tr><td rowspan="2">志留系</td><td>上泥盆统</td><td>青山组</td><td>S_3q</td><td>>678</td><td colspan="3">中厚层状碎屑灰岩、泥晶灰岩、骨屑粉晶灰岩</td></tr>
<tr><td>中-下泥盆统</td><td></td><td>S_{1-2}</td><td>551.6</td><td colspan="3">下部为薄-中厚层状白云质灰岩及泥灰岩；上部为厚层-块状白云质灰岩</td></tr>
<tr><td>奥陶系</td><td>下奥陶统</td><td>向阳组</td><td>O_1x</td><td>>2033</td><td colspan="3">灰色、灰白色中细粒石英砂岩夹少量粗砂岩、页岩</td></tr>
</table>

（据云南省地质环境监测院，2015）

（2）构造

茈碧湖地热田热田位于红河-洱海断裂带内，地质构造复杂。断裂构造主要有北西向、近南北向、近东西向三组，构成热田地质构造的基本格架。

北西向断裂共有 7 条（F_1-F_7），其中 F_3 断裂位于热田南西侧，沿断裂可见断层角砾岩，断裂东侧附近为宁湖小学院内的热泉群，推断为导热构造；F_7 断裂南从棉花山向北西经热田中心九气台东侧穿过，物探资料显示，沿断裂视电阻率等位线密集排列，是地热田视电阻率异常 30 Ω · m 等位线的北东部边界。

近南北向断裂分布于热田东侧，以 F_{10}、F_{11} 为代表，均为倾向西的正断层，沿断裂构造角砾岩极为发育，玄武岩支离破碎，断层崖明显。该组断裂属洱海断裂的组成部分。

近东西向断裂，是本区最晚一期构造，不同程度的切割本区早期构造。其中 F_{14} 断裂通过九气台附近，呈东西向延伸，是视电阻率 15 Ω · m 等位线的南部边界。F_{15} 断裂大致沿江干村附近呈近东西向延伸，亦是视电阻率 15 Ω · m 等位线的北部边界。F_{14}、F_{15} 断裂均属隐伏断裂，从不同深度视电阻率断面有明显反映，与地热显示有密切联系，可能属热田的热储构造。

（3）地热显示与水热活动

茈碧湖地热田内地表热显示主要是温、热泉和泉华，总显示面积约 1.5 km^2。显示区主要有 3 处：

玉湖镇宁湖小学显示区坐落在钙华台地上，该区钙华特别发育；九气台显示区热泉显示强烈，温度高、流量大；江干村显示区以产自然硫为特征（表 13-17）。

表 13-17　洱源县茈碧湖玉湖镇地热显示一览表

名称	位置	显示类型			热水化学组分及类型							自然放热量/($kJ \cdot s^{-1}$)
		温、热泉		其他	pH	TDS/($g \cdot L^{-1}$)	SiO_2	HBO_2	F	Cl	类型	
		温度/℃	流量/($L \cdot s^{-1}$)				($mg \cdot L^{-1}$)					
玉湖镇	玉湖镇宁湖小学	58~69	3.6	文庙坐落在老钙华丘上	8.6	1.817	102	3.28	7.63	34.8	$HCO_3 \cdot SO_4$-Na	813.91
九气台	玉湖镇东门外 0.6 km，公路东侧有 6 个热泉塘	42~74	41.25	大型钙华丘上建真武阁，现为九气台小学	7.85	0.733	61.6	1.37	4.32	6.96	$SO_4 \cdot HCO_3$-Na·Ca	10189.62
江干村	江干村东 0.5 km	38	2.9	江干村引钻孔水流过一块 4 m×1.5 m 的硫磺田，每年可产几百千克自然硫	7.82	0.756	56.2	1.28	4.02	5.22	$SO_4 \cdot HCO_3$-Na·Ca	279.26

（据云南省地质环境监测院，2015）

（4）热田地质结构

茈碧湖地热田基岩埋深表现为盆地东、西部边缘及南、北两侧较浅，中部较深，并由南向北形如“丫”字形的二条基岩埋深凹陷带，一般基岩埋深在 500 m 左右。一条凹陷带自马家营、文强村一带向北东延伸至大营村与大佛村之间；另一条由文强村、马家营一带向北北西经县农业技术中心附近至凤羽河一带延伸至鹅墩村北东部一带，在该带北部，又存在一条基岩局部隆起带，但隆起带为北东东走向与凹陷带正交，其位置在江干村至凤羽河一带，中心部位在江干村东部约 500 m，AB/2 = 250 m 视电阻率 30 Ω · m 等位线圈定的热田范围正好位于该局部隆起带之上（图 13-15）。

茈碧湖地热田的基本地质结构比较单一，热储可分为上部孔隙型层状热储和下部裂隙型带状热储。上部孔隙型层状热储为第四纪更新世（Qp）至全新世（Qh）冲湖积、湖积沉积物，厚度一般几十米至 200 余米。为一套灰-深灰色为主的砂砾石、砂、粘土质砂土、砂质粘土夹草煤、淤泥多旋回沉积。上部几米至几十米厚的砂、砂质粘土夹草煤、淤泥；中部为 20~50 m 厚的砂砾石、砂、砂质粘土，有良好的渗透性和含水性，是主要的含水层，其中赋存热水。下部几米至几十米的粘土质砂土、砂质粘土、砂砾石结构紧密，为基岩热储的直接盖层，可视为相对隔水层。江干村的 ZK21 孔揭露孔深 137.42 m 以上为第四系河湖相松散层，具上粗下细复韵律旋回沉积，由砂砾石、砂、砂质粘土组成。孔隙水主要含水段在孔深 76.6 m 以上，顶板埋深 22.8 m，含水层厚 35.5 m。静止水位 +2.25 m，自然流量 330 t/d，孔口水温 45℃。孔深 50 m 处 52℃，100 m 处 75℃，第四系底板孔深 137.42 m 处 84℃。

下部裂隙型带状热储为志留系青山组灰岩，厚度大于 678 m。受断裂构造控制，破碎，其透水性和富水性较强，赋存热水。现有热供水井揭露热储厚度大于 256.38 m。江干村的 ZK21 孔揭露热储埋深 137.42 m，岩性为角砾状白云质、泥质灰岩（志留系青山组），构造裂隙发育，岩石破碎，呈角砾碎块状，裂隙率达 20%。在孔深 150 m、162 m 两处发现直径 0.5 m 小溶洞。赋存岩溶裂隙水，静止水位 +3.11 m，当水头高出地表 0.4 m 时，自流量为 4.767 L/s，孔口水温 74℃。

3. 地热资源、地热流体储存量及可采资源

（1）热储模式

据地热田所处的大地构造位置、热水化学组分及热储实测水温（孔内实测热水水温 50~96℃）表明，茈碧湖地热田属于中-低温对流型地热系统。地热流体是由大地补给，降水渗入地下沿断裂或

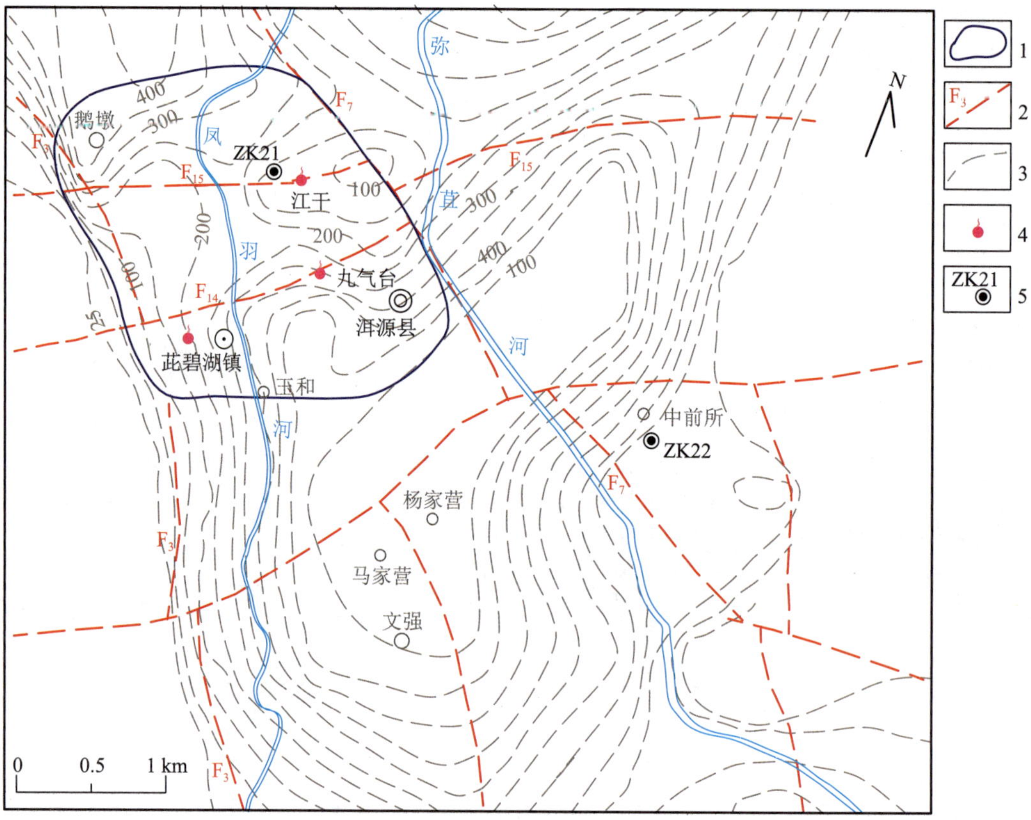

图 13-15 洱源县茈碧湖地热田基底埋深与热田范围分布图

（据云南省地质环境监测院，2015）

1—热田范围；2—推断断层；3—基岩埋深等值线；4—热泉；5—钻孔及编号

裂隙下渗，并吸收围岩的热量，在水力压差作用下进行深循环，形成地下热水环流系统。热水沿 F_3 断裂上升，充于 F_{14}、F_{15} 断裂夹持的断裂破碎带中而形成带状热储；在构造和地层的有利部位，热水上升至第四系砂砾石层中与冷水混合后形成孔隙型层状热储。

（2）地热资源量计算方法与结果

按《地热资源评价方法》（DZ 40—85）的热储法计算茈碧湖地热田的地热资源量，孔隙型层状热储地热储量为 1.61×10^{13} kJ，有效资源量 578×10^{12} kJ，静储量为 $13.1\times10^{6}\ m^3$；裂隙型带状热储地热储量 281.0×10^{12} kJ，有效资源量 6.744×10^{12} kJ，静储量为 $1.01\times10^{8}\ m^3$；热田地热资源总量 297.1×10^{12} kJ，有效资源总量 7.322×10^{12} kJ，发电量为 2321 kW。根据标准要求，中低温热田服务年限为 100 年，发电量不足 1×10^{4} kW 为小型地热田。本热田属小型地热田，所求的储量级别为 D+C 级。

4. 热田开发利用现状

当地利用热泉年代久远，文字记载最早见于明代 1639 年的《徐霞客游记》，但迄今为止，温泉取水设施仍很简陋，仅是在温泉周围砌石储水而引用。近年来，随着社会经济和旅游业的发展，特别是兴建“云南九气台旅游风景区”“大理地热国”以来，出现了一批以地热水为特色的休闲康体娱乐场所和宾馆接待设施，并为此开凿了数十口热水井（表 13-18）。

茈碧湖地热田在 1978～1999 年 21 年间泉水流量、水温几乎没有变化（表 13-19），地热流体十分稳定。自 2000 年以来，由于旅游业的快速发展，仅在数年间，即发生地热水自流井断流、热泉干涸，水位下降，甚至局部出现地面下沉，房屋、地面开裂等不良环境地质现象。如九气台温泉群现开发为休闲、旅游、理疗为一体的大理地热国温泉旅游景区，施工了三口热水井，日抽水量在 1500～2000 m^3 之间。现区域内地下水位普遍下降 5～10 m。水温随季节变化幅度 2～3℃，基本保持稳定状态。从已有观测资料看，水位逐渐下降，但水温近几年还有所上升（表 13-20；图 13-16）。说明该地段地下热水开采量大于补给量，造成水位下降，但热源稳定而充足。据中国科学院（1998）、云南省环境监测院（2008、2014）资料，经不同时期不同单位水质取样分析成果对比（表 13-21），热田热水微量元素含量变化不大，变化率小于 30%。变化较大的有 Na、K、Ca、Mg、HCO_3、SO_4、Cl 等主要理化指标。

表 13-18　洱源县茈碧湖地热田热水井开采情况一览表

热井（泉）名称	井深/m	采水量/($m^3 \cdot d^{-1}$)	地热井施工日期
地热国 1#井	252.60	120	2003 年 11 月 8 日
地热国 2#井	287.54	180	2004 年 1 月 6 日
地热国 3#井	329.74	840	2004 年 7 月 13 日
九气台宾馆热水井	287.0	300	1996 年
洱海源宾馆热水井	80.00	200	
江干村热水 2#井	182.00	有水停用	2003 年 9 月 12 日
江干村 ZK21 孔	181.68	2004 年 9 月停流	1978 年 12 月
九气台名汤澡塘热水井	18.0	60	
九气台大众澡塘热水井	42.00	60	2002 年
九气台新平澡塘热水井	24.00	100	
九气真泉澡塘		100	2009 年
温泉会馆		100	2009 年
温泉澡塘		100	2009 年
兴兴天然热泉		65	2009 年
总计		2225	

（据云南省地质环境监测院，2015）

表 13-19　洱源县茈碧湖地热田流体动态变化一览表

热泉、自流井名	1978 年 00939 部队资料		1999 年西藏地热地质队		2006 年云南省环境监测院	2013 年 11 月云南省环境监测院
	水量/($L \cdot s^{-1}$)	水温/℃	水量/($L \cdot s^{-1}$)	水温/℃		
九气台温泉群（现大理地热国）	41.25	74	41.25	74	干涸	井采，水位降至地面下 10~15 m
文庙温泉群	3.6	69	3.6	69	3.0（L/s）	干涸
江干村温泉	2.9	38	2.9	38	干涸	干涸
江干村 ZK21# 自流热水井	5.47	74	5.53	74	2004 年 9 月停流	已不存在，消失
九气台宾馆	自流		12.15		水位降至地面下 4 m	水位降至地面下 10~15 m
九气台宾馆旁热泉群	自流		自流		干涸	水位降至地面下 10 m 以上

（据云南省地质环境监测院，2015）

表 13-20　洱源县茈碧湖地热田九气台温泉群（大理地热国）水位、水温观测记录表

观测时间	水位/m	水位标高/m	水温/℃
2006.10.20	3.08	2057.08	73
2007.10.20	6.83	2054.17	73
2008.10.20	6.80	2054.07	72
2009.10.20	8.24	2052.76	74
2014.10.21	9.88	2051.12	80

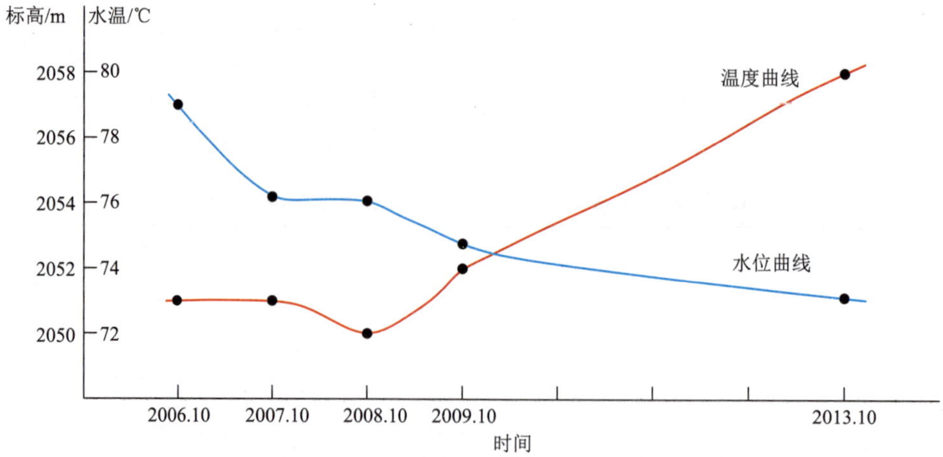

图 13-16 洱源县茈碧湖地热田九气台温泉群（大理地热国）水位、水温动态变化曲线图

现今茈碧湖地热田地热开发，由于市场的需要已开凿了数十口热水井，主要集中在九气台附近，开采井间距离小，相互干扰大，局部开采过量，造成热水水位持续下降，引起热泉干涸，昔日九气台的地热景观已不复存在，取而代之的是较为严重的地面下沉、房屋开裂等不良环境地质现象。

云南省内其他地热田及典型地热泉（点）见表 13-22、表 13-23。

表 13-21 洱源县茈碧湖地热田九气台温泉群水质分析成果对比表 单位：mg/L

化学成分		1998 年（中国科学院横断山科考）	云南省地质环境监测院		
			2006 年 6 月	2006 年 11 月	2014 年
pH 值		7.85	6.4	6.1	7.3
矿化度		733.00			1070.20
阳离子	Na^+	121.0	130.00	140.00	160.00
	K^+	11.6	9.00	22.00	9.7
	Ca^{2+}	74.4	131.25	133.74	87.88
	Mg^{2+}	24.0	7.64	21.48	14.54
	NH_4^+	1.45	1.00	0.20	1.92
阴离子	HCO_3^-	262.0	465.89	478.78	826.54
	SO_4^{2-}	295.0	250.00	300.00	250.00
	Cl^-	6.96	7.33	3.56	23.30
	NO_3^-		<0.25	<0.25	3.00
其他组分	F^-	4.32	5.60	3.40	2.20
	Ba		0.06	0.05	<0.01
	SiO_2	61.6	65.98	35.91	59.45
	HBO_2	1.37	1.445	1.89	0.1
	As	0.03	0.04	0.03	0.03
	Li^+	0.23	0.22	0.32	0.09
	TFe		0.04	1.50	<0.04
	Cu		<0.01	<0.01	
	I		0.005	<0.005	<0.005
	Br		<0.0002	<0.0002	<0.10
	Mn		0.04	<0.02	<0.02
水质类型		$SO_4 \cdot HCO_3$-$Na \cdot Ca$	$HCO_3 \cdot SO_4$-$Ca \cdot Na$	$HCO_3 \cdot SO_4$-$Ca \cdot Na$	$HCO_3 \cdot SO_4$-$Ca \cdot Na$

（据云南省地质环境监测院，2015）

表 13-22　其他地热田特征一览表

编号	名称	经度	纬度	类型	水化学类型	水源地基本特征	资料来源
1	龙陵县邦纳掌地热田	98°39′23″	24°39′32″	隆起山地型	HCO_3-Na	位于龙山镇热田东段香柏河右岸，地热田沿河谷呈近东西向展布，是滇西著名高温水热区之一。显示面积约 800 m×150 m，区内出露有地震间歇喷泉、水热爆炸、沸泉塘等高温显示和遍布泉区的钙华与“皮硝”（盐华）等	云南省地矿局第二水文队，1987
2	瑞丽市瑞丽地热田	97°53′43″	24°00′58″	隆起山地型	HCO_3-Na	该区盖层为第四系及芒棒组上段、下段及南林组。南梳组为热储层，并具自储自盖特征。热源主要来源于上地幔的岩浆，高热岩浆囊构成了该区的热源，在盆缘构造有利部位即基底隆起带，热水则冲破盖层，出露地表，以瑞丽江沿岸断续出露为特征，形成高温热泉	云南省煤田地质局，2009
3	滕冲市攀枝花地热田	98°29′00″	24°43′08″	隆起山地型	HCO_3-Na	位于新华乡攀枝花村硝塘，温泉沿河（主要在右岸）断续出露，在长达 400 m 的岸边及河床中均有显示，其中沸泉约 8 个，还包括冒汽地面、水热爆炸以及自然硫等，是腾冲市境第三个沸泉区。岩层为节理发育的片麻岩，节理缝隙多粉末状自然硫和盐化	云南省地矿局第二水文队，1987
4	滕冲市黑石河地热田	98°29′00″	24°41′58″	隆起山地型	HCO_3-Na	位于蒲川乡户弄村，泉水自片麻岩体中的一个洞穴流出。根据泉区有自然硫、毛矾石等矿物显示，推测本区早期可能是沸泉区。显示面积 30 m×25 m	云南省地矿局第二水文队，1987
5	勐海县勐满地热田	100°07′58″	22°09′38″	隆起山地型	$HCO_3\cdot SO_4$-Na	位于勐满乡勐海至澜沧公路西侧，泉口最高水温 80℃，流量 15 L/s。区淀积有大量的硫华，充满浓烈的硫磺气味。围岩性质为绢云母片岩（变质岩），部分出露有黄色石英砂岩。酸碱度 9.76，矿化度 0.972 g/L	

表 13-23　云南省典型地热泉（点）特征一览表

编号	名称	类型	水化学类型	水源地基本特征	资料来源
1	宜良县汤池温泉	中温泉		泉水最高温度 76℃，流量 20 L/s。热水沿寺庙后一山脚热水河出露，20 世纪 70 年代前沿河长 800 m 之内就有出水点 10 余处，90 年代末由于在泉边打了很多热水井，泉季节性断流。汤池温泉有很好的深部热流上升的构造条件，储热含水层、相对保温层比较稳定，有丰富的地下热水资源。现汤池利用热水钻井开设游泳馆、温泉宾馆等超过 20 多家	云南省地矿局第一水文队，1990
2	水富市新滩温泉	高温泉	$HCO_3\cdot Cl$-Na·Ca	温泉沿河右岸呈线状出露，水温高达 78.6℃，长度约 100 m，总体流量 245 L/s。2012 年向家坝电站建成后，泉口位置被淹没，即用管道引入半山腰，水富县成功开发成西部大峡谷温泉旅游区。目前，大峡谷温泉生态旅游区园占地 1650 余亩，可同时容纳 10000 人以上沐浴，600 多人同时就餐，是目前国内最大的天然露天温泉浴场；是国家 AAAA 级旅游景区，温泉度假胜地	
3	会泽县会泽温泉	低温泉	HCO_3-Mg·Ca	会泽温泉水温 40℃，流量 2.3 L/s。是会泽县十景之一，被誉为“温泉柳浪”。出水点旁建有火龙庙，供火德星君。热水显示面积约 250 m^2，水温近 40℃，清雍正建亭，光绪九年立亭碑，书“滇南第二泉”，1949 年之前又名滇北第一泉，碑文记载了温泉历史与水质，现被列为县级重点文物保护单位。建有游泳池、沐浴室	

续表

编号	名称	类型	水化学类型	水源地基本特征	资料来源
4	麒麟区三宝温泉	中温泉	HCO_3-Mg·Ca	泉水最高温度55℃，流量16 L/s。温泉出露区呈缓坡丘陵地形，有20余处出水，呈线状分布，热显示面积约为100亩。沿北东—南西正断层分布，由灯影组补给。据记载，明代就开发浴池供当地人沐浴，徐霞客曾2次到此考察。目前有16处钻孔，除曲靖市工会疗养院外，尚有滇东温泉度假区、麒麟温泉度假区等大型酒店。1959在此建云南省曲靖市工会疗养院，近年来陆续建成大型温泉酒店4家，引水沐浴，每年接待十万人以上，是集温泉沐浴、休闲保健以及住、餐、娱、购物于一体的综合、健康的温泉休闲度假景区	云南省地矿局第一水文队，1990
5	寻甸县塘子温泉	中温泉，	HCO_3·SO_4-Na	又名新河温泉小镇，泉水最高温度76℃，流量14 L/s。共有6个出水点，硫磺味重，泉口附近有黄色水迹和黑色沉淀物。泉水沿小江断裂带出露。部分泉水用于当地人沐浴，大部分引入1 km远的新河温泉小镇酒店利用。集温泉沐浴、休闲保健以及住、餐、娱于一体的综合、健康的温泉休闲度假景区	
6	弥勒市梅花温泉	中温泉	HCO_3-Ca·Mg	位于弥阳镇西3.5 km温泉村，泉水最高温度54℃，流量30 L/s，有多个出水点，20世纪70年代末至2000年间在温泉周边施工钻孔百余口，自然温泉干枯。梅花温泉及其周边目前已开发成为弥勒市主要景区公园，开发有大小酒店上百家，集休闲、沐浴、游泳、餐饮、旅游之大成，是五星级湖泉酒店配套的康体娱乐项目。是弥勒市旅游景点之一	云南省地质工程勘察总公司，2012
7	建水县曲江温泉	中温泉	HCO_3-Na	泉水最高温度65℃，流量14 L/s，温泉区有4个明显的出流点，随水流有气泡翻出，无色无味。储热层为澄江组下部地层大龙口组（Pt_1d），岩性为灰岩、白云岩夹板岩，澄江组（Zc）砂岩、粉砂岩、粉砂质泥岩含风化裂隙水，总体上具隔水性质。属储热层盖层，其上新近系（N）泥岩、粉砂岩、砾石层，含裂隙孔隙水，为隔水层，构成保温层。现泉水分为三部分，一部分温泉水引入曲江温泉酒店作为泡澡沐浴，是建水县首家以生态园林温泉为特色的集住宿、餐饮、休闲养生等各项功能较完善的温泉主题度假酒店；一部分当地建有农家乐游泳、沐浴；一部分留在当地洗澡塘村沐浴及民用	云南省地矿局第一水文队，1990
8	个旧市贾沙温泉	中温泉	HCO_3-Na	泉出露于龙岔河与绿沙河的三角洲上，泉水最高温度89℃，流量10 L/s。水透明，微蓝，故又名尼格蓝色温泉，硫磺味，可见白色钙华。1959年建成个旧市贾沙温泉疗养院，床位200张，设备齐全，环境优美，是游览和疗养胜地	
9	个旧市丫沙底温泉	中温泉	HCO_3-Na	位于贾沙乡丫沙底村，泉水最高温度68℃，流量10 L/s。贾沙河中游丫沙底村河边，有较浓的硫磺味，可见白色钙华。现有3处温泉，一处是瀑布温泉，另一处是丫沙底温泉，还有一个是农家乐温泉，都是由民营企业投资。在这3个温泉中，瀑布温泉规模最大，设施最全的一个温泉，在这温泉区内有一个宽10 m，高10 m的龙泉瀑布，瀑布中央有块巨大的山石，旱季时水小，瀑布被巨石隔断形成二龙吐水，雨季时河水涌过巨石，水帘挂满，形成孔雀开屏状，煞是壮观	
10	金平县勐坪热水泉	高温泉	HCO_3-Na	位于马安底乡勐坪村，泉水最高温度100℃，流量10 L/s。泉区显示面积为9000 m^2，主要有四个泉点，属碱性硫酸钙型沸泉。沸泉集中于南片，面积150 m×30 m，主泉一口，沸水腾跃有声，离地面0.3 m，附近地面震动，泉口大量气泡涌出，味较浓，硫化遍地，但无钙或硅华。西北0.5 km为一片温泉区，水温40℃左右，供当地人沐浴	
11	元江县瓦那温泉	中温泉	HCO_3-Na	位于瓦那村东2 km，昆洛公路旁。泉水最高温度87.5℃，流量20 L/s。温泉沿清水河左岸至水电站约6 km的地段断续出露，气雾弥漫，高于河床8~20 m。泉水顺坡东流入河中，沿途沉淀形态多姿的泉华体，泉口尚有盐霜及杏黄色华类沉淀。河滩上泉眼也星罗棋布。目前温泉度假村正在建设当中	云南省地矿局第一水文队，1990
12	景洪市嘎洒温泉	中温泉	HCO_3-Na	位于嘎洒镇曼广村北的一条小河左岸，泉口最高水温45℃，流量10 L/s。又名喃呢热带温泉，泉口边打深井后，泉已干涸，硫磺味重，有臭鸡蛋味，可见白色钙华，目前建有喃呢热带温泉度假村，占地$4×10^4$ m^2	
13	澜沧县付腊温泉	中温泉	HCO_3-Na	位于惠民乡热蚌河沿岸，泉口最高水温80℃，流量20 L/s。泉出露于原始森林中的付腊河边，沿河200 m有两片出露，地处原始森林中，环境优美，每年都有很多游客来此郊游，并利用温泉煮鸡蛋、肉食等。泉区硫磺味重，可见黄色、绿色沉淀，白色钙华，围岩性质为绢云母片岩。现正在开发拟建温泉度假村	

续表

编号	名称	类型	水化学类型	水源地基本特征	资料来源
14	大理市下关温泉	中温泉	$HCO_3\cdot SO_4$-Na	温泉区出露于南北向箐沟的瀑布以下，并向下游延伸约 200 m 地段。泉口仅展布在沟东峭壁上，有泉眼 13 个，温度 25.2~76℃。泉区中部水温 76℃，总流量 13.9 L/s，泉水略有锈味。泉口附近有少量泉华，地面多盐霜。目前已形成集温泉沐浴、旅游、休闲、娱乐为一体的服务中心	云南省地矿局第二水文队，1987
15	洱源县下山口温泉	高温泉	$SO_4\cdot HCO_3$-Na	位于右所镇下山口村，泉水温度 94℃，流量 1.8 L/s，主泉口出露于公路西侧弥苴河东岸陡崖下。泉塘周围有少量钙华沉积。温泉沿弥苴河床均有出露，河的西岸也有泉眼，顺河延伸 25 m 亦属显示区。围岩性质为紫红色细砂岩，岩壁普见盐霜，泉区附近有泉胶砾岩，15 cm 深处地温达 42℃。目前泉点下方，建有数个温泉山庄，供游人旅游、医疗、洗浴。开发规模较大的有大理普陀泉，为 AAAA 级温泉高端旅游度假区	
16	香格里拉天生桥温泉	中温泉	HCO_3-Ca·Na	位于建塘镇冈河左岸，泉水温度 56℃，流量 10 L/s，温泉沿河左岸大体上呈北西—南东向展布，主泉口出露在拔河 30 m 的山坡上。泉水自泉华体裂隙流出，淌入下方修建的露天澡池。整个泉区泉华沉积十分发育，白色的钙华体自拔河 60 多米山坡上亦有出露，并延伸形成长 1 km，宽度 20~30 m 的泉华山，山脊上有一条北西—南东向深大裂缝，其长度有数百米，宽度 1 m，深不见底，局部地段被填塞后仍有 2~5 m 深。温泉出露主要集中在泉华山的西北端，都冈河左岸及半山腰上。都冈河水由南东流经温泉区并穿过泉华山下长 8 m，宽 5 m 的穿洞之后，又转回东南，由市区去三坝区的安南银厂必经泉区，过路行人利用平宽的泉华山脊作为跨越都冈河的桥梁，“天生桥” 由此得名。现开发为温泉旅游度假区——天生桥地热公园	
17	云龙县漕涧下澡塘	中温泉	$HCO_3\cdot CO_3$-Na	位于漕涧镇澡塘村北，泉水温度 71℃，流量 45 L/s。沿花岗片麻岩山体的底部裂缝涌流，泉眼星罗棋布，泉水汇流成河，当地称澡堂沟。主泉有四，水温 55~68.2℃，由于地形较陡，泉水径流形成瀑布。已建了漕涧温泉疗养院	
18	泸水市玛布温泉	中温泉	HCO_3-Ca	位于六库镇怒江右岸，泉水温度 70℃，流量 15 L/s。温泉沿江右岸呈近南北向展布，泉群主要出露有两片，上游显示区（北片）温泉水温 50~70℃，流量 6 L/s。泉区北侧拔河 45 m 的山坡上出露大面积泉华沉积，现已无水热活动迹象；下游显示区与上游相距 200 m，泉水为 55~60℃，流量约 7 L/s，其临江侧为泉华陡崖，崖顶距江面约 50 m。泉点处现建有一个玛布温泉游旅度假村，规模较小。该温泉是当地各族人民春节期间传统聚会、沐浴、对歌的场所，俗称“澡塘会”	
19	泸水市登埂温泉	中温泉	HCO_3-Ca·Mg	位于六库镇登埂村北，鲁腮河入怒江交汇处的西岸江边，泉水温度 54℃，流量 15 L/s。温泉沿江右岸呈南北向展布，在长度约 300 m，宽度 150 m，拔河高度 100 m 范围内出露大片钙质泉华体，从北向南出露温泉 6 处，围岩为板岩。现今利用怒江大峡谷自然天然的山河风光，建设登埂温泉旅游小镇。已建成了江山温泉旅游度假区，峡谷生态休闲园；拟建江山温泉精品酒店、峡谷之星（五星酒店）	云南省地矿局第二水文队，1987
20	滕冲市樱花谷温泉	低温泉	$HCO_3\cdot Cl$-Na	位于高黎贡山区，距腾冲市区 26 km。泉口水温 45℃，流量 2.3 L/s。温泉从花岗岩石缝中沁流而出，清澈晶莹。四大泉群都是优质矿泉水，富含对人体有益的多种微量元素，既可洗浴也可饮用。区内设有原始森林温泉洗浴、跨江溜索、高空吊桥、龙江漂流、攀岩、马帮、大型秋千等可供游客选择的服务项目，并配备有餐饮、住宿等旅游服务设施，是集观光、旅游、探险为一体的原生态旅游景区	

续表

编号	名称	类型	水化学类型	水源地基本特征	资料来源
21	腾冲市朗蒲热水塘	高温泉	$HCO_3\cdot Cl-Na$	位于荷花镇朗蒲寨村，泉水最高温度98.7℃，流量6 L/s。温泉主要出露于一条北东—南西向沟谷里，相对高差约40 m。现有较大热水塘4处。还能见到过去的沸泉塘遗址三处，当地俗称“老滚锅”。热水塘沿花岗岩，泥灰岩、黑灰色板岩、长石砂岩与玄武岩的破碎接触带出露，除大面积泉胶砂砾岩及钙华体外，尚见少量硫华和盐华，显示面积300 m×300 m。温泉出露地段正好是腾、梁两县交界地。目前已开发为荷花温泉养生度假村	云南省地矿局第二水文队，1987
22	芒市法帕曼蚌澡塘	低温泉	$HCO_3-Ca\cdot Mg$	位于风平镇曼蚌村，泉口最高水温48.5℃，流量20 L/s。泉区位于芒市断陷盆地南缘，盆地东南紧临由早二叠世灰岩组成的圆丘，而温泉则直接出自稻田。1976年龙陵地震时澡塘水量增加20%，温度增高4~5℃。现开发有多家温泉宾馆及度假村，较为混乱。当前已建设集游览、观光、沐浴、拜祭、会务、休闲为一体的综合会所	
23	昌宁市鸡飞温泉	中温泉	HCO_3-Na	坐落于一近北北西向的泉华体上，长度约170 m，宽度50 m，泉华体上矗立有20余个大小钙华锥，最高达7 m，其中以遥相对峙的雌雄二锥最壮观，泉水自锥顶或锥体周围溢出，温度36~80℃，流量15 L/s。泉华洞穴又为一天成澡塘。盐华遍布，其矿物成分为无水芒硝和方解石。围岩性质为新近纪红色砂岩	
24	盈江县芒克温泉	中温泉	HCO_3-Na	位于旧城镇芒克村，泉口最高水温82℃，流量8 L/s。泉水自坡积-洪积物中涌出，砾块石成分为片麻岩，近泉口处的片麻岩已高岭土化，在其裂隙中沉积有自然硫。泉口伴有大量气泡，硫磺味甚浓。主泉口处围砌成池，就地建有男女澡塘。现将热水引流下方约1.5 km腾瑞公路处建一凤凰温泉度假村	
25	梁河县龙窝温泉	中温泉	HCO_3-Na	位于遮岛镇龙窝寨东偏南的山沟内，泉口最高水温82℃，流量6 L/s。温泉出露于河漫滩上的稻田里，主泉口外围用长宽各1 m多的石井围栏，泉口50.5℃，有大量气泡逸出，石井圈外为一石砌澡塘，面积8 m×8 m。露天浴池有二。泉塘西南为一片温泉沼泽，沼泽地小泉眼众多。显示面积40 m×20 m。现泉区建有温泉度假村及游泳馆等	
26	陇川县广岭温泉	中温泉	HCO_3-Na	位于清平乡广岭村东南畹河盆地右侧，泉口最高水温70.5℃，流量70 L/s。温泉自花岗岩质坡积物中涌出，显示面积5600 m^2。建有大澡塘	云南地质环境监测院，2014
27	盈江县户勐温泉	高温泉	HCO_3-Na	位于莲花山乡户勐街壮丁村北，泉口最高水温94℃，流量3.1 L/s。温泉出露于河床底，泉水自冲积物中涌出，附近见有花岗片麻岩露头	
28	勐海县勐阿街温泉	中温泉	HCO_3-Na	位于勐阿乡驻地西勐阿坝子北端，泉口最高水温52.2℃，流量10 L/s。泉区出露于盆地之中，地势平坦，温泉呈北东—南西向展布，可划分4片泉区总面积约500 m×200 m，除具有较浓的硫磺味外，还淀积有盐华。勐阿街温泉区蛇的繁殖而闻名全区	
29	勐海县西定曼蚌	中温泉	$HCO_3\cdot SO_4-Na$	位于西定乡曼蚌小寨，泉口最高水温75.5℃，流量15 L/s。主要出露在河流左岸，泉水自砾岩缝隙涌出，流经地表的沟渠繁生大量藻体，形成一条条白色和墨绿色的“蚌丝带”。泉区除具浓硫磺味外，盐华甚多，表面呈黄色。沿河上游40 m以外，还有零星温泉出露。显示区面积45 m×15 m	

续表

编号	名称	类型	水化学类型	水源地基本特征	资料来源
30	勐海县曼帮温泉	中温泉	CO_3-Na	位于西定乡南览河东岸河砾石堆中，泉口最高水温74℃，流量7 L/s。温泉沿河呈北西—南东向展布，泉口出露于距岸8~10 m，拔河0.5~0.8 m，延伸长120 m的砾石中，节理发育的石英砂岩也有泉水溢出。砾石表面有白色淀积物，薄层似钙华。泉口有气泡鼓出，硫磺味较浓	云南地质环境监测院，2014
31	罗平县长底温泉	低温泉	HCO_3-Mg·Ca	位于长底布依族乡长底村西北1.5 km，泉水最高温度50℃，流量8 L/s。水点出露于落雨小河西岸，沿断裂线状出露，在百余米内有泉眼十余处，雨季河水淹没。现已建有占地300余亩的旅游休闲度假区	
32	勐海县曼夕温泉	中温泉	HCO_3-Na	位于打洛镇曼夕村西北的南孟河左岸，泉口最高水温70℃，流量1.2 L/s。泉区硫磺味浓，淀积盐华较多，是野生动物常来舔食之地，显示面积20 m×10 m。是打洛区内驰名温泉	
33	云县南河温泉	高温泉	HCO_3-Na	位于石房乡控蚌村东，泉口最高水温97.6℃，流量42.67 L/s。温泉沿南河东岸的一条北西—南东向支沟出露，沿河谷500 m出露有泉20余处，位置最高泉口高于溪流水面约8 m，还有大量的喷汽孔、沸泉和温泉，激烈的喷汽声响远在500 m以外亦可耳闻	
34	云县幸福热水塘	高温泉	HCO_3-Na	位于幸福乡驻地丙凤村，泉口最高水温96.5℃，流量10 L/s。温泉群出露于勐赖坝东北端，泉眼位置受南汀河断裂带控制并呈北东向展布，显示面积约1000 m×100 m。集中出水点大体分两片显示，北东向泉口出露在山沟里，为沸泉群，在450 m延伸区间有泉10余处，往西南延至南汀河河谷，一片37~44℃温泉群。泉区有硫华，硫磺气味浓烈，水热蚀变现象普遍，蚀变程度强烈	
35	云县马鹿田坝沸泉	高温泉	HCO_3·SO_4-Na	位于幸福乡马鹿田村北，泉口最高水温96℃，流量19 L/s。温泉群出露于勐赖坝的西南角，泉口位置受南汀河断裂带控制，呈NE10°方向展布，出露一片温泉沼泽，沼泽地中有一小间歇喷泉，喷高不到10 cm，间歇70 s喷一次。泉区硫磺味甚浓，并有硫华沉淀，显示面积150 m×70 m	

第五节　地热资源潜力分析与可持续利用

一、地热资源潜力分析

（一）开发利用潜力分析

云南省地热资源可开采热量为435116.50×10^8 kJ/a（主要指隆起山型地热资源，以下同），开采热量为120377.00×10^8 kJ/a，盈余热量314739.50×10^8 kJ/a。开发利用率约为27.66%，热量潜力模数79.88×10^4 kJ/(km^2·a)。

滇西地区可开采热量为247835.00×10^8 kJ/a，开采热量为63802.00×10^8 kJ/a，盈余热量184033.00×10^8 kJ/a。开发利用率约25.74%，热量潜力模数87.53×10^4 kJ/(km^2·a)。开发利用主要依托自然风光较好、旅游便利、交通条件较好的地区，如腾冲、瑞丽、大理、丽江。

滇东地区可开采热量为187281.50×10^8 kJ/a，开采热量为56575.00×10^8 kJ/a，盈余热量130706.50×10^8 kJ/a。开发利用率约为30.21%，热量潜力模数71.14 kJ/(km^2·a)。

总体上看，开发利用率滇东比滇西高，热量潜力模数是滇西比滇东高。

近十年来，随着地热水文地质研究程度的加深、钻井设备及成井工艺的进步与提高，先后在滇东地区的石林县，滇西地区的保山盆地板桥镇、施甸盆地等地发现新的地热田，开发利用潜力巨大。

（二）开发利用效益分析

1. 温泉旅游产业

21 世纪是休闲度假旅游的新世纪，为适应这种旅游发展的新趋势，一个以体验温泉、感悟温泉文化为主题，融康体养生、休闲度假等于一体的温泉旅游热正在我国掀起，持续升温。随着人们生活水平的提高，人们将越来越注重健康投资，泡温泉作为一种良好的康体养生方式，将越来越受到人们的欢迎。因此，温泉旅游发展前景广阔。云南省开发地热旅游资源具有如下优势。

1）具有得天独厚的温泉旅游资源优势。云南省不仅拥有我国大陆上特有的城市地热温泉带，而且在全球地热分布上，亦占有重要位置。资源规模、热储类型、质量品质均可与美国、日本、意大利、新西兰以及冰岛等国相媲美。

2）具有得天独厚的地理环境优势。云南的山岳、江河、峡谷、垂直立体气候、岩溶地貌、珍稀动植物景观、民族文化传统项目名列全国前茅或前列。依托滇池国家级度假区、省级旅游度假区、国家级、省级森林公园，地热景观、湖泊流域、山体峡谷资源能够与其互相融合，形成更完美、独特旅游景观体系，吸引更多旅游者。

3）具有得天独厚的区位优势。云南与东盟成员国的老挝、越南、缅甸接壤，是东南亚通道的重要组成部分，是南亚通道的关键环节，是我国连接东南亚与南亚次大陆、沟通太平洋与印度洋的重要链环，是我国通向中南半岛的主要门户，是全国西南边疆最重要、最理想的通道之一。在我国大西南与东南亚、南亚次大陆发展区域经济合作中居于重要的中枢位置，在中国-东盟自由贸易区建设、大湄公河产业旅游合作、中印经济合作中具有十分重要的作用。

4）旅游产业基础优势。云南旅游业经过 20 多年的发展，产业规模不断扩大、产业体系基本形成、产业地位逐渐突现，已经成为云南省重要的支柱产业。在全省五大支柱产业中，旅游业对国民经济和社会发展的影响力仅次于烟草产业。多年积累了开发旅游产品、扩展旅游市场、举行节庆活动、建设旅游服务设施、培养旅游人才、实施依法治旅等发展旅游的经验，为进一步加快云南旅游发展奠定了基础。

5）随着全省旅游业“二次创业”的进一步深入，特别是云南省国际大通道的建设，川滇藏旅游区、滇黔桂经济合作区、国家“一带一路”战略规划的进一步推进，云南将成为中国乃至世界知名的度假旅游目的地之一。温泉旅游资源将乘这股东风有个飞跃式的大发展。

2. 发电潜力估算

全省地热资源具备发电潜力为 2356. 26 MW/30a，主要分布于滇西地区的腾冲市、盈江县、瑞丽市、澜沧县、云县、洱源县、金平县及景洪市、勐海县 9 个县（市）49 个点（表 13-24）。腾冲地区是中国大陆上独一无二的火山地热区，发电潜力达 216. 80 MW/30a，黄瓜箐-硫磺塘区和热水塘区可分别建 1×10^4 kW 的地热电站。全省具有发电潜力的重要热田有 49 处地热田或高温温泉热水区。根据二氧化硅温标或钠-钾温标进行的热储温度推算，这些地区存在高温（>150℃）热水，是发展高温地热发电的有利地区。

二、地热资源可持续利用

（一）开发利用现状

云南省温泉之多，且以天然泉类多、水质佳、用途广、景观奇而举世罕见。为名副其实的地热王国。目前云南省地热（水）主要开发用于洗浴、温泉旅游等方面。

表 13-24　云南省高温地热资源发电潜力评价

序号	温泉（井）名称	热储温度/℃	资源潜力/10^{12} kJ	30年发电潜力/（$MW \cdot 30a^{-1}$）	序号	温泉（井）名称	热储温度/℃	资源潜力/10^{12} kJ	30年发电潜力/（$MW \cdot 30a^{-1}$）
1	瑞滇热田	157.00	35.3	37.35	26	南垒温泉	153.00	41.6	43.95
2	热海热田	165.00	43.7	46.23	27	玩达温泉	153.00	41.6	43.95
3	朗蒲热水塘	165.00	43.7	46.23	28	西定曼蚌	153.00	41.6	43.95
4	攀枝花地热田	151.00	19.8	20.96	29	曼帮温泉	153.00	41.6	43.95
5	黑石河地热田	151.00	19.8	20.96	30	帕左温泉	153.00	41.6	43.95
6	邦纳掌地热田	155.00	42.6	45.07	31	曼夕温泉	153.00	41.6	43.95
7	芦山温泉	168.00	51.6	54.49	32	曼勒温泉	153.00	41.6	43.95
8	螺蛳塘温泉	168.00	51.6	54.49	33	坝尾澡塘	168.00	51.6	54.49
9	景杏温泉	168.00	51.6	54.49	34	打脊背澡塘	168.00	51.6	54.49
10	芒牙温泉	168.00	51.6	54.49	35	阿背寨澡塘	168.00	51.6	54.49
11	腾拉公温泉	168.00	51.6	54.49	36	河尾村小澡塘	168.00	51.6	54.49
12	烂泥坝温泉	168.00	51.6	54.49	37	苏家河澡塘	168.00	51.6	54.49
13	朗外河温泉	168.00	51.6	54.49	38	蒸塘河澡塘	168.00	51.6	54.49
14	下卡温泉	168.00	51.6	54.49	39	温泉乡温泉	168.00	51.6	54.49
15	守玟寨温泉	168.00	51.6	54.49	40	徐家寨温泉	168.00	51.6	54.49
16	户勐温泉	168.00	51.6	54.49	41	老厂街温泉	168.00	51.6	54.49
17	扎朵温泉	152.00	40.8	43.16	42	丙令热水塘	157.00	44.2	46.68
18	出坝温泉	152.00	40.8	43.16	43	新联热水塘	157.00	44.2	46.68
19	瑞丽地温泉	152.00	40.8	43.16	44	南河温泉	157.00	44.2	46.68
20	芒海温泉	152.00	40.8	43.16	45	幸福热水塘	166.00	50.4	53.26
21	南亥坝温泉	152.00	40.8	43.16	46	马鹿田坝沸泉	166.00	50.4	53.26
22	广喊温泉	152.00	40.8	43.16	47	涌宝温泉	166.00	50.4	53.26
23	四楞温泉	152.00	40.8	43.16	48	大寨热水	166.00	50.4	53.26
24	芒养热水塘	153.00	41.6	43.95	49	老鸹窝温泉	166.00	50.4	53.26
25	蚌丙温泉	153.00	41.6	43.95		合计		2230	2356.26

（据云南省地质环境监测院，2015）

云南温泉较早记载见于陈文编的《景泰云南图经金腾两指挥使司志》，其对腾冲地区的4处温泉记述较详。中国历代文人志述温泉者甚多，大都重在沐浴治病方面，且有数千年历史。《山海经》《水经注》《读史方舆纪要》《大清一统志》等均不乏关于各地著名温泉的描述。明朝末年，著名的地理学家徐霞客赴滇考察期间，对洱源、安宁、腾冲等地多处温泉作了详细记录和科学的分析，载入《徐霞客游记》。每一处温泉都各自有不同特色，都有一个神奇而美丽的传说与故事。

近几年，随着云南旅游业的发展，以温泉地热为基础，温泉旅游疗养发展迅速。地热资源得到了较大的开发利用，取得了很好的经济效益与社会效益（图13-17；表13-25）。目前，云南省21个市（州）、县对温泉旅游业进行了一定程度的开发利用，有些已具备一定的发展规模，有些则处于起步阶段。已具备旅游接待能力和成较大规模开发利用的主要温泉旅游业企业及酒店有100多家。以温泉为基础开发的酒店、宾馆、农家乐、休闲山庄、洗浴与理疗等第三产业小规模开发服务网点有300多个，初步形成了以温泉资源为基础，大力开发温泉旅游业资源与产品。对温泉的认知度明显地逐步提高。温泉旅游开发企业遍布全省各地，初步形成了昆明市区温泉旅游开发、滇东北温泉旅游开发、滇东温泉旅游开发、滇东南温泉旅游开发、滇西北温泉旅游开发、滇西温泉旅游开发等温泉旅游集中开发区（图13-18）。

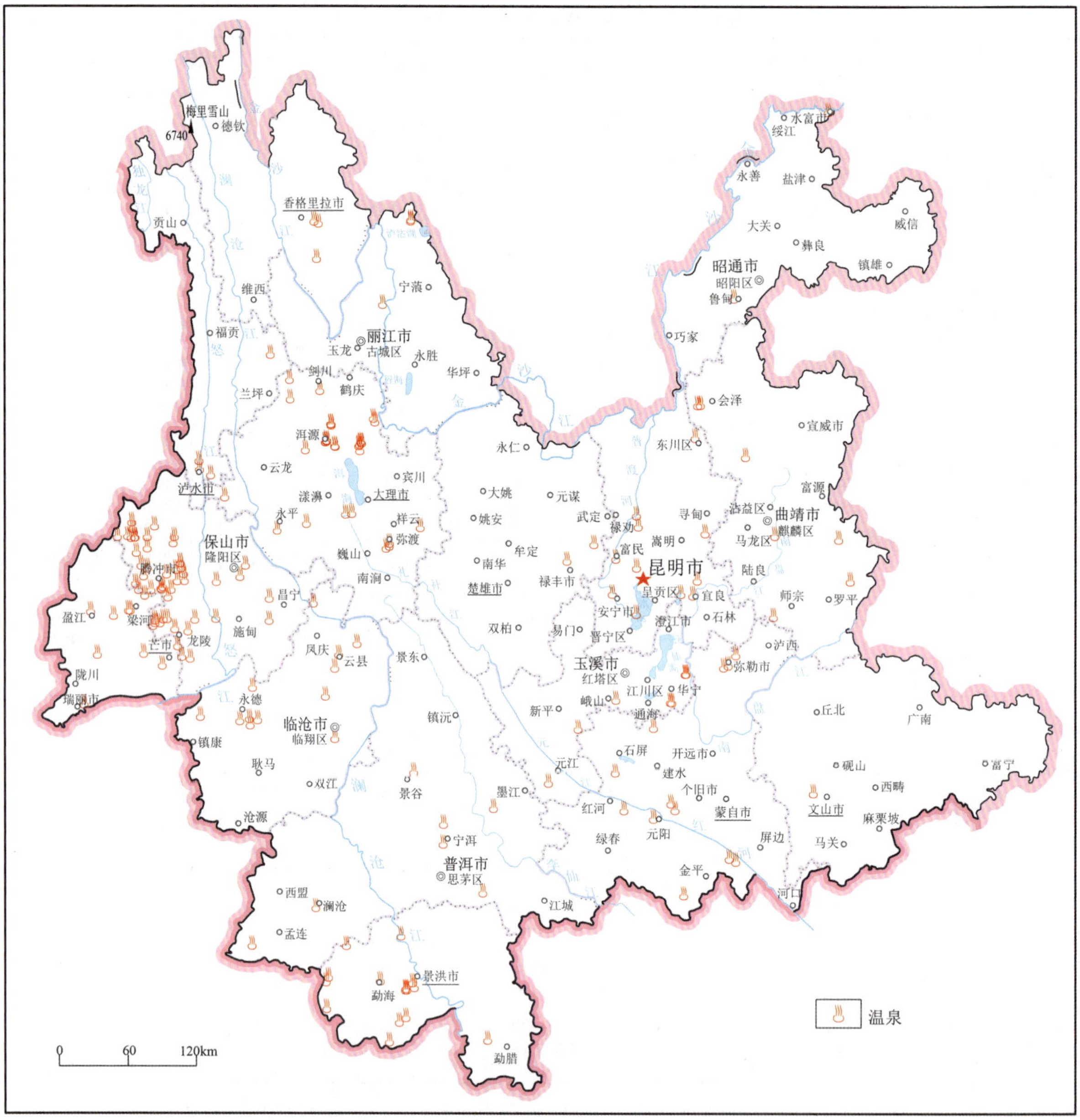

图 13-17　云南省温泉开发利用现状分布示意图

1. 昆明市区温泉旅游开发

在昆明城区以温泉为基础开发的酒店、宾馆有 100 余个，具较大规模开发的休闲度假区就有滇池春天、君豪会所、柏联 SPA、怡景园度假酒店、华丰温泉 SPA 高尔夫会所、绿世界、水艺天下、峨山温泉、橄榄树温泉、云安会都温泉等。在昆明城区周边有安宁市温泉古镇商业街区、安宁市温泉宾馆、安宁市银鹰山庄、安宁市温泉心景、安宁市金方日式森林、宜良县狗街温泉度假村、宜良县汤池温泉度假区、禄劝练甸温泉旅游度假区、云南华侨城水上乐园、禄丰市罗茨温泉与石灰坝温泉等。现将具有代表性的安宁温泉介绍如下。

安宁温泉位于安宁市温泉镇，泉水最高温度 44.5℃，流量 41 L/s。又名碧玉泉，坐落在安宁市境玉泉山麓，螳螂川畔，与曹溪寺名刹隔江相望。温泉南面，数十米的环云崖矗立路旁河边，树藤交错，洞室螺螺，历代韵士的摩崖石刻荟萃成海，相传在 1400 多年前东汉时期已发现。这里山川秀丽、盆塘泉水、深可及腹。由于泉水水色湛绿，光洁如碧玉，故有“碧玉泉”之称。

明代中叶的名士和诗人杨升庵曾在自己的《温泉诗》的《序》中，称道安宁温泉有七大优点：

“此泉特皓镜百尺，纤芥必呈，一也；四石壁起，中为石凹，不烦甃甓，二也；浮垢自去，不待拂拭，三也；苔污绝迹，不用淘渫，四也；温凉适宜，四时可浴，五也；掬之可饮，龙发茗颜，六也；盎酒增味，治疱省薪，七也。”概括起来，就是泉水澄清，天然石凹，浮垢自去，不积污垢，温凉适宜，可以沏茶，宜于烹饪。东汉建武年间已作为沐浴治病和饮用水源而开发，被明代被文学家杨慎誉为“天下第一汤”。

表 13-25　云南省主要温泉旅游业企业及酒店

市（州）	主要温泉旅游业企业及酒店
昆明主城区	滇池春天、君豪会所、柏联 SPA、怡景园度假酒店、华丰温泉 SPA 高尔夫会所、绿世界、水艺天下、峨山温泉、橄榄树温泉、云安会都温泉
昆明非主城区	安宁市温泉古镇商业街区、安宁市温泉宾馆、安宁市银鹰山庄、安宁市温泉心景、安宁市金方日式森林、宜良县狗街温泉度假村、宜良县汤池温泉度假区、寻甸县星河温泉小镇、云南华侨城水上乐园、禄劝练甸温泉旅游度假区
曲靖市	麒麟区生态旅游小镇、师宗温泉风景旅游区
玉溪市	红塔区映月潭温泉、澄江市抚仙源温泉度假村、华宁县象鼻温泉度假村、华宁县温泉大酒店、华宁县烟草温泉酒店
保山市	施甸县石瓢温泉旅游区、腾冲市火山热海风景区、腾冲市玛玉窝温泉（悦椿国际温泉养生度假村）、腾冲市瑞滇腊幸“间歇喷泉”温泉奇观综合开发区、腾冲市荷花温泉度假村、腾冲市樱花谷温泉旅游度假区、龙陵县邦腊掌温泉度假区、昌宁县柯街橄榄河热泉旅游度假区、昌宁县鸡飞温泉旅游度假区、隆阳区金鸡温泉度假区
昭通市	水富市西部大峡谷温泉旅游区
丽江市	古城区悦容桩、玉龙县文笔温泉、古城区大东温泉山庄
普洱市	思茅区曼中田温泉休闲园、景东县温泉旅游度假区、景谷县盐水河热水塘温泉度假村、墨江县通关温泉旅游度假区、孟连县猛马温泉（芒蚌温泉）、澜沧县“拉祜百草温泉”建设项目、澜沧县付腊温泉度假村
临沧市	临翔区温泉花园大酒店
德宏州	芒市法帕温泉度假村、芒市那帕酒店、芒市中日傣景温泉宾馆、瑞丽市八达温泉宾馆、瑞丽市玉瑞温泉花园酒店、瑞丽市孔雀温泉度假村、瑞丽市瑞丽景成地海温泉度假村、盈江县芒克温泉（凤凰温泉度假村）、梁河县龙窝温泉度假村
怒江州	泸水市登埂温泉旅游小镇、玛布温泉旅游度假村、康龙温泉度假村
迪庆州	香格里拉市悦容桩、天生桥温泉旅游度假区-天生桥地热公园、霞给温泉度假村
大理州	大理市下关温泉（凤凰温泉度假酒店）、洱源县下山口温泉（普陀泉）、洱源县大理地热国（九气台）、弥渡县温泉度假区、老君山新和温泉山庄、剑川县龙门温泉城
楚雄州	禄丰市腊玛古猿温泉度假村、禄丰市罗茨温泉度假村
红河州	个旧市丫沙底温泉度假区、金平县勐拉温泉、泸西县五者温泉、建水县曲江温泉度假村、弥勒市湖泉生态园、弥勒市小芹田热水塘生态休闲度假村、元阳县勐拉温泉旅游度假区
西双版纳州	景洪市嘎洒温泉小镇

（据云南省旅游业协会 SPA 与温泉分会，2010）

2. 滇东北温泉旅游开发路线

伴随昭通市的大山包生态旅游区和西部大峡谷温泉旅游区的开发，往滇东北方向温泉旅游分别有德泽温泉度假村→会泽温泉→茨院温泉→新滩温泉（西部大峡谷温泉旅游区）。现选取新滩温泉和会泽温泉介绍如下。

新滩温泉位于云南省北东角金沙江右岸，于昭通市水富市向家坝镇，水温高达 78.6℃，长度约 100 m，总体流量 245 L/s。修建向家坝水电站工程后，将江底的温泉通过管道直接引至山顶，建成西部大峡谷温泉旅游景点区。形成“江水脚下走、云绕半山中、傲立群峰之巅的云上新天地”画面。

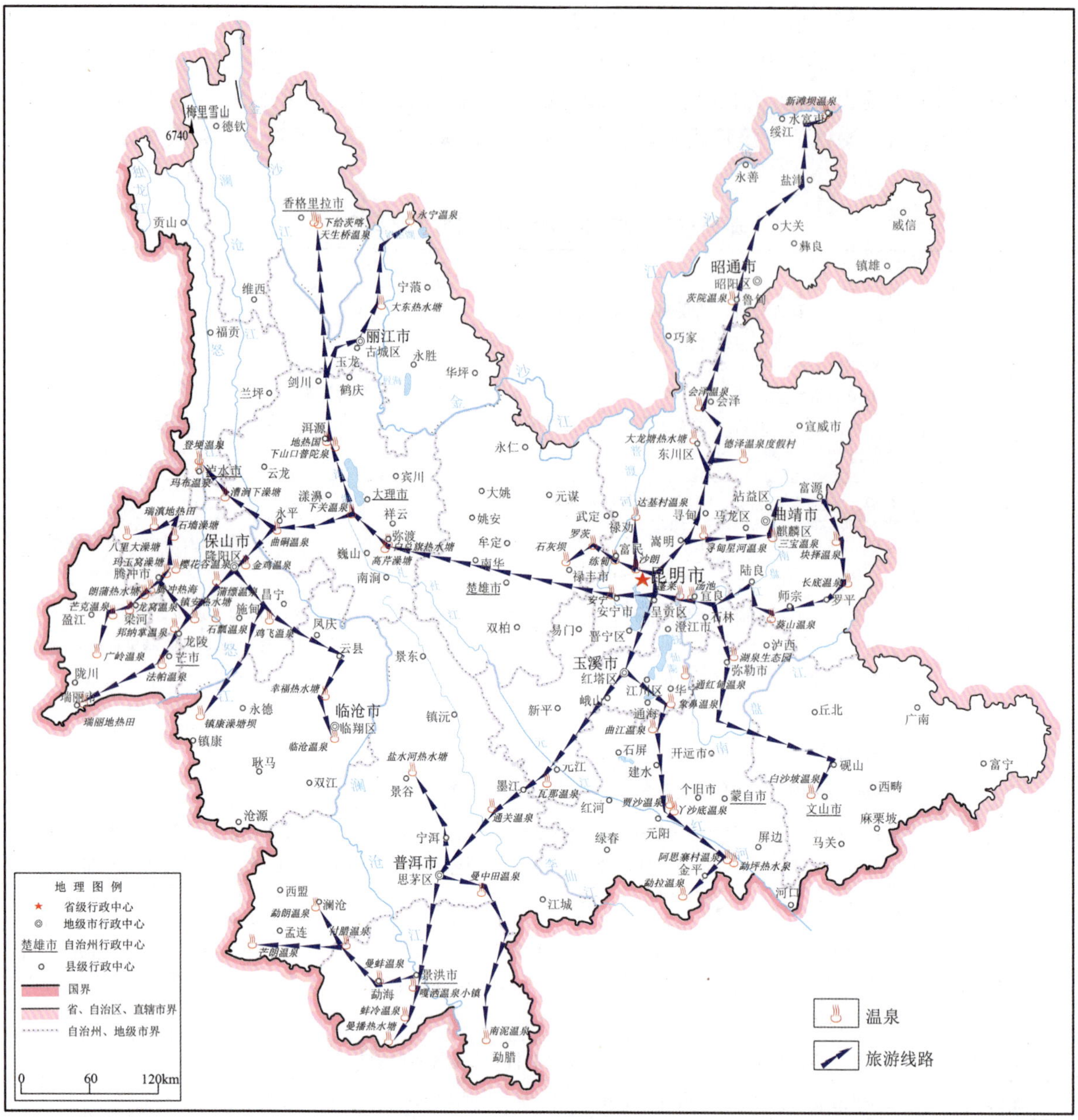

图 13-18　云南省温泉开发旅游路线示意图

凭借丰富的热水资源，2000 年水富县成功开发了西部大峡谷温泉旅游区。目前，大峡谷温泉生态旅游区园占地 1650 余亩，可同时容纳 10000 人以上沐浴，600 多人同时就餐，是目前国内最大的天然露天温泉浴场。是国家 AAAA 级旅游景区，温泉度假胜地。

会泽温泉是会泽县十景之一，被誉为“温泉柳浪”。出水点旁古时建有火龙庙，供火德星君。热水显示面积约 250 m^2，水温近 40℃，清雍正建亭，光绪九年立亭碑，书“滇南第二泉”，1950 年以前又名滇北第一泉，碑文记载了温泉历史与水质，现被列为县级重点文物保护单位。建有游泳池、沐浴室。建“水中人”温泉浴室供人沐浴。

3. 滇东温泉旅游开发路线

伴随曲靖市珠江源、多依河、鲁布革、万寿宫、胜境关、翠峰山、千佛塔等旅游景点开发，往滇东方向的温泉景点分别有：寻甸县星河温泉小镇（塘子温泉）→三宝温泉→块择温泉→长底温泉→葵花温泉→宜良县狗街温泉度假村。现选取三空温泉和塘子温泉介绍如下。

三宝温泉位于麒麟区三宝镇张家营村，泉水最高温度 55℃，流量 16 L/s。又名滇东温泉。明代开发浴池供当地人沐浴，徐霞客曾2次到此考察，有文字记载。目前有16处钻孔，除曲靖市工会疗养院外，尚有滇东温泉度假区、麒麟温泉度假区等大型酒店。1959年，在此建云南省曲靖市工会疗养院，近年来陆续建成大型温泉酒店4家，引水沐浴，每年接待十万人以上，是集温泉沐浴、休闲保健以及住、餐、娱、购物于一体的综合、健康的温泉休闲度假景区。

塘子温泉位于寻甸县塘子村，泉水最高温度76℃，流量14 L/s。又名星河温泉小镇，是一个以温泉为主的别墅项目区，首创云南“亚健康管理体系”，独揽千年历史的塘子硫磺自喷温泉，传承汤泉“养生、保健、休闲”的至高精髓。星河硫磺自喷温泉，是云南仅有的高温、高流量和高微量元素温泉。早在明清时代，便与双龙潭、白龙潭、清水海并称寻甸四绝，水质清澈透明，泉水中富含钾、钠、钙、镁、铁等矿物质，属于昆明目前最好的硫磺温泉之一。星河温泉SPA度假酒店占地1000亩，设有约20000 m^2 生态景观广场、800 m长美国小镇休闲步行街、水景别墅200栋、温泉国际大饭店、宴会厅、多功能会议中心、温泉SPA水疗中心、设室外温泉泡池100个、水上娱乐中心。每年接待二十万人以上，是集温泉沐浴、休闲保健以及住、餐、娱、购物于一体的综合、健康的温泉休闲度假景区。

4. 滇东南温泉旅游开发路线

伴随石林国家级AAAAA级风景区、丘北普者黑等旅游资源开发，往滇东南开发温泉有：石林石海温泉→湖泉生态园→白沙坡温泉。

伴随玉溪澄江、建水古城及燕子洞、河口口岸等旅游资源开发，可开发温泉有：玉溪映月潭温泉度假村→通红甸温泉→象鼻温泉→曲江温泉→贾沙温泉→丫沙底温泉→阿思寨村温泉→勐坪热水泉→勐拉温泉。现选取其中有代表性的温泉介绍如下。

湖泉生态园（又名梅花温泉）位于弥勒市弥阳镇西3.5 km温泉村，泉水最高温度54℃，流量30 L/s。目前已开发成为弥勒市区内主要景区公园。“山中有景，景中有池”是湖泉温泉的一大特色，有牛奶、茉莉花、中药、薰衣草、苹果、森林、香草等别具特色的12个药物泡池。湖泉生态园内共有北园景区、南园景区、火龙潭景区、银沙滩娱乐区、白沙沟餐饮娱乐区、黄金谷休闲度假区6个景区。集休闲、沐浴、游泳、餐饮、旅游之大成，是弥勒市旅游景点之一。

曲江温泉位于建水县曲江镇洗澡堂村，泉水最高温度65℃，流量14 L/s。是建水县首家以生态园林温泉为特色的集住宿、餐饮、休闲养生等各项功能较完善的温泉主题度假酒店。此温泉属于含氡的弱碱性碳酸泉，还含有氟、锰、镁、硒、钾、钠、钙、锌等30多种对人体有益的微量元素，其中特殊治疗功效的弱放射性元素氡的含量达400~430 Bq/L，含量为全国温泉前列，故有“西南第一氡泉”“天然药池”“治病泉”“中国西部最具医疗价值的氡温泉”之称。

曲江温泉属于珍贵的天然自涌泉，明代开始开发，历史悠久。泉眼位于500 m外的洗澡塘村里，数百年来涓涓流淌，永不枯竭，村民世代用泉水沐浴，普遍健康长寿。曲江温泉水质浴后特别爽滑，实属是国内罕有，为西南第一氡泉，是云南最好的天然温泉。因为水质优良，吸引了大量的游客慕名而来。

贾沙温泉位于个旧市贾沙乡尼格村，泉水最高温度89℃，流量10 L/s。泉出露于龙岔河与绿沙河的三角洲上，水透明，微蓝，故又名尼格蓝色温泉，硫磺味，可见白色钙华。1958年个旧市建成贾沙温泉疗养院，占地面积66793 m^2，建筑面积10908 m^2，床位200张，设备齐全，环境优美，是游览和疗养胜地。

丫沙底温泉位于个旧市贾沙乡丫沙底村，泉水最高温度68℃，流量10 L/s。泉出露于地处陡峭的高山峡谷之中，坐落在克勒大山中的一条斜山梁上，两侧的山谷里各淌着一条小河，一条叫贾沙河，另一条叫龙泉河，两条河在这里相汇后又融入红河。贾沙河中游丫沙底村河边，有较浓的硫磺味，可见白色钙华。

丫沙底现在有3个温泉，一个是瀑布温泉，另外一个是丫沙底温泉，还有一个是农家乐温泉，都是由民营企业投资。在这3个温泉中，瀑布温泉是投资最大的一个，也是规模最大设施最全的一个温泉，清清的龙泉河水从温泉区的山谷中川流而下，泡水池错落有致地建在小河边，在温泉区内还有一个宽 10 m，高 10 m 的龙泉瀑布，瀑布中央有块巨大的山石，旱季时水小，瀑布被巨石隔断形成二龙吐水，雨季时河水涌过巨石，水帘挂满，形成孔雀开屏状，煞是壮观。

勐坪热水泉位于金平县马鞍底乡勐坪村，泉水最高温度 100℃，流量 10 L/s。

阿思寨村温泉位于金平县大寨乡阿思寨村，泉水最高温度 75℃，流量 10 L/s。两个温泉水温高，流量大，目前建有成片温泉度假村，但处于初级开发阶段，温泉旅游开发潜力巨大。

5. 滇南温泉旅游开发路线

伴随西双版纳旅游的开发，往滇南可开发温泉有：瓦那温泉→通关温泉→曼中田温泉→嘎洒温泉小镇→蚌冷温泉→曼播热水塘→曼蚌温泉→付腊温泉→芒朗温泉→勐朗温泉等。该地区温泉众多，由于天气较热的原因，温泉开发较为落后。大都处于洗沐开发初级阶段。现将具代表性的温泉介绍如下。

瓦那温泉位于元江县咪哩乡瓦那村东 2 km，泉水最高温度 87.5℃，流量 20 L/s。又名碗南温泉、瓦那热水塘、咪哩温泉。温泉沿清水河左岸至水电站约 6 km 的地段断续出露，气雾弥漫，高于河床 8~20 m。泉水顺坡东流入河，沿途沉淀出形态多姿的泉华体，泉口尚有盐霜及杏黄色华类沉淀。河滩上泉眼也星罗棋布。温泉水带有硫磺气味，用其洗澡，除有舒筋活络的作用外，还可缓解风湿病、关节疼痛、皮肤痼疾。目前建有温泉度假村。旅游开发潜力巨大。

嘎洒温泉位于景洪市嘎洒镇曼广村北的一条小河左岸，泉口最高水温 45℃，流量 10 L/s。又名喃呢热带温泉，硫磺味重，有臭鸡蛋味，可见白色钙华，喃呢热带温泉集洗浴、疗养、度假、休闲于一体，采用纯天然地下温泉，并有机融合西双版纳傣族特色文化，着力打造西双版纳温泉沐浴体验之旅。整个温泉里绿树环绕、绿草如茵，让人感觉仿佛置身于一座美丽的大花园里。目前建有喃呢热带温泉等多家度假村及温泉宾馆。

付腊温泉位于澜沧县惠民乡政府驻地东 4 km 的热蚌河沿岸，泉口最高水温 80℃，流量 20 L/s。付腊温泉位于知了谷自然保护区的一个山涧之中，四面环山，郁郁葱葱，四周是以亚热带常绿阔叶林为主的原始森林。多眼温泉从森林间的白沙中溢出。每年 4 月 20 日至 5 月 20 日间，成千上万的知了（蝉）到温泉喝水、飞舞、嬉戏、吟唱，蔚为壮观，知了谷也因此得名。每年都有很多游客来此郊游，并利用温泉煮鸡蛋、肉食等。泉区硫磺重味，可见黄色、绿色沉淀，白色钙华。现正在开发建设温泉旅游度假村，已初具规模。

6. 滇西北温泉旅游开发路线

云南主要中高温温泉分布在滇西地区，温泉旅游资源十分丰富。依托大理—丽江—香格里拉自然景观旅游，可开发的温泉有：下关温泉→下山口普陀泉→洱源大理地热国→大东热水塘→永宁温泉→天生桥温泉→下给茨喀温泉。各个温泉点均具有不同的民族和自然风景特色。

下关温泉位于大理市郊区 3 km 塘子铺村南，泉水温度 75℃，流量 13.9 L/s，为上升泉。温泉区出露于南北向箐沟的瀑布以下，并向下游延伸约 200 m 地段。泉口仅展布在沟东峭壁上，有泉眼 13 处，温度 25.2~76℃。泉区中部水温 76℃，泉水略有锈味。泉口附近有少量泉华，地面多盐霜。目前开发程度较大。现有风凰温泉度假酒店等多家开发商在此修建温泉洗浴中心，是大理唯一拥有专属天然温泉的度假酒店，且身处苍山自然保护区内，面对蜿蜒奔流的西洱河、背靠林木挺秀的者摩山，坐拥青山与热水。

下山口温泉（普陀泉）位于洱源县右所镇下山口村西北 0.7 km，泉水温度 94℃，流量 1.8 L/s，是迄今洱源县境出露温泉的最高温度。泉塘周围有少量钙华沉积。目前泉点下方，建有数家温泉山庄，供游人旅游、医疗、洗浴。开发规模较大的有大理普陀泉，充分利用山口的地热资源和弥苴河的秀丽风光，开设有大型和中型温泉游泳池和漂流等旅游项目，为 AAAA 级温泉旅游度假区。

大理地热国（九气泉、九台温泉）位于洱源县茈碧湖镇九台村，泉水温度 85℃，流量 4.6 L/s，为上升泉。据历史记载，九气台一名来源于钙华丘上的九个泉孔，应是喷气数米高的沸泉。相传明朝建文皇帝曾在此僧衣麻鞋、浸泡养生。大理地热国紧临国家级风景区茈碧湖，小桥沟涧，流水淙淙，鸟语花香。当人们泡着温泉，享受着温泉带来的舒适感受时，抬眼去望彩云之南的蓝天白云，万只小鸟从头顶上空飞过的奇观，让人身心舒畅，犹如进入人间仙境。快乐美妙的滋味值得细细品味一番。

现建成的大理地热国占地1000余亩，总投资3.47亿元，是集温泉文化、民族文化、体育文化等为一体的特色的休闲度假型旅游风景区，可同时容纳1万多人泡温泉，有亚洲最大的露天温泉之称。大理地热国温泉景区芦苇满山遍野，将温泉环绕在绿色中间，形成天然氧吧，曾经有诗人将此誉为云南的“白洋淀”。

天生桥温泉位于香格里拉市建塘镇驻地南都冈河左岸，泉水温度56℃，流量10 L/s，为上升泉。温泉沿河左岸大体上呈北西—南东向展布，主泉口出露在拔河30 m的山坡上。泉水自泉华体裂隙流出，淌入下方修建的露天澡池。整个泉区泉华沉积十分发育，白色的钙华体自拔河60多米山坡上亦有出露，并延伸形成长度1 km，宽度20~30 m的泉华山，山脊上有一条北西—南东向深大裂缝，其长度有数百米，宽度1 m，深不见底，局部地段被填塞后仍有2~5 m深，可能是温泉群的历史通道，是因地震活动叠加形成。温泉出露主要集中在泉华山的西北端，都冈河左岸及半山腰上。都冈河水由南东流经温泉区并穿过泉华山下长度8 m、宽度5 m的穿洞之后，又转回东南，由市区去三坝区的安南银厂必经泉区，过路行人利用平宽的泉华山脊作为跨越都冈河的桥梁，“天生桥”由此得名。从穿洞口见到泉华山底部出露的基岩是黑色页岩，附近尚有灰岩地层。现开发为温泉旅游度假区——天生桥地热地质公园。

7. 滇西温泉旅游开发路线

1）依托怒江大峡谷自然风光旅游，可开发的温泉有：曲硐温泉→漕涧下澡塘→玛布温泉→登埂温泉。

漕涧下澡塘位于云龙县漕涧镇澡塘村北，泉水温度71℃，流量45 L/s，为上升泉。泉水沿花岗片麻岩山体的底部裂缝涌流，泉眼星罗棋布，泉水汇流成河，当地称澡堂沟。踏入其间，可见十分罕见的温泉瀑布，瀑布之下的泉水汇成一条宽度3 m，长度3000多米的热水河，汇入滔滔怒江。民间称之为下澡潭的温泉群，含温泉瀑布、热水河、叠水岩澡潭、官澡潭、柏素澡潭（又名鸳鸯澡潭）、内宫澡潭、圣水井和烫羊池等十几处泉眼，属高热单纯硫磺泉，含有对人体有益的微量元素，有疗疾健肤之效。当地政府在此已建了漕涧温泉疗养院，云南嵩唐瀑布温泉旅游开发有限公司，充分利用这一资源优势进行温泉旅游洗浴为主体的度假基地开发，现已初具规模。

玛布温泉位于泸水市六库镇腊斯地村东南玛布河入怒江汇口处西侧右岸，泉水温度70℃，流量15 L/s，为上升泉。温泉沿江右岸呈近南北向展布，泉群主要出露有两片，泉区北侧拔河45 m的山坡上出露大面积泉华沉积，现已无水热活动迹象，从泉华出现位置判断，原来温泉活动至少比现在高出40 m。本区泉水清澈，无异味，无气泡，泉水流经处淀积有铁锈斑，地面遍及其成分为无水芒硝和少量方解石矿物的盐霜。有温泉活动的泉华体上有人工挖掘的露天浴坑；泉点处现建有一个玛布温泉旅游度假村，规模较小。该温泉是当地民族人民春节期间传统聚会、沐浴、对歌的场所。据怒江州旅游局和城建局资料，该地段拟规划建设呈较大规模的五星级酒店温泉旅游度假区，以及相应的生活、商务、旅游休闲、度假和长居的自然生态环境。为中外游客提供集地质、地理和民族风俗等为一体的自然风光旅游景点。

登埂温泉位于泸水市六库镇登埂村北，鲁腮河入怒江交汇处的西岸江边，泉水温度54℃，流量15 L/s，为上升泉。温泉沿江右岸呈南北向展布，在长度约300 m，宽度150 m，高度100 m范围内出露大片钙质泉华体，从北向南出露温泉有6处。现在该地区利用怒江大峡谷自然的山河风光，建设登埂温泉旅游小镇。已建成了登埂温泉旅游度假区，峡谷生态休闲园；拟建江山温泉精品酒店、峡谷之星（五星酒店）等。拟计划投资数亿元，将登埂温泉建设成国际一流的温泉度假小镇。

2）依托腾冲火山热海温泉及自然风光景观国家AAAAA级旅游区开发，已或可开发的温泉有：腾冲热海地热田→樱花谷温泉→玛玉窝澡塘→石墙澡塘→瑞滇地热田→八里大澡塘等。

热海热田位于腾冲市清水乡塘河村。它是我国大陆上唯一的高温火山地热区，由于热田地表出露有各种高温显示，有多姿多态的泉华群体，形成珍贵的自然景观，早已享有“火山地热自然博物馆”之美称。

整个景区环保澡塘河依山蜿蜒，热泉高低错落，山谷密林中、崖壁间、地面上，到处都有热气喷涌而出。据地表显示划分，热田北起硫磺塘老滚锅，南至杨家坡、沙坡-松木箐，东到忠寿寺，西到仙人澡塘，总面积约 10 km^2。热田由 20 个显示区组成。主要热区有：硫磺塘老滚锅、硫磺塘大滚锅（又名蛙鸣沸泉）、狮子头、眼镜泉、怀胎井、鼓鸣泉、珍珠泉、仙人澡塘、澡塘河及瀑布、蛤蟆嘴、忠孝寺、黄瓜箐等。这里的地热蒸汽能治多种疾病。主要利用喷汽孔的蒸汽进行蒸疗或以蒸汽加热冷水后浴疗，对风湿诸症疗效显著，浴疗者来自全国各地，终年络绎不绝。现开发为国家级热海热田地热公园，是腾冲旅游开发主要景区之一。

瑞滇地热田位于腾冲市滇滩镇腊幸村街至大沟边村，泉水最高温度 91.5℃，流量 12.155 L/s。热田全长度约 1.3 km，宽度 0.1~0.6 km 不等，热田呈北北西—南南东向沿公路两侧展布，自北向南可划分 6 个显示区。瑞滇是一个具有很大开发潜力的热田，但现仍处于小规模的传统聚会、沐浴等初级阶段，开发潜力巨大。

樱花谷温泉位于腾冲市北海乡蒲箐村樱花谷蒲箐龙塘，泉口水温 45℃，流量 2.3 L/s。樱花谷最大的特色是森林温泉。在苍天树荫之下，“风露池”“玉女池” 云碧泉”“小龙泉” 四大温泉群沿峡谷分布，直到龙川江边。

樱花谷位于高黎贡山区龙川江峡谷西侧，距腾冲市城区 26 km。景区内设有原始森林温泉洗浴、跨江溜索、高空吊桥、龙江漂流、攀岩、马帮、大型秋千等可供游客选择的服务项目，并配备有餐饮、住宿等旅游服务设施，是集观光、旅游、探险为一体的原生态旅游景区。

3）从腾冲往梁河、盈江方向有：朗蒲热水塘→龙窝温泉→芒克温泉→广岭温泉。

朗蒲热水塘位于腾冲市荷花镇朗蒲寨村，泉水最高温度 98.7℃，流量 6 L/s。温泉主要出露于一条沟谷里，呈北东—南西向，相对高差约 40 m。现有较大热水塘 4 处。朗蒲热水塘为沸泉区，而且泉塘位置经常发生变迁，有新“诞生”的，也有活动逐渐消失的。目前已开发为荷花温泉养生度假村。

4）从腾冲往龙陵、芒市、瑞丽方向有：邦纳掌温泉→镇安热水塘→法帕温泉→瑞丽地热田。

邦纳掌地热田位于龙陵县龙山镇热田东段香柏河右岸，泉口最高水温 102℃，流量 16 L/s。地热田沿河谷呈近东西向展布，是滇西著名高温水热区之一。显示面积约 800 m×150 m，区内出露有地震间歇喷泉、水热爆炸、沸泉塘等高温显示和遍布泉区的钙华与”皮硝”（盐华）等。新西兰奥克兰大学地热学院院长霍克斯坦教授考察热田后曾指出，邦纳掌的热显示强度仅次于腾冲的热海，因此有“小热海”之称。邦纳掌划分上、中、下硝三大显示区。现开发为一温泉旅游度假区。

瑞丽地热田位于瑞丽市勐卯镇棒蚌村西南瑞丽江右岸河漫滩，泉口最高水温 98.3℃，流量不足 5 L/s。温泉群主要出露于距江岸线 15 m 处的“丁”字形热水塘、距岸线 30 m 的江中心滩以及孔雀泉浴室和其北侧的热水塘等处。岸、滩和阶地之间还有大量冒汽地面和放热地面相连，形成一长度 150 m、宽度 100 m 的显示面积。丁字形热水塘南北长和东西宽均约 30 m，塘水浑浊，底部四处涌水冒泡，其西端的一支岔处泉眼水温 96.4℃，位于南北向朝东转折处的沸泉为 97.4℃，南北向塘体中段近塘缘处水温 98.3℃。泉区有浓烈的硫磺味。瑞丽市区已凿成热水井 40 余口，日产出水量达 4850 m^3。现开发规模最大的为景成地海温泉度假中心——翡翠泉，终日热气蒸腾，碧浪翻滚，蔚为壮观，测定出水口温泉高达 101℃，日产出水量约 1500 m^3。同时开发了数家温泉度假村及宾馆。

5）从保山往临沧、镇康方向有：金鸡温泉→蒲漂温泉→石瓢温泉→鸡飞温泉→幸福温泉→临沧温泉等。主要温泉特征如下。

鸡飞温泉位于昌宁县鸡飞乡，流量 15 L/s。泉群坐落于一近北北西向的泉华体上，长度约 170 m，宽度 50 m，泉华体上矗立有 20 余个大小钙华锥，最高达 7 m，其中以遥相对峙的雌雄二锥最壮观，泉水自锥顶或锥体周围溢出，温度 36~80℃，泉华洞穴又为一天成澡塘。盐华遍布，其矿物成分为无水芒硝和方解石。围岩为新近纪红色砂岩。现开发为一温泉旅游度假区。

（二）开发利用资源量

云南省地热资源总开采利用量 198621.16 m^3/d。其中，温泉为 132382.08 m^3/d，地热井

66239.08 m^3/d。开采利用热量为 32.98×10^8 kJ/d。其中，温泉为 22.59×10^8 kJ/d，地热井 10.39×10^8 kJ/d。滇西地区主要以开发利用天然温泉为主，地热井为辅。滇东地区主要以开发利用地热井为主，部分为天然温泉（表 13-26）。

表 13-26　云南省地热资源开发利用量统计

地区	开采量/($m^3 \cdot d^{-1}$)			开采热量/(10^8 kJ · d^{-1})		
	温泉	地热井	小计	温泉	地热井	小计
滇西地区	71798.40	13463.28	85261.68	14.96	2.52	17.48
滇东地区	60583.68	52775.8	113359.48	7.63	7.87	15.50
合计	132382.08	66239.08	198621.16	22.59	10.39	32.98

（据云南省地质环境监测院，2015）

（三）合理开发利用对策建议

云南省水热活动强烈，温-热水泉孔分布广泛、类型多，潜在的地热资源储量居全国前列。开发地热能资源是 21 世纪寻求新能源及国际旅游业向深度、广度发展的重要趋势。地热温泉具有丰富自然科学内涵，同时又与社会科学、人文地理、区域特征相互联系。把开发地热资源与云南独特的生态环境、民族风情，人文地理、地热地貌景观结合起来，积极开辟具有规模效益的地热能发电、地热旅游疗养新领域，是实施国家“西部大开发”战略，走向经济强省的重要战略选择。主要对策如下。

1. 加强地热地质基础工作

云南省地热研究程度较低，对热储结构、热储类型、地热形成条件及机理不明，地热资源量不清。因此，加强地热地质基础工作，加强地热勘查与研究工作资金的投入至关重要。

2. 优先发展温泉旅游业

云南省是我国旅游大省之一，利用温泉、热矿泉、地热天然景观开发温泉旅游资源，开展人类康体休闲、疗养活动已成为发展趋势，是 21 世纪休闲度假旅游产业中的主打项目，也是促进国际旅游业及其相关产业发展的新的生长点。因此，优先开发温泉旅游产业，带动第三产业发展，是全省制订符合可持续发展、合理开发利用、管理好地热能资源规划的重点。

3. 充分利用地热资源发电

在优先发展温泉旅游业的同时，充分利用地热资源发电，是全省几代地热地质工作者的愿望，也是时代的进步与需要。在滇西地区有丰富的水利资源和地热资源，对这 2 种资源联合开发，实现水电、地热发电为骨干的多能互补，将会控制整个滇西地区自然环境的恶化，使森林得以休养生息，水土得到保持，生态环境逐渐走向良性循环。

地热发电开发对环境影响和地表景观消失将是一个较严重的问题，对于温泉旅游与疗养开发将有一定影响。腾冲市高温热海热田、洱源县茈碧湖地热田等，都具备极佳的发电潜力，现作为旅游资源开发也带来很好社会效益与经济效益。因此，优先开发方向与项目，要经地热勘查，查明储存热量，论证其开发利用方向与可行性方案，在确保开发项目经济效益的同时，论证社会环境保护的可行性。

4. 统一规划、有序开采

地热资源为液气体矿产资源，适宜于就地开发利用。当地根据自身条件统一规范合理开发为旅游、医疗、工业、农业、科学、教学等方面的利用。做到大水大开，小水小开的原则，因地制宜合理利用。

第十四章　二氧化碳气

二氧化碳为一种碳氧化合物，化学式为CO_2，常温常压下为无色、无味的气体，密度1.977 g/m^3，比空气重。二氧化碳气在工业生产中具有广泛用途，常用于人工降雨、生产尿素、纯碱、灭火剂、制冷剂等方面。

第一节　资源概况与类型划分

截至2015年底，全国累计查明二氧化碳地质储量1915×10^8 m^3，主要分布在吉林、黑龙江、江苏、山东、四川、重庆等省市及渤海、东海、南海地区（中华人民共和国国土资源部，2016）。

自然界中二氧化碳按其形成控制因素可以分为有机成因和无机成因。有机成因主要指有机物在生物化学降解过程中形成二氧化碳气，无机成因主要为地幔岩浆经脱气作用形成幔源二氧化碳气、地壳岩石化学反应、碳酸盐岩受热分解生成二氧化碳气等。全球已发现的二氧化碳气藏主要是幔源岩浆成因。

中国南方地区具有较好二氧化碳资源前景，经过多年勘探研究，查明了具有较高工业价值的苏北黄桥二氧化碳气藏并投入商业开发。云南省二氧化碳气显示主要发现于楚雄盆地北部大姚县乌龙口构造及楚雄盆地中东部、腾冲等地区，均为深部岩浆作用形成。楚雄盆地二氧化碳气苗主要在固体矿产勘查、油气勘查及矿泉水资源调查中经钻探发现，部分为自然逸出；腾冲地区二氧化碳气苗则随地热水自然逸出为主，目前全省无探明资源储量，也无工业开采利用。

第二节　主要二氧化碳矿床（气苗）

一、楚雄盆地中东部二氧化碳气苗

气苗分布于楚雄盆地双柏坳陷牟定斜坡和会基关短轴背斜带交界附近，从南部楚雄市杨家阱至北部禄丰市鹿子塆利乌场近南北向延伸约7 km范围内，沿火烧屯断裂带东侧断续分布着二氧化碳气苗。矿床（点）中心点地理坐标：东经101°42′28″；北纬25°11′59″。在气苗分布区之东不到20 km距离，发育有形成于晋宁期的南北向绿汁江深大断裂。气苗区之东的元谋-广通南北一线，为现代温泉分布带，说明气苗区受到岩浆活动控制（戴金星等，1986）。

二氧化碳气苗除杨家阱气苗产于上侏罗统妥甸组泥岩之上的第四系中，其余气苗均分别产于白垩系高峰寺组、普昌河组和江底河组或其上的第四系中（图14-1；表14-1），

气苗分布受绿汁江断裂及次级构造制约，特别是与南北向背斜有密切关系。如今气苗分布最密集、出气量最多的利乌场气苗，处于受横断层切割的背斜附近，说明背斜对二氧化碳气有富集作用，构造可能控制着二氧化碳气的富集程度。

1. 二氧化碳（CO_2）气苗特征

云南省地质矿产局第二水文地质工程地质大队于1988年在矿区开展了矿泉水、二氧化碳气普查工作，提交了《云南省楚雄市-禄丰县广通镇矿泉水、二氧化碳气普查报告（1：5万）》，其间调查气苗点（群）16处，水气共生气苗点8处，施工钻孔13个，均发现有二氧化碳气显示。其中SK_4号、SK_5号、SK_7号、SK_{10}号、SK_{11}号、SK_{12}号钻孔喷气较强烈，尤以SK_{10}号孔喷气量最大，SK_{12}

号孔次之（表 14-2）。

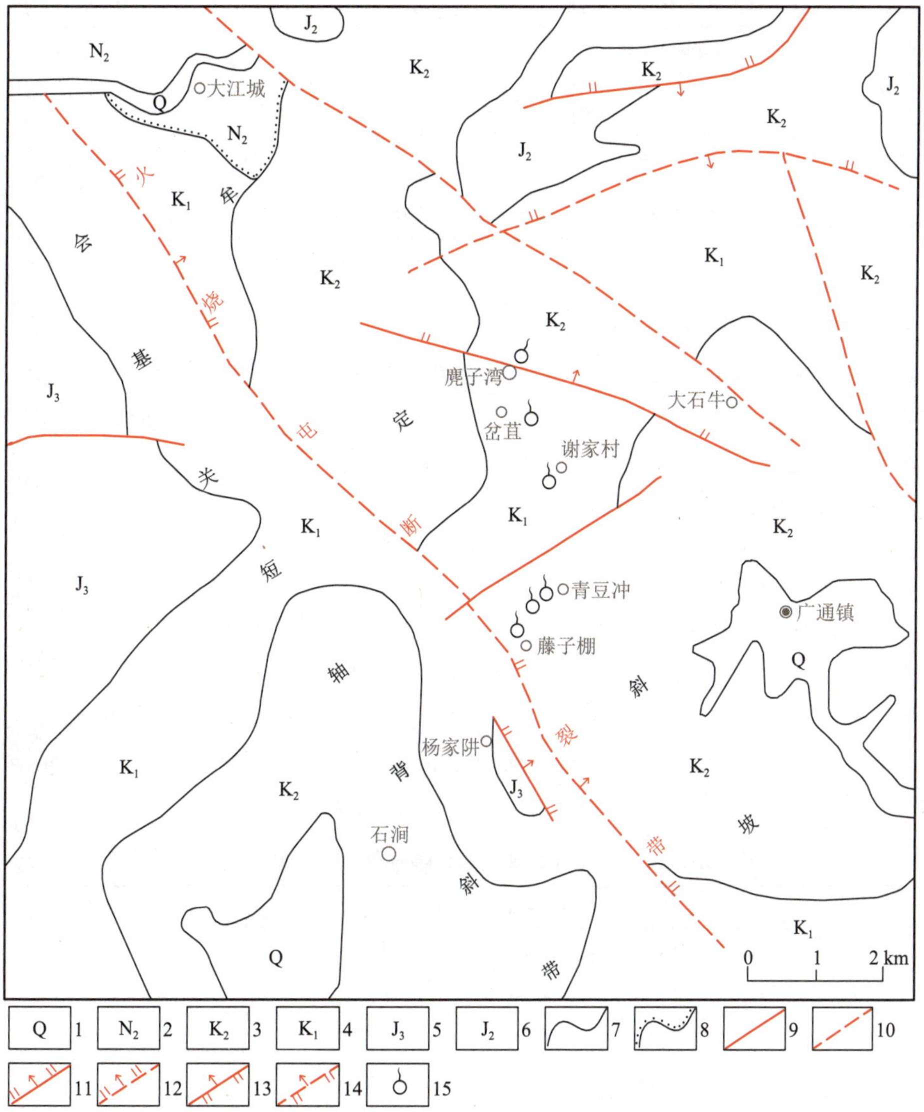

图 14-1　楚雄盆地禄丰-楚雄一带二氧化碳气苗分布图

1—第四系；2—新近系上新统；3—下白垩统；4—上白垩统；5—上侏罗统；6—中侏罗统；7—地质界线；8—角度不整合界线；9—实测断层；10—推测断层；11—实测正断层；12—推测正断层；13—实测逆断层；14—推测逆断层；15—二氧化碳气苗点

表 14-1　楚雄盆地中东部二氧化碳气苗特征统计

二氧化碳气苗位置	气苗特征	出气时间	累计出气量/10^4 m^3
禄丰市青豆冲西南 450 m	面积 20 cm×20 cm，连续冒气	>60 年	>613
禄丰市青豆冲西南 400 m 水沟	4 个小冒气点，1 个连续冒气，3 个间断冒气		
禄丰市藤子棚水库旁套管浅井中	压力稍大于 1 标准大气压		
禄丰市鹿子塆利鸟场谷地中	在约 150 m^2 麦地中普遍有气苗，其中有 4 个密集喷气带，冒气强度大	>70 年	>4871
禄丰市谢家村南小溪沟	几个间断冒气点，出气强度很弱		
禄丰市岔苴东北约 200 m 水田	主要有两处较集中的冒气点		
楚雄市杨家阱水库下铁套管中	间断喷水与气，一天 3 次，一次喷 10 多分钟，喷高 1 m 左右	>60 年	>2. 6

（据戴金星等，1986；出气时间据民间调查资料）

表 14-2　楚雄盆地中东部钻孔揭露二氧化碳气显示特征表

钻孔编号	显示特征	喷气量/($m^3 \cdot d^{-1}$)	气压力/10^4 Pa
SK_1、SK_2、SK_3、SK_6、SK_8、SK_9、SK_{13}	孔中有气、水翻腾之“咕咕”响声		
SK_4、SK_5、SK_7、SK_{11}	有喷气现象	SK_4 = 24. 48　SK_5、SK_7<48. 00	SK_4 = 9. 00　SK_5 = 19. 60　SK_7 = 17. 60
$SK_{10-上}$、$SK_{10-下}$、SK_{12}	喷气强烈	SK_{10} = 3080. 88　SK_{12} = 498. 72	$SK_{10-下}$ = 30. 40　SK_{12} = 20. 59

（据云南省地质矿产局第二水文地质工程地质大队，1988）

2. 二氧化碳气（CO_2）分布特征

矿区二氧化碳气体自地下深部沿构造通道（断层、裂隙等）上升至浅部，部分溶解于地下水中形成碳酸矿泉水，部分以高压气体形式和水混合储存于含水层中，部分逸出地表散失及形成气苗点。显示类型有单一气苗显示和伴有矿泉水的气苗显示，钻孔揭露到高压气、水层时，则发生不同程度的气、水同喷，目前发现最大喷出地面高度达 35. 55 m。

二氧化碳气显示受断层控制，特别是南北向断层控制尤为明显，而且与下白垩统高峰寺组砂岩有关。在鹿子塆、硝井、青豆冲、藤子棚等地，东西向、北西向断层与南北向断层交汇部位，岩石破碎，二氧化碳气体成群或成片逸出地表，形成气苗点（群）。一般距断层带近者气量大，远者变小。SK_{10} 号、SK_{11} 号、SK_{12} 号钻孔距断层的距离分别为 50 m、100 m、150 m，主要储气层的压力分别为 $30. 40\times10^4$ Pa、$20. 59\times10^4$ Pa、$1. 47\times10^4$ Pa。SK_{10} 号孔气、水喷发作用连续性和强度最高，SK_{12} 号孔次之，SK_{11} 号孔仅有短暂喷发，3 个孔的喷气量也依次从大到小（表 14-3），全部钻孔产气量达 6022. 23 m^3/d（云南省地质矿产局第二水文地质工程地质大队，1988）。

表 14-3　楚雄盆地中东部钻孔二氧化碳气气压、气量测试成果统计表

孔号	位置	完钻孔深/m	主要储气层埋深/m		静止气压/10^4 Pa	气量($m^3 \cdot h^{-1}$)	气、水喷高/m	备注
			顶板埋深	底板埋深				
SK_4	藤子棚	151. 64	17. 27	151. 64	9. 00	1. 02	10. 00	距断层 60 m
SK_5	青豆冲	200. 08	8. 80	90. 20	19. 61	<2. 00	6. 80	距断层 250 m
			101. 00	200. 08			14. 00	
SK_7	青豆冲	201. 10	3. 95	99. 90	17. 65	<2. 00	6. 00	距断层 15 m
			105. 00	201. 10			11. 00	
SK_{10}	治碑莫	202. 22	18. 85	83. 44	2. 45	128. 37	9. 00	距断层 50 m
			112. 21	202. 22	30. 40		35. 00	
SK_{11}	治碑莫	100. 75	12. 27	100. 75	1. 47		1. 54	距断层 150 m
SK_{412}	鹿子塆	520. 98	90. 26	393. 47	20. 59	20. 78	16. 00	距断层 1000 m

3. 二氧化碳气资源远景分析

矿区二氧化碳来源于地下深部并沿断层带上升至浅部含水层，与矿泉水共伴生。气体中二氧化碳含量为 82. 65%~98. 59%，氮气、氢气等含量极少，其他有毒有害气体成分基本不含。二氧化碳纯度高，质量好。目前矿区二氧化碳气普查控制深度为 200 m 左右，含气砂岩层厚度 8. 10~113. 70 m，埋藏浅，具有一定资源远景。二氧化碳资源量有待进一步勘探证实。

二、大姚县乌龙口构造二氧化碳气苗

大姚县乌龙口构造二氧化碳气苗产于大姚县桂花乡乌龙口构造。矿床（点）中心点地理坐标：东经 101°19′42″；北纬 26°12′33″。为中石化股份有限公司油田勘探开发事业部南方海相油气勘探项目经理部在实施楚雄盆地天然气探井乌龙 1 井钻探中发现。

乌龙口构造地表为一大型近南北向穹窿状背斜，背斜核部出露上侏罗统妥甸组。2001 年 2 月乌龙 1 井完井试油时，在井深 3140.6~4620 m 上三叠统裸眼井段获日产二氧化碳气 107~1665 m^3，平均 713 m^3/d。经滇黔桂石油勘探局勘探开发科学研究院采样分析，二氧化碳含量基本在 95%以上，为纯二氧化碳气（表 14-4）。与国内二氧化碳气田组分对比，初步分析该井段所产天然气为无机深源气。鉴于当时主要以天然气为勘探目标，测试时未采取任何措施进行产层改造评价，二氧化碳真实产能及资源背景不明。

在乌龙 1 井钻井过程中，于井深 2390~2396 m 下侏罗统冯家河组中钻遇 6 m 煌斑岩，在下伏的上三叠统舍资组中分别于井深 3138.8~3139.0 m、3432.0~3438.0 m、3460.5~3661.0 m 处，见 0.2 m、6.0 m、0.5 m 厚的煌斑岩，据同位素年龄测定结果，推断煌斑岩脉为喜马拉雅期、燕山期产物。

表 14-4　大姚县乌龙口构造乌龙 1 井 3140.6~4620 m 测试气组分分析表

<table>
<tr><th>分析单位及样品</th><th>甲烷/%</th><th>乙烷/%</th><th>氩气/%</th><th>氢气/%</th><th>氮气/%</th><th>二氧化碳/%</th></tr>
<tr><td>1</td><td rowspan="3">微量</td><td rowspan="4">0.00</td><td rowspan="3">0.04</td><td>0.03</td><td>3.74</td><td>96.19</td></tr>
<tr><td rowspan="2">2</td><td rowspan="2">0.07</td><td>1.85</td><td>98.04</td></tr>
<tr><td>1.67</td><td>98.22</td></tr>
<tr><td>3</td><td>0.046</td><td>0.075</td><td>0.156</td><td>4.862</td><td>94.86</td></tr>
</table>

三、腾冲市硫磺塘二氧化碳气苗

腾冲地区发育众多与火山活动有密切关系的温泉群。伴随温泉往往有大量气体逸出，甚至形成喷汽孔、气泉。

腾冲市硫磺塘矿二氧化碳气苗位于腾冲市西南方向，平距 16 km 处。矿床（点）中心点地理坐标：东经 98°26′19″，北纬 24°57′15″。矿床属火山期后形成的温（热）泉与喷汽孔型。

热田基底为燕山期灰白色、浅粉红色中-粗粒花岗岩。地热流体沿断裂通道向上运移至地表和近地表，以喷汽孔、冒汽地面、硫质汽孔、沸泉、沸喷泉、热泉等形式天然释放出来，所喷出气体中二氧化碳含量极高（>96%），仅有极低含量的甲烷（0.024%~0.396%）。二氧化碳的碳同位素 $\delta^{13}C$（‰）值为-1.9~6.3，属火山-岩浆源成因（戴金星，1988）。

四、勘查前景

云南楚雄盆地及腾冲地区所发现二氧化碳气具一定规模。它们的成矿地质背景相似，形成机理均为地幔岩浆活动带来大量的二氧化碳气，通过断裂等疏导系统运移到有利的储集场所聚集成藏或直达地表逸散。气藏成藏模式可以表述为：深部幔源岩浆来源→深大断裂输导→断层控制圈闭聚集→多期次、晚期成藏或泄漏破坏。

云南省的二氧化碳气尤其是楚雄盆地东部的埋藏型二氧化碳气，有埋藏浅，出气点多，出气量大之特点，具一定工业价值，在今后地质勘查、研究工作中应引起重视。

结　语

《中国矿产地质志·云南卷·锑铋汞铝土矿稀土稀有分散元素及水气矿产》是中国地质调查局“中国矿产地质与成矿规律综合集成和服务”（中国矿产地质志）项目委托业务“云南省矿产资源调查成果综合集成与服务产品开发”及云南省财政支持的“云南省矿产地质与区域成矿规律综合研究”（云南矿产地质志）项目系列成果之一。它是云南省国土资源厅（现为自然资源厅）统一部署领导，云南省地质调查局、云南省地质调查院负责实施，云南省矿产地质志项目办公室具体组织协调，全省各地勘行业技术专家共同研究的成果。通过近3年来的综合研究工作，取得以下几方面成果和认识。

1）在《云南省区域矿产总结》《云南省矿产资源利用现状调查成果报告》《云南省三年地质找矿行动计划成果报告》《云南省矿产资源潜力评价成果报告》等前人研究成果的基础上，系统搜集2125处矿产地（锑矿55处、汞矿44处、铋矿12处、铝土矿68处、稀土矿36处、稀有金属矿52处、分散元素矿77处、水气矿产1781处）地质勘查成果、科研成果等资料，基本摸清了云南省锑、汞、铋、铝土矿、稀土、稀有、分散元素及水气矿产资源储量情况、勘查开发历史及现状、资源特点等。

2）依据全国省（自治区、直辖市）矿产地质志的矿床类型划分方案，结合勘查规范中对矿床成因、工业类型的划分方案，按照成矿地质作用和成因机理，分别对锑、汞、铋、铝土矿、稀土、稀有、分散元素矿床成因类型进行了划分。锑矿成矿类型主要划分为浅成中-低温热液型、岩浆热液型2种Ⅲ级类型；汞矿成矿类型主要划分为浅成中-低温热液型1种Ⅲ级类型；铋矿成矿类型主要划分为接触交代型、岩浆热液型、斑岩型、浅成中-低温热液型4种Ⅲ级类型；铝土矿成矿类型主要划分为沉积型、风化型（第四纪堆积型）2种Ⅲ级类型；稀土元素成矿类型主要划分为风化型（离子吸附型、残积型）、砂矿型、化学沉积型、生物化学沉积型、岩浆型（中酸性岩浆型、基性岩浆型、碱性岩浆型）、海相火山岩型6种Ⅲ级类型；稀有元素成矿类型主要划分为岩浆型、岩浆热液型、伟晶岩型、云英岩型、接触交代型、海相火山岩型、浅成中-低温热液型（砂砾岩型、碳酸盐岩型）、化学沉积型、生物化学沉积型、风化型、砂矿型11种Ⅲ级类型；分散元素成矿类型主要划分为岩浆型、岩浆热液型、接触交代型、斑岩型、海相火山岩型、浅成中-低温热液型、化学沉积型、生物化学沉积型、沉积-变质型、风化型10种Ⅲ级类型。

3）重点对不同矿种典型矿床的成矿地质背景、成矿地质特征、控矿因素、成矿作用、找矿标志等方面进行深入研究，部分建立了矿床成矿模式；对重要矿床进行了较系统研编；对其余矿产地以对比研究为主，作简要记述。

4）对云南省锑、汞、铋、铝土矿、稀土、稀有、分散元素及水气矿产空间分布、时间演化规律及成矿地质作用进行了全面总结，认为：①滇东南逆冲推覆构造带和兰坪-普洱地块中轴构造带是最重要的浅成中-低温热液型锑矿聚集区，临沧花岗岩带和维西-香格里拉岩浆岩带则是重要的岩浆热液型锑矿聚集区；②侏罗纪—白垩纪（燕山期）和古近纪（喜马拉雅早期）是最重要的锑成矿时代，其查明的资源储量超过全省锑矿资源总量的98%；③保山地块是最重要的汞矿聚集区，其次为滇东南逆冲推覆构造带、滇东北逆冲推覆构造带、兰坪-普洱地块中轴构造带，晚石炭世—二叠纪（华力西期）、侏罗纪—白垩纪（燕山期）是最重要汞成矿时代，其查明的资源储量超过全省汞矿资源总量的92%；④个旧、腾冲2个中酸性花岗岩带是最重要的铋矿聚集区，白垩纪（燕山晚期）是最重要铋成矿时代，其查明的资源储量约占全省铋矿资源总量的70%；⑤滇东南的文山-丘北-广南一带和滇中的禄劝-安宁-带是最重要的铝土矿聚集区，以晚二叠世（华力西期）形成并赋存于上二叠统龙潭组（吴家坪组）的沉积型铝土矿及在近代气候条件下第四纪岩溶堆积形成的堆积矿最具工业价值；

⑥临沧-勐海、个旧-建水、陇川-腾冲3个中酸性花岗岩、碱性岩带是最重要的稀土矿聚集区，产出有众多岩浆岩、风化型（残积型、离子吸附型）、砂矿型稀土矿床，以第四纪全新世（喜马拉雅晚期）形成的离子吸附型稀土矿最具工业价值；⑦元谋-牟定、金平2个基性-超基性岩带则是最重要的基性岩浆型钪矿聚集区，二叠纪（华力西期）是最重要的钪成矿时代；⑧锂、铍、铌、钽、铷、铯等稀有元素成矿与岩浆作用密切相关，主要集中于分布于腾冲-盈江、芒市-龙陵、个旧3个中酸性、碱性岩浆带上，形成云南最重要的3个稀有元素矿集区；⑨锶（天青石）矿集中分布于兰坪盆地，受近南北向中轴断裂带控制，主体均为沉积成因，后期有热液叠加改造；⑩锆（铪）矿主要为坡积-冲积型砂矿，集中分布于临沧花岗岩体南端的勐海一带及保山地块北段的隆阳区板桥一带；⑪分散元素锗主要为独立锗煤矿，集中分布于临沧、临沧、沧源、芒市等（古近纪—新近纪）含煤盆地中；其次为铜、铅锌矿床的伴生矿产，集中分布于滇东北东川-会泽-罗平一带；⑫镓、铟集中分布于个旧、薄竹山、老君山3个燕山晚期花岗岩带上，其查明资源储量分别占全省资源总量的75.56%和97.54%；⑬铊、镉集中分布于兰坪金顶铅锌矿床中，其查明资源量分别占全省资源总量的93.10%和79.03%；⑭铼主要伴生于斑岩型铜钼矿中，集中分布于祥云马厂箐金铜钼多金属矿床；⑮硒、碲除在斑岩型铜钼矿中有伴生，还与基性-超基性岩浆岩关系密切，集中分布于元谋、新平-墨江、金平等基性-超基性岩浆带中。

5）分别编制了云南省锑、汞、铋、铝土矿、稀土、稀有、分散元素成矿规律图，系统总结3个Ⅱ级成矿省和主要成矿区带矿产时空分布规律和成矿地质特征。

6）在云南全省范围内圈定锑、汞矿找矿远景区5处，其中A类远景区2处、B类远景区2处、C类远景区1处；铋矿找矿远景区3处，其中B类远景区1处、C类远景区2处；铝土矿找矿远景区4处，其中A类远景区1处、B类远景区1处、C类远景区2处；稀土矿找矿远景区8处，其中A类远景区5处、C类远景区3处；稀有元素找矿远景区11处，其中A类远景区3处、B类远景区3处、C类远景区5处；分散元素找矿远景区10处，其中A类远景区5处、B类远景区3处、C类远景区2处。并从成矿地质条件、查明资源储量、资源潜力等方面对各远景区进行综合评述，明确找矿方向，为今后的勘查规划和资源开发利用提供科学依据。

7）系统总结了云南省水气矿产区域成矿地质背景、空间分布情况、成矿地质特征、勘查开发情况等，重点对2处典型岩溶水水源地、4个重要盆地地下水资源、7处典型天然矿泉水水源地、6个重要地热田及3处二氧化碳气矿产地进行了研编，进一步探索了云南省水气矿产的分布规律和演变规律。

存在主要问题和不足：

1）由于锑、汞、铋、铝土矿、稀土、稀有、分散元素成矿作用复杂，由多期次、多类型成矿作用复合叠加而成，加上地质矿产勘查和研究程度较低，对部分矿床的成因类型、成矿时代等厘定尚存在一定争议，尤其是一些浅成中-低温热液型矿床，其成因存在较大争议，只有随着勘查工作和研究程度不断深入，进一步研究完善。

2）由于保山-施甸一带石炭系原三分法划分的地层尚不能与二分法划分的地层准确对应，因此金家山、罗明烈马山2处汞矿床石炭系仍沿用原三分法划分地层。

3）由于诸多原因，《云南省2017年矿区及所属矿山矿产资源储量简表》数据和截止到2017年12月所搜集的最新勘查成果及地质勘查报告统计的部分矿区资源量储量数据有较大差异。如丘北大铁铝土矿、文山天生桥铝土矿、建水长岭岗稀土稀有分散元素矿床等，部分勘查成果已通过评审，但尚未上表。

4）对于滇西陇川-腾冲、临沧-勐海一带新发现的一些离子吸附型稀土矿产地，如陇川县营盘山、腾冲市土官寨、临沧市陂阴寨等，虽已具有大中型矿床资源潜力，但由于各种原因，未能搜集到勘查和评审资料，本次研究均按照矿点进行归类；滇中地区新发现的碳酸盐岩粘土型锂矿、牟定二台坡基性-超基性岩性钪矿及镇康木厂铌稀土矿等矿产地，因提交的为334预测资源量，也按照矿点进行归类。

本书在编纂中尚存在其他不足及错漏之处，敬请广大读者批评指正。

主要参考文献及资料

《矿产资源工业要求手册》编委会. 2010. 矿产资源工业要求手册[M]. 北京：地质出版社.

长沙有色冶金设计研究院勘查公司. 2005. 云南省广南县板茂铝土矿勘探地质报告[R].

地科院地矿所稀有组. 1975. 中国稀有金属矿床类型[M]. 北京：地质出版社.

地质矿产部“三江”专著编辑委员会. 1984. 怒江、澜沧江、金沙江区域矿产志[R].

东川矿务局. 1959. 云南省东川市汤丹铜矿床中伴生及分散元素的初步研究[R].

东川矿务局. 1961. 云南东川石将军矿区铜矿石中伴生元素储量计算报告书[R].

东川矿务局. 1963. 云南东川滥泥坪矿区铜矿石中伴生元素储量计算报告书[R].

福建省闽西地质大队. 2010. 云南省西畴县红石岩矿区黄洞矿段铅锌铜矿详查报告[R].

个旧市地质队. 1990. 个旧矿区卡房矿田金光坡矿段金铋多金属矿床首采块段详查地质报告[R].

湖南省核工业地质局三〇四大队. 2010. 云南省建水县荒田铅锌矿核查矿区资源储量核查报告[R].

昆明钢铁厂地质队. 1978. 云南省安宁铝土矿县街矿段地质勘探报告书(附硬质粘土矿)[R].

昆明宏昆矿业咨询有限公司. 2009. 云南省富宁县里达锑矿详查报告[R].

昆明市东川区宏明珠宝有限责任公司. 2010. 云南省昆明市东川区石庄铅锌矿核查矿区资源储量核查报告[R].

全国稀有元素地质会议论文汇编组. 1975. 全国稀有元素地质会议论文集(第一、二集)[M]. 北京：科学出版社.

上海复多矿业勘探科技有限公司. 2011a. 云南省新平县太和街铅锌矿详查报告[R].

上海复多矿业勘探科技有限公司. 2011b. 云南省新平县百大莫铅锌矿详查报告[R].

四川省地质局二〇二地质队. 1967. 云南省盐津县酢房含锆石砂岩区初步普查报告[R].

四川省核工业地质局二八二大队. 2010. 云南省彝良县张家湾矿区铅锌矿储量核查报告[R].

四川省冶金地质勘查院. 2007a. 云南省文山县天生桥-瓦白冲铝土矿普查报告[R].

四川省冶金地质勘查院. 2007b. 云南省西畴县木者铝土矿普查报告[R].

四川省冶金地质勘查院. 2008. 鹤庆县大果铝土矿普查报告[R].

腾冲县金山地矿科技服务责任有限公司. 2010a. 云南省腾冲县双营盘钽(锡)矿核查矿区资源储量核查报告[R].

腾冲县金山地矿科技服务责任有限公司. 2010b. 云南省腾冲县勐蚌钨钽矿核查矿区资源储量核查报告[R].

腾冲县金山地矿科技服务有限责任公司. 2010c. 云南省腾冲县铜厂山铅锌矿资源储量核实报告[R].

文山州大豪矿业开发有限公司. 2017. 云南省西畴县香坪山矿区锑铅锌铜矿详查报告[R].

西安煤炭科学研究所. 1971. 云南省煤中伴生元素资源普查概况[R].

西安煤炭科学研究所. 1971. 云南省潞西市等吭煤矿煤中伴生元素资源情况[R].

西南有色地质勘查局地质研究所. 1997. 云南省个旧市白云山霞石正长岩矿床地质勘探报告[R].

西南有色地质勘查局三〇六队. 1994. 云南省广南县木利锑矿区那丹矿段普查地质报告[R].

西南有色地质勘查局三〇九队. 1991. 云南省澜沧县老厂铅银矿床第一期地质勘探报告[R].

西南有色地质勘查局三〇九队. 1994. 云南省澜沧县老厂铅银矿床第二期地质勘探报告[R].

西南有色昆明勘测设计院. 2007. 安宁市温泉旅游小镇水资源保护与开发利用规划报告[R].

西藏金海矿产资源开发有限公司. 2016. 云南省普洱市澜沧县上允稀土矿锡矿详查报告[R].

冶金工业部东川矿务局. 1961a. 云南东川石将军矿区铜矿石中伴生元素储量计算报告书及附件[R].

冶金工业部东川矿务局. 1961b. 云南东川市东川矿区石将军矿区最终储量计算报告[R].

冶金工业部西南地质勘查局昆明地质调查所. 1991. 云南省富民县老煤山铝土矿区首采地段勘探地质报告[R].

冶金工业部西南冶金地质勘探公司. 1981. 个旧锡矿地质[M]. 北京：冶金工业出版社.

冶金工业部西南冶金地质勘探公司三一〇队. 1981. 云南省祥云县马厂箐矿区铜钼矿评价地质报告[R].

盈江县卡场钽铌矿有限责任公司. 2007. 云南省盈江县卡场钽铌矿储量核实报告[R].

云南驰宏锌锗股份有限公司. 2001. 云南会泽县麒麟厂矿区八号锌铅矿体地质勘探报告[R].

云南驰宏锌锗股份有限公司. 2002. 云南省会泽县麒麟厂矿区十号锌铅矿体群地质勘探报告[R].

云南驰宏资源勘查开发有限公司. 2010a. 云南省会泽县麒麟厂铅锌矿区资源储量核查报告[R].

云南驰宏资源勘查开发有限公司. 2010b. 云南省会泽县矿山厂铅锌矿核查矿区(脉矿)资源储量核查报告[R].

云南驰宏资源勘查开发有限公司. 2010c. 云南省会泽县矿山厂铅锌矿(砂矿)核查矿区资源储量核查报告[R].

云南驰宏资源勘查开发有限公司. 2010d. 云南省会泽县雨碌铅锌矿核查矿区资源储量核查报告[R].

云南驰宏资源勘查开发有限公司. 2010e. 云南省彝良县毛坪矿区铅锌矿资源储量核查报告[R].

云南驰宏资源勘查开发有限公司. 2012. 云南省彝良县毛坪铅锌矿资源储量核实报告[R].

云南驰宏资源勘查开发有限公司. 2015. 云南省会泽县矿山厂 1764m 标高以下铅锌矿勘探报告[R].

云南地矿资源股份有限公司文山分公司. 2005a. 云南省麻栗坡县铁厂铝土矿补充详查报告[R].

云南地矿资源股份有限公司文山分公司. 2005b. 云南省西畴县卖酒坪铝土矿勘探报告[R].

云南地矿总公司(集团). 2015. 云南省鲁甸县乐红铅锌矿生产勘探报告[R].
云南地矿总公司(集团)文山地质勘查院. 2017. 云南省西畴县嘎机铅锌多金属矿普查报告[R].
云南地质工程第二勘察院有限公司. 2005. 云南省腾冲县火山温泉分布图及说明书[R].
云南地质工程勘察设计研究院. 2014. 云南省江川县映月泉矿泉水矿产资源储量核实报告[R].
云南地质科学研究所. 2007. 云南省景东县龙街乡南岸锑矿资源/储量核实报告[R].
云南富盛地质矿产勘查有限公司. 2010. 云南省富源县富盛铅锌矿资源储量核实报告[R].
云南贵宝地质勘察设计有限公司. 2010. 云南省香格里拉县格撒铅锌锑多金属矿普查报告[R].
云南弘迪矿产资源有限公司. 2008. 云南省巧家县火山锌矿详查报告[R].
云南弘迪矿产资源有限公司. 2014. 云南省龙陵县杨广寨铅锌矿生产勘探报告[R].
云南华联矿产勘探有限责任公司. 2010a. 云南省富源县余家老厂锑矿资源储量核查报告[R].
云南华联矿产勘探有限责任公司. 2010b. 云南省马关县老寨-马卡锌矿核查矿区资源储量核查报告[R].
云南黄金矿业集团股份有限公司保山分公司. 2010. 云南省镇康县木厂铌稀土金矿阶段性地质勘查报告[R].
云南黄金矿业集团股份有限公司文山分公司. 2010. 云南省广南县田房锑矿核查矿区资源储量核查报告[R].
云南金沙矿业股份有限公司. 2010. 云南省昆明市东川区滥泥坪铜矿核查矿区资源储量核查报告[R].
云南昆明市东川区落雪铜矿金水公司. 2010. 云南省昆明市东川落雪铜矿核查矿区资源储量核查报告[R].
云南煤层气资源勘查开发有限公司. 2016. 云南省麻栗坡县槟榔山天然矿泉水水源地评价报告[R].
云南南方地勘工程有限公司. 2007. 云南省西盟佤族自治县新厂银铅锌矿资源储量核实报告[R].
云南南方地勘工程总公司. 2008. 云南省兰坪县河西锶矿区资源储量核实报告[R].
云南南方地勘工程总公司. 2010. 云南省香格里拉县格咱斯各锑矿厂锑矿核查矿区资源储量核实报告[R].
云南南方地勘工程总公司. 2014. 云南省大理市恩组场铅锌矿详查报告[R].
云南省保山地区六一四厂. 1973. 云南省保山地区六一四厂茅草坡汞矿区储量报告[R].
云南省德宏自治州地质局一〇二队. 1960. 云南省保山蒲缥金家山汞矿 1959 年地质报告[R].
云南省地质调查局. 2011a. 云南省钼矿资源潜力评价成果报告[R].
云南省地质调查局. 2011b. 云南省铝土矿资源潜力评价成果报告[R].
云南省地质调查局. 2016. 云南三稀资源综合研究与重点评价子项目成果报告(2012~2015 年)[R].
云南省地质调查院. 2004. 1/25 万腾冲县、潞西市幅区域地质调查报告[R].
云南省地质调查院. 2009. 云南省广南县田房锑矿补充勘查报告[R].
云南省地质工程勘察总公司. 2017. 云南省金平县马鞍底铁矿勘探报告[R].
云南省地质环境监测院. 2008. 云南省洱源县茈碧湖地热田地热资源评价报告[R].
云南省地质环境监测院. 2014. 云南省地热能开发利用规划(2014-2020 年)[R].
云南省地质环境监测院. 2015. 云南省地热资源调查评价与区划报告[R].
云南省地质环境监测总站. 1998. 云南省呈贡县松茂泉饮用天然矿泉水水源地评价报告[R].
云南省地质环境监测总站. 2002. 云南省地下水资源报告[R].
云南省地质环境监测总站. 2003. 云南省呈贡县松茂检 1 号井饮用天然矿泉水水源地评价报告[R].
云南省地质环境监测总站. 2008a. 云南省呈贡县天外天 3 号井饮用天然矿泉水水源地评价报告[R].
云南省地质环境监测总站. 2008b. 云南省呈贡县天外天 4 号井饮用天然矿泉水水源地评价报告[R].
云南省地质局第二地质队. 1958. 云南的稀有金属[R].
云南省地质局第二地质队. 1960. 云南邱北洗马塘汞矿区中间储量报告及 1960 年度储量计算说明[R].
云南省地质局第二区域地质测量大队. 1969. 1∶20 万建水幅区域地质矿产调查报告(下册)[R].
云南省地质局第二区域地质测量大队. 1970. 1∶20 万个旧幅区域地质矿产调查报告(下册)[R].
云南省地质局第二区域地质测量大队. 1973. 云南省金平县大寨公社大寨坡铌晕检查简报[R]
云南省地质局第二区域地质测量大队. 1975. 1∶20 万元阳幅、大鹿马幅区域地质调查报告(矿产部分)[R].
云南省地质局第二区域地质测量大队. 1976a. 1∶20 万文山幅区域地质调查报告(矿产部分)[R].
云南省地质局第二区域地质测量大队. 1977. 1∶20 万罗平幅区域地质调查报告(矿产部分)[R].
云南省地质局第二区域地质调查大队. 1978a. 1∶20 万昭通幅区域地质调查报告(矿产部分)[R].
云南省地质局第二区域地质测量大队. 1978b. 1∶20 万鲁甸幅区域地质调查报告(矿产部分)[R].
云南省地质局第二区域地质测量大队. 1978c. 1∶20 万曲靖幅区域地质调查报告(矿产部分)[R].
云南省地质局第二区域地质调查大队. 1976b. 1∶20 万江城幅区域地质调查报告(矿产部分)[R].
云南省地质局第二十地质队. 1960a. 云南省保山金家山汞矿储量报告[R].
云南省地质局第二十地质队. 1960b. 德宏州龙陵县含铍稀有金属伟晶岩矿床初步勘探储量报告[R].
云南省地质局第二十地质队. 1960c. 云南龙陵达摩山-黄草坝含铍伟晶岩矿床详细普查评价报告[R].
云南省地质局第二十地质队. 1961. 云南省保山县施甸茅草坡汞矿储量报告[R].

云南省地质局第二十地质队. 1962. 云南龙陵大坡含铍花岗岩普查评价报告[R].
云南省地质局第二十地质队. 1964a. 云南省龙陵县黄连沟矿区含铍花岗伟晶岩矿床普查勘探工作报告[R].
云南省地质局第二十地质队. 1964b. 云南省梁河县清平区章巴含铍伟晶岩矿田普查工作简报[R].
云南省地质局第二十地质队. 1964c. 云南省梁河县麻栗脑含铍伟晶岩矿床详细普查评价报告[R].
云南省地质局第二十地质队. 1964d. 云南省龙陵县茅草寨含铍伟晶岩矿区地质普查工简报[R].
云南省地质局第二十地质队. 1965a. 云南省保山县罗明官山汞矿田普查评价工作报告[R].
云南省地质局第二十地质队. 1965b. 云南省龙陵回欢含铍花岗伟晶岩矿床详细普查评价报告[R].
云南省地质局第二十地质队. 1967. 云南省保山县罗明烈马山汞矿田1967年地质普查评价报告[R].
云南省地质局第二十地质队. 1969. 云南省保山县汶上区水银厂汞矿评价报告[R].
云南省地质局第九地质队. 1960a. 云南安宁县温泉、澄江东西岸、呈贡一朵云铝土矿普查检查报告[R].
云南省地质局第九地质队. 1960b. 安宁县草铺县街铝土矿储量报告书[R].
云南省地质局第九地质队. 1960c. 昆明市筇竹寺铝土矿区普查检查地质报告[R].
云南省地质局第九地质队. 1960d. 昆明市马街子铝土矿普查简报[R].
云南省地质局第九地质队. 1960e. 晋宁七甸马头山铝土矿储量报告[R].
云南省地质局第九地质队. 1960f. 云南晋宁县美女山铝土矿点普查简报[R].
云南省地质局第九地质队. 1960g. 云南省晋宁县牛恋村铝土矿地质报告[R].
云南省地质局第九地质队. 1960h. 云南省富民县完家村铝土岩耐火材料普查简报[R].
云南省地质局第九地质队. 1960i. 寻甸县阿子营铝土矿普查评价简报[R].
云南省地质局第九地质队. 1960j. 昆明大板桥铝土矿储量计算报告书[R].
云南省地质局第九地质队. 1960k. 云南省晋宁县栗庙铝土矿普查简报[R].
云南省地质局第九地质队. 1961. 云南省玉溪县小石桥铝土矿普查检查报告[R].
云南省地质局第九地质队. 1962a. 晋宁七甸马头山铝土矿储量报告[R].
云南省地质局第九地质队. 1962b. 云南省禄劝县甸尾铝土矿普查简报[R].
云南省地质局第九地质队. 1962c. 云南省嵩明县黑马井铝土矿普查简报(附东湖、谷堆山、海北村铝土矿踏勘简报)[R].
云南省地质局第九地质队. 1962d. 云南省嵩明县梁王山铝土矿普查简报[R].
云南省地质局第九地质队. 1962e. 云南省嵩明县铝土矿普查简报(附车湖等铝土矿踏勘简报)[R].
云南省地质局第九地质队. 1963a. 昆明市大普吉-沙朗铝土矿普查报告88[R].
云南省地质局第九地质队. 1963b. 云南省嵩明县阿子营铝土矿区普查评价报告[R].
云南省地质局第九地质队. 1963c. 云南省昆明安宁铝土矿储量计算报告书[R].
云南省地质局第七地质队. 1971. 云南省中甸铜矿红山矿区勘探储量报告[R].
云南省地质局第七地质队. 1976. 云南宁蒗油果木铝土矿普查评价报告[R].
云南省地质局第三地质大队. 1984. 云南省兰坪县金顶铅锌矿详细勘探地质报告书[R].
云南省地质局第三地质队. 1971. 云南省元谋县朱布铂钯矿详细地质勘探报告[R].
云南省地质局第三地质队. 1979. 云南省牟定县姚兴村地区矿产普查报告[R].
云南省地质局第十八地质队. 1959. 云南省丽江县石鼓鲁瓦第一号含白云母伟晶岩脉地质报告[R].
云南省地质局第十八地质队. 1960. 云南省贡山县普拉底第381、387号含白云母伟晶岩脉地质报告书[R].
云南省地质局第十地质队. 1959. 云南元谋丙令直林小村锆英石砂矿普查评价报告[R].
云南省地质局第十二地质队. 1965. 巍山汞矿初步普查评价报告书[R].
云南省地质局第十二地质队. 1971. 云南巍山县黑龙潭汞矿评价报告[R].
云南省地质局第十九地质队. 1960. 云南保山汶上水银厂1959~1960年汞矿储量报告[R].
云南省地质局第十三地质队. 1961. 云南鹤庆铝土矿普查评价报告[R].
云南省地质局第十五地质队. 1959. 云南省金平县阿德博—魁河独居石矿普查检查报告[R].
云南省地质局第十五地质队. 1965. 云南金平白马寨铜镍矿储量报告[R].
云南省地质局第十五地质队. 1966. 云南金平白马寨铜镍矿储量报告(第二期)[R].
云南省地质局第十一地质队. 1965. 南华龙潭砷矿储量计算报告书[R].
云南省地质局第四地质大队. 1982. 云南省腾冲县宝华山矿区稀有金属伟晶岩普查地质报告[R].
云南省地质局第四地质队. 1972. 云南省武定迤纳厂铜铁矿区地质报告(第一期)[R].
云南省地质局第四地质队. 1979. 云南省武定县迤纳厂铁铜矿区详勘地质报告(第二期)[R].
云南省地质局第一区域地质测量大队. 1973. 云南兰坪县金顶公社温水河汞矿初查报告[R].
云南省地质局第一区域地质测量大队. 1974. 1：20万兰坪幅区域地质调查报告(矿产部分)[R].
云南省地质局滇东南地质队. 1959. 邱北县石腊、小官寨汞矿评价报告[R].
云南省地质局富源地质队. 1958a. 云南富源余家老厂黄铁矿地质储量报告[R].

云南省地质局富源地质队. 1958b. 云南富源余家老厂锑矿地质储量报告书[R].
云南省地质局黑色金属队. 1958. 云南省元谋县锆英石矿普查简报[R].
云南省地质局金平地质队. 1959. 云南省元阳县金厂坪、纸厂河独居石砂矿矿产普查检查报告[R].
云南省地质局罗平地质队. 1958. 云南罗平富乐厂多金属矿的特征及稀有分散元素的分布规律[R].
云南省地质局区域地质测量队. 1981. 1∶20万凤庆幅区域地质调查报告(矿产部分)[R].
云南省地质局区域地质测量队. 1982. 1∶20万腾冲幅、盈江幅区域地质调查报告(矿产部分)[R]
云南省地质局区域地质调查队. 1979. 1∶20万永平幅区域地质调查报告(矿产部分)[R].
云南省地质局区域地质调查队. 1980a. 1∶20万保山幅区域地质调查报告(矿产部分)[R].
云南省地质局区域地质调查队. 1980b. 1∶20万丘北幅区域地质调查报告(矿产部分)[R].
云南省地质局榕峰地质队. 1958. 云南榕峰煤田宝山矿区储量报告[R]
云南省地质局虾硐地质队. 1959a. 云南省建水县马南铅锌矿检查报告[R].
云南省地质局虾硐地质队. 1959b. 云南石屏县大冷山铅矿地质报告[R].
云南省地质局昭通专区地质队. 1960. 云南省鲁甸县火德红黄铁矿储量报告[R].
云南省地质矿产局. 1993. 云南省区域矿产总结[R].
云南省地质矿产局八一四队. 1988. 云南省富民县赤鹫铝土矿地质调查报告[R].
云南省地质矿产局地热地质队. 1983. 云南省地热地质区划图及说明书[R].
云南省地质矿产局地热地质队. 1984. 云南省腾冲市瑞滇热田普查地质报告[R].
云南省地质矿产局第二地质大队. 1984. 云南省西畴县小锡板锑矿区初步普查地质报告[R].
云南省地质矿产局第二地质大队. 1985. 云南省砚山县金竹冲至西畴县田冲地区梯矿点检查地质报告[R].
云南省地质矿产局第二地质大队. 1988. 云南省西畴县小锡板锑矿区西矿段补充勘查地质报告[R].
云南省地质矿产局第二地质大队. 1996. 云南省广南县皂角树锑矿区普查地质报告[R].
云南省地质矿产局第二水文地质工程地质大队. 1985. 云南省腾冲盆地中低温热水普查报告[R].
云南省地质矿产局第二水文地质工程地质大队. 1986. 云南省楚雄市城市供水水文地质勘察报告[R].
云南省地质矿产局第二水文地质工程地质大队. 1987a. 云南腾冲盆地矿泉水评价报告[R].
云南省地质矿产局第二水文地质工程地质大队. 1987b. 云南省腾冲县热海热田地热普查报告[R].
云南省地质矿产局第二水文地质工程地质大队. 1988. 云南省楚雄市-禄丰县广通镇矿泉水、二氧化碳气普查报告[R].
云南省地质矿产局第二水文地质工程地质大队. 1989. 云南省滇西地区矿泉水调查报告[R].
云南省地质矿产局第二水文地质工程地质大队. 1989a. 云南省滇西地区矿泉水调查报告[R].
云南省地质矿产局第二水文地质工程地质大队. 1989b. 云南省大理市大理盆地中段供水水文地质、环境地质、工程地质综合勘察报告[R].
云南省地质矿产局第二水文地质工程地质大队. 1992. 云南省大理市大理盆地北段供水水文地质、环境地质、工程地质综合勘察报告[R].
云南省地质矿产局第三地质大队. 1985. 云南省中甸县麻花坪矿区钨铍矿初步普查地质报告[R].
云南省地质矿产局第三地质大队. 1987. 云南省兰坪县菜子地铅锌矿详查地质报告[R].
云南省地质矿产局第三地质大队. 1989a. 云南省巍山县石岩村锑矿普查地质报告[R].
云南省地质矿产局第三地质大队. 1989b. 云南省中甸县麻花坪钨铍矿床地质特征及成因探讨[R].
云南省地质矿产局第三地质大队. 1989c. 云南省镇康县木厂稀土、铌矿普查地质简报[R].
云南省地质矿产局第三地质大队. 1990. 云南省巍山县笔架山锑矿区详细普查地质报告[R].
云南省地质矿产局第三地质大队. 1991a. 云南省维西县石门多锑矿普查地质报告[R].
云南省地质矿产局第三地质大队. 1991b. 云南省维西县白马吉锑矿普查地质报告[R].
云南省地质矿产局第三地质大队. 1993. 云南省兰坪县河西锶矿区普查地质报告[R].
云南省地质矿产局第四地质大队. 1989. 云南省腾冲县滇滩铋矿点检查报告[R].
云南省地质矿产局第四地质大队. 1994. 云南省腾冲县瑞滇乡铜厂山铅锌矿普查地质报告[R].
云南省地质矿产局第五地质大队. 1990. 云南省孟连县腊垒乡曼信锑矿及外围矿点检查总结[R].
云南省地质矿产局第一地质大队. 1992a. 云南省牟定县水桥寺稀土稀有矿详查地质报告[R].
云南省地质矿产局第一地质大队. 1992b. 云南省中东部离子吸咐型稀土资源远景地质调查报告[R].
云南省地质矿产局第一水文地质工程地质大队. 1988. 云南省东部地区矿泉水调查报告[R].
云南省地质矿产局第一水文地质工程地质大队. 1990. 云南省昆明市安宁温泉饮用天然矿泉水调查评价报告[R].
云南省地质矿产局区域地质矿产测量队. 1984a. 1∶20万维西幅区域地质调查报告(矿产部分)[R].
云南省地质矿产局区域地质调查队. 1984b. 1∶20万耿马幅、南伞幅区域地质调查报告(矿产部分)[R].
云南省地质矿产局区域地质调查队. 1987. 云南省区域地质志(油印本)[R].
云南省地质矿产局区域地质调查所. 1994. 云南省陇川县弄巴镇龙安村轻稀土矿首采详查报告[R].

云南省地质矿产局水文工程地质公司. 1985. 云南省昆明地区滇池流域地热调查评价报告[R].
云南省地质矿产勘查开发局. 1995. 云南省腾冲市热海热田补充勘查研究报告[R].
云南省地质矿产勘查开发局八〇七队. 2006. 云南省腾冲县卜锅脑钽矿普查报告[R].
云南省地质矿产勘查开发局八一四队. 2011. 云南省芒市大矿山老缅硐芭蕉洼铅锌矿资源储量核实报告[R].
云南省地质矿产勘查开发局第二地质大队. 2000. 云南省蒙自县白牛厂银多金属矿区咪尾-穿心洞、阿尾矿段地质普查报告[R].
云南省地质矿产勘查开发局第二地质大队. 2010. 云南省蒙自县白牛厂银多金属矿咪尾-穿心洞-阿尾矿段矿段核查区资源储量核查报告[R].
云南省地质矿产勘查开发局第二地质大队. 2011. 云南省建水县虾洞铅锌矿资源储量核实报告[R].
云南省地质矿产勘查开发局第三地质大队. 1999. 云南省兰坪县东至岩锶矿区地质勘查报告[R].
云南省地质矿产勘查开发局第四地质大队. 1998. 云南省双江县忙糯乡南美河锑矿扶贫勘查地质报告[R].
云南省地质矿产勘查开发局第一地质大队. 2010a. 云南省西盟县岳宋小新寨锰多金属矿核查矿区资源储量核查报告[R].
云南省地质矿产勘查开发局第一地质大队. 2010b. 云南省勐海县勐往独居石砂矿核查矿区资源储量核查报告[R].
云南省地质矿产勘查开发局第一地质大队. 2010c. 云南省勐海县勐阿磷钇矿、独居石砂矿核查矿区资源储量核查报告[R].
云南省地质矿产勘查开发局第一地质大队. 2010d. 云南省勐海县勐海独居石砂矿核查矿区资源储量核查报告[R].
云南省地质矿产勘查开发局第一地质大队. 2010e. 云南省勐海县勐康磷钇矿核查矿区资源储量核查报告[R].
云南省地质矿产勘查开发局第一地质大队. 2011. 云南省盈江县核桃寨铌钽矿资源储量核实报告[R].
云南省地质矿产勘查开发局滇南地质大队. 2008. 云南省开远市大庄虎跳崖锑矿普查报告[R].
云南省地质矿产勘查开发局滇南地质大队. 2012. 云南省开远市余米都锑矿勘探报告[R].
云南省地质矿产勘查院. 2010a. 云南省腾冲县江南锌铋矿核查矿区资源储量核查报告[R].
云南省地质矿产勘查院. 2010b. 云南省保山市隆阳区板桥钛铁矿核查矿区资源储量核查报告[R].
云南省地质矿产勘查院. 2010c. 云南省腾冲县贡源锡矿核查矿区资源储量核实报告[R].
云南省国土资源厅, 云南省地质调查局. 2011. 云南省钼矿资源利用现状调查成果汇总报告[R].
云南省国土资源厅, 云南省地质调查局. 2013a. 云南省铜、铅锌、金、钨、锑、稀土矿资源潜力评价成果报告[R].
云南省国土资源厅, 云南省地质调查局. 2013b. 云南省重要矿种区域成矿规律成果报告[R].
云南省国土资源厅. 2014a. 云南省 2009 年矿区及所属矿山矿产资源储量简表[R].
云南省国土资源厅. 2014b. 云南省 2014 年矿区及所属矿山矿产资源储量简表[R].
云南省国土资源厅. 2014c. 云南省 2015 年矿区及所属矿山矿产资源储量简表[R].
云南省国土资源厅. 2014d. 云南省 2017 年矿区及所属矿山矿产资源储量简表[R].
云南省核工业地质调查院. 2010a. 云南省永德县崇岗锑矿核查矿区资源储量核查报告[R].
云南省核工业地质调查院. 2010b. 云南省镇康县小荒田锑矿核查矿区资源储量核查报告[R].
云南省核工业二〇九地质大队. 1980. 云南省临沧县邦卖盆地锗矿储量报告[R].
云南省核工业二〇九地质大队. 1991. 云南省临沧县大寨铀锗矿床勘探地质报告[R].
云南省核工业二〇九地质大队. 1997. 滇西临沧铀锗矿田成矿特征及成矿预测[R].
云南省核工业二〇九地质大队. 2010a. 云南省临翔区大田河锑矿核查矿区资源储量核查报告[R].
云南省核工业二〇九地质大队. 2010b. 云南省临翔区遮奈锑矿核查矿区资源储量核查报告[R].
云南省核工业二〇九地质大队. 2013a. 云南省临沧市临翔区大寨锗矿资源储量核实报告[R].
云南省核工业二〇九地质大队. 2013b. 云南省临沧市临翔区韭菜坝煤(锗)矿资源储量核实报告[R].
云南省核工业二〇九地质大队. 2013c. 云南省临沧市临翔区文强煤矿资源储量核实报告[R].
云南省核工业二〇九地质大队. 2015a. 云南省建水县普雄地区长岭岗矿段风化壳型铌稀土矿详查报告[R].
云南省核工业二〇九地质大队. 2015b. 云南省建水县普雄矿区白云山矿段风化壳型铌稀土矿普查报告[R].
云南省核工业二〇九地质大队. 2015c. 云南省临沧市中寨锗矿资源储量核实报告[R].
云南省核工业二〇九地质大队. 2015d. 云南省临沧市临翔区昌军煤(锗)矿资源储量核实报告[R].
云南省核工业二〇九地质大队. 2017. 云南省临沧市临翔区岔河稀土矿普查报告[R].
云南省化工燃料局. 1970. 云南省煤中锗普查报告[R].
云南省化工燃料局一四三煤田队. 1971. 云南沧源县芒回矿区-井田普查地质勘探报告[R].
云南省会泽矿务局. 1959. 云南省会泽矿务局铅锌矿有益伴生元素赋存规律的研究及储量计算报告书[R].
云南省旅游业协会 SPA 与温泉分会. 2010. 云南省温泉旅游产品发展规划(2010 年-2020 年)[R].
云南省煤管局一四三地质勘探队. 1967. 滇东沾溢县罗木矿区普查地质勘探报告[R].
云南省煤田地质局. 2009. 云南省瑞丽市瑞丽盆地地热资源研究评价报告[R].
云南省煤田地质局. 2014. 云南省龙陵县一碗水泉饮用天然矿泉水资源评价报告[R].
云南省煤田地质局. 2015. 云南大山饮品有限公司昆明市呈贡县七甸乡松茂矿泉水开采井水资源评价报告[R].
云南省煤田地质局. 2016. 大理神野有限公司城邑乡 1 号井矿泉水水资源勘查评价报告[R].

云南省冶金局地质勘探公司三〇五队. 1975. 云南省禄劝笔架山铁矿地质勘探报告书[R].
云南省冶金局地质勘探公司三一〇队. 1976. 云南永平铜钴矿厂街矿区地质勘探报告[R].
云南省冶金局地质勘探公司三一七队. 1972. 云南省巧家县茂租铅锌矿评价报告[R].
云南省冶金局地质勘探公司三一七队. 1975. 永善金沙铅锌矿中间地质勘探报告书[R].
云南省冶金厅地质勘探公司三〇九队. 1959. 安宁大龙山白云石、白鱼口耐火粘土矿床伴生元素储量计算报告书(镁、镓)[R].
云南省冶金厅地质勘探公司三〇七队. 1958. 保山钛铁矿砂矿最终储量计算报告书[R].
云南省冶金厅地质勘探公司三〇七队. 1960. 云南石屏县龙潭钨矿储量计算报告书[R].
云南省冶金厅地质勘探公司三一〇队. 1962a. 云南省麻栗坡县瓦渣含铍花岗伟晶岩矿床评价报告书[R].
云南省冶金厅地质勘探公司三一〇队. 1962b. 云南省马关县炭摇铍矿普查评价报告书[R].
云南省冶金厅地质勘探公司三一六队. 1962. 云南省盈江县卡场矿区地质工作报告[R].
云南省冶金厅地质勘探公司三一一队. 1960. 昆明市马街子铝土及耐火粘土矿 1959 年度地质报告书[R].
云南省冶金厅地质勘探公司三一一队. 1962. 昆明附近铝土矿及耐火粘土矿床初步勘探地质报告书[R].
云南省有色地质局, 中国地质大学(北京). 2011a. 云南铝土矿成矿规律与成矿预测研究报告[R].
云南省有色地质局, 中国地质大学(北京). 2011b. 云南铝土矿主要成矿期岩相古地理和构造环境研究报告[R].
云南省有色地质局楚雄勘查院. 2018. 云南省龙陵县团坡铷矿详查报告[R].
云南省有色地质局楚雄勘查院. 2010. 云南省澜沧县老厂银铅锌多金属矿资源储量核实报告[R].
云南省有色地质局楚雄勘查院. 2011. 云南省维西县阿南多塘锑矿详查报告[R].
云南省有色地质局地质地球物理化学勘查院. 2008. 云南省巧家县茂租铅锌矿外围狮子山矿段普查阶段报告[R].
云南省有色地质局地质地球物理化学勘查院. 2010. 云南省龙陵县勐兴(糯)铅锌矿接替资源勘查报告[R].
云南省有色地质局地质地球物理化学勘查院. 2011. 云南省会泽县麻栗坪铅锌矿区观音岩矿段勘探报告[R].
云南省有色地质局三〇八队. 2000. 滇西铌钽矿找矿开发调研工作总结[R].
云南省有色地质局三〇八队. 2006a. 云南省腾冲县茶塘河南钽铌矿普查报告[R].
云南省有色地质局三〇八队. 2006b. 云南省盈江县席草坝钽铌矿普查报告[R].
云南省有色地质局三〇六队. 2013. 云南省丘北县大铁地区铝土矿普查报告[R].
云南省有色地质局三一〇队. 2009a. 云南省鹤庆县白水塘铝土矿普查报告[R].
云南省有色地质局三一〇队. 2009b. 云南省鹤庆县吉地平-大黑山铝土矿普查报告[R].
云南省有色地质局三一〇队. 2010. 云南省鹤庆县松桂铝土矿地质普查报告[R].
云南省有色地质局三一七队. 2006. 云南省富源县富源铅锌矿资源储量核实报告[R].
云南省有色地质勘查院. 2006. 云南省彝良县张家湾铅锌矿普查报告[R].
云南省有色地质勘查院. 2007. 云南省砚山县红舍克铝土矿北段详查报告[R].
云南省一九九煤田地质勘探队. 1973. 云南省潞西县等吭煤矿一、三井田详查(最终)勘探地质报告[R].
云南文山铝业有限公司. 2007a. 云南省丘北县飞尺角铝土矿详查报告[R].
云南文山铝业有限公司. 2007b. 滇东南地区铝土矿成矿规律与找矿实践[R].
云南物探矿业有限公司. 2010. 云南省禄劝县笔架山铁矿核查矿区资源储量核查报告[R].
云南玉溪迈特实业有限公司. 2010. 云南省陇川县龙安稀土矿核查矿区资源储量核查报告[R].
云南锡业公司地质勘探队. 1960. 云南个旧市个旧矿区牛屎坡铍储量计算说明书(1960 年度)[R].
云南锡业公司地质勘探队. 1961. 云南个旧市个旧矿区铟储量计算报告书[R].
云南锡业集团资源开发有限公司. 2010a. 云南省个旧市金光坡金铋矿核查矿区资源储量核查报告[R].
云南锡业集团公司资源开发有限公司. 2010b. 云南省个旧市新冠锡矿核查矿区资源储量核查报告[R].
云南正瑞鑫矿业有限公司. 2011a. 云南省龙陵县三台坡铌钽矿资源储量核实报告[R].
云南正瑞鑫矿业有限公司. 2011b. 云南省龙陵县黄家寨铌钽矿储量核实报告[R].
中国科学院昆明工作站. 1962. 云南某地花岗伟晶岩在时间与空间上的分布特征及其找矿意义[R].
中国科学院昆明地质研究所. 1958. 云南龙陵大坡云英岩化及钠长石化花岗岩体中铍矿化的初步研究[R].
中国科学院昆明地质研究所, 昆明工学院地质系. 1958. 云南马关都龙接触交代型多金属矿床特征及其中的稀有分散元素[R].
中国科学院昆明地质研究所. 1960. 云南龙陵大坡云英岩化钠长石化长英状花岗岩的铍矿化特征[R].
中国人民解放军〇〇九三三部队. 1979. 云南省宾川盆地农田供水水文地质勘察报告[R].
中国人民解放军 00533 部队. 1982. 云南墨江金矿详细勘探报告[R].
中国冶金地质总局昆明地质勘查院. 2007a. 云南省文山县杨柳井铝土矿详查报告[R].
中国冶金地质总局昆明地质勘查院. 2007b. 云南省文山县清水塘铝土矿普查报告[R].
中国冶金地质总局昆明地质勘查院. 2007c. 云南省文山县大石盆铝土矿详查报告[R].
中国冶金地质总局昆明地质勘查院. 2010. 云南省巍山县羊虎头铜多金属矿区锑矿详查报告[R].
中国有色金属工业昆明勘察设计研究院. 2010a. 云南省金平县阿得博独居石砂矿核查矿区资源储量核查报告[R].

中国有色金属工业昆明勘察设计研究院. 2010b. 云南省屏边山后锑矿核查区资源储量核查报告[R].
中国有色金属工业总公司西南地质勘查公司. 1984. 云南省马关县都龙锡锌矿区铜街矿段勘探报告[R].
中国有色金属工业总公司西南地质勘探公司三〇六队. 1986. 云南省广南县木利锑矿区木利矿段勘探地质报告[R].
中国有色金属工业总公司西南地质勘探公司三〇四队. 1985. 云南省龙陵县勐兴铅锌矿床勘探地质报告[R].
中国有色金属工业总公司西南有色地质勘查局地质研究所. 1997. 个旧市白云山霞石正长岩矿床地质勘探报告[R].
中华人民共和国国土资源部. 2018. 全国矿产资源储量通报(2017)[R].
云南省地质矿产局. 1990. 云南省区域地质志[M]. 北京：地质出版社.
中国科学院青藏高原综合科学考察队. 1989. 青藏高原横断山区科学考察丛书. 腾冲地热[M]. 北京：科学出版社.
中国科学院青藏高原综合科学考察队. 1994. 青藏高原横断山区科学考察丛书. 横断山区温泉志[M]. 北京：科学出版社.
“重要矿产和区域成矿规律研究”项目系列丛书编委会. 2010. 重要矿产和区域成矿规律研究技术要求[M]. 北京：地质出版社.
蔡华君. 1996. 滇黔桂三角地区锑矿床成矿流体地球化学研究(摘要)[J]. 地质地球化学, 6：99-100.
蔡华君, 张宝贵, 李院生. 1997. 滇黔桂三角地区锑矿床流体包裹体研究[J]. 矿物报学, 17(4)：427-434.
蔡永文. 2010. 云南马厂箐铜钼金多金属矿床成因探讨[D]. 成都：成都理工大学.
曹华文. 2015. 滇西腾-梁锡矿带中-新生代岩浆岩演化与成矿关系研究[D]. 北京：中国地质大学(北京).
曹晓民, 范玉华, 张世权, 等. 2014a. 云南香格里拉红山地区多金属矿床地质特征及成矿模式[J]. 云南地质, 33(2)：163-171.
曹晓民, 范玉华, 张世权, 等. 2014b. 云南中甸格咱铜多金属矿集区成矿系列及找矿前景[J]. 云南地质, 33(3)：287-294.
常开永. 2007. 云南巍山笔架山锑矿床成因[J]. 云南地质, 26(2)：197-206.
常苏娟. 2011. 滇东磷矿多层位控矿地质特征及形成机理[D]. 昆明：昆明理工大学.
常苏娟, 朱杰勇, 刘益, 等. 2011. 云南的含磷层位[J]. 中国非金属矿工业导刊, 87(1)：44-47.
陈百友, 虞裕如, 江鸿飞. 2002. 云南省个旧市白云山霞石正长岩矿床地质特征[J]. 矿床地质, 21 增刊：901-905.
陈代演. 1990. 云南富源老厂层控锑矿床的地球化学特征[J]. 贵州工学院学报, 19(2)：18-27.
陈德潜. 1982. 稀有元素地质概论[M]. 北京：地质出版社.
陈德潜, 吴静淑. 1990. 离子吸附型稀土矿床的成矿机制[J]. 中国稀土学报, 8(2)：175-179.
陈慧. 2015. 云南巍山蝙蝠洞锑矿地质特征及控矿构造研究[D]. 成都：成都理工大学.
陈吉琛. 1987. 滇西花岗岩类时代划分及同位素年龄值选用的讨论[J]. 云南地质, 6(2)：101-113.
陈吉琛, 林文信, 陈良忠. 1991. 腾冲-梁河地区含锡新歧花岗岩序列-单元研究[J]. 云南地质. 10(3)：241-289.
陈纳川. 2019. 滇西卓潘碱性杂岩体风化过程中元素迁移过程和机制[D]. 北京：中国地质大学(北京).
陈平, 柴东浩. 1997. 山西地块石炭纪铝土矿沉积地球化学研究[M]. 太原：山西科学技术出版社, 70-71.
陈喜峰, 曾普胜, 张雪亭, 等. 2015. 云南永平卓潘碱性杂岩体岩石学和地球化学特征及成因研究[J]. 岩石学报, 31(9)：2597-2608.
程彦博, 毛景文, 陈懋弘, 等. 2008. 云南个旧锡矿田碱性岩和煌斑岩 LA-ICP-MS 锆石 U-Pb 测年及其地质意义[J]. 中国地质, 35(6)：1138-1149
迟清华, 鄢明才, 2007, 应用地球化学元素丰度数据手册[M]. 北京：地质出版社.
迟帅, 徐世光, 郭婷婷. 2019. 云南松茂区矿泉水成因研究[J]. 中国水运, 19(02)：210-211.
丛冲, 罗士俊. 2012. 云南腾冲新歧花岗岩稀有多金属矿床成因[J]. 云南地质, 31(4)：468-470.
丛峰, 林仕良, 谢韬, 等. 2010. 滇西腾冲—梁河地区花岗岩锆石稀土元素组成和 U-Pb 同位素年龄[J]. 吉林大学学报(地球科学版), 40(3)：573-580.
丛峰, 林仕良, 邹光富, 等. 2011. 梁河花岗岩岩浆混合作用：锆石微量元素、U-Pb 和 Hf 同位素示踪[J]. 中国科学(D 辑), 41(4)：468-481.
崔银亮. 2011. 滇东北铅锌银矿床遥感地质与成矿预测[J]. 北京：地质出版社.
崔银亮, 豆松, 晏建国, 等. 2018. 云南铝土矿地质与勘查[M]. 北京：科学出版社.
戴金星. 1988. 云南省腾冲县硫磺塘天然气的碳同位素组成特征和成因[J]. 科学通报, 33(15)：1168-1170.
戴金星, 桂明义, 黄自林, 等. 1986. 楚雄盆地中东部禄丰-楚雄一带的二氧化碳气及其成因[J]. 地球化学, 3(1)：42-49.
丁俊, 侯林. 2012. 云南武定迤纳厂岩浆热液型铁-铜-金-稀土矿床流体特征研究[J]. 西北地质, 45(4)：39-49.
刀俊山, 黄俊坤, 贾奎, 等. 2017. 云南省富东离子吸附型稀土矿矿床成因浅析[J]. 世界有色金属, (03)：194+196.
邓必方. 1995. 保山-镇康地区汞、铅锌矿床的成矿模式[J]. 云南地质, 14(4)：355-364.
邓国仕, 李军敏, 杨桂花, 等. 2014. 渝南水江板桥铝土矿区锂的分布规律及其影响因素研究[J]. 中国矿业, 23(03)：72-79.
邓明国, 秦德先, 雷振, 等. 2003. 滇西褐煤中锗富集规律及远景评价[J]. 昆明理工大学学报(理工版), 28(01)：1-3+7.
董方浏. 2002. 云南巍山-永平矿化集中区铜金多金属矿床成矿条件及成矿潜力研究[D]. 北京：中国地质大学(北京).
董方浏, 莫宣学, 侯增谦, 等. 2005. 云南兰坪盆地喜马拉雅期碱性岩 $^{40}Ar/^{39}Ar$ 年龄及地质意义[J]. 岩石矿物学杂志, 24(2)：103-109.
董方浏, 侯增谦, 高永丰, 等. 2006. 滇西腾冲新生代花岗岩：成因类型与构造意义[J]. 岩石学报, 22(4)：927-937.
董方浏, 莫宣学, 喻学惠, 等. 2007. 云南永平卓潘新生代碱性杂岩体的元素地球化学和 Nd-Sr-Pb 同位素特征及地质意义[J]. 岩石学报，23(5)：986-994.
董美玲，董国臣，莫宣学，等. 2012，滇西保山地块早古生代花岗岩类的年代学、地球化学及意义[J]. 岩石学报，28(05)：1453-1464.
杜斌，王长明，杨立飞，等. 2018. 西南三江永平卓潘碱性杂岩体源区与形成机制：全岩元素、锆石 U-Pb 年代学和 Hf 同位素联合约束[J]. 岩石学报，34(5)：1376-1396.
杜胜江，温汉捷，秦朝建，等. 2014. 云南麻栗坡县马卡钨多金属矿床中铍赋存状态研究及意义[J]. 矿物学报，34(04)：446-450.
范朝俊. 1987. 滇西蛇街-紫金山复背斜锑汞金砷多金属矿带成矿条件的热力学分析[J]. 贵州工学院学报，3：96-106.
范朝俊. 1991. 云南巍山锑、汞多金属矿带成矿物质来源初探[J]. 地球化学，4：399-404.
范朝俊，秦宗倖. 1988. 巍山石岩村锑矿地质、地球化学特征及成矿机理[J]. 云南地质，7(01)：45-55.
范亚洲，周伟，王子玺，等. 2014. 稀散元素 Sc 的矿床类型及找矿前景[J]. 西北地质，28(1)：72-77.
方丽萍，丁建博. 1997. 云南地热资源的成因分析及开发利用[J]. 水文地质工程地质，4：45-48.
冯佳睿，毛景文，裴荣富，等. 2010. 云南瓦渣钨矿区老君山花岗岩体的 SHRIMP 锆石 U-Pb 定年、地球化学特征及成因探讨[J]. 岩石学报，26(3)：845-857.
冯晓宏，王臣兴，崔子良，等. 2009. 滇东南铝土矿成矿物质来源探讨[J]. 云南地质，28(3)：233-242.
高永娟，林仕良，丛峰，等. 2014a. 滇西梁河地区闪长岩 LA-ICP-MS 锆石 U-Pb 年龄、Hf 同位素特征及其地质意义[J]. 地质通报，33(10)：1482-1491.
高永娟，林仕良，丛峰，等. 2014b. 滇西腾冲-梁河古近纪花岗岩锆石 U-Pb 定年、Hf 同位素及地球化学[J]. 地质学报，88(01)：63-71.
高学生. 2008. 木利锑矿矿床地质特征及地球化学方法找矿预测[D]. 桂林：桂林理工大学.
高学生，胡云沪，王荣超，等. 2008. 木利锑矿矿床地质特征及找矿方向[J]. 中国科技信息，1：27-28.
高子英. 1996. 蒙自白牛厂银多金属矿床的成因研究[J]. 云南地质，15(1)：91-102.
高子英，吕伯西，段建中，等. 1993. 滇西花岗伟晶岩[J]. 云南地质，12(4)：367-372
龚洪波，陈书富. 2006. 广南木利锑矿成因新解[J]. 云南地质，25(3)：321-326.
龚琳. 2000. 滇中中晚元古代铜铁矿带成矿规律与找矿[J]. 云南地质，30(3)：255-260.
龚琳，何毅特，陈天佑，等. 1996. 云南东川元古宙裂谷型铜矿[M]. 北京：冶金工业出版社.
黄震，徐晓春，谢巧勤，等. 2005. 兰坪盆地水泄铜(钴)矿床石英的 $^{40}Ar-^{39}Ar$ 快中子活化年龄木[J]. 地质科学，1：125-128.
郭唯明，马圣钞，孙艳，等. 2019. 云南腾冲热泉中稀有金属矿化特征及其意义[J]. 地质学报，93(06)：1321-1330.
郭晓东. 2009. 云南省马厂箐斑岩型铜钼金矿床岩浆作用及矿床成因[D]. 北京：中国地质大学(北京).
郭阳，王生伟，孙晓明，等. 2014. 云南省武定县迤纳厂铁铜矿区古元古代辉绿岩锆石的 U-Pb 年龄及其地质意义[J]. 大地构造与成矿学，38(1)：208-215
郭远生，曾普胜，郭欣，等. 2012. 钪的有关问题暨滇中地区基性-超基性岩含钪性研究[J]. 地球学报，33(5)：745-754.
郭远生，廖剑锋，郭欣，等. 2013. 云南省铝土矿矿床类型及成矿规律[J]. 矿物学报，33(4)：441-448.
韩润生，陈进，黄智龙，等. 2006. 构造成矿动力学及隐伏矿定位预测——以云南会泽铅锌(银、锗)矿床为例[M]. 北京：科学出版社，
韩润生，胡煜昭，王学琨，等. 2012. 滇东北富锗银铅锌多金属矿集区矿床模型[J]. 地质学报，86(2)：280-294.
韩延荣，张琳，袁庆邦. 1997. 滇西临沧铀锗矿田成矿特征及成矿预测[R]. 云南省核工业二〇九地质大队.
何发荣. 1958. 云南罗平县富乐厂多金属矿特征及稀有分散元素的分布规律[D]. 云南省地质局罗平地质队.
何显川，李杨，张民. 2016. 云南上允花岗岩风化壳离子吸附型稀土矿成矿条件浅析[J]. 世界有色金属，(6)：117-120+122.
何志芳，何永波，张烨，等. 2015. 滇西兰坪金顶特大型锶矿矿床地质特征及矿床成因探讨[J]. 化工矿产地质，37(2)：77-84.
侯林，丁俊，邓军，等. 2013a. 滇中武定迤纳厂铁铜矿床磁铁矿元素地球化学特征及其成矿意义[J]. 岩石矿物学杂志，32(2)：154-166.
侯林，丁俊，邓军，等. 2013b. 云南武定迤纳厂铁铜矿岩浆角砾岩 LA-ICP-MS 锆石 U-Pb 年龄及其意义[J]. 地质通报，32(4)：580-588.
侯林，丁俊，王长明，等. 2013c. 云南武定迤纳厂铁-铜-金-稀土矿床成矿流体与成矿作用[J]. 岩石学报，29(4)：1187-1202.
侯林，彭慧娟，丁俊. 2015. 云南武定迤纳厂铁-铜-金-稀土矿床成矿物质来源——来自矿床地质与 S、Pb、H、O 同位素的制约[J]. 岩石矿物学杂志，34(2)：205-218.
胡瑞忠，毕献武，叶造军，等. 1996. 临沧锗矿床成因初探[J]. 矿物学报，16(2)：97-102.
胡瑞忠，毕献武，苏文超，等. 1997. 对煤中锗矿化若干问题的思考——以临沧锗矿为例[J]. 矿物学报，17(4)：364-368.
胡瑞忠，苏文超，戚华文，等. 2000. 锗的地球化学、赋存状态和成矿作用[J]. 矿物岩石地球化学通报，19(4)：215-217.
胡瑞忠，彭建堂，马东升，等. 2007. 扬子地块西南缘大面积低温成矿时代[J]. 矿床地质，26(6)：583-596.
胡受奚，周顺之，刘孝善，等. 1982. 矿床学[M]. 北京：地质出版社.
胡云中，邓坚，郭唯明. 2002. 腾冲现代活动水热流体的地质成矿作用[J]. 矿床地质，21(S1)：967-969.
黄敦义，雷文礼. 1997. 广南木利锑矿床地质特征及成矿机理[J]. 云南地质，16(4)：377-385.
皇甫岗，陈颙，秦嘉政，等，2010. 云南地震活动性[M]. 昆明：云南科技出版社.
黄文龙，许继峰，陈建林，等. 2016. 云南个旧杂岩体年代学与地球化学：岩石成因和幔源岩浆对锡成矿贡献[J]. 岩石学报，37(05)：716-732.

黄文龙，许继峰，陈建林，等. 2018. 滇东南个旧白云山碱性岩年代学和地球化学及成因意义[J]. 岩石矿物学杂志，32(08)：2330-2346.

黄智龙，陈进，韩润生，等. 2004. 云南会泽超大型铅锌矿床地球化学及成因——兼论峨眉山玄武岩与铅锌成矿的关系[M]. 北京：地质出版社.

黄智龙，金中国，向贤礼，等. 2014. 黔北务正道铝土矿成矿理论及预测[M]. 北京：科学出版社.

贾润幸. 2005. 云南个旧锡矿集中区地质地球化学研究[D]. 西安：西北大学.

贾润幸，方维萱，傀雪燕. 2014. 云南个旧锡矿花岗岩地球化学特征及构造环境研究[J]. 矿产勘查，5(2)：257-266.

姜凯，燕永锋，朱传威，等. 2014. 云南金顶铅锌矿床中铊、镉元素分布规律研究[J]. 矿物岩石地球化学通报，33(05)：753-758.

蒋绍平，李峰，肖静珊，等. 2011. 澜沧老厂斑岩钼矿中的铼及其资源意义[J]. 云南冶金，40(4)：7-12+56.

江鑫培. 1990. 蒙自白牛厂银-多金属矿矿床特征和成矿作用探讨[J]. 云南地质，9(4)：291-307.

江永宏，李胜荣，王吉中. 2003. 云南墨江金厂金矿床黄铁矿标型特征研究[J]. 矿物岩石，23(2)：22-26.

焦扬，王训练，崔银亮，等. 2014. 云南文山市天生桥铝土矿地球化学特征与物源分析[J]. 现代地质，28(4)：731-742.

金中国，周家喜，黄智龙，等. 2015. 黔北务-正-道地区典型铝土矿床伴生有益元素锂、镓和钪分布规律[J]. 中国地质，42(06)：1910-1918.

孔会磊，董国臣，莫宣学，等. 2012. 滇西三江地区临沧花岗岩的岩石成因：地球化学、锆石 U-Pb 年代学及 Hf 同位素约束[J]. 岩石学报，28(05)：1438-1452.

李虎杰，田煦. 1995. 澜沧铅锌银铜矿床矿物包裹体及成矿物化条件的研究[J]. 矿产与地质，9(2)：107-111.

李庆. 2016. 云南镇康木厂花岗岩锆石定年，地球化学，构造环境与找矿意义[D]. 北京：中国地质大学(北京).

李晓波. 2005. 云南省蒙自县白牛厂银多金属矿床成矿地质特征及成矿模式[D]. 湖南：中南大学.

李波. 1999. 木利锑矿床成矿物质来源研究[J]. 有色金属矿产与勘查，8(2)：103-106.

李峰，鲁文举，杨映忠，等. 2010. 危机矿山成矿规律与找矿研究——以云南澜沧老厂矿床为例[M]. 昆明：云南科技出版社.

李光斗. 2010. 云南澜沧老厂银铅锌铜矿床地质特征、控矿要素及找矿靶区[J]. 矿产与地质，24(1)：59-63.

李家和. 1985. 个旧锡矿花岗岩特征及成因研究[J]. 云南地质，4(4)：327-352.

李建伟，程胜辉，施玉北，等. 2018. 中国矿产志・云南卷・贵金属矿产[M]. 北京：地质出版社.

李建伟，蓝东良，杨心宜，等. 2016. 云南省金矿成矿规律及找矿潜力[M]. 北京：地质出版社.

李建忠，陆生林，丁俊，等. 2016. 云南省腾冲市小龙河锡矿田新认命及其稀土矿的发现[J]. 中国地质调查成果快讯，35：23-26.

李建忠，陆生林，吴文贤，等. 2017. 云南省腾冲市小龙河锡稀土多金属矿田新知及其稀土矿的发现[J]. 中国地质调查，4(2)：9-21.

李建忠，赵作新，陆生林，等. 2015. 云南腾冲县小龙河锡稀土多金属矿田同岩浆构造地质特征[J]. 矿物学报(增刊)：406-407.

李建康，王成辉，冯文杰，等. 2017. 滇西北发现花岗伟晶岩型铁锂云母矿床[J]. 矿床地质，36(6)：1453-4155.

李开文，张乾，王大鹏，等. 2013. 云南蒙自白牛厂多金属矿床锡石原位 LA-MC-ICP-MS U-Pb 年代学[J]. 矿物学报，33(2)：203-209.

李良，陈永健，秦金虎. 2009. 腾冲新歧碱长花岗岩稀有多金属风化壳矿床[J]. 云南地质，28(1)：72-77.

李沛刚，王登红，赵芝，等. 2014. 贵州大竹园铝土矿矿床地质、地球化学与成矿规律[M]. 北京：科学出版社.

李萍，徐争启，宋昊，等. 2013. 云南迤纳厂稀土-铁-铜矿与 OICG 矿床对比研究[J]. 高校地质学报，19(增刊)：297-298.

李荣梦，李作洪，何春培. 1983. 云南水资源及其开发利用[M]. 昆明：云南人民出版社.

李文昌，尹光侯，刘学龙，等. 2010a. 中甸矿集区普朗-红山铜多金属成矿亚带北段帕纳牛场斑岩体^{40}Ar-^{39}Ar 年龄及锑矿化[J]. 地质与勘探，46(2)：267-271.

李文昌，潘桂堂，侯增谦，等. 2010b. 西南“三江”多岛弧盆-碰撞造山成矿理论与勘查技术[M]. 北京：地质出版社.

李伟清，杨文金，翟鑫，等. 2015. 文山市天生桥地区铝土矿资源潜力分析[R].

李献华，李正祥，葛文春，等. 2001. 华南新元古代花岗岩的锆石 U-Pb 年龄及其构造意义[J]. 矿物岩石地球化学通报，20(4)：271-273.

李晓峰，Watanabe Yasushi，毛景文. 2007. 铟矿床研究现状及其展望[J]. 矿床地质，26(04)：475-480.

李小明. 2001. 金满铜矿床成矿年龄测定[J]. 现代地质，15(4)：405-408.

李小明，凯旋，龚革联，等. 2000. 裂变径迹法对兰坪盆地构造热演化与成矿作用的初步研究[J]. 矿物岩石，20(2)：40-42.

李新仁，王长兵，张黎. 2018. 云南建水县长岭岗碱性侵入岩体岩石特征与成因[J]. 云南地质，37(2)：150-155.

李玉帮，陶琰，廖名扬，等. 2013. 个旧锡矿铟富集成矿特征初析[J]. 矿物学报，33(S2)：163.

李玉帮，陶琰，廖名扬，等. 2014. 个旧锡矿铟赋存形式及硫化物稀土元素组成特征[J]. 矿床地质，33(S1)：1177-1178.

李再会，林仕良，丛峰，等 2012. 滇西腾冲-梁河地块石英闪长岩-二长花岗岩锆石 U-Pb 年龄、Hf 同位素特征及其地质意义[J]. 地质学报，86(07)：1047-1062.

李再会，唐发伟，林仕良，等. 2014. 滇西含绿柱石伟晶岩锆石 U-Pb 年代学及其地质意义[J]. 吉林大学学报(地球科学版)，44(02)：554-565.

李泽琴，胡瑞忠，王奖臻，等. 2002. 中国首例铁氧化物铜金铀稀土型矿床的厘定及其成矿演化[J]. 矿物岩石地球化学通报，21(4)：258-260.

李兆麟，李文杨，荣勇，等. 1998. 哀牢山变质带丫口宝石伟晶岩形成物理化学条件和成因研究[J]. 矿床地质，17(S1)：453-456.
李志群. 1996. 中元古界昆阳群因民组铁铜矿的成矿地球化学研究[J]. 矿产与地质，10(2)：100-107.
梁乃英. 2000. 云南温泉大观[M]. 昆明：云南人民出版社.
林清茶，夏斌，张玉泉. 2005. 云南勐平-大平碱性花岗岩成因及其成矿[J]. 矿物岩石地球化学通报，24(增刊)：231
刘长龄. 1987. 中国铝土矿的成因类型[J]. 中国科学B辑，5：535-544.
刘长龄，王双彬，杨启超. 1989. 云南广南县板茂矿区堆积型铝土矿的发现及其意义[J]. 地质找矿论丛，4(1)，22-28.
刘殿蕊. 2019. 云南宣威地区峨眉山玄武岩风化壳中发现铌、稀土矿. 中国地质(网络首发). http://kns.cnki.net/kcms/detail/11.1167.P.20191230.1542.007.html.
刘峰. 2005. 云南会泽大型铅锌矿床成矿机制及锗的赋存状态[D]. 中国地质科学院硕士学位论文. 1-72.
刘汉和. 2007a. 云南砚山红舍克原生及堆积型铝土矿[J]. 云南地质，26(1)，32-40.
刘汉和. 2007b. 云南砚山红舍克铝土矿成矿地质特征和找矿前景研究[J]. 矿产与地质，21(1)，47-51.
柳贺昌，林文达. 1999. 滇东北铅锌银矿床规律研究[R]. 昆明：云南大学出版社.
刘洪滔，黄荣祥，莫向云，等. 2012. 滇西北地球化学特征及金铜铅锌银成矿[M]. 昆明：云南科技出版社.
刘红英，张玉泉，夏斌. 2004. 滇西两个碱性岩体Rb、Sr同位素资料的再认识[J]. 云南地质，23(1)：52-59.
刘继顺，张洪培，方维萱，等. 2005. 云南蒙自白牛厂银多金属矿床若干地质问题探讨[J]. 中国工程科学，7(增刊)：238-251.
刘家军，李志明，张乾，等. 2003. 滇西金满脉状铜矿床的$^{40}Ar-^{39}Ar$快中子活化年龄[J]. 地质科学，38(4)：529-531.
刘加强，王训练，周洪瑞，等. 2012. 滇东南上二叠统吴家坪阶下部铝土矿地球化学特征及物源分析[J]. 地质与勘探，48(3)：508-517.
刘军平，胡绍斌，李静，等. 2018. 云南易门地区区域地质调查发现富硒土壤[J]. 中国地质调查成果快讯，4(15-16)：60-62.
刘军平，李静，胡绍斌，等. 2019. 云南中部地区前寒武纪地层新认识[J]. 中国地质调查成果快讯，5(7-8)：50-53.
刘孟星. 1992. 个旧霞石矿开发利用方案初探[J]. 云南冶金，2，50-54.
刘明亮，曹耀武，王敏黛，等. 2014. 腾冲热海热泉水化学组分来源及其形成机制探讨[J]. 安全与环境上程，21(6)：1-7.
刘伟，方娜，尹琼，等. 2019. 云南宝山矿区地质构造及古地理对煤中锗的分布影响[J]. 昆明冶金高等专科学校学报，35(4)：10-19.
刘玉平，李正祥，李惠民，等. 2007. 都龙锡锌矿床锡石和锆石U-Pb年代学：滇东南白垩纪大规模花岗岩成岩-成矿事件[J]. 岩石学报，23(5)：967-976.
刘源骏，黎家祥，胡蓉. 1979. 铌钽地质及普查勘探[M]. 北京：地质出版社.
龙学耀. 1989. 西畴县金锑等金属矿产调研报告[R]. 昆明：昆明工学院.
卢家烂，庄汉平，傅家漠，等. 2000. 临沧超大型锗矿床的沉积环境、成岩过程和热液作用与锗的富集[J]. 地球化学，29(1)：36-42.
陆蕾，王登红，王成辉，等. 2019. 云南临沧花岗岩中离子吸附型稀土矿床的成矿规律. 地质学报，93(6)：1466-1478.
陆蕾，王登红，王成辉，等. 2020. 云南离子吸附型稀土矿成矿规律[J]. 地质学报，94(1)：179-191.
罗改，贾小川，杨学俊，等. 2012. 滇西腾冲地区勐连花岗岩体南段LA-ICP-MS锆石U-Pb定年及其构造意义[J]. 地质通报，31(Z1)：287-296.
罗君烈. 1995. 滇中中元古代早期铜铁矿床的成矿类型[J]. 云南地质，14(4)：291-303.
罗艳碧，黄智龙，龙汉生，等. 2013. 滇西老厂大型银铅锌矿床伴生分散元素铟[J]. 矿物学报，33(4)：723-724.
罗云平，龚洪波，田犁平，等. 2016. 澜沧县富东花岗岩风化壳稀土矿特征[J]. 云南地质，35(02)：235-238.
吕伯西，段建中，高子英，等. 1989. 金平县勐平-大平糜棱岩化碱性花岗岩岩石学特征[J]. 云南地质，8(3、4)：239-248.
毛景文，余金杰，袁顺达，等. 2008. 铁氧化物-铜-金(IOCG)型矿床：基本特征、研究现状与找矿勘查[J]. 矿床地质，27(3)：267-278.
毛琼，邹光富，林仕良，等. 2016. 滇西梁河勐养花岗闪长岩LA-ICP-MS锆石U-Pb年龄、地球化学特征及其构造意义[J]. 地质通报，35(07)：1196-1206.
马楠，邓军，王庆飞，等. 2013. 云南腾冲大松坡锡矿成矿年代学研究：锆石LA-ICP-MS U-Pb年龄和锡石LA-MC-ICP-MS U-Pb年龄证据[J]. 岩石学报，29(4)：1223-1235.
马远. 1992. 云南锑矿概况及成矿控制条件[J]. 西南矿产地质，4：18-26.
马宗晋，张家声，汪一鹏. 1998. 青藏高原三维变形运动学的时段划分和新构造运动分区[J]. 地质学报，72(03)：211-227.
明添学，朱多录，侯蜀光，等. 2013. 云南云南卓潘碱性杂岩体稀土元素特征及找矿远景分析[J]. 矿产勘查，4(6)：609-615.
彭建堂，毕献武，胡瑞忠，等. 2005. 滇西马厂箐斑岩铜(钼)矿床成岩成矿时限的厘定[J]. 矿物学报，25(1)：69-74.
彭头平，王岳军，范蔚茗，等. 2006. 澜沧江南段早中生代酸性火成岩SHRIMP锆石U-Pb定年及构造意义[J]. 中国科学(D辑：地球科学)，36(2)：123-132.
戚华文，胡瑞忠，苏文超，等. 2002. 临沧超大型锗矿床热水沉积成因的厘定[J]. 矿床地质，21(增刊)：824-826.
秦德先. 1990. 龙陵东部花岗岩及其成矿作用[J]. 矿产与地质，4(2)：25-34，45.
覃玉玺，潘用泛. 1982. 云南省温泉区划与地震空间关系的初步探讨[J]. 地震研究，5(2)：199-211.
冉明佳，钟康惠，李凡友，等. 2011. 云南香格里拉麻花坪钨铍矿聚矿构造及成矿时代分析[J]. 四川有色金属，(2)：21-27.

冉明佳，钟康惠，杨建功，等. 2015. 云南香格里拉麻花坪钨铍矿床地球化学特征及其成矿意义[J]. 四川有色金属，(2)：42-45.
沈敢富. 2002. 百花脑花岗岩风化壳：潜在超大型的铷、铯、钇、钪、石英和钠长石矿床[J]. 矿物岩石地球化学通报，21(3)：182-184.
史清琴. 1988. 云南锑矿区域成矿地质条件及控矿因素[J]. 云南地质，7(2)：145-158.
仕竹焕，董家龙，杨松. 2007. 云南砚山红舍克铝土矿床地质特征、找矿标志及资源潜力分析[J]. 矿产与地质，21(3)，278-283.
帅德权. 1988. 墨江金厂金矿的金属矿物生物组构及其成矿意义[J]. 云南地质，7(3)：203-212.
司荣军. 2005. 云南省富乐分散元素多金属矿床地球化学研究[D]. 中国科学院研究生院(地球化学研究所).
单婷婷，等. 2019. 昆明西山偏硅酸矿泉水特征及形成机理[J]. 昆明理工大学学报(自然科学版)，(2)：39-47.
孙柏东，刘军平，李静，等. 2019. 云南中部地区发现古风化壳型高锂铝土矿体[J]. 中国地质调查成果快讯，5(7-8)：16-19.
孙鸿烈. 2000. 中国资源科学百科全书[M]. 北京：石油大学出版社.
孙建平. 2012. 云南省广南县木利锑矿成矿地质规律综述[J]. 城市建设理论研究(电子版)，14：103-106.
孙晓明，王生伟，石贵勇，等. 2007. 云南白马寨铜镍硫化物矿铂族元素地球化学和 Re-Os 定年[J]；岩石学报(增刊)，300-302.
谭雪春，曾群望，苏文宁. 1985. 滇西东部斑岩与斑岩铜矿[R]. 昆明：云南省地质科学研究所.
唐建云. 2009. 云南贡山丹珠铌钽多金属矿床地质及找矿潜力[J]. 云南地质，28(2)：268-274.
陶琰，邓贤泽，熊风. 2015. 云南龙陵黄龙沟伟晶岩锆石 U-Pb 年龄[J]. 矿物学报，35(S1)：344-345.
陶永林，胡兴涛，和敬华. 2019. 云南个旧贾沙稀土矿成矿地质条件浅析[J]. 世界有色金属，(07)：294-296.
佟子达. 2018. 滇西巍山笔架山锑矿田成矿作用研究[D]. 北京：中国地质大学(北京).
佟子达，张静，李腾建. 2016. 滇西笔架山锑矿床地质特征与流体包裹体研究[J]. 岩石学报，32(8)：2379-2391.
王登红，屈文俊，李志伟，等. 2004. 金沙江-红河成矿带斑岩铜铂矿的成矿集中期 Re-Os 同位素定年[J]. 中国科学(D 辑)，34(4)：345-349.
王登红，陈毓川，徐珏，等. 2005a. 中国新生代成矿作用(上)[M]. 北京：地质出版社.
王登红，陈毓川，徐珏，等. 2005b. 中国新生代成矿作用(下)[M]. 北京：地质出版社.
王登红，骆耀南，屈文俊，等. 2007. 中国西南铂族元素矿床地质、地球化学与找矿[M]. 北京：地质出版社.
王登红，李华芹，屈文俊，等. 2014. 全国成岩成矿年代谱系[M]. 北京：地质出版社.
王登红，李沛刚，屈文俊，等. 2013. 贵州大竹园铝土矿中钨和锂的发现与综合评价[J]. 中国科学：地球科学，43：44-51.
王舫，刘福来，刘平华，等. 2014. 澜沧江南段临沧花岗岩的锆石 U-Pb 年龄及构造意义[J]. 岩石学报，30(10)：3034-3050.
王宏坤，杜海斌，漆颖超，等. 2019. 滇西离子吸附型稀土矿床研究[J]. 世界有色金属，(1)：226+228.
汪缉安，徐青，张文仁. 1990. 云南大地热流及地热地质问题[J]. 地震地质，12(4)：367-377.
王林江. 1994. 云南木利锑矿床的成因[J]. 桂林冶金地质学院学报，14(4)：350-354.
王乾，顾雪祥，付绍洪，等. 2008. 云南会泽铅锌矿床分散元素镉锗镓的富集规律[J]. 沉积与特提斯地质，28(4)：69-73.
王瑞江，王登红，李健康，等. 2015. 稀有稀土分散矿产资源及其开发利用[M]. 北京：地质出版社.
王涛，赵晓东，李军敏，等. 2014 重庆银矿娅口铝土矿锂的分布特征[J]. 地质找矿论丛，29：541-545.
王新松，毕献武，冷成彪，等. 2011. 滇西北中甸红山 Cu 多金属矿床花岗斑岩锆石 LA-ICP-MS U-Pb 定年及其地质意义[J]. 矿物学报，31(3)：315-321.
王行军，王根厚，周洁，等. 2013. 滇东南文山市天生桥-者吾舍铝土矿床地球化学特征研究[J]. 矿物学报，33(4)：485-496.
王行军，王根厚，周洁，等. 2015a. 滇东南铝土矿床共生矿产及伴生矿产研究[J]. 地质找矿论丛，30(2)：167-173.
王行军，王根厚，周洁，等. 2015b. 滇东南丘北县大铁铝土矿床微量元素特征与成矿环境[J]. 地质找矿论丛，30(3)：313-320.
王学武，刘凤祥，李新仁，等. 2018. 云南建水风化壳离子吸附型铌稀土矿床特征与勘查方法[M]. 昆明：云南科技出版社.
王勇. 2002. 云南巍山-永平铜金多金属矿化集中区成矿流体特征及流体地质填图研究[D]. 北京：中国地质大学(北京).
王宇. 1999. 云南省岩溶开发利用条件分析评价[J]. 水利学报，(1)：49-51.
王宇，李燕，谭继中，等. 2003. 断陷盆地岩溶水赋存规律[M]. 昆明：云南科技出版社.
王宇. 2009. 地质科普-昆明地热田[R]. 昆明：云南省地质调查局.
王宇. 2009. 西南地区岩溶水源地类型及开发技术条件[J]. 中国岩溶，28(4)：370-374.
王宇，彭淑惠等. 2013. 云南省抗旱井论证方法[J]. 中国岩溶，32(3)：306-312.
王正江，郭婷婷，俞赛赢，等. 2016. 云南会泽大黑山铝土矿地球化学特征及其物源分析[J]. 沉积与特提斯地质，36(1)：23-29.
汪志芬. 1983. 关于个旧锡矿成矿作用的几个问题，地质学报，57(2)：154-163.
温汉捷，罗重光，杜胜江，等. 2020. 碳酸盐粘土型锂资源的发现及意义[J]. 科学通报，65(1)：53-59.
温利刚. 2018. 滇中地区前寒武纪铁-铜-稀土矿床稀有稀土元素赋存状态研究[D]. 北京：中国地质大学(北京).
巫嘉德. 2014. 滇西特提斯造山带腾冲地体邦棍尖山和坡仑山花岗岩成因[D]. 北京：中国科学技术大学.
吴春娇，张莉，王根厚，等. 2014. 滇西北鹤庆松桂铝土矿地球化学特征[J]. 地质与资源，23(4)：383-388.
吴健民，黄永平. 1998. 稀矿山式铁铜矿床与奥林匹克坝式铜多金属矿床的对比研究[J]. 矿产与地质，12(2)：79-85.
吴乾蕃，祖金华，谢毅真，等. 1988. 12. 云南地区地热基本特征[J]. 地震地质. 10(4)：177-182.
伍勤生，许俊珍，杨志. 1984. 个旧含锡花岗岩的 Sr 同位素特征及找矿标志的研究[J]. 地球化学，(4)：293-302.

伍勤生，刘青莲. 1986. 个旧含锡花岗岩浆杂岩体的成因演化及成矿[J]. 桂林冶金地质学院学报，(03)：229-238.
夏斌，林清茶，张玉泉. 2006. 云南勐平-大平糜棱岩化碱性花岗岩岩石地球化学特征及成因讨论[J]. 地质学报，80(2)：287-293
肖昌浩，李龚健，刘欢，等. 2016. 云南巍山笔架山锑矿床辉锑矿稀土微量元素特征及其矿床成因意义[J]. 地质力学学报，22(2)：310-324.
肖景霞，钟立志. 1988. 个旧老厂锡铍多金属细脉带矿床地质特征及成矿富集规律[J]；云南地质，7(3)：272-282.
谢桂青，胡瑞忠，方维萱，等. 2002. 云南墨江金矿热水喷流沉积成岩成矿的地质地球化学证据[J]. 沉积学报，20(3)：387-393.
谢韬，林仕良，丛峰，等. 2010. 滇西梁河地区钾长花岗岩锆石 LA-ICP-MS U-Pb 定年及其地质意义[J]. 大地构造与成矿学，34(3)：419-428.
谢应雯，张玉泉，胡国相. 1984. 哀牢山-金沙江富碱侵入带地球化学与成矿专属性初步研究[J]. 昆明工学院学报，(04)：1-17.
邢永辉，李学仁. 2014. 云南龙陵县黄连沟钽铌铍矿床地质特征[J]. 云南地质，33(4)：544-549.
邢永辉，马云良，祝向平. 2019. 云南新营盘地区新发现离子吸附型稀土矿[J]. 中国地质调查成果快讯，5(7-8)：7-10
熊风，陶淡，邓贤泽. 2015. 云南麻花坪钨被矿流体包裹体特征及矿床成因分析[J]. 矿物学报. 增刊，353-354
徐青，汪缉安，汪缉旸，等. 1992. 云南大地热流及大地构造意义[J]. 大地构造与成矿学，16(3)：285-299.
徐兴旺，蔡新平，屈文俊，等. 2006. 滇西北红山晚白垩世花岗斑岩型 Cu-Mo 成矿系统及其大地构造学意义[J]. 地质学报，80(9)：1422-1433.
薛步高. 1995. 石屏龙潭含多金属钨矿床地质特征[J]. 云南地质，14(1)：48-57.
薛步高. 1999. 个旧霞石正长岩地质特征及其开发途径探讨[J]. 非金属矿，22(1)：42-43，41.
薛步高. 2003. 从“译文”想到龙潭多金属钨矿的重新评价[J]. 矿产与地质，17(2)：145-149.
薛步高. 2004. 滇东北伴(共)生锗矿地质特征及成因探讨[J]. 化工矿产地质，(04)：210-219+227.
薛传东，李峰，谈树成，等. 2001. 昆明地下热水资源开发利用的对策研究[J]. 地质灾害与环境保护，12(4)：25-28.
薛传东. 2002. 个旧超大型锡铜多金属矿床时空结构模型[D]. 昆明：昆明理工大学.
薛春纪，陈毓川，杨建民，等. 2002a. 金顶铅锌矿床地质地球化学[J]. 矿床地质，21(3)：270-277.
薛春纪，陈毓川，杨建民，等. 2002b. 滇西北兰坪铅锌铜银矿田含烃富 CO_2 成矿流体及其地质意义[J]. 地质学报，76(2)：244-253.
薛春纪，陈毓川，王登红，等. 2003. 滇西北金顶和白秧坪矿床：地质和 He、Ne、Xe 同位素组成和成矿时代[J]. 中国科学 D 辑，33(4)：315-322.
薛春纪，陈毓川，曾荣，等. 2007. 西南三江兰坪盆地大规模成矿的流体动力学过程—流体包裹体和盆地流体模拟证据. [J]地学前缘，14(5)：147-157.
杨功，李开毕，谢岿锐，等. 2016. 云南省地球化学地质应用研究[M]. 北京：地质出版社.
杨国桢，范朝俊. 1989. 巍山-漾濞锑汞砷金多金属矿带包裹体研究[J]. 云南地质，8(1)：58-64.
杨嘉文，李有本，余莉雯. 1991. 扎村金矿床地质特征[J]. 云南地质，10(1)：71-104.
杨荆舟. 1992. 云南地质科技史略[J]. 云南地质，11(4)：369-384.
杨军臣，王凤玲，李德胜，等. 2004. 铝土矿中伴生稀有稀土元素赋存状态及走向查定[J]. 矿冶，13：89-92.
杨平，马亚雄，张道红，等. 2013. 云南宣威-罗平稀土(铁、钛)多金属矿成矿机理及找矿前景[J]. 地球学报，34(增刊)：207-213.
杨时蕙. 1982. 从磁铁矿内部结构云南迤纳厂铁矿床的成因[J]. 中国地质科学院成都地质科学研究所所刊，(3)：137-147.
杨世坤，李宏坤，罗显辉，等. 2013. 禄丰-武定铁铜多金属矿成矿机理及成矿模式[J]. 地球学报，34(增刊)1：56-64.
杨世瑜. 1990. 滇东南锡矿带矿产类型及其组合特征[J]. 矿床地质，9(1)：35-48.
杨涛，杨忠，罗爱国，等. 2018. 浅析文山都龙多金属矿床富铟矿体分布特征及控矿因素[J]. 低碳世界，(07)：60-61.
杨艳华，和怀忠，任世川. 2003. 昆明盆地地热资源及开发[J]. 云南地质，23(1)，30-37.
杨耀民. 2003. 中元古代昆阳群 Fe-Cu-REE 矿床地球化学研究——以武定迤纳厂矿床为例[D]. 北京：中科院地球化学研究生博士学位论文.
杨耀民，涂光炽，胡瑞忠. 2004. 迤纳厂稀土铁铜矿床稀土元素地球化学[J]. 矿物学报，24(3)：301-308.
杨耀民，涂光炽，胡瑞忠，等. 2005. 武定迤纳厂 Fe-Cu-REE 矿床 Sm-Nd 同位素年代学及其地质意义[J]. 科学通报，50(12)：1253-1258.
杨宗喜，毛景文，陈懋弘，等. 2008. 云南个旧卡房接触交代型铜(锡)矿 Re-Os 年龄及其地质意义[J]. 矿床地质，24(8)：1937-1944.
杨宗喜，毛景文，陈懋弘，等. 2009. 云南个旧老厂细脉带型锡矿白云母 ^{40}Ar-^{39}Ar 年龄及其地质意义[J]. 矿床地质，28(3)：336-344.
姚六三，李庆云，马文华. 1983. 云南地热地质特征[J]. 云南地质，2(1)：48-56.
叶霖，潘自平，程曾涛. 2007. 贵州铝土矿中伴生元素综合利用前景[J]. 矿物学报，27：388-391.
叶现韬，朱维光，钟宏，等. 2013. 云南武定迤纳厂 Fe-Cu-REE 矿床的锆石 U-Pb 和黄铜矿 Re-Os 年代学、稀土元素地球化学及其地质意义[J]. 岩石学报，29(4)：1167-1186.
尹琼. 2017. 云南贡山普拉底白云母矿床流体包裹体及矿床成因研究[J]. 有色金属(矿山部分)，69(2)：27-32+60.
喻国东，高艳东，高扬，等. 2016. 滇中地区找矿新进展及前景浅析[J]. 西部探矿工程，(12)：87-92.
俞国芬，薛步高，俞开基. 2009. 云南锑(金)成矿带划分及有关成矿问题讨论[J]. 云南地质，28(1)：8-15.
俞开基. 1990. 云南锑矿地质特征与勘查经验[J]. 云南地质，9(2)：83-94.

于澂. 1991. 云南个旧霞石正长岩的开发利用[J]. 硅酸岩通报, (3): 31-38.
袁万春, 李院生, 张国平, 等. 1997. 滇黔桂地区汞锑金砷等低温矿床组合碳、氢、氧、硫同位素地球化学[J]. 矿物学报, 17(4): 422-426.
曾凯, 李朗田, 祝向平, 等. 2019. 滇西勐往-曼卖地区离子吸附型稀土矿成矿规律与找矿潜力[J]. 地质与勘探, 55(01): 19-29.
曾普胜, 侯增谦, 高永峰, 等. 2006. 印度-亚洲碰撞带东段喜马拉雅期铜-钼-金矿床 Re-Os 年龄及成矿作用[J]. 地质论评, 52(1): 72-84.
曾繁瑞. 1988. 磷矿中的稀土回收探讨[J]. 云南化工,(2):59-61.
张宝贵, 王三学, 张忠, 等. 1996. 南华砷铊矿床中一种铁的硫砷化合物矿物新发现[J]. 矿物岩石地球化学通报, 15(02): 100, 105.
张宝贵, 王三学, 张忠, 等. 1998. 南华砷铊矿床铊黄铁矿的发现和研究[J]. 矿物学报, 18(02): 174-178.
张保涛, 胡兆国, 祝向平. 2019. 云南临沧地区发现中型离子吸附型稀土矿床[J]. 中国地质调查成果快讯, 5(7-8): 11-15.
张彬, 马国桃, 高儒东, 等. 2018. 滇西腾冲-梁河地区土官寨离子吸附型稀土矿床形成条件及找矿预测[J]. 地球科学, 43(8): 2628-2637.
张彬, 祝向平, 潘泽伟, 等. 2019a. 云南腾冲-陇川地区新发现一批中-大型离子吸附型稀土矿[J]. 中国地质调查成果快讯, 5(7-8): 1-6.
张彬, 祝向平, 张斌辉, 等. 2019b. 云南腾冲土官寨离子吸附型稀土矿床地球化学特征[J]. 中国稀土学报, 37(4): 491-506.
张成江, 刘家铎, 刘显凡, 2004. 峨眉火成岩省成矿效应初探. [J]. 矿物岩石, 22(1): 5-9.
张洪培, 刘继顺, 李晓波, 等. 2006. 滇东南花岗岩与锡、银、铜、铅、锌多金属矿床的成因关系[J]. 地质找矿论丛, 21(2): 87-90.
张欢, 高振敏, 马德云, 等. 2005. 个旧超大型锡多金属矿床成矿物质来源的铅和硫同位素示踪[J]. 地质与勘探, 41(2): 17-20.
张茂超. 2013. 云南朱布铂钯矿成矿作用[D]. 兰州大学硕士学位论文.
张民, 李杨, 何显川, 等. 2018. 滇西临沧花岗岩中段离子吸附型稀土成矿特征研究[J]. 沉积于特提斯, 38(4): 37-47.
张启明, 秦建华, 廖震文, 等. 2015. 滇东南晚二叠世铝土矿地球化学特征及物源分析[J]. 现代地质. 29(1): 32-44.
张乾, 刘志浩, 战新志, 等. 2003. 分散元素铟富集的矿床类型和矿物专属性[J]. 矿床地质, 22(03): 309-316.
张淑苓, 王淑英, 尹金双, 1987, 云南临沧地区邦卖盆地含铀煤中锗矿的研究[J]. 铀矿地质, 3(5): 267-275.
张婷婷, 双宝, 陈智敏, 2009, 云南个旧锡铜多金属矿集区稀土元素分布特征[J]. 地球科学与环境学报, 31(2): 148-152.
张万年. 1981. 滇西汞矿化分布及成矿特征[J]. 中国地质科学院 1981 年年报: 90-91.
张万年. 1993. 对滇西汞矿某些成矿特征及矿床类型的初步认识[J]. 四川地质学报, 13(2): 27-29.
张万益, 姚晓峰, 冯艳芳, 等. 2014. 全国矿产资源重大勘查成果集成. 2011~2013 年[M]. 北京: 地质出版社.
张文源. 1993. 滇西石缸河石英脉型锡矿床的成矿地质特征[J]. 有色金属矿产与勘查, 2(6): 327-334.
张兴茂. 1998. 云南南华砷铂矿床的矿床和环境地球化学[J]. 矿物岩石地球化学通报, 7(1): 44-45.
张玉泉, 夏斌, 梁华英, 等. 2004. 云南大平糜棱岩化碱性花岗岩的锆石特征及其地质意义[J]. 高校地质学报, 10(3): 378-384.
张忠, 张兴茂, 张宝贵, 等. 1996. 南华砷铊矿床雄黄标型特征[J]. 矿物学报, 16(03): 315-320.
张忠, 张兴茂, 张宝贵. 1998. 南华砷铊矿床元素地球化学和成矿模式[J]. 地球化学, 27(3): 269-275.
张忠, 张兴茂, 张宝贵. 1999. 南华砷铊矿床碱金属碱土金属和稀土元素地球化学[J]. 矿物学报, 19(1): 112-119.
张准, 龙汉生, 罗泰义, 等. 2011. 滇西澜沧老厂大型银铅锌多金属矿床伴生分散元素碲[J]. 矿物学报, 31(3): 621-622.
赵大贤. 1989. 云南西盟小马撒喜山的岩石学特征及岩石成因[J]. 岩石学报, (3): 25-36.
赵发, 赵喷. 2010. 云南龙陵勐糯铅锌矿床中镉元素赋存状况[J]. 云南地质, 29(1): 49-52.
赵越, 温汉捷, 罗重光, 等. 2019. 滇黔地区碳酸盐岩粘土型锂矿的地球化学特征与指示意义[J]. 第九届全国成矿理论与找矿方法学术讨论会论文摘要集[J]. 中国矿物岩石地球化学学会矿床地球化学专业委员会、中国地质学会矿床地质专业委员会、中国科学院地球化学研究所矿床地球化学国家重点实验室, 203.
郑庆鳌, 杨涤生. 1997. 云南个旧锡多金属矿成矿演化与成矿模式[J]. 岩土工程界, 6(2): 82-87.
仲麒维. 2012. 贵州二叠系"大厂式"锑矿控矿规律与成矿模式[J]. 矿产勘查, 3(6): 761-766.
周国华, 刘景芬. 1993. 云南武定迤纳厂铁铜矿喷流沉积雏议[J]. 西南矿产地质, (2): 4-7.
周新平, 戚华文, 胡瑞忠, 等. 2015. 滇西腾冲新岐花岗岩年代学、地球化学及其构造意义[J]. 矿物岩石地球化学通报, 34(1): 139-148.
邹光富, 林仕良, 李再会, 等. 2011. 滇西梁河龙塘花岗岩体 LA-ICP-MS 锆石 U-Pb 年代学及其构造意义[J]. 大地构造与成矿学, 35(03): 439-451.
邹光富, 毛英, 林仕良, 等. 2014. 滇西芒市地区石板村黑云母二长花岗岩的年代学、地球化学特征及地质意义[J]. 地质论评, 60(06): 1425-1436.
邹艳梅, 王少龙, 张玉林. 2006. 云南省锗资源现状及开发利用对策研究[J]. 材料导报, 20(11): 87-91.
朱笑青, 张乾, 何玉良, 等. 2006. 富铟及贫铟矿床成矿流体中铟与锡铅锌的关系研究[J]. 地球化学, 35(1): 6-12.
朱智华. 2010. 云南牟定二台坡岩体中钪的发现及其意义[J]. 云南地质, 29(3): 235-244.
庄汉平, 卢家烂, 傅家谟, 等. 1998. 临沧超大型锗矿床锗赋存状态研究[J]. 中国科学(D 辑: 地球科学), (S2): 37-42.

肖黎煜，杨萍. 2007. 民国时期昆明自来水史话[J]云南档案，04(1)：16-17.
庄永秋，王任重，杨树培，等. 1996. 云南个旧锡铜多金属矿床[M]. 北京：地震出版社.
Chen F K, Li X H, Wang X L, et al. 2007. Zircon age and Nd-Hf isotopic composition of the Yunnan Tethyan belt, southwestern China[J]. Int J Eaeth Sci, 96: 1179-1194.
Wang C Y, Zhou M F. 2006. Genesis of the Permian Baimazhai magmatic Ni-Cu-(PGE) sulfide deposit, Yunnan, SW China[J]. Mineralium Deposita, 41: 771-783.
Zhou M F, Yang Z X, Song X Y, et al. 2002. Magmatic Ni-Cu-(PGE) sulfide deposits in China[A]. Cabri L J. The geology, geochemistry, mineralogy, mineral beneficia-tion of the platinum-group elements[C]. Canadian Institute of Mineralogy Metallurgy Petroleum Special Volume, 54: 619-636.

附表 1　云南省锑矿产地一览表

编号	矿产地名称	矿床类型	成矿时代	矿种规模	主矿种品位/%	共伴生矿产品位/%	勘查程度	利用现状	地质矿产简况	资料来源
					曲靖市					
1	师宗县南崖锑矿	浅成中-低温热液型	晚侏罗世—早白垩世	矿点			预查		含矿围岩为中三叠统板纳组、兰木组混岩、泥灰岩，矿化于张性断裂的次级裂隙中。矿石矿物以辉锑矿为主，微量黄铁矿、黄铜矿。于废矿堆中采拣块化学样：Sb 含量 6.62%、Au 含量 0.01~0.85 g/t	云南省地质矿产局，1993
2	师宗县蚌别锑矿	浅成中-低温热液型	晚侏罗世—早白垩世	矿点			预查		锑矿化于破碎带上盘的中三叠统碎裂白云质泥岩、粉砂岩、硅质白云岩中。矿石矿物为辉锑矿，偶见镜铁矿。于老硐壁上取两个化学样分析，含锑 0.57%~0.79%、砷 0.07%~1.03%	云南省地质矿产局，1993
3	师宗县高良锑矿	浅成中-低温热液型	晚侏罗世—早白垩世	矿点			预查		锑矿赋存于北西向的小断裂破碎带中，辉锑矿呈星点状、放射状和板状集合体不均匀分布，矿化厚度为 30~35 cm，Sb 含量为 2.18%~18.24%	云南省地质矿产局，1993
4	师宗县龙脑锑矿	浅成中-低温热液型	晚侏罗世—早白垩世	矿点			预查		矿化岩石为中三叠统兰木组第一段泥质灰岩、泥岩。辉锑矿主要和石英组成不规则的脉体、团块充填于破（碎）裂岩块间、节理、裂隙及接触面，部分呈较小的团斑或星点状浸染状，Sb 含量为 0.76%	云南省地质矿产局，1993
5	富源县大核桃冲锑矿	浅成中-低温热液型	晚侏罗世—早白垩世	矿点			预查		锑矿产于上二叠统玄武岩底部。在矿渣中拣块样光谱分析：Sb>10%、As 0.1%、Ga<0.0001%、Zn 0.015%，Pb 0.006%。矿石矿物有辉锑矿、黄锑矿	云南省地质矿产局，1993
6	富源县老厂锑萤石矿	浅成中-低温热液型	晚侏罗世—早白垩世	中型	2.24	CaF_2 49.52	普查	未利用	锑矿体主要产于上二叠统龙潭组下段（P_3l^1）上部硅化灰岩中，沿老厂背斜轴分布。主矿体呈透镜状-似层状产出，走向长 25~650 m，倾向矿体幅宽 40~300 m，倾向延深 70~100 m；一般厚度 2~3 m，最厚达 8.4 m，Sb 品位 1.58%~2.8%	云南省地质局富源地质队，1958
					保山市					
7	施甸县顾板寨锑矿	浅成中-低温热液型	晚侏罗世—早白垩世	矿点			预查	未利用	矿化于中泥盆统灰岩中，为含锑白云石方解石脉，辉锑矿呈浸染分布于脉中，目估 Sb 含量为 10%	云南省地质矿产局，1993
					普洱市					
8	景东县南岸锑矿	浅成中低温热液型	古近纪	小型	4.83		普查	已利用	锑矿体产于中侏罗统花开左组灰色石英砂岩顶部的层间滑动破碎带中，呈层状、似层状产出，走向近南北，倾向西，倾角 20°~45°，控制长度约 300 m，最大斜深 118 m；矿体厚度 1.31~4.22 m，平均 2.48 m；锑矿化不均匀，辉锑矿脉呈细脉状、网脉状和小透镜状，Sb 品位 1.80%~14.10%，平均 4.71%	云南地质科学研究所，2007

续表

编号	矿产地名称	矿床类型	成矿时代	矿种规模	主矿种品位/%	共伴生矿产品位/%	勘查程度	利用现状	地质矿产简况	资料来源
9	孟连县曼信锑矿	浅成中-低温热液型	晚侏罗世—早白垩世	矿点			预查	未利用	锑矿化体产于下石炭统平掌组硅质岩破碎角砾岩中，长 200 m，宽 10 m，光谱分析 Sb 含量 40%	云南省地质矿产局第五地质大队，1990
10	西盟县小新寨锰多金属矿	浅成中-低温热液型	晚侏罗世—早白垩世	小型	4.63	Mn 26.72 TFe 29.95	普查	已利用	V_1 锰矿体、V_2 磁铁矿体及 V_3 锑矿体均赋存于王雅岩组第二段（Pt_3w^2）石英片岩中，V_3 锑矿体产于近南北向的次级层间构造破碎带中，呈透镜状、细脉状产出。矿体走向长 240 m，斜深 40 m；总体走向 20°，倾向 110°，倾角 68°。矿体厚度 1.83～2.69 m，平均 2.21 m；Sb 品位 2.85%～6.99%，平均 4.45%	云南省地质矿产勘查开发局第一地质大队，2010a
临沧市										
11	临翔区遮奈锑矿	浅成中-低温热液型	古近纪	中型	4.03		普查	已利用	锑矿体产于印支期花岗岩体内的构造破碎带中，控制长度约 300 m，延深大于 150 m，矿脉一般厚 1.09～2.00 m，最大 8.89 m。矿脉倾角在 45°～85°之间。矿体主要受北东向断裂控制，沿北东、北西、南西向三组构造裂隙追踪充填，矿体形态简单，主要呈脉状，局部有分支；Sb 品位 0.68%～19.54%，平均 4.31%	云南省核工业二〇九地质大队，2010b
12	临翔区大田河锑矿	浅成中-低温热液型	古近纪	中型	3.47		普查	已利用	锑矿化带赋存于北西向断裂下盘的碎裂花岗岩中，矿体呈透镜状、大脉状、扁豆状产出，倾向 240°～260°，倾角 30°～45°。矿体控制长 250～450 m，平均厚度 1.30～1.66 m，Sb 品位 1.25%～1.89%，平均 1.25%～1.26%	云南省核工业二〇九地质大队，2010a
13	永德县崇岗锑矿	浅成中-低温热液型	晚侏罗世—早白垩世	小型	4.94		普查	未利用	锑矿体产于红二叠统草坝山头组灰岩、白云岩断裂破碎带中，呈脉状产出，主矿体控制长 615m，最大倾斜延深 61 m；总体走向 106°，倾向北东，倾角 68°～88°（平均 79.5°）。矿体厚度 1.08～2.41 m，平均 1.58 m；Sb 品位 1.91%～9.15%，平均 4.23%	云南省核工业地质调查院，2010a
14	镇康县小荒田锑矿	浅成中-低温热液型	晚侏罗世—早白垩世	小型	16.99		普查	未利用	矿体产于下二叠统丁家寨组下段黑色含碳页岩中，受近东西向的张性断裂破碎带控制。矿体产状与断面产状近乎一致，控制长 163～226 m，厚度 0.96～1.71 m，Sb 品位 17.17%～17.37%	云南省核工业地质调查院，2010b
15	双江县南美河锑矿	浅成中-低温热液型	古近纪	中型	4.73		普查	已利用	矿体产于印支期混合岩化花岗岩及古元古界大勐龙岩群花岗片麻岩中，为受断裂破碎带控制的陡倾斜脉状矿体。主矿体长 930 m，最大延深 135 m，呈脉状产出；总体走向 279°，倾向一般 5°～15°，倾角一般 65°～75°。矿体厚度 0.69～2.90 m，平均 1.24 m。Sb 品位 1.31%～9.84%，平均 3.66%	云南省地质矿产勘查开发局第四地质大队，1998

续表

编号	矿产地名称	矿床类型	成矿时代	矿种规模	主矿种品位/%	共伴生矿产品位/%	勘查程度	利用现状	地质矿产简况	资料来源
红河州										
16	蒙自市马次邑锑矿矿	浅成中-低温热液型	晚侏罗世—早白垩世	矿点			预查	未利用	矿体赋存于上二叠统峨眉山玄武岩组玄武岩破碎带中，见二组矿脉。一组产状为倾向10°，倾角80°，与围岩片理方向基本一致，厚度较大，但不连续。另一组为南北向含矿石英脉，倾向100°，倾角81°左右，厚度小，变化大，最大厚度0.6 m，Sb含量0.12%	云南省地质矿产局，1993
17	开远市大庄虎跳崖锑矿	浅成中-低温热液型	晚侏罗世—早白垩世	小型	2.06		普查	已利用	矿体产于近东西向断裂破碎带及峨眉山玄武岩组玄武岩硅化带中，一般厚度1.32~1.63 m，平均1.48 m，Sb品位2.04%~2.05%	云南省地质矿产勘查开发局滇南地质大队，2008
18	开远市余米都锑矿	浅成中-低温热液型	晚侏罗世—早白垩世	小型	2.15		勘探	未利用	锑矿体赋存于余米都向斜北西翼 F_1 断裂破碎带中，呈层状、似层状产出，总体走向呈北东—南西，倾向南东，倾角一般为16°~43°。主矿体走向长540~800 m，倾向延深150~230 m，厚度0.82~0.87 m，Sb品位2.09%~2.52%	云南省砚山县砚华冶炼厂，2012
19	屏边县山后锑矿	浅成中-低温热液型	晚侏罗世—早白垩世	小型	6.20		普查	未利用	矿体赋存于 F_2 层间破碎带的小褶曲中，呈透镜状、角砾状、细脉状、网脉状产出。矿体走向长97 m，沿倾斜方向最大宽度115 m；矿体厚度1.09~8.40 m，平均3.93 m；Sb品位1.93%~10.38%，平均6.45%。一般顶部为块状辉锑矿石，中下部为细脉状、网脉状、粒状浸染状矿石	中国有色金属工业昆明勘察设计研究院，2010
20	建水县马南铅锌矿床伴生锑矿	浅成中-低温热液型	晚侏罗世—早白垩世	小型			勘探	已开发利用	矿体赋存于大理岩层间裂隙中，呈产状平缓的似层状，沿走向断续出露长达3 km左右。大部分呈盲矿体产出，厚度10 m以上，Pb品位6.23%，Zn品位12.12%；另有脉状矿体。矿体形体复杂，变化大，常成倾斜产出。矿石中含银、锑、镉，Ag含量23.57~177.76 g/t、Sb含量0.4%~1.64%、Cd含量0.04%~0.15%，可综合利用	云南省地质局虾硐地质队，1959
21	建水县虾硐铅锌矿床伴生锑矿	浅成中-低温热液型	晚侏罗世—早白垩世	中型	0.64		勘探	已利用	矿体赋存于上二叠统峨眉山玄武岩组与茅口组接触带附近的大理岩破碎带中，主要呈复杂脉状产出，总体走向北西，倾角陡，主矿体长达2510 m，厚度5.24 m；另有扁豆状矿体。矿石多为氧化矿，品位富，Pb含量2.24%~4.76%、Zn含量10.11%~18.72%、Ag含量58.65 g/t、Sb含量0.64%，可综合利用	云南省地质矿产勘查开发局第二地质大队，2011

续表

编号	矿产地名称	矿床类型	成矿时代	矿种规模	主矿种品位/%	共伴生矿产品位/%	勘查程度	利用现状	地质矿产简况	资料来源
文山州										
22	砚山县金竹冲锑矿	浅成中-低温热液型	晚侏罗世—早白垩世	小型	7.12		普查	未利用	锑矿体赋存严格受控于硅化带内，并受背斜鞍部、东西向断裂带和南北向裂隙带等因素的控制。矿体呈不规则的囊状、透镜状或团块状，长十余米至数十米，厚数米，Sb 含量 2.2%~7.92%	云南省地质矿产局第二地质大队，1985
23	西畴县南同锑矿	浅成中-低温热液型	晚侏罗世—早白垩世	矿点			预查	未利用	地质背景与田冲和金竹冲锑矿近似，目前尚未发现原生矿，从含锑的滚石来看，矿石较富，目估 Sb 含量 5%左右	云南省地质矿产局，1993
24	西畴县田冲锑矿	浅成中-低温热液型	晚侏罗世—早白垩世	矿点			预查	未利用	沿东西向地垒带和蚌蛾复背斜轴部发生强度不等的硅化和锑矿化。锑矿体受控在硅化带内，并受背斜鞍部、东西向和南北向裂隙诸因素的控制。矿体呈脉状，规模小，Sb 含量 1%~3%	云南省地质矿产局第二地质大队，1985
25	西畴县小锡板锑矿	浅成中-低温热液型	晚侏罗世—早白垩世	中型	4.00		普查	已开发利用	锑矿体受地层层位控制，赋存于下泥盆统坡松冲组上段第五层石英岩中，沿走向和倾向均为连续和比较规则的层状地质体。主要矿体控制长 100~280 m，宽 40~340 m，厚度 3.56~24.89 m，Sb 品位 1.36%~2.28%。辉锑矿以脉状为主，充填于各种裂隙之中形成锑矿脉，一般长 0.5~1.0 m，宽 0.3~1.0 cm。次有网脉状、囊状、团块状、角砾状、晶簇状，但规模均较小	云南省地质矿产局第二地质大队，1988
26	西畴县香坪山锑多金属矿	浅成中-低温热液型	晚侏罗世—早白垩世	中型	3.35	Pb 1.12 Zn 2.40 Cu 0.79	详查	未利用	锑矿层主要呈似层状赋存于田蓬组下段第二亚段硅质岩中，产状与围岩一致，总体走向北东，倾向南东，倾角 25°~60°。主矿体走向控制长 260~330 m，倾向宽 50~120 m，厚度 1.74~4.70 m；Sb 品位 0.95%~6.35%，垂直方向矿化分布不均匀	文山州大豪矿业开发有限公司，2017
27	马关县观音岩锑矿	浅成中-低温热液型	晚侏罗世—早白垩世	矿点			预查	未利用	矿体产于中寒武统田蓬组层间破碎带中，长 380 m，厚度 1.3~1.6 m，平均 1.45 m，Sb 品位 8.1%	云南省地质矿产局第二地质大队，1989
28	丘北县小鱼锑矿	浅成中-低温热液型	晚侏罗世—早白垩世	矿点			预查	未利用	锑矿赋存于北西向张扭性断裂破碎带中，矿化岩石为中三叠统拖味组下段硅质灰岩夹层。矿石矿物主要为辉锑矿、微量黄铜矿。目测 Sb 含量为 45%	云南省地质矿产局，1993
29	广南县达莲塘锑金矿	浅成中-低温热液型	晚侏罗世—早白垩世	矿点			预查	未利用	锑金矿体产于下泥盆统灰岩断裂破碎带内，主要金属矿物为辉锑矿、辰砂。在破碎石英脉中采样 2 件，Au 含量 0.54 g/t，Ag 含量 3~5 g/t，Sb 含量 0.66%~0.85%，Hg 含量 0.002%~0.0152%	云南省地质矿产局，1993

续表

编号	矿产地名称	矿床类型	成矿时代	矿种规模	主矿种品位/%	共伴生矿产品位/%	勘查程度	利用现状	地质矿产简况	资料来源
30	广南县木利锑矿	浅成中-低温热液型	晚侏罗世—早白垩世	大型	5.20		勘探	已利用	矿体产于木利背斜西北段的鞍部及两翼，其形态严格受背斜构造的形态控制，主要呈似层状、透镜状。主矿体沿背斜轴向延长大于 1397 m，宽 68.5~241 m，垂向延深 167 m，倾向延展 68~309 m。矿体走向 290°~325°，纵向倾伏角为±5°~15°；矿体平均厚度 7.90 m，平均 Sb 品位 5.36%。矿物成分简单，矿石矿物辉锑矿、锑赭石、黄锑华及微量黄铁矿	西南地质勘探公司三〇六队,1986
31	广南县矿山（格夺）锑矿	浅成中-低温热液型	晚侏罗世—早白垩世	矿点			预查	未利用	锑矿主要赋存于两条北西向断裂夹持地带，围岩为下泥盆统泥岩、粉砂岩、石英岩、角砾岩。主要矿物为辉锑矿，次为锑华。10 个拣块样中，Sb 含量最高 10.7%，平均 3.5%	云南省地质矿产局，1993
32	广南县袁家坪锑矿	浅成中-低温热液型	晚侏罗世—早白垩世	矿点			预查	未利用	矿体沿上寒武统与下奥陶统断裂旁之羽状裂隙及石英砂岩裂隙充填。矿石矿物为辉锑矿，伴生黄铁矿，Sb 含量 0.8%~21%	云南省地质矿产局，1993
33	广南县九克锑矿点	浅成中-低温热液型	晚侏罗世—早白垩世	矿点			预查	未利用	锑矿体呈透镜状赋存于下奥陶统顶部和下泥盆统底部的砂、页岩裂隙中，Sb 含量 14.6%	云南省地质矿产局，1993
34	广南县皂角树锑矿	浅成中-低温热液型	晚侏罗世—早白垩世	中型	3.79		普查	未利用	锑矿体严格受背斜控制，呈鞍状或似层状产出，控制长 1200~2100 m，宽 40~220 m，背斜北东翼矿体倾斜延伸 260 m，倾向 354°~26°，倾角 25°~75°；背斜南西翼矿体倾斜延深 170 m，倾向 200°~240°，倾角 13°~40°。矿体厚度 1.08~4.00 m，Sb 品位 3.62%~9.89%	云南地质矿产局第二地质大队，1996
35	广南县田房锑矿	浅成中-低温热液型	晚侏罗世—早白垩世	小型	3.17		普查	已利用	锑矿体赋存于下奥陶统湄潭组与下泥盆统芭蕉箐组坡脚组不整合接触面附近的石英岩中。含矿层呈北西向的带状展布，长度约 3500 m，倾向南西，倾角 15°~45°，铅垂厚度 37~55 m，平均 26.15 m。主矿体控制长度约 500 m，倾斜延深 15~200 m，平均 108 m；铅垂厚度 1.0~4.6 m，平均 2.18 m；Sb 品位 0.75%~6.21%，平均 3.40%	云南黄金矿业集团股份有限公司文山分公司，2010
36	广南县白炮台锑矿	浅成中-低温热液型	晚侏罗世—早白垩世	矿点			预查	未利用	矿体充填于北西向断层下盘下奥陶统湄潭组石英砂岩裂隙层面间，呈脉状、囊状产出，长 30 m，厚度 1.8 m。矿石矿物有辉锑矿、黄铁矿、锑赭石，Sb 含量 3%~7%	云南省地质矿产局，1993
37	富宁县革当锑矿	浅成中-低温热液型	晚侏罗世—早白垩世	矿点			预查	未利用	矿体产于下泥盆统坡脚组页岩中，北西向 F_1 断裂与锑矿化关系密切。沿断裂带充填的细脉状含辉锑矿石英脉，倾向南西。矿体长 200 m，厚度 0.2~1.7 m，埋深 45 m，倾角 35°~45°，采深 20 m，矿体往深部有变厚的趋势。辉锑矿呈条带状、团块状产于脉体顶部或充填于脉体裂隙中。Sb 最高品位 5.94%，平均 3.5%~4.5%	云南省地质矿产局，1993

续表

编号	矿产地名称	矿床类型	成矿时代	矿种规模	主矿种品位/%	共伴生矿产品位/%	勘查程度	利用现状	地质矿产简况	资料来源
38	富宁县里达锑矿	浅成中-低温热液型	晚侏罗世—早白垩世	中型	2.29		详查	已利用	锑矿体受构造控制明显，节理裂隙和碎裂构造发育地段是锑矿的重要赋存部位。矿体形态简单，呈层状、似层状、部分为透镜状产出；矿体长143~255 m，倾向延深37~105 m，铅垂厚度2.49~3.66 m，Sb品位1.17%~2.60%	昆明宏昆矿业咨询有限公司，2009
大理州										
39	大理市恩组场铅锌矿床伴生锑矿	浅成中-低温热液型	古近纪	小型	0.51		普查	未利用	矿体赋存于上三叠统三合洞组灰岩北北西向断层破碎带中；有4个矿体，似层状、脉状，长200~300 m、倾向延深82~210.32 m，平均厚度1.01~3.04 m，倾向240°~245°、倾角48°~65°；以铅锌硫化矿为主，主要金属矿物有方铅矿、闪锌矿、黄铁矿、辉锑矿、铁闪锌矿；Pb含量3.69%、Zn含量1.75%、Sb含量0.63%	云南南方地勘工程总公司，2014
40	漾濞县塔盘山锑矿	浅成中-低温热液型	古近纪	小型	1.75		普查	已利用	矿体赋存于上三叠统三合洞组灰岩与页岩接触部位的层间破碎带中，呈面型、扁豆状、巢状等，辉锑矿成密集网脉状、散点状及团块状分布于硅化灰岩或次生石英岩中，Sb含量1.02%~5.91%、Au含量0.19~2.87 g/t	俞国芬等，2009
41	巍山县羊虎头锑矿	浅成中-低温热液型	古近纪	小型	4.45		详查	未利用	锑矿体赋存于下白垩统虎头寺组泥、砂岩中，呈似层状产出，走向约20°，倾向南东，倾角10°~49°。主矿体长度为110~140 m，厚度1.52~1.90 m，Sb品位2.92%~6.52%。矿石自然类型为硫化矿，金属矿物主要为辉锑矿，少量黄铁矿、黝铜矿	中国冶金地质总局昆明地质勘查院，2010
42	巍山县石岩村锑汞矿	浅成中-低温热液型	古近纪	中型	3.05	Hg 0.19	普查	已利用	锑矿化带沿石岩村、干箐-龙树湾、罗旧村后山三个次级背斜分布，长800~3000 m，严格受上三叠统三合洞组下段含硅质条带灰岩与上段黑色页岩接触界面的层间硅化破碎带控制。主要矿体长度320~740 m，宽度91.5~160 m；平均厚度1.90~4.15 m，Sb品位2.44%~2.77%	云南省地质局第十二地质队，1965；云南地质矿产局第三地质大队，1989
43	巍山县笔架山锑矿	浅成中-低温热液型	古近纪	中型	4.26		详查	已利用	含锑矿蚀变带主要产于笔架山背斜近轴部及翼部的上三叠统三合洞组与挖鲁八组界面的层间滑动破碎带中，走向北北西，延伸长度约3900 m。矿体呈似层状、薄层状、透镜状产出，最大长度650 m，一般长40~475 m，沿倾斜延深50~100 m，最大为290 m。矿化连续性差，常出现无矿天窗。矿体厚度最大9.21 m，一般在0.94~4.50 m之间；Sb品位1.69%~14.85%，最高为55.88%	云南地质矿产局第三地质大队，1990

续表

编号	矿产地名称	矿床类型	成矿时代	矿种规模	主矿种品位/%	共伴生矿产品位/%	勘查程度	利用现状	地质矿产简况	资料来源
44	永平县黄连铺锑矿	浅成中-低温热液型	古近纪	矿点			预查	未利用	矿化沿断层角砾岩的角砾间缝隙及洞隙充填，或沿上三叠统麦初箐组砂岩破碎的缝隙充填。锑矿脉呈北西向延伸，长 70 m，厚度大于 0.3 m，Sb 含量 21.5%。矿石矿物为辉锑矿为主，伴生雌雄黄、辰砂、方铅矿、闪锌矿及黄铁矿	云南省地质局区域地质调查队，1979
德宏州										
45	芒市东木岭山锑矿	浅成中-低温热液型	晚侏罗世—早白垩世	矿点			预查	已利用	辉锑矿充填在下二叠统沙子坡组灰岩的断裂破碎带内。辉锑矿较富，Sb 含量可达 45%，并见有辰砂等矿物	云南省地质矿产局，1993
怒江州										
46	泸水市罗卡村锑矿	浅成中-低温热液型	古近纪	矿点			预查	未利用	含锑石英脉充填于中元古界崇山岩群片麻岩中变质砂岩残体的节理中，辉锑矿呈细脉产于晶洞及脉壁。Sb 含量约为 5%	云南省地质矿产局，1993
47	兰坪县鲁多罗锑矿	浅成中-低温热液型	古近纪	矿点			预查	未利用	锑矿化带沿中侏罗统花开左组上段灰岩顶部层间裂隙及附近交叉裂隙呈细脉充填，长度大于 100 m，宽度 30~50 m。矿石矿物为辉锑矿，伴生雄黄、雌黄、辰砂。拣块样分析各成矿元素含量分别为：Sb 6.08%、Hg 0.03%、Ag 0.1 g/t	云南省地质矿产局区域地质调查队，1984
迪庆州										
48	香格里拉市格咱斯各锑矿厂锑矿	岩浆热液型	晚三叠纪—早侏罗世	小型	4.85		普查	未利用	锑矿化带产于近东西向横切背斜轴部的断裂破碎带中，长度约 500 m，宽度 1~20 m。控制矿体长 270 m，倾斜延深 160 m，倾向 355°~10°，倾角 65°~70°。矿体厚度 0.65~3.46 m，平均 1.61 m；Sb 品位 0.5%~20.8%，平均 7.17%。锑矿物主要以细脉状、脉状及团块状，沿硅化角砾充填，破碎带中	云南西方地勘工程总公司，2010
49	香格里拉市格撒铅锌锑多金属矿	岩浆热液型	晚三叠纪—早侏罗世	小型	0.87		普查	未利用	矿体主要赋存于中三叠统曲嘎寺组下段中部的板岩中，受断裂控制，顺层产出；有 2 个矿体，似层状，地表出露长分别为 200 m、280 m，平均厚度 3.70 m、3.17 m，产状 78°∠67°、116°∠70°；铅锌锑硫化矿为主，金属矿物主要为方铅矿、闪锌矿、辉锑矿；平均品位为 Pb 10.37%、Zn 7.20%、Sb 0.87%	云南贵宝地质勘察设计有限公司，2010
50	维西县里底落姑锑矿	岩浆热液型	古近纪	矿点			预查	已利用	矿化赋存于中侏罗统紫红色粉砂岩、泥岩夹砂岩的破碎带中。矿石矿物为含铅辉锑矿，主要成矿元素含量分别为：Sb 4%、Pb 0.15%、Ag 2 g/t、Au 0.04 g/t	云南省地质局区域地质矿产测量队，1984a

续表

编号	矿产地名称	矿床类型	成矿时代	矿种规模	主矿种品位/%	共伴生矿产品位/%	勘查程度	利用现状	地质矿产简况	资料来源
51	维西县阿尼比锑矿	岩浆热液型	古近纪	矿点			预查	未利用	矿化体产于中侏罗统断裂破碎带充填的石英脉中。矿石矿物以砷硫锑铅矿为主，次为白铅矿、水锑铅矿、铅黄。主要成矿元素含量分别为：Sb 1.71%~37.1%、Pb 0.2%~25.77%、Cu 0.14%~1.94%、Ag 48.6~238.9 g/t	云南省地质局区域地质矿产测量队，1984a
52	维西县哈谷底锑矿	岩浆热液型	古近纪	矿点			预查	未利用	矿化产于上三叠统硅化石英斑岩中。矿石矿物为砷硫锑铅矿、辉锑矿、锑矿、黄锑矿。主要成矿元素含量分别为：Sb 5.2%、Pb 12.1%、Ag 43~47.2 g/t	云南省地质局区域地质矿产测量队，1984a
53	维西县阿南多塘锑矿	岩浆热液型	古近纪	小型	2.51		详查	未利用	锑矿化带长 800 m，宽 630 m，主要产于石英斑岩的内接触带，多呈大脉状产出，走向北东东—东西向，倾角整体较陡。其中的主要矿体长 50~300 m，厚度 1.32~1.41 m；Sb 品位 2.14%~2.53%。矿体顶底板均为石英斑岩，矿体与围岩界线清楚，主要为硫化锑矿石	云南有色地质局楚雄勘查院，2011
54	维西县石门多锑矿	岩浆热液型	古近纪	小型	3.91		普查	未利用	锑矿呈脉状、透镜状赋存于主干断裂上盘的上三叠统石钟山组石英砂岩硅化带内。矿体规模较小，单个矿体长 40~136 m，控制最大垂深 65 m。矿体厚度 1.0~4.9 m，一般 1~2 m；Sb 品位 1.66~6.43%，平均 3.77%。矿石主要为含辉锑矿硅质岩，化学成分单一。除锑外，SiO_2 平均含量 92%，Au 含量 0.15 g/t，Ag 含量 2.09 g/t	云南省地质矿产局第三地质大队，1991a
55	维西县白马吉锑矿	岩浆热液型	古近纪	小型	2.39		普查	未利用	锑矿呈脉状、透镜状赋存于北北西向主干断裂构造面及其两侧硅化带内，赋矿围岩为上三叠统石钟山组石英砂岩、泥岩。KHI-4 锑矿体规模最大，地表长 160 m，控制斜深 141 m，厚度 1.57 m，Sb 品位 2.03%，矿体形态简单，成透镜状产出，矿化均匀。KHⅢ-Zn1 锑锌矿体呈透镜状产出，长 133 m，Sb 品位 1.89%、Zn 品位 5.76%	云南省地质矿产局第三地质大队，1991b

附表 2　云南省汞矿产地一览表

编号	矿产地名称	矿床类型	成矿时代	矿种规模	主矿种品位/%	共伴生矿产品位/%	勘查程度	利用现状	地质矿产简况	资料来源
曲靖市										
1	陆良县树达棚汞矿	浅成中-低温热液型	侏罗纪—白垩纪	矿点			预查		辰砂产于中-上泥盆统结晶白云岩中，有两种产出形态，一是呈细脉状沿裂隙充填，脉长一般20~30 mm，厚度1~2 mm，呈断续平行延伸；另一种是沿方解石细脉壁浸染充填，方解石细脉长度约5 cm，厚度0.1~1 cm，细粒鲜红色辰砂不均匀的分布于脉壁，局部富集成小团点。脉的产状不清，含矿裂隙主要为张性裂隙。矿石中金属矿物仅见辰砂一种，Hg含量0.023%	云南省地质局第二区域地质测量大队，1977
2	师宗县阿尼格汞矿	浅成中-低温热液型	侏罗纪—白垩纪	矿点			预查		汞矿化于下三叠统永宁镇组下段下层灰岩中，沿北东东向断裂破碎带发育。东矿化带长45 m以上，宽0.5~1.6 m；西矿化带仅见北东向压扭小断裂附近灰岩中的方解石脉含星点状辰砂。矿石矿物主要为辰砂，伴生自然铅、白铅矿等；Hg含量0.01%左右	云南省地质局第二区域地质测量大队，1977
3	富源县蛇皮箐汞矿	浅成中-低温热液型	侏罗纪—白垩纪	矿点			预查		辰砂主要呈细脉状浸染于北东向断层破碎带之中二叠统茅口组顶部破碎硅质岩裂隙及石英粒间。有原生汞矿露头一处，长50~60 m以上，宽约2 m，矿石矿物主要为辰砂，Hg含量2.02%	贵州省一〇八地质队，1973
保山市										
4	隆阳区水银厂汞矿	浅成中-低温热液型	晚石炭世—二叠纪	中型			普查		汞矿体主要产于水银厂背斜的轴部和两翼，赋存于断裂破碎带中基性侵入岩的内外接触带的多种岩石内。形态产状复杂，有柱状、脉状、透镜状、羽状、树枝状等多种形态；倾向50°~80°，倾角70°~90°，倾角较缓。矿体长85~220 m，一般100 m左右；一般厚度1~15 m，最大50 m，最小0.5 m；Hg品位0.31%~2.57%，最高30%	云南省地质局第二十地质队，1969
5	隆阳区罗明黎马山汞矿	浅成中-低温热液型	晚石炭世—二叠纪	小型			普查		汞矿化带严格受褶皱构造控制，多赋存于层间裂隙，背斜轴部的张裂隙及破碎带内，呈南北向展布，长度约9 km，宽度约2 km。矿体呈小凸镜状、巢状，一般长4~20 m，厚度0.5~3 m，Hg品位0.66%~1.0%	云南省地质局第二十地质队，1967
6	隆阳区罗明官山汞矿	浅成中-低温热液型	晚石炭世—二叠纪	小型	0.2774		普查		汞矿化带受新房子断裂控制，断裂弯曲部位即为矿化强烈部位。汞矿化带大致呈南北向延伸，长度约380 m，宽度40~50 m。矿体一般呈大小不等的扁豆体、脉状体，横剖面上向西倾，雁行排列，各矿体间仍具矿化现象。赋矿围岩为下石炭统香山组灰白色厚层至块状白云岩、白云质灰岩等，以角砾岩化白云岩含矿最为富集。矿石类型单一，辰砂是唯一的有用矿物，Hg平均含量0.2774%	云南地质局第二十地质队，1965a

续表

编号	矿产地名称	矿床类型	成矿时代	矿种规模	主矿种品位/%	共伴生矿产品位/%	勘查程度	利用现状	地质矿产简况	资料来源
7	隆阳区金家山汞矿	浅成中-低温热液型	晚石炭世—二叠纪	中型	0.4815		普查		汞矿体主要产于玄武岩中或其两侧的接触带附近，少数矿体赋存在凝灰质砂页岩中或同时切割辉绿岩-玄武岩体及围岩的破碎带内。矿体、玄武岩及辉绿岩脉，均受断裂控制，沿断裂破碎带充填。主要矿体多呈透镜状，倾向北东（24°~45°），倾角5°~40°，走向长50~100 m，最大倾斜延伸40~110 m，厚度1~2 m，Hg品位1%~4.15%	云南省地质局第二十地质队，1960
8	施甸县王家寨-百花岩汞矿	浅成中-低温热液型	晚石炭世—二叠纪	矿点			预查		辰砂呈星点状、细脉状、薄膜状充填于上志留统灰岩、粉砂岩节理裂隙及断层角砾岩中，矿化受北西、南北向断裂控制，矿体主要沿断层两侧分布，囊状、巢状，一般长1~3 m，宽1.5 m。Hg含量小于0.1%，局部达0.1%	云南省地质局区域地质测量队，1980
9	施甸县百花山汞矿	浅成中-低温热液型	晚石炭世—二叠纪	矿点			预查		汞矿体分布于南北向断裂两侧的下石炭统铺门前组灰岩中，囊状、巢状，规模小，长小于1 m，宽1.5 m，厚度小于0.2 m。矿石矿物主要为辰砂，Hg含量小于0.5%	云南省地质局区域地质测量队，1980
10	施甸县茅草坡汞矿	浅成中-低温热液型	晚石炭世—二叠纪	中型	0.3067		普查		矿化带长度约840 m，分为南、北两段，以南段为主，受F_{1-1}断裂控制，地表长410 m，深部控制长650 m，宽10 m左右，最宽20 m。主要矿体呈透镜状，长轴20~30 m，短轴3~5 m。矿体品位普遍较低，且变化较大，一般为0.11%~0.55%，平均0.39%。富矿的产出与断层及层间挤压带有关，矿化富集部位往往是岩石中小褶皱、小断裂、破碎带及节理裂隙极为发育的地段。矿石中矿物组分简单，矿石矿物主要为辰砂，共生矿物有雌黄、雄黄、黄铁矿、赤铁矿、褐铁矿等	云南省保山地区六一四厂，1973
11	施甸县何元寨汞矿	浅成中-低温热液型	晚石炭世—二叠纪	矿点			预查	未利用	汞矿化于中泥盆统何元寨组泥灰岩的层间破碎带中，矿化带产状与围岩一致，为240°∠45°，围岩蚀变有白云岩化、大理岩化、黄铁矿化、方解石化、碳化、硅化与铁化，矿体呈小透镜状及串珠状，一般长1~3 m，平均厚度小于1 m。矿石矿物主要为辰砂，伴生雌黄、雄黄、黄铁矿、赤铁矿、褐铁矿；Hg含量0.01%~0.2%，最高1.25%	云南省地质局区域地质测量队，1980

续表

编号	矿产地名称	矿床类型	成矿时代	矿种规模	主矿种品位/%	共伴生矿产品位/%	勘查程度	利用现状	地质矿产简况	资料来源
12	昌宁县阿法汞矿	浅成中-低温热液型	晚石炭世—二叠纪	矿点			预查	未利用	淡红色辰砂呈粒状、细脉状、薄膜状沿上三叠统三合洞组下段灰岩中的节理裂隙、破碎带充填，围岩具大理岩化、铁化蚀变。矿（化体）走向北东、北西，断续分布，最长者 20 m，宽 0.5 m，倾斜延深约 15 m。Hg 含量约 0.05%	云南省地质局区域地质测量队，1980
昭通市										
13	巧家县大坝汞矿点	浅成中-低温热液型	晚石炭世—二叠纪	矿点			预查	未利用	汞矿有两种类型：①似层带状型：含汞砂岩呈似层状或透镜状产于下震旦统中粗粒岩屑砂岩中，沿层富集，辰砂呈星点状或粒状赋存于砂岩颗粒之间，矿化层长 120 m，厚约 15 m；②裂隙型：汞矿呈脉状产于围岩裂隙中，可见 4~5 条平行矿脉，单矿脉一般厚度 2~3 cm，最厚 10 cm。矿石矿物为辰砂，伴有铜矿物及黄铁矿；Hg 含量 0.09%	云南省地质局第二区域地质测量大队，1978b
14	永善县金沙厂铅锌矿床伴生汞矿	浅成中-低温热液型	侏罗纪—白垩纪	中型	0.07		勘探	已利用	矿体产于震旦系—寒武系灯影组上部碳酸盐岩中，铅锌矿伴生 Hg 含量 0.01%~0.07%	云南省冶金局地质勘探公司三一七地质队，1975
普洱市										
15	江城县上田心汞矿	浅成中-低温热液型	古近纪	矿点			预查	未利用	汞矿体产于下二叠统石英砂岩及泥质岩破碎带中，受断裂控制。有矿体 2 个，南部矿体呈脉状或似层状，推测长 100 m 左右，宽约 1.3 m，产状 225°∠36°，Hg 含量 0.37%~0.60%；北部矿体呈脉状，推测长 80 m 左右，宽约 0.5 m，产状 190°∠85°，Hg 含量 0.01%~0.02%。矿石矿物以辰砂为主，伴生有少量雄黄、赤铁矿	云南省地质局第二区域地质测量大队，1975
临沧市										
16	永德县小村汞矿	浅成中-低温热液型	侏罗纪—白垩纪	矿点			预查	未利用	汞矿化于中泥盆统何元寨组泥灰岩的层间破碎带中，矿化带产状与围岩一致，为 240°∠45°，围岩蚀变有白云岩化、大理岩化、黄铁矿化、方解石化、碳化、硅化与铁化，矿体呈小透镜状及串珠状，一般长 1~3 m，平均厚度小于 1 m。矿石矿物主要为辰砂，伴生雌黄、雄黄、黄铁矿、赤铁矿、褐铁矿；Hg 含量 0.01%~0.2%，最高 1.25%	云南省地质局区域地质调查队，1981

续表

编号	矿产地名称	矿床类型	成矿时代	矿种规模	主矿种品位/%	共伴生矿产品位/%	勘查程度	利用现状	地质矿产简况	资料来源
17	永德县龙高林汞矿	浅成中-低温热液型	侏罗纪—白垩纪	矿点			预查	未利用	淡红色辰砂呈粒状、细脉状、薄膜状沿上三叠统三合洞组下段灰岩中的节理裂隙、破碎带充填，围岩具大理岩化、铁化蚀变。矿（化体）走向北东、北西，断续分布，最长 20 m，宽 0.5 m，倾斜延深约 15 m。Hg 含量约 0.05%	云南省地质局区域地质调查队，1981
18	耿马县允坎汞矿	浅成中-低温热液型	侏罗纪—白垩纪	矿点			预查	未利用	汞矿脉赋存于断裂旁侧的下二叠统砂子坡组下段白云岩及上三叠统牛喝塘组第三段杏仁状玄武岩中，受岩性、断裂、微裂隙的控制。有矿（化）脉 9 个，分为北西和北东向两组。长度 5~20 m，最长大于 50 m，宽度 1~4 m。矿石矿物以辰砂为主，局部可见黑辰砂、雄黄和雌黄；Hg 含量 0.11%~0.72%	云南省地质矿产局区域地质调查队，1984b
19	耿马县户南汞矿	浅成中-低温热液型	侏罗纪—白垩纪	矿点			预查	未利用	辰砂呈斑点状，星散状赋存于中至上泥盆统与中侏罗统税房街组假整合接触面附近的灰白色变质砂岩中的石英脉中或呈薄膜状、浸染状分布于灰白色变质粉砂岩的裂隙面上。矿化范围长度约 40 m、宽度约 10 m。矿石矿物为辰砂、雄黄，脉石矿物为石英；Hg 含量小于 0.1%	云南省地质矿产局区域地质调查队，1984b
红河州										
20	开远市大庄桃树汞矿	浅成中-低温热液型	侏罗纪—白垩纪	矿点			预查	未利用	汞矿化发育于上二叠统龙潭组碎屑岩、糜棱岩中。有矿体 1 个，脉状，产状 240°∠45°，长 25 m，宽 0.9 m。Hg 含量小于 0.1%	云南省地质局第二区域地质测量大队，1970
21	建水县狗街水银厂汞矿	浅成中-低温热液型	侏罗纪—白垩纪	矿点			预查	未利用	汞矿化发育于二叠纪硅化玄武岩的硅质岩夹层的褶皱轴部的张裂隙中，受北东向断裂带控制，围岩蚀变以硅化为主，局部有绿泥石化和褐铁矿化。矿化带长度约 250 m，宽度 5~6 m，Hg 品位 0.07%~0.53%	云南省地质局第二区域地质测量大队，1969
文山州										
22	砚山县白沙坡-红舍克汞矿	浅成中-低温热液型	侏罗纪—白垩纪	矿点			预查	未利用	汞矿体产于中三叠统个旧组白云岩羽状裂隙中，受断裂破碎带控制。有矿体 2 个，分别长 20 m、50 m，厚 0.8 m、3 m。Hg 品位 0.04%~0.7%	云南省地质局第二区域地质测量大队，1976

续表

编号	矿产地名称	矿床类型	成矿时代	矿种规模	主矿种品位/%	共伴生矿产品位/%	勘查程度	利用现状	地质矿产简况	资料来源
23	丘北县平坦汞矿	浅成中-低温热液型	侏罗纪—白垩纪	矿点			预查	未利用	辰砂主要呈星点状散布于中三叠统拖味组上段第三层灰-浅灰色致密块状灰岩中，受断裂破碎带控制，围岩蚀变主要有方解石化。汞矿体脉状，倾向北东，侧角70°左右，矿体和围岩无明显界线，肉眼可见长度约8 m，宽度约8.5 m。贫矿Hg品位约0.25%，富矿品位约0.8%	云南省地质局区域地质调查队，1980
24	丘北县石腊汞矿	浅成中-低温热液型	侏罗纪—白垩纪	小型	0.53		普查	未利用	汞矿体产于北东东向断裂北侧约40 m处的上三叠统法郎组下段中厚层白云岩层间破碎带中，矿化带长度60 m，厚度3 m，Hg品位0.53%。矿石矿物主要为辰砂，次为辉锑矿、黄铁矿，呈散点状分布；脉石矿物以方解石、白云石为主，含少量石英及萤石	云南省地质局滇东南队，1959
25	丘北县洗马塘汞矿	浅成中-低温热液型	侏罗纪—白垩纪	中型	0.1623		普查	已利用	洗马塘背斜的倾没端是主要的容矿层位和控矿构造，汞含矿体产于中三叠统个旧组（T_2g）白云质灰岩破碎带中，呈透镜状产出，走向300°，倾向南西，倾角60°~70°。矿体长120~500 m，倾向最大延伸50~180 m，厚度10 m左右。赋存其中的矿体大者长度30 m，厚度1~3 m，Hg品位0.101%~0.396%	云南省地质局第二队，1960
26	丘北县茶花寨汞矿	浅成中-低温热液型	侏罗纪—白垩纪	矿点			普查	未利用	汞矿体产于中三叠统个旧组白云质灰岩中，矿化受北东向断裂构造控制，巢状，Hg品位小于0.1%	云南省地质局第二区域地质测量大队，1976a
西双版纳州										
27	景洪市曼亏大寨汞矿	浅成中-低温热液型	古近纪	矿点			预查	未利用	汞矿体产于中三叠世英安斑岩与中侏罗统小红桥组接触带附近的黄白色粉砂岩的裂隙中，成矿受次级小裂隙控制。矿石矿物主要为辰砂，Hg含量0.02%~0.63%	云南省地质局第二区域地质测量大队，1976b
大理州										
28	漾濞县西里汞矿	浅成中-低温热液型	古近纪	矿点			预查	未利用	汞矿化带主要产于上三叠统三合洞组下段灰岩内，矿化与断裂关系密切。其中F_{22}含矿带长度140 m，厚度7.9 m，局部富集成小扁豆状矿体，含矿带Hg平均含量0.223%。矿石矿物有辰砂、孔雀石、蓝铜矿等	云南省地质局区域地质调查队，1979

续表

编号	矿产地名称	矿床类型	成矿时代	矿种规模	主矿种品位/%	共伴生矿产品位/%	勘查程度	利用现状	地质矿产简况	资料来源
29	巍山县黑龙潭汞矿	浅成中-低温热液型	古近纪	小型	0.60		预查	未利用	汞矿化一种产于中侏罗统花开左组长石石英砂岩中，形成沿层产出的透镜状含矿体，主含矿体全长150 m，平均厚6.83 m，Hg品位0.684%。另一种产于粉砂岩或页岩的破碎带或裂隙中，呈陡倾斜脉状充填交代型矿化，含矿体长度约120 m，控制长度31 m，平均厚度3.39 m，Hg品位0.282%。在断层面附近的岩石因挤压造成片理化，下盘及附近岩石强烈硅化、褐铁矿化	云南地质局第十二队，1971
30	云龙县麦子登汞矿	浅成中-低温热液型	古近纪	矿点			预查	未利用	汞矿体产于下白垩统南新组褪色的灰白色钙质石英砂岩之层间破碎带中，透镜状，可见长度1 m，厚度1~2 m，Hg含量1%~1.5%。矿石矿物主要为辰砂，共（伴）辉铜矿、孔雀石、蓝铜矿	云南省地质局第一区域地质测量大队，1974
31	云龙县喜鹊厂汞矿	浅成中-低温热液型	古近纪	矿点			预查	未利用	辰砂呈粉末状、星点状分布于近背斜轴部的下白垩统景新组下段砂岩颗粒间隙及重晶石脉内，围岩蚀变以硅化、重晶石化为主。矿脉长数米至15 m，最大厚度2 m，Hg含量0.037%~0.11%。矿石矿物主要为辰砂，共（伴）生黄铜矿、斑铜矿、孔雀石	云南省地质局区域地质调查队，1979
32	云龙县以齐母汞矿	浅成中-低温热液型	古近纪	矿点			预查	未利用	汞矿化于背斜轴部产生的断裂及背斜西翼上三叠统三合洞组上、下段之间灰岩、泥页岩遮挡层内之砂岩夹层，层间硅化破碎带中，围岩蚀变有硅化、碳酸盐化、重晶石化及褐铁矿化等，在断裂交汇处，在长度约280 m，宽度150 m范围内矿化较好，矿化灰岩厚度大于0.6 m，拣块样Hg含量0.15%。矿石矿物以辰砂为主，伴生雌雄黄、方铅矿、辉铜矿、黄铁矿等	云南省地质局区域地质调查队，1979
33	洱源县松登汞矿	浅成中-低温热液型	古近纪	矿点			预查	未利用	辰砂呈星散状、薄膜状不均匀分布北西向断裂西侧的中侏罗统花开左组上段灰白色砂岩中，Hg含量一般小于0.1%	云南省地质局区域地质调查队，1979

续表

编号	矿产地名称	矿床类型	成矿时代	矿种规模	主矿种品位/%	共伴生矿产品位/%	勘查程度	利用现状	地质矿产简况	资料来源
怒江州										
34	兰坪县瓜坝汞矿	浅成中-低温热液型	古近纪	矿点			预查	未利用	汞矿化主要沿中侏罗统花开左组二段下部灰岩之层间裂隙与近南北向断裂分布，由含辰砂之方解石脉沿裂隙充填成矿，长度约 50 m，宽度大于 20 m，单脉一般宽几厘米至 50 cm，长几十厘米至 5 m。矿石矿物为辰砂；拣块样 Hg 含量 0.24%	云南省地质局区域地质测量队，1984a
35	兰坪县卓谷村汞矿	浅成中-低温热液型	古近纪	矿点			预查	未利用	汞矿化主要沿中侏罗统花开左组二段灰、黄灰色粉晶灰岩层间裂隙及斜交裂隙发育，走向近东西，长 200 m 左右，宽 20~30 m。矿石矿物主要为辰砂，脉石矿物为重晶石、白云石；拣块样 Hg 含量 0.03%	云南省地质局区域地质测量队，1984a
36	兰坪县西福岩汞矿	浅成中-低温热液型	古近纪	矿点			预查	未利用	辰砂主要发育于中侏罗统花开左组二段灰紫色长石石英砂岩中，方解石脉发育，辰砂相对富集。有矿体 2 个，沿层出露，相距 200 m，分别长 3~8 m，厚度 1.5~2.2 m。矿石矿物为辰砂，拣块样 Hg 含量 0~0.01%	云南省地质局区域地质测量队，1984a
37	兰坪县华昌山汞矿	浅成中-低温热液型	古近纪	矿点			预查	未利用	汞矿化发育于上三叠统石钟山组二段中部灰岩裂隙中，南部露头汞矿化主要沿灰岩 250°∠30°裂隙及其旁侧裂隙发育，长度约 60 m，厚度 1~4 m，矿化与方解石脉紧密相关。北部露头汞矿化主要沿近南北向裂隙发育，断续长 60 m，厚度 0.5~1 m。矿石矿物主要为辰砂，伴生白铅矿；拣块样 Hg 含量 0.03%~0.34%	云南省地质局区域地质测量队，1984a
38	兰坪县水银厂汞矿	浅成中-低温热液型	古近纪	矿点			预查	未利用	辰砂呈星散状发育于北北东向断层破碎带的方解石脉中，中侏罗统花开左组薄层泥质灰岩及灰岩中的或呈薄膜状产于灰岩裂隙面上，有含矿体 3 个，延长 2~3 km，厚度 0.3~0.4 m，Hg 含量 0.5%~1%。矿石矿物为辰砂	云南省地质局第一区域地质测量大队，1974
39	兰坪县挂登汞矿	浅成中-低温热液型	古近纪	矿点			预查	未利用	汞矿化发育于背斜轴部断层破碎带中，含矿岩性为中侏罗统花开左组硅化砂岩。破碎带由褐铁矿化角砾岩组成，长 3 km，宽 5~10 m。角砾带硅化强烈，褪色现象显著，脉石英发育，辰砂雌雄黄呈不均匀散点状、细脉状产于其中，辰砂颗粒较大，1~5 mm。拣块样 Hg 含量 1.336%	云南省地质局第一区域地质测量大队，1974

续表

编号	矿产地名称	矿床类型	成矿时代	矿种规模	主矿种品位/%	共伴生矿产品位/%	勘查程度	利用现状	地质矿产简况	资料来源
40	兰坪县黄龙山汞矿	浅成中-低温热液型	古近纪	矿点			预查	未利用	汞矿体赋存于下白垩统虎头寺组与古近系始新统宝相寺组不整合面上，围岩普遍硅化、褪色化。矿化带呈北东—南西走向，延长达 3 km。矿体主要呈似层状，其次为透镜状及脉状，倾向东，倾角 30°~60°；厚度最大 2.84 m，一般 1 m；Hg 含量 0.1%~0.04%。矿石矿物主要为辰砂，伴有孔雀石、雄黄、雌黄	云南省地质局第一区域地质测量大队，1974
41	兰坪县雷打箐汞矿	浅成中-低温热液型	古近纪	矿点			预查	未利用	汞矿富集于下白垩统南新组砂岩、页岩断裂带中，围岩蚀变有硅化、碳酸盐化、褐铁矿化及褪色。含矿带长 2500 m，宽 100~130 m，有汞矿化带十余条，长数十米至 400 m，厚度 0.2~4 m。矿化不连续。断层泥、角砾岩中汞矿石，辰砂等矿物在其中呈浸染状、细脉状，Hg 含量 0.275%~2.04%；褐铁矿汞矿石，辰砂呈稀疏浸染状，Hg 含量 0.04%~0.4%；重晶石化汞矿石 Hg 含量 0.1%	云南省地质局第一区域地质测量大队，1974
42	兰坪县温水河汞矿	浅成中-低温热液型	古近纪	小型	0.1		预查	未利用	已知汞矿化沿虎头寺组（K_1h）与宝相寺组（E_2b）的不整合面分布，长达 3250 m，宽 1~25 m。主矿体呈似层状、凸镜状产出，长轴 285 m，平距宽 140 m；厚度 0.46~1.73 m，平均 1.56 m；Hg 品位 0.04%~0.06%，平均 0.05%。表内含矿体厚度 0.92~4 m，Hg 品位 0.1%	云南省地质局第一区域地质测量大队，1973
43	维西县高宗-小别驮汞铜矿	浅成中-低温热液型	古近纪	矿点			预查	未利用	汞矿化主要发育于下白垩统景星组下段石英砂岩西侧之南北向断裂及其旁侧裂隙、中侏罗统花开左组上段石英砂岩的裂隙中。矿石矿物主要有辰砂、黝铜矿，次有孔雀石、蓝铜矿等。拣块样化学分析 Hg 含量 0.14%、Cu 含量 1.9%	云南省地质局区域地质测量队，1984a
44	维西县腊它洛汞铜矿	浅成中-低温热液型	古近纪	矿点			预查	未利用	汞矿化主要发育于下白垩统景星组下段石英砂岩西侧之南北向断裂及其旁侧裂隙中，围岩具褪色现象。矿化带断续长 3 km 左右，宽 50~400 m。矿化不均匀，单矿脉厚度 1~10 cm，矿石矿物主要为辰砂、黝铜矿，伴生黄铜矿、黄铁矿、孔雀石、蓝铜矿、菱铁矿等。拣块样化学分析 Hg 含量 0.023%	云南省地质局区域地质测量队，1984a

附表 3　云南省铋矿产地一览表

编号	矿产地名称	矿床类型	成矿时代	矿种规模	主矿种品位	共伴生矿产品位	勘查程度	利用现状	地质矿产简况	资料来源
曲靖市										
1	会泽县矿山厂-麒麟厂铅锌矿床伴生铋矿	浅成中-低温热液型	三叠纪	小型	0.00657%		勘探	已利用	铋主要产于麒麟厂、矿山厂矿床的硫化矿石中，含铋矿物主要为硫铋铜矿、针铅铋银矿等。矿田平均 Bi 含量 0.00657%，最高含量为 0.066%。麒麟厂矿床硫化矿中，Bi 含量 0.004%~0.008%；矿山厂矿床硫化矿石中，Bi 含量 0.0043%	云南省会泽矿务局，1959
保山市										
2	腾冲市滇滩铁多金属矿床伴生铋矿	接触交代型	晚侏罗世—早白垩世	矿点			普查		在具硫化物矿化的矿石中，普遍有少量辉铋矿产出，矿石中 Bi 含量一般为 0.2%~0.3%，局部可达工业品位	云南省地质矿产局，1993
3	腾冲市铜厂山铅锌铁矿床伴生铋矿	接触交代型	晚侏罗世—早白垩世	小型	0.0163%		普查		铅锌矿石伴生有益元素为铜、银、镉、铋，铋矿物主要为辉铋矿和泡铋矿。单工程 Bi 平均品位 0.02%~0.103%，矿床 Bi 平均品位 0.0163%	云南省地质矿产局第四地质大队，1994
4	腾冲市江南铋锌矿	接触交代型	晚侏罗世—早白垩世	小型	0.73%	Zn 5.07%	普查	已利用	铋锌矿体主要赋存于近南北向的逆断层下盘，燕山早期中细粒黑云二长花岗岩与中三叠统河湾街组外接触带的白云岩、大理岩裂隙、破碎带中。矿体长 150~155 m，厚度 2.64~6.82 m；Bi 品位 0.18%~2.07%；Zn 品位 2.16%~12.16%	云南省地质矿产勘查院，2010a
普洱市										
5	江城县瑶家山铜矿床伴生铋矿	浅成中-低温热液型	古新世	矿点			普查		矿石中主要有用组分为铜，Cu 品位 1%~5%，平均 2.57%；伴生有钴、镓、银、金、铋、砷、锑、铀、钍等有益元素。矿石中 Bi 含量约 0.1%，其中致密块状矿石 Bi 含量大于 1%、网脉状矿石 Bi 含量 0.03%~0.08%、浸染状矿石 Bi 含量 0.003%~0.03%、铁帽 Bi 含量 0.005%~0.01%，Bi 主要富集于块状矿石中，个别样品中可见辉铋矿与硫化物及砷化物共生	云南省地质矿产局，1993
6	澜沧县老厂银铅锌多金属矿床伴生铋矿	斑岩型	始新世	矿点			勘探	已利用	火山岩型银铅锌黄铁矿矿石中 Bi 含量为 0.036%、碳酸盐岩型银铅矿石中 Bi 含量为 0.0018%；火山岩型银铅锌黄铁矿矿石通过优先浮选，铅精矿中 Bi 含量为 0.26%，可综合回收利用。铋主要赋存于铅矿石中，铋矿物主要为辉铋矿，次为含银铋铅矿、辉铋铅矿	云南有色地质局三〇九队，1994

续表

编号	矿产地名称	矿床类型	成矿时代	矿种规模	主矿种品位	共伴生矿产品位	勘查程度	利用现状	地质矿产简况	资料来源
红河州										
7	个旧市金光坡铋金铜矿床	接触交代型	晚白垩世	小型	0.58%	Cu 1.35% Au 1.58 g/t	勘探	已利用	矿体主要赋存于仙人硐主断裂带南北两侧，变质玄武岩下盘和个旧组下段卡房段第一层矽卡岩、大理岩中，呈似层状、脉状产出，走向近东西，倾角25°~60°。矿石类型分别为金铋共生、单铋、单铜三类，硫化铜部分为块状硫化矿，其他均为矽卡岩矿石。铋金矿体平均厚5.01 m，Bi品位0.1%~4.0%，平均0.58%，Au品位0.5~12.52 g/t，平均1.58 g/t	个旧市地质队.1990；云南锡业集团资源开发有限公司，2010a
8	个旧锡多金属矿田伴生铋矿	岩浆热液型	白垩纪	中型	0.01%~0.214%		勘探	已利用	卡房矿床新山矿段、金光坡矿段的层状、似层状锡、铜多金属矿体，伴生Bi品位较高，Bi品位0.14%。其中，金光坡矿段品位最高，Bi品位0.214%。老厂矿床伴生Bi平均品位为0.01%~0.064%，铋矿物主要为自然铋、辉铋矿，多与毒砂、磁黄铁矿共生产出。松树脚矿床伴生Bi含量平均为0.0634%，铋矿物主要为自然铋、辉铋矿，多与铁闪锌矿、毒砂、黄铁矿等共生产出	冶金工业部西南冶金地质勘探公司，1981
9	石屏县龙潭钨金矿床伴生铋矿	岩浆热液型	中元古代	小型	0.145%		勘探	已利用	铋在地表褐铁矿化较强的部位较富集，常与褐铁矿共生，呈泡铋矿、铋华，偶见自然铋。矿石中含Bi 0.05%~0.34%，少数达0.95%，平均0.145%	云南冶金厅地质勘探公司三〇七队，1960
文山州										
10	西畴县嘎机铅锌铜矿床伴生铋矿	岩浆热液型	晚侏罗世—早白垩世	矿点			普查		各矿体中Bi含量普遍较高，Bi品位0.012%~0.0593%，最高可达0.7173%，可能与矿石中普遍存在自然铋有关	云南地矿总公司（集团）文山地质勘查院.2017
大理州										
11	永平县厂街铜钴矿床伴生铋矿	浅成中-低温热液型	古新世	小型	0.0017%		勘探	已利用	矿体一般长40~180 m，宽20~60 m，厚度1~3 m；主成矿元素品位分别为：Cu 1%~2%，平均1.32%；Co 0.03%~0.1%，平均0.097%；S 3%~10%，平均6.71%；As 0.4%~1.5%，平均1.44%。伴生有锑、铋、银等元素，其含量分别为Sb 0.1%~0.2%、Bi 0.017%、Ag 13.62 g/t	云南省冶金局地质勘探公司三一〇队，1976
迪庆州										
12	香格里拉市红山铜多金属矿床伴生铋矿	接触交代型	三叠纪	小型	0.0016%		勘探	已利用	铋主要以自然铋、辉铋矿、辉铅铋矿、斜方辉铅铋矿等单矿物形式存在，同时又呈类质同象分散于黄铁矿和方铅矿中；铜矿石含Bi 0.02%~0.067%	云南地质局第七地质队，1971

附表 4　云南省铝土矿矿产地一览表

编号	矿产地名称	矿床类型	成矿时代	矿种规模	主矿种品位	共伴生矿产品位	勘查程度	利用现状	地质矿产简况	资料来源
昆明市										
1	呈贡区马头山铝土矿	化学沉积型	中二叠世	小型	67.17%		详查	未利用	矿体产于中二叠统梁山组中上部，假整合于中上石炭统灰岩古岩溶风化面上，第一矿段为一近似透镜状矿体；第二矿段为南北向条带状，长达600余米，宽150 m左右。Al_2O_3含量67.17%	云南省地质局第九地质队，1960e
2	五华区沙朗铝土矿	化学沉积型	中二叠世	小型	60.1%		勘探	未利用	矿体赋存于中二叠统梁山组含矿岩系上部，以小凸镜体为主，稍大者成为规模不大的似层状。矿体长40~391 m，厚度0.60~2.95 m，Al_2O_3含量60.10%	云南省地质局第九地质队，1963a
3	五华区大普吉铝土矿	化学沉积型	中二叠世	小型	58.84%		详查	未利用	矿体赋存于中二叠统梁山组含矿岩系上部，以小凸镜体为主，个别稍大者成为规模不大的似层状矿体，矿体产状与地层走向、倾斜一致，Al_2O_3含量58.84%	云南省地质局第九地质队，1963a
4	五华区铁峰庵铝土矿	化学沉积型	中二叠世	小型			普查	未利用	矿体赋存于中二叠统梁山组含矿岩系上部，均呈扁豆状产出；矿体长84~260 m，厚度0.72~2.66 m，Al_2O_3含量40%~64%	云南省冶金厅地质勘探公司三一一队，1962a
5	官渡区大板桥铝土矿	化学沉积型	中二叠世	小型	60.9%		详查	未利用	矿体赋存于中二叠统梁山组含矿岩系上部，呈层状、似层状产出，长500~1000 m，厚度1~2 m，Al_2O_3含量60.90%	云南省地质局第九地质队，1960h
6	西山区筇竹寺铝土矿	化学沉积型	中二叠世	小型	54.4%		普查	未利用	矿体赋存于中二叠统梁山组含铝土矿岩系中，呈透镜状-似层状产出；矿体长320~920 m，厚度1~1.95 m，Al_2O_3含量54.40%	云南省地质局第九地质队，1960c
7	西山区马街子铝土矿	化学沉积型	中二叠世	小型			普查	未利用	矿体赋存于中二叠统梁山组含铝土矿岩系中，呈层状、似层状产出，矿体长300~500 m，厚度2~6 m，Al_2O_3含量40%~64%，铝硅比值为6.2	云南省冶金厅勘探公司三一一队，1960
8	西山区法禄村、凤凰村铝土矿	化学沉积型	中二叠世	小型	56.6%		普查	未利用	铝土矿层位于中二叠统梁山组含矿岩系上部，与上覆岩层界线清楚，与下伏铝土岩渐变关系，夹有煤层。矿体以层状、凸镜状为主，平均厚度2.56 m，Al_2O_3含量56.60%	云南省冶金厅地质勘探公司三一一队，1962a
9	晋宁区栗庙铝土矿	化学沉积型	中二叠世	矿点			预查	未利用	矿体赋存于中二叠统梁山组含铝土矿岩系中，呈透镜状产出，长150~200 m，厚度0.8~2.7 m，Al_2O_3含量55.45%~68.45%	云南省地质局第九地质队，1960k

续表

编号	矿产地名称	矿床类型	成矿时代	矿种规模	主矿种品位	共伴生矿产品位	勘查程度	利用现状	地质矿产简况	资料来源
10	晋宁区牛恋村铝土矿	化学沉积型	中二叠世	小型	57.08%		勘探	未利用	矿体赋存于中二叠统梁山组含铝土矿岩系中，均呈透镜状产出，长430~850 m，宽35~100 m，具有延伸厚度显著变薄的特点，矿体倾角向南变陡。Al_2O_3 含量57.08%，铝硅比值为4.4	云南省地质局第九地质队，1960g
11	晋宁区美女山铝土矿	化学沉积型	中二叠世	矿点			预查	未利用	矿体为层状、似层状，赋存于中二叠统梁山组含铝土矿岩系中，断续出露2.2 km。Al_2O_3 含量一般小于40%，铝硅比值均小于2.6	云南省地质局第九地质队，1960f
12	富民县赤鹫铝土矿	化学沉积型	中二叠世	小型	52.0%		普查	未利用	矿体呈扁豆体状，铝土矿及耐火粘土矿有时互相参差，沿走向变化较大，在局部如赤就地区亦成为似层状，Al_2O_3 含量52.00%	云南省地质矿产局八一四队，1988
13	富民县龙发铝土矿	化学沉积型	中二叠世	小型			预查	未利用	矿体赋存于中二叠统梁山组含铝土矿岩系中，呈透镜状产出，Al_2O_3 含量一般大于60%，铝硅比值为6.07	云南省冶金厅地质勘探公司三一一队，1962a
14	富民县老煤山耐火粘土铝土矿	化学沉积型	中二叠世	小型	62.53%		勘探	未利用	铝土矿体呈似层状赋存于老煤山向斜东南翼中二叠统梁山组含铝土矿岩系中，顺坡倾斜，倾向280°~330°，倾角7°~18°。矿体南北长1100 m，宽96~385 m；最厚5.34 m，最薄0.73 m，平均2.56 m；各组分含量分别为：Al_2O_3 62.53%、SiO_2 14.06%、Fe_2O_3 4.26%、S 0.06%、P_2O_5 0.05%，*A/S* 值为4.45。矿石矿物主要有一水硬铝石、地开石、一水软铝石，次要矿物为三水铝石、褐铁矿、高岭石、粘土矿物，少量绿泥石等	冶金工业部西南地质勘查局昆明地质调查所，1991
15	富民县完家村铝土矿	化学沉积型	中二叠世	矿点			预查	未利用	矿体赋存于中二叠统梁山组含铝土矿岩系中，呈透镜状产出，Al_2O_3 含量一般小于40%	云南省地质局第九地质队，1960h
16	嵩明县黑马阱铝土矿	化学沉积型	中二叠世	矿点			预查	未利用	矿体产于中二叠统梁山组中上部，沿北东方向延伸，产状290°~320°∠35°~48°。铝土矿体大小不等，呈透镜状产出，长70~522 m，厚度0.4~3.72 m，Al_2O_3 含量40.25%~78.25%	云南省地质局第九地质队，1962c
17	嵩明县阿子营铝土矿	化学沉积型	中二叠世	小型			普查	未利用	矿体赋存于中二叠统梁山组含铝土矿岩系中，呈透镜状、囊状产出。矿体长80~900 m，厚度0.58~25 m，矿石矿物为一水硬铝石、勃姆矿，少量三水铝石、一水软铝石、高岭石等。Al_2O_3 含量40.26%~73.55%，一般58%左右；SiO_2 含量3.87%~26.53%，一般7%~15%；铝硅比值为2.1~5，个别高达20以上。土状铝土矿与质量较高的铝土矿中，Ga含量一般0.02%左右	云南省地质局第九地质队，1963c

续表

编号	矿产地名称	矿床类型	成矿时代	矿种规模	主矿种品位	共伴生矿产品位	勘查程度	利用现状	地质矿产简况	资料来源
18	嵩明县梁王山-新发村铝土矿	化学沉积型	中二叠世	矿点			预查	未利用	矿体产于中二叠统梁山组中上部，假整合于中上石炭统灰岩古岩溶风化面上，呈层状、似层状产出。大洞矿段矿层长 80~1300 m，一般 200~500 m；平均厚度 0.6~4.5 m，一般 1~1.5 m。Al_2O_3 含量 37.88%~64.13%。龙潭矿段矿层长 130~500 m，平均厚度 0.6~0.9 m，Al_2O_3 含量 50.02%~61.52%。矿石以致密状、结核状为主，角砾状、豆次之；铝矿物为一水硬铝石	云南省地质局第九地质队，1962d
19	嵩明县谷堆山铝土矿	化学沉积型	中二叠世	矿点			预查	未利用	矿体产于中二叠统梁山组中上部，沿北东方向延伸。铝土矿体呈透镜状产出，长 100~200 m，厚度 0.7~1.5 m，Al_2O_3 含量 55.88%~64.74%，铝硅比值为 3.92~5.02	云南省地质局第九地质队，1962c
20	禄劝县德干铝土矿	化学沉积型	中二叠世	矿点			预查	未利用	矿体赋存于中二叠统梁山组含铝土矿岩系中，呈透镜状产出，Al_2O_3 含量一般 40%~60%	云南省地质矿产局，1993
21	禄劝县甸尾铝土矿	化学沉积型	中二叠世	小型			预查	未利用	矿体赋存于中二叠统梁山组含铝土矿岩系中，呈似层状、扁豆状产出。矿体长 150~700 m，厚度 0.8~1.5 m，最厚 49 m，含矿率 40%。铝矿物为一水硬铝石，三水铝石及胶铝石次之。Al_2O_3 含量 40%~70%，SiO_2 含量 5%~15%，Fe_2O_3 含量 1%~25%	云南省地质局第九地质队，1962b
22	寻甸县车湖铝土矿	化学沉积型	中二叠世	矿点			预查	未利用	含矿层赋存于中二叠统梁山组顶部，呈透镜状产出，含 Al_2O_3 含量 48.56%~76.86%，铝硅比值为 2.76~5.13	云南省地质局第九地质队，1962e
23	安宁市温泉铝土矿	化学沉积型	中二叠世	小型			普查	未利用	矿体呈大小不等的透镜体，赋存于下二叠统梁山组含铝岩系中上部，倾向北西，走向北东，倾角 8°~18°；矿体长 900 m，厚度 0.75~5.85 m，Al_2O_3 平均含量 52.40%~73.38%，铝硅比值为 2.5~16.3	云南省地质局第九地质队，1960a
24	安宁市草铺铝土矿	化学沉积型	中二叠世	小型			普查	未利用	矿体呈透镜状赋存于下二叠统梁山组含铝岩系中，一般长度约 100 m，厚度 1~3 m。矿石主要由一水软铝石、一水硬铝石、高岭石、赤铁矿、褐铁矿等组成，Al_2O_3 平均含量约 57%	云南省地质局第九地质队，1960b
25	安宁市县街铝土矿	化学沉积型	中二叠世	小型	65.816%		勘探	未利用	矿体多呈透镜状、似层状，赋存于中二叠统梁山组含矿岩系的中上部及顶部，一般长 100~300 m，宽 75~225 m，厚度 0.55~3.38 m，Al_2O_3 含量 65.816%	昆明钢铁厂地质队，1978

续表

编号	矿产地名称	矿床类型	成矿时代	矿种规模	主矿种品位	共伴生矿产品位	勘查程度	利用现状	地质矿产简况	资料来源
26	安宁市耳目村-下哨铝土矿	化学沉积型	中二叠世	小型	60.5%		勘探	未利用	矿体呈层状、似层状赋存于中二叠统梁山组含铝岩系中，长130~1440 m，厚度0.32~15.8 m。矿石矿物成分以一水硬铝石为主，其次为胶铝石、一水软铝石、高岭石、黄铁矿、褐（赤）铁矿及其他粘土矿物，Al_2O_3含量60.50%	云南省地质局第九地质队，1963b
曲靖市										
27	会泽县朱家村铝土矿	化学沉积型	中二叠世	小型			预查	未利用	矿体赋存于上二叠统宣威组上部含铝岩系中，呈似层状产出。矿层全长2500 m，厚度1.5~3.5 m，平均2.35 m；Al_2O_3含量一般35%，最高57.85%，铝硅比为3	云南省地质局第二区域地质测量大队一分队，1978b
玉溪市										
28	红塔区小石桥铝土矿	化学沉积型	中二叠世	小型	68.33%		普查	未利用	矿体赋存于中二叠统梁山组含铝土矿岩系中，呈透镜状，长度小于250 m，厚度1~2 m，矿物成分以一水硬铝石、水铝石、三水铝矿为主，其次为高岭石、水云母、绿泥石、褐铁矿、磁铁矿、赤铁矿、一水软铝石等，Al_2O_3含量68.33%	云南省地质局第九地质队，1961
29	澄江县李大坟-石寨河铝土矿	化学沉积型	中二叠世	矿点			预查	未利用	矿体赋存于中二叠统梁山组含铝土矿岩系中，呈透镜状产出，一般长100~400 m，厚度1~2 m，Al_2O_3含量66%	云南省地质局第九地质队，1960a
昭通市										
30	鲁甸县三合场铝土矿	化学沉积型	中二叠世	小型	35.00%		预查	未利用	矿体赋存于上二叠统宣威组上部含铝岩系中，呈似层状、扁豆体状产出，矿层底板为凝灰质页岩，顶板为含铁泥页岩。矿层平均厚度1.86 m，Al_2O_3平均含量35%，铝硅比为3。矿石为致密状、豆状，质量较差	云南省地质局第二区域地质测量大队一分队，1978b
31	巧家县阿卡白铝土矿	化学沉积型	中二叠世	矿点			预查	未利用	铝土矿位于中二叠统梁山组中上部。铝土矿层断续延伸约2800 m，厚度1.9~4.4 m，由北向南厚度逐渐减薄，矿石质量亦相对变差。矿石类型亦由粗糙状、致密状过渡为角砾状、豆状。Al_2O_3含量58.7%，铝硅比为8.37；Ga含量0.015%	云南省地质局第二区域地质测量大队一分队，1978b
丽江市										
32	宁蒗县油果木铝土矿	化学沉积型	中二叠世	矿点			预查	未利用	含矿层位于上泥盆统灰岩与下二叠统灰岩接触之假整合面上，矿体长小于50 m，厚约1 m，均为小透镜体，Al_2O_3含量47.25%~60.68%，个别可达70.8%	云南省地质局第七地质队，1976

续表

编号	矿产地名称	矿床类型	成矿时代	矿种规模	主矿种品位	共伴生矿产品位	勘查程度	利用现状	地质矿产简况	资料来源
楚雄州										
33	武定县恩泽河铝土矿	化学沉积型	中二叠世	矿点			预查	未利用	矿体呈层状、似层状，赋存于中二叠统梁山组含铝土矿岩系中。A 矿体长 150~300 m，厚度 0.7~4.5 m。矿石以土状为主，次为致密状、豆状；铝矿物为一水硬铝石，三水铝石及胶铝石次之。Al_2O_3 含量 40%~70%	云南省地质局第九地质队，1962b
文山州										
34	文山市天生桥铝土矿	化学沉积型	晚二叠世	大型		Ga 0.0059%	勘探	未利用	上二叠统龙潭组（P_3l）为沉积型铝土矿的主要含矿层位。天生桥矿段沉积型铝土矿呈层状、似层状分布，控制最大延深 1000 m；厚度 0.13~23.16 m，Al_2O_3 含量 40.06%~69.27%，*A/S* 值为 1.60~28.29。堆积型铝土矿赋存于石炭系—二叠系马平组灰岩的溶蚀洼地上的第四系残坡积物中，呈面形展布，形态极不规则，呈港湾状展布。矿体铅直厚度最小 0.9 m，最大 7.0 m；原矿含矿率最高 1012.09 kg/m^3，最低 120.53 kg/m^3，平均 446.23 kg/m^3。矿体净矿石中，各主要组分含量分别为：Al_2O_3 35.39%~65.38%，平均 46.38%；SiO_2 8.69%、Fe_2O_3 25.86%，铝硅比值平均为 5.34	四川冶金地质勘查院，2007a
35	文山市大石盆铝土矿	风化型	全新世	中型	53.65%		勘探	未利用	矿体基本裸露地表，呈面型展布，富厚地段多位于各矿体中部，矿体带南北展布长度约 7.2 km，东西宽 0.2~1.2 km，Al_2O_3 含量 53.65%	中国冶金地质总局昆明地质勘查院 2007c
36	文山市南林河铝土矿	风化型	全新世	小型	47.19%		预查	未利用	矿体以似层状、松散状分布于第四系岩溶洼地、岩溶缓坡中，Al_2O_3 含量 47.19%	云南省地质调查局，2011
37	文山市杨柳井铝土矿	风化型	全新世	中型			勘探	未利用	矿体主要赋存于溶蚀洼地与漏斗之中，平面形态呈不规则状及团块状，剖面上呈透镜状及似层状，少数为漏斗状；分布范围长 3.9 km，宽 0.9 km，面积 2.5 km^2。矿体平均厚度 3.74~11.50 m，Al_2O_3 含量 45.66%~55.79%，平均含矿率为 414.05~770.05 kg/m^3	中国冶金地质总局昆明地质勘查院，2007a
38	文山市清水塘铝土矿	风化型	全新世	小型			普查	未利用	产于第四系坡残积层中，矿体平面形态呈不规则状及团块状，剖面上呈透镜状及似层状，少数为漏斗状	中国冶金地质总局昆明地质勘查院，2007b

续表

编号	矿产地名称	矿床类型	成矿时代	矿种规模	主矿种品位	共伴生矿产品位	勘查程度	利用现状	地质矿产简况	资料来源
39	砚山县永和铝土矿	化学沉积型	晚二叠世	小型			预查	未利用	矿体产于上二叠统吴家坪组含铝碎屑岩中，呈似层状，Al_2O_3 含量 62.25%	云南省地质调查局，2011
40	砚山县红舍克铝土矿	化学沉积型	晚二叠世	中型	51.01%~57.29%	Ga 0.0049%~0.0084%	勘探	已利用	沉积型矿体呈层状、似层状、透镜状赋存于龙潭组上段（P_3l^2）底部含铝岩系中，走向长 60~1560 m；大部分矿体沿 30°~60°平行产出，常出现分支复合现象。矿体厚度 0.54~24.42 m，平均 11.50 m，倾向 95°~246°，受褶皱影响，局部反倾（倾向 300°~330°），倾角 28°~84°；Al_2O_3 含量 40.39%~71.64%，平均 52.62%。堆积型矿体主要分布于第四系残积、残坡积层中，呈面型展布	云南省有色地质勘查院，2007
41	西畴县烈士墓-英代铝土矿	风化型	全新世	小型	58.20%		预查	未利用	矿体呈似层状、松散状分布于第四系岩溶洼地、岩溶缓坡中，Al_2O_3 含量 58.20%	云南省地质调查局，2011
42	西畴县大地-瓦厂铝土矿	风化型	全新世	小型	58.84%		预查	未利用	矿体以似层状、松散状分布于第四系岩溶洼地、岩溶缓坡中，Al_2O_3 含量 58.84%	云南省地质调查局，2011
43	西畴县卖酒坪铝土矿	风化型	全新世	中型	55.43%	Ga 0.0097%	勘探	已开采	堆积型铝土矿由上二叠统吴家坪组含铝岩段经风化作用形成的残坡积物组成，主要分布于卖酒坪矿段。矿体厚 0.5~31.6 m，平均 7.16 m；Al_2O_3 含量 40.14%~72.21%，平均 58.22%，*A/S* 值平均为 9.37。沉积型铝土矿呈层状分布于芹菜塘矿段，矿体厚 0.20~8.54 m，平均 1.93 m；Al_2O_3 含量 50.62%~62.12%，*A/S* 值为 4.67~6.14	云南地矿资源股份有限公司文山分公司，2005
44	西畴县追栗冲铝土矿	风化型	全新世	小型	63.67%		预查	未利用	矿体呈似层状、松散状分布于第四系岩溶洼地、岩溶缓坡中，Al_2O_3 含量 63.67%	云南省地质调查局，2011
45	西畴县董有新发寨铝土矿	风化型	全新世	小型	48.99%		预查	未利用	矿体呈似层状、松散状分布于第四系岩溶洼地、岩溶缓坡中，Al_2O_3 含量 48.99%	云南省地质调查局，2011
46	西畴县大塘子-联营厂铝土矿	风化型	全新世	小型	56.57%		预查	未利用	矿体呈似层状、松散状分布于第四系岩溶洼地、岩溶缓坡中，Al_2O_3 含量 56.57%	云南省地质调查局，2011

续表

编号	矿产地名称	矿床类型	成矿时代	矿种规模	主矿种品位	共伴生矿产品位	勘查程度	利用现状	地质矿产简况	资料来源
47	西畴县大吉厂铝土矿	风化型	全新世	小型	49.21%		预查	未利用	矿体呈似层状、松散状分布于第四系岩溶洼地、岩溶缓坡中，Al_2O_3 含量 49.21%	云南省地质调查局，2011
48	西畴县大马路铝土矿	风化型	全新世	小型	55.39%		预查	未利用	矿体呈似层状、松散状分布于第四系岩溶洼地、岩溶缓坡中，Al_2O_3 含量 55.39%	云南省地质调查局，2011
49	西畴县木者铝土矿	风化型	全新世	小型	53.40%		普查	未利用	矿体严格受地形条件控制，形态极不规则，扇状、丘状、飘带状、被状及纺锤状，Al_2O_3 含量 53.40%	四川省冶金地质勘查院，2007b
50	麻栗坡县太平街铝土矿	风化型	全新世	小型	57.97%		预查	未利用	矿体主要产于第四系岩溶洼地中，矿体为似层状、松散状分布于岩溶缓坡，Al_2O_3 含量 57.97%	云南省地质调查局，2011
51	麻栗坡县铁厂铝土矿	化学沉积型	晚二叠世	小型	454.83%	Ga 0.0089%	详查	未利用	包括沉积型和堆积型两大类。沉积型赋存于上二叠统吴家坪组下段，铁厂矿段矿体呈层状产出，产状 226°∠42°，走向长 930 m，倾向延深 110~190 m；矿体厚度 0.55~10.88 m，平均 2.69 m。矿层各主要组分含量分别为：Al_2O_3 41.20%~68.36%，平均 56.55%；SiO_2 5.63%~16.89%，平均 11.28%；Fe_2O_3 1.64%~21.82%，平均 10.74%；S 0.09%~12.91%，平均 3.08%；*A/S* 值 5.01，属一水硬铝石铝土矿类。堆积型矿体主要分布于铁厂和团山包矿段之间的交接部位及黄家塘矿段，矿体堆积类型均为残-坡积型，具有大小不一，厚薄不等，形态不规则，分布呈零星片状等特征	云南地矿资源股份有限公司文山分公司，2005
52	丘北县大铁铝土矿	化学沉积型	晚二叠世	中型	44.05%	Ga 0.00696%	普查	未利用	包括沉积型和堆积型两大类。沉积型赋存于上二叠统龙潭组底部，主矿体控制长 2350~2450 m，倾向北西西，倾角 6°~38°，呈厚层状产出；矿体厚度 7.90~14.80 m；Al_2O_3 含量 40.27%~42.60%，*A/S* 比值为 3.16~4.70。堆积型主矿体纵向长 2620 m，横向宽 180~430 m，平均 380 m，出露面积 1.16 km^2；矿体外形为条状，厚度 1.2~20.2 m，平均 4.57 m；Al_2O_3 含量 35.68%，*A/S* 值为 2.68，含矿率 510.30 kg/m^3	云南省有色地质局三〇六队，2013
53	丘北县水米冲铝土矿	化学沉积型	晚二叠世	小型	49.7%		普查	未利用	矿体产于上二叠统龙潭组含铝碎屑岩中，呈透镜状，长度约 800 m，厚度 7.3 m，相变较大，极不稳定；Al_2O_3 含量 49.70%，SiO_2 最高 37.38%，*A/S*>2.1	云南省地质调查局，2011

续表

编号	矿产地名称	矿床类型	成矿时代	矿种规模	主矿种品位	共伴生矿产品位	勘查程度	利用现状	地质矿产简况	资料来源
54	丘北县飞尺角铝土矿	风化型	全新世	大型	46.01%~47.10%	Ga 0.00357%	详查	未利用	矿区赋存有堆积型及沉积型两类铝土矿，沉积型铝土矿赋存于晚石炭世古侵蚀面之上的上二叠统龙潭组（P_3l）底部含铝岩系中，矿体走向近东西，倾向北，倾角25°~35°；矿体长3290 m，厚度3.50~16.74 m，平均9.79 m；Al_2O_3 含量43.25%~48.56%，平均47.10%。堆积型铝土矿外形为薄饼状，矿体形态比较简单，与第四系产出形态和谐一致；主矿体长466~1573 m，宽411~662 m，面积0.572~1.651 km^2	云南文山铝业有限公司，2007a
55	丘北县席子塘铝土矿	化学沉积型	晚二叠世	小型	59.40%		预查	未利用	矿体产于上二叠统龙潭组含铝碎屑岩中，呈似层状，Al_2O_3 含量59.40%	云南省地质调查局，2011
56	丘北县白色姑铝土矿	风化型	全新世	小型	55.96%		预查	未利用	矿体主要产于第四系岩溶洼地中，Al_2O_3 含量55.96%	云南省地质调查局，2011
57	广南县板茂铝土矿	风化型	全新世	中型	52.83%	Ga 0.0066%	勘探	未利用	铝土矿有沉积型和堆积型两种类型，以堆积型铝土矿为主。矿体呈似层状，总体沿北东—南西方向延伸。矿体长900 m，宽800 m，面积0.72 km^2；矿体呈平缓波状起伏，总体由北西向南西倾斜，倾角一般0~20°，平均15°；矿体含矿率为111~2295 kg/m^3。矿石属一水型铝土矿石，主要组分含量分别为 Al_2O_3 52.83%、SiO_2 7.68%、TFe_2O_3 21.78%，铝硅比6.87	长沙有色冶金设计研究院勘查公司，2005
58	广南县新寨铝土矿	化学沉积型	晚二叠世	小型	47.55%		预查	未利用	矿体产于上二叠统吴家坪组含铝碎屑岩中，多呈似层状，Al_2O_3 含量47.55%	云南省地质调查局，2011
59	富宁县郎架铝土矿	化学沉积型	晚二叠世	小型	59.51%		预查	未利用	矿体产于上二叠统吴家坪组含铝碎屑岩中，多呈似层状，Al_2O_3 含量59.51%	云南省地质调查局，2011
60	富宁县木树铝土矿	风化型	全新世	矿点			预查	未利用	矿层为粘土与矿块的堆积层，松散状分布于岩溶缓坡，Al_2O_3 含量47.19%	云南省地质调查局，2011
61	富宁县木宗铝土矿	风化型	全新世	矿点			预查	未利用	矿层为粘土与矿块的堆积层，松散状分布于岩溶缓坡，Al_2O_3 含量47.19%	云南省地质调查局，2011
62	富宁县谷桃铝土矿	化学沉积型	晚二叠世	矿点			预查	未利用	矿体产于上二叠统吴家坪组含铝碎屑岩中，多呈似层状，Al_2O_3 含量60.4%~65.9%	云南省地质调查局，2011

续表

编号	矿产地名称	矿床类型	成矿时代	矿种规模	主矿种品位	共伴生矿产品位	勘查程度	利用现状	地质矿产简况	资料来源
大理州										
63	大理市挖色铝土矿	化学沉积型	晚三叠世	矿点			预查	未利用	矿体呈透镜状、似层状，赋存于上三叠统中窝组下部含铝土矿岩系中，风化强烈，厚度变化大，Al_2O_3 含量一般小于40%	云南省地质调查局，2011
64	鹤庆县吉地坪-大黑山铝土矿	化学沉积型	晚三叠世	小型	65.19%		普查	未利用	矿体呈层状、似层状，赋存于上三叠统中窝组底部与下伏中三叠统北衙组上段（T_2b^2）古风化剥蚀面上，矿体长 65~1310 m，延深 41~172 m，厚度最小 0.35 m，最大 3.20 m，呈东西似层状分布，Al_2O_3 含量 65.19%	云南省有色地质局三一〇队，2009
65	鹤庆县大稿（果）铝土矿	化学沉积型	晚三叠世	小型	63.96%		普查	未利用	含矿层为上三叠统中窝组第一岩性段，最大厚度 16.60 m。矿体一般均呈小透镜状产出，单个矿体规模均较小，各矿体品位厚度变化较大，受下伏古风化剥蚀 面形态控制。矿床 Al_2O_3 平均含量 63.96%，铝硅比 14.32	四川省冶金地质勘查院，2008
66	鹤庆县中窝铝土矿	化学沉积型	晚三叠世	小型	51.42%		普查	未利用	矿体呈层状、似层状，赋存于上三叠统中窝组底部与下伏中三叠统北衙组上段古风化剥蚀面上，铝土矿系厚度 0.5~13.15 m。铝土矿矿体极不连续，全区含矿系数小于 10%。单个扁豆状矿体长 50~140 m，厚度 0.3~3.15 m，沿走向呈间距 50~200 m 的串珠状分布；漏斗状矿体的直径 1~15 m，深 2~20 m。Al_2O_3 含量 39.84%~57.80%，平均 51.42%；矿层中镓含量 0.004%~0.03%	云南省地质局第十三地质队，1961
67	鹤庆县白水塘铝土矿矿床	化学沉积型	晚三叠世	小型	55.44%	Ga 0.0022%	普查	未利用	矿体受上三叠统中窝组及下伏中三叠统北衙组上段古风化剥蚀不整合面控制，呈似层状、扁豆状、串珠状产出。矿体厚度 0.40~4.7 m，Al_2O_3 含量 53.24%，SiO_2 含量 15.27%，*A/S* 值为 3.49。矿石中有益组分镓具综合回收价值	云南省有色地质局三一〇队，2009
68	鹤庆县（松桂）西炭街铝土矿	化学沉积型	晚三叠世	小型	50.03%		普查	未利用	铝土矿体赋存于上三叠统中窝组下部与中三叠统北衙组的不整合面上，呈漏斗状、透镜状产出。矿石组成简单，主要为一水硬铝石，次为三水硬铝石、胶铝矿、褐铁矿，脉石为高岭石、水云母。矿床 Al_2O_3 平均含量 50.03%，SiO_2 平均含量 15.61%，铝硅比 3.2	云南省有色地质局三一〇队，2010

附表5 云南省稀土金属矿产地一览表

编号	矿产地名称	矿床类型	成矿时代	矿种规模	品位	共伴生矿产品位	勘查程度	利用现状	地质矿产简况	资料来源
昆明市										
1	晋宁区昆阳磷矿床伴生稀土矿	生物化学沉积型	寒武纪	矿点			勘探	未利用	工业矿体中稀土氧化物（REO）含量一般1.5%～6%，最高11.78%，最低0.95%，平均2.63%	云南省地质调查局，2016
2	富民县老煤山耐火粘土铝土矿矿床伴生镱矿	化学沉积型	中二叠世	小型	Yb 0.001%		勘探	未利用	在铝土矿中，含有可回收利用的稀土元素镱（Yb），平均品位0.001%	冶金工业部西南地质勘查局昆明地质调查所，1991
曲靖市										
3	沾益区德泽磷矿伴生稀土矿	生物化学沉积型	寒武纪	矿点			勘探	未利用	稀土元素主要分布于德泽磷矿区Ⅱ号矿体中，TR_2O_3含量为0.03%～0.1%，平均0.06%，其中重稀土钇（Y）含量为0.01%～0.04%。矿石中未发现独立的稀土矿物。稀土元素主要以类质同像赋存于胶磷矿中（0.02%～0.15%），在石英、玉髓、白云石、方解石、磷铝矿中，TR_2O_3含量为0.01%～0.014%	云南省地质矿产局，1993
4	宣威市中营-禾木多-徐家村稀土矿	火山岩型-风化型	二叠纪	矿点			预查	未利用	中营一带有两个含稀土矿层，以古风化壳型为主，次为沉积型。第一含矿层为上二叠统峨眉山玄武岩组顶部紫色玄武岩风化土-宣威组底部灰白色铁质粘土岩，TR_2O_3含量一般为0.116%～0.466%。第二含矿层为峨眉山玄武岩组第三段，有2层矿，即玄武岩风化土和含铁粘土岩，TR_2O_3含量相对较低，分别为0.108%、0.106%	云南省地质矿产局，1993
保山市										
5	腾冲市小龙河锡多金属矿床共（伴）生稀土矿	岩浆型	晚白垩世	矿点			详查	未利用	稀土、稀有金属矿体主要受近南北向同岩浆断裂、岩体和围岩的接触面控制，主要呈面状、线状、伞状和岩筒状产出。在干柴岭、小龙河、弯旦山和大松坡一带采取93个样品（包括2件尾砂、2件围岩和1件高岭土化伟晶岩），分析结果显示，稀土元素氧化物（REO）含量为49.17×10^{-6}～2034.91×10^{-6}，平均495.90×10^{-6}（0.50%），属轻、重稀土均富集型，L/H值为0.77～1.28。钇含量为87.63×10^{-6}，稀土矿物中含钇矿物主要为磷钇矿、铌钇矿	李建忠等，2016

续表

编号	矿产地名称	矿床类型	成矿时代	矿种规模	品位	共伴生矿产品位	勘查程度	利用现状	地质矿产简况	资料来源
6	腾冲市新歧稀有稀土分散锡多金属矿	岩浆型-风化型	第四纪	超大型	Y_2O_3 0.0149%；Sc_2O_3 0.0016%		普查	未利用	Y 呈单矿物形式产出，如铌钇矿、磷钇矿、褐钇铌矿等，Y_2O_3 含量一般 0.01%~0.043%，低者 0.001%~0.008%；Sc 以类质同象形式产出，主要赋存于铌钇矿中，其次在锡石、黑钨矿、铌钽铁矿中也有赋存 Sc_2O_3 含量一般 0.0004%~0.003%，最高 0.0074%，最低为 0%	云南省地质局第三地质队，1983
7	腾冲市土官寨稀土矿	风化型	第四纪	矿点			预查	未利用	矿体主要产于白垩纪二长花岗岩风化壳的全风化层中，呈似层状产出，赋矿岩石为全一强风化糜棱岩化花岗岩，控制矿体面积 17.78 km^2。矿体厚度 7.24~11.82 m，稀土氧化物含量 0.09%~0.11%。矿石中以轻稀土矿物为主，轻稀土配分占比为 77.03%~95.00%，浸出率平均 54.49%	张彬等，2019
8	龙陵县蕨叶坝稀土矿	风化型	第四纪	矿点			预查	未利用	矿体主要产于早白垩世花岗岩风化壳中，呈层状产出，赋矿岩石为全一强风化黑云二长花岗岩，控制矿体面积约 2.71 km^2。矿体厚度 2~11 m，平均 3.93 m；稀土氧化物含量 0.08%~0.16%，平均 0.09%。矿石中以轻稀土矿物为主，轻稀土配分占比为 67.2%~84.3%，平均 78.8%；浸出率平均 53.44%	张彬等，2019
9	龙陵县尖山脚稀土矿	风化型	第四纪	矿点			预查	未利用	矿体主要产于古近纪花岗岩风化壳中，呈似层状产出，赋矿岩石为全一强风化黑云二长花岗岩。控制矿体厚度 1~12 m，平均 5.53 m；稀土氧化物含量 0.08%~0.09%，平均 0.09%。矿石中以轻稀土矿物为主，轻稀土配分占比为 86.76%~90.27%，平均 88.27%；浸出率平均 64.66%	张彬等，2019
普洱市										
10	澜沧县上允稀土锡矿	风化型	第四纪	大型	REO 0.09%	Sn 0.72%	详查	未利用	稀土矿体主要赋存与全风化壳中砂质粘土层，埋深 8~22 m。矿体长 4.5~5.3 km，宽 0.2~1.3 km，面积 2.2~6.3 km^2，平均厚度 4.01~5.73 m，稀土氧化物含量 0.087%~0.093%，平均浸出率为 61.47%~70.29%。稀土元素主要以浸出相氧化物分散吸附于粘土矿物中，少量以矿物相存在，矿物相的稀土赋存在不易风化蚀变的锆石、钍石矿物中。全相稀土总量以轻稀土（LREO）为主，占稀土总量 71.49%，其中镧、铈、镨、钕 4 种元素氧化物占比达到 67.28%。重稀土（HREO）占稀土总量 28.51%，其中 Y_2O_3 配分值 17.95%，Dy_2O_3 配分值 2.74%	西藏金海矿产资源开发有限公司，2016

续表

编号	矿产地名称	矿床类型	成矿时代	矿种规模	品位	共伴生矿产品位	勘查程度	利用现状	地质矿产简况	资料来源
11	澜沧县新营盘稀土矿	风化型	第四纪	矿点			预查	未利用	矿体赋存于花岗岩风化壳中，受地形地貌变化控制，呈层状、似层状产出，稀土矿化风化壳厚约20 m。主矿体一般位于风化壳砂质粘土层以下3~10 m范围的花岗岩全风化层内，厚度1.0~4.2 m，平均1.88 m；稀土氧化物含量0.08%~0.11%，平均0.08%。稀土矿石配分类型与澜沧上允稀土矿基本一致，以中钇低铕轻稀土型为主	邢永辉等，2019
临沧市										
12	临翔区陂阴寨稀土矿	风化型	第四纪	矿点			预查	未利用	含矿母岩为三叠纪似斑状黑云二长花岗岩。矿体主要赋存于花岗岩风化壳的全风化层中，受地形地貌变化控制，呈层状、似层状产出；工业矿体厚度大于4 m，边界品位矿体厚度大于3 m	张保涛等，2019
13	临翔区岔河稀土矿	风化型	第四纪	中型	REO 0.088%		普查	未利用	稀土矿体赋存于三叠纪临沧花岗岩体风化壳中，含矿母岩黑云二长花岗岩。矿体受地形地貌变化控制，呈层状、似层状产出；工业矿厚度2.00~4.41 m，平均3.48 m；稀土全相品位0.081%~0.096%，平均0.088%。低品位矿厚1.60~4.23 m，平均3.03 m；稀土全相品位0.055%~0.068%，平均0.060%	云南省核工业二〇九地质大队，2017
14	镇康县木厂铌稀土金多金属矿	岩浆型-风化型	第四纪	矿点	0.041%	Nb_2O_5 0.059%	普查	未利用	木厂碱性岩体稀土矿化程度较高，全岩TR_2O_3平均含量为0.1352%，离子吸附型稀土分析平均含量仅为0.0362%，说明稀土元素次要吸附于粘土矿物中，主要与具稀土元素的有关矿物有密切关系，如烧绿石、磷钇矿和独居石等。有益稀有、稀土矿物主要为铌钽铁矿、锆石、独居石，次为曲晶石、磷钇矿、烧绿石等，稀土矿物中除铈、镧、钕等主要元素外，还含有钍、铀等放射性元素	云南省地质矿产局第三地质队，1989；云南黄金矿业集团股份有限公司保山分公司，2010
楚雄州										
15	牟定县水桥稀土稀有金属矿	风化型	第四纪	中型	0.129%	Nb_2O_5 0.035%；ZrO_2 1000 g/m^3	详查	已利用	矿体产于古元古界普登岩群混合岩风化壳中，呈面型分布；剖面上矿体位于全风化层中，产状与地形坡度大体一致，倾角3°~15°。矿体呈北东—南西向延伸，长4 km，宽1.30~3.00 km，厚度2.00~14.40 m，稀土平均总量0.129%，浸取品位0.04%~0.144%。矿床为轻、重稀土均富集型，钇（Y）、镧（La）、钕（Nd）、铈（Ce）等元素较富集；轻稀土（∑CeO）配分占比为55.40%，重稀土（∑YO）配分占比为44.60%	云南省地质矿产局第一地质大队，1992a

续表

编号	矿产地名称	矿床类型	成矿时代	矿种规模	品位	共伴生矿产品位	勘查程度	利用现状	地质矿产简况	资料来源
16	牟定县二台坡钪铁铂钯多金属矿	岩浆型	二叠纪	矿点			预查	未利用	矿体产于二台坡基性岩体边沿或中下部，呈层状、似层状或脉状产出。矿体长 80~280 m，宽 40~330 m；厚度 15.72~42.43 m，Sc_2O_3 含量 43.89~66.71 g/t，TFe 含量 8.28%~13.72%，Pt 品位 0.013~0.047 g/t。岩石中未见钪的独立矿物，钪主要以类质同象的形式分布于透辉石、角闪石、斜锆石和锆石中	朱智华，2010
17	元谋县朱布铂族多金属矿床伴生钪矿	岩浆型	二叠纪	矿点			勘探	未利用	朱布岩体中，辉长岩、辉石岩 Sc 含量高达 35.24~61.11 g/t	张茂超，2013
18	武定县迤纳厂铁铜矿床伴生稀土矿	火山沉积型	中元古代	小型			详查	已利用	稀土（TR_2O_3）在矿床中一般含量为 0.14%~0.2%，以轻稀土为主（铈、镧、镨、钕），重稀土次之（钇、镱）。稀土含量在不同类型矿石中有明显差异，主要取决于脉石成分，以萤石、磷灰石为主者，稀土含量高。东方红矿段 TR_2O_3 含量 0.008%~0.503%，平均 0.145%；大宝山矿段 TR_2O_3 含量 0.013%~0.095%，平均 0.054%	云南省地质局第四地质队，1972、1979
红河州										
19	个旧市贾沙稀土矿	风化型	第四纪	矿点			预查	未利用	个旧贾沙一带的二长岩中，稀土氧化物（ΣRE_2O_3）含量高达 688×10^{-6}	云南省地质调查局，2016
20	个旧市白云山稀土稀有分散元素矿	风化型	第四纪	中型	0.131%		普查	未利用	矿体产于白云山碱性岩风化壳中，呈南北向展布，倾角 0°~36°；平面上为不规则块状，剖面上以层状为主。矿体长度 4.26~4.38 km，宽 1.96~2.05 km，面积 5.11~6.5 km^2；单工程平均厚度 3.34~6.01 m，TREO 平均含量 0.127%~0.131%。矿石中伴生有 Li、Nb、Rb、Cs、Ga 等有益元素	云南省核工业二〇九地质大队，2015
21	建水县普雄稀土稀有分散元素矿	岩浆型-风化型	第四纪	超大型	REO 0.141%；Sc 2.7 g/t	Nb_2O_5 0.019%	普查	未利用	矿体产于长岭岗碱性岩体风化壳中，出露面积约 14.51 km^2。矿体（层）呈不规则曲面状，走向北东，总体倾角为 3°~15°，呈层状、似层状产出，部分地段有分支复合现象。矿体厚度 9.18~12.59 m，稀土氧化物（REO）含量为 0.142%~0.151%，同体共生的 Nb_2O_5 含量为 0.0163%~0.0185%。赋存于高岭石等粘土矿物的离子相稀土为 39.96%，独居石、氟碳铈矿等稀土独立矿物为 44.32%，其他形式存在稀土为 15.72%。矿石中稀土以镧（La）、铈（Ce）、镨（Pr）、钕（Nd）等轻稀土为主，轻稀土含量达 90%以上（镧、铈占比 60%以上，镨、钕占比 20%以上），重稀土含量极低	云南省核工业二〇九地质大队，2013；王学武等，2018

续表

编号	矿产地名称	矿床类型	成矿时代	矿种规模	品位	共伴生矿产品位	勘查程度	利用现状	地质矿产简况	资料来源
22	元阳县金厂坪独居石砂矿	风化型	第四纪	小型	独居石 100~700 g/m^3		普查	未利用	独居石矿有风化壳残坡积型、河流冲积型两种矿化类型。风化壳残坡积型独居石砂矿产于古元古界哀牢山岩群小羊街岩组（Pt_1x.）与花岗岩接触带附近的混合岩带风化壳中，一般厚 10 m 左右，最厚达 18 m；独居石含量一般 100 g/m^3 左右，最高达 650 g/m^3；磷钇矿含量低。河流冲积型砂矿主要产于金厂坪小河河谷，独居石含量高，最高达 6959 g/m^3，最低 10.4 g/m^3，平均 700 g/m^3 以上；独居石与磷钇矿比例为 17∶1。矿体品位富，但范围不大	云南省地质局金平地质队，1959
23	金平县马鞍底铁矿床伴生钪矿	岩浆型	二叠纪	超大型	Sc_2O_3 57.72 g/t	TFe 20.84	勘探	未利用	矿石中主要有益元素为 Fe，TFe 含量 17.00%~43.10%，平均 20.84%；伴生其他有益组分为 Ti、Sc、V，其含量分别为：TiO_2 4.24%~10.37%，平均 6.49%；Sc_2O_3 16.20×10^{-6}~86.70×10^{-6}，平均 57.65×10^{-6}；V_2O_5 0.072%~0.530%，平均 0.140%。角闪石是钪的主要载体矿物，在脉石中的含量大于 85%，呈淡墨-墨绿色，玻璃光泽。多数呈自形-半自形板柱状变晶，正中突起，具典型角闪石式解理，多色性明显	云南省地质工程勘察总公司，2017
24	金平县阿德博独居石磷钇矿砂矿	风化型	第四纪	中型	独居石 250~300 g/m^3		勘探	未利用	含矿岩体呈北西—南东向延长的带状分布，长 20 km，宽 1.5~2 km，风化壳平均厚度约 10 m，普遍具有矿化。矿体形态多为似层状、透镜状，在剖面上无一定的层位。主要工业矿体长 440~1600 m，宽 1656~195 m，厚度 2~6 m。独居石（包括少量磷钇矿）平均品位 250~300 g/m^3，除独居石外，有益矿物有锆英石，金红石，但含量均不高。独居石含稀土总量约为 62%，ThO_2 含量为 10%	中国有色金属工业昆明勘察设计研究院，2010
					文山州					
25	文山市天生桥铝土矿矿床伴生稀土矿	化学沉积型	晚二叠世	矿点			勘探	未利用	铝土矿、铁质铝土矿、铁铝质岩、铁质岩等含铝岩系中均伴生有稀土，REE 平均含量为 1001.16×10^{-6}	崔银亮等，2018
26	砚山县红舍克铝土矿矿床伴生稀土矿	化学沉积型	晚二叠世	矿点			勘探	未利用	铝土矿、铁质铝土矿、铁铝质岩、铁质岩等含铝岩系中均伴生有稀土，REE 平均含量为 851.64×10^{-6}	崔银亮等，2018

续表

编号	矿产地名称	矿床类型	成矿时代	矿种规模	品位	共伴生矿产品位	勘查程度	利用现状	地质矿产简况	资料来源
27	丘北县白色姑铝土矿矿床伴生稀土矿	风化型	全新世	矿点			预查	未利用	铝土矿、铁质铝土矿、铁铝质岩、铁质岩等含铝岩系中均伴生有稀土，REE 平均含量为 912.43×10^{-6}	崔银亮等，2018
西双版纳州										
28	勐海县勐往独居石砂矿	砂矿型	第四纪	大型	独居石 620 g/m^3	锆石 690 g/m^3；钛铁矿 5052 g/m^3	勘探	未利用	独居石砂矿体主要赋存于勐往盆地古河床冲积层中，也有分布在现代河谷（床）和残坡积层中的砂矿，前者较富是主体，后者较贫且规模较小。主矿体呈似层状产出，面积为 3.06 km^2；其余矿体分布于其上下或外围，形态多为透镜状、扁豆状，总面积为 0.44 km^2。主矿体在南、中及北段局部有富矿分布；南段富矿厚度 2~4 m，贫矿厚度 1~10 m；中段富矿一般厚度 3~20 m，贫矿厚度 2~10 m；北段富矿厚度 2~8 m，贫矿厚度 2~6 m；小矿体厚度 1~6 m，局部可达 10 m	云南省地质矿产勘查开发局第一地质大队，2010b
29	勐海县勐康磷钇矿独居石砂矿	砂矿型	第四纪	小型	磷钇矿 72 g/m^3		详查	未利用	磷钇矿矿体主要赋存于盆地古河床冲积层中，少部分赋存于残坡积及洪积层中。矿体呈面型分布，长轴方向与盆地一致，受地貌和堆积物分选性的控制。主矿体长约 1.3 km，宽 25~150 m，面积达 0.39 km^2；矿体平均厚度 1.93 m，最厚在 2.25 m 以上，平均品位 72 g/m^3，最高达 116 g/m^3	云南省地质矿产勘查开发局第一地质大队，2010e
30	勐海县勐阿独居石磷钇矿砂矿	砂矿型	第四纪	大型	独居石 257 g/m^3；磷钇矿 72~130 g/m^3		详查	未利用	矿体主要赋存于盆地古河床冲积层中，主矿体长轴方向与盆地一致，呈面型分布；小矿体则呈扁豆状分布于主矿体的上下、左右呈雁行展布。磷钇矿主矿体长 11 km，宽 0.6~1 km，面积达 7.5 km^2，呈北北西走向。盆地中部矿体一般厚度 4.49~8.87 m，宽 900~1000 m；盆地南北两端矿体宽度逐渐收敛，厚度也随之变薄；磷钇矿平均品位为 89 g/m^3。独居石主矿体部分在剖面上与磷钇矿主矿体的层位相当，长 8.7 km，宽一般 300~450 m，最宽处 0.7~1 km；平均厚度 1.22 m，独居石平均品位 255 g/m^3	云南省地质矿产勘查开发局第一地质大队，2010d

续表

编号	矿产地名称	矿床类型	成矿时代	矿种规模	品位	共伴生矿产品位	勘查程度	利用现状	地质矿产简况	资料来源
31	勐海县城郊独居石砂矿	砂矿型	第四纪	大型	独居石 573 g/m³		详查	未利用	矿体主要赋存于盆地古河床冲积层中，少部分赋存于残坡积及洪积层中。呈长条形、扁豆形及分支不规则形展布，受地貌和堆积物分选性的控制。矿体长 0.8~2.4 km，宽 0.1~2 km，厚度 1~3.35 m，独居石平均品位 292~900 g/m³。伴生有锆石、钛铁矿及磷钇矿，伴生矿物的品位变化和独居石品位变化成正相关	云南省地质矿产勘查开发局第一地质大队，2010c
大理州										
32	永平县卓潘稀土矿	岩浆型-风化型	古近纪	矿点			普查	未利用	稀土矿（化）体主要赋矿层位为辉石正长岩相带的全风化层及强风化层，其次为辉石岩相带的全风化层及强风化层。矿（化）体东西最长约 13 km，南北最宽约 5 km；矿化层垂直厚度最大 16 m，最小 2 m，平均 5 m；稀土氧化物含量（ΣREO）0.15%~0.435%，平均 0.205%。组合样稀土分量分析结果显示，轻稀土元素占 91%，重稀土元素占 9%。稀土矿浸出率为 0.13%~0.27%，平均为 0.18%，表明其不属于离子吸附型稀土类型，稀土元素主要赋存于磷灰石矿物内	云南省地质调查局，2016
德宏州										
33	陇川县一碗水稀土矿	风化型	第四纪	矿点			预查	未利用	矿体主要产于三叠纪花岗岩风化壳的全风化层中，平面形态不规则，主要受地形地貌变化控制，呈被袱状。控制矿体南北宽 3.9 km，东西长 5.7 km，面积 11.3 km²；矿体厚度 3.00~16.8 m，平均 3.55 m；稀土氧化物含量 0.08%~0.16%，平均 0.96%。矿石中以轻稀土矿物为主，轻稀土配分占比为 61.81%~98.03%，平均 79.05%；浸出率平均 43.69%	张彬等，2019
34	陇川县大曼别稀土矿	风化型	第四纪	矿点			预查	未利用	矿体主要产于古近纪花岗岩风化壳的全风化层中，形态、产状受地形地貌变化控制，剖面上呈层状、似层状产出，赋矿岩石为全一强风化似斑状粗粒钾长花岗岩。控制矿体南北长 8.6 km，东西宽 7.6 km，面积 25.39 km²；矿体厚度 1~17 m，平均 5.8 m；稀土氧化物含量 0.08%~0.28%，平均 0.10%。矿石中以轻稀土矿物为主，轻稀土配分占比为 68.32%~92.53%，平均 85.71%；浸出率平均 43.31%	张彬等，2019

续表

编号	矿产地名称	矿床类型	成矿时代	矿种规模	品位	共伴生矿产品位	勘查程度	利用现状	地质矿产简况	资料来源
35	陇川县营盘山稀土矿	风化型	第四纪	矿点			预查	未利用	矿体产于古近纪花岗岩风化壳的全风化层中，平面形态不规则，主要受地形地貌变化控制，呈被袱状，剖面上呈似层状。控制矿体南北长 8.7 km，东西宽 4.6 km，面积 18.89 km^2；矿体平均厚度 4.8 m，稀土氧化物含量 0.08%～0.22%，平均 0.11%；浸出率平均 47.68%。其中，Ⅰ号矿体为轻稀土矿体（轻稀土配分占比 81.48%～93.05%），赋矿岩石为全-强风化似斑状黑云钾长花岗岩、斑状黑云二长花岗岩；Ⅱ号矿体为重稀土矿体（轻稀土配分占比为 42.68%），赋矿岩石为全-强风化细粒黑云二长花岗岩	张彬等，2019
36	陇川县龙安稀土矿	风化型	第四纪	中型	0.094%		预查	未利用	矿体主要赋存于印支期花岗岩全风化层内，其次在红土层和花岗岩半风化层中零星分布。矿体东西长 1900 m，南北宽 1850 m，矿化面积 1.4～1.5 km^2。矿层厚度最大 12.9 m，最小 1.65 m，平均 6.62 m。矿层顶板为红土化层，平均厚度 2.7 m；稀土氧化物总量最高 0.146%，平均 0.094%，离子相稀土氧化物（SREO）含量全区最高 0.153%，加权平均为 0.056%。稀土氧化物中轻稀土（$\sum CeO_2$）配分占比为 79.4%，属低钇、低铕的富镧、钕的轻稀土矿床	云南省地质矿产局区域地质调查所，1994；云南玉溪迈特实业有限公司，2010

附表 6　云南省稀有金属矿产地一览表

编号	矿产地名称	矿床类型	成矿时代	矿种规模	品位	共伴生矿产品位	勘查程度	利用现状	地质矿产简况	资料来源
昆明市										
1	禄劝笔架山铁矿床伴生铌矿	海相火山岩型	中元古代	小型			勘探	未利用	铁矿石中伴生有益组分为铌，矿床 Nb_2O_5 平均含量 0.0366%，具有工业利用价值。铌主要在富铁矿石中富集（储量占 66.5%），Nb_2O_5 平均含量 0.0424%；贫铁矿中储量只占 33.43%，Nb_2O_5 平均含量 0.0288%	云南省冶金局地质勘探公司三〇五队，1975
2	安宁市耳目村－下哨铝土矿矿床伴生铌锂矿	化学沉积型	中二叠世	矿点			勘探	未利用	安宁市耳目村－下哨一带的铝土矿中，Nb_2O_5 含量为 0.007%～0.016%	冶金工业部西南地质勘查局昆明地质调查所，1991
曲靖市										
3	宣威市中营－禾木多－徐家村稀土矿点伴生铌矿	火山岩型－风化型	二叠纪	矿点			预查	未利用	宣威禾木多-徐家村一带的火山沉积型稀土矿中也伴生有铌矿。禾木多一带峨眉山玄武岩组第三段火山岩中的稀土矿，Nb 含量一般为 0.01%～0.05%，最高 0.2%。徐家村一带仅有上二叠统宣威组底部火山碎屑岩中的稀土矿，也伴生有铌矿，Nb 含量 0.01%～0.05%，最高 0.15%	云南省地质矿产局，1993
保山市										
4	保山市隆阳区钛铁矿砂矿床伴生锆英石矿	砂矿型	第四纪	中型			勘探	未利用	矿体主要赋存于新近系松散的细砂层、砂质土及砾石层中，其次在第四系松散堆积层中亦有产出。主矿体南北长 9400 m，东西宽 900～2200 m，呈层状产出，厚度一般 11～60 m，钛铁矿含量一般 8～18 kg/m^3，锆英石含量 0.2～0.5 kg/m^3。其中以各丘陵的中段为矿体最厚和最富的地段，往东通常上翘分支和变薄，往西或南西则变贫变薄	云南省冶金厅地质勘探公司三〇七队，1958
5	腾冲市小龙河锡多金属矿床共伴生稀有金属矿	岩浆型	晚白垩世	矿点			详查	未利用	稀土矿体中伴生有稀有金属铷（Rb）等。Rb_2O 含量最低为 521.65×10^{-6}，最高为 897.57×10^{-6}，平均 642.00×10^{-6}；含锡石云英岩中 Rb_2O 含量 3550.01×10^{-6}（0.355%），可作为共（伴）生矿产综合利用；花岗蚀变岩中含铷斜长石和钾长石，Rb_2O 含量为 0.21%～0.39%，可作为独立矿产开发利用。矿石中 Zr、Li、Be、Nb 含量分别为 90.4×10^{-6}～119.00×10^{-6}、9.3×10^{-6}～110.00×10^{-6}、6×10^{-6}～23.9×10^{-6}、40.5×10^{-6}～74.8×10^{-6}，均可综合利用	李建忠等，2016

续表

编号	矿产地名称	矿床类型	成矿时代	矿种规模	品位	共伴生矿产品位	勘查程度	利用现状	地质矿产简况	资料来源
6	腾冲市新歧稀有稀土锡多金属矿	岩浆型+风化型	第四纪	超大型	Rb_2O 0.1138%；Nb_2O_5 0.0063%；Ta_2O_5 0.0024%；Li_2O 0.0303%；Cs_2O 0.0017%	Sn 0.0113%；WO_3 0.0015%	普查	未利用	含矿风化壳的厚度 3.80～30.1 m，控制长 8000 m 以上，宽 370～500 m，平均 400 m。矿体形态较简单，为稳定面形分布的层状矿体。矿石中 Rb_2O、$(Ta，Nb)_2O_5$ 含量均达工业品位之上，可综合回收利用元素较多，有 Li、Cs、Sc、Y、Sn、W 等。Rb_2O 含量相对较高，一般 0.06%～0.189%，平均 0.1% 以上；Nb_2O_5 含量一般 0.005%～0.009%，最高 0.026%；Ta_2O_5 含量一般 0.001%～0.004%，最高 0.009%；Li_2O 含量一般 0.01%～0.077%，最高 0.112%；Cs_2O 含量一般 0.001%～0.003%，最高 0.006%；Sc_2O_3 含量一般 0.0004%～0.003%，最高 0.0074%；Y_2O_3 含量一般 0.01%～0.043%；Sn 含量一般 0.005%～0.03%，高者 0.04%～0.06%；WO_3 含量很低，一般 0.0001%～0.0090%，高者 0.02%～0.036%	云南省地质局第三地质队，1983
7	腾冲市贡源锡矿床共伴生钽铌矿	伟晶岩型	古近纪	小型	Nb_2O_5 0.029%；Ta_2O_5 0.013%		普查	未利用	矿体均产于黄铁矿化电气石石英伟晶岩脉中。主矿体走向 34°～310°，倾向北西或北东，倾角 70°～80°；矿体控制长 145～340 m，厚 4～6.18 m；Sn 平均品位 0.289%～0.325%。矿体伴生有铌钽，含量分别为：$Ta_2O_5$0.011%～0.014%、$Nb_2O_5$0.021%～0.031%	云南省地质矿产勘查院，2010
8	腾冲市卜锅脑钽矿	岩浆型-风化型	第四纪	大型	Ta_2O_5 0.031%～0.042%		普查	未利用	风化壳型钽（锡）矿呈面型沿地表分布，矿体南北长 250～466 m，东西宽 100～245 m，面积 0.032～0.1 km^2。矿体铅垂厚度 6.35～6.55 m；Ta_2O_5 含量 0.027%～0.042%；Sn 品位 1365.12～2125.73 g/m^3。脉状钽（锡）矿体赋存于花岗岩与变粒岩构造破碎带中，呈层状、透镜状产出。矿体控制长 300 m，倾向延深 138 m，厚度 1.14～1.38 m，平均 1.23 m；Ta_2O_5 含量 0.023%～0.043%，平均 0.032%；Sn 品位 787.59～1366.69 g/m^3，平均 987.44 g/m^3	云南省地质矿产勘查开发局八〇七队，2006

续表

编号	矿产地名称	矿床类型	成矿时代	矿种规模	品位	共伴生矿产品位	勘查程度	利用现状	地质矿产简况	资料来源
9	腾冲市茶塘河南钽铌矿	岩浆型-风化型	第四纪	小型	$(Ta+Nb)_2O_5$ 0.0185%		普查	未利用	钽铌矿主要赋存于钾化花岗岩带及钠化花岗岩细粒带、不等粒带的风化壳中。矿层（体）形态较简单，为稳定面形分布的层状；矿体基本连续，有用矿物颗粒较小，分布均匀，$(Ta+Nb)_2O_5$ 含量 0.0185%	云南省有色地质三〇八队，2006a
10	腾冲市勐蚌钨钽多金属矿	岩浆型-风化型	第四纪	中型	Nb_2O_5 0.018%；Ta_2O_5 0.032%	WO_3 0.37%；Sn 0.45%	详查	未利用	钨钽矿体均产于 F_1 与 F_2 所挟持的花岗岩中部云英岩化带中。含矿云英岩化带呈带状展布，与主构造线近于平行，总长度大于 2280 m，宽 42~87 m；矿体一般呈脉状、条带状，其次为扁大透镜体状，分布在云英岩化带的中部，控制长 238~880 m，最大斜深 20~60 m，平均厚度 1.77~5.06 m，Ta_2O_5 含量 0.026%~0.065%、WO_3 含量 0.32%~0.44%	腾冲县金山地矿科技服务责任有限公司 . 2010b
11	腾冲市宝华山稀有多金属矿	伟晶岩型	古近纪	小型	Nb_2O_5 0.021%；Ta_2O_5 0.007%；BeO 0.042%；Li_2O 0.486%	Sn 0.061%	普查	未利用	宝华山矿段共发现各型伟晶岩脉体 100 余条，以 Be、Ta、Nb 矿化为主，伴生 Li、Rb、Cs、Hf、Sn 等稀有和有色金属矿化，其中 17 条伟晶岩脉，各元素含量已达综合利用指标。矿化伟晶岩脉呈透镜状-脉状产出，控制长 50~400 m，厚度 2~10 m；BeO 含量 0.023%~0.078%、Ta_2O_5 含量 0.004%~0.016%、Nb_2O_5 含量 0.009%~0.018%、Li_2O 含量 0.04%~0.537%、Rb_2O 含量 0.12%、Cs_2O 含量 0.01%、Sn 含量 0.003%~0.09%	云南省地质局第四地质大队，1982
12	龙陵县回欢铍矿	伟晶岩型	古近纪	小型			详查	未利用	含矿伟晶岩脉贯入于震旦系—寒武系公养河群及其西部的花岗岩中，形成两个较大的岩脉群，共有岩脉 201 条，走向南北，倾向西，倾角 70°~90°。含铍矿物为细粒绿柱石，伴生铌钽铁矿，以白云母-钠长石伟晶岩脉最为富集。BeO 含量大于 0.04%，Ta_2O_5 含量 0.005%~0.01%。矿石矿物有绿柱石、铌钽铁矿	云南省地质局第二十地质队，1965b

续表

编号	矿产地名称	矿床类型	成矿时代	矿种规模	品位	共伴生矿产品位	勘查程度	利用现状	地质矿产简况	资料来源
13	龙陵县达摩山－黄草坝铍铌钽矿	伟晶岩型	古近纪	矿点			详查	未利用	含矿伟晶岩脉产于片麻状二云母花岗岩与斑状黑云母花岗岩接触带附近，受近南北向裂隙控制。岩脉呈透镜状，分异差，铍矿化较弱。大部分岩脉 BeO 含量小于 0.01%，部分细小岩脉 BeO 含量大于 0.02%，少数大于 0.04%；达摩山和黄草坝的岩脉中含有铌、钽，Ta_2O_5 含量 0.002%，Nb_2O_5 含量 0.0034%	云南省地质局第二十地质队，1960c
14	龙陵县三台坡铌钽矿	伟晶岩型	古近纪	小型	Ta_2O_5 0.0485%		普查	未利用	铌钽矿（化）体产于酸性侵入岩内的伟晶岩脉中，目前共发现 8 条花岗伟晶岩脉，其中 5 条构成铌钽工业矿体。主要矿体长度 275～420 m，厚度 1.84～2.48 m，Ta_2O_5 含量 0.0246%～0.126%，Nb_2O_5 含量 0.0076%～0.013%。矿石矿物主要为铌钽铁矿，次为锰钽铁矿、钽铁金红石、铌铁金红石、锡石、褐钇铌矿等	云南正瑞鑫矿业有限公司，2011a
15	龙陵县黄连沟铍稀有多金属矿	伟晶岩型	古近纪	中型	BeO 0.05%		普查	未利用	矿区内共有伟晶岩脉 2390 余条，几乎均有不同程度的矿化，伟晶岩脉体即是矿（化）体。矿石中主要有用元素为铍（Be），伴生有铌（Nb）、钽（Ta）、锂（Li）、铷（Rb）、铯（Cs）、镓（Ga）、锆（Zr）、铪（Hf）等稀有、分散元素。在各类花岗伟晶岩中，BeO 含量 0.007%～0.055%、平均 0.030%，Nb_2O_5 含量 0.012%～0.018%、平均 0.015%，Ta_2O_5 含量 0.0018%～0.0043%、平均 0.0031%，Li_2O 含量 0.02%～0.032%、平均 0.024%，Rb_2O 含量 0.051%～0.088%、平均 0.0643%，Cs_2O 含量 0.004%～0.006%、平均 0.0041%，Ga 含量 0.0039%～0.0054%、平均 0.0044%	云南省地质局第二十地质队，1964a
16	龙陵县黄家寨铌钽矿	伟晶岩型	古近纪	小型	Nb_2O_5 0.07%；Ta_2O_5 0.054%		普查	未利用	矿体呈脉状产于花岗岩体内部沿构造裂隙充填的钠长石化花岗伟晶岩脉中，与钠长石化、硅化、白云母化等矿化蚀变关系最为密切。矿体长 94 m，水平厚度 3.98 m，Ta_2O_5 含量 0.054%，Nb_2O_5 含量 0.07%	云南正瑞鑫矿业有限公司，2011b

续表

编号	矿产地名称	矿床类型	成矿时代	矿种规模	品位	共伴生矿产品位	勘查程度	利用现状	地质矿产简况	资料来源
17	龙陵县大坡铍矿	岩浆型-风化型	古近纪	小型			普查	未利用	铍（绿柱石）矿（化）体分布于白云母花岗岩各个相带及交代带中，与钠长石化、云英岩化交代作用关系密切，钠长石化白云母花岗岩为主要含矿带，出露面积约 1 km^2；矿化比较均匀而分散，BeO 含量较低。在岩体内部相带和底部相带中，BeO 平均含量为 0.0185%，含量大于 0.04%的样品仅占样品总数的 3%，个别样品 BeO 含量可达 0.09%；顶部相带 BeO 平均含量为 0.014%。岩体南段铍矿化相对富集，共圈定出 10 个 BeO 含量大于 0.02%的小含矿体	中国科学院昆明地质研究所，1960；云南省地质局第二十地质队，1962
18	龙陵县茅草寨铍钽矿	伟晶岩型	古近纪	矿点			普查	未利用	已发现 42 条伟晶岩脉，主要有北西、北东向 2 组；长一般 10~200 m，厚度 0.2~5 m。绿柱石常不规则、不均匀分布于岩脉有利部位。单脉手选绿柱石含量最高 0.135 kg/t，平均 0.0047%；在块体长石与核石英之间，产出不规则巢状铌钽铁矿，（Ta_2O_5+Nb_2O_5）含量 79.98%	云南省地质局第二十地质队，1964d
19	龙陵县团坡铷矿	风化型	第四纪	矿点			普查	未利用	铷矿体主要分布于矿区北部的中细粒含黑云母二长花岗岩风化壳中，东西宽约 1270 m，南北宽 300~1000 m，发现 3 个矿（化）体，产于地表及近地表的含铷矿物主要为钾长石、斜长石和绢云母一白云母，厚度 5.46~13.26 m，Rb_2O 含量 0.082%~0.106%	云南省有色地质局楚雄勘查院，2018
昭通市										
20	盐津县酢房锆石矿	化学沉积型	早奥陶世	矿点			普查	未利用	含锆石砂岩主要赋存于下奥陶统红石崖组（湄潭组）第三段的中上部，厚度较薄，一般 10~15 m，最厚仅 18 m。上部矿层一般厚度 0.2~0.7 m，最厚 1.21 m，平均 0.54 m；ZrO_2 含量一般 0.5%~2.0%。在酢房背斜北翼，矿层较为稳定，且矿石质量较好，呈似层状或串珠状产出，产状 30°∠50°。矿层沿北西走向延伸 1400 m 以上，厚度较小，一般 0.2~0.3 m，最厚 1.02 m。矿石还伴生有铪（Hf）、铈（Ce）、钇（Y）、锶（Sr）、镓（Ga）等稀有、稀土及分散元素，均已接近工业要求。据光谱分析成果，Hf 含量一般小于 0.01%，个别达 0.04%；Ce 含量一般为 0.3%，Y 含量一般 0.01%~0.03%；Sr 含量一般 0.004%~0.01%，个别高达 0.04%；Ga 含量一般 0.001%~0.004%，个别达 0.006%	四川省地质局二〇二地质队，1967

续表

编号	矿产地名称	矿床类型	成矿时代	矿种规模	品位	共伴生矿产品位	勘查程度	利用现状	地质矿产简况	资料来源
普洱市										
21	西盟县大马撒稀有金属矿	伟晶岩型	古近纪	矿点			普查	未利用	喜马拉雅期花岗岩体外 600~2400 m 范围内的西盟岩群变质岩中，产出伟晶岩脉近百条，长几十米至百余米，厚度 3~8 m；主要为钠长伟晶岩和钠长—微斜伟晶岩，含少量白云母和锂云母，锂云母呈集合体团块产出；云母中 Li_2O 含量 0.15%~4.8%，Rb_2O 含量 0.21%~1.25%	高子英，1993
临沧市										
22	临沧市勐托锗煤矿床伴生稀有金属矿	生物化学沉积型	古近纪	矿点			勘探	未利用	临沧勐托锗煤矿韭菜坝矿段的锗煤矿石中含有 Cs、Rb 等有益组分。其中 Rb 含量 0.028%~0.043%，平均 0.035%；Cs 含量 0.028%~0.035%，平均 0.031%，接近或达到一般工业综合利用指标	云南省核工业二〇九地质大队，2013
23	凤庆县慈园稀有金属矿	伟晶岩型	白垩纪	矿点			普查	未利用	伟晶岩脉产于古元古界崇山岩群片麻岩中，受片麻理及张裂隙控制。区内共有伟晶岩脉 100 余条，部分具有 Be、Nb、Ta、Rb 等稀有金属矿化。手选绿柱石最高含量达 3990 g/t，个别样品 BeO 含量 0.1%、Nb_2O_5 含量 0.001%~0.01%；红木山一带部分伟晶岩 Rb_2O 含量 0.01%~0.092%，其东南段部分伟晶岩 Rb_2O 含量 0.05%~0.10%，矿石矿物有绿柱石、铌钽矿物	云南省地质矿产局，1993
24	凤庆县邦漂稀有金属矿	伟晶岩型	白垩纪	矿点			普查	未利用	伟晶岩脉产于古元古界崇山岩群混合岩化片麻岩、眼球状混合岩中，具有 Be、Nb、Ta、Rb 等稀有金属矿化，其中 Rb_2O 含量 0.05%~0.104%	云南省地质矿产局，1993
25	镇康县木厂铌稀土金多金属矿	岩浆型-风化型	第四纪	矿点			普查	未利用	木厂碱性岩体与铌、稀土及金多金属矿化关系密切，在岩体的各相带都普遍有铌和其他稀有元素矿化，还伴随稀土及铀、钍矿化；岩体边缘相带中各类矿化尤为强烈，以铌矿化最强。风化壳型铌矿体长度约 2650 m，宽度 58~650 m，出露面积约 1 km^2；最大铅垂厚度 9.3 m，Nb_2O_5 含量 0.059%	云南黄金矿业集团股份有限公司保山分公司，2010

续表

编号	矿产地名称	矿床类型	成矿时代	矿种规模	品位	共伴生矿产品位	勘查程度	利用现状	地质矿产简况	资料来源
楚雄州										
26	牟定县水桥稀土稀有金属矿	风化型	第四纪	中型	Nb_2O_5 0.035%；ZrO_2 000 g/m^3		详查	已利用	铌赋存于稀土矿体中及下盘围岩中，其平面形态同稀土矿体，且更连续，厚度也大，包括原岩风化壳上部的全风化层及半风化层。铌矿体平均厚度 15.92 m，Nb_2O_5 含量为 0.11%~0.138%，平均 0.035%。稀土矿中还共生有含铪锆石，ZrO_2 含量 402.42~884.79 g/m^3，平均 625.09 g/m^3；锆石精矿内 ZrO_2 含量为 60.67%，HfO_2 含量为 1.56%	云南省地质矿产局第一地质大队，1992a
27	元谋县丙令锆英石砂矿	砂矿型	第四纪	矿点			普查	未利用	锆英石富集在新近纪上新统第 3~4 层，粉砂岩层与泥岩层交界处。矿层出露较好，长度 10~50 m，厚度 0.1~2.5 m；锆英石含量最高达 12000 g/m^3，一般 600~2000 g/m^3。在第四纪河床中有锆英石含量较高的冲积层，高者达 3000 g/m^3，低者为 n×10 g/m^3	云南省地质局黑色金属队，1958；云南省地质局第十地质队，1959
28	武定县迤纳厂铁铜矿床伴生铌矿	海相火山岩型	中元古代	小型	Nb_2O_5 0.006%~0.02%		详查	已利用	矿床中伴生有铌，东方红矿段 Nb_2O_5 0.007%~0.073%，平均 0.020%；大宝山矿段 Nb_2O_5 0.004%~0.010%，平均 0.006%。含铜片岩型矿石中还伴生有 Li、Rb，化学全分析含量为：Li_2O 0.01%~0.04%、Rb_2O 0.01%~0.06%。铌钽含量与稀土含量具有较强的正相关关系。在近矿围岩黑云母片岩中，铌钽一般含量为：Nb_2O_5 0.0035%、Ta_2O_5 0.000%~0.001%，未发现独立铌钽矿物	云南省地质局第四地质队，1972、1979
红河州										
29	个旧市新冠砂锡矿床伴生锆矿	砂矿型	第四纪	小型	ZrO_2 0.06%		勘探	已利用	矿体一般分布于原生矿脉附近的岩溶漏斗、盲谷及其他有利形成堆积体的地段。主矿体走向北西，倾向北东，倾角 5°~15°，呈似层状产出碳酸盐岩地层之上；长 4650 m，宽 1315 m、平均厚度 10.56 m。矿石类型为粘土型砂锡矿，Sn 平均品位 1906 g/m^3，伴生有锆，ZrO_2 含量分别为 0.06%	云南锡业集团公司资源开发有限公司，2010b

续表

编号	矿产地名称	矿床类型	成矿时代	矿种规模	品位	共伴生矿产品位	勘查程度	利用现状	地质矿产简况	资料来源
30	个旧锡多金属矿田共伴生稀有金属	岩浆热液型	白垩纪	中型	BeO 0.042%；Nb_2O_5 0.021%		勘探	已利用	铍矿以牛屎坡的蚀变花岗岩型和老厂细脉带型最重要，蚀变花岗岩型矿体形态一般为脉状和不规则的囊状，多以自变质淡色花岗岩或接触交代矽卡岩为围岩，厚度0.1~0.4 m，矿化连续且稳定，BeO含量0.02%~0.1%；细脉带型矿体BeO平均含量为1.717%，单矿体最高BeO平均含量为5.77%。其顶部除Be外，还有Li、Rb、Cs矿化，其含量分别为：Li_2O 0.58%~0.87%、Rb_2O 0.7%~1.05%、Cs_2O 0.065%~0.17%。马拉格一带的白沙冲岩体东南缘之细粒花岗岩中，产出含铍铌铁矿，BeO含量0.01%~1.353%，平均0.104%；Nb_2O_5含量0.031%	冶金工业部西南冶金地质勘探公司，1981；云南锡业公司勘探队，1960
31	个旧市白云山稀土稀有分散元素矿	风化型	第四纪	矿点			普查	未利用	矿石中伴生有Li、Nb、Rb、Cs等稀有元素。Li_2O与层状硅酸盐矿物绢云母关系最密切；Rb_2O、Cs_2O含量高低与K_2O的贫富相关，主要载体矿物为钾长石、绢云母；Nb_2O_5在矿石中平均含量为0.0142%，Li_2O、Rb_2O、Cs_2O在白霞正长岩中的含量相对较高，分别为0.0514%、0.073%、0.0069%	云南省核工业二〇九地质大队，2015
32	建水县普雄稀土稀有分散元素矿	风化型	第四纪	超大型	Nb_2O_5 0.019%；Rb_2O 0.045%		普查	未利用	与稀土矿同体共生的铌矿体产于长岭岗碱性岩体风化壳中，呈层状、似层状产出。矿体厚度9.18~12.59 m，Nb_2O_5含量为0.0163%~0.0185%。与稀土矿异体共生的风化壳型铌矿体：主要以透镜状产出于同体共生铌、稀土矿体两侧，长80~720 m，厚度1.50~22.26 m，Nb_2O_5含量为0.0126%~0.0684%。铌、稀土矿体中还伴生有铷，Rb_2O含量0.042%~0.044%	云南省核工业二〇九地质大队，2013；王学武等，2018
33	金平县大寨坡铌矿	风化型	第四纪	矿点			详查	已利用	矿体赋存于片麻状角闪花岗岩之风化壳中，含铌钽矿物主要是褐钇钽矿，次有烧绿石和锆石，一般铌钽矿物含量小于6~50 g/m^3，部分达工业指标。残坡积砂矿体厚度1~4 m，平均含褐钇铌矿51.25~415 g/m^3	云南省地质局第二区域地质测量大队，1973

续表

编号	矿产地名称	矿床类型	成矿时代	矿种规模	品位	共伴生矿产品位	勘查程度	利用现状	地质矿产简况	资料来源
文山州										
34	西畴县卖酒坪铝土矿矿床伴生铌矿	风化型	第四纪	矿点			勘探	未利用	卖酒坪矿段堆积型铝土矿中，Nb_2O_5 平均含量 0.0165%，已达到风化壳矿床的工业品位要求	云南地矿资源股份有限公司文山分公司，2005
35	麻栗坡县瓦渣钨铍矿	伟晶岩型	白垩纪	小型	BeO 0.09%		普查	未利用	含矿伟晶岩脉呈群带分布，有 200 余条。其中规模较大的含铍（绿柱石）伟晶岩脉有 6 条，长 200~1000 m，厚度 0.3~2.5 m，呈不规则的板脉状，走向东西，向南成缓倾斜产出。铍（绿柱石）主要富集于伟晶岩交代带或块体带中，粒度 0.2~10 cm，矿化较均匀，BeO 含量 0.09%。矿体中部以块体状结构为主，钠长石交代轻微，BeO 含量 0.0027%~0.111%；边缘为钠长石、白云母交代强烈的钠长石-白云母交代准文象结构带，上盘交代带 BeO 含量 0.0057%~0.099%，下盘交代带 BeO 含量 0.095%~0.108%	云南省冶金厅地质勘探公司三一〇队，1962a
36	麻栗坡县那董铍矿	伟晶岩型	白垩纪	小型	BeO 0.1%~0.2%		普查	未利用	含矿伟晶岩主要产于老君山复式岩体与下寒武统外接触带的片麻岩中，受层理控制。圈定矿体 3 个，矿体长 20~70 m，厚度 0.2~2 m；BeO 含量 0.1%~0.2%	云南省冶金厅地质勘探公司三一〇队，1962a
37	马关县炭窑铍矿	岩浆型	白垩纪	小型	BeO 0.38%		普查	未利用	共发现了矿化带 7 条，其中 3 个矿体铍含量高，具工业价值。铍矿化体受节理控制，走向北东（80°），倾向北西，倾角 80°；长 20~50 m，厚度 5~15 m；BeO 含量 0.3%~0.4%，最高达 2%以上，平均 0.38%	云南省冶金厅地质勘探公司三一〇队，1962b
38	广南县板茂铝土矿矿床伴生铌钽矿	风化型	全新世	矿点			勘探	未利用	堆积型铝土矿中，Nb 含量为 0.037%~0.076%，平均 0.0634%；Ta 含量为 0.0025%~0.0073%，平均 0.0039%	长沙有色冶金设计研究院勘查公司，2005

续表

编号	矿产地名称	矿床类型	成矿时代	矿种规模	品位	共伴生矿产品位	勘查程度	利用现状	地质矿产简况	资料来源
西双版纳州										
39	勐海县勐往独居石砂矿床伴生锆铪矿	砂矿型	第四纪	小型	锆石 690 g/m^3	独居石 620 g/m^3	勘探	未利用	砂矿中除独居石外，还伴生有锆石、钛铁矿，锆石平均品位为 690 g/m^3；锆石中 Hf 含量>0.5%~3%	云南省地质矿产勘查开发局第一地质大队，2010b
40	勐海县勐康磷钇矿独居石砂矿床伴生锆铪矿	砂矿型	第四纪	小型	锆石 464 g/m^3	磷钇矿 72 g/m^3；	详查	已利用	砂矿中除独居石和磷钇矿外，还伴生有锆石，平均品位 464 g/m^3；锆石中含有铪	云南省地质矿产勘查开发局第一地质大队，2010e
41	勐海县勐阿独居石磷钇矿砂矿床伴生锆铪矿	砂矿型	第四纪	小型	锆石 1011 g/m^3	独居石 257 g/m^3；磷钇矿 72~130 g/m^3	详查	未利用	砂矿中除独居石和磷钇矿外，还伴生有锆石，平均品位 1011 g/m^3，最高达 4085 g/m^3；锆石中含有铪	云南省地质矿产勘查开发局第一地质大队，2010d
42	勐海县城郊独居石砂矿床伴生锆铪矿	砂矿型	第四纪	小型	锆石 2525.9 g/m^3	独居石 573 g/m^3	详查	未利用	砂矿中除独居石外，还伴生有锆石、钛铁矿，锆石平均品位为 2525.9 g/m^3	云南省地质矿产勘查开发局第一地质大队，2010c
德宏州										
43	梁河县章巴铍钽矿	伟晶岩型	古近纪	矿点			普查	未利用	已知伟晶岩脉共 80 余条，产于沉积变质岩和黑云母花岗岩中。岩脉形态极不规则，除部分单一的板状外，稍大的岩脉往往成复杂的形态，长度一般 30~80 m，厚度 0.2~5 m。绿柱石手选品位最高 3.4 kg/t，仅少部分脉体手选品位≥1.5 kg/t，大部分小于 1 kg/t	云南省地质局第二十地质队，1964b
44	盈江县核桃寨铌钽矿	伟晶岩型	古近纪	小型	Ta_2O_5 0.019%；Sn 0.42%		普查	未利用	含电气石花岗伟晶岩脉广泛出露于燕山期花岗岩和高黎贡山岩群变质岩内，长 20~1000 m，出露宽 0.1~10 m。伟晶岩普遍具有钽、锡矿化，矿床平均品位：Ta_2O_5 0.019%、Sn 0.42%	云南省地质矿产勘查开发局第一地质大队，2011

续表

编号	矿产地名称	矿床类型	成矿时代	矿种规模	品位	共伴生矿产品位	勘查程度	利用现状	地质矿产简况	资料来源
45	盈江县卡场稀有稀土金属矿	风化型-伟晶岩型	第四纪	小型	Nb_2O_5 0.018%；Ta_2O_5 0.0035%		普查	未利用	全区发现含绿柱石伟晶岩的13条，含稀有、稀土元素的伟晶岩3条，含白云母的27条。铌钽矿体主要产于燕山期细粒黑云混合花岗岩风化壳中，呈面型展布，厚度5.68～6.35 m，Ta_2O_5 含量0.0035%～0.004%、Nb_2O_5 含量0.016%～0.019%	云南省冶金厅地质勘探公司三一六队，1962；盈江县卡场钽铌矿有限责任公司，2007
46	陇川县麻栗脑铍矿	伟晶岩型	古近纪	小型	BeO 0.38 kg/t		详查	未利用	矿区发现两条具工业意义的含铍伟晶岩，产于中至粗粒黑云母花岗岩中。矿脉长320～491 m，厚度5～5.38 m；绿柱石呈矿巢状产出，手选品位多为0.1～0.5 kg/t，个别地段达1 kg/t	云南省地质局第二十地质队，1964c
怒江州										
47	泸水石缸河锡钨矿床共伴生铍矿	云英岩型	古近纪	矿点			详查	已利用	黑钨矿、白钨矿、绿柱石多产于电气石石英脉中，在外侧砂板岩层间裂隙中局部可见零星铍矿化。由岩体向外，依次出现Sn（W）→Sn、W（Be）→W、Be的矿化分带。钨铍矿体Sn平均品位0.113%，WO_3 含量0.486%、BeO含量0.222%	云南省地质矿产局，1993
48	贡山县普拉底白云母稀有金属矿	伟晶岩型	古近纪	小型			普查	已利用	伟晶岩中绿柱石呈浅绿色-黄绿色，晶体长3～5 cm，最长可达10余厘米。矿化地段与白云母化相似，具有同一性及连续性，矿化较稳定，厚度0.24～1.25 m，平均0.847 m；手选品位为4.85～42.5 kg/m^3，平均16.58 kg/m^3。伟晶岩中还富含Li、Rb，云母中 Li_2O、Rb_2O 含量分别为3.94%、1.09%	云南省地质局第十八地质队，1960
49	兰坪县河西锶矿床	浅成中-低温热液型	晚三叠世	中型	$SrSO_4$ 56.11%		普查	已利用	矿体主要赋存于上三叠统三合洞组第二岩性段第二层，呈似层状、透镜状顺层产出，长26～500 m，厚度0.80～4.07 m，$SrSO_4$ 含量30.01%～89.07%，平均56.11%	云南省地质矿产局第三地质大队，1993

续表

编号	矿产地名称	矿床类型	成矿时代	矿种规模	品位	共伴生矿产品位	勘查程度	利用现状	地质矿产简况	资料来源
50	兰坪县区五银矿床共生锶矿	浅成中-低温热液型	晚三叠世	小型	$SrSO_4$ 49.45%		勘探	已利用	锶矿体均赋存于华昌山断裂带内，与银多金属矿体共生，局部有偏离。矿体呈脉状，控制长度 80~180 m，厚度 1.30~2.39 m，平均 1.71 m；$SrSO_4$ 含量 42.75%~58.70%	云南省地质矿产勘查开发局第三地质大队，1999
51	兰坪县金顶铅锌矿床共生锶矿	浅成中-低温热液型	古近纪	超大型	$SrSO_4$ 20%		勘探	已利用	主矿体多位于铅锌矿体边缘或尖灭延伸的一定层位中，常与石膏矿共生，垂相上常分布于石膏矿体之下或石膏矿体与铅锌矿体之间，少部分矿体产于硫铁矿边缘。矿体多呈囊状、透镜状产出，整体呈不规则面型分布，长一般 200~530 m，控制最宽 210m，最厚 29.35 m，平均 8~10 m；$SrSO_4$ 含量 10.60%~26.40%，平均 20%左右	何志芳等，2015
迪庆州										
52	香格里拉市麻花坪铍钨矿	岩浆热液型	古近纪	大型	BeO 0.241%	WO_3 0.366%	普查	已利用	矿化带沿下泥盆统与中上泥盆统层间断裂带，呈南北向展布，长度约 3 km。断裂下盘的下泥盆统石英片岩中发育黑钨矿石英脉和萤石石英脉各近百条，矿石中各有用组分平均含量分别为：WO_3 2.88%、BeO 0.02%~0.04%、CaF_2 0.29%~42.5%。断裂上盘的中上泥盆统大理岩中，产出长度约 3 km 的钨铍矿化带，共圈定大小矿体 25 个，主要由密集的及中等密度的强蚀度及中强蚀变微细脉和细脉组成，WO_3、BeO 平均含量分别为 0.366%、0.241%	云南省地质矿产局第三地质大队，1985

附表 7　云南省分散元素矿产地一览表

编号	矿产地名称	矿床类型	成矿时代	矿种规模	品位	共伴生矿产品位	勘查程度	利用现状	地质矿产简况	资料来源
昆明市										
1	官渡区大板桥铝土矿矿床伴生镓矿	化学沉积型	中二叠世	矿点			详查	未利用	铝土矿中富含镓（Ga），单工程 Ga 含量最高达 0.023%，最低 0.005%；块段 Ga 含量 0.007%～0.015%，平均 0.0089%。Ga 主要赋存于土豆状矿石中，一般含量均大于 0.01%，Ga 含量与 Al_2O_3 含量呈正相关关系	云南省地质局第九地质队，1960h
2	西山区白鱼口耐火粘土矿床伴生镓矿	化学沉积型	中二叠世	小型	Ga 0.0124%		勘探	未利用	镓呈类质同象赋存在三氧化二铝晶格中，分布普遍，Ga 含量 0.009%～0.016%，平均 0.0124%	云南省冶金厅地质勘探公司三〇九队，1959
3	东川区滥泥坪铜矿床伴生锗矿	沉积变质型	中元古代	超大型	Ge 0.00125%		勘探	已利用	锗主要呈类质同象和杂质状态赋存于原生硫化铜矿中，在生产流程中随主金属铜的精选而富集，可综合回收利用	东川矿务局，1963
4	东川区石将军铜矿床伴生锗矿	沉积变质型	中元古代	小型	Ge 0.00036%		勘探	未利用	锗（Ge）主要赋存于黄铜矿中，与斑点状、块状及带状构造的黄铜矿有正比关系，各中段含量稳定；黄铜矿单矿物中 Ge 含量 0.0001%～0.0019%，平均 0.0007%	东川矿务局，1961
5	东川区汤丹铜矿床伴生锗矿	沉积变质型	中元古代	矿点			勘探	未利用	Ge 常富集于晚期低温热液中，在铜的硫化物中分散并具有明显的富集性，即富集于晚期偏低温热液生成的黄铜矿、斜方硫砷铜矿及黝铜矿中，含量最高可达 0.0918%，一般含量为 0.03%左右；斑铜矿中 Ge 含量为 0.0011%	东川矿务局，1959
6	东川区石庄铅锌矿床伴生锗镓矿	浅成中-低温热液型	三叠纪	小型	Ge 0.00243%；Ga 0.01%		普查	未利用	铅锌矿石中伴生有锗、镓，含量分别为 0.00243%、0.01%	昆明市东川区宏明珠宝有限责任公司，2010
7	晋宁区牛恋村铝土矿矿床伴生镓矿	化学沉积型	中二叠世	矿点			勘探	未利用	铝土矿中 Ga 含量 0.009%～0.03%，一般在 0.01%以上	云南省地质局第九地质队，1960g
8	富民县老煤山耐火粘土铝土矿矿床伴生镓矿	化学沉积型	中二叠世	小型	Ga 0.02%～0.027%		勘探	未利用	铝土矿中 Ga 含量 0.02%～0.027%	冶金工业部西南地质勘查局昆明地质调查所，1991

续表

编号	矿产地名称	矿床类型	成矿时代	矿种规模	品位	共伴生矿产品位	勘查程度	利用现状	地质矿产简况	资料来源
9	嵩明县阿子营铝土矿矿床伴生镓矿	化学沉积型	中二叠世	矿点			普查	未利用	铝土矿中 Ga 含量 0.02%	云南省地质局第九地质队，1963c
10	安宁市县街铝土矿矿床伴生镓矿	化学沉积型	中二叠世	矿点			详查	未利用	铝土矿中富含镓（Ga），单工程 Ga 含量最高达 0.023%，最低 0.005%；块段 Ga 含量 0.007%~0.015%，平均 0.0089%。Ga 主要赋存于土豆状矿石中，一般含量均大于 0.01%，Ga 含量与 Al_2O_3 含量呈正相关关系	云南省地质局第九地质队，1960h
11	安宁市耳目村-下哨铝土矿矿床伴生镓矿	化学沉积型	中二叠世	小型	Ga 0.0124%		勘探	未利用	镓呈类质同象赋存在三氧化二铝晶格中，分布普遍，Ga 含量 0.009%~0.016%，平均 0.0124%	云南省冶金厅地质勘探公司三〇九队，1959
曲靖市										
12	罗平县富乐厂铅锌矿床伴生分散元素矿	浅成中-低温热液型	侏罗纪—白垩纪	大型	Ge 0.0035%；Ga 0.0016%；Cd 0.0167%		勘探	已利用	矿床中锗、镓、镉平均含量分别为：Ge 0.0035%、Ga 0.0016%、Cd 0.167%。老君台 2 号矿体锗、镉含量分别为 Ge 0.0035%、Cd 0.167%；新君台 1 号矿体锗、镉含量分别为 Ge 0.0027%~0.0124%、Cd 0.0167%~0.087%。铅锌矿石中 Se 含量一般 0.002311%~0.01065%，平均 0.006642%	云南省地质局罗平地质队，1958；云南富盛地质矿产勘查有限公司，2010；司荣军，2005
13	富源县老厂硫铁矿床伴生镓矿	化学沉积型	晚二叠世	小型	Ga 0.001%		勘探	未利用	矿床中 Ga 平均含量 0.001%，主要以类质同象形式赋存于黄铁矿中	云南省地质局富源队，1958a
14	会泽县五星铅锌矿床伴生分散元素矿	浅成中-低温热液型	三叠纪	小型	Ge 0.0011%；Ga 0.0012%；Cd 0.0162%		勘探	未利用	铅锌矿石中伴生有锗、镓、镉，含量分别为 0.0011%、0.0012%、0.0162%，富集特征与麒麟厂基本一致	云南弘迪矿产资源有限公司，2014
15	会泽县窝铅厂锌矿床伴生锗矿	浅成中-低温热液型	三叠纪	小型	Ge 0.0013%		勘探	已利用	铅锌矿炉渣中伴生有锗，含量为 0.0013%	云南省会泽矿务局,1959

续表

编号	矿产地名称	矿床类型	成矿时代	矿种规模	品位	共伴生矿产品位	勘查程度	利用现状	地质矿产简况	资料来源
16	会泽县麒麟厂铅锌矿床伴生锗镓镉矿	浅成中-低温热液型	三叠纪	大型	Ge 0.0031%；Cd 0.0385%		勘探	已利用	锗（Ge）、镉（Cd）在单锌和共生矿石中，都较普遍存在，麒麟厂 Ge 平均含量 0.0031%、Cd 平均含量 0.0385%。在硫化矿石中，锗、镉主要以类质同象形式赋存于闪锌矿中，Ge 含量 0.002653%～0.0794%、Cd 含量 0.07138%～0.2181%，并与闪锌矿的颜色浅、深有一定关系，一般浅色闪锌矿中锗、镉比深色者较为富集；方铅矿、黄铁矿中也有一定量的富集。镓在各类矿石中分布较为普遍，一般含量为 0.001%～0.004%，以残留方铅矿、硅锌矿、褐铁矿类，褐铁矿类及褐铁矿、粘土类含量较富	云南省会泽矿务局，1959；云南驰宏资源勘查开发有限公司，2010a
17	会泽县矿山厂铅锌矿床伴生锗镓镉矿	浅成中-低温热液型	三叠纪	大型	Ge 0.0042%；Cd 0.0313%		勘探	已利用	矿山厂铅锌矿中，Ge 平均含量 0.0042%、Cd 平均含量 0.0313%，锗、镉、镓富集特征与麒麟厂基本一致	云南驰宏资源勘查开发有限公司，2010b、2010c
18	会泽县雨碌铅锌矿床伴生锗矿	浅成中-低温热液型	三叠纪	小型	Ge 0.0015%		勘探	已利用	铅锌矿石中伴生有锗，含量为 0.0015%，富集特征与麒麟厂基本一致	云南驰宏资源勘查开发有限公司，2010d
19	会泽县观音岩铅锌矿床伴生分散元素矿	浅成中-低温热液型	三叠纪	小型	Ge 0.0027%；Ga 0.0018%；In 0.003%；Cd 0.037%		勘探	未利用	铅锌矿石中伴生有锗、镓、铟、镉，含量分别为 0.0027%、0.0018%、0.003%、0.037%，主要呈类质同象赋存于闪锌矿中	云南省有色地质局地质地球物理化学勘查院，2011
20	沾益区罗木锗煤矿	生物化学沉积型	晚二叠世	矿点			勘探	未利用	各煤层的化学分析，除 K1、K3 煤层的 Ge 含量大于 0.001%（分别为 0.001199%、0.001001%）外，其余各煤层均小于 0.001%	云南省煤管局一四三地质勘探队，1967
21	宣威市宝山锗煤矿	生物化学沉积型	晚二叠世	矿点			勘探	未利用	宝山矿区含煤地层为上二叠统乐平组含煤岩系，据 316 件样品光谱分析成果，部分煤层中含锗，Ge 含量 0.001%～0.004%，C、E 井田 K3 煤层中，Ge 平均含量 0.001%	云南省地质局榕峰地质队，1958

续表

编号	矿产地名称	矿床类型	成矿时代	矿种规模	品位	共伴生矿产品位	勘查程度	利用现状	地质矿产简况	资料来源
玉溪市										
22	新平县太和街铅锌矿床伴生镉矿	浅成中-低温热液型	侏罗纪—白垩纪	小型	Cd 0.0003%		详查	未利用	铅锌矿石中伴生有镉，含量为0.0003%	上海复多矿业勘探科技有限公司，2011a
23	新平县百大莫铅锌矿床伴生镉矿	浅成中-低温热液型	侏罗纪—白垩纪	小型	Cd 0.0004%		详查	未利用	铅锌矿石中伴生有镉，含量为0.0004%	上海复多矿业勘探科技有限公司，2011b
保山市										
24	腾冲市铜厂山铅锌铁矿床伴生镉矿	接触交代型	白垩纪	中型	Cd 0.0219%		勘探	已利用	铅锌矿石中伴生有镉，单工程Cd平均含量0.01%~0.17%，矿体Cd平均含量0.0219%；镉主要赋存于硫镉矿和含镉闪锌矿中	腾冲县金山地矿科技服务有限责任公司，2010c
25	龙陵县杨广寨铅锌铜矿床伴生锗矿	浅成中-低温热液型	侏罗纪—白垩纪	小型	Ge 0.0022%		勘探	未利用	铅锌矿石中伴生有锗，含量为0.0022%，主要呈类质同象赋存于金属硫化物中	云南弘迪矿产资源有限公司，2014
26	龙陵县勐兴铅锌矿床伴生镉矿	浅成中-低温热液型	志留系	大型	Cd 0.1044%		勘探	已利用	镉主要赋存于闪锌矿中，部分赋存于方铅矿、铅矾、白铅矿、铅铁矾及菱锌矿中，并与主金属含量正相关。矿床Cd平均含量0.1044%	云南省有色地质局地质地球物理化学勘查院，2010
昭通市										
27	鲁甸县乐红铅锌矿床伴生分散元素矿	浅成中-低温热液型	三叠纪	大型	Ge 0.003%；Ga 0.0011%；Cd 0.04%		勘探	已利用	锗、镓、镉赋存于各类矿石中，平均含量分别为Ge 0.0030%、Ga 0.0011%、Cd 0.04%；在单矿物中，锗、镓、镉主要以类质同象的形式进入闪锌矿中并富集，在方铅矿和黄铁矿中也有不同富集	云南地矿总公司（集团），2015
28	鲁甸县火德红铅锌矿床伴生锗矿	浅成中-低温热液型	三叠纪	中型	Ge 0.002%		详查	已利用	铅锌矿石中伴生有锗，含量为0.002%	云南省地质局昭通专区地质队，1960
29	巧家县火山铅锌矿床伴生镓矿	浅成中-低温热液型	二叠纪—三叠纪	小型	Ga 0.001%		详查	未利用	铅锌矿石中伴生有镓，含量为0.001%	云南弘迪矿产资源有限公司，2008

续表

编号	矿产地名称	矿床类型	成矿时代	矿种规模	品位	共伴生矿产品位	勘查程度	利用现状	地质矿产简况	资料来源
30	巧家县茂租铅锌矿床伴生分散元素矿	浅成中-低温热液型	三叠纪	中型	Ge 0.0013%；Ga 0.0018%；In 0.0004%；Cd 0.0185%		普查	已利用	各矿体 Ge 含量 0.0011%～0.0027%，平均 0.0013%；除 Ge 外，Cd、Ga、In、也可综合利用，其含量分别为：Cd 0.012%～0.042%、平均 0.0185%，Ga 0.0013%～0.0029%、平均 0.0018%，In 0.0002%～0.00094%、平均 0.0004%。Ge、Ga、In、Cd 主要呈类质同象赋存于闪锌矿中	云南省冶金局地质勘探公司三一七队，1972
31	彝良县毛坪铅锌矿床伴生锗矿	浅成中-低温热液型	三叠纪	中型	Ge 0.0013%		勘探	已利用	Ⅰ号主矿体部分铅锌富矿石实际是锗的富矿，Ge 含量可达 0.0124%～0.0331%；Ⅱ、Ⅲ号矿体铅锌品位较低，锗含量 0.000319～0.002183%，平均 0.001006%；氧化矿石锗含量平均为 0.0026%，硫化矿石锗含量平均可达 0.0133%。锗主要赋存于闪锌矿中，Ge 含量可达 0.046%；在方铅矿和黄铁矿中也有富集，Ge 含量分别为 0.0024%和 0.0044%	云南驰宏资源勘查开发有限公司，2012
32	彝良县张家湾铅锌矿床伴生锗镉矿	浅成中-低温热液型	三叠纪	小型	Ge 0.0044%；Cd 0.031%		普查	未利用	铅锌矿石中伴生有锗、镉，含量分别为 0.0044%、0.031%	云南省有色地质勘查院，2006
					普洱市					
33	墨江县金厂金镍矿床伴生硒矿	岩浆热液型	古近系	中型	Se 0.0033%～0.0046%		勘探	未利用	镍矿石中伴生有 Se，含量为 10～1600 g/t，平均 31 g/t；金矿石中也伴生有 Se，其含量为 0.31～180 g/t，平均 46 g/t。Se 与超基性岩有成因联系，主要分散于硫化物中，与 S 呈类质同象形式赋存于银矿物中	中国人民解放军 00533 部队，1982
34	澜沧县上允锗煤矿	生物化学沉积型	上新世	矿点			勘探	未利用	煤中锗（Ge）主要富集于最下部煤层或煤层底板，少数工程点 Ge 含量高，为 24~65 g/t；个别地段锗十分富集，一个名叫养猪场的独立封闭的小盆地，煤中 Ge 含量竟高，为 150~250 g/t	邓明国等，2003
35	澜沧县老厂银铅锌多金属矿床伴生分散元素矿	斑岩型	始新世	中型	In 0.003%；Ga 0.0011%；Cd 0.04%		勘探	已利用	含矿岩石为火山岩的 $Ⅱ_2$ 矿体中，伴生有镓、铟、镉，其含量分别为 0.001%、0.0027%、0.013%；碳酸盐岩型 $Ⅲ_1$ 矿体中，也伴生有镓、铟、镉，其含量分别为 0.0007%、0.0024%、0.0230%。含矿岩石为火山岩的银铅锌黄铁矿矿石中镓、铟、镉、硒、碲含量分别为：0.0012%～0.0016%、0.0023%～0.0044%、0.042%～0.45%、0.002%、0.00469%；含矿岩石为碳酸盐岩的银铅矿石中镓、铟、镉含量分别为：0.0007%、0.0006%、0.01%；斑岩型钼矿石中 Re 含量 0.05～0.37 g/t，平均 0.17 g/t	西南有色地勘局三〇九队，1994；蒋绍平等，2011；张准等，2011

续表

编号	矿产地名称	矿床类型	成矿时代	矿种规模	品位	共伴生矿产品位	勘查程度	利用现状	地质矿产简况	资料来源
36	澜沧县勐滨锗煤矿	生物化学沉积型	中新世	矿点			勘探	未利用	少数工程点 Ge 含量达 0.002%~0.005%	邓明国等，2003
37	西盟县新厂铅矿床伴生镉矿	接触交代型	古近纪	小型	Cd 0.0964%		详查	未利用	铅锌矿石中伴生有镉，含量为 0.0964%	云南南方地勘工程有限公司，2007
临沧市										
38	临翔区勐旺昌军锗煤矿	生物化学沉积型	中新世	中型	Ge 0.004%~0.086%		勘探	已利用	锗矿体主要产在下部煤组（N_1^{1-2}）第一层煤（K_1）的底部，并与煤层下的砂岩型锗矿连成一体，形成不同矿石类型的同一锗矿体。锗煤型主矿体长度约 530 m，宽度 20~220 m 不等，呈似层状产出；矿体厚度 2.69 m，Ge 含量 0.004%~0.086%，平均 0.027%。锗砂岩型矿体呈透镜状、似层状，厚度 1~1.5 m，Ge 含量 0.0224%~0.0350%	云南省核工业二〇九地质大队，2015d
39	临翔区邦卖锗煤矿	生物化学沉积型	中新世	超大型	Ge 0.0109%~0.423%		勘探	已利用	工业锗煤矿体主要赋存于 $N_1b^2-N_1b^1$ 层位中，矿体走向长 20~646 m，倾向长 20~784 m，平均厚度 0.98~3.58 m，Ge 平均含量 0.0109%~0.423%。含锗岩石为低变质褐煤，以半亮型煤、半暗型煤为主，其次为光亮型煤和全暗型煤	云南省核工业二〇九地质大队，2013a、2015c
40	临翔区勐托锗煤矿	生物化学沉积型	中新世	大型	Ge 0.0242%~0.0623%		勘探	已利用	锗煤层主要分布在 $N_1^{1-(2-3)}$ 的上、中及下部三个煤组，M_3、M_4 为主要含锗煤层，呈层状、似层状、透镜状产出，断续长 440~880 m，宽 75~440 m，一般厚度 0.7~1.0 m，最大厚度 2.23 m；Ge 含量 0.0071%~0.1852%，平均 0.0583%，	云南省核工业二〇九地质大队，2013b、2013c
41	沧源县芒回锗煤矿	生物化学沉积型	上新世	大型	Ge 0.0057%~0.0084%		勘探	未利用	矿区含煤地层为古近系渐新统，主要可采煤层 6 层，次要煤层煤 5 层，均伴生有锗。锗煤层厚度 0.12~4.12 m，Ge 含量 0.0058%~0.0084%	云南省化工燃料局 143 煤田队，1971

续表

编号	矿产地名称	矿床类型	成矿时代	矿种规模	品位	共伴生矿产品位	勘查程度	利用现状	地质矿产简况	资料来源
					楚雄州					
42	南华县龙潭砷铊矿	浅成中-低温热液型	古近纪	中型	Tl 0.024%	As 11%	普查	已利用	砷铊矿体赋存于黑灰色细层纹状碳质泥质白云岩、碳质泥质灰岩即混杂岩相变带部位，呈脉状、透镜状和似层状产出。主矿体长900 m，厚度1.02~1.35 m，一般宽183~200 m，最宽251 m。矿床是中As含量7%~15%，最高达30%，平均11%；Tl含量0.002%~0.2%，平均0.024%	云南省地质局第十一地质队，1965
43	元谋县朱布铂族多金属矿床伴生硒碲矿	岩浆型	晚二叠世	小型	Se 0.00035%；Te 0.0002%		勘探	未利用	铂钯矿体中伴生有硒、碲，平均含量分别为0.00035%、0.0002%	云南省地质局第三地质队，1971
44	武定县迤纳厂铁铜多金属矿床伴生硒碲矿	火山岩型	中元古代	小型	Se 0.0003%~0.0006%；Te 0.0002%		勘探	已利用	铁铜矿体中伴生有硒、碲，平均含量分别为0.0003%~0.0006%、0.0002%	云南省地质局第四地质队，1979
					红河州					
45	蒙自市白牛厂银多金属矿床伴生分散元素矿	岩浆热液型	白垩纪	大型	In 0.0014%；Ga 0.0019%；Cd 0.0189%		详查	已利用	V_1铅锌矿体In的平均含量为0.0014%。原矿中Cd、In、Ga含量分别为0.0519%~0.0595%、0.00182%~0.00576%、0.00179%~0.00219%。经选矿后，Cd在锌精矿和铅精矿中相对富集，含量分别为0.235%、0.0401%；In在锌精矿和铅精矿中相对富集，含量分别为0.0376%、0.00769%；Ga则在尾矿中富集，含量达0.003%	云南省地质矿产勘查开发局第二地质大队，2000；明添学等，2013
46	个旧锡多金属矿田伴生铟镓矿	接触交代型	白垩纪	大型	In 0.0014%；Ga 0.0029%		勘探	已利用	老厂硫化矿中锡石平均In含量0.0022%；马拉格矿床的含铟矿体以锡-铅-锌型为铟的主要工业类型，In含量大于0.01%，个别矿体可达0.1%以上，可作为单独铟矿床；卡房矿床层状、纹层状铜矿石中In的含量0.003%~0.009%；主要产于松树脚矿床的层间及脉状富闪锌矿的块状硫化物矿石中In含量最高，为0.0198%~0.157%，平均含量超过0.05%。镓（Ga）富集于各种硫化物矿石中，主要以类质同象形式赋存于闪锌矿中，但不同阶段的锡石也富集有镓，Ga含量0.0018%~0.0045%；其中以硫化物阶段的锡石Ga含量最高，平均0.0029%	冶金工业部西南冶金勘探公司，1981；李玉帮等，2013，2014

续表

编号	矿产地名称	矿床类型	成矿时代	矿种规模	品位	共伴生矿产品位	勘查程度	利用现状	地质矿产简况	资料来源
47	个旧市白云山稀土稀有分散元素矿	风化型	第四纪	矿点			普查	未利用	Ga 主要赋存于霞石、白霞石等矿物中，在白霞正长岩中的含量相对较高，为 0.00212%；在霞石正长岩中平均含量为 0.002%，其中方钠霞石正长岩中含量为 0.00204%，霞石正长岩中含量为 0.00196%	云南省核工业二〇九地质大队，2015a
48	建水县普雄稀土稀有分散元素矿	风化型	第四纪	超大型	Ga 0.0033%		详查	未利用	矿床中 Ga 平均含量 0.0033%，其中 I 号矿体 Ga 含量 0.00375%，Ⅱ号矿体 Ga 含量 0.0031%	云南省核工业二〇九地质大队，2015b
49	建水县荒田铅锌矿床伴生镉矿	海相火山岩型	晚二叠世	中型	Cd 0.03%		勘探	已利用	铅锌矿中 Cd 含量 0.002%～0.106%，Cd 主要呈类质同象和混合物形式赋存在锌矿物中，分布较稳定	湖南省核工业地质局三 O 四大队，2010
50	石屏县大冷山铅锌矿床伴生锗矿	接触交代型	白垩纪	矿点			详查	未利用	铅锌矿石中伴生有锗，含量为 0.002%	云南省地质局虾硐地质队，1959b
51	金平县白马寨铜镍多金属矿床伴生硒碲矿	岩浆型	晚二叠世	小型	Se 0.0009%～0.0042%；Te 0.001%～0.002%		勘探	已利月	铜镍矿体中伴生有硒、碲，1 号矿体 Se、Te 含量分别为 0.0042%、0.002%；2 号矿体 Se、Te 含量分别为 0.0009%、0.001%	云南省地质局第十五地质队，1965、1966
52	金平县铜厂铜钼矿床伴生铼矿	斑岩型	古近纪	矿点			详查	未利用	斑岩型铜钼矿石中，辉钼矿 Re 含量为 2.27～134.9 g/t，平均 52.2 g/t	蒋绍平等，2011
					文山州					
53	文山市天生桥铝土矿矿床伴生镓矿	化学沉积型	晚二叠世	小型	Ga 0.0059%		详查	未利用	铝土矿、铁质铝土矿、铁铝质岩、铁质岩等含铝岩系中均伴生有 Ga，平均含量分别为 0.0024.%；矿体中平均含量 0.0059%	四川冶金地质勘察院，2007；崔银亮等，2018
54	文山市大石盆铝土矿矿床伴生镓矿	风化型	第四纪	中型	Ga 0.01%		勘探	未利用	矿石中伴生有镓（Ga），含量为 0.01%	中国冶金地质总局昆明地质勘查院，2007c
55	文山市杨柳井铝土矿矿床伴生镓矿	风化型	第四纪	中型	Ga 0.0029%～0.0064%		勘探	为利用	矿石中伴生有镓（Ga），含量 0.0029%～0.0064%，平均 0.0047%	中国冶金地质总局昆明地质勘查院，2007a

续表

编号	矿产地名称	矿床类型	成矿时代	矿种规模	品位	共伴生矿产品位	勘查程度	利用现状	地质矿产简况	资料来源
56	砚山县红舍克铝土矿矿床伴生镓矿	化学沉积型	晚二叠世	小型	Ga 0.0084%		勘探	已利用	沉积型和堆积型铝土矿矿石中普遍含镓，且含量均匀稳定，Ga 含量 0.0049%~0.0084%	云南省有色地质勘查院，2007
57	西畴县卖酒坪铝土矿矿床伴生镓矿	风化型	第四纪	中型	Ga 0.0063%~0.98%		勘探	已利用	沉积型铝土矿矿石中 Ga 含量为 0.0027%~0.009%，平均 0.0063%；卖酒坪矿段的矿粉胶结型矿石 Ga 含量为 0.0097%，粘土胶结型矿石 Ga 含量为 0.0087%，两者平均为 0.0089%；转堡矿段矿石中 Ga 含量为 0.0086%	云南地矿资源股份有限公司文山分公司，2005
58	西畴县木者铝土矿矿床伴生镓矿	风化型	第四纪	小型	Ga 0.0047%		普查	未利用	矿石中伴生有镓（Ga），含量 0.0047%	四川省冶金地质勘查院，2007b
59	西畴县红石岩铅锌铜矿床伴生分散元素	岩浆热液型	白垩纪	中型	In 0.0014%；Ga 0.0016%；Cd 0.0068%		详查	未利用	矿床伴生有铟、镓、镉，其含量分别为 0.0014%、0.0016%、0.0068%，主要以类质同象形式赋存于闪锌矿中	福建省闽西地质大队，2010
60	麻栗坡县铁厂铝土矿矿床伴生镓矿	化学沉积型	晚二叠世	中型	Ga 0.0089%		详查	未利用	矿石中伴生有益组分主要为镓（Ga），主要呈类质同象存在一水硬铝石中。堆积型矿石中 Ga 含量为 0.0089%，沉积型矿石中 Ga 含量为 0.0045%~0.0095%	云南地矿资源股份有限公司文山分公司，2005
61	麻栗坡县马卡锌矿矿床伴生锗矿	岩浆热液型	白垩纪	矿点			勘探	未利用	锌矿石中伴生有锗，Ge 含量 0.001%	云南华联矿产勘探有限责任公司，2010b
62	马关县都龙锡锌多金属矿床伴生分散元素矿	接触交代型	白垩纪	超大型	In 0.0004%；Ge 0.0013%；Ga 0.0018%；Cd 0.0185%		勘探	已利用	曼家寨矿段累计查明伴生铟资源量占整个矿床资源总量的 93.78%，且 In 含量较高，平均为 0.0088%；铜街矿段伴生有铟（In）、锗（Ge）、镓（Ga）、镉（Cd）等分散元素，含量分别为 0.0029%、0.0023%、0.0027%、0.0136%。In 主要以类质同象分布于铁闪锌矿中，平均含量为 0.041%、0.0248%、0.002%~0.0056%；Ge 主要呈类质同象形式，分散于磁铁矿及石榴子石、绿泥石、阳起石等硅酸盐矿物中，磁铁矿中 Ge 含量为 0.005%；Ga 主要呈类质同象形式，分散于石榴子石、绿泥石、阳起石等富铝硅酸盐矿物中，含量为 0.003%~0.03%；Cd 以类质同象形式富集于深色铁闪锌矿中，平均含量为 0.1185%	中国有色金属工业总公司西南地勘公司，1984

续表

编号	矿产地名称	矿床类型	成矿时代	矿种规模	品位	共伴生矿产品位	勘查程度	利用现状	地质矿产简况	资料来源
63	丘北县大铁铝土矿矿床伴生镓矿	化学沉积型	晚二叠世	大型	Ga 0.00696%		普查	未利用	矿石中伴生有镓（Ga），含量0.00696%	云南省有色地质局三〇六队，2013
64	丘北县飞尺角铝土矿矿床伴生镓矿	风化型	第四纪	中型	Ga 0.0036%		详查	未利用	矿石中伴生有镓（Ga），含量均匀稳定，最低值0.0022%，最高值0.011%，平均0.00357%	云南文山铝业有限公司，2007a
65	广南县板茂铝土矿矿床伴生镓矿	风化型	第四纪	小型	Ge 0.0068%		勘探	未利用	矿石中伴生有镓（Ga），含量0.0050%～0.0094%，平均0.0068%	长沙有色冶金设计研究院勘查公司，2005
					西双版纳州					
66	景洪市三达山铜矿床伴生硒矿	海相火山岩型	三叠纪	矿点			普查	未利用	铜矿石中伴生Se、Te，含量分别为：Se 0.0017%～0.0074%、Te 0.001%	云南省地质矿产局，1993
67	景洪市大勐龙铁矿床伴生镓矿	海相火山岩型	晚二叠世	矿点			勘探	已利用	铁矿石中伴生有镓，国防铁矿Ga含量0.003%～0.006%、疆锋铁矿Ga含量0.003%，可综合利用	云南省地质矿产局，1993
					大理州					
68	祥云县马厂箐金多金属矿床伴生分散元素矿	斑岩型	古近纪	大型	Re 0.338 g/t；Se 14.7 g/t；Te 9.3 g/t		普查	未利用	Re的富集主要与辉钼矿有关，Re含量一般为0.15～9 g/t，最高达17 g/t；钼精矿中，Re含量为74.7～100 g/t；单矿物中，辉钼矿Re含量为18.8～22.4 g/t，而铜矿物中Re含量仅为0.1～0.4 g/t。矿石中Se含量较低，为1～20 g/t；各单矿物中Se含量差别不大，为12～30 g/t；矿石中Te含量也较低，为8～28 g/t；各单矿物中Te含量为2～7 g/t，在黄铁矿中含量较高，可达30 g/t	西南冶金地质勘探公司三一〇队，1981
69	永平县羊街锗煤矿	生物化学沉积型	中新世	矿点			详查	未利用	B1煤层中，个别煤灰样品的光谱半定量分析，Ge含量达0.002%；B2煤层17件煤灰样品中，4件样品Ge含量0.01%～0.03%，2件样品0.001%～0.005%	邓明国等，2003
					德宏州					
70	芒市老缅硐芭蕉洼铅锌矿床伴生镉矿	浅成中-低温热液型	白垩纪	中型	Ga 0.0052%		详查	未利用	矿石中伴生有镓（Ga），含量0.0052%	云南省地质矿产勘查开发局八一四队，2011

续表

编号	矿产地名称	矿床类型	成矿时代	矿种规模	品位	共伴生矿产品位	勘查程度	利用现状	地质矿产简况	资料来源
71	芒市等晄（等嘎）锗煤矿	生物化学沉积型	中新世	中型	Ge 0.00586%		勘探	已利用	Ⅲ井田底部的5号煤层中，Ge含量高，一般为0.008%~0.08%，平均0.00586%，构成主要工业锗矿层	云南省199煤田地质勘探队，1973
怒江州										
72	兰坪县菜子地铅锌矿床伴生分散元素矿	浅成中-低温热液型	白垩纪	大型	Ga 0.0053%；Cd 0.0179% Tl 0.0191%		详查	未利用	矿床中伴生分散元素Cd、Tl、Ga，平均含量分别为：0.0179%、0.0191%、0.0053%；主要以类质同象形式赋存于闪锌矿中	云南省地质矿产局第三地质大队，1987
73	兰坪县金顶铅锌矿床伴生镉铊矿	浅成中-低温热液型	古近纪	超大型	Cd 0.0865%~0.182% Tl 0.0061%~0.0114%		普查	未利用	铅锌矿体中平均Cd含量0.1%，单样最高达3.268%；硫化矿中Cd平均含量0.066%，氧化矿物中进一步富集，平均含量达0.124%；有独立矿物一硫镉矿、黄硫镉矿。Tl与黄铁矿、白铁矿关系极为密切，矿床中较为富集。铅锌矿体内Tl平均含量0.0046%，硫铁矿体内Tl平均含量0.011%	云南省地质局第三地质大队，1984
迪庆州										
74	香格里拉市红山铜多金属矿床伴生铟矿	接触交代型-斑岩型	三叠纪	小型	In 6.11 g/t		详查	未利用	铜多金属矿中伴生有铟，主要呈类质同象分散状态赋存于铁闪锌矿、黄铜矿和磁黄铁矿中，铜矿石In含量0.0001%~0.002%，平均0.000611%	云南文山铝业有限公司，2007a
75	香格里拉市普朗铜矿床伴生铼矿	斑岩型	三叠纪	矿点			勘探	未利用	斑岩型钼矿石中，辉钼矿Re含量为239.8~379.3 g/t，平均318.5 g/t	蒋绍平等，2011
76	香格里拉市雪鸡坪铜多金属矿床伴生硒矿	接触交代型	三叠纪	矿点			勘探	未利用	铜精矿中Se含量最高，达81.6 g/t，硫精矿中Se含量49 g/t；尾矿中Se含量11.0~13.9 g/t，平均12.22 g/t	云南省地质调查局，2016
77	德钦县羊拉铜矿床伴生硒矿	接触交代型	三叠纪	矿点			勘探	未利用	铜精矿中含量最高，达119 g/t，其次为硫精矿，Se含量43.7 g/t，在尾矿中Se含量一般4~8 g/t，平均5.5 g/t	云南省地质调查局，2016

中国矿产地质志

“十三五”国家重点图书规划　国家出版基金项目

总　志

中国矿产地质志·矿产总志
中国矿产地质志·规律总志

矿种志

1　**中国矿产地质志·矿产地名录卷(总1)**
6　**中国矿产地质志·典型矿床总述卷(总2)**
中国矿产地质志·油气卷
65　**中国矿产地质志·煤炭卷(矿14)**
63　**中国矿产地质志·煤层气卷(矿13)**
中国矿产地质志·铀矿卷
中国矿产地质志·铁矿卷
中国矿产地质志·锰矿卷
中国矿产地质志·钒钛铬矿卷
中国矿产地质志·铜矿卷
中国矿产地质志·铝矿卷
中国矿产地质志·铅锌矿卷
21　**中国矿产地质志·镍矿卷(矿5)**
8　**中国矿产地质志·钨矿卷(矿1)**
中国矿产地质志·锡矿卷
中国矿产地质志·钼矿卷
54　**中国矿产地质志·锑矿卷(矿9)**
中国矿产地质志·菱镁矿卷
86　**中国矿产地质志·金矿卷(矿19)**
44　**中国矿产地质志·银矿卷(矿8)**
中国矿产地质志·锂铍铌钽矿卷
中国矿产地质志·铷铯锆铪矿卷
中国矿产地质志·稀土金属矿卷
中国矿产地质志·稀散金属矿卷
中国矿产地质志·建材非金属矿卷
中国矿产地质志·蓝晶石族矿卷
9　**中国矿产地质志·石灰岩矿卷(矿2)**
中国矿产地质志·石英砂岩矿卷
81　**中国矿产地质志·花岗岩矿卷(矿17)**
中国矿产地质志·大理岩矿卷
中国矿产地质志·石棉矿卷
84　**中国矿产地质志·高岭土矿卷(矿18)**
中国矿产地质志·膨润土矿卷
69　**中国矿产地质志·硅藻土矿卷(矿15)**
中国矿产地质志·滑石矿卷
中国矿产地质志·硅灰石矿卷
中国矿产地质志·石墨矿卷
中国矿产地质志·化工矿产卷
22　**中国矿产地质志·钾盐矿卷(矿6)**
57　**中国矿产地质志·盐矿卷(矿10)**
18　**中国矿产地质志·磷矿卷(矿3)**
61　**中国矿产地质志·硫矿卷(矿11)**
19　**中国矿产地质志·硼矿卷(矿4)**
70　**中国矿产地质志·萤石矿卷(矿16)**
62　**中国矿产地质志·芒硝矿卷(矿12)**
中国矿产地质志·石膏矿卷
23　**中国矿产地质志·重晶石矿卷(矿7)**
中国矿产地质志·化工灰岩-明矾石-天青石-雄黄-硝石-天然碱矿卷
中国矿产地质志·宝玉石矿卷
中国矿产地质志·和田玉矿卷
中国矿产地质志·叶蜡石矿卷
……

省　志

中国矿产地质志·北京卷
56　**中国矿产地质志·天津卷(省3)**
中国矿产地质志·河北卷
中国矿产地质志·山西卷
72　**中国矿产地质志·内蒙古卷(省6)**
中国矿产地质志·辽宁卷
71　**中国矿产地质志·吉林卷(省5)**
中国矿产地质志·黑龙江卷
85　**中国矿产地质志·江苏上海卷(省10)**
中国矿产地质志·浙江卷
83　**中国矿产地质志·安徽卷(省9)**
中国矿产地质志·福建卷
3　**中国矿产地质志·江西卷(省1)**

中国矿产地质志·山东卷
中国矿产地质志·河南卷
中国矿产地质志·湖北卷
中国矿产地质志·湖南卷
中国矿产地质志·广东卷
中国矿产地质志·广西卷
64 中国矿产地质志·海南卷(省4)
中国矿产地质志·重庆卷
中国矿产地质志·四川卷
中国矿产地质志·贵州卷
中国矿产地质志·云南卷
中国矿产地质志·西藏卷
80 中国矿产地质志·陕西卷(省8)
中国矿产地质志·甘肃卷
中国矿产地质志·青海卷
78 中国矿产地质志·宁夏卷(省7)
中国矿产地质志·新疆卷
38 中国矿产地质志·台湾卷(省2)

省级重要矿种(组)志

28 中国矿产地质志·山东卷·铁钛矿产(鲁1)
29 中国矿产地质志·山东卷·煤油页岩矿产(鲁2)
7 中国矿产地质志·河南卷·黑色金属矿产(豫1)
53 中国矿产地质志·河南卷·有色金属矿产(豫2)
68 中国矿产地质志·河南卷·贵金属三稀矿产(豫3)
79 中国矿产地质志·河南卷·能源矿产(豫4)
17 中国矿产地质志·四川卷·黑色金属矿产(川1)
25 中国矿产地质志·贵州卷·铝土矿(黔1)
26 中国矿产地质志·贵州卷·金矿(黔2)
76 中国矿产地质志·贵州卷·锰矿(黔3)
82 中国矿产地质志·贵州卷·磷矿(黔4)
12 中国矿产地质志·云南卷·贵金属矿产(滇1)
13 中国矿产地质志·云南卷·铅锌矿产(滇2)
36 中国矿产地质志·云南卷·化工矿产(滇3)
43 中国矿产地质志·云南卷·黑色金属矿产(滇5)
51 中国矿产地质志·云南卷·能源矿产(滇7)
46 中国矿产地质志·云南卷·铜钼镍钴矿产(滇6)
40 中国矿产地质志·云南卷·锡钨矿产(滇4)
87 中国矿产地质志·云南卷·锑铋汞铝土矿稀土稀有分散元素及水气矿产(滇8)
中国矿产地质志·陕西卷·煤矿
67 中国矿产地质志·陕西卷·油气矿产(陕2)
47 中国矿产地质志·陕西卷·非金属矿产(陕1)
中国矿产地质志·陕西卷·金属矿产
39 中国矿产地质志·甘肃卷·金矿(甘1)
……

区带志

58 中国矿产地质志·渤海卷(带4)
中国矿产地质志·黄海卷
52 中国矿产地质志·东海卷(带2)
中国矿产地质志·南海卷
中国矿产地质志·大兴安岭卷
24 中国矿产地质志·长江中下游卷(带1)
55 中国矿产地质志·南岭卷(带3)
中国矿产地质志·三江卷
中国矿产地质志·冈底斯卷
中国矿产地质志·阿拉善(隆起)卷
中国矿产地质志·华北陆块北缘东段卷
中国矿产地质志·山西(断隆)卷
中国矿产地质志·华北陆块南缘卷
中国矿产地质志·华北盆地卷
中国矿产地质志·辽东(隆起)-吉南卷
77 中国矿产地质志·吉中-延边卷(带6)
中国矿产地质志·小兴安岭-张广才岭卷
中国矿产地质志·松辽盆地卷
75 中国矿产地质志·湘中-桂中北卷(带5)
中国矿产地质志·江南隆起西段卷
中国矿产地质志·江汉-洞庭(断陷)卷
中国矿产地质志·东秦岭卷
中国矿产地质志·浙闽赣粤沿海、浙中-武夷山(隆起)和永安-梅州-惠阳(坳陷)联编卷
中国矿产地质志·江南隆起东段、武功山-杭州湾合编卷
中国矿产地质志·桐柏-大别-苏鲁卷
中国矿产地质志·喀喇昆仑-羌北卷
中国矿产地质志·班戈-腾冲卷

中国矿产地质志·龙门山-大巴山卷
中国矿产地质志·四川盆地卷
中国矿产地质志·康滇隆起卷
中国矿产地质志·上扬子东部卷
中国矿产地质志·桂西-黔西南-滇东南北部卷
中国矿产地质志·滇东南南部卷
中国矿产地质志·祁连卷
中国矿产地质志·东天山-北山卷
中国矿产地质志·鄂尔多斯卷
中国矿产地质志·东昆仑-巴颜喀拉卷
中国矿产地质志·西秦岭卷
……

专题志

中国矿产地质志·中国成矿单元划分及其主要成矿单元特征
中国矿产地质志·大型变形构造与重要矿集区(成矿区带)关系
32 中国矿产地质志·中国矿产地分省图集(2020)(专4)
30 中国矿产地质志·中国前寒武纪成矿体系(专3)
73 中国矿产地质志·中国古生代成矿体系(专9)
中国矿产地质志·中国中生代成矿体系
中国矿产地质志·中国新生代成矿体系
中国矿产地质志·中国地球物理场与成矿
50 中国矿产地质志·中国地球化学场与成矿关系研究(专7)
60 中国矿产地质志·区域成矿规律研究历史和发展趋势(专8)
33 中国矿产地质志·华南洋-滨太平洋构造演化与成矿(专5)
42 中国矿产地质志·小岩体成大矿(专6)
27 中国矿产地质志·山东卷·成岩成矿年代谱系(专2)
4 中国矿产地质志·新疆维吾尔自治区矿床成矿系列图(专1)
……

科学普及本

2 中国矿产地质志·建材非金属卷·普及本(普1)
10 中国矿产地质志·化工矿产卷·普及本(普3)
11 中国矿产地质志·铀矿卷·普及本(普4)
中国矿产地质志·渤海卷·普及本
中国矿产地质志·黑色金属矿产·普及本
41 中国矿产地质志·宝玉石卷·普及本(普13)
48 中国矿产地质志·北京矿产地质(普15)
31 中国矿产地质志·天津矿产地质(普9)
中国矿产地质志·河北矿产地质
中国矿产地质志·山西矿产地质
66 中国矿产地质志·内蒙古矿产地质(普18)
59 中国矿产地质志·吉林矿产地质(普17)
中国矿产地质志·辽宁矿产地质
中国矿产地质志·黑龙江矿产地质
中国矿产地质志·江苏上海矿产地质
34 中国矿产地质志·浙江矿产地质(普10)
中国矿产地质志·安徽矿产地质
中国矿产地质志·福建矿产地质
35 中国矿产地质志·江西矿产地质(普11)
中国矿产地质志·山东矿产地质
中国矿产地质志·河南矿产地质
74 中国矿产地质志·湖北矿产地质(普19)
49 中国矿产地质志·湖南矿产地质(普16)
中国矿产地质志·广东矿产地质
中国矿产地质志·广西矿产地质
中国矿产地质志·海南矿产地质
16 中国矿产地质志·重庆矿产地质(普7)
中国矿产地质志·四川矿产地质
中国矿产地质志·贵州矿产地质
14 中国矿产地质志·云南矿产地质(普5)
中国矿产地质志·西藏矿产地质
5 中国矿产地质志·陕西矿产地质(普2)
20 中国矿产地质志·甘肃矿产地质(普8)
45 中国矿产地质志·青海矿产地质(普14)
15 中国矿产地质志·宁夏矿产地质(普6)
37 中国矿产地质志·新疆矿产地质(普12)
中国矿产地质志·台湾矿产地质
……

注:括号内容代表志书类别及序号,1 2 3……为出版顺序,黑体为已出版。

中国矿产地质志

GEOLOGY OF MINERAL RESOURCES IN CHINA